現代菌類学大鑑

著

David Moore
Geoffrey D. Robson
Anthony P. J. Trinci

訳

堀越 孝雄（代表）
清水 公徳　白坂 憲章
鈴木　彰　田中 千尋
服部　力　山中 高史

21st Century Guidebook to Fungi

共立出版

21st Century Guidebook to Fungi

By David Moore, Geoffrey D. Robson, Anthony P. J. Trinci

© The University of Manchester 2011

This publication is in copyright. Subject to statutory exception and to the provisions of relevant collective licensing agreements, no reproduction of any part may take place without the written permission of Cambridge University Press.

Japanese language edition published by KYORITSU SHUPPAN CO., LTD.

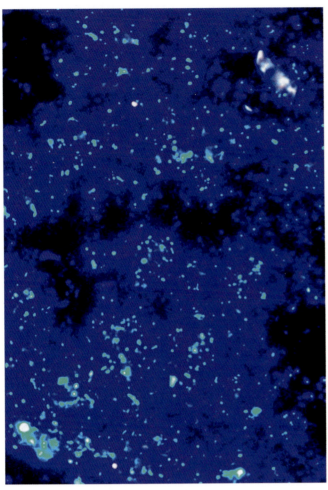

図 1.1　本写真は，Torsvik & Øvreås（2002）から提供された，蛍光色素 DAPI（4´-6-diamidino-2-phenylindole）で染色された土壌微生物の落射蛍光顕微鏡写真であり，変性していない DNA が検出できる．この試料には，4×10^{10} 細胞 g^{-1} 乾土が確認できる．しかし，寒天平板法では 4×10^{6} コロニー形成単位 g^{-1} 乾土が検出されるにすぎない（Elsevier 社の許可のもとに複製）．本文 8 頁を参照．

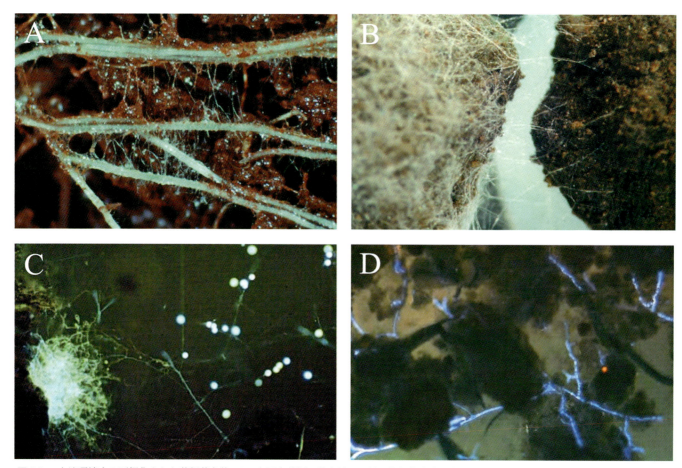

図1.3　土壌環境中の可視化された菌類菌糸体．A，未同定菌類の菌糸が，野外の非殺菌土壌で生育しているヘラオオバコ（*Plantago lanceolata*）の根の間を橋渡ししている．キラキラ輝く粘液フィルムに注目せよ．画像幅＝ 2 cm．B，*Fusarium oxysporum* f. sp. *raphani* の菌糸が，隣接する土壌団粒にコロニーを形成している．左側の団粒は殺菌されており，菌糸体が盛んに成長している．右側の団粒は殺菌されていない．菌糸体の成長が抑制されているのは，他の微生物との競争と，養分の減少による．画像幅＝ 1 cm．C，牧草地の自然状態の土壌の薄片を蛍光色素で染色した．未同定種の菌糸体が，土壌孔隙中で成長している．写真の左側，菌糸が孔隙の壁面で増殖していることに注目せよ．輝いている球形の物体は胞子嚢である．画像幅＝ 150 μm．D，殺菌した耕作地の土壌の薄片を，蛍光色素で染色した．*Rhizoctonia solani* が成長し，菌糸体を形成している．画像幅＝ 150 μm［英国のCranfield大学のKarl Ritz教授のご厚意で提供頂いた画像を用いて，Ritz & Young（2004）を改変．Elsevier社の許可を得て複写した］．本文12頁を参照．

図2.1 ハッブル宇宙望遠鏡で観たハッブル・ウルトラ・ディープ・フィールド（HUDF，ハッブル超深宇宙探査）（謝辞：NASA，ESA，S. Beckwith および HUDF チーム）．ハッブル超深宇宙探査は，実際には観察用ハッブル改良カメラ（ACS；11.3日間露光）と，多対象分光器とセットになった近赤外カメラ（NICMOS；さらに4.5日間露光）によって撮影された，2つの別々の像であり，Anton Koekemoer によって合成された．HUDF 視野には，ビッグバン後4から8億年の間に存在した，およそ1万個の銀河が確認できる．地上からの像では，HUDF 視野が位置する空の部分は（炉座の中，オリオン座の少し下），裸眼によっては，そして地上に設置された最良の光学望遠鏡によってさえも，空虚であるように見える［像は，宇宙望遠鏡科学研究所（STScI, 3700 San Martin Drive, Baltimore, MD 21218, 米国）によって作成された］．本文18頁を参照．さらなる情報と像に興味のある方は，http://hubblesite.org にアクセスせよ．宇宙論についてのさらなる情報については，*Cosmology:The Study of the Universe*：http://map.gsfc.nasa.gov/m_uni.html にアクセスせよ．

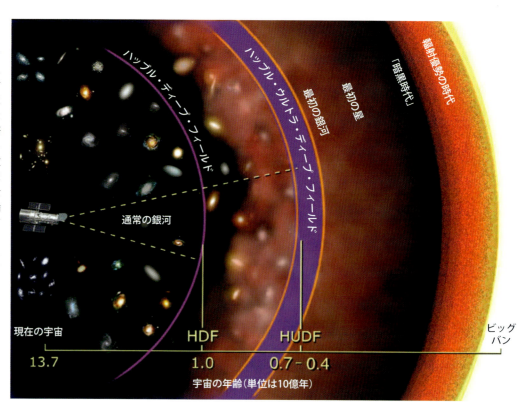

図2.2　本図は，ハッブル・ウルトラ・ディープ・フィールド（HUDF，ハッブル超深宇宙探査）のデータが，宇宙の歴史についてのNASAの解説の中で占める位置を示す（時間軸が対数目盛であることに留意せよ）．［像の謝辞：NASAとA. Field, STScI（宇宙望遠鏡科学研究所），3700 San Martin Drive, Baltimore, MD 21218, 米国．］本文19頁を参照．さらなる情報と像については，次のURLにアクセスせよ：http://hubblesite.org．宇宙論についてのさらなる情報については，次のURLにアクセスせよ：*Cosmology:The Study of the Universe*：http://map.gsfc.nasa.gov/m_uni.html．

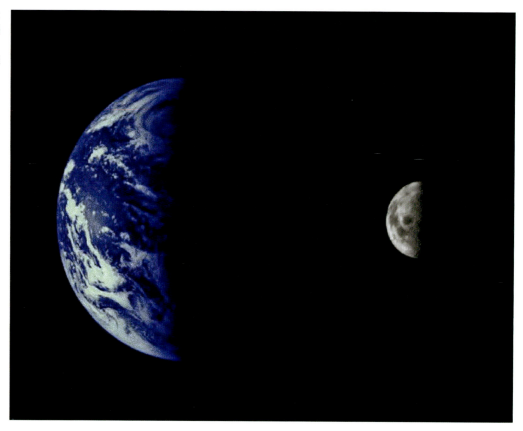

図2.3　1973年，マリナー10宇宙船によって，260万kmの距離から撮影された地球と月．この映像は，2つの天体の相対的な大きさを示すために合成されている（謝辞：NASA/JPL/Northwestern 大学）．本文21頁を参照．

図 2.7　デボン紀前期の高さ約 2 m の *Prototaxites* の圧縮化石．カナダ，eastern Quebec，Gaspésie 地域，Restigouche 川の Cross Point 近辺，Bordeaux Quarry における，**野外での存在状態**を示す．写真では，川床が，本来の位置に対して直角に，ほぼ直立させられた状態で写っている．したがって，写真は，川床を上から撮影していることになる．そこには，少なくとも 3 個の大きな *Prototaxites* 標本の化石化した痕跡が，流水中に集積した丸太のような状態で存在するのが確認できるだろう．写真では，Francis Hueber 博士が，傍で目印の物差しとしてポーズをとっている．博士が，*Prototaxites* の化石が菌類起源であることを最初に示唆したのである（Heuber, 2001）．［この写真は，スミソニアン協会の Carol Hotton 博士からご恵与頂いたもので，Boyce *et al.*（2007）の Fig. 1A に用いられているものである．］本文 32 頁を参照．

図2.8　高さ9 mにも及ぶ *Prototaxites* の標本が優占した，約4億年前のデボン紀前期の景観のイメージ図．上図は，ワシントンのスミソニアン協会のMary Parrish氏によるもので，Heuber（2001）著の *Prototaxites* の化石に関する出版物のために書かれたものである．下図は，Geoffrey Kibby氏によるもので，「デボン紀の景観についての芸術家の印象」というタイトルで，*Field Mycology* 誌2008年4月号の裏表紙に掲載されたものである．これらの景観の中で，菌類である *Prototaxites* は，この時代までに生息した生物の中の最大の陸上生物として優占していた．この時代には，すでに維管束植物が存在していたが，景観をおもに構成していたのは，依然としてより古い時代の一次生産者であるシアノバクテリア（藍藻），真核藻類，地衣類，およびセン類，タイ類とこれらのコケ植物の類縁種などであった．これらのイメージ図は，実際に地球の生物圏で菌類が優占していたことを表したものである．この *Prototaxites* の優占は，少なくとも4千万年［ヒト（*Homo*）属が現在まで地球上に存在していた時間の約20倍に相当する］は続いた．（写真は，スミソニアン協会のTom Jorstad氏と，*Field Mycology* のシニアー編集者のGeoffrey Kibby氏によってご恵与頂いたものである．）本文34頁を参照．

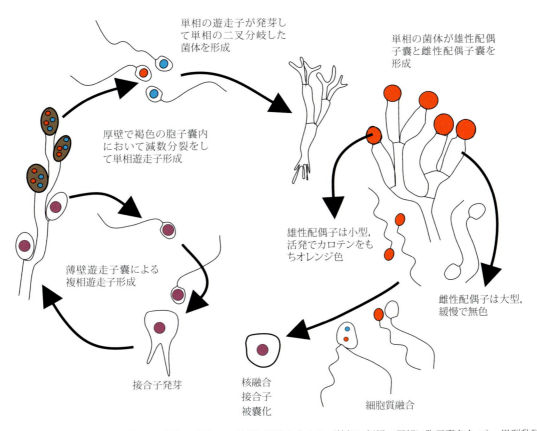

図3.4 カワリミズカビの生活環．カワリミズカビの菌体は分岐し，顕著な極性を有する（基部に仮根，頂部に胞子嚢をもつ）．異型動配偶子による有性生殖：雌性配偶子は無色（造卵器で作られる）で，オレンジ色の雄性配偶子（造精器で作られる）の約2倍の大きさがある．単相の配偶体と複相の胞子体（複相期が長期に及ぶ）という2種類の菌体を形成する．本文48頁を参照．

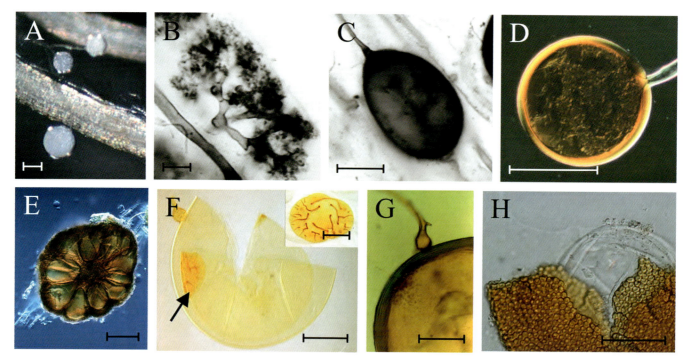

図3.7 グロムス菌門菌の形態学的特徴．A，*Glomus clarum* の菌糸および胞子が感染したオオバコ属の1種 *Plantago media* の根．B，クロラゾールブラック（chlorazol black）によって染色した *Glomus mosseae* の樹枝状体．C，*Glomus mosseae* の囊状体．D，菌糸に付着した *Glomus* sp. の胞子．E，*Glomus sinuosum* の子実体断面．胞子は網状菌糸組織の周辺に配置され，周囲を菌糸の層に覆われる．F，*Scutellospora cerradensis* の胞子．球根状の胞子形成細胞と発芽シールド（矢印）をもつ柔軟な内壁を示す．差込図は *Scutellospora scutata* の発芽シールドの正面観（顕微鏡写真はスイス Agroscope Reckenholz-Tänikon Fritz Oehl による）．G，*Gigaspora decipiens* の発芽胞子．胞子形成細胞，いぼ状の発芽層および発芽菌糸を有する．H，*Acaulospora denticulata* の胞子．細胞壁には歯状の突起を有し，発芽内壁をもつ．スケールバー＝100 µm（A, E, F, G），50 µm（D, H），5 µm（B, C）．（Redecker & Raab, 2006 を改変．画像ファイル提供，フランス Bourgogne 大学 Dirk Redecker 教授．*Mycologia* の許可を得て複製．© 米国菌学会．）本文 52 頁を参照．

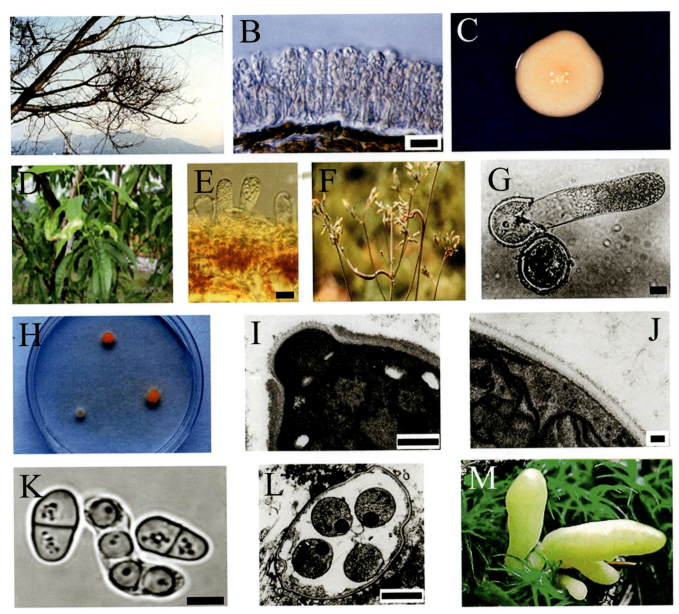

図 3.10 タフリナ亜門の肉眼および顕微鏡写真．その代表種の多様な形状を示す．A, *Taphrina wiesneri* によるソメイヨシノてんぐ巣病の病徴．B, ソメイヨシノの葉組織上に形成された *Taphrina wiesneri* の成熟子嚢．子嚢胞子が発芽している（出芽型分生子形成）．C, ジャガイモグルコース寒天培地上での菌叢．D, *Taphrina deformans* によるモモ縮葉病の病徴．E, ナラ縮葉病の病原菌 *Taphrina caerulescens* の子実層．F, *Protomyces inouyei* によるオニタビラコ浮腫病．G, 水中における *Protomyces inouyei* 厚壁休眠胞子の発芽．H, ジャガイモグルコース寒天培地上での *Rhodosporidium toruloides*（アナモルフ：*Rhodotorula glutinis*）（上），*Saitoella complicata*（右）および *Taphrina wiesneri*（左）の菌叢．I, *Saitoella complicata* の透過型電子顕微鏡写真．担子菌酵母によく見られる内生出芽型発芽を示す．J, *Saitoella complicata* の透過型電子顕微鏡写真．細胞壁は子嚢菌型で，薄い暗色層と厚い明色の内層から形成される．K, *Schizosaccharomyces pombe*．分裂の様子および 4 胞子を含む子嚢．L, *Pneumocystis jirovecii*．被嚢内体（内生胞子）をもつ成熟した被嚢．M, ヒメカンムリタケ．子実体は鮮黄色で高さ数 cm になる．スケールバー：B, E, G = 20 μm；I = 0.5 μm；J = 0.1 μm；K = 5 μm；L = 1 μm（Sugiyama et al., 2006 を改変．画像ファイル提供，東京都テクノスルガ株式会社杉山純多教授．*Mycologia* の許可を得て複製．© 米国菌学会）．本文 58 頁を参照．

図 3.13 チャワンタケ亜門にみられる子嚢器果の多様な形状. A, ヒイロチャワンタケ (*Aleuria aurantia*；チャワンタケ綱) の子嚢盤. ヒイロチャワンタケ (*Aleuria*) 属に属する菌の子実体は類白色, 帯黄色からオレンジ色で, 高さ 1～30 mm, 径 1～160 mm. B, チャワンタケ属の 1 種 *Peziza howsei* の子嚢盤. チャワンタケ (*Peziza*) 属に含まれる菌の子実体は軟らかく脆弱で, 円板形～コップ形, 高さ 2～120 mm, 径 5～150 mm, 長さ 30 mm に及ぶ柄をもつことがある, 色は類白色, 黄色, ピンク色, 青, 黄褐色, 灰色, もしくは類黒色. C, *Orbilia delicatula* (オルビリア菌綱) の黄色の子嚢盤. 白色の菌糸体上に, 柔軟, 脆弱, 高さ 0.05～0.3 mm, 径 0.1～2 mm の子嚢盤を形成する. D, *Trichophaea hybrida* (チャワンタケ綱) の子嚢盤. 高さ 1～5 mm, 径 1～15 mm, 黄褐色から暗灰色で外面は綿毛～毛に被われる. E, テングノハナヤスリ属の 1 種 *Geoglossum cookeanum* (ズキンタケ綱)[訳注A] のこん棒形あるいはさじ形の子嚢盤. 一般に柔軟で脆弱, 高さ 10～100 mm, 幅 3～25 mm, 紫から黒褐色. F, ホテイタケ属の 1 種 *Cudonia confusa* (ズキンタケ綱). 子実体はややきのこ型, こん棒形で (ただし, 子実層は「傘」もしくは頭部の外側に形成される), 高さは 20～80 mm, 頭部の径 5～20 mm. G, ノボリリュウ (*Helvella crispa*；チャワンタケ綱). 子嚢盤は鞍型で褶曲, 有柄, 高さ 50 mm, 幅 30 mm に至る. H, アミガサタケ (*Morchella esculenta*；チャワンタケ綱) の子実体. 左は子実体の縦断面, 柄および頭部の内部は空洞, 高さ 30～300 mm, 幅 15～160 mm. I, セイヨウショウロ属の 1 種 *Tuber aestivum* (チャワンタケ綱). 子実体は塊茎状から球形, 長径は 70 mm に至る. 左は断面で, 組織内に形成された密に折り畳まれた胞子形成部 (グレバ, gleba) を示す. 詳細は, http://www.mycokey.com/ 参照. (写真撮影 A–H, デンマーク Aarhus 大学 Jens H. Petersen；I, デンマーク Copenhagen 大学 Jan Vesterholt). 本文 62 頁を参照.

訳注 A：Schoch C. L. *et al.* (2009, *Persoonia* 22: 129-138) により, テングノハナヤスリ属やテングノメシガイ (*Trichoglossum*) 属などはテングノメシガイ綱に含められた.

図3.15 プクシニア菌亜門の代表種. A, *Jola javensis*（プラチグロエア目）. ナガハシゴケ属の1種 *Sematophyllum swartzii* 上に形成（Wisconsin-Platteville 大学 Elizabeth Frieders 博士撮影）. B, モンパキン属の1種 *Septobasidium burtii*. 菌糸マットが完全にカイガラムシを被っている（London 王立大学 Daniel Henk 博士撮影）. C, *Eocronartium muscicola*. コケ上に発生（Wisconsin-Madison 大学 Stephen F. Nelsen 博士撮影）. D, *Sporidiobolus pararoseus* の酵母状および糸状細胞. E, *Sporidiobolus* 属の2種の菌叢. F, *Phragmidium* 属の1種（プクシニア目）. バラ属の1種 *Rosa rubiginosa* 上.（Aime et al. 2006 を改変. 画像ファイル提供, Louisiana 州立大学 M. Catherine Aime 博士. *Mycologia* の許可を得て複製. © 米国菌学会）本文65頁を参照.

図 3.16 ハラタケ目に属する多様な種. A, チヂレタケ (*Plicaturopsis crispa*). B, *Podoserpula pusio* (Heino Lepp 撮影). C, フサタケ属の1種 *Pterula echo* (Dave McLaughlin 撮影). D, オトメノカサ属の1種 *Camarophyllus borealis*. E, ホテイシメジ (*Ampulloclitocybe clavipes*). F, シジミタケ (*Resupinatus applicatus*). G, サクラタケ類似種 *Mycena* aff. *pura*. H, ツネノチャダイゴケ (*Crucibulum laeve*, Mykoweb, Mark Steinmetz 撮影). I, *Nolanea* sp. J, オオフクロタケ (*Volvariella gloiocephala*). K, チャヒラタケ属の1種 *Crepidotus fimbriatus*. L, ミヤマツバタケ (*Psilocybe squamosa*) の担子胞子. 発芽孔をもつ (Roy Halling 撮影). M, *Camarophyllopsis hymenocephala* (D. Jean Lodge 撮影). N, ウラベニガサ (*Pluteus*) 属の逆散開型実質と側シスチジア (写真提供 D. E. Stuntz スライドコレクション). O, カヤタケ属の1種 *Clitocybe subditopoda*. P, アカツブフウセンタケ (*Cortinarius bolaris*). Q, エビコウヤクタケ (*Cylindrobasidium evolvens*). R, シロケシメジ (*Tricholoma columbetta*). (Matheny *et al.*, 2006 の図2を改変, 画像ファイル提供, 米国 Tennessee 大学 P. Brandon Matheny 博士. *Mycologia* の許可を得て複製. © 米国菌学会) 本文 66 頁を参照.

図 3.17 イグチ目に属する多様な種.A,カワリサルノコシカケ(*Bondarcevomyces taxi*).B,カワリサルノコシカケ,孔口面.C,イドタケ(*Coniophora puteana*).D,ヒメシワタケ(*Leucogyrophana mollusca*).E,ヒロハアンズタケ(*Hygrophoropsis aurantiaca*).F,チチアワタケ(*Suillus granulatus*).G,クギタケ属の1種 *Chroogomphus vinicolor*.H,ミダレアミイグチ(*Boletinellus merulioides*)の子実層托.I,クチベニタケ属の1種 *Calostoma cinnabarinum*.J,ニセショウロ属の1種 *Scleroderma septentrionale*.K,サケバタケ属の1種 *Meiorganum neocaledonicum*, 幼菌の子実層托.L,アケボノアワタケ('*Tylopilus*' *chromapes*).M,キヒダタケ属の1種 *Phylloporus centroamericanus*.N,アワタケ属の1種 *Xerocomus* sp.(Binder & Hibbett, 2006 の図 1 を改変.画像ファイル提供,米国 Clark 大学生物学部 Manfred Binder 博士.*Mycologia* の許可を得て複製.© 米国菌学会)本文 68 頁を参照.

図 3.18　ラッパタケ-スッポンタケ型菌類の肉眼的および顕微鏡的特徴．A〜Eはヒステランギウム目クレードの種．A, *Hysterangium setchellii*. B, *Mesophellia castanea*. C, *Gallacea scleroderma*. D, *Hysterangium inflatum* の担子胞子，嚢胞に包まれる．E, *Austrogautieria rodwayi* の担子胞子（L. Rodway 撮影）．F〜L, スッポンタケ目クレードの種．F, スッポンタケ（*Phallus impudicus*, 丸山厚吉撮影）．G, アカイカタケ（*Aseroe rubra*）．H, カゴタケ属の1種 *Ileodictyon cibarium*. I, ツマミタケ（*Lysurus mokusin*, 浅井郁夫撮影）．J, *Claustula fischeri*. K, *Phallobata alba*（Peter Johnston 撮影）．L, *Ileodictyon cibarium* の担子胞子．M〜T, ラッパタケ目クレード．M, オオムラサキホウキタケ（*Ramaria fennica*, 浅井郁夫撮影）．N, ウスタケ［*Turbinellus*（*Gomphus*）*floccosus*, 浅井郁夫撮影］．O, *Gautieria* sp. P, *Kavinia* sp.（Patrick Leacock 撮影）．Q, ホウキタケ（*Ramaria botrytis*）の担子胞子，コットンブルー染色性の突起をもつ（丸山厚吉撮影）．R, ホウキタケ属の1種 *Ramaria eumorpha* のアンプル形菌糸．S, ホウキタケ属の1種 *Ramaria cystidiophora* のすりこぎ状菌糸，コットンブルーで染色（Efren Cazares 撮影）．T, ホウキタケ属の1種 *Ramaria* sp. の形成した菌糸マット，白色の菌糸マット生育部と黒色土壌の色の違いに注目．U〜Z, ヒメツチグリ目クレード．U, アシナガヒメツチグリ（*Geastrum fornicatum*）．V, *Pyrenogaster pityophilus*. W, タマハジキタケ（*Sphaerobolus stellatus*）．X, ヒメツチグリ属の1種 *G. coronatum* の担子胞子．Y, *Myriostoma coliforme* の担子胞子．Z, タマハジキタケの担子胞子と発芽した菌芽．スケールバー，A, B, V = 5 mm；C, G, I〜K, O, P, U = 1 cm；D, E, L, Q〜S, Z = 5 μm；F, H, M, N = 5 cm；T = 10 cm；W = 1 mm；X, Y = 1 μm．（Hosaka *et al.*, 2006 の図1を改変．画像ファイル提供，国立科学博物館保坂健太郎博士．*Mycologia* の許可を得て複製．© 米国菌学会）本文69頁を参照．

図3.19 アンズタケクレードに属する種の多様な子実体．A，アンズタケ（*Cantharellus cibarius*, J.-M. Moncalvo 撮影）．B，クロラッパタケ属の 1 種 *Craterellus tubaeformis*（M. Wood 撮影）．C，ヒメハリタケモドキ（*Sistotrema confluens*, R. Halling 撮影）．D，シラウオタケ（*Multiclavula mucida*, M. Wood 撮影）．E, *Botryobasidium subcoronatum*, 古い多孔菌上に発生（E. Langer 撮影）．F，ヒメハリタケモドキ属の 1 種 *Sistotrema coroniferum*（K.-H. Larsson 撮影）．G，ハイイロカレエダタケ（*Clavulina cinerea*, E. Langer 撮影）．（Moncalvo *et al.*, 2006 の図 2 を改変．画像ファイル提供，カナダ Toronto 大学王立 Ontario 博物館および植物学部 J.-M. Moncalvo 博士．*Mycologia* の許可を得て複製．© 米国菌学会）本文 70 頁を参照．

図 3.20　タバコウロコタケ目菌の肉眼および顕微鏡的特徴．A～I，子実体と子実層托の形状．A，シロウロコタケ属の 1 種 *Cotylidia pannosa*，有柄で子実層托は平滑（David Mitchel 撮影，www.nifg.org.uk/photos.htm）．B，オツネンタケ（*Coltricia perennis*），有柄で子実層托は管孔状．C，*Contumyces rosellus*，有柄で子実層托はひだ状．D，*Clavariachaete rubiginosa*（Roy Halling 撮影）．E，カシサルノコシカケ（*Phellinus robustus*，無柄～半背着生で子実層托は管孔状，スロバキア森林研究所 Andrej Kunca 撮影，www.forestryimages.org）．F，ウズタケ（*Coltricia montagnei*），有柄で子実層托は同心円状のひだ状（Dianna Smith 撮影，www.mushroomexpert.com）．G，コガネウスバタケ属の 1 種 *Hydnochaete olivacea*，背着生～半背着生で子実層托は粗く平たい針状．H，ハリタケモドキ（*Resinicium bicolor*），背着生で子実層托は細かい鈍頭の針状．I，ヘラバタケモドキ（*Hyphodontia arguta*），背着生で子実層托は鋭いとげ状．J，ケイヒウロコタケ（*Hymenochaete cinnamomea*）の剛毛状シスチジア（剛毛体）．スケールバー：A, D = 10 mm；B = 2 mm；G～I = 1 mm；j = 10 µm．（Larsson *et al.*, 2006 を改変，画像ファイル提供，スウェーデン Göteborg 大学 Karl-Henrik Larsson 教授．*Mycologia* の許可を得て複製．© 米国菌学会）本文 72 頁を参照．

図 3.21　ベニタケ目菌の子実体形および子実層托形状．A, マツカサタケ（*Auriscalpium vulgare*），有傘で子実層托は針状，2 倍．B, フサヒメホウキタケ（*Artomyces pyxidata*），子実体はホウキタケ型で子実層托は平滑，0.5 倍．C, チャウロコタケ（*Stereum ostrea*），子実体は半背着生で子実層托は平滑，0.3 倍．D, カワタケ属の 1 種 *Peniophora rufa*，子実体は円盤状で平滑，0.5 倍．E, コウヤクタケモドキ（*Vararia investiens*），子実体は背着生（コウヤクタケ型）で平滑，0.2 倍．F, ベニタケ属の 1 種 *Russula discopus*，子実体は有傘で子実体はひだ状（ハラタケ型），0.5 倍（Miller *et al.*, 2006 を改変．画像ファイル提供，米国 Wyoming 大学 Steven L. Miller 博士．*Mycologia* の許可を得て複製．© 米国菌学会）．本文 73 頁を参照．

図 3.22 ハラタケ亜門の膠質菌と硬質菌．A，コガネニカワタケ（*Tremella mesenterica*，シロキクラゲ目）．B，シロキクラゲ（*Tremella fuciformis*，シロキクラゲ目）．C，ツノマタタケ（*Dacryopinax spathularia*，アカキクラゲ目）．D，*Tremellodendron pallidum*（ロウタケ目）．E，キクラゲ（*Auricularia auricula-judae*，キクラゲ目）．F，*Exidiopsis* sp.（キクラゲ目）．G，シロアナコウヤクタケ属の1種 *Trechispora* sp.（トレキスポラ目）．H，ラシャタケ属の1種 *Tomentella* sp.（イボタケ目）．I，*Athelia* sp.（おそらくアテリア目）．J，チズガタサルノコシカケ属の1種 *Veluticeps* sp.（キカイガラタケ目）．K，コガネシワウロコタケ属の1種 *Phlebia* sp.（タマチョレイタケ目）．L，コフキサルノコシカケ近縁種 *Ganoderma australe*（タマチョレイタケ目）．M，チャハリタケ属の1種 *Hydnellum* sp.（イボタケ目）．マツオウジ近縁種 *Neolentinus lepideus*（キカイガラタケ目）．A～C，F～L オーストラリア国立植物園 Heino Lepp 撮影（http://anbg.gov.au/index.html）；D，E，Pamela Kaminski 撮影（http://pkaminski.homestead.com/page1.html）．許可により Hibbett, 2006 を改変，画像ファイル提供，米国 Clark 大学 David Hibbett 博士．*Mycologia* の許可を得て複製．© 米国菌学会．）本文74頁を参照．

図 4.10 *Aspergillus* のコロニーにおける形態的分化．周縁の成長領域とその他の分化した領域が認められる．本文 95 頁を参照.

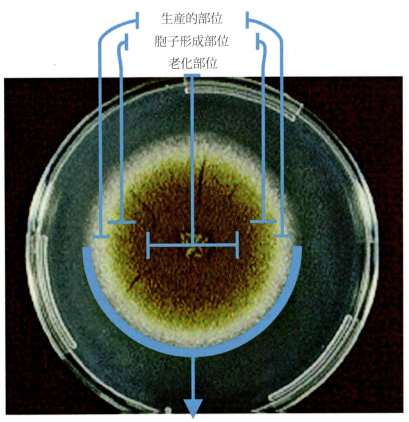

生産的部位
胞子形成部位
老化部位

指数的な成長は，生育に寄与するコロニー最外周の周縁成長部に限られている．

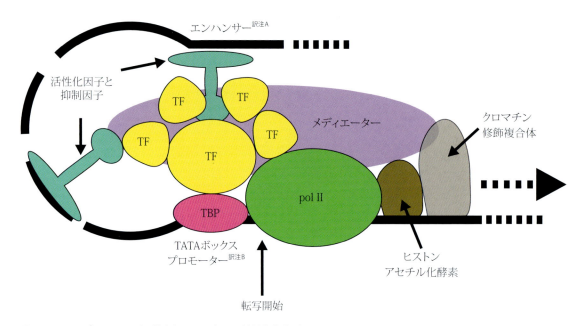

図5.1　RNAポリメラーゼII依存転写は，転写開始前複合体（pre-initiation complex, PIC）が，遺伝子特異的活性化因子タンパク質によって会合することにより活性化され，最終的に特異的メッセンジャーRNAが合成される．この過程では，クロマチン構造が変化するとともに，基本転写因子（TFs）とRNAポリメラーゼII（pol II）が，遺伝子の転写開始位置を囲む，遺伝子コアプロモーター配列に結合することが必要となる．鍵となる反応は，TATAボックス結合タンパク質（TATA-box binding protein, TBP）のようなDNA結合活性化因子と，活性化補助因子［ここではTFとして示す．しかし，一般にはTAF II s（TATAボックス結合タンパク質関連因子のこと）とよばれる］との相互作用である．TAF II 250は，他のTAF II sが，TBPとともにTF II Dとよばれる複合体に集合する際の足場である．TBPは，まずDNAのプロモーター領域と結合し，ついでTF II B（もし存在すればTF II Aも）をTF II Dに付加させる．転写開始前複合体（PIC）に加わる前に，RNAポリメラーゼII（pol II）とTF II Fは，TF II Bにリクルートされて，1つに束ねられる．最後に，RNAポリメラーゼIIがTF II Eをリクルートし，TF II EはさらにTF II HをリクルートしてPIC集合体が完成する．TF II DとTF II Bは，具体的にはコアプロモーターDNAに結合し得るPICの単なる一成分にすぎない．本文111頁を参照．

訳注A：増強構造，DNA上の転写を促進する塩基配列のこと．
訳注B：DNA上の転写開始を促進する塩基配列で，TATAボックスとよばれるコンセンサス配列を有する．

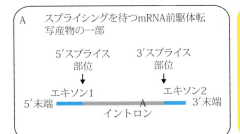

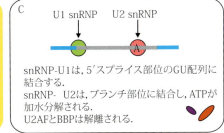

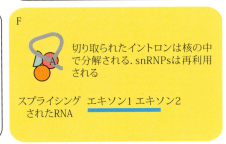

図 5.3 主要なスプライセオソームタンパク質-RNA 複合体によるスプライシング工程．スプライセオソームは，5′スプライス部位に GU を，3′スプライス部位に AG をもつイントロンをスプライシングし，真核生物におけるスプライシング活性の 99% 以上に関わる．第 1 段階では，イントロンの 3′スプライス部位の Py（ピリミジン）-AG に結合するブランチ（枝）結合タンパク質［branch binding protein, BBP；また，哺乳動物では，SF1（splicing factor 1，スプライシング因子 1）とよばれる］とヘルパータンパク質 U2AF の，2 つの複合体が関与する．RNA はループを形成し，さらに 3 個のタンパク質-RNA 複合体が結合する．この最後の複合体は，立体構造を変化させ，イントロンを 5′GU 配列の位置で切り離し，枝分かれ（ブランチ）部位の A 塩基にラリアート（投げ縄）構造を形成する．次に，イントロンの 3′が AG 配列の位置で切断され，2 個のエキソンが互いに結合される．スプライスされた mRNA が，スプライセオソームから遊離すると，イントロンの枝は切除され，分解される．さらに詳しくは，ウィキペディア：http://en.wikipedia.org/wiki/RNA_splicing および mRNA のスプライシングに関する動画：http://vcell.ndsu.nodak.edu/animations/mrnasplicing/index.htm を参照せよ．本文 114 頁を参照．

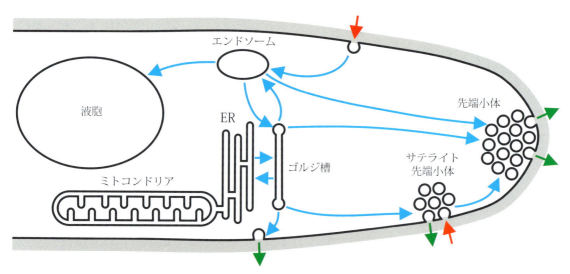

図 5.5 成長中の菌糸において，小胞輸送ネットワークが組織化されている様子についての，蛍光色素の染色パターンに基づいた仮説モデル．細胞内輸送は水色の矢印で，エキソサイトーシスは緑色の矢印で，そしてエンドサイトーシスは赤色の矢印で示す．細胞膜と他の膜コンパートメントは黒色で，菌糸細胞壁は灰色で示す．ER，小胞体．〔Fischer-Parton *et al.*（2000）を描き直し，改変した．〕本文 128 頁を参照．

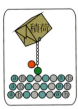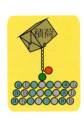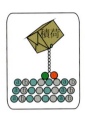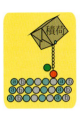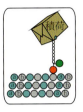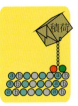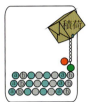

図5.6　微小管に沿って小胞を輸送する，（伝統的）キネシンの運動（「歩行」）メカニズムを示した連続コマ図．ここでは，輸送は，左から右に，微小管のプラス端に向かって行われている．プラス端では，重合化が高速で進行している．このメカニズムについてのアニメーションは，次のURLを参照せよ：http://www.imb-jena.de/~kboehm/Kinesin.html．本文130頁を参照．

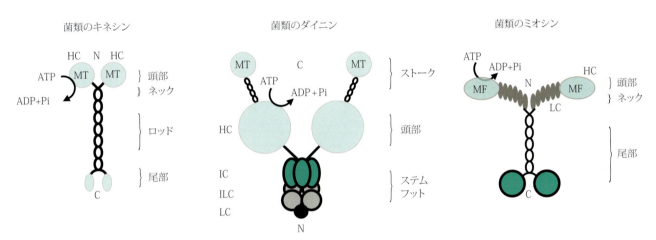

図5.7　菌類のキネシン（左側），ダイニン（中央）およびミオシン（右側）の概念図．菌類の伝統的キネシンは，酵素活性に関わる2本の重鎖（HC；105 kDa）のホモ二量体から構成されている［動物のキネシンに典型的に見られるカルボキシル（C）末端の軽鎖については，まだ証拠が発見されていない］．ダイニン複合体は，400 kDaの2本の重鎖を含み，重鎖は会合したポリペプチドにおそらく結合している．Saccharomyces cerevisiae から得られたV型ミオシンであるMyo2pの重鎖（180 kDa）は，軽鎖（LC）と結合するための6個の部位（暗灰色の長円形）をもっている．略語解：C，カルボキシル末端；HC，重鎖；IC，中間鎖；ILC，中間軽鎖；LC，軽鎖；MF，Fアクチン結合部位；MT，微小管結合部位；N，アミノ末端．［Steinberg（2000）を描き直し，改変した．］本文131頁を参照．

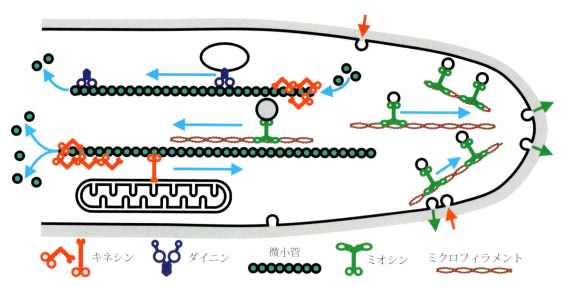

図 5.8　菌類の菌糸におけるモーターのはたらきについての仮説モデル．キネシンとダイニンは，極性のある微小管に沿ってお互いに反対の方向に移動する（キネシンは重合が速い速度で進行しているプラス端に向かい，ダイニンは重合がゆっくり進行しているマイナス端に向かう）．ミオシンは，Fアクチン（ミクロフィラメント）を用い，しばしば菌糸の頂端に濃縮される．古典的なモデルでは，モーターは，これらのフィラメントに沿って，「積荷」（たとえば，小胞や他の膜質の細胞小器官）を移動させる．しかし，ある種のモーターは，おそらく微小管端を修飾することにより（本図では，各微小管の一端における解重合で示されている），微小管の安定性に影響を及ぼす．ここに示したプロセスはすべて，成長中の菌糸で同時に起こっていると予測され，菌糸の全長にわたって，非常に多くの微小管やミクロフィラメントの行路が存在することについて注目してほしい［Steinberg（2000）を描き直し，改変した］．本文 132 頁を参照．

口絵25

A, 有糸分裂

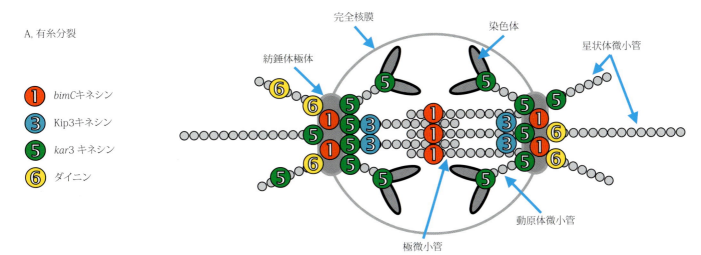

B, 頂端成長と細胞質分裂

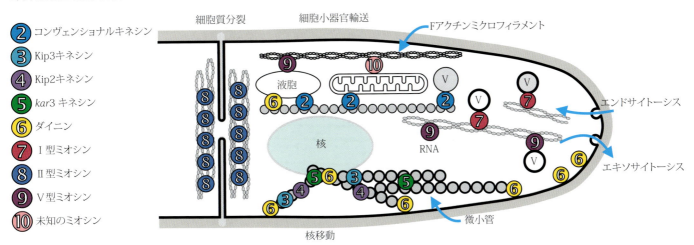

図5.9　菌類の有糸分裂（A）および菌糸頂端の極性成長（B）における，特定のモーターの分布および/あるいは仮定された作用部位．数種の菌類から得られたデータをまとめた．A，有糸分裂の間，kar3 キネシンは，紡錘体微小管のダイナミクスに影響を及ぼし，さらに，極の微小管を架橋結合していると考えられる bimC 様モーターのはたらきには逆に作用する．加えて，Kar3 タンパク質は，染色体の動原体で機能していると思われる．分裂後期は，細胞質ダイニンによって支えられている．ダイニンは，星状体微小管を引っ張る力を生じ（図5.10 と図5.11 を参照せよ），そして，おそらく Kip2 タンパク質と Kip3 タンパク質とともに，微小管のダイナミクスを修飾する．紡錘体における Kip3 タンパク質の分布がわかっていないことに注目せよ．B，分子モーターは，菌糸の頂端伸長から細胞質分裂までの広範なプロセスに関わっている．本図（図5.8 も参照せよ）では，核，液胞およびミトコンドリアを含む種々の細胞小器官の輸送と位置の調節に焦点を当てている．小胞と微小小胞（すべて「V」で標識した）の非常に多様な集団が，急速に輸送される（図5.5 と比較せよ）．[Steinberg (2000) から描き直し，改変した．] 本文134頁を参照．

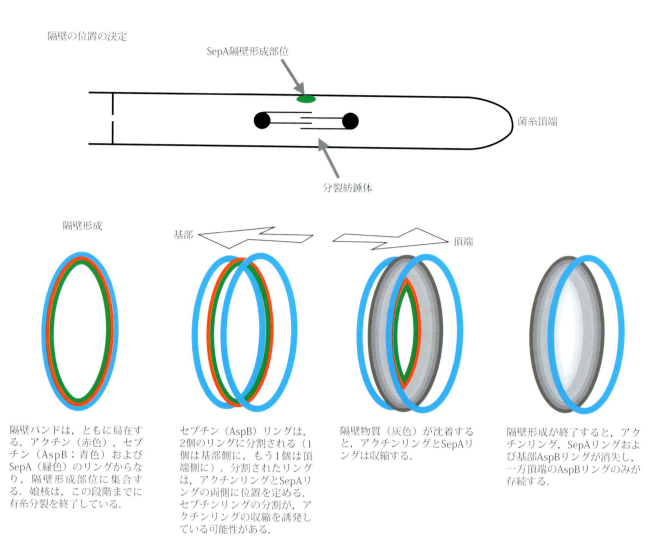

図5.14 隔壁バンドと隔壁の，配置と組立てを描いたモデル．上は菌糸の一区画で，右が先端を示す．有糸分裂の紡錘体から発信された信号に反応して，SepAは，皮層部分のドットのように隔壁形成部位に集積する．アクチンおよび/あるいはセプチンAspBのパッチは，SepAとともに局在する可能性がある．ともに局在すると，円周状に隔壁バンドが組み立てられる部位は限定される．この場合，バンドは，アクチン（赤色），SepA（緑色）およびセプチン（AspB；青色）のリングからなる．この時までに，娘核は，有糸分裂を終了している．引き続いて，隔壁バンドが隔壁を組み立てる．AspBリングは2個のリングに分割され，アクチンリングとSepAリングの両側面，1個のAspBリングは基部側に，もう1個は頂端側に位置するようになる．セプチン（AspB）リングの分割が，アクチンリングの収縮を誘発している可能性がある．アクチンリングとSepAリングが収縮すると，隔壁物質（灰色）が，細胞膜を通して方向性をもって合成され（隔壁は，細胞外であることを想起してほしい．細胞壁は，細胞膜の外側に存在する），沈着する．隔壁の集合が終了すると，アクチン，SepAおよび基部AspBリングが消失し，頂端のAspBリングのみが存続する［Harris（2001）の図に基づく］．本文153頁を参照．

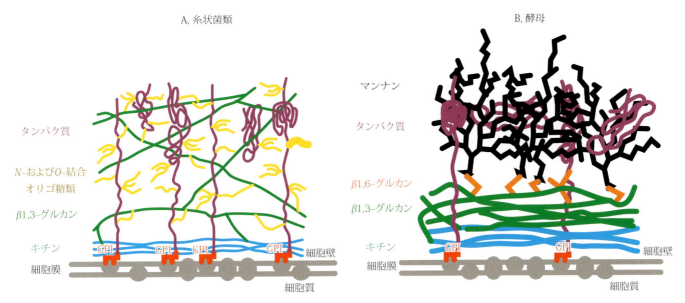

図 6.2　菌類の細胞壁構造の図解．A，糸状菌類の菌糸の細胞壁．キチン（青色で示した）のほとんどは，細胞膜の近くに存在し，プロトプラスト（原形質体）の膨圧に抗していると考えられている．β 1,3-グルカン（緑色）は，壁全体にわたって延びている．タンパク質（紫色），グルカンおよびキチンの成分は，N-結合および O-結合オリゴ糖（黄色）とともに，相互に架橋結合を形成して壁に統合されている．糖タンパク質の多くは，自身を細胞膜につなぎ留める GPI アンカーをもっており，他の糖タンパク質は，壁マトリクス中に埋め込まれている［Bowman & Free（2006）を改変］．
　B，Candida albicans の細胞壁構造の概念図．マンナン（黒色）が酵母細胞壁の外側の領域を占め，β 1,6-グルカン（オレンジ色）が，各成分と架橋結合していることに注目せよ．同時に液体培養では，壁の表面の高分子（ポリペプチドと多糖類）が親水性であり，液体培地に溶解しうるので，周囲の液体培地と「混じり合う」ことにも注目せよ．一方，気中菌糸の壁の表面は，ポリフェノールの沈積および/またはハイドロフォビン（hydrophobin）[訳注A] のようなタンパク質層の集合により，化学的に修飾されることがある（6.8 節参照）［Odds et al.（2003）を改変］．本文 169 頁を参照．
　訳注 A：界面活性能を有する疎水性タンパク質のこと．

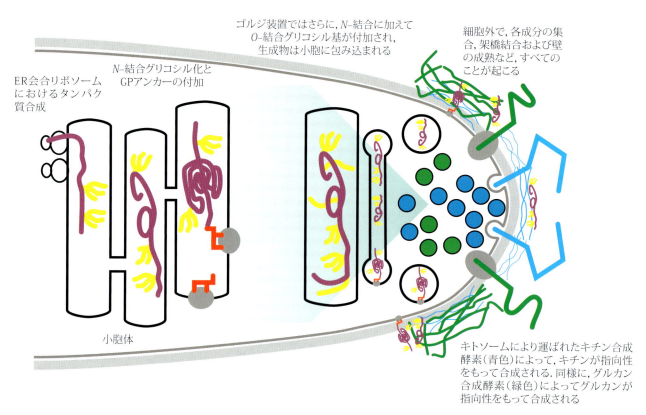

図 6.3　細胞壁成分の生合成．糖タンパク質合成は，小胞体（ER；タンパク質は紫色で示されている）でペプチドが翻訳・合成されている間に，オリゴ糖（黄色）が N-結合によりペプチドに付加されることにより始まる．GPI アンカー（glycosylphosphatidylinositol anchor，赤色）もまた，ER である種のタンパク質に付加される．ゴルジ装置では，グリコシルトランスフェラーゼが，タンパク質に糖を付加して，O-結合オリゴ糖を生成し，また N-結合オリゴ糖を伸長させることにより，タンパク質をさらに修飾する．糖タンパク質は，細胞壁間隙に分泌され，そこで細胞壁構造に統合される．細胞壁のキチン（青色）とグルカン（緑色）成分は，細胞膜上で指向性をもって合成され，合成の間に細胞壁間隙に押し出される．壁のさまざまの成分は，細胞壁間隙中で，細胞壁に会合しているグリコシルヒドロラーゼやグリコシルトランスフェラーゼにより互いに架橋結合される［Bowman & Free (2006) の図に基づく］．本文 173 頁を参照．

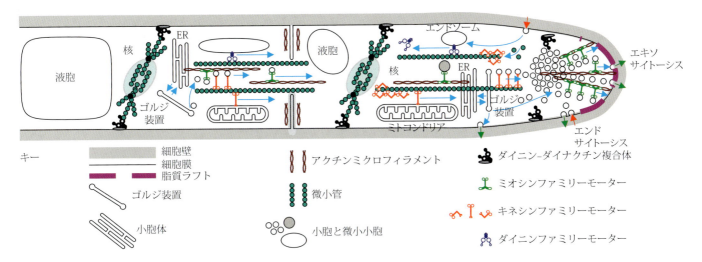

図 6.4 菌糸成長の全体的分子モデルを表した模式図．菌糸の先端成長のカギとなる特徴は，新しい壁，新しい膜および新しい細胞質成分などの形成に必要なすべての物質の，先端への急速な移動である．これらの物質のほとんどは，小胞体（ER）とゴルジ装置によって小胞につめられ，輸送される．これらの小胞は，キネシンとダイニンファミリーのモータータンパク質によって駆動され，微小管に沿って先端の小胞集団［先端小体（Spitzenkörper）とよばれている；5.15 節，図 5.5 参照］に配送される（5.12 節，図 5.8 参照）．先端小体は，微小小胞がアクチンミクロフィラメントに沿って移動し，最終的に伸長しつつある先端の細胞膜に到達するように，微小小胞を組織的に配置する．小胞と細胞膜との融合は，t-SNARE［t-soluble NSF（N-ethylmaleimide-sensitive factor）attachment protein receptor，標的膜(t)-可溶性 NSF（N-エチルマレイミド感受性因子）結合タンパク質受容体］および v-SNARE［小胞(v)-SNARE］タンパク質によって可能となる．菌糸先端のステロールの多い「脂質ラフト」[訳注A]は，信号伝達複合体および結合複合体のようなタンパク質にドメイン[訳注B]を提供し，エンドサイトーシス（endocytosis）を促進する可能性がある．菌糸先端のエンドサイトーシスは，アクチンパッチに依存している．パッチでは，ミオシン-1 がアクチンを重合してアクチンフィラメントを形成し，アクチンフィラメントはエンドサイトーシスに関わる小胞を膜から引き離している．菌糸の最先端ではエキソサイトーシス（exocytosis）が盛んに行われており，エキソサイトーシスは，おもに細胞膜の外側での壁高分子の合成や，壁の建設と成熟に関わっている（6.3 節と 6.4 節，および図 6.2 と 6.3 参照）．エンドサイトーシスは，菌糸先端の側面領域でおもな役割を果たし，膜の成分（もともとは，エキソサイトーシスの小胞により膜の外側に運ばれた）を再生利用するために取り込むと同時に，栄養素をも取り込む．膜の成分と栄養素は内膜系に運ばれ，選別されて適切に利用される（5.10 節と 5.12 節および図 5.5 参照）．この図は同時に，（潜在的には多くの）次端菌糸細胞が資源の頂端への移動に寄与していることを示している．小胞（の流れ），（迅速に移動している一連の）液胞（5.12 節）およびミトコンドリアは，すべて先端に向けて輸送され，この輸送は隔壁を通して先端細胞にまで拡がっている．同時に，核分裂紡錘体の位置は，おそらく星状体微小管と膜結合ダイニン-ダイナクチン複合体との間の相互作用によって特定されていること（図 5.10 および図 5.11）と，隔壁の位置設定はアクチンミクロフィラメントの環（5.17 節）と関連していることに留意してほしい．次の 2 つのことを念頭に置いてほしい．1 つは，本図はあくまでも模式図であり，相対的な縮尺あるいは時間を念頭に置いて表現したものではない．もう 1 つは，分裂紡錘体のようなある種の構造は，先端小体のような他の構造よりも，一時的なものである．同様に，あらゆることは敏速に起こる．本書の 5.12 節および 5.15 節ですでに示したように，アカパンカビ（Neurospora crassa）が最大速度で成長しているときに，各々の菌糸先端の伸長を支えるためには，毎分 38,000 個（すなわち毎秒 600 個以上）の小胞が頂端の細胞膜と融合しなければならない．より詳しい説明は，第 5 章と第 6 章を見てほしい，また，Steinberg（2007）と Rittenour et al.（2009）も参照されたい．本文 175 頁を参照．

訳注 A：ラフトは'いかだ'の意，生体膜中の脂質ミクロドメインの一種で，シグナル伝達や膜輸送などの機能を果たすと考えられる．
訳注 B：領域の意．

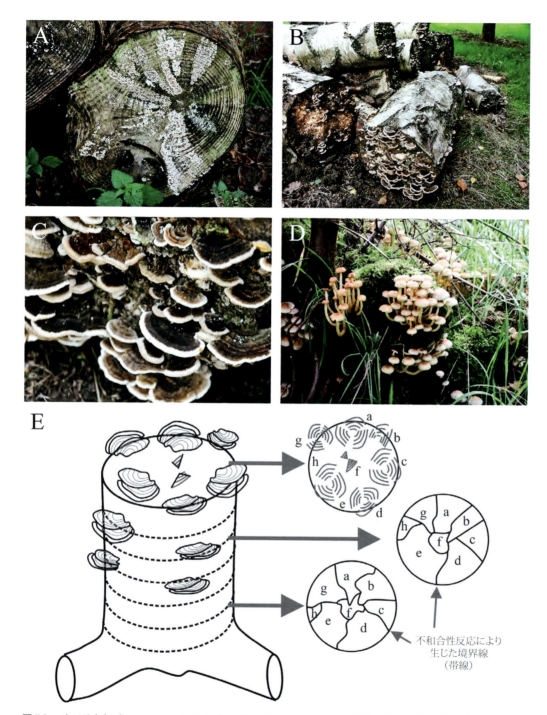

図 7.8　カワラタケ（*Trametes versicolor*）（担子菌門の菌；一般に，米国では七面鳥の尾とよばれる）（A, B, C）と，一般に sulfur tuft と知られる菌のニガクリタケ（*Hypholoma fasciculare*）（D）の菌糸体が広がった倒木．発生時期の初めには，菌糸体は材の末端にまで届き，発生しつつある子実体により，材中の離れた分解部の輪郭が示され（A），これは，異なる和合性群に属する菌糸体によって作られる．そののち，材の表面に子実体が発生する（B, C, D）．ニガクリタケが発生している D においては，異なる分解部からの子実体の発生という現象がカワラタケ（*Trametes*）属の菌に限られたものではないことを示しているが，ここでは，倒木は完全にコケによって覆われて不明瞭である．E で示されたのは，カワラタケの 8 つの和合性の無い菌糸体によって占められた切り株であり，材中の分解部は，連続的に切り取った，約 1 cm の厚さの断面によって図示されている．栄養菌糸不和合性が作用して，それぞれ近接する菌株の間に，死滅し色素が沈着した菌糸による境界領域が現れて，分解部は明瞭に区別されている．材の断面においては，これらの境界は，それぞれの菌糸体の境界を示す境界線（帯線）として現れる（a, b, c, d, e, f, g および h）（また，図 13.4 参照）．栄養菌糸体が材表面に達し，子実体を形成する場所では，子実体は菌糸体と同一の遺伝子型を有する［写真は，D. Moore による，英国 Cheshire 州，Jodrell Bank の Granada Arboretum で採取したものである．E の図は Rayner & Todd（1982）での図 3 に基づいて作成．］本文 198 頁を参照．

口絵31

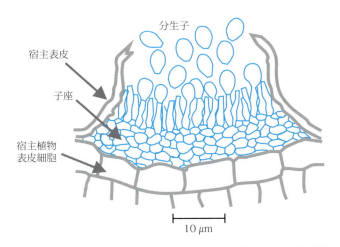

図9.11 分生子座の1種，分生子盤（acervulus）の概略図．宿主植物の表皮（灰色で表示）に病原菌の菌糸（青色で表示）が絡み合い子座を形成する．やがて植物表面から露出し胞子を拡散する．Moore-Landecker, 1996より再描画．本文234頁を参照．

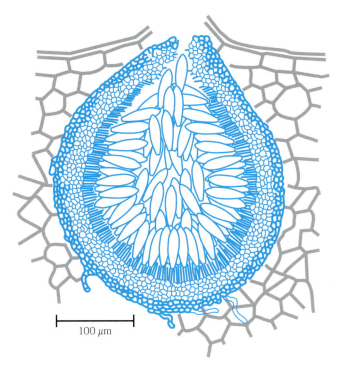

図9.12 分生子座の1種，分生子殻（pycnidium）の概略図．絡み合った菌糸が壁のような構造となって暗色で硬い，もしくは，淡色で肉質の偽柔組織（pseudoparenchymatous tissue）となる（青色で表示）．分生子殻内部で分生子柄が分生子をつくる．分生子殻が宿主の組織や子座に埋もれているものもあるが，表面に露出するものもある．盤状，球状，フラスコ型またはコップ型である．全体が閉じた構造のものもあるが，小孔，溝，破損部などから分生子を放出する．Moore-Landecker, 1996より再描画．本文234頁を参照．

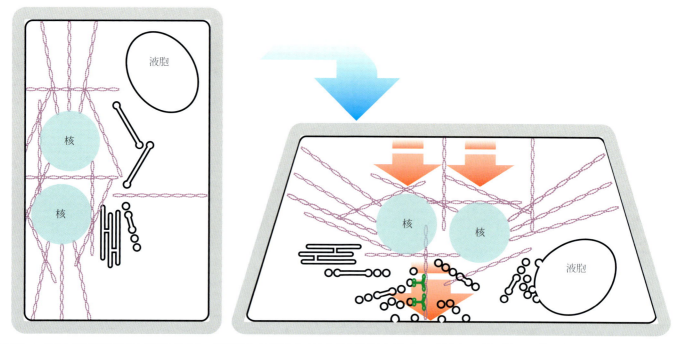

図 9.17 ハラタケ類における重力検知システム．担子菌の二核菌糸体では 2 個の核が F アクチンに囲まれ，それぞれの距離を適切に保っている（核間の距離は遺伝子発現に影響する）．核が平衡器として機能し重力場を検出することが示されているが，その仮説を図示したものである．垂直方向（一般的な柄の方向）の細胞内では，核は強く張られたアクチンミクロフィラメントによって支えられている（左図）．ところが，組織の方向が変化したとき，つまり右図に示すように横倒しになった場合，平衡器（核）が動いて内膜系に繋がっているアクチン繊維の結合にストレスが掛かり，シグナルが発生するのである．たとえば重力に対して細胞の下方に繋がっているアクチン繊維の張りは比較的弱い．もし，この緩みによって膜や壁への小胞輸送を担う微小繊維が機能しているとすると，それらは下部の膜／壁に特異的に輸送されることになる．方向感覚が喪失した直後に放出されるのは，組織中の菌糸生育を制御する成長因子受容体であろう．やがて成長因子が働き，細胞壁の改変あるいは再構築に必要な分子が輸送される．細胞壁再構築は細胞の下方で起こるため，細胞は上方に向かって曲がってゆくのである．このような機構は子実体の柄のような長く伸びた組織の多数の細胞にも作用するため，子実体が物理的に妨害されたとしても再構築することができる．Moore *et al.*, 1996 より改変．本文 239 頁を参照．

口絵 33

図 11.1　ハイイロシメジの子実体が発生している菌糸体が存在する，Stockport 市郊外の庭園の立地を示す．子実体と菌糸体の状況は図 11.2 〜図 11.10 に示した．この生物学的調査は我が家の裏庭で行われた．空中写真像は観察地点（矢印）を示すと同時に，生物学および自然史が研究室の枠を超えて都市環境まで拡がった位置を示している（図は GeoPerspectives の版権；www.emapsite.com の販売チームの James Burn 氏のご厚意による）．本文 279 頁を参照．

図11.2 2006年の秋，Stockport市郊外の庭に出現したハイイロシメジの多数の子実体．観察は10月21日から11月19日までの29日間にわたって行った．キララタケ（*Coprinellus micaceus*）の子実体が，10月26日頃と11月1日頃に出現し，成熟後，自己分解した（その一例を左上部に矢印で示した）．右下部に見えている敷石の角に注目せよ．この敷石をもち上げると，図11.3に示した菌糸体が見られる（David Moore 撮影）．本文279頁を参照．

図 11.3 　敷石を取り除き，ハイイロシメジの菌糸体を示した．図中の数字は図 11.4 から図 11.8 の写真撮影位置を示している（David Moore 撮影）．本文 279 頁を参照．

図11.4 ハイイロシメジの子実体の直下の土壌を取り除き，菌糸体が土壌とリター層に拡がっている様子を示した．この写真の撮影位置は図11.3 に示した（David Moore 撮影）．本文279 頁を参照．

図 11.5 〜 11.8　敷石の下の，ハイイロシメジの旺盛で広範囲にわたる菌糸成長を示す．菌糸束がリター片から出現していることに注目せよ．これらの写真の撮影位置は図 11.3 に示した（David Moore 撮影）．本文 280 頁を参照．

図 11.5 〜 11.8（続き）．本文 280 頁を参照．

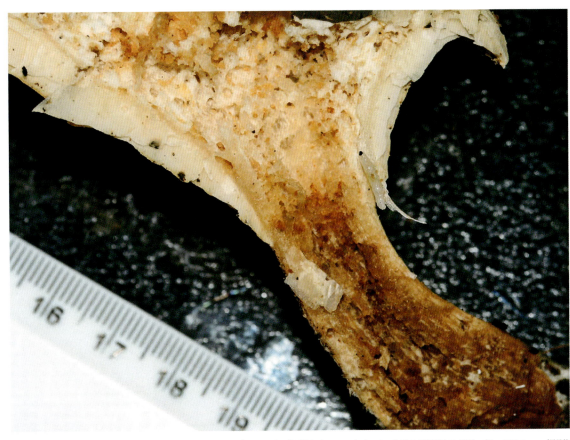

図11.9　きのこ食性ハエ類の幼虫（蛆）によって生じた長い抗道をもつハイイロシメジの子実体の切片（David Moore 撮影）．本文281頁を参照．

図11.10　きのこ食性ハエ類の幼虫（蛆）によって生じた長い抗道をもつハイイロシメジの子実体柄の基部（David Moore 撮影）．本文281頁を参照．

口絵41

図11.11　オレンジの形をした大型で黒色のナメクジ *Arion ater* が，キララタケ（*Coprinellus micaceus*）の子実体を完全に食い尽くしている（Stockport 市の同一の庭で David Moore が撮影した）．本文 282 頁を参照．

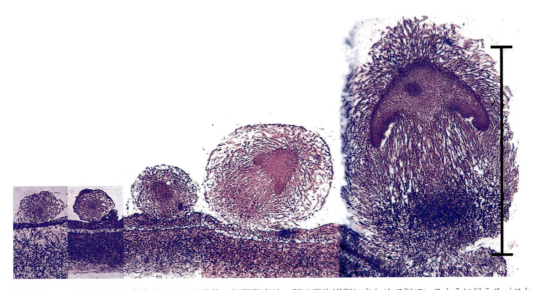

図12.1　ツクリタケのようなきのこの子実体の初期発育は，胚の発生過程にきわめて似ているように見える（スケールバー：1 mm）．しかし，菌類は栄養成長的な生物で，ここに示したものは子実体であり，子実体の多くは，1個の菌糸体によって長い時間をかけて形成されたものであることを想起してほしい．これらの画像は，ヒトヨタケのきのこ（ink cap mushroom）の，ウシグソヒトヨタケの子実体の発育ごく初期の，連続的な発育段階の切片の光学顕微鏡写真である．成熟子実体は約 100 mm の高さに達するので，ここに示した発育段階は子実体形成の全過程の最初期のたった 1% に対応しているにすぎない．切片は，多糖類が集積している部分が過ヨウ素酸シッフ染色試薬（periodic acid-Schiff reagent, PAS）で青紫に染色されている．この場合は，多糖類は他の分析法によりグリコーゲン（glycogen）と同定されている．左端の写真は，大きな菌糸房であり，左から 2 番目の写真は，始原原基（initial）（内部には，何らかの菌糸が詰まった状態や分化が見られ，この始原原基は環境条件によって菌核あるいは子実体になる）である．左から 3 番目の写真では，原基は高さ 300 μm にすぎないにもかかわらず，その内部には明らかに傘様および柄様の構造が分化していることに注目してもらいたい．左から 4 番目の切片（高さ，700 μm）では，分化はさらに明瞭であり，若いひだが形成されているが，ひだと柄の間の空隙はまだ形成されていない．右端は高さ 1.2 mm の子実体原基であり，子実体の基本的な「体制」（図 12.2 参照）が完全にでき上がり，被膜，傘表皮（すなわち，傘の表皮），傘，ひだ（環状のひだ腔の形成が始まっている），および柄（柄基部のふくらみが明瞭であり，この部位はグリコーゲンが高濃度に集積しているのが特徴である）の区分が明瞭になっている．本文 297 頁を参照．

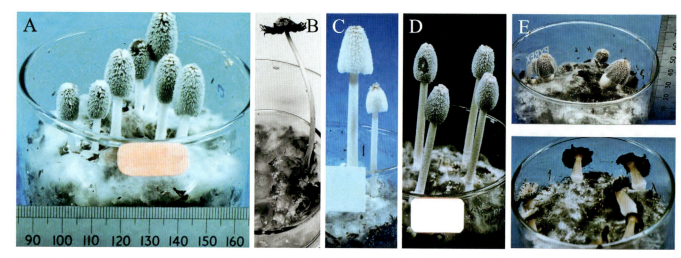

図 12.26　ウシグソヒトヨタケの発育突然変異体．左から右に，A と B は野生型（A．発育中期；B．完全に成熟して自己分解している），C は胞子を形成しない突然変異株，D は傘を展開しない突然変異株，および E は柄が伸長しない突然変異株（上の写真は未成熟子実体，下は自己分解した子実体）を，それぞれ示す．これら 3 種類の突然変異体はすべて優性であり，交雑において 1 つの遺伝子として分離する．すべての培養は，直径 9 cm のガラス製のペトリ皿で行われた（写真は Junxia Ji 博士による）．本文 329 頁を参照．

図13.1　夫婦は，家の近くの舗装道路が盛り上がり出し，それはただ単にきのこの集団によって引き起されたということを発見して，困惑した…元の報告を見るためには，次のURLにアクセスせよ：http://news.bbc.co.uk/1/hi/england/berkshire/7699964.stm．本文345頁を参照．

 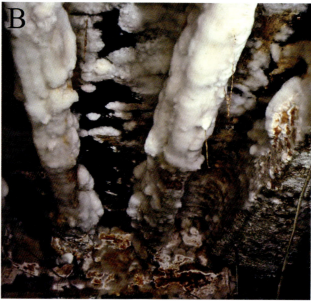

図13.3 乾腐菌類のナミダタケ（*Serpula lacrymans*）が，被害を受けた地下室の壁板（A）や天井の横げた（B）に成長している．黒ずんだ部分は，背着生の子実体である（写真は，ドイツのMintraching-SengkofenのIngo Nuss博士のご厚意で提供された）．本文349頁を参照．

図13.4 菌類の感染によりスポルティングされた（不規則な黒っぽいすじの入った）木材工芸品．スポルティングされたブナ木材から，ろくろで造られた皿（A）とつぼ（B）の見本．これらの見本は，木材の魅力的な模様を示し，ろくろ師は，そのような模様の装飾的な価値に引かれて木材を使う．クローズアップ写真は，スポルティングを生じる菌類のコロニー間の帯線の三次元的な分布（CとDおよび図7.8）を示す．つぼは，West YorkshireのBirstall Woodturning ClubのMatt Cammissによって造られた（写真はDavid Mooreによる）．本文351頁を参照．

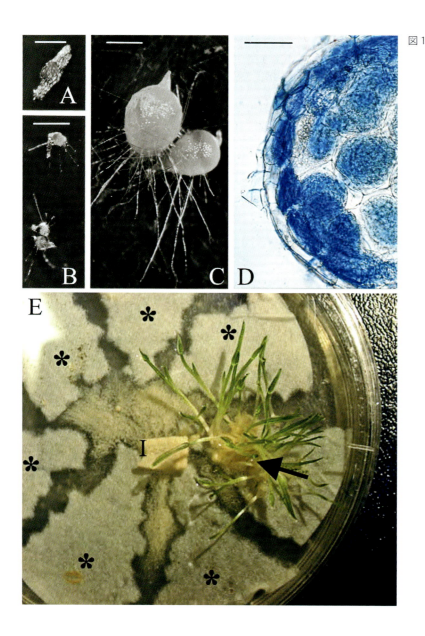

図 13.10 ランの種子への菌類の感染．A～D，実験室の無機塩寒天培地上での，菌類の Rhizoctonia cerealis と，ヒース性荒野に点在するラン Dactylorhiza maculata ssp. ericetorum の種子との菌根形成．A，寒天上の D. maculata の未発芽種子で，種皮で包まれている．スケール・バー = 0.5 mm．B，対照寒天上の，発芽しているが感染を受けていないプロトコーム．種子は容積が増大し，種皮が破れ，数本の表皮毛を生じているが，それ以上の成長は見られない．スケール・バー = 1 mm．C，発芽し R. cerealis が感染したプロトコーム．容積が非常に増加し分化も見られ，極性化し，シュート頂端が出現していることがわかる．スケール・バー = 1 mm．D，コットンブルー/乳酸で封入した感染プロトコームの切片．菌類が青く染色されている．プロトコームの外側の皮層細胞中のペロトンとよばれる菌糸コイルと，皮層の内側の細胞中における菌糸コイルの崩壊に注目せよ．スケール・バー = 100 μm．E，無菌培養法による，ランと菌類の共生関係の特異性の検定．ラン種子（ざくっと裂いたろ紙片上に置いた）と，菌根を形成する可能性のある菌根菌類を用いた．被検菌類は，ペトリ皿の寒天培地上の I の位置に接種され，前培養された．各々のろ紙片上には，異なった種子のまとまりが乗っている．たった 1 種類のランが，この寒天平板に成長している菌類と和合性があり，発芽し，葉をもった実生（矢印）になった．他の種類のランの種子（星印）は発育できなかった．菌根についてのこれ以上の情報や図解については，次の Mark Brundrett のウェブサイトにアクセスせよ．http://mycorrhizas.info［A～D は Weber & Webster（2001）を改変した．E は Bonnardeaux et al.（2007）を改変した．すべては Elsevier の許諾を得て複製された］．本文 363 頁を参照．

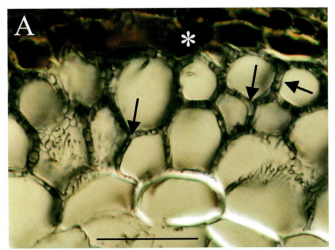
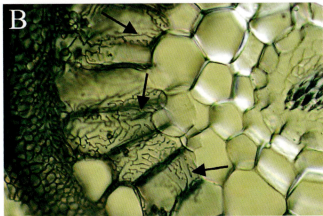

図13.11 クロラゾールブラックEで清澄化・染色し，ノマルスキー型微分干渉顕微鏡で観察した，森林樹木の外生菌根の徒手切片の光学顕微鏡写真．菌糸は，宿主の細胞間に侵入し，分枝してハルティッヒネットとよばれる迷路状構造を形成する．宿主は，菌糸の侵入に反応して，細胞中にポリフェノール（タンニン）を産生し，壁に二次代謝産物を蓄積する．マツ（*Pinus*）属やトウヒ（*Picea*）属のような外生菌根性の裸子植物では，ハルティッヒネットが皮層の深い部位に形成される．この事実は，通常表皮の1細胞層に限定してハルティッヒネットを形成する，ヤマナラシ（*Populus*）属，カバノキ（*Betula*）属，ブナ（*Fagus*）属，ユーカリ（*Eucalyptus*）属などの被子植物における典型的な状況と対照的である．A，外生菌根性の *Tsuga canadensis*（カナダツガ）の横断切片．迷路状のハルティッヒネット菌糸（矢印）が，根の皮層細胞間に侵入し，多くの細胞を完全に包んでいる．菌鞘内部のタンニンで満たされた表皮細胞（星印）に注目せよ．スケール・バー ＝ 100 μm．B，外生菌根性の *Populus tremuloides*（アメリカヤマナラシ）の根横断切片．細長い表皮細胞の周囲に，迷路状のハルティッヒネット菌糸（矢印）が見られる．この複雑な菌糸の分枝パターンは，根と接する菌類の表面積を拡大していると考えられる．活性の高い菌根帯は，根端から数ミリメートル背後に存在する（菌根形成には時間が必要なので）が，根端からさらに離れた古くなった領域では，ハルティッヒネットの菌糸は老化する．菌根についてのこれ以上の情報や図解については，次の Mark Brundrett のウエブサイトにアクセスせよ．http://mycorrhizas.info［画像は Brundrett *et al*.（1990）のものから改変され，School of Plant Biology, Western Australia 大学の Mark Brundrett 博士のご厚意で供与された］．本文365頁を参照．

図 13.12 外生菌根：種々の森林樹木種の根系の一部分は，外生菌根の形態学的多様性を示す．A〜D はすべて，ダグラスモミ（*Pseudotsuga menziesii*）の根であるが，それぞれは異なった菌類との菌根である（写真は，B. Zak による）．A，担子菌類トリュフの *Hysterangium* 属との菌根（トリュフ型子実体も示す）．B，菌根菌類 *Rhizopogon vinicolor*［イグチ目（Boletales），担子菌門］．C，菌根菌類 *Poria terrestris*［= *Byssoporia terrestris*，タマチョレイタケ目（Polyporales）］．D，菌根菌類 *Lactarius sanguifluus*［ベニタケ目（Russulales）］．E と F は，菌根菌類はベニテングタケ（*Amanita mus-*

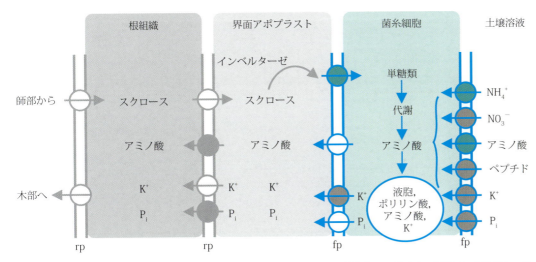

図13.14 菌類と宿主との間の栄養素の交換は，一方のパートナーによる栄養素のアポプラスト界面への放出と，他方のパートナーによる界面アポプラストからの栄養素の取り込みから成り立っている．本図は，菌根組織内で栄養素の交換を行っている輸送体についての，最近の考えをまとめたものである．略語：fp, 菌類細胞膜；rp, 根細胞膜．円は輸送体を，矢印は輸送の方向を示す．中間灰色の円は，輸送体ファミリーのメンバーの少なくとも1つが，酵母の欠損株を用いた機能相補クローニングによって，特性が明らかにされた輸送体を表している．灰色円は推定上の輸送体であり，候補の遺伝子がゲノム中に存在する．白色円は仮説上の輸送体を表す［Chalot *et al.*（2002）を再掲・改変した］．本文368頁を参照せよ．

図13.12 続き

caria）であるが，宿主は異なる菌根を示す（写真は，R. Molina による）．E, アラスカトウヒ（*Picea sitchensis*）および F, モントレーマツ（*Pinus radiata*）（画像 A〜F は，米国，Oregon 州，Pacific Northwest Research Station, USDA Forest Service の Randy Molina 博士のご厚意で提供された画像ファイルから作成された）．写真 G は，実験的ミクロコスム[訳注A]（ここでは実生は，1 cm 間隔で併存し，その間に土壌を入れた2枚のガラスシートからなる容器中で生育している）で，外生菌根菌類のアミタケ（*Suillus bovinus*）と共生して生育しているマツ実生である．この場合，2種類の土壌が使われている．1は下記のポドゾル土壌E層のものであり，2は有機壌土である．根外菌糸体（m, はっきり見えるのは，おもに菌糸束）は，定着した根端（r）から両方の基層土壌中に伸び，根よりもはるかに広範囲に伸び拡がっている．ポドゾル土壌は，北半球の針葉樹林あるいは北方林，および南半球のユーカリ林やヒース性荒野などに典型的な土壌である．ポドゾル土壌では，有機物や可溶性の無機物が，上方の層（層位）から下層に溶脱される．E層は強度に溶脱された4〜8 cm の厚さの層であり，おもに不溶性の鉱物からなっている．この鉱物層に非常に豊富に菌糸体が存在するということは，この層が外生菌根菌類の成長のための重要な培養基であることを示している．外生菌根菌類は，菌糸周辺を局所的に酸性化し，また有機酸のような金属結合風化因子を分泌することにより，その化学的環境を改変し，北方林土壌の鉱物の風化において中心的な役割を果たす．菌根についてのこれ以上の情報や図解については，次の Mark Brundrett のウェブサイトにアクセスせよ．http://mycorrhizas.info ［Rosling *et al.*（2009）から引用．この写真は Elsevier の許諾を得て複製された］．本文366頁を参照．

訳注A：自然を模した単純化された制御実験系のこと．

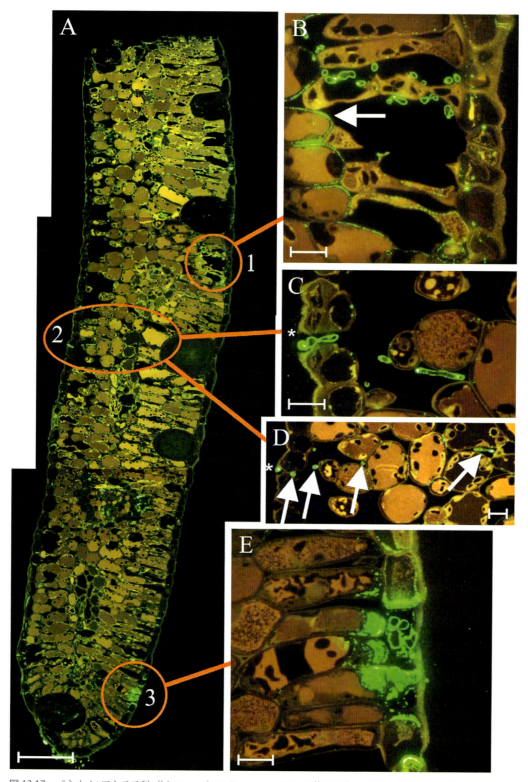

図13.17　パネルA：フトモモ科（Myrtaceae）の *Kunzea ericoides* の葉の切片．厚さは，200 nm. *K. ericoides* は「ホワイトティーツリー」とよばれ，ニュージーランドに自然に存在する樹木である．菌類細胞壁のβ 1,3-D-グルカンが，蛍光色素で標識されている．菌糸細胞壁はグリーンに着色し，植物細胞壁は自己蛍光を発して黄色または褐色を呈する．しかし，カロースを産生する植物細胞壁もまた緑色を示す．葉切片Aを構成するフォトモンタージュには，3つの別々の菌類感染が見られる．フォトモンタージュの各々は，パネルB〜Eに詳細に図解されている．パネルB：感染タイプ1を示す．菌糸は気孔を通じて侵入し，その存在は気孔腔に限定され，気孔腔周辺の植物細胞は菌類に反応してカロース（callose；矢印）を産生している．パネルC, D：感染タイプ2を示す．侵入はこの場合も気孔を通じて行われるが，気孔下腔を囲む植物細胞はカロースを産生せず，菌糸は葉組

図 14.3　ナラタケ（*Armillaria mellea*）．A，子実体および根状菌糸束（写真撮影 David Moore）．B，倒木の樹皮下から姿を見せた根状菌糸束，C，Bの根状菌糸束の拡大写真（B，C 撮影 Elizabeth Moore）．本文 390 頁を参照．

図 13.17　続き
　　織深く伸長する（パネル D の矢印）．星印は，パネル C と D で同じ気孔を示す．パネル E：第 3 のタイプの感染を示す．菌類は表皮細胞壁に直接侵入するが，周囲の植物細胞は盛んにカロースを産生し，菌類を表皮細胞 1 層に封じ込める．スケール・バー：パネル A = 100 μm，パネル B〜E = 10 μm［ニュージーランドの Landcare Research の Peter R. Johnston 博士のご厚意で提供された画像ファイルを用いて，Johnston *et al.*（2006）のものを改変した．この写真は Elsevier の許諾を得て複製された］．本文 379 頁を参照．

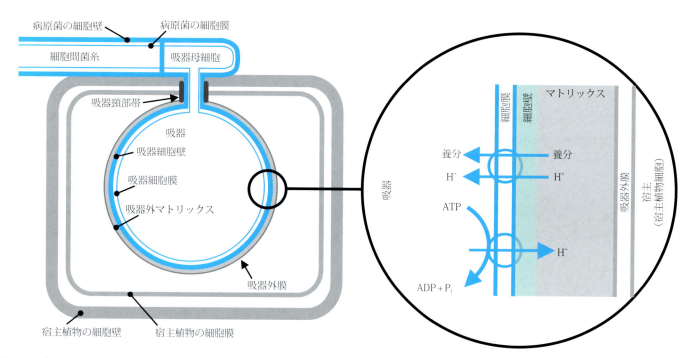

図14.7 宿主ソラマメの葉肉内における，マメ類さび病菌（*Uromyces fabae*）の二核性吸器の概念図．本図では，病原菌と宿主植物の間に存在する障壁（細胞膜および細胞壁）の数を強調して図示している．病原菌由来の構造を青色で，吸器外マトリックスや吸器外膜を含めた植物由来の構造を灰色で示す（ただし，マトリックス生成には菌類も部分的に関与する）．右の拡大図は，菌のATP分解酵素によるプロトンポンプによって，菌の共輸送により植物細胞から養分吸収を進める様子を示す（図13.8および図13.14と比較）（Voegele, 2006の図に基づく）．本文400頁を参照．

図15.2　ハキリアリ．働きアリ（体長約8 mm）は葉を切り（A），その葉片を巣に移送する（B）（働きアリが運ぶ大きな葉片が，ハキリアリの別名「パラソルアリ」の語源である）．巣のなかでは，葉片は，本文中に記述したように，ハキリアリの食料となる菌類を育てるための材料として利用される（Cの背景に示されている菌糸体）．ハキリアリの女王（C）は，あらゆる社会性昆虫類の女王の中で最も長生きで繁殖力がある［Alex Wildによる写真（http://www.alexanderwild.com/）：図と図の説明はMueller & Rabeling, 2008；版権 National Academy of Science, USA, 2007］．本文414頁を参照．

口絵 54

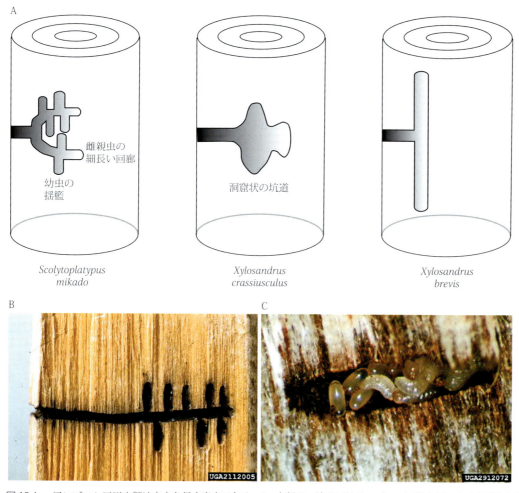

図15.4 アンブロシア甲虫類は立木を侵す害虫である．A，上部の一連の図はアンブロシア甲虫類による典型的な坑道の迷路の構造の模式図である．また，これらの図の下部にはそれぞれの坑道を穿つアンブロシア甲虫類の種名を示した．B，縞模様を示すアンブロシア甲虫 ［オウシュウトウヒ (*Picea abies*) の立木中の *Trypodendron lineatum*］の坑道（写真提供：州立植物衛生局，Czechia, Bugwood.org., Petr Kapitola による画像番号 2112005）．C，粒状に見えるアンブロシア甲虫 (*Xylosandrus crassiusculus*) の卵と幼虫（写真提供：Georgia 大学，Bugwood. Org., Will Hudson による画像番号 2912072）．［写真 B と C：Forestry Images (http://www.forestryimages.org/), The Bugwood Network と USDA Forest Service の共同プロジェクト：許可の元で作成，本文 420 頁を参照］．

図16.4 ハネカクシ（rove beetle，*Paederus riparius*）の脚部に寄生する *Laboulbenia cristata*. A：脚部に寄生した *Laboulbenia* の子実体（スケールバー＝200 μm），B：その全体像（スケールバー＝1 mm）．C：ハネカクシの脚部から脱離した *Laboulbenia cristata* 子実体．ラクトフェノール固定したものを撮影（スケールバー＝50 μm）．写真提供：Malcolm Storey（http://www.bioimages.org.uk）．本文 438 頁を参照．

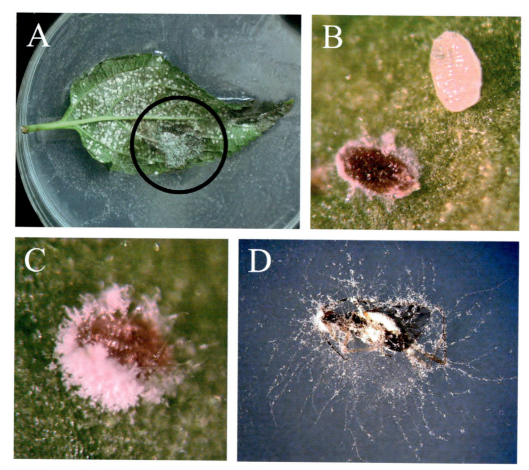

図16.9　ハッキョウビョウキン Beauveria bassiana（子嚢菌）感染の最終段階．コナジラミ Trialeurodes vaporariorum における B. bassiana 感染の影響（A〜C）．A：コナジラミに酷く食害された葉の裏面．コナジラミのサナギは Beauveria に感染している．丸印で囲んだところは特に酷い．B：拡大して見たところ．感染されたサナギと健常なものを比較している．感染サナギは赤く見えるが，これは Beauveria およびいくつかの真菌がつくる抗生物質オオスポレイン（oosporein）が蓄積したことによるものである．オオスポレインはジャガイモ疫病菌 Phytophthora infestans にも拮抗的に作用するが，カビ毒でもあり，汚染された飼料を与えられた家禽類の骨格に影響を及ぼす．C：分生子柄が形成されたコナジラミ遺体．D：Dicyphus hesperus（カスミカメムシ科昆虫）は温室でのコナジラミやクモダニ（spider mite）の生物学的防除に用いられる肉食昆虫だが，Beauveria 感染にも弱い．写真は Roselyne Labbé 著・修士論文（Faculté des Sciences de L'Agriculture et de L'Alimentation, Université Laval, Canada）：Intraguild interactions of the greenhouse whitefly natural enemies, predator Dicyphus hesperus, pathogen Beauveria bassiana and parasitoid Encarsia formosa., 2005, および Labbé et al., 2009 より，著者提供．本文 441 頁を参照．

図 16.12　カラスムギ *Avena fatua* に発生した *Claviceps purpurea* の麦角．写真：David Moore．本文 456 頁を参照．

図16.14 大型菌寄生菌．ニセショウロ（*Scleroderma citrinum*）から発生したキセイイグチ（*Boletus parasiticus*，*Xerocomus parasiticus* としても知られる）．英国 Harrogate にある Harlow Carr ガーデンにて 2005 年に採集．David Moore 撮影．本文 464 頁を参照．

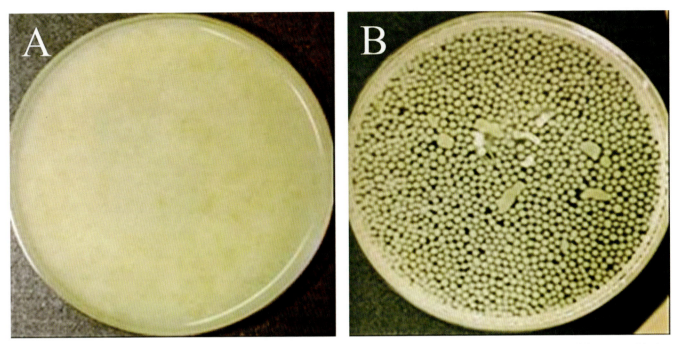

図 17.10　液体培養におけるカビの形態（振盪培養または撹拌培養）．糸状菌類の液体培養の外観（発酵槽で増殖させたのち，直径 9 cm のペトリ皿にデカントし写真撮影）．A, *Geotrichum candidum* の分散した均一な成長．B, *Aspergilus nidulans* により形成された菌糸体ペレット（画像は Dr G. D. Robson により提供された）．本文 483 頁を参照．

図17.41 Stockport のスーパーマーケットで購入したブルーチーズのサンプル（左，ゴルゴンゾーラ；右，デニッシュブルー）．上：新たに圧搾したチーズに *Penicillium roqueforti* の胞子を注入する際に，接種器具の刃先によりつけられた外側の「外皮」の穴が見られる．下：チーズの内側に胞子が形成され，胞子接種時に刃先によりつけられた跡と，凝乳粒子間の空隙に菌類が成長しているのが，明らかになっている（撮影は，David Moore による）．本文 529 頁を参照．

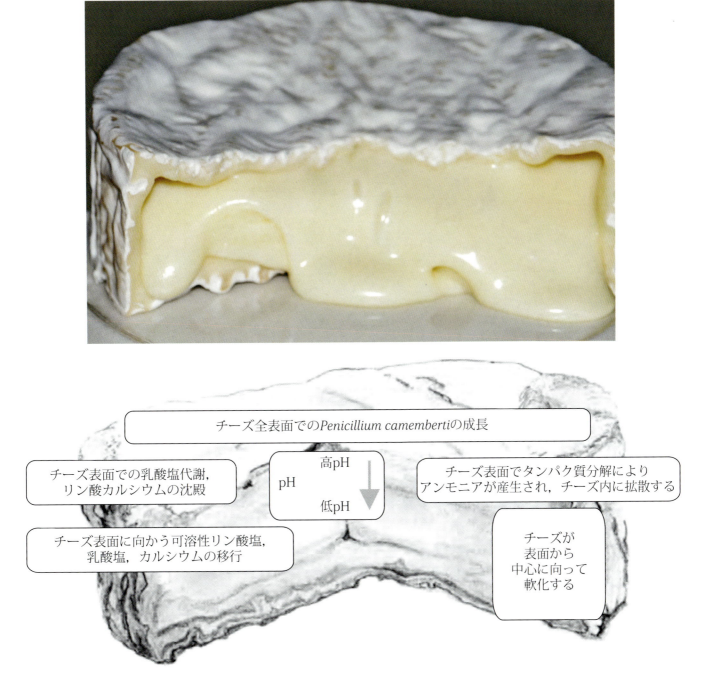

図 17.42　熟成して食べ頃のカマンベールチーズ（上図）．下のスケッチは，チーズの表面で *Penicillium camemberti* が成長して，チーズが熟成する間に起こった変化の概略を示したものである（撮影は，David Moore による．下側の模式図は，McSweeney, 2004 を修正し，書き直した）．本文 530 頁を参照．

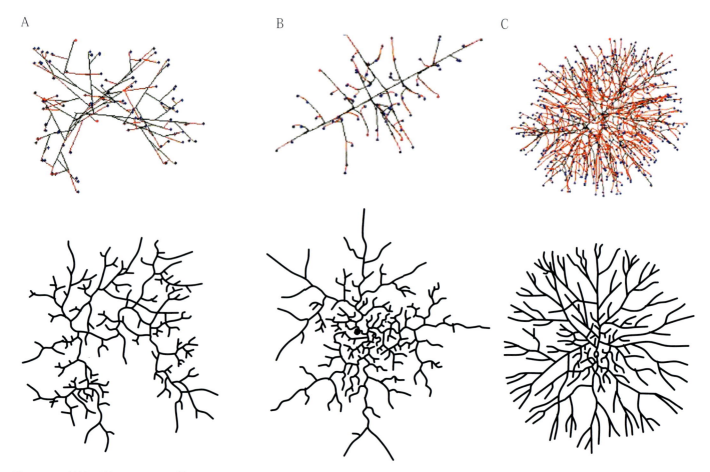

図18.28 3種類の異なるコロニー形状のシミュレーション（Fries, 1943 より）．A：*Boletus* タイプ（図4.3参照），B：*Amanita* タイプ（図4.5参照），C：*Tricholoma* タイプ（図4.4参照）．各パネルの上部がシミュレーションによって描かれたもの，下部はFries（1943）による描画．シミュレーションに用いた各パラメーターについては本文を参照されたい．本文593頁を参照．

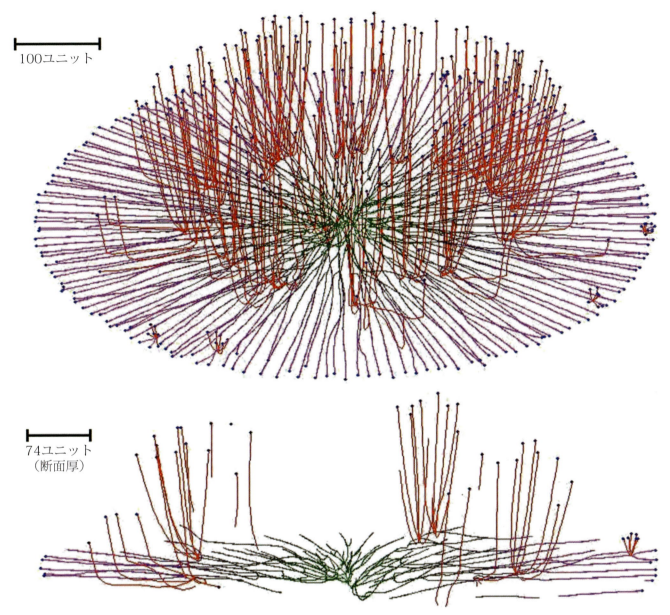

図18.29 ペトリ皿での培養で生じるコロニー生育のシミュレーション．斜めから見た様子（パネル上）および横から断片を見た様子（パネル下）．二次菌糸の分枝は220時間ユニットで活性化され，負の重力屈性をもつものと設定した．一次菌糸および二次菌糸はいずれも負の直進性反応を示し，密度依存的に分枝するものと仮定した．分枝を誘導する密度に達すると，反復（時間ユニット）当り40％の確率で分枝する．最終的なコロニー齢は294時間ユニットに達した．二次菌糸は赤色で，一次菌糸は緑色（古い菌糸）からピンク色（新しい菌糸）でコロニー中心からの距離に応じて塗り分けた（Elsevierからの許可を得たうえで，Meškauskas et al., 2004bを改変引用した）．本文594頁を参照．

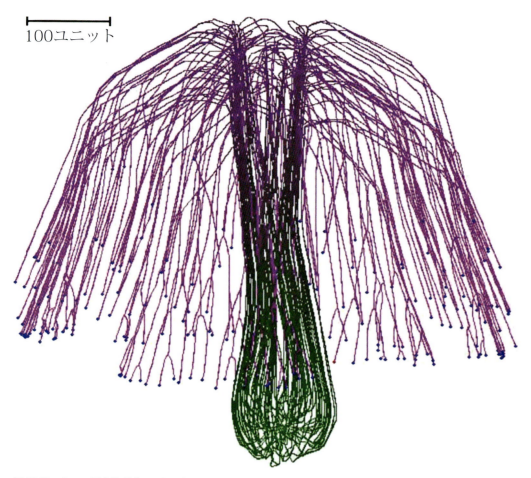

図 18.30 きのこ子実体形成のシミュレーション．コロニーははじめの 76 時間ユニットの間，球状に生育させた．その後，きのこの柄が発達するのと同様に組織を形成するように，250 時間ユニットにわたり並行直進性生育を行うよう，パラメーターを変換した．最後に正の重力向性反応を加えて（1,000 時間ユニット），かさ状構造を形成させた（Elsevier からの許可を得たうえで，Meškauskas *et al.*, 2004b を改変引用した）．本文 594 頁を参照．

訳者緒言

本書は，David Moore, Geoffrey D. Robson, Anthony P. J. Trinci 著「21st Century Guidebook to Fungi」の翻訳書である．2011年，出版直後の原書を入手した．菌類学の広い分野が網羅され，さまざまな現象が，最新のデータに基づいて，適切な写真や図表とともに，掘り下げてわかりやすく説明されていることに感銘を受けた．現在のところ，国内の研究者によって日本語で執筆された，これほど網羅的でわかりやすく掘り下げられた類書はない．2012年3月，共訳者のお一人の田中千尋さんと，京都で開かれたある会合でご一緒した折に，「昨年，面白い本がCambridgeから出版されて，学生と輪読しているのですよ」と，声をかけられた．その際に，チャンスがあれば翻訳をという話になったが，実際に，翻訳にとりかかることができたのは2013年初春であった．

菌類（カビ，酵母，きのこ）というと，梅雨のころに，食物や住居の壁の表面に緑色，橙色，黒灰色などの染み（コロニー）をつくって繁殖し，また，足指のつけ根などに棲みつき水虫をつくるなど，一般に良いイメージはない．

しかし，菌類は，近年の，DNAの塩基配列などの比較（分子系統解析）をもとに作成された系統樹の上では動物とともにオピストコンタ（遊泳細胞が存在する場合には，後端に1本の鞭毛をもつ，の意）巨大系統群に属し，10～8億年前に動物との共通祖先から分岐した，動物にきわめて近縁の生物であると考えられている．このように，菌類は，動物や植物と並んで，進化した真核（細胞学的な核を有する）の多細胞生物である．真核生物の遺伝，情報発現，細胞周期，呼吸，代謝，細胞膜を通しての物質透過などの，基本的な生命現象を解明する研究の実験材料に，酵母などの菌類が用いられてきたのは，これらの真核多細胞生物が，進化のある段階で祖先を共通し，生命の基本においてきわめて類似しているからである．事実，Eduard Buchner（1907年ノーベル化学賞受賞）を嚆矢として，Arthur Harden（1929），Hans von Euler-Chelpin（1929），Alexander Fleming（1945），George Beadle（1958），Edward Tatum（1958），Leland Hartwell（2001），Paul Nurse（2001），Roger D. Kornberg（2006）などの，20世紀以降の生命科学史の上に燦然と輝く足跡を残した科学者たちが，菌類を実験材料とした研究によりノーベル賞の医学生理学賞や化学賞を受賞している．

長い進化の歴史を反映して，菌類には，記載種だけでも98,000，未記載種を含めると150万にも達する多様な種が存在していると考えられている．多様な種が存在するだけではなく，菌類は，陸上生態系では植物に次ぐ現存量を有している．このような菌類は，極地や高山帯から熱帯にわたる広範な環境の，さまざまな基質上に生息し，われわれに実に変化に富んだ生態を見せてくれる．

菌類は，われわれの日常生活とも密接な関わり合いをもっている．ペニシリンなどの抗生物質やスタチンなどのコレステロール値制御剤・高脂血症治療薬などの産生，みそ，しょうゆ，酒，ビール，チーズなどの発酵食品の製造，および食品としてのきのこなど，枚挙にいとまのない，実に多様な面でわれわれの生活を健康で豊かなものにしてくれている．

もちろん，良い面ばかりではない．菌類は，水虫，カリニ肺炎などの真菌症の原因，アフラトキシンなどのカビ毒の産生，いもち病やさび病などの農作物病害の原因，さらには住宅建材の腐朽の原因などとして，われわれの生活の脅威にもなっている．

時空間的にマクロなレベルで見ても，菌類は，植物の根に菌根を形成することにより古生代前期における植物の陸上進出を援け，さらには地球表層環境の生元素の循環や土壌構造の形成においてなくてはならない重要な役割を果たしてきた．また，動物，植物や他の微生物とさまざまな形態の共生関係を結び，地球環境にたくみに適応し共進化してきた．豊かな緑に被われ，1,000万種とも3,000万種ともいわれる多様な生物種が存在する現在の地球表層環境は，菌類の存在なくしては出現しえなかったし，瞬時も成り立ちえないのである．

このように，地球環境にとってもヒトにとってもなくてはならない生物であるのにも関わらず，菌類の一般的な性質についてはもとより，「菌類」と「細菌」の違いについてさえも，一般にはほとんど認識されていないのではなかろうか．また，大

学や企業などの教育研究機関には，菌類学研究の看板を掲げた組織はほとんどないのが実態である．菌類に関する研究は，その重要性にも関わらず，動物や植物に関する研究に比して大きく立ち遅れているのが現状である．

本書は，菌類を，その進化から生活について，周囲の環境や他の生物との関わりの中で総合的に理解するために，菌類学を菌類に関する遺伝学，細胞学，生理学，分類学や生態学の寄せ集めとして捉えるのではなく，それらの分野の成果を相互に関連させ，数理的な手法も取り入れながら動的，統合的に捉えることを目指している．実に，菌類学は，それ自身で1つの総合科学なのである．

このような視点からの菌類学は，他の生物，ひいてはヒトを，さらには地球表層環境の成り立ちについてより良く理解する一助になると信じている．

現代科学はあまりにも細分化され，各専門に特化されすぎている．たとえば，菌類の遺伝子についての研究者は，自然界における菌類の生活についてはほとんど知らないか，関心をもっていないように思う．その逆もまた然りである．自然科学にとどまらず科学のバランスのとれた大きな発展のためには，本書におけるような総合的な視点は不可欠であると考える．

本書の特色の1つは，字面から得られる表面的な知見だけではなく，それらの基となった多くの原資料にインターネット上でアクセスするためのDOI（デジタルオブジェクト識別子）ナンバーや，関連情報を登載したさまざまのウェブサイトにアクセスするためのURLを提示していることである．また，美しい細胞，組織や生態等の写真や，わかりやすいモデル図などを豊富に提供している．これらの原資料や図表などは，菌類に対する新たな感動と興味をよび起こすだろう．

本書は，菌類について研究する学生，大学院生，若い研究者諸君，さらには菌類に興味を抱く多くの方々の，興味を広げ，それを深める一助になるものと信ずる．また，菌類に興味をもっていなかった方々には，ふだんは目にすることのない，菌類の世界の面白さ，多様性や奥の深さを知っていただくきっかけになれば，訳者一同にとって望外の喜びである．本書を，自信をもって多くの方々にお薦めする．

なお，本書における，「菌類」，「真菌類」および「真の菌類」という用語の使用について，若干付言する．長らく「菌類」は，細胞壁をもたない粘菌類と細胞壁をもつ真菌類の総称として用いられてきた．しかし，この「菌類」には，近年の分子系統学的な検討の結果，現在では「菌類」とは認められなくなった原生生物界の粘菌類や卵菌門の真菌種などの「偽菌類」が含まれている．したがって，最新の菌類学においては，これらの「偽菌類」を除いた，一般に糸状体制をとり（酵母は例外的に単細胞であるが），キチンを含む細胞壁やクリステが平板状のミトコンドリアを有し，細胞膜を通して溶解した栄養素を吸収して従属栄養を行い，α-アミノアジピン酸経路によりリジン生合成を行う'菌類'は，「真の菌類」（「真の真菌類」）とよぶべきである．しかし，「真の菌類」には含まれていない原生生物界ネコブカビ門やクロミスタ界卵菌門の偽菌類は，植物病理学などの関連学問領域では重要な研究対象であり，それらを含む「菌類」，「真菌類」を議論の対象とすべき事情もある．また，菌類の進化について論議する場合，あるいは菌類を包括的に扱う場合などは，「菌類」を用いるのが適切であると考えた．本書では，菌類学の歴史とこれらのことをふまえて，3つの用語を適宜使い分けているので，ご理解いただきたい．

原書の訳出は，次のような分担で行った：清水公徳 [第8章，第9章，第16章，第18章 (18.10〜18.15節)]，白坂憲章 [第17章 (17.3〜17.12節，17.16〜17.24節)]，鈴木彰 [第11章，第12章，第15章，第17章 (17.1, 2, 17.13〜17.15節，17.25節)]，田中千尋 [第4章，第18章 (18.1〜18.9節)]，服部力（第3章，第14章，補遺1，補遺2），堀越孝雄（原著緒言，第1章，第2章，第5章，第6章，第13章），山中高史（第7章，第10章）．

訳出後，分担者間で，可能な限り，相互にレヴューし，最終的に，田中千尋，服部力，堀越孝雄が，用語などの調整・統一をできる限り行った．

なお，第17章 (17.3〜17.12節，17.16〜17.24節) の素訳には，近畿大学農学部の福田泰久博士，吉岡早香博士，岩本和子博士，および近畿大学大学院農学研究科の亀井健吾君，大沼宏宣君，藤井陽介君，さらに第18章の素訳には，京都大学大学院農学研究科の升本宙君の力をお借りした．記して感謝申し上げる．もとより，これらの章・節の訳出の最終的な責任は，訳出分担者とレヴュアーにある．

また，第14章全般については，森林総合研究所森林微生物研究領域の佐橋憲生博士の，第3章および補遺1のいわゆる「鞭毛菌類」および「接合菌類」に関しては，筑波大学菅平高原実験センターの出川洋介博士ならびに瀬戸健介氏の，また補遺2の特に分生子形成様式については，森林総合研究所東北支所の升屋勇人博士のご高閲をあおぎ，貴重なアドバイスを賜った．これらのアドバイスは，本書の学問的価値を高めるうえできわめて貴重なものであった．記して深甚の謝意を表する．

本書の出版に際しては，共立出版株式会社の信沢孝一氏と野口訓子氏に一方ならぬお世話になった．約束の締め切りを大幅に違え，さらに意見が右に左に往き，なかなかまとまらない訳者集団に最後まで忍耐強くお付き合い頂いた．何とか出版にまでこぎ着けることができたのは，まったくお二人のお力添えのたまものである．感謝の気持ちは，言葉に表せるものではないが，心からお礼を申し上げる．

　原書は，自然科学専攻の訳者たちには相当に難解な部分もあり，最善をつくして訳出に努めたが，まだまだ不十分な点が多々あることと思う．また，菌類を扱う個々の学問領域（たとえば，医真菌学，植物病理学，発酵醸造学，酵母学等）は多岐にわたり，それぞれの領域固有の用語（訳語）が用いられている場合も多い．内容に応じてできるだけ適切な用語を選択し，また関連領域における用語も併記するように心がけたが，十分とは言えない部分もまだ多いのが現状である．ご叱正・ご意見を賜れれば幸いである．

　紅葉が散り敷く初冬の日に，およそ3年間にわたる訳出の日々を思いながら

　2015年，12月．

訳者一同を代表して，堀越孝雄

「*21st Century Guidebook to Fungi*」と著者の紹介

　菌類は，自身の独特の細胞現象と生活環をもっている．しかし同時に，より広範な生物学的システムにおいて重要な役割を果たしている．この教科書では，10億年以上前の菌類と他の真核生物の進化的起源から，菌類がわれわれの現在の日々の生活に及ぼしている大きな影響にわたる範囲の，菌類生物学全般について俯瞰する．菌類学についての教授をまさに最新のものにするのと同時に，ここで用いた統合的アプローチは，学生たちに，伝統的な教科書がなすよりも菌類生物学について広く理解させ，さらに，より広い生物学の教授に菌類を取り込む手段を提供する．

- 独自のシステム生物学的なアプローチでは，菌類と他の生物との間の相互作用に力点を置き，あらゆる生態系と食物網において菌類が果たしている重要な役割について例証する．
- コンピュータを用いたモデル化実験（computational modelling）についての例とともに，ゲノム学（genomics）や生命情報科学（bioinformatics）を含めた，「新しい」生物学における菌類の重要性に光を当てる．
- 教科書の中の要所に提示した20個以上の資料ボックスは，さらなる情報を提供してくれる外部資料に読者を誘う．
- 付録のCD（原著のみ，本翻訳書には付録されていない）には，この教科書のハイパーリンク版，完全に統合化されたサイバー菌類世界についてのウェブサイト，および近隣物体検知相互作用に基づき菌類成長をシミュレーションするプログラムなどが登載され，特色となっている．

　本教科書は，次の3名により執筆された．

David Moore：Manchester大学生命科学部名誉准教授．英国菌学会の元会長であり，国際的科学誌 *Mycological Research* の編集主幹を10年間務めた．近年，英国菌学会の後援を受け，英国の学校の教育資料としてウェブサイト www.fungi4schools.org を制作した．

Geoffrey D. Robson：Manchester大学生命科学部上級講師．学部教育課程の「微生物，人間および環境」，「菌類の生態学と生物工学」および「微生物工学」を担当し，「Enterprise Biotechnology Course」のプログラム・ディレクターでもある．英国菌学会の元会長であり，総務幹事も務めた．

Anthony P. J. Trinci：Manchester大学，School of Biological Sciences，元隠花植物担当Barker冠教授，元同School長，現在同大学名誉教授．Manchester大学では，学部教育課程の微生物学，菌類学および生物工学，博士課程の微生物工学を担当した．英国菌学会とSociety for General Microbiologyの元会長である．

緒言
Preface

　なぜ教科書を書くのか？　これは，ここ数年間，やり遂げなければならない仕事の山に直面しては落胆し，しばしばいらだちとともに，何度となく自身に発し続けてきた問いである．著者達は，何年間にもわたって，Manchester 大学の菌学概論コースで教授してきた．2000 年以降，インターネット／イントラネット配信された菌学概論コースの履修単位が，ますます重要視されている．菌学概論コースでは，登録した端末利用学生にインターネットを通して流される，ダウンロードできる PDF の形の講義ノート，フラッシュ・ムービーの形のパワーポイント説明資料，放送映像および音声ファイルなどの形の資料が，毎年改訂されて提供される．さらに，学生に対しては，学部イントラネットからダウンロードできる，PDF の形の広範な参考資料のフルテキスト版も提供される．2008/2009 年の学期までには，これらの資料は精選され，まったく新しいオンライン方式の教科書，「*21st Century Guidebook to Fungi*（現代菌類学大鑑）」の最初の原稿，にまとめあげられた．

　このような事情で，われわれは，教科書を執筆しようという決断を，特にはしなかった．そうではなく，執筆しようという決断は，毎日の（そして，毎年の）教育から生じたものである．ここ 20 年間ほどは，われわれの教育課程では，菌類界（Kingdom Fungi）を，菌類自身の特質から考えて真核生物の主要な界の 1 つとして描いてきた．菌類は，それ自身の独特の細胞現象，発育現象および生活様式を有している．そして，あらゆる生態系と食物網において，きわめて重要な役割を果たしている．さらに，われわれは，これらのすべてを理解するための機会を，生物学を専攻する学部学生に与えることが不可欠であると考えている．

　これらの資料を印刷された原稿にまとめる際に，この機会を利用して，**システム生物学**（systems biology）についての，次に示すようなさまざまな定義を満足させるように原稿を構成した．

- われわれは，生物システムの機能やふるまいを明らかにするために，菌類と他の生物との間の相互作用に力点を置く．
- 還元よりもむしろ**統合**に努める．この手法は，システム生物学を科学的方法の時代に支配的な知的枠組み（paradigm）と捉える人々を満足させる．また，研究の基データと，基データからどのようにして解釈が導かれたのかについても示す．
- システム生物学を，問題の最適・有効な解決手法を数学的・科学的に策定するための手順（operational research protocols）の観点から捉える人々のために，あらゆる種類の**コンピュータを用いたモデル化実験**（computational modelling）や**生命情報科学**（bioinformatics）についても扱う．
- 天体物理学から動物学までの多様な**学際分野**（interdisciplinary sources）から得られた，生物システムについてのデータを統合する．
- 最後に，CD を付録とすることにより（訳注：本翻訳書には，CD は付録されていない），システム生物学をすべてのコンピュータで扱いやすいものとした．CD の特徴は，教科書全体のハイパーリンク版，完全に統合化されたサイバー菌類の世界についてのウェブサイト，および近隣物体検知相互作用に基づき菌類成長をシミュレーションするプログラムなどを，登載していることである．

　原稿のこの構成は，「*21st Century Guidebook to Fungi*」を，菌類生物学の教科書としてユニークなものとする．他のユニークな特徴としては，この教科書が，まさにこの世紀に執筆されたということ，菌類界を，個々に興味深いが，しかしなお各々独立した生物の多様なグループとして扱うよりも，固有のおもしろさを有する**生物システム**（biological system）として「新世紀」にふさわしい扱いをしたこと，などがある．われわれは，この教科書をガイドブック（Guidebook）とよぶ．なぜならば，われわれは，菌類界全体を，包括的に，同時にモノグラフ的に捉えて執筆することが不可能であることに，常に気づいていたからである．そこで，われわれは，休日に旅行者を目的地にいざなう案内書をモデルとすることに決めたのである．これらの案内書は，目的地を包括的に描くものではなく，興味を

もつかもしれない広範な場所に読者の関心を引き寄せ，もし読者がある場所に興味を示したら決心をするのに十分な情報を与え，さらにその場所にどのようにして行くかを示すものである．「Guidebook to Fungi」の各部分は，読者を菌類生物学の興味をもつ分野に導く．そして，おそらく教科書としては珍しいのだが，関連の情報をさらにもたらしてくれる外部資料の参考文献も提供している．それらの参考文献のあるものは，インターネット資料，とりわけビデオであり，他の文献は印刷紙媒体であり，論文である．もし，読者が，幸運にもManchester大学の学生として菌学概論コースを受講することができれば，マウスをちょっとクリックするだけで，700以上のこのような論文の，PDFファイルの形の全文を，学部イントラネットから即座にダウンロードできるだろう．

本書では，他の約7,000頁のリプリント・コレクションを提供することはできないが，これらのコレクションに素早くアクセスする方法を提供することはできる．ここに示された参考文献のほとんどは，DOIナンバーをもっている（実際，完全なDOI URLをもつ）ことに気づくだろう．頭文字語DOIは，デジタルオブジェクト識別子（digital object identifier）を表し，電子文書（あるいは，他の電子オブジェクト）が，インターネット上のどこに存在し，固定されているかを特異的に確認する．他の文書情報は，どこで文書を見い出すかも含めて，時間とともに変化する可能性がある．しかし，当該文書のDOIナンバーは変化せず，常に読者を元の電子文書に導いてくれる．印刷された情報を用いてこれらの参考文献の1つにアクセスするためには，ブラウザにDOI URLを入力すると，元の出版社のウェブサイト上の文書に導かれるだろう．一方，本書に添付のCD版にあるDOIナンバーをもつ参考文献は，ライブハイパーリンクであるので，ライブでインターネットに接続していれば，マウスをちょっとクリックするだけで，元の出版社のウェブサイトにアクセスできるだろう．ほとんど常に，論文の抜粋あるいは要約に自由にアクセスできるだろう．しかし，もし所属する研究機関が，当該出版社の出版物の購読契約を継続していれば，その論文のフルテキストをダウンロードすることができるだろう．ダウンロードした文書を自身のハードディスクに保存すれば，あなた自身のリプリント・コレクションを構築することができる．

われわれがこの教科書を執筆したことについては，さらに広い理由がある．その理由とは，菌類学の教育には，ある種のやさしい，愛のある思いやりが必要だ，ということである．このようなやさしさや思いやりがすべて失われる危険にさらされているのである．

過去25年間にわたって，大学に進学する学生の数は非常に増加した．しかし，この事態は，学生一人当たりに支給される財政的援助の実質的な減少をもたらした．教育関係法令の変更は，生物科学研究の幅を狭め，研究は，ますます，課題のより生物医学的な面に集中するようになった．これらの結果，英国でも世界的にも，大学で教授される生物科学的課題の範囲は，必然的に狭められている．

生物科学の教育と研究におけるこれらの変化は，いくつかの特徴によって促進された．大学は，生物科学関係の学科を合併し，スケールメリットを求めた．たとえば，Manchester大学は，生物科学関係の11の学科を，1つの生物学科に合併した（Wilson, 2008）．この学科は，2004年に，UMIST（University of Manchester Institute of Science and Technology）とManchesterのVictoria大学が合併した時にできた，新しい理工科大学の生命科学部になった．

英国のほとんどの大学が，Manchester大学のイニシアチブに従ったのにもかかわらず，Oxford大学とCambridge大学のみが，現在でも，菌類学の教育と研究のための伝統的な主役学科である植物学科をもっている．生物科学教育における，このような広がりの狭小化は，たとえば分類学や生態学などの伝統的な生物学の領域の多くのスタッフが，分子生物学の重要性と，分子生物学が彼らが専攻する学問領域に及ぼす影響を正しく評価し得なかったがゆえに，深刻化した．事実，1980年代には，ある生物科学関係のスタッフは，分子生物学を，彼らの研究にはほとんどあるいはまったく関係のない自己完結型の学問分野である，と見ていた．不幸なことに，多くの菌類学者がこのような意見をもっていた．そこで，この教科書の1つの目的は，菌類学のあらゆる分野にとっての分子生物学の重要性についての，このなかなか消えない疑いを晴らすことである．そのために，分子レベルからの見方が，菌類についてのわれわれの理解をいかに向上させてくれるのかを，教科書の初めから実例を挙げて説明しようと思う．

政府が，当然のごとく健康管理に重要性を置くがゆえに，必然的に，資金提供機関は菌類学を含む他の学問分野を犠牲にして，生物医学的研究に財政支援を集中させるようになった．20世紀後半に，生物科学教育に対する財政支援が縮小され，支援が生物医学的研究に向けられたことは，大学がその生物科学関係学科を再建する方策に，強く影響を与えた．今日では，そのような学科のあるものは，その活動のほとんどを，医学における教育・研究について認知されている必要を満たすために

費やしている．すなわち，これらの学科は，おもに，医学的活動を支えるか応援するために活動している．われわれの見解では，このような形の学科間の関係は，生物科学あるいは医学，いずれの領域にとっても質の高い研究を生み出せない可能性が高い．このような環境で，アカパンカビ（*Neurospora crassa*）を用いた G. ビードル（George Beadle）と E. テータム（Edward Tatum）の研究，分裂酵母（*Schizosaccharomyces pombe*）を用いた P. ナース（Paul Nurse）の研究，あるいは出芽酵母（*Saccharomyces cerevisiae*）を用いた L. ハートウェル（Lee Hartwell）の研究は，花開いただろうか？ ビードルとテータム，およびナースとハートウェルが，結局彼らをノーベル賞受賞者とした研究を始めた時に，彼らは，彼らの研究が医学につながることをほとんどまったく気づいていなかった．われわれの見解では，生物科学と医学関係の部門は，緊密に協働しなければならない．しかし，各々の分野は，お互いに独立し，さらに多かれ少なかれ，各々は各々の専門領域のあるゆる面の発達を促すべきである．もし，進化がわれわれに何かを教えてくれるとすれば，それは，大きな遺伝子プールをもった個体群がもつ強みについてである．人間生物学科には，多くのアカデミックな多様性はない．

上述したことすべてから考えて，この教科書の底流にある目的は，ヒトと経済にとっての菌類の幅広い重要性について強調することである．現代のわれわれの存在は，時々刻々，菌類の活動に依存している．われわれがこの問題について執筆する決断をした時に，最も重視したポイントは，菌類はおそらく，この惑星で最も重要な生物界を構成している生物を包含しているのにもかかわらず，これらの生物はしばしば，大多数の生物学者によって避けて通られるか，無視されているということである．前の文章で，「重要な」という単語を用いたが，それは，分子系統学が，動物と菌類をともに進化の樹の根元に置いているからである．最初の真核生物は，現在その界に備わっている特徴から，「本質的に菌類的なもの」として認識されてきたということは，妥当なことである．それゆえ，ある意味，それらの原始的な「菌類」が，効果的に，いわゆる高等生物の生活様式を創り出した，のである．菌類は，地球上で，生命にとって重要な生物であり続けている．なぜなら，動物は持続的に存在するために植物に依存し，植物は菌類に依存している（陸上植物の95％以上は，菌根が形成され根が十分に機能するために，根に菌類が感染することが必要である．13.8 節参照）からである．菌類の種数は，控えめに 150 万種と見積もられているが，真の種数はこの数よりもずっと多いと考えられる．この数には，地球上で最大の生物が含まれている．すなわち，ワタゲナラタケ（*Armillaria gallica*）の 1 個体の菌糸体は，Oregon 州の Malheur National Forest で，約 8.9 km² もの面積を覆っていた（14.4 節参照）．菌類の中にはまた，地球上で最も早く移動するある種の生物が含まれる．というのは，ある菌類種の胞子は，射出される時に，スペースシャトルの打ち上げ時に宇宙飛行士が経験するよりも，数千倍大きな加速力に曝されるからである（9.8 節参照）．菌類は，さらに，生物量（biomass）の再循環の大部分，特に植物遺体の分解に関わることによって，この惑星に基本的な生態学的サービスを提供している．腐生的な分解は，ほとんどの菌類の特徴的な生活様式である．この菌類の活性がなくなると，われわれは，植物遺体のリターの下に埋められてしまうだろう（第 10 章参照）．

菌類が人間生存に果たしている貢献もまた，劣らずに重要である．次のようなもののない生活を，想像してもらいたい．すなわち，パン，アルコール，抗生物質，清涼飲料（クエン酸）・コーヒーあるいはチョコレート，チーズ［菌類凝固素（fungal rennet）］・サラミあるいは醤油，移植を受けた患者の免疫反応を抑制し臓器拒絶反応を防ぐシクロスポリン（cyclosporine），非常に多くの人々のコレステロール値を制御し，日々を元気に生かすスタチン（statins），さらに今日最も広範に用いられている農業用抗真菌剤のストロビルリン（strobilurins）などのない生活である．これらのない生活を想像してもらえば，われわれが今日享受している生活よりも，はるかに満ち足りない生活を思い浮かべることができるだろう．

しかし，菌類は，常に善意に満ちているわけではない．われわれの作物のすべてには菌類病が存在し，多くの場合，作物生産業は収穫高の 20〜50 ％の損失があると**推定されている**．さらに，ヒトに対する菌類感染症は，単に足水虫だけの問題ではない．すなわち，AIDS 患者の多くは，現在では菌類感染症で亡くなっている．また，慢性的免疫不全患者への菌類の日和見感染は，ますます重要性が増している臨床上の課題である．

不幸なことに，菌類は，高等生物の中でこのように大きなグループを構成しているのにもかかわらず，学校レベル以上の現在の生物学の授業のほとんどは，植物についてほんの少し教えるだけで，動物についてのみ教えている．世界中の学校教育課程は，菌類生物学についてはほとんど完全に沈黙を守っており，ほとんどの学校教育課程は，動物と植物を比較するというビクトリア時代の固定観念を頑なに保ち続けている．しかし，菌類は，植物ではないし，植物とは非常に異なっている．それゆえ，いかなる菌類についてであれ，植物生物学にいかに多く

の時間を割いても菌類を理解することはできない．同じように，菌類は，分子的関係では，動物とより密接な分類学的関係があるが，菌類は動物ではないし，菌類生物学がないことを動物学により時間をかけることで補うことはできない．さらに，われわれが調べた限りでは，学校の科学教育課程（「生物学」に特化していると主張している課程でさえも）のいずれもが，地球上に生息するさまざまな種類の生物すべてについて十分な説明をしていなかった．このような結果，学校の生徒や大学の学生のほとんど（そして，現在のほとんどの大学の学者は，同じシステムを通過してきているので，彼らも）は，菌類の生物学について無知であり，それゆえ，彼ら自身が日々の生活で菌類に依存していることについても無知である．この事実は，無知の自給サイクルであり，菌類を気にも留めない学術機関をもたらす．すべては，国立学校の教育課程における，菌類生物学の公平な扱いの欠如によってもたらされた．このことは，ヨーロッパ，南北アメリカ，およびオーストラレーシア，すなわち事実上ほとんどの英語圏を通じて，当てはまるように思う．

われわれは，生物科学関係の学科は，過度の専門化を警戒する必要があると信じている．とりわけ，ほとんどの大学が，生物医学的活動に集中するという同一の戦略に従っているので，そのように信じている．われわれは，生物科学関係学科が警戒するようになることに，わずかの望みを抱いているのだけれども…．われわれは，食糧安全保障に関する関心が高まるにつれて，英国が，現在核工学者が存在しないことを残念に思っているように，菌類学者や植物科学者がいないことを残念に思い，食糧安全保障関係の生物科学のみを重視するようになることを懸念している．ヨーロッパが，大学と研究機関の双方に眼の肥えた菌類学者を維持することは重要である．そして，われわれは，これらの人々を教育するために，この教科書を執筆したのだ．

われわれは，このガイドブックに建設的な意見を寄せてくれたわれわれの学生諸君に心からの感謝を申し上げて，序言を閉じたい．事実，ガイドブックは，学生諸君の意見によってここ何年にもわたってブラッシュアップされてきた．また，このガイドブックを作成する間，援助の手を差し延べ，理解を示してくれた家族にも感謝したい．最後に，出版に先立って情報を提供し，この本で用いたイラストレーションを提供して下さるために時間と努力を費やして下さった多くの友人と研究者仲間に，次にお名前をあげて，感謝申し上げたい：Louisiana 州立大学の M. Catherine Aime 教授；Newcastle upon Tyne 大学の G. W. Beakes 博士；Louisiana 州立大学の Meredith Blackwell 教授；Clark 大学の Manfred Binder 博士；Chicago 大学の C. Kevin Boyce 教授；Montréal 大学の Jacques Brodeur 教授；Western Australia 大学の Mark Brundrett 教授；Reading の emapsite.com sales team の James Burn 氏；Chichester の Sheila Fisher 氏と Jack Fisher 氏；Forestry Images http://www.forestryimages.org；Wisconsin 大学 Platteville の Elizabeth Frieders 博士；Dundee 大学，FRSE の G. M. Gadd 教授；Imperial College London, Medical School の Daniel Henk 博士；Clark 大学の David S. Hibbett 教授；日本の国立科学博物館の保坂健太郎博士；Washington DC の国立自然史博物館の Carol Hotton 博士；Washington DC の国立自然史博物館の F. M. Hueber 博士；Michigan 大学の Timothy Y. James 博士；Landcare Research New Zealand の P. R. Johnston 博士；スミソニアン協会の Tom Jorstad 氏；Pamela Kaminski 氏 http://pkaminski.homestead.com；Bryce Kendrick 博士 http://www.mycolog.com；*Field Mycology* の Geoffrey Kibby 氏；USDA/ARS Peoria の Cletus P. Kurtzman 博士；Agriculture and Agri-Food Canada Ontario の Roselyne Labbé 博士；Western Ontario 大学の Marc-André Lachance 博士；Göteborg 大学の Karl-Henrik Larsson 教授；オーストラリア国立植物園の Heino Lepp 博士；Alabama 大学の Peter M. Letcher 教授；中国科学院北京の Xingzhong Liu 教授；Lambert Spawn Co. の Mark Loftus 博士；Maine 大学の Joyce E. Longcore 博士；Tennessee 大学の P. Brandon Matheny 博士；スイスの Audrius Meškauskas 博士；Wyoming 大学の Steven L. Miller 教授；*Mycorrhiza* と USDA Forest Service の Randy Molina 博士；Regensburg の H. Peter Molitoris 教授；王立 Ontario 博物館と Toronto 大学の Jean-Marc Moncalvo 博士；Stockport の Elizabeth Moore 氏；NASA's Space Telescope Science Institute；Wisconsin 大学 Madison 校の Stephen F. Nelsen 博士；Lund 大学の Birgit Nordbring-Hertz 教授；South Manchester 大学病院の Lily Novak Frazer 博士；Mintraching-Sengkofen Germany の Ingo Nuss 博士；USDA/ARS Peoria の Kerry O'Donnell 博士；ART Zürich の Fritz Oehl 博士；Bergen 大学の Lise Øvreås 博士；スミソニアン協会の Mary Parrish 氏；Aarhus 大学の Jens H. Petersen 博士；Edinburgh 大学 Institute of Cell Biology の Nick D. Read 教授；Bourgogne 大学 INRA の Dirk Redecker 教授；Cranfield 大学の Karl Ritz 教授；メキシコ，Autónoma de Tlaxcala 大学の Carmen Sánchez 博士；Montpellier 大学の Marc-André Selosse 教授；Wake Forest 大学の Sabrina Setaro 博士；*Mycologia* 編集幹事，Philadelphia にあ

る Saint Joseph's 大学の Karen Snetselaar 博士；Malcolm Storey 氏，http://www.bioimages.org.uk；（株）テクノスルガ・ラボの杉山純多教授；American Type Culture Collection の Sung-Oui Suh 博士；Manchester の John L. Taylor 氏；Bergen 大学の Vigdis Torsvik 教授；Exeter 大学の John Webster 教授；SUNY-ESF New York の Alexander Weir 博士；Boise 州立大学の Merlin M. White 教授；Photography Illinois の Alex Wild 氏；中国科学院北京の Ence Yang 氏．

David Moore,
Geoffrey D. Robson,
Anthony P. J. Trinci

文献

Wilson, D. (2008). Reconfiguring Biological Sciences in the Late Twentieth Century: A study of the University of Manchester. Manchester, UK: Centre for the History of Science, Technology and Medicine. ISBN-10: 095589719X, ISBN-13: 978-0955897191.

目　次

訳者緒言 ... i
「21st Century Guidebook to Fungi」と著者の紹介 ... iv
緒　言 ... v

第1部　菌類の起源と進化 ... 1
第1章　21世紀の菌類共同体 ... 3
1.1　菌類とは何者で，そしてどこにいるのか？ ... 4
1.2　最も重要な陸上生息地，土壌 ... 5
1.3　どのくらいの土壌が，どこに存在するのだろうか？ ... 5
1.4　土壌の性質，そして誰が土壌をつくったのか ... 6
1.5　土壌生物相は非常に多様で，数が多い ... 7
1.6　土壌微生物の多様性 ... 8
1.7　微生物多様性の概観 ... 9
1.8　地球菌学 ... 10
1.9　農業の起源と，農業の菌類への依存 ... 11
1.10　文献と，さらに勉強をしたい方のために ... 15

第2章　進化的起源 ... 17
2.1　生命，宇宙そして万物 ... 18
2.2　あなたの住み処，惑星・地球 ... 20
2.3　ゴルディロックスの惑星 ... 20
2.4　生命の樹の3つのドメイン ... 22
2.5　菌類界 ... 28
2.6　オピストコンタ巨大系統群 ... 30
2.7　化石菌類 ... 31
2.8　菌類の系統発生 ... 35
2.9　文献と，さらに勉強をしたい方のために ... 38

第3章　菌類の自然分類 ... 41
3.1　菌界の構成者 ... 42
3.2　ツボカビ類 ... 42
3.3　さらなるツボカビ類：ネオカリマスティクス菌門 ... 46
3.4　コウマクノウキン門 ... 46
3.5　グロムス菌門 ... 51
3.6　伝統的接合菌門 ... 53
3.7　子嚢菌門 ... 56
3.8　担子菌門 ... 63
3.9　菌類における種概念 ... 75
3.10　偽菌類 ... 77
3.11　生態系菌学 ... 80
3.12　文献と，さらに勉強をしたい方のために ... 82

第2部　菌類の細胞生物学 ... 85
第4章　菌糸の細胞生物学と固体基質上での成長 ... 87
4.1　菌糸体：菌糸の成長様式 ... 88
4.2　胞子発芽と休眠 ... 88
4.3　真菌の生活様式：コロニー形成 ... 88
4.4　菌糸成長における動力学 ... 90
4.5　成熟に向けたコロニーの成長 ... 94
4.6　真菌類のコロニーの形態学的な分化 ... 94
4.7　糸状菌における複製周期 ... 95
4.8　核移動の制御 ... 97
4.9　成長の動力学 ... 97
4.10　自律屈性反応 ... 98
4.11　菌糸分枝 ... 99
4.12　隔壁形成 ... 100
4.13　固体基質上での定着における菌糸体成長の生態学的利点 ... 102
4.14　文献と，さらに勉強をしたい方のために ... 102

第5章　菌類細胞生物学 ... 105
5.1　菌糸体の成長機構 ... 106
5.2　モデル真核生物としての菌類 ... 106
5.3　細胞構造の基本 ... 108
5.4　真核細胞の細胞内構成要素：核 ... 110
5.5　核小体，および核内外への輸送 ... 114
5.6　核の遺伝学 ... 116

5.7	有糸核分裂	117
5.8	減数核分裂	119
5.9	mRNA の翻訳とタンパク質の選別	121
5.10	細胞内膜系	124
5.11	細胞骨格系	128
5.12	分子モーター	131
5.13	細胞膜とシグナル伝達経路	137
5.14	菌類細胞壁	140
5.15	菌糸頂端の細胞生物学	142
5.16	菌糸融合と菌糸体相互連絡	147
5.17	細胞質分裂と隔壁形成	150
5.18	酵母‐菌糸体二形性	157
5.19	文献と，さらに勉強をしたい方のために	157

第6章　菌類細胞壁の構造と合成　163

6.1	機能する細胞小器官としての菌類細胞壁	164
6.2	細胞壁の構造と機能の基本	165
6.3	細胞壁構造の基本	168
6.4	キチン成分	168
6.5	グルカン成分	170
6.6	糖タンパク質成分	171
6.7	細胞壁合成と再構成	173
6.8	壁から遠く離れた側で	177
6.9	臨床的標的としての菌類細胞壁	180
6.10	文献と，さらに勉強をしたい方のために	181

第3部　菌類の遺伝学と多様性　185
第7章　単相から機能的な複相まで：ホモカリオン，ヘテロカリオン，ダイカリオンと和合性　187

7.1	和合性と個々の栄養菌糸体	188
7.2	ヘテロカリオンの形成	189
7.3	ヘテロカリオンの解消	191
7.4	ダイカリオン	192
7.5	栄養菌糸和合性	193
7.6	不和合性システムの生物学	196
7.7	有糸分裂サイクルでの遺伝子の分離	197
7.8	疑似有性的生活環	202
7.9	細胞質分離：ミトコンドリア，プラスミド，ウイルス，プリオン	203
7.10	文献と，さらに勉強をしたい方のために	205

第8章　有性生殖：多様性と分類学の根幹　207

8.1	有性生殖のプロセス	208
8.2	出芽酵母の交配	209
8.3	出芽酵母での交配型変換	211
8.4	*Neurospora* における交配型	212
8.5	担子菌における交配型	214
8.6	交配型因子の生物学的意義	219
8.7	文献と，さらに勉強をしたい方のために	220

第9章　続・多様性について：細胞と組織の分化　223

9.1	多様性とは？	224
9.2	菌糸体の分化	224
9.3	胞子形成	226
9.4	*Aspergillus* の分生子柄	230
9.5	*Neurospora crassa* における分生子形成	233
9.6	分生子果	233
9.7	線状構造：菌糸束，根状菌糸束，柄	235
9.8	球形構造物：菌核，子座，子嚢果，担子果	237
9.9	文献と，さらに勉強をしたい方のために	241

第4部　菌類の生化学と発生生物学　243
第10章　生態系における菌類　245

10.1	菌類の生態系への貢献	246
10.2	多糖類の分解：セルロース	247
10.3	多糖類の分解：ヘミセルロース	248
10.4	多糖類の分解：ペクチン	249
10.5	多糖類の分解：キチン	249
10.6	多糖類の分解：デンプンとグリコーゲン	249
10.7	リグニン分解	250
10.8	タンパク質の分解	255
10.9	リパーゼおよびエステラーゼ	256
10.10	ホスファターゼおよびサルファターゼ	256
10.11	栄養素の流れ：輸送と転送	256
10.12	一次（中間）代謝	259
10.13	スタチンやストロビルリンのような商品を含む二次代謝産物	266
10.14	文献と，さらに勉強をしたい方のために	274

第11章　食料としての菌類の利用　277

11.1	食料としての菌類	278
11.2	食物網における菌類	278

11.3	野外での採取：商業的なきのこの採取	284
11.4	ヒトの食料としての菌糸細胞と菌糸体	285
11.5	発酵食品	287
11.6	産業的栽培方法	287
11.7	園芸（農業）昆虫類と菌類	292
11.8	菌類の子実体の発育	293
11.9	文献と，さらに勉強をしたい方のために	293

第12章　発育と形態形成　295

12.1	発育と形態形成	296
12.2	発生生物学の公式の学術用語	297
12.3	菌類発育生物学の観察と実験の基礎	299
12.4	子実体形成の10種類の様式	300
12.5	反応能と局所的パターン形成	303
12.6	ヒメヒトヨタケ属の子実体：子実層の形成	305
12.7	ヒメヒトヨタケ属とフクロタケ属の子実体のひだの形成（多孔菌類の管孔がいかに形成されるかもお忘れなく）	310
12.8	ヒメヒトヨタケ属の子実体：柄形成	316
12.9	子実体の成熟過程における細胞の膨張化の調整	319
12.10	きのこ（子実体）の仕組み	320
12.11	形態形成に関わる代謝制御	322
12.12	発育拘束	324
12.13	他の組織や他の生物との比較	327
12.14	発育に関する古典遺伝学的研究方法およびゲノムデータの発掘	328
12.15	脱分化，老化，死	331
12.16	菌類発生生物学における基本的原理	332
12.17	文献と，さらに勉強をしたい方のために	333

第5部　腐生栄養体，共生体および病原体としての菌類　339

第13章　生態系菌類学：腐生栄養菌類，および植物と菌類との相利共生　341

13.1	生態系菌類学	342
13.2	循環処理生物および腐生栄養生物としての菌類	342
13.3	大地を動かす	344
13.4	カビ毒：食物の汚染と変性（スタチンとストロビルリンについてもふれる）	346
13.5	住居の構造木材の腐朽	348
13.6	有毒廃棄物や難分解性廃棄物のレメディエーション（分解・無害化）への菌類の利用	351
13.7	木材腐朽菌類による大気中への塩素化炭化水素（クロロハイドロカーボン）の放出	353
13.8	菌根概説	354
13.9	菌根のタイプ	355
13.10	アーバスキュラー内生菌根（AM）	356
13.11	ツツジ型内生菌根	358
13.12	アーブトイド型内生菌根	360
13.13	シャクジョウソウ型内生菌根	361
13.14	ラン型内生菌根	362
13.15	外生菌根	364
13.16	内外生菌根	369
13.17	菌根の効果，商業的応用および環境変動と気候変動の影響	369
13.18	地衣類概説	374
13.19	内生菌類概説	378
13.20	着生菌類	380
13.21	文献と，さらに勉強をしたい方のために	381

第14章　植物病原菌としての菌類　385

14.1	菌類病と世界の農業生産における損失	386
14.2	主要病害の実例	388
14.3	イネいもち病菌（子嚢菌門）	389
14.4	ナラタケ（担子菌類）	389
14.5	吸器を形成する病原菌（子嚢菌門および担子菌門）	389
14.6	*Cercospora*（子嚢菌門）	390
14.7	ニレ類立枯病菌（子嚢菌門）	390
14.8	黒さび病菌-地球的規模でのコムギへの脅威	392
14.9	植物病の基礎：病気のトライアングル	393
14.10	植物の殺生栄養性病原菌と活物栄養性病原菌	395
14.11	病原体が宿主に与える影響	396
14.12	植物病原体の感染様式	398
14.13	気孔開口部からの侵入	398
14.14	宿主細胞壁への直接的侵入	400
14.15	酵素による貫入	402
14.16	植物による構成的および誘導的防御メカニズム	404
14.17	病原菌と宿主の遺伝的変異：病害系共進化	406
14.18	文献と，さらに勉強をしたい方のために	408

第15章　共生者と動物捕食者としての菌類　411
- 15.1　菌類の協同ベンチャー事業　412
- 15.2　アリによる農業　413
- 15.3　アフリカでの造園者（農民）シロアリ　418
- 15.4　甲虫類による農業　419
- 15.5　嫌気性菌類と反芻動物の発生　420
- 15.6　線虫捕捉菌類　425
- 15.7　文献と，さらに勉強をしたい方のために　429

第16章　動物（ヒトを含む）病原菌としての真菌　433
- 16.1　昆虫の病原体　434
- 16.2　微胞子虫　434
- 16.3　トリコミケス綱　436
- 16.4　ラブルベニア目（Laboulbeniales）　438
- 16.5　昆虫寄生菌　439
- 16.6　害虫の生物防除　443
- 16.7　皮膚ツボカビ症：両生類の新興感染症　444
- 16.8　サンゴのアスペルギルス症　446
- 16.9　真菌症：ヒト真菌感染症　447
- 16.10　ヒト真菌症の種類（臨床的視点から）　448
- 16.11　居住空間における真菌と健康への影響：アレルゲンとカビ毒　454
- 16.12　動物および植物病原菌の比較および疫学の基礎　458
- 16.13　菌寄生性および菌病原性の真菌類　461
- 16.14　文献と，さらに勉強をしたい方のために　466

第6部　菌類のバイオテクノロジーとバイオインフォマティクス　471

第17章　全菌体を用いた生物工学　473
- 17.1　液内培養における菌類による発酵　474
- 17.2　菌類の培養　474
- 17.3　酸素の要求と供給　478
- 17.4　発酵槽工学　480
- 17.5　液体培養における菌類の生育　482
- 17.6　発酵槽中での生育の動力学　485
- 17.7　菌体収量　486
- 17.8　定常期　487
- 17.9　ペレットの成長　489
- 17.10　回分培養を越えて　492
- 17.11　恒成分培養槽法とタービドスタット法　493
- 17.12　液内発酵の利用　495
- 17.13　アルコール発酵　498
- 17.14　クエン酸の生物工学　500
- 17.15　ペニシリンと他の医薬品　501
- 17.16　繊維の柔軟仕上げと加工，および食品加工のための酵素　507
- 17.17　ステロイドと菌類の利用による化学的変換　510
- 17.18　クォーン（Quorn™）発酵と発酵槽の進化　510
- 17.19　胞子と接種源の生産　517
- 17.20　草食動物の自然の消化発酵　518
- 17.21　固相発酵　518
- 17.22　リグノセルロース残渣の分解　521
- 17.23　パン：アルコール発酵式の別の側面　524
- 17.24　チーズとサラミの製造　526
- 17.25　醤油，テンペ，およびその他の食品生産物　530
- 17.26　文献と，さらに勉強をしたい方のために　532

第18章　分子生物工学　537
- 18.1　細胞膜を標的にする抗真菌剤　538
- 18.2　細胞壁をターゲットとする抗真菌剤　547
- 18.3　21世紀初めの全身性真菌症の臨床的制御：アゾール類，ポリエン類そして併用療法　548
- 18.4　21世紀初めの農業用殺菌剤：ストロビルリン類　552
- 18.5　真菌類の遺伝的構造を理解する　555
- 18.6　真菌類のゲノムをシーケンスする　558
- 18.7　ゲノムをアノテーションする　562
- 18.8　真菌類のゲノムとその比較　567
- 18.9　ゲノムを操作する：標的遺伝子破壊，形質転換，ベクター　573
- 18.10　真菌類を異種タンパク質の生産工場として利用する　579
- 18.11　糸状菌を用いた組換えタンパク質生産　580
- 18.12　菌学におけるバイオインフォマティクス：大規模なデータセットを操作する　583
- 18.13　ゲノムのデータマイニングは真菌類と動物と植物における多細胞システム形成メカニズムが異なるという考え方を支持する　587
- 18.14　大規模なデータセットの調査を分析することで，気候変動が菌類に与える影響が明らかにされる　589
- 18.15　サイバー真菌：菌糸生育の数学的モデル化とコンピュータ・シミュレーション　591

18.16　文献と，さらに勉強をしたい方のために　　595

第7部　補　遺　　601
補遺1　菌類分類の概要　　603
補遺2　菌糸体と菌糸の区分　　621

事項索引　　639
生物名索引　　656
学名索引　　660

第1部
菌類の起源と進化

第1章
21世紀の菌類共同体

　本書は，菌類の生物学と，菌類が貢献している生物学的システムについて，広く理解することを目的としている．カバーするのは，菌類や他の真核生物の10億年以上前（この間のすべての時間について論議するが）からの進化的起源から，菌類が今日のわれわれの日々の生活に対して果たしている多くの貢献にいたることがである．本書では，生態学，進化，多様性，細胞生物学，遺伝学，生化学，分子生物学，生物工学，ゲノム学および生命情報科学を含む菌類の生物学について包括的に概説する．

　本書は，生物学的システムの機能と性質を明らかにするために，菌類と他の生物との間の相互作用に力点を置いて論述する．

- 還元よりもむしろ統合に力を注ぐ．このことは，システム生物学を科学的方法のパラダイムとして捉える人々を満足させるだろう．
- システム生物学を，問題の最適・有効な解決手法を数学的・科学的に策定するための手順の観点から捉える人々のために，コンピュータを用いたモデル実験や生命情報科学についても扱う．
- さらに，多様な学際的領域から得られた生物学的システムについての知見を統合する．

　本章では，生物にとって最も重要な陸上生息域と，土壌の性質と形成から始めて，現存の生物群集について考察する．菌類が土壌の構造と化学性に対して果たした貢献，とりわけ，地球菌類学（geomycology）とよばれる分野に焦点を当てる．同時に，土壌中の生物多様性についても論議する．ついで，細菌，粘菌を含むアメーバ，菌類，線虫，小型節足動物および比較的大型の動物の間の相互作用についても，例をあげて説明する．農業の起源について簡潔にふれ，人類が菌類にいかに依存しているかについても例解する．

1.1 菌類とは何者で，そしてどこにいるのか？

「皆さんのうちで何人が，菌類は細菌であると考えているのでしょうか？」これは，最近の夏の学校で，われわれのワークショップ・セッションに参加した生徒の一人から，第10学年（中等学校の第4学年，参加申し込み時は14歳）の生徒に対して発せられた質問である．夏の学校に参加した全員，約170名の生徒に対して，「菌類は植物であると考えている人は皆手を挙げて下さい」と問うたところ，約15名が挙手をした．しかし「菌類は細菌であると考えている人は手を挙げて下さい」という質問に対しては，少なくとも150名が挙手をしたのだ！

学校の先生方と同じように，われわれは絶えず，菌類は植物であるという誤った考えと闘っている．それにしても，そのように多くの生徒が義務教育の終盤近くになっても，菌類は細菌であると信じているのを知ってショックを受けた．何といっても，そのような考えは，クジラが魚であるという考えよりも大きな誤りである．少なくとも，クジラと魚は同じ動物界に属している．そのような無知は重要であろうか？われわれは然りといいたい．その誤りが重要である実際的な理由は，菌類の活動が，われわれの日々の生活において決定的に重要な役割を果たしているからである．それが重要である教育的な理由は，菌類がおそらく，この惑星の高等生物の中で最大の界であるからである．この菌類界についての無知は，われわれの個々の教育における最大の弱点である．

菌類は真核生物であり，複雑な細胞構造と，高等生物の特徴である組織や器官を形成する能力をもっているので，細菌ではない．不幸なことに，菌類が高等生物の中で大きなグループを構成しているのにもかかわらず，現在の学校レベル以上でのほとんどの生物学の授業は，植物についてわずかにふれて，動物に特化している．その結果，学校やカレッジの大多数の学生（そして，同じシステムを通過してきた現在の学究も）は，菌類の生物学について無知である．さらにはそれゆえに，彼ら自身が日々の生活において，菌類にいかに負うているかについても気づいていない．国民学校のカリキュラムにおいて，菌類の生物学について適切に扱わなかったがゆえに生じた，菌類についてのこの制度的な無知は，ヨーロッパ，南北アメリカおよびオーストラレーシア，実際ほとんど世界中について，当てはまるように思われる．

菌類は，この惑星において，間違いなく**最も重要な生物界の**生物グループであるにもかかわらず，しばしばほとんどの生物学者によって，避けて通られるか無視されてきた．この事実が，この教科書を執筆するに至った最も大きな理由である．われわれが「重要」であるという理由は，動物と菌類は，分子系統学によって，ともに進化系統樹の根元に置かれているからである．最初の真核生物は，現在菌類界にそなわっている特徴から，「本質的に菌類のようなもの」であると認識されてきたのは故のないことではない．それゆえ，ある意味では，そのような原始的な「菌類」が，真核生物的なライフスタイルを効率的に創造したのである．

同時に，菌類が，人類の生存のために果たした貢献も同じように重要である．パン，アルコール，ソフトドリンク，チーズ，コーヒー，チョコレート，さらに「スタチン類（statins）」などのコレステロール値制御薬剤，あるいは抗生物質などのない生活を想像してほしい．そうすれば，われわれの生活は，現在享受しているものよりもはるかに満たされないものになることが想像できるだろう．菌類の人類に対する貢献を，以下にいくつか例示するが，これらについては，後の章で詳述する．

- 嫌気性ツボカビのような菌類は，ウシや他の草食家畜動物が食べた草の消化を助ける．その結果，間接的に，われわれの朝食のミルク，ディナーのステーキや靴の皮を提供してくれている．

- 陸上植物の95％以上が菌根菌類に依存していることに見られるように，菌類は，植物の根の効率的なはたらきを助けている．そして，菌根形成が陸上植物の進化に及ぼした影響についてはさておいて，菌類は菌根を形成することにより，コーンフレークのためのトウモロコシ，オートミール粥のためのオートムギ，ジャガイモ，レタス，キャベツ，エンドウ，セロリ，ハーブ，香辛料，綿，アマ繊維，木材などの供給を支えている．さらに，われわれが日々呼吸するための，酸素の供給さえをも支えているのである．

- 特徴的な菌類のライフスタイルは，周囲の環境に酵素を分泌し，養分を細胞外で消化することである．われわれは，この性質をバイオテクノロジーに利用して酵素を生産し，チーズの製造開始，果実ジュースの清澄化，「ストーン・ウオッシュ加工」ジーンズのダメージ加工などに用いている．さらに，ダメージ加工とは逆に，毎週の洗濯の際に，衣服を日々のダメージから修復するための柔軟仕上げ剤の供給にも，菌類の生産した酵素を利用している．

- 菌類は，また，広範な化合物を産生することによって，生態

系の他の生物と競合する．われわれは，これらの化合物をわれわれ自身の目的に利用し，次のような製品をつくり出している．

- 臓器移植を受けた患者の免疫応答を抑制し，拒絶反応を防ぐシクロスポリン（cyclosporine）．
- 近年，コレステロール値を制御することにより，非常に多くの人々を効果的に延命しているスタチン類（statins）．
- 今日でさえも，最も広範に使用されている農業用殺菌類剤のストロビルリン類（strobilurins）．

しかし，菌類は，常に善意に満ちているわけではない．われわれが栽培するすべての作物は菌類病を発症し，われわれは，それらを理解し制御する必要がある．今日，多くの場合，農産業の収穫高の20～50％は，菌類病によって失われていると予測されている．人類の人口は増加し続けているので，一次生産におけるそのような損失を放置することはできない．さらに，足白癬や酷くなった足指の爪以上に，人類にとって重要な菌類感染症がある．今日，慢性的免疫不全に陥っている患者の大多数は，菌類感染症によって亡くなっている．この事実ゆえに，菌類による日和見感染は，ますます重要な臨床的課題である．にもかかわらず，われわれは，菌類感染症を治療するための，十分な種類の良い薬剤をもっていない．

本節の表題の「菌類とは何者で，そしてどこにいるのか？」という問いに対するわれわれの答えは，菌類はこの惑星の真核生物の中の最も重要な界を構成しており，彼らはこの惑星のあらゆるところに存在しているということである．

1.2　最も重要な陸上生息地，土壌

一般に，地球表面の75％は海，湖，河川，小川などの水によっておおわれているものと考えられている．それにもかかわらず，海洋生息環境から記載されている菌類は，既知種の1％未満にすぎない［Carlile et al.（2001）の pp. 346-351 を参照］．淡水には，多くの水生菌類（ほとんどの原始的な菌類や菌類様生物を包含する非公式なグループであり，第3章で詳述する）が生息しているが，圧倒的多数は，土壌と関わり合いをもって生息している．「関わり合いをもって」とは，土壌の中あるいは表面で，あるいは土壌の中あるいは表面に生息するある種の生きたあるいは死んだ植物体あるいは動物体の中あるいは表面に生息している，という意味である．

ウィキペディアが指摘しているように，「土壌はまた，われわれの惑星の名称が由来する物質の大地（earth）として知られている」（http://en.wikipedia.org/wiki/Soil）．それゆえ，土壌は最も重要な陸上の生息場である．とはいっても，われわれは，生息地についての他の区分の重要性を過小評価しているわけではない．ただし，他の区分というのは，草原，森林，沿岸，砂漠，ツンドラ，さらには都市や郊外などであり，これらの生息地は，究極的にはすべてそれらの土壌に依存している．土壌が存在しないと，草も草原生息地も存在しない．裸岩，飛砂あるいは氷の上には，たとえ存在していたとしても，ごく少数の生物しか見い出すことができない．基本的に，地球の陸上生物は大地に依存している．そして，菌類がこの土壌の形成にいかに貢献しているのかを示すために，この問題を，この物語を始めるために選んだのである．

1.3　どのくらいの土壌が，どこに存在するのだろうか？

世界の食糧供給は，地球表面のたった7.5％の農業土壌（agricultural soil）に依存している（表1.1）．そしてこの7.5％は，困ったことに，住宅，都市，学校，病院，ショッピングセンター，埋め立て地，その他のすべてに必要な土地と，しばしば競合している．

実際，もともと，十分な土壌はなかったのかもしれない．生存に最低限必要な食糧（subsistence diet）を確保するためには，年間1人当りおよそ180 kgの穀物が，またこの量を生産するためには0.045 haの土地が必要である．一方，豊かな社会の肉類の多い食事は，動物が食した穀物の肉への変換効率が小さいので，少なくとも4倍の穀物が必要になる．ということは，この場合，4倍の0.18 haの土地を必要とする．

地球には1人当り0.25 haの農地が存在するが，そのうち穀物生産に適しているのはたった0.12 haにすぎない．現状では，地球には，一部の人が享受している豊かな食事（affluent diet）を，全住人が享受するのに十分な土地があるわけではない［Miller & Gardiner（2004）の表1.2を参照，および潜在的

表1.1　どのくらいの土地があるのだろうか？　それぞれの生態系が地球表面に占める割合の概算値

生態系	占有率（％）
水圏：大洋，海，河川および湖沼	75
荒原：農業に不適な極域や山岳域	12.5
農業に不適な岩石地帯ややせた土地	5
農業適地	7.5

な代替食料については p. 286 の図 11.12 を参照].

1.4 土壌の性質，そして誰が土壌をつくったのか

土壌は，岩屑と腐植で構成された地球表面の一部分であり，固相，液相，気相からなる．

- 固相は，鉱物と有機物質であり，多くの生きている生物を含む．
- 液相は「土壌溶液」であり，植物や他の生物はそこから栄養素や水を吸収する．
- 気相は土壌の空気であり，植物根や他の生物の呼吸に必要な酸素を供給する．

土壌の固相は，**鉱物**（minerals）と**有機物質**（organic matter）からできている．鉱物は，一次的あるいは二次的に生成される．一次鉱物は，熔融鉱物が冷却されたものであり，化学的には生成したときから変化していない．二次鉱物は，母岩が風化されたときに溶出した化学物質が変性，析出あるいは再結晶化したものである．岩石は，鉱物の混合物である．**火成岩**（igneous rock）は，熔融マグマから形成される．**堆積岩**（sedimentary rocks）は，鉱物の堆積固化物である．一般の堆積岩は，石灰岩，砂岩，珪岩および頁岩を含む．**変成岩**（metamorphic rocks）は，粘板岩（硬化頁岩）と大理石（硬化石灰岩）を含む．

風化（weathering）は，岩石や鉱物が小破片に破壊される過程のことである．密ではない固化していない風化産物が，土壌とよばれる．土壌鉱物は，一次鉱物が破砕されたもの（たとえば，砂は破砕された石英岩である）か，土壌中の化学的相互作用によってゆっくりと形成され，その後の時間経過の中でさらに化学的に修飾された，粘土のような二次鉱物である．土壌中に最も一般的に見出される元素は，ケイ素，酸素およびアルミニウムである．

風化には，物理的，化学的過程が寄与している．おもな**物理的風化**（physical weathering）は，水が凍結するときの膨張力によるものである．それゆえ，物理的風化は寒冷地帯で最も顕著である．乾燥地帯では，風に浮遊する物質による削摩も，風化を引き起こす（同様のことは流水中でも起こる）．**化学的風化**（chemical weathering）は，温暖および/または湿潤な気候条件で優勢であり，一般に土壌形成にとって物理的風化よりも重要である．化学的過程には，次のような事象が含まれる．

- 酸化（oxidation）と還元（reduction）：鉄を含む鉱物では非常に重要．
- 炭酸化作用（carbonation）：CO_2 の吸収により酸性化した水溶液への，鉱物の溶解．
- 加水分解（hydrolysis）：水が水素と水酸基に分解されたときに，一方あるいは双方の成分は，直接化学反応に関わる．
- 水和（hydration）：水が鉱物の結晶構造中に取り込まれると，その鉱物の性質を変化させる（Miller & Gardiner, 2004）.

土壌は，高度に動的な環境であり，時間とともに変化する．さらに，土壌粒子は，降水の**溶脱**（leaching）によって上流から下流に，風，水および氷によって水平に移動するときには，その間ずっと変化する．

最も有力な土壌形成因子は，しばしば，温度と降雨を主とした**気候**（climate）であると考えられる．温度は，化学反応速度に影響を与える．その結果，より温暖な気候下の土壌は，温帯の土壌よりも急速に成熟する傾向がある．しかしながら，生物（土壌生物相）は，土壌形成に影響を与え，同時に土壌形成によって影響を受ける．土壌形成に対して植生が大きな影響を及ぼすことは，想像に難くないであろう．1つには，植被の程度は，地表面流や侵食に影響を及ぼす．また，植生のタイプや量により，土壌の表面やその中に蓄積する有機物のタイプや量が，直接影響を受けることはきわめて明白である．森林と草原は，異なった土壌を形成し，草原では栄養素の循環がより速い．

土壌表面に蓄積した有機物は，土壌固相の一部になる．有機物は，降雨によって溶脱されて物理的に下方に移動し，土壌の化学性，pH および栄養素供給に影響を与える．この有機物は，ほとんどの土壌微生物の食料源である．それゆえ，植生は，栄養素の供給を通じて土壌微生物集団に影響を及ぼす．土壌が古くなると，植生の生産能力が低下して，微生物による有機物分解に追いつかなくなる可能性がある．健全な農業土壌では，有機物は，最初は急速に分解されるが，約1年以内には，作物残渣などの有機物は「安定化する」．分解残留物は，きわめてゆっくりと分解する．このようにゆっくりと分解する物質は，一般に**腐植**（humus）とよばれ，**腐植質**（humic substances）からなる．腐植は，底泥，泥炭，汚泥，堆肥および他の沈殿物など，あらゆる水中および陸上環境に存在する天然の非生物的有機物質である．腐植は，生物圏における主要な貯蔵炭素であり，炭素換算で総計 $1,600 \times 10^{15}$ g 存在すると見

積られている（Grinhut et al., 2007）．土壌中の有機物は，土壌の構造，栄養素および水と関係するので，農業上きわめて重要である．土壌有機物は，土壌の**易耕作性**（tilth）に関与するものである（tilthは古い英国の言葉で，耕作土の構造や質を表す．良いtilthは，潜在的に良い作物成長をもたらすとされている）．

分解中の有機物は，作物のみではなく，他の**土壌生物**（soil organisms）にも栄養素を供給する．安定な有機物は，栄養素の供給源にはならないが，土壌の栄養素や水の保持能力の改善に役立っている．有機質土壌は，鉱物ではなくむしろ有機物が主要な構成要素になっている．そのような土壌は，湿地，とりわけ植物による有機物の一次生産が土壌の分解速度を上まわっているような，寒冷地の湿地にみられる．結局，このような，有機物の生産と分解の非均衡は，**泥炭**（peat）の形成をもたらす．

土壌粒子間の空間は，空気や水を含む**孔隙**（pore space）を形成する．**土壌溶液**（soil solution）とよばれる水には，可溶性の塩類，有機溶質やある種の懸濁コロイドが含まれている．土壌溶液の量や作用は，相当程度，砂のような粒の粗い物質と粘土のような細かい鉱物の比率[訳注1]が関係する．孔隙の大きさによって制御されている．小さな孔隙は水に非常に親和性があり，水をしっかりと保持する．一方，より大きな孔隙は，水が排水されやすく，あるいは蒸発によって大気中にもれやすい．**土壌「空気」**（soil 'air'）は，大気に比べてCO_2含量が多くO_2が少ない．これは土壌生物がO_2を消費し，CO_2を排出するからである．結果として，土壌と大気の間に，これらの分子の濃度勾配が生じる．同様に，土壌空気は，常に100%近くの相対**湿度**を保持している．呼吸によって水蒸気が吐き出されるが，水蒸気は，大気中に非常にゆっくりとしか蒸発しない．

それゆえ，土壌は，液体や気体を含んだ空間や孔隙のネットワークを取りまく，有機および鉱質成分からなる，**動的なマトリックス**（dynamic matrix）である．土壌はまた，生きているシステムでもある．土壌有機物は，細菌，菌類，藻類，原生生物およびワムシや小型節足動物から，虫や小型哺乳動物にいたる多細胞動物などの生物をも包含している．大型生物は，一般には土壌の一部とは見なされてはいないが，土壌に相当の影響を及ぼしている［ミミズに関するダーウィン｛Darwin (1881)，複製再版 (1985)｝の実験を想起せよ］．大型生物としてのヒトも，耕転，灌漑，採掘，開墾，廃棄物の放棄，掘削，地ならし，建築，排水，湛水などの活動を通して土壌に影響を与えている．

1.5 土壌生物相は非常に多様で，数が多い

約5 cm^3の農業土壌中には，次に示すような数量の生物が存在すると考えられる．

- 少なくとも50億個の細菌．
- 500万匹の原生生物．
- 約0.3〜1.5 mmの長さの線虫が5,000匹：線虫は，土壌中で最も一般的な多細胞動物である．
- 約6匹のダニと他の小型節足動物：この数は，1 m^2当り60万匹に相当する．

大型の生物に対しては，次に示すように約1 m^2の区画を基準に評価しなければならない．

- ミミズ—1 m^2当りおよそ300匹．ミミズは，食餌中に存在する数よりも多くの細菌を糞として土壌に還元する．細菌が多いということは，土壌がより健全であることを意味する．
- 1 m^2当りおよそ2万kmの菌糸が存在すると推定される．地上から見ると，牧草は個々に分離しているように見えると思う．しかし，植物たちは，地下では，共生菌類（菌根菌類）によって互いに繋がれている．結果として，すべての植物

資料ボックス 1.1　土壌中の生命

Iowa州立大学のAgronomy and MicrobiologyのThomas E. Loynachan教授は，土壌中の生物の全体像を示す16個の短編デジタルビデオを制作した．
ビデオについては，次のアドレスにアクセスせよ：
http://www.agron.iastate.edu/~loynachan/mov/

訳注1：この比率で決まる土壌の物理的な性質を，土性という．

は，1個の生きているネットワークを構成している．
- 小型哺乳動物：ミミズ，節足動物および菌類を餌とするハツカネズミ，ハタネズミ，トガリネズミおよびモグラなど．立場が変わると，これらの動物は，フクロウやキツネなどの捕食者の餌になる．このように，食物網は，微生物から大型動物にまで広がっている．

1.6 土壌微生物の多様性

「多様性（diversity）」という用語は，生物の生息地との関連で用いられたときには，以下に示す，さまざまのレベルでの生物学的組織の複雑さと変異性を意味する．

- 分類群（種でも同意）内における遺伝的変異性
- 分類群の数（豊富さともよばれる）
- 分類群の相対数度（または均衡度）
- そして機能群の数と数度

生態系レベルでの多様性の重要な側面として，以下のようなことがあげられる．

- 作用の範囲
- 相互作用の複雑さ
- 栄養段階の数

このようにして，微生物の多様性（microbial diversity）の測定にあたっては，群集全体のレベルでの測定と，特異的な構造的あるいは機能的属性を有する群集の部分集合を標的にした測定を統合しながら，多様な方法をとらなければならない．たとえば，すべての分解者，あるいはすべての葉食者，すべての根疾病原因生物などの，生息地の群集のほんの一面を表すにすぎない生物グループをも評価しなければならない．

単純に土壌中の微生物数を計測する場合にも，困難にぶつかる．微生物は顕微鏡的な生物であり，従来の方法で計数・同定しようとすると，培養しなければならない．現在でも，すべての微生物を培養できるわけではない．ある種の微生物は，成長要件のえり好みが非常に激しいので，要件を満たすのは難しいか，不可能である．さらに，他の多くの場合は，単に成長要件がわかっていないだけのようにも思える．ほとんどの菌類は，

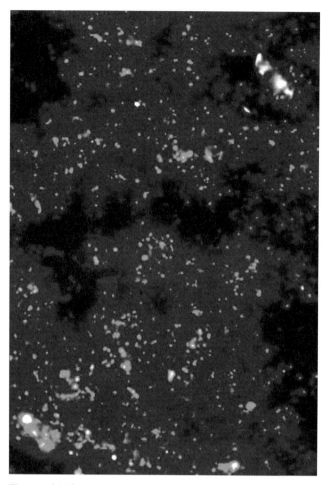

図1.1　本写真は，Torsvik & Øvreås（2002）から提供された，蛍光色素 DAPI（4′-6-diamidino-2-phenylindole）で染色された土壌微生物の落射蛍光顕微鏡写真であり，変性していない DNA が検出できる．この試料には，4×10^{10} 細胞 g^{-1} 乾土が確認できる．しかし，寒天平板法では 4×10^{6} コロニー形成単位 g^{-1} 乾土が検出されるにすぎない（Elsevier 社の許可のもとに複製）．カラー版は，口絵1頁参照．

糸状の体制をとる．そのために，個々の菌類を認識し，菌糸が縦横に伸び広がっている基層から，菌糸体のネットワークのもつれをほどいて単離しようとすると，さらなる困難にぶつかる．化学分析により，菌類細胞中のある種の特徴的な成分を定量する手法は，土壌，堆肥（たとえばマッシュルーム栽培の際の）や木材中の菌類バイオマスの定量に成功裏に用いられている．アミノ糖としてのキチンの測定は，節足動物の外骨格からの混入を考えなくても良い場合には，利用可能である．しかし，菌類の細胞膜の特徴的な成分であるエルゴステロールの測定は，さらに一般に適用可能である．最近では，RNA プローブ（RNA probes）や DNA プローブ（DNA probes）および

訳注2：菌類の細胞壁や節足動物の外骨格の主要成分で，N-アセチルグルコサミンが直鎖状につながった多糖．

PCR^{訳注4}を用いた斬新な方法が，特定の生物を同定し，さらには，自然な生息地における微生物の途方もない多様性を明らかにするために開発されている（Prosser, 2002; Torsvik & Øvreås, 2002; Wellington et al., 2003; Anderson & Parkin, 2007）．しばしば，この方法によって検出された微生物のうちの 1% 未満が培養され，培養生物の特徴が調べられている（図 1.1）．

図 1.1 に見られるように，通常，確認されたあらゆる種類の生きている微生物の数と，培養可能な微生物数との間には著しい差異がある．同じようなことは，確かに菌類にも当てはまる（Prosser, 2002; Mitchell & Zuccaro, 2006; Anderson & Parkin, 2007）．この事象については，現時点では，理由は未解明であるが，成長要件が難しいことや，検出できる多くの生細胞の休眠を打破することが不可能であることなど，いくつかの理由が考えられる．

1.7 微生物多様性の概観

微生物は，地球上の極限環境（extreme environments）を含む，考えられうるあらゆる場所に生息する．熱帯地方は，温帯地方よりも微生物の種多様性が豊かだと考えられている．しかし，砂漠は，多くはないが，同程度の微生物多様性を示す可能性がある．また，微生物群集は，岩石の上にも岩石の深い裂け目の中にも見い出される［たとえば Staley et al.（1982）］．温度は，微生物がその場に存在できるか否か，そして/あるいは機能できるか否かを決める，唯一の制限因子である可能性がある（Hunter-Cevera, 1998）．

菌学者は，地球上には 150 万種の菌類が存在し，そのうち，分離，あるいは記載されているのは，わずかに 98,000 種にすぎないと推定している（Hawksworth, 1997, 2001）．この推定は，ある特定の地理的な地域について，記載されている菌類と維管束植物の種数を比較することによってなされた．たとえば，イギリス諸島には，維管束植物種の約 6 倍の菌類種が存在する．この比率を基礎とすると，維管束植物種は世界中に 27 万種存在しているので，菌類は 162 万種存在すると推定できる．現在では，この数値には，ある同一の菌類種の無性時代と有性時代に，別の種名を付けていた（2 つの生殖時代が同一の菌類種に属するということは，知られていなかったかもしれないので）ことに起因する，二重カウント分の数値が含まれていることがわかっている．それゆえ，162 万種は，1,504,800 種に補正されなければならない．

もし，読者が，推定値の 150 万種から記載されている 9.8 万種を差し引いたとすると，きっと次のように尋ねるであろ

資料ボックス 1.2　菌類の多様性について

本章では，菌類が，土壌生物群集に対して果たしている貢献うちの，特有の側面に焦点を絞りたいと思う．したがって，菌類の多様性に関する話題については，ここまでにする．しかし，読者が，菌類の多様性についてさらに調べたいと思うときには，次の参考文献をお薦めする．

Feuerer, T. & Hawksworth, D. L. (2007). Biodiversity of lichens, including a world-wide analysis of checklist data based on Takhtajan's Xoristic regions. *Biodiversity and Conservation*, **16**: 85–98. DOI: http://dx.doi.org/10.1007/s10531-006-9142-6.

Gams, W. (2007). Biodiversity of soil-inhabiting fungi. *Biodiversity and Conservation*, **16**: 69–72. DOI: http://dx.doi.org/10.1007/s10531-006-9121-y.

Hyde, K. D., Bussaban, B., Paulus, B., Crous, P. W., Lee, S., Mckenzie, E. H. C., Photita, W. & Lumyong, S. (2007). Diversity of saprobic microfungi. *Biodiversity and Conservation*, **16**: 7–35. DOI: http://dx.doi.org/10.1007/s10531-006-9119-5.

Mueller, G. M. & Schmit, J. P. (2007). Fungal biodiversity: what do we know? What can we predict? *Biodiversity and Conservation*, **16**: 1–5. DOI: http://dx.doi.org/10.1007/s10531-006-9117-7.

Mueller, G. M., Schmit, J. P., Leacock, P. R., Buyck, B., Cifuentes, J., Desjardin, D. E., Halling, R. E., Hjortstam, K., Iturriaga, T., Larsson, K.-H., Lodge, D. J., May, T. J., Minter, D., Rajchenberg, M., Redhead, S. A., Ryvarden, L., Trappe, J. M., Watling, R. & Wu, Q. (2007). Global diversity and distribution of macrofungi. *Biodiversity and Conservation*, **16**: 37–48. DOI: http://dx.doi.org/10.1007/s10531-006-9108-8.

Schmit, J. P. & Mueller, G. M. (2007). An estimate of the lower limit of global fungal diversity. *Biodiversity and Conservation*, **16**: 99–111. DOI: http://dx.doi.org/10.1007/s10531-006-9129-3.

Shearer, C. A., Descals, E., Kohlmeyer, B., Kohlmeyer, J., Marvanová, L., Padgett, D., Porter, D., Raja, H. A., Schmit, J. P., Thornton, H. A. & Voglmayr, H. (2007). Fungal biodiversity in aquatic habitats. *Biodiversity and Conservation*, **16**: 49–67. DOI: http://dx.doi.org/10.1007/s10531-006-9120-z.

訳注 3：修飾した DNA や RNA の断片を探査子として用い，DNA や RNA の特定の塩基配列を，相補性を基に検出する方法のこと．
訳注 4：ポリメラーゼ連鎖反応の英語の頭文字表記，微量 DNA の特定領域を大量に増幅できる．

う．「未記載の菌類（undescribed fungi）の140.2万種は，どこにいるの？」

問いに対する答えの1つは，今日世界中の菌学者の数は少なく，かつ，いくつかの特異的な地理的領域あるいは生息地においては，あまり研究が進んでいないということにある．たとえば，多くの「まだ知られていない菌類」は，熱帯林に分布していると考えられる．多くの菌類は昆虫と関係があるということがすでに良く知られているので，昆虫は，未知の菌類のもう1つの大きな宝庫かもしれない．最後に，多くの未知の菌類は，まだまったく，あるいはほんのわずかにしか調査されていない，特殊な生息地で発見される可能性がある．草食動物のルーメンや後腸，および南極の岩石の内表面は，大いに有望な生息地（habitats）とは思えないが，それらの生息地からは，予想に反して，すでに新奇の菌類が発見されている．

菌類群集は，存在するところではどこででも，代謝的，生理的そして分類的にきわめて多様である．人類は，われわれが良く承知しているように，菌類から大きな恩恵を受けている．そのことを考えると，未知の菌類を探索するためにさらなる努力がはらわれていないということは，驚くべきことであり，失望させられることでもある．

1.8 地球菌学

菌類は，通常，植物に対して栄養素を放出することにより，バイオマス再循環（biomass recycling）のいくつかの面に関わる．あるいは，大型あるいは小型の動物の栄養の一部になることにより，食物網の構成要素となる．これらのことにより，菌類は，土壌生物群集に対して貢献している．菌類生物学のこれらの側面は，まぎれもなくきわめて重要であり，本書の後の章で少し詳しく検討する．ここでは，われわれはこのようなことを指摘するにとどめたい．というのは，われわれは，本節では，通常はほとんど顧みられないことについて強調したいと考えているからである．それは，菌類は土壌を造り，変容させている地質学的変容（geological transformations）に関わっていることについてである．

菌類は，大小のスケールで，生物地球化学的変換（biogeochemical transformations）に深く関わっている．このような変換は，水中と陸上の双方の生息地において起こっているが，菌類が大きな影響を行使するのは陸上環境においてである．菌類は，次のような領域で基本的に重要である．

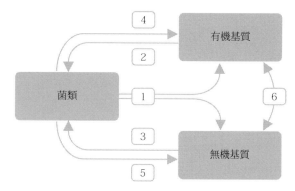

図1.2　自然に，および/あるいは人為的に生成した有機基質（organic substrates）と無機基質（inorganic substrates）に対する菌類の作用を示す．記号解：1，酵素や，たとえば水素イオン，二酸化炭素，有機酸などの代謝産物によって媒介される有機，無機の変換，および代謝の結果生じる物理化学的変化．2，有機物の吸収，代謝あるいは分解．3，無機物の吸収，蓄積，収着，代謝．4，有機代謝産物，細胞外ポリマーおよびバイオマスの生産．5，無機代謝産物，二次鉱物および変質（半）金属の産生．6，有機と無機物質間での複合体形成やキレート化などの，たとえば生物学的利用能，毒性および移動性などを変化させる化学的相互作用．このモデル中の生物は，同時に栄養素を移動させうる［Gadd（2004）を改変］．

- 有機と無機の変換，および元素循環［例，Lepp *et al.*（1987）］
- 岩石と鉱物の変容
- 生物風化（bioweathering）
- 無機物の形成
- 菌類 – 粘土相互作用
- および金属 – 菌類相互作用（図1.2）

これらのプロセスを通して，潜在的に，菌類を生物環境修復（bioremediation）のような環境生物工学（environmental biotechnology）に用いることのできる，道が開ける（Burford *et al.*, 2003; Gadd, 2004, 2007）．

菌類は，また，静電荷と，付着および絡みつき機構により，さまざまな空間スケールで土壌の物理構造に影響を及ぼす．さらに，菌類は，大量の細胞外多糖類や，土壌の水浸透性に影響を及ぼす疎水性化合物を産生する．同様に，菌類は，有機物を分解することによって土壌の凝集に影響を及ぼすことを通して，土壌構造を破壊し得る．ひるがえって，土壌構造は菌類に

影響を及ぼす．菌類の糸状の成長型は，土壌のような**不均質な環境**で生きるための効率的な適応である．一方，土壌の迷路状の孔隙ネットワークは，それ自体，菌糸体が土壌中でいかに成長し続け，機能するかを決定する（図1.3）．

土壌中の水の分布は，栄養資源の空間的分布と同様に，菌類の成長や活性を制御する上で非常に重要な役割を果たす（Ritz & Young, 2004）．菌類は，好気的な**岩石**（rock）表面，土壌中および**植物根-土壌界面**（root-soil interface）環境において非常に重要である（表1.2）．

多くの菌類は，貧栄養的に成長できるが，この特質は，菌類が食物資源の乏しい環境でも繁栄できることを意味している．菌類は，大気や降水から**栄養素をかき集める**（scavenging nutrients）ことにより，貧栄養的に繁栄できる．この能力ゆえに，小石や岩石の表面でも生き残ることができる．菌類は，さまざまの種類の岩石を風化することができる．アイスランドや南北極に近い他の地域では，菌類群集による玄武岩露頭の風化は，経年代的な風化プロセスの第1段階であると考えられている．地衣類は，**岩石への住みつき**（rock colonisation）と，無機土壌形成の初期段階で重要である．一方，自由生活をしている菌類は，石材，材，漆喰，セメントおよびその他の建築資材の主要な生物劣化因子でもある．菌類は，岩石に住みついている微生物群集の重要な構成要素であり，**鉱物の溶解**（mineral dissolution）と二次的な無機物形成に重要な役割を果たしている．このことについては，ますます多くの証拠がそろいつつある．

ある種の菌類は，細菌よりも効率的に鉱物を溶解し，金属を可動化することができる．**菌根菌類**（mycorrhizal fungi）は，鉱物の化学的変換や，たとえば必須金属イオンやリン酸などの無機栄養塩類の再配分に関わっている（図1.4～1.6）．

菌類が，土壌地球化学，とりわけ金属元素の循環において果たしている役割については，「菌類が，基本的な地質学的プロセスにおいて果たしてきた，あるいは現に果たしつつある役割に関する研究」と定義される，**地球菌学**（geomycology）で扱われてきた（Burford et al., 2003; Gadd, 2004, 2007）．

1.9 農業の起源と，農業の菌類への依存

人類は，最終氷期が終了に近づくとともにおとずれた気候や環境の変動の結果，ますます広範な種類の食物資源を利用できるようになった．狩猟・採集生活は存続していたが（現在でも，依然として，世界の地域によっては存続している），新しい食糧生産技術は重要性を増していった．現在，**農業**（agriculture）とよばれる制御された植物栽培は，現在から14,000年から11,000年前の間に，世界の異なる地域で始められた．引き続いて，動物を身近で世話すること，その結果として，今日の農場では一般的な家畜化が行われるようになった．農業は，中東とヨーロッパ，アフリカ，南北アメリカ，および中国と南東アジアの4つの主要センターで発達した．

ヨーロッパの農業は，チグリス，ユーフラテス川を中心とする「**肥沃な三日月地帯**（Fertile Crescent）」に始まった．また，この地域はメソポタミアとして知られており，今日のイラク，シリア東部，トルコ南東部およびイラン南西部に相当する．8,000年前に，メソポタミアの農民は，穀物収穫量を向上させるために灌漑を行っていた．この地域では，多くの種類の豆類や，ブドウ，メロン，アーモンド，ナツメヤシなどの果物はもちろん，コムギ（*Triticum*）属やオオムギ（*Hordeum*）属のような野生の穀類の栽培化（domestication）も行われていた．同様に，この地域では，イヌ，ヤギ，ヒツジ，ブタ，ウシ，ウマ，ラクダなどの，今日われわれになじみの深い多くの動物が，この地域に固有の野生の近縁種に続いて，最初に家畜化された．

植物や動物は，応用遺伝学の無意識の利用ともいうべき人の手による選択を通して，栽培化あるいは家畜化された．動物は，肉の形で食資源を，さらに，ミルク，乳製品，皮革，羊毛，その他の製品など，さまざまな二次産物を提供した．また，動物は，牽引力や動力，より広範な地域への旅行，および新しい形のエネルギーを提供した．収穫量の向上は大きな余剰をうみ出し，経済的な交換や貿易のための富の源泉となった．同時に，人類は，日々の食物探しから解放され，生活を文明化する時間がもたらされた．ほんの数千年のうちに，農業に根ざした生活様式は世界的な現象になった．狩猟採集から農業への転換は，入植に伴う人口移動と新しい技術の採用によって，さまざまの発祥センターからきわめて急速に拡散した．

農業は，地中海中心部には約8,000年前，西ヨーロッパのほとんどの地域には約7,500年前，そしてイベリア半島とイギリス諸島には約7,000年前に，それぞれ到達した（Whittle, 2001; Renfrew & Bahn, 2004）．

農業文明の拡散とともに，有益なもの，有害なものを含めた**農業菌類**（agricultural fungi）が拡散した．人類の定着に伴う文明の確かな進展は，常に，菌類とともにあった．動物や植物は，寄生菌類や片利共生菌類を伴い，また，製パン，醸造，チーズ造りなどの技術は，菌類を伴った．われわれは，人類と

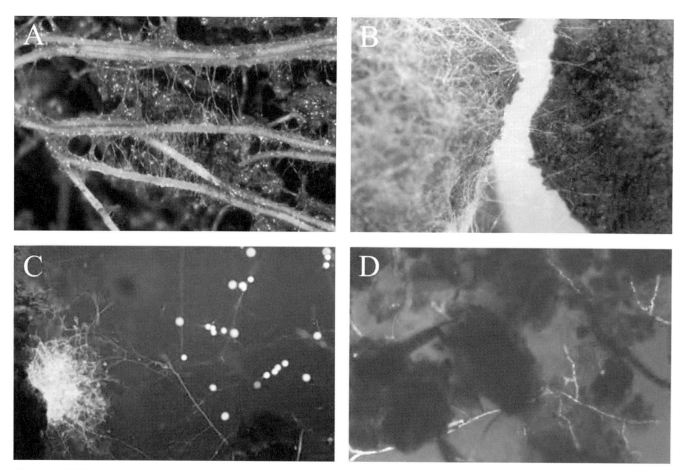

図1.3 土壌環境中の可視化された菌類菌糸体．A，未同定菌類の菌糸が，野外の非殺菌土壌で生育しているヘラオオバコ（*Plantago lanceolata*）の根の間を橋渡ししている．キラキラ輝く粘液フィルムに注目せよ．画像幅＝2 cm．B，*Fusarium oxysporum* f. sp. *raphani* の菌糸が，隣接する土壌団粒にコロニーを形成している．左側の団粒は殺菌されており，菌糸体が盛んに成長している．右側の団粒は殺菌されていない．菌糸体の成長が抑制されているのは，他の微生物との競争と，養分の減少による．画像幅＝1 cm．C，牧草地の自然状態の土壌の薄片を蛍光色素で染色した．未同定種の菌糸体が，土壌孔隙中で成長している．写真の左側，菌糸が孔隙の壁面で増殖していることに注目せよ．輝いている球形の物体は胞子嚢である．画像幅＝150 μm．D，殺菌した耕作地の土壌の薄片を，蛍光色素で染色した．*Rhizoctonia solani* が成長し，菌糸体を形成している．画像幅＝150 μm［英国の Cranfield 大学の Karl Ritz 教授のご厚意で提供頂いた画像を用いて，Ritz & Young（2004）を改変．Elsevier 社の許可を得て複写した］．カラー版は，口絵2頁を参照．

なってから菌類に依存してきた．菌類を見ていると，菌類はどのくらいの時間地球上に存在していたのか，また，どこから来たのかという疑問が湧いてくる．これらの話題については，第2章で取り上げる．

表 1.2　生物地球化学的過程における菌類の役割と活性

菌類の役割および/または活性	生物地球化学的帰結
成長と菌糸体の発育	土壌構造の安定化；土壌粒子の凝集；岩石や鉱物の孔隙，割れ目，結晶粒の境界などの貫通；鉱物を穿つ；固体基質の生化学的崩壊；植物への定着および/または感染（菌根菌，病原菌，寄生菌）；動物への定着および/または感染（共生的，病原菌，寄生菌）；無機および有機養分の移送；細菌の再分布の促進；他の生物の栄養源となる細胞外高分子物質の産生；水の保持と移送；細菌の成長，輸送および移動のための表面の提供；菌糸束の形成による養分移送の促進；菌糸体は，窒素および/または他の元素の貯蔵庫として機能する（たとえば，木材腐朽菌類）．
代謝：炭素とエネルギーの代謝	有機物質の分解；有機物質やバイオマスの構成元素である炭素，水素，酸素，窒素，リン，硫黄，金属，半金属および自然起源あるいは人為的に蓄積した放射性核種などの循環および/または変換；高分子物質の分解；局所環境の酸化還元状態，酸素濃度，pHなどの変化などの地球化学的変換；プロトン，二酸化炭素，有機酸などの無機，有機の代謝産物の産生と，基質への影響；細胞外酵素の産生；化石燃料の分解；シュウ酸形成；ヒ素やセレンなどの半金属のメチル化；多環芳香族炭化水素などの生体異物の分解；有機金属の形成および/または分解；浸水環境下の嫌気条件では菌類による分解が起らないために，泥炭のような有機土壌が形成されることに注目せよ．
無機栄養	移送や蓄積による窒素，硫黄，リン，必須および非必須金属などの無機栄養核種の分布の変換や循環；無機元素の高分子への変換や結合；酸化状態の変換；従属栄養的硝化；三価鉄捕捉のためのシデロフォア[訳注A]の産生；菌糸体および/または植物宿主を通しての窒素，リン，カルシウム，マグネシウム，ナトリウム，カリウムなどの移送；植物宿主への，および宿主からの水の輸送；半金属オキシアニオンの輸送と蓄積；有機および無機硫黄化合物の分解．
鉱物の溶解	炭酸塩，ケイ酸塩，リン酸塩，硫化物を含む岩石や鉱物の変質と生物風化；金属や他の成分の生物溶脱；二酸化マンガンの還元；陸域から水圏への移送を含む元素の再配分；金属，リン，硫黄，ケイ素，アルミニウムなどの生物利用性の変換；植物と微生物に対する栄養性あるいは毒性の変換；鉱質土壌形成の初期段階への関与；建築石材，セメント，しっくい，コンクリートなどの劣化．
無機物形成	金属元素，放射性核種，炭素，リン，および硫黄を含む元素の不動化；菌類による炭酸塩生成；石灰岩カルクリート接合；菌類によるシュウ酸金属塩形成；金属の無毒化；岩石表面の「砂漠ニス」のような古さび色形成への寄与；炭素や他の元素の土壌中への貯蔵．
物理化学性：可溶および粒状の金属核種の収着；多糖類の細胞外産生	金属の分布と生物利用性の変換；金属の無毒化；無脊椎動物のための金属添加食資源の供給；二次鉱物形成の準備．陽イオンとの複合体形成；鉱物形成のための水和マトリックスの準備；基層への付着の増進；粘土鉱物の結合；土壌団粒の安定化；細菌の成長ためのマトリックス形成；細胞外多糖類と鉱物基質との化学的相互作用．
相利的共生関係：菌根，地衣類，昆虫と他の無脊椎動物	養分および非必須金属，窒素，リン，硫黄などの可動性と生物利用性の変換；植物，菌類，根圏生物間での炭素の流量と移送の変換；植物の生産性の変換；鉱物の溶解と，結合態資源および鉱物資源からの金属と養分の遊離；土壌 − 植物根領域における生物地球化学的変換；植物根領域における微生物活性の変換；植物と菌類間での金属の分布の変換；植物に出入りする水の輸送． 　岩石や鉱物への定着パイオニア；生物風化；鉱物の溶解および/または形成；金属の蓄積と再分布；乾性あるいは湿性沈着，および微粒子封じ込めによる金属蓄積；金属の収着；炭素，窒素などの濃縮；鉱質土壌形成の初期段階への関与；地球化学的に高活性の微生物個体群の発達；「地衣酸」を含む代謝産物による鉱物の溶解；基層の生物物理的崩壊． 　消化管中の菌類個体群は，植物質の分解を促進する；無脊椎動物は，植物残渣を機械的により分解しやすくする；ある種の昆虫による菌園での栽培（有機物の分解と循環）；昆虫による植物宿主間での菌類の移動（感染と病気を促進する）．

表1.2　続き

菌類の役割および/または活性	生物地球化学的帰結
病原性効果：植物と動物に対する病原性	植物への感染と定着；線虫のような動物の捕食と，昆虫などへの感染；元素と栄養素の再配分；分解のための有機物供給の増加；地球化学的に高活性の他の微生物個体群の活性化.

このような活性は，人為的で人工的な系だけではなく，水圏や陸域の生態系にも見られる．その相対的な重要性は，存在する種や，活性に影響を与える物理化学的な要因によって決まる．陸上環境，特に鉱質土壌と植物根の領域，および露岩や鉱物の表面は，菌類が仲介する生物地球化学的変化の主要な場である．どちらかというと，淡水と海洋系，堆積物，および地表下深い部位における，菌類の生物地球化学に関する知見は限られている．菌類の役割は，成長，有機と無機の代謝，物理化学的属性および共生関係に基づいて，任意にいくつかに区分されてきた．しかし，これらの区分は，すべてではないが多くが相互に関連していることに留意するべきである．さらには，ほとんどの区分が，直接あるいは間接に，菌類の成長様式（共生関係をも含む）と，それに伴う従属栄養的代謝に依存している．結果として，生合成やエネルギーに利用可能な炭素源，および構造や細胞の構成要素として必須な窒素，酸素，リン，硫黄および多くの金属などに依存していることにも，留意する必要がある．鉱物の溶解と形成は，明らかに代謝活性と成長形式に依存しているが，これについては別に概述した．Gadd（2007）の表1を改変．

訳注A：鉄と結合して可溶化や輸送を行う有機化合物のこと.

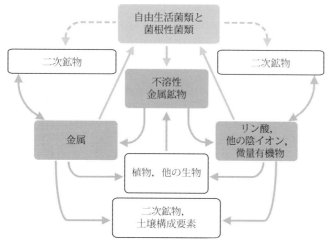

図1.4　陸上環境において，自由生活および菌根形成菌類は，不溶性の金属鉱物に作用して，金属，陰イオン物質，微量有機物および他の不純物などの鉱物成分を遊離させる．これらは，土壌構成要素あるいは菌類の代謝産物および/またはバイオマスなどと二次鉱物を形成すると同時に，生物（生物相）によって取り込まれる．遊離した無機物は，有機，無機の土壌構成要素よって吸収，吸着あるいは除去される．ダッシュ矢印は，非生物起源の無機物に対する菌類の作用，および分泌代謝産物による二次鉱物形成を示す．考えられる地下水への損失は示されていない．うすい灰色の矢印は，菌類によって駆動されるプロセスを示す［Gadd（2004）を改変］．

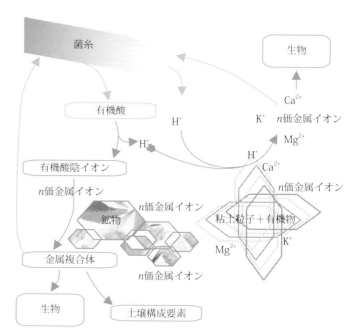

図1.5　土壌構成要素と鉱物からのプロトンおよび有機酸による，金属の溶解．菌糸から放出されたプロトンは，粘土粒子やコロイドなどの中の金属イオンと陽イオン交換を行い，鉱物表面の金属を置換する．遊離した金属は，バイオマスと相互作用し，他の生物によって吸収され，さらに他の環境構成要素と反応する．クエン酸塩のような有機酸陰イオンは鉱物を溶解し，金属イオンと複合体を形成して除去する．金属複合体は，環境構成要素とばかりではなく生物とも相互作用をする．ある環境では，複合体形成に引き続いて，金属シュウ酸塩形成のような結晶化が起こる．うすい灰色の矢印は，菌類によって駆動されるプロセスを示す［Gadd（2004）を改変］．

図1.6 顕微鏡写真は，菌糸成長によって形成された鉱物の例を示す．この場合は，ウラニウム塩あるいはウラニウム鉱石を含む培地で成長した結果，ウラニウム含有生体鉱物が形成された．スケール：A, 2 μm；B, 5 μm；C, 20 μm；D, 5 μm [英国の Dundee 大学の G. M. Gadd 教授のご厚意で提供された画像ファイルを用い，Gadd（2007）を改変．Elsevier 社の許可を得て再掲した]．

1.10 文献と，さらに勉強をしたい方のために

Anderson, I. C. & Parkin, P. I. (2007). Detection of active soil fungi by RT-PCR amplification of precursor rRNA molecules. *Journal of Microbiological Methods*, **68**: 248-253. DOI: http://dx.doi.org/10.1016/j.mimet.2006.08.005.

Burford, E. P., Kierans, M. & Gadd, G. M. (2003). Geomycology: fungi in mineral substrata. *Mycologist*, **17**: 98-107. DOI: http://dx.doi.org/10.1017/S0269915X03003112.

Carlile, M. J., Watkinson, S. C. & Gooday, G. W. (2001). *The Fungi*, 2nd edn. (chapters 2, 4, 6 & 7) London: Academic Press. ISBN 0127384464.

Darwin, C. (1985 reprint). *The Formation of Vegetable Mould through the Action of Worms with Observations of Their Habits*. Chicago, IL: University of Chicago Press (facsimile reprinted 1985). ISBN 0226136639. [Available online at http://www.darwin-literature.com/The_Formation_Of_Vegetable_Mould/index.html.]

Feuerer, T. & Hawksworth, D. L. (2007). Biodiversity of lichens, including a world-wide analysis of checklist data based on Takhtajan's Xoristic regions. *Biodiversity and Conservation*, **16**: 85-98. DOI: http://dx.doi.org/10.1007/s10531-006-9142-6.

Gadd, G. M. (2004). Mycotransformation of organic and inorganic substrates. *Mycologist*, **18**: 60-70. DOI: http://dx.doi.org/10.1017/S0269915X04002022.

Gadd, G. M. (2007). Geomycology: biogeochemical transformations of rocks, minerals, metals and radionuclides by fungi, bioweathering and bioremediation. *Mycological Research*, **111**: 3-49. DOI: http://dx.doi.org/10.1016/j.mycres.2006.12.001.

Gams, W. (2007). Biodiversity of soil-inhabiting fungi. *Biodiversity and Conservation*, **16**: 69-72. DOI: 0020http://dx.doi.org/10.1007/s10531-006-9121-y.

Grinhut, T., Hadar, Y. & Chen, Y. (2007). Degradation and transformation of humic substances by saprotrophic fungi: processes and mechanisms. *Fungal Biology Review*, **21**: 179–189. DOI: http://dx.doi.org/10.1016/j.fbr.2007.09.003.

Hawksworth, D. L. (1997). The fascination of fungi: exploring fungal diversity. *Mycologist*, **11**: 18–22. DOI: http://dx.doi.org/10.1016/S0269-915X(97)80062-6.

Hawksworth, D. L. (2001). The magnitude of fungal diversity: the 1.5 million species estimate revisited. *Mycological Research*, **105**: 1422–1432. DOI: http://dx.doi.org/10.1017/S0953756201004725.

Hunter-Cevera, J. C. (1998). The value of microbial diversity. *Current Opinion in Microbiology*, **1**: 278–285. DOI: http://dx.doi.org/10.1016/S1369-5274(98)80030-1.

Hyde, K. D., Bussaban, B., Paulus, B., Crous, P. W., Lee, S., Mckenzie, E. H. C., Photita, W. & Lumyong, S. (2007). Diversity of saprobic microfungi. *Biodiversity and Conservation*, **16**: 7–35. DOI: http://dx.doi.org/10.1007/s10531-006-9119-5.

Lepp, N. W., Harrison, S. C. S. & Morrell, B. G. (1987). A role for *Amanita muscaria* L. in the circulation of cadmium and vanadium in a non-polluted woodland. *Environmental Geochemistry and Health*, **9**: 61–64. DOI: http://dx.doi.org/10.1007/BF02057276.

Miller, R. W. & Gardiner, D. T. (2004). *Soils in our Environment*, 10th edn. Upper Saddle River, NJ: Pearson/Prentice Hall. ISBN 0130481955.

Mitchell, J. I. & Zuccaro, A. (2006). Sequences, the environment and fungi. *Mycologist*, **20**: 62–74. DOI: http://dx.doi.org/10.1016/j.mycol.2005.11.004.

Mueller, G. M. & Schmit, J. P. (2007). Fungal biodiversity: what do we know? What can we predict? *Biodiversity and Conservation*, **16**: 1–5. DOI: http://dx.doi.org/10.1007/s10531-006-9117-7.

Mueller, G. M., Schmit, J. P., Leacock, P. R., Buyck, B., Cifuentes, J., Desjardin, D. E., Halling, R. E., Hjortstam, K., Iturriaga, T., Larsson, K.-H., Lodge, D. J., May, T. J., Minter, D., Rajchenberg, M., Redhead, S. A., Ryvarden, L., Trappe, J. M., Watling, R. & Wu, Q. (2007). Global diversity and distribution of macrofungi. *Biodiversity and Conservation*, **16**: 37–48. DOI: http://dx.doi.org/10.1007/s10531-006-9108-8.

Prosser, J. I. (2002). Molecular and functional diversity in soil microorganisms. *Plant and Soil*, **244**: 9–17. DOI: http://dx.doi.org/10.1023/A:1020208100281.

Renfrew, C. & Bahn, P. G. (2004). *Archaeology: Theories, Methods and Practice*, 4th edn. (see Chapter 7) London: Thames & Hudson. ISBN 0500284415.

Ritz, K. & Young, I. M. (2004). Interactions between soil structure and fungi. *Mycologist*, **18**: 52–59. DOI: http://dx.doi.org/10.1017/S0269915X04002010.

Schmit, J. P. & Mueller, G. M. (2007). An estimate of the lower limit of global fungal diversity. *Biodiversity and Conservation*, **16**: 99–111. DOI: http://dx.doi.org/10.1007/s10531-006-9129-3.

Shearer, C. A., Descals, E., Kohlmeyer, B., Kohlmeyer, J., Marvanová, L., Padgett, D., Porter, D., Raja, H. A., Schmit, J. P., Thorton, H. A. & Voglmayr, H. (2007). Fungal biodiversity in aquatic habitats. *Biodiversity and Conservation*, **16**: 49–67. DOI: http://dx.doi.org/10.1007/s10531-006-9120-z.

Staley, J. T. (1997). Biodiversity: are microbial species threatened? *Current Opinion in Biotechnology*, **8**: 340–345. DOI: http://dx.doi.org/10.1016/S0958-1669(97)80014-6.

Staley, J. T., Palmer, F. & Adams, J. B. (1982). Microcolonial fungi: common inhabitants on desert rocks? *Science*, **215**: 1093–1095. DOI: http://dx.doi.org/10.1126/science.215.4536.1093.

Sutherland, I. W. (2001). The biofilm matrix – an immobilized but dynamic microbial environment. *Trends in Microbiology*, **9**: 222–227. DOI: http://dx.doi.org/10.1016/S0966-842X(01)02012-1.

Tibbett, M. & Carter, D. O. (2003). Mushrooms and taphonomy: the fungi that mark woodland graves. *Mycologist*, **17**: 20–24. DOI: http://dx.doi.org/10.1017/S0269915X03001150.

Torsvik, V. & Øvreås, L. (2002). Microbial diversity and function in soil: from genes to ecosystems. *Current Opinion in Microbiology*, **5**: 240–245. DOI: http://dx.doi.org/10.1016/S1369-5274(02)00324-7.

Wellington, E. M., Berry, A. & Krsek, M. (2003). Resolving functional diversity in relation to microbial community structure in soil: exploiting genomics and stable isotope probing. *Current Opinion in Microbiology*, **6**: 295–301. DOI: http://dx.doi.org/10.1016/S1369-5274(03)00066-3.

Whittle, A. (2001). The first farmers. In: *The Oxford Illustrated History of Prehistoric Europe* (ed. B. W. Cunliffe), pp. 136–166. Oxford, UK: Oxford University Press. ISBN 0192854410.

Section 02
Evolutionary origins

第2章
進化的起源

　本章では，菌類の進化的起源と系統発生について取り上げる．ここでは，菌類の進化が進行した時間的尺度を理解しやすいように，背景の**地球の進化**（global evolution）と対比しながら論じる．

　本章は，皆さんが学生生活の中で学んだ課題のうちで，最も長い時間的尺度についての課題になるかもしれない．なぜならば，ここでは，かつて存在したすべての時間について取り上げようと考えているからである．それは，真核生物の主要な界である菌類界の起源について論じるためには，気の遠くなるような時間の長さを念頭に置いて，考慮する必要があるからである．最新の分子系統学的解析によると，菌類は起源の古い成功した系統であり，ほぼ間違いなく最初に陸上に進出した真核生物である．これらのことを記述するために，具体的に思い浮かべることは難しいが，数十億年という時間スケールで語らなければならない．人が，あわれなほど短い一生の間に，たとえ驚嘆するような変化を目撃したとしても，10億年の間に起こりうるような変化を想像することはたやすいことではない．

　宇宙の一生の中で，10億年という時間は宇宙の年齢の7%より少し長く，さらにわが太陽の年齢は宇宙の年齢のおよそ3分の1であるというように，比あるいは百分率で考えると少し理解しやすいかもしれない．

　さて，ほんの**少しは**，わかりやすくなったであろう．

　そのような論点で，住み処，あなたの住み処としての惑星地球，そしてこの惑星，「ゴルディロックス（Goldilocks）惑星」が，生命の持続的な進化にかくもふさわしいものとなった独特の一連のできごとについて考えてみよう．本章では，まず，生命の樹を構成する3つのドメインについて論じたのち，オピストコンタ巨大系統群から生じた菌類界の起源について概述し，さらに化石菌類について検討し，最後に菌類の系統発生について紹介する．

2.1 生命，宇宙そして万物

あなたの住み処のこの惑星は，宇宙の進化の長い道程の中で生じた究極的な産物である．いくつかの独特の性質をもった，この岩石の小さな塊が，あなたの生まれた場所である．この小さな塊は，たった今もあなたの生存をささえ，あなたの死後は，あなたのなきがらを自然に還す．それゆえ，このいとしい青い惑星がいかにして現在あるような姿になり，あなたの存在を可能ならしめているこの一連の特有の状況が，いかにして生じたのかを理解することは重要である．

前置きはさておき，物語の始まりについて簡単にふれておこう．137億年前に，宇宙とすべての時間と空間は，ビッグバン（big bang）とともに始まった．

- ビッグバンの30万年後，水素の原子核が電子を捕捉して，最初の原子が形成された．
- 6億年後，最初の銀河が形成された．

ほとんどの宇宙学者は，現在の銀河が，宇宙における物質濃度のわずかなばらつきによって生じた，重力の作用によって形成されたと信じている．たとえば，ビッグバンのおよそ50万年後，宇宙が現在の1,000分の1の大きさであったころ，われわれの住む銀河系，天の川が存在する領域の物質濃度は，隣接領域よりも0.5％高かったと考えられている．このように濃度が高かったために，銀河が存在する領域は，重力の相互作用によって周囲の領域よりもゆっくりと膨張し，そのことがさらに相対的なオーバー・デンシティ（over-density）を増加させた．

その後，ビッグバンのおよそ1,500万年後，宇宙が現在の100分の1の大きさであったとき，われわれの銀河系が存在する領域は，おそらく周囲の領域よりも濃度が5％高かったと考えられている．宇宙は膨張し，時間の進行とともに進化し続け，およそ125億年前（ビッグバンの12億年後），宇宙が現

図2.1 ハッブル宇宙望遠鏡で観たハッブル・ウルトラ・ディープ・フィールド（HUDF，ハッブル超深宇宙探査）（謝辞：NASA, ESA, S. BeckwithおよびHUDFチーム）．ハッブル超深宇宙探査は，実際には観察用ハッブル改良カメラ（ACS；11.3日間露光）と，多対象分光器とセットになった近赤外カメラ（NICMOS；さらに4.5日間露光）によって撮影された，2つの別々の像であり，Anton Koekemoerによって合成された．HUDF視野には，ビッグバン後4から8億年の間に存在した，およそ1万個の銀河が確認できる．地上からの像では，HUDF視野が位置する空の部分は（炉座の中，オリオン座の少し下），裸眼によっては，そして地上に設置された最良の光学望遠鏡によってさえも，空虚であるように見える［像は，宇宙望遠鏡科学研究所（STScI, 3700 San Martin Drive, Baltimore, MD 21218, 米国）によって作成された］．カラー版は，口絵3頁参照．さらなる情報と像に興味のある方は，http://hubblesite.org にアクセスせよ．宇宙論についてのさらなる情報については，*Cosmology:The Study of the Universe*：http://map.gsfc.nasa.gov/m_uni.html にアクセスせよ．

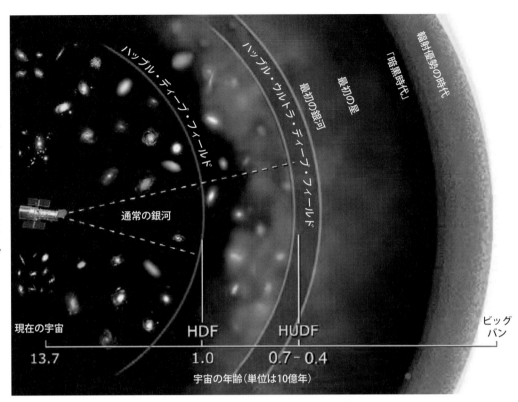

図2.2 本図は，ハッブル・ウルトラ・ディープ・フィールド（HUDF，ハッブル超深宇宙探査）のデータが，宇宙の歴史についてのNASAの解説の中で占める位置を示す（時間軸が対数目盛であることに留意せよ）．［像の謝辞：NASA と A. Field, STScI（宇宙望遠鏡科学研究所），3700 San Martin Drive, Baltimore, MD 21218, 米国．］カラー版は，口絵4頁参照．さらなる情報と像については，次のURLにアクセスせよ：http://hubblesite.org．宇宙論についてのさらなる情報については，次のURLにアクセスせよ：*Cosmology:The Study of the Universe*：http://map.gsfc.nasa.gov/m_uni.html.

在の5分の1であったとき，われわれの領域は，おそらく隣接領域よりも濃度が2倍高かったと推測されている．

われわれの銀河系（よく似た銀河系も）の内側の部分は，およそ120億年前（ビッグバンの17億年後）に集合した．われわれの銀河系の外側に位置する星たちは，おそらくもう少し後に集合したと考えられる．とりわけ，太陽は，約50億年前，すなわち宇宙が現在の年齢の64%に達したときに形成された．

もちろん，われわれは，宇宙誕生のウルトラ・ディープ・タイム（ultra deep time；超深時間）を見ることはできない．しかし，ハッブル宇宙望遠鏡は，ごく近くまで見ることができる．2004年3月，宇宙望遠鏡科学研究所の天文学者たちは，現在までに観察された中で最も遠方（昔）の宇宙の姿を公開した．いわゆるハッブル・ウルトラ・ディープ・フィールド（Hubble Ultra Deep Field, HUDF，ハッブル超深宇宙探査）は，100万秒間（約16日間）露光して得られた像である．HUDFは，ビッグバン直後の最初の星たちが冷たく暗い宇宙を再び過熱させたときに，最初の銀河（系）が出現したことを明らかにした（図2.1，2.2）．

HUDF像には，あなたの住み処の地球の起源について，驚くべきことが映し出されている．最も重要なことは，銀河系が急速に進化していることを，示していることである．

HUDFは，無数の銀河を見せてくれる．銀河とは，恒星団を意味する．さらに，恒星団の存在は，新しい種類の元素が，核反応によって絶えずつくられていることを意味する．宇宙は，創成期には，水素とヘリウム，そしてわずかのリチウム，ホウ素，ベリリウムからできていた．恒星の核においては，炭素，酸素，窒素，鉄，カルシウムなどの重い元素が，より軽い元素の核融合反応（nuclear fusion）によりつくられている．同時に，可視光を含めた放射エネルギーが，副産物として放出される．恒星は，核燃料が使い果たされると爆発し，外層を宇宙空間に吹き飛ばす．外層物質はガス雲に付加され，ガス雲からは次世代の星が形成される．次世代の星は，より多くの重い元素を含み，核融合反応により，さらに重い元素がつくられると考えられる．このようにして，星の輪廻は，周期律表にあるすべての元素をつくり出す．しかし，「地球上の，水素とヘリウムのほとんどを除いたすべての元素は，再生利用されている．これらの元素は，地球上でつくり出されるわけではなく，恒星でつくられている．」（Nick Strobelの天文学ノートを，次のウェッブサイトから参照せよ：www.astronomynotes.com）．

HUDFは，宇宙で起こった最も重要な進化的変化のあるものは，まさしくビッグバン後10億年以内に起こったことを教え

てくれる．現在の宇宙では，星の寿命は質量によって異なる．太陽のおよそ60倍の質量をもつ星で約300万年，約10倍の質量をもつ星が約3,200万年，太陽とほぼ同じ質量の星で10億年という，幅がある．それゆえ，宇宙の年齢の7％強に相当する，宇宙生成後の最初の10億年という時間は，数個から多くの星にとって，寿命をまっとうするのに十分な時間であったろう．127億年前のことではあるが，これらの星たちの寿命が尽きることにより，化学の基礎的構成要素となるすべての元素がつくり出されたのだろう．そして化学は，進化を意味する．化学的進化が，生命誕生への潜在的可能性の道を開いたのである．

2.2 あなたの住み処，惑星・地球

地球は，太陽が形成される際に取り残されたちりやガスの雲の中で，ちりやガスが付着・増大することによって，45億年前に形成された．その主要な素材は鉄とケイ酸であったが，放射性の元素を含む他の多くの元素が，少量ずつ含まれていた．放射性元素は，ほとんどがウラン，トリウムおよびカリウムであったが，これらの放射性核種の壊変によって放出されたエネルギーは，惑星を高温に熱し，ついには構成物質のあるものを熔融させた．鉄が，ケイ酸より先に熔融し，鉄は高密度になって凝集体の中心に沈んで蓄積し，液体の鉄の核（iron core）を形成した．

もちろん，地球が形成されたときに他の惑星もまた形成された．これらの惑星は，最終的に，太陽系における地球の現在の隣人惑星になった．しかし，加えて，若い地球と同じ軌道上に，惑星に似た他の天体が形成された．その天体は，およそ現在の火星，あるいは地球の1/3か1/2，の大きさであり，しばしばテイアー（Theia）とよばれた．これらの天体は，地球の成長過程の後期に地球に衝突した．衝突の熱エネルギーは，衝突した2つの惑星を熔融させた．テイアーが含んでいた鉄は，地球の液体の鉄の核に飲み込まれた．一方，衝突の際に生じた岩石の破片は，地球の周囲の軌道に漂っていたが，次第に凝集して月になった（図2.3）．

原始地球の熔融した鉄の核の大きさは，現在の火星に等しい．熔融した鉄の核の周囲には，地球の冷却に伴い，薄いが安定な固体岩石からなる地殻が形成された．地球の水は，地球内部から火山や亀裂を通して生じたり，彗星の衝突によって宇宙からもたらされた．これらの水は，やがて，自然にできた地殻のくぼみに集まり，海を形成した．そして，海の形成は，他の

重要な側面を浮き彫りにする．すなわち，地球は，天文学者が「ゴルディロックス軌道（Goldilocks orbit）」とよぶところの，太陽から好適な距離に位置する．その位置は，水が液体として存在しうる温度領域である，太陽からのまさに絶妙な距離にある（この軌道の名称は，「ゴルディロックスと3匹の熊」というおとぎ話の中で，ゴルディロックスという名前の少女が，「熱過ぎもせず，冷た過ぎもしない，まさにちょうど良い」温かさの朝食を選んだことに由来する．天文学者たちは純真でやさしい人たちなので，このような名称を与えたのだ）．

2.3 ゴルディロックスの惑星

それでは，菌類の進化的起源を扱う本章で，このような宇宙論全般について述べる必要が，なぜあるのだろうか？ この地球と月という2つの天体からなるシステムを，生命にとってかくも特別な住み処たらしめた理由を知る上で，こうした宇宙論全般が不可欠であるというのが，その答えである．

地球という住み処は次の諸点に関してユニークである．

- 熱過ぎも冷た過ぎもしない軌道の位置．
- 熔融した鉄の核．
- 2成分からなる惑星システムとしての性質．

既述したように，地球の現在の軌道の位置は，惑星表面に液体の水を存続させるために必須である．地球の季節変化を考えてみると，地球の軌道上での位置がいかに正確でなければならないかを，実感できる．地軸は，公転面に対して垂直から約23.5°傾いており，そのために，地球の地軸を回る1年周期の軌道運動が，季節変化をもたらす．著者たちは，北半球のヨーロッパの住民であり，12月から2月は冬らしい氷雪に，6月から9月は暖かい夏に親しんでいる．しかし，このような季節変化の理由は，単に，この古い惑星が夏には太陽の側に，冬には太陽の逆側に，わずかに傾いているがゆえなのである．まさに，太陽に近づくような，あるいは離れるようなわずかの周期的な変化が，大きな温度差を生じるのである．ヨーロッパで記録された最高温度は，スペインのセビリア（Seville）における50℃である．それに対して，ヨーロッパの最低温度は，ロシアのウストシュゴール（Ust-Shchugor）における−55℃である．もし，地球の軌道がほんのわずか，たとえば地球の半径分太陽に近かったとすると，地球の表面温度は，**常時，耐え難いほど高くなるだろう**ということを，あなたは理解

図2.3　1973年，マリナー10宇宙船によって，260万kmの距離から撮影された地球と月．この映像は，2つの天体の相対的な大きさを示すために合成されている（謝辞：NASA/JPL/Northwestern 大学）．カラー版は，口絵4頁参照．

できるだろう．逆に，もし，地球が同じ距離だけ太陽から遠かったとすると，地球表面は，**永久凍結状態**（permanent deep freeze）になるだろう．

　原始地球と火星サイズのテイアーとの間の，まったく信じられないような衝突によって，地球の液体鉄の核がそぎ取られたばかりではなく，地球と核の回転が増加した．現在では熔融した核が回転し，鉄が回転することによって，地球の磁場，すなわち**磁気圏**（magnetosphere）が生成された．磁場は，地球を太陽風から保護するのに十分な強さをもっている．

　太陽風（solar wind）は，太陽の大気の上層から放射された荷電粒子の流れであり，そのほとんどが高エネルギーの電子と陽子である．火星は磁場がなく，太陽風から保護されていない．そのために，火星の大気は，もとの濃度の1/3にまで太陽風によってはぎ取られてしまった．金星の濃い大気でさえ，太陽風によって多量に失われている．その結果，金星から彗星のような尾が地球の公転軌道まで延びているのが，宇宙探査船によって観察されるほどである．

　しかし，地球は，磁場により太陽風から守られているので安全である．地球の磁場は，荷電粒子の流れをそらせるのと同時に，荷電粒子を地球の高層大気や電離層に導く，電磁エネルギー伝送路としてはたらき，**北のオーロラ**（aurora borealis）と**南のオーロラ**（aurora australis）を発生させる．地球の磁気圏は，太陽風がオゾン層をはぎ取るのを防ぐと同時に，太陽風の高エネルギー粒子はもとより，太陽から放射される生物学的に有害な**紫外線**（ultraviolet, UV）照射から地球の表面を保護している．この事実は，生物学上きわめて重要である．**殺菌性UV**（germicidal UV）あるいはUV-Cとして知られる，280 nm以下の波長の紫外線照射は，高度35 km付近のオゾンによって完全に遮断される．DNAを最も損傷するUV-Bという290 nmの波長の紫外線照射については，地球表面での強度は，大気圏最上層の1億分の1にすぎず，それはもっぱら高層の**オゾン**（ozone）によって遮断されるためである．

　われわれは，ここまで，巨大な**月**（Moon）の貢献については，ふれないできた．月は，太陽系で，母惑星と比較して**最大の衛星**（largest satellite）であり，テイアーと原始地球の衝突の際の岩石屑から形成された（図2.3）．月の存在は，地球の自転速度を徐々に減速させる．その結果，地球表面の温度変化は，生命存在を支えうるレベルにまで減少する．同時に，月の存在は，**地軸の傾き**（axial tilt）を安定させた．その結果，年々の季節変化と刺激的な環境がもたらされ，進化が確実に推し進められた．同時に，月は，岩石と水の双方に潮の干満の効果（tidal effects）をもたらした．特に，後者は，化学的，生

物学的進化に拍車をかける，変動する海岸線環境を生み出した．

2.4　生命の樹の3つのドメイン

陸上の35億年前の岩石に，生物が活動していた証がある．これらの化石は，最古のものであることが知られており，細菌様の生物のものである．地球上の生物は，宇宙の年齢の4分の1に相当する35億年間にわたって多様化し，考えられうる限りのあらゆる環境に適応してきた．

約数百年というむしろ短い期間，人類はこれらの生物をすべて，体系的に発見し，命名し，分類することにつとめてきた．1866年，E. H. ヘッケル（Ernst Heinrich Haeckel）は，生物を植物界，動物界，原生生物界（微生物）の3つのカテゴリーに分けた．これは，系統的な**分類体系**（classification）を構築しようとした，最初の試みの1つであった．実に，19世紀のほとんどの期間，生物学者は，生物を植物か動物のどちらかに分類することで満足していた．この分類では，菌類と地衣類は，細菌と藻類と一緒に，植物界の一部を構成していた葉状植物門とよばれるグループに分類されていた．それゆえ，菌学は，植物学の一分科として発展した．このことは，現在，真菌類が，植物に対してよりも動物に，分類上より近縁であるということがわかっているだけに，やや皮肉的である．

20世紀半ばにかけて，細菌の性質は明らかになった．しかし，菌類は，依然として植物界の，厳密にいえば隠花植物亜界，菌門，真菌亜門に分類されていた．さらに，真菌亜門は，藻菌綱，子嚢菌綱，担子菌綱，不完全菌綱の4つの綱に分けられていた．不完全菌綱は，有性生殖環を欠いており，不完全菌類として知られる．これらの伝統的な「菌類」グループは，生殖器官の形態，菌糸に隔壁（横断壁）が存在するか否か，および栄養菌糸体の核の倍数性（染色体の基本数の反復の度合い）によって同定されていた．粘菌類はすべて，菌門の変形菌亜門に分類されていた．

1950，60年代までには，こうした分類システムでは，菌類，原生生物および細菌を適切に扱えないことがきわめて明確になってきた．そこで，1969年に，R. H. ホイタッカー（Robert Harding Whittaker）は，生物を動物界，植物界，菌界，原生生物界（真核微生物，すなわち原生動物と藻類が混ざったグループ）およびモネラ界（原核微生物，つまり細菌と古細菌）の5つの界に分類する分類体系を発表した．その結果，1970年代までは，五界説は，生物を分類する上で最も良い方法であると考えられてきた．基本的に，この分類体系では，原核生物と，植物，動物，菌類および原生生物の**4つの真核生物界**（four eukaryotic kingdoms）の間は，明確に区別されている．原核生物と真核生物を区別するということは，核，細胞骨格，内膜系，および有糸分裂と減数分裂の分裂環などの，真核生物が共有する「高等生物」の特徴を認めることである．

非常に説得力のある**細胞内共生説**（endosymbiosis theory；Margulis, 2004）によると，現存の真核生物を特徴づけるいくつかの性質は，「原核的」パートナーの間の一連の共生的関係を通して生じたと説明されている．真核生物のミトコンドリア（mitochondria）は，宿主細胞内に住みついた好気性「細菌」から進化した．また，**葉緑体**（chloroplasts）は，細胞内に共生したシアノバクテリアから進化した．さらに，真核生物の**繊毛**（cilia）と**鞭毛**（flagella）は，細胞内に共生したスピロヘータに由来する．繊毛と鞭毛は，基底小体から形成されるが，こ

資料ボックス 2.1　惑星地球の物語

地球の誕生について，さらに情報を得たい場合は，次の出版物やウェブサイトの閲覧をお薦めする．

Burger, W.C.（2002）. *Perfect Planet, Clever Species: How Unique Are We?* Amherst, NY: Prometheus Books. ISBN 1591020166.
Davies, P.（2006）. *The Goldilocks Enigma: Why Is the Universe Just Right for Life?* London: Penguin/Allen Lane. ISBN 9780713998832.
Lamb, S. et Sington, D.（1998）. Earth Story: *The Forces that Have Shaped our Planet*. London: BBC Worldwide. ISBN 0563487070.
Earth Story: The Shaping of Our World：この物語は，1998年に，Aubrey Manningによってドキュメンタリー・シリーズとして提供されたBBCの番組である．このプログラムは，2006年に，BBCワールドワイドによってDVDビデオとして出版された
（http://www.bbcshop.com/invt/bbcdvd1988etsource=2239）.

次のウェブサイトにアクセスせよ：
http://www.psi.edu/projects/moon/moon.html
http://en.wikipedia.org/wiki/Giant_impact_theory
http://en.wikipedia.org/wiki/Impact_event

の構造は，有糸分裂の際の紡錘体をも形成して，**細胞骨格**（cytoskeleton）形成にあずかる．

初期の真核生物は，ミトコンドリアやペルオキシソーム（peroxisomes）をもたない**嫌気性**（anaerobic），ときに耐気性であった．これらのグループは，細胞内共生によってミトコンドリアが発生するのに先立って，多様化したと考えられている．現在では，これらの「原始的な」真核生物のほとんどは，微生物からヒトに至る他の真核生物の寄生生物である．しかし，これらの寄生生物の類縁生物の自由生活型は，系統進化樹において古い時代に分岐したものである．

こうした生物分類図は，歴史的に，類似性に基づいた分類に依拠していた．しかし，最近では，この方法は，**系統学**（phylogenetics）にしっかりと根ざした分類に置き換えられつつある．"phylogenetics" という用語は，「族」や「種族」を意味するギリシャ語の phyle と，「素性から」を意味する genetikos に由来する．それゆえ，この用語は，分類群間の進化的関連性に関する研究に対して用いられるものである．系統分類学は，祖先の特性に基づいて分類されているがゆえに，「自然な」分類学である．しかし，分子的手法が開発されるまでは，現存する生物の進化的関係は，意味のある生命の樹を構築できるほど十分に包括的には解明されていなかった．

C. ウーズ（Carl Woese）は，系統分類学上の目ざましい進歩をなしとげた．彼は，すべての生物が，小サブユニット・リボソーム RNA（small subunit rRNNA, SSU rRNA；リボソームの小サブユニット部分を構成しており，このようによばれる）をもつことから，SSUrRNA 遺伝子が，あらゆる生物に対して普遍的に用いることのできる高精度の時計として，申し分のないものであると結論づけた．

これらの SSU rRNA 遺伝子（原核生物とミトコンドリアでは 16S rRNA，真核生物では 18S rRNA）は，急速に進化する領域が，適度に変化する，あるいはほとんど変化しない領域の中に散在するという，モザイク状の**保存**（conservation）パターンを示す（18S rRNA 中のヌクレオチドの位置の約 56％は，変化が制限されているか，系統分類体系の再構成を必要とするような置換を受けないと，推定される）．SSU rRNA 遺伝子のヌクレオチド配列が，進化の精巧な高精度の時計として用いることができるのは，保存パターンにこのような変異を有するがゆえである．進化の時計は，ゆっくり進化する領域が数百万年前のできごとを記録し，急速に進化する領域がより最近のできごとを記録に留めている．

ウーズは，異なった生物種から得られた SSU rRNA 遺伝子の塩基配列をアラインメントし，その差異を計数し，これらが生物種間の「進化的距離」の何らかの物指しになると考えた．ついで，彼は，多くの生物のペア間での差異を用いて，系統樹，すなわち現存生物のもつ SSU rRNA 遺伝子の塩基配列に導く進化の道筋を表す地図，を推測した．もちろん，そのような系統樹は多くの仮定に基づいている．とりわけ，突然変異変化率[**進化時計**（evolutionary clock）]についての仮定や，rRNA 遺伝子には収束進化もしくは遺伝子の水平伝播によって生じた人為的変異は含まれていない，という仮定などが含まれている（Woese, 1987; Woese et al., 1990）．

ウーズの研究は，生物間の進化的関係について従来信じられてきた多くのことに疑義を生じさせ，生物の多様性に秩序をもたらした．最も重要なことは，ウーズが，SSU rRNA 遺伝子の塩基配列に基づいて構築された生命の樹から，進化の系譜における 3 つの主要な系統（最初は界とよばれたが，その後界の上位の新しい分類群である，ドメインと改名された）を明らかにしたことである．すなわち，細菌（現在では真正細菌とよばれている），アーキア，およびユーカリア（現在では真核生物とよばれている）である．これらの 3 つのドメインは，ある**共通祖先**（universal ancestor）から分岐したと考えられている．最初の 2 つのドメインは原核微生物を，3 番目のドメインはすべての真核生物を含んでいる．

共通祖先については，多くの推測がなされている（Doolittle, 2000）．ある推測によると，共通祖先は，原始的な「原核生物」というよりも，多分おそらく真核生物のような複雑な細胞を有しており，アーキアや真正細菌は，そのような細胞から退行と単純化によって生じた，というものである．Penny & Poole（1999）は，まず，現在の真核生物が，RNA の触媒能を用いて，イントロンをスプライシングし，安定した RNA を加工していることを指摘した．そのうえで，彼らは，このような RNA が関わる過程が，タンパク質による触媒の進化以前の，生命の起源において最初の段階であった RNA ワールドからの「分子化石」かもしれないと述べた．それゆえ，共通祖先は，今日現存する真核生物の特徴であると考えられている形質について，いくつかの非常に原始的なタイプの形質をもっていたのだろう．たとえ，これらの RNA ワールドの名残が共通祖先に存在していたとしても，それは祖先が真核的であったということを意味するものではない．むしろ，祖先生物は，現存のアーキア，真正細菌，および真核生物が進化する過程で，異なったやり方で選択し融合された特徴が，ミックスしたものをもっていたのだろう．

不幸にして，進化時計は，異なった系譜の間では一定ではないので，生命の樹における進化上のできごとが起こった年代は，その系譜の SSU rRNA 遺伝子の塩基配列のみからでは確実に導き出すことはできない．それゆえ，他の配列が分析に供せられなければならない．系統分類学的研究に用いられるすべての分子は，次の条件を備えていなければならない．

- 研究対象となる生物群に普遍的に分布している．
- 機能的に相同である．
- 測定される進化的距離に比例した割合で，塩基配列が変化する（測定対象の系統発生的な隔たりが広ければ広いほど，塩基配列が変化する速度はより遅くなければならない）．

SSU rRNA 遺伝子は，これらの基準を満足させる．しかし，肝要なことは，1 個の遺伝子に基づいて作成した系統樹が，進化的・系統的結論を導き出すためにすぐれているとは限らないことである．むしろ，一連の保存された分子に基づいて作成した系統樹については，異なった方法で得られた証拠に対してなされた重みづけについての判断が，考慮されなければならない．

多遺伝子を用いた系統学において，アデノシントリホスファターゼ（ATPase，ATP アーゼ）遺伝子の塩基配列は，成功裏に用いることのできたものの 1 つである．ATP アーゼ酵素は，お互いに関連のある，いくつかの異なった種類のサブユニットから構成されている．F 型，V 型，A 型酵素は，触媒作用のあるサブユニットと，触媒作用のないサブユニットから構成されている．それらの酵素は，3 つのドメインが分離する以前に，初期の**遺伝子重複**（gene duplications）によって生じたと考えられている．それゆえに，触媒能をもつサブユニットを用いて推定された系統樹は，触媒能をもたないサブユニットを用いたものと根を同じくするものと考えられる．ATP アーゼサブユニットを用いた解析では，生命の樹の祖先は，真正細菌の枝に置かれ，真核生物とアーキアは姉妹分類群になる．この結論は，アミノアシル tRNA 合成酵素遺伝子の塩基配列を用いた研究によっても，支持されている．アミノアシル tRNA 合成酵素遺伝子は，遺伝子重複の結果生じた 20 個の酵素群を構成しており，3 つのドメインよりも古い起源をもつといえる．それゆえ，アミノアシル tRNA 合成酵素に基づいた系統樹は，ATP アーゼを用いた系統樹と同様に，古い起源を探ることができる．

リボソーム遺伝子群（ribosomal gene cluster）は，系統樹を構築する際に使用できる，もう 1 つの標準的な分子である．リボソーム遺伝子は，通常直列に 100〜200 回反復した多重の遺伝子として存在するが，これらは単一のユニットとして進化した．それゆえ，細胞は大量の rRNA を発現することができ，安定した RNA 分解酵素がほとんど普遍的に存在するのにもかかわらず，rRNA を単離，精製することは比較的容易である．さらに，特異的なオリゴヌクレオチドプライマーとポリメラーゼ連鎖反応（PCR）を用いて，rDNA を増幅し，その塩基配列を決定することができる．各々のゲノムは，リボソーム遺伝子の同じコピーを数多くもっているので，質の悪い DNA 試料からでも，分子分析のために必要なコピーを少なくとも 1 個は，通常回収することができる．さらに重要なことは，rRNA と比較すると，rDNA の塩基配列の決定に際しては，rRNA の塩基配列の決定よりもアーティファクト（本来存在しない塩基配列が生成されること）が少ない．さらに，rDNA の 2 本鎖に由来する，rRNA の双方の鎖の塩基配列を決定することもできる．これらのことにより，塩基配列決定のエラーを，さらにチェックできることにもなる．

真核生物のリボソーム遺伝子群の 3 つの領域は，rRNA 遺伝子の情報を暗号化しており，転写されてリボソームを構成する 5.8S，18S，および 28S の RNA 分子になる．リボソームの 1 個の反復遺伝子中の約 9,000 ヌクレオチド対のうち，18S 遺伝子は 1,800 対を，5.8S 遺伝子は 120 対を，28S 遺伝子は 3,200 対を，それぞれ占める．rRNA 遺伝子の間には，**スペーサー領域**[訳注1]（spacer regions）が散在する．

18S と 5.8S 遺伝子，および 5.8S と 28S 遺伝子の間に存在する領域は，**内部転写スペーサー領域**（internally transcribed spacer；それぞれ ITS1 と ITS2）とよばれる．

ITS1 と ITS2 領域は 1 単位としてともに転写され，次いで分割されて別々の RNA になり，最終的に不用部分が除去されて rRNA になる．1 個のリボソーム遺伝子群と隣接する別の遺伝子群を隔てる領域は，**遺伝子間スペーサー領域**（intergenic spacer region, IGS）とよばれる．IGS は，非転写スペーサー領域（non-transcribed spacer region, NTS）と外部転写スペーサー領域（externally transcribed spacer region, ETS）からなる．ETS 領域から転写された rRNA も，ITS 領域からのものと同様の運命をたどる．rRNA 遺伝子，転写スペーサー（ITS と

訳注 1：ゲノム中に並ぶ遺伝子を機能的に分離する領域のこと．

表 2.1　菌類を同定し，分類するのに用いられるリボソーム rRNA 塩基配列

rRNA 分子	構造 rRNA か否か	転写されるか否か	保存の程度	識別可能な分類群
18S rRNA （小サブユニット RNA）	Yes	Yes	高度に保存された ドメイン間に保存された ドメインが散在	ドメインから綱
5S rRNA	Yes	Yes	保存されたドメイン	綱，目
28S rRNA （大サブユニット RNA）	Yes	Yes	保存されたドメイン間に 可変ドメインが散在する	門から種
ITS 1 & 2	No	Yes	可変ドメイン	種，近接した属
IGS	No	No	高度に可変的なドメイン	系統，品種

ETS），および非転写スペーサー（NTS）の進化速度は異なっている．それゆえに，これらの塩基配列は，界のレベルから，種内の系統や，品種のレベルに至る分類群を区別するために，広範に使用されるようになった（表 2.1）．

リボソーム遺伝子群と ATP アーゼ遺伝子以外に，真核生物の系統学的研究に用いられた分子配列は，リボソームタンパク質因子，α-チューブリン（α-tubulin），β-チューブリン（β-tubulin），アクチン（actins），およびシトクロム（cytochromes）などのものがある．タンパク質は 20 種類のアミノ酸からなるが，そのアミノ酸配列は，4 種類のヌクレオチドからなる DNA の塩基配列よりも，ある種の系統学的研究にはいくつかの利点を有する．というのは，タンパク質のアミノ酸配列を用いた系統学的研究では，祖先を共有することによる類似性，いわゆる**相同性**（homology）が，異なった道すじをたどり，さらに異なった祖先から進化した構造あるいは機能の類似性（収れん進化として知られる），いわゆる**相似性**（analogy）と，より容易に識別されうるからである．さらに，タンパク質の情報をコードしている遺伝子の長さが変化することは，めったに起こらない．なぜならば，遺伝子の挿入や欠失は，しばしば読み枠を大きく変化させるので致死的であり，系統に残らないからである．ミトコンドリアやそれらのタンパク質をコードしている遺伝子は，ほとんどの細胞において多くのコピーが存在する．また，ミトコンドリア遺伝子は，低質な DNA 試料からでも容易に増幅できる．しかしながら，ミトコンドリアタンパク質をコードしている遺伝子を用いた系統学的研究は，どちらかというとほとんど行われていない．

真正細菌ドメインと，アーキアドメインおよび真核生物ドメインの共通祖先は，40 億年前に分岐し，その後，20 億年前になって，真核生物ドメインが，アーキアドメインの系統上に出現したと考えられている（図 2.4）．

しかしながら，生命の樹の普遍的な根については，議論の残るところである．かつて，遺伝子が水平移動したことを示す証拠が存在することと，そしてアーキアの先祖が明らかではないことのために，生物の主要な系統の遠い過去の起源がはっきりしていない．**太古の生物の関係**（ancient relationships）を推論することは，非常に困難な作業である．もし，解析に用いるデータの情報量が十分でないと，データを解釈するための数学的モデルによって確率的誤差が持ち込まれ，その確率的誤差のために真実が台無しにされる．同様に，もし，系統樹を作成するために用いられる方法が，あまりにも単純化されていると，より系統的な誤差をうみ出す可能性がある［より詳しい説明と参考文献は，Keeling et al.（2005）を参照せよ］．

おもな生物群の間の非常に古い時代の分岐を探るために，数億年から数十億年前（表 2.2 参照）の**太古代**（deep time）までずっと遡ると，誤差が増幅される．系統樹を実際の時間軸に合せるためには化石が必要であるが，実際には，非常に不完全な化石記録しか存在しない．さらに，化石が古いほど，それが本来の自然のままであるのか否かについての，論争は大きくなる．このような誤差や不確実性が存在するために，主要な真核生物群の分岐のような大事件が起こった時間の推定は，数億年からそれ以上の誤差が出る可能性がある．たとえば，ある研究によると，現存する真核生物の共通祖先は，23 億年前には存在していたということである．しかし，別の研究によると，真核生物の分岐年代は，12.6〜9.5 億年前であるという．この 2 つの研究では，異なった方法と系統解析モデルが用いられている．これらの異なったデータが意味しているのは，植物，動物および菌類の系統に進化する前に，共通祖先が 10 億年間は存在したということ，あるいは，せいぜいいえるのは，分岐が 23〜9.5 億年前のどこかの時代に起こったということ，などであろう．

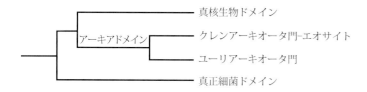

図 2.4　ドメインの主要な系譜間の，最も古い年代における相互関係を表す一分岐図．「生命の樹プロジェクト」から再掲（http://tolweb.org/Life_on_Earth/1/1997.01.01 in the *Tree of Life Project*, http://tolweb.org/）．アーキアドメイン（Archaea）には，メタン細菌（methanogens）と高度好塩菌（extreme halophiles）からなるユーリアーキオータ門（Euryarchaeota）と，超好熱菌（extreme thermophiles）からなるクレンアーキオータ門（Crenarchaeota）の2門がある．エオサイト（Eocytes）は，リボソームの大サブユニットと小サブユニットについて特異的な構成パターンをもつ，硫黄依存細菌（sulfur-dependent bacteria）の一群である．エオサイトは，真核生物と密接な類縁性がある．

アーキアドメインと真核生物ドメインは，共通祖先をもつ姉妹群である（図 2.4）．それゆえ，両者の現存する典型的生物は，真正細菌ドメインとは異なる多くの性質を共有している．たとえば，アーキアと真核生物のRNAポリメラーゼの，サブユニット構成とアミノ酸配列は，真正細菌のそれよりもはるかに互いに良く似ている．さらに，アーキアと真核生物は，転写開始の制御にTATA結合タンパク質を使うが，真正細菌は，シグマ転写因子を使う．

全体として，アーキアと真核生物の分類学的関係は，真正細菌と比較して，お互いにはるかに密接である．その結果，アーキアのメンバーは，原核的な特徴をもっているにもかかわらず，細菌とみなすべきではない．細菌学者によっては，いまだにこの結論を受け入れられないものがいる［同様に，卵菌門（Oomycota）は真菌類ではないという考えを，受け入れられない菌学者もいる］．

より完全な化石記録を得ること，分子年代測定法をさらに改良すること，および分子進化についてさらに理解が進むことなどが整って初めて，進化における真核生物の系統についての正確な年代を，より確実に決定することができるであろう．

上記に紹介した考えは，比較的最近の一連の研究に基づいたものである（たとえば：Doolittle *et al.*, 1996; Embley & Hirt, 1998; Aravind & Subramanian, 1999; Philippe *et al.*, 2000; Keeling *et al.*, 2005）．これらの文献（他にも実に多くの文献があるが，包括的な記事については *Tree of Life Project* http://tolweb.org/Eukaryotes を参照せよ）に紹介されている研究は，形態学や生化学に依拠して解明され，確立された進化関係図をさらに発展させた．しかし，すでに説明したように，現在では，系統樹は，すべてではないにせよほとんどは，本質的に分子レベルの研究によって得られた広範な種類のデータを用いて構築されている．分子的配列は，一般には，おもに形態学に依存している古典的な表現型よりも，進化的な関係をより正確に現していると考えられている．この事実は，微生物については特に当てはまる．この研究分野で発展した，いくつかの学術用語を表 2.2 に説明する．

同時に，われわれは，真核生物と原核生物は20億年前に分岐し，植物，動物，菌類は10億年前に分岐したという一般に受け入れられている見解に，満足しなければならない．

今日，微生物は，しばしば物体の表面に急速に付着して形成された**生物膜**（biofilm）として，混合群集の状態で生息している．生物膜は，基本的に極限環境を含む地球上のあらゆるところに見い出され，地球の現存環境の重要な構成要素である（Sutherland, 2001）．ほとんどの生物膜は，有益，もしくは無害だが，医療機器やさまざまの家具の表面に形成された場合には，有害なことがある．生物膜形成は，群集中の生物にとって明らかに有益なので，進化の初期段階で生じたに違いない．そこで，おそらく，われわれは，地球上の生命史の初期30億年の間に，浅い水たまりの中の，生物遺体を含めた物体の湿った表面に，広範囲に生物膜を形成して生存していた微生物の観点から，生物の系統を考える必要があるのだろう．これらの生物膜のあるものは，藻類やシアノバクテリアなどの光合成微生物を含んでいた可能性がある．

Knauth & Kennedy（2009）は，太古代の炭酸塩岩の炭素同位体比を分析した．その結果，彼らは，「地球の緑化」が，沿岸地域で8.5億年前に始まり，「先カンブリア時代後期の，陸地表面における光合成微生物群集の爆発的増加」をもたらしたと，結論づけた．さらに，彼らは，現在から10億年前までにはこの「緑化」が十分に進行し，大気中の酸素濃度が上昇し，地球表面の岩石の化学的分解が変化し，ついには太古代の土壌や堆積物中への栄養塩の流入や，有機物の増加をもたらした，と示唆している［Hand, 2009; 反論についてはArthur（2009）を参照せよ］．

原始的な生物膜（primitive biofilms）には，同時に菌類が含

訳注2：DNA上のT塩基とA塩基が豊富にある領域のことで，転写開始に重要な役割を果たす．
訳注3：原核生物の転写にはたらく，RNAポリメラーゼの構成サブユニットの1つ．

表 2.2　学術用語の説明（特に菌類に関連する用語）

分類（classification）：対象生物を特定のカテゴリー帰属させること．生物学者は，生物の種を分類する．分類とは，対象とする生物を，他の生物との関係が明らかになるようなグループ内に位置づける作業のことである．近代的分類体系は，C. リンネ（Carolus Linnaeus）によって，18 世紀に創始された．彼は，識別可能な生物間で共有される形質に基づいて種をまとめた．その後，リンネ式分類法は，生物が共通祖先を有するというダーウィンの教義に合致するように改定された．次の HP を参照：
http://en.wikipedia.org/wiki/Scientific_classificaion.

系統分類学（systematics）：生物種間の関係と生物の分類，および生物種が進化し持続するプロセスについての研究．とりわけ，系統分類学は，時間経過の中での関係について扱う．系統分類学は，地球上における生命の進化史を理解するのに用いられる．また，系統分類学は，分類法をおもな手段として用いて，生物そのものと，現在の分類体系を理解する．

命名法（nomenclature）：分類学者が，正式に認識するに足ると考える分類群（taxons）に対して，科学的な名称を割り当てる作業（菌類は植物ではないが，菌類の命名は国際植物命名規約に則っている）．

分類学（taxonomy）：生物を，記載，同定，分類，および命名すること．生物は，形態学的および/あるいは分子的特徴に基づいて，次のような特定の階層の分類群に分類される：種（species），種は属（genera，単数：genus）にまとめられ，さらに科（families），目（orders），綱（classes），門（phyla，単数：phylum あるいは divisions），界（kingdoms），ドメイン（domains）などの高次分類群に，順次まとめられる．系統分類学（phylogenetic taxonomy）［あるいは，分岐分類学（cladistic taxonomy）］では，生物は，祖先の形質による進化的グルーピングに基づいたクレード（clade，分岐群）に分類される．クレードを分類基準とすることにより，分岐分類学では，分岐図（clades）を用いて，分類群をランク付けされていないグループに分類することができる．次のウェブページにアクセスせよ：
http://en.wikipedia.org/wiki/Taxonomy
http://taxonomicon.taxonomy.nl/
http://sn2000.taxonomy.nl/

菌類の分類（taxonomy of fungi）：同時に，国際植物命名規約（International Code of Botanical Nomenclature）によって規定されている．普遍的に適用できる定義はないが，種は，分類の基本となるランクである．
CABI Bioscience は，単独であるいは他の機関と共同して，多くの国際的に重要なデータベースを管理している：
http://www.indexfungorum.org/
http://www.indexfungorum.org/BSM/bsm.asp
http://www.indexfungorum.org/Names/Names.asp

分類群（Taxon，複数：taxa）：あらゆる分類階級の分類学的グループのことである．

分岐分類学（cladistics）：客観的で再現性のある分析により，生物の系統を示す系譜を再構築するための分類学の手法のことで，自然な分類体系あるいは系統関係を導く．
分岐分類学は，次の 3 つの基本的な仮定に依拠している．
- 分類群は，共有派生形質に基づいて自然なグループにまとめられる．
- 認識されたすべてのグループは，単一の祖先の子孫，すなわち単系統的でなければならない．
- 最も節約的なパターン，すなわち，最も少ないステップで関係を説明可能なパターンは，最も正当である可能性が高いものである．

分岐分類学的解析（cladistic analysis）：その所産は，分岐図（cladogram）あるいは系統樹（phylogenetic tree）とよばれる樹状の分岐図である．これは，解析に用いた形質に基づいて，生物間の関係様式を示すものである．

分岐図では，葉すなわち枝の最先端部分は生物種を示しており，各々の分岐節点（分岐）は，理想的には 2 成分すなわち二叉的である．分岐の両側の 2 つの分類群は，姉妹群（sister taxa）あるいは姉妹グループとよばれる．各々の樹の枝に相当する部分は，それが 1 分類群を含んでいようと 10 万の分類群を含んでいようと，クレードとよばれる．

自然分類群（natural group）：そのクレードに固有の祖先を共有する，すべての生物種を含むグループのことである．その共通祖先は，系統樹上の他のいかなる生物種によっても共有されることはない．http://en.wikipedia.org/wiki/Cladistics を参照せよ．

単系統群（monophyletic groups）：クレード（clades）ともよばれ，単一の祖先と，そのすべての子孫から構成される．単系統群は，一般に唯一の「自然な」分類群であると考えられる．これらは，系統分類においてはきわめて重要である．一方，側系統群（paraphyletic group）は，共通祖先の子孫のうちの，すべてではないがいく分かを含む．側系統群は，性質が祖先とほとんど変化していないメンバーから成り，より変化したメンバーは除外されている．多系統群（polyphyletic groups）は，2 つの系統が，類似の形質を収れん的に進化させたときに形成される．同じ多系統群に分類された生物種は，系統発生的あるいは進化的関係を有するものの間に見られるよりも，顕著な類似性を共有する．

共通祖先（common ancestor）：その祖先を同じくする生物グループは，起源を同じくするといわれる．生物学における普遍的共通起源論によると，地球上のすべての生物は，共通祖先あるいは祖先遺伝子プールの子孫であるとされる．
http://en.wikipedia.org/wiki/Common_descent を参照．

ディープ・タイム（deep time）：ディープ・タイムは地質学的時間（geological time）の概念である．
http://www.pbs.org/wgbh/evolution/change/deeptime/index.html

深部系統分岐（deep divergences）：一般には，少なくとも 10 億年前という地質学的ディープ・タイムに起こったと考えられる，分類群間の分岐のこと．

表 2.2 続き

若干の菌類分類学：今日，菌類に対して用いられているおもな分類学的階級と，それを示す用語の特有の語尾は次の通りである．
ドメイン（domain），ユーカリア（真核生物ドメイン）
界（kingdom），菌類界
門（phylum），…mycota
亜門（subphylum），…mycotina
綱（class），…mycetes
目（order），…ales
科（family），…aceae
属（genus，必ず下線を付すか，イタリックで表記する）
種（species，必ず下線を付すか，イタリックで表記する）

菌学者は，菌類の形態を記述するために広範な専門用語を考え出した．さいわい，Ullora & Hanlin（2000）と Kirk et al.（2008）の2つの良い辞書が入手可能であり，理解困難な専門用語の解釈の手助けになるだろう．

まれていた可能性がある．そして，菌糸として成長することの重要な能力は，糸状の菌糸が生物膜から脱け出すことができるということである．より重要なことは，菌類の菌糸は，生物膜マトリックスを構成している粘着物，ゴム質，その他のポリマーを消化し，あるいは光合成微生物に寄生することにより，これらを原始的な地衣類様の組織に取り込みながら，生物膜を積極的に利用することができるということにある．

2.5 菌類界

上に述べたように，20世紀の中葉には，真核生物の主要な3つの界が最終的に認識された．これらの界を区別するうえで，重要な特質の違いの1つは，栄養の摂取様式である．

- 動物は，飲み込む．
- 植物は，光合成をする．
- 菌類は，外部で消化された栄養素を吸収する．

栄養の摂取様式に加えて，他に多くの差異がある．たとえば，細胞膜の構成物質として，動物はコレステロールを，ほとんどの菌類はエルゴステロールを用いる．細胞壁の構成物質としては，植物は，グルコースの重合体であるセルロースを，菌類は，グルコサミンの重合体であるキチンを用いる．最近のゲノム研究によると，植物のゲノムは，動物の発育において重要な役割を果たす遺伝子の塩基配列を欠いている．一方，菌類のゲノムは，動物あるいは植物における多細胞型の発育を制御する上で重要な塩基配列を一切もっていない．この後者の事実は，動物，植物および菌類が，それぞれ，単細胞から多細胞に組織化される前の，単細胞段階で分岐したことを示唆している．

菌類界は，現在では，現存生物の中で最も古く，かつ最も大きなクレード（clade, 分岐群）の1つであると認識されている．また，菌類界は，8～9億年前に動物との共通祖先から分岐した，単系統群である．最新の系統分類表では，真菌類（true fungi あるいは Eumycota）は，菌類界とよばれる単系統クレードを構成し，次の7門（phylla，単数は -um；「門」に対して，動物分類学では phyllum，植物分類学では division が用いられていたが，近年では植物分類学においても phyllum が用いられるようになった）からなっている．

- ツボカビ門（Chytridiomycota）（105属，706種）．
- コウマクノウキン門（Blastocladiomycota）（14属，179種）．
- ネオカリマスティクス菌門（Neocallimastigomycota）（6属，20種）．
- 微胞子虫門（Microsporidia）（170属，1,300＋種）．
- グロムス菌門（Glomeromycota）（12属，169種）．
- 子嚢菌門（Ascomycota）（6,355属，64,163種）．
- 担子菌門（Basidiomycota）（1,589属，31,515種）．

子嚢菌門と担子菌門は，二核菌類亜界（Dikarya）にまとめられている（Hibbett et al., 2007）．さらに，伝統的に接合菌門（Zygomycota）（168属，1,065種）におかれていた所属門未確定の4亜門がある．これらの分類群については，第3章で詳細に述べる．次に，接合菌門について若干付記する．

しばし，菌類がまだ植物界（隠花植物亜界，菌類門，真菌亜門）に分類され，次の4綱に分類されていたことを想起してほしい．

- 藻菌綱（Phycomycetes）．
- 子嚢菌綱（Ascomycetes）．
- 担子菌綱（Basidiomycetes）．
- 不完全菌綱（Deuteromycetes）：有性生活環を欠いていることから，不完全菌類（Fungi Imperfecti）として知られる．

現在でも，これらの伝統的な菌類グループの名称を目にすることがあるかもしれない．しかし，もし，それらが今日でも使われているとしても，それは，ただ非公式にのみ使用できるのだと考えるべきである．これらのグループ，特に藻菌類と粘菌類に包含されていた生物の多くは，たとえ菌学者が研究対象としているとしても，もはや真菌類とは考えられていない．同じようなことは，卵菌門（Oomycota）［植物病原菌のエキビョウキン（*Phytophthora*）属を含む］やサカゲツボカビ門（Hypochytriomycota）のような多くの水生菌類についてもいえる．これらは，現在では菌類から除外され，褐藻（brown algae）や珪藻（diatoms）とともにクロミスタ界（Kingdom Chromista）に分類されている．同様に，アメビディウム目（Amoebidiales）は，生きている節足動物に寄生あるいは片利共生し，以前は接合菌門のトリコミケス類（trichomycete fungi）に分けられていたが，現在では原生動物であると考えられている．粘菌類は，いずれも，現在では菌類界に属するとは考えられておらず，他の生物，特に動物との関係性が，現在も議論されている．

伝統的なツボカビ門（Chytridiomycota）や接合菌門に置かれていた菌類の系統に関するわれわれの理解は，分子系統学的解析によって劇的に変化した．ツボカビ門は，2007年の分類では存続していたが，その対象は非常に狭められたものになった．一例は，その伝統的な目の1つであったコウマクノウキン目（Blastocladiales）が，コウマクノウキン門（Blastocladiomycota）に格上げされたのである．同様に，以前ネオカリマスティクス目（Neocallimastigales）として知られていた，ルーメン中の嫌気性ツボカビのグループが，明確なネオカリマスティクス菌門（Neocallimastigomycota）として樹てられた．

対照的に接合菌門（Zygomycota）については，伝統的にこの門に置かれていたグループ間の関係について疑問が残ったために，最新の分類体系では存続が**受け入れられなかった**．この結果，グロムス菌門と，分類学的に**位置の不確かな**ケカビ亜門（Mucoromycotina），キクセラ亜門（Kickxellomycotina），トリモチカビ亜門（Zoopagomycotina）およびハエカビ亜門（Entomophthoromycotina）の4亜門が認定された．さらに研究が進んで分類学的位置が明らかになると，多分接合菌門という名称は復権し，従来の接合菌門に属していた分類群のあるものが，その中に含まれることになると考えられる．本書の執筆時には，接合菌門に関しては適切な判断が下されていず，単に非公式に使用している状況である．第3章では，接合菌門という用語を使用し続けるが，それは上記の4つの亜門を入れる便利な「容器」としてである．さらに，より重要なことは，読者諸氏が，他の古い書物の中で必ずその名称に出会うであろうと考えられるがゆえに，使用し続けるのである．

何種類かの新しいメンバー，とりわけ*Pneumocystis*属，微胞子虫類（Microsporidia）および*Hyaloraphidium*属などが，最近の分子系統学的解析に基づいて，新たに菌類界に加わった．*Pneumocystis carinii*（ヒト病原体は*P. jirovecii*とよばれる）[訳注4]は，免疫機構が弱った，ヒトを含む哺乳動物の肺炎を引き起こす病原体である［ニューモシスチス肺炎（pneumocystis pneumonia）あるいはニューモシスチスカリニ肺炎（pneumocystis carinii pneumonia, PCP）は，HIVウイルス感染者の最も一般的な日和見感染症であり，HIVウイルス感染者のおもな死亡要因でもある］．*Pneumocystis*属は，当初トリパノソーマ（trypanosome）として記載されていたが，数個の遺伝子の塩基配列の解析により，子嚢菌門のタフリナ菌亜門（Taphrinomycotina）に置かれるようになった．

微胞子虫門は，動物の絶対細胞内寄生者であり，ミトコンドリアをもたない極端に小型化した生物である．ほとんどの微胞子虫門は昆虫に感染するが，甲殻類や魚類の一般的な病気の原因でもあり，ヒト（おそらく，汚染された食物および/あるいは水を介して伝播される）を含む他の動物にも見い出される．これらの生物は，長年原生動物の中の独特な門と考えられてきた．最近の分子系統学的研究により，微胞子虫門は，接合菌門に関連のあることが明らかになってきた．

かつて，*Hyaloraphidium curvatum*は無色の緑藻に分類されていたが，遺伝子の塩基配列の解析により，ツボカビ門に属するサヤミドロモドキ目（Monoblepharidales）の菌類であることが確認された．

訳注4：現在，*Pneumocystis carinii*と*P. jirovecii*は，別種と考えられている．ヒトに病原性を有する本属菌類に対しては，従来*P. carinii*との学名が用いられていたが，のちに別種であることがわかり，*P. jirovecii*として記載された．

2.6 オピストコンタ巨大系統群

オピストコンタ (opisthokont) クレード（分岐群）は，真核生物の独立した一系譜である．微細構造上の特徴を共有し，明確な姉妹群をもたない．本クレードには，ツボカビ (chytrids) を含むすべての真菌類，微胞子虫類 (microsporidia)，襟鞭毛原生生物 [collar-flagellate protists；コアノゾア (Choanozoa) 亜門] および動物界 (Kingdom Animalia) が属し（図2.5），動物界の後生動物下門 (Metazoa) にはヒトが含まれる．

すべての分子系統学的および微細構造学的研究は，オピストコンタ系統群が単系統群を構成するという説を強く支持する．「オピストコンタ」という名称は，「後部の鞭毛」を意味するギリシャ語に由来している．この名称を付した生物の共通形質は，細胞が鞭毛を有している場合には，1本の後部鞭毛によって推進されるということである．この性質は，ツボカビ類の遊走子にも，動物の精子にもあてはまる．対照的に，運動性の細胞をもつ他の真核生物は，細胞が1本または複数の前部鞭毛で推進され，「1本または複数」ということからヘテロコンタ (heterokont) という名称を付された．

ヘテロコンタは，運動細胞が不等長の鞭毛をもつ生物群である．この生物群は，栄養学的に最も多様な真核生物巨大系統群であり，いくつかの生態学的に重要なグループを含んでいる．この生物群の正式の名称は，ヘテロコンタ巨大系統群 (Heterokonta) であり，ハプト藻類 (haptophytes)，クリプト植物 (cryptomonads) とならんでクロミスタ界 (Kingdom Chromista) に置かれている (Cavalier-Smith & Chao, 2006). クロミスタ界は，植物，菌類，動物と同じ共通祖先から分岐した，独立した進化系統を代表していると考えられる．ヘテロコンタ巨大系統群には，次のようなグループが含まれる．

- 多細胞褐色海藻類 (multicellular brown seaweeds). このグループは，岩だらけの海岸に最も一般的であり，ある種は50 mもの長さの葉状体からなるケルプの森を形成する．
- 卵菌類 (parasitic oomycetes). 本グループは，通常は寄生性であり，1845年にアイルランドのジャガイモ大飢饉を引き起こした偽菌類 (pseudofungus) のエキビョウキン (*Phytophthora*) 属や，種子腐敗病および実生の立枯れ病の原因となり，また糸状の成長形をとることから菌類と混同されてきたフハイカビ (*Pythium*) 属を含む．ヘテロコンタはわれわれにとって重要であり，「偽菌類」や「水生菌類」のいくつかのグループの構成メンバーが，重要であることの理由を示してくれる．とりわけ，菌学者によって長い間熱心に研究されてきた注目すべき属は，ミズカビ (*Saprolegnia*) 属，ワタカビ (*Achlya*) 属，シロサビキン (*Albugo*) 属，ブレミア (*Bremia*) 属，プラズモパラ (*Plasmopara*) 属などである．
- 光合成珪藻類 (photosynthetic diatoms) などの，多くの非常に重要な原生生物 (protists). 光合成珪藻類は，プランクトンの主要な構成者である．
- クロロフィル c を含む多くの藻類 (chlorophyll-c-containing algae) グループ．クロミスタ界に見られるクロロフィル c，およびいくつかの他の色素は，真の植物に含まれるいかなるグループからも見つかっていない．
- いくつかの非光合成グループ (non-photosynthetic groups). 本グループは，食作用により，あるいは吸収栄養的に食物を摂取する．

ヘテロコンタ巨大系統群は，真核生物の中で最も活発に研究されているグループの1つである．その理由の1つには，一部の生物学者が，その単系統性に疑問をもっているということ

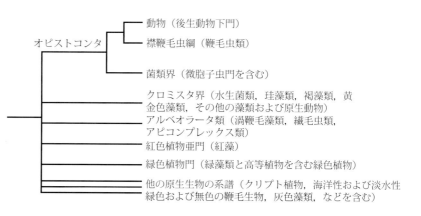

図2.5 真核生物の関係を表す分岐図 [cladogram, 系統樹 (phylogenetic tree)]．一番上の枝が，オピストコンタ (opisthokont) クレード (clade, 分岐群) であり，他の真核生物クレードとは明確に異なることに注目せよ．オピストコンタクレードは，さらに，互いに姉妹クレードである動物と菌類に分岐する [*Tree of Life Project* (http://tolweb.org/Eukaryotes) を改変].

がある．その結果，グループに属するメンバーや，それらの名称はしばしば変更されている．

何人かの生物学者は，クロミスタのメンバー構成がヘテロコンタと同一であるとし，ヘテロコンタをストラメノパイル（stramenopiles）［ストラミノパイル（straminopiles）と綴られることもある］と称するか，あるいはクロミスタ界の名称をストラミニピラ（Straminipila）に変更しようとした．しかしながら，クロミスタ界という名称は，命名法上の優先権を有している（Cavalier-Smith & Chao（2006）中の議論を参照せよ）．次のウェブページを参照されたい：http://www.ucmp.berkeley.edu/chromista/chromista.html，同時に次のアドレスの *Tree of Life Project* を参照することもお勧めする．http://tolweb.org/Stramenopiles/2380/1995.01.01．ただし，ここでは依然としてストラメノパイルという名称が用いられているが，これについては改定の必要がある．

2.7 化石菌類

菌類のほとんどの構造は，化石として長期間保存される可能性がほとんどない．菌類の菌糸にはユニークな形態的特徴がほとんどないので，多くの化石記録を菌類と証明するのは難しい．

いかなる種類の陸生化石であれ最も古いものの1つは，ネマトファイト（nematophytes）とよばれる大きな繊維状の物体である．これらは，「植物デブリ」として知られるものの一部であり，陸上生物が存在したことを示す証拠のうちで最も初期のものである．ネマトファイトは，オルドビス紀中期（4.6億年前；図2.6の地質学的時間スケールを参照）からデボン紀初期にかけて発見され，少なくとも4千万年は存続したことをうかがわせる．この植物組織片には，確かにコケ植物様（bryophyte-like plants）の化石が含まれているが，ネマトファイトのあるもの，特に *Prototaxites* 属は，陸生菌類であることが示唆されている（Hueber, 2001）．

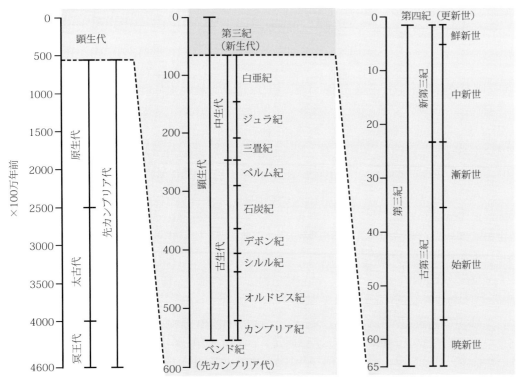

図2.6　地質学的時間スケール．本図は，地球誕生以来の，代と世への地質時代区分を示す．中央と右側のパネルの時間軸は，左隣のパネルの上方部分を拡大したものである．最後の6,500万年は新生代とよばれ，暁新世に始まり現代にいたるいくつかの世に分けられている．暁新世は6,500～5,400万年前まで，以降，始新世（5,400～3,400万年前），漸新世（3,400～2,400万年前），中新世（2,400～500万年前），鮮新世（500～180万年前）および更新世あるいは氷期（180～1万年前）と続く．最後に，氷河が後退したのちの，現在の氷河時代の温暖期は，完新世あるいは現世とよばれている（1万年前～現在）．（出典：http://www.geo.ucalgary.ca/~macrae/timescale/timescale.html）

図 2.7　デボン紀前期の高さ約 2 m の *Prototaxites* の圧縮化石．カナダ，eastern Quebec，Gaspésie 地域，Restigouche 川の Cross Point 近辺，Bordeaux Quarry における，**野外での存在状態**を示す．写真では，川床が，本来の位置に対して直角に，ほぼ直立させられた状態で写っている．したがって，写真は，川床を上から撮影していることになる．そこには，少なくとも 3 個の大きな *Prototaxites* 標本の化石化した痕跡が，流水中に集積した丸太のような状態で存在するのが確認できるだろう．写真では，Francis Hueber 博士が，傍で目印の物差しとしてポーズをとっている．博士が，*Prototaxites* の化石が菌類起源であることを最初に示唆したのである（Heuber, 2001）．［この写真は，スミソニアン協会の Carol Hotton 博士からご恵与頂いたもので，Boyce et al.（2007）の Fig. 1A に用いられているものである．］カラー版は，口絵 5 頁参照．

　Prototaxites 属の化石について，2 つ注目すべきことがらは，非常に巨大である（図 2.7）ことと，普遍的に存在したということである．それゆえ，*Prototaxites* 属は，豊富さと多様性において，初期陸上生態系の主要な構成要素であった．これらの化石は，太古の環境に存在した生物の中では，圧倒的に巨大な生物のものであった．事実，「1 m 以上の幅がある *Prototaxites* 属の標本が報告されている」（Wellman & Gray, 2000）．

　Boyce et al.（2007）は，化石の性質を確認するために炭素の同位体比を測定した．光合成を行う一次生産者は，大気中の炭素を利用しているので，個体間の炭素同位体比は比較的一定であると考えられている．一方，生態系の消費者である菌類のような生物は，どのような基質であれ，生息場所で消化したものの同位体比を反映すると考えられる．それゆえ，個々の菌類試料は，大きく異なる同位体比をもつことになる．Boyce et al.（2007）は，*Prototaxites* が光合成を行う一次生産者であるとすると，個々の化石間の同位体比があまりにも異なることを見い出した．同位体比の結果は，*Prototaxites* は生産者ではなくて，むしろ消費者であることを示す．*Prototaxites* の構造を直接顕微鏡で観察した研究結果（Heuber, 2001）とともに，同位体実験の結果は，これらの巨大な化石が，この時代までに生存した陸上生物の中で最大の生物のものであり，実際は巨大な菌類のものであることを明らかにした．他の興味深い要因の 1 つは，*Prototaxites* 化石の同位体比から，菌類の菌糸体が利用することのできた一次生産者の種類を推測することが可能なことである．もう 1 つの要因は，試料として用いられた多くの *Prototaxites* の個体は，現在優占している維管束植物が存在しないような環境から採取されたものであることである．たとえ，維管束植物による陸地の征服が，*Prototaxites* の出現より約 4 千万年早く始まっていたとしても，維管束植物が生息しない環境から採取されたのである．むしろ，*Prototaxites* が存在した環境は，より古い時代の一次生産者である，シアノバクテリア［cyanobacteria；藍藻類（blue-green algae）］，真核藻類（eukaryotic algae），地衣類（lichens）およびセン類（mosses），タイ類（liverworts）やこれらの類縁種［コケ植物類（bryophytes）］などに依然として依存していたのである．

　それゆえ，現時点では，**その存在が確認されている最初の巨**

大な陸上生物は，細菌，原生生物およびコケ植物の残渣の20億年にわたる堆積を利用して発達した，巨大な多細胞菌類であったと一般に理解されている（図2.8）．

菌類であることが最も確かな化石の多くは，グロムス菌類（通常，グロムス目菌類とよばれる）の菌根（glomeromycotan mycorrhizas），および子嚢菌類やツボカビに属する寄生菌類のように，植物化石と共存している．これらのうちで，最も古い化石のいくつかは，スコットランド北部のAberdeenshireにある4億年前のデボン紀のライニーチャート（Devonian Rhynie Chert）からのものであり，グロムス菌類以外の菌根菌類や他のいくつかの菌類が，初期維管束植物の残存組織中に共存していることが見い出されている（Taylor et al., 2004, 2006）．

グロムス菌門の化石（Glomeromycotan fossils）は，さらに，ウイスコンシン州の4.60億年前のオルドビス紀中期の岩石からも発見されている．化石化した試料は，絡まり，ときに分岐した無隔壁の菌糸と球形の胞子からなる．これらのグロムス菌類の化石の年代は，最初の維管束植物はまだ陸上に出現せず，陸上の植物相は，おそらくコケ植物，地衣類，シアノバクテリアのみであったときに，グロムス菌類が存在していたことを示している．今日では，グロムス菌門は，アーバスキュラー菌根共生（arbuscular mycorrhizal symbiosis）を形成する．この共生は，現生の維管束植物には普遍的に見られ，タイ類やツノゴケ類にも報告されている．古代の菌類は，維管束植物の出現以前から存在しており，同時に初期の維管束植物の化石の組織中にも存在する．この事実から，アーバスキュラー菌根が，初期の陸上植物の陸上環境への進出に重要な役割を果たしたと考えて良いであろう（Redecker et al., 2000）．

他の菌類であることが確実な化石は，より新しい時代のものである．3億年前（図2.6）のペンシルヴェニアン系/石炭紀の地層からは，かすがい連結をもった菌糸の微化石が発見されている．しかしながら，現在までに発見されている中で唯一の，きのこの化石として確かなものは，約9千万年前の白亜紀のコハクの中に埋め込まれていたものである．これらの「コハクの中のきのこ（mushrooms in amber）」（Hibbett et al., 1995）は，今日の森林でまったく普通に見られる，現生のホウライタケ（*Marasmius*）属やシロホウライタケ（*Marasmiellus*）属にきわめてよく似ているので，とりわけ興味深い．しかも，それらがコハクの中に埋め込まれたときには，まだ恐竜が地球を支配していたのである．換言すると，現在われわれが森の中で見ているきのこは，恐竜が見ていたものとほとんど同じようなものだったのである．とはいっても，もちろん森の植物相は，まったく異なっているのだが．

5.4～3.4千万年前の始新世（図2.6の地質学的時間スケールを参照）のコハクに，いくつかの糸状菌類（filamentous mould fungi）の遺物が含まれていることが発見された．発見された菌類の1つは，5.4～2.2千万年前のヨーロッパのコハクに含まれた，すす病菌類（sooty moulds）である．現生のすす病菌類は，通常菌糸が黒色で，雑多な腐生菌群であり，生きている植物の表面にコロニーを形成する無害な着生菌類である．現生のほとんどのすす病菌類は，節足動物の排泄物を栄養としており，アリマキ（aphids），カイガラムシ（scale insects）および他の糖液生産者（producers of honeydew）と緊密に関わりつつ生息している．これまで見つかった化石は，いずれも現生の*Metacapnodium*属と同様の特徴をもつ暗色の菌糸からなっている．この事実は，*Metacapnodium*属の菌糸が，**数千万年間その形状を変えずに残存していることを示唆している**（Rikkinen et al., 2003）．おそらく，最も感銘的な化石は，バルト海沿岸地方から採取されたコハクのかけらである．このコハクには，表面を*Aspergillus*属の種によって覆われた節足動物のトビムシ（springtail）が包埋されていた（Dörfelt & Schmidt, 2005）．トビムシの表面は，部分的に，すばらしく良い状態で保存された菌糸と分生子柄によって密に覆われていた．多くの胞子を形成している分生子柄（sporulating conidiophores）と，放射状に伸びた分生子鎖をもつ分生子頭が，はっきり観察できる．トビムシのクチクラの表面に菌糸が存在するだけではなく，虫体が分枝した基層菌糸によってゆるく貫通されている．著者たちは，これらの事実から，この菌類が寄生的であろうと推測し，新種*Aspergillus collembolorum*として記載した（Dörfelt & Schmidt, 2005）．

このように，化石による証拠からは，菌類は，5億年前までには，陸上生態系の重要なメンバーになっていたということが示されている．分子系統学的な証拠は，菌類がさらにずっと古い起源を有することを示唆している．

そもそも分子系統学的研究では，一般に1個の遺伝子の塩基配列が用いられていた．最も一般的に用いられてきた遺伝子配列は，核リボソームDNA（rDNA）の遺伝子座，とりわけ小サブユニット（18S）リボソームRNAをコードする遺伝子座の塩基配列であった．核rDNAの遺伝子座以外に，核大リボソームRNAサブユニット（nucLSU），ミトコンドリアrDNA，および完全なあるいはほぼ完全なミトコンドリアゲノムも用いられてきた．1個の遺伝子に基づいた分子系統解析研究では，

図2.8 　高さ9 m にも及ぶ Prototaxites の標本が優占した，約4億年前のデボン紀前期の景観のイメージ図．上図は，ワシントンのスミソニアン協会の Mary Parrish 氏によるもので，Heuber（2001）著の Prototaxites の化石に関する出版物のために書かれたものである．下図は，Geoffrey Kibby 氏によるもので，「デボン紀の景観についての芸術家の印象」というタイトルで，Field Mycology 誌 2008 年 4 月号の裏表紙に掲載されたものである．これらの景観の中で，菌類である Prototaxites は，この時代までに生息した生物の中の最大の陸上生物として優占していた．この時代には，すでに維管束植物が存在していたが，景観をおもに構成していたのは，依然としてより古い時代の一次生産者であるシアノバクテリア（藍藻），真核藻類，地衣類，およびセン類，タイ類とこれらのコケ植物の類縁種などであった．これらのイメージ図は，実際に地球の生物圏で菌類が優占していたことを表したものである．この Prototaxites の優占は，少なくとも4千万年［ヒト（Homo）属が現在まで地球上に存在していた時間の約20倍に相当する］は続いた．（写真は，スミソニアン協会の Tom Jorstad 氏と，Field Mycology のシニアー編集者の Geoffrey Kibby 氏によってご恵与頂いたものである．）カラー版は，口絵6頁参照．

十分な情報が得られず，また，菌類の系統関係を十分な信頼性をもって解明できるような，真に代表的な研究にはなり得ない可能性がある．それゆえ，より良い情報を得るために，より広範な研究が必要であろう．しかし，タンパク質の情報をコードしている遺伝子の塩基配列については，広範な分類群に対して信頼性をもって適用できる，PCR（Polymerase chain reaction, ポリメラーゼ連鎖反応）増幅のためのプライマー^{訳注5}を設計することが難しく，扱いが困難な場合がある．同様に，ヘテロカリオン（異核共存体）の異型接合の遺伝子も解釈を複雑にすることがある．

2.8 菌類の系統発生

米国科学財団の経済支援による「菌類系統樹構築プロジェクト（AFTOL:Assembling the Fungal Tree of Life）」によって，世界的規模での菌類に関する分子系統解析が進められた（参照：http://www.aftol.org/.）．

71名の研究者からなるこの国際的なコンソーシアムによって，近年になって18S rRNA，28S rRNA，5.8S rRNA，伸長因子1（elongaion factor-1，EF 1）および2個のRNAポリメラーゼIIサブユニット（RPB 1とRPB 2）の，6個の遺伝子領域から得られたデータを用いて，菌類界の新しい系統樹が作成された．彼らは，199菌類種の，6個の遺伝子（総数6,436個のアラインメントされたヌクレオチド）に対するすべてのデータを統合して解析した（James et al., 2006）．この研究により，もちろん巨大な分岐図が発表されたが，それをここに示すことはできない．ここでは，きわめて単純化した系統樹を図2.9に示す．

このように広範な分類群を解析した結果，子嚢菌門（Ascomycota），担子菌門（Basidiomycota），グロムス菌門（Glomeromycota），接合菌門（Zygomycota）およびツボカビ門（Chytridiomycota）という，どちらかというと伝統的な分類群への位置付けが，おおむね支持されたことは意義深いことである．しかし，この解析は，さらに一歩進んで，伝統的な位置づけに加えて，新たに詳細な情報を明らかにしている．子嚢菌門と担子菌門は，少なくとも生活環の一部において2個の核を有する細胞によって特徴づけられる，二核菌類亜界（Dikarya）として統合されている．この2姉妹群に最も近縁な菌類がグロムス菌門であり，この門は，長い間グロマーレ目（Glomales）として接合菌門に含まれてきた．接合菌門とツボカビ門は単系統群ではない．これらの門の代表的な菌類は，系統樹上の異なるクレードあるいは枝に分かれて位置づけられている．これらの菌類は，原始的な形態を共有する（側系統群とよばれる）ことから，接合菌門やツボカビ門にまとめられているのである．これらの事実が，最新の分類（第3章参照）において，少なくとも当分の間は，ツボカビ門が再定義され，接

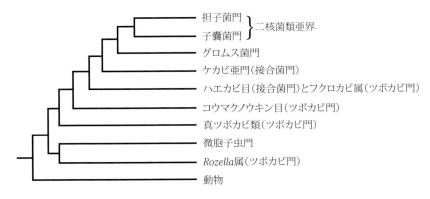

図2.9　菌類界の系統樹の主要な枝．この結果は，199の菌類種の，6遺伝子（合計6,436個のアラインメントされたヌクレオチドからなる）を用いて得られたすべてのデータを，統合して解析することにより得られたものである（James et al., 2006）．伝統的な門である子嚢菌門（Ascomycota），担子菌門（Basidiomycota），グロムス菌門（Glomeromycota），接合菌門（Zygomycota）およびツボカビ門（Chytridiomycota）（本文中の議論を参照）を示している．子嚢菌門と担子菌門は，少なくとも生活環の一部において2個の核を有する細胞をもつことが特徴であり，二核菌類亜界（Dikarya）として統合されている．この2つの姉妹群に最も近縁な菌類が，グロムス菌門である．接合菌門もツボカビ門も単系統群ではない．これらの門の代表的な菌類は，系統樹上の異なるクレードあるいは枝に分かれて位置づけられている．これらは，原始的な形態を共有する（側系統群とよばれる）ことから，接合菌門やツボカビ門にまとめられたのである．この分析では，微胞子虫門（Microsporidia）とRozellaの枝が，すべての他の菌類の基部に位置することに注目せよ［Bruns（2006）を改変］．

訳注5：核酸の生合成反応の開始に必要なオリゴヌクレオチドのこと．

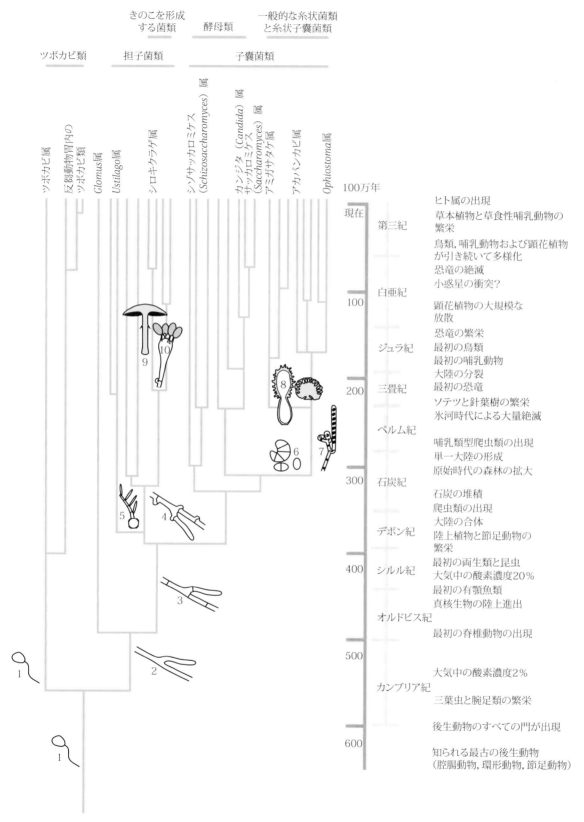

図 2.10 菌類の進化の要約．この系統樹は，菌類の進化全般についての現時点の見解をまとめたものである．同時に，地質年代の時間的標識および動物や植物の進化的な様相と対比しながら，菌類の進化を正しく理解することを目指したものである．この分岐図は，18S リボソーム DNA 遺伝子の塩基配列に基づいて作成した，真菌類の系統関係を示したものである．分岐図中の枝の長さは，1 億年で 1% というヌクレオチド置換の平均速度に比例させて

合菌門が正式な分類群としての階級から除外され，分類学的に正式な名称ではなくなった理由である．

この解析では，図2.9に見るように，微胞子虫門（Microsporidia）とRozella属の枝が，他のすべての菌類系統の基部に位置することに留意してほしい．Rozella属は，ツボカビ型菌類の1属であり，他のツボカビ門の菌類に寄生する，最も原始的な菌類の1つと考えられている．微胞子虫門は，動物の寄生菌であり，菌類の系統樹の中で最も初期に分岐した枝であるRozellaに似た，内部寄生性のツボカビ型菌類の祖先に由来すると考えられる．

陸上環境で多細胞組織を発達させた真核生物は，菌類，動物および植物だけである．これらの生物は，それぞれ，およそ10億年前に分岐したと考えられている．AFTOLの解析によって，菌類の祖先は，現生のツボカビに似た，鞭毛のある胞子をもつ，水生の単純な細胞であったとする説が，依然として支持されている．AFTOLの研究は，陸上菌類が多様化したときに，ツボカビ型菌類が鞭毛を失ったのは1度だけだった，という従来の説に変更を迫った．むしろ，本解析の結果は，菌類界の進化の初期過程の中で，ツボカビ型菌類は，少なくとも4回独立して鞭毛を失ったという結論を導く．この結論は，胞子の分散に関する新しいメカニズムの進化とも一致する．

おもな菌類グループが歴史的に出現した時期の推定については，大きな問題が残っている．199種の菌類から得られた6つの遺伝子を用いた研究は，記念碑的偉業ではあるが，まだ表面を引っ掻いたにすぎない．菌類の系統進化に対してなした重要な貢献は，菌類がおよそ10億年にわたって成功裏に存在し続けた事実を明らかにしたことである．

現生の菌類界は，おそらく地球上で最も豊富で多様な生物グループである．菌類は，相利共生のパートナー，病原体，寄生者あるいは腐生生物として，あらゆる陸上生態系に見い出される．菌類界には，150万種が含まれていると見積もられているが（Hawksworth, 2001），このうちのほんの5％ほどの種が，記載されているにすぎない．もし，未知種のほとんどが伝統的な分類群のメンバーであるならば，その際は，現在の系統学的結論が，新たな発見によって変革を迫られることはないだろう．しかしながら，環境からのDNA試料の採取によって，新奇の菌類グループが発見される可能性はある．このDNA採取法は，すでに，顕微鏡的で，未記載の，培養できない菌類を明らかにしつつある．しかし，未知種はあくまでも未知種なので，菌類の起源や進化についてのわれわれの理解が，DNA採取法を用いた発見によって，どのような影響を受けるかということについては予測できない．この件については，次の文を引用して結論としたい．「菌類の歴史の特徴は，変化や絶滅にではなく，保存と連続にあるという長い間信じられてきた説が，蓄積した証拠によって支持されている」（Pyrozynsky, 1976）．換言すると，菌類の進化は，「もし，生物が現在の環境に適応しているのなら，性質を変える必要はない」という原則のうえに成り立っている．菌類の進化全般についての，現時点での理解が，図2.10にまとめられている．

最初の陸上（terrestrial）真核生物が菌類であった可能性があるという説は，21世紀初頭の数年間における菌類学の興味深い研究によって，ますます支持が強まっている．いくつかの論文の表題からも，この事実が明確に読み取れる．より詳細については，次の原著論文を参照されたい．「陸上生命－菌類は最初から？」（Blackwell, 2000）；「初期の細胞進化，真核生物，酸素欠乏，硫化物，酸素，最初の菌類，およびゲノムの樹再訪」（Martin et al., 2003）；および「巨大菌類に記録されている，デボン紀の景観の不均一性」（Boyce et al., 2007）．

最後に，およそ2.51億年前に起こったペルム紀－三畳紀（P-Tr）境界絶滅事件に関係する引用をいくつか紹介したい．

図2.10 続き
　いるので，この分岐図は進化の樹ともいえる．分岐図中の目盛は，化石菌類や，菌類の宿主および/あるいは共生生物の年代を用いて補正している．右端の時間軸には，地質年代における他の主要な進化上の出来事との前後関係が示されている．分岐図中のイラストとそれに付した数字は，菌類の形態的進化における画期的な事象を示している．陸生の高等菌類は，約5.5億年前に，隔壁をもたない分枝した糸状体（2）として，水生菌類（1）から分岐した．グロムス菌門は，約4.9億年前に，子嚢菌類と担子菌類の祖先から分岐した．担子菌類の系譜において，隔壁を有する糸状体が現れた（3）．かすがい連結は，初期担子菌類の標識となっている（4）．担子菌類と子嚢菌類の大規模な適応放散の初期に，担子器（クロボキン様担子器，5），無性胞子（6）および子嚢（7）などが進化した．糸状の子嚢菌類は，酵母類の系統から約3.1億年前に分岐した．その子実体（8）は，今日あらゆる子嚢菌類の系統に認められており，おそらくペルム紀の多様化以前に進化したと考えられる．きのこをつくる担子菌類（9）は，その特徴的な単室担子器（10）を形成し，おそらく2.0〜1.3億年前に，顕花植物が植物相の重要な構成要素になった直後に，放散したと考えられる．白亜紀や第三紀に蓄積した石炭には，それよりはるかに古い石炭紀の石炭よりも，かなり多くの菌類による分解の証拠が見られるということは，興味深い事実である．この事実は，三畳紀以降に，攻撃的な木材腐朽力を有する担子菌類が放散したことを，反映しているものと思われる．同様に，比較的最近，（嫌気性の）ツボカビ類が，草本植物と草食性哺乳動物が豊富になるのに伴って放散したことにも注目してほしい［Moore & Novak Frazer（2002）を改変］．

このことにより，古代における菌類の重要性について例証し，地質学的な時代を通して菌類が繁栄した理由についてのヒントを提示できるかもしれない．地球上の生命の進化は，何回かの大量絶滅事件によって中断された．P-Tr境界事件は，非公式には大絶滅（Great Dying）として知られ，全海生種の約96％と陸上脊椎動物の70％が絶滅するという，地球史上最も過酷な絶滅事件であった（現在までのところでは，であるが！）．この壊滅的な生態学的危機は，過去5億年間の地史の中で最大であった火山噴火に起因する，大気の化学性の劇的な変化によって引き起された．この火山噴火により，今日シベリア・トラップ洪水玄武岩（Siberian Traps flood basalts）として知られる岩体台地が形成された．この玄武岩台地は，最初に形成されたとき，オーストラリアに匹敵する面積のシベリアの大地を，覆っていたと考えられている．

動物と同じように，植物も，大量絶滅の被害を被った：「木本植生が過度に枯損したことにより，陸上生態系は不安定になり，続いて崩壊した．それとともに，生物現存量の損失がもたらされた．」このような現象は，「全球的」に起こった．

しかしながら，このようなあらゆる死と破壊は，次のような結果をもたらした：「ペルム紀末の堆積物中に保存されている有機物質は，沈殿環境［海洋，湖沼（湖沼沈殿物），河川（河川／流水堆積物）］，植物相の地方性，および気候帯にかかわらず，菌類残渣がたぐいまれなくらい豊かである，という特徴がある．」引用は，Visscher et al.（1996）による．

6,500万年前の白亜紀/第三紀（K-T）境界の絶滅は，ほとんどの人がそれについて少しは知っている，もう1つの事件である．というのは，この絶滅事件は隕石の衝突によって引き起こされたもので，メキシコにチクシュルーブ・クレーター（Chicxulub crater）を形成し，恐竜絶滅の原因とされているからである．K-T境界の地層には，イリジウム（Ir）元素が高濃度に存在するという特徴がある．この元素は，地球にはまれであるが，小惑星や隕石のような宇宙のちりには普通に存在するものである．最近の研究結果によると，白亜紀の終わりにイリジウムを含む隕石が地球に衝突し，衝突によって生じた世界的規模の粉塵雲によってイリジウムが分散し，地表面に固定されて，濃度が高い地層が形成されたというものである．白亜紀は，恐竜の化石が発見される最後の地質年代であることから，恐竜は，チクシュルーブでの隕石衝突によって絶滅したということを確実に理解できる．同時に，白亜紀が終わるまさにそのときに，森林が広範囲に消滅した．この消滅は，大気中の硫黄エーロゾル（sulfur aerosols）や粉塵の増加によってもたらされた，高湿度（広範囲にわたる降雨が原因），太陽光の減少，および寒冷化などの，衝突後の環境変化が原因であると考えられている．

しかしながら，K-T境界におけるこの動物や植物の死や破壊のすべてと時を同じくして，大量の菌類化石が急激に増加した．Vajda & McLoughlin（2004）は，この現象について次のように述べている．「菌類が多量に存在したこの期間は，K-T境界における当該地域の光合成植物の大規模な枯死を意味している．菌類存在量のピークは，チクシュルーブにおける隕石の衝突後，地球規模で森林が枯死したことによって，腐生生物が利用可能な基質が劇的に増加したことを示す，と考えると説明がつく．」

それゆえ，K-T絶滅境界における菌類の繁栄の物語は，P-Tr絶滅境界における物語と同じである．世界中の菌類以外の生物が死滅しつつあったときに，菌類はパーティーを開いていたのである！しかし，このような話だけでは，この逸話の意味を十分には伝えていないであろう．というのは，Casadevall（2005）は，当時の大気中の菌類胞子数の大規模な増加が菌類病を引き起こし，そのことが，「恐竜の終焉と哺乳動物種の繁栄をもたらした可能性がある」と示唆しているからである．われわれ自身の起源に対する，菌類のインパクトは，生物が生息する地球環境に対する菌類のインパクトと同じくらい大きなものである．

2.9 文献と，さらに勉強をしたい方のために

As a gentle introduction you might like to read Chapter 8: 'The old Kingdom in time and space' in the book *Slayers, Saviors, Servants, and Sex: An Exposé of Kingdom Fungi*, by David Moore; published by Springer-Verlag, New York: 2001. ISBN-10: 0387951016, ISBN-13: 9780387951010. URL: http://www.springerlink.com/content/978-0-387-95367-0.

Aravind, L. & Subramanian, G. (1999). Origin of multicellular eukaryotes – insights from proteome comparisons. *Current Opinion in Genetics and Development*, **9**: 688-694. DOI: http://dx.doi.org/10.1016/S0959-437X(99)00028-3.

Arthur, M. A. (2009). Biogeochemistry: carbonate rocks deconstructed. *Nature*, **460**: 698-699. DOI: http://dx.doi.org/10.1038/460698a.

Blackwell, M. (2000). Terrestrial life – fungal from the start? *Science*, **289**: 1884–1885. DOI: http://dx.doi.org/10.1126/science.289.5486.1884.

Boyce, C. K., Hotton, C. L., Fogel, M. L., Cody, G. D., Hazen, R. M., Knoll, A. H. & Hueber, F. M. (2007). Devonian landscape heterogeneity recorded by a giant fungus. *Geology*, **35**: 399–402. DOI: http://dx.doi.org/10.1130/G23384A.1.

Bruns, T. (2006) A kingdom revised. *Nature*, **443**: 758–760. DOI: http://dx.doi.org/10.1038/443758a.

Burger, W. C. (2002). *Perfect Planet, Clever Species: How Unique Are We?* Amherst, NY: Prometheus Books. ISBN 1591020166.

Burnett, J. (2003). *Fungal Populations and Species*. Oxford, UK: Oxford University Press. ISBN-10: 0198515537, ISBN-13: 9780198515531.

Casadevall, A. (2005). Fungal virulence, vertebrate endothermy, and dinosaur extinction: is there a connection? *Fungal Genetics and Biology*, **42**: 98–106. DOI: http://dx.doi.org/10.1016/j.fgb.2004.11.008.

Cavalier-Smith, T. & Chao, E. E.-Y. (2006). Phylogeny and megasystematics of phagotrophic heterokonts (Kingdom Chromista). *Journal of Molecular Evolution*, **62**: 388–420. DOI: http://dx.doi.org/10.1007/s00239-004-0353-8.

Doolittle, W. F. (1999). Lateral genomics. In: *Joint millennium issue of Trends in Cell Biology*, **9**, *Trends in Biochemical Science*, **24**, *Trends in Genetics*, **15**: M5-M8. DOI: http://dx.doi.org/10.1016/S0168-9525(99)01877-6.

Doolittle, W. F. (2000). The nature of the universal ancestor and the evolution of the proteome. *Current Opinion in Structural Biology*, **10**: 355–358. DOI: http://dx.doi.org/10.1016/S0959-440X(00)00096-8.

Doolittle, R. F., Feng, D. F., Tsang, S., Cho, G. & Little, E. (1996). Determining divergence times of the major kingdoms of living organisms with a protein clock. *Science*, **271**: 470–477. DOI: http://dx.doi.org/10.1126/science.271.5248.470.

Dörfelt, H. & Schmidt, A. R. (2005). A fossil *Aspergillus* from Baltic amber. *Mycological Research*, **109**: 956–960. DOI: http://dx.doi.org/10.1017/S0953756205003497.

Embley, T. M. & Hirt, R. P. (1998). Early branching eukaryotes? *Current Opinion in Genetics and Development*, **8**: 624–629. DOI: http://dx.doi.org/10.1016/S0959-437X(98)80029-4.

Hand, E. (2009). When Earth greened over. *Nature*, **460**: 161. DOI: http://dx.doi.org/10.1038/460161a.

Hawksworth, D. L. (2001). The magnitude of fungal diversity: the 1.5 million species estimate revisited. *Mycological Research*, **105**: 1422–1432. DOI: http://dx.doi.org/10.1017/S0953756201004725.

Hibbett, D. S., Grimaldi, D. & Donoghue, M. J. (1995). Cretaceous mushrooms in amber. *Nature*, **377**: 487. DOI: http://dx.doi.org/10.1038/377487a0.

Hibbett, D. S., Bindera, M., Bischoff, J. F., Blackwell, M., Cannon, P. F., Eriksson, O. E., Huhndorf, S., James, T., Kirk, P. M., Lücking, R., Thorsten Lumbsch, H., Lutzonig, F., Matheny, P. B., McLaughlin, D. J., Powell, M. J. Redhead, S., Schoch, C. L., Spatafora, J. W., Stalpers, J. L., Vilgalys, R., Aime, M. C., Aptroot, A., Bauer, R., Begerow, D., Benny, G. L., Castlebury, L. A., Crous, P. W., Dai, Y.-C., Gams, W., Geiser, D. M., Griffith, G. W., Gueidan, C., Hawksworth, D. L., Hestmark, G., Hosaka, K., Humber, R. A., Hyde, K. D., Ironside, J. E., Kõljalg, U., Kurtzman, C. P., Larsson, K.-H., Lichtwardt, R., Longcore, J., Miadlikowska, J., Miller, A., Moncalvo, J.-M., Mozley-Standridge, S., Oberwinkler, F., Parmasto, E., Reeb, V., Rogers, J. D., Roux, C., Ryvarden, L., Sampaio, J. P., Schüssler, A., Sugiyama, J., Thorn, R. G., Tibell, L., Untereiner, W. A., Walker, C., Wang, Z., Weir, A., Weiss, M., White, M. M., Winka, K., Yao, Y.-J. & Zhang, N. (2007). A higher-level phylogenetic classification of the Fungi. *Mycological Research*, **111**: 509–547. DOI: http://dx.doi.org/10.1016/j.mycres.2007.03.004.

Hueber, F. M. (2001). Rotted wood-algae-fungus: the history and life of *Prototaxites* Dawson 1859. *Review of Paleobotany and Palynology*, **116**: 123–148. DOI: http://dx.doi.org/10.1016/S0034-6667(01)00058-6.

James, T. Y., Kauff, F., Schoch, C. L., Matheny, P. B., Hofstetter, V., Cox, C. J. and 65 others (2006). Reconstructing the early evolution of Fungi using a six-gene phylogeny. *Nature*, **443**: 818–822. DOI: http://dx.doi.org/10.1038/nature05110.

Keeling, P. J., Burger, G., Durnford, D. G., Lang, B. F., Lee, R. W., Pearlman, R. E., Roger, A. J. & Gray, M. W. (2005). The tree of eukaryotes. *Trends in Ecology and Evolution*, **20**: 670–676. DOI: http://dx.doi.org/10.1016/j.tree.2005.09.005.

Kirk, P. M., Cannon, P. F., Minter, D. W. & Stalpers, J. A. (2008). *Dictionary of the Fungi*, 10th edn. Wallingford, UK: CAB International. ISBN-10: 0851998267, ISBN-13: 9780851998268.

Knauth, L. P. & Kennedy, M. J. (2009). The late Precambrian greening of the Earth. *Nature*, **460**: 728–732. DOI: http://dx.doi.org/10.1038/nature08213.

Margulis, L. (2004). Serial endosymbiotic theory (SET) and composite individuality: transition from bacterial to eukaryotic genomes. *Microbiology Today*, **31**: 172–174. DOI: http://www.socgenmicrobiol.org.uk/pubs/micro_today/pdf/110406.pdf.

Martin, W., Rotte, C., Hoffmeister, M., Theissen, U., Gelius-Dietrich, G., Ahr, S. & Henze, K. (2003). Early cell evolution, eukaryotes, anoxia, sulfide, oxygen, fungi first (?), and a Tree of Genomes revisited. *International Union of Biochemistry and Molecular Biology: Life*, **55**: 193–204. DOI: http://dx.doi.org/10.1080/1521654031000141231.

Moore, D. & Novak Frazer, L. (2002). *Essential Fungal Genetics*. New York: Springer-Verlag. ISBN-10:0387953671, ISBN-13: 9780387953670.

Nakayashiki, H., Nishimoto, N., Ikeda, K., Tosa, Y. & Mayama, S. (1999). Degenerate MAGGY elements in a subgroup of *Pyricularia grisea*: a possible example of successful capture of a genetic invader by a fungal genome. *Molecular and General Genetics*, **261**: 958-966. DOI: http://dx.doi.org/10.1007/s004380051044.

Penny, D. & Poole, A. (1999). The nature of the last universal common ancestor. *Current Opinion in Genetics and Development*, **9**: 672-677. DOI: http://dx.doi.org/10.1016/S0959-437X(99)00020-9.

Philippe, H., Germot, A. & Moreira, D. (2000). The new phylogeny of eukaryotes. *Current Opinion in Genetics and Development*, **10**: 596-601. DOI: http://dx.doi.org/10.1016/S0959-437X(00)00137-4.

Pirozynsky, K. A. (1976). Fungal spores in fossil record. *Biological Memoirs*, **1**: 104-120.

Ramsdale, M. (2003). Fungi and the bare necessities of life. *Mycologist*, **17**: 14. DOI: http://dx.doi.org/10.1017/S0269915X03001095.

Redecker, D., Kodner, R. & Graham, L. E. (2000). Glomalean fungi from the Ordovician. *Science*, **289**:1920-1921. DOI: http://dx.doi.org/10.1126/science.289.5486.1920.

Rikkinen, J., Dörfelt, H., Schmidt, A. R. & Wunderlich, J. (2003). Sooty moulds from European Tertiary amber, with notes on the systematic position of *Rosaria* ('Cyanobacteria'). *Mycological Research*, **107**: 251-256. DOI: http://dx.doi.org/10.1017/S0953756203007330.

Sipiczki, M. (2000). Where does fission yeast sit on the tree of life? *Genome Biology*, **1**: reviews1011.1-1011.4. http://genomebiology.com/2000/1/2/reviews/1011/.

Sutherland, I. W. (2001). The biofilm matrix - an immobilized but dynamic microbial environment. *Trends in Microbiology*, **9**: 222-227. DOI: http://dx.doi.org/10.1016/S0966-842X(01)02012-1.

Taylor, T. N., Hass, H. & Kerp, H. (1997). A cyanolichen from the Lower Devonian Rhynie Chert. *American Journal of Botany*, **84**: 992-1004. Stable URL: http://www.jstor.org/stable/2446290.

Taylor, T. N., Klavins, S. D., Krings, M., Taylor, E. L., Kerp, H. & Hass, H. (2004). Fungi from the Rhynie chert: a view from the dark side. *Transactions of the Royal Society of Edinburgh: Earth Sciences*, **94**: 457-473.

Taylor, T. N., Krings, M. & Kerp, H. (2006). *Hassiella monospora* gen. et sp. nov., a microfungus from the 400 million year old Rhynie chert. *Mycological Research*, **110**: 628-632. DOI: http://dx.doi.org/10.1016/j.mycres.2006.02.009.

Ulloa, M. & Hanlin, R. T. (2000). *Illustrated Dictionary of Mycology*. St Paul, MN: American Phytopathological Society Press. ISBN-10: 0890542570, ISBN-13: 9780890542576.

Vajda, V. & McLoughlin, S. (2004). Fungal proliferation at the Cretaceous-Tertiary boundary. *Science*, **303**: 1489. DOI: http://dx.doi.org/10.1126/science.1093807.

Visscher, H., Brinkhuis, H., Dilcher, D. L., Elsik, W. C., Eshet, Y., Looy, C. V., Rampino, M. R. & Traverse, A. (1996). The terminal Paleozoic fungal event: evidence of terrestrial ecosystem destabilization and collapse. *Proceedings of the National Academy of Sciences of the United States of America*, **93**: 2155-2158. Stable URL: http://www.jstor.org/stable/38482.

Walton, J. D. (2000). Horizontal gene transfer and the evolution of secondary metabolite gene clusters in fungi: an hypothesis. *Fungal Genetics and Biology*, **30**: 167-171. DOI: http://dx.doi.org/10.1006/fgbi.2000.1224.

Wellman, C. H. & Gray, J. (2000). The microfossil record of early land plants. *Philosophical Transactions of the Royal Society of London, Series B*, **355**: 717-732. [See section 3, which starts on p. 725.] Stable URL: http://www.jstor.org/stable/3066802.

Woese, C. R. (1987). Bacterial evolution. *Microbiological Reviews*, **51**: 221-271.

Woese, C. R., Kandler, O. & Wheels, M. L. (1990). Towards a natural system of organisms: proposal for the domains Archaea, Bacteria and Eucarya. *Proceedings of the National Academy of Sciences of the United States of America*, **87**: 4576-4579. Stable URL: http://www.jstor.org/stable/2354364.

Wolf, Y. I., Kondrashov, A. S. & Koonin, E. V. (2000). Interkingdom gene fusions. *Genome Biology*, **1**: research0013.1-0013.13. DOI: http://genomebiology.com/2000/1/6/research/0013.

Xu, J. (ed.) (2005). *Evolutionary Genetics of Fungi*. Norwich, UK: Horizon Bioscience. ISBN-10: 1904933157, ISBN-13: 9781904933151.

Zhang, J. (2000). Protein-length distributions for the three domains of life. *Trends in Genetics*, **16**: 107-109. DOI: http://dx.doi.org/10.1016/S0168-9525(99)01922-8.

Section 03
Natural classification of fungi

第3章
菌類の自然分類

　本章では，菌界を構成する生物群について概説する．長大な分類表によって単に菌類の分類体系を示すのではなく，菌類と生態系との関係に主眼をおきながら，菌類の各グループについて紹介していきたい．しかし，地球上には150万種もの菌類が生息するとされている（本文参照）．その一部については種名を記憶するとともに，**菌類の自然分類**（natural classification of fungi）についても把握しておく必要があろう．自然分類とは，生物を進化学的関係に基づいて，グループ分けする作業のことである．

　本章の前半では，菌類の分類体系について詳細に紹介する．これにより菌類にはいかに多様な生物が含まれているかを理解したい．また，菌界を構成する主要な門であるツボカビ門，コウマクノウキン門，グロムス菌門，微胞子虫門（16.2参照），接合菌門，子嚢菌門および担子菌門を理解するのに必要な基礎的知識を整理する．続いて，菌類における「種」という言葉（むしろ「概念」とするのが適当かもしれない）の意味，さらに菌の種をいかに定義するかについて議論する．加えて，進化史上は菌類と類縁関係がないにも関わらず，一部の特徴が菌類と共通する「偽菌類」とよばれる菌類様の生物についても紹介する．最終節では，自然環境下や自然群集内において菌類の見せる，生態系内での重要な様相について例示する．なお，これらに関する詳細な解説については，菌類の生態に関する後章にゆずりたい．

3.1 菌界の構成者

今日までに約 98,000 種の菌類が記載されているが，その大多数は子嚢菌門（既知種約 64,000 種）または担子菌門（既知種約 32,000 種）に属している．ただし，これらの既知種数はあくまで概数にすぎない．なぜなら，毎年約 1000 種もの新種の菌類が記載されている（2007 年には 850 種しか記載されていないが，1980 年代には平均 1229 種，1990 年代には平均 1097 種が記載されている）一方で，これまでに記載されたすべての「新種」が実際に本来の新種とはいえない（一部の種については，すでに別の名前で記載されている）からである．同種に対して複数の学名が記載された場合，これらの学名は**異名**（シノニム，synonym）とされ，その内の 1 つがその種の正式の学名として選ばれ（国際命名規約に従い，最も古く最も正確に記載された名前が選ばれる）[訳注1]，他の学名は異名とされる．しかし，異名とされた学名も命名規約上は有効とされ，他のいかなる生物に対しても同じ学名を使うことはできない[訳注2]．

菌類には，有性生殖世代が知られていない種も多い．このことから，少なくとも最初の記載時においては，**無性生殖世代**（無性世代，アナモルフ，anamorph）と**有性生殖世代**（有性世代，テレオモルフ，teleomorph）に対して，異なる属名および種名を命名することが，菌類分類学では特例措置として認められている[訳注3]．後続の研究によって両者が同一種であることが示されると，1 種の生物に対して 2 つの学名が与えられていたことになる．このような場合は，先に命名された学名が優先権をもつことになる．具体例を示そう．遺伝学研究などで広く用いられる *Aspergillus nidulans* は，有性世代として *Emericella* 属をもつ菌の無性世代に対して与えられた学名である．厳密には，属名としては *Emericella* が優先権をもつ．しかし，*Aspergillus nidulans* という名前は伝統的に遺伝学や分子生物学の分野において広く用いられており，この菌を *Emericella nidulans* とよび直すには長い時間がかかるであろう．菌学研究者にとって，同様の事例が混乱の要因となりかねない．今後，さまざまな菌について分子生物学的手法を用いた分類が行われ，多くの異名が明らかになると，同じような混乱が頻繁に生じることが予想される．こうした菌類分類学の特殊性に留意し，混乱をうまく避ける努力が必要であろう．有性世代と無性世代に異なる学名を与えるという特殊性が，菌類に対して与えられた学名の数を増加させた一因であることはいうまでもない．

実際，現在約 300,000 の菌の学名が存在しているが，ここからもどれだけの本当の既知種が存在するかを推測することができる．主要なモノグラフ（属や科に属する全種を分類学的に再検討した総説論文）によると，1 つの有効な（valid）名前に対して平均 2.5 個の有効でない（invalid）名前が存在している[訳注4]．したがって，この割合を既知の 300,000 の学名に対して適用すると，正名として認められる既知種数は約 120,000 種ということになる．これを地球上に現在分布すると推測される菌類の総種数 1,500,000 種（Hawksworth, 2001）と比較すると，いかに多くの菌類が未記載かということがわかる．

本書で用いた菌類分類体系の概要を補遺 1 に示した．続いて，菌類として分類される生物の生物学的特性を記述していきたい．

3.2 ツボカビ類

ツボカビ門（phylum Chytridiomycota）に含まれる種は，**ツボカビ菌**（chytrid fungus）もしくは**ツボカビ類**（chytrid）とも称され，その形態は単純である．これらは全地球的に分布しており，熱帯域から極地に至るさまざまな地域から，約 700 種が記載されている．渓流，池，河口や海洋などの水圏環境に発生するツボカビ類は，藻類やプランクトンに寄生している．しかしながら多くの，おそらく大多数のツボカビ類は，陸上環境である森林，農地や砂漠の土壌，あるいは酸性湿地に生息しており，花粉粒，キチン，ケラチン，セルロースなどといった

訳注1：命名規約にしたがって記載された最も古い名前が優先権をもつ．特徴などが正確に記載されている名前が優先されるわけではない．

訳注2：「藻類，菌類および植物」は「動物」や「細菌」とは異なる命名規約によって命名されており，これらは互いに独立である．菌類に対して与えられた学名は，他の藻類，菌類および植物に対して使うことはできないが，動物，細菌に対する使用を必ずしも妨げるものではない．ただし，命名規約上は合法であっても，既存の学名を別の生物に対してつけるべきではない．

訳注3：従来，多型的生活環を有する菌類については，アナモルフおよびテレオモルフに対して異なる名前を命名することが認められていた．しかし，2011 年 7 月にメルボルンにおいて開催された第 18 回国際植物学会議において，1 生物種に対して 1 学名を与える（1 生物種 1 学名）原則が，菌類に対しても適用されることとなった．

訳注4：「有効な（valid）」名前とは，命名規約に従って有効に発表された名前のことであり，異名が「有効でない」ということではない．ここでは，「1 つの有効な名前に対して平均 2.5 個の有効でない名前が存在」よりはむしろ，「1 つの正名（current name）に対して平均 2.5 個の異名が存在」とすべきであろう．

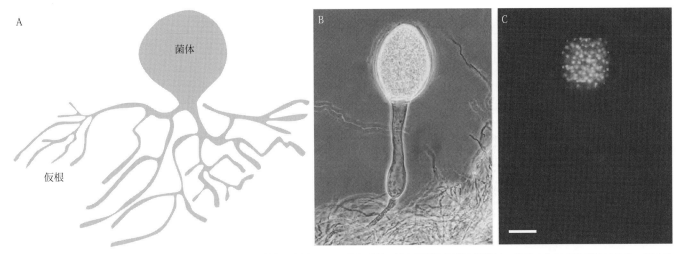

図3.1 ツボカビ類の一般的形態．A，分実性ツボカビ菌体の概念図．ツボカビ類の最も顕著な形態的特徴は，その本体である菌体にある．菌体はおおよそ直径10 μm，ほとんどの細胞質は菌体内に存在し，ここから分岐した仮根が生じる．菌体は仮根によって基物に固定され，またここから消化酵素が分泌される．菌体は生殖時には胞子嚢になる．胞子嚢は袋状で，内部で原形質が分割して単細胞の遊走子が形成される．B，ルーメン内ツボカビの1種 *Neocallimastix* sp. 菌体の位相差顕微鏡図．単心性菌体と仮根からなる単生した胞子嚢を示す．C，Bと同視野，DAPI（4'-6-diamidino-2-phenylindole）により蛍光染色した．DAPIは自然二本鎖DNAと蛍光錯体を形成することから，きわめて特異的に核を染色する．蛍光染色は菌体/胞子嚢に限られており，仮根には核が含まれていないことがわかる．スケールバー＝40 μm．（BおよびCはTrinci *et al.,* 1994を改変；Elsevier社の許可により掲載）

難分解性基質上で腐生的生活を送っている．また，土壌生息性ツボカビ類には，維管束植物に絶対寄生する種もある．

一般に，ツボカビ類は後方を向いた1本の鞭毛によって遊走する運動性胞子（遊走子，zoospore）によって繁殖する．またツボカビ類の形態は非常に単純である（図3.1）．

分実性（eucarpic）のツボカビ類は，**胞子嚢**（sporangium，複数は -ia）および糸状の**仮根**（rhizoid）から構成される．一方，全実性（holocarpic）のツボカビ類は菌体（thallus）を形成し，生殖時には菌体全体が胞子嚢に変化する．遊走子を生成する胞子嚢［遊走子嚢（zoosporangia），常に**無性生殖**（asexual reproduction）によって生じる］は薄い細胞壁を有する．有性的，もしくは無性的に休眠胞子を形成することもあるが，これらの細胞壁は厚く，休眠期間後に発芽して胞子嚢を形成する．

単心性（monocentric）のツボカビ類では菌体に1つの胞子嚢を形成するが，**多心性**（polycentric）の種では，**仮根状菌糸体**（rhizomycelium，複数は -ia）とよばれる網状の仮根上に複数の胞子嚢を形成する．他にも，胞子嚢が遊走子放出時に開く弁をもつか，胞子嚢の直下にアポフィシスとよばれる膨潤部が形成されるか，などが分類上重要な特徴としてあげられる．また，ツボカビ類には基質上に発生する（**表生**，epibiotic）種，および基質内部に発生する（**内生**，endobiotic）種がある．

遊走子は一般に直径2～10 μmで細胞壁をもたず，一核を有し，後端にある1本のむち型鞭毛によって遊走する（しかしながら，関連門のネオカリマスティクス菌門に分類される嫌気性のルーメン内ツボカビ（rumen chytrid）には，多数の鞭毛を有する種が含まれる）（図3.2）．

ツボカビ門の著名な属であるフタナシツボカビ（*Rhizophydium*）属はツボカビ目最大の属で，菌体に生殖部位を1カ所形成（つまり単心性の），仮根をもち（つまり分実性の），内生的に発育する（シスト化した遊走子が増大して，そのまま遊走子嚢となる）．フタナシツボカビ属菌の遊走子は通常1つ，あるいは複数の孔を通じて胞子嚢から放出されるが，一部の種では胞子嚢壁の大部分が消失して遊走子を放出する．*Rhizophydium sphaerotheca* は花粉粒上に，また *R. globosum* は藻類上に菌体を形成する．

植物寄生菌（plant parasite）としては，ジャガイモに寄生するサビフクロカビ（*Synchytrium*）属やウリ科植物（キュウリ，カボチャ，ガーキン，メロンなどのあらゆるウリ類）に寄生するフクロカビ（*Olpidium*）属がある．

カエルツボカビ（*Batrachochytrium dendrobatidis*）は脊椎動物への寄生が知られている唯一のツボカビである．本種は，両生類の致死性表皮感染症（カエルツボカビ症）の病原菌として，世界各地において両生類の集団死や個体数の大幅減少の原因となっている（16.7節参照）．カエルツボカビはカエル成体のケラチン化した皮膚や，オタマジャクシの口周辺部に寄生する．その結果，表皮が異常増殖して（慢性炎症性反応のため細

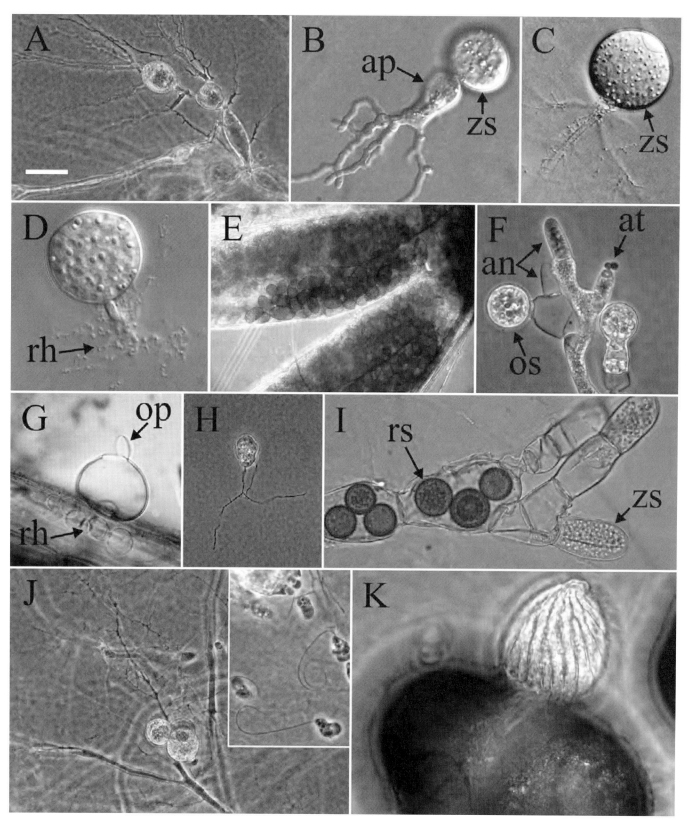

図3.2　代表的ツボカビ類の光学顕微鏡図．多様な形状を示す．A, *Catenomyces persicinus*. 菌体は多心性で，アポフィシス状の仮根軸と間生の遊走子嚢をもつ．B, *Spizellomyces plurigibbosus*. 遊走子嚢（zs）は単心性，無弁で，仮根軸は膨潤したアポフィシス（ap）をもち，仮根は分岐し鈍端．C, *Chytriomyces hyalinus*. 遊走子嚢（zs）は単心性，有弁で，仮根は長く分岐，先端は細く径 0.5 μm 以下．D, *Terramyces subangulosum*. 胞子嚢は単心性，無弁で，仮根軸は太く，仮根（rh）は著しく分岐して先端は細くなり径 0.5 μm 以下．E, *Coelomomyces stegomyiae*. 宿主であるカの尾鰓内に形成さ

胞数が増加する）皮膚呼吸や浸透圧調節が困難になり，成熟個体の死亡が蔓延する．これまでのところ，毒素の産生は報告されていない．

通常，ほとんどのツボカビ類はあまり目につかず，発生が少ないかあるいはまれである．しかし，一部の種は比較的普通であり，あるいはさらに淡水や土壌において，きわめて普通に見られる種もある（たとえば，フタナシツボカビ属，Rhizophlyctis属，Phlyctochytrium属やChytriomyces属に属する菌は，土壌サンプルを水に浸し，セルロース，キチン，花粉粒や麻の種子による「釣菌法」を用いると容易に分離することができる）．事実，ツボカビ類は淡水生態系の重要な構成者の1つであり，Gleason et al.（2008）は淡水域におけるツボカビ類の生育や個体群構造に影響する環境要因をまとめ，食物網動態内におけるツボカビ類の5つの重要な役割を明らかにしている．その役割とは，

- 遊走子が動物プランクトンのエサ資源として重要
- 特定の有機物を分解
- 水生植物に寄生
- 水生動物に寄生
- 無機成分を有機成分に転換

の5点である．

嫌気性ツボカビ類は，すべての家畜を含む多くの大型草食動物のルーメンや盲腸に生息し，おそらくツボカビ類の中で最も経済的に重要であり，また最も数の多いグループである（次のネオカリマスティクス菌門に関する節参照）．

長らく，ツボカビ類が「本当の」菌類かどうかに関する議論が続いた．しかし，細胞壁にキチンを含むこと，リシン合成にアミノアジピン酸（α-aminoadipic acid）回路を用いること，炭水化物の貯蔵をグリコーゲンで行うことなど，ツボカビ類は真菌類の特徴を有している．こうしたことから，ツボカビ類は**真菌類**（true fungus）ではあるが，形態が単純であること，遊走子によって有性生殖を行うことから，非常に原始的なグループであると考えられるようになった．近年，ミトコンドリア遺伝子および核のリボソームDNAに基づく分子系統解析結果から，ツボカビ類は真菌類に属しており，菌類系統樹の基部に位置づけられることが確定的になった．

ここでは，ツボカビ類の分子系統に関するAFTOL（Assembling the Fungal Tree of Life，菌類系統樹構築プロジェクト）による研究成果（James et al., 2006）や，それに続くHibbett et al.（2007）による菌類の包括的系統分類に関する研究をもとに記述する．AFTOL以前は生活史や生殖法に加え，全体的な形状や遊走子の微細構造から，ツボカビ門は以下の5目に分類されていた．

- ツボカビ目（Chytridiales）：単相の個体どうしが融合して複相の接合子を形成，直ちに減数分裂が行われる（接合子減数分裂）．
- スピゼロミケス目（Spizellomycetales）：特徴的な微細構造をもつことによってツボカビ目から区別される．
- サヤミドロモドキ目（Monoblepharidales）：卵生殖をする．
- ネオカリマスティクス目（Neocallimastigales）：嫌気的なルーメン内共生者．
- コウマクノウキン目（Blastocladiales）：胞子減数分裂を行う．減数分裂によって単相の胞子を形成，胞子体世代と配偶体世代の世代交代を行う．（現在はコウマクノウキン門に分類される．下記3.4節参照．）

AFTOLの研究により，ツボカビ型菌類には4つの大きな系統群が含まれており，従来用いられていた上記のツボカビ門は単系統ではないことが明らかになった．特に，コウマクノウキン目およびネオカリマスティクス目は，いずれも他のツボカビ類とは系統を異にしており，それぞれ**コウマクノウキン門**（Blastocladiomycota）および**ネオカリマスティクス菌門**（Neocallimastigomycota）と，門レベルに昇格された．

図3.2　続き

れた楕円形の休眠胞子．F, *Monoblepharis polymorpha*. 成熟した接合子もしくは卵胞子（os），成熟した空の造精器（an）および造精器から出た雄性配偶子（アンセロゾイド，at）．G, *Catenochytridium* sp. 遊走子嚢は単心性，有弁（op）で仮根（rh）は鎖状．H, *Lobulomyces angularis*. 胞子嚢は単心性，有弁で，仮根は糸状で胞子嚢基部から数μmで分岐する．I, *Rozella allomycis*. カワリミズカビ（別のツボカビ類の1種であるが，現在はコウマクノウキン門に置かれる）の菌糸に寄生．宿主内で成長し，肥大して多数の隔壁をもつ菌糸を形成し，その中に厚壁の休眠胞子（rs）を形成する，もしくは細胞壁をもたず，宿主の細胞壁をそのまま用いて遊走子嚢（zs）を形成する．J, *Polychytrium aggregatum*. 菌体は多心性で，少なくとも2胞子嚢を形成する．差込図はP. aggregatumの遊走子．K, *Blyttiomyces helicus*. 花粉上に生育する，胞子嚢は表生で無弁，著しいらせん模様を示す．Aに示されたスケールバーは約10μm．（写真はMichigan大学生態進化学部 Timothy Y. James博士，Maine大学生物生態校 Joyce E. Longcore博士，Alabama大学生物科学学部 Peter M. Letcher博士による）（図はJames et al., 2006を改変．画像ファイル提供，T. Y. James博士．Mycologiaの許可を得て複製．© 米国菌学会）

興味深いことに，真菌類の中で最も早い時期に分岐した系統群は，ネオカリマスティクス菌門であることが明らかになった．したがってこの系統群は，現在の宿主である反芻動物が地質学上の舞台に上るよりもはるか以前に起源をもつことになる．ツボカビ門からはネオカリマスティクス菌門およびコウマクノウキン門が除外され，結果としてツボカビ目，スピゼロミケス目，フタナシツボカビ目（Rhizophydiales）およびサヤミドロモドキ目の4目がツボカビ門に残された．しかし，今後分子系統学的解析が進むと，さらに異なるクレードに属する鞭毛菌類の存在が明らかになる可能性もある（James et al., 2006）．

3.3　さらなるツボカビ類：ネオカリマスティクス菌門

嫌気性ツボカビ類（anaerobic chytrid）には経済的に重要な種が含まれる．これらは陸上および水圏環境，特にすべての家畜類を含むほとんどの大型草食動物のルーメン内および後腸内に生息している（Trinci et al., 1994）．形態的には他のツボカビ類と類似するものの，これらは独自の門に分類してしかるべき違いを有していることから，現在ではネオカリマスティクス菌門として分類されている（Hibbett et al., 2007）．1980年代までは，絶対的に嫌気性の菌類は存在しないと考えられていた．しかし，本門に含まれる菌は**絶対的嫌気性**（obligate anaerobe）であり，また細胞内にはミトコンドリアではなくヒドロゲノソームをもっている．

絶対的嫌気性ツボカビ類は，植食動物が食べた植物体のルーメンにおける主要な分解者であり，リグノセルロースの酵素分解にきわめて重要な役割をもっている．したがって，これらは植食動物の進化や，人類が最初に動物を家畜にして以来，今日までの畜産業の繁栄に大きく関与しているといえよう（15.5節）．嫌気性ツボカビ類は，セルロース分解に必要な酵素を効率的に生産している．これらの菌自身は，グルコースを発酵して酢酸，乳酸，エタノールおよび水素を生成することにより炭素を代謝している．これらは，**ヒドロゲノソーム**（hydrogenosome）とよばれるオルガネラを有しており，ここでATPを合成する．ヒドロゲノソームはゲノムを失った退化したミトコンドリアと考えられている（Trinci et al., 1994；van der Giezen, 2002）．嫌気性ツボカビ類の詳細な代謝系を図3.3に示す．

嫌気性ツボカビ類は単心性もしくは多心性で，遊走子は多数の鞭毛をもつかあるいは1本の鞭毛をもつ．ネオカリマスティクス目の1目に，これまで6属20種が記載されている．本目には，家畜牛から最初に記載され，多数の鞭毛をもつ遊走子をもつことで著名な Neocallimastix frontalis，さまざまな家畜に広く存在することが知られる Orpinomyces 属，そしてウマやゾウから分離されている Piromyces 属などが含まれる．

ルーメン内ツボカビ類の遊走子は，動物のルーメンや腸内の植物体上に被胞されており，消化管内の植物体中に仮根系を広げた菌体を形成する．これらのツボカビ類は，セルロース分解に必要な酵素を効率よく生産している．動物は自身ではセルロース分解酵素を生産できないことから，これらの菌は草食動物がエサを消化するために不可欠な存在となっている．おそらく舐めること，あるいはエサに糞便が混入することによって，これらは母親から子供に受け渡されると考えられる．なお，これらの菌には有性世代は知られていない．

3.4　コウマクノウキン門

従来の教科書では，本門に含まれる菌は，ツボカビ門コウマクノウキン目に分類されていた．腐生生活を送る種に加えて，菌類，藻類，植物や無脊椎動物に寄生する種が本門には含まれている．本門菌は脱酸素環境下において，条件的嫌気性を示すことがある．腐生生活をおくる種は，腐敗した果実や植物リターに普通に見られる．また，これらの遊走子の核周辺には，リボソームが密集した明瞭な核帽が認められる．

菌体は単心性もしくは多心性で，カワリミズカビ（Allomyces）属では菌糸状になる．他に主要属として Physoderma 属，Blastocladiella 属やボウフラキン（Coelomomyces）属がある．Physoderma 属菌は高等植物に寄生，またボウフラキン属菌は昆虫類の絶対的内部寄生菌であり，ボウフラおよびカイアシ類（ウオジラミ）にそれぞれ胞子嚢世代と配偶子嚢世代を交互に形成する．

コウマクノウキン門の菌は，**胞子減数分裂**（sporic meiosis）を伴う特徴的な生活環をもつ．胞子減数分裂を通じて単相の胞子を形成することにより，直接新たな単相の個体を生じる．結果として，単相の配偶子菌体と複相の胞子菌体の2世代が交互に生じることになる（図3.4）．説明を補足すると，以下のようになる．多細胞の複相成熟個体（胞子菌体）が胞子体を形成し，そこで減数分裂が起こる．減数分裂によって，通常は4つの単相の減数分裂体である遊走子が形成される．適当な条件下で遊走子は発芽して，多細胞で単相の配偶子菌体に成長する．配偶子菌体からは配偶子嚢が分化，有糸分裂によって配偶子を形成する．配偶子嚢および配偶子の核相はいずれも単相である．配偶子は互いに融合して複相の接合子を形成，成熟し

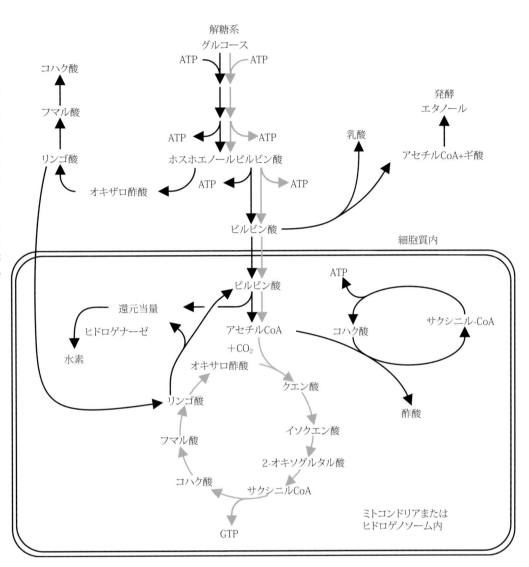

図 3.3　真核生物における好気的炭水化物分解経路の概要．嫌気性菌である Neocallimastix frontalis と対比．好気的分解経路を灰色，Neocallimastix による嫌気的分解経路を黒色の矢で示した．ミトコンドリア経路では，ピルビン酸デヒドロゲナーゼ群によってピルビン酸は還元的に脱炭酸され，アセチル CoA になる．ヒドロゲノソーム内では，フェレドキシン酸化還元酵素がピルビン酸を酸化的に脱炭酸して，アセチル CoA と CO_2 を生成，同時に還元当量（酸化還元反応において，1 電子当量を転移させる化学物質）を生じる．解糖系の詳細については図 10.7 を，TCA 回路の詳細については図 10.9 を参照．（van der Giezen, 2002 を改変）

て複相の胞子菌体になり，生活史が完結する．

　カワリミズカビ属の菌は**異型接合を行う**（anisogamous）．雌性配偶子は無色で動きが活発でないが，雄性配偶子はオレンジ色（α-カロテンを含む）で非常に活発であり，ピクピクとした，転がるような動きで弧を描きながら水中を泳ぐ．雌性配偶子は化学誘因物質（chemical attractant）を生産して，雄性配偶子を誘引する．こうした作用により，雄性配偶子の動きが促される．

　この誘因物質はシレニン（sirenin, 図 3.5）というホルモンであり，イソヘキセニル側鎖にシクロプロピル環がついたセスキテルペンの 1 種（$C_{15}H_{24}O_2$, 分子量 236）である．雌性配偶子はアセチル補酵素 A（アセチル CoA, acetyl-CoA）をファルネシルピロリン酸（farnesylpyrophosphate）に変換，さら

にシレニンに変換することで，シレニンを合成する．このようにして，シレニン合成に多量のアセチル CoA が用いられ，ミトコンドリア内で鞭毛の動きに利用できる ATP が少なくなることから，雌性配偶子の動きは不活発になる．

　一方，雄性配偶子はシレニンに反応する膜受容体を有し，活発に弧を描くように遊泳する．シレニンの刺激によってカルシウムイオン（Ca^{2+}）が細胞質内に流入し，生理的反応により雄性配偶子の遊泳半径が減少する．すなわち，雌性フェロモンの存在によって，雄性配偶子の進行方向が変化する頻度や走化性遊走の持続時間が変化し，最終的には雌性フェロモン（pheromone）の方向に向かって動くことになる．

　雄性配偶子がシレニン濃度の最も高い箇所に近づくと，回転弧は消失するが，転がり運動は大きくなる．したがって，雄性

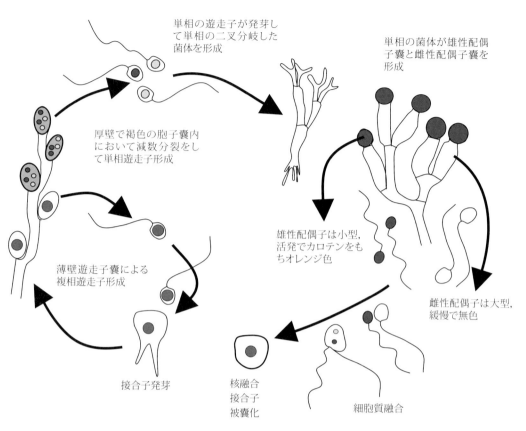

図 3.4 カワリミズカビの生活環．カワリミズカビの菌体は分岐し，顕著な極性を有する（基部に仮根，頂部に胞子嚢をもつ）．異型動配偶子による有性生殖：雌性配偶子は無色（造卵器で作られる）で，オレンジ色の雄性配偶子（造精器で作られる）の約 2 倍の大きさがある．単相の配偶体と複相の胞子体（複相期が長期に及ぶ）という 2 種類の菌体を形成する．カラー版は，口絵 7 頁参照．

配偶子は雌性配偶子に近づくときわめて不規則かつ大きな動きを見せ，これにより配偶子合体（syngamy）が確実に行われるようになる．その結果生じた接合体は，むち型鞭毛をもつ運動性接合胞子であり，環境中において最終的には複相の菌体に成長する．

したがって，シレニンは性フェロモン（sex pheromone，一方によって生産され他方に性的反応を引き起こすホルモン）の 1 種である．雄性配偶子のみがきわめて高感度（限界感度は約 1×10^{-10} M）にシレニンに反応する．このようなきわめて感受性の高いホルモン系をもつことにより，カワリミズカビは水系生態系内において（配偶子の喪失や消耗なしに）相手を見つけ，それにより有性生殖の成立頻度を高めている．

シレニンに加えて，カワリミズカビ属の 1 種 Allomyces macrogynus の精子細胞（雄性遊走配偶子）は，パリシン（parisin）という雌性配偶子誘因物質を生産する．一般的特徴から，パリシンはテルペン類の 1 種であり，シレニンと同様の構造をもつと考えられる．しかし，パリシンの分子的性状やその雌性配偶子に対する影響については，まだ完全には解明されていない．

このような「原始的」な生物も，精確かつ効果的な細胞標的系（cell targeting system）を進化させてきた．こうした詳細な研究の解説を通じて，基礎生物学における菌類の重要性に注目したい．1 つの細胞がきわめて特異性の高い化学誘因物質を生産し，一方で他の細胞はそのホルモンを感受するきわめて的確な受容体を有する．これらの細胞が存在することにより，こうした現象が成立するのである．これは，シグナルをある一定範囲まで増幅して，細胞内情報伝達増幅経路がこのホルモンに対する受容過程を，非常に敏感にさせることによるものである．菌類に見られるフェロモンについては，*Fungal Morphogenesis* (Moore, 1998) の 6.1.4 節から 6.1.6 節に詳しい．関連して，テルペノイド，ステロール，ペプチドホルモンといったあらゆる化学スペクトルのホルモンを，動物と同様に菌類も生産しているということについては，読者の注意を喚起しておきたい．

菌類の生物学に関するもう 1 つの興味深い例として，*Blastocladiella* 属などによる遊走子形成過程を紹介したい．*Blastocladiella* はこれまで生殖生理学，生物化学や細胞生物学などさまざまな研究の材料として利用されてきた．また，電子顕微鏡による遊走子形成時の微細構造観察から，菌類のユニークな生物学的特徴が明らかになってきた．

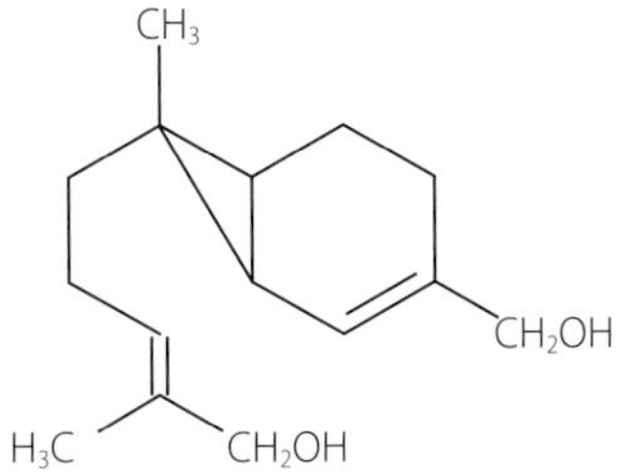

図3.5 カワリミズカビの雄性配偶子誘引フェロモン，シレニンの分子構造．シレニン分子の側鎖末端にはヒドロキシメチル基を，別末端には疎水基をもち，生物活性を示す（Pommerville et al., 1990）．シレニンという物質名は，ギリシャ神話に登場する海の精サイレン（シーレーン）に由来する．

その重要性を強調するため，まずはこれらの菌類が動物であるか，あるいは植物であるかによって何が異なってくるか考えたい．われわれは，嚢状の単一細胞であるツボカビ様菌体を胞子嚢とよんでいる．胞子嚢ははじめに一核をもつが，その後何度もの分裂が起こり，多数の遊走子に細分化されうる．こうして生じた個々の遊走子は，分裂によって生じた1つの核をもつ．では，このような細分化はどのように起こっているのであろうか．

もしも *Blastocladiella* が動物であったなら，核分裂の際に分裂細胞は分裂紡錘体の赤道部にくびれができ，2つの娘細胞は母細胞の分割によって生じるはずである．動物の胚と同様，有糸分裂により次々と細胞が形成されることになる．

もしも *Blastocladiella* が植物であったとすると，核分裂に際して娘細胞の細胞壁は分裂紡錘体の赤道に沿って形成される．このように，娘細胞は分裂ごとに半分の大きさに（数は倍に）なるはずである．

しかしながら，*Blastocladiella* は動物でも植物でもなく，これらとは異なる菌類に固有のメカニズムによって分裂する．*Blastocladiella* の遊走子は，遊走子嚢内の多核原形質が分割することによって形成されるが，これは多数の**細胞質性小胞**（cytoplasmic vesicle）が互いに融合し，隣接した遊走子との間に境界を形成することによって起こるものである．ここでは，原典の記述を引用しておきたい．

「鞭毛形成の開始直後には，初期の「分裂溝」を観察できるようになる．…この過程において…多数の小さな小胞が融合し…分裂小胞が融合した結果，一次分裂溝が拡大していくが，これは同時多発的に始まると思われる．小胞はときに，狭い範囲内において幾分直線上に並んで配置するように見えることがある．しかし，多くの場合はもう少し不規則な配列を示し，おおよそ分裂溝面上に位置して不規則な輪状に融合する．分裂小胞によってU字形に囲まれて，細胞質がしばしば半島状に区切られることから，輪状に見える部分の多くは，実際には短い円柱状であることが示唆される．この場合，輪状部の閉鎖や連結は不規則となり，徐々にしか通常の溝の形をとらない…．分裂溝は鞭毛を取り囲むそれまでに形成された小胞と融合し，その結果これらは最終的に分裂溝内に，そして（新たに形成された）膜によって区切られた単核をもつ細胞質ブロックの外に位置することになる（Lessie & Lovett, 1968; 図3.6）．

このように，ツボカビ類全般を通じて，さらには実際には菌類全般に，非常に正確な遊走子の形成パターンが広く認められる．上の引用部の記載と，**陸上生ケカビ類**（terrestrial mucoraceous）の *Gilbertella persicaria*（Bracker, 1968）に見られる胞子形成に関する記載と比較してほしい．

分割に際して起こる重要な構造上の変化として，原形質膜の変換…小胞の形成は，明らかに特殊化した小胞体の嚢胞に由来している．こうした分裂初期に見られる小嚢の消失時期は，分割小胞（cleavage vesicle）の発生時期と一致して，…小胞膜の内面に粒状体が存在することで区別される…．分割小胞が合着して分岐した管状の分割組織（cleavage apparatus）を形成することで，分割は細胞の内側から始まる．潜在的に胞子の始原細胞となる部分は，分割組織によって境界が設けられる．分割組織の成分が横に広がって溝状になり，そこから独立した細胞に切り離され，これが胞子の始原細胞となる．分割後期には，分割膜が胞子始原細胞の原形質膜となり…．分割小胞の外縁部に存在する粒状体は，分割後には胞子の原形質膜の外面に残される．粒状体は融合して胞子全面を覆う胞子外膜を形成し，その後中心方向に向けて胞子の細胞壁が築かれる．結果として，胞子外膜は胞子細胞壁の最も外に位置する…．

ここに記した過程は**遊離細胞形成**（free cell formation）とよばれており，**子嚢胞子**（ascospore）形成についても以下のようにまとめられている（Reeves, 1967）．

子嚢菌における遊離細胞形成の主要なポイントは以下のようにまとめることができる．1. 8核を有する子嚢内において，単相の核それぞれが，中心部は持続性で先端部が

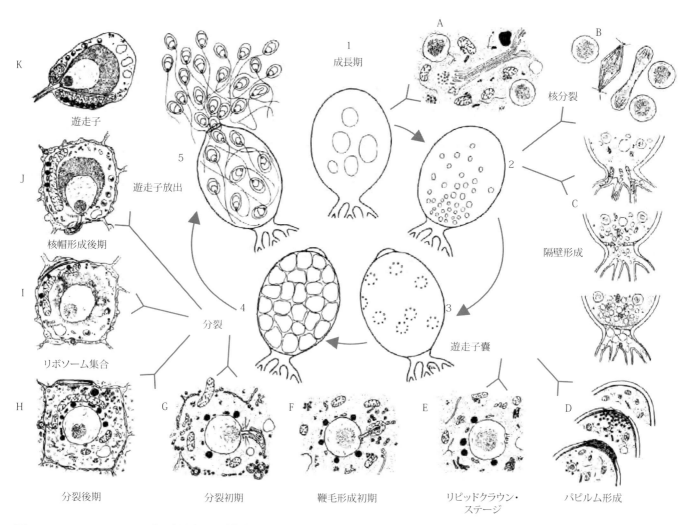

図 3.6 *Blastocladiella* による胞子嚢形成および遊走子分化の過程．中央部の概念図は，光学顕微鏡で観察した，遊走子分化に際して胞子嚢が変化する様子を示す．周辺の図は，電子顕微鏡で見た細胞内変化の様子．発達過程を右回りに示した．同調培養から明らかになった，それぞれの事象のタイミングは以下の通り．1，培養 15 時間 30 分後（遊走子は 10mM $MgCl_2$ + 50mM KCl を含む培地上への移植により同調的に発芽；移植時＝時間 0）．2，17 時間 30 分後．3，18 時間後．4，18 時間 40 分後．5，19 時間から 19 時間 30 分後．以下の時間経過にしたがって，細胞内事象が見られる．A，15 時間 30 分．B，16 時間 30 分から 17 時間 30 分．C，16 時間 30 分から 17 時間 30 分．D，17 から 18 時間．E，18 時間．F，18 時間 10 分．G，18 時間 20 分．H，18 時間 40 分．I，18 時間 50 分．J，18 時間 50 分から 19 時間．K，19 時間 15 分．〔Lessie & Lovett（1968）における James S. Lovett による図を改変．原典では電子顕微鏡検鏡図とともに図示．原典では *Blastocladiella* の菌体を「菌類」ならびに「植物」と表現しているが，今日ではもうこのようによばれることはない．米国植物学会の許可により転載．〕

星状体になった嘴状体を形成．2．極放線が外側方向および下方に振れて薄膜を形成，これにより若い胞子が切り離される．3．胞子の外膜が核を含めた胞子原形質を囲い，子嚢内には子嚢内細胞質が残される…．

菌類の細胞質分割に際して，原則としては細胞質内のミクロ小胞の組織だった分布が深く関与している．このことから，先述の点を強調しておきたい．さらにミクロ小胞が融合することで，細胞質の分割が完了する．これが菌類における胞子形成細胞分割の特徴である．なお，偽菌類である卵菌門に属する生物が，胞子嚢内において遊走子を形成する際の分割法もこれに類する．植物（菌類では横隔壁は形成されない）や動物（菌類では狭窄による分割は行われない）との違いに留意しておきたい．

こうしたメカニズムは，胞子形成時に細胞質ドメインが担う役割に関して，多くの問題提起をするものであり，注目そして強調に値する現象といえよう．先に引用した論文は，いずれも 1960 代後期の同時期に出版されたものである．次の段落に示

す通り，40年以上経過した現在においても，胞子形成メカニズムについてこれ以上詳細な記述を行うことはできていないのが現状である．こういった観点からも本件は興味深い研究であり，これらの論文を引用することとしたものである．

遊離細胞形成は，担子菌亜門においても確実に，あるいは部分的に認められる現象であるが，一般的には子嚢菌亜門に特異的な現象と考えられている．担子胞子形成の初期段階には，子嚢菌亜門に広く見られる遊離細胞形成と同様のパターンを示す．単相の核が細胞質内において遊離し，母細胞の細胞質の一部とともに個々の細胞になっていく…．担子菌亜門においては，核および細胞質の一部が担子器壁により形成された特殊な構造へと，液胞形成作用によって小柄を通じて強制的に移送されるのが特徴的である．この構造はのちに担子器から切り離され，これにより胞子形成が完了する（Tehler *et al.*, 2003）．

このように菌類は細胞生物学上特異な特徴をもつが，これらを決定づける分子生物学的なメカニズムは，残念ながらまだ解明されていない．

3.5 グロムス菌門

アーバスキュラー菌根（arbuscular mycorrhizal, AM）菌は，最近までは通常接合菌門（グロムス目）に分類されてきた．しかしこれらの菌は，接合菌に特徴的な接合子を形成しない．また，すべての「グロムス型」菌は相利共生者である．近年，分子系統学的研究から，AM菌は接合菌門とは別のグロムス菌門に分類するのが適当であることが示唆され，AFTOLによる研究でもこれが支持されている（Redecker & Raab, 2006）．

伝統的に，AM菌はその比較的大型（直径40～800 µm）で**多核の胞子**（multinucleate spore）の特徴に基づいて分類されてきた．グロムス菌門の菌類はこれまで有性生殖が知られていない．分子マーカーを用いた研究の結果，ほとんど，もしくはまったく遺伝子組換えが起こっていないことが明らかになってきた．このことから，胞子は無性的に形成されていると考えられる．分類に用いることができる形態的特徴が極端に少ないため，本門からはこれまで200種（形態種）足らずが知られているにすぎない．胞子の細胞壁には層状構造が認められ，その形状が形態種の特徴として用いられることがある．また，胞子は単独に，またはいわゆる胞子嚢果の中に房状，あるいは塊状に形成されるが，こうした胞子の形成様式は属や科の特徴として重視されている（図3.7）．

グロムス菌門は研究対象として興味深いグループである．AM菌は絶対的共生者であり，これまで宿主植物なしでの培養に成功した種はない．形質転換によって組織培養を可能にした植物根内で菌を培養することにより，純粋な菌体を得ることができる場合もあるが，それが可能なAM菌の種数は限られている．ほとんどのサンプルは，他門の菌類をはじめとしたさまざまな他の微生物によるコンタミネーションを受けてしまう．したがって，これら菌群の多遺伝子解析による系統解析は遅れており，現状ではリボソームRNA遺伝子が唯一広く分子マーカーとして用いられているのみである．

一方で，AM菌はおおむね80％の陸上植物と**内生菌根による共生関係**（endomycorrhizal association）を結んでおり，生態学的見地からはグロムス菌門は最も重要な菌群の1つといえよう．共生菌類は宿主植物の根から周辺に菌糸を広げ，効率よく無機養分を吸収する．多くの植物は無機養分の吸収に際してAM菌に強く依存しており，これらの存在は必要不可欠である．AM菌は植物根の細胞内にコイル状の菌糸体，もしくは典型的な樹枝状の構造である**樹枝状体**（arbuscule）を形成する．

貯蔵器官である**嚢状体**（vesicle）を形成する種もある．このことから，これらの菌をvesicular-arbuscular菌根菌もしくはVA菌根菌とよぶこともある．これらは化石が知られる実態の明瞭な菌群としては最も古く，系統関係からも重要なグループである（2.7節参照）．これらのことから，植物とこれらの菌の間に共生関係が成立したことによって，初期の植物の陸上進出が促されたとも考えられる．AFTOLプロジェクトによる菌類の多遺伝子系統解析の結果，グロムス菌門は子嚢菌門および担子菌門の姉妹群として系統樹の基部に位置することが明らかになった（p.35 図2.9の分岐図参照）．

現在，グロムス菌門には10属が認められている．注目すべき属としてグロムス（*Glomus*）属がある．本属はグロムス菌門中最大の属であり，70種以上の形態学的種が含まれる（胞子は通常，細胞壁に層状構造を有し，菌糸先端からの出芽によって形成される）．本属はグロムス目グロムス科に分類される．ここで，本属に関する命名法上の問題について取り上げておく．グロムス属を含む目の学名の綴りは，なぜGlomeralesとなるのであろうか．国際植物命名規約では，科および目の名前は，そこに含まれる属名の属格単数形から作られる．*Glo-*

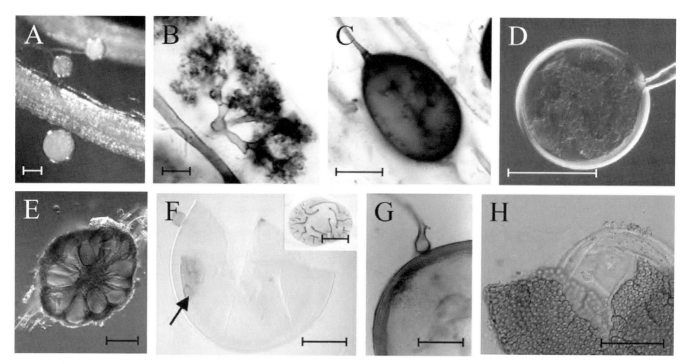

図3.7　グロムス菌門菌の形態学的特徴．A, *Glomus clarum* の菌糸および胞子が感染したオオバコ属の1種 *Plantago media* の根．B, クロラゾールブラック（chlorazol black）によって染色した *Glomus mosseae* の樹枝状体．C, *Glomus mosseae* の囊状体．D, 菌糸に付着した *Glomus* sp. の胞子．E, *Glomus sinuosum* の子実体断面．胞子は網状菌糸組織の周辺に配置され，周囲を菌糸の層に覆われる．F, *Scutellospora cerradensis* の胞子．球根状の胞子形成細胞と発芽シールド（矢印）をもつ柔軟な内壁を示す．差込図は *Scutellospora scutata* の発芽シールドの正面観（顕微鏡写真はスイス Agroscope Reckenholz-Tänikon Fritz Oehl による）．G, *Gigaspora decipiens* の発芽胞子．胞子形成細胞，いぼ状の発芽層および発芽菌糸を有する．H, *Acaulospora denticulata* の胞子．細胞壁には歯状の突起を有し，発芽内壁をもつ．スケールバー＝100 μm（A, E, F, G），50 μm（D, H），5 μm（B, C）．（Redecker & Raab, 2006 を改変．画像ファイル提供，フランス Bourgogne 大学 Dirk Redecker 教授．*Mycologia* の許可を得て複製．© 米国菌学会．）カラー版は，口絵8頁参照．

mus の属格単数形は Glomeris であり，国際的合意の下，所属目は Glomales ではなく Glomerales，所属科は Glomeraceae と綴る必要がある．菌類の分類ランクに用いられる特殊な語尾については，表2.2（p.27）で確認されたい．

Gigaspora 属および *Scutellospora* 属はともにギガスポラ科に分類される近縁属である．これらの属では，球根状の胞子形成細胞上に胞子を形成，胞子は細胞壁上に新たに形成される開口部から発芽する．これらは宿主根内に囊状体を形成しないが，機能が不明の補助細胞（auxiliary cell）を根外部の菌糸体に有する．アカウロスポラ科は小囊（saccule）の周辺に胞子を形成することが特徴である．小囊自体は胞子の成熟に伴って崩壊し，最終的には消失する．本科には，*Acaulospora* 属および *Entrophospora* 属が含まれる．

Geosiphon pyriformis（ゲオシフォン科）は，グロムス菌門の中で唯一シアノバクテリアと共生する．シアノバクテリアの1種である *Nostoc punctiforme* が *G. pyriformis* に内部共生して，大きさ2 mmに及ぶ囊胞内において棲まわされている（Redecker & Raab, 2006）．

前述のとおり，グロムス菌門の菌類は絶対的共生菌であり，また分離培養が困難である．このため，現時点ではこれらの菌をどのような特徴によって種に分類すべきか，明確な概念がまだ確立されていない．分子マーカーを用いた環境DNA研究により，本門には相当数の菌が含まれることが明らかになってきた．形態学的特徴から記載された200種という種数は，実際のグロムス菌門の種数と比較すると，かなり低く見積もられたものといえよう．

訳注5：*Polyporus*, *Agaricus*, *Boletus* など，語尾が -us となる属名のほとんどは男性形名詞である．たとえば男性形名詞である *Polyporus* の属格単数形は Polypor-i であり，本属に基づいた目名は属格単数形の語幹である Polypor- に -ales を加えた Polyporales になる．一方，*Glomus* は中性形名詞であり，その属格単数形は Glomer-is となるため，目名は Glomales ではなく Glomerales となる．

3.6 伝統的接合菌門

接合菌門に含まれる種の菌糸体は一般的に多核で，ほとんど，もしくはまったく隔壁をもたない，いわば多核管状体であり，栄養胞子嚢（有糸分裂によって胞子を形成する胞子嚢）内に無性胞子を形成する．しかし，接合菌門［Zygomycota，あるいは俗に**接合菌類**（zygomycetes）］に固有の特徴は，接合胞子嚢内に有性胞子を形成することである．

接合菌という名称は，これらの有性生殖法に由来している．Zygos はギリシャ語で「融合」もしくは「くびき」（一対のウシやウマの首につけて，牽引する積荷につなぐ木具）を意味する．接合菌門に属する菌の有性生殖は，2本の菌糸枝（**配偶子嚢**，gametangium，複数は -ia）が融合もしくは結合によって接合子を生じ，これが**接合胞子嚢**（zygosporangium）となり胞子を作ることによって行われる．

ホモタリックな（homothallic）種類では，同一株の菌糸から複数の配偶子嚢を生じて，これらの間で接合することが可能である．一方，ヘテロタリックな（heterothallic）種類では，性的に和合性のある別株に形成された配偶子嚢の間で接合する．接合胞子嚢は通常厚壁であり，休眠胞子としての機能も有している．また接合胞子嚢は，実験室内において発芽が困難なことが広く知られている．**接合胞子**（zygospore）の細胞壁には，**スポロポレニン**（sporopollenin）が含まれている．スポロポレニンは花粉のエキシン（exine，外壁）にも含まれ，高度に架橋重合したポリマーの複合体である．スポロポレニンやメラニン（melanin）が細胞壁に含まれることが，接合胞子が長命であることの一因である．これらの菌は，長命で耐久性のある胞子の形で生育に不適な環境中を耐えぬき，時間軸での生息拡大を可能にしている．一方で，非休眠性の胞子によって分布を拡大，これらは空間軸での生息拡大を担っている．

接合菌門に属する菌は生態的に非常に多様であり，非常に広くまた普通に分布するが，見落とされてしまうことも多い．さまざまな接合菌を図 3.8 に示す．

接合菌は明らかに原始的な菌群であり，菌界において早い時期に分岐した系統群の1つである．原始的な特徴として，「生活環のすべて，もしくは一部において多核の菌糸をもつ」，「まとまった組織もしくは複雑な子実体を形成しない」という2点があげられる．接合菌は原始的ではあるものの，生息拡大に成功するとともに，われわれの生活とも密接な関係をもった菌群でもある．アメビディウム目（Amoebidiales）やエクリナ目（Eccrinales）などは，伝統的な分類体系においては接合菌におかれていたが，現在ではむしろ粘菌類に近いことが明らかになっている[訳注6]．これらはいわゆる原生生物の一群であり，動物や菌類がオピストコンタ（後方鞭毛生物，Opisthokonta）の系統におかれた際に，真菌類から切り離された．さらに，**伝統的な「接合菌門」**（traditional 'Phylum Zygomycota'）は**多系統群**（polyphyletic）であり，自然分類群たる門として留めることができない，という問題がある．Hibbett *et al.*（2007）による分類では，以下の亜門の分類学的位置を未確定としながら，これらに対して接合菌門の名前を使用している．

- ケカビ亜門（Mucoromycotina）：ケカビ目（Mucorales），アツギケカビ目（Endogonales）およびクサレケカビ目（Mortierellales）を含む．
- ハエカビ亜門（Entomophthoromycotina）：ハエカビ目（Entomophthorales）を含む．
- トリモチカビ亜門（Zoopagomycotina）：トリモチカビ目（Zoopagales）を含む．
- キクセラ亜門（Kickxellomycotina）：キクセラ目（Kickxellales），ディマルガリス目（Dimargaritales），ハルペラ目（Harpellales），アセラリア目（Asellariales）を含む．

将来，菌界に含まれる各群の系統関係が明らかになる際には，「接合菌門」という名前は，おそらく伝統的接合菌類の中でコアなグループであるケカビ亜門を含む形で，再度有効な形で用いられるものと考えられる．

接合菌の多くは土壌や糞中で腐生生活を送っている（ケカビ目，クサレケカビ目，キクセラ目など）．その一部（ケカビ目など）は，培養すると成長速度が非常に速く，カビの生えたパンや果物上などに普通に見られる．トリモチカビ目やハエカビ目は，節足動物，ワムシ類，そしてときにアメーバなどの小型動物に対する寄生生物として生活している．ディマルガリス目は絶対菌寄生菌であり，またトリモチカビ目やケカビ目にも，他の菌類（きのこ類や他の接合菌類など）に寄生する種が含まれている．

ハルペラ目およびアセラリア目（これらは従来トリコミケス綱とよばれてきた）は，節足動物の腸壁への付着生活に特化し

訳注6：実際には粘菌類と近縁ではなく，後生動物や襟鞭毛虫を含むホロゾアに含まれると考えられている．

図3.8 接合菌類の走査型電子顕微鏡図．有性および無性世代生殖構造の多様な形状を示す．A～E, ケカビ目．A, *Cokeromyces recurvatus* の接合胞子．B, *Cunninghamella homothallica* の接合胞子．C, *Radiomyces spectabilis* の接合胞子．D, *Absidia spinosa* の接合胞子．E, *Hesseltinella vesiculosa* の胞子嚢．F～G, クサレケカビ目．F, *Mortierella* (*Gamsiella*) *multidivaricata* の厚壁胞子．G, クモの巣状菌糸体上に形成された *Lobosporangium transversale* の胞子嚢．H～J, トリモチカビ目．H, *Piptocephalis corymbifera* の未熟な胞子嚢．I, *Syncephalis cornu* の胞子柄, 成熟に伴い消失した胞子嚢内に一列に並んだ状態で残る胞子嚢胞子．J, *Rhopalomyces elegans* の成熟した頂嚢，一胞子性の胞子嚢をもつ．K, *Basidiobolus ranarum* の一胞子性胞子嚢．L, ディマルガリス目．*Dispira cornuta* の二胞子性胞子嚢．M～O, キクセラ目．M, *Spiromyces minutus* の一胞子性胞子嚢．N, *Linderina pennispora* の一胞子性胞子嚢．O, *Kickxella alabastrina* の一胞子性胞子嚢．スケールバーは A～F, I～O = 10 μm, G, H = 20 μm.（写真は Ilinois 州 Peoria 米国農務省農業研究事業団 Kerry O'Donnell 博士．図版は White *et al*., 2006 を改変．画像ファイル提供，米国 Idaho 州 Boise 州立大学 Merlin White 博士．*Mycologia* の許可を得て複製．© 米国菌学会）

た絶対内部共生生物（endosymbiont）である．われわれの身近に見られるほとんどの節足動物の腸内にはこれらが生息しており，普通に見られる菌群である．アツギケカビ目は植物根と外生菌根を形成（グロムス菌門は内生菌根を形成することに注意），あるいは腐生生活を送る（図3.9）．

伝統的接合菌門の無性胞子は単細胞であり，栄養胞子である胞子嚢胞子（胞子嚢内で形成され，上述の *Blastocladiella*（図3.6）と同様に，胞子嚢細胞質の内部分裂によって形成される）と，真性の分生子［conidium, 胞子形成に特化した菌糸である分生子柄（conidiophore）上に形成される］の2タイプがあ

る．胞子嚢胞子は胞子嚢壁の破裂後，風や動物によって散布される．分生子はハエカビ目の菌において形成され，成熟後強制的に射出される．

主要属の1つにケカビ（*Mucor*）属がある．ケカビ属は典型的な糸状のカビであり，土壌や腐った果物，野菜などに生息する腐生菌である．自然界においては，広く多様な環境に生育している．ケカビ属には，ヒト，カエル類や他の両生類，ウシ，ブタなどの病気（接合菌症, zygomycosis）を起こす種も含まれている．通常の菌株は 37℃以上では成長できないが，ヒトに寄生する株は通常耐熱性である．主要種に，*M. hiemalis*, *M.*

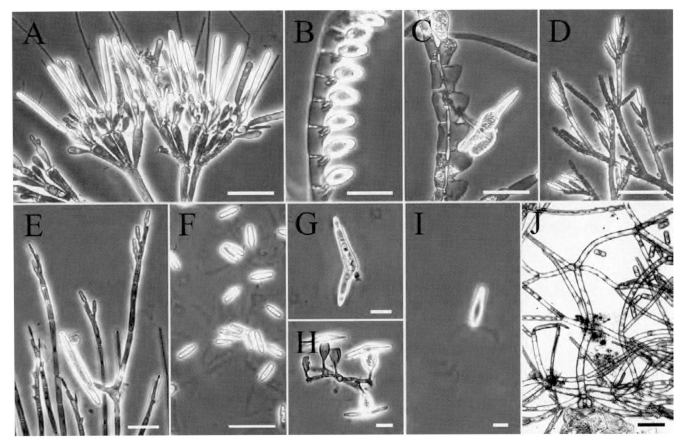

図3.9 トリコミケス類の無性および有性生殖器官の生体位相差顕微鏡図. A〜I, 水生昆虫の幼虫から検出されたハルペラ目菌. A, *Orphella catalaunica*, 先端に円筒形の無性胞子を形成. B〜C, *Harpellomyces eccentricus*. B, 生殖細胞内に付属糸を備えたトリコスポアが見られる. C, 接合細胞から生じた接合胞子. D, *Smittium culisetae*. 分枝上に形成されたトリコスポア. E〜F, *Capniomyces stellatus*. E, 双円錐形の接合胞子と未熟なトリコスポア. F, 遊離したトリコスポア, 多数の付属糸をもつ. G, *Furculomyces boomerangus*. 遊離したブーメラン形の接合胞子, 短い襟状部をもつ. H〜I, *Genistelloides hibernus*. H, (接合菌における支持柄と類似した)膨潤した接合子柄に形成された二重円錐形の接合子. I, 遊離したトリコスポア, 2本の付属糸をもつ. J, アセラリア目, 海生節足動物から検出された *Asellaria ligiae*. 菌体は付着細胞によって後腸表皮に付着し, 小型で円筒形の分節胞子を離脱させる. スケールバー: A〜I = 20 μm; J = 100 μm. (White et al., 2006を改変. 画像ファイル提供, 米国Idaho州Boise州立大学Merlin White博士. *Mycologia* の許可を得て複製. © 米国菌学会)

amphibiorum, *M. circinelloides* や *M. racemosus* がある.

クモノスカビ (*Rhizopus*) 属は成長が非常に速く, 菌糸表面が粗面である. コロニーは匍匐菌糸 (基物上を這う気中菌糸) によって広がり, 匍匐菌糸が基質に接したところで, 着色した仮根状菌糸を形成する. 仮根状菌糸のノード上から1本, もしくは複数の胞子嚢柄を生じる. クモノスカビは腐敗した果実や土壌, ハウスダストなどに普通に見られる. これらは成長が速く, 胞子は乾性で容易に空気を飛びやすいことから, 短期間で培地上に広がり, 微生物研究室ではしばしばやっかいなコンタミナントとなることがある.

Rhizopus oligosporus はアジアにおいて, ダイズからテンペ (tempeh) を作るのに用いられている. しかし, この菌は有毒なアルカロイドの1種アグロクラビン (agroclavine) を産生することでも知られている. *Rhizopus oryzae* (= *R. arrhizus*) は接合菌症の原因菌として最も顕著であり, 接合菌症の約60%は本菌によるものである. 接合菌症は, 免疫不全患者に**日和見感染** (opportunistic infection) するもので, その症状は深刻でときに致死的である. 日和見感染とは, 生育旺盛な腐生的生物が, 衰弱した宿主に対して優位に立ち, 病原体となる現象である.

Rhizopus rot は収穫後や過熟した核果類 (ネクタリン, サクランボ, スモモなど) の軟腐朽であり, *R. nigricans* や *R. sto-*

訳注7: *Rhizopus nigricans* は一般に, *R. stolonifer* の異名として扱われている.

lonifer など数種の本属菌が原因となる.

ヒゲカビ属の1種 *Phycomyces blakesleeanus* もケカビ目に属する糸状菌である.本種は,長年にわたりさまざまな基礎研究のモデル生物として用いられて来たことで知られている.ヒゲカビ（*Phycomyces*）属は多数の長い胞子嚢柄を形成するが,この胞子嚢柄は光に対して非常に感受性が高い.ヒゲカビの屈光性に関しては非常に多数の研究が行われているが,さらに重力屈性など他の環境要因に対する感受性についても研究されている.胞子発芽,カロテン生合成,性分化についてはいずれも詳細な研究が行われ,また遺伝子解析が行われている.菌糸には隔壁がなく,このため単細胞の *P. blakesleeanus* の胞子嚢柄は,直径 100 µm（0.1 mm）あり,高さは 60 cm もしくはそれ以上にも成長するということは特筆すべきであろう.実に注目すべき菌である.

Basidiobolus 属は通常ハエカビ目に含められるが（分子系統学的研究には *Basidiobolus* をツボカビ門においたものもある）,AFTOL の研究成果によると,*Basidiobolus* に含まれる種はツボカビ類の主要グループやハエカビ目とは別の,新規グループに含まれることが明らかになった（White *et al.*, 2006）.*Basidiobolus* は両生類,は虫類や食虫性コウモリの糞,さらにワラジムシ,植物遺骸や土壌などから分離される.汎分布性であるが,*Basidiobolus* のヒトへの感染例のほとんどは,アフリカ,南米および熱帯アジアから報告されている.ヒトへの病原性が知られる株は,*Basidiobolus ranarum* に属している.しかし,本属について最も特筆すべきことは,その菌糸細胞と核の大きさであろう.本種の菌糸細胞の長さは数百 µm（先端の細胞は長さ 300 から 400 µm）,また核は長さ 25 µm（ちなみに,酵母の細胞は長径 5 µm 程度しかない）に及ぶ.この菌の核の有糸分裂は,通常の光学顕微鏡でも観察可能であることから,有糸分裂阻害剤の働きを研究する材料として用いられている.このことは,非常に特異な特徴をもつ菌類を用いることで,特定の生物学上の課題を研究できるという好例といえよう.われわれの回りには,このような研究材料となりうる特異な菌類が,多数存在するのである.

加えて *Basidiobolus* は,菌糸から爆発的に射出される特異な分生子を形成するが,それは「ロケット方式」として知られている.分生子は分生子柄の上部に付着したまま飛ばされるので,無傷のままでいられる.*Basidiobolus* は細胞周期,有糸分裂,爆発的胞子射出の研究材料として理想的である.

クスダマケカビ（*Cunninghamella*）属も土壌や植物由来物質上に見られ,特に地中海地域や亜熱帯地域では顕著である.さらに,動物由来物質,チーズ,ブラジルナッツから分離されたこともある.*Cunninghamella bertholletiae*, *C. elegans* および *C. echinulata* は本属中最も普通に見られる種である.*Cunninghamella bertholletiae* は本属中唯一,人間や動物の病原菌となりうる種であり,免疫不全状態の宿主に日和見感染を起こすことがある.

クサレケカビ（*Mortierella*）属は土壌菌として普通に見られ,70 種以上が含まれている.しかし,*M. wolfii* がおそらく本属では唯一の（やはり日和見感染を起こす）人間および動物の病原菌である.

Entomo + phthora は,ギリシャ語で「昆虫破壊者」を意味する.ハエカビ（*Entomophthora*）属には,ハエなどの 2 枚の翅をもつ（つまり双翅目の）多くの昆虫に寄生して殺す菌が含まれる.本属の 1 種 *Entomophthora muscae* はイエバエを殺す菌である.この菌は昆虫の体内で生育し,菌糸はハエの脳のうち,行動を司る領域を侵す.このため,寄生されたハエは近くの物につかまり,可能な限り高くまで這い上がっていく.最終的に菌糸がハエの体全体を侵し,ハエを殺してしまう.菌糸体はハエの体内で急増し,腹節を押し開き,突き破ってハエの体表面に縞模様の菌糸塊を現す.この縞模様は,胞子を形成射出する細胞が密な柱状になった帯状のもので,最終的にはハエの死体をぐるりと取り巻く白い輪状になる.そして,次に犠牲となるハエに感染する機会を窺っているのである.

3.7 子嚢菌門

子嚢菌門［俗に**子嚢菌類**（ascomycetes）］は菌界で最大のグループであり,これまでにおよそ 64,000 種が知られている.姉妹群である担子菌門と同じく,子嚢菌門に含まれる種のほとんどは**糸状菌**（filamentous fungus）であり,菌糸体は**常に隔壁のある**（regularly septate）菌糸から構成されている.有性胞子である**子嚢胞子**（ascospore）が**子嚢**（ascus,複数は -ci,ギリシャ語で袋を意味する askos に由来する）という嚢状の細胞内に形成されることが,本門に含まれる菌の特徴である.

子嚢菌門には多くの重要種が含まれている.特筆すべき名前としては,植物病原菌であるフザリウム（*Fusarium*）,イネいもち病菌（*Magnaporthe*）やクリ胴枯病菌（*Cryphonectria*）,ヒトに病気を起こす医学的に重要なカンジダ（*Candida*）やニューモシスチス（*Pneumocystis*）,世界で初めて発見された抗生物質であるペニシリンを産生するアオカビ属の 1 種 *Peni-*

cillium chrysogenum，今日数百万人に及ぶ患者のコレステロール値管理に有用な，「奇跡的」医薬品の前駆物質を産生することが初めて解明されたアオカビ属の *Penicillium citrinum* やコウジカビ属の1種 *Aspergillus terreus*（10.13節参照）などがある．

地衣化した菌類（lichenised fungus）のほとんどは子嚢菌門に属する．また，パンの製造やビールの醸造に用いる出芽酵母（パン酵母，*Saccharomyces cerevisiae*）も子嚢菌門のメンバーである．後（5.2節）に詳しく述べるが，出芽酵母は1世紀以上にわたり，広く科学研究のモデル生物として用いられ，真核生物細胞の中では最良のモデル生物と見なされている．

子嚢菌門には，他の食物生産に利用される種も含まれている．アオカビ属の *Penicillium camemberti* や *P. roqueforti* はチーズの風味を高め，フザリウム属の *Fusarium venenatum* はベジタリアン用の代替肉であるクォーン（Quorn™）に用いられる菌類プロテインを生産する．さらに，アミガサタケ（*Morchella esculenta*）やトリュフ類，北イタリアの白トリュフ（*Tuber magnatum*）やフランスペリゴール地方の黒トリュフ（*T. melanosporum*）は非常に著名な食用菌である（第11章参照）．子嚢菌門に属するカビ（特にコウジカビ属）には，食物を劣化させ，あるいはアフラトキシン（aflatoxins）のように非常に毒性の高い代謝産物を産生するものがある（13.4節参照）．

有性世代がまだ知られていない菌類の多くも，子嚢菌門に含まれている．おもに形態的特徴に基づいた伝統的分類体系においては，こうした無性的菌類は別のグループに含められ，不完全菌綱，不完全菌亜門，もしくは不完全菌門などに分類されていた．こうした呼称の違いは，分類学者がこのランクを綱，亜門，門のいずれに見なすかによって異なる．現在では分子系統学的手法を用いて，核酸の塩基配列を比較することにより，不完全菌に属していた種を有性世代の知られた近縁種群の中に分類することが可能となり，不完全菌として分け隔てる必要がなくなった．

近年，AFTOLによる子嚢菌門の総説では，子嚢菌門は以下の3つの大きな進化系統群に分類，亜門として位置づけられている（Blackwell et al., 2006）．

- タフリナ亜門（Taphrinomycotina；俗に古子嚢菌類としても知られる）
- サッカロミケス亜門（Saccharomycotina；俗に半子嚢菌類としても知られる）
- チャワンタケ亜門（Pezizomycotina；俗に真正子嚢菌類としても知られる）

タフリナ亜門に含まれる菌は，**子実体**［fruit bodies；子嚢菌門については，**子嚢果**（ascoma, 複数は -mata）とよばれる］を形成しない[訳注8]．本亜門には，植物病原性の糸状菌タフリナ（*Taphrina*）属など，多様な種類が含まれている．*Taphrina deformans* はモモ縮葉病の，*T. betulina* はカンバてんぐ巣病の病原菌である．本属菌は他にもナラ類，ポプラ類，カエデ類などさまざまな植物に寄生する．タフリナ属菌は，通常植物組織に感染するまでは酵母の形態を示し，植物組織に感染後，典型的な糸状の菌糸を形成する．最終的にタフリナ属菌は宿主の葉を変形させ，またときに鮮やかな色に変色させる．子嚢の層はこうした葉の表面に直接形成される（図3.10）．

分裂酵母の1種 *Schizosaccharomyces pombe* もタフリナ亜目に含まれる．この種類は，東アフリカの雑穀発酵酒（pombeはスワヒリ語で発酵酒を意味する）から1893年に分離されたもので，分子生物学や細胞生物学のモデル生物として，50年以上に渡って用いられている．これらの酵母細胞は，頂端の伸張により成長し，中間部に新たに隔壁が形成されて分裂，同じ大きさの娘細胞が2つ形成される．この過程が規則的であることに加え，培養が容易であることから，酵母は細胞周期研究の材料として非常に有用である．

分裂酵母研究者のポール・ナース（Paul Nurse）は2001年，細胞周期調節におけるサイクリン依存性キナーゼ（cyclin-dependent kinase）に関する研究で，ノーベル医学生理学賞を受賞した．この受賞に際しては，出芽酵母である *Saccharomyces cerevisiae* の細胞周期に関する遺伝的解析を行い，また細胞周期チェックポイント概念を導入したリー・ハートウェル（Lee Hartwell），およびウニからサイクリンを発見したティム・ハント（Tim Hunt）の2人が共同受賞者となっている（5.2節参照）．

さらに不可解なことに，人間の病原菌であるニューモシスチス（*Pneumocystis*）属や，各地に広く分布するヒメカンムリタケ（*Neolecta*）属の2属もタフリナ亜門のメンバーである．ニューモシスチスは長く原生動物と考えられていたが，現在では完全に酵母状菌類の1群として認められている．ニューモ

訳注8：後述の通り，ヒメカンムリタケ（*Neolecta*）属は例外的に子嚢果を形成する．

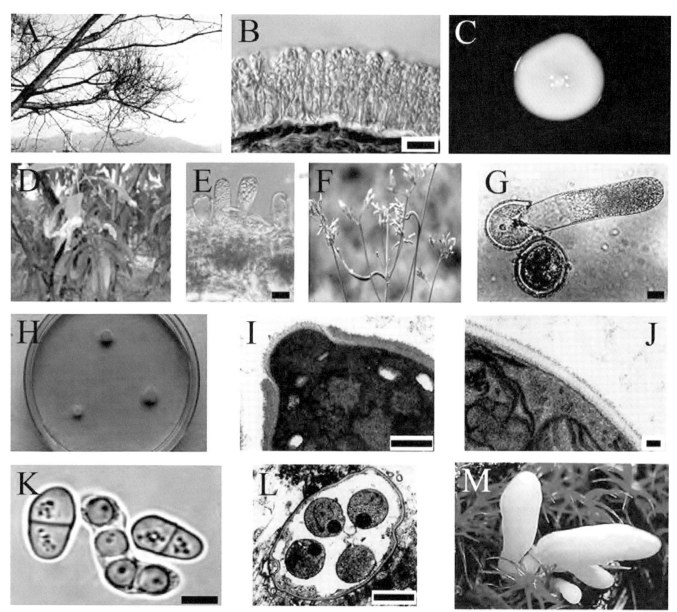

図3.10 タフリナ亜門の肉眼および顕微鏡写真．その代表種の多様な形状を示す．A, *Taphrina wiesneri* によるソメイヨシノてんぐ巣病の病徴．B, ソメイヨシノの葉組織上に形成された *Taphrina wiesneri* の成熟子嚢．子嚢胞子が発芽している（出芽型分生子形成）．C, ジャガイモグルコース寒天培地上での菌叢．D, *Taphrina deformans* によるモモ縮葉病の病徴．E, ナラ縮葉病の病原菌 *Taphrina caerulescens* の子実層．F, *Protomyces inouyei* によるオニタビラコ浮腫病．G, 水中における *Protomyces inouyei* 厚壁休眠胞子の発芽．H, ジャガイモグルコース寒天培地上での *Rhodosporidium toruloides*（アナモルフ：*Rhodotorula glutinis*）（上），*Saitoella complicata*（右）および *Taphrina wiesneri*（左）の菌叢．I, *Saitoella complicata* の透過型電子顕微鏡写真．担子菌酵母によく見られる内生出芽型発芽を示す．J, *Saitoella complicata* の透過型電子顕微鏡写真．細胞壁は子嚢菌型で，薄い暗色層と厚い明色の内層から形成される．K, *Schizosaccharomyces pombe*．分裂の様子および4胞子を含む子嚢．L, *Pneumocystis jirovecii*．被嚢内体（内生胞子）をもつ成熟した被嚢．M, ヒメカンムリタケ．子実体は鮮黄色で高さ数 cm になる．スケールバー：B, E, G = 20 μm；I = 0.5 μm；J = 0.1 μm；K = 5 μm；L = 1 μm（Sugiyama et al., 2006 を改変．画像ファイル提供，東京都テクノスルガ株式会社杉山純多教授．*Mycologia* の許可を得て複製．© 米国菌学会）．カラー版は，口絵9頁参照．

シスチス肺炎は，*Pneumocystis carinii*（現在では，チェコの病理学者 Otto Jirovec に献名された *P. jirovecii* が用いられている）によって引き起こされる．ニューモシスチス肺炎は免疫不全患者に最も多く見られる症状である．これはエイズや免疫不全，ステロイド投与，臓器移植治療，ガンなどの免疫障害により，患者がニューモシスチスに感染しやすくなるためである．

ヒメカンムリタケ属はアジア，南北アメリカおよびヨーロッパ北部に分布しており，樹木下に発生する．子実体はこん棒形

で鮮色，高さ数cm〜十数cmである．ヒメカンムリタケ（*N. vitellina*）は樹木の細根から発生するが，寄生，腐生，共生のいずれかは不明である．

サッカロミケス亜門にはサッカロミケス目の1目のみが含まれている．この目は，経済的に重要な属である出芽酵母（*Saccharomyces*）属やカンジダ（*Candida*）属を含め，子嚢菌酵母の多くを含んでいる．

酵母がブドウ汁を発酵して，それがワインになるということを明らかにしたのはルイ・パスツール（Louis Pasteur）であり，それは1857年のことである．しかし，1万年から8千年前の古代エジプトや中国では，すでに酵母を用いた醸造や製パンの様子が描かれていた．最終的に，**酵母**（yeast）は菌類に含まれることが明らかになり，「砂糖の菌類」を意味する *Saccharomyces* と名付けられることとなった．酵母は通常単細胞であり，出芽，ときに分裂によって増殖する．多くの糸状子嚢菌とは異なり，子嚢や子嚢胞子は子実体（子嚢果）内に形成されない．

酵母細胞の形態は単純であり（図3.11, 12），また糸状菌と比較すると酵母類のゲノムは小さいことが多いが，その形態は増殖に非常に適応したものである．すべての酵母が子嚢菌という訳ではなく，担子菌門にも酵母の形態をとる種があり，また接合菌ケカビ属の二形性をとる種も，「酵母様」のステージをもつ．子嚢菌酵母は通常，有機物に富んだ比較的少量の液体（たとえば花の蜜など）のような，特殊な環境に見られる．これに対して，担子菌酵母は養分の少ない固形物の表面に生育することが多い．

カンジダ属の1種 *Candida albicans* はヒトに片利共生するが，これは細胞外リパーゼ活性をもつこと，侵襲的菌糸を形成すること，そして37℃という高温で生育可能なことの組合せにより，初めて可能になったものである．

Candida albicans はヒトの体表面，口内や消化管内ほかの粘膜上に生息しており，約80%のヒトに見られるが，ほとんどの場合は特に宿主に影響はない．しかし，抗生物質の使用，ホルモンかく乱，免疫不全などによって常在菌のバランスが崩れると，*C. albicans* が過剰に増殖し，カンジダ症もしくは鵞口瘡が発症することがある．これらはよく見られる症状であり通常は簡単に治癒する．しかし，HIV陽性などの免疫不全患者においては，カンジダ菌は環境信号に反応して酵母型からより攻撃的な菌糸型に変わり，非常に深刻な感染を起こすことがある．

チャワンタケ亜門（Pezizomycotina），もしくは**真正子嚢菌類**（euascomycetes, 本物の子嚢菌の意味）には，子嚢菌類の約90%の種が含まれている．このグループの形態的特徴としては，有性世代の知られている種については子嚢果を形成することがあげられる．このような大きな分類群であるゆえに，当然のことながら，チャワンタケ亜門に属する菌はあらゆる水中および陸上環境中に分布しており，木材やリターの分解者，動植物の病原体，菌根や地衣（一部の例外を除くほとんどの地衣構成菌は本亜門に属する）の構成者など，さまざまな生態系内において重要な役割を担っている．

分子系統学的手法の導入以前は，チャワンタケ亜門の菌は子嚢果と子嚢の形態および発達過程に基づいて分類されていた．子嚢果の形態としては，大まかに

- 子嚢盤（apothecium）
- 子嚢殻（perithecium）
- 閉子嚢殻（cleistothecium）
- 子嚢子座（ascostroma）

の4タイプがある．これらの子実体を形成する種は，それぞれ必要に応じて，子嚢盤形成性，子嚢殻形成性，閉子嚢殻形成性，子嚢子座形成性と称される．

子嚢盤は典型的には円板，茶碗，あるいは匙形をしており，子嚢盤表面の層状の**子実層**（hymenium）内に子嚢を形成する．子実層は外気に露出している．

一方，子嚢殻は部分的に，閉子嚢殻は完全に閉じた子嚢果であり，子嚢は子嚢果内の空洞内に形成される．子嚢殻は「真正」子嚢果と見なされており，子実体内壁は子嚢形成菌糸の発達と同時に形成される．子嚢は子実層内に形成され，しばしば子実下層から生じる**不稔性の側糸**（paraphysis）を交える．ただし，ボタンタケ目など一部の系統群では，側糸は見られない．**子嚢果内菌糸系**（hamathecium）あるいは子嚢果内菌糸組織とは，子嚢果内で子嚢間を分断する菌糸群の総称である（hamathecium は，ギリシャ語で「共に」を意味する háma に由来する）．子嚢果内菌糸系は，子実体の別組織由来のことがあり，側糸あるいは他の不稔性細胞から構成される．ただ，*Dothidea* 属のように，子嚢果内菌糸系をもたないものもある．

子嚢子座では，子嚢はあらかじめ形成された**小房**（locule）とよばれる空隙内に形成される．子座にはしばしば子嚢殻に似たフラスコ形の構造［偽子嚢殻（pseudothecium）］や，子嚢盤に似た皿形の構造［子宮形子嚢殻（hysterothecium）や楯状子嚢殻（thyriothecium）］が形成される．

透過型電子顕微鏡で観察すると，子嚢の壁は多層構造をとる

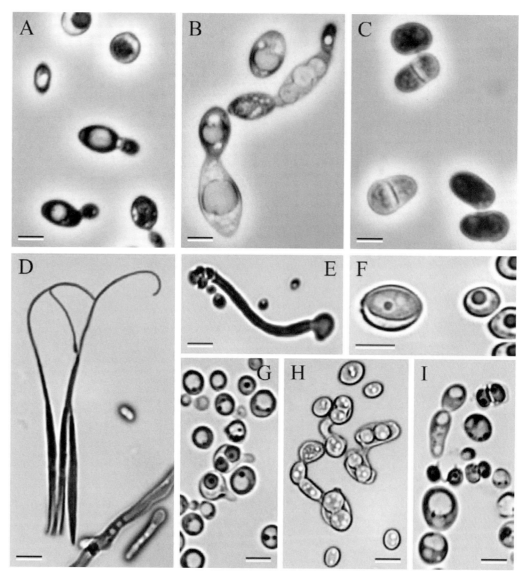

図3.11　子嚢菌酵母の培養写真．A, *Saccharomyces cerevisiae*. 多面的出芽による細胞分裂．B, *Saccharomycodes ludwigii*. 両端からの出芽による細胞分裂．C, *Schizosaccharomyces pombe*. 分裂による細胞分裂．分裂により新たに形成された細胞は，出芽によって形成された細胞とは形態的に区別できないことが多い．D, *Eremothecium* (*Nematospora*) *coryli*. 遊離した子嚢胞子は針型で，細胞壁の一部が伸長して鞭状の突起を有する．酵母状菌類としては珍しく，植物病原菌が含まれる．E, *Pachysolen tannophilus*. 長い屈折性の管の先端に1子嚢が形成される．子嚢壁は溶解して4つの帽子形をした子嚢胞子を放出する．本種は，植物体由来ヘミセルロースの主要構成物である，五炭糖のD-キシロースを発酵することが明らかにされた最初の酵母類である．F, *Lodderomyces elongisporus*. 永続性の子嚢中に1つの楕円形の胞子を形成する．本種は，*Candida albicans* や *C. tropicalis* を含むクレードの中で，子嚢胞子形成が確認されている唯一の種である．G, *Torulaspora delbrueckii*. 子嚢には1〜2個の球形の子嚢胞子が形成される．子嚢にはしばしば長い延長部が形成され，それが出芽接合として機能する．H, *Zygosaccharomyces bailii*. 子嚢には球形の子嚢胞子が形成される．接合体には2子嚢胞子が形成されることがあり，このことから「ダンベル形」子嚢と称される．本種は食品を腐敗させる酵母のうち，被害が最も顕著な種である．I, *Pichia bispora*. 子嚢胞子は帽子形で，成熟時に子嚢から放出される．帽子形の子嚢胞子はさまざまな属の酵母において形成される（たとえば，図3.12A 参照）．スケールバー＝5 μm．（図3.11A–C, 位相差顕微鏡図．図3.11 D–I, 明視野顕微鏡図．写真はいずれも米国農務省農業研究事業団 C. P. Kurtzman 博士．Suh *et al.*, 2006 を改変，画像ファイル提供，アメリカ・タイプカルチャー・コレクション Sung-Oui Suh 博士．*Mycologia* の許可を得て複製．© 米国菌学会）

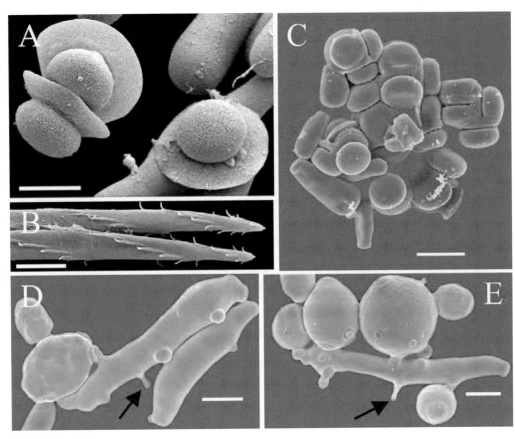

図3.12 酵母類の走査型電子顕微鏡写真．A, *Kodamaea anthophila* の子嚢胞子．B, *Metschnikowia borealis* の子嚢胞子端．ムレイン分解酵素処理によって子嚢から放出されたもの．C, *Saccharomycopsis synnaedendra* の凝集した子嚢胞子．D, E, *Arthroascus schoenii* の伸長した捕食細胞．感染糸（矢印）が *Saccharomyces cerevisiae* の楕円形細胞に貫入している．スケールバー＝2 µm．（写真はカナダWestern Ontario 大学 M.-A. Lachance 博士．Suh *et al.*, 2006 を改変．画像ファイル提供，アメリカ・タイプカルチャー・コレクション Sung-Oui Suh 博士．*Mycologia* の許可を得て複製．© 米国菌学会）

ことがわかる．このことから，子嚢胞子の放出メカニズム［子嚢の**裂開様式**（dehiscence）］に加え，子嚢壁の層数や厚さなどに基づいた子嚢の分類が進んでいる．子嚢を大まかにタイプ分けすると以下の通りになる．

- **一重壁**（unitunicate）：子嚢の壁は比較的薄く，裂開方式は有弁，無弁，または原生壁型．
  - **原生壁型**（prototunicate）：子嚢盤，閉子嚢殻，および子嚢殻形成菌に見られる．子嚢は薄壁，球形から広こん棒形，子嚢胞子は子嚢壁の崩壊によって受動的に放出される．
  - **有弁型**（operculate）：子嚢盤形成菌に見られる．子嚢の頂端もしくはその直下に形成される蓋が開くことにより，子嚢胞子が放出される．
  - **無弁型**（inoperculate）：子嚢盤，閉子嚢殻，および子嚢殻形成菌に見られる．通常は薄壁で，子嚢の頂端には疎な物質で塞がれた小孔を有する．胞子はこの小孔を通じて放出，もしくは小孔をもたず子嚢頂部が破裂して，裂開部から胞子を放出する．

- **二重壁**（bitunicate）：子嚢は，子嚢外壁および子嚢内壁の2壁を有して著しく厚壁になる．地衣化した，もしくは地衣化していない子嚢子座形成菌，あるいは層生子嚢性地衣に見られる．伝統的な定義では，二重壁子嚢とは裂開二重壁（fissitunicate）が裂開する子嚢のことである．裂開二重壁子嚢とは，壁が二重になった子嚢で，内壁がはじけて外壁の外に飛び出す，「びっくり箱式裂開」によって裂開するものである．これは，内壁が外壁を突き破って破裂することによって起こる．「二重壁」形状の子嚢ではあるが，ほとんど，あるいはまったく壁の分離が認められない型もある．このタイプは，地衣化した種によく見られる．

これらの形態的特徴（図3.13 の写真および図9.15 の系統樹参照）のうち，子嚢盤の形成などはチャワンタケ亜門の祖先形質であり，閉子嚢核の形成や原生壁型子嚢の形成などは，収斂進化の結果複数回生じた形質である．

今日，子嚢菌門の分類体系はおもに分子系統学的研究に基づいて再構築され，チャワンタケ亜門は次の10綱に分割されている．括弧内には子嚢果および子嚢の形状を付記，さらに主要

図3.13 チャワンタケ亜門にみられる子嚢器果の多様な形状．A, ヒイロチャワンタケ（*Aleuria aurantia*；チャワンタケ綱）の子嚢盤．ヒイロチャワンタケ（*Aleuria*）属に属する菌の子実体は類白色，帯黄色からオレンジ色で，高さ 1〜30 mm，径 1〜160 mm．B, チャワンタケ属の1種 *Peziza howsei* の子嚢盤．チャワンタケ（*Peziza*）属に含まれる菌の子実体は軟らかく脆弱で，円板形〜コップ形，高さ 2〜120 mm，径 5〜150 mm，長さ 30 mm に及ぶ柄をもつことがある．色は類白色，黄色，ピンク色，青，黄褐色，灰色，もしくは類黒色．C, *Orbilia delicatula*（オルビリア菌綱）の黄色の子嚢盤．白色の菌糸体上に，柔軟，脆弱，高さ 0.05〜0.3 mm，径 0.1〜2 mm の子嚢盤を形成する．D, *Trichophaea hybrida*（チャワンタケ綱）の子嚢盤．高さ 1〜5 mm，径 1〜15 mm，黄褐色から暗灰色で外面は綿毛〜毛に被われる．E, テングノハナヤスリ属の1種 *Geoglossum cookeanum*（ズキンタケ綱）訳注A のこん棒形あるいはさじ形の子嚢盤．一般に柔軟で脆弱，高さ 10〜100 mm，幅 3〜25 mm，紫から黒褐色．F, ホテイタケ属の1種 *Cudonia confusa*（ズキンタケ綱）．子実体はややきのこ型，こん棒形で（ただし，子実層は「傘」もしくは頭部の外側に形成される），高さは 20〜80 mm，頭部の径 5〜20 mm．G, ノボリリュウ（*Helvella crispa*；チャワンタケ綱）．子嚢盤は鞍型で褶曲，有柄，高さ 50 mm，幅 30 mm に至る．H, アミガサタケ（*Morchella esculenta*；チャワンタケ綱）の子実体．左は子実体の縦断面，柄および頭部の内部は空洞，高さ 30〜300 mm，幅 15〜160 mm．I, セイヨウショウロ属の1種 *Tuber aestivum*（チャワンタケ綱）．子実体は塊茎状から球形，長径は 70 mm に至る．左は断面で，組織内に形成された密に折り畳まれた胞子形成部（グレバ，gleba）を示す．詳細は，http://www.mycokey.com/ 参照．（写真撮影 A–H, デンマーク Aarhus 大学 Jens H. Petersen；I, デンマーク Copenhagen 大学 Jan Vesterholt）．カラー版は，口絵 10 頁参照．

訳注A：Schoch C. L. *et al.*（2009, *Persoonia* 22: 129-138）により，テングノハナヤスリ属やテングノメシガイ（*Trichoglossum*）属などはテングノメシガイ綱に含められた．

属を示した．

- ホシゴケ菌綱（Arthoniomycetes；子嚢盤；二重壁子嚢）：地衣形成菌 *Lecanactis abietina* など．
- クロイボタケ綱（Dothideomycetes；子嚢子座；二重壁子嚢）：クロイボタケ（*Dothidea*）属，*Aureobasidium* 属，*Pleospora* 属，*Tyrannosorus* 属（その名もずばり！），*Tubeufia* 属など．
- ユーロチウム菌綱（Eurotiomycetes；子嚢殻，閉子嚢殻または子嚢子座；二重壁子嚢または原生壁型子嚢）：コウジカビ（*Aspergillus*）属，アオカビ（*Penicillium*）属，*Histoplasma* 属，*Coccidioides* 属など．
- ラブルベニア菌綱（Laboulbeniomycetes；子嚢殻または閉子嚢殻；原生壁型子嚢）：昆虫や他の節足動物の外部寄生菌を含むラブルベニア目（Laboulbeniales），*Herpomyces* 属など．菌寄生菌や糞生菌を含むピクシジオフォラ目（Pyxid-

iophorales），*Pyxidiophora* 属や *Rhynchonectria* 属など．胞子に特徴的な付着器をもつ．

- フンタマカビ綱（Sordariomycetes；子嚢殻または閉子嚢殻；無弁型または原生壁型子嚢）：伝統的な核菌類の大部分を含む．フンタマカビ（*Sordaria*）属，ノムシタケ（*Cordyceps*）属，アカパンカビ（*Neurospora*）属，ボタンタケ（*Hypocrea*）属，*Verticillium* 属，*Bombardia* 属，クロサイワイタケ（*Xylaria*）属，*Diaporthe* 属など．

- チャシブゴケ菌綱（Lecanoromycetes；子嚢盤または子嚢殻；二重壁子嚢，無弁子嚢または原生壁型子嚢）：地衣形成菌のみを含む．チャシブゴケ（*Lecanora*）属，ハナゴケ（*Cladonia*）属，サルオガセ（*Usnea*）属，ツメゴケ（*Peltigera*）属，カブトゴケ（*Lobaria*）属など．

- ズキンタケ綱（Leotiomycetes；子嚢盤または閉子嚢殻；無弁子嚢または原生壁型子嚢）：ズキンタケ（*Leotia*）属，キンカクキン（*Sclerotinia*）属，*Monilinia* 属，カムリタケ（*Mitrula*）属，ニセビョウタケ（*Hymenoscyphus*）属，シャモジタケ（*Microglossum*）属，ホテイタケ（*Cudonia*）属など．

- リキナ菌綱（Lichinomycetes；子嚢盤；二重壁子嚢，無弁子嚢または原生壁型子嚢）：地衣形成菌 *Lempholemma* 属やタテゴケ（*Peltula*）属，テングノハナヤスリ（*Geoglossum*）属，テングノメシガイ（*Trichoglossum*）属など．

- オルビリア菌綱（Orbiliomycetes；子嚢盤；無弁子嚢）：*Orbilia* 属など．

- チャワンタケ綱（Pezizomycetes；子嚢盤；有弁子嚢）：いわゆる「盤菌類」の多くが含まれる．チャワンタケ（*Peziza*）属，ヒイロチャワンタケ（*Aleuria*）属，アミガサタケ（*Morchella*）属，シャグマアミガサタケ（*Gyromitra*）属，セイヨウショウロ（*Tuber*）属，ピロネマキン（*Pyronema*）属など．

AFTOL のデータ（Spatafora et al., 2006）では，チャワンタケ亜門，ホシゴケ菌綱，ユーロチウム菌綱，オルビリア菌綱，フンタマカビ綱はいずれも単系統群であることが強く示唆された．チャワンタケ綱およびクロイボタケ綱は，統計的支持は高くはないものの，おそらく単系統群と考えられ，またチャシブゴケ菌綱については単系統性が明らかではなかった．一方，ズキンタケ綱は多系統群であった．この研究では，いずれも子嚢盤を形成するオルビリア菌綱およびチャワンタケ綱が，チャワンタケ亜門系統樹の最も基部に位置することが明らかにされた．

3.8 担子菌門

担子菌門［俗に担子菌類（basidiomycetes）］は子嚢菌門と並ぶ種数の多い分類群であり，これまでに約 32,000 種が知られている．担子菌門は形態的にも経済的にも，また分類学的にも非常に多様な菌群であるが，**有性胞子は外生**であり，担子器（basidium）上に形成される［このことから，**担子胞子**（basidiospore）とよばれる］という共通点をもつ．

担子菌門には，黒穂病（smut disease）やさび病（rust disease）の原因となる植物病原菌，森林生態系において重要な役割を担う外生菌根を形成する菌，植物リター中のセルロースに加えてリグニンも分解できる腐生菌（**白色腐朽菌**，white-rot fungus），そして野外において最も目立つ菌類であり，頻繁に見かけるきのこ類（mushroom）などが含まれている．担子菌類には昆虫（ハキリアリ，シロアリ，アンブロシアビートルなど）と共生関係をもつ種も多いが，これはこれらの菌類が効率的に植物リターを分解できることによるものである．

商業的に栽培されている菌類は，いずれも担子菌類に属している．一方で，担子菌類には有毒な種も含まれ，幻覚作用を有するもの（たとえば，シビレタケ属の 1 種 *Psilocybe cubensis* など）や，致死的な毒をもつもの［ドクツルタケ（*Amanita virosa*）など］もある．（HIV 罹患，ガンの化学療法，移植臓器保全のための代謝免疫抑制剤使用などによる）免疫不全患者のクリプトコックス髄膜炎の病原となる種も担子菌類に含まれる．クリプトコックス髄膜炎は，酵母として成長する無性世代（アナモルフ）によって起こされる．本菌の無性世代の属名は *Cryptococcus* であり，有性世代（テレオモルフ）は *Filobasidiella* と命名されている．

担子菌門は進化上大きく 3 群に大別されているが，AFTOL の研究によりこれらはそれぞれ亜門とされている（Blackwell et al. 2006）．

- クロボキン亜門（Ustilaginomycotina；黒穂菌やその近縁種．伝統的には黒穂菌綱）

訳注 9：*Geoglossum* 属および *Trichoglossum* 属は，今日ではテングノメシガイ綱（Geoglossomycetes）に分類される．
訳注 10：アンブロシアビートルとの共生菌の多くは子嚢菌門に属する．
訳注 11：冬虫夏草類やトリュフ類など一部の子嚢菌類も，栽培に成功している．

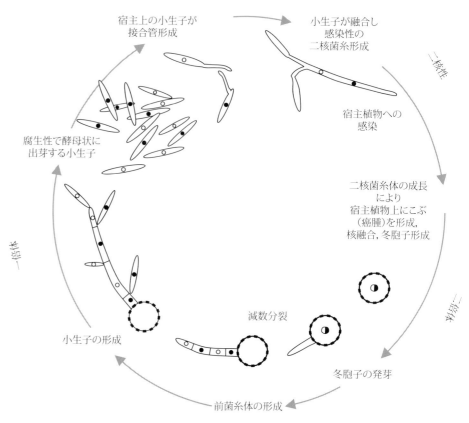

図3.14 トウモロコシ黒穂病菌（*Ustilago maydis*）の生活史の概念図（Moore & Novak Frazer, 2002 の 2 章を改変）．

- プクシニア菌亜門（Pucciniomycotina；さび菌やその近縁菌群．伝統的には銹菌綱）
- ハラタケ亜門［Agaricomycotina；伝統的な**菌蕈類**（hymenomycetes），もしくは担子菌綱とその近縁菌群］：肉眼的な子実体を形成する．子実層はひだ表面（いわゆるきのこ類など），管孔内（イグチ類やサルノコシカケ類など），針表面（ヤマブシタケなど），サンゴ状組織（ホウキタケ類），迷路状組織（サルノコシカケ類の一部など），しわ状組織（シワタケ類），平滑組織（コウヤクタケ型菌類）表面などに形成される．腹菌型菌類では，子実体内部に子実層が形成される．

クロボキン亜門には 62 属約 1,200 種が含まれており，ほとんどの種が植物，特にイネ科やカヤツリグサ科をはじめとした草本性被子植物に寄生する．*Ustilago* や *Tilletia* は本亜門の中では最もよく知られた属で，穀類の黒穂病を起こし，穀類生産に深刻な被害を与えることがある．トウモロコシ黒穂病菌 *Ustilago maydis* はトウモロコシの**黒穂病**（smut）を起こす病原菌であるが，植物の病気発生機構に関するモデル生物として広く用いられ，また全ゲノム解析が行われた最初の植物病原性担子菌である．

黒穂菌の担子胞子は，発芽して酵母状の出芽性単相体（小生子，sporidium，複数は -ia）となり，腐生的に増殖する．最終的には和合性をもつ単相細胞どうしが**接合**（conjugation），複相の寄生的菌糸体を形成して宿主植物に感染する（図3.14）．

交配の成立は**交配型因子**（mating type factor）によって支配される（8.5節参照）．宿主植物への感染に際しては交配の成立が重要であり，複相の寄生的菌糸体は最終的に冬胞子を形成する．ほとんどの黒穂菌の冬胞子は厚壁であり，また分散は冬胞子によって行われる．

冬胞子（teliospore）は胞子堆（sorus，複数は -ri；胞子の塊で，宿主の表皮を突き破って形成される．ギリシャ語で堆積物を意味する soros に由来する．）に形成される．胞子堆は宿主植物の柔組織上もしくは柔組織内に作られる．胞子堆は宿主の根，幹，葉，花，種子などさまざまな部位に形成され，その位置は種によって異なる．冬胞子は通常粉状で，暗褐色もしくは黒色である．したがって，感染植物は泥や煤の小粒に覆われように見えるため，俗に「汚れ病」（smut disease）といわれるようになった．

クロボキン亜門に含まれる重要な属として，*Graphiola* 属，

図3.15 プクシニア菌亜門の代表種. A, *Jola javensis*（プラチグロエア目）. ナガハシゴケ属の1種 *Sematophyllum swartzii* 上に形成（Wisconsin-Platteville大学 Elizabeth Frieders 博士撮影）. B, モンパキン属の1種 *Septobasidium burtii*. 菌糸マットが完全にカイガラムシを被っている（London王立大学 Daniel Henk 博士撮影）. C, *Eocronartium muscicola*. コケ上に発生（Wisconsin-Madison大学 Stephen F. Nelsen 博士撮影）. D, *Sporidiobolus pararoseus* の酵母状および糸状細胞. E, *Sporidiobolus* 属の2種の菌叢. F, *Phragmidium* 属の1種（プクシニア目）. バラ属の1種 *Rosa rubiginosa* 上.（Aime *et al.* 2006を改変. 画像ファイル提供, Louisiana州立大学 M. Catherine Aime 博士. *Mycologia* の許可を得て複製. ©米国菌学会）カラー版は，口絵11頁参照.

モチビョウキン（*Exobasidium*）属および *Microstroma* 属がある．また，動物寄生菌であるマラセチア（*Malassezia*）属も本亜門に含まれる．マラセチアは脂質要求性の酵母であり，恒温動物の皮膚から分離される．なお，本属菌の有性世代は知られていない．本属菌の成長には脂質が不可欠であり，これらは頭皮，顔，胴体上部など，皮脂腺が多い部分の皮膚から検出されている．マラセチア属の1種 *Malassezia globosa* は，ヒトのフケや脂漏性皮膚炎の原因となることが知られている．本属の菌は，複相世代をもつ植物寄生菌に起源を有するのではないかと考えられている．

プクシニア菌亜門にはおよそ8,400種の菌が知られている．

本亜門の菌は他の2亜門の菌とは異なり，菌糸の隔壁孔は単純で膜結合性の孔帽をもたず，また細胞壁の糖組成も異なっている．本亜門菌のほとんどは寄生生活を送っており，約90%の種は植物寄生性のプクシニア菌目に含まれている．プクシニア菌目の菌は**サビ菌**（rust fungus）として知られており，作物の病原菌として非常に恐れられている種も含まれる（図3.15参照）．しかし一部の菌は，他の菌類や昆虫に寄生することが知られている．

サビキン類は自然な（単系統の）菌群である．最初に取り上げるべき属としては，*Puccinia* 属（*P. graminis* は穀類の茎さび病を起こす）および *Uromyces* 属（*U. appendiculatus* は温帯か

図3.16 ハラタケ目に属する多様な種. A, チヂレタケ（*Plicaturopsis crispa*）. B, *Podoserpula pusio*（Heino Lepp 撮影）. C, フサタケ属の 1 種 *Pterula echo*（Dave McLaughlin 撮影）. D, オトメノカサ属の 1 種 *Camarophyllus borealis*. E, ホテイシメジ（*Ampulloclitocybe clavipes*）. F, シジミタケ（*Resupinatus applicatus*）. G, サクラタケ類似種 *Mycena* aff. *pura*. H, ツネノチャダイゴケ（*Crucibulum laeve*, Mykoweb, Mark Steinmetz 撮影）. I, *Nola-*

ら熱帯で栽培されるインゲンマメのさび病を起こす）がある．*Endophyllum* は多年生の灌木である *Chrysanthemoides monilifera* のみに寄生するサビキンとして知られる．両者ともに南アフリカ原産であるが，*Chrysanthemoides* はオーストラリア南部において攻撃的な移入植物となっている．*Endophyllum* は本種に対する生物防除資材として，有望と考えられている．

担子菌酵母（basidiomycetous yeasts）には *Rhodosporidium* 属（およびそのアナモルフの *Rhodotorula* 属），*Sporidiobolus* 属（図 3.15D, E）およびそのアナモルフの *Sporobolomyces* 属などがある．これらの菌は，家庭環境内の基物表面から普通に分離される．

ハラタケ亜門（伝統的には菌蕈類として知られていた）は多様なグループであり，21,400 種が記載されているが，これは担子菌門のうち約 65％（あるいは，全菌類のうち約 5 分の 1）を占めている．ハラタケ亜門はおそらく 9 億 6 千万年から 3 億 8 千万年前に起源をもつと考えられている．今日では，多数の木材腐朽菌（wood decayer），リター分解菌（litter decomposer）や外生菌根菌（ectomycorrhizal fungus）が本亜門におかれている．また，少数ながら重要な植物病原菌もあり，その中には地球上で最も大きな生物であるナラタケ類も含まれる．AFTOL の本亜門分類構想を以下に記し，その主要群について簡単に解説する．

本亜門の中で最も種数の多いクレード（目）は，ハラタケ目 [Agaricales，あるいは，真正ハラタケ類クレード（euagarics clade）] である．ハラタケ目にはおもにハラタケ型きのこを形成する菌が含まれ，真正担子菌類（綱）として知られる種のうち半分以上が本目に所属する．本目には，33 科約 410 属に属する 13,200 種以上が含まれている．従来，成熟した子実体の形態学的特徴や胞子紋の色，さらにさまざまな解剖学的，細胞学的特徴などが，本目の分類形質として重視されていた．しかし類似した構造や形態は，明らかに異なる系統からも進化することがある．このことから，多くの人為的分類群が生まれることとなった．一例を示すと，ひだ（gill）とよばれる折り畳まれた胞子形成部位には，いくつかの形成様式が存在している．蝶と鳥におけるハネと同様，ひだは異なるグループにおいて別々に進化したものであり，これらは表面的に類似しているにすぎない．こうした器官は相似器官（analogous organ）とよばれており，同一の起源をもつ相同器官（homologous organ）とは異なる．野外において最も観察が容易な特徴は，成熟子実体の肉眼的形状である．しかし，これらは必ずしも自然な系統を反映したものではなく，時として紛らわしい形質となりうる．このことから，分子系統学的手法を用いてシーケンスを比較することにより，ハラタケ目の分類体系には大きな，そしてときに驚くべき変革がもたらされた．リボソーム RNA の塩基配列解析に基づいた系統解析により，ハラタケ目の分類体系は大きく変わった．興味深いことに，これまで分類群を規定する特徴として重視されていなかった生態学的特徴が，しばしば重要であることが明らかになった（図 3.16）．

イグチ目（Boletales）もハラタケ型きのこを形成する菌を含むグループで，世界中のほとんどの森林生態系において重要な役割を担っている．イグチ目には現在約 1,320 種が知られている．しかし，最も種数が多いと考えられる熱帯地域においては，本目菌に関する研究は依然途上であり，この種数は実際よりはかなり過小評価されていると考えられる．イグチ目には明瞭な有柄有傘型（傘と柄をもつ「きのこ」型）で，おもに子実層托が管孔状の種が含まれるが，ひだ状もしくは管孔とひだの中間的な子実層托を有する種もある．本目には，さらにホコリタケ型（かつては腹菌類とよばれていた）や，背着生もしくはコウヤク状で子実層托が平滑，シワ状もしくは針状の種類も含まれている．イグチ目は形態的に多様であるばかりでなく，さまざまな生息環境も獲得しており，木材を腐朽する種も含まれている．しかし，イグチ目の姉妹群に該当するハラタケ目やアテリア目とは違い，本目には白色腐朽菌は含まれない．一方で，イグチ目に含まれる腐生菌はいずれも褐色腐朽菌であり，セルロースおよびヘミセルロースを優先的に分解，特に針葉樹材の分解に適応している．イグチ目に属する種の多くは菌根を形成しており，また一部の種は菌寄生性である（図 3.17）．

ヒステランギウム目（Hysterangiales），ヒメツチグリ目（Geastrales），ラッパタケ目（Gomphales）およびスッポンタケ目（Phallales）には，奇妙な形の子実体を形成する種が含まれている．これらの目は，ラッパタケ型—スッポンタケ型菌類（gomphoid-phalloid fungus，ウスタケ属類似もしくはスッポ

図 3.16 続き

nea sp. J, オオフクロタケ（*Volvariella gloiocephala*）．K, チャヒラタケ属の 1 種 *Crepidotus fimbriatus*．L, ミヤマツバタケ（*Psilocybe squamosa*）の担子胞子．発芽孔をもつ（Roy Halling 撮影）．M, *Camarophyllopsis hymenocephala*（D. Jean Lodge 撮影）．N, ウラベニガサ（*Pluteus*）属の逆散開型実質と側シスチジア（写真提供 D. E. Stuntz スライドコレクション）．O, カヤタケ属の 1 種 *Clitocybe subditopoda*．P, アカツブフウセンタケ（*Cortinarius bolaris*）．Q, エビコウヤクタケ（*Cylindrobasidium evolvens*）．R, シロケシメジ（*Tricholoma columbetta*）．(Matheny et al., 2006 の図 2 を改変，画像ファイル提供，米国 Tennessee 大学 P. Brandon Matheny 博士．*Mycologia* の許可を得て複製．© 米国菌学会) カラー版は，口絵 12 頁参照．

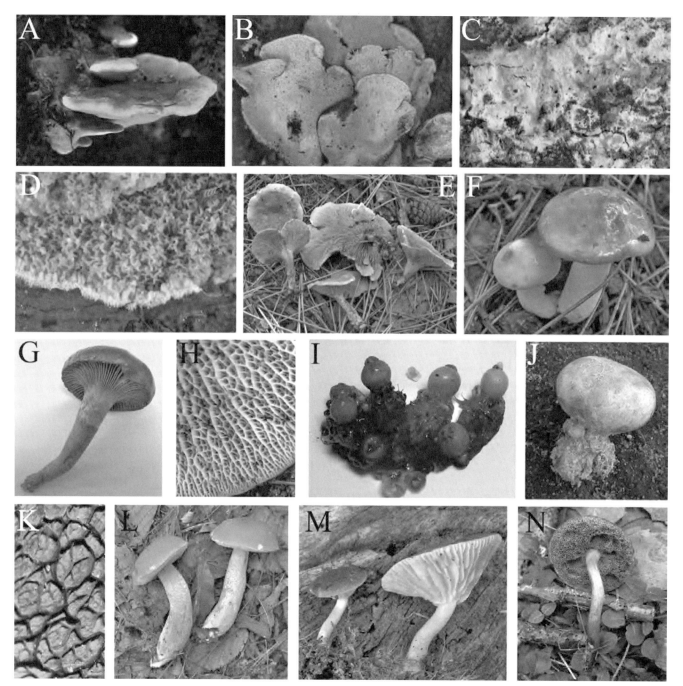

図3.17 イグチ目に属する多様な種. A, カワリサルノコシカケ (*Bondarcevomyces taxi*). B, カワリサルノコシカケ, 孔口面. C, イドタケ (*Coniophora puteana*). D, ヒメシワタケ (*Leucogyrophana mollusca*). E, ヒロハアンズタケ (*Hygrophoropsis aurantiaca*). F, チチアワタケ (*Suillus granulatus*). G, クギタケ属の1種 *Chroogomphus vinicolor*. H, ミダレアミイグチ (*Boletinellus merulioides*) の子実層托. I, クチベニタケ属の1種 *Calostoma cinnabarinum*. J, ニセショウロ属の1種 *Scleroderma septentrionale*. K, サケバタケ属の1種 *Meiorganum neocaledonicum*, 幼菌の子実層托. L, アケボノアワタケ ('*Tylopilus*' *chromapes*). M, キヒダタケ属の1種 *Phylloporus centroamericanus*. N, アワタケ属の1種 *Xerocomus* sp. (Binder & Hibbett, 2006 の図1を改変. 画像ファイル提供, 米国 Clark 大学生物学部 Manfred Binder 博士. *Mycologia* の許可を得て複製. © 米国菌学会) カラー版は, 口絵13頁参照.

ンタケ属類似の菌類）としてまとめられている．ここには，カゴタケ類（cage fungus），スッポンタケ類（stinkhorn），パフボール類（puffball）などが含まれている（図3.18）．ラッパタケ目には，腹菌型分類群（子実層が完全に被包された子実体を形成），および腹菌的形状を有するが，地上生（epigenous）分類群由来の非腹菌型分類群菌の双方に属する種が含まれてい

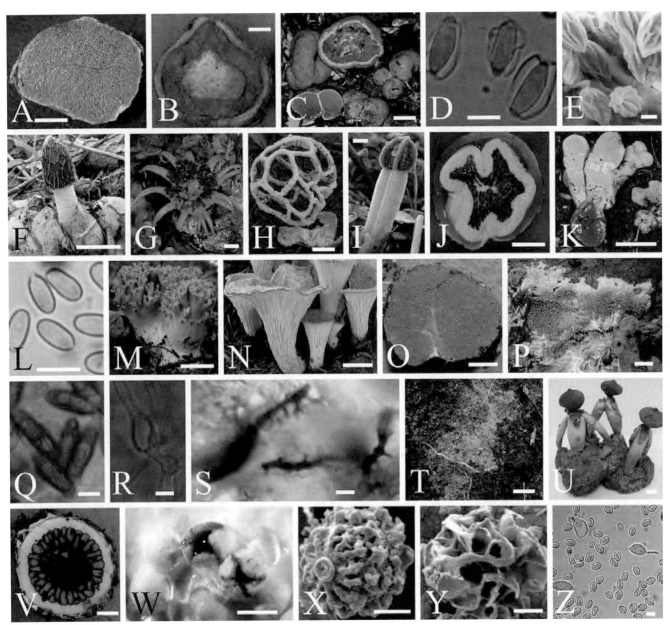

図3.18 ラッパタケ-スッポンタケ型菌類の肉眼的および顕微鏡的特徴．A〜Eはヒステランギウム目クレードの種．A, *Hysterangium setchellii*．B, *Mesophellia castanea*．C, *Gallacea scleroderma*．D, *Hysterangium inflatum*の担子胞子，嚢胞に包まれる．E, *Austrogautieria rodwayi*の担子胞子（L. Rodway撮影）．F〜L, スッポンタケ目クレードの種．F, スッポンタケ（*Phallus impudicus*, 丸山厚吉撮影）．G, アカイカタケ（*Aseroe rubra*）．H, カゴタケ属の1種 *Ileodictyon cibarium*．I, ツマミタケ（*Lysurus mokusin*, 浅井郁夫撮影）．J, *Claustula fischeri*．K, *Phallobata alba*（Peter Johnston撮影）．L, *Ileodictyon cibarium*の担子胞子．M〜T, ラッパタケ目クレード．M, オオムラサキホウキタケ（*Ramaria fennica*, 浅井郁夫撮影）．N, ウスタケ［*Turbinellus*（*Gomphus*）*floccosus*, 浅井郁夫撮影］．O, *Gautieria* sp．P, *Kavinia* sp．（Patrick Leacock撮影）．Q, ホウキタケ（*Ramaria botrytis*）の担子胞子，コットンブルー染色性の突起をもつ（丸山厚吉撮影）．R, ホウキタケ属の1種 *Ramaria eumorpha*のアンプル形菌糸．S, ホウキタケ属の1種 *Ramaria cystidiophora*のすりこぎ状菌糸，コットンブルーで染色（Efren Cazares撮影）．T, ホウキタケ属の1種 *Ramaria* sp．の形成した菌糸マット，白色の菌糸マット生育部と黒色土壌の色の違いに注目．U〜Z, ヒメツチグリ目クレード．U, アシナガヒメツチグリ（*Geastrum fornicatum*）．V, *Pyrenogaster pityophilus*．W, タマハジキタケ（*Sphaerobolus stellatus*）．X, ヒメツチグリ属の1種 *G. coronatum*の担子胞子．Y, *Myriostoma coliforme*の担子胞子．Z, タマハジキタケの担子胞子と発芽した菌芽．スケールバー，A, B, V = 5 mm；C, G, I〜K, O, P, U = 1 cm；D, E, L, Q〜S, Z = 5 µm；F, H, M, N = 5 cm；T = 10 cm；W = 1 mm；X, Y = 1 µm．（Hosaka *et al.*, 2006の図1を改変．画像ファイル提供，国立科学博物館 保坂健太郎博士．*Mycologia*の許可を得て複製．© 米国菌学会）カラー版は，口絵14頁参照．

図 3.19 アンズタケクレードに属する種の多様な子実体. A, アンズタケ (*Cantharellus cibarius*, J.-M. Moncalvo 撮影). B, クロラッパタケ属の1種 *Craterellus tubaeformis* (M. Wood 撮影). C, ヒメハリタケモドキ (*Sistotrema confluens*, R. Halling 撮影). D, シラウオタケ (*Multiclavula mucida*, M. Wood 撮影). E, *Botryobasidium subcoronatum*, 古い多孔菌上に発生 (E. Langer 撮影). F, ヒメハリタケモドキ属の1種 *Sistotrema coroniferum* (K.-H. Larsson 撮影). G, ハイイロカレエダタケ (*Clavulina cinerea*, E. Langer 撮影). (Moncalvo et al., 2006 の図2を改変. 画像ファイル提供, カナダ Toronto 大学王立 Ontario 博物館および植物学部 J.-M. Moncalvo 博士. *Mycologia* の許可を得て複製. © 米国菌学会) カラー版は, 口絵 15 頁参照.

る. 地上生とは, **地下生** (hypogenous, 子実体の全体もしくは一部が地中に形成される) と対になる用語である. 一方, スッポンタケ目においては, ショウロ型の地下生子実体が祖先的形質であり, そこからスッポンタケ型の子実体が進化したものである. スッポンタケ類の担子胞子は若い始原的子実体 [卵 (egg)] 内部で成熟するが, 成熟した胞子形成組織は柄によって高く持ち上げられることにより, 胞子を運ぶハエ類によって見つけられやすくなる. これらの柄は, 担子菌門の他のグループが形成する柄とは起源が異なっており, 相似器官の一例といえる.

アンズタケ目 (Cantharellales) は, 「きのこ」型の菌類であるアンズタケ (*Cantharellus*) 属やクロラッパタケ (*Craterellus*) 属などを含む (図 3.19). これらの子実層托は扇のように折れ畳んだひだ状になる. このため, ほとんどのきのこ類の子

実層托が「ひだ」とよばれるのに対して、アンズタケ類のヒダは「偽ひだ」とよばれてきた。多くのきのこ類に見られる「ひだ」は、1枚ごとに独立した板状もしくは刃状の器官である。個々のひだは構造的にも分離しており、また傘肉からも独立している。こうしたことから、菌類分類学の黎明期よりアンズタケ類は他のひだのある菌類とは異なるグループとして区別されてきた。近年、分子系統学研究の結果、こうした差異は系統上、依然重要であることが明らかになってきた。ひだ状の子実層托は、胞子を形成する部分の面積を広くするという単なる1戦略にすぎないことから、このことはそれほど驚くに値することではない。重要なのはむしろ、こうした戦略が異なる進化史上何度も出現したということである。

タバコウロコタケ目（Hymenochaetales）にはおもに木材腐朽菌が含まれるが、子実体の形状は種によってさまざまである。ほとんどの種類は背着した（平たく基物上を広がる）もしくは半背着生（縁が反り返って傘を形成する）の子実体を形成する^{訳注12}が、種によっては柄のある「きのこ型」、珊瑚形（ホウキタケ型）やさじ形（スプーン形）ないしはロゼッタ形の子実体を形成する種もある（図3.20）。

本目の多くの種は、子実体内に、特にしばしば子実層内の担子器に交えて、ある種の栄養的（不稔）細胞を形成する。これらの総称を**嚢状体**（シスチジア；cystidium、複数は -ia）というが、それぞれの特徴に即してさまざまな呼称が提唱されている。わかりやすい例をあげると、タバコウロコタケ科（Hymenochaetaceae）の多くがもつ特徴的な嚢状体は、**剛毛体**（seta、複数は -ae）とよばれている。従来の分類体系では、こうした顕微鏡的特徴や子実体の形が基礎的形質として重視されていた。したがって、現在タバコウロコタケクレードとして知られるグループには、従来ハラタケ科、サルノコシカケ科、コウヤクタケ科、ウロコタケ科、タバコウロコタケ科などさまざまな科に所属していた種が含まれている。なお、タバコウロコタケ科からは基準属のみが含まれている^{訳注13}。

ベニタケ目（Russulales）はおそらく形態的に最も多様な種を含む分類群の1つといえよう。本目には背着生、盤菌状、半背着生、ホウキタケ型、有傘型、腹菌型など多様な子実体をもつ種が含まれ、また子実層托の形状も、平滑、管孔状、針状、ひだ状、迷路状など多岐に渡る。ベニタケ目には本来腐生生活を送る種が多いが、**外生菌根性**（ectomycorrhizal）の種、植物根の病原菌や昆虫と共生生活を送る種も含まれる（図3.21）。

AFTOLによるハラタケ亜門の分類体系は以下の通りである。

- シロキクラゲ菌綱（Tremellomycetes）
  - シストフィロバシディウム目（Cystofilobasidiales）
  - フィロバシディウム目（Filobasidiales）
  - シロキクラゲ目（Tremellales；図3.22）
- アカキクラゲ菌綱（Dacrymycetes）
  - アカキクラゲ目（Dacrymycetales；図3.22）
- ハラタケ綱（Agaricomycetes）
  - ハラタケ亜綱（Agaricomycetidae）
    - ハラタケ目（Agaricales；図3.16）
    - アテリア目（Atheliales；図3.22）
    - イグチ目（Boletales；図3.17）
  - スッポンタケ亜綱（Phallomycetidae）
    - ヒメツチグリ目（Geastrales；図3.18）
    - ラッパタケ目（Gomphales；図3.18）
    - ヒステランギウム目（Hysterangiales；図3.18）
    - スッポンタケ目（Phallales；図3.18）
  - ハラタケ綱所属亜綱未確定（Agaricomycetes, *incertae sedis*）
    - キクラゲ目（Auriculariales；図3.22）
    - アンズタケ目（Cantharellales；図3.19）
    - コウヤクタケ目（Corticiales）
    - キカイガラタケ目（Gloeophyllales；図3.22）
    - タバコウロコタケ目（Hymenochaetales；図3.20）
    - タマチョレイタケ目（Polyporales；図3.22）
    - ベニタケ目（Russulales；図3.21）
    - ロウタケ目（Sebacinales；図3.22）
    - イボタケ目（Thelephorales；図3.22）
    - トレキスポラ目（Trechisporales；図3.22）

本亜門に含まれる特筆すべき種として、エゾノサビイロアナタケ（*Phellinus weirii*、モミ類の根腐病やベイスギの根株腐朽病の病原菌）やマツノネクチタケ（*Heterobasidion annosum*、北半球における針葉樹根腐病菌として最も被害が甚大な病原菌）、*Rhizoctonia solani* の完全世代であり、多大な種数の植物

訳注12：背着部をもたず、明瞭な傘を形成する無柄の種も多い。
訳注13：実際には、旧来のタバコウロコタケ科に含まれていた種のほとんどは、現在のタバコウロコタケ目にも含まれている。

図 3.20　タバコウロコタケ目菌の肉眼および顕微鏡的特徴．A〜I，子実体と子実層托の形状．A，シロウロコタケ属の 1 種 Cotylidia pannosa，有柄で子実層托は平滑（David Mitchel 撮影，www.nifg.org.uk/photos.htm）．B，オツネンタケ（Coltricia perennis），有柄で子実層托は管孔状．C，Contumyces rosellus，有柄で子実層托はひだ状．D，Clavariachaete rubiginosa（Roy Halling 撮影）．E，カシサルノコシカケ（Phellinus robustus，無柄〜半背着生で子実層托は管孔状，スロバキア森林研究所 Andrej Kunca 撮影，www.forestryimages.org）．F，ウズタケ（Coltricia montagnei），有柄で子実層托は同心円状のひだ状（Dianna Smith 撮影，www.mushroomexpert.com）．G，コガネウスバタケ属の 1 種 Hydnochaete olivacea，背着生〜半背着生で子実層托は粗く平たい針状．H，ハリタケモドキ（Resinicium bicolor），背着生で子実層托は細かい鈍頭の針状．I，ヘラバタケモドキ（Hyphodontia arguta），背着生で子実層托は鋭いとげ状．J，ケイヒウロコタケ（Hymenochaete cinnamomea）の剛毛状シスチジア（剛毛体）．スケールバー：A, D = 10 mm；B = 2 mm；G〜I = 1 mm；j = 10 μm．（Larsson et al., 2006 を改変，画像ファイル提供，スウェーデン Göteborg 大学 Karl-Henrik Larsson 教授．Mycologia の許可を得て複製．Ⓒ 米国菌学会）カラー版は，口絵 16 頁参照．

図 3.21 ベニタケ目菌の子実体形および子実層托形状. A, マツカサタケ (*Auriscalpium vulgare*), 有傘で子実層托は針状, 2 倍. B, フサヒメホウキタケ (*Artomyces pyxidata*), 子実体はホウキタケ型で子実層托は平滑, 0.5 倍. C, チャウロコタケ (*Stereum ostrea*), 子実体は半背着生で子実層托は平滑, 0.3 倍. D, カワタケ属の 1 種 *Peniophora rufa*, 子実体は円盤状で平滑, 0.5 倍. E, コウヤクタケモドキ (*Vararia investiens*), 子実体は背着生 (コウヤクタケ型) で平滑, 0.2 倍. F, ベニタケ属の 1 種 *Russula discopus*, 子実体は有傘で子実体はひだ状 (ハラタケ型), 0.5 倍 (Miller et al., 2006 を改変. 画像ファイル提供, 米国 Wyoming 大学 Steven L. Miller 博士. *Mycologia* の許可を得て複製. © 米国菌学会). カラー版は, 口絵 17 頁参照.

に病害を起こす土壌感染性病原菌である *Thanatephorus cucumeri* などの植物病原菌がある. ヒトも本亜門菌による加害から逃れることはできない. *Filobasidiella neoformans* はクリプトコックス (*Cryptococcus*) 属の有性世代である. クリプトコックスは免疫不全患者に, クリプトコックス髄膜炎を起こす病原菌である.

また, 食用きのこ類についていえば, 商業的に栽培されている菌はいずれも菌蕈類に含まれている. 栽培種としては, ツクリタケ (button mushroom; *Agaricus bisporus*), ヒラタケ類 (oyster mushroom; *Pleurotus* spp.), シイタケ (shiitake; *Lentinula edodes*), フクロタケ (paddy straw mushroom; *Volvariella volvacea*), エノキタケ (enokitake; *Flammulina velutipes*), ブナシメジ (shimejitake; *Hypsizygus tessulatus*) などが広く知られている. 他に, 国際的に広く市場取引される (年間取引額 10 億ドル以上) 種として, 野外で採取される菌根菌のアンズタケ (the chanterelle; *Cantharellus cibarius*), ヤマドリタケ (cep, penny bun, porcini; *Boletus edulis*) やマツタケ (matsutake; *Tricholoma matsutake*) などがある.

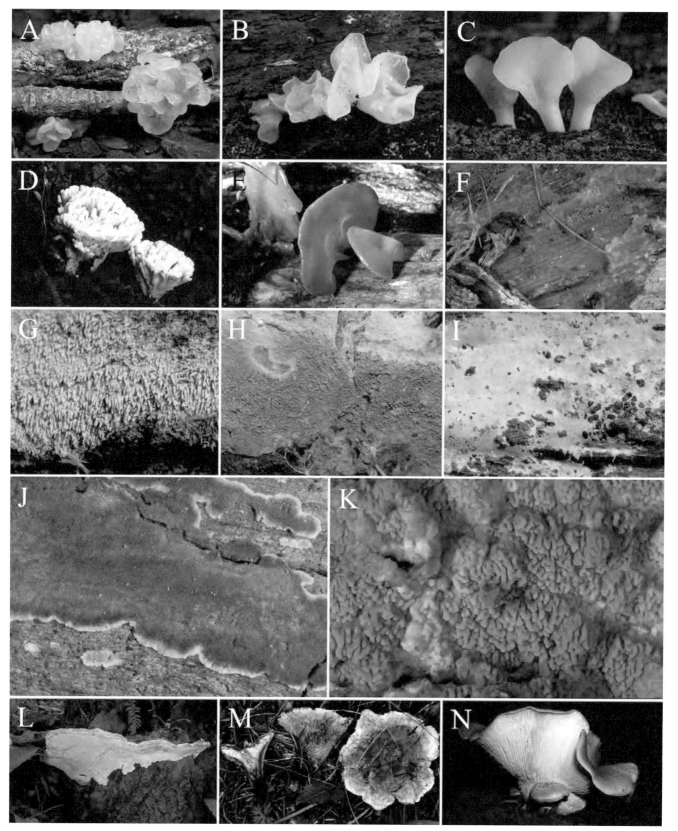

図3.22 ハラタケ亜門の膠質菌と硬質菌. A, コガネニカワタケ（*Tremella mesenterica*, シロキクラゲ目）. B, シロキクラゲ（*Tremella fuciformis*, シロキクラゲ目）. C, ツノマタタケ（*Dacryopinax spathularia*, アカキクラゲ目）. D, *Tremellodendron pallidum*（ロウタケ目）. E, キクラゲ（*Auricularia auricula-judae*, キクラゲ目）. F, *Exidiopsis* sp.（キクラゲ目）. G, シロアナコウヤクタケ属の1種 *Trechispora* sp.（トレキスポラ目）. H, ラシャタケ

ギネスブックに掲載されている世界で最も大きなきのこの子実体は，長らくサルノコシカケの 1 種 *Bridgeoporus nobilissimus* の 160 kg の標本であった．それが，1999 年版ではキュー王立植物園に生えたきわめて巨大なニレサルノコシカケ（*Rigidoporus ulmarius*；ニレなどの広葉樹の地際に生えるサルノコシカケの 1 種）に取って代わられた．この標本は 163×140 cm，外周 480 cm にもおよぶものであった．この標本の前では，セイヨウオニフスベ（*Calvatia gigantea*）も霞んでしまうであろう．セイヨウオニフスベは食用にもなるきのこで，直径 150 cm 重さ 20 kg にもなることが知られているが，通常は直径 10 から 70 cm 程度である．これまで知られている中で最大の，そして最も広域に広がりまた長命の菌糸体は，米国東オレゴン州の Blue Mountain / Malheur 国立森林公園で確認されたヤワナラタケ（*Armillaria gallica*）の菌糸体である[訳注14]．この 1 個体に属する菌の生息範囲は 900 ha（3.4 平方マイル）近くの面積におよび，またその推定年数は 2400 年にもなる．

3.9　菌類における種概念

本章でこれまで論じてきたことのほとんどは，まさしく個々の生物を同定するための能力に関することである．正確な同定能力を備えることにより，対象とする菌に対して，自信をもって正確な種名を与えることができる．ある菌について何かをするとき，それが写生であるにせよ，あるいはゲノムシーケンスであるにせよ，対象とするものに対して正確な種名をつけるという作業が不可欠である．種名を与えるという作業の中で，同定という作業は正確な記載や同定者の知識，技能に依存している．正確な記載は，分類や命名法に関する国際的規約に基づいて行うものであり，また同定のための知識や技能は習得が可能なものである．問題は，同定するために必要となる「単位」があまり明確ではないということである．

ある特定の種を同定する必要があるとする．それでは，「種」とはいったい何なのか．種をいかに定義するか（種の定義）については，長らく議論の対象とされてきたが，依然誰もが合意できる「種」の普遍的定義には至っていない．1997 年には，22 もの異なる種概念について論じた論文が発表された（Mayden, 1997）．菌類分類学において最も普通に用いられる種概念として以下のものがある．

- **形態学的種**（morphological species concept）．伝統的に，菌学者を含めた生物学者は，形態学的な類似性に基づいて種を理解してきた．これが形態学的種である．形態学的種の難点は，説得力のある種の境界を定義するための特徴を見つけることが，困難なことにある（種の境界を知ることにより，目の前にある標本がその種の「内側」にあるのか，「外側」にあるのかの判断が可能になる．これは種を同定する上で重要なプロセスである）．この難しさが理解できない場合は，周囲の人間を見回して，どのような形態学的特徴をもってすれば，ヒトという種を定義できるかを考えてみるとよい．体躯の形状，皮膚の色，虹彩の色，体毛の分布状況，顔面の形状．これらは個体の識別には有効であるが，いずれも種としての境界を引くには不十分な形質である．菌類に関しては，有用な形態学的特徴が少ないだけでなく，形態学的特徴の変異が大きい．加えてこれら特徴は，環境変化による影響を受けて変わりやすいことから，その評価が困難である．さらに，まったく異なる進化経路を経たにも関わらず，類似した形態に行き着く（収斂進化）という事例もあり，ほとんどの生物学者，特に菌学者は，形態学的種概念に対して到底満足できていない，ということは想像に難くないであろう．菌類（特にきのこ類）の分類は，1820 年から 1875 年の間に Elias Fries によってその基礎が築かれた．しかし残念ながら，そこではひだや管孔の形態学的特徴や胞子の色といった，変異の大きい，あるいは収斂の生じうる形質が重んじられていた．Fries による体系は種の同定には実用的であったが，こうした形質の多くは，菌類の系統的な関係を曖昧にすることとなった．

図 3.22　続き
　属の 1 種 *Tomentella* sp.（イボタケ目）．I, *Athelia* sp.（おそらくアテリア目）．J, チズガタサルノコシカケ属の 1 種 *Veluticeps* sp.（キカイガラタケ目）．K, コガネシワウロコタケ属の 1 種 *Phlebia* sp.（タマチョレイタケ目）．L, コフキサルノコシカケ近縁種 *Ganoderma australe*（タマチョレイタケ目）．M, チャハリタケ属の 1 種 *Hydnellum* sp.（イボタケ目）．マツオウジ近縁種 *Neolentinus lepideus*（キカイガラタケ目）．A～C, F～L オーストラリア国立植物園 Heino Lepp 撮影（http://anbg.gov.au/index.html）；D, E, Pamela Kaminski 撮影（http://pkaminski.homestead.com/page1.html）．許可により Hibbett, 2006 を改変，画像ファイル提供，米国 Clark 大学 David Hibbett 博士．*Mycologia* の許可を得て複製．© 米国菌学会．）カラー版は，口絵 18 頁参照．

訳注 14：ヤワナラタケではなく，オニナラタケである．第 14 章参照．

- 生物学的種概念（biological species concept）．生物学，特に動物学において最も広く用いられる種概念が生物学的種である．生物学的種によって定義される種とは，他の集団から何らかの形で生殖隔離された，互いに交配可能な集団のことである．この概念は単純かつ明快に見えるが，（特に菌類については）やはりそれなりの欠陥がある．最初の問題として，形態的に区別のできない個体からなる集団間に，どのような生殖隔離要因が存在するかを特定する必要がある．そもそも生物学的種概念は，ホモタリックな種や有性生殖の知られていない種に対しては，適用を試みることもできない．このことだけでも，菌類の約20％はこの概念の適用から除外されてしまう．また交配の成否は，実験室内において培養された菌株の交配試験によって確認するため，培養のできない膨大な数の菌類に対しても，この概念は用いることができない．生物学的種概念は，地理的に隔離された集団への転用も困難である（あるいはむしろ，地理的隔離という言葉の趣旨を一貫して適用すること自体が困難というべきかもしれない）．地理的隔離によって互いに交配しない集団は，今後独立して進化していくと考えられ，ある意味すでに別種としてよいほど十分に分岐しているともいえる．これらが共通の祖先的な生殖に関わる要因を依然共有している場合，人為的に同所に持ち込むことにより，これらの間ではまだ交配が成立する．それでは，生殖の障壁として効果的な要因は何か，という根本的な疑問が生じる．菌類には，胞子が大気中を長距離に渡って飛翔し，海洋や山塊の存在にも関わらず大陸を横断し，さらには別大陸にまで至る種も多い．したがって，地形は（たとえそれが地球規模の地形であっても）これらの分布にはあまり重要ではない．逆の極端な例として，微小菌類の中には生息地が非常に制限され，近縁種と数 m の距離で事実上隔離されているような種もある．菌類全般に対して共通した定義を当てはめることが困難であり，生物学的種を菌類の種概念の候補とするには，非常に深刻な制限が多い．
- 生態的および生理的種概念（ecological and physiological species concept）．寄生菌や共生菌は多少とも宿主特異性を有しており，これらの菌については生育環境や宿主関係をもとに種を定義するのが妥当とも考えられる．生態的適応は菌の種形成に影響を与えるということ，あるいは，生育環境や宿主への適応に関わる生理的特徴が，菌の種を特徴づけているという点も，同じくこの種概念の妥当性を示す根拠となっている．実際問題として，生育環境や宿主関係は生殖隔離のメカニズムに関与している．植物病原菌については，長年に渡って生態的もしくは生理的種概念が用いられている．この概念においては，おもにそれぞれの生態学的地位や，それらがその生態学的地位において維持され繁殖することを決定づける，進化的な裏付けによって種を区別する（そして，その生態学的地位とは，特定の宿主植物種や，さらには特定の栽培品種への寄生であったりする）．再度，この概念は妥当なもののように見える．しかし，問題もある．特に，それぞれの種が有する基物や宿主に対する特異性を決定づける生理的，生化学的，あるいは一般的特性について，われわれは正確な情報をほとんどもち合わせていない．したがって，こうした概念を使うことも，形態学的種概念を使うことと大差はないともいえる．さらには，実際問題として生態学的・生理学的種概念の適用には，非常に制限が多い．植物病原菌については，ある種をその宿主範囲から特徴づけることが可能であり，また医真菌についてもその血清型から特徴づけることが可能かもしれない．しかし，広い範囲の基物から発生する菌については，こうした概念は無意味である．この概念をもってしても，種に普遍的な定義を与えることはできない．
- 進化的 / 系統的種概念（evolutionary/phylogenetic species concept）．分子系統解析に基づいて種を定義することは，最も有望な手法のように思われる．この概念の基礎は，種の系統にある．この概念においては，種とは単系統の生物群であり，共通の祖先から派生した分子生物学的特徴を共有するものとみなされる．このこと，また DNA の塩基配列を明らかにすることによってその作業が完了するという事実は，本質的に満足のいくものといえよう．さらには，この概念には適応のできない種や適応に制限のある種もない．菌類にとって特に重要なこととして，この概念は有性世代の知られていない種に対しても適応可能だということがある．この概念の下では，有性世代も無性世代も同一の種概念で網羅することが可能である．菌のゲノムサイズは非常に大きく，広い分類群に対して適用可能な種の定義に用いることができる塩基配列は十分にあり，「特徴」が不足するということはあり得ない．複数領域の塩基配列解析によって，種の正確な理解が可能になるということは明らかである．一方でこの作業によって，われわれは菌類の種に関してまだ十分な情報をもち合わせていないという，現時点での情報の限界が強調されることになろう．しかしながら，分子生物学上の技術，解析に用いる適切なソフトウェアとコンピュータハードウェア，ヌクレオチド進化の基礎的理論研究の発展，そして最も正確な結論を導きだす効率的統計手法により，努力と時間を十分にかけ

さえすれば，こうしたアプローチを効率的に広範囲の菌類に適用することが可能になりつつある．

種概念が異なると，それに伴う結果も異なることがある．異なった手法で種を定義することにより，認識の相違が生じることは避けられない．系統的種概念を用いた場合，形態学的，生物学的，あるいは生理的種概念によって確認されたよりもはるかに多くの種が生じることになると考えられる．

近年，真核生物の主要分類群について横断的に，種概念として系統学的種の適用を試みる研究が行われた．その結果系統学的種の導入により，他の基準で以前に分類された種数から平均で48%，種数が増加することがわかった．その増加率は菌類において高い傾向が認められた．ほとんどの菌類の伝統的グループについて，分子系統学的手法を併用して再分類を行った結果，認められた種数は2から4倍に増加した．

分類学者以外の人からは，あまり共感されたり歓迎されたりすることにはならないであろうが，今あるよりもさらに多くの学名とその記載分類が必要ということになろう．しかし，ここでは生物学上の真実が解明されたと，前向きに考えることにしよう．もしも分子生物学的手法を用いることによって，分子生物学的手法を用いずに認識されている種の2から4倍の種が新たに判明するということになると，あらゆる生態系における菌類の多様性や種の豊かさの広がりは，われわれが現在想像しているものの2から4倍になることになる．しかも，これはわれわれが現在知っている種類だけに限っても，それだけ増えるということである．

3.10 偽菌類

ここまでの議論の中，菌界に所属する生物のことを度々**真菌類**（true fungi）と表現してきた．これは，菌類に見えるにもかかわらず菌類ではないことから，**偽菌類**（untrue fungi）と称されてしかるべき生物が存在することを示唆しているようであるが，まさしくその通りである．

水生菌類（water mould）
　水生菌類とは俗称であり，最も原始的な菌類および菌類様生物の両方が含まれている．

- **ツボカビ門**（Chytridiomycota）：真菌類（菌界）の祖先的グループに含まれる水生菌類である．すでに3.2節において紹介した．
- **卵菌門**（Oomycota）および**サカゲツボカビ門**（Hyphochytriomycota）：真菌類には含まれず，むしろ藻類の一部に近い．現在，**クロミスタ界**（Kingdom Chromista）に分類されている．

卵菌門には90属約600種が含まれ，以下の目に分類される．

- フシミズカビ目（Leptomitales）：代表属 *Apodachlyella* 属，*Ducellieria* 属，*Leptolegniella* 属，フシミズカビ（*Leptomitus*）属．
- ミゾキチオプシス目（Myzocytiopsidales）：代表属 *Crypticola* 属．
- フクロカビモドキ目（Olpidiopsidales）：代表属フクロカビモドキ *Olpidiopsis* 属．
- ツユカビ目（Peronosporales）：代表属シロサビキン（*Albugo*）属，ツユカビ（*Peronospora*）属，*Bremia* 属，*Plasmopara* 属．
- フハイカビ目（Pythiales）：代表属フハイカビ（*Pythium*）属，エキビョウキン（*Phytophthora*）属，*Pythiogeton* 属．
- オオギミズカビ目（Rhipidiales）：代表属オオギミズカビ *Rhipidium* 属．
- サリラゲニディウム目（Salilagenidiales）：代表属 *Haliphthoros* 属．
- ミズカビ目（Saprolegniales）：代表属 *Leptolegnia* 属，ワタカビ（*Achlya*）属，ミズカビ（*Saprolegnia*）属．
- ササラビョウキン目（Sclerosporales）：代表属ササラビョウキン（*Sclerospora*）属，*Verrucalvus* 属．
- サカゲフクロカビ目（Anisolpidiales）：代表属サカゲフクロカビ *Anisolpidium* 属．
- ラゲニスマ目（Lagenismatales）：代表属 *Lagenisma* 属．
- ロゼロプシス目（Rozellopsidales）：代表属 *Pseudosphaerita* 属，*Rozellopsis* 属．
- ハプトグロッサ目（Haptoglossales）：代表属 *Haptoglossa* 属，*Lagena* 属，*Electrogella* 属，*Eurychasma* 属，*Pontisma* 属，*Sirolpidium* 属．

卵菌門に属する生物は，1本のむち型鞭毛と1本の羽型鞭毛をもつ**二鞭毛性の遊走子**（biflagellate zoospore）を形成する（Carlile *et al.*, 2001の第2章参照）（表3.1）．ミズカビ属，ワ

表 3.1 卵菌類と真菌類の違い

特徴	クロミスタ界卵菌門	菌界に含まれる真菌
鞭毛（所持する場合）	前方に羽型鞭毛，後方にむち型鞭毛の2鞭毛をもつ	1本または多数の後方むち型鞭毛をもつ
細胞壁を構成するミクロフィブリル	セルロース（cellulose，藻類や植物の細胞壁と同様）	キチン（chitin）またはキトサン（chitosan）
細胞壁に特徴的なアミノ酸	ヒドロキシプロリン（hydroxyproline）	プロリン（proline）
細胞膜内のステロール	コレステロール（cholesterol），デモステロール（demosterol）	エルゴステロール（ergosterol）
生活環のほとんどで見られる倍数性	複相	単相または重相，まれに複相
ミトコンドリアのクリステ	管状	板状（多くの動物と同様）
ゴルジ体	ゴルジ槽（シスターネ）は層状で植物や藻類と類似	ゴルジ槽は単層
リシン生合成中間物	α-ε-ジアミノピメリン酸（α-ε-diaminopimelic acid; DAP）（藻類や植物と同様）	α-アミノアジピン酸（α-aminoadipic acid; AAA）（ミドリムシ様の原生生物と同様）
NAD関連イソクエン酸脱水素酵素	もたない	もつ
18S rRNA配列 V9領域 ヘリックス47最基部における塩基対	AU	UA

タカビ属，エキビョウキン属，フハイカビ属などが主要例である．

　少なくとも，菌類と比べた進化上の位置という観点からすると，卵菌門は原始的な生物といえよう．しかしこれらは，環境条件に対して高度に適応した生活を送っている．このことは，卵菌門における**遊走子**（zoospore）の行動を見るとよくわかる．

- ジャガイモ疫病菌（*Phytophthora infestans*）の遊走子嚢の運命は，温度によって左右される．15℃以下では遊走子嚢は遊走子を形成するが，20℃以上になると発芽管を形成する．したがって，低温時には土壌水中を遊走子の形で泳いで新たな宿主を探し，日の照る高温時には遊走子嚢は発芽管を形成して宿主植物に感染する．
- 遊走子嚢から放出されたのち，遊走子は通常何時間も遊泳を続ける．エキビョウキン属の1種 *Phytophthora megasperma* の遊走子は，15℃の温度条件下において88 μms^{-1}の速度で遊走する．したがって，これらは1 mmの距離をたった11秒で移動することが可能である．
- 遊走子は固形物上ではアメーバ状の動きをして，低速度で宿主を窺うこともできる．
- 遊走子は戦術的な動きをする．走性とは，刺激の方向，もしくはその逆方向に向かう動きをさす（屈性とは，刺激に向かう，あるいは逆方向の成長をさす）．
- *Phytophthora palmivora* の遊走子は，負の走地性を示す（遊走子は上方に向かって遊走する．上方とは，好適な，宿主の新葉や新芽が存在する方向を意味する）．
- フハイカビ属の1種 *Pythium aphanidermatum* の遊走子は，植物根に対して正の走化性を有する．

　卵菌類の**菌糸**（hypha）も屈化性を示す（真菌類の菌糸は他の屈性，特に重力屈性を示すものは見られるものの，屈化性は示さない）．

　ミズカビ属も偽菌類の重要な属の1つである．ミズカビ属の種は淡水魚や魚卵に寄生し，魚養殖業に経済的な損失を及ぼすことがある．繁殖はおもに無性的に行われるが，生活環内には有性相も含まれる（図3.23）．

　菌糸の分岐枝に隔壁が生じて，長細い遊走子嚢が分化する．遊走子嚢から放出された二鞭毛性遊走子は，しばらく遊走したのち被嚢する．被嚢された遊走子からは二次遊走子が生じ，被嚢後発芽して新たな菌糸を形成する．

　同一の複相菌糸上に，互いに和合性の**造卵器**（oogonium，複数は-ia）と**造精器**（antheridium，複数は-ia）が形成され，有性生殖が行われる．減数分裂はこれら配偶子嚢内で起こる．交配に際しては，造精器が造卵器に向けて伸長して受精管とよばれる管状突起を形成，造卵器に貫入する．雄性の核は受精管を通り，造卵器内の雌性核と融合する（核融合）．核融合後，卵胞子とよばれる厚壁の接合子を生じる．卵胞子からは菌糸が発芽し，さらに遊走子嚢を形成する．

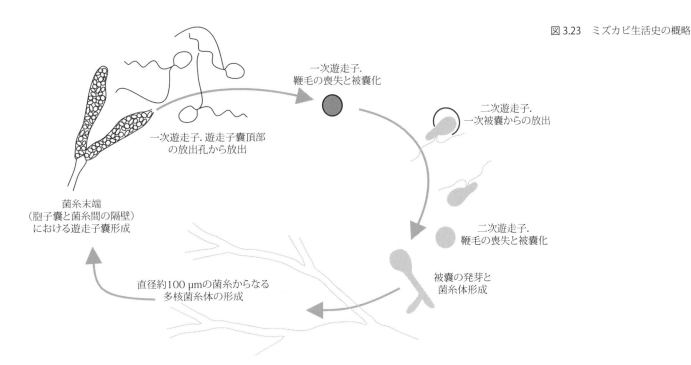

図 3.23 ミズカビ生活史の概略

ワタカビ属のフェロモン（pheromone）

- ワタカビ属の1種 Achlya bisexualis はヘテロタリックな種である．（動物と同様に，）ワタカビ属の有性生殖を制御するホルモンには，ステロールが含まれる．
- 雌性菌糸体はアンセリジオール（antheridiol）を産生し，雄性菌糸に作用して造精器枝の形成を促す．
- 造精器形成菌糸はアンセリジオールによって雌性菌糸体の方向に誘因される（屈化性）．
- 雄性菌糸体は（別のステロールである）オーゴニオール（oogoniol）というホルモンを産生し，雌性菌糸の造卵器形成を促す．
- 造精器は造卵器周辺で成長，受精管を形成（細胞質融合）後に核融合して，結果として卵胞子を形成する．このように，原始的と見なされるこれらの生物においても，細胞を標的としたステロールホルモン機構が備えられている．

他のクロミスタ界生物

- サカゲツボカビ門（Hyphochytriomycota）：小型の菌体を形成する微生物．しばしば分岐した仮根を有し，淡水や土壌中の藻類または菌類に寄生または腐生する．最終的には菌体全体が生殖器官になる．6属23種のみがサカゲツボカビ目1目に置かれる［代表属：サカゲツボカビ（Hyphochytrium）属，サカゲカビ（Rhizidomyces）属］．

- ラビリンチュラ菌門（Labyrinthulomycota）：摂食期は網状の外質ネットからなり，その中を紡錘形もしくは球形の細胞が滑るように移動する．海水もしくは淡水中において，藻類や他のクロミスタ類に付着する．ラビリンチュラ目［Labyrinthulales, ラビリンチュラ（Labyrinthula）属など］およびヤブレツボカビ目［Thraustochytriales, ヤブレツボカビ（Thraustochytrium）属など］の2目に10属約45種が知られる．

粘菌類（slime mould）

　粘菌類として知られる生物は，現在はすべて原生生物界（Kingdom Protozoa）に分類されている．これらは菌糸を形成せず，また一般に細胞壁を欠き，食作用により食物粒子を摂食する．粘菌類は通常の菌類の定義には合致しないが，菌類が形成するものと類似した子実体を形成する．このことから「菌」という名前でよばれるとともに，菌学者の研究対象となり，また菌学教科書の多くに含まれてきた．粘菌類は，原生生物界の3門に分類されている．

- ネコブカビ門（Plasmodiophoromycota）に属する生物は，淡水あるいは土中の植物，藻類，菌類の細胞内に，絶対共生もしくは絶対寄生する．これらの本体は，多核で細胞壁をもたない変形体である．ネコブカビ1目に約15属50種が含ま

れる．代表属として，ネコブカビ（*Plasmodiophora*）属，*Polymyxa* 属，*Spongospora* 属がある．ネコブカビ属および *Spongospora* は深刻な植物病害を起こす．

- 変形菌門（Myxomycota）に属する生物は自由生活性で，単細胞もしくは変形体アメーバ状のいわゆる粘菌類である．7 目 80 属に計約 900 種が含まれる．タマホコリカビ目［Dictyosteliales；タマホコリカビ（*Dictyostelium*）属など］，モジホコリ目［Physarales；カタホコリ（*Didymium*）属，モジホコリ（*Physarum*）属，ススホコリ（*Fuligo*）属など］，ムラサキホコリ目［Stemonitales；ムラサキホコリ（*Stemonitis*）属など］．

- アクラシス菌門（Acrasiomycota）に属する生物は一般に腐生で[訳注15]，アメーバ状の粘菌類である．さまざまな腐朽植物体上に発生する．アクラシス目（Acrasiales）1 目 6 属に計 12 種が知られる［アクラシス（*Acrasis*）属，*Copromyxa* 属など］．

最後に，以前はトリコミケス類の菌類として誤って分類されていた 2 グループの生物群が，現在は襟鞭毛動物門（Phyllum Choanozoa；原生生物界）に含められている．これらは現在，メソミセトゾア綱（Mesomycetozoea）のアメビディウム目（Amoebidiales）およびエクリナ目（Eccrinales）に分類されている．これらに属する生物は，節足動物，昆虫，ヤスデ，甲殻類と非常に密接な関係をもっており，菌体は多核で付着器により宿主に固着する．

3.11　生態系菌学

これまで菌界に属する生物に関して長く議論して来たが，最後に自然環境下や群集内において菌類が見せる重要な様相について，簡単に紹介したい．なお，これらについては後章で詳細に解説する．

ツボカビ類は真菌類の中で唯一水生（aquatic）であり，また活発に動く胞子を形成する菌群である．他の菌類は基本的に陸生である．実際，菌類は最も早く陸に上った生物群であり，現在あらゆる陸上環境において菌類が認められ，しばしばそこで他の生物に寄生もしくは共生している．しかし，「ツボカビ類は唯一の水生真菌」という表現は，他の菌類が水中環境に生息しない，ということを意味するわけではない．むしろ逆で，多くの菌類は淡水生息性（さらに，その胞子は受動的な浮遊生活に適応している），もしくは海中環境，特にマングローブ林に適応している（これらの胞子は，しばしば水中でも機能する極端に強い粘着物質を生産する）．しかし実際のところ，現在知られる菌のうち水中環境から知られる種は 1% にも満たない（Carlile *et al.*, 2001 の pp.346-351；Landy & Jones, 2006 参照）．

菌界に含まれる生物に固有の特徴として，基物の細胞外消化（external digestion）による養分吸収があげられる．木材（その実体は，植物の二次的細胞壁である）は地球上で最も広く見られる基物である．木材はリグニン，ヘミセルロースおよびセルロースが結合したリグノセルロース（lignocellulose）からできている．地球上の陸上に存在する生物体量の約 95% はリグノセルロースである．リグニン（lignin）分解能は菌類，特に担子菌門に特徴的であるが，子嚢菌門の一部もリグニン分解能を有する（10.7 節参照）．

木材腐朽菌には，白色腐朽（white rot）を起こす種と褐色腐朽（brown rot）を起こす種がある．白色腐朽では，腐朽菌が（暗色の）リグニン中のフェノール化合物を分解するため，腐朽材が顕著に淡色化する．白色腐朽は広葉樹に多く，ヘミセルロース，セルロースおよびリグニンがおおむね同時に分解される．カワラタケ（*Trametes versicolor*），*Phanerochaete chrysosporium* や子嚢菌のマメザヤタケ（*Xylaria polymorpha*）などが白色腐朽菌の例である．

褐色腐朽菌によって分解された材は暗褐色になる．褐色腐朽菌はリグニンを（ほとんど）分解しないため，ヘミセルロースおよびセルロースが選択的に失われる．褐色腐朽は針葉樹に顕著である．褐色腐朽菌の例として，カンバタケ（*Piptoporus betulinus*），ナミダタケ（*Serpula lacrymans*）やイドタケ（*Coniophora puteana*）などがあげられる．

菌根（mycorrhiza）は菌と植物根の共生体であり，陸上環境進出の非常に早い段階に発達したものである．菌根の出現は，4 億 5 千万年以上前に遡ることができる．6,000 種以上の菌類が菌根を形成することが可能であり，今日知られる維管束植物のうち少なくとも 95% は根に菌根を形成する．菌根にはさまざまなタイプが存在する（16.8 節から 16.17 節参照）．

- 内生菌根（endomycorrhiza）．内生菌根においては，菌組織のほとんどは完全に宿主根の内部に存在し，宿主根は外見上変化が認められない．アーバスキュラー菌根（AM）はあら

訳注 15：アクラシス菌門の生物は一般に，バクテリアや菌類を捕食する捕食者と考えられている．

ゆる菌根の中で最も頻繁に見られ，多くの栽培植物を含む全植物のうち約80％の根に認められている．アーバスキュラー菌根の起源は非常に古い．アーバスキュラー菌根を形成する菌類は，グロムス属菌などグロムス菌門に属する菌である．これらの菌によって植物のリン吸収能が向上し，これによって植物の成長が促されるが，菌を介して植物間で養分が移送されることもある．

- エリコイド型内生菌根（ericoid endomycorrhiza）．ヒース（Erica），ギョリュウモドキ（Calluna）やビルベリー（Vaccinium）など，高地湿原や低地ヒース林構成植物も菌根を形成する．これらの菌根を形成する菌は，ニセビョウタケ属の1種 Hymenoscyphus ericae などの子嚢菌門に属する菌である．これらの菌根により，宿主植物の窒素やリンの吸収能が高まる．吸収される窒素は，土壌中のポリペプチドを菌が分解したものに由来する．極端に厳しい環境下［たとえば冬期のペナイン山脈（Pennines）など］では，菌根が炭素養分まで宿主に対して供給することもある（これらは，やはりポリペプチド分解物に由来する）．しかし通常は，光合成によって宿主が生産した炭水化物を，菌が受け取る．

- ラン型菌根（orchidaceous endomycorrhiza）．エリコイド型内生菌根に類似するが，炭素養分を宿主に対して供給する傾向がより強い．ラン（ラン科植物）は顕花植物中最大かつ最も多様なグループであり，800以上の属に25,000〜30,000種（加えて，19世紀に熱帯産種が導入されて以降，園芸家によって育種された100,000以上の交配種や栽培品種）が記載されている．花粉送粉者との関係が密接であることや，ラン型菌根菌と共生関係をもつことから，ランはイネ科植物と並んで，顕花植物の中で最も進化したグループと考えられている．ラン科植物の内生菌根菌は，土壌中の有機物複合体を炭素源として用いており，その分解産物がランによって利用される．ランは実生時には養分を完全に菌類に依存しており，結果として菌に寄生しているとみなすことができる．ラン科植物菌根菌の一例として，Rhizoctonia 属（無性世代の担子菌の1属で，ラン科以外の広範囲の作物に対して病原性を示す）をあげることができる．

- 外生菌根（ectomycorrhiza）．高等植物と菌類の間で見られる最も進歩した共生関係が外生菌根である．その根系は厚さ数mmに及ぶ菌鞘によって完全に覆われ，そこから菌糸が根の最外層細胞間に貫入，また同時に菌糸体（菌糸，菌糸束や根状菌糸束）のネットワークが土壌中に広がる．（温帯および熱帯の）森林生息性樹木の多くを含む種子植物の約3％が，外生菌根を形成する．外生菌根を形成する菌のほとんどは担子菌門に属するが，一部には子嚢菌もある．テングタケ属菌（Amanita spp.），ヤマドリタケ属菌（Boletus spp.），キシメジ属菌（Tricholoma spp.）など，森林生息性のきのこには外生菌根を形成する種が多い．カラマツと共生するハナイグチ（Boletus elegans，[訳注16]のように宿主特異性の高い種と，20以上の樹木と共生するベニテングタケ（Amanita muscaria）のように特異性の低い種がある．別の「特異性の方向」として，「40種の菌がマツと外生菌根を形成することができる」という言い方もできる．外生菌根菌は炭素源のほとんどを宿主に依存している．しかし，腐生的にセルロースやリグニンを利用することができる種も，少数ながら存在する．外生菌根菌は植物による無機イオン，特にリン酸イオンやアンモニウムイオンの吸収を促す．菌類は，窒素（ポリペプチド）やリン酸塩（核酸）を含む土壌中の有機物を効率的に利用するが，宿主植物は自らこれらを利用することができない．ほとんどの植物，特にマツ類は，外生菌根菌なしではまったく，あるいは僅かしか成長できない．

地衣類

地衣類は一般に1種類の菌と1種類の緑藻の共生体である．一方，地衣形成菌は自然界において独立して生存することも可能である（13.18節）．地衣の種によっては，シアノバクテリアと緑藻類を同時に含むものもある（したがって，三者共生ということになる）．約13,500種の菌類が地衣を形成しており，これはあらゆる菌類のおおよそ20％を占めている．これらのほとんどは子嚢菌門に属するが，一部は担子菌門に属する．地衣類は極限環境に強い耐性を有しており，岩の表面，樹木樹皮，屋根瓦などの初期コロナイザーであるとともに，地上環境への初期コロナイザーであった（三畳紀の化石としても残されている）．

エンドファイト（内生菌）

病原菌や菌根菌以外にも，一部の，あるいは多くの植物内には，自身の成長に影響しうる菌が生息している．これらの菌類は，植物内に生息していることから（13.19節参照），「エンドファイト」（内部を意味する「endo」と植物を意味する

訳注16：= Suillus grevillei.

「phyte」の合成語）とよばれている．エンドファイトは少なくとも宿主植物に対して無害であり，むしろ有益であることもある．これまでさまざまな植物について研究が行われ，水生植物や紅藻類，褐藻類を含むほとんどの植物からエンドファイトが見つかっている．実際，「確かなことは，エンドファイトはあらゆる健全な植物組織に存在するということだ」（Sieber, 2007）といわれている．

　自然環境下に生息する植物からは，多様な菌類が分離されており，これらは菌類のあらゆる分類群を網羅している．エンドファイトは植物のあらゆる部位に存在しうるが，特に葉部において顕著であり，葉には形成後数週間以内にさまざまな菌がコロナイズする．胞子形成組織が植物体表面に形成されることがあるものの，それ以外の間，エンドファイトは植物組織内にとどまる．ほとんどのエンドファイトは水平感染する．いい換えれば，各宿主植物は環境中から飛来した菌の繁殖体から，菌のコロナイズを受ける．その感染源が特定されたケースは数例しかない．これまで，エンドファイトの繁殖体は宿主植物を食害する昆虫体内から検出されており，また少なくとも2種の昆虫病原菌がエンドファイトであると同定されている．こうしたことから，昆虫がエンドファイトを植物から植物へと感染させることがあると考えられる．

　牧草に完全に内生する菌の中に，牧草が家畜に対して有毒になる原因となるものがあることが明らかになった．このことから，エンドファイトが研究対象として注目を集めるようになった．これまでに多くのエンドファイトが存在することが明らかになっている．しかし，エンドファイトの宿主に対する機能的関係は，必ずしも解明されていない．エンドファイトの中には，単なる便乗者であり，湿度があり目立たない他の場所で生息するのとまったく同じように，たまたま植物内部の空隙に生活することとなったというものもあり得る．しかし，ナラ類の葉に生息するエンドファイトには，昆虫が葉を摂食することで活性化するまで休眠し続けるものもある．このような秘められたストーリーも存在している．このエンドファイトは，葉が昆虫に摂食されるとそれに反応して植物病原菌となり，摂食を受けた箇所周辺の葉を枯損させる．これにより，エサとなる生葉組織がなくなるため，昆虫は死亡する．葉を食害する昆虫が死亡すると，このエンドファイトはまた無害になり，ナラの葉は無事光合成を始めることができるのである．

エピファイト（着生菌）

　植物体の表面で生育する菌類を着生菌という（13.20節参照）．一部の菌は植物体の表面という環境に特に適応している．植物体表面は乾燥し，ワックスに覆われ，また直射日光にさらされるという挑戦的な環境である．したがって，着生菌はしばしば紫外線照射から防御するために有色（特に，メラニン化して）になり，また脂質を分解して葉の表皮を覆うワックス層を利用できる種もある．酵母体の菌類は一般に生活サイクルが短い．このことから着生酵母はたとえ生育に適した環境が短時間しか続かないとしても，そこで繁殖することが可能である．

3.12　文献と，さらに勉強をしたい方のために

Aime, M. C., Matheny, P. B., Henk, D. A., Frieders, E. M., Nilsson, R. H., Piepenbring, M., McLaughlin, D. J., Szabo, L. J., Begerow, D., Sampaio, J. P., Bauer, R., Weiss, M., Oberwinkler, F. & Hibbett, D. (2006). An overview of the higher level classification of Pucciniomycotina based on combined analyses of nuclear large and small subunit rDNA sequences. *Mycologia*, **98**: 896–905. DOI: http://dx.doi.org/10.3852/mycologia.98.6.896.

Begerow, D., Stoll, M. & Bauer, R. (2006). A phylogenetic hypothesis of Ustilaginomycotina based on multiple gene analyses and morphological data. *Mycologia*, **98**: 906–916. DOI: http://dx.doi.org/10.3852/mycologia.98.6.906.

Binder, M. & Hibbett, D. S. (2006). Molecular systematics and biological diversification of Boletales. *Mycologia*, **98**: 971–981. DOI: http://dx.doi.org/10.3852/mycologia.98.6.971.

Blackwell, M., Hibbett, D. S., Taylor, J. W. & Spatafora, J. W. (2006). Research Coordination Networks: a phylogeny for kingdom Fungi (Deep Hypha). *Mycologia*, **98**: 829–837. DOI: http://dx.doi.org/10.3852/mycologia.98.6.829.

Bracker, C. E. (1968). The ultrastructure and development of sporangia in *Gilbertella persicaria*. *Mycologia*, **60**: 1016–1067. DOI: http://dx.doi.org/http://dx.doi.org/10.2307/3757290.

Carlile, M. J., Watkinson, S. C. & Gooday, G. W. (2001). *The Fungi*, 2nd edn. London: Academic Press. ISBN 0127384464.

Gleason, F. H., Kagami, M., LeFevre, E. & Sime-Ngando, T. (2008). The ecology of chytrids in aquatic ecosystems: roles in food web dynamics. *Fungal Biology Reviews*, **22**: 17–25. DOI: http://dx.doi.org/10.1016/j.fbr.2008.02.001.

Hawksworth, D. L. (2001). The magnitude of fungal diversity: the 1.5 million species estimate revisited. *Mycological Research*, **105**: 1422-1432. DOI: http://dx.doi.org/10.1017/S0953756201004725.

Hibbett, D. S. (2006). A phylogenetic overview of the Agaricomycotina. *Mycologia*, **98**: 917-925. DOI: http://dx.doi.org/10.3852/mycologia.98.6.917.

Hibbett, D. S., Binder, M., Bischoff, J. F., Blackwell, M., Cannon, P. F. and 62 others (2007). A higher-level phylogenetic classification of the Fungi. *Mycological Research*, **111**: 509-547. DOI: http://dx.doi.org/10.1016/j.mycres.2007.03.004.

Hosaka, K., Bates, S. T., Beever, R. E., Castellano, M. A., Colgan, W. III, Dominguez, L. S., Nouhra, E. R., Geml, J., Giachini, A. J., Kenney, S. R., Simpson, N. B., Spatafora, J. W. & Trappe, J. M. (2006). Molecular phylogenetics of the gomphoid-phalloid fungi with an establishment of the new subclass Phallomycetidae and two new orders. *Mycologia*, **98**: 949-959. DOI: http://dx.doi.org/10.3852/mycologia.98.6.949.

James, T. Y., Letcher, P. M., Longcore, J. E., Mozley-Standridge, S. E., Porter, D., Powell, M. J., Griffith, G. W. & Vilgalys, R. (2006). A molecular phylogeny of the flagellated fungi (Chytridiomycota) and description of a new phylum (Blastocladiomycota). *Mycologia*, **98**: 860-871. DOI: http://dx.doi.org/10.3852/mycologia.98.6.860.

Kavanagh, K. (2005). *Fungi: Biology and Applications*. Chichester, UK: Wiley. ISBN-10: 0470867019, ISBN-13: 978-0470867013.

Kendrick, B. (2000). *The Fifth Kingdom*, 3rd edn. Newburyport, MA: Focus Publishing/R. Pullins Co. ISBN-10: 1585100226, ISBN-13: 978-1585100224.

Landy, E. T. & Jones, G. M. (2006). What is the fungal diversity of marine ecosystems in Europe? *Mycologist*, **20**: 15-21. DOI: http://dx.doi.org/10.1016/j.mycol.2005.11.010.

Larsson, K.-H., Parmasto, E., Fischer, M., Langer, E., Nakasone, K. K. & Redhead, S. A. (2006). Hymenochaetales: a molecular phylogeny for the hymenochaetoid clade. *Mycologia*, **98**: 926-936. DOI: http://dx.doi.org/10.3852/mycologia.98.6.926.

Lessie, P. E. & Lovett, J. S. (1968). Ultrastructural changes during sporangium formation and zoospore differentiation in *Blastocladiella emersonii*. *American Journal of Botany*, **55**: 220-236. Stable URL: http://www.jstor.org/stable/2440456.

Matheny, P. B., Curtis, J. M., Hofstetter, V., Aime, M. C., Moncalvo, J.-M., Ge, Z.-W., Yang, Z.-L., Slot, J. C., Ammirati, J. F., Baroni, T. J., Bougher, N. L., Hughes, K. W., Lodge, D. J., Kerrigan, R. W., Seidl, M. T., Aanen, D. K., DeNitis, M., Daniele, G. M., Desjardin, D. E., Kropp, B. R., Norvell, L. L., Parker, A., Vellinga, E. C., Vilgalys, R. & Hibbett, D. S. (2006). Major clades of Agaricales: a multilocus phylogenetic overview. *Mycologia*, **98**: 982-995. DOI: http://dx.doi.org/10.3852/mycologia.98.6.982.

Mayden, R. L. (1997). A hierarchy of species concepts: the denouement in the saga of the species problem. In: *Species: The Units of Biodiversity* (eds. M. F. Claridge, H. A. Dawah & M. R. Wilson), pp. 381-424. London: Chapman & Hall. ISBN-10: 0412631202, ISBN-13: 978-0412631207.

Miller, S. L., Larsson, E., Larsson, K.-H., Verbeken, A. & Nuytinck, J. (2006). Perspectives in the new Russulales. *Mycologia*, **98**: 960-970. DOI: http://dx.doi.org/10.3852/mycologia.98.6.960.

Moncalvo, J.-M., Nilsson, R. H., Koster, B., Dunham, S. M., Bernauer, T., Matheny, P. B., Porter, T. M., Margaritescu, S., Weiss, M., Garnica, S., Danell, E., Langer, G., Langer, E., Larsson, E., Larsson, K.-H. & Vilgalys, R. (2006). The cantharelloid clade: dealing with incongruent gene trees and phylogenetic reconstruction methods. *Mycologia*, **98**: 937-948. DOI: http://dx.doi.org/10.3852/mycologia.98.6.937.

Moore, D. (1998). Chapter 3: *Metabolism and biochemistry of hyphal systems*. In: *Fungal Morphogenesis* (ed. D. Moore). New York: Cambridge University Press. ISBN-10: 0521552958, ISBN-13: 978-0521552950. DOI: http://dx.doi.org/10.1017/CBO9780511529887.

Moore, D. (2000). Chapter 3 Decay and degradation. In: *Slayers, Saviors, Servants and Sex: An Exposé of Kingdom Fungi*. New York: Springer-Verlag. ISBN-10: 0387951016, ISBN-13: 978-0387951010.

Moore, D. & Novak Frazer, L. (2002). *Essential Fungal Genetics*. New York: Springer-Verlag. ISBN-10: 0387953671, ISBN-13: 978-0387953670. URL: http://www.springerlink.com/content/978-0-387-95367-0.

Pommerville, J. C., Strickland, J. B. & Harding, K. E. (1990). Pheromone interactions and ionic communication in gametes of aquatic fungus *Allomyces macrogynus*. *Journal of Chemical Ecology*, **16**: 121-131. DOI: http://dx.doi.org/10.1007/BF01021274.

Redecker, D. & Raab, P. (2006). Phylogeny of the Glomeromycota (arbuscular mycorrhizal fungi): recent developments and new gene markers. *Mycologia*, **98**: 885-895. DOI: http://dx.doi.org/10.3852/mycologia.98.6.885.

Reeves, F. Jr. (1967). The fine structure of ascospore formation in *Pyronema domesticum*. *Mycologia*, **59**: 1018-1033. DOI: http://dx.doi.org/10.2307/3757272.

Sexton, A. C. & Howlett, B. J. (2006). Parallels in fungal pathogenesis on plant and animal hosts. *Eukaryotic Cell*, **5**: 1941-1949. DOI: http://dx.doi.org/10.1128/EC.00277-06.

Sieber, T. N. (2007). Endophytic fungi in forest trees: are they mutualists? *Fungal Biology Reviews*, **21**: 75-89. DOI: http://dx.doi.org/10.1016/j.fbr.2007.05.004.

Spatafora, J. W., Sung, G.-H., Johnson, D., Hesse, C., O'Rourke, B., Serdani, M., Spotts, R., Lutzoni, F., Hofstetter, V., Miadlikowska, J., Reeb, V., Gueidan, C., Fraker, E., Lumbsch, T., Lucking, R., Schmitt, I., Hosaka, K., Aptroot, A., Roux, C., Miller, A. N., Geiser, D. M., Hafellner, J.,

Hestmark, G., Arnold, A. E., Budel, B., Rauhut, A., Hewitt, D., Untereiner, W. A., Cole, M. S., Scheidegger, C., Schultz, M., Sipman, H. & Schoch, C. L. (2006). A five-gene phylogeny of Pezizomycotina. *Mycologia*, **98**: 1018–1028. DOI: http://dx.doi.org/10.3852/mycologia.98.6.1018.

Sugiyama, J., Hosaka, K. & Suh, S.-O. (2006). Early diverging Ascomycota: phylogenetic divergence and related evolutionary enigmas. *Mycologia*, **98**: 996–1005. DOI: http://dx.doi.org/10.3852/mycologia.98.6.996.

Suh, S.-O., Blackwell, M., Kurtzman, C. P. & Lachance, M.-A. (2006). Phylogenetics of Saccharomycetales, the ascomycete yeasts. *Mycologia*, **98**: 1006–1017. DOI: http://dx.doi.org/10.3852/mycologia.98.6.1006.

Tehler, A., Little, D. P. & Farris, J. S. (2003). The full-length phylogenetic tree from 1551 ribosomal sequences of chitinous fungi, Fungi. *Mycological Research*, **107**: 901–916. DOI: http://dx.doi.org/10.1017/S0953756203008128.

Trinci, A. P. J., Davies, D. R., Gull, K., Lawrence, M. I., Bonde Nielsen, B., Rickers, A. & Theodorou, M. K. (1994). Anaerobic fungi in herbivorous animals. *Mycological Research*, **98**: 129–152. DOI: http://dx.doi.org/10.1016/S0953-7562(09)80178-0.

van der Giezen, M. (2002). Strange fungi with even stranger insides. *Mycologist*, **16**: 129–131. DOI: http://dx.doi.org/10.1017/s0269915x02003051.

Webster, J. & Weber, R. (2007). *Introduction to Fungi*, 3rd edn. Cambridge, UK: Cambridge University Press. ISBN-10: 0521014832, ISBN-13: 9780521014830.

White, M. M., James, T. Y., O'Donnell, K., Cafaro, M. J., Tanabe, Y. & Sugiyama, J. (2006). Phylogeny of the Zygomycota based on nuclear ribosomal sequence data. *Mycologia*, **98**: 872–884. DOI: http://dx.doi.org/10.3852/mycologia.98.6.872.

Part 2
Fungal cell biology

第2部
菌類の
細胞生物学

Section 04
Hyphal cell biology and growth on solid substrates

第4章
菌糸の細胞生物学と固体基質上での成長

　菌界に含むべき生物を定義するうえで真菌類の栄養獲得様式は重要である．しかし，真菌類の大部分のものと他の主要な生物界の大多数のものとを区別する細胞生物学の基本的な側面は，管状の菌糸における**先端伸長**（apical extension）である．通常，菌糸どうしは，互いに離れるように成長し，コロニーの外周が外側に向かって成長するような特性をもっている．菌糸の伸長は，先端部分に限られており，この成長様式が，真菌類の栄養菌糸体を探索的かつ侵襲的な生物に成らしめている．そして，**この探索と侵襲こそが，真菌類の基本的な生活様式である**．この生き方は，新たな栄養基質を素早く見つけて定着する手段を糸状菌に与えるものであり，それゆえ，糸状菌は彼らの生存環境で優占することが可能である．この成長に関する性質がきわめて成功的なものであることは，真菌類が並外れた種の多様性をもち実質的上地球のあらゆる環境に分布していること，他の重要な土壌微生物，原核生物の放線菌や，クロミスタ界の卵菌類（たとえば，*Saprolegnia* や *Achlya*）においても成長戦略の平行進化が認められることからも判断できよう．

　本章では，菌糸の成長様式を詳しく議論し，胞子発芽の際，菌糸がどのように現れるか，コロニー形成に菌糸がどのように寄与するのかについて説明する．菌糸体成長の動力学は，真菌類の本質を理解するうえでのキーとなるトピックである；ここでは，生きた菌を用いた実験からどのように知識が組み立てられてきたのかを示す．真菌類のコロニーがどのように成熟し，形態分化を引き起こすのか考えてみる．細胞あるいは菌糸のレベルで，糸状菌における「複製周期」の意味や，それがいかに核の移動制御に依存しているか，さらには菌糸成長の速度論に寄与しているのかを調べる．次に，菌糸のコミュニティに着目し，菌糸の自律屈性について説明し，菌糸の分枝と隔壁形成について考える．最後に，固体基質にコロニーが定着する上での菌糸体成長の生態学的利点を議論することでまとめとしたい．

4.1　菌糸体：菌糸の成長様式

　菌界の生物群は糸状の成長で大きな成功を収めているが，成長の戦略として菌糸体を用いているのは何も真菌類だけではない．糸状の伸長を速い速度で行うすべての生物の成長は，最も重要な細胞膜や細胞壁の前駆物質などバイオマスが先端部後方の長い糸状体から生みだされることにより成り立っている．このバイオマスは先端に送られ，伸長に利用される．菌糸体の他の部分が餌を集めて，栄養を供給する限り，先端伸長は続く．卵菌類と放線菌においても，収斂進化の結果，同様の戦略が認められる．しかし，これら生物群ではその機構がかなり異なっている．したがって，（初期の生物学者がそうであったように）これらを互いに形態的に類似し系統的な類縁性をもつ生物群と誤解しないでほしい．顕花植物の花粉管伸長や動物のさまざまな組織（神経，血管，昆虫の呼吸系，肺や腎臓，腺の管）の発生過程においても，**先端伸長と分枝した糸状構造を伴う同様の方法**が見いだされるが，目的はそれぞれ異なっている（Davies, 2006）．実際，これらの系の基本的な動力学は類似しているものの，伸長率や分枝頻度，さらに屈性が，それぞれの特異的な生物学的機能に合うよう調整されている．

　菌界の生物群は次に示すような行動パターンを有している：急速に成長し，まばらに分枝する菌糸で生育場所を**探索し**（explore），一部の菌糸が栄養源を見い出したなら，伸長速度を低下させ，分枝の頻度を増やす．そして，菌糸体は，その基質を**捕えて利用し**（captures and exploits），新たな探索菌糸や胞子にその資源を送る．植物体上のごくわずかな栄養基質上に見い出される腐生栄養菌のコロニーのような顕微鏡的なレベルから，樹木病原菌や木材腐朽菌が林床で新たな宿主あるいは新しい伐採材を探索するようなランドスケープ的レベルに至るまで，この同一の行動パターンが見い出されている（Carlile, 1995; Lindahl & Olsson, 2004; Money, 2004; Watkinson et al., 2005）．

　続く次の数章で，この行動パターンを可能にする真菌類の細胞生物学について説明する．本章では，菌糸伸長の巨視的な面のみに着目し，菌糸体全体の観察から何が導かれ，確立されてきたかを中心に述べる．次に，真菌類の菌糸あるいは酵母の細胞を特徴付ける顕微鏡レベル，分子レベルの細胞生物学に話題を移す．さらには，個体間の遺伝的な交雑に至る異個体間の菌糸の相互作用や個体性を意味する「集団的側面」についても話を進める．

4.2　胞子発芽と休眠

　胞子は無性生殖あるいは有性生殖の双方で作られ，真菌類の最も重要な**分散単位**（units of dispersal）として機能している．好適な環境条件下の適当な基質の上に落ち着いた胞子は，通常，発芽して一本あるいはそれ以上の発芽管を形成して新たな菌糸体を作り出す．もし，胞子が，栄養の欠乏，低温，不適当なpH，あるいは阻害物質の存在（たとえば植物体表面）などの不適な環境条件に直面した場合，胞子は休眠状態を保ち発芽を遅延させる．このような環境下の胞子は，**外因性の休眠**（exogenously dormant）状態にあって，環境条件が好転して初めて発芽する．一部真菌類では，栄養が胞子を透過しない，あるいは内在性の発芽阻害物質を有するなどの要因のため，好適な条件下においても，胞子がすぐに発芽しない．この類いの胞子は**内因性の休眠**（endogenously dormant）状態にあるといえる．通常，この休眠は時間の経過，もしくは栄養の内部への浸透，あるいは内的な阻害物質の流出が起こるような胞子の生理的ショックによって打破される．古くからよく知られた例はアカパンカビ（Neurospora crassa）の子嚢胞子の休眠性である．この休眠は60℃ 30分の熱処理か0.12 mM フルフラール（$C_5H_4O_2$）への暴露により破られる．この生理性質は，アカパンカビが野火後の有機物残渣に現れる最初の真菌類の1つであるという，本菌生来の特性と関係している．炎による熱が，休眠胞子を活性化することは明白である．しかし，フルフラールはキシロースを酸性下で蒸留することにより生成するものであり，多くの植物のヘミセルロースにはキシランも含まれていることから，野火はフルフラールをも作り出しているものとも考えられる．

　発芽管（germ tube）の出現に先だって，真菌類の胞子は膨潤［**球状成長**（spherical growth）］する．膨潤の過程，胞子はおもに水の取り込みによって，直径が4倍にまで増大する．さらに，この過程，胞子の代謝活性はかなり高まり，タンパク質やDNA，RNAの生産がすべて急速に増大するする．その後，1つあるいは複数の発芽管（若い菌糸先端）が現れ，典型的な菌糸先端伸長を行い，胞子から遠ざかるように成長する（図4.1）．

4.3　真菌の生活様式：コロニー形成

　発芽後，発芽管の**伸長速度**（extension rate）は最大に向かっ

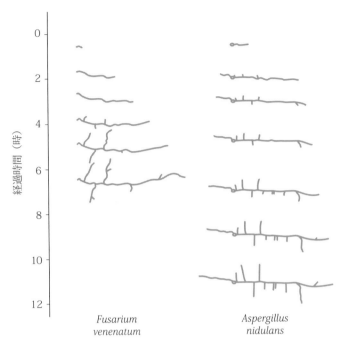

図4.1 寒天平板培地上，25℃，12時間生育させた *Fusarium venenatum* ならびに *Aspergillus nidulans* の若い発芽菌糸の経時的スケッチ．最初に形成される分枝菌糸はおもな発芽管の長軸方向に対して約90°の方向に分岐し，その結果，新たな菌糸先端はもとの菌糸から離れて新たな基質を探索できるようになる．

chrysogenum の先導菌糸伸長速度は，25℃ で毎時 75 μm であるのに対し，アカパンカビのそれは，37℃ で毎時 6000 μm にも達することがある．

伸長速度が最大になる前に，側方に分枝（lateral branch）が形成され，新たな菌糸を形成する．そして，この菌糸もその伸長速度が最大値に向かって加速する．また，胞子発芽体は成長し続け，その間，新たな分枝が指数関数的な割合で発生し，特徴的な菌糸体の形態を作り出す（図 4.2, 図 4.4～4.6）．

発達中の菌糸体の個々の菌糸（individual hyphae）は，最終的には一定の最大伸長速度（linear rate）に達するが，菌糸体全体の成長量は指数関数的である（後に，図示するとともに，どのようにして測定データから数学モデルを導出するかについても説明する）．初期生育期間においては，若い菌糸体の周囲に栄養が過剰に存在するため，菌糸体は何ら制約を受けておらず，また，分化も始まっていない．このような未分化な状態での生育では，平均的な菌糸伸長速度はその生物種における比成長速度（specific growth rate：単位時間当りのバイオマスにおける最大成長速度）と分枝の様式ならびに頻度に依存している．

老成した菌糸体では，コロニー中心部で菌糸融合（hyphal fusions）が，そしてコロニー周縁部では菌糸どうしの忌避反応（hyphal avoidance reactions）がはっきりと見い出せる（図 4.3）．図 4.2 と図 4.3 に示す線画は，菌糸体において菌糸の分布に影響を及ぼしている代表的な成長過程を表現したものであ

て順次増加し，一定の値に達する．菌糸伸長の最大速度は，菌種によって異なっており，また，温度，pH，利用可能な栄養などの環境条件によっても左右される．たとえば，*Penicillium*

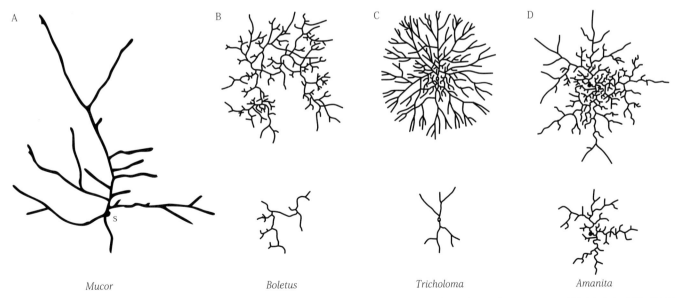

図4.2 これらの手描図は，固体基質上で効率的，効果的にコロニーを展開する若い菌糸体を描いたものである．B～Dの下段はきわめて若い胞子発芽体，上段はそれよりもやや成熟したコロニーを示す．A, *Mucor*（Sは発芽した胞子の位置を表している）；B, *Boletus*；C, *Tricholoma*；D, *Amanita*．A は Trinci（1974）から，B～D は Fries（1943）を改変．

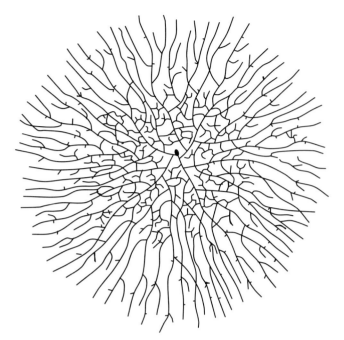

図4.3 成熟しつつある真菌コロニー．成長しつつある菌糸がどのように外側に向かって配向し伸長しているかに注意．一方，コロニー中心部の分枝や菌糸融合は菌糸体をネットワーク化し，利用可能な基質を効率よく活用できるになっている．本手描図は A. H. R. Buller による長編研究 *Researches on Fungi*（Buller, 1909〜1934）の第4巻（Buller, 1931）にある *Coprinus sterquilinus* のスケッチである．

り，それらは次のようなものである：

- 極性をもった菌糸成長（polarised hyphal growth）
- 分枝の頻度（branching frequency）
- 自律屈性（autotropism）（自己による忌避反応，既存の菌糸体から栄養菌糸を遠ざけるよう成長させる）

これら成長過程が**動的な関係**（dynamic relationships）にあると認識することが肝要である．これらの成長過程は，時間の経過や菌糸体の発達段階によって変化し，生物学的な機能も変化する；もちろん，コロニーにおけるバイオマスの分布は，菌糸の老化とともに変化する．菌糸体の一部は，栄養資源探索のための領域として分枝がまばらで素早く伸長するであろう．また，他のある部分は栄養資源の利用のため，高度に分枝し菌糸どうしが相互に連結したネットワークを形成する．あるいは，第三の部分では，屈性を反転させる．その結果，菌糸の先端は集合し子実果形成を協調的に行うようになる．

4.4 菌糸成長における動力学

前節の形態学的説明から導きだされる教訓は，全体の形態だけの説明からは誤解を大変招き易いということである．外側への伸長，規則的分枝，忌避反応に依存するシステムは，たとえ関係ないようなもの（たとえば，血管系と比較した真菌類の菌糸体）でも，同じに見えてしまう結果となりうる．これまでの説明から，真菌類においては，菌糸伸長速度，分枝の開始ならびに成長速度の間には密接な関係があることは明白である．糸状菌の成長を理解することは重要であり，そのためには，「成長」と「伸長」を区別することが必要不可欠である：

- 成長［growth（生合成，またはバイオマスの生産）］は菌糸の全体（throughout a hypha）で起こる．
- 伸長（extension）は菌糸先端（hyphal tip）のみで起こる．

したがって，菌糸先端においては，菌糸成長より菌糸伸長と表現するのが最もよい．

菌糸態の真核生物（菌界の生物群と一部の卵菌類）は，非常に速い速度で伸長する．なぜなら，これらの生物は，膜や細胞壁前駆体などのバイオマスを伸長中の菌糸先端にまで至る長い菌糸全体に渡って（アカパンカビでは，5〜6mm の長さに及ぶ）生産するという戦術をとっており，このバイオマスは菌糸先端部へ急速に輸送され，そこで膜と細胞壁前駆体が新しい原形質膜や新しい細胞壁に急速に変換されるからである．これら前駆体が伸長領域に付加して強固になる速度が，37℃の生育条件において毎分 100 μm 以上に達するアカパンカビの菌糸伸長を支えていることを考えると，この速度はまさに驚愕すべきものである．

真菌類の成長に関する動力学の基本は，直接的な実験から構築されている．Steele & Trinci（1975）による古典的な論文はアカパンカビの株について以下のことを示している．

- 伸長領域の長さと菌糸伸長速度との間には直接的な相関があった．
- 伸長領域の長さと菌糸の直径は温度の影響を受けなかった．
- 特定の温度での伸長領域の伸長時間（先端が，最小の直径から最大の直径に至るまでにかかる時間）は一定であった（60秒以内）．

これらの実験は，25°Cにおいてアカパンカビの菌糸先端部の細胞壁の**可塑的な伸長領域**（plastic extension zone）に細胞壁前駆体が付加され，**強固な菌糸壁**（rigidified hyphal wall）へと変換されるのはたった数秒で行われていることを示している．ただし，すべての菌種がこのような早い速度で細胞壁の硬化を行うわけではない；したがって，真菌類の菌糸伸長の最大速度には非常に幅がある．

成長速度は影響されず，伸長速度が減少するような条件では［たとえば，L-ソルボース（L-sorbose）やバリダマイシンA（validamycin A）のような阻害作用を示す代謝物アナログが培地に含まれている場合］，新たに合成されたバイオマスは分枝を増やすように振り分けられる必要がある．ここで重要なのは，成長速度［バイオマスの増加速度．厳密には**比成長速度**（specific growth rate）とよぶべき］と伸長速度（extension rate：コロニーの外周が培地を横切って伸びる速度）を区別しているということである．

仮に，菌糸体が多くのバイオマスを生産し，菌糸先端がその量に見合う伸長をなさない場合，バイオマスをどこかへ移動させなければならず，その結果，その場所でより多くの分枝が生じるのは明白である．資源を利用している菌糸体を説明する動力学方程式は，このように言葉によっても表現可能である（ちなみに，「子実体形成」の際，自律屈性が反転する．その結果，分枝で生じた菌糸は互いを忌避するように成長するのではなく，集合して塊をつくれるようになる）．

上記とは対照に，周縁部の急速に伸長する菌糸の場合，バイオマスの大部分は菌糸先端を伸長させるのに注ぎ込まれ，分枝はほとんど発生しない．菌糸体がより多くのバイオマスをつくり，そして分枝しない場合，菌糸体周縁の伸長速度は必然的に増加することはすぐに理解できるだろう．さしあたり，これらは視覚的な観察に基づく理論的解釈である．これまでに行ってきたことは，菌糸成長のモデルを言葉で作り上げてきたことである．これは多くのことを説明できるという点でとても強力であるものの，所詮は言葉でのモデルに過ぎない．では，どのようにしたら，これが真実であると証明できるのか？　統計的検定を可能とするためには，数量化が必要であり，その結果，言葉のモデルを数学的なモデルに変えることができる．

そのためには，菌糸体を培養して単に観察するかわりに，形成された菌糸の長さやその形成速度，分枝数を測る必要がある．それでは，阻害物質の蓄積を防ぐために十分の体積をもち，かつ，すべての栄養を過剰に与えられた培地上で，1つの

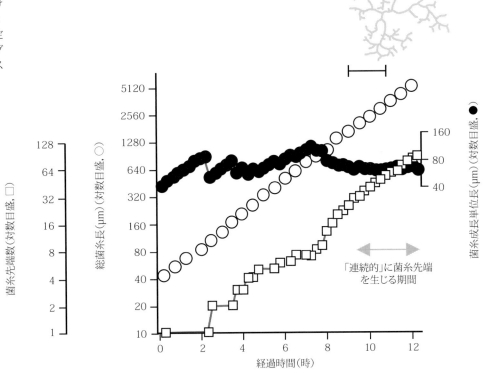

図4.4　25°C，固体培地上において菌糸体を拡げるアカパンカビ（*Neurospora crassa*）コロニアル突然変異株．白丸，発芽胞子における総菌糸長（μm）；白四角，菌糸先端数；黒丸，菌糸成長単位長（μm）．成長を測定した菌糸体の最終的な様相については，グラフ上部右にスケッチで図示してある（スケール：250 μm）．

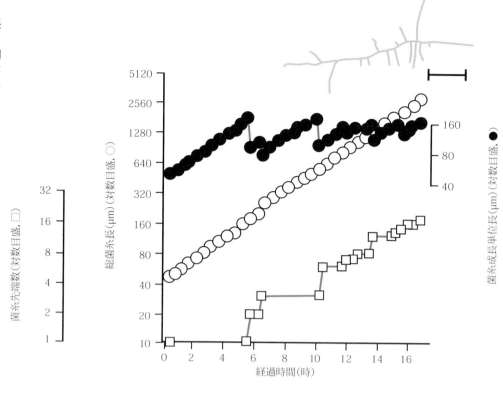

図 4.5　25℃，固体培地上における *Aspergillus nidulans* 菌糸体初期生育の様子．白丸，発芽胞子における総菌糸長（μm）；白四角，菌糸先端数；黒丸，菌糸成長単位の長さ（μm）．成長を測定した菌糸体の最終的な様相については，グラフ上部右にスケッチで図示してある（スケール：250 μm）．

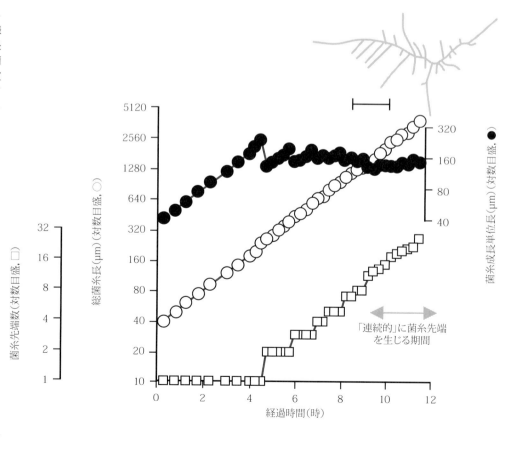

図 4.6　25℃，固体培地上における *Geotrichum candidum* 菌糸体初期生育の様子．白丸，発芽胞子における総菌糸長（μm）；白四角，菌糸先端数；黒丸，菌糸成長単位の長さ（μm）．成長を測定した菌糸体の最終的な様相については，グラフ上部右にスケッチで図示してある（スケール：250 μm）．

表4.1 ビタミン・無機塩・グルコース添加半固体培地上でのさまざまな真菌種における菌糸成長単位長の比較（生育温度25°C）

真菌種	菌糸成長単位, G (μm)	真菌種	菌糸成長単位, G (μm)
Zygomycota		**Ascomycota**	
Actinomucor repens	352	*Botrytis fabae*	125
Cunninghamella sp.	35	*Cladosporium* sp.	59
Mucor hiemalis	95	*Fusarium avenaceum*	620
Mucor rammanicinus	37	*Fusarium vaucerium*	682
Rhizopus stolonifer	124	*Fusarium venenatum*	266
Ascomycota		*Geotrichum candidum*	110
Aspergillus giganteus	77	*Neurospora crassa*	402
Aspergillus nidulans	130	*Penicillium chrysogenum*	48
Aspergillus niger	77	*Penicillium claviforme*	104
Aspergillus oryzae	167	*Trichoderma viride*	160
Aspergillus wentii	66	*Verticillium* sp.	82

Bull & Trinci（1977）のデータによる．

胞子を発芽させよう．その後，形成された菌糸体の**総先端数**ならびに**総菌糸長**を測定しよう．図4.4～4.6は，典型的なデータを示している．

これらのすべての例において，総先端数と総菌糸長のグラフは両方とも直線になることに注意して欲しい．縦軸は対数で表されているので，これらの変数は指数関数的に増加することを示している．さらに，これら2つの線は最終的に平行となることから，同じ速度で指数関数的に増加しているに違いない．総菌糸長を用いて「成長」を計測した場合，指数関数的な分枝形成の結果から，それは確かに指数関数的なものとなる．総菌糸長と総先端数（すべての先導菌糸と分枝）は，一定の率で指数関数的に増大する．この率は，バイオマス量を直接乾重として測定可能な液体培養法を用いて，同一の生育条件で測定した場合の，比成長速度に相当する．

それでは，これらの知見から先の言葉のモデルを改良してみよう．

- 菌糸が伸長する間，菌糸先端当りの細胞質量の平均［**菌糸成長単位**（hyphal growth unit）とよぶ］が，ある閾値を超えると，新しい分枝がつくられる．
- もし菌糸成長単位が「菌糸先端当りの細胞質量の平均」であれば，菌糸成長単位は総先端数に対する総菌糸長の比として計算することができる．

生物学的には，菌糸成長単位は，平均的な一菌糸先端の伸長成長を支えるのに必要な細胞質の平均量（均一な直径の菌糸の平均長に相当する）と，解釈可能である．

さまざまな真菌類で，胞子発芽後，菌糸成長単位は増加を示すが，その後，減衰振動をしながら一定の値に収束する（図4.7から図4.9の上の線を参照）．これは不変的であって，分枝数は，単一の菌糸ではなく菌糸体全体に渡って，細胞質量の増加に伴い制御されていることを示している．菌糸成長単位は，長さでありミクロメーターで計測される．接合菌類から子嚢菌門にまで至る21種類の真菌類を，25°C，所定の培地で培養し，菌糸成長単位の値を計測した；観察値は35～682 μmまでで，平均値は182 μmであった（表4.1）．

したがって，平均182 μmの長さの菌糸が菌糸先端の伸長を支えるのに必要となる．後で述べることだが，菌糸先端伸長のため備蓄資源とは，菌糸先端へ向かう多くの小胞（vesicles：小さな液胞）の流れであることが，細胞学的な観察から明らかになっている．生菌の観察に基づき，総菌糸長，分枝数，分枝間距離の変化を数値予測する数学モデルが考案されている．このモデルは以下のことを仮定している：

- 小胞は先端部から離れた菌糸領域において，一定の速度で生成する．
- その小胞は先端部へ一定の速度で輸送される．
- 菌糸の先端部では，小胞が蓄積し，既存の細胞壁や細胞膜と融合することで菌糸の伸長が行われる．

このモデルによって導きだされた理論的予測値と実際の観察値はかなり一致しており，今までの説明が正しいことを示している（Trinci *et al.*, 1994, 2001）．

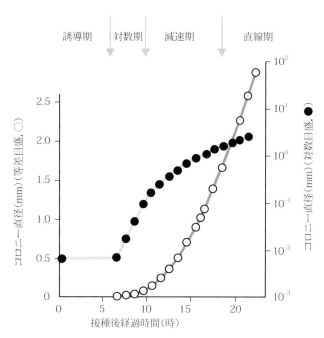

図 4.7　*Aspergillus nidulans* コロニーにおける成長とその段階（Trinci, 1969 をもとに改変）．

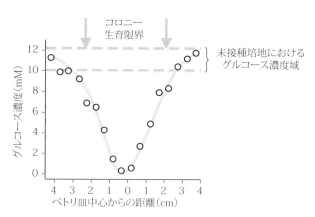

図 4.8　*Rhizoctonia cerealis* コロニー直下における培地中グルコース濃度．被験菌は 9cm ペトリ皿 20ml の培地を用いて 25℃ で培養．

4.5　成熟に向けたコロニーの成長

これまで示してきた観察の問題は，それらの観察が，制約のない状況下のとても若い菌糸体の成長について述べたものであるということだ．現実の世界では，このような状況は，ほんのわずかな時間で終わってしまう．成熟過程にある菌糸体の成長は，いずれ栄養制限や pH の変化，成長阻害物質（菌糸体自体が培地中に放出する代謝老廃物や二次代謝物）の影響を受けることになる．このような制約のある状況下での成長は，異質な成長（heterogeneous growth）と言い表される．

仮に，バイオマスを測定することで培養菌体の成長を調べたなら，単細胞微生物の培養のような成長様式となるだろう：すなわち，**誘導期**（lag phase），**対数期**[訳注1]（exponential phase; 制約のない状況下で起こる成長），**直線期**[訳注2]（linear phase; 成長速度は一定）であり，成長に制約がかかることで起きる**減速期**（deceleration phase）も含まれる．直線期は自然界の糸状菌の成長では最もよく見られる段階であるが，重要なのは，固体培地（実験室内の固化寒天培地上）での糸状菌の成長ではすべての段階が起こるということである（図 4.7 を参照．発酵槽での成長動力学のより詳細な論議については第 17 章も参照のこと）．

真菌類を固体培地で成長させた場合，コロニーの中心下部の環境が，培養初期に比べて次第に生育にとって好適ではなくなってくる．この不適な環境には，栄養の枯渇，pH の変化，成長を阻害する二次代謝物の生産などがある．図 4.8 は固体培地で成長する *Rhizoctonia* のコロニー周辺とその下部の培地におけるグルコース濃度の勾配を示す．この勾配は，この真菌類によるグルコースの取り込みと，基質上のコロニーが形成されていない場所からコロニーが形成されている場所へのグルコースの拡散によるものである．似たような勾配は他の栄養素や酸素，pH でもつくられる．

生育環境の初期条件からの劣化は，成長最大速度を減ずる結果となる；これは制限を受けた成長（restricted growth）として知られるもので，最終的には成長が止まることもある．成長の制限は遺伝的にプログラムされた老化（genetically programmed senescence）を行う一部の真菌類でも引き起こされる．

4.6　真菌類のコロニーの形態学的な分化

培地で認められるこの種の変化は，結果としてコロニーの異なる場所における菌糸が体験する環境の変化となることを意味している．そして，その結果，菌糸の分化（hyphal differenti-

---

訳注1：指数期ともいう．
訳注2：定常期ともいう．

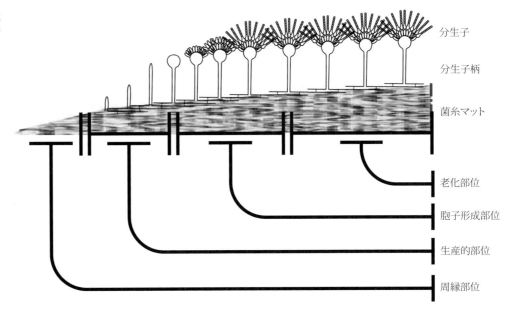

図 4.9 *Aspergillus* のコロニーの形態的分化（コロニー中心から円周にかけての断面模式図）

ation）を引き起こす．菌糸の分化は真菌類のコロニーの形態分化のなかでとてもはっきりしている（図 4.9 と図 4.10）．コロニー中心下部の栄養が枯渇し，代謝物が蓄積すると，胞子生産がしばしば開始される．

したがって，コロニーの異なる場所の菌糸は，生理学的に異なる齢にあるといえる．コロニーの周縁部には活発に伸長中の最も若い菌糸があり，最も古いのは，伸長を停止し，胞子形成を行っている中心部である．このことは，*Aspergillus niger* の成熟したコロニーで，^{32}P の取り込みを部位別に測定し，成長速度の変化を推測した結果から示されている（表 4.2）．

4.7 糸状菌における複製周期

糸状菌では細胞の分離は起こらないが，真菌類の成長中の出来事を単細胞生物の**複製周期**（duplication cycle）で起こる事象になぞらえて解釈することはできる．*Aspergillus nidulans* の複製周期でのおもな形態学的な事象は，以下の通りである（Fiddy & Trinci, 1976）（図 4.11）:

- 前回の複製周期の最後の段階において，菌糸先端の区画（compartment）訳注3 後方部に 2 個から 6 個の隔壁［septum；横隔壁（cross-wall）］が新たに形成され，菌糸先端の区画はもとの長さの半分になる．

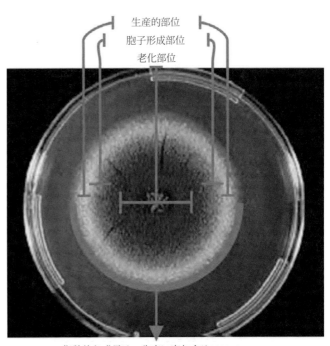

図 4.10 *Aspergillus* のコロニーにおける形態的分化．周縁の成長領域とその他の分化した領域が認められる．カラー版は，口絵 19 頁を参照．

訳注 3：菌糸先端から最初の隔壁までの部分．

表4.2 Aspergillus niger の成熟コロニーにおける成長量の違いを放射性リン酸の取込能力によって測定することによって明らかになった同菌の生理的分化の様子

コロニー部位名称（図4.10に示す）	部位幅（mm）	周縁領域における^{32}P取込量を100とした場合の各部位における取込量相対比
周縁（伸長）	1.5	100
生産	2.0	31
胞子形成	4.5	6
老化	3.5	3

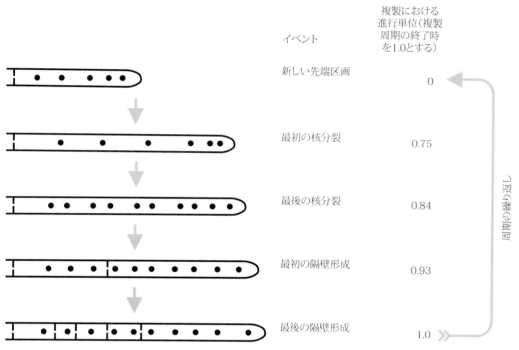

図4.11 Aspergillus nidulans の先導菌糸における核の複製周期を示す模式図．先導菌糸が，固体培地上を直線的な速度で伸長する場合，核の複製周期は平均2.1時間であり，図中の0.1進行単位は12.5分に相当する．Trinci（1979）をもとに改変．

- この新たな先端区画は一定の速度（linear rate）で長さを増大させ，核はそれよりも遅い速度で菌糸の先端へ移動する．
- 核当りの細胞質量は，臨界比に達するまで増加する．臨界比に達したなら核はほぼ同調して分裂を開始する；1回の有糸分裂に必要な時間は5分，Aspergillus nidulans の菌糸先端の区画には平均して50個の核が存在し，それらの有糸分裂は12分で終了する．
- 有糸分裂後，複製周期の最後7％に相当する時間内に菌糸先端区画の後方部分で2個から6個の隔壁形成が新たに起こり，先端区画の長さが半分になる．

Aspergillus nidulans 先導菌糸先端の区画において，複製周期を一度まわすために必要な時間（2.1時間）は，同菌が液体培養において倍加するのに必要な時間（doubling time）と同じである；このことは先端の区画の伸長が何ら制約を受けていないことの傍証でもある．Aspergillus nidulans は，生来，各先端区画当り約50個の核を有している．さらに，単核の種（区画当り一核），重相の種（区画当り二核），多核の種（区画当り75ぐらいまでの核を含む）の先導菌糸の先端区画を用いても複製周期が調べられた．

ここから判明したのは，先導菌糸の先端区画においては，[細胞質量]：[核数] の比がある閾値を超えたときに有糸分裂が誘導されること，すなわち，**同調的な有糸分裂**（synchronous mitosis）は，分裂酵母 Schizosaccharomyces pombe で見いだされたような**サイズ検知機構**（size-detecting mechanism）によって制御されていることである．

真菌類の複製周期と動物や植物の複製周期との間で重要な**相違点**は，真菌類においては核分裂と横隔壁形成［隔壁形成（septation）］による細胞質分裂との間に量的あるいは空間的な関連性がないということである．有糸分裂の際，紡錘体の赤

道面の分裂溝により1つの母細胞が2つの娘細胞に分割される動物細胞；あるいは，同じく紡錘体の赤道面で形成される新たな細胞壁［細胞板（cell plate）］により1つの母細胞が2つの娘細胞に分割される植物細胞と図4.11を対比してみよう．平均50個の核が存在する *Aspergillus nidulans* の先端区画における有糸分裂では，50個の隔壁形成が伴わない．もちろん，真菌類の核分裂（karyokinesis）と細胞質分裂（cytokinesis）の間には，時間的な見かけ上の関係（隔壁形成が複製周期の終わりにかけて起こる）が存在するが，「1つの紡錘体が1つの隔壁を形成する」といった類の厳密な数量的関係は存在しない．

4.8 核移動の制御

真菌類においては，核は菌糸を通って移動するほど十分に運動性であり，菌糸体中の核の空間分布は核の移動に関する挙動で決定されている．［担子菌類の *Polystictus versicolor*（カワラタケ）の］核の移動周期（migratory cycle of nuclei）は以下の4段階に分けられている（図4.12）．

- 長い第1段階においては，ほとんどの細胞内容物（核，ミトコンドリア，液胞，小胞，さまざまな顆粒）は菌糸先端が伸長するのとほぼ同等の速度で菌糸先端へ移動する．したがって，細胞内容物と菌糸先端の間の距離はおおよそ一定である．
- 第2段階では，他の細胞内容物が先端へ移動し続けるのに対し，核は移動を停止する．したがって，核と菌糸先端の間の距離は広がる．
- 第3段階では，核（カワラタケの重相菌糸における二核）が同調的に有糸分裂を行う．
- 最終の第4段階では，一組の娘核の一方が先端伸長よりも早い速度で急速に先端方向へ向かって動く．その結果，核は菌糸を通って第1段階における菌糸先端の位置まで移動する．それに対し，もう一方の核は先端から離れる方向にゆっくりと動く．

真菌類の菌糸に当てはまる一般論としては，核は，周期のある時点において移動を停止し，有糸分裂を行う．このことで，核は前進する菌糸先端の後に残されてしまうことになるが，有糸分裂後，娘核は菌糸先端部後方の所定の位置を再び占めるということである．

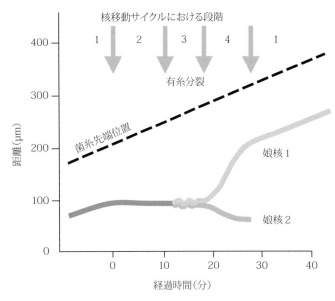

図4.12　カワラタケ［*Polystictus (Trametes) versicolor*］重相菌糸先端における菌糸伸長ならびに核の移動．生育温度は24°Cで，グラフは34回にわたる観察の平均を示している．斜めの破線は基準点から遠ざかるように移動する菌糸先端の位置（基準点から菌糸先端までの距離）を示している．グラフ下側の実線は，菌糸区画内おける1つの核の位置を示している．第1段階（0分より前）において，核は菌糸伸長に伴う菌糸先端の移動とほぼ同一の速度で伸長方向に移動している．したがって，菌糸先端と核の距離はほぼ一定に保たれている．第2段階では，核の移動が停止し，核と菌糸先端との間の距離が広がる．次に，この菌糸先端区画内に存在する2つの核が同調的に有糸分裂を行う（第3段階）．この間においても菌糸先端は伸長を続ける．本図では，重相菌糸先端の一核のみについて，その軌跡を図示している．有糸分裂によりその核は分裂し2つの娘核（娘核1ならびに2）を生じる．有糸分裂以降，線が2本になっているのはそのためである．最終の第4段階では，先端側に位置する娘核1は菌糸伸長より速い速度でもって菌糸内を移動し，第1段階における菌糸先端の核の位置に達する．もう一方の娘核2は，菌糸先端から遠ざかる方向へゆっくりと移動する．Trinci（1979）による．

通常の核移動には微小管系の働きが必要であり，多くの細胞内装置（cellular apparatus）も関与している（詳細は第5章参照）．

4.9 成長の動力学

これまでは菌糸体成長の基本的な動力学を，言葉を用いて説明してきた．図4.4～4.6で示す関係を数式で表現すると，以下の方程式で表される：

$$\bar{E} = \mu_{max} G$$

$\bar{E}$ はコロニー周縁の平均伸長速度；

表4.3 最適温度における真菌類と細菌類のコロニーの成長速度（K_r）の比較

微生物種	w (μm)	μ (h^{-1})	Kr (μm h^{-1})
細菌			
Escherichia coli（25°Cで生育）	91	0.28	18
Streptococcus faecalis	不明	0.65	18
Pseudomonas florescens	不明	0.59	29
Myxococcus xanthus（不動性）	不明	不明	20
Streptomyces coelicolor	不明	0.32	22
真菌			
Candida albicans（菌糸態）	119	0.39	46
Penicillium chrysogenum	496	0.16	76
Neurospora crassa（25°Cで生育）	6800	0.26	2152

Oliver & Trinci（1985）のデータを集計．

μ_{max} は最大比（バイオマス）成長速度［maximum specific (biomass) rate］；
そして，G は菌糸成長単位の長さ．

図4.10と表4.1からわかるように，放射状に広がるコロニーの成長速度（K_r）を決定する因子は，その真菌類に特有の成長速度（μ）と周辺の成長領域の幅（w）である；すなわち，$K_r = w\mu$ である．

したがって，真菌類のコロニーは外側に向かって放射状に一定速度で成長し（すなわち，時間とコロニー直径を軸とするグラフは直線になる），未開発の基質の中に向かって持続的に成長を続ける．また，そのような成長を行うことで，新しい分枝が発生し，効率的な定着と基質の利用を確かなものとしている．コロニー全体にとっての成長領域とは，コロニーの拡大を担っているコロニー周縁の活発な環状組織である．個々の菌糸のレベルでは，成長領域はその菌糸先端部の伸長成長に寄与する菌糸の量（菌糸成長単位）に相当する．

コロニー下部での状況の変化の速度は，維持されている真菌類のバイオマスの密度（単位表面積当りのバイオマス）に関連する．このことから考えると，過度に分枝した菌糸体（G の値が低い）は，まばらに分枝した菌糸体（G の値が高い）よりも早く，コロニー下部の培地を生育に好適でない状態にしてしまうであろう．その結果，G と w の関係が予測され，実際に証明されている．次のようなことが明らかになっている．たとえば，w は温度によって明白な影響は受けないため，K_r は菌糸成長に対する温度の影響を調べるのに利用可能である；しかし，グルコースの濃度（たとえば）は，確実に w に影響するため，K_r を栄養素の濃度の影響を調べる目的では用いることはできない．この生物学的な結論は，糸状菌は，栄養が枯渇した基質においても，最大放射状成長速度を維持できるということである．

真菌類の成長の関するいくつもの数学モデルが公表されている．Bartnicki-Garcia *et al.*（1989），Prosser（1990, 1995a ならびに b），Moore *et al.*（2006），Boswell *et al.*（2003），Davidson（2007），Boswell（2008），Goriely & Tabor（2008）を参照のこと．

娘細胞のゆっくりとした生産によってコロニーが拡大する単細胞のバクテリアや酵母とは異なり，すべての成長能力を菌糸先端に注ぐことができる糸状菌は，コロニーをより急速に拡大することができる．重要なのは，真菌類のコロニーは，栄養素が周辺の基質から拡散してくる速度を上回る速さでもって拡大するということである．コロニー下部の栄養は急速に消費されてしまうが，コロニー縁部の菌糸は基質濃度の影響をわずかしか受けず，より多くの栄養を求めて外側に向かって成長し続ける．対照的に，バクテリアや酵母のコロニーの拡大速度はきわめて遅く，栄養の拡散速度以下である（表4.3）．単細胞生物のコロニーがすぐに拡散限界に達してしまうなら，これらは糸状菌とは異なり，決まった大きさにしかならないであろう．

4.10 自律屈性反応

多くの真菌類の菌糸は，互いに避けあうように成長方向を変化させ，いまだ定着していない領域での基質探索を活発にすることができる．この忌避反応，すなわち**負の自律屈性**（negative autotropism）（図4.13）は，成長中のコロニー周縁部のような菌糸密度が低い場所でとりわけ明瞭に認められる．別菌糸の存在を菌糸が感知する能力は，対象菌糸周辺の酸素の局所的

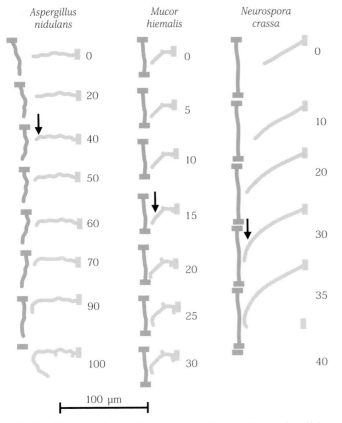

図 4.13 自律屈性：糸状菌のコロニー成長において必要不可欠な菌糸の忌避反応を引き起こす負の自律屈性についての模式図．図は，*Aspergillus nidulans* ならびに *Mucor hiemalis*，そしてアカパンカビ（*Neurospora crassa*）野生株それぞれにおける菌糸ペアの反応を示している；近づいていく菌糸を青色で表している．初めて忌避反応が確認された位置を矢印で示している．数字は，時間（単位：分）を表している．被験菌の接種に先立ち，培地をセロファン膜で覆い，菌糸が表面上で生育し，培地中に潜り込まないようにした．Trinci (1979) を改変後，再描．

減少や高い二酸化炭素濃度，分泌代謝物の存在のいずれかによるものであると考えられている．

2 本の菌糸が負の自律屈性反応を起こす最短距離は，アカパンカビ，*Aspergillus nidulans*，*Mucor hiemalis* でそれぞれ 30，27，24 μm である（Trinci *et al.*, 1979；図 4.13 を参照）．

成熟しつつある菌糸体では，屈性が逆転し，若い菌糸が古い菌糸に（おそらく化学向性によって？）引きつけられる［**正の自律屈性（positive autotropism）** とよばれる］．その結果，菌糸融合が起こる．ある機構においては，対象となっている菌糸に分枝が誘導され，菌糸先端部どうしが接触すると両方の先端は崩壊し，それぞれの菌糸が融合する（図 4.14）．

この過程は，成熟途上のコロニーの中心部を，菌糸どうしが十分に結合したネットワークへと変化させる．このネットワークを介して物質やシグナルが効率的に伝達され，栄養菌糸体は

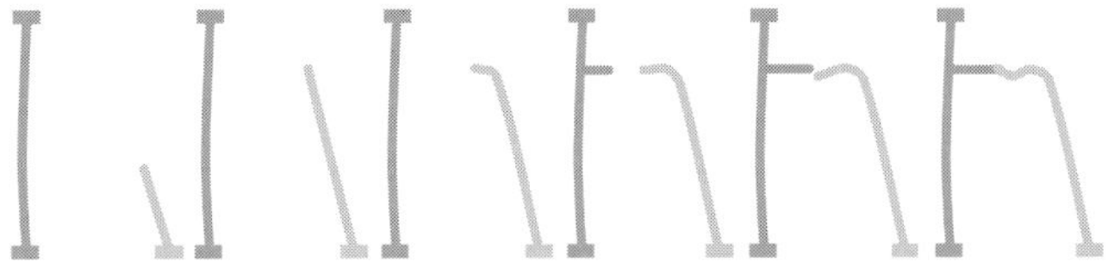

図 4.14 自律屈性：スケッチは「菌糸先端と菌糸」の融合反応を導く正の自律屈性を示している．図 4.6 に示す成熟コロニーの菌糸ネットワークを誘導する融合反応の 1 つである．他の反応としては，菌糸先端と菌糸先端あるいは菌糸と菌糸（図 7.2 参照）がある．より詳しくは，図 5.13 あるいは，Hickey *et al.*（2002），Glass *et al.*（2004）を参照のこと．とりわけ精細な画像が Edinburgh 大学真菌細胞生物学グループの Web サイト（http://129.215.156.68/images_index.html）で閲覧可能．[訳注A]

訳注 A：2015 年現在，Web サイトは http://www.fungalcell.org/ に移動．菌糸融合の動画は http://www.fungalcell.org/hyphal-fusion にて閲覧可能．

資源を有効活用することができる．子実体やそれに類似する構造の形成においては，正の自律屈性により多くの菌糸先端が集まり，分化を開始する．これらの例では，菌糸どうしの融合や接着は顕著ではない（けれども，それらは構造を結びつけるために使われる）．その代わり，多くの独立した菌糸先端が子実体の組織や構造の形成に協調して寄与できるよう，発達調節（developmental regulation）がその統御を行っている（第 9 章と第 12 章で説明している）．

4.11　菌糸分枝

菌糸体の成長は菌糸分枝の形成に左右されている．増殖するには分枝しなければならない．1 つの菌糸が 2 つになるほか，方法はない．

菌糸の端頂部（もしくはそのごく近傍）でも分枝は確かに起こるが，分枝のほとんどは菌糸側面に位置している．分枝は一次的なもの（主菌糸から直接生じたものでそれ以外の分枝は含まない），二次的なもの（一次的な分枝も含む），三次的なもの（二次的な分枝も含む）などの階級で表現可能である．生物学的あるいは非生物学的な分枝するシステムの多くで，階級と分枝数の対数プロットには反比例の関係が見い出されている；最小の枝長で最大面積を占有できることを意味している．大多数の真菌類においても，この関係は保たれており，菌糸体が基質を占有するに必要なバイオマス量を最少化させるうちに，基質を占有する菌糸体における効率性を高めていたことを反映している．

成長の初期段階では，通常，分枝と親菌糸の長軸方向は約 90° の角度に対する．今まで幾度も述べてきたように，菌糸は

近傍の菌糸を避けて（負の自律屈性），放射状にコロニーの中心部から離れるように成長する傾向がある．その結果，ほぼ等間隔で放射状に広がる菌糸が，外周部を一定の速度で伸長させる円形のコロニーが形成されてくる．

コロニーの円周がのびると，一部の分枝菌糸の先端は親菌糸に追いつき，コロニー周縁での菌糸間隔を維持する．これは，親菌糸からより遠ざかることによる分枝菌糸の伸長速度制御の緩和，あるいは単純な伸長速度の変化の結果によって起こる．

コロニー発達過程における菌糸の行動変化の具体例がアカパンカビの菌糸体分化を解析することによって示されている（McLean & Prosser, 1987）．成長開始後20時間までは，菌糸体中の全菌糸が，ほぼ同一の直径，成長領域長，伸長速度を示し，分枝はすべて親菌糸に対し90°の角度を示す．約22時間以後，分枝角は63°に低下し，親菌糸の伸長速度と直径が増加することによって，分枝との階層化が確立する；先導菌糸，一次分枝，二次分枝の直径比は100：66：42であり，伸長速度比は100：62：26である．

成熟し強固となった細胞壁をもつ菌糸領域から**分枝**が現れるためには，分枝が生じる場所に**新たな菌糸先端**が（内的）に集結しなければならない．何が分枝の始まる場所を決めているのかは，今のところ明らかでない．分枝は菌糸壁のどこからでも起こる可能性があるにもかかわらず，隔壁を形成する真菌類では隔壁形成と分枝形成が通常，密に関係している；分枝は隔壁形成の特定時間後に形成され，隔壁のすぐ後方に位置するようである．

しかし，大部分の真菌類では，隔壁形成－分枝形成の関係はあまり明確でなく，分枝の場所はかなり変わりやすい．実際，接合菌類は子嚢菌門や担子菌門と同じような動力学でもって成長ならびに分枝を行う．しかし，*Mucor hiemalis* ならびに *Mucor ramannianus* の若い菌糸体だけに隔壁が形成され，接合菌類の成熟した菌糸体では胞子嚢（sporangia）の基部にしか隔壁が形成されない．したがって，先導菌糸において隔壁形成と分枝形成の関係は通常存在していない．

しばらくの間，細胞膜を介した局所的なイオンの流動が，分枝の決定に関与すると考えられていた．確かに，複数の真菌類の若い菌糸体に電場をかけると，分枝発生部位と菌糸成長の方向が影響される．しかし，内因性のイオンの流動は先端成長ではなく，栄養の取り込みにより関連しているようである．

いくつかの化合物は形態異常を引き起こす物質として作用し，菌糸伸長を阻害して菌糸分枝を増加させる．これらの化合物の（長い）リストには，糖類の代謝されないアナログ（六単糖のアナログである L-ソルボースや，疑似オリゴ糖のバリダマイシンAなど）や，イノシトールリン脂質の代謝阻害剤，サイクリックAMP，シクロスポリン（cyclosporine）（図4.15）などが含まれる．しかし，これら化合物の細胞における標的が多数明らかにされているにも関わらず，いかにして分枝が起こるかについては何ら解答を与えていない．

興味深い可能性の1つとして，ヒートショックタンパク質の関与が考えられている．ヒートショックタンパク質は他のタンパク質と相互作用するポリペプチドである．このタンパク質は他のタンパク質と結合して安定化させる「**分子シャペロン（molecular chaperone）**」であり，間違った分子内結合の発生を防ぎ，統制のとれた方法でそのタンパク質を解放して正しい折りたたみを助ける．ヒートショックタンパク質による細胞壁タンパク質の構造変化，あるいは必要なポリペプチドの適切な定位の介助が分枝の開始に必要とのことは十分ありそうなことである．

4.12　隔壁形成

糸状菌にみられる菌糸成長の様態は，**固体基質での能動的なコロニー形成**に適応した結果であるといえる．菌糸伸長と定期的な分枝によって，菌糸体は，細胞の「体積/表面積」比を乱すことなくそのサイズを拡大することができる．その結果，代謝物や最終産物の環境との交換が短い距離での転流でできるようになる．真菌類の菌糸は種によって異なるが，一般的には，隔壁によって各区画に分けられた場合，菌糸の先端区画はおそらく節間区画の10倍までの長さになる．

菌糸を分割する隔壁には以下のものがある．

- 完全なもの［無孔（imperforate）］
- 原形質系（cytoplasmic strands）が貫通しているもの
- 大きな中心孔によって孔があいているもの

隔壁には孔があいていて，細胞小器官や核の移動を物理的にほとんど妨げない場合もあれば，小胞体から派生したパレンテソーム（parenthesome）とよばれる複雑なキャップ状の構造で覆われている場合［多くの担子菌門の**樽形孔隔壁（ドリポア隔壁，dolipore septum）**］もある．特徴としてパレンテソームを欠く子嚢菌門菌類では，**ウォロニン小体（Woronin bodies）**とよばれる細胞小器官が核壁孔に伴って存在している．

真菌類が細胞をもつのか，どのように真菌類の細胞やその細

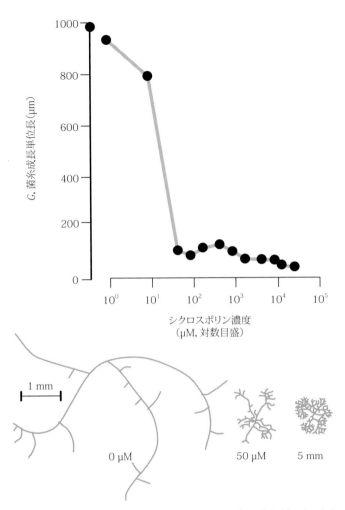

図 4.15　シクロスポリン A が 菌糸成長単位に及ぼす影響（上図），ならびに グルコース最小塩培地，25℃ にて生育するアカパンカビ（*Neurospora crassa*）野生型株コロニー形態に及ぼす影響（下図；数字はシクロスポリン濃度）．Trinci, Wiebe & Robson（1994）を改変後，再描．

胞どうしの相互作用を植物や動物のそれらと比較すればよいのか，菌学者は長年にわたり悩みつづけている．下等な糸状菌（たとえば，*Mucor*）は多核体（coenocytic）の菌糸をもつが，多細胞体の構造はつくらない．複雑な発達の道筋を示す真菌類の菌糸は，一定間隔で隔壁を形成するが，この隔壁には孔が通常存在している．この孔こそが，真菌類の細胞の定義について人々を悩ませるものである．たとえ，隔壁によって菌糸が複数区画に分割されているとしても，「孔」という語には菌糸のすべての細胞質が連続しているという言外の意味が付きまとうからである．

細胞質や細胞小器官の隔壁を通じた移動は，しばしば書き記されており，また，実際に観察することも容易である．隣接する細胞間での細胞小器官の移動や移行は，非常によく制御されていることが明らかにされている．たとえば，核が自由に移動するのにも関わらず，ミトコンドリアは移動しないような例が，あるいはその他，液胞の急速な移動に他の細胞小器官が伴わないことなどが見いだされている．さらに，異なる糖類が同時に菌糸の中を反対方向に転流されることが生化学的な実験により示されている．（電子顕微鏡的に）開いているように見える隔壁孔の両側でまったく異なる分化が起こる事例も多く知られている（たとえば，図 12.12）．

外見はどのようであれ，相互作用が厳密に制御され，対照的な分化パターンを示すことができるような複数の区画に菌糸を分割可能なことは間違いない．「細胞（cell）」よりも「区画（compartment）」を用いるべきという意味論的根拠も未だ存在するかもしれないが，これ以降，もし，それが細胞のように見え，細胞のようにふるまうのなら，それを細胞とよぶという実用的な見方をとることにする．しかし，個々の菌糸細胞は管状の菌糸の一分節！にすぎないことを忘れないで欲しい．

真菌類の菌糸の隔壁は，菌糸の長軸に対して常に直角に形成され，このことは菌の組織の発達を理解する上で大きな影響をもっている．菌糸が傷ついたり，すでに分化した菌糸先端に胞子を生み出す構造が形成されたりする場合を除き，菌糸先端の細胞は斜め方向の隔壁や進行方向縦方向に伸びる隔壁によって分割されることはない．実験的な操作によって，不規則な隔壁形成パターンをつくるようにされた分裂酵母細胞でさえ，隔壁の面は常に細胞の長軸面に垂直である．一般的に，真菌類は分枝形成を制御することにより，一次元的な菌糸を二次元的な面をもつ組織や三次元的な塊をもつ組織に変えていく．隔壁はどの分枝においても分枝の長軸方向に垂直に形成されるが，その親菌糸に対する位置は，新しい分枝先端部の向きに依存する．

真菌類の菌糸の一次隔壁は，菌糸外縁の微小繊維の環帯が微小胞（microvesicle）やその他の膜性の細胞小器官と相互作用して収縮する過程によって形成される（第 5 章参照）．有糸分裂と空間的に密接に関係していない点を除けば（上記参照），真菌類の隔壁形成と動物細胞の細胞分裂（cytokinesis）の間には表面的な類似性がある；しかし，真菌類は遊離細胞形成（free cell formation）において，細胞質の塊を分割するのに組織化した微小胞を使うことを覚えておいて欲しい（3.4 節参照）．

4.13 固体基質上での定着における菌糸体成長の生態学的利点

真菌類の菌糸に特徴的な先端成長は真菌類第一の特質であり，もちろん，極端な細胞極性も然りである．真の伸長成長は菌糸先端に完全に限定されるため，菌糸全体の形態は菌糸先端で起こる出来事に依存している．したがって，菌糸体での菌糸のパターンの大部分は菌糸分枝の分布の結果であり，分枝を開始する菌糸先端の形成パターンによって決定する．

生態系における糸状菌の優占はその生活様式によるものである．糸状に成長することによって，真菌類は，基質に急速に定着し，栄養不足の場所を避けて生育することができる．また，菌糸を分枝させることで環境中から吸収すべき基質を効率的に捉えることができるようになる．さらに，栄養が不足する条件下でも高い伸長速度を維持することにより，新しい資源を見いだす確率を最大にすることを可能としている．自然環境を活用する上でこの成長様式が成功しているということは，いくつかの要素から判断できるであろう．たとえば，真菌類の種類の並みはずれた多様性（昆虫に次いで第2位であるが，どの昆虫も数種の病原性真菌類をもっている！），実質的に地球上のどの環境にも存在するということ，類似の成長様式がその他の重要な土壌微生物や原核生物の放線菌，より真菌類に似ているクロミスタ界の卵菌門において並行進化していることなどである．菌糸先端での伸長に集中することにより，新たな基質に迅速に定着するという微生物の能力が，不均一な環境における従属栄養生物（heterotroph）の生活のために，明らかに，きわめて十分適合している．

真菌類の菌糸の極性成長は伸長成長を菌糸先端に限定することによって達成されている．菌糸先端部の細胞壁は**粘弾性の特性**（viscoelastic properties）を有している．このことは，液体［粘性液（viscous fluid）のように流動できる］と固体（伸縮や圧縮，歪みに対して耐性と復元性をもつ）の両方の特徴を備えていることを意味する．これらの特徴により，菌糸先端の細胞壁は，伸長する菌糸内部に生じる膨圧（turger pressure）を利用することが可能となる．先端後方の細胞壁は強固であり，膨圧に抵抗性である．膨圧は菌糸内部で発生し，その結果，真菌類の**菌糸伸長**（hyphal extension）の原動力として作用している（卵菌門で異なる）．

先端部での菌糸成長には，先端が弱くならないように新しい細胞壁物質と新しい膜が合成され，挿入される必要がある．この高度に組織化された過程は，先端後方の細胞質中でつくりだされる小胞の流れによって支えられ，また，その他すべての細胞小器官の成長および複製，そしてそれらの先端への移動とも協調している．菌糸の伸長成長に必要な材料は，菌糸体を通して一定速度（比成長速度と等速）でつくられ，伸長成長を行っている菌糸先端に向けて輸送されていると一般的に考えられている．材料の中でこの極性輸送されているのは多数の細胞質小胞であり，それらの小胞には細胞壁前駆体や，その前駆体を既存の細胞壁に挿入し新調させるために必要な酵素が含まれていると考えられている．多くの細胞質構造（cytoplasmic architecture）も**菌糸の先端成長**に関与している（Bartnicki-Garcia *et al.*, 1989; Wessels, 1993）．それについては第5章と第6章で詳細に説明する．

4.14 文献と，さらに勉強をしたい方のために

真菌類の生活様式に関する一般的な紹介は，Springer-Verlag, New York から出版されている David Moore（2001）の成書：*Slayers, Saviors, Servants, and Sex: An Exposé of Kingdom Fungi*（ISBN-10: 0387951016, ISBN-13: 9780387951010）の第3章：Decay and degradation, a fungal specialiy に見い出すことができる．

Bartnicki-Garcia, S. (1968). Cell wall chemistry, morphogenesis and taxonomy of fungi. *Annual Reviews of Microbiology*, **22**: 87–108. ［注意：この論文は，主要な真核生物の現在の分類体系が発表されるより以前に発表されている．そのため，著者は粘菌（Acrasiales）ならびに他の2つのグループ（Oomycota と Hyphochytriomycota）を「下等菌類（lower fungi）」として扱い論議している．しかし，現在では，これらの生物群は菌類ではないと考えられており，異なる生物界におかれている］

Bartnicki-Garcia, S., Hergert, F. & Gierz, G. (1989). Computer simulation of fungal morphogenesis and the mathematical basis for hyphal (tip) growth. *Protoplasma*, **153**: 46–57. DOI: http://dx.doi.org/10.1007/BF01322464.

Boswell, G. P. (2008). Modelling mycelial networks in structured environments. *Mycological Research*, **112**: 1015–1025. DOI: http://dx.doi.org/10.1016/j.mycres.2008.02.006.

Boswell, G. P., Jacobs, H., Gadd, G. M., Ritz, K. & Davidson, F. A. (2003). A mathematical approach to studying fungal mycelia. *Mycologist*,

17: 165-171. DOI: http://dx.doi.org/10.1017/S0269915X(04)004033.

Bull, A. T. & Trinci, A. P. J. (1977). The physiology and metabolic control of fungal growth. In: *Advances in Microbial Physiology*, vol. 15 (eds. A. H. Rose & D. W. Tempest), pp. 1-84. London: Academic Press. ISBN-10: 0120277158, ISBN-13: 9780120277155. DOI: http://dx.doi.org/10.1016/S0065-2911(08)60314-8.

Buller, A. H. R. (1909). *Researches on Fungi*, vol. 1. London: Longman, Green & Co. ASIN: B00085PLV0.

Buller, A. H. R. (1922). *Researches on Fungi*, vol. 2. London: Longman, Green & Co. ASIN: B0003P14UCK

Buller, A. H. R. (1924). *Researches on Fungi*, vol. 3. London: Longman, Green & Co. ASIN: B0008BT4QW.

Buller, A. H. R. (1931). *Researches on Fungi*, vol. 4. London: Longman, Green & Co. ASIN: B0008BT4R6.

Buller, A. H. R. (1934). *Researches on Fungi*, vol. 6. London: Longman, Green & Co. ASIN: B0025YQU58.

Carlile, M. J. (1995). The success of the hypha and mycelium In: *The Growing Fungus* (eds. N. A. R. Gow & G. M. Gadd), pp. 3-19. London: Chapman & Hall. ISBN-10: 0412466007, ISBN-13: 9780412466007.

Chang, F. (2001). Establishment of a cellular axis in fission yeast. *Trends in Genetics*, **17**: 273-278. DOI: http://dx.doi.org/10.1016/S0168-9525(01)02279-X.

Davidson, F. A. (2007). Mathematical modelling of mycelia: a question of scale. *Fungal Biology Reviews*, **21**: 30-41. DOI: http://dx.doi.org/10.1016/j.fbr.2007.02.005.

Davies, J. A. (2006). *Branching Morphogenesis*. Austin, TX: Landes Bioscience Publishing/Eurekah.com. ISBN-10: 0387256156, ISBN-13: 9780387256153.

Falconer, R. E., Bown, J. A., White, N. A. & Crawford, J. W. (2005). Biomass recycling and the origin of phenotype in fungal mycelia. *Proceedings of the Royal Society of London, Series B*, **272**: 1727-1734. DOI: http://dx.doi.org/10.1098/rspb.2005.3150.

Fiddy, C. & Trinci, A. P. J. (1976). Mitosis, septation and the duplication cycle in *Aspergillus nidulans*. *Journal of General Microbiology*, **97**: 169-184.

Fries, N. (1943). Untersuchungen über Sporenkeimung und Mycelentwicklung bodenbewohneneder Hymenomyceten. *Symbolae Botanicae Upsaliensis*, **6**(4): 633-664.

Gancedo, J. M. (2001). Control of pseudohyphae formation in *Saccharomyces cerevisiae*. *Federation of European Microbiological Societies Microbiology Reviews*, **25**: 107-123. DOI: http://dx.doi.org/10.1111/j.1574-6976.2001.tb00573.x.

Glass, N. L., Rasmussen, C., Roca, M. G. & Read, N. D. (2004). Hyphal homing, fusion and mycelial interconnectedness. *Trends in Microbiology*, **12**: 135-141. DOI: http://dx.doi.org/10.1016/j.tim.2004.01.007.

Goriely, A. & Tabor, M. (2008). Mathematical modeling of hyphal tip growth. *Fungal Biology Reviews*, **22**: 77-83. DOI: http://dx.doi.org/10.1016/j.fbr.2008.05.001.

Guo, W., Sacher, M., Barrowman, J., Ferro-Novick, S. & Novick, P. (2000). Protein complexes in transport vesicle targeting. *Trends in Cell Biology*, **10**: 251-255. DOI: http://dx.doi.org/10.1016/S0962-8924(00)01754-2.

Heath, I. B. (1995). The cytoskeleton. In: *The Growing Fungus* (eds. N. A. R. Gow & G. M. Gadd), pp. 99-134. London: Chapman & Hall. ISBN-10: 0412466007, ISBN-13: 9780412466007.

Hickey, P. C., Jacobson, D. J., Read, N. D. & Glass, N. L. (2002). Live-cell imaging of vegetative hyphal fusion in *Neurospora crassa*. *Fungal Genetics and Biology*, **37**: 109-119. DOI: http://dx.doi.org/10.1016/S1087-1845(02)00035-X.

Lindahl, B. D. & Olsson, S. (2004). Fungal translocation - creating and responding to environmental heterogeneity. *Mycologist*, **18**: 79-88. DOI: http://dx.doi.org/10.1017/S0269915X04002046.

Madhani, H. D. & Fink, G. R. (1998). The control of filamentous differentiation and virulence in fungi. *Trends in Cell Biology*, **8**: 348-353. DOI: http://dx.doi.org/10.1016/S0962-8924(98)01298-7.

Markham, D. (1995). Organelles of filamentous fungi. In: *The Growing Fungus* (eds. N. A. R. Gow & G. M. Gadd), pp. 75-98. London: Chapman & Hall. ISBN-10: 0412466007, ISBN-13: 9780412466007.

McLean, K. M. & Prosser, J. I. (1987) Development of vegetative mycelium during colony growth of *Neurospora crassa*. *Transactions of the British Mycological Society*, **88**: 489-495.

Money, N. P. (2004). The fungal dining habit: a biomechanical perspective. *Mycologist*, **18**: 71-76. DOI: http://dx.doi.org/10.1017/S0269915X04002034.

Moore, D., McNulty L. J. & Meškauskas, A. (2006). Branching in fungal hyphae and fungal tissues: growing mycelia in a desktop computer. In: *Branching Morphogenesis* (ed. J. Davies), pp. 75-90. Austin, TX: Landes Bioscience Publishing/Eurekah.com. ISBN-10: 0387256156, ISBN-13: 9780387256153.

Oliver, S. G. & Trinci, A. P. J. (1985). Modes of growth of bacteria and fungi. In: *Comprehensive Biotechnology: The Principles, Applications and Regulations of Biotechnology in Industry, Agriculture and Medicine* (ed. M. Moo-Young), vol. 2, *The Principles of Biotechnology: Engineering Considerations* (eds. C. L. Cooney & A. E. Humphrey), pp. 159-187. Oxford, UK: Pergamon Press. ISBN-10: 0080325106, ISBN-13: 9780080325101.

Prosser, J. (1990). Growth of fungal branching systems. *Mycologist*, **4**: 60-65. DOI: http://dx.doi.org/10.1016/S0269-915X(09)80533-8.

Prosser, J. I. (1995a). Kinetics of filamentous growth and branching. In: *The Growing Fungus* (eds. N. A. R. Gow & G. M. Gadd), pp. 301-318. London: Chapman & Hall. ISBN-10: 0412466007, ISBN-13: 9780412466007.

Prosser, J. I. (1995b). Mathematical modelling of fungal growth. In: *The Growing Fungus* (eds. N. A. R. Gow & G. M. Gadd), pp. 319-335. London: Chapman & Hall. ISBN-10: 0412466007, ISBN-13: 9780412466007.

Robson, G. D. (1999a). Hyphal cell biology. In: *Molecular Fungal Biology* (eds. R. P. Oliver & M. Schweizer), pp. 164-184. Cambridge, UK: Cambridge University Press. ISBN-10: 0521561167, ISBN-13: 9780521561167.

Robson, G. D. (1999b). Role of phosphoinositides and inositol phosphates in the regulation of mycelial branching. In: *The Fungal Colony* (eds. N. A. R. Gow, G. D. Robson & G. M. Gadd), pp.157-177. Chapter DOI: http://dx.doi.org/10.1017/CBO9780511549694.008. Cambridge, UK: Cambridge University Press. ISBN-10: 0521621178, ISBN-13: 9780521621175. Book DOI: http://dx.doi.org/10.1017/CBO9780511549694.

Steele, G. C. & Trinci, A. P. J. (1975). Morphology and growth kinetics of hyphae of differentiated and undifferentiated mycelia of *Neurospora crassa*. *Journal of General Microbiology*, **91**: 362-368.

Trinci, A. P. J. (1969). A kinetic study of the growth of *Aspergillus nidulans* and other fungi. *Journal of General Microbiology*, **57**: 11-24.

Trinci, A. P. J. (1974). A study of the kinetics of hyphal extension and branch initiation of fungal mycelia. *Journal of General Microbiology*, **81**: 225-236.

Trinci, A. P. J. (1979). The duplication cycle. In: *Fungal Walls and Hyphal Growth* (eds. J. Burnett & A. P. J. Trinci), pp. 319-358. Cambridge, UK: Cambridge University Press. ISBN-10: 0521224993, ISBN-13: 9780521224994.

Trinci, A. P. J., Saunders, P. T., Gosrani, R. & Campbell, K. A. S. (1979). Spiral growth of mycelial and reproductive hyphae. *Transactions of the British Mycological Society*, **73**: 283-292.

Trinci, A. P. J., Wiebe, M. G. & Robson, G. D. (1994). The mycelium as an integrated entity In: *The Mycota* vol. 1 (eds. J. G. H. Wessels & F. Meinhardt), pp. 175-193. Berlin, Germany: Springer-Verlag. ISBN-10: 3540577815, ISBN-13: 9783540577812.

Trinci, A. P. J., Wiebe, M. G. & Robson, G. D. (2001). Hyphal growth. In: *Encyclopaedia of Life Sciences*. London: Wiley. DOI: http://dx.doi.org/10.1038/npg.els.0000367.

Virag, A. & Harris, S. D. (2006). The Spitzenkoörper: a molecular perspective. *Mycological Research*, **110**: 4-13. DOI: http://dx.doi.org/10.1016/j.mycres.2005.09.005.

Watkinson, S. C., Boddy, L., Burton, K., Darrah, P. R., Eastwood, D., Fricker, M. D. & Tlalka, M. (2005). New approaches to investigating the function of mycelial networks. *Mycologist*, **19**: 11-17. DOI: http://dx.doi.org/10.1017/S0269915X05001023.

Wessels, J. G. H. (1993). Wall growth, protein excretion and morphogenesis in fungi. *New Phytologist*, **123**: 397-413. DOI: http://dx.doi.org/10.1111/j.1469-8137.1993.tb03751.x.

Section 05
Fungal cell biology

第5章
菌類細胞生物学

　菌糸先端におけるできごとは，菌糸の伸長にとって決定的に重要である．それゆえ，本章では，菌糸先端で起こる分子的過程の特徴について可能な限り詳しく説明する．

　本章ではまず，真核生物の細胞生物学の概要について網羅的に述べる．その際，どのように菌類細胞が機能し，細胞レベルでの生物学的事象が菌糸成長に貢献するのかということに焦点を当てて説明したい．菌類は，研究室で容易に培養できる真核生物であるために，何種類かの菌類が，研究のモデル生物として取り上げられてきた．わけても，酵母が，19世紀以来，このような目的でいかに用いられてきたのか，ということについて紹介する．細胞構造の基本について，核，仁，核内外への物質の移行，およびmRNAの翻訳やタンパク質の選別などの分子生物学に力点を置きながら，少し詳しく論議する．同時に，核の遺伝学や，体細胞核分裂および減数核分裂についても簡潔にふれる．本章の主要な話題は，細胞膜とシグナル伝達経路，細胞膜と細胞内膜系，細胞骨格系と分子モーターに関することである．なぜならば，菌糸の先端伸長のための物質の方向づけられた急速な輸送は，高度の極性を有する糸状成長にとってきわめて重要であり，糸状の極性成長の特質だからである．菌類に特異的な他の細胞生物学的な特徴は，細胞壁，菌糸頂端の細胞学，菌糸融合と菌糸体相互連絡の特徴，菌類における細胞質分裂の意味，および隔壁形成と酵母-菌糸体二形性などである．

5.1 菌糸体の成長機構

　菌糸の成長には極性があり，伸長が先端のみに限定されることにより達成される．菌糸先端の細胞壁は粘弾性（液体のように流動するが，引伸ばし，圧縮あるいはねじれに抗する性質）を有しており，菌糸内に内部膨圧を生じる．先端から離れると壁は硬化し，浸透圧差で水が菌糸内に流れ込むことにより生じた膨圧力に抵抗力を示すようになる．それゆえ，菌糸内に生じた膨圧が菌糸を伸長させる駆動力になる．

　先端における菌糸伸長は，強度を維持したまま，**新しい細胞壁素材**（new wall material）と**新しい膜**（new membrane）を合成し挿入することが必要である．この高度に組織化された過程は，先端後方の細胞質で生成されて先端に向かう**小胞の絶え間ない流れ**（continuous flow of vesicles）により支えられており，さらにすべての他の細胞小器官の増加や複製，およびそれらの伸長しつつある先端への移動と協調的にはたらいている．本章では，これらの過程について包括的に述べ，第6章では，この諸過程を集約し，菌糸の先端成長の全体像であると考えられるものを提示する．この際に重要なことは，いかに多くの糸状菌類の細胞生物学に関する詳細な諸現象が，菌糸先端を前方にぐいと押し出すこと，すなわち**菌糸の伸長成長**（hyphal extension growth）に適応し，そしてそのことのみに関わっているかを認識することである．このようなことが，糸状菌類と他の進化した真核生物，つまり動物と植物との違いをきわだたせる究極の特徴である．

5.2 モデル真核生物としての菌類

　ここでは，真核生物の一般的な細胞について紹介する．ほとんどの教科書において，真核生物の細胞というと，ふつう動物細胞が採り上げられる［たとえば，Alberts et al.（2002）の古典的な細胞生物学の教科書のように］．光合成について触れる必要のある場合などに，植物細胞が採り上げられることもある．また，分子レベルで詳細に述べる必要のある場合には，酵母について触れられる可能性がある．動物細胞は，他の真核生物界にとっては非常に重要な細胞壁をもたず，この特徴は，動物界の起源につながる単細胞のオピストコンタによってかなり古い時代に失われているが，動物細胞がスポットライトを浴びること自体は，悪くはない．しかし，**真核生物の細胞生物学**（eukaryotic cell biology）に関する知見の蓄積に対して，菌類が果たした大きな貢献がまさに軽視されているようにも思われる．おそらく，真核生物の細胞生物学の発達に対して，菌類の生活様式がなした巨大な貢献も，同様に軽視されているのではなかろうか．

　事実，高等生物の細胞生物学に関する知見のほとんどは，酵母を用いた研究からもたらされたものである．1990年代に，酵母を用いた研究が分子生物学に対して果たした貢献は，ほとんどの生物学者が認めることであろう．**真核生物の染色体**(eukaryote chromosome)の最初の完全な**塩基配列**（sequence）の決定は，Steve Oliverに率いられた大きな国際チームによって1992年に公表された，出芽酵母（*Saccharomyces cerevisiae*）の第Ⅲ染色体についてのものであった．引き続いて1996年には *S. cerevisiae* ゲノムの全塩基配列が決定されたが，これは完全解読された最初の**真核生物ゲノム**（eukaryote genome）であった（13年間にわたり見出しを独占し続けたヒトゲノム計画は，2003年に終了した）．

　2001年のノーベル生理学医学賞は，「細胞周期の主要な制御因子の発見に対して」3名の科学者に授与されたが，その内の2名は酵母を材料として研究していたことは，生物学者にとって有名な話である［**Leland Hartwell** は *Saccharomyces cerevisiae* を，**Paul Nurse** は，分裂酵母（*Schizosaccharomyces pombe*）を用いて研究した．もう一人の受賞者は **Tim Hunt** で，ウニ卵を研究材料とした］．つまり，ゲノム学全体と細胞周期に関する生物学は，酵母を用いて構築された土台に支えられているのである．しかし，酵母のきわめて重大な貢献は，20世紀末よりもはるか以前の19世紀中葉にまでさかのぼる．酵母を用いた生物学の歴史は，実質的にL. パスツール（Louis Pasteur）を嚆矢とする．彼は，1857年に酵母が発酵に関係すること，栄養培地中での微生物の成長が自然発生によるものではないことを明らかにした．

　「酵母」という単語は，発酵している液体中に見られる何らかの増殖するものに対して与えられた，一般的な用語である．語源から言えば，この単語は，「空虚な」あるいは「泡のような」という意味をもち，それゆえ発酵過程を描写したものであるが，後に発酵因子を意味するようになった．ブドウ果汁を搾汁するときわめて自然に発酵するが，その際に発生し，ついには澱を造る，「成長するもの」が「酵母」である．**アルコール飲料**（alcoholic drinks）の製造はシンプルなプロセスなので，最も原始的な社会を含めたすべての社会が，一種類以上の発酵飲料を日常生活の中で飲用していた．パン焼きやワインの製造は，いくつかの古代エジプトの壁画や墓の装飾として描かれて

いる．生物学的な観点から見ると，ほとんどすべての発酵に関係している生物種が，今日 Saccharomyces cerevisiae とよばれる酵母であることは括目すべきことである．S. cerevisiae はある業界では醸造用酵母（brewer's yeast）として，また他の業界ではパン酵母（baker's yeast）として知られている［本書では「出芽酵母（budding yeast）」とよぶ］．糸状菌類や他の微生物と同様に酵母も，自然界のブドウの実，果実や種子の表面に存在することを想起してもらいたい．そのために，発酵に際し酵母を加える必要もなく，発酵プロセスにおける微生物の重要性について知らなくても，発酵による食品の調製を行うことができる．S. cerevisiae は，代謝を制御することにより，酸素存在下でもアルコールを産生することができるので，しばしば注目を集めることがある．この課題については，17.13 節で再び触れることとする．

19 世紀末の工業化に伴い，生産と製品の質を保障し向上させる必要性が生じた．このような事情を背景に，醸造業者やワイン製造業者が，発酵の性質についての研究を支援する機運が生じた．こうして，おのずと酵母とよばれる単細胞微生物に，世の関心が集まるようになった．酵母の代謝についての研究により，基本的に，生化学と酵素学に関する科学の基礎が築かれた．均一な製品を製造するための純粋培養技術や，発酵効率の向上あるいは新製品の開発のための制御装置は，20 世紀初頭に遺伝科学と並行して発展した．パスツールは，ワイン製造業者に雇われ，ワインの発酵技術を改善するための研究に従事した．彼は，実験により次のような結論を導いた．「アルコール発酵は，細胞が有機的に組織化され，成長し，増殖することによってもたらされる……」これらの細胞こそが，菌類［**酵母（yeast）**］細胞なのである．

パスツールは，第 1 回目のノーベル賞が授賞される前の 1895 年に亡くなった（第 1 回目は 1901 年である．http://nobelprize.org/alfred_nobel/ 参照）．しかし，E. ブフナー（Eduard Buchner）は，1907 年のノーベル化学賞を受賞した［受賞理由：「**無細胞発酵（cell-free fermentation）**の生化学的研究と発見に対して……」；http://nobelprize.org/nobel_prizes/chemistry/laureates/1907/ 参照］．ブフナーは，発酵が，実際には酵母の分泌物によって引き起こされることを発見し，その分泌物を**チマーゼ（zymase）**と名づけた．現在われわれは，この発酵を起こすものを酵素とよんでいる．ブフナーのノーベル賞授賞対象となった実験は，酵母細胞の無細胞抽出液を作製し，この「圧搾ジュース」が糖を発酵することを証明したことである．これらの発見は，細胞の生化学と代謝に関する理解のスタートラインとなった．次に示すノーベル賞受賞者と受賞内容の変遷を通して，基本的な生物学的知見についての発見の跡をたどることができる（http://nobelprize.org/nobel_prizes/ 参照）．

1929 年のノーベル化学賞は，Arthur Harden［**酵母の呼吸におけるリン酸（phosphates in respiration of yeast）**の関与について研究］と Hans von Euler-Chelpin［**酵母の酵素学と酸化的呼吸（enzymology and oxidative respiration of yeast）**について研究］が，「糖の発酵と**発酵酵素（fermentative enzymes）**についての研究に対して」の理由で受賞した（http://nobelprize.org/nobel_prizes/chemistry/laureates/1929/）．Hans von Euler-Chelpin のノーベル賞講演の一節を次に示す．

> 生物体内において，ほとんどの反応は，酵素あるいは発酵体として知られる，最少の量でも活性のある特別な物質によって引き起こされる．すべての物質群，そして事実すべての物質は，その反応に特異的な酵素を必要とする．初期には，タンパク質を分解する胃液中のペプシンや，あるいはデンプンを糖に変換する唾液や麦芽中のアミラーゼなど，ほんのわずかのタイプの酵素しか知られていなかった．しかし最近は，存在が証明されたり実体が明らかにされた酵素の数は，100 以上にのぼっている．この講演は 1930 年 5 月になされた．

20 世紀の次の四半世紀には，代謝の壮大なネットワークが解明され，物語のもう一方の側の，遺伝的な表現型の分離についての研究もまた進展した．庭園のエンドウマメについてのメンデルの研究は，1900 年に再発見・再出版された．多くの実験者が，この影響を受けて，遺伝子の分離に関するメンデルの発見を追試し，確認した．ほとんど同じ時期に，Saccharomyces cerevisiae の栄養細胞は通常二倍体であり，2 個の半数体胞子の「合体」によって生じることが明らかになった．1930 年代初期には，酵母の生活環についての基本的な事実，特に胞子形成の際に二倍体の核が減数分裂（還元分裂）を行い，4 個の半数体の子嚢胞子が形成されることが明らかになった．生活環がこのようにはっきりと解明されたことにより，育種実験への道が開かれた．1940 年代までには，Carl Lindegren が次のように記述できるほど，研究が進んだ．

> ガラクトース発酵株と非発酵株の交配により生じた，異型接合体雑種から得られた 13 個の子嚢を解析した．これら

の子嚢中の2個の胞子は，ガラクトース発酵の制御に関わる優性遺伝子を，そして2個は，劣性対立遺伝子をもっていた．胞子から得られた発酵能を有する子孫株を，発酵性の親株と戻し交配を行い13個の子嚢を得た．これらの子嚢中の4個の胞子は，すべて発酵に関わる遺伝子をもっていた．胞子から得られた発酵能をもたない子孫株を，非発酵性の親株と戻し交配を行い7個の子嚢を得た．この場合，各々の子嚢中の4個の胞子は，すべて非発酵性であった．発酵能をもたない子孫株と発酵性の親株との戻し交配により異型接合体を得た．6個の子嚢を解析した結果，各々は2個の非発酵性の胞子をもっていた．この解析はきわめて明確に，ガラクトースの発酵を制御している遺伝子が，通常のメンデルの法則に則って行動するということを示している（Lindegren, 1949）．

それゆえ，エンドウマメを用いたメンデルの実験の再発見後数十年以内に，メンデルの実験は，酵母を用いて繰り返し追試され，酵母の遺伝子は，エンドウマメ遺伝子と同じ一連の法則に則ってはたらくことが示された．他の研究室では，糸状子嚢菌類のアカパンカビ（*Neurospora*）属や細菌のエシェリキア（*Escherichia*）属およびサルモネラ（*Salmonella*）属の栄養欠損突然変異株を用いて，最初の代謝経路が構築された．

1958年のノーベル生理学・医学賞は，G. ビードル（George Beadle）とE. テータム（Edward Tatum）（両者はアカパンカビを用いて研究を行っていた）の「遺伝子が明確な化学的事象の制御にはたらく（genes act by regulating definite chemical events）ことの発見に対して……」，およびJ. レーダーバーグ（Joshua Lederberg）の「細菌の遺伝物質（genetic material of bacteria）の遺伝的組換えと機構についての発見に対して……」授与された（http://nobelprize.org/nobel_prizes/medicine/laureates/1958/）．

その後，20世紀前半の50年間に，酵母と類縁の糸状菌類（Davis, 2000；Samson & Varga, 2008；Machida & Gomi, 2010）を用いた研究により，細胞生化学，代謝およびその遺伝的制御に関する基礎的知見がもたらされた．そしてその後，すでに述べたように，Leland HartwellとPaul Nurseは，細胞周期に関する研究において，「代謝経路の研究に，ある段階が欠損する突然変異体を分離して用いる」のと同じような概念の方法を用いた（http://nobelprize.org/nobel_prizes/medicine/laureates/2001/）．

菌類を用いた研究によるノーベル賞の受賞は続いた．2006年のノーベル化学賞は，R. D. コーンバーグ（Roger D. Kornberg）の「真核生物の転写（eukaryotic transcription）の分子的基礎に関する研究に対して……」授与された（http://nobelprize.org/nobel_prizes/chemistry/laureates/2006/）．コーンバーグの研究の多くは，酵母の転写装置についてなされたものである．

次に，生きている真核細胞について紹介しよう．この課題にアプローチするためにはいくつかの方法があるが，われわれは典型的な菌類細胞に焦点を当てて（菌類の細胞タイプが，動物細胞や植物細胞といかに異なるかを強調したい），DNAレベルの事象から話を始める．最終的には，すでに述べたように，菌類の生活様式を特徴づける菌糸の先端伸長に深く関わる特質に話題を集中する．

5.3 細胞構造の基本

細胞は，1665年，R. フック（Robert Hooke）によって発見された．彼は，彼の17世紀の光学顕微鏡を用いて，コルクの切片の中に細胞を見た．フックは，コルクの中の区画を，修道士が住む小さな部屋に見立て，「細胞（cell）」という用語を造り出した．Cellという単語は，小部屋を意味するラテン語 *Cellula* からきている．すべての生物は，1つかそれ以上の細胞からできており，またすべての細胞は，すでに存在する細胞から生じるという細胞説が，1839年に，M. J. シュライデン（Matthias Jakob Schleiden）とT. シュワン（Theodor Schwann）によって最初に提唱されるまでに，さらに170年もの時が流れた．

生物の基本的な生命維持活動は細胞内で営まれ，ほとんどすべての細胞は，そのような活動を遂行・制御し，遺伝情報を次世代細胞に伝えるのに必要な遺伝（親譲りの）情報をもっている．原核生物もまた細胞であり，原核細胞と真核細胞はいずれも，細胞を包み，細胞を環境から隔てるという，きわめて重要な役割を担う膜（membrane）をもっている．細胞膜はさらに，選択的透過性を有する．すなわち，膜は，細胞の化学物質の出入りを制御している．膜は，イオンの流れを制御することにより，細胞の電位とpHを調整する．膜は，直接あるいは間接に水の流れを制御することにより，細胞の容積と浸透ポテン

訳注1：1個の子嚢中に4個の子嚢胞子がつくられる．

5.3 細胞構造の基本

表 5.1 原核細胞と真核細胞のおもな特徴の比較

	原核生物（prokaryotes）	真核生物（eukaryotes）
典型的な生物	細菌，アーキア	原生生物，菌類，動物，植物
典型的な大きさ	約 1～10 μm	約 10～100 μm
核のタイプ	核様体領域；真の核ではない，膜の囲いをもたない [pro + karyotos ＝核をもつ前の状態（karyotos, 語意は「堅果」)]	二重膜で囲まれた真の核 [eu + karyotos ＝真の核（語意は堅果）をもつ]
DNA	環状 DNA（通常）	ヒストンタンパク質の周りにまとめられた糸状の DNA 分子（染色体）
RNA/タンパク質合成	細胞質中で連携	RNA 合成は核の中で；タンパク質合成は細胞質の中で
細胞質中のリボソーム	サブユニット 50S + 30S	細胞質中のリボソーム 60S + 40S；細胞小器官中のリボソームは，むしろ原核生物のものに似る
細胞質の構造	ほとんど構造は認められない	細胞内膜，細胞小器官および微小管やミクロフィラメントなどの細胞骨格により高度に組織化されている
細胞運動	おもにフラジェリンタンパク質からなる鞭毛による	おもにチューブリンタンパク質からなる，鞭毛と繊毛（波動毛）による
ミトコンドリア	もたない（酸化還元電子伝達は細胞膜で行われる）	1 細胞当り 1～数ダース存在（おそらく細胞内共生した原核生物に由来する）．ある種の真核生物は，ミトコンドリアをもたない；嫌気性生物では，ヒドロジェノソーム（hydrogenosome）がミトコンドリアの代わりをしている
葉緑体	もたない（光合成電子伝達は，シアノバクテリアの，細胞膜が折りたたまれ積み重ねられたチラコイドで行われる）	藻類と植物中に存在
組織	通常単細胞	単細胞，コロニー，分化した細胞を有する高等多細胞生物
細胞分裂	二分裂（単純分裂）	有糸分裂（分裂あるいは出芽），減数分裂

出典：細胞（生物学）と題した英語版ウィキペディア論文を，改変・脚色した．頁バージョン ID: 148282036, 31 July 2007 (http://en.wikipedia.org/w/index.php?title=Cell_%28biology%29&toldid=148282036).

シャルを調整する．細胞膜の内側の，さらに細胞膜によって囲まれた物質は，細胞質とよばれる分子とイオンの複雑な混合物である．真核生物では，細胞質はまた，1 つあるいは複数のきわめて重要な機能の遂行に特化した，膜で包まれたさまざまな領域を含んでいる．これらは，一般に**細胞小器官**（organelles）とよばれている．

遺伝物質（genetic material）としては，2 種類の物質，すなわちデオキシリボ核酸（DNA）とリボ核酸（RNA）が知られている．DNA は，長期間の情報の保管に使われる（ある種のウイルスでは，RNA がこのはたらきを担っている）．生物の遺伝情報は，それぞれの DNA あるいは RNA の塩基配列中に暗号化されている．RNA はまた，特徴的に細胞内における情報輸送の役割を担っている．たとえば，**伝令 RNAs**（messenger RNAs, mRNAs）および**転移 RNAs**（transfer RNAs, tRNAs），さらにリボソーム RNAs（ribosomal RNAs, rRNAs）などは，基本的に**タンパク質合成**（protein synthesis）過程で酵素のようにはたらいている．

原核生物の遺伝物質は，細胞質の**核様体**（nucleoid）領域にまとめられた，1 個の単純な**環状 DNA 分子**（circular DNA molecule）として集約されている．この領域は，膜によって隔離されていないが，この事実が，原核生物と真核生物を区別する主要な特徴の 1 つである．真核生物では，遺伝物質は染色体とよばれる何本かの線状分子に分けられており，さらにそれらは，組織化された核膜に囲まれた核の中に収納されている．

原核生物は核膜をもたず，同時に真核細胞に特徴的な膜に囲まれた細胞小器官ももたない．しかしながら，リボソームと，タンパク質合成機構に含まれる他の構成要素の多くは，細かいところでは差異があるものの（これらの違いのあるものは，抗生物質療法の際に薬剤標的となるので重要である），原核細胞と真核細胞の双方に存在している．真核生物の特殊化した細胞小器官が行っている機能は，原核生物では細胞膜がこれらを遂行している（表 5.1）．原核細胞は構造的に，次のような独特の領域に区分される．

- **原形質領域**（cytoplasmic region）は，細胞ゲノム（DNA），リボソームおよびさまざまな含有物を含んでいる．

- 細胞表面に取り付けられた**付属器官**（appendages）- **線毛**（pili；単数，pilus）は，付着に関係する毛髪のような付属物である．運動性の細菌は，**鞭毛**（flagella）をもつ．鞭毛は，おもに自己集合性のタンパク質フラゲリン（flagellin）からなり，真核生物の鞭毛と関連性はない（動物の病原体細菌の線毛と鞭毛は，主要な抗原である）．
- **莢膜**（capsule），ペプチドグリカン（peptidoglycan）細胞壁（抗生物質療法の際の重要な標的）および細胞膜からなる**細胞外被**（cell envelope）．

また原核生物は，しばしば，**プラスミド**（plasmids）とよばれる**染色体外**（extrachromosomal；通常環状）DNA分子を保持している．プラスミドは，しばしば，抗生物質に対する耐性，病原性，ゲノムの転移および外来物質の代謝などの表現型を付与する遺伝子をもつ．ほとんどの真核生物は，プラスミドをもたないが，菌類は例外的にもっている．同様に，真核生物の主要な細胞小器官（たとえば，ミトコンドリアと葉緑体）は，1個の（小さな）環状DNA分子と独立したリボソーム群およびタンパク質合成装置からなる，核とは別の遺伝セットを保持している．

5.4 真核細胞の細胞内構成要素：核

真核細胞の細胞内構成要素は，最も重要な**核**（nucleus，複数 nuclei）とそれに付随する**核小体**（nucleolus）（Dreyfuss & Struhl, 1999），さらに**リボソーム**（ribosomes），**小胞体**（endoplasmic reticulum），**ゴルジ装置**（Golgi apparatus），**細胞骨格**（cytoskeleton），**ミトコンドリア**（mitochondria；単数形，mitochondrion），**液胞**（vacuoles）および**小胞**（vesicles）などのすべての核外成分あるいは「細胞質」成分を含む．

細胞核（cell nucleus）は，多くの真核生物では最も目立つ細胞小器官であるが，菌類では小さく，はっきりとは見えない．この器官は，遺伝物質の保管とすべての細胞活性（代謝，成長，成長が拠っているすべての合成過程，および細胞分裂など）の調和という，2つのおもな機能を有する．核は，真核細胞の染色体を収納しており，複製，組換えおよび転写（DNA遺伝子の塩基配列を伝令RNAに複写する過程）などの，DNAが関係するすべての分子レベルでの変化が起こる場でもある．核はまた，イントロンを除去するためのRNAプロセシングの[訳注2]ような，遺伝子発現における転写後のステップが進行する場でもある．

ゲノムDNA分子は極端に長い．たとえば，かつて初めて完全に塩基配列が決定された，酵母の第Ⅲ染色体は 3.15×10^5 塩基からなり，互いに隣接する塩基は 0.34 nm 離れているので，染色体分子はおよそ 107 μm の長さであると推定できる．酵母細胞の大きさはさまざまであるが，約 5〜7 μm である．それゆえ，DNAの1個の分子は，それを含む細胞よりも 15〜20 倍長い．もちろん，DNAは直径がたった 2 nm であり，核DNAが核の大きさに合わせるためには，**強く凝縮され**（highly condensed）なければならないことは自明の理である．

凝縮は，数段階で行われる．146 bp（塩基対）の長さのDNAが，**ヒストンタンパク質**（histone proteins）の8量体（H3，H4，H2AおよびH2Bのヒストンが各々2コピーずつ）と複合体を形成し，ヌクレオソーム・コア粒子を形成する．その後ヌクレオソームは，直径 10nm の繊維，30nm の繊維そして染色体ループへと段階を追って巻き付けられ，最終的には完全に凝縮した染色体のクロマチンになる．酵母では，動物や植物で 30nm 繊維の形成に関わるリンカーのヒストン H1（histone H1）が欠損しているので，ヌクレオソームの間に約 45 塩基対の長さのDNAが存在する．

クロマチンは，静的な構造ではない，ということを認識することが肝要である．クロマチンは，核の時々刻々の作用活動に関わっており，クロマチンが，そのDNA情報を発現することができるようにクロマチンを修飾・適合させるために，多くのタンパク質がリクルートされる．ヒストンは，アセチル化あるいは脱アセチル化されることによって，**クロマチンの構造**（chromatin structure）を修飾する．多くの独特のヒストンアセチル化酵素複合体とヒストン脱アセチル化酵素複合体が，特定の遺伝子の転写に特異的な効果を及ぼす．DNA結合活性化因子および抑制因子は，これらのヒストンアセチル化酵素/脱アセチル化酵素を，因子特異的遺伝子のプロモーター領域にリクルートし，部分的にクロマチンの構造を修飾することもある．他のタイプの**クロマチン修飾複合体**（chromatin modifying complexes）は，より広範な領域のクロマチン構造を変化させることにより，より多くの遺伝子活性に影響を及ぼす．

核の活性のほとんどの面には，しばしば**分子マシーン**（molecular machine）とよばれる非常に巨大な多タンパク質複合体が関わっているが，このような複合体に，クロマチン修飾活

訳注2：遺伝子DNAあるいはその転写物中にあって，最終的にタンパク質に翻訳されない部分のこと．

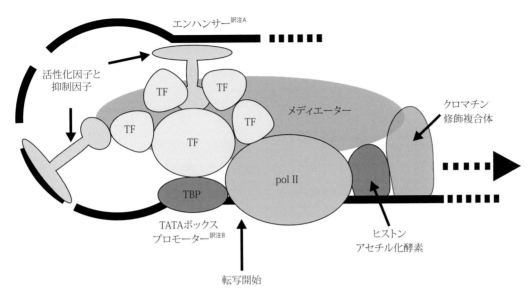

図 5.1 RNA ポリメラーゼ II 依存転写は，転写開始前複合体（pre-initiation complex, PIC）が，遺伝子特異的活性化因子タンパク質によって会合することにより活性化され，最終的に特異的メッセンジャー RNA が合成される．この過程では，クロマチン構造が変化するとともに，基本転写因子（TFs）と RNA ポリメラーゼ II（pol II）が，遺伝子の転写開始位置を囲む，遺伝子コアプロモーター配列に結合することが必要となる．鍵となる反応は，TATA ボックス結合タンパク質（TATA-box binding protein, TBP）のような DNA 結合活性化因子と，活性化補助因子［ここでは TF として示す．しかし，一般には TAF II s（TATA ボックス結合タンパク質関連因子のこと）とよばれる］との相互作用である．TAF II 250 は，他の TAF II s が，TBP とともに TF II D とよばれる複合体に集合する際の足場である．TBP は，まず DNA のプロモーター領域と結合し，ついで TF II B（もし存在すれば TF II A も）を TF II D に付加させる．転写開始前複合体（PIC）に加わる前に，RNA ポリメラーゼ II（pol II）と TF II F は，TF II B にリクルートされて，1 つに束ねられる．最後に，RNA ポリメラーゼ II が TF II E をリクルートし，TF II E はさらに TF II H をリクルートして PIC 集合体が完成する．TF II D と TF II B は，具体的にはコアプロモーター DNA に結合し得る PIC の単なる一成分にすぎない．カラー版は，口絵 20 頁を参照せよ．
訳注 A：増強構造，DNA 上の転写を促進する塩基配列のこと．
訳注 B：DNA 上の転写開始を促進する塩基配列で，TATA ボックスとよばれるコンセンサス配列を有する．

性をもつサブユニットが含まれることもある．たとえば，RNA の転写機構や，mRNA のスプライシング[訳注3]に関わる分子マシーンはそれぞれ，大きさについても構成するサブユニットの複雑さからみても，リボソームに匹敵するものである．

真核生物は，I，II，III の 3 つの**異なったタイプの RNA ポリメラーゼ**（different types of RNA polymerase）をもっている．

- RNA ポリメラーゼ II は，すべての mRNA 転写産物を合成する．
- RNA ポリメラーゼ I は，リボソームの主要な RNA 分子を合成する．
- RNA ポリメラーゼ III は，転移 RNAs，低分子リボソーム RNA および核や細胞質に存在するその他の低分子 RNAs を合成する．

真核生物の転写においては，転写開始前に，**基本転写因子**（general transcription factors, TFs）とよばれる大きなタンパク質複合体が，DNA のプロモーター領域に会合する．これらのタンパク質複合体は，RNA ポリメラーゼがプロモーターに結合するのを助け，DNA の二重らせんをほどき，ついで RNA ポリメラーゼを RNA 鎖の伸長モードに転換させる．複合体中の転写開始に必要な他のタンパク質には，特異的な塩基配列に結合してポリメラーゼの結合を促進する活性化因子，活性化因子を転写因子に接続する転写メディエーター，およびクロマチンの構造を修飾し，クロマチン構造が緩むことにより転写を促進する酵素などがある．これらのタンパク質のあるものは，2 個以上のポリペプチドから構成されているので，転写を開始するためには，プロモーターにおよそ 100 個のタンパク質サブユニットが会合することになる（図 5.1）．ひとたび転写が開始すると，ほとんどの転写因子はポリメラーゼ複合体から遊離する．

訳注 3：真核生物の核中で，DNA から伝令 RNA が形成される際のイントロンの除去過程のこと．

> **資料ボックス 5.1　バーチャル細胞動画**
>
> 読者諸氏に，North Dakota 州立大学の Molecular and Cellular Biology ラーニングセンター製作の *Virtual Cell Animation Collection*（バーチャル細胞動画コレクション）中のアニメーションを見ることを強く薦める．次の URL にアクセスせよ：
> http://vcell.ndsu.nodak.edu/animations/home.htm.

　転写開始前複合体（pre-initiation complex, PIC）の集合に関わる結合事象の「遺伝子特異的」側面は，TATA ボックス結合タンパク質（TATA-box binding protein, TBP）- 関連因子（TAFs）と，基本転写因子の TF II D および TF II B を構成する活性化補助因子にあるように思われる．TAFs の中でも，TATA ボックス結合タンパク質（TBP）の DNA への結合を制御し，コアプロモーター開始タンパク質（core promoter initiator proteins）と結合し，またコアヒストンのアセチル化されたリジン残基に結合し，さらにはヒストンや他の転写因子を修飾する酵素活性を有する TAF II 250 がとりわけ重要である．これらの活性は，TF II D が特定のプロモーターに定置して安定化するのを助け，またプロモーター領域のクロマチン構造を変化させて，転写因子の転写開始前複合体（PIC）への集合を可能にする．このようにして TAF II 250 は，遺伝子活性化のためのシグナルを，効果的な転写へと転換する．

　転写因子（transcription factors）は，転写を特定の遺伝子に指向させる際に非常に重要なはたらきをしている．後に細胞の事象について論議する際に，転写調節因子が非常に多くの特徴の制御に関わっていることについて，しばしば言及することになるだろう．それらの調節因子は，クロマチンの構造を修飾し，および/または転写の特異性および/または活性，および/または RNA 加工機構に影響を及ぼす可能性がある．転写調節因子の多くは，それ自身，しばしば活性化補助因子とよばれる多タンパク質複合体を形成することによりはたらく．また，個々のタンパク質は，まったく異なった機能的にも別個の，活性化補助因子複合体の構成成分の可能性がある．

　転写の制御とクロマチンの構造は，緊密に連携が保たれているために，転写開始の際に起こる反応は，mRNA のプロセシングを制御し，それゆえ遺伝子発現に影響を及ぼすことになる．mRNA が合成されるとまず，重要な結合反応が進行する．mRNA が，リボソームによってタンパク質合成の鋳型として使用されるためには，5′ 末端にメチル化されたキャップを，そして 3′ 末端にポリアデニル化されたポリ A テールを付加・加工されていなければならない．キャップは，まさに転写が開始したその時点で用意される．ポリ A テールは，転写終了時に準備される．転写開始複合体が形成されると，RNA ポリメラーゼ II のカルボキシル末端はリン酸化され，このことにより酵素は，開始モードから伸長モードへと変換される．転写因子の役割は，転写を開始することであり，ひとたび転写が進み始めると，ほとんどの転写因子は，ポリメラーゼ複合体から離脱する．

　ポリメラーゼのリン酸化された「テール」は，RNA キャッピング（RNA-capping），ポリ A プロセシング（poly-A processing）およびスプライシング（splicing）を遂行するタンパク質と直接相互作用する．換言すると，転写装置は，通常 mRNA 前駆体とよばれる最初の RNA 転写産物に，別の RNA プロセシング装置（RNA-processing machines）をリクルートする．これらの異なる装置には，共通のサブユニットが含まれる．たとえば，切断ポリアデニル化特異的因子（cleavage polyadenylation specificity factor, CPSF）は，サブユニットとして特異的 TATA ボックス結合タンパク質関連因子（TAFs）を含んでいる．この緊密な「機械的」関係と，新たに合成された RNA，RNA ポリメラーゼおよび多くの mRNA プロセシング因子がすべて核の中に近接してともに存在するという事実は，異なった「単位機械（サブユニット）」が，mRNA の合成とプロセシングを統合する「mRNA 工場（mRNA factory）」へと組織化されているということを強く示唆する．

　一次転写産物（primary transcript）あるいは mRNA 前駆体（pre-mRNA）が完成するとすぐに，すでに 5′ にキャップ構造が付加された RNA 分子は，RNA ポリメラーゼから遊離され，次いで切断因子が RNA の特異的塩基配列に結合する．その後 mRNA 前駆体の 3′ 末端は，切断因子や安定化因子が結合できるように適切な立体配置をとる．そこで，ポリ A ポリメラーゼは mRNA 前駆体に結合し，3′ 末端を切断し，複合体が解離し，3′ 末端にアデニンヌクレオチド残基を付加することによりポリ A テールを合成する．テールが合成されるにつれ，タンパク質がテールに結合し，テールの合成は加速される．ポリ

訳注4：真核生物の DNA のプロモーター領域で，転写開始に重要な役割を果たしている TATA (T/A)A(T/A) というコンセンサス塩基配列のこと．

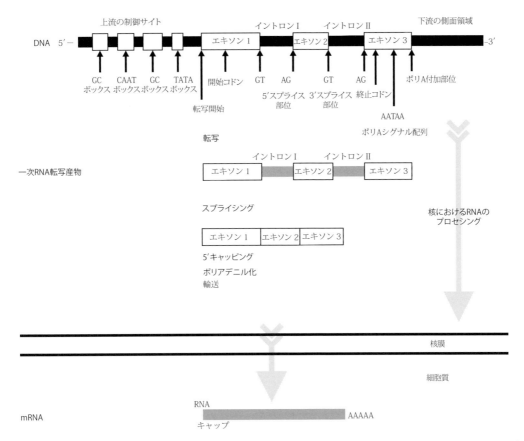

図 5.2 真核生物では，タンパク質の情報をコード化した遺伝子の転写産物は，**一次転写産物**（primary transcript）あるいは **mRNA 前駆体転写産物**（pre-mRNA transcript）とよばれる．一次転写産物は，核を離れる前に，酵素やリボザイム複合体によって徹底的に修飾される．5′末端は，修飾されたグアニンヌクレオチドでキャッピングされている．3′末端は，最大 200 個のアデニンヌクレオチドによりポリアデニル化されている．最終的に，スプライシングとして知られる工程により，イントロンが除去される．これらの過程は，時間的にも空間的にも調和が保たれており，実際には，RNA ポリメラーゼによって mRNA 前駆体転写産物が合成されるとともに始動する．スプライシングは，mRNA 前駆体転写産物から，2 個のエキソンの末端どうしをきわめて正確に結合することと，エキソンに挟まれたイントロンを除去する工程である．これに関係する装置は，5 個の触媒能のある snRNA 分子（sn, small nuclear；核内低分子 RNA）と，50 個以上のタンパク質サブユニットを使っている．スプライシングを行う snRNAs とタンパク質の複合体は，**スプライセオソーム**（spliceosome）とよばれる．スプライシングの結果，完全に加工された mRNA がつくられ，mRNA はその後細胞質に輸送され，翻訳される（図 5.3 参照）．

アデニル化が完了すると，加工された mRNA 前駆体（まだイントロンをもっている）は，スプライシングされる準備が整う（図 5.2）．

イントロンとエキソンの境界は，mRNA 前駆体中の特異的な塩基配列によって規定されており，それらの配列は非常に多数の snRNPs［**核内低分子リボ核タンパク質**（small nuclear ribonucleoproteins）］と他のタンパク質によって認識される．また，snRNPs とタンパク質は連合し，各々のスプライスされるイントロン上で，**スプライセオソーム**（spliceosomes）という反応センターを形成する．それらのタンパク質は，SR タンパク質（SR proteins）とよばれ，1 個以上の RNA 結合ドメインと，SR タンパク質の名称の由来である，アルギニン(R)-セリン (S)・ジペプチドに富むドメインをもつという共通構造を有する．これらのドメインは，スプライシング，SR タンパク質の輸送および局在化におけるタンパク質間相互作用にたずさわる．スプライシングは，mRNA 前駆体転写産物から 2 個のエキソンの末端どうしを非常に正確に結合することと，エキソンに挟まれて介在するイントロンを除去することからなる工程である．関係する装置は，5 個の触媒能のある snRNA 分子（snRNA molecules）と 50 個以上のタンパク質サブユニットからなる，スプライセオソームとよばれる複合体を使用する．この工程においては，タンパク質の立体構造が変化し，そのことにより，イントロンが，投げ縄型構造とよばれる枝分かれしたループとして効果的にくくり出される．その結果，スプライセオソーム中の酵素がイントロンを切り離し，隣接するエキソンの末端を結合させることができる（図 5.3）．スプライシング

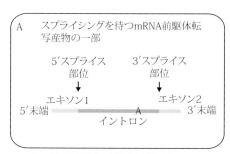
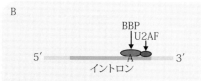
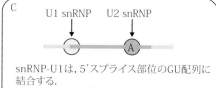

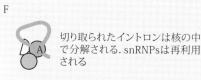

図5.3 主要なスプライセオソームタンパク質-RNA複合体によるスプライシング工程．スプライセオソームは，5′スプライス部位にGUを，3′スプライス部位にAGをもつイントロンをスプライシングし，真核生物におけるスプライシング活性の99％以上に関わる．第1段階では，イントロンの3′スプライス部位のPy（ピリミジン）-AGに結合するブランチ（枝）結合タンパク質［branch binding protein，BBP；また，哺乳動物では，SF1（splicing factor 1，スプライシング因子1）とよばれる］とヘルパータンパク質U2AFの，2つの複合体が関与する．RNAはループを形成し，さらに3個のタンパク質-RNA複合体が結合する．この最後の複合体は，立体構造を変化させ，イントロンを5′GU配列の位置で切り離し，枝分かれ（ブランチ）部位のA塩基にラリアート（投げ縄）構造を形成する．次に，イントロンの3′がAG配列の位置で切断され，2個のエキソンが互いに結合される．スプライスされたmRNAが，スプライセオソームから遊離すると，イントロンの枝は切除され，分解される．さらに詳しくは，ウィキペディア：http://en.wikipedia.org/wiki/RNA_splicing およびmRNAのスプライシングに関する動画：http://vcell.ndsu.nodak.edu/animations/mrnasplicing/index.htm を参照せよ．カラー版は，口絵21頁を参照せよ．

によって成熟mRNAができ，その後翻訳のために細胞質に輸送される．

RNA転写産物は，核に存在する間，豊富に存在するRNA結合タンパク質の一群であるヘテロ核リボ核タンパク質（heterogeneous nuclear ribonucleoproteins, hnRNPs）と会合している．これらのタンパク質は，mRNAの輸送や翻訳にだけではなく，mRNA前駆体のプロセシングのほとんどあらゆる面に関わっている．明らかに，転写産物の運命や機能は，転写されたRNAと非常に多様なタンパク質からなるRNP複合体に大きく依存していると言える．

5.5 核小体，および核内外への輸送

mRNAは，核が関わる唯一のRNA分子ではない．リボソームRNA（ribosomal RNA, rRNA）の転写とプロセシング，およびリボソームの構築（ribosome assembly）は，核のきわめて重要な機能の1つである．事実，これらの活性が発現する場は，核の中で最も顕著な形態的特徴を有する，長い間核小体として知られてきた部位である．rRNAの塩基配列に特化した遺伝子は，転写されてrRNAs前駆体（pre-rRNAs）が形成される．事実上，すべての細胞内RNAsは，転写後に加工され，修飾される．プソイドウリジン化（RNAの塩基配列の特異的な部位のウリジンをプソイドウリジンに転換すること）と，リボース糖の2′-O-メチル化は，最も一般的な内部修飾である．このような修飾を受けるのは，安定RNAの3つの主要なタイプ，スプライセオソームsnRNAs，rRNAsおよび転移RNAs（tRNAs）の3種類である．mRNA前駆体のプロセシングの場合と同様に，rRNA前駆体のプロセシングは，多数の核小体内低分子RNAs（small nucleolar RNAs, snoRNAs）から構成される核小体内低分子リボ核タンパク質複合体（RNP complexes, snoRNPs）と一緒にはたらく一群のタンパク質によって遂行される．リボ核タンパク質複合体の塩基は，rRNA前駆体の特異的な部位の塩基配列と対合し，rRNAの修飾を誘導する．

核小体内低分子RNAs（snoRNAs）は，それ自身転写前駆体からつくられ，核小体に向かわなければならないので，非常に重要なrRNAの修飾を管理することができる．上述したように，核小体内低分子リボ核タンパク質（snoRNPs）もまた，スプライセオソームsnRNAsを修飾することができる．この事実

は，mRNA前駆体がプロセシングされる方法にも影響を及ぼし得るので，**核小体**（nucleolus）が単なるリボソームの構築以上のことに関係するのは明らかである．にもかかわらず，リボソーム・サブユニットは核小体で製造され，リボソームの構築に必要なタンパク質は細胞質で合成されるので，合成されたタンパク質は核に持ち込まれ，同時に核小体に向けて運ばれなければならない．その後，リボソーム・サブユニットは，再び細胞質に運び出される必要がある．リボソーム・サブユニットは，大きな高分子複合体であり，細胞質に移送される経路はまだわかっていない．mRNAの核からの移送については，より多くのことがわかっている．

核は，細胞質と核膜とよばれる二重膜によって隔てられており，核膜は，細胞質の混乱からDNAを隔離し，保護している（原核生物では，DNAに依存する諸過程は，細胞質で進行する）．真核生物では，多くのタンパク質やRNAが核膜を越えて輸送される．この現象は**核-細胞質通行**（nuclear-cytoplasmic trafficking）として知られ，核への輸入と核からの輸出の双方が存在することを特徴とする．これらの輸送は，核膜の二重膜に埋め込まれた複雑な複合体である，**核膜孔複合体**（nuclear pore complexes, NPCs）を通して行われる．NPCsには直径約9 nmのチャネルが穿たれている．イオンや約50キロドルトン[訳注5]未満の低分子は，拡散によりチャネルを通過できるが，タンパク質，RNAsおよび9 nm以上のリボ核タンパク質（RNP）粒子などは，エネルギー依存機構によってNPCsを通して選択的に輸送される．NPCsを通しての通行は，発育および環境に関連したシグナルによって選択的に制御されている．

NPCの全体的な三次元構造は，酵母から高等真核生物まで保存されており，酵母のNPCは脊椎動物のものよりも小さい．NPCsのタンパク質成分は，**ヌクレオポリン**（nucleoporins）とよばれる．酵母のNPCは，30〜50種類のヌクレオポリンからできている（脊椎動物は，100種類までである）．NPCの三次元分子構造については，ようやく解明され始めたが，ざっと言えば，それはむしろスイマーのシュノーケルのボール・バルブのようなものである．孔の細胞質側にはヌクレオポリンのリングがあり，孔は核膜を貫通し，核質側に他のリングが取り付けてある．2つのリングの間には中央栓［ある試料では，その中に輸送基質をもつように見えるので**運搬体**（transporter）ともよばれる］がある．8本の短い繊維が細胞質側のリングから細胞質中に延び，一方核質側のリングは8本の長く細い繊維からできたかごを係留している（Stoffler et al., 1999）．

この高度に組織化されたトンネルが，実際にどのようにはたらいているかは，依然として謎である．しかし，輸送過程自身は，**インポーチン**（importins）あるいは**エクスポーチン**（exportins）［両者は**カリオフェリン**（karyopherins）ともよばれる］として知られる，一群の可溶性運搬体タンパク質に依存している．これらは，細胞質と核の間でタンパク質やRNAを輸送する．輸送を待つタンパク質あるいはRNA（輸送基質）は，それらを特定する特異的な塩基配列をもっている．インポーチンは**核移行シグナル**（nuclear localization signal, NLS）を，エクスポーチンは**核外輸送シグナル**（nuclear export signal, NES）配列を認識する．その後，運搬体と輸送基質は，NPCの入り口でドッキングし，輸送基質は配達される．重要なことは，リボ核タンパク質として輸送されるmRNAのような大きなRNA分子については，搬出のシグナルはmRNA自身にではなく，転写産物の最終的な加工を管理している，ほとんどがヘテロ核内リボ核タンパク質（hnRNP）とスプライシング因子であるタンパク質の上にある．このような事実は，再度，遺伝子発現にはたらいている仕組みの統合と協働の重要性を強調する．

運搬体と輸送基質の相互作用は，実体がGTPaseである低分子タンパク質Ran[訳注6]によって調整されている．RanによるGTPの加水分解は，輸送のエネルギーを供給しているわけではなく，**運搬複合体**（transport complexes）の結合と解離を制御している．Ranがヌクレオチドに結合した状態は，Ran-GTPは核中にRan-GDPは細胞質中にというように，効率的に領域を認識する．インポーチンにとって，輸送基質あるいはRan-GTPとの結合は拮抗的であり，それゆえインポーチンは，核では輸送基質を降ろす．一方，エクスポーチンにとって輸送基質あるいはRan-GTPとの結合は協働的であり，それゆえエクスポーチンは，核で輸送基質を積み込む．もちろん，ことはそれほど単純ではない．Ranを真正なGTP-あるいはGDP-結合状態に維持するためには，数個のアクセサリー因子が存在する．すなわち，核ヌクレオチド交換因子（RCC1）[訳注7]，細胞質Ran-GTPase活性化タンパク質（RanGAP），RanBP1とよばれるタンパク質，および核運搬因子2（NTF2）などである．ア

訳注5：原子，分子などの質量単位のこと．

訳注6：名称は，Ras-like small nuclear G proteinに由来．

訳注7：regulator of chromosome condensation 1の意．

クセサリー因子の関与の意義は不確かであるが，核内への輸送および核外への輸送の双方にとって，多様なシグナルと経路が存在する．出芽酵母（*Saccharomyces cerevisiae*）のゲノムの塩基配列の解析から，14 種のインポーチンとエクスポーチン・ファミリーの存在が予測されている．現在までに，高等真核生物で確認されたものは少ない（Adam, 1999）．

この段階で，遺伝子転写産物を細胞質に輸送できる状態になった．リボソームサブユニットと mRNA が細胞質に輸送された後で起こることについては，5.9 節で述べる．現時点では，核の他の主要な機能，すなわち細胞の遺伝的実体の貯蔵と伝達について述べる．

5.6 核の遺伝学

菌類の基本的な遺伝的構成は，まさに真核生物の典型である．染色体構造と核の分裂過程が，真核生物を定義づける特徴である．さらに，遺伝学の主要な原則，すなわち遺伝子の構造と組織，メンデル型分離，組換え，などのすべてが菌類にも当てはまる（Moore & Novak Frazer, 2002）．にもかかわらず，ほとんどの菌類と他の真核生物の間にはいくつかの相違点があり，ここでは相違点を強調しようと思う．

一般的に菌類のゲノムサイズは，他の真核生物に比べて小さい（表 5.2）．しかし，高等な生物は，はるかに多くの非コード DNA をもっているということを想起してもらいたい．たとえばヒトでは，ゲノムのわずか 3％がタンパク質をつくる情報をコードしているにすぎないと推定されている．日本のフグ科の魚類 *Fugu rubripes* のゲノムサイズは，ヒトのわずか 1/10 であり，脊椎動物について知られている中では最も小さい．しかし，フグとヒトのゲノムサイズの違いは，イントロンのサイズの違いで説明できる．対照的に，イネ科草本類の場合は，ゲノムの分析によって，40 倍までのサイズの違いは，遺伝子間に DNA の反復配列をもつ広い領域が存在するか否かにより説明できることが示されている．この事実は，動物ではほとんどの反復配列は，イントロン DNA へとまとめられているが，植物では遺伝子間 DNA にまとめられているという結論を導く（Wong *et al.*, 2000）．そこで当然，菌類ではイントロンは何を

表 5.2　代表的な真核生物のおよそのゲノムサイズ

生物	ゲノムサイズ（Mb[a]；メガ塩基対）
Rhizopus oryzae	35
出芽酵母（*Saccharomyces cerevisiae*）	12
Aspergillus nidulans	31
アカパンカビ（*Neurospora crassa*）	39
ウシグソヒトヨタケ（*Coprinopsis cinerea*）	36
Ustilago maydis	20
果実食性ハエ類［キイロショウジョウバエ（*Drosophila melanogaster*）］	122
ウニ類［アメリカムラサキウニ（*Strongylocentrotus purpuratus*）］	814
ヒト	3300

a：Mb，メガ塩基（10^6 塩基対）．
ゲノムデータは，自由閲覧できるインターネットのオープンデータベースに保管されている．最新の詳細データについては次の URLs にアクセスせよ：
・http://fungalgenomes.org/blog/
・http://fungalgenomes.org/wiki/Fungal_Genome_Links
・http://en.wikipedia.org/wiki/List_of_sequenced_eukaryotic_genomes
・http://www.ncbi.nlm.nih.gov/sites/entrez?db=Genome
もし皆さんが自分自身でゲノムを調査・分析する方法について学びたいと思うなら，次の 2 つの非常に有用な資料がインターネットにある．
・W. H. Freeman からオンライン刊行された，「遺伝子・生命情報科学を探究する」に関する，素晴らしい対話式チュートリアル；http://bcs.whfreeman.com/mga2e/bioinformatics/
・生命情報科学における「ヨーロッパ・バイオコンピューティング教育資料（EMBER）」に関する対話式チュートリアル；http://www.ember.man.ac.uk/login.php（このチュートリアル・モジュールは登録が必要であるが，書き込む際には費用は掛からない）

> **資料ボックス 5.2　いったいイントロンとは何なんだ？**
>
> 次の文献を参照せよ．
>
> Csűrös, M. (2005). Likely scenarios of intron evolution. In *RECOMB 2005 Workshop on Comparative Genomics*, vol. LNBI 3678 of *Lecture Notes in Bioinformatics* (eds. McLysath, A. & Huson, D.H.), pp. 47–60. Heidelberg, Germany: Springer-Verlag. http://citeseer.ist.psu.edu/csuros05likely.html and visit: http://www.iro.umontreal.ca/~csuros/introns/
>
> Parmley, J. L., Urrutia, A. O., Potrzebowski, L., Kaessmann, H. & Hurst, L. D. (2007). Splicing and the evolution of proteins in mammals. *PLoS (Public Library of Science) Biology*, **5**: e14. DOI: http://dx.doi.org/10.1371/journal.Pbio.0050014.
>
> Roy, S. W. & Gilbert, W. (2006). The evolution of spliceosomal introns: patterns, puzzles and progress. *Nature Reviews Genetics*, **7**: 211–221. DOI: http://dx.doi.org/10.1038/nrg1807.
>
> Saxonov, S., Daizadeh, I., Fedorov, A. & Gilbert, W. (2000). EID: the exon–intron database: an exhaustive database of protein-coding intron-containing genes. *Nucleic Acids Research*, **28**: 185–190. DOI: http://dx.doi.org/10.1093/nar/28.1.185.
>
> Wong, G. K.-S., Passey, D. A., Huang, Y. Z., Yang, Z. & Yu1, J. (2000). Is 'junk' DNA mostly intron DNA? *Genome Research*, **10**: 1672–1678. DOI: http://dx.doi.org/10.1101/gr.148900.

しているの？と尋ねても許されるだろう．もし，それらが，共通祖先から残されたものではないとしたら，誰もまだその問いに答えることはできない（2.4 節参照）．これ以上の情報および論考については，資料ボックス 5.2 のいくつかの論文を参照することを推薦する．

ゲノム中のタンパク質の情報をコードしている遺伝子の数を比較してみると，ゲノムは生物間でより似かよってくる．推定値には相当幅があるが，たとえば，フグとヒトのゲノムは約 30,000 の遺伝子をもっている．また，キイロショウジョウバエは約 14,000，アカパンカビは約 10,000，そして酵母は約 6,000 の遺伝子をもっている．

核型は，染色体セットのプロフィールであるが，ほとんどの菌類の核型は電気泳動で分析することができる．分析結果は，染色体長多型が，菌類の有性種と無性種の双方に広範に存在することを示す．この事実は，一般的なゲノムの柔軟性を示すものでもある．たとえば，rRNA 遺伝子の繰り返し配列のような，縦列重複[訳注8]ではしばしば染色体の長さが変化する．可欠染色体領域だけではなく，通常は大きさが 100 万塩基対未満の可欠過剰染色体[訳注9]もまた，菌類の核型には見られる．多くの核型の変化は，遺伝的に中性である．他の核型変化は利点があり，ある系統が新しい環境に適応するのを可能にするかもしれない．

5.7　有糸核分裂

核分裂周期に入る前の間期（栄養期あるいは S 期）には，菌類の核は，光学顕微鏡下では幾分球形に見え，クロマチンは拡散している．菌糸の中を移動している核は，細長く，はっきりと確認できる核小体をもっている．核が分裂周期に入ると，核容積が減少し，クロマチンは凝集する．核小体は，分裂中の菌類の核では，有糸分裂の終わり近く（この段階は後期とよばれる）まではっきり見える．その後核容積は急速に回復し，娘核が形成されるまで着実に大きくなる．

菌類の有糸分裂は，**核内**（intranuclear）で起こる．この「**核膜非崩壊分裂**（closed mitosis）」では，分裂紡錘体は，核内に形成される．この分裂様式は，ほとんどの動物や植物で見られる「**核膜崩壊分裂**（open mitosis）」とはきわめて異なっている．核膜崩壊分裂では，核膜は分散し，微小管が核空間に侵入し，分裂紡錘体を形成する．分裂紡錘体が，**健全な核膜**（intact nuclear membrane）内に形成されると，分裂の進行を観察し，研究するのはより困難であるが，有糸分裂の生物学的結果には影響を及ぼさないように思われる．

典型的な有糸分裂は，**間期**（interphase），**前期**（prophase），**中期**（metaphase），**後期**（anaphase），**終期**（telophase）という一連の形態学的に明瞭な過程を経て進行し，細胞が分裂して 2 個の同一の娘細胞を生産する細胞質分裂で終

訳注 8：遺伝子が染色体上で同方向に反復・重複配列すること．
訳注 9：必ずしも必要ではない余分の染色体または染色体断片のこと．

了する．動物や植物では通常，有糸分裂とともに細胞質分裂が起こる．すでに述べたように，糸状菌類では，有糸分裂は，細胞質分裂と同等の分枝や隔壁形成とは独立に行われるが，この話題には後に戻る予定である（5.17 節参照）．

有糸分裂の進行に伴い，新しく複製された対の**染色分体**（chromatids）は凝縮し，分裂紡錘体の紡錘糸に付着し，その後，姉妹染色分体は，各々紡錘糸により紡錘体の両極に引っ張られる．分裂紡錘体は，独立した細胞小器官である．紡錘体は，2 個の，動物では紡錘体極あるいは菌類では**紡錘体極体**（spindle pole body, SPB）から構成されている．動物の紡錘体極は，各々が 2 個の中心小体からなる中心体をもっている．また，紡錘体極体は，染色分体の動原体に集合したタンパク質構造である**キネトコア**（kinetochores）^{訳注10}とよばれる染色体の特異的な領域と極を結びつける，実体が微小管の紡錘糸を巧みに制御している．植物は，紡錘体極のような明確な組織中心がなくても，染色分体を両極に分配しているが，すべての真核生物は，微小管を固定してその集合を開始するのに γ チューブリンを用いている．

有糸分裂のためのすべての準備は，間期の間になされ，**紡錘体装置**（spindle apparatus）は前期の間に組み立てられる．中期には，凝縮した染色体は，紡錘体赤道の近くに一列に配置され，**中期板**（metaphase plate）を形成する．その後染色体は，後期に紡錘体が細長くなるのに伴って，極に向かい移動する．最終的に娘核は，何らかの方法で引き離される．動物と植物では，細胞は，紡錘体赤道の近くで分裂する（細胞質分裂）．このような方法は，分裂酵母の *Schizosaccharomyces* 属などの菌類にも当てはまる．出芽酵母の *Saccharomyces* 属では，1 個の核が芽の中に移動する．あるいは，多くの糸状菌類では，1 個の核は，新たに形成された分枝菌糸，分生子あるいは他の胞子の中に移動する．さらに，糸状菌類の菌糸では，1 個の核が細胞質の「新しい」容積部分に移動し，新しい容積部分は，隔壁形成により古い部分から隔離される場合もあるし，されない場合もある．

細胞質分裂が終了すると，核は間期に入る．この一連の出来事の全体が，**細胞周期**（cell cycle）とよばれる．細胞周期の間には，調節機構のネットワークが存在する．きわめて重要な機構の 1 つは，**チェックポイント**（checkpoints）として知られ，有糸分裂の間の，もろもろの出来事の時間調整や進行を調和的にはたらかせる．たとえば，紡錘体形成チェックポイントは，紡錘体微小管がすべての動原体に付着するまで後期の進行を阻害する．細胞周期については 5.17 節で述べるが，ここではまず，有糸分裂の基本的な仕組みについて触れる．

有糸分裂における核や染色分体の運動の特徴の多くは，すべての真核生物について共通である．そして，菌類，特に *Aspergillus nidulans* の有糸分裂についての広範な研究は，真核生物の有糸分裂についての理解を深めるのに大きく貢献した（Morris, 2000）．**核は非常に動きやすく**，付着した細胞小器官により，いろいろな方向に引っ張られる．菌類においては紡錘体極体によって，他の真核生物においては中心体によって引っ張られる．染色分体は，動原体領域に集合したキネトコアによって引っ張られる．典型的な動原体は，DNA 中に，数十万から数百万塩基対の縦列反復配列を含んでいる．昆虫，植物および菌類から哺乳類や他の脊椎動物に至る生物について，これらの反復を解析した結果，少なくとも現在までに認識されたところでは，配列が明白に保存された形跡は見られない．配列が保存された形跡がないという事実は，普遍的な動原体領域の配列は存在しないということを示唆している．

動原体の特性は，多少は塩基配列に，そして多くは，DNA 分子とタンパク質が集合してキネトコアが構築されたときに，この領域に対して及ぼされる影響に依存している．キネトコアは，約 45 種類のタンパク質の集合体である．タンパク質には，キネトコアが動原体 DNA に結合するときに，それを助けることに特化した H3 変異ヒストン（CENP-A あるいは CenH3 とよばれる）が含まれる．他のキネトコアタンパク質は，紡錘体微小管に付着する．さらに，一般には，ダイニンとダイナクチン（ダイニンの調節因子）の双方，および出芽酵母（*Saccharomyces cerevisiae*）の 3 つのキネシン（kinesins）を含むモータータンパク質がある．モータータンパク質は，有糸分裂中に染色体を動かす力を発生する．他のタンパク質は，微小管の付着や姉妹キネトコア間の張力を調節し，またこれらのいずれかが揃っていないときに細胞周期を停止させる，紡錘体チェックポイントを活性化する．

キネトコアの構造と機能は，まだ完全に理解されているわけではない．基本は，**ダイニンモーター**（dynein motor）が，生じた紡錘体極体に向かって，ATP のエネルギーを用いて微小管を「這い」登ることである．このモーターのはたらきは，微小管の重合・脱重合とともに，染色体を分離するのに必要な引張り力を供給する．

訳注 10：動原体と同義に扱われることがあるが，厳密には染色体のくびれ（動原体領域）の外側に存在する紡錘糸付着部位のこと．

Saccharomyces cerevisiae の**核の移動**（nuclear migration）に関する知見は，**芽の形成**（bud formation）に関する研究から得られたものである．紡錘体極体（SPB）は，核膜に埋め込まれた**微小管形成中心**（microtubule organising centre）である．SPBは，核から周囲の細胞質に放射状に伸びる星状の微小管と，核内の紡錘体微小管を造り出す．有糸分裂中の核の動きは，**星状体微小管**（astral microtubules）の成長と収縮の反映であり，微小管は核をあるべき位置に引き寄せているという考えとも一致する．

酵母で観察される核移動のスケールは，**糸状菌類における核移動**に比べて非常に短いものである．糸状菌類では核は，コロニーが成長しているときに，前進中の菌糸先端に向けて細胞質の中を移動する．*Gelasinospora tetrasperma* の新たに形成されたヘテロカリオンの中の，典型的な核移動速度は 4 mm h^{-1} であり，典型的な菌糸の伸長速度であるわずかに 0.7 mm h^{-1} という値と同程度である（両者の値が，まさにミリメートルのオーダーである，ということをいいたい）．初期の観察から，核は，SPBが局在する核の周辺のある地点から，そこを起点に引っ張られるということは明らかである．生きている菌類についての観察から，核は，有糸分裂後離れ離れになり，その後同じ方向に，しかし異なった速度で菌糸先端に向かい移動し，その結果，菌糸に沿って均等に分布するようになるということを示している（図 4.12, p. 97 参照）．有糸分裂における核運動の原動力は，SPBと微小管との間の相互作用である．間期に核が菌糸の細胞質の中を移動する原動力は，これらの相互作用の継続であり，**細胞質ダイニンモーター活性**（dynein motor activity）に依存している．

最初に得られた核移動変異体は，*Aspergillus nidulans* の有糸分裂変異体についての探索の際の副産物であり，その遺伝子は，核分布を意味する *nud* と名づけられた．アカパンカビの同様の変異体は，その菌糸が，ロープが撚り込まれた索に似ていることから，ロープのようなを意味する ropy（*ro*）と名づけられた．*nud* や *ro* 遺伝子の多くは，現在では，細胞質ダイニン（dynein）やダイナクチン（dynactin）の，構造的サブユニットの遺伝情報を，あるいはそれらのモータータンパク質の恒常性，局在性，あるいは活性に不可欠の要素についての遺伝情報をコードしていることが知られている（5.12 節参照）．

後期の最初の段階で，染色分体は紡錘体の極に移動し，後期の第 2 段階で分裂紡錘体の 2 つの極はさらに離れる．糸状菌類における，有糸分裂後期の分裂紡錘体の動きは，菌糸の長軸に関してランダム化されている．それゆえ，有糸分裂における分裂紡錘体は，特定の方向に方向付けられているわけではない（もし，方向付けられているのであれば，隔壁形成が空間的に核分裂に関連しているかどうかが明らかになるであろう）．有糸分裂の最終段階の終期は，次の 3 つのパターンのどれか 1 つに従って進行する．

- 中央での狭窄，核質を 2 個の娘核に分離する．
- 2 ヵ所での狭窄，親の核質の一部が各娘核に取り込まれ，残りは放棄されるか，分解される．
- 新しい娘核の核膜の形成，親の膜からの分離，染色体と核質の小部分を囲って娘核の形成，一方親の核質のほとんどと膜は放棄され，分解される．

多細胞菌糸では，有糸分裂は，通常同調化されているわけではない．*Aspergillus nidulans* の発芽胞子では，有糸分裂の最初の 3 回りか 4 回りは同調化されている．しかし，その後，おそらく未熟な菌糸体全体で，効果的に細胞質を混合することがますます困難になってくるので，有糸分裂の同調性は退化する．しかし，局所的には依然として同調化しているかもしれないが…．きのこの柄のような，ある種の菌類組織では，核分裂は急速であり，制御されているのか偶然なのかわからないが，何らかの同調性が存在する．

しかしながら，高等菌類は，細胞分化と核の数や倍数性との間の関係が，植物や動物に一般に見られるよりも，よりルーズであるように思われる．栽培きのこのツクリタケ（*Agaricus bisporus*）では，栄養菌糸体の 1 細胞当りの核数は 6〜20 個であるが，子実体では平均 6 個であり，柄では 32 個までになる．ウシグソヒトヨタケ（*Coprinopsis cinerea*；ほとんどの出版物では *Coprinus cinereus* と記載されているが）の栄養二核菌糸体の核数は，1 区画当り厳密に 2 個であり，絶対的に一定である．しかしながら，子実体の柄の細胞は，一連の連続的な共役分裂により多核になることが可能であり，他のハラタケ類にも見られる特性であるが，最終的には細胞当りの核数が 156 個にまでなる．ナラタケ（*Armillaria*）属の種は，子実体に二倍体の組織を有するという意味で独特であり，それゆえ倍数性のレベルと核数のいずれもが変化しやすい．

5.8　減数核分裂

減数分裂は，二倍体の核の分裂であり，染色体が再度組合せされ，4 個の一倍体娘細胞を生ずる．減数分裂におけるこの段

階が，有性生殖の遺伝的多様性を生み出す．

　菌類の大多数は，生活環のほとんどの期間を一倍体（haploid）として存在し，二倍体の状態は減数分裂の直前の短期間に限られる．この現象は，動物や植物とのおもな相違である．菌類のこの仕組みの，おもな生物学的インパクトは，2個の一倍体を共存させ，遺伝的に異なった核が，同じ細胞質中に共存できる過程を進化させたことであった．このような過程が，細胞質および核の和合性を制御している，不和合成機構（incompatibility mechanisms）である．これらの機構のはたらきによって，異なった親一倍体菌糸体由来の菌糸が，お互いに支障なく接近し，融合して互いの菌糸体間にチャネルを造り出し，その後細胞質と核を交換して異核共存菌糸体（heterokaryotic mycelium）が形成される．これらの過程すべてについて，第7章で詳述する予定である．一度，異核共存菌糸体が形成されると，菌糸体は有性生殖に相応しい条件が整うまで，栄養菌糸体として正常に成長する．有性生殖段階で，1細胞に共存する異核は合体（核融合）して，減数分裂に移行できる二倍体の核になる．

　減数分裂は，その第1段階で娘核中の染色体数が半減されるので，しばしば「還元分裂」とよばれる．減数分裂Iは，還元的分裂であり，父方のキネトコアと母方のそれを相対する極に送ることにより，染色体数を半減させる．減数分裂II，第二減数分裂は，染色体数を減少させず，均等的分裂である．この分裂は，有糸分裂と同じ仕組みで染色体を分配する．ほとんどの植物や動物と違って，菌類は，前期Iを通して核膜をそのままに残した状態で減数分裂を行う．

　性的異質接合性の菌類における減数分裂は，真核生物にまさに典型的な段階を踏んで進行する．特におもなラウンドのDNA複製は，減数分裂Iの開始に先立って進行する．実際，減数分裂において，DNA複製が先行するということが最初に示されたのは，1970年に発表された糸状子嚢菌類のNeottiellaを用いた研究によってであった．この菌類では，一倍体の核が隣り合う別の細胞に存在するので，核融合により二倍体核が生じる前にDNA複製が終了することを示すことができる．減数分裂に向けた準備についての他の側面は，酵母で，分子レベルでの事象が解明されることにより明らかになった．Saccharomyces cerevisiaeの交配細胞は，その形をシュムー（shmoos）と名づけられたセイヨウナシ型細胞に変化させることにより，お互いに反応する．シュムーの名称は，その形が，Al Capp作の風刺漫画「Li'l Abner」[訳注11]に登場するキャラクターに似ているので名づけられた．交配の第1段階で，まだ細胞が融合する前であるが，紡錘体極体（SPB）は，星状体微小管（astral microtubules）とよばれる微小管の集合体を形成し，この集合体は，一倍体核をシュムーの先端に移動させる．2個の交配細胞のそれぞれで，核がシュムーの先端に移動すると，先端が融合する．引き続いて，シュムーの先端の微小管集合体は融合して微小管束を形成し，その束が徐々に短縮するのに伴い，2個の核とそれらのSPBは一緒になり融合する（核融合，karyogamy）．

　融合したSPBに隣接して，二倍体の核をもった芽が出現し（Maddox et al., 1999），その後有糸分裂により繁殖する．分裂酵母（Schizosaccharomyces pombe）では，核内の動原体とテロメアとよばれる染色体末端の位置が栄養成長の間に変化し，減数分裂の初期段階に，テロメアはSPBの近くに集合する．その後，このテロメア集合は，染色体に急激な振幅運動を起こさせ，この運動は，染色体対合（synapsis）を促進するように見える．条件が整うと，二倍体の子孫は減数分裂に入る．糸状菌類においては，減数分裂が行われる減数母細胞は，接合菌門，子嚢菌門および担子菌門の，それぞれ接合胞子嚢，子嚢母細胞あるいは坦子器である．

　前期Iの間に，相同染色体は対になり，染色体対合を形成する．この段階は，減数分裂に特異的なものである．対になった染色体は，二価染色体（bivalents）とよばれる．対合した染色分体間の遺伝的な組換えによって，キアズマ（chiasmata）が形成される．これらの構造は，染色体の凝縮に伴って，光学顕微鏡ではっきりと見ることができる．二価染色体は，各々の親から1本ずつの計2本の染色体をもち，各染色体には1個の動原体が存在し，各染色体は2本の染色分体からなることに留意せよ．各染色体には，1個（染色分体当り1個というよりも）のキネトコアが形成され，染色体は紡錘糸に付着し，中期板に並び始める．後期Iの間に染色体は移動し，終期に至るまで紡錘体の極を引き離し続ける．このようにして形成された各々の娘核は一倍体であるが，娘核がもつ各々の染色体は2本の染色分体からなっている．終期Iの完了とともに，娘核は，引き続いて減数分裂IIに入る．

訳注11：リル・アブナーは，ちょっとおっちょこちょいな主人公の名前．そこに登場するシュムーという架空動物は，餌も食べずに増殖し，人間が望む乳や肉，さらにはフットボールのボールにもなってくれる．

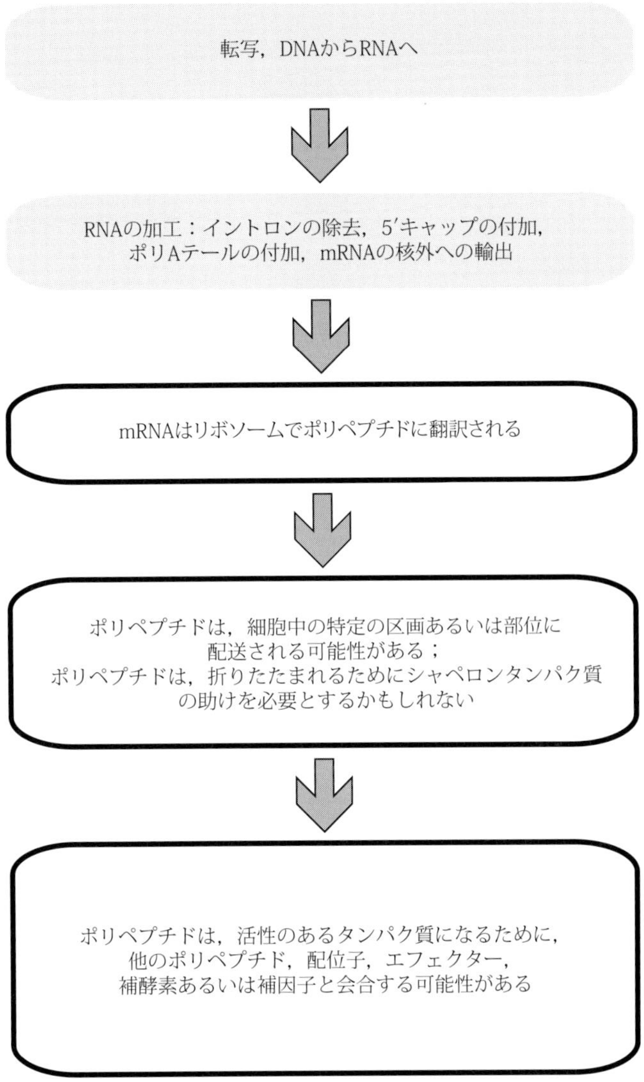

転写，DNAからRNAへ

RNAの加工：イントロンの除去，5′キャップの付加，
ポリAテールの付加，mRNAの核外への輸出

mRNAはリボソームでポリペプチドに翻訳される

ポリペプチドは，細胞中の特定の区画あるいは部位に
配送される可能性がある；
ポリペプチドは，折りたたまれるためにシャペロンタンパク質
の助けを必要とするかもしれない

ポリペプチドは，活性のあるタンパク質になるために，
他のポリペプチド，配位子，エフェクター，
補酵素あるいは補因子と会合する可能性がある

図 5.4 タンパク質合成の概要を示すフローチャート．DNA から RNA への転写は，核の中で行われる（淡灰色のパネル；詳細は図 5.2 と図 5.3 を参照せよ）．一次転写 RNA は，キャップとポリ A テールを付加修飾され，次いでイントロンを除去される．生じた成熟 mRNA は，タンパク質に翻訳されるために核から細胞質に輸出される．mRNA は，リボソームで翻訳される．リボソームは，特定のアミノ酸を託された tRNA を用い，mRNA に書き込まれたコドンの配列に対応してポリペプチドを産生する．新しく合成されたタンパク質は，しばしば，選別されて特定の部位に配達されるための目印のシグナル配列をもっている．さらに，新たに合成されたタンパク質は，タンパク質を化学的に修飾する酵素の活性化，エフェクターあるいは補酵素との結合，および他のポリペプチドとの結合などによって，さらに修飾される可能性がある．

5.9 mRNA の翻訳とタンパク質の選別

翻訳は，核から輸出されてきた鋳型の mRNA を用いて，細胞質においてタンパク質を合成することである．タンパク質を生合成するために，mRNA 分子は，細胞質中でリボソーム（ribosomes）とよばれるタンパク質-RNA 複合体に結合し，mRNA 中の遺伝情報はポリペプチド配列に翻訳される．リボソームは，RNP 装置［RNP（リボ核タンパク質）machines］のもう 1 つの例であり，mRNA のヌクレオチド配列に基づいたポリペプチド配列の形成を仲介する（図 5.4）．翻訳は，リボソームの小サブユニットが mRNA の 5′ 末端のメチル化されたキャップ構造に結合し，翻訳開始部位に移動した時点で始まる．他の鍵となる分子は，mRNA のコドンに相補的なアンチコドンをもつ一群の転移 RNA（transfer RNA, tRNA）分子である．mRNA 中の最初に翻訳されるコドンは，一般的には翻訳開始シグナルの AUG であり，このシグナルに対応する tRNA は，アミノ酸のメチオニンを運ぶ．

次いで，リボソーム大サブユニットが，小サブユニット-mRNA-メチオニン-tRNA 開始複合体に結合し，大リボソームにペプチジル tRNA（あるいは P）結合部位とアミノアシル tRNA（あるいは A）結合部位が形成される．最初のメチオニン-tRNA が P 部位に占位し，次いで 2 番目のコドンに相補的な tRNA が，A 部位に入る．P 部位のメチオニンと A 部位の 2 番目のアミノ酸との間にペプチド結合が形成される．次に，最初の tRNA が，大リボソームの E（exit，離脱）部位に移動して離れ，リボソームが mRNA に沿って 3′ 方向に移動することで A 部位が空き，その結果次の tRNA が A 部位に入る．ペプチドの伸長（peptide elongation）が続いている間，成長しているペプチドは，常に，tRNA によって A 部位に運ばれてきたアミノ酸とペプチド結合を形成することにより，A 部位の tRNA に渡される．引き続いてリボソームは，mRNA に沿って移動する．その結果，合成されて次のアミノ酸との結合を待つペプチドを運ぶ tRNA は，そのアンチコドンと mRNA のコドンとの間の水素結合によって mRNA に保持されているので，mRNA 上の同じ場所に留まる．しかし，ペプチドを運ぶ tRNA は，リボソームが移動することにより，自動的にリボソームの P 部位に移動することになる．

アミノ酸は，カルボキシル基により tRNA に結合し，アミノアシル tRNA（aminoacyl-tRNA）を形成していることに注目してほしい．そのために，当然のことながら，ペプチドの最初に位置するアミノ酸は遊離のアミノ基をもち，最後に付加されるアミノ酸は，ひとたび tRNA が除去されると，遊離カルボキシル基をもつことになる．それゆえ，合成はポリペプチドのアミノ末端に始まり，カルボキシル末端で終了する．終止コドンが

> **資料ボックス5.3　細胞のバーチャル動画**
>
> 翻訳（translation）過程を描いたバーチャル動画については，次のウェブサイトを参照せよ：
> http://vcell.ndsu.nodak.edu/animations/translation/movie.htm

> **資料ボックス5.4　タンパク質のシグナリング機構に関するノーベル賞**
>
> 1999年のノーベル生理学・医学賞は，「タンパク質が細胞中でのその輸送と局在性を制御する固有シグナルを有することの発見に対して」Günter Blobelに授与された．次のウェブサイトを参照せよ：
> http://nobelprize.org/nobel_prizes/medicine/laureates/1999/

> **資料ボックス5.5　細胞のバーチャル動画**
>
> ミトコンドリアタンパク質の輸送に関するバーチャル動画については，次のウェブサイトを参照せよ：
> http://vcell.ndsu.nodak.edu/animations/mito-pt/movie.htm

A部位にくると，tRNAではなく終結因子がA部位に入り，翻訳は終了する．翻訳が終了（termination）すると，リボソームは解離し，新しく形成されたポリペプチドは解離され，折りたたまれて，機能的な三次元タンパク質分子になる．

合成の終了が物語の終わりではない．細胞質で合成されたタンパク質のほんの一部が，実際にその場で機能する．ほとんどのタンパク質は，その機能を遂行するためには，何らかの細胞内小器官に配達されなければならない．タンパク質は，細胞小器官の内腔，細胞小器官の内膜系あるいは細胞の外膜に配送されるか，完全に細胞の外側に輸出される必要がある．この配送は，タンパク質自身に含まれる情報を用いて行われる．これらのタンパク質は，ペプチド鎖のなかに，**シグナルペプチド**（signal peptides）あるいは**標的化ペプチド**（targeting peptides）とよばれる一連のアミノ酸配列をもっており，これらの配列によりタンパク質は正しい目的地に配送される．

この行先指示機構は，タンパク質の標的設定，あるいは**タンパク質選別**（protein sorting）機構とよばれる．新たに合成されたポリペプチドは，細胞質を輸送される間，シャペロニン（chaperonins）とよばれるタンパク質と結合し，折りたたみを修正され，適切な形を保持した状態で，細胞小器官膜に埋め込まれた輸送複合体タンパク質にまで配送される．輸送複合体は，ポリペプチドを細胞小器官に輸入する．ポリペプチドが目的地に配送されると，シグナルペプチダーゼとよばれる複合体が，シグナル配列を除去する（それゆえ，この種のシグナル配列の情報は，mRNAの塩基配列に含まれているのに違いないが，その配列は最終的な作動タンパク質には見られない）．

標的化ペプチドには，プレ配列（presequences）と内部標的化ペプチド（internal targeting peptides）の2つのタイプがある．プレ配列は，通常，ペプチドのアミノ末端に存在する短いアミノ酸配列であり，塩基性および疎水性アミノ酸からなる．内部標的化シグナルは，一次配列の内部に存在する．シグナル配列として機能するためには，タンパク質が折りたたまれることにより，これらの内部配列がタンパク質表面に1つにまとめられなければならない．このまとまりは，シグナルパッチ（signal patches）とよばれる．

アミノ末端シグナル配列は，ポリペプチドの中で最初に翻訳され，ポリペプチド合成が進行中に，**シグナル認識粒子**（signal recognition particle, SRP）によって認識される．SRPはリボソームに結合し，リボソームを，小胞体（ER）とよばれる膜質細胞小器官の膜に存在する，トランスロコン（translocon）[訳注12]の膜結合SRP受容体に向かわせる．翻訳中のリボソームがER膜に到着したときに，最初トランスロコンのチャネルは閉じている．その後，ポリペプチドのシグナル配列がチャネルによって認識されると，チャネルは開き，合成中のタンパク

訳注12：タンパク質を膜透過させるための装置（チャネル）のこと．

質（ポリペプチド）はチャネル内に挿入される．リボソームとトランスロコンとの接合が，タンパク質が細胞質に逆戻りするのを防いでいる．タンパク質がER内に輸送されると，シグナル配列は，ただちにシグナルペプチダーゼによってタンパク質から除去される．ER内で，タンパク質が正確に折りたたまれる間，それを保護するために他のシャペロニンタンパク質が会合する．タンパク質は折りたたまれると，たとえばグリコシル化のように，さらに修飾される可能性がある．その後，タンパク質は，さらに加工されるためにゴルジ装置に輸送されて，その後，他の細胞小器官へ輸送されるか，あるいはそのままERに保持される．

ある種のタンパク質は，ERとは独立に細胞質で翻訳され，その後作用現場に輸送される．このようなタンパク質としては，核，ミトコンドリア，植物の葉緑体，あるいはペルオキシソーム（peroxisomes）を目的地とするものが相当する．ペルオキシソームは，次のようなさまざまの理由で菌類にとってとりわけ重要である．

- 脂肪酸代謝に関わるグリオキシル酸回路は，ペルオキシソーム内に存在するので，この小器官は必要である．
- 糸状子嚢菌門は，ウォロニン小体（Woronin body）とよばれる特殊なペルオキシソームをもっており，この構造は，隔壁孔に栓をして菌糸中の個々の細胞を分離する（5.17節を参照せよ）．
- 増え続ける証拠は，この小器官がまた細胞内信号伝達区画としても，さらに細胞内の成長決定オルガナイザーとしても機能し得ることを示している．
- ペルオキシソームは，過酸化水素の分解を触媒する酵素をもっている．

興味深いことに，ペルオキシソームを標的にしているタンパク質は，ポリペプチドのカルボキシル末端（carboxy-terminal end）にシグナル配列をもっている．

ある種のタンパク質は膜貫通性であり，それもしばしば膜を1回以上貫通している膜貫通受容体である．これらのタンパク質は，既述の過程（膜貫通タンパク質の最初の貫通領域は，最初のシグナル配列として機能する）に似た輸送過程によって膜に挿入されるが，この過程は，同様に膜アンカーとよばれるアミノ酸シグナル配列によって停止される．

ミトコンドリアのタンパク質のほとんどは，適切なプレ配列を付加した状態で細胞質で合成される．この場合，リボソームは，ミトコンドリア輸送体にドッキングせず，タンパク質前駆体を，細胞質の可溶性タンパク質として合成する．その後細胞質のシャペロニンが，タンパク質前駆体をミトコンドリア膜輸送体に配送する．

ミトコンドリアへのタンパク質前駆体の輸送に関係するタンパク質は，外膜の受容体とジェネラルインポート孔（general import pore）を含む．これらのタンパク質は，ともに外膜トランスロカーゼ（translocase of outer membrane, TOM）[訳注13]を構成する．タンパク質前駆体は，ヘアピンループの形のTOMを通過し，その後膜間腔を通って内膜トランスロカーゼ（translocase of inner membrane, TIM）に輸送される．タンパク質前駆体は，TIMを通過してミトコンドリアマトリックスに入り，そこで標的設定プレ配列が除去される．ミトコンドリアは複雑な細胞小器官であるので，タンパク質は，いくつかのシグナルと輸送経路を含むミトコンドリア内の異なる部分に向けて，配送されなければならない．マトリックスを標的とするシグナル配列に加えて，外膜，膜間腔および/あるいは内膜に向けて輸送するためには，しばしば別々の配列を必要とする．

植物では，タンパク質前駆体は，ミトコンドリアに対すると同じように，葉緑体を標的として輸送される．この問題については，葉緑体タンパク質のほとんどは，細胞質のリボソームで前駆体として合成され，TOC［葉緑体の外包膜に存在するトランスロコン（translocon）］およびTIC（葉緑体の内包膜に存在するトランスロコン）複合体を通して葉緑体に輸送される，ということを述べるにとどめたい．2つの主要な細胞小器官，ミ

資料ボックス5.6　タンパク質分解に関するノーベル賞

2004年，イスライル，HaifaのTechnion Israel Institute of TechnologyのAaron CiechanoverとAvram Hershko，および米国，IrvineのCalifornia大学のIrwin Roseの3名は，「ユビキチンを介したタンパク質分解の発見に対して」ノーベル化学賞を授与された．次のウェブサイトを参照せよ：http://nobelprize.org/nobel_prizes/chemistry/laureates/2004/

訳注13：細胞膜を通した特定の物質の移動に関わるタンパク質のこと．

トコンドリアと葉緑体の間には，タンパク質前駆体の輸送の仕組み（と命名）の戦略についての，基本的な類似性が明らかに存在する．このような事実は，他の膜で包まれた細胞小器官についても，同じような仕組みがはたらいているかもしれない，という見方を思い浮かばせる．

細胞質から核に輸送されなければならないタンパク質についても，核局在化シグナルが存在する．核膜の細胞質側では，核膜孔複合体（NPC；5.5節参照）が核局在化シグナルをもつタンパク質を認識し，それらを選択的に核の中に輸送する．タンパク質は，合成された後NPCを通って核の内部に入り，折りたたまれて三次元構造をとる．

タンパク質選別に関する話題の最後に，タンパク質の分解（protein destruction）について論議しなければならない．タンパク質が合成される際に欠陥品が合成されるかもしれない，タンパク質がはたらいているときに損傷を受けるかもしれない，あるいはより可能性があるのは，タンパク質のはたらきがもはや必要とされないかもしれない．そのようなタンパク質は，再生利用されるためにユビキチン（ubiquitin）の標的になる．ユビキチンは，本質的にすべてのタイプの細胞に普遍的に存在する（ubiquitous）ので，そのようによばれている．また，最も高度に保存されている（すなわち，最も変化していない）タンパク質の1つでもある．ユビキチンは，76個のアミノ酸からなるタンパク質である．通常タンパク質は，数分子のユビキチンが結合することにより不活性化される．この過程は，ユビキチン化とよばれる．ユビキチンは，タンパク質をそれが加水分解される領域に輸送する装置に対するシグナルとして機能する．タンパク質の細胞内加水分解（intracellular proteolysis）のためには，リソソーム（lysosomal）経由とプロテアソーム（proteasomal）経由の2つの経路がある．

ユビキチンによって修飾されたタンパク質のうちの一部［*Saccharomyces cerevisiae* では，その一部のタンパク質は細胞膜タンパク質である場合が多い（Hicke, 1999）］は，リソソーム液胞（lysosome vacuole）に取り込まれて分解される．ユビキチンで標識されたタンパク質のほとんどは，プロテアソームに輸送されて分解される．プロテアソーム（proteasome）は，もう1つの分子マシーンである．このマシーンは，中心に空洞のある円筒形の粒子であり，多触媒性プロテアーゼ複合体からなる．この円筒形の粒子は，両端で，いくつかのATPアーゼとユビキチン分子の結合サイトを1個含む複合体と会合している．ユビキチン化したタンパク質は，ATPアーゼ複合体により折りたたみが開かれる．ATPアーゼ複合体は，同時にユビキチンを回収し，基質のタンパク質を，内部にいくつかの触媒部位がある中心腔に送り込む．基質タンパク質は，6〜9個のアミノ酸残基からなるペプチドに切断される．生じたペプチドの長さは，中心腔の隣接する触媒部位の間隔に対応している．

5.10 細胞内膜系

膜に包まれた細胞小器官のミトコンドリアと葉緑体についてはすでにふれた．これらの器官は，細胞の発電機であるが，真核生物は他のいくつかの膜系にも依存しており，それらについても言及する必要がある．

ミトコンドリア（mitochondria）は，核ゲノムとは別に自身のゲノムをもっている．ミトコンドリアの主要な役割は，呼吸において，酸素原子，プロトンおよび電子の流れを制御することである．その目的は，ほかの領域での有用な仕事に使うことのできる化学エネルギーを含む化合物，とりわけATPとNADHを生成することである．

葉緑体は，光合成を行う，ミトコンドリアと同等の器官であ

資料ボックス 5.7　細胞のバーチャル動画

ミトコンドリアの電子伝達鎖（mitochondrial electron transport chain）に関するバーチャル動画については，次のウェブサイトを参照せよ：
http://vcell.ndsu.nodak.edu/animations/etc/movie.htm

資料ボックス 5.8　細胞のバーチャル動画

水素（プロトン）濃度勾配を駆動力とするATP合成酵素（ATP synthase powered by a hydrogen (proton) gradient）に関するバーチャル動画については，次のウェブサイトを参照せよ：
http://vcell.ndsu.nodak.edu/animations/atpgradient/movie.htm

る．そこでは，水が光分解されてプロトンと電子が発生し，プロトンと電子は捕捉されて，おもに ATP と NADH の形の化学エネルギーに変換される．植物の葉緑体が変形された細胞小器官は，一般には色素体（plastid）とよばれており，しばしば栄養素の貯蔵に関わっている．ミトコンドリアと葉緑体は，双方とも自身のゲノムをもっているので，それらはかつては独立した生物であり，真核細胞の進化のどこかの段階で，祖先真核細胞と共生関係をもつようになったと考えられている．この考え方は，「細胞内共生説（endosymbiosis theory）」（Margulis, 2004）とよばれている．最も信頼性の高い共生説では，一連の共生的関係は，原核性のパートナー間で確立されたということを示唆している．すなわち，真核生物のミトコンドリアは，宿主細胞内に生息していた好気性細菌から進化し，また，真核生物の葉緑体は，細胞内共生したシアノバクテリアから進化した，と考えられている．さらに，真核生物の繊毛や鞭毛は，細胞内共生したスピロヘータに由来すると考えられている．

真核細胞中の単層細胞内膜をもつ他の主要な要素は，小胞体（endoplasmic reticulum, ER）とゴルジ装置（Golgi apparatus）である．両者は，細胞の高分子化合物の管理に関わっている．小胞体（ER）は，細胞内の輸送ネットワークであり，特異的な修飾を受ける分子，および/あるいは特定の目的地に配送される分子を選別する．次の 2 つの形態の ER がある．粗面 ER（rough ER）では，リボソームが ER の細胞質側の表面にドッキングしている．リボソームが ER の細胞質側表面に固定されている理由は，合成されているポリペプチドが，自身を ER トランスロコン（5.9 節を参照せよ）へと導くシグナル配列をもっているからである．もう 1 つの形態は，ドッキングしたリボソームをもたない滑面 ER（smooth ER）である．ER は，二重になった核膜に連続し，膜に包まれたチャネルと，嚢とよばれる袋からなるシステムである．この膜系システムは，細胞全体で使われる化合物を合成，加工，そして輸送し，さらには核と細胞質との間の連絡路として機能する．

ゴルジ装置は，19 世紀末に数名の科学者によって観察され，最初に可視化された細胞内小器官の 1 つである．Camillo Golgi が，最初に観察結果を公表した．ゴルジ装置は，膜で包まれたコンパートメントからなるもう 1 つのシステムである．コンパートメントは，ER で合成された分子を修飾し，それらの分子を細胞外に輸出する準備をする．

前段落の記述は，ER とゴルジ装置の 2 つの膜系の間に絶えざる交通があることを意味しており，次にその例を示す．ER 膜から輸送あるいは配達小胞が芽を出し，ゴルジ装置と選択的に融合する（また逆方向，あるいは逆戻りの輸送もある）．これらの過程は，特異的なタンパク質 − タンパク質相互作用を必要とする．まず第一に，小胞は，ER 膜の細胞質側表面でタンパク質コートが集合することにより形成される．細胞質側表面のタンパク質コートは，膜の湾曲を生じ，どの膜タンパク質が小胞に受け渡されるかを決定する．第二に，輸送の後，小胞タンパク質とゴルジ装置膜のタンパク質が会合することにより，小胞と標的のゴルジ装置膜は融合し，その結果輸送された化合物がゴルジ装置に蓄積される．ER からゴルジ装置への小胞の輸送には，「コートマータンパク質（coatomer protein, COPII）」で被覆された小胞が関わる．異なった小胞のコートタンパク質複合体（coat protein complex, COPI）が，ゴルジ装置から ER への輸送と，同時にゴルジコンパートメント間での輸送に関わる（Wieland & Harter, 1999）．

COPII タンパク質は，酵母を用いた遺伝学的な研究により最初に同定された．しかし，その後すぐに，酵母遺伝子に同等の哺乳動物の遺伝子が同定され，同じ機能を果たすことが証明された．それゆえこの現象は，もう 1 つの高度に保存された真核生物的過程である．この分子的/遺伝的証拠は，菌類と哺乳動物のゴルジ装置の形態が相当異なっているので意味深長である．哺乳動物のゴルジ体（もともと，Golgi によって神経細胞

資料ボックス 5.9　細胞のバーチャル動画

ゴルジ装置中でのタンパク質の輸送（protein trafficking in the Golgi apparatus）に関するバーチャル動画については，次のウェブサイトを参照せよ：http://vcell.ndsu.nodak.edu/animations/proteintrafficking/movie-flash.htm

---

資料ボックス 5.10　細胞のバーチャル動画

ゴルジ装置内でのタンパク質の修飾（protein modification within the Golgi apparatus）に関するバーチャル動画については，次のウェブサイトを参照せよ：http://vcell.ndsu.nodak.edu/animations/proteinmodification/movie-flash.htm

の細胞質で観察されたように）は，周辺領域が膨らんだ扁平で大きい小胞［槽（cisternae），しばしば植物の細胞生物学者はジクチオソーム（dictyosome）とよんでいる］が多数積み重なった構造（ゴルジ層板, Golgi stack）をとる．槽は，周縁部が膨張していて，相互に管状連結によって結ばれており，槽から出芽し遊離した無数の小型の球状小胞によって囲まれている．通常ゴルジ層板には5～8個の槽が存在するが，ある種の単細胞鞭毛虫類では60個ほどの槽からなるゴルジ層板が観察されている．このような層板化したゴルジ体は，植物や菌類では観察されていない．ほとんどの植物細胞では，何百個もの孤立ゴルジ・ジクチオソームが細胞質に分布している．菌類でもまた，孤立ジクチオソームが細胞内に分布している．

このような複雑な構造は，明らかに機能的に分化したものであり，動物の層板化したゴルジ装置を記載し，理解するのは容易である．自明のことであるが，どのようなものであれ，積み重ねられたものには頂部と底部がある．ゴルジ装置の層板は，一端が小胞を受け入れる入口面であり，シス領域とよばれる．他端は，輸出される小胞が出てゆくトランス領域である．このように，ゴルジ装置は機能的に分化していることが明らかになった．シス領域とトランス領域の中間には，メディアル（中間）槽が存在する．シスおよびトランスの双方の領域の槽は，管状や小槽構造からなるネットワークと結合している．これらのネットワークは，シスゴルジ網（CGN）およびトランスゴルジ網（TGN）とよばれる．

おもなゴルジ装置の機能は，ERで形成された物質を修飾，選別，小胞に詰めて輸送することである．輸送される物質は，ERから出芽遊離した小胞によって運ばれて，ゴルジ層板のシス領域に到達する．ゴルジ槽内の酵素は，炭水化物（グリコシル化），硫酸塩（硫酸化）およびリン酸塩（リン酸化）を付加することによりタンパク質を修飾する．このような反応を遂行するために，ゴルジ装置はまた，リン酸塩や硫酸塩の供与体，およびヌクレオチド糖などを細胞質から取り込む．さらに，タンパク質は，その最終的な目的地を指定するために，シグナル配列で標識される．たとえば，マンノース-6-リン酸のラベルを付されると，タンパク質はリソソームに運ばれる．動物細胞のゴルジ装置は，細胞外マトリックスに必要なムコ多糖タンパク質の合成に重要なはたらきをする．ゴルジ装置はまた，主要な炭水化物合成の場でもある．

これらの修飾産物は，トランスゴルジ網の周縁で膜に包まれた小胞に詰め込まれる．小胞は，リソソーム，ペルオキシソーム，および細胞からの分泌のためには細胞膜などの，細胞の他の適当な膜に向けて移動する．さらに，他の方向への（逆行する）流れもある．トランスゴルジ網から出芽した小胞のあるものは，ERに固有のタンパク質をERに戻し，さらにはゴルジ装置で修飾された産物をERによって細胞内に配送するために，ERに向けて輸出する．

さらに，**細胞膜**（cell plasma membrane, cell plasmalemma）は独立した膜性の細胞小器官であり，**エンドサイトーシス**（endocytosis；取り込み）と**エキソサイトーシス**（exocytosis；分泌）の双方を行うことができることを認識する必要がある．細胞膜は，リン脂質の二重層からできている．リン脂質のホスファチジル基「頭部」は，その極性的性質のゆえに親水性（水に引き付けられる）であり，脂質尾部は疎水性であり親油性である．リン脂質が水環境に存在するときは，リン脂質二重層は，ホスファチジル基の頭部を外表面と内表面の両面に向け，脂質尾部を互いに向け合いその間に親油性の微環境を形成して安定に存在する．この脂質二重層は，非常に流動的な膜を形成し，膜には多様なタンパク質分子が埋め込まれている．タンパク質は，**チャネル**（channels），**輸送体**（transporters）および**受容体**（receptors）などとしてはたらき，細胞外部との交換や接触の制御に関わっている．

大きな分子は，積極的な助けなしにはこの膜を通過することができない．このような分子を取り込む過程は，**エンドサイトーシス**（endocytosis）とよばれる．膜の外側には，**被覆小窩**（coated pits）とよばれる特殊化した領域がある．「被覆」は**クラスリン**（clathrin）とよばれるタンパク質であり，クラスリンは細胞膜内側に存在し，局在性の多面体格子を形成する．この格子は細胞膜を陥入させ，その結果細胞に**搬入される積荷**（imported cargo）は，小胞中の細胞質に引き込まれる．エンドサイトーシスは，必須代謝産物の取り込み，ある種の調節因子と成長因子の取り込み，あるいは一度輸出した分子を再生利用するために取り込むことなどに用いられる．結果として，**エンドサイトーシスで形成された小胞**（endocytic vesicles）は，ゴルジ装置とERに輸送され，そこで小胞はゴルジ装置とERと融合する．小胞が融合後，クラスリン被覆は外れ，おそらく再利用される．そして陥入した細胞膜は，最終的には細胞表面に戻る．同じようにクラスリンで被覆されるプロセスが，トランスゴルジ網から膜部分を出芽させる．

上述した小型輸送小胞は，被覆タンパク質によって役割が明示される．COPII（コートマータンパク質）被覆小胞は，ERからの輸出を可能にし，COPI（コートタンパク質複合体）被覆小胞は，ゴルジ装置とER間でタンパク質を折り返し輸送す

る．クラスリン被覆小胞は，トランスゴルジ網からの輸送と，細胞膜からのエンドサイトーシスによる輸送を仲介する．これらの組織化された経路は，特異的にお互いを認識して融合するために，一組の膜を必要とする．異なった目標に小胞を配達するためには，標的小器官に目印をつける特異的なタンパク質複合体が必要である（Guo et al., 2000）．目印をつけるのは，SNAREタンパク質［SNARE proteins；SNAREは，**可溶性** *N*-**エチルマレイミド感受性因子結合タンパク質受容体**（soluble *N*-ethylmaleimide sensitive factor attachment protein receptor）の頭文字語である］の役割であり，このタンパク質は，もっぱら小胞あるいは標的膜に見い出される内在性膜タンパク質（前者は小胞の出芽の間に輸送小胞の膜に組み込まれるv-SNAREsであり，後者は標的コンパートメントの膜に局在するt-SNAREsである）である．SNAREsは**融合タンパク質**（fusion proteins）であり，酵母では60種以上が知られる大きなグループである．小胞と標的膜との間の最初の識別は，**係留因子**（tethering factors）とよばれる他のグループのタンパク質の役割である．係留因子は大きな繊維状のタンパク質であり，小胞と標的膜との間の比較的長い距離（> 200 nm）を結びつけることができ，それゆえ関係する小胞を捕捉するための分子「漁網」を形成することができる．係留因子は，膜の接合箇所を横断してv-SNAREsとt-SNAREsが相互作用するのに先立って，膜どうしを結びつける．小胞と標的膜のSNAREsは複合体を形成し，複合体は両方の膜を横断して伸長し，ついで2つの膜を「ジッパーを閉じるように結合し」一緒にする．

前段では，層板が形成されている動物のゴルジ装置について述べた．菌類にはこのような構造は見られないが，ある説明が，「菌類はゴルジ・ジクチオソームをもっていない」と言っているのは正しくない．実際，菌類は，ゴルジ装置がもつあらゆる機能を遂行することができるが，Golgiが発見したゴルジ体のように層板化されていることはなく，ジクチオソームは細胞質に散在している（Kuehn & Schekman, 1997；Kaiser & Ferro-Novick, 1998；Warren & Malhotra, 1998；Waters & Pfeffer, 1999）．槽（cisterna；あるいはジクチオソーム）の層板化（積み重ね）は，動物のゴルジ装置の特徴であるが，層板は異なった成熟段階の槽の集まりであり，最も若い槽はシス領域に，成熟した槽はトランス領域に配置されている．トランス領域の槽は，成熟すると「崩壊して」小胞になり，層板の内部の次に成熟した槽に置き換えられる．新しい槽は，シス領域で組み立てられる．このダイナミックなゴルジ層板の生産ラインは，次の動画によく説明されている；ゴルジ装置の中でのタンパク質の輸送（protein trafficking in the Golgi apparatus）；http://vcell.ndsu.nodak.edu/animations/proteintrafficking/movie-flash.htm．植物や菌類では，ジクチオソームは，集積されて層板を形成することはないが，基本的に同様の成熟過程をたどる．

菌類は，基本的な分解コンパートメントとして大きな**中央液胞**（central vacuole）をもっている．液胞に加水分解酵素を供給する経路はいくつかあり，そのうちの2つは，トランスゴルジ網からの経路と，細胞質から液胞への経路である．基質の配送のためには，液胞に向かうさらに長距離の輸入経路がある．それらの輸入経路には，特異的な成分と大量の代謝産物を細胞表面から配送するエンドサイトーシスと，液胞でタンパク質を再生利用するための通常の輸送がある．ほとんどの場合，液胞への物質の流れは特定の環境刺激に反応して起こる．主要な液胞は，貯蔵栄養素から廃棄物に至る多様な最終代謝産物のいずれをも蓄積できる．これらの蓄積，輸送および配送事象の各々は，環境シグナルを感知し，適切な代謝経路を活性化し，ついで適切な輸送機構と標的を選定するための細胞機構に依存している（Scott & Klionsky, 1998）．

成長しつつある菌糸における小胞輸送のネットワークは，細胞膜の外層に挿入された蛍光色素を用いて可視化されている（Fischer-Parton et al., 2000）．色素を菌糸に添加して30秒以内に，エンドサイトーシスによって形成された，蛍光を発する多数の小胞が細胞質内に雲のように出現する．エンドサイトーシス経路の構成要素の特性は，分子的，遺伝的方法によって明らかにされたが，色素の取り込みは，完全なエンドサイトーシス過程がまさに糸状菌類にも存在することの明快な証左である．

観察の結果得られたモデルの要約（図5.5）は，上述のエンドサイトーシスによる小胞の次に染色されて可視化された器官が，小さく表面がでこぼこで球形のエンドソームであることを示す．その後，次端コンパートメントで，次の次に明瞭に染色された器官は大きな主要液胞であった．この一連の流れは，出芽酵母について観察されたものと同じであり，酵母でもエンドソームに引き続いて液胞膜が染色された．菌糸では，液胞システムは，大きな表面がでこぼこした球形の液胞と，延び拡がった管状のネットワークからなっている．菌糸のゴルジ装置とERの双方は，出芽酵母で存在が知られているエンドソームシステム，ゴルジ装置およびERを結ぶ経路を通じて染色されたのだろう．

図5.5に示したモデルは，また，真の菌糸をもつ菌類の特徴

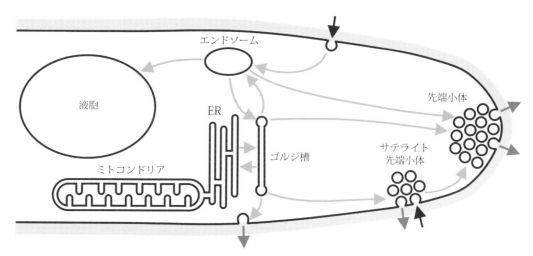

図 5.5 成長中の菌糸において，小胞輸送ネットワークが組織化されている様子についての，蛍光色素の染色パターンに基づいた仮説モデル．細胞内輸送は水色の矢印で，エキソサイトーシスは緑色の矢印で，そしてエンドサイトーシスは赤色の矢印で示す．細胞膜と他の膜コンパートメントは黒色で，菌糸細胞壁は灰色で示す．ER, 小胞体．[Fischer-Parton et al. (2000) を描き直し，改変した．] カラー版は，口絵 22 頁を参照せよ．

である膜性の細胞小器官についても紹介している．その小器官は，菌糸先端の小胞と細胞骨格要素の集合体であり，菌糸の先端伸長成長においてきわめて重要な役割を果たしており，**先端小体**（Spitzenkörper；「apical body」）というドイツ語の名称によって知られている．先端小体は，菌糸の伸長と形態形成を組織的に行うためのセンターである．活発に成長している先端部に存在するが，成長が停止すると消失する．この構造は，子嚢菌門や担子菌門の成長している菌糸では，位相差光学顕微鏡で検出することができる．ある種の接合菌門では，先端小体が確認されていない．しかし，菌糸先端には小胞がまばらに分布しており，このような小胞が同じ機能を果たしているかもしれない．先端小体の構造は，光学顕微鏡で見る限り，詳細は種によって異なっている．しかし同時に，この構造はダイナミックであり，同じ種内でも変わりやすい．先端小体は，膜によって境界を設けられていないが，一種の複雑な細胞小器官であることは明らかであり，常に菌糸の極性伸長が起きている部位に隣接して存在している．先端小体は，さまざまの種類と大きさの小胞，微小繊維，微小管およびリボソームから構成されている．

菌糸先端の伸長には，成長しつつある頂端に向けての細胞膜と細胞壁の構成成分の方向性のある取り込みが必要である．菌糸先端における頂端の伸長は，ゴルジ槽によって生成されて，「小胞供給センター」から放出される，細胞壁形成分泌小胞の供給に依存していると考えられる．小胞供給センターとは，細胞学的に可視化な先端小体である．図 5.5 から示唆されるように，**サテライト先端小体**（satellite Spitzenkörper）が先端から数 µm 後方の細胞膜の直下に生じる．その後，サテライト先端小体は，主先端小体に向けて移動し，合体し，成長中の菌糸先端に細胞壁形成小胞を付加する．蛍光色素を用いた実験では，先端小体は，エンドソームが染色された直後に染色された．この事実は，ゴルジ装置と同様に，エンドソームシステムが先端小体に物質を供給していることを示唆する．エンドサイトーシスにより捕捉されて，エンドソームにより選別された，**再生利用される細胞膜**（recycled plasma membrane）が，諸物質の中でも抜きん出て，小胞の流れにより先端小体に供給されると考えることは理にかなっている（Harris et al., 2005；Virag & Harris, 2006）．蛍光色素を用いて精査したところ，菌糸先端細胞中で管状細網を形成する液胞もまた染色された．さらに短い細管も染色され，この細管は，一連の特徴的な動きと形態変化を経て，まだ十分には確認されていない輪状の膜構造を形成する．菌糸の頂端ドームの細胞生物学的現象は，複雑でダイナミックである（Zhuang et al., 2009）．

5.11 細胞骨格系

上述した部分では，「特定の標的部位に向けて小胞中の**積荷を配達**（delivery of a cargo）する」という言葉をしばしば用いた．小胞は，細胞質スープの中を当てもなくうろつき回るわけではない．そうではなく，小胞は**細胞骨格系**（cytoskeletal system）によって目的地に運搬される．

細胞骨格は，真核細胞に特有の性質である．真核生物の細胞骨格を形成するすべての主要タンパク質と相同のタンパク質

が，原核生物にも見い出されるが，タンパク質の遺伝情報を含む塩基配列を比較すると，進化的関係の上では非常に離れていることが示されている．「細胞骨格」という名称は，骨格が，一般に細胞の形を維持し，動きを可能にする構造として存在することを意味する．しかし，この定義は，完璧には，単に動物細胞にのみ適用できるにすぎない．植物や菌類では，細胞壁がほとんど細胞の形を決め，運動は制限されている（菌類の侵入菌糸の先端は，運動する先端と見ることも可能であるが…）．真核生物全般にあてはまる細胞骨格の機能は，小胞や細胞小器官の細胞内輸送と，核分裂の際に染色体の分離に関わることである（5.7節と5.8節を参照せよ）．

真核生物の細胞骨格系を構成する主要な要素には，次のアクチンフィラメントあるいはミクロフィラメント，中間径フィラメントおよび微小管の3つがある．

- アクチンフィラメント/ミクロフィラメント（actin filaments/microfilaments）は，アクチン（自然界に最も豊富なタンパク質の1つである）とよばれる球状タンパク質からなる鎖が2本らせんを形成している，直径約7 nmの固体の棒である．これらのフィラメントは収縮性があり，形の変化，細胞と細胞あるいは細胞と細胞壁の間の連結，シグナル変換，細胞質分裂および細胞質流動などに貢献する．
- 中間径フィラメント（intermediate filaments）は，非常に多様な種類の繊維状タンパク質で，直径8〜12 nmの構造的繊維を形成する．これらのフィラメントは，また，細胞と細胞および細胞と外部との間の接続に関わるが，おもには，動物細胞の形や堅さおよび核膜のような膜からなる構造を維持するために，緊張維持要素として機能する．*Aspergillus nidulans*の中間径フィラメント遺伝子*mbmB*は，糸状菌類で最初に特性が明らかにされた中間径フィラメント遺伝子である．この*mbmB*遺伝子の産物タンパク質は，ミトコンドリアに共存しており，*mbmB*遺伝子の欠失は，ミトコンドリアの形態と分布に影響を及ぼす．
- 微小管（microtubules）は，直径25 nmのまっすぐで中空の円筒であり，通常13本のプロトフィラメントから構成されている．プロトフィラメントは，α-チューブリンとβ-チューブリンの重合体である．微小管は，非常にダイナミックな動きをし，輸送から支持までのさまざまなはたらきをしている．

出芽酵母におけるアクチンの重要性は，アクチンの情報をもった遺伝子の突然変異の結果生じた，次のような表現型の変化から明らかである．

- 明白な形態的欠陥
- キチン蓄積の異常
- 出芽位置選択の欠陥
- 核分離の異常
- 細胞質分裂の異常
- 細胞小器官の分布の異常
- 分泌と取り込みの異常
- 温度，浸透濃度およびイオン濃度などの環境要因に対する感受性の変化

アクチンタンパク質は，分子量が約42 kDa（375個のアミノ酸）である．**球状アクチン**（globular actin）あるいは**Gアクチン**（G-actin）とよばれるモノマーとして，あるいは**繊維状アクチン**（filamentous actin）あるいは**Fアクチン**（F-actin）として知られる線状のポリマーとして存在する．繊維状アクチンは，形態形成，細胞小器官の運動および細胞質分裂においてきわめて重要なはたらきをする．ミクロフィラメントは，極端にダイナミックな構造であり，多くの種類の**アクチン結合タンパク質**（actin-binding proteins, ABPs）との相互作用によって急速に修飾される（Sutherland & Witke, 1999；Walker & Garrill, 2006）．糸状菌類のアクチン細胞骨格は，菌糸先端における極性の確立と維持，さらに隔壁形成部位における収縮環の形成に必要である．**フォルミン**（formins）として知られるアクチン関連タンパク質は，アクチン重合化の際の独立した核形成因子として同定された．糸状菌類は単一のフォルミンをもっており，このタンパク質は，菌糸先端と隔壁形成部位の双方に局在する（Xiang & Plamann, 2003）．

微小管（microtubules）とそれに結合するタンパク質は，アクチンミクロフィラメントと同じように（事実，微小管とミクロフィラメントは，ほとんどの場合に協働している），広範な細胞内機能，とりわけ細胞小器官，小胞および核の輸送と位置決定に関わっている．微小管は，**α-およびβ-チューブリンの二量体**（dimers of α- and β-tubulin）からなり，チューブリンは，集合して直径約25 nmで非常にさまざまの長さの円筒形の管を形成する．微小管の重合ダイナミクスは，その生物学的機能にとっての中心課題である．試験管の中でさえ，精製チューブリン二量体は絶えず自己集合し，かつ分解している．微小管は，無作為に解重合に転換される［このスイッチは，繊

維短縮（catastrophe）と命名されている］まで，重合・伸長し続ける．解重合されると，微小管は急速に短くなり，その結果完全に消失するか，あるいは重合・伸長に戻り伸長を続ける［この現象は，繊維伸長（rescue）と名づけられている］．このダイナミックな不安定性は，微小管の基本的な特性であり，この特性ゆえに微小管は，機械的な仕事を遂行することができる．伸長している微小管は極性をもち，急速に伸長しているプラス端（elongating plus end）と，ゆっくり伸長しているかあるいは伸長していないマイナス端（non-elongating minus end）がある（細胞中では，マイナス端は通常係留点である）．

生体内では，微小管は，そのダイナミックな不安定性（重合／解重合）を駆動するために，GTP の加水分解（GTP hydrolysis）で得られるエネルギーを利用している．微小管は，α および β-チューブリン二量体の会合によって形成される．形成の第一段階は，重合体の核形成とよばれ，Mg^{2+} と GTP を要求する．核形成の間に，α および β-チューブリンは会合し，二量体を形成する．各二量体は，2 個の GTP 分子をもっているが，チューブリン分子が微小管に付加されるときに GDP に加水分解されるのは，β-チューブリンがもつ 1 個である．二量体は，他の二量体と会合し，1 回につき 13 個の二量体からなるオリゴマー，すなわち直径 25 nm の環を形成する．二量体の縦方向の一並びは，プロトフィラメントとよばれる．核形成は比較的ゆっくりと進行するが，ひとたび微小管が完全に形成されると，伸長とよばれる第二段階は，より速く進行する．微小管の長さは，伸長速度，短縮速度，繊維短縮頻度および繊維伸長頻度によって決定される．細胞は，これらのパラメーターを修飾することにより，微小管ネットワークを制御している．次には，このメカニズムが細胞内の輸送過程に影響を及ぼしている．

広範な種類の微小管結合タンパク質（microtubule-binding proteins）が，上記のような組織化および維持プロセスに関係している．ある種の微小管結合タンパク質は，伸長しつつある微小管のプラス端に特異的に会合する．これらのタンパク質は，プラス端追跡タンパク質（plus end tracking proteins；あるいは＋TIPs）とよばれる．これらは，伸長しつつある微小管の末端で集塊を形成し，微小管のダイナミクスを制御している．動物細胞に特有のこのようなタンパク質の例は CLIP-170，すなわち「細胞質リンカータンパク質（Cytoplasmic Linker Protein）」である．このタンパク質は，微小管の伸長しつつあるプラス端に結合し，微小管集合を促進し，さらにエンドソーム膜と微小管の相互作用に関わる．出芽酵母（*Saccharomyces cerevisiae*）に存在する CLIP-170 相同タンパク質は，ダイナミックな不安定性に関わる 4 つのパラメーターをすべて減少させることにより微小管を安定化させる．一方，この相同タンパク質は，分裂酵母（*Schizosaccharomyces pombe*）では繊維短縮を抑制する（これら 2 種の酵母は類縁性があるが，異なった系統であることを想起してほしい；図 2.10 と 3.7 節を参照せよ）．*Aspergillus nidulans* の CLIP-170 相同タンパク質は，繊維伸長頻度を倍加することにより微小管の伸長を促進する．明らかに，生物，組織および細胞の各タイプに特異的な機能が，これらの相同タンパク質や他の微小管結合タンパク質（microtubule-associated proteins, MAPs）の種類や機能の違いに起因することが考えられる．MAPs には微小管モーター（microtubule motors）のキネシン（kinesin）やダイニン（dynein）が含まれ，これらは微小管に沿って「歩き」，微小管に特徴的な運動能力をもたらす．これらのモーターは，お互いに逆の方向に歩く．キネシンは積荷をプラス端に（kinesins move cargo to the plus end），ダイニンはマイナス端に向けて運ぶ（dynein towards the minus end）．菌類では，ダイニンモーターは微小管のプラス端に濃縮されており，*Saccharomyces cerevisiae*，*Aspergillus nidulans* および *Ustilago maydis* では，繊維短縮と繊維伸長の両方の速度に影響を及ぼす．このようにして，ダイニンはマイナス端指向モーターであると同時に，プラス端追跡タンパク質（＋TIPs）としてはたらく．

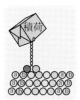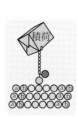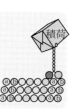

図 5.6　微小管に沿って小胞を輸送する，（伝統的）キネシンの運動（「歩行」）メカニズムを示した連続コマ図．ここでは，輸送は，左から右に，微小管のプラス端に向かって行われている．プラス端では，重合化が高速で進行している．このメカニズムについてのアニメーションは，次の URL を参照せよ：http://www.imb-jena.de/~kboehm/Kinesin.html．カラー版は，口絵 23 頁を参照せよ．

抗真菌薬のグリセオフルビン（griseofulvin）は，MAPs と結合することにより菌類の有糸分裂を阻害し，臨床的に有用である．この事実は，ヒトの MAPs と菌類のそれとの間にきわだった違いがあることを示唆する，ということに言及するのは価値あることであると考える．

5.12 分子モーター

分子モーター（molecular motors）は，微小管とミクロフィラメントを用いて，膜質の細胞小器官，小胞および RNA とタンパク質の複合体などを巧みに操作し，さらにこれらの長距離輸送を行う（Steinberg, 2000, 2007a & b）．移動は，分子機械である分子モーターに拠っている．分子モーターは，F アクチンミクロフィラメントあるいは微小管に沿って積荷を移動させる．したがって，これらのモーターとそれらに会合した輸送装置については，もう少し詳細に述べる価値がある．

分子モーターには，微小管結合キネシンとダイニン（microtubule-associated kinesins and dyneins），およびアクチン結合ミオシン（actin-associated myosins）の3つの主要なタイプがある．すでに述べたように，微小管には極性がある（マイナス端で固定され，プラス端で重合化される）ので，微小管モーターは，微小管に沿った動きの方向によって，プラス端を指向したものとマイナス端を指向したものに分類される．例外もあるが，一般にはキネシンとダイニンはお互いに反対方向にはたらき，キネシンは積荷を微小管のプラス端に向かって移動させ（図 5.6），ダイニンはマイナス端に向かって移動する．

菌糸の**先端極性伸長**（apical polar extension），**隔壁形成**（septation）および**核分裂**（nuclear division）などに見られる多くの細胞内輸送プロセスは，菌類にも典型的に存在するこれらの分子モーターによって支えられている．異なったモーターは，多くの違いがあるにも関わらず，頭部あるいはモータードメイン，連結領域および尾部/柄領域をもつなど，いくつかの構造的類似性を共有している（図 5.7）．ほとんどの場合，モーターは，重鎖のホモ二量体と，種々の数の軽鎖が会合したものからなる．軽鎖は，しばしば調節機能をもつ．重鎖は，球形のモーター領域を形成し，モーター領域は，微小管あるいは F アクチンミクロフィラメントのいずれか適当な方と結合する．ATP の分解は，モータードメインの構造変化を引き起こし，その結果，モーターは，細胞骨格繊維に沿って調和的に「歩く」．ATP の加水分解によって供給された化学エネルギーは，それによる繊維に沿ったモーターの移動という形の運動エネルギーに変換される．

細胞骨格システムのアクチンと微小管の間には緊密な相互関係があり，同じ細胞小器官がこの両タイプの線維上を移動する．たとえば菌類における，アクチンと微小管各々のモーターの突然変異は，隔壁形成，核の移動および細胞小器官の細胞内分布における類似の欠陥をもたらすことがある．一方，菌類ではまた，ある種の細胞小器官の動きがある特定のモーターの作

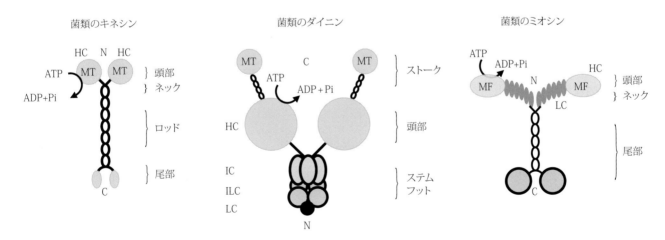

図 5.7　菌類のキネシン（左側），ダイニン（中央）およびミオシン（右側）の概念図．菌類の伝統的キネシンは，酵素活性に関わる2本の重鎖（HC; 105 kDa）のホモ二量体から構成されている［動物のキネシンに典型的に見られるカルボキシル（C）末端の軽鎖については，まだ証拠が発見されていない］．ダイニン複合体は，400 kDa の2本の重鎖を含み，重鎖は会合したポリペプチドにおそらく結合している．*Saccharomyces cerevisiae* から得られた V 型ミオシンである Myo2p の重鎖（180 kDa）は，軽鎖（LC）と結合するための6個の部位（暗灰色の長円形）をもっている．略語解：C, カルボキシル末端；HC, 重鎖；IC, 中間鎖；ILC, 中間軽鎖；LC, 軽鎖；MF, F アクチン結合部位；MT, 微小管結合部位；N, アミノ末端．［Steinberg (2000) を描き直し，改変した．］カラー版は，口絵 23 頁を参照せよ．

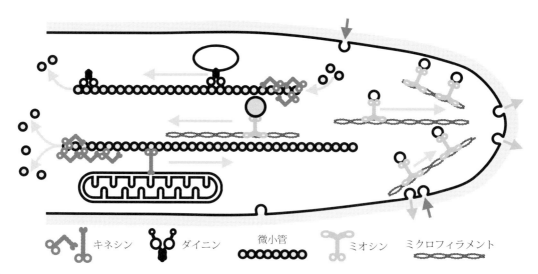

図5.8 菌類の菌糸におけるモーターのはたらきについての仮説モデル．キネシンとダイニンは，極性のある微小管に沿ってお互いに反対の方向に移動する（キネシンは重合が速い速度で進行しているプラス端に向かい，ダイニンは重合がゆっくり進行しているマイナス端に向かう）．ミオシンは，Fアクチン（ミクロフィラメント）を用い，しばしば菌糸の頂端に濃縮される．古典的なモデルでは，モーターは，これらのフィラメントに沿って，「積荷」（たとえば，小胞や他の膜質の細胞小器官）を移動させる．しかし，ある種のモーターは，おそらく微小管端を修飾することにより（本図では，各微小管の一端における解重合で示されている），微小管の安定性に影響を及ぼす．ここに示したプロセスはすべて，成長中の菌糸で同時に起こっていると予測され，菌糸の全長にわたって，非常に多くの微小管やミクロフィラメントの行路が存在することについて注目してほしい [Steinberg (2000) を描き直し，改変した]．カラー版は，口絵 24 頁を参照せよ．

用に特異的であること，さらに菌類間でどのようなモーターがどのように異なるのか，を示す証拠がある．たとえば，出芽酵母（*Saccharomyces cerevisiae*）では，ミトコンドリア，分泌小胞および液胞の輸送は，おもにFアクチンとそれに会合するミオシンモーターに依存している．一方，分裂酵母（*Schizosaccharomyces pombe*）では，微小管システムがこの種の輸送に関わっている．

菌糸において，**液胞**（vacuoles）は，多くの栄養素と必須代謝産物，有機物および無機物を含んでいるので，長距離輸送において重要である．ほとんどの菌類の菌糸の頂端細胞では，液胞が，**高度に動的な管状網**（highly motile tubular reticulum）を形成する．菌糸先端の液胞は，最も活動的である．先端から離れた部位の液胞は，非運動性であるが，環境変化に誘発され運動性になり得る（Rees *et al.*, 1994）．**細胞質微小管**（cytoplasmic microtubules）は，液胞性の管の維持に重要であるが（図5.8），一方，Fアクチンミクロフィラメントは重要ではないということを示す良い証拠がある．菌糸をα-チューブリン抗体で染色すると，微小管が菌糸の長軸方向に配向しているのがわかる．管状の液胞は，長軸方向に配向する微小管の束に並行に存在する．繊維状アクチンを解重合する薬剤は，菌糸の液胞システムに影響を与えない．管状の液胞は，頂端領域に集まるかあるいは蓄積される傾向があるが，菌糸先端約 5 μm の先端キャップの細胞質にアクチンが豊富な領域には少ない．

Saccharomyces cerevisiae のゲノムには，5 種のミオシン，6 種のキネシンおよび 1 種のダイニンの遺伝子が含まれている．この数は，1 細胞当り 50 種の異なったモーターをもっている何種類かの脊椎動物と比較すると，控え目なものである．この事実は，菌類では，各モーターがいくつかの細胞内プロセスに関わっていることを意味している．菌類のモーターは，次のような事象に関わることが知られている（図5.8も参照せよ）．

- 分泌とエンドサイトーシス
- 細胞質分裂
- 細胞小器官の位置の決定と引継ぎ
- 有糸分裂
- 遺伝的組換え
- RNA の輸送

ミオシンとキネシンは，大きくて多様なタンパク質ファミリーに属しており，同定されるたびに複雑な命名法が発達した．II型ミオシン（myosin class II）は，筋肉で見い出されるミオシンの主要なクラスであり，歴史的に「コンヴェンショナルミオシン [conventional（伝統的）myosin]」とよばれている．その他に，19 のタイプのミオシンが存在しており，これ

らは現在では，「アンコンヴェンショナル（unconventional myosin）ミオシン」とよばれている．

きわめて多数のキネシン（多様な種から600種以上）が記載されてきた．これらは，340〜350個のアミノ酸からなるモータードメインを共有している．もともと神経細胞で同定されたキネシンファミリーの重要なメンバーは，**キネシン-1**（kinesin-1）である．これが「**コンヴェンショナルキネシン**（conventional kinesin）」であり，プラス端指向モーターである．キネシン-1は，*Saccharomyces cerevisiae*には存在しないが，糸状菌類では**菌糸伸長**（hyphal extension）に関わっている．コンヴェンショナルキネシンは，双頭の分子モーターであり，微小管上のミクロンの長さの距離を移動する．そのような長距離の移動は，「プロセッシブ（processive, 前進的）移動」とよばれており，精製モーターの前進性は試験管内の実験によって測定することができる．たとえば，アカパンカビ（*Neurospora*）属のキネシン（NKin）は，微小管から離れるまでに平均 1.75 μm（$n=182$）移動する．一方，ヒトのキネシンモーターは，同一条件下でたった半分の距離（0.83 μm, $n=229$）しか移動できない．酵母のキネシン，Kar3p, は，約 1〜2 μm min^{-1} の速さで移動する．これらと対照的に，キネシン-14に属する*Saccharomyces cerevisiae*の2種のキネシンは，キネシン-1のように微小管のプラス端に向けて荷を運ぶのではなく，むしろ積荷をマイナス端に輸送し，このような意味で「アンコンヴェンショナル」なものである．しかし「アンコンヴェンショナル」であるにもかかわらず，2種のうちの1種は酵母の減数分裂と交配に不可欠であり，他の1種は酵母の有糸分裂の際に紡錘体極体で重要な役割を果たしている．キネシン-7とキネシン-1モーターは，調節化合物を微小管プラス端へ輸送することに関わっており，このようなはたらきにより，微小管のダイナミクスと組織化に影響を及ぼしている．キネシン-14とキネシン-8モーターは，おそらく菌類の有糸分裂と間期における微小管の安定性に影響を及ぼす．マイナス端指向キネシン-14（そして，ダイニンもまた）は，集合した微小管を細胞の特定の領域に輸送することができ，そうすることにより微小管の配列に極性を与える（Steinberg, 2007a & b）．

ミオシンとキネシンの両者，特にキネシンは，きわめて数が多く機能的に特殊化しているように思われる．それに比して，ダイニンには唯一の主要な形のみがあるにすぎないが，細胞内では多くの異なった役割を遂行する．ダイニン（dynein）の機能的多様性は，活性化因子あるいは補助因子の**ダイナクチン**（dynactin）を，すべてではないにしてほとんどの場合に用いることにより達成されている．

次のいくつかの段落で，酵母や糸状菌類において，モーターが一連の細胞機能に使用されている，いくつかの特殊な例について簡単にふれる（菌類における小胞移動のメカニズムをよりよく理解することは，新しい抗真菌剤の開発につながる選択毒性の部位の解明につながるであろう）．全体の要約は図5.9にまとめられている（Steinberg, 2000）．

早めに強調したい全般的な問題は，今まではモーターは積荷を輸送するために微小管に沿って移動するという印象を与えてきたが，これがすべてではないということである．モーターは確かに動き，試験管中の実験で非常に容易に示すことができるのは，モーターの**プロセッシヴィティ**（processivity；前進性）である．しかし，モーターは同時に，細胞骨格のダイナミクスを修飾する．この事実は，モーターが微小管の延長と短縮に影響することを意味し，同時にこの事象が積荷を配送する．ある種のモーターのモータードメインは，微小管の末端の配送の最終部位に到達することにのみ必要とされているに違いない．特殊な例は，酵母キネシンKar3p（記号の「Kar3p」は，「遺伝子*kar*の塩基配列に対応したタンパク質」を意味する）である．このキネシンの機能は，有糸分裂において，おもに紡錘体極体（SPB）で微小管を不安定化して，微小管をSPBに**引き寄せる**ことである．Kar3pはまた，染色体の動原体に存在する．この事実は，この場合，有糸分裂の紡錘体における染色体の動きは，微小管が解重合し，染色体が紡錘体の両端に引っ張られた結果である可能性を浮かび上がらせる．

他の2種のキネシンモーター，Kip 2pとKip 3pもまた，酵母の核移動と有糸分裂の際に，微小管の安定性を変化させることに関わっている．また，脊椎動物において，紡錘体モーターが不安定化活性を有するという同じような報告があるが，これらの報告は，モーターの細胞内機能の重要な特性が，細胞骨格のダイナミクスを変化させることであることを示唆する．同様に，*Aspergillus nidulans*の変異体における観察は，ダイニンモーターが核移動の際にSPB星状体微小管を不安定化させ，そのことにより引っ張り力を働かせていることを示す（Karki & Holzbaur, 1999）（図5.10および5.11）．一般に，キネシンとダイニンは，運動性を与えると同時に，菌類細胞中の自身の行路を組織化することにも活発に関わる．しかしながら，モーターが微小管の安定性とターンオーバーを制御する分子メカニズムについては未解明である（Seinberg, 2007a）．

Saccharomyces cerevisiae や *Schizosaccharomyces pombe* における，有糸分裂後の細胞の分離には，コンヴェンショナル

A. 有糸分裂

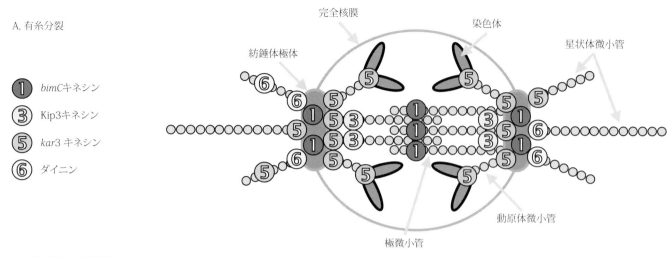

B. 頂端成長と細胞質分裂

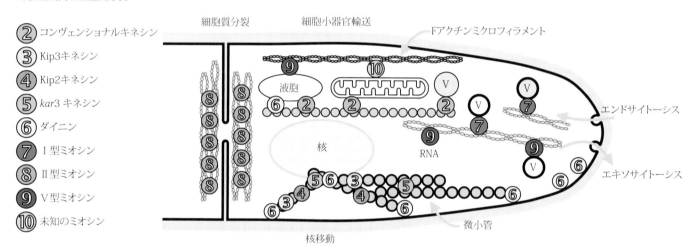

図 5.9　菌類の有糸分裂（A）および菌糸頂端の極性成長（B）における，特定のモーターの分布および/あるいは仮定された作用部位．数種の菌類から得られたデータをまとめた．A，有糸分裂の間，kar3 キネシンは，紡錘体微小管のダイナミクスに影響を及ぼし，さらに，極の微小管を架橋結合していると考えられる bimC 様モーターのはたらきには逆に作用する．加えて，Kar3 タンパク質は，染色体の動原体で機能していると思われる．分裂後期は，細胞質ダイニンによって支えられている．ダイニンは，星状体微小管を引っ張る力を生じ（図 5.10 と図 5.11 を参照せよ），そして，おそらく Kip2 タンパク質と Kip3 タンパク質とともに，微小管のダイナミクスを修飾する．紡錘体における Kip3 タンパク質の分布がわかっていないことに注目せよ．B，分子モーターは，菌糸の頂端伸長から細胞質分裂までの広範なプロセスに関わっている．本図（図 5.8 も参照せよ）では，核，液胞およびミトコンドリアを含む種々の細胞小器官の輸送と位置の調節に焦点を当てている．小胞と微小小胞（すべて「V」で標識した）の非常に多様な集団が，急速に輸送される（図 5.5 と比較せよ）．［Steinberg（2000）から描き直し，改変した．］カラー版は，口絵 25 頁を参照せよ．

（II 型）ミオシンが必要とされる．S. pombe においては，ミオシンは，細胞分割面に集合して環状構造を形成した．細胞分割面では，ミオシンは F アクチンと相互作用して細胞質分裂を支える．

細胞壁（cell wall）は，酵母細胞や糸状菌類の菌糸の形を決定し，そして壁の組み立ては極度の極性を示す（Sudbery, 2008；Rittenour et al., 2009）．菌糸細胞は，小胞の細胞内輸送によって，細胞壁を構築し修飾することができる．計算によると，アカパンカビ（Neurospora crassa）の急速に伸長している菌糸では，毎分 38,000 個に達する小胞が菌糸頂端に輸送される必要がある．この値は，F アクチンミクロフィラメントと微小管双方の細胞骨格に沿った，頂端に向かう小胞の輸送が支えているプロセスの規模を示す．コンヴェンショナルキネシンとともに，いわゆる V 型あるいはアンコンヴェンショナルミオシンのいくつかが，この輸送を担っている．

加えるに，ミオシン I 型は，極性成長とエンドサイトーシスを支えるように思われる（たとえば，Saccharomyces cerevisiae からの Myo3p と Myo5p，および Aspergillus nidulans からの

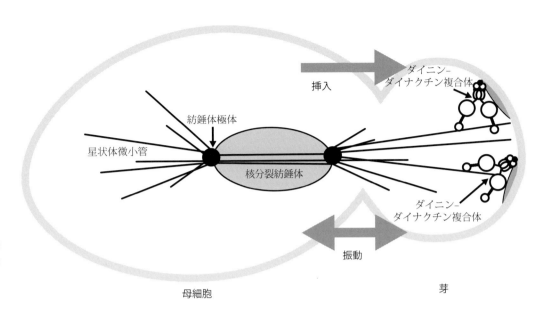

図 5.10 出芽酵母（*Saccharomyces cerevisiae*）の出芽後期の核移動におけるダイニン-ダイナクチンの役割を示すモデル．ダイニン-ダイナクチン複合体は，キネシン関連タンパク質 Kip 3p と部分的に重複する機能を果たしながら，有糸分裂に関わっていることが明らかにされた．Kip 3p タンパク質は，核を芽の頸部の近くに向かわせる（ここには示していない）．ダイニンは，分裂後期に，核を芽の頸部に挿入することに関わり，核挿入の間に観察される核の振動運動の原因ともなっている [Karki & Holzbaur（1999）から描き直し，改変した].

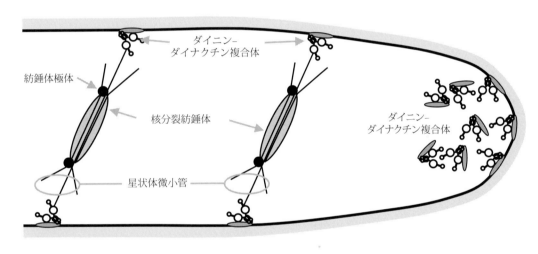

図 5.11 *Aspergillus nidulans* の菌糸中の，核移動におけるダイニンとダイナクチンの役割を示すモデル．細胞質ダイニンは，ダイナクチンにより細胞膜に固定され，核が置かれるべき部位に存在している．ダイニンはまた，菌糸頂端に集積することが知られている [Karki & Holzbaur（1999）から描き直し，改変した].

MYOA）．しかしながら，MYOA は同時に分泌に必要であり，それゆえ，このミオシンは，*Aspergillus nidulans* ではエンドサイトーシスとエキソサイトーシスの双方に関わっている．*Saccharomyces cerevisiae* のエキソサイトーシスには，Myo2p とよばれるV型ミオシンが関わっている．このミオシンはまた，芽の極性のある成長にも寄与している．Myo2p はそのカルボキシル基末端尾部で分泌小胞に結合し，Fアクチンフィラメントに沿って成長部位まで積荷を移送する．現時点では，Myo2p は，酵母における主要な膜結合モーターであるように思われる．それゆえ，このタンパク質は，細胞壁合成に必要なキチン合成酵素，とりわけタンパク質 Chs3p，を含む多くの成分の輸送に関わっていると考えられる．

ある種の菌類では，キチン合成酵素活性が，その分子モーターと融合一体化している．その例としては，*Aspergillus nidulans* の CsmA やイモいもち病菌（*Pyricularia oryzae*）の Csm1 がある．これらは，ミオシンモーター/キチン合成酵素（myosin motor/chitin synthase）融合タンパク質であり，両者のドメインが正常な細胞機能の発現に必要である．他のV型ミオシン Myo4p が，出芽酵母（*Saccharomyces cerevisiae*）細胞の娘芽における，ASH1 mRNA の特異的な局在化に関わっている（Ash1p は，母細胞の交配型の転換スイッチであるエンドヌクレアーゼの抑制因子である；8.3 節を参照せよ）．この事実は，細胞骨格モーターが mRNA を輸送し，そのことにより菌類細胞に RNA の濃度勾配をつくり出すことを示している．

微小管コンヴェンショナルキネシン I 型モーターが，接合菌門，子嚢菌門および担子菌門に属する菌類に見い出された．こ

のモーターは，さまざまの機能（たとえば，Nectria haematococca におけるミトコンドリアの位置決定，および Ustilago maydis における液胞の組織化など）に関わると同時に，一般に菌糸頂端におけるエキソサイトーシスに関わっている．有糸分裂の際の紡錘体は，おもに微小管からなっている．キネシンが，どのようにして有糸分裂における微小管ダイナミクスと染色体の移動に関わることができるのか，についてはすでに示した．

紡錘体の集合と組織化には，積荷を移動させるというよりも，反作用的にはたらき，紡錘体内で張力を生み出すモーターが必要である．Kar3 モーターと bimC モーターが，このような反作用的はたらきをする．Kar3 キネシンモーター（とりわけ，Saccharomyces cerevisiae の Kar3p，Aspergillus nidulans の KlpA および Schizosaccharomyces pombe の Pkl1 など）は，微小管のマイナス端に向かって移動するという意味で，アンコンヴェンショナルモーターである．これらのモーターは，また，紡錘体極体に位置を定めている．そこでの主要な役割は，上述したように，微小管を不安定化する（そして「巻き取る」）ことである．bimC ファミリーのコンヴェンショナルキネシンは，現在までに調べられたすべての生物において，紡錘体構造の集合と維持に必要とされるのはもちろんのこと，有糸分裂の開始時における紡錘体極体/中心体（存在は生物によるが）の分離にも必要とされる．bimC ファミリーのキネシンはまた，微小管ダイナミクスを変化させる．しかし，bimC 様モーターは，各末端に 2 個のモータードメインを有し，分裂後期には紡錘体の中央の領域に位置する．この事実は，bimC キネシンが，極微小管を互いに架橋結合することにより不安定化させて，紡錘体極体を分離させることを示唆する．

成長中の菌糸頂端のダイニンは，有糸分裂中の核の外側に位置して，2 つの一般的な機能を果す．モーターは，星状体微小管を引っ張って核を移動させ，さらにエキソサイトーシス小胞を輸送する．この事実は，脊椎動物と極端なコントラストをなす．脊椎動物では，細胞質ダイニンは紡錘体に存在し，紡錘体の集合と染色体の分離にはたらく．

細胞質ダイニンは，全分子質量約 1.2 MDa の多サブユニットタンパク質であり，約 500 kDa の重鎖 2 個，さらに多数の約 70〜74 kDa の中間鎖，約 53〜59 kDa の中間軽鎖および約 8〜22 kDa の軽鎖からなる．重鎖は折り畳まれて，2 個のモーター頭部を形成する．ダイナクチンは同様に，少なくとも 7 個の 22〜150 kDa のポリペプチドからなる，大きな多サブユニット複合体である．Saccharomyces cerevisiae，アカパンカビおよび Aspergillus nidulans を用いた研究によって，ダイニンとダイナクチンとの間の相互作用が明らかにされた．特にダイナクチンは，ダイニンアンカーとしてはたらき（dynactin acts as an anchor），ダイニンを安定化する．それゆえダイナクチンは，紡錘体極体から出ている星状体微小管を引っ張り寄せることができる（Karki & Holzbaur, 1999）（図 5.10 と 5.11）．

出芽酵母では，紡錘体極体（SPB）は核膜中に埋め込まれている．SPB は，内部「紡錘体プラーク（plaque）」からの紡錘体微小管の，さらに外側のプラークからの細胞質微小管（星状体とよばれる）の起始点となる．星状体微小管とモーターは，アクチン細胞骨格と補助的な細胞極性決定因子とともに，核が芽の頸部を通過するのを制御する（図 5.10）．酵母が出芽する際に，2 つの主要なタイプの核移動が行われる．すなわち，核が，母細胞から芽への軸線に沿って，芽の頸部の近くで一列に並ぶことと，その後，分裂後期以降に，嬢核が頸部を通り芽の中へ前進すること，である．図 5.10 のモデルは，Kip3 キネシンが，分裂した核を芽の頸部の近くに配置し，一方，ダイニンは，後期に核が芽の頸部を通って移動することに関わり，同時に核が芽に入る際に観察される核の振動運動を起こさせる，ということを示す（Karki & Holzbaur, 1999）．

図 5.11 は，Aspergillus nidulans の核移動における，ダイニンとダイナクチンの役割を表すモデルである．ダイナクチンは，細胞膜と会合して菌糸頂端に局在することが知られる．糸状菌類の他の顕著な特徴は，菌糸に沿って核が均一に分布することである．このような分布をするためには，やはりダイニンとダイナクチンが必要である．細胞質ダイニンは，ダイナクチンによって細胞皮質に固定され，核が配置されるべき部位に位置する．このような位置どりが，娘核の正確な位置決定（correct positioning of daughter nuclei）を確実にする．

他のタンパク質が，ダイナクチンアンカーの位置の特定に関わっている．このようなタンパク質の 1 つは，Num 1 であると思われる．このタンパク質は，出芽酵母の核移動経路に欠陥のあることが確認された最初の突然変異体の 1 つにおいて，欠けていたタンパク質であり，核移動（Nuclear migration）にちなんで名付けられた．Num 1 は，モータータンパク質ダイニンの細胞皮質へのアンカーである．NUM1 遺伝子は，プレクストリン相同（PH, pleckstrin homology）ドメインをもつ，313〜kDa の複合タンパク質の遺伝情報を含む．これらのドメインは，もともとは，血小板から得られたリンタンパク質であるプレクストリンの内部反復配列として同定された．このような PH ドメインは，動物と菌類に見い出されているが，植物

あるいは細菌にはまだ見い出されていない．PHドメインをもつタンパク質は，シグナル変換に関与しているか，あるいは細胞骨格の一部となっている．多くのPHドメインに対する配位子は，膜結合イノシトールリン脂質であり，イノシトールリン脂質は，膜アンカーとしてのPHドメインの役割を支えている（Bloom, 2001）．分子モーターは，酵母や菌糸においても，細胞伸長の組織化や極性化にとって鍵となる多くの重要なプロセスに寄与している．以下の5.15節で，この問題に立ち返る予定である．

5.13 細胞膜とシグナル伝達経路

　菌類の細胞膜の第一義的な機能は，他の真核細胞と同じように，細胞とその環境との間に障壁を設けることである．細胞膜は，リン脂質の二重層からなるが，これは静的な障壁ではない．莫大な数の多様なタンパク質が膜の中に固定されており，途方もなく広範な機能を遂行している．ステロールもまた菌類の膜の決定的に重要な成分であり，膜の流動性と，膜に会合した酵素と輸送機構の活性の制御に関わっている．植物の最も一般的なステロールは，シグマステロール，シトステロールおよびカンペステロールである．動物細胞と卵菌門の膜の中のおもなステロールは，コレステロール（cholesterol）であり，一方菌類の大多数のおもなステロールは，エルゴステロール（ergosterol）である（例外はツボカビ門であり，この門の主要なステロールはコレステロールである）．菌類と哺乳動物の細胞における主要なステロール成分のこの違いが，2つのクラスの抗真菌剤，ポリエン（polyenes）とアゾール（azoles），の開発を促した（Robson, 1999）．

　ナイスタチン（nystatin）とアンフォテリシン（amphotericin）を含むポリエン系抗真菌剤は，膜のエルゴステロール成分と疎水性相互作用を通して結合して膜に孔を開け，細胞膜の統合性を失わせる（18.1節および図18.3，pp. 538-542を参照せよ）．トリアゾール（triazoles）とイミダゾール（imidazoles）を含むアゾール系抗真菌剤は，何よりもエルゴステロールの生合成に関わる酵素ステロール-14-デメチラーゼを阻害することにより作用する．その結果，膜の中のエルゴステロールが枯渇し，14-0'-メチルステロールが蓄積する．これらの膜組成の変化は，膜の流動性を変化させ，膜流動性の変化はひるがえって，輸送過程と細胞壁の生合成に影響し，最終的には菌類の死をもたらす（18.1節，p. 538および図18.5と18.6を参照せよ）．

　菌類が成長するためには，細胞膜を通して外部の栄養素が吸収されなければならない．菌類は，周囲の環境から栄養素をうまく吸収するために，細胞膜中に多様な種類の特異的輸送タンパク質（transport proteins）をもっている．菌類には，主要な3つのクラスの栄養素輸送システムがある．**促進拡散**（facilitated diffusion），**能動輸送**（active transport）および**イオンチャネル**（ion channels）の3クラスである．菌類は通常，糖やアミノ酸のような栄養素を吸収するために，2つの輸送メカニズムをもっている．1つは構成性低親和性輸送システムである．このシステムでは，栄養素が菌糸外に高濃度に存在するときに，細胞内への栄養素の蓄積が可能になる．促進拡散によるこの輸送プロセスは，エネルギーに依存しないが，濃度勾配に逆らって溶質を細胞内に蓄積することはできない．しかしながら，一般にはパーミアーゼ，キャリアーあるいは輸送体とよばれる「ファシリテーター（facilitator）」訳注14の実体は，ポリペプチドであり，このポリペプチドは，取り込みプロセスに酵素と同じような特異性を賦与する．

　外部溶質濃度が細胞内よりも低いときに（自然環境下では，しばしば低いのであるが），栄養素に対して高い親和性を有する第二のクラスのキャリアータンパク質が誘導され，濃度勾配に逆らって溶質を取り込むことができる．しかし，この取り込みは，ATPを消費して作動するエネルギー依存性であり，能動輸送プロセスとよばれる．菌類細胞における最も能動的な輸送プロセスは，**電気化学的なプロトン勾配**（electrochemical proton gradient）によって駆動される．菌類は，この勾配を，細胞膜に存在するプロトンポンピングATPアーゼを用いてATPを加水分解し，菌糸細胞から外側へ水素イオンを汲み出すことによって造り出す．結果として生じたプロトン勾配は，電気化学的勾配を生じ，この電気化学的勾配がキャリアーによる栄養素の取り込みを駆動することができる．このキャリアーは，勾配に沿った水素イオンの逆流と結びつけて栄養素を取り込む．能動輸送プロセスは，通常環境条件（しばしば低い栄養素濃度）によって誘導されるので，菌類は明らかに，外部の溶質濃度に応じてその輸送機構を変化させることができる．この事実が，広範な栄養素濃度においても持続的な栄養素の供給を保証するのである．

　イオンチャネルは，膜に存在する高度に制御された細孔であ

訳注14：促進因子のこと．

る．このチャネルは，開いているときは，特定のイオンの細胞内への流入を可能にする．菌類の多数のイオンチャネルが，哺乳動物細胞についてなされたものと同じような，**パッチ-クランプ電気生理学**（patch-clamp electrophysiology）的実験によって記載されている．パッチクランピングは，細胞膜のパッチを通して流れる電流の測定が可能で，このパッチは，膜を通した特定のイオンの流れの研究に用いることができる．菌類においては，まず，細胞壁を消化除去する溶菌酵素の混合物と浸透安定剤の中で菌糸体を培養することにより，細胞壁を除去しなければならない．この処理により，裸のスフェロプラスト（sphaeroplasts；細胞壁をほとんどもたない細胞）あるいはプロトプラスト（protoplasts；細胞壁を完全にもたない細胞；18.9節，p. 573を参照せよ）が得られる．これらの処理細胞から，マイクロピペット電極を用いて，膜のパッチを取り外すことができる．種々のカチオン選択チャネル，特にK^+やCa^{2+}透過チャネル，はもちろんのこと，アニオン選択チャネル（Cl^-のような）を含む，いくつかの異なったタイプのチャネルが確認されている．

細胞内に向かうK^+フラックスを担うチャネルは，菌糸の内部膨圧の制御に関わっていると考えられる（菌糸の浸透ポテンシャルの大部分は，ほとんどの場合無機イオンによって保たれている）．機械感受性あるいは伸展活性化Ca^{2+}チャネルの存在が，関心を集めている．このようなチャネルは，膜が機械的ストレスを受けたときに開き，膜に対する物理的環境変化に反応して，Ca濃度勾配をつくり出す際に重要な役割を果たすと考えられる．物理的変化は，たとえば，細胞中への急激な水の流入（急激な水の流入は膜を引き伸ばし/急激な水の喪失は膜の緊張を解き放つ），あるいは物理的圧力（障害物にぶつかる，重力，など）によって引き起される可能性がある．物理的変化の感知はもちろん，環境感覚システムと同等である．というのは，機械感受性イオンフラックスは，一連の感応システムのいずれかにリンクし得るからである．

菌糸は同時に，自らが成長している基層の上あるいは中の，栄養状態を感知しなければならない．この感知は，細胞膜/外界の境界面で特定の化学物質を認識し，その後，情報を細胞内に伝達するシグナル変換経路に依存している．中間代謝は，明らかに菌類の成長と発育に重要であり（Moore, 1998, 2000；10.12節とp. 260を参照せよ），細胞に多くの調節事象を課している．グルコースのような一次代謝産物は，特に重要である．入手可能なグルコース量は，菌類が生息する不均一な基層中では大きく変動することがあるので，個々の菌糸は，入手可能なその量を感知し，適切に反応できなければならない．

グルコースやフルクトースのような易利用性糖を，炭水化物飢餓状態にある菌類に与えた（抑制が解除された）ときに，さまざまの代謝反応が引き続いて急速に起こる．代謝反応のあるものは，**サイクリックAMP**（cyclic AMP, cAMP）の濃度レベルの一時的上昇によって伝達される．サイクリックAMPは，ATPの脱リン酸化サイクルの最終産物である．これらの反応には，次のような事象がある．

- **糖新生の阻害**（inhibition of gluconeogenesis）：ピルビン酸のような非糖炭素基質，およびアラニンやグルタミン酸のような糖原性アミノ酸からのグルコース生成の阻害．
- **解糖の活性化**（activation of glycolysis）：糖であれ，非糖炭素基質であれ，得られる基質からのエネルギー生成を増大するため．
- **トレハラーゼの活性化**（activation of trehalase）：この酵素は，菌類に特徴的な貯蔵糖である二糖類のトレハロースを1分子加水分解して，2分子のグルコースを生成することができる．

外部の栄養素の供給レベルへの素早い反応は，上述のような現存する酵素システムの活性を修飾することだろう．一方，たとえば，外部のグルコースの濃度の究極の効果は，遺伝子発現の制御である．グルコースは，*Saccharomyces cerevisiae*の遺伝子発現に対して，2つの主要な効果を及ぼす．グルコースは，多くの遺伝子の発現を抑制する．そのような遺伝子には，呼吸経路のタンパク質（シトクロムを含む）や，代替炭素源（たとえば，ガラクトース，スクロース，マルトースなど）の代謝に関わる酵素の情報をコードしている遺伝子などが含まれる．グルコースはまた，解糖系の酵素やグルコース輸送体の情報をコードしている遺伝子を含む，グルコース利用に必要な遺伝子の発現を誘導する．

酵母に対するグルコースのこれらの効果に関わる，2つのシグナル変換経路がある．第一の経路は，Mig1転写抑制因子を用いる．この因子は，ジンクフィンガー（zinc finger）転写因子であり，転写因子としての機能は，Snf1タンパク質リン酸化酵素によって阻害される．Snf1タンパク質リン酸化酵素は，

訳注15：極小区画のこと．

細胞膜に存在するグルコース感知器であり，AMP で活性化されるセリン/トレオニンタンパク質リン酸化酵素でもある．この酵素は，グルコースで抑制されたいくつかの遺伝子の転写に必要である．Snf1 複合体は，グルコースに反応して Mig1 をリン酸化し，そうすることにより Mig1 が関係するそれらの遺伝子の転写抑制を解除する．

グルコース誘導に関わるシグナル伝達経路は，グルコースに反応して，いくつかのグルコース輸送体遺伝子の発現を制御する，Rgt1 転写因子に集中する．この因子は，促進因子に結合し，転写活性化因子として機能する．グルコースが存在しないと，Rgt1 の機能は，SCF タンパク質複合体によって阻害される．SCF 質複合体は，ユビキチンリガーゼファミリーであり，この酵素は，特定のタンパク質を，26S プロテアソームによる分解の標的とする (Johnston, 1999)．

これらの反応の多くは，存在するタンパク質の活性をリン酸化することにより変化させる，**サイクリック AMP 依存タンパク質リン酸化酵素** (cAMP-dependent protein kinase) の活性化によって伝達される．cAMP 濃度は，膜結合酵素のアデニル酸シクラーゼの活性化により増加する．アデニル酸シクラーゼは，一群の低分子量 GTP 結合タンパク質，RAS タンパク質[訳注16]，の活性化により活性化される．RAS の活性化は，RAS 結合 GDP を GTP に交換させ，その結果アデニル酸シクラーゼ活性の刺激につながる立体構造の変化が引き起こされる．RAS タンパク質複合体は，内在性 GTP 加水分解酵素をもち，この酵素は，GTP 結合 RAS を GDP 結合 RAS に変換する．このようにして，RAS は，活性化因子が存在しないときの休止状態に戻る．得られた証拠は，RAS 経路が，細胞骨格の完全性，細胞と細胞の融合，さらにエキソサイトーシスなどの多様なプロセスを制御する，一般的な信号伝達のための包括的なメカニズムの一部を形成するということを強く示唆する．

RAS は，G タンパク質 (G-protein) である．すなわち，既述した 2 つの形態，活性型 (RAS-GTP) あるいは不活性型 (RAS-GDP)，の間を循環する，調節 GTP 加水分解酵素である．RAS タンパク質は，プレニル化 (prenylation) とよばれる反応によって疎水性の分子を付加されて，細胞膜に結合している．タンパク質のプレニル化とは，ファルネシル基 (farnesyl group) あるいはゲラニル-ゲラニル (geranyl-geranyl) 基のいずれかを，ファルネシル基転移酵素あるいはゲラニル-ゲラニル基転移酵素により，カルボキシル末端のシステインに転移することである．タンパク質は，プレニル基がタンパク質を膜の脂質に固定する装置としてはたらくことにより，細胞膜に結合できる．

真核生物では，多くのホルモン，神経伝達物質，ケモカイン (chemokines；細胞が，他の細胞を制御するために分泌するタンパク質)，媒介物質 (局所的な媒介物質は，ω-3 脂肪酸のような膜修飾脂質である．しかし，媒介物質はまた，RNA ポリメラーゼ II 機構と相互作用する大きなタンパク質複合体でもある) および感覚刺激物質などは，G タンパク質共役受容体 (G-protein-coupled receptors) に結合することにより，細胞に対する効果を発揮する．このような受容体が，1,000 種以上知られており，それ以上が日々発見されている．ヘテロ三量体 G タンパク質 (G-proteins；a，b および g サブユニットからなる) は，これらの受容体への配位子結合を細胞内反応に変換する．G タンパク質には，次の 4 つの主要なグループが存在する．

- Gs，アデニリルシクラーゼ (=アデニル酸シクラーゼ) を活性化する．
- Gi，アデニリルシクラーゼを阻害する．
- Gq，リン脂質加水分解酵素 C を活性化する．
- 機能が未知の G タンパク質．

G タンパク質は，GDP 結合状態では不活性であるが，Gα サブユニットに結合した GDP が，受容体によって触媒されたグアニンヌクレオチド交換で，GTP に交換されることにより活性化される．この結果，Gb と Gg サブユニットが解離し，解離したサブユニットは，下流の作動体を活性化する (Hamm, 1998)．多くの現象が，G タンパク質によって制御されている．G タンパク質は，独特の無性および有性生殖 (Bölker, 1998；Shi et al., 2007)，さらに酵母 - 菌糸の二形性や疾病の成り立ちのような発育過程 (Madhani & Fink, 1998；Borges-Walmsley & Walmsley, 2000；Seo et al., 2005) はもちろんのこと，通常の菌糸の成長などの制御にも関わっている．

G タンパク質と RAS のリン酸化もまた，**MAP リン酸化酵素信号伝達経路** [MAP (mitogen-activated protein) kinase signalling pathway] を始動する．細胞外因子が，外膜表面の受容体に結合すると，その結果，受容体二量体の立体配座が変化してリン酸化され，次にこのような変化が，特異的な G タン

訳注16：名称は，ラットの肉腫 (rat sarcoma) のがん遺伝子産物であることによる．

パク質を活性化する．活性化されたGタンパク質は続いて，GTPによるRASのリン酸化を触媒し，RASを活性型に変える．このような形で，RASは，MAPリン酸化酵素カスケード[訳注17]の最初のリン酸化を触媒することができる．このカスケードは，MAPキナーゼキナーゼキナーゼ（MAP kinase kinase kinase, MAPKKK）で始まる．MAPKKK酵素ファミリーは，順にカスケードの第2段階のMAPキナーゼキナーゼ（MAP kinase kinase, MAPKK）ファミリーを活性化する．MAPKKは，次いでMAPキナーゼ（MAP kinase, MAPK）を活性化する．MAPKは，核の特定の遺伝子の転写を促進する実際的な効果を示す．MAPキナーゼ経路は，進化を通してきわめてよく保存されている．MAPKは，「マイトジェン活性化タンパク質リン酸化酵素[訳注18]（mitogen-activated protein kinase）」の略である．それゆえ，この酵素によって特に制御されている遺伝子は，核分裂や細胞分化に要求されるものである．MAPKは，酵母のシュムー（shmoo）[訳注19]における，フェロモンによる交配突起形成の活性化（5.8節，p. 119参照），および糸状菌類における一連の細胞事象などに関わる（Banuett, 1998；Erental et al., 2008；Read et al., 2009）．

分子レベルでは詳細に違いがあるが，Gタンパク質結合受容体によって誘発されるシグナル伝達経路には，いくつかの共通点がある．すべての伝達経路は，非常に低分子のシグナルに対応して大きい反応を生じさせる，という基本的な類似性がある．シグナル増幅（signal amplification）は，この経路の「カスケード」構造により可能になる．各段階の反応は分子を産生し，その分子は，次の段階ではより多くの分子を変化させることができる．その結果，1個の細胞外シグナル分子が，数千個の細胞内タンパク質分子を変化させることができる．

プレニル化による特定のタンパク質の膜への導入については，本節ですでに述べた．類似のプロセスは，細胞膜に導入予定のタンパク質に，グリコシルホスファチジルイノシトール（glycosylphosphatidylinositol, GPI）アンカーを付加することである．GPIアンカーは，ERで付加される．前タンパク質のカルボキシル末端のシグナル配列はER膜中に残り，前タンパク質の残りの部分がER内腔に存在する．シグナルペプチドが最終的に除去されるのに伴い，仕上げられたタンパク質の新しいカルボキシル末端が，ERの内葉に存在する前集合したGPI前駆体のアミノ基に付加される．膜に固定されたタンパク質は，小胞の原形質膜に引き渡される．次いで小胞の内面が外面になるように細胞膜と融合すると，GPIアンカーは細胞膜の外葉に，タンパク質は細胞外部に存在するようになる．

出芽酵母では，GPIタンパク質は細胞膜に付加されるか，細胞壁の固有の部分を構成する．細胞壁中のGPIタンパク質は，細胞壁に取り込まれる直前に細胞膜で部分的に切り落とされたGPIアンカーをもっている．GPIアンカーの多糖類部分は残り，細胞壁グルカンに結合する．*Saccharomyces cerevisiae*には，細胞膜に固定されたタンパク質ファミリーが20種類，細胞壁に会合したGPIタンパク質ファミリーが38種類存在する（Caro et al., 1997）．

5.14 菌類細胞壁

菌類細胞壁（fungal wall）は，高度に複雑な細胞小器官である．細胞壁は，細胞の立体的な形を決定し，浸透圧と物理的ストレスに対する防護となる．さらに，壁は，細胞膜と細胞周辺腔とともに，細胞への物質の流入に影響を与え，それを制御する．しかしながら，細胞壁はまた，細胞膜のすぐ外側に隣接する環境を制御することもでき，また生物と外の世界との境界面でもある．細胞壁は，**活性のある界面**（active interface）である．なぜならば，生物と外の世界（外の世界には，他の細胞も含む）との相互作用は，調節と修飾を受けているからである．菌類の細胞壁は，活発に代謝している．細胞壁成分は，成分間で相互作用をし，成熟した細胞壁構造を造り上げる．それゆえ，細胞壁は，**動的な構造**（dynamic structure）と捉えなければならない．この構造は，さまざまな機能を果たすことができるように，常時変化している．細胞壁は，細胞質を囲い込み支えると同時に，選択的透過性，壁固定酵素の支持，および細胞間の認識と接着などの機能を果たしている．

細胞壁は，多糖類，糖タンパク質およびタンパク質などからなる多層複合体である．多糖類は，グルカン（glucans）やマンナン（mannans）であり，さらにグルコガラクトマンナン（glucogalactomannans）のような，ある種の非常に複雑な多糖類を含んでいる．菌糸壁の主要な成分であり，壁の構造的統合性にとってまちがいなく最も重要なのは，N-アセチルグルコサミン（*N*-acetylglucosamine）のポリマーのキチン（chitin）である．キチンは，他の壁成分，とりわけβ1,3-グルカン（β

訳注17：反応が，階段状の滝を流れ落ちる水のように連鎖・増幅されること．
訳注18：細胞増殖誘発因子のこと．
訳注19：球形酵母が接合因子に応じて極性化し突起が生じた状態が，Al Cappの漫画のキャラクター，シュムーに似ていることによる．

1,3-glucan），と頻繁に架橋結合している．結合の際に，キチン鎖の末端還元性残基は，β1,3-グルカン鎖の非還元性末端にβ1,4結合で結合している．外側の細胞壁層を溶解酵素で除去すると，内部のキチン壁構造が現れ，キチン構造は，キチンポリマーが水素結合で集合したミクロフィブリル（微小繊維束）からできていることがわかる．キチンの内壁は，外側のβ-グルカン成分と架橋結合しており，キチンとグルカンは，ほとんどの真菌類の細胞壁の主要な構造上の成分となっている．細胞壁は，成長している菌糸先端の細胞膜の外表面で合成される．キチン合成酵素は，前駆体のUDP-N-アセチルグルコサミン（UDP-N-acetylglucosamine）からのキチン形成を触媒する．**キチン合成酵素**（chitin synthase）は，次に示した反応で，既存のキチン鎖に，2分子のUDP-N-アセチルグルコサミン（UDPGlcNAc）を付加する．

$$(GlcNAc)_n + 2\ UDPGlcNAc \rightarrow (GlcNAc)_{n+2} + 2UDP$$

不活性型**チモーゲン**（zymogen）[訳注20]は，内部タンパク質分解酵素によってペプチドが開裂されて活性化することが，明らかになっている（Robson, 1999）．

出芽酵母（*Saccharomyces cerevisiae*）の3個のキチン合成酵素遺伝子，*CHS I*，*CHS II*および*CHS III*，がクローン化され，細胞中で次のような機能を遂行していることが明らかになった．

- *CHS I*は，修復酵素としてはたらき，娘細胞と母細胞が分離する部位でのキチン合成に関わる．
- *CHS II*は，隔壁形成に関わる．
- *CHS III*は，主要細部壁のキチン合成に関わる．

糸状菌類では，状況はより複雑である．*Aspergillus fumigatus*では，少なくとも6個のキチン合成酵素遺伝子が同定されており，各々の遺伝子が，成長の特定の段階ではたらいていると思われる．しかしながら，個々の遺伝子の正確な機能については未解明である．

キチンと同じように，β(1→3)-グルカンは，膜会合β(1→3)-**グルカン合成酵素**［β(1→3)-glucan synthase］によって合成される．この酵素は，モノマー基質としてUDP-グルコースを利用し，グルコースをβ-グルカン鎖に挿入する．β(1→3)-グルカン合成酵素活性は，菌糸体の膜画分と細胞質画分の双方に見い出され，GTPによって促進される．β-グルカン合成酵素の情報をコードする遺伝子が多くの菌類から単離されているが，キチン合成酵素の遺伝子ファミリーのような，β(1→3)-グルカン合成酵素の遺伝子ファミリーが菌類に存在するか否かは明らかではない．

キチンとβ-グルカンは，哺乳動物細胞には見い出されていないので（キチンは，多くの昆虫，甲殻綱およびある種の軟体動物の外骨格には存在するが），菌類の細胞壁合成は，治療に用いる抗真菌剤の潜在的な選択的標的になり得る．しかし驚くべきことに，細胞壁の生合成に狙いを定めた抗真菌剤はほとんど使用されていない．2種類のヌクレオシドペプチド，ポリオキシン（polyoxins）とニッコーマイシン（nikkomycins）は，UDP-N-アセチルグルコサミンの類似化合物として基質に拮抗することにより（18.2節，p. 547参照），キチン合成酵素活性に対する著効性のある特異的な阻害剤としてはたらく．しかしながら，これらの化合物は，動物に対して毒性（他のUDP関連代謝産物の類似化合物として機能するので）があり，臨床的に有用な抗真菌剤として活用されることはなかった．さらに，これらの抗真菌剤に耐性のある菌類株が急速に出現したことによって，殺菌類農薬として使用される道もふさがれた．他の自然起源の抗生物質，エキノカンジン（echinocandins）は，β-グルカン生合成の特異的阻害剤である．半合成エキノキャンディンは，広い抗真菌スペクトルと著効性を有し，経口的に摂取することができる．これらの特質は，この化合物が，ヒトの菌類感染症に対する治療において前途有望であることを示すものである（18.2節を参照せよ）．

菌糸が通常のように頂端で伸長している間は，新たに合成されたキチンの取り込みは，菌糸頂端に限られる．しかし，不活性型のキチン合成酵素が，細胞膜に広範に分布していることを示す証拠がある．事実，不活性化されたキチン合成酵素活性は，細胞膜の固有の性質であるように思われる．キチン合成酵素は，菌糸頂端および**分枝形成**（branch formation）開始部位では，何らかの方法で特異的に活性化される．

酵母の細胞壁の主要な構造的成分は，β-グルカンからなる繊維状の内層であるが，キチンは細胞壁の特定の部位において重要である．グルカンは，それに付加した分泌**マンノプロテイン**（mannoproteins）をもっている．マンノプロテインは，細胞壁の組織化において重要な役割を果たしている．マンノプロテインと，細胞膜の外側に存在するグルカンやキチンなどの壁の骨格を構成する高分子との間で，共有結合が形成されている

訳注20：酵素前駆体のこと．

ことを示す証拠がある．この事実は，菌類の細胞壁のタンパク質成分もまた相当に重要であるということを指摘する．細胞壁から同定されたタンパク質のあるものは，酵素活性をもっている．これらのタンパク質には，α-グルコシダーゼ（α-glucosidases）とβ-グルコシダーゼ（β-glucosidases），エノラーゼ（enolase）およびアルカリホスファターゼ（alkaline phosphatase）などがある．他の顕著な成分は，交配型因子の産物のような細胞間認識に関わるタンパク質である．酵母の交配時の細胞間接着は，細胞壁の外被に挿入された2種の糖タンパク質の相互作用によっている．これらの糖タンパク質は，交配型因子の成分の遺伝子産物であり，最初はGPIアンカーで細胞膜に固定されている．

多くの菌類の細胞壁の外表面は，通常タンパク質により層状に覆われており，このタンパク質の層が，壁表面の**生物物理学的性質**（biophysical properties）を環境に適合するように修飾している．胞子や気中菌糸体などの疎水性の表面は，最も外側を**ハイドロフォビン**（hydrophobin）タンパク質の小桿状構造からなる層で覆われている．ある種のGPIで固定された壁タンパク質は，長いグリコシル化ポリペプチドを壁に結びつける．このグリコシル化ポリペプチドは，周囲の媒体中に突出し，壁の表面に親水性の性質，さらに吸着性の性質さえをも賦与する．

菌類の細胞壁は，著しく可変的である．同じ種の異なった株において，壁の全体的な化学組成や，壁が含む多糖類やポリペプチドの構造が異なることがある．事実，単一のコロニーが，異なった部位に，異なった細胞壁構造をもつことがある（気中構造，表面菌糸体，水中菌糸体，など）．そのような差異があるので，典型的な菌類細胞壁（そのようなものはないのだが）について正確に記述することはできないが，菌類細胞壁の概念的な骨格を描くことは可能である．要するに，菌類の細胞壁の概念は，次のようなことである．

- 細胞壁の主要な構成物質は，ほとんどがグルカンの多糖類である．糸状菌類では，キチンが形状を決める成分である．
- 種々の多糖類成分が，水素結合と共有結合によって相互に結合されている．
- 多様なタンパク質/糖タンパク質が，壁の機能に関わっている．あるものは構造を構成し，あるものは酵素であり，さらにあるものは，壁外表面の生物学的および生物物理学的特性を変化させる．
- タンパク質は，細胞膜に固定されているか，共有結合で壁多糖類に結合しているか，あるいは壁とよりゆるやかに会合していると考えられる．
- 細胞壁は，ダイナミックな構造であり，（a）成熟とともに，および/あるいは（b）菌糸の分化の一部として，および/あるいは（c）短期間ベースで物理学的および生理学的条件の変化に反応して，修飾される．

最後に，定義上，**細胞壁は，細胞外に存在する**（the wall is extracellular）．すなわち，その全体構造は，細胞膜の外側に存在する．それゆえ，細胞壁構造に付加されるすべての物質は，壁が再構成される前に膜を通って外部に運び出されなければならない．さらに，細胞壁成分と結びついた化学反応のあるものは，細胞外の反応である．

5.15 菌糸頂端の細胞生物学

菌糸頂端における細胞壁の伸長は，菌類の最も顕著な特徴である．しかし，問題は，細胞壁の伸長が，現存する菌糸の完全性を危うくすることなしに，いかに成し遂げられるのかを理解することである．新しい壁物質が頂端に配送され，既存の壁に挿入されなければならないことは，きわめて明白である（「新しい壁物質」という語句は，菌糸先端を伸長させるのに必要なすべてのものを含む，と解されなければならないことに注目せよ．すべてのものとは，膜，細胞周辺腔の物質および細胞壁層のすべてを含む）．このプロセスを説明するために，ここ何年間にもわたって提案されてきたさまざまなモデルの違いは，頂端の壁伸長が成し遂げられる方法についての説明の違いにある．しかし，これらの説明すべての底流にあるのは，新しい壁物質を挿入する過程自身が壁を弱める可能性がある，ということを認識していることである．それゆえ，このモデルの潜在的な妥当性は，モデルが，細胞壁合成をどのように規定しているのかについてのみではなく，壁合成の進行中に，モデルが菌糸の完全性をいかに保障しているのか，に基づいても判断されるべきである．

問題は，菌糸が加圧された**閉鎖水力学系**（closed hydraulic system）の一部である，ということである．半透性の細胞膜の内側と外側の間の水分活性の差異に基づく，細胞内への浸透性の水の流入は，細胞質容積を増大させようとする．しかし，この流入は，細胞膜の外側の細胞壁の機械的強度に基づく壁圧によって，逆向きの力を受ける．これら2つの力の差が，膨圧である．膨圧が結果としての「膨張圧」であり，菌糸を膨張

した状態に維持する．圧力に関する興味深い事象は，閉鎖容器では，内壁の全表面にわたって圧力が同一である，ということである．この事実は，容器の形態がどうであれ当てはまる．すなわち，形にかかわらず壁の圧力は均一である．

菌糸が，置かれた環境で，もし，壁がおよぼすことのできる機械的力が膨圧によって生じた力に等しいか，あるいはそれよりも大きい場合には，そのときには，菌糸は健全なままであるだろう．しかしながら，もし，膨圧がどの時点ででも壁の破断ひずみを超えると，壁は破裂し（たぶん爆発的に），そして，細胞は死ぬだろう．菌糸頂端における伸長を理解しようとするときに，直面する問題は，絶えず伸長している先端に新しい壁物質を挿入するためには，壁の構造が弱められる必要があるということである．菌糸先端を破裂させずに，どのようにしたら，このようなことを遂行できるのだろうか？

真菌類では，膨圧は，先端を前方に押しやり，さらに新しく合成された壁を可塑的に変形させて，先端を成形することにより，先端伸長に寄与できるように制御されている．ここでは，「真菌類において」ということを強調したい．なぜならば，卵菌門の仲間（とりわけ，*Achlya bisexualis* と *Saprolegnia ferax*）は，膨圧が存在しなくても成長することができ，それゆえ，卵菌門の菌糸システムは，真菌類のそれとは明らかに非常に異なっているからである．*Achlya bisexualis* と *Saprolegnia ferax* は，膨圧を制御しない．培地に栄養素が添加されて浸透圧が上昇したときのこれらの菌類の反応は，より可塑的な壁を造りだして成長し続けるか，*Saprolegnia ferax* では，測定可能な膨圧が存在しない場合でも正常なものに似た菌糸を形成することである．卵菌門における菌糸伸長は，多くの点で動物細胞の偽足の伸長に似ている．というのは，卵菌門では，菌糸頂端におけるアクチン細胞骨格ネットワークの重合化が，膨圧が存在しない条件下で，不可欠の役割を果たしているからである．この場合，アクチンの重合化が，伸長の主要な駆動力になっている．これらの「ほとんど菌類と言ってよい生物」についての最も有力なモデルでは，卵菌門における菌糸先端の拡張は，細胞質周辺の細胞骨格であるFアクチンに富む成分からなるネットワークによって制御されている（通常の膨圧下では抑制され，低膨圧下では突出する），というように描かれている．Fアクチンに富む成分は，インテグリン（integrin）を含む結合によって，細胞膜と細胞壁に付着している（インテグリンは，永続的に細胞膜に付着している「必須の膜タンパク質」である）．

このモデルは，もし，先端における押出しの駆動力として，アクチン細胞骨格が関係していることを前提として説明されているとすれば，明らかに真菌類には当てはまらない．真菌類は，膨圧の静水圧を調節・利用して可塑的な菌糸先端を「膨らませ」，進む方向に先端を突出させることができるので，卵菌門のメカニズムは不必要である．しかし，アクチン細胞骨格を含むモデルによると，伸長している菌糸先端は，壁を合成している間は膨圧に耐え得るほど十分には強くはないだろう，という潜在的な問題を解決することができる．

細胞骨格のミクロフィラメントと微小管の双方は，真菌類の菌糸伸長において，極性の制御に関わっている（Sudbery, 2008；Rittenour et al., 2009）．それゆえ，アクチン細胞骨格は，成長している細胞壁に膜を通してしっかりと付着しているので，先端と隔壁領域の壁合成にまちがいなく関わっているように思われる．隔壁形成の場合には，膨圧に対する機械的抵抗は生じない．それゆえ，先端の壁合成におけるアクチンネットワークの明らかな役割は，成長中の先端部でのエキソサイトーシスのために，細胞壁成分を成長部位に輸送することであろう．

アクチンミクロフィラメントは，張力要素である．アクチンフィラメントは，伸長部位に近い膜を通して，インテグリン様の分子によって壁に固定されており，微小小胞を確実に標的に導くことができる．さらに，アクチンフィラメントは，盛んに合成されている間は脆弱になった，可塑的な細胞壁の機械的強度を補強する張力の支えにもなる．このように，アクチンフィラメントは，前駆体の輸送方向を制御し，さらに，脆弱になった壁を機械的に支持することの双方に関わる．それゆえに，理論的には，アクチンフィラメントは，壁の局部的な機械的強度のセンサーとして，さらにはそうであるがゆえに，壁の完全性を修復するために必要な新しい合成量の調節器としてはたらくことが可能であろう．この着想はまた魅力的である．なぜならば，アクチンフィラメントが，現存の卵菌門により利用されている「細胞骨格性突出」メカニズムの何らかの祖先型から，いかにして進化的発達をして出現し得たのか，ということが容易に理解できるからである．それゆえ，菌糸頂端のFアクチン細胞骨格は，次のようなことであるのだろう．

- 膜を通して成長点の壁に固定されている．
- 膜を通して壁に固定されることにより，壁が補強される．その結果，新しい壁物質を挿入するために，壁の成分を部分的に分解することができる．
- 壁合成の前駆体を目的のポイントに導く．
- ひずみ計としてはたらき，壁前駆体の輸送を，局部的な機械

的要求に合わせて調整する．

　重要なことは，細胞骨格の微小管成分は，Fアクチンと同じくらいに頂端伸長に寄与しているとは思えないことである．スエヒロタケ（Schizophyllum commune）の菌糸頂端は，細胞質微小管を薬剤で崩壊させても，数時間は伸長し続ける．

　菌類の菌糸先端伸長のメカニズムを説明するために，2つのすぐれたモデルが提案された．両モデルとも，先端の細胞壁は，壁前駆体や酵素，とりわけキチン合成酵素を運ぶ小胞（それゆえ小胞はキトソームとよばれる）が細胞膜と融合し，内容物を外部に放出した結果拡張されたと説明している．

1. 菌糸状モデル（hyphoid model）では，壁のいかなる部位であれ，小胞の付加速度は，自律的に移動している小胞供給センター（vesicle supply centre, VSC）からの距離に依存している．VSCは，先端小体（Spitzenkörper）の一表現であると考えられる．モデルは，「菌糸状」のカーブ（双曲線あるいは半球形であることと対照的であるが）を描いた，菌糸先端の特有の形を説明するために考え出された．その後，菌糸状を表す数学式が，数学的なモデルに作り上げられた．そのモデルでは，壁を組み立てる小胞はVSCから分配されている．VSCは小胞がそこから菌糸表面に向かい放射状にあらゆる方向にランダムに移動するオーガナイザーになっている，と仮定している．小胞は，細胞膜と融合し，溶菌酵素［エンドグルカナーゼ（endoglucanase）と，おそらくキチナーゼ（chitinase）］が外部に放出され，次のような反応が進行する．
   - 現存する壁の中の構造グルカン分子が加水分解される．
   - 分解された分子が，機械的引っ張り力により引き離される．
   - その後，細胞壁は，オリゴグルカンの挿入，あるいは分割された分子の合成的伸長のいずれかにより，再合成される．

   再合成された分子は，分解前と同じ機械的強度をもっているが，分子は長く伸ばされて，その結果，先端は成長する．前方に向かうVSCの移動が，菌糸状の形を産み出す．コンピュータを用いたモデル実験により，VSCの位置と動きが，菌類の細胞壁の形態を決めているということが示唆されている．モデルは，生きている菌糸についてなされた観察を模倣し，同時にその後確認されるであろう観察結果を予測する．その結果，菌糸状モデルとそのVSC概念が，菌糸の形態形成を説明するのに非常に妥当な仮説であることが明らかになった（Bartnicki-Garcia et al., 1989）．

2. 定常状態あるいは「軟らかいスポット」モデル（steady state or 'soft spot' model）は，膨圧がまだ可塑的な菌糸先端の壁を引き伸ばし，さらに合成小胞が，十分に新しくまだ可塑的な壁部分に到達した場合のみ膜と融合する，という仮定の上に成り立っている．もし，このような条件が揃うと，新しい壁は，直近に合成された壁に優先的に取り込まれるだろう．さらに，新しい壁へのより新しい壁のこの協調的な挿入が，モデルの名称が指すところの，定常状態における合成である．

　膨圧は，新しい可塑的な壁を引き伸ばし，壁を薄くする．しかし，その後，壁の前駆体のタンパク質や多糖類が，それらを運ぶ小胞のエキソサイトーシスによって細胞膜外に放出され，壁は再び厚くなり修復される．これらの小胞が，直近に合成された壁に向けて優先的に輸送されるという事実は，ひとたびこのシステムが確立されると，成長点が維持されることを意味する（これが定常状態であると再度言いたい）．まず，可塑性の壁を引き伸ばし/薄くする前提の壁の軟化は，内部溶解的開裂によって（キチナーゼによって？）行われる．しかし，このモデルでは，そのような酵素活性は，成長様式を維持するためにではなく，開始するために一時的に用いられる．壁を引き伸ばし，新しい壁物質を細胞質側から付加することは，最先端で最も盛んに行われる．新たに加えられる壁成分は，キチンとβ1,3-グルカン分子である．やがて，これらの2種のポリマーは，タンパク質と相互作用し，共有結合を，さらには架橋結合を形成する．

　最先端の壁は，その架橋結合は最少限度であり，最も可塑的であると考えられている．先端から少し離れた領域では，頂端で付加された壁は引き伸ばされ，部分的に架橋結合されるようになる．一方，壁の厚さを維持するために，新しい壁物質が内部から付加される．外側の壁物質は，常に最も古い．架橋結合は，先端から後方に向かい徐々に進行し，「壁の硬化」が進行する．硬化に伴い，壁は膨圧と引き伸ばしにほとんど反応しなくなり，また合成活性は減少する．もし，先端が，何らかの理由（たとえば膨圧の変化により）で拡大を停止すると，定常状態はやぶられ，より新しい壁は新しい壁に付加されなくなる．さらに，壁のポリマー間の架橋結合が，頂端ドームと頂端全域に広がる．この停止状態から先端拡張が再スタートするためには，内部溶解的開裂の新しいラ

ウンドが必要であると考えられる（Wessels, 1993）．

3. 先に，2つのモデルがあると述べた．ここでは，すべてのモデルを1つにまとめ，**先端伸長についての統一モデル**（consensus model of tip extension）を提案する（十分な論議については，Moore（1998）の2章，2.2.4 および 2.2.5 節を参照せよ）．統一するために，キチン合成酵素活性と伸長受容体を関連させ，膜構築タンパク質を取り込み，さらに小胞の濃度勾配の寄与を認めるとともに，2つの基本的なモデルの中の他の要素とも結びつけて考える．統一モデルは，次のような特徴を有する．

- 非共有結合的相互作用が，マンノタンパク質と他の壁成分の間に存在する．
- 初めのネットワークは，壁ポリマー間の共有架橋結合の形成により強固にされる．
- 細胞質小胞と液胞は，菌糸頂端の伸長にきわめて重要であり，壁の構築に必要な酵素と基質の配送に関わっていると仮定する．
- アクチン細胞骨格は，さまざまな方法で菌糸先端の伸長に直接関係していると仮定する［動物細胞では，**細胞接着斑**（focal contacts）は特殊な膜ドメインである．この膜ドメインでは，アクチンフィラメント束が，細胞内骨格から，膜を通して延びており，細胞を基層に固定している］．

先端伸長についてのこの統一モデルは，動物の細胞接着斑に似た構造が，菌類の細胞壁にも結合していると仮定している．菌類細胞では，細胞内骨格要素は，膜を貫通し壁に固定され，その結果引張り強度を補強し，一方膜タンパク質は壁の構造を修飾している，と予想する．菌糸頂端における，これらの細胞外壁基盤への（インテグリンに仲介された？）接着を，「**壁連絡**（wall contacts）」とよびたい．壁連絡は，アクチン細胞骨格が，細胞膜を通して壁成分に直接結合することを可能にすると考えられる．そのような壁連絡はまた，異なった壁成分に対して，あるいは壁成分の断片に対してさえ特異的に接着するだろう．壁連絡は，次のような機能を果たすと予想される．

- **壁に対する付加的な機械的支持**［そして，スペクトリン（spectrins）を介して膜に対しても］：壁強度は，新しい壁成分が取り込まれる際に，壁成分の酵素的開裂により低下するが，その低下を補う．
- 機械的ひずみ検出器：その後，検出器は，酵素活性を調整し，あるいは局所的な領域への小胞の流れを調節することに関わる可能性がある．
- 細胞壁合成の進行状況のフィードバック検出器：動物システムにおいては，インテグリンと細胞外基盤との間の相互作用によってシグナルが発生し，細胞内シグナル伝達経路のリン酸化が引き起こされることに注目しなければならない．これは，「アウトサイド-イン信号伝達（outside-in signaling）[訳注21]」様式として知られる．菌類細胞壁において，このようなメカニズムによって，壁合成の進行状況が合成装置に報告され，その結果，合成装置が小胞供給の量および/あるいは質を調整することが可能になると考えられる．
- 小胞輸送の指揮者と調整者：細胞膜に密接して存在するアクチンフィラメントは，アウトサイド-イン信号伝達情報に反応して，小胞を非常に特異的に導くであろう．より遠方に存在するフィラメントは，小胞を供給経路に導き集める．この経路は，必要とされる全体の小胞融合勾配を生ずる．すべてではないにしてもほとんどの場合に，小胞の供給は，小胞供給センター/先端小体構造を通して行われるのだろう．

これらのモデルのすべてにおいて明白なことであるが，菌糸伸長は，菌糸先端後方の細胞質中で生成された壁構成物質の，前方に向かう連続的な流れによって支えられている．この流れの多くは，小胞の中の積荷の形をとっている．積荷の壁物質は，小胞体由来で，拡張中の頂端に輸送される前にゴルジ・ジクチオソームで加工される．

小胞は，固定された菌糸の縦断切片を電子顕微鏡で観察することにより容易に確認でき，直径 20〜80 nm の最小の小胞と 80〜200 nm の最大の小胞の，2種の主要なサイズクラスからなる．小さい小胞は，菌糸から容易に精製することができ，キチン合成酵素をもつ**キトソーム**（chitosomes）を含んでいる．菌類から取り出したキトソームを，UDP とマグネシウムイオン中で培養すると，**試験管中**（*in vitro*）で，**生体中**（*in vivo*）で産生されたものと同一のキチンミクロフィブリルが産生される．それゆえ，この小胞は，明確に，壁のキチン部分の産生に不可欠である．

菌糸頂端で小胞が細胞膜と融合すると，壁の組立てに必要な生合成装置が放出され，同時に成長している菌糸に新しい膜が

訳注21：細胞外の情報を細胞内に伝えること．

付加される．それゆえ，菌糸壁と細胞膜の合成は調和している．リグノセルロース（lignocellulose）やポリペプチドなどの基層中の複雑なポリマーを分解するための，細胞外環境への酵素分泌もまた菌糸先端で最大になる．非常に極性のある小胞の輸送経路は，潜在的に，急速な菌糸の伸長を支えるだけではなく，細胞外分泌酵素の輸送メカニズムとしてもはたらく．結果として，前方に向かう基層の探査と基層の直接的な利用が1つにまとめ上げられる．

アカパンカビ（Neurospora crassa）が，最大速度で成長しているときには，菌糸伸長を支えるために，**毎分38,000個の小胞が頂端の膜と融合しなければならない**，という驚くような事実についてすでに述べた．この値は，小胞の平均表面積と菌糸頂端の細胞膜表面積の増加速度に基づいた，簡単な計算により求められたものである．

そして，菌糸は成長している，ということがポイントである．それゆえ，明らかなように，先述したモーターと細胞骨格システムは，今述べたような速さで，何の困難もなく菌糸頂端に物質を供給することができる．物質はミクロフィラメントと微小管の軌道に沿って輸送されるというときに，この事実は，物質は**迅速**に輸送されるということを意味する，とはっきりと理解しなければならない．さらに，動く液胞系は，広範な種類の菌類で，菌糸に沿って，そして先端細胞で素早く動いている液胞（頂端小胞よりもはるかに大きい）の長大な「つながり」として観察されている．液胞のつながりは，頂端の拡張に必要な小胞内容物を容易に供給できる．それゆえ，非常に生き生きと菌糸頂端に向かう物質の流れが観察できる．

いくつかの菌類種で，菌糸先端の「脈動成長」が，映像解析と画像強調を用いて記録されている．この現象は，細胞小器官の動きと，菌糸先端へ向かう小胞の供給に関係している可能性がある．実験されたすべての菌類において，菌糸の伸長速度は，ほぼ規則正しい間隔で速い・遅いを繰り返し，たえず変動している．脈動成長は，菌糸頂端への分泌小胞の配送と頂端における放出の，全体的な速度の変動が，菌糸の伸長速度の変動に反映しているものとして説明されている．もし，これが事実であるとすると，小胞の供給のメカニズムに関するわれわれの理解に影響を及ぼすであろう．

しかし，デジタル映像記録の問題は，電子的に観察された像の画素（像の単位）構造が，なめらかな動きに脈動を与える可能性があることである．移動体の境目が1つの画素から次の画素に移動するので，観察できない明確な時間のすきまがある．しかし，目やコンピュータ支援画像強調はいずれも，移動体それ自身には関係のない環境に依存して，このようなことを補整するか，あるいはそれを増幅することができる．補整システムが存在しない場合は，デジタル記録は容易に脈動を生じる可能性がある．ビデオ測定における（異なった光学的倍率でなされた録画に比較して）脈動の妥当性についての簡単な分析は，菌類の成長についての脈動の観察に適用できるとは思えない．細菌の Streptomyces 属の菌糸の伸長速度の段階的変化を，写真を用いた方法によって記録した場合は，この特殊な人為的脈動を生じるような傾向はなかった．それゆえに，現象は，一般に糸状のシステムに起こる**可能性がある**．それゆえ，壁の構成要素部分の配送における循環的変動が，頂端伸長速度における脈動を起こしたのかもしれない．

すべてではないがほとんどの糸状菌類には，われわれが先端小体として記述した電子密度の高い構造が，成長中の頂端から後方にやや離れた細胞質の中に存在する．この構造は，小胞の集合体からなり，菌糸の成長方向とその伸長速度の双方を制御している．先端小体の付随体が主小体から分離し，新しい分枝菌糸が出現する直前に細胞側壁に移動する．この種の観察が，小胞供給センター（VSC）としての先端小体の概念を導いた．VSCは，そこから，頂端小胞が，頂端の膜と壁に向かって移動する中心としてはたらく．このモデルでは，小胞はまず，先端小体に配送され，その後小胞は，先端小体からあらゆる方向に等しく先端に向かい「散布される」．この概念に基づいたコンピュータモデルによって，成長している菌糸の頂端に非常によく似た，先端が細まった管が生み出された．

コンピュータモデルは同時に，菌糸の成長方向が変わるときに観察された先端小体の動きをまねてVSCを動かすことによって，菌糸の成長方向を変えることができることを示す．それゆえ，先端小体は，真菌類の極性のある成長メカニズムを制御することにおいて，決定的に重要な役割を果たしていると考えられる．菌糸の伸長速度と成長方向だけではなく，菌糸が側方へ枝分かれするときにも同様のことがいえる．先端小体は，成長中の菌糸頂端のやや後方の位置に，おそらくFアクチンと思われる細胞骨格要素によって固定されていると考えられる．Fアクチンは，通常，菌糸最頂端から細胞質中に細いケーブルとして放射状に延びるネットワークの形で，成長中の菌糸先端に存在するのが観察されている．しかし，蛍光抗体法により光学顕微鏡で検出可能なアクチンのほとんどは，**アクチン斑**（actin plaques；局在化したアクチンのパッチ）の形で，菌糸先端から $10 \sim 12\,\mu m$ の範囲内に存在するのではあるが…．連続切片の電子顕微鏡像を見ると，これらのFアクチン斑/パッ

チは，フィラソーム（filasomes）とよばれる構造に位置的に一致する．この構造は，一般に，直径100～300 nmの球形をしていて，直径35～70 nmの単一の微小小胞とそれを囲むアクチンを含む細いフィラメントからなる．フィラソームは，壁を再生中のプロトプラストでは，新たに形成されたグルカン繊維に隣接して見い出される．それゆえ，総括的には，フィラソームは，細胞質中の細胞壁が形成される部位に出現する，Fアクチン斑/パッチ構造の1つであるといえる．

先端小体は，また，微小管に依存しているように思われる．ダイニン，ダイナクチンあるいは微小管の機能を実験的に妨害すると，異常な壁の沈着と，曲がりくねり，より頻繁に分枝した菌糸体が生じる．この事実は，ダイニン/ダイナクチン/微小管系は，また，先端小体を適切に配置し，さらに，おそらく先端小体を安定化していることを示唆する．このシステムは，成長中の菌糸先端に向けた核の移動に関係すると考えられていることを，想起してほしい．菌糸先端の伸長は，一般に，核の移動前に起こる．そして，先端に向かう核移動についての最もわかりやすい説明は，核が，膜に固定されたダイニンとダイナクチンに，紡錘体極体（SPBs）から延びた星状体微小管によって，接着されているというものである（図5.11）．この考えは，微小管が，核を適切に配置し，ダイニンモーターがその微小管に引っ張り力をはたらかせることを想定している．先端小体の行動が，同じシステムに依存しているという事実は，菌糸頂端の伸長に伴い前方に移動しなければならない，液胞，小胞および細胞質構成要素などのすべての細胞小器官の輸送が，密接に統合されていることを示唆する（Xiang & Morris, 1999；Steinbeg, 2007b）．

先端小体が，真菌類における先端伸長の決定的に重要な構成要素であることを示す証拠が存在するのにもかかわらず，このようなメカニズムが，繊維状構造が極性をもって伸長することができる唯一の方法ではない．卵菌門たとえば *Saprolegnia ferax* の菌糸成長や，他の極性のある系，たとえば花粉管は，先端小体をもっていない．しかしながら，花粉管を含むこれらの繊維状の系のすべては，頂端においてCa^{2+}の濃度勾配が存在するという1つの特性を共有しているように思われる．Ca^{2+}濃度は，先端末梢部で最も高い．そのような濃度勾配は，頂端細胞膜における，Ca^{2+}イオンチャネルの存在によって維持されていると考えられる．Ca^{2+}は，イオンチャネルを通して濃度勾配にしたがい細胞の外側から内側に流入する．真核細胞では，Ca^{2+}の濃度は高度に制御されており，細胞質中では，次の2つの方法で低レベルに維持されている．

- 細胞膜に存在するCa^{2+}-ポンピングATPアーゼは，Ca^{2+}を細胞から汲み出す．
- 液胞膜に存在するCa^{2+}-ポンピングATPアーゼは，液胞内へのイオンの隔離と貯蔵を促進する．

菌糸におけるカルシウムの濃度勾配の役割と機能のすべてについては，まだ解明されなければならないが，Ca^{2+}は，細胞骨格の集合を制御し，小胞と膜との融合を促進することが知られている．それゆえ，**先端における大きいカルシウムの濃度勾配**（tip-high calcium gradient）の存在は，菌糸において，頂端の極性を成立させ維持する重要な因子であると予想される．

5.16 菌糸融合と菌糸体相互連絡

今まで述べてきた菌糸先端は，無期限に，あるいは少なくとも栄養素が獲得でき，環境条件が容認しうる限りは，前方に伸長することができる．しかし，菌糸先端は，もう1つの特徴的な能力をもっている．すなわち，他の菌糸と融合できることである．**菌糸融合**［hyphal fusion；**吻合**（anastomosis）ともよばれている］は，糸状菌類に普遍的な現象であり，生活環のさまざまの段階で多くの重要な機能を果たしている．

胞子が発芽した栄養成長のごく初期の段階で，高密度で集中して存在する胞子の発芽管の間で，融合が起こりうる．引き続いて，成熟した栄養菌糸体コロニーの内部で多くの菌糸融合が起り，菌糸体の放射状に延びた主菌糸を，相互に連結したネットワークに変換する．この現象は，コロニー内部の菌糸間伝達，とりわけ水や栄養素の移動，さらには，普遍的なホメオスタシス（homeostasis）の維持に不可欠である（Trinci et al., 1994, 2001）．同様に，有性生殖環に移行するには，通常，2つの親の菌糸が融合する必要がある．そして，その後の核融合への前奏曲である二核状態の維持にもまた，吻合が必要である．この場合には，**かぎ形構造**［croziers；子嚢菌門の**造嚢糸**（ascogenous hyphae）における］あるいは**かすがい連結**［（clamp connections；担子菌門（Basidiomycota）の**栄養二核菌糸**（vegetative dikaryotic hyphae）に見られる］とよばれる特殊な構造において，吻合が起こる．菌糸融合はまた，子実体や他の胞子形成構造に見られる多細胞組織の形成に関わっている．

この後で，栄養菌糸和合性および性的和合性を決定することにより，菌糸融合を制御しているメカニズムについて論議しようと思う（7.5節，p. 193および第8章，p. 207を参照せ

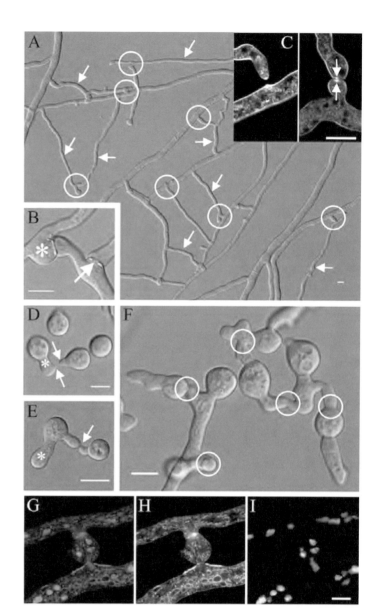

図 5.12 アカパンカビ（Neurospora crassa）における菌糸融合．A，成熟した菌糸体の先端から約 1～2 cm 内側の領域を示す．その領域では，特殊化した融合菌糸（そのあるものを矢印で示した）が他の菌糸と融合し，菌糸体ネットワークを形成している（融合連結のあるものが円で囲まれている）．B，菌糸融合連結の詳細な写真で，接触による等方性の膨張（星印）と，融合孔（矢印）を示す．C，アカパンカビにおける菌糸のホーミングと融合を示す共焦点像．左側の像は，菌糸付着器に向かって成長している菌糸先端（前接触段階）を示し，明るく蛍光を発している先端小体が，菌糸先端と出現した付着器の双方にはっきり確認できる．右側の像は，後接触段階を示す．付着した菌糸先端は膨張し，菌糸伸長は停止しているが，蛍光を発する先端小体（矢印で示す）は存続している．アカパンカビの自己融合は，コロニー発育の後期にばかりではなく初期にも起こる．D，初期相の等方性膨張の後，アカパンカビの分生子は分極化し，発芽管（星印）と分生子吻合管（CATs とよばれる；矢印）が成長する．CATs は，分生子あるいは発芽管から直接生じうる．この試料では，右側の CAT の先端が，発芽管からの CAT 形成を誘導したように見える．E，CATs は化学屈性的に誘引し（これらの分生子は同じ菌糸体からのものなので，この場合は自律屈性である），お互いに接着するようになる（矢印は接触部位を示す）．CATs が接触したときに，先端成長は停止し，融合孔が形成される．F，発芽した分生子は各々，近くのいくつかの分生子と相互作用し，その結果，新たに発芽した分生子（胞子発芽体）が相互に連結したネットワークが形成される（CAT 連結は円で囲まれている）．G～I，特異的な蛍光プローブで染色した，アカパンカビの融合分枝菌糸の共焦点像．融合分枝菌糸を通して，核が流動している．G，結合像．H，膜のみを特異的に標識した場合の蛍光．I，ヒストンに特異的な染色により標識した核のみの蛍光．スケールバー＝10 μm．［Edinburgh 大学，Institute of Cell Biology の N. D. Read 教授のご厚意により提供された画像ファイルを用いて，Hickey et al.（2002），Glass et al.（2004）および Read et al.（2009）からの像を改変した．画像は，Elsevier の許可を得て複製した．］

よ）．ここでは，菌糸融合の細胞生物学に焦点を当てる［図 5.12；次の文献を参照せよ；Hickey et al.（2002），Glass et al.（2004），Read et al.（2009, 2010）および Wright et al.（2007）］．

3 つのタイプの前接触反応が記載されている．

- 菌糸先端が，分枝を誘導し，次いで分枝した菌糸どうしが融合する（図 5.12B に示す）．
- 2 つの菌糸先端が，お互いに接近し，次いで融合する．
- 菌糸先端が，他の菌糸の側方に接近し，先端－側方融合が起こる（図 5.12C に示す）．

先端小体は，菌糸融合過程に密接に関わっており，その過程は，次のような 9 つのステージ（Glass et al., 2004）に分けられている．

- ステージ 1（Stage 1）：融合開始能力のある菌糸先端は，未知の拡散性の細胞外シグナルを分泌する．シグナルは，接近しつつある菌糸における先端小体形成を誘導する．第二の菌糸は，応答シグナルを分泌すると考えらる．
- ステージ 2 および 3（Stages 2 and 3）：このような反応の結果，2 つの融合能のある菌糸先端の各々が，拡散性の屈化性シグナルを細胞外に分泌する．シグナルは先端小体の動きを制御し，その結果，菌糸先端は，互いに相手に向かって成長する（図 5.13）．
- ステージ 4（Stage 4）：接近する菌糸先端の細胞壁はついに

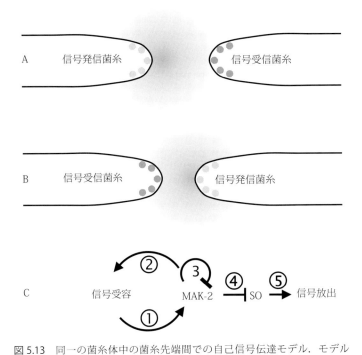

図 5.13　同一の菌糸体中の菌糸先端間での自己信号伝達モデル．モデルは，接近する菌糸先端どうしが周期的に，そして交互に信号を発し（ピンポンメカニズムとよぶ），さらに信号を受け取った後，先端が，信号伝達分子の濃度勾配に沿って成長する（自律屈性）ことを，想定している．Aは信号交換の前半を示す．左側の菌糸先端が化学誘因信号を放出し，一方右側の先端が信号に応答して，成長方向を調整して，発信先の菌糸先端に向かう．Bは交信後半で，役割が交替する．右側の菌糸先端が信号を放出して，その結果，左側の先端が成長方向を調整する．役割の交替は，2つの菌糸先端が接触するようになるまで繰り返される．Cは，提案した信号伝達メカニズムを，少し詳細に説明したものである．1, 化学誘因物質-受容体複合体が，マイトジェン活性化タンパク質（MAP）リン酸化酵素経路（ここではMAK-2とよぶ）の局所的な補強と活性化を誘導する．2, MAPリン酸化酵素に固有の正のフィードバックが，受容信号を増幅する．3, 受容信号の局所的な濃度が増加すると，MAK-2タンパク質の1つが，MAPリン酸化酵素タンパク質複合体を低下調節する．4, MAK-2の減少が，タンパク質SO（このタンパク質は，*soft*とよばれるアカパンカビの遺伝子座によって規定される．この遺伝子座は，プロリンに富む領域を介して，タンパク質-タンパク質相互作用の仲介に関わるドメインを含むタンパク質の遺伝情報を暗号化している）の産生の抑制を解除する．*soft*遺伝子は，栄養菌糸の融合に必要である．SOが蓄積すると，菌糸先端においてSO含有タンパク質複合体の形成が誘導される．5, SOに刺激されて，化学誘因物質が突発的に放出される［Read *et al.*（2009）から複製・改変した］．

は接触し，頂端の伸長は停止するが，両方の先端小体は存続し続ける．

- ステージ5（Stage 5）：菌糸頂端で粘着性の物質が分泌される．
- ステージ6（Stage 6）：極性のある頂端伸長が，「全面にわたる」等方性の成長に転化され，その結果，粘着性の菌糸先端が膨張する．
- ステージ7（Stage 7）：接触点の細胞壁と粘着性物質が分解され，2つの細胞膜が接触するようになる．
- ステージ8（Stage 8）：2つの菌糸先端の細胞膜が融合し，孔が生じる．孔は広くなり始め，細胞質が，今は連結した菌糸間を流動し始めるが，先端小体は孔に留まる．
- ステージ9（Stage 9）：孔は広くなり，先端小体は消失し，核，液胞およびミトコンドリアを含む細胞小器官は，融合した菌糸間を，流動することができる．流動はおそらく制御されている．

菌糸融合についてのこの短い記述からくみ取るべき最も重要な教訓は，次のような言葉で表現することができるであろう．先端小体は，1つに集めたものをばらばらにすることができる．

2つの菌糸先端どうしが吻合するためには，2つの別々の細胞壁が分解され，2つの別々の細胞膜が，新しく形成された菌糸の広い孔の周囲で縫い合わされなければならない．こうしたことすべては，浸透性水圧によるストレスがかかっている，壁や膜の完全さを壊すことなしに行われなければならない．菌糸融合が，適切な位置で適切な時に確実に行われるためには，信号伝達や目標設定のためのシステムが必要である，といいたい．必要性が理解できれば，「菌糸融合」という言葉が，絶妙なコントロール下にある細胞生物学的プロセスの広範な領域をカバーしていることを，理解できるであろう．

この全プロセスが解明されるためには，まだ時間がかかるだろう．しかし，同一の菌糸体の菌糸先端間での**自己-信号伝達**（self-signalling）モデルが，最近の研究から明らかになりつつある（Read *et al.*, 2009, 2010）．図5.13に要約したモデルは，接近しつつある先端が，お互いにこもごも信号を発し，信号を受け取ると，先端は，信号伝達分子の濃度勾配に沿って成長する（自律屈性）ことを，想定している．信号交換の前半では，2つの接近しつつある先端の一方が，化学誘因信号を放出し，他方は信号に応答し，成長方向を信号発信者に向かうように調整する．交信後半には，役割が交替し，二番目の先端が信号を放出し，一番目の先端が成長方向を調整できるように，標的を提示する．役割の交替は，2つの先端が接触するようになるまで繰り返される．

提案された信号伝達機構（図5.13C）は，5つの繰り返し段階を含む．

- 化学誘因物質–受容体複合体が，マイトジェン活性化タンパ

ク質（MAP）リン酸化酵素経路（MAK-2とよばれる）の局所的な補強と活性化を誘導する．
- MAPリン酸化酵素に固有の正のフィードバックが，受容した信号を増幅する．
- 受容信号の局所的な濃度が増加すると，MAK-2タンパク質の1つが，MAPリン酸化酵素タンパク質複合体を低下調節する．
- MAK-2の減少が，タンパク質SO（このタンパク質は，*soft*とよばれるアカパンカビの遺伝子座によって規定されている．この遺伝子座は，プロリンに富む領域を介して，タンパク質-タンパク質相互作用の仲介に関わるドメインが含まれるタンパク質の遺伝情報をコードしている）の産生の抑制を解除する．*soft*遺伝子は，栄養菌糸の融合に必要である．SOが蓄積すると，菌糸先端におけるSO含有タンパク質複合体の形成が誘導される．
- SOに刺激されて，化学誘因物質が突発的に放出される．

2つの接近しつつある菌糸先端間での，この周期的で交互の信号伝達は，ピンポンメカニズム（ping-pong mechanism）とよばれる．

5.17 細胞質分裂と隔壁形成

糸状菌類の菌糸状の成長形は，固体基層への積極的な定着のための適応である．菌糸体は，菌糸伸長と規則的な分枝によって，細胞の容積/表面積の比を乱すことなく，大きくなることができる．それゆえ，環境との間での代謝産物や最終産物の交換は，非常に短距離の輸送ですむ．もちろん，菌糸体の成長は制御されており，未分化の菌糸体の成長パターンを制御する3つのメカニズムは，次のような事象を制御することである．

- 菌糸の極性
- 菌糸の分枝の開始
- 菌糸の空間的分布

菌糸は，種間で変化しやすい．しかし，菌糸が，横隔壁によってコンパートメントに分離されたときに，一般に，頂端コンパートメントは，介在コンパートメントに比較して10倍ほど長い．

菌糸を細胞に分割する隔壁は，完全である（穴が開いていない）か，原形質糸が貫通しているか，あるいは大きな中央孔が開いているかだろう．孔がある場合，孔は，開口している（そして，細胞小器官や核の通行にとってほとんど妨げとはなっていない）か，あるいは，小胞体由来の複雑な帽子状構造［担子菌門の樽形孔隔壁（dolipore septum）］によって保護されている．子嚢菌門では，孔にウォロニン小体（Woronin bodies）が存在することがあり，その場合は，おそらくそれによって塞がれている．この小体は，修飾されたペルオキシソーム（peroxisomes）でもある．隔壁の形態は，その両側の菌糸細胞によって修飾されていると考えられ，菌糸の齢，菌糸体中での位置，あるいは分化した構造の組織中での位置によって変化する可能性がある．これらの特徴は，隣接するコンパートメント間での細胞質成分の動きあるいは移動が，非常に効果的に制御されているということを明らかにしている．菌糸は，隔壁によって分割され，菌糸の細胞構造は菌糸全長に拡がり，少なくとも，菌糸はコンパートメントに分割される．分割されたコンパートメント間の相互作用は注意深く制御され，各コンパートメントは，各々対照的な分化パターンを示すことがある．

隔壁形成についての絵は，まだ完全には描けていない．しかし，菌類における隔壁形成には，前もって形成されたアクチンミクロフィラメントのリングによって限定された，環状のキチン蓄積が関係していることが，実験的に示されている．初期の研究から，隔壁形成も分枝形成も，一般に核分裂紡錘体の方向性に依存しているわけではないが，主菌糸における隔壁形成は，何らかの方法によって，分裂する核の位置によって規定されていることが示された．細胞骨格関連機能が，核分裂と細胞質分裂に共有されていることを示す証拠がある．これらの分裂は，隔壁形成に先んずる核分裂によって定められた位置に隔壁が形成されることを可能にする，構造的記憶装置の基盤をなしている可能性がある．核移動は，菌類のほとんどの分裂過程において主役を演じる．しかし，核分裂と細胞質分裂の共役は，多核細胞からなる菌糸におけるどちらかというとゆるい関係から，酵母や二核性菌糸における場合および単核の胞子が形成される際の厳密な共役まで変異がある．

1970年代から現在に至る観察は，動物と菌類との間の生活環の中の事象の顕著な類似性を強調することにより，古くさい系統関係をおうむ返しに繰り返している．菌類の菌糸の一次隔壁は，狭窄によって形成される．この過程では，菌糸細胞質最外層のミクロフィラメントの帯が，微小小胞や他の膜質の細胞小器官と相互作用している．この事実は，**菌類の隔壁形成（fungal septation）**と**動物の細胞分割**［animal cell cleavage；**細胞質分裂（cytokinesis）**］との間に，あるレベルでの対応関

5.17 細胞質分裂と隔壁形成

係が存在することを意味する．事実，菌類（酵母），動物および植物の細胞質分裂についての遺伝学的分析は，細胞質分裂の基本的なメカニズムが，すべての真核生物の間で高度に保存されてきたのだろうということを，実感させる（Field *et al.*, 1999）．明らかに，菌糸あるいは酵母細胞における隔壁形成による細胞質分裂は，以前に論議した遊離細胞形成とはきわめて異質のものである（3.4節，pp. 48-51 参照）．

細胞質分裂の基本的な機能は，1個の細胞の細胞表面と細胞質の双方を分割し，2個の細胞を形成することである．有糸分裂の末期に向けて，核分裂部位で，あるいはそれに近接して，細胞質分裂に必要な装置が集積される．硬い細胞壁が存在するのにもかかわらず，*Aspergillus* 属，および出芽酵母と分裂酵母の双方における細胞質分裂は，動物細胞のそれに似た狭窄メカニズムによって進行する．動物におけるのと同様に菌類においても，アクトミオシン（actomyosin）を基本としたフィラメント環の収縮は，外膜に細胞を絞り上げる「分裂溝（cleavage furrow）」を生じさせる［アクトミオシンは，アクチン（actin）とミオシン（myosin）が組み合わされたものであり，他の物質とともに動物の収縮筋肉繊維を構成している］．微小管もまた，すべての真核生物の分裂過程に関わっている．特に動物細胞では，微小管は分裂面の位置を示す．また，この細胞要素は，植物においては，狭窄過程は明らかではないが，少なくとも細胞分裂においては保存されている．類似性と相違性の双方の組合せに関するこのテーマは，酵母と動物細胞における収縮環の集合という課題にまで広がる（Field *et al.*, 1999）．

動物細胞では，アクチンとミオシンが，分裂後期末期に分裂溝領域に蓄積する（そして，この領域は収縮し始める）．分裂酵母（*Schizosaccharomyces pombe*）では，アクトミオシン環は，有糸分裂初期に集合するが，細胞質分裂は分裂後期末期まで始まらない．出芽酵母（*Saccharomyces cerevisiae*）では，アクトミオシン環は2つの分離した段階で集合する．第一段階では，DNA合成の開始時に，ミオシンが出芽部位に環を形成する．その後第二段階では，収縮開始直前の分裂後期末期にFアクチンが環に取り込まれる．

動物では，**分裂溝**（cleavage furrow）が細胞全体にくい込み，2個の娘細胞に分割する．菌類では，収縮は細胞壁合成機構と共役しており，既存の細胞壁から生じる隔壁の周囲で，細胞膜がくぼみ細胞質に陥入する．完成した酵母の隔壁は，出芽酵母の場合は生じた芽を親細胞から切り離し，あるいは，分裂酵母の場合は各々が親細胞の半分からなる2個の娘細胞に分割する．一方，糸状菌類の場合には，隔壁形成（そして分割溝の収縮）が不完全な状態で停止し，菌類グループによって異なる方法で精巧に作り上げられた中心孔が形成される．

細胞質分裂には，アクチンやミオシンに加えて，その多くが進化的に保存されている他のタンパク質が必要である［Field *et al.*（1999）の一覧表を参照せよ］．特に重要なのは，セプチン（septins）とよばれるタンパク質である．このタンパク質は，GTPアーゼファミリーに属し，菌類や動物では繊維を形成し，出芽酵母ではミオシン環の集合に必要である．*Saccharomyces cerevisiae* の芽の頸部に局在するセプチンは，果実食性ショウジョウバエ（*Drosophila*）属と哺乳動物の細胞の分割溝にも局在する．それゆえセプチンは，明らかに2つの界に保存されている．セプチンは，細胞分裂における役割に加えて，核分裂，小胞輸送および細胞骨格の組織化を調整する（Lindsey & Momany, 2006）．出芽酵母におけるセプチン遺伝子の突然変異は，芽の頸部からのいくつかのタンパク質の消失をもたらす．この事実は，セプチンが，他の構成要素を分割部位に集中させつつ，構造的な機能を果たしていることを示唆する．セプチンは同時にGTPに結合し，GTPを加水分解できる．それゆえセプチンはまた，信号伝達の役割を果たしている可能性がある．興味深いことに，**IQGAPタンパク質**（IQGAP proteins）訳注22は，細胞質分裂に関わるもう1つの保存されたファミリーである．IQGAPファミリーのメンバーは，アクチンフィラメントを結合するドメイン，カルモジュリンを結合する「IQ繰り返し配列」訳注23，および低分子GTPアーゼとの結合部位などをもつ．これらの事実から，セプチンは，Ca^{2+}信号伝達を細胞質分裂に結びつける機能を有するタンパク質の候補である．

真核生物の細胞質分裂に必要な他のタンパク質ファミリーは，フォルミン相同（formin-homology, FH）タンパク質ファミリーである．分裂酵母において，FHタンパク質はアクトミオシン環の成分であり，Fアクチンを環に補充するのに必要である．このタンパク質は，アクチンの重合に関わるタンパク質であるプロフィリン（profilin）を結合する．それゆえ，FHタンパク質は，アクチン環形成初期に中心としてはたらく可能性がある．細胞質分裂におけるFHタンパク質の必要性は，*Aspergillus* 属において示された．*SepA* とよばれる遺伝子訳注24の突

訳注22：IQモチーフ含有GTPアーゼ活性化タンパク質のこと．
訳注23：Ca^{2+}結合モジュレータータンパク質のこと．
訳注24：FHタンパク質ファミリーの情報をコードしている．

然変異体は隔壁を欠いており，コウジカビ属の隔壁におけるアクチン環の集合には，このFHタンパク質が必要である．**紡錘体極体**（spindle pole body, SPB）は，細胞質分裂の信号をアクトミオシン環に伝達することに関わっている．SPBは，紡錘体伸長の末期に生化学的に変化し，その結果，アクトミオシン環の成熟（Fアクチンの補充）および/あるいは収縮反応を促進する信号を発生し，これは同時に，細胞質分裂の開始に肯定的な信号ともなる．

有糸分裂紡錘体から延びる微小管の配列は，細胞質分裂にはたらく（Field *et al.*, 1999）．動物細胞においては，分裂紡錘体の位置と細胞質分裂面の間には密接な関連があるが，膜の分裂溝の形成を誘導・開始するためには，有糸分裂紡錘体から細胞外膜に信号が伝達されなければならない．まず有糸分裂末期に，細胞膜の領域にしわが寄る．次いで，アクトミオシン環システムの収縮性が，有糸分裂装置から発信された信号により制御され，ついには紡錘体を二分する持続性のあるしわが寄り集まり始める．紡錘体極体から放射状に延びる**星状体微小管**（astral microtubules）を含む紡錘体微小管の特殊な一組が，分裂溝の位置を設定するのに重要である．分裂後期紡錘体の中央領域に集合する微小管束は，**中間部微小管**（interzonal microtubules）とよばれる．膜の分裂溝形成を誘導するためには，2組の星状体微小管があれば十分であるが，溝が深くなり［移入（ingression）とよばれる］紡錘体を二分するためには，中間部微小管が持続的に必要である．

植物においては，細胞質分裂は，分裂溝よりも細胞を二分する細胞板の形成によって行われているが，細胞質分裂の間の微小管については，動物の場合と非常に似たような役割を果たしていることが解明されている．細胞板を組み立てる小胞の融合は，**隔膜形成体**（phragmoplast）とよばれる中間微小管（とアクチンフィラメント）の配列によって制御されている．それゆえ，動物細胞と植物細胞の双方においても，中間微小管は再組織化され，細胞質分裂の際に特別の機能を遂行する微小管配列（古い文献では支展体とよんでいる）が形成される．これらの微小管が，細胞質分裂の間の小胞の集積と膜の沈着に必要である可能性がある．細胞が分裂するときにはその表面積は増大する必要があり，追加の膜が細胞膜に補充されなければならないことを想起してもらいたい．少なくともこの補充のいく分かは，分裂溝への小胞の挿入によって行われている．**シンタキシン**（syntaxins）は，エキソサイトーシスの際に，標的膜にあって小胞と標的膜との融合を促進するt-SNAREsタンパク質（5.10節参照）である．それゆえ，シンタキシンタンパク質の情報をコードしている何らかの遺伝子が，細胞質分裂に関わっていると考えられた．細胞表面の正確な再構成が確実に行われるためには，膜のダイナミクスの周到なバランスが必要である（Robinson & Spudich, 2000）．

分割面の正確な位置どりは，各娘細胞が確実に核を受け取るためには重要である．それゆえ，最も経済的な位置どりは，染色体の分離軸を2分することである．この基本的な必要条件は，分割面が，紡錘体とは独立したメカニズムによって有糸分裂に先立って選択された部位に特定されるか（紡錘体あるいは分割構造も，選択された部位に調整される），あるいは分裂面の位置が紡錘体の配置によって特定される（動物細胞におけるように）かの，いずれかによって達成される．出芽酵母や高等植物細胞においては，分裂部位は，細胞分裂周期初期に標識点（酵母における出芽痕）によって前もって決定されている．分裂酵母においては，細胞の分裂部位は，前有糸分裂段階の核の位置と関連している．

分割面の位置が有糸分裂に先立ち，紡錘体の配置に関係なく特定されるためには，分裂面および分割面の双方の位置を指示する標識，何らかの目印が，有糸分裂に先立って設定されなければならない．**出芽酵母**（*Saccharomyces cerevisiae*）は，そのような仕組みを導入している．分裂部位は，母細胞と芽の間の頸部であり，紡錘体の集合に先立って細胞周期初期に選定される．有糸分裂の間に，紡錘体は，細胞質ダイニンに依存したメカニズムによって，芽の頸部に配置される．このメカニズムには，芽の細胞質および膜と，星状体微小管（微小管）との間のダイナミックな相互作用が必要とされる（図5.9および5.10）．出芽予定部位は，先に出芽した芽の位置を示す出芽痕に付随する，「標識」タンパク質の数によって選定される．

*Schizosaccharomyces pombe*では，アクチン，ミオシンIIおよび他の成分からなる中間リングが，有糸分裂の初期に細胞の中央に集合する．その位置は，細胞内でSPBによって配置されている，前有糸分裂核の位置に関連している（Chang, 2001）．同様に，植物も有糸分裂に先立って分裂面の位置を標識で示している．しかし，植物の場合，標識に導くのは，中期紡錘体よりもむしろ隔膜形成体である．新しい細胞板が細胞壁と融合する位置は，前期前微小管束（pre-prophase band, PPB）によって示されている．PPBは，微小管の一時的な配列であり，その配置は前還元核の位置によって規定されている．動物細胞の細胞分裂では，おそらく紡錘体は，微小管の配列に作用する力の協調したはたらきにより，位置を定められていると予想される．引き続いて，分裂溝が，有糸分裂紡錘体の位置

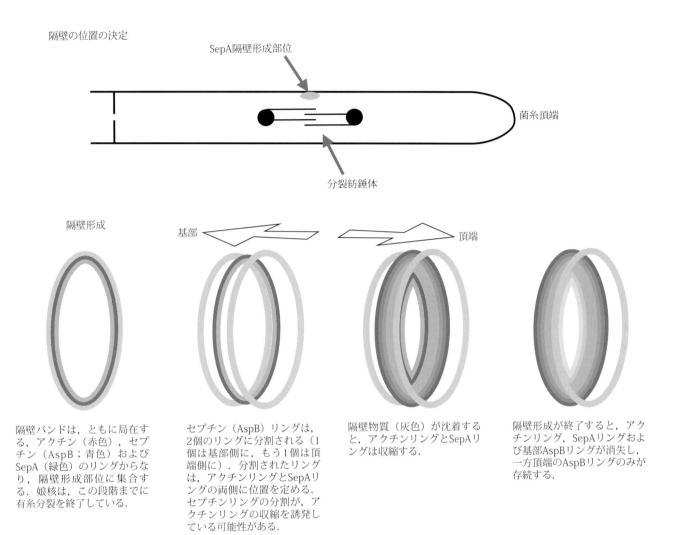

図 5.14 隔壁バンドと隔壁の，配置と組立てを描いたモデル．上は菌糸の一区画で，右が先端を示す．有糸分裂の紡錘体から発信された信号に反応して，SepA は，皮層部分のドットのように隔壁形成部位に集積する．アクチンおよび/あるいはセプチン AspB のパッチは，SepA とともに局在する可能性がある．ともに局在すると，円周状に隔壁バンドが組み立てられる部位は限定される．この場合，バンドは，アクチン（赤色），SepA（緑色）およびセプチン（AspB；青色）のリングからなる．この時までに，娘核は，有糸分裂を終了している．引き続いて，隔壁バンドが隔壁を組み立てる．AspB リングは 2 個のリングに分割され，アクチンリングと SepA リングの両側面，1 個の AspB リングは基部側に，もう 1 個は頂端側に位置するようになる．セプチン（AspB）リングの分割が，アクチンリングの収縮を誘発している可能性がある．アクチンリングと SepA リングが収縮すると，隔壁物質（灰色）が，細胞膜を通して方向性をもって合成され（隔壁は，細胞外であることを想起してほしい．細胞壁は，細胞膜の外側に存在する），沈着する．隔壁の集合が終了すると，アクチン，SepA および基部 AspB リングが消失し，頂端の AspB リングのみが存続する [Harris（2001）の図に基づく]．カラー版は，口絵 26 頁を参照せよ．

に基づいて配置される．

　糸状菌類は多核菌糸を形成し，多核菌糸は，最終的には隔壁によって分割され，多細胞菌糸になる．*Aspergillus nidulans* では，隔壁は，有糸分裂の終了に続いて形成され，その形成には，隔壁バンドの集合が必要である（図 5.14）．このバンドは，アクチン，セプチンおよびフォルミンからなるダイナミックな構造である．バンドの集合は，保存されたタンパク質リン酸化酵素カスケードに依存している．このカスケードは，酵母では，分裂終了と隔壁形成を制御している（Harris, 2001）．

　しかしながら，糸状菌類のきわめて重要な特徴は，その菌糸が多核であることである．隔壁形成後でさえも，さらにほとんどの規則正しく隔壁をもつ菌類においてさえも，菌糸の多くのコンパートメントは多核である．個々の菌糸あるいは菌糸コンパートメントが，数個の核をもつという事実は，多核の菌糸細胞では，異なった核分裂パターンが見られることを意味する．通常，同調，疑似同調および非同調の 3 つのパターンが観察される．これらは生物間で，また環境条件で変化する（図 5.15）．同調分裂（synchronous division）では，すべての核は

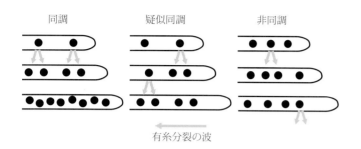

図 5.15 多核化菌類における核分裂パターン．同調分裂では，すべての核は同調的に分裂する．疑似同調分裂では，有糸分裂は 1 つの部位で始まり，その後，有糸分裂の波は，菌糸先端から離れた後方に伝ぱしてゆく．その結果，核は，ちょうどドミノの牌が線状に倒れてゆくように，連続的に分裂する．非同調分裂では，核は隣接する核とは無関係に分裂し，その結果，時空間的な有糸分裂パターンは，無作為化される［Gladfelter (2006) による］．

同時に分裂する．疑似同調分裂（parasynchronous division）では，有糸分裂は 1 つの部位で始まり，その後有糸分裂の波が，菌糸を先端から離れた方向に伝ぱしてゆく（頂端近くから始まり，離れた方向に向けて進行する）．その結果，核は連続して分裂する．非同調分裂（asynchronous division）では，核は隣接する核とは無関係に分裂する．その結果，菌糸中における有糸分裂の時空間的なパターンは無作為化される．

子嚢菌門のメンバーであるアカパンカビ（*Neurospora crassa*）と *Ashbya gossypii* の核は，お互いに独立にふるまう．それゆえ，これらの菌類は，非同調分裂パターンを示す．このタイプの核分裂パターンは，共有する細胞質の限られた容積内で，有糸分裂を持続的に制御する．この事実は，菌糸が，栄養素やその他の環境刺激に対して，より局部的に反応できることを示唆する．非同調分裂により，菌糸は，ある期間にわたって，「コストを分散」する（核の複製と分裂に必要なエネルギーや資源という意味で）ことが可能になる．さらに，非同調分裂により，もしすべての核が同時に分裂したら生じたであろう核と細胞質の比率の劇的な変化から，菌糸を保護することになるであろう（Gladfelter, 2006）．

非同調分裂に比較して，同調あるいは疑似同調核分裂パターンは，菌糸の核数を急激に倍増させる．ナラ-カシ類萎凋病菌類，*Ceratocystis fagacearum* の栄養菌糸の頂端コンパートメントでは，核は同調的に分裂する．*Aspergillus nidulans* では，疑似同調的核分裂の波が，主導菌糸コンパートメントの頂端から約 20 分の間に広がる．これらの波は 60〜100 個の核を含み，菌糸頂端から 700 μm までの長さの部位に達しうる．核分裂の波は，*Aspergillus nidulans* では一方向性であり，菌糸先端から離れた後方に伝わる．しかし，*Fusarium oxysporum* では，核分裂の波は，頂端細胞からというよりも節間（たとえば，中央）コンパートメントの中心から出発し，その後，波は細胞の両方向に伝ぱする．疑似同調分裂は，波が隔壁にぶつかると消滅する．同様に疑似同調分裂は，菌類が貧栄養環境に出会うと失われる（Gladfelter, 2006）．そのような環境では，核は非同調的に分裂する．

この種の協調した核分裂周期は，明らかに，すでに述べたものとは異なる，長い距離にわたるレベルの制御と調節の存在を意味する．このような制御と調節は，菌糸が，環境刺激に対して一体的に反応することを可能にし，さらに発育と形態形成にも重要であるに違いない．多核化菌糸で観察される異なる核分裂の同調化パターンは，基本的な細胞周期制御メカニズムは，いかにして糸状菌類に適用されているのか，という新たな問いを残した．細胞周期制御タンパク質が，菌糸中の核の間で共有されていることを示す証拠がある．同様に，ある種の主要な細胞周期因子が，菌糸中の核の間で不均等に分布していることを示す証拠もある．アカパンカビでは，自身の核の突然変異は抑制するが，異核共存で細胞質を共有し近くに存在する核のそれは抑制しないある種の抑制遺伝子変異体が存在する．さらに興味をそそるのは，担子菌門を用いて得られた研究の結果であり，二核共存体の 2 個の核が F アクチンのかごの中に，明らかに特定の距離をおいて保持されていることである．たとえば，スエヒロタケ（*Schizophyllum commune*）では，2 個の核が 2 μm 離れている二核細胞は，2 個の核は同じ細胞質の中に存在するが 8 μm 離れて存在している二核細胞とは，異なった遺伝子の発現パターンを示す．

基本的に，問題は，大きな細胞が，いかにして信号伝達経路を空間的に組織化しているのかを，理解することである（Gladfelter, 2006）．他の視座は，**細胞の極性**（cell polarity）の制御と維持である．分裂酵母の細胞でさえも，細胞の「末端」と「中央部」があり，この種の軸の配列は，細胞骨格の構成に依存している．*Schizosaccharomyces pombe* の分裂間期には，微小管が，核を細胞の中央に配置し，微小管の「プラス」端は細胞の末端方向を向く（Chang, 2001）．この構成は，細胞質分裂の間に再生される必要がある．糸状菌類は，いくつかの（実際，多数の）極性成長の軸を同時に保持している．さらに，糸状菌類は，細胞周期と極性の維持に関わる遺伝子の発現を異なるレベルに調節している（Chang, 2001；Momany, 2002；

Sudbery, 2008；Rittenour et al., 2009）．このことについては，いまだにわかっていないのだが…．

　細胞分裂が支障なく行われるためには，**細胞周期過程中の諸事象が時間的に調和して進行することが必要である**．とりわけ，細胞質分裂は，分裂紡錘体がその任務を果たし，染色体の分離が終了するまでは，起こってはいけない．DNAの合成と細胞分裂は，不連続な過程であり，特有の順で起こらなければならない一連の「事象」である．また，DNAの複製と染色体の2個の娘核への分離は，細胞の生き残りに不可欠な，2つの主要な不連続的な過程である．簡潔にいえば，もし，どちらかの過程の進行が不正確であれば，2個の娘細胞はお互いに異なったものになるであろう．さらに，ほとんど確実に，2個の娘細胞は，不可欠な遺伝子あるいは染色体のすべてをさえも失うか，逆にそれらを得ることになるであろう．さらに，細胞は，細胞増殖の間に一定のサイズを維持するために，増殖速度は，分裂速度と一致しなければならない．それゆえ，増殖を支配している諸因子は，細胞量を増大させる細胞生合成と，細胞分裂サイクルの進行の双方を制御しなければならない．いくつかのメカニズムが，細胞分裂を成長に結びつけている．さらに，多細胞生物の成長，細胞分裂およびパターン形成を調和的にはたらかせるために，おそらく発育中の異なった時期に，異なったメカニズムが用いられていると考えられる．その結果，細胞はほとんど一定のサイズを維持し，発育中の組織や器官は，適正な大きさや細胞密度を獲得している（Neufeld & Edgar, 1998）．Neufeld & Edgar（1998）によって確認された，細胞分裂と成長の間の考えられうる関係は，次の通りである．

- 細胞分裂が，成長を駆動する．
- 成長が，細胞分裂を駆動する．
- 成長と細胞分裂の速度は，共通の調整装置によって平行して制御されている．
- 細胞分裂と成長は，独立に制御されている．

　彼らは，細胞周期の進行は，成長を駆動できないように思われるが，ある場合には，細胞分裂の阻害は間接的に成長を抑制し得る，と結論づけている．

　急速に成長し，分裂している真核細胞に見られる**細胞周期**（cell cycle）は，通常一連の期として記載されている（図5.16）．それらは，間期と有糸分裂（M期）である．間期は，DNA合成が進行するS期［S-phase；合成（synthesis）期の意］と，S期を有糸分裂と分離する**ギャップ**（gaps；間隙の意）とに小分割される．ギャップは，有糸分裂後でDNA合成開始前のG1期と，DNA合成が終了し有糸分裂と細胞分裂（細胞質分裂）の前のG2期に分けられる．他の記述子/下位区分が，一時的に細胞周期を中断した細胞を記述するのに用いられる．たとえばある細胞は，有糸分裂後，しばしばG0とよばれる状態で休止する．これらの細胞は，外部からシグナルを受信したときのみS期に入る（動物細胞のシグナルは，通常ペプチド成長因子である）．細胞はまた，G2期に休止することができる．この場合には，シグナルが継続して届いた場合に，有糸分裂（あるいは減数母細胞の場合は減数分裂）に入ることが可能になる．

　分裂酵母（Schizosaccharomyces pombe）の細胞周期は，通常，有糸分裂後，ほとんどラグなしに，ただちにS期を経て進行し，細胞周期のほとんどの期間を，S期の終点と次の有糸分

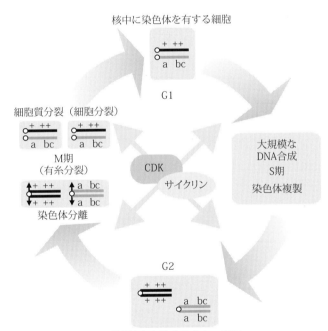

図5.16 細胞周期の各位相（分裂の期）．最初の期（G1）に細胞が成長する．細胞が一定の大きさに達すると，染色体が複製されるDNA合成期（S）に入る．次の期（G2）の間に，細胞は分裂の準備をする．有糸分裂（M）の間に染色体は分離し，娘核に隔離される．核分裂に続いて，細胞質分裂が起こる．細胞周期の進行は，サイクリン（cyclin）とよばれるタンパク質によって制御されている．サイクリンは，サイクリン依存性リン酸化酵素（CDK）を活性化する．細胞質分裂が終了して，細胞周期を完了すると，娘細胞はG1期に戻る．この概略図は，異型接合二倍体を想定しているが，一倍体細胞の分裂周期にも同じように適用される（http://nobelprize.org/nobel_prizes/medicine/laureates/2001/press.html.の概略図を引用・改変した）．

裂の間の状態で存在する．もっとも，その間に，細胞は，分裂に必要な大きさにまで成長するが…．細胞周期における決定的に重要な段階は，次の過程が始まる前に，1つの過程が確実に完了したことを確認する段階である．これらは，チェックポイント（checkpoints）として知られる．チェックポイントは，また，いくつかの条件をチェックするために，しばし細胞周期を休止しても差しつかえのない段階のことである．異なる生物は，細胞周期を継続することを伝達するために類似のシグナルを用いて，細胞周期の異なった位置に，一時的な休止点を設けていると考えられる．一般に，特定の時期の特定の細胞に関係する可能性のあるものをほぼすべて検出し，さらに，検出したものを細胞周期制御装置に結合し得る，「プラグ・イン・モジュール」を構築することは可能であるように思われる．これらのモジュールは，まず感知器（sensor）と作動体（effector）をもたなければならない．さらに，しばしばこの2つの因子の間に，調節タンパク質をリン酸化する，タンパク質リン酸化酵素依存シグナル伝達経路（signal transduction pathway）をもっている．チェックポイントは，細胞分裂と染色体複製周期のいずれもが勝手に進むのを抑制するために，両者を結びつける．さらに，制御回路は，細胞がS期を終了するまでは有糸分裂に戻るのを防ぎ，厳密な期の交代をもたらすように配列されている．

　細胞周期の制御を解明する上で最も意義深い貢献は，すでに述べたように，酵母についての遺伝学的な研究からもたらされた（5.3節を参照せよ）．DNA，RNAあるいはタンパク質合成に対する温度感受性突然変異体（temperature-sensitive mutants）を単離する実験中に，ある種の変異体が，細胞周期の特異的な点で遮断されていることが明らかになった．そのような変異体の個体群を，許容温度の23℃から非許容あるいは制限温度の36℃に移すと，細胞群は成長を停止し，すべての細胞が同じ形態を呈した．たとえば，すべての細胞が芽を形成できないかもしれないし，あるいは，すべてが芽を形成するが細胞質分裂を完了できないために，母細胞に付着したままになるかもしれない．これらの温度感受性突然変異体のうちでとりわけ重要な変異体は，cdc28（細胞周期突然変異体 No.28, cell division cycle mutant no.28）とよばれる．この変異体は，非許容温度下では芽を形成できないが，DNA，RNAあるいはタンパク質合成には欠陥がない．むしろ，cdc28細胞は，非許容温度に移されると成長を続け，すでに開始しているS期を完了することができる．重要な点は，この細胞が，決して新しい期に入ることができないということである．「スタート（start）」

［これは高等真核生物で「制限点（restriction point）」とよばれているものと同一である］とよばれる細胞周期の過渡期には，機能的なCDC28遺伝子が必要である．出芽酵母は，栄養飢餓，あるいは潜在的な交配パートナーが近くに存在することを伝えるペプチドフェロモンの感知などの，いくつかの条件に反応して「スタート」で細胞周期を一旦停止する．

　他に，多くのcdc変異体が単離されている．分裂酵母（Schizosaccharomyces pombe）において，有糸分裂の際の非常に重要な調節因子のcdc2と，細胞周期の進行に不可欠な遺伝子が確認された．細胞周期制御の根底にある一貫性と秩序についての最初のヒントは，2つの遺伝子 Saccharomyces cerevisiae CDC28 と Schizosaccharomyces pombe cdc2 がクローン化されて，塩基配列が決定されたときに示された．その結果，これらの2つの遺伝子は，2種の酵母が分類学的に非常に離れているにも関わらず相同であり，実際に相互交換しうるということがわかった．これらの遺伝子によって規定されるタンパク質は，タンパク質リン酸化酵素ファミリーに属する．この事実は，一般に，真核生物で酵素や他のタンパク質の活性を変更するときの最も普遍的な方法の1つであるタンパク質のリン酸化が，細胞周期の制御に関わっていることを示す．細胞周期特異的タンパク質リン酸化酵素の機能は，サイクリン（cyclin）とよばれるパートナータンパク質によって活性化される（サイクリンは，細胞周期の間に周期的にその濃度を変化させることにより，細胞周期の制御に関わる）．サイクリンは，細胞周期の異なった段階を経て，周期を駆動させるために必要とされたときに，産生されたり，分解されたりする．サイクリンは，パートナーのサイクリン依存リン酸化酵素（CDK）と複合体を形成する（図5.16）．複合体形成により，CDKは，「スイッチオン」になり，細胞周期に必要で適切なタンパク質をリン酸化する．

　出芽酵母の細胞周期は，次のように要約できる．おそらく，同じような一般的原理が，すべての真核生物の細胞周期に適用できるだろう（Field et al., 1999）．

- 有糸分裂の終了時に，分裂サイクリンは，「スタート」段階まで活性状態にあるプロテアーゼによって分解される．この事実が，細胞が即座に有糸分裂を再スタートすることを防止している．
- 「スタート」時点で，G1サイクリンであるCLN1およびCLN2の転写と翻訳が活性化される．これらのタンパク質は，Cdc28と結合して，タンパク質リン酸化酵素を形成する．さらに，この酵素は，芽の形成開始を誘導し，細胞にS

期の準備を促す（G1 期から S 期への過渡期）．この過渡期は，サイクリン CLB5 および CLB6 の情報をコードする遺伝子の活性化を含む．これらのサイクリンは，Cdc28 のパートナーとして CLN1 および CLN2 と置き換わり，S 期に DNA 合成を促進する．

- S 期の終了に向けて，「後期」サイクリンの CLB1 および CLB2 の合成が開始する．この合成開始は，「初期」サイクリン遺伝子の転写を停止させる．「後期」サイクリンが蓄積すると，このサイクリンは，Cdc28 リン酸化酵素をその有糸分裂型に変換させ，G2 期から M 期への変化を促進する．
- 真核細胞における有糸分裂の開始は，リン酸化カスケードによって支配されており，カスケードは，ついには有糸分裂促進因子（MPF）を活性化する．
- MPF は，最少限，酵母ではサイクリン依存性リン酸化酵素 Cdc28/Cdc2，高等真核生物では Cdk1，それらと B タイプサイクリン調節サブユニットからなる（Ohi & Gould, 1999）．MPF は細胞を終期に導き，その後プロテアーゼが活性化され，残っていたサイクリンは分解され，細胞周期は終了する．

5.18 酵母－菌糸体二形性

大多数の菌類は，2 つの成長型のうちの一方の形で成長する．酵母菌類のように丸みを帯びたあるいは球形の細胞として，あるいは糸状菌類のように極性をもち分枝した菌糸体としての，いずれかの形で成長する．しかし，ある種の菌類は，局所的な環境条件に応じて双方の形で成長することができる．そのような菌類は，菌類界を通じて見られ，**二形性**（dimorphic）と名づけられている．二形性は，病原菌類に一般的である．というのは，異なる成長形は，病原菌類にとって，異なる有利な戦略を意味するからである．酵母形は，宿主の周りで流体循環システムを通じて拡散するのに理想的であり（植物の水－通道組織，動物の血液あるいはリンパ液循環など），一方，菌糸成長形は固体組織を貫通することができる．具体例としては，ヒトや動物の病原菌類の *Candida albicans*, *Paracoccidioides brasiliensis*, *Histoplasma capsulatum* および *Blastomyces dermatitidis* など，さらに植物病原菌類の *Ustilago maydis*, *Ophiostoma ulmi* および *Rhodosporidium sphaerocarpum* などがある．ほとんどの二形性の菌類は，子嚢菌門のメンバーであるが，二形性は他の門にも見られる（実例は，接合菌門のメンバーで，ありふれたカビの *Mucor rouxii*，および担子菌門に属する *Ustilago* 属や *Rhodosporidium* 属などである）．

Candida albicans は，ヒトの重要な日和見病原菌類である．本菌についてのほとんどの研究は，二形性に関わるメカニズムを理解することに傾注されてきた．通常，感染は比較的表層性で粘膜に限定され，口腔と膣の双方のカンジダ症を起こす（通常鵞口瘡として知られる）．しかし，たとえば移植手術後の免疫抑制治療の際に，あるいは HIV（human immunodeficiency virus）感染の結果免疫力が低下した個人において，*Candida* 感染はしばしば全身を侵し，かつ侵襲的で，致死率が高い．侵襲的なカンジダ症には，菌糸形の病原菌類が存在し，一方表層性の感染の場合には，一般に酵母形が存在する．このことは，酵母形から菌糸形への変化が，生物の病理において重要な現象であることを示唆する．しかし，*Candida albicans* の非菌糸変異株は，菌類の侵襲と広がりは抑制されているが，依然としてマウスに感染してこれを殺すことができる．また，ヒトの病原菌類の *Histoplasma capsulatum*，および *Paracoccidioides brasiliensis*，は酵母形のときにのみ病原性を有する．

広範囲な環境要因が，*Candida* の酵母形と菌糸形の間の変化を誘導することが示されている．それらの要因には，血清，*N*-アセチルグルコサミン，プロリンおよび酸性培地からよりアルカリ性の培地へ移植することなどがある．この事実は，*Candida* 中に，各々の環境因子に対する，多くの独立したシグナル変換システムが存在することを示唆する．それゆえ，ある 1 つの刺激で酵母形－菌糸形変換を行う能力を失った突然変異体が，他の刺激にさらされたときに，依然として菌糸あるいは発芽管を形成できるのである（Sánchez-Martínez & Pérez-Martín, 2001）．

5.19 文献と，さらに勉強をしたい方のために

Adam, S. A. (1999). Transport pathways of macromolecules between the nucleus and the cytoplasm. *Current Opinion in Cell Biology*, **11**: 402–406. DOI: http://dx.doi.org/10.1016/S0955-0674(99)80056-8.

Alberts, B., Johnson, A., Lewis, J., Raff, M., Roberts, K. & Walter, P. (2002). *Molecular Biology of the Cell*, 4th edn. New York: Garland.

ISBN-10: 0815340729, ISBN-13: 9780815340720.

Banuett, F. (1998). Signalling in the yeasts: an informational cascade with links to the filamentous fungi. *Microbiology and Molecular Biology Reviews*, **62**: 249–274. URL: http://ec.asm.org/cgi/ijlink?linkType=ABST&journalCode=mmbr&resid=62/2/249.

Bartnicki-Garcia, S., Hergert, F. & Gierz, G. (1989). Computer simulation of fungal morphogenesis and the mathematical basis for hyphal (tip) growth. *Protoplasma*, **153**: 46–57. DOI: http://dx.doi.org/10.1007/BF01322464.

Bloom, K. (2001). Nuclear migration: cortical anchors for cytoplasmic dynein. *Current Biology*, **11**: R326–R329. DOI: http://dx.doi.org/10.1016/S0960-9822(01)00176-2.

Bölker, M. (1998). Sex and crime: heterotrimeric G proteins in fungal mating and pathogenesis. *Fungal Genetics and Biology*, **25**: 143–156. DOI: http://dx.doi.org/10.1006/fgbi.1998.1102.

Borges-Walmsley, M. I. & Walmsley, A. R. (2000). cAMP signalling in pathogenic fungi: control of dimorphic switching and pathogenicity. *Trends in Microbiology*, **8**: 133–141. DOI: http://dx.doi.org/10.1016/S0966-842X(00)01698-X.

Bryant, J. & Francis, D. (2007). *Eukaryotic Cell Cycle*, Society for Experimental Biology Symposium Series no. 59. London: Taylor & Francis. ISBN-10: 0415407818, ISBN-13:9780415407816.

Caro, L.H.P., Tettelin, H., Vossen, J. H., Ram, A.F.J., Van Den Ende, H. & Klis, F. M. (1997). In silico identification of glycosyl-phosphatidylinositol-anchored plasma-membrane and cell wall proteins of *Saccharomyces cerevisiae*. *Yeast*, **13**: 1477–1489. DOI: http://dx.doi.org/10.1002/(SICI)1097-0061(199712)13:15<1477:AID-YEA184>3.0.CO;2-L.

Chang, F. (2001). Establishment of a cellular axis in fission yeast. *Trends in Genetics*, **17**: 273–277. DOI: http://dx.doi.org/10.1016/S0168-9525(01)02279-X.

Chiu, S. W. (1996). Nuclear changes during fungal development. In *Patterns in Fungal Development* (eds. S. W. Chiu & D. Moore), pp. 105–125. Cambridge, UK: Cambridge University Press. ISBN-10:0521560470, ISBN-13:9780521560474.

Csűrös, M. (2005). Likely scenarios of intron evolution. In *RECOMB 2005 Workshop on Comparative Genomics*, vol. LNBI 3678 of *Lecture Notes in Bioinformatics* (eds. A. McLysath & D. H. Huson) pp. 47–60. Heidelberg, Germany: Springer-Verlag. URL: http://www.iro.umontreal.ca/~csuros/papers/mle-introns.pdf.

Davis, R. H. (2000). Neurospora: *Contributions of a Model Organism*. New York: Oxford University Press. ISBN-10: 0195122364, ISBN-13: 9780195122367.

Dreyfuss, G. & Struhl, K. (1999). Nucleus and gene expression: multiprotein complexes, mechanistic connections and nuclear organisation. *Current Opinion in Cell Biology*, **11**: 303–306. DOI:http://dx.doi.org/10.1016/S0955-0674(99)80040-4. This is the editorial overview of an issue of *Current Opinion in Cell Biology* containing 16 reviews on a variety of biological processes that occur in the nucleus.

Erental, A., Dickman, M. B. & Yarden, O. (2008). Sclerotial development in *Sclerotinia sclerotiorum*: awakening molecular analysis of a 'dormant' structure. *Fungal Biology Reviews*, **22**: 6–16. DOI: http://dx.doi.org/10.1016/j.fbr.2007.10.001.

Field, C., Li, R. & Oegema, K. (1999). Cytokinesis in eukaryotes: mechanistic comparison. *Current Opinion in Cell Biology*, **11**: 68–80. DOI: http://dx.doi.org/10.1016/S0955-0674(99)80009-X.

Fischer-Parton, S., Parton, R. M., Hickey, P. C., Dijksterhuis, J., Atkinson, H. A. & Read, N. D. (2000). Confocal microscopy of FM4-64 as a tool for analysing endocytosis and vesicle trafficking in living fungal hyphae. *Journal of Microscopy*, **198**: 246–259. DOI: http://dx.doi.org/10.1046/j.1365-2818.2000.00708.x.

Gladfelter, A. S. (2006). Nuclear anarchy: asynchronous mitosis in multinucleated fungal hyphae. *Current Opinion in Microbiology*, **9**: 547–552. DOI: http://dx.doi.org/10.1016/j.mib.2006.09.002.

Glass, N. L., Rasmussen, C., Roca, M. G. & Read, N. D. (2004). Hyphal homing, fusion and mycelial interconnectedness. *Trends in Microbiology*, **12**: 135–141. DOI: http://dx.doi.org/10.1016/j.tim.2004.01.007.

Guo, W., Sacher, M., Barrowman, J., Ferro-Novick, S. & Novick, P. (2000). Protein complexes in transport vesicle targeting. *Trends in Cell Biology*, **10**: 251–255. DOI: http://dx.doi.org/10.1016/S0962-8924(00)01754-2.

Hamm, H. E. (1998). The many faces of G protein signaling. *Journal of Biological Chemistry*, **273**: 669–672. DOI: http://dx.doi.org/10.1074/jbc.273.2.669.

Harris, S. D. (2001). Septum formation in *Aspergillus nidulans*. *Current Opinion in Microbiology*, **4**: 736–739. DOI: http://dx.doi.org/10.1016/S1369-5274(01)00276-4.

Harris, S. D., Read, N. D., Roberson, R. W., Shaw, B., Seiler, S., Plamann, M. & Momany, M. (2005). Polarisome meets Spitzenkörper: microscopy, genetics, and genomics converge. *Eukaryotic Cell*, **4**: 225–229. DOI: http://dx.doi.org/10.1128/EC.4.2.225-229.2005.

Hartwell, L. H. & Weinert, T. A. (1989) Checkpoints: controls that ensure the order of cell cycle events. *Science*, **246**: 629–634. DOI: http://dx.doi.org/10.1126/science.2683079.

Hicke, L. (1999). Gettin' down with ubiquitin: turning off cell-surface receptors, transporters and channels. *Trends in Cell Biology*, **9**: 107–112. DOI: http://dx.doi.org/10.1016/S0962-8924(98)01491-3.

Hickey, P. C., Jacobson, D. J., Read, N. D. & Glass, N. L. (2002). Live-cell imaging of vegetative hyphal fusion in *Neurospora crassa*. *Fungal Genetics and Biology*, **37**: 109-119. DOI: http://dx.doi.org/10.1016/S1087-1845(02)00035-X.

Johnston, M. (1999). Feasting, fasting and fermenting: glucose sensing in yeast and other cells. Trends *in Genetics*, **15**: 29-33. DOI: http://dx.doi.org/10.1016/S0168-9525(98)01637-0.

Kaiser, C. & Ferro-Novick, S. (1998). Transport from the endoplasmic reticulum to the Golgi. *Current Opinion in Cell Biology*, **10**: 477-482. DOI: http://dx.doi.org/10.1016/S0955-0674(98)80062-8.

Karki, S. & Holzbaur, E.L.F. (1999). Cytoplasmic dynein and dynactin in cell division and intracellular transport. *Current Opinion in Cell Biology*, **11**: 45-53. DOI: http://dx.doi.org/10.1016/S0955-0674(99)80006-4.

Kuehn, M. J. & Schekman, R. (1997). COPII and secretory cargo capture into transport vesicles. *Current Opinion in Cell Biology*, **9**: 477-483. DOI: http://dx.doi.org/10.1016/S0955-0674(97)80022-1.

Lindegren, C. C. (1949). *The Yeast Cell, its Genetics and Cytology*. St Louis, MO: Educational Publishers. ASIN: B001P8I0BW.

Lindsey, R. & Momany, M. (2006). Septin localization across kingdoms: three themes with variations. *Current Opinion in Microbiology*, **9**: 559-565. DOI: http://dx.doi.org/10.1016/j.mib.2006.10.009.

Machida, M. & Gomi, K. (2010). Aspergillus: *Molecular Biology and Genomics*. Norwich, UK: Caister Academic Press. ISBN 9781904455530.

Maddox, P., Chin, E., Mallavarapu, A., Yeh, E., Salmon, E. D. & Bloom, K. (1999). Microtubule dynamics from mating through the first zygotic division in the budding yeast *Saccharomyces cerevisiae*. *Journal of Cell Biology*, **144**: 977-987. DOI: http://dx.doi.org/10.1083/jcb.144.5.977.

Madhani, H. D. & Fink, G. R. (1998). The control of filamentous differentiation and virulence in fungi. *Trends in Cell Biology*, **8**: 348-353. DOI: http://dx.doi.org/10.1016/S0962-8924(98)01298-7.

Margulis, L. (2004). Serial endosymbiotic theory (SET) and composite individuality: transition from bacterial to eukaryotic genomes. *Microbiology Today*, **31**: 172-174.

Momany, M. (2002). Polarity in filamentous fungi: establishment, maintenance and new axes. *Current Opinion in Microbiology*, **5**: 580-585. DOI: http://dx.doi.org/10.1016/S1369-5274(02)00368-5.

Moore, D. (1998). Metabolism and biochemistry of hyphal systems. In: *Fungal Morphogenesis*, Chapter 3. New York: Cambridge University Press. ISBN-10: 0521552958, ISBN-13: 9780521552950. DOI: http://dx.doi.org/10.1017/CBO9780511529887.

Moore, D. (2000). Decay and degradation. In: *Slayers, Saviors, Servants and Sex: An Exposé of Kingdom Fungi*, Chapter 3. New York: Springer-Verlag. ISBN-10: 0387951016, ISBN-13: 9780387951010.

Moore, D. & Novak Frazer, L. (2002). *Essential Fungal Genetics*. New York: Springer-Verlag. ISBN-10:0387953671, ISBN-13: 9780387953670. See Chapter 2, Genome interactions [especially sections 2.6 to 2.10] and Chapter 5, Recombination analysis [especially section 5.10]. URL: http://springerlink.com/content/978-0-387-95367-0.

Morgan, D. (2006). *The Cell Cycle: Principles of Control*. Oxford, UK: Oxford University Press. ISBN-10:0199206104, ISBN-13: 9780199206100.

Morris, N. R. (2000). Nuclear migration: from fungi to the mammalian brain. *Journal of Cell Biology*, **148**: 1097-1101. DOI: http://dx.doi.org/10.1083/jcb.148.6.1097.

Murray, A. W. & Hunt, T. (1994). *The Cell Cycle: An Introduction*. New York: Oxford University Press. ISBN-10: 0195095294, ISBN-13: 9780195095296.

Murray, A. W. & Kirschner, M. W. (1989). Dominoes and clocks: the union of two views of cell cycle regulation. *Science*, **246**: 614-621. DOI: http://dx.doi.org/10.1126/science.2683077.

Nasmyth, K. (1993). Control of the yeast cell cycle by the Cdc28 protein kinase. *Current Opinion in Cell Biology*, **5**: 166-179. DOI: http://dx.doi.org/10.1016/0955-0674(93)90099-C.

Neufeld, T. P. & Edgar, B. A. (1998). Connections between growth and the cell cycle. *Current Opinion in Cell Biology*, **10**: 784-790. DOI: http://dx.doi.org/10.1016/S0955-0674(98)80122-1.

Norbury, C. & Nurse, P. (1992). Animal cell cycles and their control. *Annual Reviews of Biochemistry*, **61**:441-470. DOI: http://dx.doi.org/10.1146/annurev.bi.61.070192.002301.

Ohi, R. & Gould, K. L. (1999). Regulating the onset of mitosis. *Current Opinion in Cell Biology*, **11**: 267-273. DOI: http://dx.doi.org/10.1016/S0955-0674(99)80036-2.

Parmley, J. L., Urrutia, A. O., Potrzebowski, L., Kaessmann, H. & Hurst, L. D. (2007). Splicing and the evolution of proteins in mammals. *PLoS (Public Library of Science) Biology*, **5**: e14. DOI: http://dx.doi.org/10.1371/journal.Pbio.0050014.

Read, N. D., Lichius, A., Shoji, J.-Y. & Goryachev, A. B. (2009). Self-signalling and self-fusion in filamentous fungi. *Current Opinion in Microbiology*, **12**: 608-615. DOI: http://dx.doi.org/10.1016/j.mib.2009.09.008.

Read, N. D., Fleissner, A., Roca, M. G. & Glass, N. L. (2010). Hyphal fusion. In: *Cellular and Molecular Biology of Filamentous Fungi* (eds. K.

A. Borkovich & D. J. Ebbole), pp. 260-273. Washington, DC: American Society for Microbiology Press. ISBN-10: 1555814735, ISBN-13: 9781555814731.

Rees, B., Shepherd, V. A. & Ashford, A. E. (1994). Presence of a motile tubular vacuole system in different phyla of fungi. *Mycological Research*, **98**: 985-992. DOI: http://dx.doi.org/10.1016/S0953-7562(09)80423-1.

Rittenour, W. R., Si, H. & Harris, S. D. (2009). Hyphal morphogenesis in *Aspergillus nidulans*. *Fungal Biology Reviews*, **23**: 20-29. DOI: http://dx.doi.org/10.1016/j.fbr.2009.08.001.

Robinson, D. N. & Spudich, J. A. (2000). Towards a molecular understanding of cytokinesis. Trends in *Cell Biology*, **10**: 228-237. DOI: http://dx.doi.org/10.1016/S0962-8924(00)01747-5.

Robson, G. D. (1999). Hyphal cell biology. In: *Molecular Fungal Biology* (eds. R. P. Oliver & M. Schweizer), pp. 164-184. Cambridge, UK: Cambridge University Press. ISBN-10: 0521561167, ISBN-13: 9780521561167.

Roy, S. W. & Gilbert, W. (2006). The evolution of spliceosomal introns: patterns, puzzles and progress. *Nature Reviews Genetics*, **7**: 211-221. DOI: http://dx.doi.org/10.1038/nrg1807.

Samson, R. A. & Varga, J. (2008). Aspergillus *in the Genomic Era*. Wageningen, the Netherlands: Wageningen Academic Publishers. ISBN-10: 9086860656, ISBN-13: 9789086860654.

Sánchez-Martínez, C. & Pérez-Martín, J. (2001). Dimorphism in fungal pathogens: *Candida albicans* and *Ustilago maydis* – similar inputs, different outputs. *Current Opinion in Microbiology*, **4**: 214-221. DOI: http://dx.doi.org/10.1016/S1369-5274(00)00191-0.

Saxonov, S., Daizadeh, I., Fedorov, A. & Gilbert, W. (2000). EID: the exon-intron database – an exhaustive database of protein-coding intron-containing genes. *Nucleic Acids Research*, **28**: 185-190. DOI: http://dx.doi.org/10.1093/nar/28.1.185.

Scott, S. V. & Klionsky, D. J. (1998). Delivery of proteins and organelles to the vacuole from the cytoplasm. *Current Opinion in Cell Biology*, **10**: 523-529. DOI: http://dx.doi.org/10.1016/S0955-0674(98)80068-9.

Seo, J.-A., Han, K.-H. & Yu, J.-H. (2005). Multiple roles of a heterotrimeric G-protein g-subunit in governing growth and development of *Aspergillus nidulans*. *Genetics*, **171**: 81-89. DOI: http://dx.doi.org/10.1534/genetics.105.042796.

Shi, C., Kaminskyj, S. Caldwell, S. & Loewen, M. C. (2007). A role for a complex between activated G protein-coupled receptors in yeast cellular mating. *Proceedings of the National Academy of Sciences of the United States of America*, **104**: 5395-5400. DOI: http://dx.doi.org/10.1073/pnas.0608219104.

Steinberg, G. (2000). The cellular roles of molecular motors in fungi. *Trends in Microbiology*, **8**: 162-168. DOI: http://dx.doi.org/10.1016/S0966-842X(00)01720-0.

Steinberg, G. (2007a). Preparing the way: fungal motors in microtubule organization. *Trends in Microbiology*, **15**: 14-21. DOI: http://dx.doi.org/10.1016/j.tim.2006.11.007.

Steinberg, G. (2007b). Hyphal growth: a tale of motors, lipids, and the Spitzenkörper. *Eukaryotic Cell*, **6**: 351-360. DOI: http://dx.doi.org/10.1128/EC.00381-06.

Stoffler, D., Fahrenkrog, B. & Aebi, U. (1999). The nuclear pore complex: from molecular architecture to functional dynamics. *Current Opinion in Cell Biology*, **11**: 391-401. DOI: http://dx.doi.org/10.1016/S0955-0674(99)80055-6.

Sudbery, P. E. (2008). Regulation of polarised growth in fungi. *Fungal Biology Reviews*, **22**: 44-55. DOI: http://dx.doi.org/10.1016/j.fbr.2008.07.001.

Sutherland, J. D. & Witke, W. (1999). Molecular genetic approaches to understanding the actin cytoskeleton. *Current Opinion in Cell Biology*, **11**: 142-151. DOI: http://dx.doi.org/10.1016/S0955-0674(99)80018-0.

Trinci, A. P. J., Wiebe, M. G. & Robson, G. D. (1994). The mycelium as an integrated entity. In: *The Mycota*, vol. 1 (eds. J. G. H. Wessels & F. Meinhardt), pp. 175-193. Berlin, Germany: Springer-Verlag. ISBN-10: 3540577815, ISBN-13: 9783540577812.

Trinci, A. P. J., Wiebe, M. G. & Robson, G. D. (2001). Hyphal growth. In: *Encyclopaedia of Life Sciences*. Chichester, UK: Wiley. DOI: http://dx.doi.org/10.1038/npg.els.0000367.

Virag, A. & Harris, S. D. (2006). The Spitzenkörper: a molecular perspective. *Mycological Research*, **110**: 4-13. DOI: http://dx.doi.org/10.1016/j.mycres.2005.09.005.

Walker, S. K. & Garrill, A. (2006). Actin microfilaments in fungi. *Mycologist*, **20**: 26-31. DOI: http://dx.doi.org/10.1016/j.mycol.2005.11.001.

Warren, G. & Malhotra, V. (1998). The organisation of the Golgi apparatus. *Current Opinion in Cell Biology*, **10**: 493-498. DOI: http://dx.doi.org/10.1016/S0955-0674(98)80064-1.

Waters, M. G. & Pfeffer, S. R. (1999). Membrane tethering in intracellular transport. *Current Opinion in Cell Biology*, **11**: 453-459. DOI: http://dx.doi.org/10.1016/S0955-0674(99)80065-9.

Wessels, J. G. H. (1993). Wall growth, protein excretion and morphogenesis in fungi. *New Phytologist*, **123**: 397-413. DOI: http://dx.doi.org/10.1111/j.1469-8137.1993.tb03751.x.

Wieland, F. & Harter, C. (1999). Mechanisms of vesicle formation: insights from the COP system. *Current Opinion in Cell Biology*, **11**:

440-446. DOI: http://dx.doi.org/10.1016/S0955-0674(99)80063-5.

Wong, G. K.-S., Passey, D. A., Huang, Y. Z., Yang, Z. & Yu1, J. (2000). Is 'junk' DNA mostly intron DNA? *Genome Research*, **10**: 1672-1678. DOI: http://dx.doi.org/10.1101/gr.148900.

Wright, G. D., Arlt, J., Poon, W. C. K. & Read, N. D. (2007). Optical tweezer micromanipulation of filamentous fungi. *Fungal Genetics and Biology*, **44**: 1-13. DOI: http://dx.doi.org/10.1016/j.fgb.2006.07.002.

Xiang, X. & Morris, N. R. (1999). Hyphal tip growth and nuclear migration. *Current Opinion in Microbiology*, **2**: 636-640. DOI: http://dx.doi.org/10.1016/S1369-5274(99)00034-X.

Xiang, X. & Plamann, M. (2003). Cytoskeleton and motor proteins in filamentous fungi. *Current Opinion in Microbiology*, **6**: 628-633. DOI: http://dx.doi.org/10.1016/j.mib.2003.10.009.

Zhuang, X., Tlalka, M., Davies, D. S., Allaway, W. G., Watkinson, S. C. & Ashford, A. E. (2009). Spitzenkörper, vacuoles, ring-like structures, and mitochondria of *Phanerochaete velutina* hyphal tips visualized with carboxy-DFFDA, CMAC and $DiOC_6(3)$. *Mycological Research*, **113**: 417-431. DOI: http://dx.doi.org/10.1016/j.mycres.2008.11.014.

Section 06
Structure and synthesis of fungal cell walls

第6章
菌類細胞壁の構造と合成

　菌類の細胞壁の機能は広範囲にわたり，当然のことながら，精巧な細胞小器官として捉えられて然るべきである．

　本章では，菌類の細胞壁を，機能する細胞小器官として捉え，しかる後に壁の構造，機能および構成の基本的側面について考察する．本章では，主成分のキチン，グルカンおよび糖タンパク質の各々について詳細に記述する．壁の合成と再構成についても述べる．しかし，読者は，壁の合成と再構成に含まれているいくつかのメカニズム（5.15節で論議した）や，菌類の細胞壁の動的な性質についてもまた，菌糸と胞子の分化（9.3節），菌糸の分枝（4.11節），隔壁形成（4.12節と5.17節）および菌糸の融合（5.16節）などについて論議する際に，触れられていることにすでに気付いていると思う．

　本章の最後の2つの節では，しばしば看過されがちな次の2つの側面について考察する．1つは，壁の外側で起こることがらであり，これについては，「壁から遠く離れた側で」と題した節で熟考する．そしてもう1つは，臨床の場において治療の標的となっている菌類の細胞壁について簡潔に述べる（壁を標的とする抗真菌薬については，第18章で詳細に扱う）．

6.1 機能する細胞小器官としての菌類細胞壁

菌類の細胞壁は，重要な系統学的，分類学的形質であるが，一般に，次の4つの主要な機能を有する動的な細胞小器官である．

- 細胞形態の維持：細胞壁が形態を維持することにより，壁は菌糸や，酵母細胞および胞子のような他の菌類細胞の形態を決定する．人目を引く高等菌類の多細胞の子実体は，細胞壁がいかに形態形成に貢献しているかを示す顕著な例である．
- 内部浸透条件の安定化：細胞壁は頑丈かつしなやかであり，細胞の形を維持し，過剰の水の流入を止める逆向きの圧力をうみ出すがゆえに，内部浸透条件を安定化している．
- 物理的ストレスに対する防護：細胞壁は保護被膜として機能する．壁は，機械的強度と高度の伸縮性をあわせもつので，物理的ストレスを伝達し再配分することができる．その結果，機械的なダメージを効果的に防御し，さらに，菌糸が成長する際に基層の中に積極的に進出できるようになる（Money, 2004, 2008）．
- タンパク質の足場（a scaffold for proteins）：壁の機械的強度のほとんどは，ストレスを帯びた多糖類に由来する．同時に，壁中の多糖類は，糖タンパク質からなる外層が結合する足場としても機能する．糖タンパク質は，壁の内側あるいは外側に向かう浸透性を制限するはたらきがある．そのはたらきにより，細胞壁と細胞膜によって囲まれた，菌類の制御下にある微環境がつくり出される．おそらく，糖タンパク質の炭水化物側鎖の負に荷電したリン酸基は，水分保持に役立つだろう．さらに，細胞壁の外層中のタンパク質は，交配相手，基層，基質および宿主などを認識し，さらに，これらのいずれか，あるいはすべてに接着し，捕捉することを可能にしている．

細胞壁の構築は，厳密に制御されている．細胞壁は，菌類が新たな環境あるいは宿主になる可能性のある生物にいどむ場合，細胞の中で最初にそれらに接する部分である．それゆえ，環境がいかなる要求を課そうとも，あるいは宿主がいかなる防御的阻害物質を生産しようとも，最初に洗礼を受ける部分でもある．細胞壁は，環境ストレス，植物や動物の通常の防御システムおよび臨床的薬剤などの標的になる．したがって，壁の多糖類組成，構造および厚さなどはすべて環境条件に応じて変化し，細胞周期や発育と整合性が図られている（Bowman & Free, 2006; Klis *et al.*, 2006; Lesage & Bussey, 2006; Latgé, 2007）．

いかなるものであれ細胞壁構造の崩壊は，菌類細胞の成長や形態にきわめて大きな影響を及ぼし，ついには細胞は溶解しやすく，死にやすくなる．以下に述べるように，構造中に特異的な成分をもつことと，細胞壁が菌類の生活の中できわめて重要な役割を果たしていることのために，菌類の細胞壁は，潜在的にすぐれた**抗真菌薬の標的**（target for antifungal agents）である．細胞壁の形成と再構成は，菌類細胞中のいくつかの生合成経路と，数百の遺伝子の産物の複合作用によって行われる．細胞壁組成は菌類種間で異なるが，われわれが菌類の細胞壁について述べることができる知見のほとんどは，子嚢菌門の出芽酵母（*Saccharomyces cerevisiae*），分裂酵母（*Schizosaccharomyces pombe*），*Candida albicans*，*Aspergillus fumigatus* およびアカパンカビ（*Neurospora crassa*）などのモデル菌類系統を用いて得られた，詳細な分子的，遺伝子的およびプロテオミクス[訳注1]的分析からもたらされたものである．本書では，可能であれば他の菌類グループについて得られた情報にも触れようと思うが，読者諸氏は，紹介する説がいまだに不完全であるということに気づかれるであろう．

菌類の細胞壁は，構造的に，ほとんどが菌類に特異的な**多糖類，糖タンパク質およびタンパク質からなる三次元のネットワーク**（three-dimensional network of polysaccharides, glycoproteins and proteins）である．典型的な細胞壁は，むしろゲル状のマトリックス中に埋め込まれ，高度の引張り強さをもつ**繊維状の多糖類**（fibrillar polysaccharides）を含んでいる．ゲル状のマトリックスは，多様な多糖類，糖タンパク質およびタンパク質からなり，脂質，色素，無機イオンおよび塩類などさまざまの微量成分も含んでいる．

壁中の繊維状の物質は，おもな構造要素を構成し，ほとんど活性がない．しかし，他の物質の組成は，時間や部位により変化して，次のような役割を果たす．

- 栄養素の予備として
- 輸送や移動において
- 非透過性の基質の代謝のため

訳注1：ある生物あるいは細胞が産生するタンパク質全体について，系統的に研究すること．

- 外部との連絡や相互作用のため
- 外部からの攻撃に対する防御のため

6.2 細胞壁の構造と機能の基本

タンパク質が，壁物質の20％以上を占めることはほとんどない．そのほとんどは，糖タンパク質である．ある種のタンパク質は，壁の構成に関わっているが，ほとんどのタンパク質は，上述した他の多くの役割を遂行している．外表面あるいは外表面に接して存在するタンパク質は，壁の表面の性質を決定する．すなわち，**疎水的**（hydrophobic）であるのか**親水的**（hydrophilic）であるのか（たとえば，濡らすことができるのかできないのか），**粘着性**（adhesive）があるのか否か，あるいは**抗原性**（antigenic）があるのか否か，などの性質である．菌類細胞壁に見い出される低濃度の脂質やろうは，通常水の動きを制御すること，特に乾燥を防ぐことに役立っている．

壁の約80％は多糖類からなる．**キチン**（chitin）は，菌糸の細胞壁の主要な成分であり，壁の構造的な完全性にとって，まちがいなく最も重要な物質である．キチンは，$\beta 1,4$結合で長く連なった*N*-アセチルグルコサミンポリマー（polymer of *N*-acetylgluosamine）である（図6.1）．キチンの化学については，第5章で述べた（p.140，5.14節参照）．壁の再構成に関係のあるキチンの分解については，第10章で詳しく検討する（p.249，10.5節参照）．

アカパンカビ（*Neurospora*）属や*Aspergillus*属のような糸状菌類の細胞壁は，乾重ベースで10～20％のキチンを含んでいるが，酵母の細胞壁はわずかに1～2％を含むにすぎない［酵母のキチンはおもに出芽痕に見い出され，ごくわずか（約2％）が側壁に含まれている］．しかし，いずれのタイプの菌類細胞においても，キチン分子は，ポリマー間の頭-尾付加「結晶化」により直径が約10 nmのミクロフィブリルを形成する．これらの結晶ポリマーは，自発的水素結合によって互いに保持されており，ミクロフィブリルは，壁に主要な**構造的一体性**（structural integrity）を付与するのに十分な引っ張り強さをもっている．

キチンは，直鎖のホモポリマーであるが，しばしば他の壁成分，とりわけグルカン［glucan；グルコースのポリマー（polymer of glucose）］やマンナン［mannan；マンノースのポリマー（polymer of mannose）］多糖類に架橋している．ほとんどすべての菌類において，細胞壁の大部分を占める主要な成分は，**分岐した$\beta 1,3$-グルカン**（branched $\beta 1,3$-glucan）であり，$\beta 1,3$-グルカンは，$\beta 1,4$結合でキチンに結合している．*Saccharomyces cerevisiae*と*Aspergillus fumigatus*において，グルカン鎖間の$\beta 1,6$グルコシド結合（分岐したグルカン中の分岐点）は，全グルカン結合のそれぞれ3％と4％を占めている．これら2種の菌類のみが十分詳細に研究され，グルカン分岐の程度が明らかになっている（Latgé, 2007）．$\beta 1,3$-グルカンは，膜に結合しGTPによって反応が促進される$\beta 1,3$-グルカン合成酵素（$\beta 1,3$-glucan synthase）によって合成される．また壁は，グルコガラクトマンナン（gulcogalactomannans）のような複雑な多糖類を含む場合もある．

酵母の細胞壁は，グルカンよりもおもにマンナンからできている．それゆえ，壁には共通の構造様式があるものの，特定の分類群を識別できる一貫した化学組成の全体的な差異も認められる．したがって，壁が分類学にどのように貢献できるのかについて，次のような検討が始まっている．

- 伝統的に接合菌門として知られるグループの細胞壁は，より繊維状のポリマーの中にキチンとキトサン（キチンの*N*-アセチル基を除去することによりつくられるグルコサミンのポリマー）を，またポリグルクロン酸（polyglucoronic acid）を，さらに水可溶性のゲル状のポリマーの中に，グルクロノマンノプロテイン（glucuronomannoproteins）を含んでいる．
- 子嚢菌門と担子菌門は，いずれもキチンと，繊維状の$\beta 1,3$，$\beta 1,6$結合のグルカンを含んでいるが，詳細では次のような差異がある．
  - 子嚢菌門は，ゲル様の$\alpha 1,3$-グルカンとガラクトマンノプロテイン（galactomannoproteins）を含むことを特徴とする．
  - 担子菌門においては，$\alpha 1,3$-グルカンとともにキシロマンノプロテイン（xylomannoproteins）が見い出される（Gooday, 1995a; Bowman & Free, 2006）．

分類学における壁の重要性は，界レベルにまで及ぶ．植物と菌類の細胞は，前者の細胞壁が主要な構造要素としてセルロースを，後者の壁がキチンを含んでいるので，お互いを識別することができる（図6.1をp.248の図10.1と比較せよ）．それだけではなく，クロミスタ界（Kingdom Chromista）の真菌様生物［fungus-like；エキビョウキン（*Phytophthora*）属やフハイカビ（*Pythium*）属のような卵菌門］は，その菌糸の細胞壁に$\beta 1,3$，$\beta 1,6$結合のグルカンとともに，キチンの代わりに直

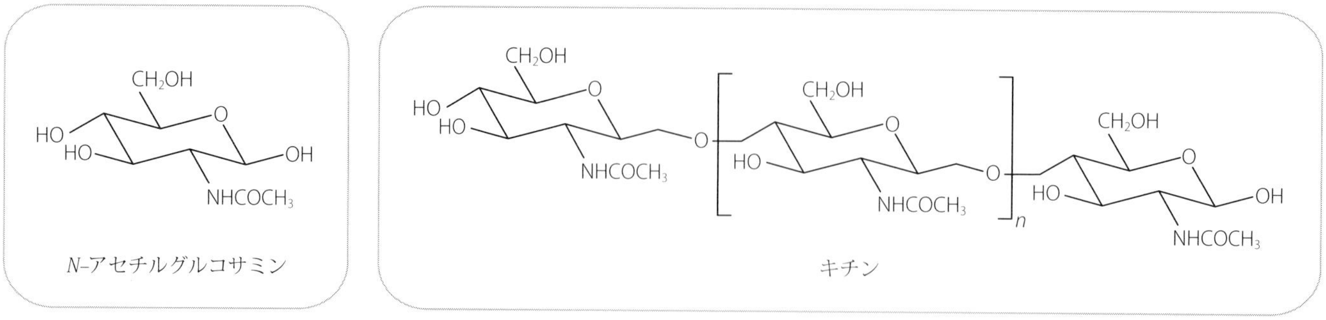

図6.1 N-アセチルグルコサミンとキチンの共有結合構造（図10.2も参照）．キチンは，N-アセチルグルコサミンがキチン合成酵素によって直鎖状に連結された，ホモポリマーである．自然起源のキチンは数百万の分子量を有するが，キチンポリマーは抽出処理によって分解され，商業的標品の分子量は350,000～650,000の間にある．

径約12 nmのセルロースのミクロフィブリルを含んでいる．分類学的に近接したグループの分類については，Calonje et al.（1955）は，栽培マッシュルーム（Agaricus bisporus）の4商業株の壁全体の化学組成が，有意に異なることを見い出した．検出された差異は，壁の全体的な組成と多糖類の構造に見られる．このような変種間の差異に直面すると，われわれは，壁の構造の差異に分類学的な意味をもたせることに慎重でなければならないことに気づく．

最近のレビュー（Lesage & Bussey, 2006）が指摘しているもう1つの要点は，「細胞壁」という用語が菌類や植物の**細胞外マトリックス**（extracellular matrices）に対しても用いられていることである．しかしながら，細胞外マトリックスは，後生動物，菌類および植物という3つの界すべてに存在する．細胞外マトリックスの構成は分類グループ間でまったく異なるが，すべての真核細胞の細胞外マトリックスは，生物界に共通する細胞骨格のはたらきによって形成される．細胞骨格が，高度に保存された分泌および組立て装置を，細胞膜に，膜の中に，および膜を貫いて適切に配置するのである．

その結果，観察された進化的多様性は，細胞外マトリックスそれ自身の組成および構造の中にのみ存在するように思われる．とはいいながら，この結論はそれ自身，細胞外マトリックスの形成に関わる，基礎となる細胞骨格および分泌の機構には，何らかの特殊化が存在するということを意味しているが…（たとえば，植物細胞のマトリックスはセルロースの合成と組立てに，菌類細胞はキチンの合成と組立てに，動物細胞は糖タンパク質の修飾に特殊化している，などのように）．さらにこの観点に基づくと，細胞壁は物理的封じ込めに特殊化した細胞外マトリックスであり，「菌類や植物は，この細胞外マトリックスを利用して，換言すると細胞を**静水圧ブロック**（hydrostatic bricks）として用いることにより，構造を形成しているのである…」（Lesage & Bussey, 2006）．

菌類の形は，細胞壁によって決められる．細胞壁は，細胞を囲み，浸透圧や物理的ストレスから細胞を保護している．細胞壁についての伝統的な見方は，堅い構造であり，その機能は本来，膨圧に抗することにあるというものである．この伝統的な見方は時間とともに変化し，現在では，細胞構造を，成長，発育および環境ストレスなどさまざまな条件に適応可能なよりダイナミックなものであると見る．ダイナミックな壁構造は，細胞膜と**ペリプラズム空間**（periplasmic space；細胞膜と壁の間の細胞外空間）とともに，細胞内外への物質の流れに影響を与え，流れを制御する．「静水ブロック」という言葉は，植物細胞については十分な記述であるかもしれないが，しかし菌類の隔壁については不十分である（5.17節参照）．各々の菌糸は，加圧された閉鎖水圧システムの一部である．水は，半透性の細胞膜の内外での水分活性の差異によって，浸透的に細胞内に流入する．その結果，細胞質の容積が増加すると，細胞膜の外側の壁の機械的な強度による壁圧が，容積の増加を和らげるようにはたらく．これらの2つの力の間の差が膨圧であり，菌糸を膨張した状態に維持する「膨張圧」をもたらす．閉鎖容器内では，壁の全内面で圧は一定である．この事実は，容器の形がどのようなものであれ当てはまる．菌類の菌糸体は，穴の開いた隔壁によって分割された閉鎖容器である．それゆえ，その形にかかわらず壁圧は菌糸体を通じて均一である．

内圧を局所的に変更できる唯一の方法は，完全な（すなわち穴の開いていない）隔壁を造るか，隔壁孔を塞いで既存の菌糸体の一部を囲い込むことである．このようにすることにより，元からある菌糸体に，異なった内圧をもつ第2番目の「圧力容器」［それは胞子，吸器（haustorium），付着器（appresorium）や他の特殊化した構造などであったりするが］が造り出される．与圧された菌糸体あるいは菌糸体の一区画は，壁の機

械的な強度が全内面のいずれの部位においても内圧に耐えられる限りは，健全であり続けることができる．

　菌糸についていえば，壁の機械的強度が膨圧による力に等しいかそれより大きい場合は，菌糸は健全であり続けるだろう．しかしながら，もし膨圧が，壁のいかなる部位においても破断ひずみを超えると，そのときには壁は破裂し（多分局部的には爆発的に），細胞は死ぬだろう．この事実は，われわれが菌糸の先端成長を理解しようと思うときに直面する，次のような問題を提起する．すなわち，菌糸先端が不断に伸長するためには，新しい壁物質が先端の壁の間に挿入される必要があり，そのためには，壁の構造が弱められなければならないからである．さらに，壁は，菌糸先端が破裂することなく，弱められなければならないのである（菌糸の先端成長に関する 5.15 節の論議を参照されたい）．

　Rosenberger（1976）は，**菌類細胞壁の 2 相システム**［two-phase system of fungal walls；非晶質のゲル状の**マトリックス**（matrix）中に埋め込まれた結晶ミクロフィブリル（microfibrils）］と，**人造建築複合材料**（building composites）の 2 相システムを，次のように比較している．

> 菌類の細胞壁は，繊維のネットワークを含んでおり，ネットワークの間隙は，マトリックスポリマーで満たされている．この点で，ガラス繊維強化プラスチック（GRP）やガラス繊維強化コンクリート（GRC）などの，人造複合材料と似ている（Rosenberger, 1976）．

　この相似性は，完全に似ていなくても有用である．両システムともその重量の割には非常に強い．この性質は，細胞壁が原形質の膨圧に耐えるためには重要である．しかし，民間の技術者は**なぜ**この種の建築複合材料を使用するのだろうかと問うことにより，この相似性が，菌類細胞壁成分の機能を理解する上でいかに有用かということを最もよく理解できるだろう．これらの建築材料においては，**マトリックス**（matrix；ガラス繊維強化プラスチックにおけるプラスチックや，強化コンクリートにおけるセメント＋砂利）は**圧縮**（compression）強度を付与し，強化繊維（fibres；ガラス繊維強化プラスチックにおけるガラス繊維や，コンクリートにおける鉄筋）は，曲げの際に生じる引っ張り（引き延ばす）や剪断（shear；表面に平行にはたらく力）に対する強度を向上させる．この相似た構造を菌類の細胞壁に当てはめて考えてみる．菌類の「工学技術」によって，キチンのミクロフィブリル（細胞膜に最も近い部位の細胞壁層に濃縮されている）と，それと結合した，高度に架橋結合したグリカンとポリペプチドからなる複合構造が造り出されたということが見えてくる．この複合構造は，圧縮，曲げおよび膨張などの力による損傷に抗する，全体としての強さをもたらす．

　この文明時代の工学技術に見られる相似構造は，菌類組織（第 12 章参照）にまで拡張して考えることができる．菌類の細胞壁に関しても，おそらく繊維の太さ，長さ，方向性を変えることにより，人造複合構造におけるように，形や機械的性質を変えることができるであろう．このような繊維の太さなどの変更は，菌類細胞壁の硬化や菌糸の分化として観察することのできる現象をもたらす．

　真菌類の菌糸の膨圧は，菌糸先端を前進させ，新たに合成された可塑的な壁を変形させて先端の形を整えることにより，先端伸長が進行するように制御されている（Wessels, 1993; Bartnicki-Garcia *et al.*, 2000；および 5.15 節参照）．壁の機械的強度のほとんどは，キチンによってただちに付与される．もしキチン合成が妨害されるか，キチンが酵素を用いて実験的に除去されると，壁は完全に崩壊し，菌類細胞は浸透的に不安定になる．ワタカビ属の *Achlya bisexualis* やミズカビ属の *Saprolegnia ferax* のような卵菌門のメンバーは，膨圧なしで成長することが確認されている（Money & Harold, 1992, 1993）．それゆえここでは，膨圧による成長が見られるのは，「真菌類において」のみであるということを強調しておく．さらにこの事実は，菌類界とクロミスタ界に見られる表面的に類似の糸状の成長形が，非常に異なったメカニズムに基づいているということを示しており，2 つの界を区別するもう 1 つの差異である．

　壁の構造についての上の記述は，非常に一般化し，端折ったものである．そのように記述した目的は，構造をことさら詳細に図解するのではなく，現時点でわかっている菌類の細胞壁について，その**概念**を示したかったからである．次に，上の記述に，若干詳細につけ加える．現時点で概念はこうである．

- 壁の主要な構造物質は多糖類であり，そのほとんどがグルカンである．また，糸状菌類において形を決定しているのはキチンである．
- 種々の多糖類成分は，水素結合や共有結合によって互いに結合している．
- さまざまのタンパク質や糖タンパク質が，壁の機能に関わっている．これらのあるものは構造に関わり，あるものは酵素であり，さらにあるものは壁の外表面の生物学的および生物

物理学的特性を変化させる．
- タンパク質は，細胞膜中に固定され，あるいは共有結合で細胞壁多糖類と結合し，さらにはゆるやかに壁と関わっている．
- 細胞壁は，変化する動的な構造であるが，変化の様式には次のような差異がある．
  - 成熟とともに変化する．
  - 菌糸の分化の一部として変化する．
  - 物理的・生理的条件の変化に反応して，短期間変化する．

最後に，当然のことながら壁は細胞外にあり，すなわち機能的に分化した細胞外マトリックスであり，その全体構造は，細胞膜の外側に存在するということを想起してほしい．それゆえ，壁構造に付加される物質はすべて，壁が再構築される前に膜を通して外部に輸送されなければならない．また，壁成分をつなぎ合わせる酵素反応は，細胞外で分泌酵素によって行われる．

6.3 細胞壁構造の基本

糸状菌類と酵母のいずれにおいても，電子顕微鏡で観察すると，細胞壁構造（architecture）は層状構造（layered structure）をしていることがわかる．内側の最も電子密度の高い層は，おもにキチンとグルカンからなり，その外側は糖タンパク質と，糸状菌の場合はグルカン，酵母の場合はマンナンからなる層におおわれている（図6.2）．糖タンパク質，グルカンおよびキチンは，広範に架橋結合し，細胞壁の構造的基盤となる複雑な三次元ネットワーク（three-dimensional network）を造り出している．糖タンパク質のあるものは，水素結合によって細胞に結合している．また，ある糖タンパク質は，ジスルフィド結合により細胞壁に共有結合している．さらに，他の糖タンパク質は，細胞壁中のグルカンに共有結合している．

細胞壁中のグルカンに結合した糖タンパク質には，2つのクラスが知られている．

- 「内部繰り返しをもつタンパク質（protein with internal repeats，PIR）」クラス．
- グリコシルホスファチジルイノシトール（glycosylphosphatidylinositol，GPI）結合クラス，その修飾されたGPIアンカーによって細胞膜につなぎ留められている．

GPIアンカーと菌類細胞壁との結合については，5.13節の最後の2つの段落で述べた．

6.4 キチン成分

キチン合成の任を負っているのは，**キチン合成酵素**（chitin synthase，CHS）である．キチン合成酵素は，複合膜酵素であり，ウリジン二リン酸（UDP）-*N*-アセチルグルコサミンから，伸長中のキチン鎖への *N*-アセチルグルコサミンの転移を触媒する（5.14節で簡潔に述べた）．ほとんどの菌類は，数個のキチン合成酵素遺伝子をもっている．遺伝子の数は，分裂酵母（*Schizosaccharomyces pombe*）の1個から，*Aspergillus fumigatus* などのような糸状菌類の10個まで幅がある．この事実は，遺伝子の機能が重複および/または特殊化していることを示唆する．

キチン合成酵素の同義遺伝子（multiple genes）は，おもに予測されたタンパク質の一次配列の類似性に基づいて，2つのファミリーと7つのクラスにグループ分けされてきた（Roncero, 2002）．ファミリーⅠ（あるいはデビジョンⅠ）は，出芽酵母（*Saccharomyces cerevisiae*）の ScCHS1/2 遺伝子と *Candida albicans* の CaCHS1/2 遺伝子を含んでおり，Ⅰ，ⅡおよびⅢの3つのクラスに細分されている．これらの酵素はすべて，共通に親水性アミノ末端領域と疎水性カルボキシル末端領域に囲まれた触媒ドメインをもっている．ファミリー（デビジョン）Ⅱには，酵母と糸状菌類に存在するクラスⅣと，糸状菌類にのみ存在するクラスⅤが含まれる．クラスⅤは，約1,500個のアミノ酸からなり，そのアミノ末端領域に，ミオシン-モーター様ドメインをもつタンパク質の情報を含んでいる．このアミノ末端領域は，アクチン細胞骨格と直接相互作用することが示されている（Takeshita et al., 2005）．また，ヒトに病原性のある菌類（*Coccidioides posadasii* と *Paracoccidioides brasiliensis*）（Mandel et al., 2006）と植物病原菌類（*Colletotrichum graminicola*）（Werner et al., 2007）から，モータードメイン（motor domains）を含むクラスⅥとⅦの塩基配列が報告されている．

さまざまの**キチン合成酵素アイソザイム**（chitin synthase isozymes）が，次のような，さまざまの時期と部位ではたらく，多様な特異的機能と関係のあることが明らかになっている．それらの機能は，コウジカビ（*Aspergillus*）属の隔壁と胞子の形成（Ichinomiya et al., 2005），*Colletotrichum* の付着器の形成（Werner et al., 2007）および *Cryptococcus* におけるキ

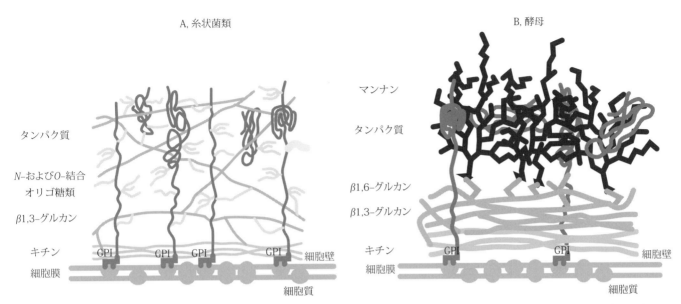

図6.2　菌類の細胞壁構造の図解．A，糸状菌類の菌糸の細胞壁．キチン（青色で示した）のほとんどは，細胞膜の近くに存在し，プロトプラスト（原形質体）の膨圧に抗していると考えられている．β1,3-グルカン（緑色）は，壁全体にわたって延びている．タンパク質（紫色），グルカンおよびキチンの成分は，N-結合およびO-結合オリゴ糖（黄色）とともに，相互に架橋結合を形成して壁に統合されている．糖タンパク質の多くは，自身を細胞膜につなぎ留めるGPIアンカーをもっており，他の糖タンパク質は，壁マトリクス中に埋め込まれている［Bowman & Free（2006）を改変］．
B，Candida albicans の細胞壁構造の概念図．マンナン（黒色）が酵母細胞壁の外側の領域を占め，β1,6-グルカン（オレンジ色）が，各成分と架橋結合していることに注目せよ．同時に液体培養では，壁の表面の高分子（ポリペプチドと多糖類）が親水性であり，液体培地に溶解しうるので，周囲の液体培地と「混じり合う」ことにも注目せよ．一方，気中菌糸の壁の表面は，ポリフェノールの沈積および/またはハイドロフォビン（hydrophobin）のようなタンパク質層の集合により，化学的に修飾されることがある（6.8節参照）［Odds et al.（2003）を改変］．カラー版は，口絵27頁を参照せよ．

訳注A：界面活性能を有する疎水性タンパク質のこと．

チン脱アセチル化酵素との複合体形成によるキトサンの産生（Banks et al., 2005），あるいは壁の修復あるいはストレスへの反応（Bowman & Free, 2006）などである．ある種のキチン合成酵素遺伝子は，いくつかの菌類種において，遺伝子の欠失変異体が非病原性であることから，病原性に必須であることさえ示されている．欠失変異体が非病原性であるという事実は，菌類の感染過程において，細胞壁の完全さが決定的に重要であるということを確信させてくれる（Werner et al., 2007; Martín-Urdíoz et al., 2008）．

しかし，キチン合成酵素の最も基本的な機能は，菌糸の伸長成長である．壁が活発に成長している領域において，これらの酵素タンパク質が細胞内でどのように局在し，その作用部位にどのように輸送されるのかということについて，解明され始めている．第5章で述べたように，隔壁を有する糸状菌類の菌糸は，先端小体（Spitzenkörper）というユニークな細胞小器官をもっている．この小器官は，成長しつつある先端に，小胞，リボソームおよび細胞骨格要素が集積したものである（5.10節の図5.6参照）．また，菌類細胞が，明確な2タイプの分泌小胞をもつことが明らかにされている．その1つはマクロ小胞（macrovesicles）であり，真核細胞の一般的な分泌小胞であり，細胞壁マトリックスの成分のグルカン，細胞外酵素および糖タンパク質を輸送している．マクロ小胞はもう1つのミクロ小胞（microvesicles）の大きな集団を伴っており，ミクロ小胞はキチン合成酵素を運んでいる．ミクロ小胞は，キトソーム（chitosomes）とよばれる．これらの小胞は，試験管中でキチンミクロフィブリルを形成する能力を有する最小の単位である．キトソームは，菌糸先端や隔壁が形成されつつある部位の細胞膜に，キチン合成酵素を輸送していると考えられている（Bartnicki-García, 2006）．活発に成長している栄養菌糸中の菌糸先端や隔壁形成部位には，キチン合成酵素が高度に局在化している．

Riquelme et al.（2007）とRiquelme & Bartnicki-García（2008）は，アカパンカビ（Neurospora crassa）のキチン合成酵素を緑色蛍光タンパク質で標識し，同時に生きている菌糸の高分解能共焦点レーザー走査型顕微鏡による観察を併用して，成長中の菌糸におけるキチン合成酵素の輸送について研究した．彼らは，菌糸先端では蛍光標識が単一の明瞭なかたまり（先端小体）として局在していること，一方先端から40 μm

以上離れた部位では，キチン合成酵素の蛍光は，ほとんどは不規則な管状だがあるものは球形の，**内膜系コンパートメント**（endomembrane compartments）のネットワーク中に存在することを明らかにした．先端から20～40 μmの部位では，蛍光は小滴として存在し，それらは先端に移動するのにつれて崩壊して小胞になり，ついには先端小体に組み込まれる．これらの生体内での観察により，先端小体の蛍光は，「準先端に存在する前進しつつある微小小胞（キトソーム）の一群に由来する」ということが，明確に示唆された（Riquelme et al., 2007）．

同時に，キトソームの輸送は，ゴルジ・ディクチオソームにおけるタンパク質輸送の特異的阻害剤として知られる，ブレフェルジンA（brefeldin A）によっては妨げられないということが明らかにされた．この実験結果から，標識キチン合成酵素の蛍光は，小胞体（ER）とは関係がないということがわかる．これらの観察結果は，キチン合成酵素タンパク質が，古典的な小胞体-ゴルジ装置経路とは異なる分泌経路により細胞表面に配達されている，というアイデアを支持するものである．自身のミオシン・モーターを備えたキチン合成酵素タンパク質とアクチン細胞骨格との間の直接の相互作用が発見されたこともまた，このような説明を支持するものである．

一たびその作用部位に配送されると，キチン合成酵素は，**内在性膜結合型酵素**［integral membrane-bound enzyme；**膜貫通型タンパク質**（transmembrane protein）］となる．酵素タンパク質は，細胞膜を横断して延びており，膜の内面で細胞質から基質のモノマーを受け取り，合成に伴って，伸長しているキチン鎖を細胞膜を通して外側に押し出す．新たに形成されたキチンポリマーは水素結合で結びつけられ，キチンミクロフィブリルが形成される．引き続いて，細胞膜に隣接する細胞外空間において，キチンの結晶化が起こる．このキチン合成プロセスは，基本的に活発に成長している部位，および細胞壁が造り替えられている部位で進行している（Gooday, 1995b）．通常菌糸が先端で成長しているときには，新たに合成されたキチンは，菌糸先端でのみ取り込まれる．しかし，不活性キチン合成酵素が細胞膜に広く分布していることを示す証拠がある．1つの証拠は，Aspergillus nidulans のタンパク質合成を阻害すると，菌糸全体で均一にキチンが合成されるという研究結果である［たとえば，Gooday（1995b）参照］．この結果は，すでに膜の適所に存在するキチン合成酵素を不活性な状態に維持するためには，タンパク質合成が持続されている必要があるということを意味する．**不活性キチン合成酵素**（inactivated chitin synthase）タンパク質は，成熟した菌糸の細胞膜の固有の成分であり，酵素は，菌糸先端および分枝や隔壁形成が始まっている部位で，なんらの方法で特異的に活性化される．

酵母の細胞壁の主要な構成要素は，繊維状のβグルカンの内層であるが，キチンは，酵母の細胞壁の特別な部位で重要な要素である．Saccharomyces cerevisiae では，キチンはほとんど隔壁に濃縮されている．この酵母は，Chs1, Chs2 および Chs3 の3つのキチン合成酵素をもっている．Chs3 は，クラスIVのキチン合成酵素であり，出芽する芽の基部におけるキチンリング形成と，栄養成長中の細胞側壁のキチン合成に必要である．Chs3 は，細胞膜とキトソーム中に見い出され，その正確な分布には，いくつかの他のタンパク質のはたらきが必要である．Chs3 キチン合成酵素は，酵母細胞中に含まれる全キチンのおよそ80～90％の生成に関わっている．Chs2 は，クラスII酵素であり，一次隔壁のキチンを合成する．Chs2 の出現は，細胞周期に依存している．Chs2 は，有糸分裂の後期に現れ，隔壁が形成される部位に局在し，隔壁が形成されると，その直後に分解される．Chs1 は，クラスI の酵素であり，娘細胞が母細胞から分離した後に，娘細胞の弱くなった細胞壁を修復する．娘細胞の分離は，一次隔壁を消化するキチナーゼによって行われる．Chs1 キチン合成酵素は，細胞質分裂の間に失われたキチンポリマーを補充しつつ，壁を修復する．Chs1 は，細胞周期を通じて一定量存在しており，細胞膜とキトソームに存在している．これらの3つのキチン合成酵素の情報をコード化している，すべての遺伝子の同時欠失は，細胞にとり致死的である．このような事実は，キチンがたとえマイナーな成分であっても，Saccharomyces cerevisiae の細胞壁の不可欠の構成要素であることを示す（Bowman & Free, 2006; Lesage & Bussey, 2006）．

6.5　グルカン成分

壁のキチンは，細胞壁にとってきわめて重要な機械的強度を付与している．一方グルカンは，菌類の細胞壁の乾燥重量の50～60％を占めている．細胞壁中のグルカンの65～90％は，β1,3-グルカンである．種々の菌類の細胞壁から，グルコース残基間に他の化学結合をもつグルカンが見い出されている．これらのグルカンには，β1,6- が混在するβ1,3-グルカン主鎖と，β1,4-，α1,3- およびα1,4-結合グルカン支鎖などがある．しかしながら，β1,3-グルカンは，**主要な構造成分**（main structural element）としてはたらき，β1,3-グルカンには，

他の細胞壁成分が共有結合で結合している．結果として，菌類の細胞壁形成と正常な発育のためには，β1,3-グルカンの合成が必要である（Latgé et al., 2005; Bowman & Free, 2006; Lesage & Bussey, 2006）．

キチンと同様に，グルカンポリマーは，**細胞膜中の多サブユニット酵素複合体**（enzyme complexes in the plasma membrane）によって方向性をもって合成され，合成されたポリマーは細胞外空間に押し出される．直鎖状ポリマーは，酵素複合体の**β1,3-グルカン合成酵素**（β1,3-glucan synthase）によって合成される（Douglas, 2001; Latgé et al., 2005）．産生された多糖類ポリマーのグルコース残基数は，1,500の長さにまでなる．多糖類ポリマーは，重合度が増すにつれて**不溶性**になる．一方，酵素は，できたばかりのグルカンポリマーに結合したままの状態で存在する．合成には方向性があり，新しく生成したグルカン鎖は，細胞膜に近接する**細胞外**（periplasmic，ペリプラズム）空間に押し出される．新生グルカン鎖このような動きにより，活発に細胞壁が合成されている部位でのグルカン鎖の細胞壁への統合が促進される．グルカン合成酵素複合体は，キチン合成酵素と同じように，おもに活発な伸長成長，出芽，分枝あるいは隔壁形成が行われている領域に局在している．全1,500グルコース残基からなるグルカンポリマーの，およそ40～50残基ごとのグルコースの6位の炭素に，β1,3-グルカンがβ1,6-結合で付加的に結合する．このようにして，側鎖を有する成熟した壁グルカン構造が生成される．

酵母の Saccharomyces cerevisiae，Schizosaccharomyces pombe，Candida albicans，糸状の子嚢菌門のアカパンカビ（Neurospora crassa），Aspergillus nidulans，A. fumigatus，病原性担子菌類の Cryptococcus neoformans，さらには卵菌類のエキビョウキン（Phytophthora）属などを含む，かなり広範囲の菌類種のβ1,3-グルカン合成酵素が研究されている．これらの酵素はすべて，UDP-グルコースを基質として用い，直鎖多糖類を産生する膜結合複合体である．反応は，UDP-グルコース分子各々が加水分解されるごとに，ポリマー鎖に1分子のグルコースが付加されるという意味で前進的である．

2個の触媒サブユニットと1個の調節タンパク質からなるβ1,3-グルカン合成酵素タンパク質の情報を含む遺伝子が，Saccharomyces cerevisiae で最初に同定された．Saccharomyces cerevisiae の触媒サブユニットタンパク質の情報は，遺伝子 FKS1 と FKS2 に含まれており，そのいずれの遺伝子も通常の壁の形成に不可欠である．FKS1 あるいは FKS2 のいずれか一方の触媒サブユニット遺伝子を破壊すると，成長速度が遅いか，細胞壁に欠陥のある変異体が生じる．2個の遺伝子が同時に欠失すると死に至る．明らかに2個の触媒サブユニットタンパク質は重複する機能を有するが，酵母の生き残りには両者の活性が必要であり，β1,3-グルカンが不可欠である．調節タンパク質は，Rho 1 とよばれる GTPase 活性をもつサブユニットである．このタンパク質もまた生き残りに不可欠である．FKS と RHO 1 遺伝子は，他の菌類では高度に保存されている．Aspergillus fumigatus とアカパンカビのゲノムは，各々1個の触媒サブユニット遺伝子と，1個の GTPase 調節サブユニットの情報を含む遺伝子をもっている．両遺伝子が，細胞の生存能力に必要である（Latgé et al., 2005）．

6.6　糖タンパク質成分

壁の中では，分岐したグルカンが，相互におよびキチンと架橋結合している．加えて，グルカンには，**マンノプロテイン**（mannoproteins）が結合している．この事実は同時に，菌類細胞壁では，タンパク質成分が相当に重要であるという考えを導く（De Groot et al., 2005; Klis et al., 2006）．酵母の出芽酵母（Saccharomyces cerevisiae）と Candida albicans の細胞壁では，タンパク質が乾燥重量の30～50％を占める．アカパンカビの菌糸の細胞壁には，乾重ベースで約15％のタンパク質が含まれており，一般に糸状菌類の細胞壁には20～30％のタンパク質が含まれている．

ほとんどの細胞壁タンパク質は，N-結合および O-結合のオリゴ糖で修飾された糖タンパク質である．これらのタンパク質の一次配列には，翻訳リボソームを小胞体（ER）膜に付着させるアミノ末端シグナルペプチドが含まれている．ポリペプチドが翻訳されると，タンパク質は ER 内腔に押し出される．そして，これが，分泌経路におけるタンパク質の旅の始まりである（図6.3；5.9節で論じた）．タンパク質は分泌経路を移動する間に，巨大分岐オリゴ糖構造が共有結合により結合してグリコシル化され，**糖タンパク質**（glycoprotein）となる．

次のような配列特性をもつペプチド中のアスパラギン（asparagines）に，オリゴ糖が N-結合により付加される．すなわち，アスパラギン - 任意のアミノ酸 - セリン（serine），およびアスパラギン - 任意のアミノ酸 - スレオニン（threonine）の配列である．分岐オリゴ糖は，N-アセチルグルコサミン，マンノースおよびグルコースを含んでおり，あらかじめ形成されたタンパク質に，ドリコール脂質供与体（dolichol lipid donor）から転移される（ドリコールは，さまざまな数の

イソプレン単位からなるポリマーの一般的な名称である；10.13 節，p. 266 参照）．分岐オリゴ糖構造は，ER 膜上で，糖残基が，グリコシルトランスフェラーゼ（glycosyltransferase）によって，伸長中のオリゴ糖鎖を膜につなぎ止めているドリコール脂質グループに逐次的に付加されることにより合成される．分枝オリゴ糖は完成すると，N-オリゴサッカリィルトランスフェラーゼ（N-oligosaccharyltransferase）酵素複合体によって，翻訳中の新生タンパク質に転移される．N-オリゴサッカリィルトランスフェラーゼは，オリゴ糖鎖の一番目に位置する N-アセチルグルコサミンと，標的となるアスパラギンのアミノ基との間のグリコシド結合形成を触媒する．

オリゴ糖はひとたびタンパク質に結合すると，生成された糖タンパク質は，ER やゴルジ装置を通過する間に大規模に修飾される（5.10 節参照）．分岐オリゴ糖の修飾は，糖の除去と付加の両方を含み，糖タンパク質に N-結合したオリゴ糖の大きな多様性のゆえんとなる．Saccharomyces cerevisiae や Candida albicans などの酵母では，N-結合オリゴ糖に，短鎖の $\alpha 1,2$- および $\alpha 1,3$-マンノースを有する，長鎖の $\alpha 1,6$-結合マンノースが付加し，酵母細胞壁に特徴的なマンノプロテインを生じる（図 6.2B 上側）．アカパンカビと Aspergillus fumigatus では，N-結合オリゴ糖は修飾されてガラクトマンナン（galactomannans）になる．ガラクトマンナン形成過程では，N-結合オリゴ糖の $\alpha 1,6$-結合マンノース・コアは，ゴルジ装置に内在する酵素によって，末端にさまざまの数の $\beta 1,5$-結合ガラクトース残基をもつ $\alpha 1,2$-結合マンノース側鎖が付加されて修飾される（Bowman & Free, 2006; Lesage & Bussey, 2006）．

われわれが O-結合グリコシル化について知っていることのほとんどは，Saccharomyces cerevisiae を用いてなされた研究からもたらされたものである．合成は，ER で翻訳中のポリペプチドの特定のセリンおよび/またはスレオニン残基の「水酸基」の酸素に，1 個のマンノースが付加されることにより開始する．この糖は，ドリコール-マンノースから，タンパク質-O-マンノシルトランスフェラーゼ（protein-O-mannosyltransferase）の 1 ファミリーによって転移される．O-結合分岐オリゴ糖がさらに伸長するために必要な残りの糖は，ゴルジ装置のマンノシルトランスフェラーゼによって付加される．アカパンカビでは，O-結合分岐オリゴ糖構造は，さらにガラクトースを含んでいる．菌類の O-結合オリゴ糖は分岐していなくて，N-結合グリカン鎖ほど長くはない．

グリコシル化の特殊な形は，GPI アンカー（glycosylphosphatidylinositol anchor；図 6.3，赤色）である．この場合グリコシル化によって，疎水的な脂質アンカー（GPI）が，特有のカルボキシル末端シグナル配列を有するタンパク質に取り付けられる．GPI アンカーは脂質であり，タンパク質を原形質膜に導き局在化させる，オリゴ糖含有構造である．GPI アンカーの膜への取り付けは，ER 膜中に存在している，GPI トランスアミダーゼ（GPI transamidase）として知られるタンパク質複合体（約 20 個の異なったタンパク質からなる複合体であるが…）によってなされる．このタンパク質複合体は，翻訳・生成されたポリペプチドが ER 膜を通して移動しているときに，そのカルボキシル末端シグナル配列を認識し，前もって組み立てられた GPI アンカーをタンパク質の新たに生成したカルボキシル末端に転移させる．

遺伝学的分析により，GPI アンカーの生合成経路に関わる遺伝子の多くは，酵母と糸状菌類の両者の生存能力に必須であることがわかった．この事実は，GPI に固定されたタンパク質が，細胞壁の完全さに必要であるということを示唆する．酵母（ほとんどは病原性の Candida albicans であるが）のゲノムは，28〜169 個 GPI 固定タンパク質の塩基配列（遺伝子）を，また Aspergillus nidulans のゲノムは 74 個の，アカパンカビのゲノムは 87 個の遺伝子を，それぞれ含んでいる可能性がある．現在までにわかっている GPI-固定タンパク質は，細胞壁の合成と再構成に関わっていると思われるグリコシルヒドラーゼ（glycosylhydrolases），グリコシルトランスフェラーゼ（glycosyltransferases）およびペプチダーゼ（peptidases）を含んでいる．明らかに，GPI-固定タンパク質は，細胞壁の形成と維持に不可欠である（Bowman & Free, 2006; Lesage & Bussey, 2006）．（GPI アンカーと菌類細胞壁との関係については，5.13 節の最後の段落に述べた．）

ほとんどの細胞壁タンパク質は，N- および O-結合オリゴ糖および/あるいは GPI アンカーの糖を介して，キチンおよび/あるいはグルカンと共有結合することにより，壁に構造的に統合されている．「内部反復（繰り返し）をもつタンパク質」あるいは PIR（proteins with internal repeats）タンパク質は，エステル結合により $\beta 1,3$-グルカン鎖と架橋結合し，タンパク質-多糖複合体（$\beta 1,3$-グルカン -PIR- $\beta 1,3$-グルカン）を形成する．また，これらの複合体は，細胞壁の内層中に見い出される（Yin et al., 2008）．

訳注 2：化学式 C_5H_8 で，二重結合を 2 個もつ炭化水素のこと．

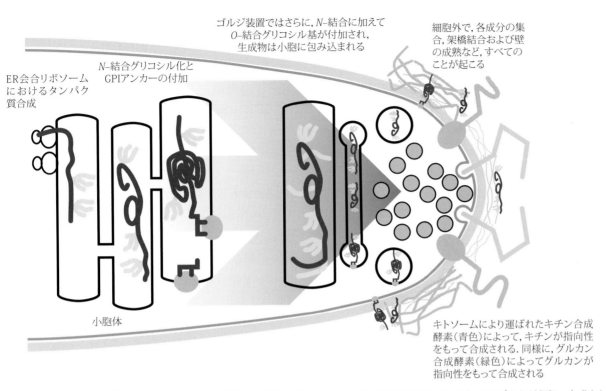

図 6.3　細胞壁成分の生合成．糖タンパク質合成は，小胞体（ER；タンパク質は紫色で示されている）でペプチドが翻訳・合成されている間に，オリゴ糖（黄色）が N-結合によりペプチドに付加されることにより始まる．GPI アンカー（glycosylphosphatidylinositol anchor，赤色）もまた，ER である種のタンパク質に付加される．ゴルジ装置では，グリコシルトランスフェラーゼが，タンパク質に糖を付加して，O-結合オリゴ糖を生成し，また N-結合オリゴ糖を伸長させることにより，タンパク質をさらに修飾する．糖タンパク質は，細胞壁間隙に分泌され，そこで細胞壁構造に統合される．細胞壁のキチン（青色）とグルカン（緑色）成分は，細胞膜上で指向性をもって合成され，合成の間に細胞壁間隙に押し出される．壁のさまざまの成分は，細胞壁間隙中で，細胞壁に会合しているグリコシルヒドロラーゼやグリコシルトランスフェラーゼにより互いに架橋結合される ［Bowman & Free（2006）の図に基づく］．カラー版は，口絵 28 頁を参照．

　細胞壁のタンパク質は，細胞の形の維持，付着，環境ストレスに対する防護，分子の吸収，細胞内シグナルの伝達および外部刺激の受容，さらに細胞壁成分の合成と再構成に寄与している（Adams, 2004; De Groot et al., 2005; Klis et al., 2006）．細胞壁タンパク質のうちで興味深いグループは，ミトコンドリアも含めた細胞質の，解糖系の酵素のようなタンパク質である．これらのタンパク質は，かつては菌類の細胞壁試料への混入物質であると考えられていた．しかしそれらは，実際は，細胞質に存在するタンパク質が，細胞壁に架橋結合したものである，ことを示す証拠が増えつつある．まだ筋の通った図を描けるほど十分に理解されているわけではないが，そのようなタンパク質は明らかに，「壁細胞小器官」に広範な酵素的代謝機能を付与しうるであろう．

6.7　細胞壁合成と再構成

　細胞壁成分のグルカンとキチンは，細胞膜上で指向性をもって合成され，合成されている間に細胞膜の外側の空間に押し出される．壁の糖タンパク質は，ER-ゴルジ装置分泌経路を進んで，同じ壁空間に分泌され，そこで細胞壁構造に統合される．細胞壁中の異なった成分は，細胞壁に会合するグリコシルヒドロラーゼやグリコシルトランスフェラーゼなどによって，その本来の場所で架橋結合される（図 6.3）．

　菌糸が活発に成長しているときには，上述したような活性はすべて先端に集中している．オートラジオグラフィーを用いた研究により，アカパンカビでは，すべてのキチンとグルカン合成は，菌糸先端から 10 μm 以内で起こることが明らかにされている．細胞壁が造られているときには，先端は高度に可塑的であるが，成熟するにつれてより硬くなる．硬度は，高分子の架橋結合，原繊維の肥厚および原繊維間マトリックスにおける物質の蓄積によって増加する．この過程は，高度に極性を与えられており，細胞質において正の膨圧が維持されていることに依存している（Bartnicki-García et al., 2000）．菌糸が先端で成長するためには，先端細胞における，次先端部から先端部へ

の長距離輸送が伴わなければならない（すでに5.15節において，関係するメカニズムのいくつかについて議論した）.

酵素や基質を含む小胞が，微小管に足場を置くモーターによって菌糸先端まで長距離配送されている，ということがますます明らかになりつつある（Bartnicki-García, 2006; Riquelme et al., 2007）. 加えて，菌糸成長は，先端領域の壁を柔軟にする，細胞壁成分の溶解と合成の双方に関わる細胞外酵素の分泌を伴う. その後の菌糸の伸長は，膨圧と細胞骨格に基礎を置く細胞質の膨張の双方が，原形質を柔軟な先端部の壁に押し付けることにより起こる. これらの出来事について，最近蓄積された成果の概略を図6.4に示す［Steinberg（2007）から引用］. この図は，5.15節の議論とともに，菌類の伸長成長について現在得られている知見の詳細を，十分に示すものである.

ここでは，先端の壁成長について，過度に強調しようとは思っていない. なぜならば，それが菌類細胞壁についての物語の終着点ではないからである. 過去数年間に，酵母の細胞壁についても糸状菌類の壁についても，同じように明解に描写できるようになった. 細胞壁は非常に動的な構造を有しており，もとの壁が酵素によって修復され改造される間も，成分のバランスは連続的に維持されている. 出芽酵母（Saccharomyces cerevisiae）においては，細胞壁が損傷を受けると，細胞壁の完全性維持機構とよばれるサルヴェージ機構の引金が引かれる. この経路は，少なくとも18個の細胞壁の維持に関わる遺伝子からなっており，1個の転写因子と特異的シグナル伝達経路によって制御されている. この維持機構に関する遺伝子の塩基配列は，数種類の酵母や糸状菌類では進化的に保存されている（Smits et al., 1999; de Nobel et al., 2000; Bowman & Free, 2006; Klis et al., 2006）.

われわれは菌類の細胞壁の動的な性質について，この本の他の部分で次のようなことがらに関連して論議する.

- 菌糸と胞子の分化（9.3節，p.226）
- 菌糸の分枝（4.11節，p.99）
- 隔壁形成（4.12節，p.100および5.17節，p.150）
- 菌糸の融合（5.16節，p.147）

これらのプロセスはすべて，成熟した壁で，細胞壁合成が，きわめて厳密に制御された場において，特定のタイミングで，再起動されることを必要とする. さらに留意すべき関連事情は，2本の分枝した菌糸が接合する際には接合壁を形成するということと，その結果生じた接合面は元の菌糸壁よりも頑丈になる可能性があることである（12.7節，p.310）.

このような再構成はすべて，壁構造中に前もって存在する数種類の糖タンパク質の調和した活性に依存している. 関連する「壁に会合している酵素」には，キチナーゼ（chitinases），グルカナーゼ（glucanases）およびペプチダーゼ（peptidases）（Cohen-Kupiec & Chet, 1998; Adams, 2004; Seidl, 2008），さらに細胞壁成分を加水分解し破壊する酵素，同様に壁高分子の合成と架橋結合に関わるグリコシルトランスフェラーゼなどがある. これらの酵素活性は，成熟した細胞壁が十分な伸縮性をもち，かつ細胞溶解しないように十分な強度を維持しつつ新たな菌糸成長が可能なように，正確に制御されなければならない. 何種類かの壁会合酵素が Saccharomyces cerevisiae と Aspergillus fumigatus の両者で同定されており，細胞壁の再構成に関わっていることが示されている（Bowman & Free, 2006）.

このような再構成の例に加えて，二次菌糸壁（secondary hyphal walls）が，ほとんど太い原繊維からなる内部肥厚（internal thickenings）として形成されることが多数観察されている. これらの原繊維はおそらく，栄養的貯蔵物質生成の中間物として蓄積されたグルカンである. このような現象は，子実体の成熟の最終段階において，栄養的に完全に内因的なものによって支えられており，外部の窒素源あるいは炭素源を要求しないときに見られる. スエヒロタケ（Schizophyllum commune）の子実体が発育しているときには，分解される壁の主要な画分は，R-グルカンとよばれるアルカリ不溶性細胞壁成分である. R-グルカンは，$\beta 1,6$ と $\beta 1,3$ 結合の双方をもっていることが明らかにされている. 一方，S-グルカンはアルカリ可溶で，R-グルカンが可動化された後に残っている細胞壁物質のほとんどを構成している. R-グルカンの可動化過程についての研究により，子実体の傘の発育は細胞壁の分解と関係しており，壁の分解は，特異的なR-グルカナーゼのレベルの変化によって制御されていることがわかっている. 培地中のグルコースが利用可能である間は，炭水化物は，菌糸体や子実体の菌糸の細胞壁中のR-グルカンの形で一時的に貯蔵されていると思われる. このR-グルカンが正味で合成されている段階では，R-グルカナーゼは培地中のグルコースによって抑制されている. しかし，グルコースが消費しつくされると抑制は解除され，R-グルカナーゼが合成されて，R-グルカンを分解することにより，子実体発育に特に要求される基質を提供する（Bartnicki-García, 1999）.

ウシグソヒトヨタケ（Coprinopsis cinerea）では，事情はいささか異なる. ウシグソヒトヨタケでは，子実体が発育してい

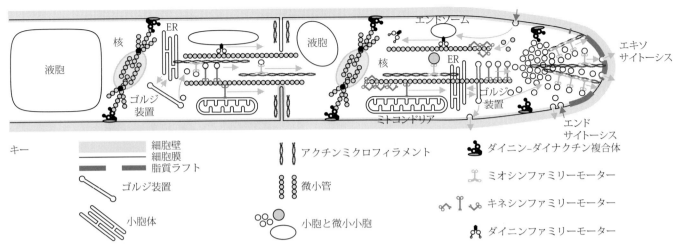

図6.4　菌糸成長の全体的分子モデルを表した模式図．菌糸の先端成長のカギとなる特徴は，新しい壁，新しい膜および新しい細胞質成分などの形成に必要なすべての物質の，先端への急速な移動である．これらの物質のほとんどは，小胞体（ER）とゴルジ装置によって小胞につめられ，輸送される．これらの小胞は，キネシンとダイニンファミリーのモータータンパク質によって駆動され，微小管に沿って先端の小胞集団［先端小体（Spitzenkörper）とよばれている；5.15 節，図 5.5 参照］に配送される（5.12 節，図 5.8 参照）．先端小体は，微小小胞がアクチンミクロフィラメントに沿って移動し，最終的に伸長しつつある先端の細胞膜に到達するように，微小小胞を組織的に配置する．小胞と細胞膜との融合は，t-SNARE［t-soluble NSF（N-ethylmaleimide-sensitive factor）attachment protein receptor，標的膜(t)- 可溶性 NSF（N-エチルマレイミド感受性因子）結合タンパク質受容体］および v-SNARE［小胞(v)-SNARE］タンパク質によって可能となる．菌糸先端のステロールの多い「脂質ラフト」訳注A は，信号伝達複合体および結合複合体のようなタンパク質にドメイン訳注B を提供し，エンドサイトーシス（endocytosis）を促進する可能性がある．菌糸先端のエンドサイトーシスは，アクチンパッチに依存している．パッチでは，ミオシン-1 がアクチンを重合してアクチンフィラメントを形成し，アクチンフィラメントはエンドサイトーシスに関わる小胞を膜から引き離している．菌糸の最先端ではエキソサイトーシス（exocytosis）が盛んに行われており，エキソサイトーシスは，おもに細胞膜の外側での壁高分子の合成や，壁の建設と成熟に関わっている（6.3 節と 6.4 節，および図 6.2 と 6.3 参照）．エンドサイトーシスは，菌糸先端の側面領域でおもな役割を果たし，膜の成分（もともとは，エキソサイトーシスの小胞により膜の外側に運ばれた）を再生利用するために取り込むと同時に，栄養素をも取り込む．膜の成分と栄養素は内膜系に運ばれ，選別されて適切に利用される（5.10 節と 5.12 節および図 5.5 参照）．この図は同時に，（潜在的には多くの）次端菌糸細胞が資源の頂端への移動に寄与していることを示している．小胞（の流れ），（迅速に移動している一連の）液胞（5.12 節）およびミトコンドリアは，すべて先端に向けて輸送され，この輸送は隔壁を通して先端細胞にまで拡がっている．同時に，核分裂紡錘体の位置は，おそらく星状体微小管と膜結合ダイニン-ダイナクチン複合体との間の相互作用によって特定されていること（図 5.10 および図 5.11）と，隔壁の位置設定はアクチンミクロフィラメントの環（5.17 節）と関連していることに留意してほしい．次の 2 つのことを念頭に置いてほしい．1 つは，本図はあくまでも模式図であり，相対的な縮尺あるいは時間を念頭に置いて表現したものではない．もう 1 つは，分裂紡錘体のようなある種の構造は，先端小体のような他の構造よりも，一時的なものである．同様に，あらゆることは敏速に起こる．本書の 5.12 節および 5.15 節ですでに示したように，アカパンカビ（Neurospora crassa）が最大速度で成長しているときに，各々の菌糸先端の伸長を支えるためには，毎分 38,000 個（すなわち毎秒 600 個以上）の小胞が頂端の細胞膜と融合しなければならない．より詳しい説明は，第 5 章と第 6 章を見てほしい，また，Steinberg（2007）と Rittenour et al.（2009）も参照されたい．カラー版は，口絵 29 頁参照．

訳注A：ラフトは'いかだ'の意，生体膜中の脂質ミクロドメインの一種で，シグナル伝達や膜輸送などの機能を果たすと考えられる．

訳注B：領域の意．

る間，グリコーゲンが，スエヒロタケにおける R-グルカンに似た機能を果たしていると思われる（グリコーゲンは α1,4-/α1,6-結合グルカンである；10.6 節，p. 249 参照）．その理由は，ウシグソヒトヨタケの子実体がスエヒロタケの子実体よりもはるかに速く発育し，そしてグリコーゲンがずっと効率的な短期の貯蔵物質であることにあると思われる．このような貯蔵物質であれば，大量の糖が，子実体の中を，溶質のバランスを乱すことなく急速に輸送されることが可能である．グリコーゲンは，ウシグソヒトヨタケの栄養的形態形成のさまざまな面に関わっている（Waters et al., 1975b; Jirjis & Moore, 1976）が，スエヒロタケの壁グルカンも同様である．

ウシグソヒトヨタケの菌糸体は，環境ストレスに耐性のある生き残り構造として，直径約 250 μm の多細胞菌核を形成する．菌核は休眠期間をくぐり抜け，蓄積された貯蔵物質を利用して「発芽し」，新しい菌糸体を生産する．グリコーゲンは，若い菌核中で合成され蓄積されるが，長期間の貯蔵物質ではない．長期間貯蔵されるためには，炭水化物の多くは二次壁物質，おそらくグルカンに転換される．菌核の中心のほとんどの細胞の一次壁の内面は，ゆるく織り込まれた非常に大きな原繊維によって肥厚化し，細胞壁は**極端に厚壁化する**（extremely thick-walled）．厚壁の発達と軌を一にして，細胞からグリコーゲンが徐々に消失する（Waters et al., 1972, 1975a & b）．

第6章 菌類細胞壁の構造と合成

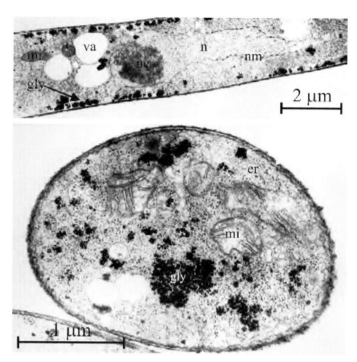

図6.5〜6.9 ウシグソヒトヨタケ（*Coprinopsis cinerea*）の液体培養菌糸体および菌核の透過型電子顕微鏡写真（TEMs）．厚壁菌糸細胞の2つの主要なタイプを示す．菌核の外層の皮層細胞は，外側と側方の壁に，極度にメラニン化したグルカンからなる，濃く着色した二次壁をもつ．二次壁は，極限環境に抵抗性のある防護外皮の板状層を構成する．髄細胞の二次壁は，グルカンの大きな分岐した繊維によって，全周が均一に厚壁化されている．

図6.5は，ウシグソヒトヨタケの液体培養した菌糸体の，典型的な若い栄養菌糸のTEM写真．上は菌糸の縦断の，下は横断切片の写真を示す．このような未分化組織に特徴的な，薄い一次細胞壁に注目せよ．

略語一覧：n, 核；nc, 仁；nm, 核膜；mi, ミトコンドリア；va, 液胞；er, 小胞体；gly, グリコーゲン顆粒（写真はHenry Waters 博士による）．

図6.6 ウシグソヒトヨタケの菌核の外層細胞の，二次的に肥厚した壁のTEM写真．これらの二次壁は防護層となり，著しくメラニン化している（写真はHenry Waters 博士による）．

「厚壁化」が意味することを，図6.5〜図6.9の電子顕微鏡写真に図解した．二次壁は細胞膜の外側に存在するが，一次壁に対しては内部になる．図6.7〜図6.9の写真は，二次壁が細胞壁容積のかなりの割合を占めるようになることを明らかにしている．この事実は必然的に，細胞質が相応する狭い中心内腔に圧縮されることを意味している．しかし，菌核が成長可能な条件が整うまでは，これらの細胞は事実上休眠して生残することを示す証拠がある（Erental *et al*., 2008）．

菌核は，菌糸先端が密に押し詰められた外層で保護されているが，そのために菌核は，休眠状態で数年間生き残ることができる．外層の菌糸先端は，別の形の二次的肥厚を発達させ，肥厚は非常にメラニン化した厚壁となり，この厚壁は水などを通さない表層を形成する（図6.6）．メラニン（melanin）は，暗色（高濃度ではほとんど黒色）の色素であり，細胞壁構造と架橋結合していて菌糸や胞子を防護する．事実，架橋結合は非常に完全であるので，実験的に，メラニン以外のすべての壁成分を消化除去し，完全な元の細胞壁の形の「メラニンゴースト」を残すことができる（Dadachova *et al*., 2008）．メラニンは化学的，酵素的攻撃に極端に耐性があるので，菌類がメラニン化した場合，宿主の防御力や薬剤に対する感受性が減少する．このような理由により，*Paracoccidioides brasiliensis*, *Sporothrix schenckii*, *Histoplasma capsulatum*, *Blastomyces dermatitidis* や *Coccidioides posadasii* などの多くの病原性の菌類の毒性が増すことになる（Taborda *et al*., 2008）．メラニン化した壁をもつ菌類はまた，電磁放射や電離放射線に耐性がある．色素は，UV光線（紫外線）からの物理的遮蔽と，電離放射線によって生じる細胞毒性のあるフリーラジカルの消滅の両方に関わると考えられる．

他の細胞壁色素，カロテノイド（10.13節）もまたUV放射から生体を防御する．昆虫病原菌類 *Metarhizium anisopliae* の白色の分生子をもつ突然変異株は，一般に紫色の分生子をもつ変異株よりもUV放射に感受性が高い．さらに，紫色の変異株は黄色の変異株よりも，黄色は緑色の分生子をもつ野生株よりも感受性が高いというように順番に変化する（Braga *et al*.,

2006). 色素は単に美しいだけではないのである.

6.8 壁から遠く離れた側で

定義上，細胞壁には外側があり，細胞に含められるものと排除されるものの境界面である. 結果として，細胞壁の外側にあるといえる分子があり，これらのあるものについてはすでに述べた. アグルチニン (agglutinins) とよばれる接合タンパク質

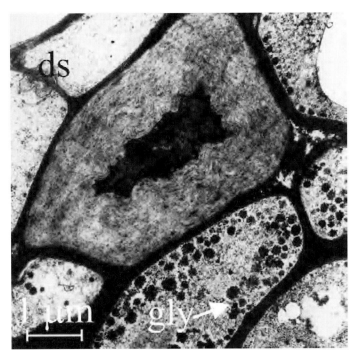

図6.7 若い菌核の中心（髄）領域の二次的に肥厚した細胞壁を示す TEM 写真. 横断切片写真には，多くの通常細胞と並んで二次的に肥厚した壁をもつ細胞が見られる. この二次壁はメラニン化していなくて，グルカンの太い繊維で構成され，菌核が発芽したときには，再利用されて最終的には炭水化物源になる. 顆粒（gly と標示）はグリコーゲンが蓄積したものであり，グリコーゲンは短期間の炭水化物源になる. グリコーゲンは，グルカン繊維が形成される前に蓄積され，繊維が形成されるとその含有量は減少する. 上側左の樽形孔隔壁（ds）に注目せよ（写真は Henry Waters 博士による）.

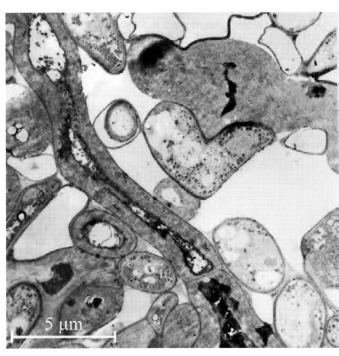

図6.8 二次的に肥厚した壁をもつ髄層細胞の縦断切片の TEM 写真. 肥厚（結果として細胞腔は圧縮されている）は菌糸の全長にわたってほぼ均一であり，樽形孔隔壁を越えて存在し，またそれを含みうる（写真は Henry Waters 博士による）.

図6.9 二次的に肥厚した壁の縦断切片の拡大 TEM 写真. その繊維質構造が見られる. 左側の写真中の四角でマークした，二次的に肥厚したグルカン繊維の部分が，右側に強拡大して示してある（写真は Henry Waters 博士による）.

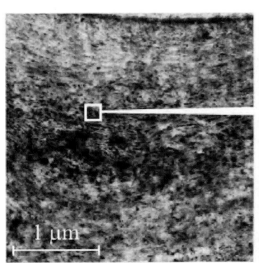
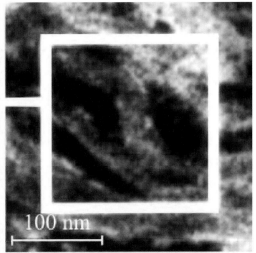

は，たとえば出芽酵母（Saccharomyces cerevisiae）の異なった接合（交配）型の細胞間の，交配の初期過程としての凝集（細胞と細胞の接着）に関わる（8.2節，p. 209 で論議する）．相互作用は，2 個の接合細胞間で，GPI（glycosylphosphatidylinositol）で細胞膜に固定された，外表面の 2 個の糖タンパク質の間で起こる．これらのタンパク質は一般にアドヘシン（adhesins）とよばれ，細胞接着タンパク質の中で研究が進みつつあるものの代表例である．細胞接着タンパク質は，菌類細胞が行う外の世界との広範な相互作用にとって不可欠である．

アドヘシンは，細胞壁に分泌された糖タンパク質であり，相互作用に関わる結合ドメインによって壁に固定され，壁表面から外側に突出している．アドヘシンは，別々の機能をもったいくつかの結合ドメインを有し，固定されている壁から外側に突出することで，その構造的ドメインの指令が決まる．壁の外側から内側へ向けた特徴的な指令には，次のようなものがある．

- 糖タンパク質として，そのポリペプチド部分のアミノ末端に分泌シグナルをもつ．
- 標的の配位子に対して高度に特異的な，相互作用的な結合ドメインが存在する．
- 中心にスレオニンが豊富なグリコシル化された結合ドメインが存在すると考えられ，このドメインが，同一の種（あるいは同一の菌糸体）の他の細胞との細胞間相互作用，いわゆる同型（homotypic）相互作用を可能にする．
- N- および O- グリコシル化された軸が，これらの結合ドメインを壁表面上に突出させることにはたらいている．
- カルボキシル末端領域が，壁マトリックスとの共有架橋結合を仲介し，おそらく修飾された GPI アンカーによる細胞膜への固定をも仲介する（Dranginis et al., 2007）．

現在は，非常に大きくて多様であると思われる糖タンパク質について，不完全な知識しか得られていない．しかし，上述したような構造的モチーフは，一般的であるが普遍的ではない．アドヘシンは，多細胞生物の分化におけると同様に，出芽酵母のような単細胞生物の交配において，同型相互作用の仲介をすることが知られている．多細胞生物における例は，ヒメヒトヨタケ（Coprinopsis）属の子実体に特異的なガレクチン（galectins）として知られる糖タンパク質である．

アドヘシンはまた，基物表面への付着を可能にする．菌類が流体中の基物表面に付着している場合は，原繊維が細胞壁から懸濁流体中に延びているのが普通に見られる．原繊維は，表面の相補的な分子構造に高度に特異的である．この菌類とパートナーとの間の認識と伝達のためのシステムは，病原的および相利的相互作用において広範に見られ，菌類はこのシステムによって，動物や植物などの宿主生物の表面に接着できる．しかし同時に，アドヘシンは菌類に，自然界に存在する表面や，カテーテルおよびその他の医療用具の表面などに生物被膜を形成する能力を与える．

これらの分子がもつ他の能力については，Blastomyces dermatitidis が分泌するアドヘシンからヒントが得られる．この菌類は，牧草地のような動物の排泄物によって汚染された土壌中で，室温条件下糸状のカビとして成長する．ヒトや家畜によって吸入された胞子は，肺の中で大型の侵入酵母に変化し，潜在的に致命的なブラストミセス症（blastomycosis）の原因となる．菌類によって産生されたアドヘシンは，動物の表皮成長因子と似たドメイン構造をもっており（Dranginis et al., 2007），宿主細胞に結合し，宿主の免疫反応を下方制御して（downregulates）[訳注3]，結果として感染を成立させる機能がある．

ここまで述べてきた表面での相互作用は，自然条件であれ人工条件であれ，少なくとも含水薄膜および時に流動性媒質で起こる．流動性媒質の場合，「壁」と「媒質」の間の境界は，常にはっきりと一線が画されているわけではないかもしれない（図 6.2A に示したように）．というのは，細胞壁を越えた領域では，多糖類や糖タンパク質の濃度が連続的に減少しているからである．

しかしながら，多くの菌糸の表面は乾燥し，疎水的でさえある（すなわち，濡らすことができない）．独特な表面の例は，あらゆる種類の気中菌糸体，および子実体やストロマ（子座）などの気中構造，さらにおびただしく大気中に散布される菌類の胞子およびその胞子柄などの表面である．あまり目に触れることのない例は，組織中の，疎水性被覆で被われ，液体が存在しない状態が維持されている，ガス交換可能な腔である（たとえば，Lugones et al.（1999）および Pareek et al.（2006）参照）．

このような場合，通常，菌糸や胞子の壁の外表面は，タンパク質からなる太さ 10 nm の小桿状構造の層から構成されており，壁表面の生物物理学的な性質が変えられていることがわかっている．そのようなタンパク質のうちで最も一般的に見ら

訳注3：膜上に存在する成長因子などの受容体の数が，作用物質が増える，あるいは作用物質に長時間さらされることにより減少し，応答性が低下すること．

れるグループは，ハイドロフォビン（hydrophobins）とよばれているものである（Wessels, 1996; Wösten & de Vocht, 2000; Sunde et al., 2008: Cox & Hooley, 2009）．ハイドロフォビンは，菌類に広範に見い出される大きくて多様な関連タンパク質のグループに属している．ハイドロフォビンは，合成が最大限に発現されたときには，全壁タンパク質の 10％ほどに達すると考えられる．各タンパク質分子は，疎水ドメインと親水ドメインからなっており，**両親媒性**（amphipathic；この用語には，生物膜を構成するリン脂質との関連で出会ったであろう．リン脂質は，ハイドロフォビンと同様に，一方に親水基を他方に疎水基をもつ）である．ハイドロフォビンのアミノ末端部分は，タンパク質の親水的側面を規定する．ハイドロフォビンは，両親媒性的構造を有しているので，次のような途方もなく多数の潜在的機能を果たすことができる．

- 菌糸が流体生息地の水/気体界面を突き破ることを可能にする．
- 菌糸と胞子に大気と接触するときに必要な疎水性を付与する．
- 形態形成のシグナル送信に関わり，分生子形成や子実体形成を開始する．
- 組織形成の際，特に流体と気体の間の空間を制御する際に重要な役割を果たす．
- 菌類の細胞壁が植物や昆虫の疎水性表面へ接着することを促進し，その結果感染を可能にし，宿主表面への侵入を助ける．
- たとえば，*Aspergillus* 属，*Penicillium* 属および *Cladosporium* 属の気中分生子は，ハイドロフォビンの表層をもち，宿主生物などの免疫系が活性化されるのを抑制する．ハイドロフォビンの小桿状構造は，「免疫的に沈黙させる空中浮遊カビ」といわれる．この言葉は，われわれが呼吸する大気中には菌類胞子が至る所に存在するが，菌類胞子は，吸入された後に，絶えず宿主の免疫を活性化させることもないし，炎症反応を誘導することもない，ということを意味する（Aimanianda et al., 2009）．
- 植物根（菌根）や藻類（地衣類）との共生的相互作用を仲立ちする．

このようなことのすべてを行う分子は，通常アミノ酸残基 100 個程度の比較的小さなタンパク質である．これらのタンパク質は，広範囲にわたり相同性を有している．さらに，細胞外分泌のためのシグナル配列を特徴的に含んでおり，8 個のシステイン（cysteine）残基を同一位置に保存している．これらの保存された 8 個のシステイン残基は，それらの間で 4 個のジスルフィド架橋を形成する．これらの架橋は，親水性/疎水性界面が存在しないときに，ハイドロフォビンが自己集合するのを防いでいる．ハイドロフォビンは，菌糸体を形成する菌類に特有のものであり，子囊菌門と担子菌門に属する菌類によって発現される．各々の菌類は，1 個以上，しばしば 10 個以上の異なるハイドロフォビン遺伝子をもっており，各遺伝子は，通常異なる時期に発現される．スエヒロタケ（*Schizophyllum commune*）では，栄養菌糸の壁で見い出されたハイドロフォビンは，子実体の菌糸壁で発現されたものとは異なっている（Wessels, 1996）．

ハイドロフォビンは菌糸先端から分泌され，もし菌糸が水環境にあれば，ハイドロフォビンは溶液中に移行する．しかし，水/気体（すなわち親水性/疎水性）界面では，タンパク質分子は自己集合し，被覆薄膜を形成する．菌糸が溶液から立ち上がったときには，ポリペプチドは菌糸壁表面で重合して，小桿状構造が表面に平行に配列した構造を形成する．各々のハイドロフォビン分子は，親水性末端により菌類壁に結合し，疎水ドメインは外界に露出する（Linder et al., 2005; Cox & Hooley, 2009）．ハイドロフォビンは，集合体の溶解性の違いにより 2 つのグループに分けられる．クラス I ハイドロフォビンは，トリフルオロ酢酸とギ酸によってのみ可溶化される，高度に不溶性の膜を形成する．一方，クラス II ハイドロフォビン集合は，エタノールあるいはドデシル硫酸ナトリウム（SDS）に容易に溶解する．

菌糸表面のハイドロフォビン集合体は，壁を通しての水の動きを抑制し，乾燥からの防護装置となる．一方，外界に露出し疎水性表面は，他の疎水性表面と結合できるようになる．ところで，2 個の疎水性物質にとっての最低のエネルギー状態は，介在する電気的に分極化している水分子を排除し，互いに結合することによってもたらされる．それゆえ，電気的に分極化していないハイドロフォビンからなる構造の疎水性表面どうしが，結合できるようになる．ハイドロフォビンで覆われている菌類壁は，この疎水性相互作用を利用して他の気中菌糸と結合することができ，その結果，多細胞菌糸構造の形成が可能になる．同様に，ハイドロフォビンで覆われた胞子は，宿主の植物や昆虫の疎水性（たとえばロウ質の）の表面と直接，しっかりと接着することができる．その結果，付着器あるいは他の侵入構造形成のための時間的余裕がもたらされる．

地衣類の葉状体組織を含む菌類組織中では，ハイドロフォビンは，露出した疎水性ドメインによって空隙が水浸しになるのを防ぎ，組織の中の水や気体の動きを制御する．それゆえ，ハイドロフォビンや親水性の細胞壁被覆の分布は，菌類が，組織を貫くどのチャネルを水や水溶性栄養素の移動に使い，どのチャネルを液体のない状態に維持して気体の移動に使用するのかを，制御することを可能にしている（Wösten & de Vocht, 2000; Sunde et al., 2008）．ハイドロフォビンは，表面の性質を変えるすぐれた能力（疎水性の表面を親水性に，および親水性を疎水性に変える）を有しているので，商業的および医学的に応用するための興味深い対象になっている（Cox & Hooley, 2009; Cox et al., 2009）．

特に言及する価値のある他の菌類細胞壁タンパク質は，グロマリン（glomalin）として知られる糖タンパク質である．グロマリンは，土壌や根中のアーバスキュラー菌根菌の菌糸や胞子の細胞壁中で多量に産生される．このタンパク質をして一言触れる価値のあるものにしているのは，産生されるその量である．グロマリンは土壌有機物中に浸透し，**土壌炭素の約 30%** を占めることもある．土壌中でグロマリンは，土壌構造である団粒（aggregates）とよばれる土壌粒子の小塊を形成する．米国農務省農業調査局（Agricultural Research Service of the United States Department of Agriculture）は，通常はそれほど煽動者ではないのだが，*Agricultural Research* 誌の 2002 年 9 月号に，「グロマリン：世界中の土壌貯蔵炭素の 1/3 の隠れ場所」と題した論文を公表した．グロマリンは，それほど主要な土壌有機物成分なのである．論文は，次のように述べている．「グロマリンは，易耕性－微妙な土性－を土壌に付与する．微妙な土性とは，経験を積んだ農夫や庭師であれば，指の間を流れ落ちるときの滑らかな粒子の感覚で，すぐれた土壌であると判定しうる性質のことである．」（次の URL を参照せよ．http://www.ars.usda.gov/is/AR/archive/sep02/soil0902.htm）．

グロマリンは，アーバスキュラー菌根を形成するグロムス菌門のメンバーによってのみ産生される．グロマリンは，最初に発見されたときに，相当な量が存在していたので，土壌粒子の団粒形成に量的に貢献しているに違いないと考えられた．それゆえ当初は，グロマリンは，アーバスキュラー菌根菌によって特異的に土壌中に分泌され，あるいは遊離されて，土壌構造を制御しているに違いないと考えられていた．この土壌構造制御のメカニズムは，生息地工学とよばれた．この見方によると，土壌の団粒化の進行（すなわち易耕性の改善）は，宿主植物に利する，それゆえに共生する菌根菌をも利することになり，グロマリンを産生するエネルギー「コスト」も容認されることになる．この考えを支持する実験的証拠もいくつかあるが，グロマリンは分泌されずに，菌糸を防護するために細胞壁マトリックスに共有結合している，ということを示す証拠もまた存在する．グロマリンが菌糸細胞壁を防護することを可能ならしめている特徴は，また，このタンパク質が土壌団粒化を促進することを可能にしているのかもしれない（Driver et al., 2005; Purin & Rilling, 2007）．

6.9 臨床的標的としての菌類細胞壁

治療のための抗真菌薬とその標的については，18.1 節で詳述する予定である．しかし，菌類細胞壁の合成と組立ては，抗真菌化学療法にとって魅力的な標的である．それゆえ，この明白な事実に言及せずに，菌糸の細胞壁についての議論を終了することはできない．当然のことながら，キチンは，菌類の細胞壁の構造においてきわめて重要であるので，キチン合成は抗真菌化学療法のすぐれた標的であると思われる．しかし現在のところ，キチン合成を標的にした抗真菌薬は利用が限定されている．現在入手可能なキチン合成阻害剤は，自然界から得られるニッコーマイシン（nikkomycins）とポリオキシン（polyoxins），およびそれらの合成誘導体である．これらの阻害剤は，キチン合成酵素の基質，UDP-*N*-アセチルグルコサミン（UDP-*N*-acetylglucosamine），の類似化合物であり，キチン合成酵素の競合阻害剤としてはたらく．これらの薬剤は，他の抗真菌薬と併用されると効果的であるが，単独では，吸収が制限されるので効果が表れないことが多い（Bowman & Free, 2006）．

菌類細胞壁の合成において，現在商業的に入手可能な抗真菌薬の実際の標的となっている唯一の側面は，$\beta 1,3$-グルカン合成酵素である．この酵素による反応は，エキノカンジン（echinocandins）によって阻害される．この薬剤は，グルカン合成酵素の触媒サブユニットに結合することが知られている非競合的阻害剤である．エキノカンジンは菌類細胞を膨潤させ，細胞壁が活発に合成されている部分の壁を溶解させる．現在真菌症の治療に用いられている薬剤のほとんどは，細胞壁以外の菌類の生活現象を標的としている．最も一般に使用されている抗真菌薬は，アゾール類（azoles）とポリエン（polyene）系の抗生物質であり，菌類の細胞膜のエルゴステロール（ergosterol）を標的としている．しかしながら，細胞壁構造は菌類に特有のものであり，壁合成の多くのステップは，ヒトゲノム

には相当するものがない酵素によって制御されている．それゆえに，壁合成に関わる酵素は，治療の際の良い標的酵素の候補であり，次のようなものがある．キチンおよびグルカン合成酵素，さらに壁成分の架橋結合に関わっている酵素などは別にして，ゴルジ装置にはマンノシルトランスフェラーゼやグリコシルトランスフェラーゼが，またGPIアンカーを細胞壁タンパク質に取り付けるいくつかのステップに関わる酵素などである（Bowman & Free, 2006）．これらは，将来の研究のための標的である．

6.10 文献と，さらに勉強をしたい方のために

Adams, D. J. (2004). Fungal cell wall chitinases and glucanases. *Microbiology*, **150**: 2029-2035. DOI: http://dx.doi.org/10.1099/mic.0.26980-0.

Aimanianda, V., Bayry, J., Bozza, S., Kniemeyer, O., Perruccio, K., Elluru, S. R., Clavaud, C., Paris, S., Brakhage, A. A., Kaveri, S. V., Romani, L. & Latgé, J.-P. (2009). Surface hydrophobin prevents immune recognition of airborne fungal spores. *Nature*, **460**: 1117-1121. DOI: http://dx.doi.org/10.1038/nature08264.

Banks, I. R., Specht, C. A., Donlin, M. J., Gerik, K. J., Levitz, S. M., Lodge, J. K. & Doisy, E. A. (2005). A chitin synthase and its regulator protein are critical for chitosan production and growth of the fungal pathogen *Cryptococcus neoformans*. *Eukaryotic Cell*, **4**: 1902-1912. DOI: http://dx.doi.org/10.1128/EC.4.11.1902-1912.2005.

Bartnicki-García, S. (1999). Glucans, walls, and morphogenesis: on the contributions of J. G. H. Wessels to the golden decades of fungal physiology and beyond. *Fungal Genetics and Biology*, **27**: 119-127. DOI: http://dx.doi.org/10.1006/fgbi.1999.1144.

Bartnicki-García, S. (2006). Chitosomes: past, present and future. *FEMS (Federation of European Microbiological Societies) Yeast Research*, **6**: 957-965. DOI: http://dx.doi.org/10.1111/j.1567-1364.2006.00158.x.

Bartnicki-García, S., Bracker, C. E., Gierz, G., López-Franco, R. & Lu, H. (2000). Mapping the growth of fungal hyphae: orthogonal cell wall expansion during tip growth and the role of turgor. *Biophysical Journal*, **79**: 2382-2390. DOI: http://dx.doi.org/10.1016/S0006-3495(00)76483-6.

Bowman, S. M. & Free, S. J. (2006). The structure and synthesis of the fungal cell wall. *BioEssays*, **28**: 799-808. DOI: http://dx.doi.org/10.1002/bies.20441.

Braga, G. U. L., Rangel, D. E. N., Flint, S. D., Anderson, A. J. & Roberts, D. W. (2006). Conidial pigmentation is important to tolerance against solar-simulated radiation in the entomopathogenic fungus *Metarhizium anisopliae*. *Photochemistry and Photobiology*, **82**: 418-422. DOI: http://dx.doi.org/10.1562/2005-05-08-RA-52.

Calonje, M., Mendoza, C. G., Cabo, A. P. & Novaes-Ledieu, M. (1995). Some significant differences in wall chemistry among four commercial *Agaricus bisporus* strains. *Current Microbiology*, **30**: 111-115. DOI: http://dx.doi.org/10.1007/BF00294192.

Cohen-Kupiec, R. & Chet, I. (1998). The molecular biology of chitin digestion. *Current Opinion in Biotechnology*, **9**: 270-277. DOI: http://dx.doi.org/10.1016/S0958-1669(98)80058-X.

Cox, A. R., Aldred, D. L. & Russell, A. B. (2009). Exceptional stability of food foams using class II hydrophobin HFBII. *Food Hydrocolloids*, **23**: 366-376. DOI: http://dx.doi.org/10.1016/j.foodhyd.2008.03.001.

Cox, P. W. & Hooley, P. (2009). Hydrophobins: new prospects for biotechnology. *Fungal Biology Reviews*, **23**: 40-47. DOI: http://dx.doi.org/10.1016/j.fbr.2009.09.001.

Dadachova, E., Bryan, R. A., Howell, R. C., Schweitzer, A. D., Aisen, P., Nosanchuk, J. D. & Casadevall, A. (2008). The radioprotective properties of fungal melanin are a function of its chemical composition, stable radical presence and spatial arrangement. *Pigment Cell Melanoma Research*, **21**: 192-199. DOI: http://dx.doi.org/10.1111/j.1755-148X.2007.00430.x.

De Groot, P. W. J., Ram, A. F. & Klis, F. M. (2005). Features and functions of covalently linked proteins in fungal cell walls. *Fungal Genetics and Biology*, **42**: 657-675. DOI: http://dx.doi.org/10.1016/j.fgb.2005.04.002.

de Nobel, H., van den Ende, H. & Klis, F. M. (2000). Cell wall maintenance in fungi. *Trends in Microbiology*, **8**: 344-345. DOI: http://dx.doi.org/10.1016/S0966-842X(00)01805-9.

Douglas, C. M. (2001). Fungal β(1,3)-D-glucan synthesis. *Medical Mycology*, **39**(Supplement 1): 55-66. DOI: http://dx.doi.org/10.1080/mmy.39.1.55.66.

Dranginis, A. M., Rauceo, J. M., Coronado, J. E. & Lipke, P. N. (2007). A biochemical guide to yeast adhesins: glycoproteins for social and antisocial occasions. *Microbiology and Molecular Biology Reviews*, **71**: 282-294. DOI: http://dx.doi.org/10.1128/MMBR.00037-06.

Driver, J. D., Holben, W. E. & Rillig, M. C. (2005). Characterization of glomalin as a hyphal wall component of arbuscular mycorrhizal fungi. *Soil Biology and Biochemistry*, **37**: 101–106. DOI: http://dx.doi.org/10.1016/j.soilbio.2004.06.011.

Erental, A., Dickman, M. B. & Yarden, O. (2008). Sclerotial development in *Sclerotinia sclerotiorum*: awakening molecular analysis of a 'dormant' structure. *Fungal Biology Reviews*, **22**: 6–16. DOI: http://dx.doi.org/10.1016/j.fbr.2007.10.001.

Gooday, G. W. (1995a). Cell walls. In: *The Growing Fungus* (eds. N. A. R. Gow & G. M. Gadd), pp. 43–62. London: Chapman & Hall. ISBN-10: 0412466007, ISBN-13: 9780412466007.

Gooday, G. W. (1995b). The dynamics of hyphal growth. *Mycological Research*, **99**: 385–394. DOI: http://dx.doi.org/10.1016/S09537562(09)806345.

Ichinomiya, M., Yamada, E., Yamashita, S., Ohta, A. & Horiuchi, H. (2005). Class I and class II chitin synthases are involved in septum formation in the filamentous fungus *Aspergillus nidulans*. *Eukaryotic Cell*, **4**: 1125–1136. DOI: http://dx.doi.org/10.1128/EC.4.6.1125-1136.2005.

Jirjis, R. I. & Moore, D. (1976). Involvement of glycogen in morphogenesis of *Coprinus cinereus*. *Journal of General Microbiology*, **95**: 348–352. DOI: http://dx.doi.org/10.1099/00221287-95-2-348.

Klis, F. M., Boorsma, A. & De Groot, P. W. J. (2006). Cell wall construction in *Saccharomyces cerevisiae*. *Yeast*, **23**: 185–202. DOI: http://dx.doi.org/10.1002/yea.1349.

Latgé, J.-P. (2007). The cell wall: a carbohydrate armour for the fungal cell. *Molecular Microbiology*, **66**: 279–290. DOI: http://dx.doi.org/10.1111/j.1365-2958.2007.05872.x.

Latgé, J.-P., Mouyna, I., Tekaia, F., Beauvais, A., Debeaupuis, J. P. & Nierman, W. (2005). Specific molecular features in the organization and biosynthesis of the cell wall of *Aspergillus fumigatus*. *Medical Mycology*, **43**: 15–22. DOI: http://dx.doi.org/10.1080/13693780400029155.

Lesagmy, G. & Bussey, H. (2006). Cell wall assembly in *Saccharomyces cerevisiae*. *Microbiology and Molecular Biology Reviews*, **70**: 317–343. DOI: http://dx.doi.org/10.1128/MMBR.00038-05.

Linder, M. B., Szilvay, G. R., Nakari-Setälä, T. & Penttilä, M. E. (2005). Hydrophobins: the protein- amphiphiles of filamentous fungi. *FEMS Microbiology Reviews*, **29**: 877–896. DOI: http://dx.doi.org/10.1016/j.femsre.2005.01.004.

Lugones, L. G., Wösten, H. A. B., Birkenkamp, K. U., Sjollema, K. A., Zagers, J. & Wessels, J. G. H. (1999). Hydrophobins line air channels in fruiting bodies of *Schizophyllum commune* and *Agaricus bisporus*. *Mycological Research*, **103**: 635–640. DOI: http://dx.doi.org/10.1017/S0953756298007552.

Mandel, M. A., Galgiani, J. N., Kroken, S. & Orbach, M. J. (2006). *Coccidioides posadasii* contains single chitin synthase genes corresponding to classes I to VII. *Fungal Genetics and Biology*, **43**: 775–788. DOI: http://dx.doi.org/10.1016/j.fgb.2006.05.005.

Martín-Urdíoz, M., Roncero, I. G., González-Reyes, J. A. & Ruiz-Roldán, C. (2008). ChsVb, a class VII chitin synthase involved in septation, is critical for pathogenicity in *Fusarium oxysporum* f. sp. *lycopersici*. *Eukaryotic Cell*, **7**: 112–121. DOI: http://dx.doi.org/10.1128/EC.00347-07.

Money, N. P. (1994). Osmotic adjustment and the role of turgor in mycelial fungi. In: *The Mycota*, vol. 1, *Growth, Differentiation and Sexuality* (eds. J. G. H. Wessels & F. Meinhardt), pp. 67–88. New York: Springer-Verlag. ISBN-10: 3540577815, ISBN-13: 9783540577812.

Money, N. P. (2004). The fungal dining habit: a biomechanical perspective. *Mycologist*, **18**: 71–76. DOI: http://dx.doi.org/10.1017/S0269915X04002034.

Money, N. P. (2008). Insights on the mechanics of hyphal growth. *Fungal Biology Reviews*, **22**: 71–76. DOI: http://dx.doi.org/10.1016/j.fbr.2008.05.002.

Money, N. P. & Harold, F. M. (1992). Extension growth of the water mold *Achlya*: interplay of turgor and wall strength. *Proceedings of the National Academy of Sciences of the United States of America*, **89**: 4245–4249. Stable URL: http://www.jstor.org/stable/2359304.

Money, N. P. & Harold, F. M. (1993). Two water molds can grow without measurable turgor pressure. *Planta*, **190**: 426–430. DOI: http://dx.doi.org/10.1007/BF00196972.

Odds, F. C., Brown, A. J. P. & Gow, N. A. R. (2003). Antifungal agents: mechanisms of action. *Trends in Microbiology*, **11**: 272–279. DOI: http://dx.doi.org/10.1016/S0966-842X(03)00117-3.

Pareek, M., Allaway, W. G. & Ashford, A. E. (2006). *Armillaria luteobubalina* mycelium develops air pores that conduct oxygen to rhizomorph clusters. *Mycological Research*, **110**: 38–50. DOI: http://dx.doi.org/10.1016/j.mycres.2005.09.006.

Purin, S. & Rillig, M. C. (2007). The arbuscular mycorrhizal fungal protein glomalin: limitations, progress, and a new hypothesis for its function. *Pedobiologia*, **51**: 123–130. DOI: http://dx.doi.org/10.1016/j.pedobi.2007.03.002.

Riquelme, M., Bartnicki-García, S. González-Prieto, J. M., Sánchez-León, E., Verdín-Ramos, J. A., Beltrán-Aguilar, A. & Freitag, M. (2007). Spitzenkörper localization and intracellular traffic of green fluorescent protein-labeled CHS-3 and CHS-6 chitin synthases in living hyphae of *Neurospora crassa*. *Eukaryotic Cell*, **6**: 1853–1864. DOI: http://dx.doi.org/10.1128/EC.00088-07.

Riquelme, M. & Bartnicki-García, S. (2008). Advances in understanding hyphal morphogenesis: ontogeny, phylogeny and cellular localization of chitin synthases. *Fungal Biology Reviews*, **22**: 56-70. DOI: http://dx.doi.org/10.1016/j.fbr.2008.05.003.

Rittenour, W. R., Si, H. & Harris, S. D. (2009). Hyphal morphogenesis in *Aspergillus nidulans. Fungal Biology Reviews*, **23**: 20-29. DOI: http://dx.doi.org/10.1016/j.fbr.2009.08.001.

Roncero, C. (2002). The genetic complexity of chitin synthesis in fungi. *Current Genetics*, **41**: 367-378. DOI: http://dx.doi.org/10.1007/s00294-002-0318-7.

Rosenberger, R. F. (1976). The cell wall. In: *The Filamentous Fungi*, vol. 2, *Biosynthesis and Metabolism* (eds. J. E. Smith & D. R. Berry), pp. 328-344. London: Edward Arnold. ISBN-10: 0713125373, ISBN-13: 9780713125375.

Scholtmeijer, K., Rink, R., Hektor, H. J. & Wösten, H. A. B. (2005). Expression and engineering of fungal hydrophobins. *Applied Mycology and Biotechnology*, **5**: 239-255. DOI: http://dx.doi.org/10.1016/S1874-5334(05)80012-7.

Seidl, V. (2008). Chitinases of filamentous fungi: a large group of diverse proteins with multiple physiological functions. *Fungal Biology Reviews*, **22**: 36-42. DOI: http://dx.doi.org/10.1016/j.fbr.2008.03.002.

Smits, G. J., Kapteyn, J. C., van den Ende, H. & Klis, F. M. (1999). Cell wall dynamics in yeast. *Current Opinion in Microbiology*, **2**: 348-352. DOI: http://dx.doi.org/10.1016/S1369-5274(99)80061-7.

Steinberg, G. (2007). Hyphal growth: a tale of motors, lipids, and the Spitzenkörper. *Eukaryotic Cell*, **6**: 351-360. DOI: http://dx.doi.org/10.1128/EC.00381-06.

Sunde, M., Kwan, A. H. Y., Templeton, M. D., Beever, R. E. & Mackay, J. P. (2008). Structural analysis of hydrophobins. *Micron*, **39**: 773-784. DOI: http://dx.doi.org/10.1016/j.micron.2007.08.003.

Taborda, C. P., da Silva, M. B., Nosanchuk, J. D. & Travassos, L. R. (2008). Melanin as a virulence factor of *Paracoccidioides brasiliensis* and other dimorphic pathogenic fungi: a minireview. *Mycopathologia*, **165**: 331-339. DOI: http://dx.doi.org/10.1007/s11046-007-9061-4.

Takeshita, N., Ohta, A. & Horiuchi, H. (2005). CsmA, a class V chitin synthase with a myosin motorlike domain, is localized through direct interaction with the actin cytoskeleton in *Aspergillus nidulans. Molecular Biology of the Cell*, **16**, 1961-1997. DOI: http://dx.doi.org/10.1091/mbc.E04-09-0761.

Waters, H., Butler, R. D. & Moore, D. (1972). Thick-walled sclerotial medullary cells in *Coprinus lagopus. Transactions of the British Mycological Society*, **59**: 167-169. DOI: http://dx.doi.org/10.1016/S0007-1536(72)80059-7.

Waters, H., Butler, R. D. & Moore, D. (1975a). Structure of aerial and submerged sclerotia of *Coprinus lagopus. New Phytologist*, **74**: 199-205. Stable URL: http://links.jstor.org/sici?sici=0028-646X%28197503%2974%3A2%3C199%3ASOAASS%3E2.0.CO%3B2-%23.

Waters, H., Moore, D. & Butler, R. D. (1975b). Morphogenesis of aerial sclerotia of *Coprinus lagopus. New Phytologist*, **74**: 207-213. Stable URL: http://links.jstor.org/sici?sici=0028-646X%28197503%2974%3A2%3C207%3AMOASOC%3E2.0.CO%3B2-V.

Werner, S., Sugui, J. A., Steinberg, G. & Deising, H. B. (2007). A chitin synthase with a myosin-like motor domain is essential for hyphal growth, appressorium differentiation, and pathogenicity of the maize anthracnose fungus *Colletotrichum graminicola. Molecular Plant-Microbe Interactions*, **20**: 1555-1567. DOI: http://dx.doi.org/10.1094/MPMI-20-12-1555.

Wessels, J. G. H. (1993). Wall growth, protein excretion and morphogenesis in fungi. *New Phytologist*, **123**: 397-413. Stable URL: http://www.jstor.org/stable/2557792.

Wessels, J. G. H. (1996). Fungal hydrophobins: proteins that function at an interface. *Trends in Plant Science*, **1**: 9-15. DOI: http://dx.doi.org/10.1016/S1360-1385(96)80017-3.

Wösten, H. A. B. & de Vocht, M. L. (2000). Hydrophobins, the fungal coat unravelled. *Biochimica et Biophysica Acta – Reviews on Biomembranes*, **1469**: 79-86. DOI: http://dx.doi.org/10.1016/S0304-4157(00)00002-2.

Yin, Q. Y., de Groot, P. W. J., de Koster C. G. & Klis, F. M. (2008). Mass spectrometry-based proteomics of fungal wall glycoproteins. *Trends in Microbiology*, **16**: 20-26. DOI: http://dx.doi.org/10.1016/j.tim.2007.10.011.

第3部
菌類の遺伝学と多様性

Part 3
Fungal genetics and diversity

From the haploid to the functional diploid: homokaryons, heterokaryons, dikaryons and compatibility

第7章
単相から機能的な複相まで:ホモカリオン,ヘテロカリオン,ダイカリオンと和合性

真菌類の栄養菌糸体は単相（haploid）の核を有する．これは菌界の生物の特徴であり，他の生物界のグループとは異なり，真菌類は単相である．ジャガイモの胴枯症状を引き起こすジャガイモ疫病菌など，卵菌類（クロミスタ界；Chromista）に属する真菌類に類似した菌類（偽菌類）においては，核は複相（diploid）である．核相におけるこの違いは真菌類（true fungi）と偽菌類（non-true fungi；pseudo fungi）間との重要な違いの1つである．もちろん，どの規則にも例外はつきものであり，ヒトのカンジタ症を引き起こす酵母 Candida albicans や，担子菌門（Basidiomycota）に属する樹木病害菌であるナラタケ（Armillaria mellea）の根状菌糸束（rhizomorphs）や子実体の細胞（Peabody et al., 2000）のように，複相の核を有する真菌類もある．

本章では，和合性と個々の菌糸体を主眼にするつもりである．ヘテロカリオン（heterokaryon；異核共存体）の成立と解消，複核菌糸体の特性と維持が主要な話題となるが，これらの機構を制御するメカニズム，つまり，栄養成長における和合性（compatibility）や不和合性（incompatibility）の様式も同様に取り扱う．私たちはまた，疑似有性生殖環（parasexual cycle）の1種類とみなされる有糸分裂周期における遺伝的な組換えについても議論する．最後には，細胞質に存在する遺伝子の実体である，ミトコンドリア，プラスミド（plasmids），ウイルス（viruses）やプリオン（prions）の分離についても考察する．

7.1 和合性と個々の栄養菌糸体

核相が異なるため，真菌類の生活環はその他の真核生物の主要なグループとは大きく異なる．たとえば，真菌類では，複相の核は有性生殖において一時的に出現するだけであるが，逆に動物や植物では，単相の状態は配偶体に限られている．真菌類においては有性生殖の過程がどのように遂げられるか，つまり，有性生殖過程の機構はさまざまであり，また有性生殖の各フェーズの期間についても，菌種によって大きく異なる．実際，複相核（二倍体）化は自然に起こる．野外から集めてきた*Aspergillus nidulans*の154分離菌株のうち，140菌株が単相の核を有する菌株であり，14菌株が複相の核を有していた．しかし，複相核の菌株は培養系においては安定しておらず，最終的には単相体になる．

自然条件下で，またあるいは実験操作によって形成された複相核は単相核よりも大きく，したがって核–細胞質比は高くなる（図7.1）．

単相核であることは，核内の染色体にはそれぞれ遺伝子が1コピーのみ存在するということであり，突然変異はすべて顕在化する．しかし，一般的に，細胞質1つ当りには，多くの核が存在することから，機能の損失は同じ栄養菌糸体に存在する多くの核において同一の変異が起こった場合にのみ現れ，個々の核内で起こっている突然変異は顕在化しない．

菌界（fungal kingdom）は非常に大きく多様化している．この結果，真菌類の生活史における有性生殖の役割も多様である．有性生殖は，異なる親固体からの遺伝情報をある組合せで最終的に1つの複相核（可能性としては異型接合型）に伝える．この場合，核は減数分裂を行い，その間に，他のすべての真核生物のように，染色体の分離とその遺伝的な再統合が起こる．他の最も極端な場合，完全に無性生物である真菌類も存在する．従来，これらはたいていの場合，アナモルフ菌類（anamorphic fungi）［不完全菌類（Deuteromycets; Deuteromycota）］；アナモルフ菌綱（不完全菌）］として分類されてきたが，分子生物学的手法によって，現在，これらの菌類は，有性生殖世代での類縁性に従って位置付けられている（Burnett, 1968；Elliot, 1994；Moore-Landecker, 1996）．

進化という意味において，無性世代の菌も安定的なものではない．なぜなら，遺伝的な表現が変わる，あるいは，無性繁殖期の有糸分裂において，染色体の再分配や組換えを生じさせ，結果として遺伝的な組換えに到る適応的な機構により変化や多様性が生み出されているからである（Geiser *et al*., 1996；Taylor *et al*., 1999；Pringle & Taylor, 2002）（以下の7.8節参照）．

さらに大いに議論を進める前に，用語のいくつかについて定義しておかなければいけない．ホモカリオン（homokaryon）とは，菌糸体中すべての核が同一の遺伝子型をもつものであり，ヘテロカリオン（heterokaryon）の菌糸体では，菌糸体中の核が2種以上の遺伝子型を有しているのである．1個体がそれ自身だけで有性生殖環を完遂できるならホモタリック（homothallic）である．しかし，以下に説明するようにホモタリズム（homothallism）の過程はさまざまである．また，ホモタリックな菌種では自家受精することのみに限られないことを強調しておく必要がある．つまり，2つのホモタリックな菌株は，自然条件で，また実験室内での「人工的な操作」によって交雑することもある．重要な点は，ホモタリックは**自家受精する**（self-fertilise）能力を有しているが，自家受精が必須ではないことである．

対照的に，ヘテロタリック（heterothallic）な菌種は，有性生殖に2つの別個体の相互作用を**必要**とする．ヘテロタリックな種の菌株のそれぞれは，自家不稔または自家不和合的であるが，他家とは和合的である可能性をもつ．ヘテロカリオシス（heterokaryosis；異核共存性）は異なる菌株の菌糸間の融合から始まり，その後，一方の菌糸から他方へと核が移動することで，菌糸は2種類の核をもつようになり，そのような菌糸は，**ヘテロカリオン**である．

このような核行動の最も典型的な事例は，ウシグソヒトヨタケ（*Coprinopsis cinerea*）やスエヒロタケ（*Schizophyllum commune*）のようなモデル担子菌類に見い出すことができる．まず担子胞子は発芽して，細胞当り一核をもつホモカリオン性の菌糸体を形成する．これをモノカリオン（monokaryon）とよぶ．2つのモノカリオンが出会うと菌糸融合が起こる．これらがもし栄養成長において和合性があれば，一方の核が他方の菌糸体に移動し，細胞間のドリポア隔壁（樽形孔隔壁，dolipore septa）が，核を移動させるために壊れていく．加えて，核が

図7.1 *Aspergillus nidulans*の単相体と複相体の胞子の発芽の比較．Fiddy & Trinci（1976）のカメラ・ルシダを用いた描画を再掲した．

1個の核当りの細胞質容積(μm³)
単相体［一倍体(*n*)］ 89
複相体［二倍体(2*n*)］ 166

和合的な交配型（compatible mating type）であれば，新生する部分あるいは既存の菌糸体の大部分は，双方のモノカリオン親株に由来する核2つを有する細胞［二核細胞（binucleate cell）］になる．このような菌糸体（状態）をダイカリオン［重相（dikaryon）］とよんでいる．

しかしながら，高等な真菌類と他の真核生物との間には，生活様式においてある重要な相違点があり，その違いは，遺伝的にかなり重要なものである．1つ目は栄養菌糸体の多くは菌糸の中にいくつかの遺伝的に独立した核を保持しうることである（実際には，保持できるというよりも，多くの核をもつことによって恩恵を受けている）．このことは，すでに言及した2つ目の重要な違い，つまり菌糸融合は子嚢菌門（Ascomycota）の菌類や担子菌門の菌類でまさに直ちに起こるが接合菌類では見られないという事実からくるものである．

ヘテロカリオシスの重要なメリットの1つは，優性の対立遺伝子が多く存在する（実験目的で人工的に操作されない限り，劣性の突然変異は集団内で常に少数である）ならば，劣性の突然変異は，ヘテロカリオンにおいて顕在化しないということである．あるヘテロカリオンの核の集団中において不顕性劣性突然変異が存在することは，その菌糸体がホモカリオンよりも大きな遺伝子プールを有していることを意味する．そしてこのことは，進化過程の選択圧に対してより有利であり，環境ストレス変化に迅速に対応できる可能性を与える．このように，単相体であるにも関わらず，真菌類は成功した生物群であり，この成功は，栄養成長時に，（単相体，複相体の何れにしても）たった1つの核型しかもたないことに起因する遺伝的ならびに生理的な欠点をヘテロカリオンを利用し克服したことによるであろう．

7.2　ヘテロカリオンの形成

菌糸融合（anastomosis）は，菌糸間または菌糸分枝間の融合であり，われわれはこれまで2つの菌糸壁が壊れ，2つの異なる細胞膜が融合し，互いの菌糸の細胞質が一続きになる過程を記述してきた．ここで重要なのはその結果である．すなわち，いったん菌糸がつながると，それらは核やその他の細胞内小器官を交換することが可能になる．もちろん，これは，動植物の有性的な繁殖の前段階である受精においても起こる．

真菌類が異なるのは，菌糸融合が有性生殖に限られていないところである．むしろ，子嚢菌門や担子菌門に属する糸状菌の菌糸体が機能を効果的に果たすために必要不可欠なものである．菌糸融合により，初期には放射状に拡がりつつある菌糸が，十分に相互連携する（三次元の）ネットワークに変化する．菌糸融合は，個々の栄養菌糸体にとって成熟とともに起こる普遍的現象である．菌糸間の連結がつくり上げた相互連携により，栄養素やシグナル分子は，コロニー内をどこにでも転流することができる．

ヘテロカリオンは自然界においても確実に発生している（表7.1）．明らかに高等菌類は，菌糸先端が他の菌糸をターゲットに伸長するのに必要な機構を備えており，これは通常の菌糸発達過程の一部分であり，有性生殖に特化したものでもなく，試験管内での培養の特殊な機構でもない．しかし，それは複雑な機構である．なぜなら通常の菌糸体成長において，栄養菌糸はお互いを忌避する行動［**負の自律屈性**（negative autotropism）］を示すのが普通であり，それは利用可能な基物の探査やその利用効率を向上させる行動だからである．菌糸融合には，菌糸が互いの方に向けて成長すること［**正の自律屈性**（positive autotropism）］を示すことが必要である．通常起こる菌糸間の忌避反応が，いかにしてかつなぜ反転するのかは不明である．しかし，明らかに，菌糸体が成熟する（また局所的な菌糸密度に依然しているかもしれない）のに伴い生じる菌糸先端の行動変化である．

したがって，高等菌類は，動物，植物，さらに下等菌類やその原始的な類縁種においては決して認められない程度にまで，細胞融合を進める機構を有している．その過程は2つの異なる細胞質を1つの（接合している）菌糸体内に入れ，また2つの異なる菌糸体に由来する核を同じ（接合している）細胞質内に入れる（図7.2）．この結果生じる遺伝的な効果は，ヘテロカリオンにとって重要である．1つのヘテロカリオン内にある異なる核の対立遺伝子（アリル）は互いに相補する．図7.2に示すように，リジン要求性菌株［栄養的な欠損を有する**栄養要求性株**（auxotroph）］とアデニン要求性菌株間で形成されたヘテロカリオンは最小培地（アデニンやリジンのどちらも含まない培地）にて生育することが可能になるが，それを構成するそれぞれのホモカリオンは生育できない．

表7.1　野外から分離された真菌類におけるヘテロカリオンの発生頻度

菌種	分離菌株数	ヘテロカリオンが発見された菌株の割合（％）
Aspergillus glaucus	15	13
Penicillium cyclopium	16	25～50
Sclerotina trifoliorum	10	60

表7.2 環境条件が Penicillium cyclopium のヘテロカリオン菌糸体内の核数比（A型ならびにB型の核）に及ぼす影響

生育培地	ヘテロカリオンの菌糸体内の2種の核の割合（%）	
	A型	B型
最小培地	9	91
複合培地（リンゴ果肉）	52	48

ヘテロカリオンな菌糸体中の異なった核数の比は，形態（たとえば，分枝頻度）と成長速度（菌糸伸長に影響を及ぼすことにより）の双方に影響を及ぼしうる．すなわち，ヘテロカリオンの表現型はその細胞中の核のバランスによって決定される．同様に，その環境や生育条件は，核数比そのものにも影響を与えうる．

表7.2に，環境条件（培地性状の点から）が Penicillium cyclopium（毒素を分泌し，果物の腐敗原因となる真菌）のヘテロカリオンな菌糸体内核数比に及ぼす影響を示す．最小培地においては，B型の核が優占するが，リンゴ果肉を含む培地で育てたヘテロカリオンでは両方の型の核がほぼ同数現れる．このように，1つのヘテロカリオンにおける核型の比はさまざまな範囲で異なり得る．さまざまな成分を含む複合培地は選択圧を与え，そのことがヘテロカリオンの維持に役立っている．最小培地はそうではなく，B型核は何らかの選択的な優位性をもっているとこの例を解釈できる．図7.2で示した例，すなわち最小培地はアデニン要求性とリジン要求性を示す核からなるヘテロカリオンに好都合である，との相違について十分注意してほしい．アカパンカビ（*Neurospora crassa*）のコロニアル突然変異株（colonial mutant：菌糸分枝が過多でコロニー成長が遅い）と非コロニアルな菌株（菌糸の分枝がわずかで伸長が速い）間で形成されたヘテロカリオンの実験例では，2種の核の存在比が1：1の場合には，ヘテロカリオンの表現型は非コロニアルな型になる．しかし，コロニアル突然変異株の核が多く存在する場合，そのヘテロカリオンはコロニアル型となる．このように，ヘテロカリオンの核数比は，その形態的表現型，すなわち

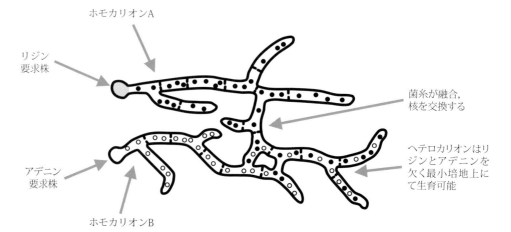

図7.2 *Aspergillus nidulans*（子嚢菌門）におけるヘテロカリオシスとホモカリオシス（homokaryosis）．上図：ホモカリオン間で起こる菌糸接合のさまざまな様式．下図：2つのホモカリオンによって形成されるヘテロカリオン．ヘテロカリオンな菌糸体にある核が2つまたはそれ以上の遺伝型を有するとき，異なる核にある対立遺伝子は相補しあう．この図においては，リジン要求株とアデニン要求株から形成されたヘテロカリオンは最小培地上で生育可能になる．しかし，それぞれのホモカリオンは成長できない．

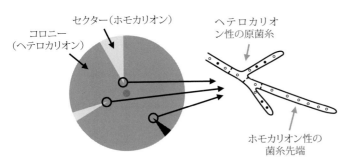

図7.3 ヘテロカリオンのコロニーにおけるセクター形成．セクターとは，ペトリ皿上のコロニーなどで認められるある種の菌糸パターンである．ホモカリオンのセクターはヘテロカリオンのコロニー内で円グラフの扇状部分のように形成される．もし，ヘテロカリオンとホモカリオンが形態的に異なる（たとえば，形成される胞子の色）ならば，これらの領域は肉眼で識別できる（図における左側）．セクターは，菌糸先端が1種類の核だけを受け取りホモカリオンとして成長を続けることにより発生する（図，右側）．このことは，コロニー成長のいつでも起こりうる．接種源に近いところで起これば，セクターの領域は広範囲に及ぶ大きなものとなる．セクターの形成は，単に偶然に生じるものであり新しく形成された菌糸先端における核のランダムな分配にのみ依存する．しかしながら，核の分配を阻害する化学物質や，ホモカリオンにとって有利な選択圧によって，セクターは高頻度でつくられるかもしれない．ヘテロカリオンを維持する正の選択圧がなければ，ヘテロカリオンはそれを構成するホモカリオンへと崩壊するようである．たとえば，図7.2のヘテロカリオンが，リジンとアデニンを含む完全培地で育てられると，ヘテロカリオンの維持に適した選択圧が無くなるため，ヘテロカリオンは，構成していた栄養要求性のホモカリオンに分かれる．

菌糸の分枝頻度や伸長速度にも影響を及ぼす．

ヘテロカリオシスによって以下のような結果が生じることは明白である．

- 異なる核型をもつ複数核が菌糸体に多様性を与える．
- 菌糸体の表現型はすべての核の相互作用による．
- 局所的な核数比の変化に対応し，同一菌糸体の異なる部位において表現型を変えることが可能．
- ヘテロカリオンはさまざまな栄養条件に対応する生理的柔軟性を与える．
- ヘテロカリオンは有性生殖とは独立に，遺伝的多様性を増加させる．
- 細胞質遺伝（ミトコンドリア，ウイルス，プラスミド，プリオン；以下参照）の経路を提供する．

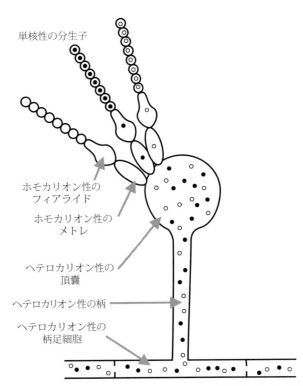

図7.4 単核性の胞子形成によるヘテロカリオンの消失．無性生殖の結果，単核性の胞子が形成される場合，胞子は発芽してホモカリオンの菌糸を生じる．たとえば，Aspergillus nidulans においては，分生子は，頂嚢上のメトレの先にあるフィアライド（胞子母細胞）の先端部で形成される．それぞれのフィアライドは頂嚢由来の核1つをもつ．この核は，幾度もの有糸分裂を繰り返す．1回の有糸分裂の後，娘核の1つは形成途上の胞子に移行し，他方の娘核はフィアライド内にとどまる．したがって，あるフィアライド上で鎖状に形成される分生子のすべての核は遺伝的に同一である．Aspergillus nidulans の分生子柄の構造についての詳細は，230頁の図9.7を参照．

7.3 ヘテロカリオンの解消

ヘテロカリオンに有利な選択圧が継続しない場合，ホモカリオン性のセクター形成によってヘテロカリオンは解消する傾向にある．コロニー周縁部のヘテロカリオンな菌糸先端において，どれか1種のヘテロカリオン親に由来する核が優占し，さらに，環境条件がその種の核にとって適したものに変わっているなら，その種の核を含む菌糸が選択されてくる（図7.3）．

また，Aspergillus nidulans のように，単核性の無性胞子を形成するものでは，胞子による無性生殖によってもヘテロカリオンは解消する（図7.4）．この単核性胞子は，その後発芽してホモカリオンを形成する．

この例とも異なり，多核性の無性胞子を形成する多くの菌類では，胞子形成に関わる菌糸がヘテロカリオンであるなら，胞

子もまたヘテロカリオンとなる可能性が高く，ヘテロカリオンは，無性生殖を経て伝播されうる［本例としては，多種類の植物に対する病原菌であり，醸造用ブドウの貴腐の原因である灰色かび病菌（*Botrytis cinerea*）がある：図7.5］．

7.4 ダイカリオン

担子菌門の菌類において，ヘテロカリオンはかなり特殊化しており，同一細胞質内に交配型和合的な2種の核をもつ細胞によって構成される；これをダイカリオンとよぶ．同じような編成は，子嚢菌門の真菌類の**造嚢菌糸**（ascogenous hyphae）において存在するが，多くの担子菌類では，二核状態は，菌糸成長の特別な性質（図7.6）によって意図的に維持されており，その結果，二核菌糸体はその他のすべての菌糸体同様に，さまざまに成長することができる．通常，二核菌糸のみが子実体を形成する．

ダイカリオンの状態は，特殊化した細胞レベルの生物現象によって維持されている．2つの核はともに分裂し（共役性の有糸分裂；conjugate mitosis），同時にかすがい連結［クランプコネンクション（clamp connection）］が後方に突出した分枝として成長する．この分枝は，ループ状になり，元の菌糸に融合する．二核のうち1つはかすがい連結内において有糸分裂し，残りの1つは主軸側の菌糸内にて分裂する．その後，2つのドリポア隔壁が分裂後のそれぞれの核の娘核間に形成され，菌糸先端細胞を隣の細胞から隔てる．先端細胞とその次の細胞（つまり，2つの娘細胞）の両方は対立する交配型の二核をそれぞれもっているが，次細胞の二核のうちの1つはかすがい連結を通して移動してきたものである（図7.6）．この過程が規則正しく進むことにより，すべての細胞は2組の相同染色体を有するダイカリオンになる，つまり，このダイカリオンは機能的に複相体（二倍体）である．

これは重要な点である．いわゆる高等生物（動物と植物）は複相体であるが，高等菌類は単相体であり，このことは遺伝的かつ進化的な結果である．しかしながら，単相の担子菌類は，ヘテロカリオンであるダイカリオンの栄養成長ステージを拡げることで，機能的に二倍体である細胞を発達させた．そうすることで，担子菌類は単相でありながら，植物や動物などの複相生物同等の遺伝的（また進化的）な優位性を獲得している．複相体と同様に，ダイカリオンの細胞は2組の相同遺伝子をもっているが，それぞれの組は別の核の中に存在している．2つの核は特定の範囲での細胞質の活動を支配制御する．ダイカリオンの状態を確立維持するため，細胞内における複雑なからくりを担子菌類は進化させてきた．これには，さまざまな交配型栄養成長での和合性についてのシステム，手の込んだドリポア型隔壁，精巧な細胞分裂の機構が含まれ，そこで，後方に伸長する菌糸分枝により，娘核は，隔壁を飛び越えることが可能に

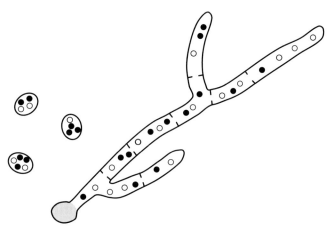

図7.5 多核性胞子を造る菌のヘテロカリオンは，その無性胞子の発芽によって伝播することができる（たとえば，*Botrytis cinerea*）．

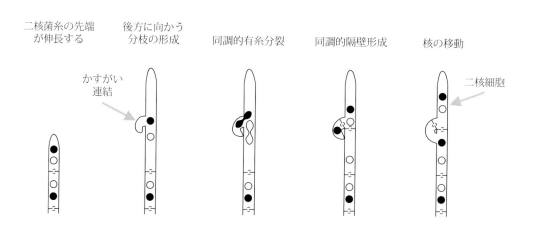

図7.6 ダイカリオン：特殊化した二核のヘテロカリオン：ダイカリオンの状態は，かすがい連結，つまり，後方に伸長する分枝により維持される．この分枝は主軸の菌糸に融合して二核のうちの1つを伝送する．これによりドリポア隔壁によって隔てられた2つの娘細胞に対立する交配型をもつ二核を確実に存在させるようにしている．細胞は2組の相同染色体を含んでおり，機能的に二倍体である．

なり，細胞分裂後のそれぞれの娘細胞内の二核の状態を維持することが可能になる（図7.6）．担子菌類は最も進化した真菌類であることは疑いない．

かすがい連結は複相体を維持するのに必要である．なぜなら，ドリポア隔壁は細胞質内小器官の細胞間の移動を制限し，核の正則的な分布を妨げる．共役的な有糸分裂や核移動が支障なく起こる程度に菌糸が幅広ならば必要ではないかもしれない．そうであれば，栄養菌糸でのダイカリオンの中にはかすがい連結を形成しないものもあるだろう．大部分の担子菌類では，ダイカリオンの菌糸体のみ子実体に分化する．しかし，多くの子実体はダイカリオンの状態が崩壊した特殊な組織を含んでいる．たとえば，ヒメヒトヨタケ（*Coprinopsis*）属のきのこの子実体の柄にある多くの細胞はとても大きくなって多核であるが，同一子実体中の他部位の細胞は常に二核性である．同様に，すべての担子菌類がダイカリオンとは限らず，多核性のものもある．より多くの真菌類が本当の複相体でないことは奇異である．おそらく，われわれが想像する以上に，柔軟なヘテロカリオンの状態の方が，より有利なことが多いのであろう．

7.5 栄養菌糸和合性

遺伝的に異なる菌糸が相互に作用し，たとえば，ヘテロカリオシスまたは有性生殖の生活環の恩恵に与るためには，菌糸融合の過程は厳密に制御されていなければならない．それにより，ヘテロカリオシスの生理的，遺伝的な優位性が危険を伴わずに確実に実現される．しかし，菌糸融合には，欠損を有する，あるいは有害な細胞小器官，ウイルス，プラスミドなど由来の外部遺伝情報による汚染の危険性が潜んでいる．また，核と細胞質では相反する条件を満たさなければならない．有性生殖の恩恵を最大にするため，遺伝的にできるだけ異なる核を確保しなければいけない．対照的に，細胞が安全に生きるためには，混入する細胞質はできるだけ同じようなものでないといけない．

これらの特性は以下のようなものによって制御されている．

- 栄養菌糸和合性（vegetative compatibility）と一般によばれる菌糸が融合する能力を制御する遺伝的システム．栄養菌糸和合性［また，栄養菌糸不和合性（vegetative incompatibility），体細胞（somatic）あるいはヘテロカリオン不和合性ともいう］の表現型とは，ヘテロカリオン菌糸の融合である．
- 交配型因子とよばれる遺伝子．菌糸融合に続く核融合と減数分裂を支配する．交配型因子における和合の表現型は有性生殖の発生である（第8章参照）．

栄養菌糸和合性は交配型の機能とは異なるものであるが，個体群構造および遺伝的多様性の観点からは，それらの機能に影響を及ぼすものである．

栄養菌糸和合性は1個から数個の核遺伝子によって制御されるが，これらの遺伝子は，同じ**栄養菌糸和合性群**［vegetative compatibility group；通常，**v-c群**（VCG）と略される］に属するコロニー間の菌糸融合を制限するものである．同一v-c群の菌株は，同じ栄養菌糸和合性対立遺伝子をもっている．菌糸融合は菌類においては無差別に起こるが，細胞質の和合性が，初めに融合する細胞よりも数細胞先にまで細胞質の交換を進めるかどうかを決めている．細胞内において自家/他家の認識は細胞融合ののちに起こるので，これは，**細胞融合後不和合性**（post-fusion incompatibility）とよばれる．関係する菌叢間に和合性がないならば，細胞融合にかかわった細胞は直ちに死滅する（図7.7）．この戦略によって，不和合性である菌株間での，核や他の細胞小器官の移行が妨げられる．しかし，不和合性の反応が遅いならば，ウイルスやプラスミドは，細胞融合が起こった菌糸部位が不和合性反応で死滅する前に，隣のダメージを受けていない細胞に移行するかもしれない（Saupe et al., 2000）．

和合性の検定は，調べようとする菌株の小片を寒天培地の上に並べて置くことにより行う．これらの**対峙**（confrontation）により自家/他家認識を意味する反応が現れる．つまり，対峙培養すると，先導菌糸は混じり合い，これら菌糸の分枝間で菌糸融合が起こる．対峙する菌株の間に和合性あるならば，ヘテロカリオンは増えていって菌糸体全体がヘテロカリオンとなる．これは，アカパンカビ（*Neurospora crassa*）や*Podospora anserina*において認められている．一方，*Verticillium dahliae*やイネ馬鹿苗病菌（*Gibberella fujikuroi*）などの種においては，核は，細胞間を移行しないため，ヘテロカリオシスは，融合細胞から成長した分枝に限られる．

対峙したコロニー間に和合性がないならば，融合した細胞は死滅する（図7.7）．栄養菌糸不和合性からくる細胞の死は次の現象を含む．つまり，死滅しつつある菌糸の区画を分離するため隔壁孔には栓がされ，細胞質が空洞になり，DNAは断片化し，細胞小器官は分解し，細胞壁から細胞膜が剥がれる．このような細胞の死は，内的に管理，調整されている細胞死であり，偶発的に起こる細胞壊死（necrosis）とは異なっており，

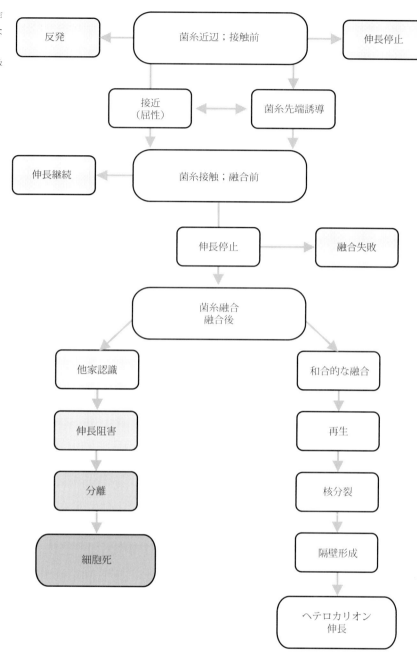

図7.7 栄養菌糸和合性システムの作用に至る菌糸間相互作用過程を示したフロー図．菌糸間の認識過程は主要な3段階（接触前の菌糸周辺，菌糸融合前の菌糸接触，自家/他家融合後の認識）のすべてで起こる［Moore & Novak Frazer（2002）の第2章から改変］．

多細胞性の他の真核生物における**プログラム細胞死**［programmed cell death；PCD，アポトーシス（apoptosis）］と共通する多くの特徴を伴っている．

栄養菌糸和合性（栄養菌糸，体細胞，ヘテロカリオン不和合性）は，同じv–c群に属する菌株間でない場合，ヘテロカリオン形成を防げる働きをする．対峙培養における菌株間の不和合性は，*het*（ヘテロカリオンを意味する）や*vic*（栄養成長体不和合性）とよばれる特定の遺伝子座における2菌株間の遺伝的相違によって生じている．この現象にかかわる主要な遺伝子が特定されると，引き続き，その発現に影響を及ぼすか，または発現を加減する他の遺伝子が特定され，他の説明的な名前があてられてきた（表7.3）．普通，約10個の*het*遺伝子座があるが，その数は菌種によって異なっている．つまり，アカパンカビにおいては少なくとも11個，*P. anserina*においては9個，*Asp. nidulans*においては8個，そして*Cryphonectria parasitica*においては7個の遺伝子座がある（Glass et al., 2000；Shiu & Glass, 2000）．この不和合性の影響は，菌類以外の生物にまで広がっている；つまり，*Rhizoctonia solani*の異なる

表7.3 クローニングされ特徴が明らかになってきた栄養菌糸不和合性に関与する遺伝子

アカパンカビ（Neurospora crassa）	
MatA-1	交配型転写制御因子，出芽酵母（Saccharomyces cerevisiae）のMat α1遺伝子に類似した領域を含む
Mata-1	交配型転写制御因子でHMGボックスを含む［高泳動性群（High Mobility Group）］特有のタンパク質でクロマチンで発見されるヒストンとは別，非ヒストンタンパク質の下位クラスに相当する；HMGタンパク質は遺伝子制御と染色体構造の維持において機能する
het-c	グリシンの多い反復をもったシグナルペプチド（小胞体を標的とした分泌タンパク質に含まれる）
het-6	tol遺伝子と，（Podospora anserinaにある）het-e遺伝子に類似の領域
un-24	タイプ1リボヌクレオチド還元酵素の大きなサブユニット
tol	コイルドコイル，ロイシンリッチリピート（細胞外マトリックス分子内に見られるタンパク質立体構造）を特徴とし，（P. anserinaの）het-e遺伝子や，het-6遺伝子にある配列に類似した領域を有する
Podospora anserina	
het-c	糖脂質輸送タンパク質（糖脂質は細胞-細胞間相互作用に含まれる）
het-e	GTP結合領域，アカパンカビのtol遺伝子やhet-6遺伝子への類似性を有する部位
het-s	プリオン似のタンパク質（変則的に折りたたまれた変異型は感染的にその変則的な構造を正常なタンパク質に伝え，その後集合体を形成する）
idi-2	シグナルペプチド（signal peptide）であり，het-R/V遺伝子不和合性によって誘導される
idi-1, idi-3	シグナルペプチドであり，非対立性不和合性によって誘導される
mod-A	SH-3結合領域（STC相同領域3；約50個のアミノ酸残基のタンパク質領域で，真核生物の情報伝達に含まれている．また，通常タンパク質-タンパク質相互作用に含まれる多くの骨格タンパク質にも存在する）
mod-D	GTP結合をもつGタンパク質のαサブユニット（そのようなタンパク質は，真核生物の情報伝達に含まれている），het-C/E遺伝子不和合性の変更遺伝子である
mod-E	ヒートショックタンパク質（ATPase活性を伴う90-kDaポリペプチドのHsp群に属する．そのペプチドは酵母細胞の増殖能力に欠かせないものであり，ステロイド受容体やタンパク質キナーゼのように，真核生物の多くの制御タンパク質と関連して認められる），het-R/V遺伝子不和合性の変更遺伝子である
pspA	非対立性不和合性によって誘導される液胞セリンプロテイナーゼ（serine proteinase）

Moore & Navak Frazer, 2002 から引用．

栄養菌糸不和合性群は，その宿主植物への病原性も異なる．

アカパンカビは，すべてのhet遺伝子座での遺伝的同一性を必要とする点においてAsp. nidulansと類似している．これら遺伝子座のうちの1つは，アカパンカビの交配型遺伝子座であり，また，交配型と栄養菌糸不和合性とが関連することは，それほど普遍的ではないが，アカパンカビに限らずAscobolus stercorarius, Asp. heterothallicus, Sordaria brevicollisにおいても報告されている．普通，het遺伝子の2つ対立遺伝子が野生型から見い出されるが，2つ以上の対立遺伝子をもつhet遺伝子も発見されている［さらに詳細は，Moore & Novak Frazer（2002）の第2章を参照］．

アカパンカビにおいては，対立する交配型をもつ菌株間からなるヘテロカリオンの成長は遅く，コロニーの外形は不均一になる．同じ交配型を示す菌株からなるヘテロカリオンの成長が速くて均一であるのと対照的である．明らかに，アカパンカビの交配型遺伝子は有性生殖における和合性とヘテロカリオン和合性の両方を制御する．しかし，前者は交配型が異なることが必要であり，後者は交配型が一致することが必要である．アカパンカビの栄養菌糸には，対立する交配型の核は容易には共存しないようである．交配においてそれぞれの個を攻撃的に維持することは，ありえないことではないし，理解するのは難しいことではない；われわれ自身の種においても，伝え聞くところによれば男はマルスからきており，女はヴィーナスよりきているということらしい．アカパンカビにおける，交配型の攻撃性の分子メカニズムは，交配型遺伝子がコードするMATA-1ならびにMATa-1のポリペプチドは転写調節因子で，有性生殖過程において細胞分化を支配している．しかし，栄養成長する細胞において同時に発現すると，致死的に働く．MATa-1の交配における機能はそのDNA結合能力に依存しているが，栄養菌糸不和合性の機能には必要ではない．したがって，ポリペプチドの異なる部位の機能領域が交配型イディオモルフ（idiomorph）のこれら異なる2つの活性を支配している（Debuchy, 1999）．

同じ交配型（と，同じhet遺伝子型）をもつアカパンカビ菌株から造られたヘテロカリオンは，1：1に近い核数比を有し，完全に細胞質は連続的である．また，これらが生産する分生子の30%までがヘテロカリオンである．不和合なヘテロカリオンの対峙においては，融合するすべての細胞の隔壁孔は塞がれてしまい，細胞質は，顆粒状になり液胞化して，ついには死滅する．この細胞質，もしくはそのリン酸緩衝液抽出物を別の菌株に注入すると，同様の崩壊的な変化が起こる．抽出物の

活性は，タンパク質と関連しており，ヘテロカリオン和合性における自家/他家の認識は，het 遺伝子のタンパク質産物によることを示している．

Podospora anserina の2つの不和合の菌類のコロニーが接すると，菌糸が融合し，続いて融合した細胞が死滅し，その結果，色素が消失する．それによって，バラージ（barrage）とよばれるコロニー間の透明な境界領域が形成される．バラージは，栄養菌糸不和合性によるものである．しかし，それらコロニーは，有性生殖については和合的かもしれない．もし和合性があれば，バラージのそれぞれ両側に子嚢殻が線状に形成される．なぜなら，融合した栄養菌糸細胞は死滅するが，致死は融合した性細胞にまで及ばないからである．栄養菌糸不和合性遺伝子は，おそらく，不和合的な融合による細胞の老化と死を引き起こす酵素の調節遺伝子であり，交配型遺伝子は，栄養菌糸不和合性遺伝子の負の効果から，性的に和合な性細胞を保護するのであろう．

Podospora anserina のいくつかの het 遺伝子座が解析されてきている．しかし，遺伝子記号は，異なる真菌種ごとに独立に付けられてきている．つまり，P. anserina の het-c 遺伝子は，アカパンカビの het-c 遺伝子とは無関係である．アカパンカビの例のように，P. anserina の het 遺伝子座はさまざまな遺伝産物をコードしている（表 7.3）．たとえば het-s 遺伝子産物はプリオンタンパク質（prion protein）のようにふるまう．プリオンは，「伝染性のタンパク質小粒」，つまり，正常な形態をしたタンパク質を異常な形態に変える（下記参照）という意味において，異常な構造が伝染するように思われる細胞タンパク質である．het-s 菌株と中立な het-s* 菌株との間の菌糸融合によって，細胞質は感染し，het-s の表現型は伝染的に増殖する．

het 遺伝子座は非常に多様な遺伝産物をコードする．しかし，アカパンカビの het-6 遺伝子座と tol 遺伝子座から想定される産物と P. anserina の het-e 遺伝子座から想定される産物との間には，類似性のある領域が検出された．この領域は，これら3つの het 遺伝子座が関与する栄養菌糸不和合性のある側面に必要なドメインを表しているかもしれない．アカパンカビで発見された het-c の対立遺伝子は，アカパンカビ（Neurospora）属の他の菌種や近縁属菌種にも存在するため，共通の祖先から派生し，進化の間も保存されてきたことがうかがえる．しかし，機能に関する潜在的な類似性があることが示唆されるにもかかわらず，ある1つの種由来の het 遺伝子座は，必ずしも別種の栄養菌糸不和合性に関与しているわけではない．

7.6 不和合性システムの生物学

真菌類の個体（fungal individual）となるものを現実的に定義づけるものは和合性反応（さしあたり，ここで議論されている栄養菌糸和合性や，第8章で取り扱う交配型システムを含む）である．酵母類においては，それぞれの細胞は，明らかに個体であるが，菌糸体での個体はそれほど明瞭ではない．胞子は個体であるが，1つの胞子より発達したコロニーもまた個体にちがいない．しかし，同じコロニー由来の10個の胞子は，10個の異なる個体になるのか，1個体から分断された10片にすぎないのか？　そして，そののちにはヘテロカリオン，すなわち，1つ以上の核型をもつ菌糸体が存在する．1つのヘテロカリオンは1個体なのか，というよりも，1つのキメラ（chimera），もしくは1つのモザイク（mosaic）なのか？　遺伝的な意味で個体群（集団；population）は交配可能な個体からなるため重要な問題である．淘汰は個々に作用するため個体は進化において重要である．そのため菌類の個体群を理解するためには，どこで個体が始まり終わるかを知らなければならない．

生物学的な分類の基本単位である種は，従来的には，交配の成否や生存可能な子孫の産出の観点から定義されているため，個体群は重要である．これは，先に 3.9 節で議論した**生物学的種**（biological species）［もしくは，遺伝種（genospecies）］のことである．和合性システムは菌糸体の個体性を維持し，それによって，栄養菌糸体は，なわばりと資源を求めて競いあう同種の関連のない菌糸体を認識することができる．言い換えれば，和合性システムは，出会う菌糸が自分自身に属するのか，そうでないかを立証して個別の菌糸体を規定する．加えて菌類は，個体性を発現する多くの方法をもっている．なぜなら，有害な細胞質の突然変異，ならびに/もしくは，ウイルスやプラスミド感染を種内に広げないようにするために，さらにはおそらく種分化の第一段階としても，個体性は，最重要事項であるといえるからである．

菌の個体は，複数の木材腐朽菌菌糸体が定着する枯死木において最も明瞭にみられる．菌糸体それぞれが材を探り，自身が利用するための一定量の木材基質を獲得しようとする．菌糸体は，出会い，作用しあい，栄養菌糸和合性システムが作動する．もし菌株が不和合である場合，栄養菌糸不和合性により融合細胞が死滅し，それにより近接する菌株間に死滅した菌糸の境界線が形成される．この境界線の近くの生きた菌糸はしばし

ば厚く着色した細胞壁を形成する．これにより，2つの菌糸体がはっきりと識別される．材がのこぎりで引かれて木片になると，これら着色した境界は，切断面上に着色した線（境界線または帯線）として現れる．もし，それぞれの領域が表面まで広がり子実体が形成されるようになれば，その子実体群は異なる遺伝子型を示し，それにより個体群が明らかになってくる（図7.8）．

7.7 有糸分裂サイクルでの遺伝子の分離

20世紀の半ばには，減数分裂の分離が染色体地図を作成する唯一の方法ではないことが明らかになった．**有糸分裂の分離**（mitotic segregations）もまた解析され，染色体地図の作製に便利な方法となっている．この方法は，通常，単相である菌類に適用可能であるが，最初の段階では，10^6から10^7回の体細胞分裂につき約1回という割合で起こる核融合を通じて一時的に起こる複相核を選抜する．

先駆的な研究が，通常単相である糸状菌 Aspergillus nidulans についてなされた．複相核の菌株の選抜は，A. nidulans ではそれほど困難ではない．なぜなら，この菌の分生子は常に単核であるからである．最終的に，わずかな複相核の分生子は，1つのヘテロカリオンから得られる胞子の大集団の中から，ヘテロ接合の表現型を指標にして選抜される．単核の分生子はヘテロカリオンではなく，ヘテロ接合表現型を発現する分生子は少なくとも1対の相同染色体をもっており，実質的には複相核である．そのため，2つの劣性の栄養要求株間からのヘテロカリオンを作製した場合，複相核の胞子が最小培地で生育可能な唯一の分生子であることが想定できる（図7.2）．複相核の分生子は，単核の分生子よりも，ほぼ2倍程度で大きく，もちろん単核がもつDNA量の2倍をもっている（図7.1）．

この類の栄養要求性による選抜は，間違いなく効率的な方法である．しかし，実験的な雑種交配に利用可能な栄養要求性のマーカーの数は限られている．しかしながら，とりわけ使いやすい A. nidulans の特徴（すべての菌類には当てはまらない）は，分生子の色は遺伝子型に依存するというものである．その結果，非対立で劣性の，たとえば，白や黄色など，胞子の色に関する2つの突然変異株間のヘテロカリオンは，非常に多くの白色や黄色の単核の分生子を生産するが，ごくまれに野生型の濃緑色をした複相核の分生子のセクターを形成する．この胞子色による選抜法を用いることで，雑種交配過程でいくつかの（意図しない）栄養要求性に関する形質をもつ可能性が考え

られるため，培養菌株の厳密な調査が必要である．

栄養要求性による選抜法は，通常は単相核である多くの菌類から，複相核を分離するために用いられてきている．これには，担子菌類のスエヒロタケ（*Schizophyllum commune*）やウシグソヒトヨタケ（*Coprinopsis cinerea*）が含まれるが，有性生殖についての生活環が知られていない菌類においてとりわけ重要である．これらには，*A. niger*, *A. oryzae*, *A. flavus*, *Penicillium chrysogenum* を含む商業上重要な種や，*P. expansum* や *P. digitatum* のような植物病原菌が含まれる．

二倍体は一般に十分に安定で，二倍体の栄養菌糸体に成長するが，ごくまれに，ヘテロカリオンの遺伝子が分離したことを示す扇状の拡がりを生むことがある．このような遺伝子分離もまた，有糸分裂組換え（mitotic recombination）に基づいており，染色体地図の作製に用いることができる．これらを理解するには，有糸分裂と減数分裂における染色体（chromosome）の挙動の明瞭な違いを心に留めておく必要がある．減数分裂においては，相同染色体（homologous chromosomes）は，対になって接合し，2つの染色体を含む，すなわち2価の染色体として最初の紡錘体につながる．これらの染色体は，それぞれ，2つの染色分体になる［図7.9に描かれている，四染色分体（chromatids）段階］．減数分裂の第1分裂において，分裂しない（つまり，母方と父方の）セントロメア（centromeres）は紡錘体（spindle）によって別々の側に移動する．**これは有糸分裂においては起こらない**．

有糸分裂においては，相同染色体は，互いに並ぶことはない．つまり，対合はしない．有糸分裂における交差により複相個体での組換えが起こることから，有糸分裂の際に相同染色体間において偶発的に組換えが起こり，その組換えの結果，互いに組換えられた部位をもつ2つの相同染色体になることが示唆される（図7.9）．しかし，これはごくまれである．実際，有糸分裂における交差は，とてもまれなため，二重交差は遺伝子解析における研究上の問題とはならない．有糸分裂における交差は，減数分裂における交差にとても似たもののようにみることができるが，娘核の遺伝型という点からみた結果は異なる．なぜなら，**有糸分裂と減数分裂とは染色体の分離が異なるからである**．有糸分裂において，交差が起こると，2つの相同染色体は一緒には存在せず（減数分裂においてはそうであるが），2つの相同染色体は離れて別々に赤道面に並ぶ．これら2つの（相同）染色体は，もちろん2つの染色分体に分かれ，その後別々に移動する．

減数分裂においては，お互いに組換えられた染色分体は，異

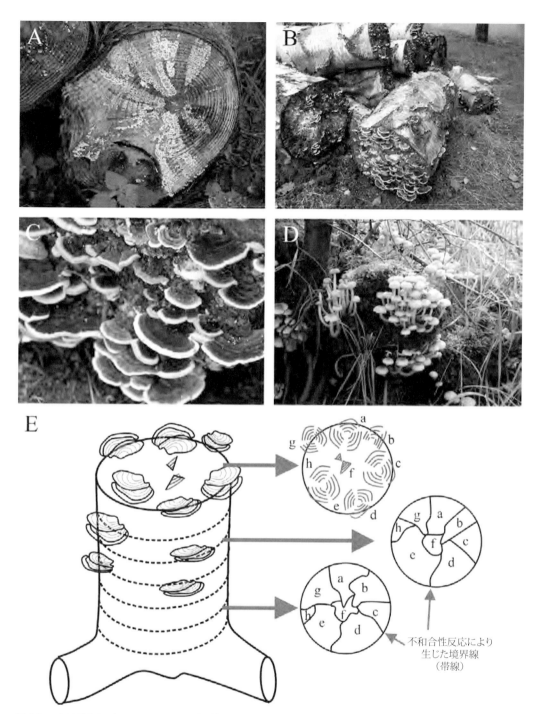

図 7.8　カワラタケ（*Trametes versicolor*）（担子菌門の菌；一般に，米国では七面鳥の尾とよばれる）（A, B, C）と，一般に sulfur tuft と知られる菌のニガクリタケ（*Hypholoma fasciculare*）（D）の菌糸体が広がった倒木．発生時期の初めには，菌糸体は材の末端にまで届き，発生しつつある子実体により，材中の離れた分解部の輪郭が示され（A），これは，異なる和合性群に属する菌糸体によって作られる．そののち，材の表面に子実体が発生する（B, C, D）．ニガクリタケが発生している D においては，異なる分解部からの子実体の発生という現象がカワラタケ（*Trametes*）属の菌に限られたものではないことを示しているが，ここでは，倒木は完全にコケによって覆われて不明瞭である．E で示されたのは，カワラタケの 8 つの和合性の無い菌糸体によって占められた切り株であり，材中の分解部は，連続的に切り取った，約 1 cm の厚さの断面によって図示されている．栄養菌糸体不和合性が作用して，それぞれ近接する菌株の間に，死滅し色素が沈着した菌糸による境界領域が現れて，分解部が明瞭に区別されている．材の断面においては，これらの境界は，それぞれの菌糸体の境界を示す境界線（帯線）として現れる（a, b, c, d, e, f, g および h）（また，図 13.4 参照）．栄養菌糸体が材表面に達し，子実体を形成する場所では，子実体は菌糸体と同一の遺伝子型を有する〔写真は，D. Moore による，英国 Cheshire 州，Jodrell Bank の Granada Arboretum で採取したものである．E の図は Rayner & Todd（1982）での図 3 に基づいて作成．〕カラー版は，口絵 30 頁を参照．

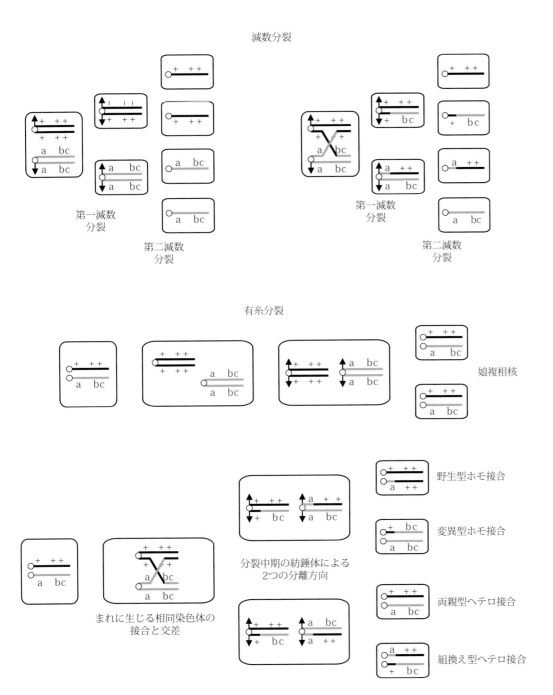

図7.9 減数分裂と有糸分裂の染色体分離機構の比較図．上部に減数分裂を描き，その左部分には組換えが起こっていない場合，右部分には交差を含む場合を描いている．これらの過程は，すべての真核生物に適用可能な，完全に通常の染色体分離過程である．下部には，交差を含む場合とそうでない場合の有糸分裂を示している．有糸分裂は，親個体の染色体の複製から始まる．しかし，通常，相同染色体は互いに対合しない．その後，複製された染色体は，それぞれ紡錘体上に並ぶ．複製された染色体の染色分体は分離して，各娘核に入る．その結果，2つの複相の娘核は親の核と同じ遺伝子型を有することになる．たいへんまれに，複製された染色体は，十分に接近して対合し，交差が起こるようになる．これによって，2つの染色分体が組換えられる．しかし，組換えられた複製染色体は，それでも，別々に紡錘体上に並び，それぞれの複製染色体の各染色分体は分離してそれぞれの娘核に入るという原則に従う．交差のため，紡錘体による移動は2つの方向が起こりうる．その1つは，交差部位から末端までの間はホモ接合（1つは野生型ホモ接合，もう1つは，変異型ホモ接合）となる2つの娘核を生む．もう1つのケースは，2つのヘテロ接合の複相の娘核を生むが，そのうちの1つは，2つの親個体の染色体をもつ，親個体の核とまったく同じ両親型ヘテロ接合になるが，一方は，2つとも組換えを起こした組換え型ヘテロ接合となる［Moore & Novak Frazer（2002）の第5章から改変］．

なる単相の娘核になる（図7.9）．しかし，体細胞分裂においては，それぞれの相同染色体の染色分体の1つが紡錘体によって，それぞれの極に移動することで，複相の娘核を生じる．染色分体が紡錘体の反対の極に必ず移動するというルールが守られるならば，他の制約条件は無い．一組の相同染色体の染色分体は，それぞれ別々に分離する．その結果，交差に引き続いて，次のようなことが起こる．

- 2つの互いに組換えられた染色分体は，有糸分裂の後期には，反対の極に移動する．
- もしくは，同じ確率で染色分体は同じ側に移動する．

このことの重要な点は，前者の場合（組換えられた染色分体は，組換えられていない染色分体と同じ極に移動する），交差部位と染色体末端との間のすべての遺伝子マーカーは，ホモ接合になる（図7.9）．

たいていの生物においては，減数分裂産物の解析は遺伝子地図の作製に最も簡単な方法となる．しかしながら，遺伝子解析に有糸分裂の分離様式を活用することにより，研究者にとって減数分裂の解析よりも都合の良い点がある．比較的わずかな分離体であっても，染色体上の相対的な遺伝子位置についての十分な量の情報を得ることができる．連鎖する a 遺伝子と b 遺伝子とが同時にホモ接合になったような複相核が出現すれば，これらの遺伝子は同じ染色体の同じ腕上に存在することが強く示唆される．また，a 遺伝子のみがホモ接合となるものが出現すれば，ほぼ間違いなく a 遺伝子は b 遺伝子よりも動原体から離れた位置にあることがわかる．

減数分裂から得た連鎖地図と有糸分裂から得た連鎖地図とで，遺伝子の並びは同じである．しかし，遺伝子間の距離は異なることから，減数分裂と有糸分裂とでは，交差位置が異なることが示唆される．しかしながら，有糸分裂を解析する絶対的な優位性は，単相体の形成にある．有糸分裂における組換えは非常にまれであるため，同じ染色体上にある遺伝子は単相化の間でも完全に連鎖している．一方，遺伝子が同じ染色体上にないならば，これらの遺伝子は，どの核に振り分けられるかは自由である．このように，有糸分裂における連鎖群の解析は，減数分裂によるよりも効率的に取り組むことができる．

有糸分裂を解析する手法は，胞子の色によって菌糸体のセクターが確認できる A. nidulans において初めて開発された．A. nidulans では，1,000回の有糸分裂当り2回の頻度で交差が起こり，1,000回の有糸分裂当り1回の頻度で単相化が起こる．複相菌糸のセクターを特定するのとは逆の方法で，単相の子孫株を確認することができる．つまり，複相コロニーにおいて，劣性突然変異のヘテロ接合体は野生型の暗緑色の胞子を形成するが，白色または黄色の胞子を形成する単相のセクターが出現する．

ここで，劣性の，白色（w）および黄色（y）の分生子形成遺伝子の両方をヘテロ接合体でもつ複相コロニーの A. nidulans を用いた典型的な実験からのいくつかの結果を解析してみよう．これら2つの劣性遺伝子は異なる染色体上にあり，また y 遺伝子を含む染色体は栄養要求性の突然変異をもち（すなわち，突然変異によって栄養要求性を有するようになった），これらは ade（アデニン要求性），pro（プロリン要求性），paba（α-アミノ安息香酸要求性）および bio（ビオチン要求性）とよばれる．親個体の複相核は，図7.10 に示されるような染色体構成を有している．表現型として，野生型の緑色の胞子（複相核）をもち，栄養分を追加していない最少源の培地で（複相の菌糸体として）成長することができる．

この複相体からの変異体は胞子の色により特定できる．元の複相体は暗緑色の分生子を形成するが，黄色の胞子を形成する部位や白色の胞子を形成するセクターがたまに発見される．黄色胞子変異体は，以下のような遺伝子型からなる．

- paba 遺伝子と y 遺伝子との間で交差が起こって y 遺伝子がホモになった原栄養性複相体（図7.10B）．
- 2タイプの paba 遺伝子がホモになった黄色複相体，そのためα-アミノ安息香酸要求性である．そのうちの1つは，複相体の bio 遺伝子と paba 遺伝子の間で交差が起こったもので，もう1つは，pro 遺伝子と動原体との間での交差に由来する（図7.10C）．
- 交差せずに単相化した単相体（図7.10D）．
- 交差が1度起こったあとに単相化した単相体．ここで交差は，paba 遺伝子と動原体との間のどこかで起こっている．

白色胞子変異体は w 遺伝子のホモ接合または単相化によって起こる（図7.11）．白色胞子の遺伝子型は以下のものである．

- w 遺伝子と動原体との間での1度の交差による原栄養性複相体（図7.11B）．
- 2タイプの白色遺伝子の単相体，交差しないで単相化したことによる（図7.11C）．

図 7.10 *Aspergillus nidulans* を用いた実験で得られた，有糸分裂で出現する黄色胞子形成変異体．本種では，もともとの複相体（親個体）は，白色（*w*）および黄色（*y*）分生子遺伝子について，ヘテロ接合体である．複相の親個体は（A）に示すような染色体の構造を有する．（B）から（E）ではこの遺伝子型の染色体上で起こる交差および，その後の有糸分裂分離を示している．○は動原体を表している；＋は野生型の対立遺伝子；*ade* はアデニン（プリン）要求性突然変異遺伝子；*pro* はプロリン（アミノ酸）要求性突然変異遺伝子；*paba* はビタミンの α-アミノ安息香酸（ビタミンの一種）要求性突然変異遺伝子；*bio* はビオチン（ビタミンの一種）要求性突然変異遺伝子［Moore & Novak Frazer（2002）の第 5 章から改変］．

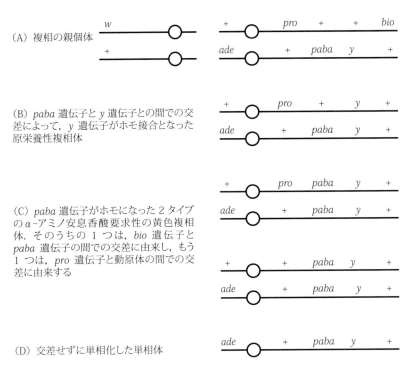

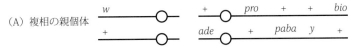

図 7.11 *Aspergillus nidulans* を用いた実験で得られた，有糸分裂で出現する白色胞子形成変異体．本種では，もともとの複相体（親個体）は，白色（*w*）および黄色（*y*）分生子遺伝子について，ヘテロ接合体である．複相の親個体は（A）に示すような染色体の構造を有する．（B）および（C）で言及する交差は，この遺伝子型の染色体上で起こり，その後，有糸分裂での染色体の分離が起こる［Moore & Novak Frazer（2002）の第 5 章から改変］．

(A) 複相の親個体

(B) 動原体と *w* 遺伝子との間での交差が一度起こって生じた *w* 遺伝子がホモ接合となった原栄養性複相体

(C) 交差しないで単相化したことによる 2 タイプの白色胞子の単相体，この 2 タイプは，ほぼ同じ頻度で現れることから，単相化の過程において，2 つの染色体は別々に分離することを示している

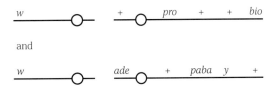

白色胞子を形成する単相体の子孫株は，プロリンおよびビオチン要求性のものとアデニンおよびα-アミノ安息香酸要求性のものがほぼ同じ頻度で現れることから，これらの栄養要求性マーカーが存在する染色体は，単相化の過程において白色遺伝子が存在する染色体と別々に分離することを示している．

これらの変異，特に，黄色分生子変異は，**有糸分裂乗換え**（mitotic crossing-over）が実在することを示しており，ここで，この変異現象の例から得られるものを考えてみる．

実際の解析においては，複相の変異体では，ある遺伝子についてのホモ接合は，同じ染色体のそこから端の部位（つまり，染色体末端に近い側）のいずれの遺伝子についてもホモ接合の状態になっている．しかし，より基部（つまり，動原体に近い側）にある遺伝子は，いつもホモ接合であるとはかぎらない．有糸分裂分離の一般的な特徴は，対象となる染色体の変異についての遺伝子地図を推察できることにあり，図7.10にあるように黄色胞子変異に関する遺伝子地図が描かれる．*y*遺伝子についてのホモ接合は，*bio*遺伝子と対立の野生型遺伝子を常に伴っている．そのため，*bio*遺伝子は，染色体の同じアーム上の*y*遺伝子よりも端の部位（つまり，染色体の末端に近い部位）に位置することがわかる．同様に，*paba*遺伝子のホモ接合は頻繁に起こるが，*y*遺伝子のホモ接合の複相体において出現頻度は一定ではない．その一方，*pro*遺伝子のホモ接合は，*y*遺伝子のホモ接合体においてはさらに出現頻度が低い．このような子孫株の出現パターンによって，*paba*遺伝子と*pro*遺伝子は，同じアームの*y*遺伝子よりも基部の側，つまり*y*遺伝子よりも動原体に近い側にあり，*pro*遺伝子のほうがより動原体に近いということがわかる．黄色胞子の単相体において*ade*遺伝子と*paba*遺伝子の変異が同時に現れないことは，これら2つの遺伝子は連鎖しており，*ade*遺伝子がホモ接合の黄色胞子変異の複相体が現れないことで，この遺伝子は同じ染色体の反対側の腕上にあることがわかる（他のデータによって1つの染色体の一方の腕のホモ接合は他方の腕のホモ接合とまったく独立して起こることが確認されている）．

複相体でのホモ接合によるさまざまなタイプの子孫株が出現する頻度は，遺伝子間の相対的な遺伝子地図上の距離の指標となる．しかし，有糸分裂における組換えはまれであり，子孫株の事例を多く集めて，頻度についての信頼できる測定値を得るのは簡単ではない．しかしながら，少数の子孫株であっても，染色体の腕の末端からの遺伝子の並び順についての絶対的な指標となる．

7.8 疑似有性的生活環

栄養成長での菌糸成長の間に有糸分裂にて起こる多くの個々のイベントを一続きに並べて述べてきた．有糸分裂における複相体からの子孫株の核相は，単相［単相化（haploidation）とよばれる連続的な異常な有糸分裂による正常な染色体の損失過程によってできるもの］，部分的複相（染色体損失過程の間に固定した異数体），数個の連鎖遺伝子マーカーがホモ接合で，残りの部分はヘテロ接合の状態である複相のいずれかであることが明らかになっている．単相化は，染色体の不分離（有糸分裂において，染色体が，紡錘体の両極へ不適切に移動する現象）によって，いくつかの分裂サイクルに渡ってランダムに染色体が消失することにより起こる．その結果，複相体は異数性の中間生成物を経て，最後には単相の状態になる．全体的に見て，1つの異核接合体（ヘテロカリオン）において遺伝的に異なる単相の核の融合，それに続く有糸分裂での交差，その後，単相化によって完結するような過程は，**疑似有性的生活環**（parasexual cycle）とよばれる．

疑似有性的生活環においても，遺伝子の再集合と組換えが行われ，それによる種内の遺伝的バリエーションを高めるということにより，有性生殖と同じような効果を有している．このため，疑似有性的生活環は，有性世代を欠く菌類［アナモルフ菌類（不完全菌類）とよばれる］において有性生殖環にとって代わるものであるというもっともらしいことが主張されるが，このことを支持するようなはっきりした証拠はない．実験室レベルで現れる疑似有性的生活環は，実際，それほど多くは実用的に利用されてきていない．いくつかの商業的生産プロセスは *Penicillium chrysogenum* のような不完全菌に依存しているにもかかわらずである．

分子生物学の出現以前は，Ulvertson の Glaxo 研究所に勤務する産業分野での菌類遺伝学者は *P. chrysogenum* 菌株のペニシリン生産能力を高めるために疑似有性的生活環を用いた．当時，これが有益な突然変異を組換えることができる唯一の方法であった．しかし皮肉なことに，この技術はヒトの遺伝学に最も広範囲に用いられるものであった．ヒト遺伝子のかなりのものが染色体上に割り当てられたが，それは，ゲノム時代以前に疑似有性的生活環に類似した細胞サイクルを用いて行われてきた．すなわち，まずヒトとマウスの細胞を融合させて雑種細胞を形成する．しかし，その後，有糸分裂が繰り返されて徐々に染色体を失っていく．最終的には異数性の細胞群となる．これ

を用いて，遺伝的および細胞遺伝的な特徴を明らかにし，遺伝子の共分離により遺伝子連鎖が明らかにされた．この手法は，菌類において発見され，その後，動物細胞生物学の一定の側面を高めるために取り組まれている現象の例である．

7.9 細胞質分離：ミトコンドリア，プラスミド，ウイルス，プリオン

これまでヘテロカリオンの特徴を述べてきたが，菌類の表現型に影響を及ぼすとともに，表現型の伝搬に関してはヘテロカリオン化に依存した多くの細胞質内要素が存在する．これらの中で最も主要なものは，ミトコンドリアである．ミトコンドリアゲノムは，核ゲノムから独立し，まったく異なるものである．アカパンカビ（Neurospora crassa）および出芽酵母（Saccharomyces cerevisiae）の両種において，ミトコンドリア遺伝子の機能欠損の突然変異により特徴的な表現型を生む．酵母類においては，総DNAの18％がミトコンドリアDNA（mitochondrial DNA；mtDNA）である．それらは，AT含量（82％）が高いため，比較的簡単に染色体DNAと区別することができる．ミトコンドリアDNAは外周25 nmの円弧状をしており，約7.5×10^5塩基よりなる．酵母類のミトコンドリアDNAは，シトクロムc複合体の7個のポリペプチドのうち3個（残りの4個は核にある遺伝子に由来する），ミトコンドリアATPアーゼのうち4個のポリペプチドおよびシトクロムbの1個の構成ポリペプチドの情報をコードしている．これら遺伝子の突然変異によって，呼吸系に欠損部位をもつ表現型を生む（たとえば，出芽酵母でのpetite変異体やアカパンカビでのpoky変異体）．また，染色体の遺伝子はミトコンドリアのリボソームタンパク質をコードするが，ミトコンドリアリボソームRNA（rRNA）と転写RNA（tRNA）は，ミトコンドリアDNAによってコードされる．

ミトコンドリアリボソームは原核生物のリボソームと大きさがほぼ同じであり，他の特徴のいくつかも共通している．特にミトコンドリアリボソームにおけるタンパク質合成は，クロラムフェニコール（chloramphenicol）やエリスロマイシン（erythromycin）など，細胞質（真核生物性）リボソームに影響を及ぼさない抗生物質によって阻害される．つまり，ミトコンドリア遺伝子における突然変異による表現型として，ミトコンドリア特異的な薬剤による阻害に対して抵抗性を示す．ミトコンドリアの遺伝子配列は，原核生物の遺伝子に類似しており，このような特徴は，ミトコンドリアの由来に関する細胞内共生説を支持するものである．すなわちミトコンドリアは，共生関係を成立させた太古のバクテリア様生物の名残であり，それによって，古代での酸素呼吸を行う真核細胞になったと考えられる．

出芽酵母は，ミトコンドリア当り100以上のゲノムをもっている．この数は，酵母細胞において，約6,500のゲノムをもっていることに相当する．ミトコンドリアゲノムには，輪状をしているものや線状のものがある．奇妙なことに，交配によって細胞小器官のゲノムが分離するとき，その分離パターンによって細胞内のミトコンドリアゲノムが1コピーであることが示唆される．これが明らかに真実ではないという事実は，われわれが，どのようにして，オルガネラゲノムが親から子へと転送されるかを十分に理解できていないことを示す．ミトコンドリア遺伝子を交配する際の基本的な手順は，ミトコンドリア遺伝子のマーカーを含む単相細胞からヘテロカリオン（酵母類における複相細胞）を形成する過程を含んでいる．そのヘテロカリオンもしくは複相細胞が栄養成長したのち，（酵母類における）複相の娘細胞，胞子または（糸状菌類における）菌糸断片を培地上に接種し，出現したコロニーについて，元の単相核において存在したミトコンドリアの遺伝子マーカーを目印にして評価を行う．

アカパンカビにおいて，ミトコンドリア遺伝子によって制御される表現型は，一般に雌，つまり原子嚢殻を形成する側の親を通じて遺伝する．これは，**ミトコンドリアの垂直伝播**（vertical mitochondrial transmission），つまりある世代から次世代への伝播である．**水平伝播**（horizontal transmission），つまり同世代の個体間の伝播は，菌糸融合の結果行われる．ミトコンドリアゲノムの間で遺伝的相補性や組換えは検出することができるが，遺伝的に異なるミトコンドリアをもつ菌糸［ヘテロプラズモン（heteroplasmons）の状態という］は，やがて異なるミトコンドリアが別々の細胞に分離する傾向にある．

同形配偶子性（雄性/雌性の分化が認められない）を示す酵母類においては，ミトコンドリアの表現型は，片親を通じて遺伝する．そのメカニズムは不明であるが，ミトコンドリアゲノムは有糸分裂と娘細胞の出芽に伴って分離する．糸状菌類においては，ミトコンドリアゲノムは紡錘体とは密接に関連していない．そのため，体細胞分裂におけるミトコンドリアゲノムの分離は，ただ単に，ランダムな物理的な振り分けによるものにすぎないかもしれない．しかしながら，核とミトコンドリアの遺伝子はミトコンドリアゲノムの伝播に強く影響を及ぼしているとともに，細胞膜化学性にも影響を受けている．実験室において長期間にわたり継代培養されている子嚢菌門では，分子内

転位反応によるミトコンドリアDNAの変化が，アカパンカビや N. intermedia の菌糸成長や，酵母類の生育の変化に関連している．

担子菌門の菌類においては，ミトコンドリアゲノムの伝播は，スエヒロタケ（Schizophyllum commune），ツクリタケ（Agaricus bisporus），Agaricus brunnescens，ウシグソヒトヨタケ（Coprinopsis cinerea），シイタケ（Lentinula edodes），ヒラタケ（Pleurotus ostreatus），植物病原菌のナラタケ（Armillaria）属菌や Ustilago violacea において，研究されてきている．これらすべての菌類において，菌糸融合によって，異なるmtDNAを含んだ領域からなる菌糸体コロニーが生まれる（**ミトコンドリアモザイク**，mitochondrial mosaics）．Agaricus bitorquis，ツクリタケ，Armillaria bulbosa，ヒラタケおよび Ustilago violacea においては，二核菌糸体はミトコンドリアが混ざった状態となっており，しばしば，ミトコンドリアゲノム間において組換えが起こっており，組換えられたDNAは，ウシグソヒトヨタケの二核菌糸体や，二核性のプロトプラストにおいて発見されている．

ミトコンドリア伝播の一層重要な側面は，プラスミドを含んでいることにある．野外から分離した Neurospora 属菌は，一般に線状と環状のミトコンドリアプラスミドの両方をもっている．それらプラスミドのほとんどは**潜在的な**（cryptic），つまり，不明瞭な"お荷物"である．しかしながら，線状のプラスミド（とりわけ，Podospora anserina のもの）の中には，mtDNA の中に挿入され，**栄養菌糸体の老化現象**（mycelial senescence）の原因となっている．たいていの線状プラスミドは，その構造や複製や機能に関しては，典型的なウイルスの特徴を示しており，プラスミドフリーの菌株であっても，プラスミドの名残のようなものが，そのミトコンドリアDNA内に含まれるような程度にまでなっている．プラスミドのDNA配列は，通常，RNAポリメラーゼとDNAポリメラーゼ，もしくは逆転写酵素をコードしており，これらの酵素は，プラスミドを維持・増殖させるために用いられている．

しかしながら，プラスミドDNAは，酵母 Kluyveromyces lactis における"**キラー現象**（killer phenomenon）"の原因となっており，このプラスミドDNAは，そのプラスミドをもたない細胞（その"キラー"プラスミドをもつ細胞は，毒素に対して耐性をもつ）を死滅させることのできるキラー毒素をコードする．これらプラスミドは細胞質に存在し，核やミトコンドリアからは独立した表現システムをもっている．K. lactis のプラスミドは，他の酵母類（たとえば出芽酵母）に移ることができ，これにより，キラー/耐性の表現型が水平伝播する．このことは，このプラスミドが，広範囲の宿主となる酵母類において**自律性のあるレプリコン**（autonomous replicons）として保持され，さらに遺伝子発現も可能であることを示している．K. lactis プラスミドのキラー毒素は化学的および機能的に出芽酵母のそれと異なる．出芽酵母のキラー毒素は，**二本鎖RNA**（double-stranded RNA；dsRNA）ウイルスによってコードされている．

ウイルス様粒子（Virus-like particles；VLPs）は，多くの菌類の電子顕微鏡写真で観察されている．これらは，見かけ上，小さな球状のRNAウイルスに大変類似している．しかし，これらの粒子が菌糸‐菌糸間伝染に有効であるという証拠はほとんどない．観察されているVLPsの多くは，おそらく変質もしくは退化したウイルスであり，菌糸融合によってのみ伝搬するのであろう．菌類のウイルスの媒介者（ベクター）は知られておらず，このウイルスの伝搬は菌糸融合に依っているようである．意外なことに，菌類におけるウイルス伝搬は，通常，認識できるほどの表現型の原因とはならないが，これまで，唯一の例外は，ツクリタケのマイコウイルスであり，これは，**ラフランス病**（La France disease）の原因となり，きのこの生産を台無しにする．このウイルスに感染したきのこには，3種類のウイルス粒子が存在するが，感染性の粒子として機能するためには，10種類にも及ぶ異なるRNA分子を必要とする．それはまるで，不完全なウイルスとヘルパーウイルスのようであり，またさまざまなウイルスが相補的だが必須機能を有しているようでもある．

出芽酵母も5個のレトロウイルス様要素（retrovirus like elements），つまり Ty1 から Ty5 を保持する．これらは，特定のクロマチン構造を標的にして，核ゲノムにまとまることのできるトランスポゾン（transpozons）となる．観察される細胞質プラスミドの1つ目（Ty1）は，いわゆる**2ミクロンDNA**（two-micron DNA）である．この名称は，電子顕微鏡写真での環状DNAの輪郭の長さに基づいてつけられた．Ty1は核DNAに似た基本構造をもっており，mtDNAとはまったく異なっている．複相細胞1つ当り50から100の2ミクロンDNA分子をもち，その量は，核DNAのおおよそ3%程度になる．2ミクロンDNAは，核とミトコンドリアとの両方に関係なく出芽細胞の方に転送される．2ミクロン環状DNAは，2つの異なる特殊な配列部位のどちらかの末端に逆方向反復塩基配列をもっている．このような構造は，2ミクロンDNAが，酵母類の染色体にそれ自身全体で組み込まれていくことを意味してい

る．

　今まで，細胞質において分離する特性をコードする核酸分子について述べてきた．1990年代以降，**プリオンタンパク質**（prion protein）とよばれる**タンパク性遺伝因子**（proteinaceous heredity element）に多くの注目が向けられるようになってきている．プリオンに注目が向けられたのはプリオンが哺乳動物の病気の原因となるためであり，ヒツジのスクレイピー（scrapie），ウシ海綿状脳症（bovine spongiform encephalopathy, BSE），またヒトにおいては，クールー病（kuru）や，最近最も重要なものとして，変異型クロイツフェルトヤコブ病（new variant Creutzfeldt-Jakob disease；nvCJD）が知られている．これらの場合，病原体は，哺乳動物のゲノムにおいてコードされる正常な膜タンパク質（プリオンタンパク質）の異常型である．異常プリオンタンパク質は異常に折りたたまれ，さらに正常なプリオンタンパク質をも異常に折りたたませてしまい，次第に，これらのタンパク質が中枢神経系に凝集して，脳症を引き起こす．菌類もまた，プリオンタンパク質を保持している．

　すでに，*Podospora anserina*の感染性*het-s*表現型について，プリオンタンパク質として軽く触れてきた（7.5節，表7.3）．もう1つプリオンタンパク質の可能性があるものとして，出芽酵母のSup35pタンパク質のPSI^+型がある．Sup35pは必須タンパク質であり，翻訳の終了に関与する．PSI^+型においては，Sup35pタンパク質は，正常型の分子を折りたたんでしまうことを誘導するような立体構造をとる．その折りたたまれた分子は，機能を失ったタンパク質のフィラメントの中に凝集される形状となる．それによって細胞質から機能的な翻訳終了因子が失われ，その結果，翻訳エラーを引き起こす．これがPSI^+の表現型であり，出芽によって娘細胞に引き継がれ，細胞融合によって伝播する．そして，正常型のタンパク質は自己触媒的に形質転換をして増殖する．Sup35pタンパク質のプリオンに転換する部位（プリオン決定領域）は，グルタミンやアスパラギンに富むアミノ酸末端領域であり，いくつかのオリゴペプチド反復を含む．これらの反復領域を除去するとSup35pがPSI^+型に転換されなくなる．逆に反復領域を増やすことでPSI^+型の自然発生を増加させることができる．マウスを用いた実験において，BSEプリオンタンパク質から類似した反復を除去しても，プリオンの増殖と伝染を防ぐことはできないが，ヒトにおいては，反復領域の増加によって間違いなく海綿状の脳症を，数桁のオーダーで増加させることができる．オリゴペプチド反復によって，プリオンタンパク質は効果的に姉妹分子と重合することができるような立体構造をとるように折りたたまれやすい性質をもつ．酵母類細胞のプリオン質に相当するアミノ酸領域のデータベース検索によって，真核生物には，同じような領域が数多く存在することが明らかになった．しかし，これらは原核生物からは見つかっていない（Silar & Daboussi, 1999；Serio & Lindquist, 2000；Pál, 2001）．

7.10　文献と，さらに勉強をしたい方のために

Burnett, J. H.（1968）. *Fundamentals of Mycology*. London: Edward Arnold. ISBN-10: 0713122218, ISBN-13: 9780713122213. See Chapter 14: Heteroplasmons, heterokaryons and the parasexual cycle.

Debuchy, R.（1999）. Internuclear recognition: a possible connection between euascomycetes and homobasidiomycetes. *Fungal Genetics and Biology*, **27**: 218-223. DOI: http://dx.doi.org/10.1006/fgbi.1999.1142.

Elliott, C. G.（1994）. *Reproduction in Fungi: Genetical and Physiological Aspects*. London: Chapman & Hall. ISBN-10: 0412496402, ISBN-13: 9780412496400. See Chapters 1, 2 and 3.

Fiddy, C. & Trinci, A. P. J.（1976）. Mitosis, septation and the duplication cycle in *Aspergillus nidulans*. *Journal of General Microbiology*, **97**: 169-184.

Geiser, D. M., Arnold, M. L. & Timberlake, W. E.（1996）. Wild chromosomal variants in *Aspergillus nidulans*. *Current Genetics*, **29**: 293-300. DOI: http://dx.doi.org/10.1007/BF02221561.

Glass, N. L., Jacobson, D. J. & Shiu, P. K. T.（2000）. The genetics of hyphal fusion and vegetative incompatibility in filamentous ascomycete fungi. *Annual Review of Genetics*, **34**: 165-186. DOI: http://dx.doi.org/10.1146/annurev.genet.34.1.165.

Moore, D. & Novak Frazer, L.（2002）. *Essential Fungal Genetics*. New York: Springer-Verlag. ISBN-10: 0387953671, ISBN-13: 9780387953670. See Chapter 2: Genome interactions and Chapter 5: Recombination analysis. URL: http://springerlink.com/content/978-0-387-95367-0.

Moore-Landecker, E.（1996）. *Fundamentals of the Fungi*, 4th edn. Upper Saddle River, NJ: Prentice Hall. ISBN-10: 0133768643, ISBN-13: 9780133768640. See Chapter 8: Variation, speciation and evolution.

Pál, C. (2001). Yeast prions and evolvability. *Trends in Genetics*, **17**: 167-169. DOI: http://dx.doi.org/10.1016/S0168-9525(01)02235-1.

Peabody, R. B., Peabody, D. C. & Sicard, K. M. (2000). A genetic mosaic in the fruiting stage of *Armillaria gallica*. *Fungal Genetics and Biology*, **29**: 72-80. DOI: http://dx.doi.org/10.1006/fgbi.2000.1187.

Pringle, A. & Taylor, J. W. (2002). The fitness of filamentous fungi. *Trends in Microbiology*, **10**: 474-481. DOI: http://dx.doi.org/10.1016/S0966-842X(02)02447-2.

Rayner, A. D. M. & Todd, N. K. (1982). Population structure in wood-decomposing basidiomycetes. In: *Decomposer Basidiomycetes: Their Biology and Ecology* (eds. J. C. Frankland, J. N. Hedger & M. J. Swift), pp. 109-128. Cambridge, UK: Cambridge University Press. ISBN-10: 0521106801, ISBN-13: 9780S21106801.

Saupe, S. J., Clavé, C. & Bégueret, J. (2000). Vegetative incompatibility in filamentous fungi: *Podospora* and *Neurospora* provide some clues. *Current Opinion in Microbiology*, **3**: 608-612. DOI: http://dx.doi.org/10.1016/S1369-5274(00)00148-X.

Serio, T. R. & Lindquist, S. L. (2000). Protein-only inheritance in yeast: something to get [PSI^+]-ched about. *Trends in Cell Biology*, **10**: 98-105. DOI: http://dx.doi.org/10.1016/S0962-8924(99)01711-0.

Shiu, P. K. T. & Glass, N. L. (2000). Cell and nuclear recognition mechanisms mediated by mating type in filamentous ascomycetes. *Current Opinion in Microbiology*, **3**: 183-188. DOI: http://dx.doi.org/10.1016/S1369-5274(00)00073-4.

Silar, P. & Daboussi, M.-J. (1999). Non-conventional infectious elements in filamentous fungi. *Trends in Genetics*, **15**: 141-145. DOI: http://dx.doi.org/10.1016/S0168-9525(99)01698-4.

Taylor, J. W., Jacobson, D. J. & Fisher, M. C. (1999). The evolution of asexual fungi: reproduction, speciation and classification. *Annual Review of Phytopathology*, **37**: 197-246. DOI: http://dx.doi.org/10.1146/annurev.phyto.37.1.197.

Section 08
Sexual reproduction: the basis of diversity and taxonomy

第8章
有性生殖：多様性と分類学の根幹

　基本的に有性生殖とは，配偶子（分化した性細胞）の融合，あるいはそれらの核の複相化を経て，最終的には減数分裂に至る過程である．すなわち：

細胞質融合（plasmogamy）→核融合（karyogamy）→減数分裂（meiosis）

という一連の流れである．
　多くの真菌にとって，細胞質融合は菌糸融合（アナストモシス：anastomosis）により起こり，これは不和合性（incompatibility）機構により制御されている；独立した菌糸体として生じるヘテロカリオンがそのまま生育し，細胞質融合の状態が（あるときは無期限に）続くことになる．
　本章では，真菌の有性生殖のプロセス（出芽酵母の交配および交配型変換，アカパンカビおよび担子菌類の交配型因子）について紹介する．また，交配型因子に関する生命現象についても言及する．
　伝統的に真菌分類は有性生殖器官の構造に大きく依存してきたため，まずは有性生殖を欠く真菌類について述べよう．有性生殖が確認されない真菌は，不完全菌類（不完全菌門または不完全菌亜門）として1つにまとめられてきた．これらの分類階級は正式なものとされてきたが，あまりにも雑多なため系統学に基づく分類では不適当と考えられる．これらの真菌は**アナモルフ菌**（anamorphic：無性世代あるいは不完全世代の意）または**ミトスポリック菌**（mitosporic：有糸分裂を経て胞子が形成される様子）とよぶのがベストであろう．知識の蓄積に従い，**有性世代**（テレオモルフ，teleomorph）の発見とともに，アナモルフ菌は子嚢菌または担子菌に再分類されるであろう．たとえば，特に重要な不完全菌であり，ヒト病原菌の *Candida albicans* は，ゲノム配列の比較により，*Saccharomyces cerevisiae* では減数分裂に関与することが判明していた遺伝子の相同配列をもつことが判明し，*Candida albicans* も完全な有性生殖環を有するかもしれないと考えられた（Land, 2001）．分子生物学手法による分類により，**不完全**菌類が有性（**完全**）世代をもつ近縁種とともに整理されることも可能になるかもしれない．アナモルフは多様なグループの真菌類が有性生殖能を失い，特殊な生活環を適応させた結果生じてきたことが明らかとされるであろう．最も頻繁に検出される真菌のいくつかはアナモルフ菌であり，その多くは産業菌あるいは病原菌として，きわめて経済的に重要である．アナモルフ菌は酵母と糸状菌に大別されるが，後者は形態的にさらに3つのグループに区分される．

- hyphomycetes（不完全糸状菌）：通常菌糸だが，菌糸または菌糸塊（子実体ではない）に胞子を形成する（Barkicger, 2007）．
- coelomycetes（分生子果不完全菌）：分生子柄（pycnidia），分生子層（acervulae），子座（stromata）とよばれる胞子形成器官に胞子をつくる．
- agonomycetes（無胞子不完全菌）：胞子はつくらないが，厚膜胞子（chlamydospore）や菌核（sclerotia）など，その他の栄養体を形成することもある．

8.1 有性生殖のプロセス

多くの真菌においては，核融合と減数分裂が起こり，減数分裂の結果生じた核は有性胞子に組み込まれていく．有性胞子の多くは厚い細胞壁をもち，耐久性があり，しばしば休眠状態にある．また，その数も比較的少ない．配偶子嚢［gametangium：接合菌類（zygomycete）の接合胞子（zygospore）に特徴的に見られる（図3.8）］全体が耐久体化して機能するものもあるが，有性胞子［特に子嚢胞子（ascospore）］の中には，耐久性をもつと同時に休眠期間を経てから分散されるものもある．しかし，担子菌類（Basidiomycota）は大量の胞子を拡散させ，それらは休眠しない（3.8節）．

真菌において有性生殖のバリエーションは，従来の分類学では有効な指標として用いられてきた．第一に，不和合性の有無に関するバリエーションである．たとえば，接合菌 Mucor mucedo はヘテロタリック［heterothallic：自家不稔性（self-sterile）とも表せる］だが，近縁な Rhizopus sexualis はホモタリック［homothallic：自家稔性（self-fertile）とも表せる］である．

したがって，有性生殖のさまざまなステージにおける菌糸構造の形態や，それぞれのプロセスが起こる過程が問題となってくる．たとえば，真菌（接合菌類）Mucor mucedo では，有性生殖に関与する2つの配偶子嚢の形態は類似しているが，苗立枯病菌として重要である Pythium のような卵菌類（クロミスタ界）では形態に分化が見られる．

同様に，有性生殖の各ステージの期間もまたさまざまであり，二倍体（diploid）酵母では核融合の時間は長く，上述したように，担子菌類の二核性（重相）ヘテロカリオン（dikaryotic heterokaryon）では細胞質融合した状態が長く続く．

ホルモン（hormone）は，ほとんどの生物の有性生殖の制御に関与していると思われるが，真菌類もまた例外ではない．残念なことに生理活性物質は菌類からわずか数例しか単離されていない．しかし，動植物から見いだされたホルモン化合物すべての類縁化合物が真菌または偽真菌からも見つかっている（3.4節および5.9節）．

- 卵菌 Achlya bisexualis のステロール（sterol）：雌性菌糸はアンテリジオール（antheridiol），雄性菌糸はオーゴニオール（oogoniol）を産生する．
- セスキテルペン（sesquiterpene）ホルモンであるシレニン（sirenin）は Allomyces macrogynus の雌性の遊走性配偶子（zoogamete）により産生され，雄性の遊走性配偶子を誘引する．
- トリスポリック酸（trisporic acid）経路の揮発性前駆体に対する化学屈性により，Mucor mucede の接合枝（自家不和合性の＋と−）は互いに引きつけ合う．雌雄いずれの株も単独ではトリスポリック酸を産生できないが，揮発性前駆体を交換することでその生合成を完結させる．
- 酵母の交配に関与するペプチドフェロモン（peptide pheromone）（8.2節参照）．
- 子嚢菌類（糸状菌）や担子菌類のGタンパク質シグナル伝達系の一部として機能する交配型フェロモン（mating type pheromone）（8.5節参照）

交配系（mating system：交雑システムともよばれる）は，親和性のある菌糸どうしによって形成されたヘテロカリオンにおいて減数分裂への進行を制御する核遺伝子の働きに依存している．交配系の研究は，菌糸どうしを対峙培養し，有性生殖が成立するか否かを観察することによって始まった．このような実験により有性生殖に関与する表現型（phenotype）を解析し，その出現頻度や遺伝パターンを検討することにより有性生殖制御に関与する因子を絞り込んだ．遺伝的に同一の菌糸どうしの交配を妨害するような遺伝子をもつ菌糸は，自家不稔性であり，異なる菌糸によってはじめて交配が成立する．このようなシステムがヘテロタリズム（heterothallism）とよばれる所以である．

多くのヘテロタリックな菌は（子嚢菌に関しては，知られる限りすべて）2つの交配型しかもたない．これらは，異なる「対立遺伝子（アレル：allele）」を伴う1つの遺伝子座［座（位）：locus］によって定義されている．Neurospora crassa，出芽酵母 Saccharomyces cerevisiae，そしてサビ菌 Puccinia graminis（担子菌）などがその例である．これらのケースでは，菌体の交配型は，1カ所の交配型座位にどちらの「対立遺伝子」が存在しているかに依存している［1つの交配型座位のみ関与することから，**一因子不和合性**（unifactorial incompatibility）ともよばれる］．すなわち，交配は，それぞれの交配型座位に異なる「対立遺伝子」をもつ細胞または菌糸の間においてのみ，成立する．もちろん，結果的に生じる複相核は交配型の因子に関してはヘテロ接合（heterozygous）であり，減数分裂により2つの交配型のいずれかをもつ子孫が同数生じることから，**二極性ヘテロタリズム**（bipolar heterothallism）と

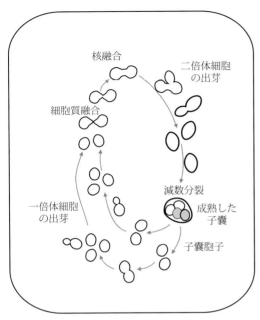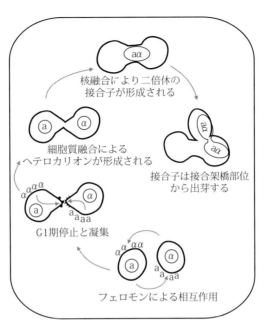

図 8.1　生活環（左図）と出芽酵母 Saccharomyces cerevisiae の交配機序．酵母は出芽により無性的に増殖可能である．異なる交配型をもつ一倍体の細胞どうしが融合し，ダンベル型の接合子をつくる．この接合子も出芽により二倍体クローンとして増殖できる．栄養豊富な環境で培養された二倍体細胞は，飢餓状態に晒されると減数分裂を起こし，四細胞性の子嚢を形成する．子嚢胞子は出芽により発芽する．実験室では子嚢胞子を単離して一倍体クローンを得ることが可能だが，自然界においてはほとんどの場合，子嚢胞子は速やかに接合するため，一倍体はきわめてまれである．右図はフェロモン相互作用の概略であり，凝集と接合のプロセスをやや詳細に示した（原図は Moore & Novak Frazer, 2002 の第 2 章より）．

よばれることもある．

　上の段落では，対立遺伝子をカギ括弧で強調した．これは，それぞれの交配型因子の座位が一般的な対立遺伝子に期待されるような相同な DNA 塩基配列を共有していないことが，古典的な遺伝学の解析ではなく分子遺伝学による解析の初期の成果の 1 つとして明らかになっているからである．このような「対立遺伝子」は，それぞれが実際にまったく異なっており，何千塩基もの長さが違うことすらある．そのため，対立遺伝子ではなく，イディオモルフ（idiomorph）とよばれるようになってきている．イディオモルフのような構造（遺伝的対立性のことではない）は，知られている真菌の交配型遺伝子すべてにおいて普遍的である．

　ホモタリック（自家和合性）な菌では，有性生殖は遺伝的に同一の菌糸どうしでも起こるが，交配型因子の働きは無関係ではない．ヘテロタリズムを完全に欠く種は，一次ホモタリズム（primary homothallism）を示すが，潜在的にヘテロタリズムを呈しうる種では胞子形成時にそれが迂回され，いわゆる二次ホモタリズム（secondary homothallism）を示す．Neurospora tetrasperma, Coprinellus bisporus, Agaricus bisporus が典型的な例である．これらの種では，減数分裂によって生じる核が胞子の数よりも多く，結果的に胞子は二核体

かつ交配型因子に関してヘテロ接合となる．発芽した胞子は，ヘテロカリオンの菌糸体を生じ，それゆえ自身の菌糸のみで有性生活環を完遂できる．いかにもホモタリックな菌糸の振る舞いに見えるが，実際は生来ヘテロカリオンであることによる．

　Saccharomyces cerevisiae や分裂酵母 Schizosaccharomyces pombe は異なるプロセスをもつ．これらの菌の多くの株は 2 つの交配型を有するヘテロタリックである（下記参照）．一方，1 つの一倍体祖先株から由来した子孫株の間で交配が成立することがあるが，この培養物は「ホモタリック」に見える．このような見かけ上のホモタリズムは交配型（接合型）の変換という現象に起因する．すなわち，培養細胞集団のうちいくつかの細胞が一方の交配型から他方に切り替わるのである（8.2 節参照）．そのため，（依然としてヘテロタリックな）株が，異なる交配型をもつ細胞を含むようになるのである．

8.2　出芽酵母の交配

　出芽酵母 Saccharomyces cerevisiae の生活環の特徴は，単相（一倍体：haploid phase）と真の複相（二倍体：diploid phase）が交代する点にある（図 8.1）．糸状形態の子嚢菌類は菌糸融合が起こったのちはヘテロカリオンとして生育するた

図8.2　出芽酵母フェロモンの構造

α因子

NH_2-Trp-His-Trp-Leu-Gln-Leu-Lys-Pro-Gly-Gln-Pro-Met-Tyr-COOH

a因子

NH_2-Tyr-Ile-Ile-Lys-Gly-Val-Phe-Trp-Asp-Pro-Ala-Cys-$COOCH_3$

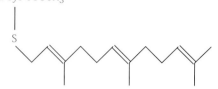

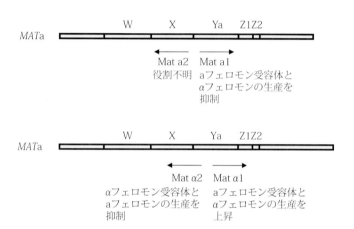

図8.3　出芽酵母（*Saccharomyces cerevisiae*）の交配型因子の機能ドメイン．Y領域は交配型イディオモルフに関わる部位であり，互いに相同性はほとんどない．Yaは642 bpで，Yαは747 bpの長さを占める．W，X，Z1，Z2領域は相同な末端領域である．矢印は転写の方向を示しており，それぞれの下に遺伝子産物の機能が記載されている．交配型aの出芽酵母では，共通の転写活性化因子がaフェロモンと膜結合型αフェロモン受容体の生産を制御している．a/α二倍体では，MATa1/MATα2ヘテロ二量体タンパク質によって減数分裂や胞子形成が活性化されるとともに一倍体での機能が抑制される．すなわち，MATa1の抑制によりα特異的な機能が，MATα2によりa特異的な機能がそれぞれ消失するのである．Moore & Novak Frazer, 2002, 第2章より改変引用．

め，大きく異なる．

　出芽酵母では2つの異なる交配型（接合型）が存在している．一倍体の酵母細胞はaまたはαの交配型である．異なる交配型をもつ細胞が融合し，その後に核融合が起こる．そして，二倍体の核をもつ娘細胞が出芽により生み出されてくる．自然界で見つかる酵母のほとんどは二倍体であり，これは減数分裂によって生ずる一倍体細胞どうしが，減数分裂後近接して存在するため直ちに交配（接合）を開始するためである．二倍体細胞は，有糸核分裂を経て出芽により無性的に増殖するが，特殊な環境下（窒素および炭素源飢餓，好気的かつ酢酸または他のグリオキシル酸経路を誘導する炭素源存在下）では胞子形成が誘導される．これが起きると，細胞全体は子囊母細胞に変化する．そして減数分裂を経て一倍体の子囊胞子を形成する．もし，（研究室での実験操作や自然界でのある種の撹乱などにより）子囊胞子が散らばって速やかな接合が遮られるなら，子囊胞子は発芽し有糸分裂と出芽の繰り返しによって維持される単相世代に再び入る．

　出芽酵母の交配型因子はペプチドホルモンであることが特定されている．これらはフェロモンとよばれており（本来，フェロモンとは昆虫や動物の異性を誘因するホルモンに対してあてられた用語である），α因子およびa因子のフェロモン（図8.2），およびそれぞれに対応する特異的なフェロモン受容体が存在する．フェロモンは交配過程を制御する：しかし，同一の交配型の細胞や，二倍体細胞には影響しない．ところが，もう一方の交配型をもつ細胞表層のフェロモン受容体に結合するとGTP結合タンパク質（Gタンパク質）を通じて細胞内の代謝を変化させる．そして：

- フェロモンを受容した細胞はアグルチニンを産生し，逆の交配型をもつ細胞との接着を可能にする．
- 成長を細胞周期のG1期で停止させる．
- 細胞壁の構造を変化させて細胞を突出した形にする．

　最終的に細胞の融合がその突出の間で起こる．

　出芽酵母の交配過程はMATとよばれる複雑な座位によって制御されている．それぞれのMAT座には連鎖した2つの遺伝子（交配型aにはa1およびa2，交配型αにはα1およびα2）が存在している．MATa座ではa1，a2の2つのポリペプチドがコードされており，メッセンジャーは異なる方向に転写される（図8.3）．また，MATα座ではα1，α2の2つのポリペプチドがコードされる．

MATにおけるヘテロ接合性（heterozygosity）は，二倍体性と胞子形成可能な状態を示している．しかし，MATa/MATαさえ含まれれば部分的な二倍体であっても胞子形成が起こりうる．一倍体の細胞では，α細胞ではα2ポリペプチドがa因子の，a細胞ではa1がα特異的遺伝子の転写をそれぞれ抑制する．α1タンパク質はαフェロモンや細胞表層のa因子受容体をコードする遺伝子の転写を活性化する．a/α二倍体では，a1とα2ポリペプチドが相互作用しヘテロ二量体を形成し，一倍体細胞に特異的な遺伝子，たとえば減数分裂や胞子形成を抑える役割をもつ遺伝子 RME1 などを抑制する．

8.3　出芽酵母での交配型変換

出芽酵母 Saccharomyces cerevisiae はヘテロタリックであるが，同じ交配型のクローナルな一倍体（haploid）細胞が頻繁に胞子を形成する．そして，子孫株は同数のa株とα株を含む．これは HO（HOmothallic）遺伝子によって制御される交配型変換が引き起こす現象である．HO 遺伝子には2つの対立遺伝子（優性の HO と劣性の ho）が存在し，エンドヌクレアーゼ（endonuclease）をコードしている．また，MAT座が座乗する同じ染色体に，交配型に関する遺伝情報を蓄えた不顕性の HML ならびに HMR とよばれる遺伝子座が存在している．交配型変換は HO または ho エンドヌクレアーゼが MAT 座上の遺伝子に二本鎖切断を引き起こすことで始まる．続いて同じ染色体上の2ヵ所の部位間（MAT と HML または HMR）で相同組換え（homologous recombination）が起こり，交配型が変わる（図 8.4）．

酵母は非常に小さい環境（花の蜜腺や果物の表面など）でも生きられるので，自然界の酵母集団はそれぞれとても引き離されている可能性がある．そのため，選択圧に有利に働くと考えられている有性生殖を隔離された集団内でも行えるよう，まれではあるものの交配型変換が起きるのではなかろうか．交配型変換は ho 遺伝子をもつ株で10万回の細胞分裂に1回，HO 遺伝子をもつ株では細胞分裂ごとに起こる．しかし，新たに産み出された娘細胞では，それ自身が出芽するまでは交配型変換が起こらない．したがって，厳密には細胞分裂ごとということではない．この現象は，出芽酵母の Ash1 遺伝子 mRNA が出芽中の娘細胞に輸送されることに起因する．この遺伝子は HO エンドヌクレアーゼ阻害因子をコードしているため，細胞分裂直後の娘細胞では交配型変換が抑制され，母細胞でのみ変換が可能となるのである．このことは，もし仮に1個の細胞からスター

元々の母細胞は交配型αを示す

出芽により娘細胞が生まれ，母細胞，娘細胞ともに出芽増殖する

母細胞で交配型の変換が発生するが，娘細胞（第一子）は1回目の出芽が完了するまで変換は発生しない

変換の結果，母細胞およびそこから出芽した娘細胞（第二子）はa交配型をもつが，娘細胞（第一子）およびそこから出芽した孫細胞はα交配型を保つ

親和性のある細胞どうしにより接合子が形成される

図 8.4　上：Saccharomyces cerevisiae における交配型変換パターン．1つの母細胞で交配型変換が起こったときの経過が描かれている．下：交配型変換に関与する HML 座，MAT 座，HMR 座．同一染色体上に座乗する（縮尺は一定ではない）．HML は約 180 kb，HMR は約 120 kb，それぞれ MAT から離れており，セントロメア（動原体：centromere）は RE（組換えエンハンサー領域：recombination enhancer，後述）と MAT 座位に挟まれている．HO エンドヌクレアーゼによって引き起こされる MAT 座における二本鎖切断により組換えが開始し，MAT 座の Y 領域が HML あるいは HMR 座どちらかの Y 配列と入れ替わる．HML と HMR は，交配型遺伝子の完璧なコピーを含むが，これらは発現しない．なぜなら，E および I サイレンサー配列によって抑制型クロマチン構造を取るためである．HML は HMR より多くの MAT 配列（W，X，Z1 および Z2）との共通の配列をもつ．RE は組換えの増強因子であり，MATa と HML または MATα と HMR 間の優先的な組換えを制御する（Moore & Novak Frazer, 2002, 第 2 章を改変引用）．

トしたとしても，1回の分裂後には異なる交配型をもつ2個の細胞を生み出すことを意味している．

MAT ならびに HML，HMR すべてが座乗する第3染色体における組換えが 250 bp の組換えエンハンサー領域によって支配されていることで，反対の交配型への変換が確実なものとなっている．この配置はきわめて理にかなったものであると捉えることも可能であろう．この調節領域の働きによって，a株の MATa 座は不顕性の MATα を含む HML 領域と組換えを起こし，他方，α株の同じ領域は不顕性の MATa を含む HMR 領域と組換えを起こす．実に，巧妙な仕組みである．

交配型変換という現象は，類縁関係の薄い分裂酵母 Schizosaccharomyces pombe でも見られるが，この菌では DNA 複製を非対称的に行うことにより不均一な交配型変換パターンを保っている（Dalgaard & Klar, 2001）．分裂酵母が分裂する際，2つの娘細胞は異なる発生パターンを示す．一方は交配型変換可能，他方は不能である．遺伝学的解析によると，変換可

能な細胞はmat1交配型遺伝子を発現するが，その遺伝子にはすでに染色体内組換えが起きるための候補となるべく，「しるし」が付いており，それが交配型変換を引き起こすのである．「しるし」とは，DNAの一方の鎖における修飾であり，おそらくニック（リン酸ジエステルの破断）または直前の有糸分裂中のDNA鎖合成のときに取り残されたRNAプライマーが原因ではないかと想像される．DNA複製の際，ラギング鎖のmat1座において鎖特異的な「しるし」が形成される．そのため，姉妹染色体のうち一方のみが「しるし」を保持するのである．「しるし」が付いた染色体を受け継いだ細胞は変換可能となり，その姉妹細胞は不能となる．「しるし」付きの染色体が複製されるときには，DNA複製コンプレックスがDNAの「しるし」に入り込み，複製分岐点で留まるが，一時的に二本鎖切断の状態となり交配型変換に必要な組換えが開始される．

糸状菌における交配型はこれらの例よりもはるかに安定的である．いくつかの子嚢菌系糸状菌では交配型の不可逆的な変換という現象の報告はあるものの，その分子メカニズムは不明である．よく研究されている *Neurospora*, *Aspergillus*, *Podospora* では変換は起こらないが，*Chromocrea spinulosa*, *Sclerotinia trifoliorum*, *Glomerella cingulata*, *Ophiostoma ulmi* では報告例がある．

8.4　*Neurospora* における交配型

Neurospora では4つの異なる交配行動が見られる．

- 二極性ヘテロタリズム（*N. crassa*, *N. sitophila*, *N. intermedia*, *N. discreta*）：交配型は *A* と *a* だが，交配型遺伝子はゲノム当り1コピーのみ．
- 二次ホモタリズム（*N. tetrasperma*）：子嚢には4個の子嚢胞子がつくられ，それぞれが親和性のある二核をもつ．
- 一次ホモタリズム（*N. terricola*, *N. pannonica*）：それぞれの一倍体ゲノムが2つの交配型遺伝子をもつ．
- 一次ホモタリズムだが，ゲノム情報的には一方の交配型遺伝子しか見つからない［*N. africana* は *A* イディオモルフ（*N. crassa* の *A* イディオモルフと88％相同）しかもたない］．

一次ホモタリズムを示す種は，胞子が直線に並んだ8胞子性子嚢（octad）をつくり，すべての子孫株は自家稔性を示す．二極性ヘテロタリズムを示す種では，いずれの交配型をもつ株も無性胞子［大分生子（macroconidia）および小分生子（microconidia）］に加え，窒素飢餓条件下では雌性構造［子嚢殻原器（protoperithecium）および受精菌糸（receptive hypha），いわゆる受精毛（trichogyne）］をつくる．有性生殖において，胞子は雄性器官として働くことができるため，これらの菌糸体は雌雄同体（両性具有：hermaphrodite）である．*N. crassa* の造嚢器（ascogonium）への核（一倍体）の移行（図8.5参照）は交配型遺伝子の機能により制御される．

核が造嚢器に到達すると一連の有糸分裂が起こる．何らかの仕組みによって核は仕分けされ，*a* および *A* の核1個ずつのみが最終的に減数分裂に関われるようになる．その結果，交配型は，通常1：1の割合で子孫株に分離する．かぎ形構造（crozier）における一過的な二核状態の形成が核の認識に関わっているようである．しかし，通常の子嚢胞子形成過程においても，かぎ形構造の破綻は普通に起きるため，一組の *a* および *A* の核をもたないかぎ形構造の発育を停止する機構は，複数存在するかもしれない．交配が成立すると子嚢殻が形成されるが，それぞれに200程度の子嚢が入っている．そして，それぞれの子嚢には1回の減数分裂に由来する産物が含まれている．子嚢菌系糸状菌の多くでは，子嚢胞子形成の前に減数分裂後有糸分裂（post-meiotic mitotic event）が起こり，1つの子嚢に4組8個の姉妹子嚢胞子が形成される．

子嚢菌系糸状菌の中では *N. crassa*, *Podospora anserina*, *Cochliobolus heterostrophus* の交配型座位が最も詳細に解析されている（Kronstad & Staben, 1997）．*N. crassa* や *P. anserina* の交配型座位は基本的に同じ遺伝子を含むが，*C. heterostrophus* はこれらよりも単純である．*Magnaporthe grisea* の交配型遺伝子は *N. crassa* のものと同じであろう．糸状菌の交配型遺伝子の中で最も早くクローニングされ，塩基配列構造が解明されたのは *N. crassa* の交配型 *A* と *a* に関わる座位である（図8.6）．知られているすべての *Neurospora* 属菌の *A* および *a* イディオモルフでは，その両側に位置する隣接領域（flanking regions）は保存されており，動原体側の領域には種特異的または交配型特異的，あるいはその両方の特異的な塩基配列が存在する．これらの断片のすぐ隣の配列は種間差が非常に大きい．この種によって大きく異なる部分の次がイディオモルフそのものである．これらは種間でも互いに高く保存されているが，2つの交配型間では同種でもまったく異なっている．さらにその隣は交配型共通領域とよばれる57〜69 bp の配列が存在しており，イディオモルフを隣接する可変領域と隔てている．この配列は種間および交配型間で非常によく似ている．

A イディオモルフは全長5,301 bp で少なくとも3個の転写

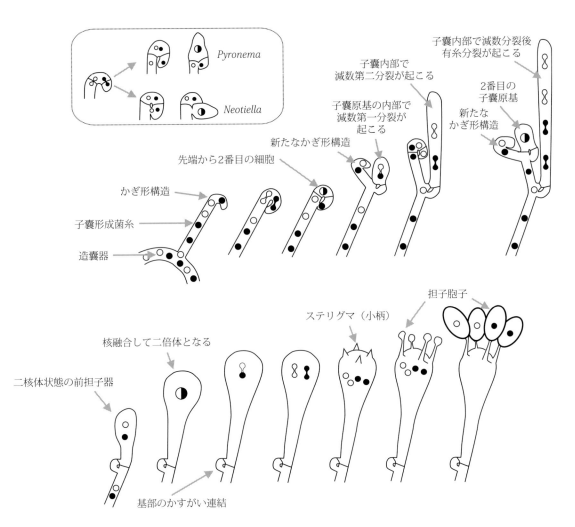

図 8.5　子嚢菌および担子菌における減数分裂と胞子形成．子嚢の形成（図上側）：雄性および雌性の器官が菌糸融合などを経て核が雄から雌方向へ移行し，造嚢器（ascogonium）をつくり，内部ではそれぞれの核が融合しないまま共存する（一過性の二核期）．子嚢形成菌糸（ascogenous hypha）は造嚢器から伸長する．これらの菌糸の細胞はほとんどが二核性であり，一方が雄性器官由来，他方が雌性器官由来である．これらの核は，菌糸の伸長に伴い共役的に分裂（conjugate devision）する．典型的には，子嚢形成菌糸が屈曲してかぎ形構造（crozier）となる．曲がった細胞内の2個の核は共益核分裂（conjugate mitosis）するが，2つの隔壁（septum）に仕切られて3個の細胞がつくられる．かぎ形構造の屈曲部分にある細胞は2個の核をもつが，他の2個の細胞は単核である．一般的に，この二核性細胞が子嚢母細胞となり，核融合が起こる．若い子嚢では減数分裂によって4個の一倍体の娘核ができ，それぞれが有糸分裂を経て8個の子嚢胞子の核となる（八分子，octad とよばれる）．囲みの挿入図は，核融合がかぎ形構造の先端から2番目の細胞で起きるタイプのもの（Pyronema タイプ）と，先端と軸の核が融合するタイプのもの（Neotiella タイプ）を示す．

いわゆるきのこの担子器の形成（図下側）：担子器は二核菌糸の先端が膨大し，核融合と減数分裂が起こるときに発生する．減数分裂が完了すると4個の突起（ステリグマ，sterigmata）が担子器の頂部から出現し，それぞれのステリグマ（小柄）の先端が膨らんで担子胞子がつくられる．子嚢胞子が減数母細胞（meiocyte）の中でつくられることから内生胞子（endospore）とよばれるのに対し，担子胞子は減数母細胞の外側につくられることから，外生胞子（exospore）ともよばれる．続いて，核は担子器から担子胞子に移動する．胞子が放出する前に，担子胞子内で有糸核分裂が起きることもある．これらの図を比較すると，かぎ形構造と初期の担子器やかすがい連結の形成様式の間に進化的な関連性があるかのように考えさせられる．Moore & Novak Frazer, 2002, 第2章より改変引用．挿絵は Raju, 2008 より引用．

産物（MAT *A-1*，*A-2*，*A-3*）をもつ．これらのうち *A-1* と *A-2* は同じ方向に転写される（図 8.6）．MAT *A-1* の N 末端側 85 アミノ酸残基は雌性稔性の発現に最低限必要である．また，1〜111 番目のアミノ酸は交配型の菌糸不和合性活性を認識し，1〜227 番目までのポリペプチドは雄性の交配活性に必要である．交配型特異的 mRNA は栄養菌糸体で恒常的に発現しており，交配後も（受精前後にかけても）発現し続ける．MAT *A-1* は出芽酵母 *Saccharomyces cerevisiae* の MAT *α*1 とよく似ており，受精や子実体形成に不可欠である．

残りの 2 つ，MAT *A-2* と MAT *A-3* は受精力を高めるとと

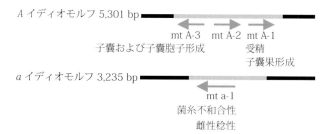

図8.6 *Neurospora crassa* 交配型因子の機能領域。矢印は転写の方向を表し、その下に遺伝子産物の機能を示した。黒線はイディオモルフの両側のDNA配列保存領域を示す。図の向かって左側がセントロメア。Moore & Novak Frazer, 2002, 第2章より改変引用。

もに子嚢や子嚢胞子形成など受精後の発生に必須である。しかし、交配器官の形成はMAT *A-1* によって制御されているため、これらの遺伝子は必要ではない。MAT *A-3* はDNA結合能をもっているため転写制御因子として機能していると考えられる。MAT *A-2* の機能は不明である。配列中に転写活性化タンパク質特有の配列を有しているものの、配列データベース中の相同配列として *Podospora* の交配型遺伝子産物 SMR1 が見いだされるのみである。

a イディオモルフは3,235 bpからなり、DNA結合能を有する288アミノ酸残基のポリペプチドをコードしている転写産物MAT *a-1* のみをもつ。*a* イディオモルフで交配に必至な遺伝子はMAT *a-1* だけであるが、二核菌糸の状態で機能する。MAT *a-1* の216〜220番目のアミノ酸は菌糸不和合性に機能するが、DNA結合活性は交配を制御する。このことから、菌糸不和合性と交配は異なるメカニズムによって支配されていると思われる。MAT *a-1* が結合するDNA配列は、HMG（High Mobility Group）タンパク質と同様に、主としてCAAAGである。HMGタンパク質はDNA螺旋構造の細かな溝に結合し、DNA分子に絡みつく。標的のDNAは発生ステージによって異なるが、その特異性はMAT *a-1* と未知のタンパク質との相互作用によって決定されると推測される。MAT *a-1* またはMAT *A-1* の変異は交配不能となる。

Neurospora crassa の受精毛（trichogyne）は交配型特異的な機構によりフェロモンに応答し、その発生源に向かって屈曲するが、交配型変異株はフェロモン向性を失う。真菌のフェロモン受容体の配列から7回膜貫通型ドメインを含むことが推測されるが、タンパク質キナーゼ・カスケードに繋がるヘテロ三量体Gタンパク質と相互作用すると考えられている。フェロモン受容体遺伝子の転写は交配型因子によって制御されている（なお、担子菌ではフェロモン受容体は交配型座位上に存在している、後述参照）。*N. crassa* の交配に機能するGタンパク質をコードする遺伝子は *gna-1* とよばれている。*gna-1* 遺伝子が損なわれると雌性稔性は失われる。*Cryphonectria parasitica* がもつ相同遺伝子 *cpg-1* を欠損することでも雌性不稔が観察される。このことからGタンパク質は雌性フェロモン応答経路の構成要素であり、そのシステムは子嚢菌系の糸状菌では保存されているものと考えられる。

8.5 担子菌における交配型

Ustilago maydis はトウモロコシに黒穂病を引き起こす。この菌は四極性交配系（tetrapolar mating system）をもつ。そのうちの1つが「複対立の（multiallelic）」交配型因子で、もう一方が2個だけの対立遺伝子を含む。*Ustilago* は単細胞で一倍体の小生子（sporidium）をつくり、酵母細胞のように出芽によって栄養成長するが、人工基質で培養することができるうえに宿主植物に対しては非病原性である（図3.14参照）。

異なる交配型の小生子が混合されると接合管が伸び、融合を経て二核体（重相：dikaryon）となるが、これは糸状菌として生育を行う。二核体は病原性を有するステージである。小生子の融合は二対立遺伝子性（biallelic）の *a* 座によって支配され、異なる遺伝子型 *a1* および *a2* がないと接合そして酵母形から糸状菌生育への転換も起こらない。複対立である *b* 座は二核体細胞がそれ以上接合するのを抑制するとともに、菌糸体による発育や病原性の発現を決定する。*a1* イディオモルフは4.5 kb、*a2* イディオモルフは8 kbのDNAから構成される。これらの領域には2個の遺伝子が確認されており、*mfa1*（*a1* 座）および *mfa2*（*a2* 座）はフェロモンを、*pra1* および *pra2* はフェロモン受容体をコードする遺伝子である。フェロモンはそれらを生産する細胞から放出され、反対の交配型の細胞のフェロモン受容体に結合して接合管の身長を促す。

フェロモンシグナル伝達経路は細胞が融合した後の二核菌糸体（filamentous dikaryon）の維持にも必要である。フェロモンによってすべての交配型遺伝子の発現レベルを通常の10〜50倍に引き上げられる。それぞれの遺伝子の上流にはフェロモンによる刺激に反応するための配列が存在するが、これらはフェロモン応答エレメント（PRE；Pheromone Response Element）とよばれ、ACAAAGGGの配列をもつ。これらの配列はフェロモン遺伝子と同じDNA分子に存在することから、シスエレメント（シス配列、シス調節配列とも；cis-acting element）とよばれる。なお、この用語は、ある分子構造の対称

軸に対して同じ側に 2 つの置換基が配意されている状態をシス配置，逆に対称軸に対して異なる側に配位されている状態をトランス配置，としている化学用語に似せた造語である．PRE の配列は N. crassa の MAT a-1 のような HMG タンパク質（8.4 節参照）の共通認識配列とよく似ている．pfr1（Pheromone Response Factor，フェロモン応答因子）と名付けられた遺伝子の産物は転写制御因子であるが，a1, a2 両イディオモルフに存在する PRE 配列に結合する．フェロモン応答経路の下流には少なくとも 1 つの fuz7 によってコードされる MAP キナーゼ（MAP キナーゼとは染色体分裂を誘導する物質ミトジェンによって活性化されるタンパク質リン酸化酵素 mitogen activated protein kinase である）が関与する．fuz7 は典型的な MAP キナーゼの 1 つ出芽酵母 Saccharomyces cerevisiae の STE7 の相同遺伝子である．fuz7 の破壊実験により，接合管の形成，融合，菌糸生育の維持や安定といった座位依存的な交配現象に fuz7 が関与していることが解明された．他には G タンパク質をコードする 4 個の遺伝子（gpa1～4）がフェロモン応答経路の下流で機能することがわかっている．fuz7 と gpa3 は異なる経路で作用していることが示唆されており，U. maydis では複数の異なるフェロモン応答に対して平行に，あるいは連続的な経路が存在するかもしれない．

b 座の交配型因子は反対方向に転写される 2 個の遺伝子 bE および bW（East と West から名付けられた）を含む（図 8.7）．これらはそれぞれ 473 アミノ酸および 629 アミノ酸のタンパク質をコードする．コード領域の N 末端付近は非常に多様性に富んでいるが，C 末端側は異なる b イディオモルフ間でも保存されている．bE, bW の翻訳産物はそれぞれ HD1, HD2 とよばれるホメオドメインタンパク質であり，二量体を形成して転写活性化因子として機能する．これが有性世代形成に必要な遺伝子の発現を活性化しつつ，一倍体特異的な遺伝子については抑制的に働く（同じような仕組みの Coprinopsis のホメオドメインタンパク質の相互作用について図 8.10 参照）．

同一のイディオモルフ由来の bE と bW による二量体は不活性であり，異なるイディオモルフ由来のヘテロ二量体のみが機能的な分子として働く．これらのタンパク質は既知の転写制御因子として知られるタンパク質の DNA 結合ホメオドメインと相同な領域を含むことから，HD1 あるいは HD2 とよばれる．ホメオドメインとはヘリックスターンヘリックス形の DNA 結合構造（helix-turn-helix DNA-binding motif）であり，ホメオボックス（homeobox）という約 180 bp の保存された DNA 塩基配列によってコードされている．この配列は特に homeotic

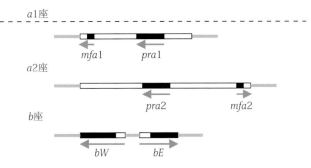

図 8.7 Ustilago maydis の a および b 交配座位の概略図．a 座イディオモルフは交配型特異的（交配型ごとに異なる）塩基配列をもち，a1 では 4,500 bp, a2 では 8,000 bp（それぞれ白い部分）であり，交配に必要な遺伝子（mfa および pra）は黒く塗りつぶして示した．b 座は 2 個の遺伝子 bW と bE を含み，90% 以上同一な領域（黒い部分）と可変領域（白い部分）から構成される．可変領域間の相同性は 60～90% である．矢印は転写の方向を示す．PRE 配列（本文参照）は非常に短い制御領域であり，フェロモン遺伝子 mfa1 および mfa2 の上流に見られる．Moore & Novak Frazer, 2002, 第 2 章より改変引用．

または Hox という転写制御因子と関係が深く，それらはショウジョウバエ Drosophila で最初に見い出された遺伝子であるが，高等真核生物の発生制御に関与している．動物の Hox 遺伝子の変異は体の一部を異なる部位に変換してしまう．Drosopila は 2 個の Hox クラスターをもつが，脊椎動物では 9～11 遺伝子から構成される 4 個のクラスターをそれぞれ異なる染色体上に有している．脊椎動物の Hox 遺伝子の発現はそれぞれの胚発生段階において特異的なパターンを示す．やや強引かもしれないが，このような発生制御に関わる機能と，Schizophyllum, Coprinopsis そして Ustilago にみられる真菌の交配型因子の HD1 および HD2 遺伝子の機能には何かしらの類似性があるのかもしれない．

Coprinopsis cinerea や Schizophyllum commune は A, B とよばれる 2 つの交配型因子によって支配される四極性ヘテロタリズム（tetrapolar heterothallism）をもつ．野外には多くの異なる交配型が存在する．これらの担子菌は，交配させると 2 つの交配型座位があたかも複数の「対立遺伝子」のように振る舞う．それぞれの交配型座位は非常に複雑で複数もしくは多数の遺伝子を含むことが分子的解析によって明らかにされた．そのため，これらの遺伝子領域は「因子」とよんできたのである．A 座にはホメオドメインタンパク質である転写因子が，B 座にはリポペプチドであるフェロモンとフェロモン受容体が，それぞれコードされている．交配型因子は異なる染色体に座乗しているが，古典的な遺伝子解析によってもそれらの内部構造として Aα, Aβ, Bα, Bβ といったサブ遺伝子座（sublocus）

図 8.8 担子菌 Coprinopsis cinerea や Schizophyllum commune における交配因子 A, B の活性化と交配の関係. 縦方向には 2 つの半数体菌糸が対峙したあとの様子を示している. 二核菌糸体の成立には異なる A 因子と B 因子が必要 (それぞれの活性化, つまり A オン B オン) である. 真ん中のライン上に描かれているのがこの状態 ($A_1B_1 + A_2B_2$) であり, 説明を囲み書きで, その図解を右側に示している. B 共通のヘテロカリオン ($A_1B_1 + A_2B_1$) では A だけが機能する状態 (A オン B オフ) となり, 核分裂の同調やかすがいの形成は起こるが, かすがい連結が完成しないため, 核の移行まで至らない. A 共通のヘテロカリオン ($A_1B_1 + A_1B_2$) では B だけが機能する A オフ B オンとなるが, 核の移行までは起こるものの共役的分裂やかすがい連結が起こらない. Moore & Novak Frazer, 2002, 第 2 章より改変引用.

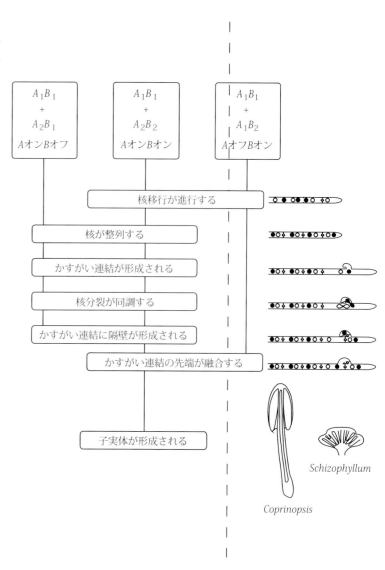

の存在が明らかにされてきた.

S. commune では，これらのサブ遺伝子座は連鎖距離としては比較的離れているが, C. cinerea では, はるかに近接している. α あるいは β といったサブ遺伝子座は機能的に重複しているが, どちらか一方が異なるだけで和合性が発揮される. S. commune では, 9 通りの Aα と 32 通りの Aβ によって 288 通りの A 交配型因子が存在しうる. 自然環境中の C. cinerea では, およそ 160 通りの A 交配型因子が存在すると見積もられている.

いずれの担子菌でも交配 [かすがい連結の形成と融合菌糸における共役核分裂 (conjugate nuclear division) が起こっている状態] には A 交配型因子, B 交配型因子のいずれもが異なっていなければ成立しない. このような段階では, 交配型因子は十分に活性化されている A オン, B オンの状態と考えられる

(図 8.8). 細胞学的解析によると, A は核のペアリング, かすがい構造の形成, 核の同調 (融合) を制御し, B は核の移行やかすがい構造の結合をコントロールすることが示されている.

二核体は A, B が異なることにより発生するが, どちらか一方が共通の場合でもヘテロカリオン (heterokaryon) は成立しうる. A が同一であれば (A オフ B オンの状態), 核の移行は見られるがかすがい連結は形成されない. 逆に B が同一の場合 (B 共通, あるいは A オン B オフといわれる状態) は核の移動が進行しないため, それぞれの菌糸由来の核が交互に整列されることはなく, 一核体が接触した部位にのみヘテロカリオンが形成される. この場合, ヘテロカリオンの先端細胞はかすがい連結の形成や核分裂を開始するが, かすがい (かぎ状) 細胞が隣接した細胞と融合できず, かすがい内には核が取り残される. 核移行に関しては, いくつかの担子菌でも研究が進められ

ている．*C. cinerea* や *S. commune* といった担子菌で最も解析が進んでいる．担子胞子が発芽すると一核性かつ同核共存性の菌糸を形成するが，これらは**一核体**（モノカリオン：monokaryon）あるいはホモカリオン（同核共存体：homokaryon）とよばれる．2つの一核体が菌糸融合（アナストモシス：anastomosis）を起こし，和合性があった場合には一方の菌糸から他方へ核が移行する．このようにして成立した新たな菌糸は二核体（重相，ダイカリオン：dikaryon）といい，通常それぞれの両親の核を1個ずつ含む細胞から構成される．二核菌糸体は先端成長のために2個の核が同時に分裂する（共役核分裂）必要があり，核移行やその整列は各隔壁に形成される後方伸長する小さな枝（かすがいまたはかぎ形細胞とよばれる）が担う（図8.8左，第7章も参照のこと）．

C. cinerea における一核体と二核体菌糸の相違は，一核体菌糸の場合は分枝が広角（40～90°）で起きるのに対して，二核体菌糸では鋭角（10～45°）で起きる点である．一核体は無性的に**分節型胞子**（arthrospore, **分裂子**, **オイジウム**, oidium とも）を液滴中で形成するが，二核体ではこのようなことは起こらない．一核体の気中菌糸は二核体に比べて密でなくふわふわしている．

まとめると，*A*, *B* とよばれる複対立の交配型因子は *C. cinerea* や *S. commune* の性的和合性を制御しているということである．和合性をもつためには，親株の一核体が異なる *A* および *B* 交配型因子を有する必要がある．つまり，相手の株と菌糸融合する前に，まず交配型因子は自己・非自己を認識するのである．同時に，菌糸の形態変換をも制御する．すなわち，分節型胞子のような一核体特異的な構造を抑制するとともに，二核体に象徴的な特徴を上方制御するものと思われるが，通常二核体のみが子実体形成を行うため，交配型因子 *A* および *B* は稔性もコントロールしているのであろう．二核体形成は *A*, *B* いずれの因子も異なっている必要がある（つまり，*A* オン *B* オン，図8.8参照）．*A* が共通で *B* が異なっている異核共存体（*A* オフ，*B* オン）では，核は移行するが核の共役分裂やかすがい連結形成は起こらない．*A* だけが機能し *B* が共通の状態（*A* オン，*B* オフ）では，共役核分裂やかすがい構造の形成は行われるが，かすがい連結は不完全のまま細胞の融合に至らず，核の移行が完遂できない（図8.8）．

このような *A* 因子および *B* 因子による「分業体制」は必ずしも保存されていない．*C. cinerea* や *S. commune* では，*B* 因子だけで核移行が制御されるが，*Coprinus patouillardii* では核移行は *A*, *B* 両方の因子によって制御されるものの，*A* 単独では稔性のみを支配する．*Ustilago* や *Tremella* 属菌では，細胞融合は2つのイディオモルフをもつ1つの遺伝子座によって制御されるが，融合細胞の二核体としての維持は複数のイディオモルフをもつ第二の遺伝子座によってコントロールされる（前述参照）．

親和性のある菌糸から核が移行することによって一核体は二核体に変換される．すでに紹介した *Gelasinospora tetrasperma* の例と同じように，実験的には *Coprinopsis radiata*（*C. cinerea* の類縁菌）の核は菌糸内を時速1.5 mmで移動する．これは菌糸生育の4倍速に相当する．*Coprinellus congregatus* では核の移行は時速4 cm（mmではなくcm！）で起こることが報告されている．*S. commune* の菌糸生育は時速0.22 mmなのに対し，核移行は時速2.7 mmである．

核移行の間，外から入ってきた核は普通に分裂し，一方の娘核が隣接細胞に移動するが，一核体の隣の細胞との間を仕切るたる型孔隔壁（dolipore septum）は壊れて単純孔となり，そこを通って核は押し通される．*S. commune* ではこれに相当する細胞質運動が観察されてきたが，核移行は明確な細胞質の流れがなくても普遍的に見られる．核移行は非常にアクティブな輸送工程であり，核分裂時の紡錘糸（spindle fibre）による染色体移行と似たような機構によって微小管によってなされる．そして，交配型因子による核の認識が，その特異性に関与していることが想像される（Debuchy, 1999; Shiu & Glass, 2000, 5章参照）．確かに多くの場合，特定の側の核が一定の方向に輸送されるが，さらに重要な点は，核以外の，たとえばミトコンドリアなどは和合菌糸間を移動することはない，ということである．移行による二核化が進行する間，核を失った細胞や複数核をもつ細胞が観察されるということは，二核状態は細胞どうしが和合してすぐに起こるのではない．むしろ，正常な状態の二核体生育は雑然とした異常な状態を経て出現してくるのである．

A 交配型因子の分子レベルの解析によって，古典的な遺伝学によって明らかにされてきたよりも多くの遺伝子が見い出された（図8.9）．実際，*C. cinerea* の *A* 座に含まれる遺伝子数には幅があり，それぞれが *U. maydis* の *b* 座における *bE*・*bW* のようにペアになって座乗している．*C. cinerea* の遺伝子ペアはグループ1，2，3，とされているが，*A* 座内のそれぞれのグループは2つのまったく異なるホメオドメインタンパク質（HD1およびHD2）をコードしている．それぞれのタンパク質は，出芽酵母 *Saccharomyces cerevisiae* の *MAT* a2 および *MAT* α2 のような交配タンパク質と相同性が高い（Casselton & Olesn-

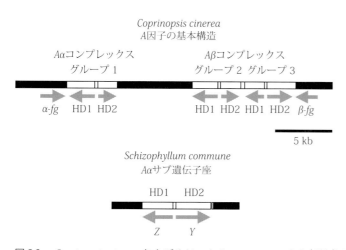

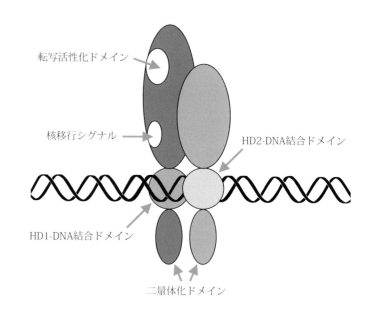

図 8.9　*Coprinopsis cinerea* および *Schizophyllum commune* の A 交配座の概略図．矢印は転写の方向を示す．*Coprinopsis cinerea* の典型的な A 因子は三組の機能重複する遺伝子ペア（グループ 1，グループ 2，グループ 3）をもつと考えられる．それぞれがホメオドメインタンパク質（HD1 および HD2）をコードする．α-fg および b-fg 配列は *Coprinopsis cinerea* のすべての A 座に特徴的である．HD1 および HD2 タンパク質の相互作用は和合性・不和合性の根幹である（図 8.8, 図 8.10 参照）．野外から採取された複数の *Coprinopsis cinerea* 株の A 因子の解析から，これらの遺伝子は異なる組み合わせで異なる数のをもつことが明らかになっている．*Schizophyllum commune* では，交配型遺伝子は Z および Y とよばれ，それぞれが HD1，HD2 をコードする．この菌の場合もやはり異なる野外株から異なるイディオモルフが見つかっている．また，Aα1 交配型では Z 遺伝子が欠落している．Moore & Novak Frazer, 2002, 第 2 章より改変引用．

図 8.10　*Coprinopsis* における A 交配型因子の活性に関与するホメオドメインタンパク質相互作用の概略．Moore & Novak Frazer, 2002, 第 2 章より改変引用．

icky, 1998; Brown & Casselton, 2001）．

　A 座内で組換えが起こると，通常は 2 個の遺伝子を含む構造が壊れかねないため，それを防ぐためのいくつかの仕組みが存在する．このようなグループはカセットとして整理されており，あたかも 1 個のユニットのように振る舞うが，グループ 1～3 における DNA 配列は相同組換えが発生しない程度に異なっている．さらに，それぞれのグループ内の遺伝子は反対方向に転写される（図 8.9）．A 座はすべての A 交配型株に特徴的かつ相同な α-fg および β-fg とよばれる DNA 配列に挟まれており，グループ 1 の遺伝子ペアはグループ 2，3 から 7 kb ほど離れている（これもすべての A 座で保存されており，「相同な穴」ともいわれる）．グループ 1 のペアは連鎖解析から導かれるサブ座 Aα に対応しており，グループ 2 および 3 はサブ座 Aβ に相当する．7 kb とは，これらのサブ座の組換え率から，およそ 0.1% の組換え価と同等である．このような短い相同配列の存在によって，ホメオドメインタンパク質のコード領域が組換えを起こすのを防いでいると思われる．

　担子菌の有性器官形成は HD1 および HD2 タンパク質が二量体化することによって始まるが，これらのタンパク質は和合性のある株どうしの異なる A 交配型因子に由来しなければならない（図 8.10）．これらのタンパク質の N 末端領域は和合性の有無の認識に不可欠だが，転写制御には関わらないようである．異なるイディオモルフの交配型遺伝子の塩基配列はまったく似ていないが，哺乳類において自己/非自己認識システムをつくり出すための主要組織適合遺伝子複合体における高度可変領域と似たようなシステムと解釈されている．

　交配型に関与するタンパク質の N 末端領域は，このような自己/非自己認識に欠かせない部位である．同一の交配型イディオモルフ由来のモノマー（単量体）どうしは親和性がなく，2 つの和合性を有する交配型因子由来のタンパク質のみがヘテロ二量体を形成し，DNA 結合型転写制御因子として機能する．また，A 座の和合性にとって，会合するタンパク質間相互作用（ヘテロ二量体化）は 2 つのホメオドメインがきちんと揃っているよりも重要であることが示されており，HD2 ホメオドメインは DNA への結合に不可欠だが，HD1 のそれは必ずしも必要ではなさそうである．

　S. commune の A 座もまた核のペアリング，かすがい連結形成，共役核分裂，かすがい構造における隔壁形成を制御している．Aα 座は対立遺伝子として Y1，Y3，Y4 が知られる Y 遺伝子，Z3 および Z4 が知られる Z 遺伝子を含むが，それぞれ HD2 および HD1 ホメオドメインタンパク質をコードする．*S.*

commune の *Aa* 座は *C. cinerea* がもつ遺伝子コンプレックスの一対の遺伝子ペアに相当する．*Ab* 遺伝子座も同様にホメオドメインタンパク質をコードする．Y および Z 遺伝子は *Aa* の活性化を制御する因子であり，*Aa* と *Ab* はそれぞれ独立して機能する．Y および Z タンパク質は非自己どうしの組合せ（たとえば Y4 と Z5）では相互作用するものの，同一の *A* 座にコードされるものどうし（たとえば Y4 と Z4）ではそれが起こらないことが，実験的に確かめられている．

B 座の塩基配列の解析から，フェロモンとその受容体をコードする遺伝子が見つかっている．黒穂病菌 *Ustilago* ではフェロモン応答経路が細胞融合や二核体の確立，菌糸生育の維持に重要である．しかし，*S. commune* や *C. cinerea* の一核栄養菌糸のアナストモシス（anastomosis：菌糸融合）はフェロモンを介した認識とは別の機構によって制御される．腐生性担子菌でもある *S. commune* や *C. cinerea* のアナストモシスは菌糸の成熟とともに交配型因子とは無関係に容易に起こる．一方，フェロモン応答経路は，核の移行・整列やかすがい細胞融合といった *B* 座が制御する現象を制御することがわかっている．

S. commune の *Ba*1 領域の塩基配列解析によって，フェロモン受容体遺伝子（*bar1*, B-alpha-receptor-1）と 3 個のフェロモン遺伝子 *bap1*, *bap2*, *bap3*（B-alpha-pheromone）が見い出された．*Bb1* 座には受容体遺伝子 *bbr1* およびフェロモン遺伝子 *bbp1*, *bbp2* が見つかっている．*C. cinerea* の *B* 因子は 3 個のグループ（グループ 1，2，3 とよばれる）を含むが，それぞれに 1 個のフェロモン受容体と 2 個のフェロモンをコードする遺伝子が座乗している．*B* フェロモン遺伝子はいずれも出芽酵母 *Saccharomyces cerevisiae* の MATa ファクターとよく似たリポペプチドを，また *B* フェロモン受容体遺伝子は *S. cerevisiae* の MATa ファクター受容体の相同タンパク質（典型的な G タンパク質結合受容体）をそれぞれコードしていると考えられている．これまでのところ，担子菌では MATa ファクター型のフェロモンだけが見つかっているが，受容体に関しては MATa 型も MATα 型も両方見つかっている（Kothe, 1999）.

これらの担子菌類でアナストモシスが起こったあとにどのようにフェロモンが機能するかというと，侵入してきた核によって生産されたフェロモンが菌糸の先端方向に拡散し，核の移動の信号のような役割を果たす（5.12 節参照）．このフェロモンは，近隣の細胞元からあった核にコードされるフェロモン受容体を活性化し，隔壁の分解を開始するなど核の移動がスムーズに進むための準備が始まる．その後に *A* 因子が作用して二核体やかすがい連結の形成が確立する．

フェロモンによるシグナル伝達はさらにかすがい細胞融合にも関与する．*S. commune* の *Ba* 因子は 9 種類が知られるが，それぞれが 1 個の状態と 1 個または複数のフェロモンをコードする．そのため，それぞれの受容体は少なくとも 8 種類の非自己のフェロモンを区別するはずである．それぞれのフェロモンは複数の受容体を活性化する必要がある．*B* 因子機能の変異株を用いた研究により，フェロモンシグナル伝達が認識されるようになった．これらの変異のいくつかは *B* 座にマップされたが，フェロモンやフェロモン受容体と行った交配型特異性に異常が認められた．他の変異株からは核の移動に関与する 9 個の遺伝子などが見つかった．これらの多くは *B* 座との連鎖関係があったことから，機能的に関連する遺伝子はクラスターを形成していたと考えられた．

8.6 交配型因子の生物学的意義

交配型因子とは転写制御因子，フェロモン，フェロモン受容体を含むが，これらが一体的に減数分裂を誘起する環境を整備する．ところが驚くべきことに，これらは普遍的とはいえない．多くの真菌は交配型とは無関係に完璧に有性世代を完了できる．*Podospora* では減数分裂および胞子形成の過程は異なる交配型因子を必要としない．なぜなら，この種はホモタリックだからである．そして，ホモタリズムはより高等なきのこ類でも見られる現象である．たとえばフクロタケ（*Volvariella volvacea*）もホモタリックである．*C. cinerea* や *S. commune* ですら，明らかに正常な子実体が単相の培養菌糸からも形成される．また，高度な交配型システムをもつすべての真菌種で他の有性生活サイクルから子実体形成はたいてい切り離すことができる．

そのため，初期の交配行動以降における交配型因子の重要性を判断するのは困難であり，また，実際にアナモルフ菌がこれだけ繁栄していることを踏まえると，有性生殖そのものに対する選択有利性（selective advantage）については注意深い議論が必要であろう〔Anderson & Kohn, 1998; Taylor *et al*., 1999; Moore, 2001（第 9 章参照）; Moore & Novak Frazer, 2002（第 2 章参照）; Pringle & Taylor, 2002〕.

交配型因子とは一般的に血統的に近接した個体との交雑を防ぎ，異系交配を促すものと考えられている．わずか 2 種類のイディオモルフでは，交雑可能な頻度は 50％である．しかし，もし n 個の交配型イディオモルフが存在した場合，交雑可能な頻度は $1/n \times (n-1) \times 100$％となるため，交配型イディ

オモルフが多いほど交雑の可能性は高くなる．

2種類の連鎖関係のない自家不和合性因子（AおよびB）をもつ担子菌の場合，2つの菌糸体についてA，Bいずれの交配型因子も異なる必要がある．結果的に形成される複相核は2つの交配型座位においてヘテロとなり，減数分裂によってつくられる子孫胞子は4通りの異なる交配因子をもつことになる．そのため，この交配系は四極性ヘテロタリズム（tetrapolar heterothallism）ともよばれる．

C. cinerea や *S. commune* は古くからこのような交配型システムの例として知られてきた．いずれの種においても野生型株には非常に多くの異なるAおよびBイディオモルフが存在し，異系による交雑可能性は100％に達する．二因子不和合性による同系交配の可能性（姉妹株どうしによる交配成立の確率）は25％である．ところが，子孫株に2種類の交配型しか出現しない一因子不和合性による交配システムでは，異系交配も同系交配も成立頻度は50％である．そのため，二因子システムのほうがより異系交雑が起こりやすいといえる．高等菌類のおよそ90％がヘテロタリックであり，うち40％が二極性，60％が四極性を示す．

上の二段落の計算は，真菌は真核生物であり，その遺伝的現象は他の高等生物にもみられるものと基本的には一致するという前提に基づくものである．つまり，連鎖しない遺伝子はメンデルのエンドウマメの実験のように分離の法則に従って分離し，連鎖した遺伝子はショウジョウバエの連鎖地図のように，遺伝距離に特有の組換え頻度を示す．では，真菌の生活環特有の生物現象をあげるならば，以下の点であろう．

多くの真菌は一倍体であり，交配による遺伝子の分離を直接的に解析することを可能にするため，実験者が非常にまれな変異や組換えを見つけやすい．

減数分裂による兄弟・姉妹株が同所的に残ることが多い（子嚢内の子嚢胞子や担子器の担子胞子）ため，遺伝学者にとって他の真核生物では解析困難な動原体のマッピングが可能である．

本章では真菌の基礎遺伝学についてこれ以上議論しないが，別著 Essential Fungal Genetics［特に第5章，Moore & Novak Frazer（2002）］を参照されたい．

8.7 文献と，さらに勉強をしたい方のために

Anderson, J. B. & Kohn, L. M. (1998). Genotyping, gene genealogies and genomics bring fungal population genetics above ground. *Trends in Ecology and Evolution*, **13**: 444–449. DOI: http://dx.doi.org/10.1016/S0169-5347(98)01462-1.

Bärlocher, F. (2007). Molecular approaches applied to aquatic hyphomycetes. *Fungal Biology Reviews*, **22**: 19–24. DOI: http://dx.doi.org/10.1016/j.fbr.2007.02.003.

Brown, A. J. & Casselton, L. A. (2001). Mating in mushrooms: increasing the chances but prolonging the affair. *Trends in Genetics*, **17**: 393–400. DOI: http://dx.doi.org/10.1016/S0168-9525(01)02343-5.

Casselton, L. A. & Olesnicky, N. S. (1998). Molecular genetics of mating recognition in basidiomycete fungi. *Microbiology and Molecular Biology Reviews*, **62**: 55-70. URL:http://mmbr.asm.org/cgi/content/abstract/62/1/55.

Dalgaard, J. Z. & Klar, A. J. S. (2001). Does *S. pombe* exploit the intrinsic asymmetry of DNA synthesis to imprint daughter cells for mating-type switching? *Trends in Genetics*, **17**: 153–157. DOI: http://dx.doi.org/10.1016/S0168-9525(00)02203-4.

Debuchy, R. (1999). Internuclear recognition: a possible connection between euascomycetes and homobasidiomycetes. *Fungal Genetics and Biology*, **27**: 218–223. DOI: http://dx.doi.org/10.1006/fgbi.1999.1142.

Kothe, E. (1999). Mating types and pheromone recognition in the Homobasidiomycete *Schizophyllum commune*. *Fungal Genetics and Biology*, **27**: 146–152. DOI: http://dx.doi.org/10.1006/fgbi.1999.1129.

Kronstad, J. W. & Staben, C. (1997). Mating type in filamentous fungi. *Annual Review of Genetics*, **31**: 245–276. DOI: http://dx.doi.org/10.1146/annurev.genet.31.1.245.

Land, K. M. (2001). Genome sequencing suggests sexual reproduction in *Candida albicans*. *Trends in Microbiology*, **9**: 201. DOI: http://dx.doi.org/10.1016/S0966-842X(01)02052-2.

Moore, D. (2001). *Slayers, Saviors, Servants, and Sex: An Exposé of Kingdom Fungi*. New York: Springer-Verlag. ISBN-10: 0387951016, ISBN-13: 9780387951010. See Chapter 9: Birds do it. Bees do it. Even educated fleas do it. But why?

Moore, D. & Novak Frazer, L. (2002). *Essential Fungal Genetics*. New York: Springer-Verlag. ISBN-10: 0387953671, ISBN-13: 9780387953670. See Chapter 2: Genome interactions [especially sections 2.6 to 2.10], and Chapter 5: Recombination analysis. URL: http://springerlink.com/content/ 978-0-387-95367-0.

Pringle, A. & Taylor, J. W. (2002). The fitness of filamentous fungi. *Trends in Microbiology*, **10**: 474–481. DOI: http://dx.doi.

org/10.1016/S0966-842X(02)02447-2.

Raju, N. B. (2008). Six decades of *Neurospora* ascus biology at Stanford. *Fungal Biology Reviews*, **22**: 26–35. DOI: http://dx.doi.org/10.1016/j.fbr.2008.03.003.

Shiu, P. K. T. & Glass, N. L. (2000). Cell and nuclear recognition mechanisms mediated by mating type in filamentous ascomycetes. *Current Opinion in Microbiology*, **3**: 183–188. DOI: http://dx.doi.org/10.1016/S1369-5274(00)00073-4.

Taylor, J. W., Jacobson, D. J. & Fisher, M. C. (1999). The evolution of asexual fungi: reproduction, speciation and classification. *Annual Review of Phytopathology*, **37**: 197–246. DOI: http://dx.doi.org/10.1146/annurev.phyto.37.1.197.

Section 09
Continuing the diversity theme: cell and tissue differentiation

第9章
続・多様性について：細胞と組織の分化

　Wikipediaによると「biodiversity（生物多様性）」とは1985年頃に英語に登場した「biology」と「diversty」から作った混成語である．また，Wikipediaは「生物多様性」について「生態系，生物群系（biome）または地球全体に，多様な生物が存在していること」であり「生物システムの健全性の尺度」にも用いられる，と定義している．Wikipediaによる生物多様性の定義に付け加えるならば，化石記録によると真菌種は大絶滅期の間に爆発的に増加した（2.8節）ことから，真菌の多様性は**真菌以外の**（*non-fungal*）生物システムの健全性を代表することはないと思われる．

　本章では「多様性（diversity）」という言葉の意味を，菌学的観点から解説するとともに，細胞や組織，すなわち菌糸の分化や多彩な胞子形成，に関係するさまざまな要因について論じる．コウジカビ（*Aspergillus*）属の分生子形成については，分子制御機構がある程度わかっているので，アカパンカビ（*Neurospora crassa*）と比較しつつ詳細に紹介する．最後には，分生子果（conidioma）や，菌糸束（mycelial strandまたはmycelial cord），根状菌糸束（rhizomorph），柄（stipe）などの線形構造物（linear structure），そして菌核（sclerotium），子座（stroma），子嚢果（ascoma），担子果（basidioma）などの球形構造物（globose structure）といった，真菌組織の性質や構造について概説する．

9.1 多様性とは？

真菌が何をもって成功したかというと，無数の無性胞子をつくり子孫を空間に撒き散らすということに集約されるだろう．その反動というか，われわれは呼吸とともに大量の真菌の胞子を吸い込むため，特に都市環境ではアレルギー物質になりうることが懸念されている．接合菌や子嚢菌の有性胞子とは対照的に，無性胞子は担子菌の担子胞子と同様に

- 大量につくられる（真菌のバイオマス全体の大部分が無性胞子に変換される）
- 比較的小さい
- 細胞壁が薄い
- 休眠状態にない
- 適切な基質上で速やかに発芽する
- 寿命は短い

という一般的な性質をもつ．

ところが，もちろん例外はつきもので，たとえば *Candida* や *Fusarium* に見られる大きく，壁が厚く，休眠状態にあるといった性質をもつ厚膜胞子（chlamydospore）なども知られている．

これらの胞子は効率的・効果的に拡散される必要があるが，具体例をあげればあげるほど，真菌が自らを拡散させるために積み上げてきたメカニズムや仕掛けがいかに多いかに気付かされるであろう．これもまた真菌の多様性の一面である．

真菌の生物多様性については，**菌糸の形態変化**（mycelia differentiate morphology）から取り上げる．この形態的多様性は菌糸の生態的機能性に関係している．真菌の菌糸が一連の形態変換を示すことにより，以下のことが可能となっているとされている．

- 探索する（菌糸を分岐させ速やかに広がる）
- 同質化する（局部的に分岐が強まる）
- 貯蔵する（細胞を分化させ代謝物を蓄積することで適さない環境を乗り切る）
- 時間的にも空間的にも不均質な生態的ニッチ内で資源の再配分を行う（たくさんのものを輸送するのに適応した菌糸束や似たような菌糸の集合体を通して）

こういった菌糸の生物学的多様性のほとんどは，**菌糸生育キネティックス**［kinetics（動態）of hyphal growth］に関するパラメーター，たとえば生長速度，分岐頻度，分岐の角度によって決定される（Trinci *et al.*, 1994）．これらの因子が一体的になって，菌糸の巨視的な形態が決定されるとともに，菌糸がさまざまな役割を果たすために機能面で効率化されるのである．

1990年代に入ると，Alan Rayner は共同研究者とともに，菌糸体の形態が局所的に異なるのは，菌糸の細胞膜や細胞壁が変化して分子の流れや移動が変化するためであるという説を唱えた．この手の議論で重要なポイントとしてあげられたのは，菌糸細胞の分化の少なくとも一部分は局所的な環境に対する応答ではないかということである．環境［この場合，「環境」とは他の細胞，基質，基層（substratum），気体環境，物理的環境を含む］への応答は菌糸の分化に関する制御の大部分を担っている．つまり，菌糸体細胞の遺伝子によって，細胞がどのように分化できるかが決められているが，局所的な環境によって菌糸体細胞のどの部分がどの程度分化するか，あるいはしないのかが決定されるのである．

9.2 菌糸体の分化

環境と菌糸体がもつ遺伝的性質の相互作用の端的な例として，固体培地上のリズミカルな，あるいは周期的なコロニー生育があげられよう．実験室内で生育させた菌の規則正しいコロニーの濃淡は，多くの真菌種で頻繁に見られる．このような濃淡は，内在性あるいは外的要因により制御される**概日時計**（circadian clock；だいたい24時間刻み）が局所的に作用し，菌糸の伸長速度や分岐形成が変化した結果発生する．これらの概日リズムは内因的に，つまり一定の環境条件下では，真菌は自主的な遺伝的要因によって生み出される．ところが，このようなリズムは外因によって，たとえば光，温度，栄養状態によって変化させられる．時間的なリズムは真核生物には一般的であり，概日リズムの共通制御システムは，真菌から哺乳動物まで広まっている．生物学的リズム（日単位，週単位，季節単位，年単位，あるいはさらに長期間単位）に関する学問は時間生物学（chronobiology）とよばれ，動物（ヒトを含む）や植物の生理学の広範囲をカバーしている．しかし，真菌の周期的な変化は非常に明確であり，他の真核生物よりもその要因を究明しやすいことが多い．次のいくつかの段落で，**概日リズム**（circadian rhythm）の分子的側面について概述したい．

概日リズムとはおよそ24時間おきに刻まれる生物周期のこ

とである．環境条件が一定である限りそのリズムは内因性であり自主的に決められており，その長さは遺伝的に決定されている．環境的シグナル，特に光や温度，を規則的に変化させることにより，内因性リズムを調整し，リズムを正確に24時間に揃えることもできる．

概日リズムは真核生物では普遍的な機構であるが，シアノバクテリア（ラン藻，cyanobacteria）でもまたその存在が示されている．シアノバクテリア類は複雑な組織をもたないが，つまりリズムは単細胞であっても刻むことができるということである．その分子メカニズムは正または負の要素から構成されるフィードバックループ（循環回路，feedback loop）である．そして，それらは時計遺伝子（clock gene）の転写や時計タンパク質の翻訳が中心となって制御しているのである．このループ中で正の因子として働くのは，1個または複数の時計遺伝子の転写が活性化されるが，対になった（PASドメインの相互作用によって対になる）**転写活性化因子**（paired transcriptional activator）がプロモーターに結合することによってそれらの転写活性化が起こる（下記参照）．時計遺伝子の転写（これらもまた制御下にあるわけだが）産物は翻訳され，**時計タンパク質**（clock protein）が合成されるが，これらはフィードバックループの負の因子として働く．これらのタンパク質は時計遺伝子の**活性化を阻止**する．すると，時計遺伝子 mRNA の量は減ってゆき，やがて時計タンパク質量も減少する．このようにして時計遺伝子の mRNA やタンパク質の概日サイクルが生み出され，固体，組織あるいは細胞レベルで特異的な，周期的な細胞機能を制御するための時間的シグナルのベースとなる「表現形質」が形づくられるのである（図9.1）．

概日システムは1つあるいは複数のフィードバックループが相互に作用し合いきわめて複雑なネットワークによって構成されていることもある．さらに，このような機構は周囲の光や温度といった情報を受け，自身の状態を調整する．それによって体内の1日が外部の1日と一致するようになるのである．さらにこのような仕組みで生み出される時間情報によって細胞あるいは生命体そのものの活動を制御する．Neurospora でのシステムは変異遺伝子から見つかったタンパク質によって構成され，それぞれ white collar-1（タンパク質 WC-1 をコード），white collar-2（WC-2 をコード），frequency（FRQ をコード）と名付けられた．なお，ショウジョウバエにおける frequency の相同遺伝子は period や timeless とよばれている．

多くの時計遺伝子やタンパク質は **PAS ドメイン**（PAS domain）とよばれる共通構造モチーフを有している．PAS とは，

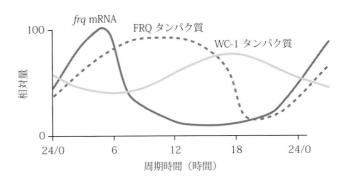

図9.1 *Neurospora crassa* の概日リズムを制御する FRQ，WC-1 の動き．*Neurospora crassa* を暗黒下で培養したときの FRQ および WC-1（*white collar-1* 遺伝子産物）タンパク質の一日の変動をプロットしたグラフである．光によって *frq* 遺伝子の mRNA 量は増加するが，やがて過剰な FRQ タンパク質がこれを抑制する（Dunlap & Loros, 2006 より改変）．

「PER-ARNT-Sim」の頭文字から作られた造語である．PAS ドメインはショウジョウバエの PER と ARNT というタンパク質で最初に見い出されたが，のちに多くの生物で見つかっている．概日リズムにおいて，PAS ドメインタンパク質はヘテロ二量体転写活性化複合体として働き，時計遺伝子の発現を促進する．一方で興味深いことだが，PAS ドメインは補助因子（cofactor）がドメイン内の疎水性のコアに結合するといった刺激に応答してタンパク質相互作用を制御する．そのようなことから，PAS ドメインは Neurospora の概日周期に作用することが知られている酸素分圧，酸化還元電位，一酸化炭素，酸化窒素，光強度，温度などの幅広い環境要因に対する重要な感知機能を果たしている．この中でも，光は負の因子の転写を誘導し，時計をリセットするとともに細胞を昼夜サイクルに一致させる．また，FRQ タンパク質の翻訳は温度によって影響を受けるが，これは時計による制御よりも上位で作用する．

Neurospora の概日システムは概日リズムの重要な研究モデルとして理解が進められた（Davis, 2000）．その結果，リズムに関係する因子，すなわち FRQ，WC-1，WC-2 といった時計関連の相同タンパク質のコード遺伝子，子囊菌だけでなく担子菌や接合菌など真菌一般に広く保存されていることが明らかにされた（Dunlap & Loros, 2006）．

周期的な生育が菌糸の形態に与える影響について，*Podospora anserina* の時計変異株（寒天平板培地で培養すると，コロニーの気中菌糸に濃淡のバンドが形成される）に関する研究を紹介しよう．このバンドは気中菌糸あるいは寒天内に潜り込んだ菌糸（埋没菌糸，submerged hypha）の生育パターンの違いによって生み出される．寒天表面の菌糸は分岐しながら旺盛に

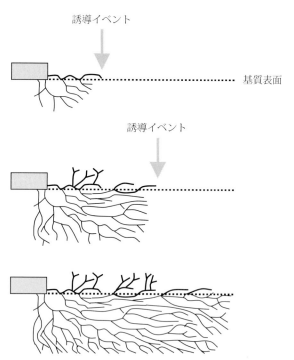

図9.2　*Podospora* 変異株における周期的バンド発生の概略．上：接種源（灰色四角）から気中および埋没菌糸が広がるように生育するが，ある種の誘導（細胞の内部的サイクルや光，温度といった外的変化など）に応答して表面の伸長が停止する．表面の広がりに応じて気中菌糸の分岐が誘導されるが，埋没菌糸は表面の菌糸よりも遠くへ伸長し続ける．埋没菌糸から分岐した菌糸はやがて表面に現れ，表面生育を再構築する．中：表面の菌糸は再び生育するが，二度目の誘導が掛かるともう一度気中菌糸の分岐が起こる．下：これらのサイクルが繰り返される（Lysek, 1984 より改変）．

生育するが，やがて気中菌糸の伸長が停止して培地表面上での生育が制限されるが，おそらく何らかの分泌物［老化物質（staling substance）とも考えられる］の蓄積によるものではないかと考えられている．一方，埋没菌糸はこのような生育パターンを示さず，伸長を続ける．そして，生育が停止した気中菌糸の先端部よりも向こう側で，寒天表面に達する（図9.2）．埋没菌糸は表面に出てきてすでに停止している表面菌糸の生育をブロックするが，新たな世代の表面として先端生長を続け，やがて同様のプロセス（分岐，老化，生育停止）が繰り返される．このようなサイクルの反復によって表面菌糸の濃淡が生じ，規則的なバンドとして認識されるのである．*P. anserina* の菌糸生育の遅延および分岐の増加は，酸素摂取の増加や光への暴露によっても引き起こされる．

この例に示されるように，リズミカルな生育は分化（differentiation）の過程であり，菌糸に空間的および時間的に異なる機能や特性が付与されるのである．この例の場合，菌糸は新たな基質を求めて拡大してゆくが，やがて生育を停止した表面菌糸は胞子形成や休眠組織などに分化するために空間的に隔てられる．

規則正しい菌糸生育がつくり上げる同心のリングや放射状に広がる帯状構造は普遍的な現象である．ところが，これは明らかに何かに誘導された結果であり，このような反応には細胞膜上のセンサーが重要な役割を果たしていることが多い．多くの異なるセンサー分子が多岐にわたる環境的要因（酸素分圧，酸化還元電位，一酸化炭素，酸化窒素，光強度，温度など）と反応して共通の「振り子」を刺激し，周期的な「リズム」をつくり出すことが明らかとなっている．ここで重要なのは，リズムによる表現形質は第4章および第5章で論じた菌糸の細胞周期（filamentous cell cycle）に通じており，基本的に均質な生育と栄養菌糸の分岐パターンはある種の誘導によって遮られ，菌糸の分化へと向かう．あるときは胞子形成のように菌糸内での分化でもあるだろう．またあるときは上述したばかりだが規則正しい菌糸生育がつくり上げる同心のリングや放射状に広がる帯状構造のように，複数の菌糸が一斉に分化することもあるだろう．

子実体のようなさらに複雑な構造体であっても，類似のメカニズムによって菌糸生育や分岐パターンが変換され，機能的にまったく別の組織が形成されると考えられる．*in vitro* の実験で人工基質上に菌糸塊を移植すると，菌糸細胞は，それぞれが属する組織内で隣接した環境から刺激を受け，応答して分化する．また，分化を維持するためには，このような刺激が断続的に補充される必要がある．真菌の分化を制御するシグナルが細胞周期の制御に寄与するあらゆる分子のパターン（時間的あるいは空間的配分）を変化させる，というのが共通の概念なのである．

9.3　胞子形成

真菌の胞子形成過程では，通常の頂端生長を厳密に制限している細胞壁構築メカニズムが非常に柔軟に改められる．つまり，菌糸の頂部における壁合成は絶対的な機構ではないということである．新しい細胞壁合成と既存の壁の再構築は常に行われているが，いつどこでこれらが起こるのかについては，実に絶妙にコントロールされている．真菌の細胞壁合成が時間的および空間的に制御されることにより，規則的な形態変換をつくり出すことは非常によく知られている現象であるが，第4章

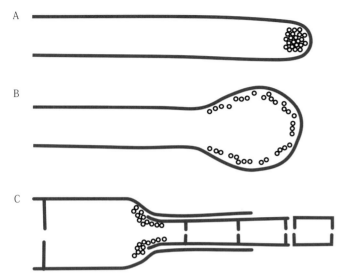

図9.3 菌糸の分化に伴う多様な細胞壁構築のプロセス．A，頂端細胞壁構築：細胞壁に使われる素材分子の生産に必要な超微細分泌小胞が菌糸の頂端部に集積し，先端生長によって円筒状の菌糸がつくられるため，最頂部は常に最新の細胞壁成分によって構成される．B，拡散細胞壁構築：生成された分泌小胞は先端部全体に低密度で分布し，もともとの細胞壁を改変することによって円筒型の菌糸が肥大する．C，環状細胞壁構築：細胞壁の構築が先端部より根元の部分でリング上に行われ，新しい壁が基部生育を支える．このため，最新の細胞壁成分は常に頂端部から離れた部分に存在する（Minter et al., 1983a & b）．（Kirk et al., 2008 より改変引用）

および第6章に詳細に記述されているように，栄養菌糸の頂端部における活性というのもごくごく平凡な範囲内に収まるのである．胞子形成や胞子の細胞壁合成にはいくつかの方式が知られているが，ご想像に漏れず，それぞれに用語が当てられている．

「細胞壁構築（wall building）」は過程についての用語であるが，3通りが使い分けられている（図9.3）．

- 頂端細胞壁構築（apical wall building）：細胞壁に使われる素材分子の生産に必要な超微細分泌小胞（ultrastructural secretory vesicle）が菌糸の頂端部に集積し，先端生長によって円筒状の菌糸がつくられるため，最頂部は常に最新の細胞壁成分によって構成される（図9.3A）．
- 分散細胞壁構築（diffuse wall building）：生成された分泌小胞は先端部全体に低密度で分布し，もともとの細胞壁を改変することによって円筒型の菌糸が肥大する（図9.3B）．似たような例として内生菌の菌糸や並列菌糸（parallel hyphae）組織（子実体の柄のような構造体）があるが，これは介在生長（intercalary growth）と呼ばれる（Voisey, 2010）．
- 環状細胞壁構築（ring wall building）：細胞壁の構築が先端部より根元の部分でリング上に行われ，新しい壁が基部生育を支える．このため，最新の細胞壁成分は常に頂端部から離れた部分に存在する（図9.3C）．

このように，菌糸細胞の形状が無限の広がりを示すのは，このようなプロセスの連続的な作用によって生み出されるためである．菌糸の分岐や自己向性（autotropism）によって，分岐したあと生育の根元に向かって伸長し，多層菌糸構造を形成するほか，逆に根元から離れる方向に伸びて開放的なネットワークをつくることもあるが，こうした特徴によって非常に多様な胞子形成装置（特に分生子柄）が生み出されるのかもしれない．言い換えれば，胞子の形態形成の多様性が真菌全体の無性胞子形成の比類なき多様性を反映しているともいえる．また，こうした多様性があるからこそ古典的な分類学では胞子や胞子形成組織が中心的役割を果たしてきたのである．

ほぼ無限ともいえる多彩な菌糸や細胞の形態により，以下のことが起こった．

- 長期にわたって，さまざまなランクの分類群を定義付けるための基準として細胞形態を用いてきた分類学者に重宝された．
- 種名の記載の選択肢が豊富となった．

菌学に関連する用語については Dictionary of Fungi（Kirk et al., 2008）が最初に参照される．そして第二選択肢としては Illustrated Dictionary of Mycology（Ulloa & Hanlin, 2000）となろう．真菌細胞に見られるさまざまな形態（the range of diversity that has been observed in fungal cells；胞子や菌糸形態および菌学用語の使い分け）について Dictionary of Fungi から抜粋し補遺2にまとめたので参照されたい．ただし，ここに示された形態の振れ幅については読者自身でも検討するべきであるが，細胞壁構造の変換などによって時間的空間的に精密に制御された結果いかにして胞子や菌糸の形状が生み出されるのかは，そのようにして理解が進むであろう．

分生子柄（conidiophore）は栄養菌糸から分化するが，形態的にたいてい明瞭に区別できる．分岐するもの・しないものがあるが，分生子形成細胞（conidiogenous cell）を支持するため先端が膨らんでいることが多い．分生子産生の機序は分生子形成細胞ごとに異なっており，ある種では1個だけ，他の種では房状あるいは連続的につくられるものもある．連続的に分生子形成が行われるケースでも，あるものは一番はじめにつく

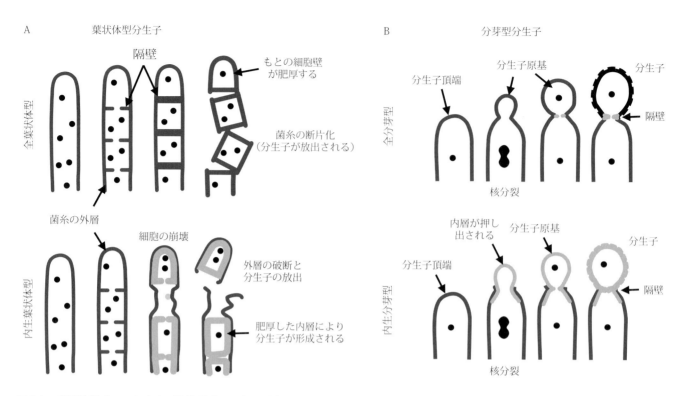

図9.4 葉状体型（thallic）および分芽型（blastic）の分生子形成．左上：全葉状体型（holothallic），左下：内生葉状体型（enterothallic），右上：全分芽型（holoblastic），右下：内生分芽型（enteroblastic）．

られた分生子が「鎖」の先端に位置し，そのあとにつくられた分生子が次々に古い分生子を押し出すような場合もあれば，逆に新しい分生子が古い分生子の先のほうにつくられることによって「鎖」が形成されるものもある．

　成熟した分生子の表面は平滑であったり華麗な文様が刻まれていたりする（sculpturing）．また表面は浸水性のものも疎水性のものもある．分生子はたいてい球形または楕円形だが，屈折していたりコイル状であったりさらに複雑な構造をしていることもある．単細胞のものが多いが，二細胞あるいは複数細胞から構成されていることもある．無色の分生子もあるが，多くは有色の細胞壁を有しており，その塊は白色，緑色，黄色，茶色，黒色などに見える．

　菌糸の細胞壁の構築機序について意識すると，さまざまな構造の最終的な形状を観察するだけでなく分生子の発生機序の理解に繋がる．ある種の真菌では，間性細胞（intercalary cell，他の組織に囲まれた細胞，菌糸体の内部の細胞）が丸くなり細胞壁が厚くなる（二次細胞壁がつくられる）などの形態変換を経て厚膜胞子（chlamidospore）がつくられる．厚膜胞子は，もとの菌糸体が崩壊するときに放出される．このような分生子形成は，「葉状体型（thallic）」と呼ばれ，「分芽型（blastic）」

と並んで主要な分生子形成機序の1つである．葉状体型分生子形成では（図9.4A），胞子原基（spore initial）は細胞が隔壁によって仕切られた後に分化する．つまり，1個の細胞全体が胞子に分化する．

　菌糸の頂端生長が完了し隔壁が形成されたものが胞子原基のはじまりとなる．厚膜胞子は菌糸の一部が膨らんだものであり，このような肥大は必ず隔壁形成のあとに起こる．同様の形成過程を辿るものの菌糸の肥大を伴わない場合は，たとえばCoprinopsisのような小型きのこの一核菌糸体で見られるような分裂子（オイジウム，oidium），あるいはGeotrichumのような子嚢菌の1種で見られる菌糸が断片化してできる分節型胞子（arthrospore）というように，特別な呼称が用いられるが，これらはすべて葉状体型分生子（thallic conidia）である．これらもまた全葉状体型（holothallic）あるいは内生葉状体型（enterothallic）に区分される．前者は菌糸の分生子形成細胞のもとの細胞壁を利用するのに対し，後者では新たに壁を新生して胞子を形成するため元からの細胞壁は使わない（図9.4A）．内生葉状体型分生子は比較的まれである．

　分芽型の分生子形成（blastic development）機構の特徴は，胞子原基の分化が細胞全体ではなく一部分から始まり，しかも

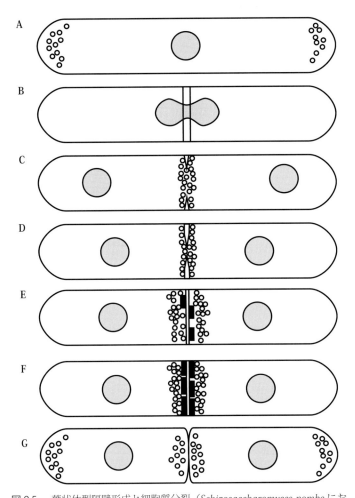

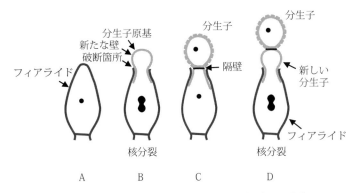

図9.6　フィアライドからの分生子形成　A，やや細長い一重壁のフィアライド．B，フィアライドの先端が突き破られ内生分芽型分生子原基が出現する．突き出た壁は新しく形成される分生子の外壁となる．C，分生子形成が完了し，隔壁（離層が形成されることもある）によって分離する．D，同じ過程の繰り返しによって，2個目の分生子がすぐ下に形成され，やがて分生子が鎖状に伸びるが，最も古い胞子は常に鎖の先端にあり最も新しいものはフィアライドから生み出される．Moore-Landecker, 1996 より改変．

図9.5　葉状体型隔壁形成と細胞質分裂（Schizosaccharomyces pombe における一例）A．分裂酵母の細胞はおもに両端が伸長することにより生育する．アクチン（図中の小さい丸）は両端付近に分布し，微小管束は両端を結ぶ．B．有糸核分裂が始まるとアクチンは核を取り囲むように赤道付近にリング上に配置される．その位置に隔壁が形成される．C～D．有糸核分裂が完了すると一次隔壁が細胞膜周辺腔（periplasmic space）内に形成され，やがて細胞内部まで伸展する．C～E．隔壁形成の進行につれて，F（糸状）アクチンリング構成分子が隔壁成分を貯蔵する小胞へと移行する．E～G．一次隔壁の両面に二次隔壁が形成されるが，一次隔壁はやがて分解し細胞の分離に繋がる．Moore, 1998 より改変引用．

それが隔壁によって分断される**前**に起こることである（図9.4B）．このような分芽型分生子と呼ばれる胞子も，もとの細胞壁を利用する全分芽型（holoblastic）と細胞壁を新生する内生分芽型（enteroblastic）に区別される．分芽型分生子は特別な分生子形成細胞でつくられるが，時には他の分生子がその役割を果たすこともある．その場合は分生子は鎖状に連なる．特殊な菌糸あるいは菌糸から分岐した組織である分生子柄からは1個～数個の分生子形成細胞がつくられる．成熟した分生子はやがて分生子形成細胞から離れる．そのため，胞子は脱落性

（deciduous）といわれる．

　葉状体型分生子形成は，分裂酵母 Schizosaccharomyces pombe の細胞分裂との類似点が認められる．この酵母では，リング状に整列したアクチンのミクロフィラメントに沿ってキチンが堆積し，隔壁が形成される（図9.5）．分芽型分生子形成は出芽酵母 Saccharomyces cerevisiae に見られる出芽と類似点がある．すなわち，分生子原基（conidial initial）は分生子形成細胞の特定の領域から出現し，隔壁に仕切られる前に相当に肥大する．リング状の壁構造から一過性の分生子原基がつくられると，原基内の壁構造が拡散し，もとの細胞から膨れ出る．分生子原基が大きくなると，親細胞からできたばかりの分生子に核が移行する．やがて，隔壁が完成すると最終的に分生子は親細胞から分離する．隔壁には分生子を遊離するために特殊な離層が含まれることもある．

　内生分芽型分生子は非常に一般的な構造である．分生子形成細胞の形態は非常に異なっており，真菌種ごとにきわめて多様である．ある種の真菌では，分生子形成細胞は多数の分生子を形成するのに特化しておらず，形態的にも栄養菌糸と非常に類似している．またある種の真菌では，細長くない，クビの狭い瓶形の分生子形成に特化したフィアライド（図9.6）という細胞をもつ．

　フィアライドからは全分芽型あるいは内生分芽型の機構によって最初の分生子がつくられる．内生分芽型の場合，分生子の出現と同時にフィアライドの細胞壁が突き破られる．破られた壁は分生子の鎖の基部に襟のように残ることもある．その後

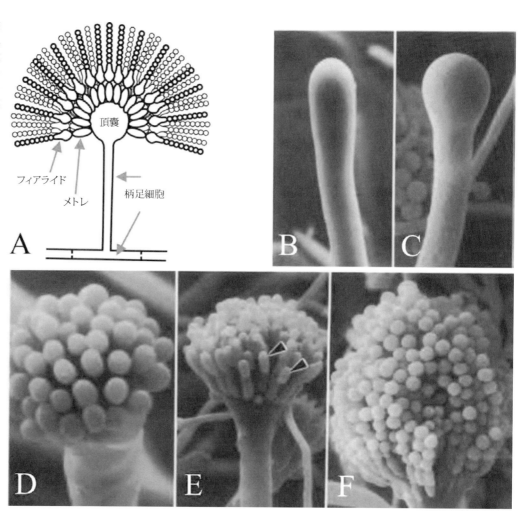

図9.7 *Aspergillus nidulans* の分生子柄の構造および形成機序．A，成熟した分生子柄の模式図．B～F，電子顕微鏡による分生子形成機序の観察．B，頂囊を形成する直前の未熟な分生子柄．C，頂囊が発達しつつある分生子柄の先端．D，メトレの形成．E，フィアライド（矢頭）の形成．F，無数の分生子が連なった成熟した分生子柄．B–F の電子顕微鏡写真は Mims, Richardson & Timberlake（1988）より Springer Science＋Business Media: © Springer-Verlag 1988 の許可を得て転載．

の分生子形成も全分芽型であり，それぞれがフィアライドの壁の内側につくられ，フィアライドの「口」から押し出されるようにしてつくられる．これらの分生子はフィアライドの壁の内側につくられるのだが，やがて分生子の壁の最外層となる．フィアライドの中では隔壁が形成され，すでにフィアライドの外側にある成熟した分生子を，次のフィアライド内部にできつつある分生子原基から切り離す．*Aspergillus* 属の胞子は，このようにしてつくられる分生子の典型例である．

9.4 *Aspergillus* の分生子柄

Aspergillus nidulans では，分生子柄形成に関する遺伝学的制御機構の詳細が大変よくわかってきている．この菌の分生子は特別な気中菌糸である**分生子柄**（conidiophore）から生み出される．*A. nidulans* の菌糸を平板培地で生育させるとおよそ 16 時間後に分生子形成が開始される．栄養菌糸はこの時間を

経過すると，空気に晒されて気相と水相の状態変化に細胞表面が反応するといった誘導プロセスに応答して，細胞がコンピテント（有能な，competent）状態になる．その後，菌糸のある部位から気中菌糸が分岐して分生子柄細胞となる（図9.7）．

柄足細胞（foot cell）とよばれる菌糸中の細胞から分生子柄が出現するが，茶色に着色した厚い二次的な細胞壁が元々の壁の内側に形成されることで他の栄養細胞と区別できる．先端生長によって柄（stalk）が伸長し，やがて 100 μm ほどに達すると，頂端部が直径 10 μm くらいに膨らんで**分生子柄頂囊**（conidiophore vesicle）となる．一層の**一次柄子**［primary sterigma，**メトレ**（metule）とも］が頂囊から出現し，そこから**二次柄子**［secondary sterigmata，**フィアライド**またはフィアロ型分生子形成細胞（phialide）とも］が出芽的に発生する．フィアライドはいわゆる幹細胞であり，非対称的な分裂（asymmetric division）を繰り返し，やがて直径約 3 μm の**内生分芽型分生子**（enteroblastic conidium）の長い鎖がつくら

図9.8 Aspergillus nidulans の分生子柄形成に関する遺伝的制御回路.

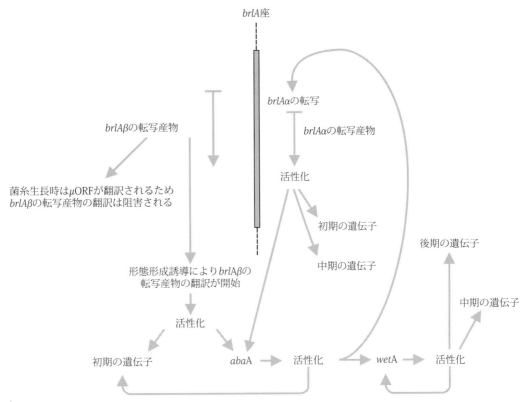

れる（図9.7）.

Aspergillus の分生子形成についての遺伝学的な基礎情報は，変異株の作製のその解析という古典的な**遺伝解析**（genetic analysis）によって明らかにされた．他の機能に関係する変異株との出現頻度の比較解析によって，およそ300～1,000個の遺伝子座が分生子形成に関与していると見積もられた（Martinelli & Clutterbuck, 1971）．mRNAの発現解析によると栄養菌糸では6,000個の遺伝子が発現しており，分生子柄や分生子を含む培養からはさらに1,200個の遺伝子発現が認められているが，そのうち200個は分生子そのものから見つかる遺伝子である．A. nidulans の分生子欠損変異株で分生子柄の伸長や発達に関する異常を呈するものはわずか2％ほどである．逆に変異株の85％は栄養菌糸の生長や分生子柄への転換能そのものに欠陥を示す．

分生子柄の形態変換に関するキーとなる役割を果たす2個の遺伝子が知られている．bristle（剛毛の意，*brlA*）遺伝子変異株は頂嚢とメトレ形成に欠陥を示す．abacus（アバカス，子供のおもちゃの1つ，の意，*abaA*）変異株は分生子の代わりに玉飾りの付いた菌糸のような構造が数珠つなぎに形成されるが，この遺伝子は分生子のフィアライドからの出芽および隔壁形成に関与しているものと考えられる．第三の遺伝子 *wetA* は胞子成熟の初期段階に作用している．*wetA* 変異株の分生子は色素と疎水性を欠いており，胞子形成後数時間で自己融解を起こし，分生子特異的な mRNA 発現が起こらない．*brlA* あるいは *abaA* 変異株では *wetA* 遺伝子が転写されないことから，*brlA*, *abaA* は *wetA* より上位で（epistatic）作用する．また，二重変異株の解析によって，*brlA* → *abaA* → *wetA* の順に働くことが明らかになった.

A. nidulans の分生子柄形成に関する変異株を用いた解析による驚くべき成果といえば，1,000以上の遺伝子が変異を受けると分生子形成が完全に失われるにも関わらず，わずかに3個の遺伝子に変異が生じたときのみ分生子柄と胞子形態に欠陥が現れることであろう．つまり，*brlA*, *abaA*, *wetA* は他の分生子形成に必要な遺伝子の転写の統合的な制御因子であり，胞子の形成に直接関与しているわけではないと考えられる．Aspergillus の多くの分生子形成変異株は有性生殖にも欠陥を示す．このことから，異なる発生のプロセスに用いられる形態形成に作用する遺伝子はある意味経済的に使われているのではないかという仮説も導かれよう．おそらく，発生の方向が異なったとしても，構造遺伝子のいくつかはそれ専用のものではなく，制御因子に応答して機能や特異性が方向付けられるのではなかろうか．真核生物の発生のキーは比較的少数の制御因子が

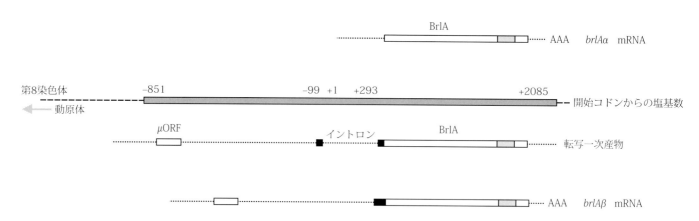

図9.9 *Aspergillus nidulans* の *brlA* 座の構造．網掛けの四角は第8染色体の BrlA 領域部分を示す．*brlAα* の mRNA を上部に，*brlAβ* の一次転写産物（primary transcript）および mRNA が下部に描かれている．*brlAα* は Cys2-His2 型 Zn フィンガー（mRNA 内の網掛け部分）タンパク質をコードする1個のエクソン（イントロンによる分断がない）から構成される．*brlAβ* はイントロンを1個含み，*brlAα* に比べて23アミノ酸だけ（黒く塗りつぶした部分）長くなっている．転写産物の 5′ 付近には短い ORF（micro-open reading frame）と呼ばれる別の読み枠があり，*brlAβ* の翻訳を制御している．Timberlake, 1993 より改変引用．

他の多くの遺伝子の活性を統合的に支配する構造にある，という仮説の典型例といえよう．

分子レベルの解析によっても，*brlA*，*abaA*，*wetA* は制御因子（regulator）であることが明確に支持されている．*brlA* は Zn フィンガータンパク質（zinc finger protein）をコードしており，特定の塩基配列を認識する DNA 結合型転写活性化因子として発生に必要な遺伝子発現を制御する（図9.8）．といっても，これがすべてというわけではない．なぜなら，*brlA* タンパク質は異なるターゲットに異なる親和性を示すからである．実際，*brlA* 座は重複する転写ユニット（overlapping transcription unit）から構成されており（図9.9），下流側を *brlAα*，上流側を *brlAβ* と呼ぶ．これらの翻訳産物がどのようにシグナルに応答し，あるいはシグナルが消散したときにどのように応答を維持するのかといった発生における課題についての解決を担っているものと思われる．

2つの *brlA* 転写ユニットはほとんど同じ読み枠（reading frame）を共有するが，*brlAβ* は N 末端に23残基が付加されている．また，同じ転写産物の 5′ 付近に μORF（micro-open reading frame）と呼ばれる41残基分の別の読み枠が見い出されている．μORF は下流の *brlA* の翻訳を抑制するため，栄養菌糸では *brlAβ* の転写産物が存在しても BrlA タンパク質は生産されない．このような μORF による抑制効果は菌糸がコンピテントに達したときに解除される．おそらく窒素飢餓（多くの子嚢菌において胞子形成を誘導する環境シグナル）に直面するとアミノアシル tRNA が欠乏し μORF による翻訳阻害制御を解除すると考えられる．μORF の効果が停止すると，すでに存在している *brlA* 転写産物から BrlA タンパク質の翻訳が開始されるのである．

このプロセスの発見者は分生子形成の活性化に至る経路を翻訳による起動（translational triggering）と表現した（Timberlake, 1993）．つまり，翻訳が起動されることによって形態分化が菌糸の栄養状態に対して敏感になるのである．そのため，コンピテントな菌糸は分生子柄形成へと仕向けられるものの，胞子形成に関して理想的な環境が揃うまで栄養生長を維持するための翻訳段階での抑制メカニズムによって，不可逆的な分生子形成経路の活性化は阻止される．

brlA の活性化は分生子柄形成の初期段階で見られ，さらに分生子形成特異的遺伝子群の発現を活性化する．そのうちの1つが次の制御因子 *abaA* である．*abaA* の翻訳産物もまた DNA 結合転写制御因子であり，*brlA* によって誘導される構造遺伝子群の転写を増強させる．*brlA* と *abaA* は互いに活性化し合う関係にあり，*abaA* もまた *brlA* を活性化する．もちろん，*abaA* が転写される前に *brlA* が発現するが，*brlA* による *abaA* の活性化は *brlA* の発現を強化し，結果として分生子形成経路を効率的に進行させる．*abaA* 遺伝子産物もまた複数の構造遺伝子および最後の制御遺伝子であり分生子特異的な構造遺伝子を活性化する *wetA* を活性化する．*brlA* や *abaA* は分化中の分生子では発現しないため，*wetA* は胞子内でのこれらの遺伝子発現の抑制に関わっているものと推測される．核が胞子の成熟段階に達するには *wetA* の制御下にある遺伝子が必要であり，このときフィアライドの核もまた，胞子形成開始の状態に戻って次の胞子生産に備えなければならないため，上述の負の

フィードバック現象はフィアライドでも同様に起こっているものと考えられる．wetA遺伝子の発現は，初めはフィアライド内でbrlA，続いてabaAによる作用によって活性化されるが，やがて自己制御するようになりwetA遺伝子の産物がそれ自身の転写を活性化する．このようなwetAによる正の自己制御は，胞子がフィアライドから物理的あるいは細胞学的に分離したあとも維持される．

Timberlake（1993）はこのメカニズムをフィードバック固定（feedback fixation）と名付けた．すなわち，中核的な役割を果たす制御遺伝子が段階的な活性化，フィードバックによる活性化，自己制御によって経路全体の発現を強靱化し，外界からの環境シグナルとは独立して動作することにより，分生子がフィアライドから切り離されたあとも成熟し続けられることを可能とするシステムである．分生子柄形成は他の形態分化プロセスと同様に複数のステップが連続的に連なった構造を取っている．この制御ネットワークは，翻訳による起動がいかにして形態分化の過程を一方ではコンピテントな状態に導き，また一方では環境刺激に応答するように仕向けるのか，を説明している．いったんある方向性が決定されると，フィードバック固定によって古典的な発生学の考えに沿って，応答の要因となった環境因子が除かれても形態形成が進められるのである．

9.5 Neurospora crassa における分生子形成

Neurospora crassa は小分生子（microconidium）および大分生子（macroconidium）という2種類の分生子を形成する．小分生子は小型で一核性の胞子であり，基本的には菌糸が断片化したものである．この構造は拡散には不向きであり，おもに有性交雑における「雄性配偶子」として機能していると考えられている．大分生子は，いわゆる普通の胞子である．サイズも大きく多核・多細胞の分生子が気中分生子柄につくられる．N. crassaの分生子形成および有性交雑は，Aspergillusに特徴的な複雑な遺伝的制御システムよりもむしろ環境因子に対応した現象に見える．大分生子は栄養飢餓，乾燥，CO_2濃度，光などに応答して形成される．光の中でも青色光のほうが効率的に働く．光の暴露が必ずしも必要ではないが，光照射によって分生子が早く大量に誘導される．また，概日リズムによって朝に多くの胞子が形成される．分生子が誘導されるときNeurosporaの菌糸は基質から離れる方向へ菌糸を進展し，側方に分岐した枝は分生子柄となり，その頂端部で出芽によって分生子を数珠状に発生させる．

突然変異体や分子レベルの解析を用いた分生子形成に関する遺伝学的研究によると，N. crassa と A. nidulans にはいくつかの共通した遺伝子が見つかっている．たとえば，N. crassa の eas（easily-wettable）遺伝子や A. nidulans の rodA 遺伝子が変異を受けることによって，疎水的な外側の小桿状構造層（rodlet layer）が失われる．このように機能的な共通項が存在するにも関わらず，これらの2つの糸状菌には分生子形成を制御する遺伝的構造は類似していない．A. nidulans で見られる一連の制御因子 brlA-abaA-wetA に似た遺伝子は N. crassa では見い出されない．それでも，無数の分生子形成に欠陥を示す変異株が分離され，多くの分生子形成遺伝子 con は分生子形成のある特定の時期に転写量が増すことがわかってきた．これらの遺伝子群のうち少なくとも4個の遺伝子はすべての N. crassa の胞子形成（大分生子，小分生子，子嚢胞子）のいずれの過程でも転写されるが，その他の遺伝子は大分生子特異的な発現を示す．ところが，con 遺伝子を破壊しても，その多くは胞子形成に影響を及ぼさないことから，胞子形成時に発現量が増加するこれらの遺伝子には他に機能が重複する遺伝子が存在するか，あるいは胞子形成には必ずしも必須ではないものと推定される．

9.6 分生子果

分生子柄そのものは，それぞれ非常に複雑な構造をしているが，いくつか〜多数の分生子柄が揃って組織化し，無性的な子実体を形成するような真菌も存在する．分生子果（無性子実体，conidioma，複数 conidiomata）には，その形や構造によってそれぞれ固有の名称が付けられている．その1つがシンネマ（synnema，複数 synnemata）である．シンネマとは，束になった分生子柄が長軸に沿って固着した，茎や剛毛のような構造体である．シンネマは多数の菌糸の束から構成され，肉質（fleshy），硬質または壊れやすい（brittle）構造をしている．シンネマを構成する分生子柄の頂端部分は分かれて放射状に広がり，しばしば粘液に覆われており，そこに分生子が付着しているが，昆虫による胞子の拡散を狙っているものと思われる（図9.10）．

動物や植物寄生性の菌類に特に見られることが多いが，他にも何種類かのタイプの分生子果がつくられることがある．分生子柄が強固な束になるがその長さがシンネマよりも短く，堅く織り込まれた菌糸から構成されるクッション型（まくら型，pulvinate）の子座（pseudopamchymatous な組織，下記参照）

第9章 続・多様性について：細胞と組織の分化

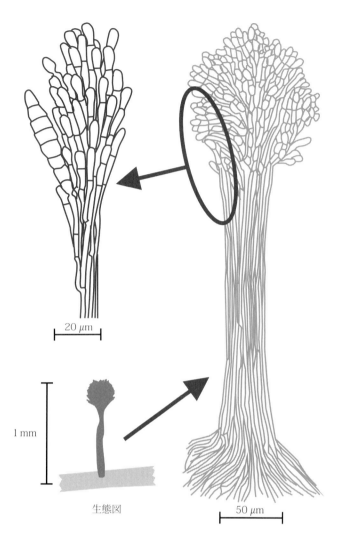

図9.10 分生子座．*Podosporium elongatum* のシンネマ（分生子柄束）の模式図．この真菌種は朽ちかけた竹の軸に生育する．シンネマは約1mmに達する．生態図（左下），全体の拡大図（右），詳細図（左上）．Chen & Tzean, 1993 より再描写．

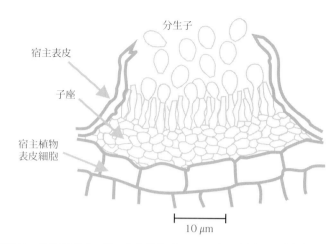

図9.11 分生子座の1種，分生子盤（acervulus）の概略図．宿主植物の表皮（灰色で表示）に病原菌の菌糸（青色で表示）が絡み合い子座を形成する．やがて植物表面から露出し胞子を拡散する．Moore-Landecker, 1996 より再描画．カラー版は，口絵31頁を参照．

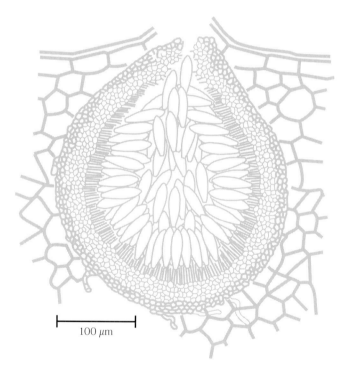

図9.12 分生子座の1種，分生子殻（pycnidium）の概略図．絡み合った菌糸が壁のような構造となって暗色で硬い，もしくは，淡色で肉質の偽柔組織（pseudoparenchymatous tissue）となる（青色で表示）．分生子殻内部で分生子柄が分生子をつくる．分生子殻が宿主の組織や子座に埋もれているものもあるが，表面に露出するものもある．盤状，球状，フラスコ型またはコップ型である．全体が閉じた構造のものもあるが，小孔，溝，破損部などから分生子を放出する．Moore-Landecker, 1996 より再描画．カラー版は，口絵31頁を参照．

は**分生子座**（sporodochium）とよばれる．

　分生子盤（acervulus，ラテン語で塊の意，図9.11）とは，宿主植物の表面直下に形成される分生子柄の塊であり，胞子の成熟とともに植物組織を押し広げるように出現する．子座というほどは構造が纏まっていないが，カンキツ，バナナ，キュウリその他の植物に炭疽病を引き起こす *Colletotrichum* 属菌によってつくられる．

　分生子殻（pycnidium）は組織だった構造をとる．基本的には小室であり，絡み合った菌糸から構成される暗色で硬い，もしくは，淡色で肉質の偽柔組織（pseudoparenchymatous tissue）からなる壁状構造に分生子柄が並んでいる（図9.12）．分生子殻が宿主の組織や**子座**（stroma，複数 stromata）に埋もれているものもあるが，表面に露出するものもある．盤状，球状，フラスコ型またはコップ型である．全体が閉じた構造のものもあるが，小孔，溝，破損部などから分生子を放出する．

分生子殻を形成するタイプの菌類はたいてい植物遺体上で腐生生活を送るが，コムギ，セロリ，アザレア，グラジオラスなどに斑点病を引き起こす *Septoria* のような病原菌もいる.

分生子殻（図 9.12）は外観的には**子嚢殻**（perithecium）として知られる子嚢果（ascoma）と似ているが，前者は分生子を形成するのに対し後者は有性生殖による子嚢胞子をつくる.子嚢果については後述するが，分生子殻と子嚢殻はいずれも複雑な菌糸組織から形成される点で類似しているともいえる.肉眼で認識できる真菌組織の多くは，線状組織［菌糸束，根状菌糸束（リゾモルフ，rhizomorph），子実体の柄］または球状塊（菌核，子実体あるいは大型子嚢菌および担子菌類の胞子形成組織など）のような構造である.いわゆる**厚壁菌糸組織**［plectenchyma：ギリシャ語の plekein（編む）と enchyma（注入物）を組み合わせた造語］とは，菌糸組織の一般呼称であるが，2 タイプに分別される.**紡錘組織**（prosenchyma）は，比較的緩い構造体組織であり，それらが菌糸の塊であることを認識できる.一方，**偽柔組織**（pseudoparenchyma）は切片を顕微鏡で観察するとぎっしり詰まった細胞が見え，あたかも植物組織のようである.偽柔組織では一見して菌糸を認識することはできず，組織を構成するのが菌糸であることを理解するためには，連続切片の再構築や操作電子顕微鏡の観察を行う必要がある.

このような（他のものであっても）菌糸組織の切片を観察するとき重要なのは，これらの組織は**管状の菌糸**（tubular hypha）から構成されており，植物のように見える細胞はこれらの菌糸の断面を見ているだけであることを意識することである.多くの下等真菌類は多核菌糸体をもつが，多細胞構造を取らない.真菌組織を構成する細胞は必ず菌糸の一部分であり，基礎生物学で学習する「細胞（cell）」の概念とは異なるため，真菌組織の「細胞」に対して「**細胞要素**（cellular element）」という用語を当てるべきという主張もあるが，本書では混乱を避けるため，単に「細胞」という用語を用いることとする.

9.7 線状構造：菌糸束，根状菌糸束，柄

形態的によく似た菌糸が平行に束になる構造の形成は，子嚢菌および担子菌類では一般的に見られる.最も緩い構造体である**菌糸束**（mycelical strand, cord）は，菌糸による**輸送経路**（translocation route）として機能するため，水などの栄養分の大量輸送によるやり取りが必要とされる環境でよく発達する.菌糸束は，古い菌糸に分岐した若い菌糸が絡み付くことにより

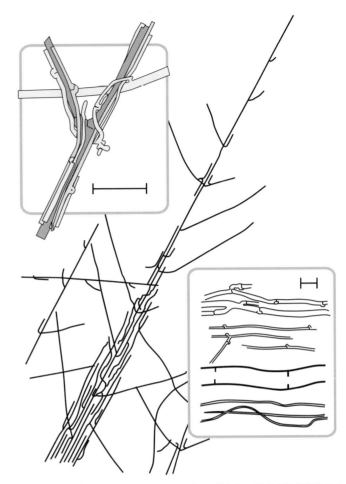

図 9.13　ナミダタケ（*Serpula lacrymans*）の菌糸束.菌糸束は親菌糸から菌糸が鋭角に分岐して親菌糸に平行に伸長するが，他の菌糸も同様に親菌糸に沿って生育する.菌糸束の中では，菌糸融合によって強度が増し，古い中心の部分から発生した細い巻きひげ菌糸（tendril hypha）が束に絡み付く.図の中央部分に菌子束の概略を，上部には親菌糸に絡み付く巻きひげ菌糸を示す.図の下部には菌糸束に含まれる細胞のタイプ（上から未分化菌糸，巻きひげ菌糸，導管菌糸，繊維状菌糸）を示す.スケールバーは 20 μm．Moore, 1995 より改変.

形成される（図 9.13）.さらに局所的に生育が進み他の菌糸が取り込まれることによって，菌糸束は太くなっていく.

菌糸束の中では，菌糸間の融合（anastomosis）によって強度が増し，古い中心の部分から発生した細い枝状の菌糸（**巻きひげ菌糸**，tendril hypha）が束に絡み付く（図 9.13）.若い組織では径が太く壁が薄い，いわゆる**導管菌糸**（vessel hypha）が見られるが，古くなるにつれて細く厚壁の**繊維状菌糸**（fiber hypha）が成熟した菌糸束に沿って見られるようになる.菌糸束の形成は消耗した基質上の古くなった菌糸体によく見られ，そのような状況では菌糸体そのものが栄養源（特に窒素源）の貯蔵組織として機能しており，菌糸束は周囲に栄養が枯渇し新

第9章 続・多様性について：細胞と組織の分化

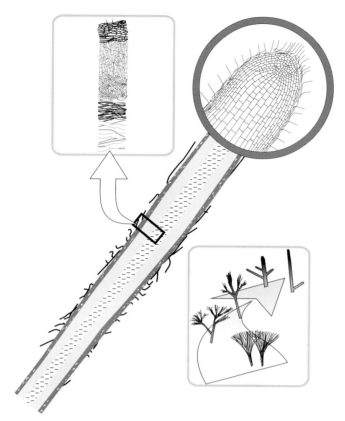

図 9.14 根状菌糸束の内部構造（パネル中心）．細胞が密に詰まった先端部（右上）．その後ろは空気または粘液に囲まれた導管菌糸が含まれる髄層であるが，液胞が発達して肥大し，たいてい多核の細胞が多く見られる．この領域は根状菌糸束の中心的な物質の通り道であり，成熟すると細い厚壁の繊維状菌糸が横方向に走る（パネル左上）．扇状菌糸層（mycelial fans），菌糸束，根状菌糸束の順に頂芽優勢が強まる（右下，Rayner et al., 1985）．Moore, 1995 より引用．

たな生育が制限された結果，発生するものと考えられている．菌糸束が主要な栄養供給源として機能する限り，その物理的強度は低下するが，菌糸束がより肥沃な外部基質に達した時点で束としての生育は打ち切られ，拡張的かつ侵略的な菌糸生育が新たな基質を覆うことになる．

菌糸束は形態的に分化した菌糸から構成されるが（図9.13），その構成菌糸は比較的緩く纏められている．ある種の真菌では高度に分化した菌糸の塊がよく発達し，組織化する（図9.14）．このような構造体は外見的に「根」に類似していることから**根状菌糸束**（リゾモルフとも，rhizomorph）とよばれる．根状菌糸束は非常によく制御された先端生長点をもつ著しい頂芽優勢を示す点で通常の菌糸束とは異なる．根状菌糸束の先端部は強固な細胞塊がコンパクトにまとめられており，粘液マトリックスに覆われた菌糸が絡み付いたキャップ構造によって保護されている．その後ろは空気または粘液に囲まれた導管菌糸が含まれる髄層（medullary zone）であるが，液胞が発達して肥大し，たいてい多核の細胞が多く見られる．この領域は根状菌糸束の中心的な物質の通り道であり，成熟すると細い厚壁の繊維状菌糸が横方向に走る（図9.14）．さらに根状菌糸束の外側には小さく暗色で厚壁の細胞が多くなり，縁取り菌糸体（fringing mycelium）が根状菌糸束の外層まで広がり，植物根に見られる根毛帯のように見える．

古い文献によると，根状菌糸束の伸長は成長点における活性によってもたらされることが示唆されているが，これは少なくとも切片の微細構造を見る限り，植物根との類似性から導かれた説である．しかし，分裂組織（meristem）様の構造は真菌糸の成長戦略とはまったく異なるため，つまり分裂組織は真菌には存在しないということになる．頂端原基の中心部分を見る限り，軸方向に整列された組織は並列菌糸の塊の切片から生じたアーティファクトであることは疑いないと思われる．特に透過電子顕微鏡による超微細構造観察によって根状菌糸束の先端部の菌糸構造が明らかとなったが，平行菌糸が束になって構成される根状菌糸束の構造から考えると根状菌糸束のサイズは緻密に制御された菌糸の分岐に起因することは間違いないと思われる．

通常，根状菌糸束は細胞の塊が発達したものであるが，元はといえば周縁部の菌糸からの局所的な鋭角分岐が強まることによる．この現象は「点成長（point-growth）」と呼ばれ，初めは極性をもたない菌糸が集合して線状組織となり，やがて頂端部に向かって極性を得たものである．菌糸束や根状菌糸束は菌糸による線状組織の極端な例ともいえるが，それぞれ頂芽優勢の程度によって区分できる（図9.14）．これらの基本的な機能は栄養分の**輸送**（translocation）であるが，それに加えて基質への侵入，周囲の探索，移動といった役割も担う．

子実体が発生する方向に栄養分を送り込む必要が生じたときに菌糸束は形成されるが，菌根菌が土壌中に伸長するときにもつくられる．そこでは菌糸束が寄主植物の根系を補い，宿主のために栄養分を集める．腐生的な局面では，菌糸束は**移動器官**（migratory organ）としても機能し，既存の栄養源が枯渇してきたときに新たな栄養源の探索を行う．ナミダタケ（*Serpula lacrymans*）の菌糸束は栄養源である朽ち木から数メートルの煉瓦を貫通し，プラスチックなどの建築材料をも破壊する．菌糸束は新たな基質に到達したとき，そのものの接種源機能が高いため，栄養源を効率的に接種して双方向性に栄養を送受することが可能となる．栄養源周囲の菌糸束の分布は，時間とともに変化する．なぜなら，栄養分を摂取するために菌糸体が内部

から消化され，再吸収されるためである．古くなった菌糸束から獲得された栄養素が再配分されることによって，菌体そのものの移動が可能になるのである．

ナラタケ（*Armillaria mellea*）は樹木の病原菌であるが，根状菌糸束の代表例であり，**靴紐状菌糸束**（bootlace rhizomorph）によって根系間に広がってゆく．これもまた，物質輸送や空間移動のための機能を備えている．他の菌糸束と同様に，物質輸送は双方向的であり，たとえばグルコースは先端からあるいは先端に向かって同時に運ばれる．湿潤な熱帯林ではホウライタケ（*Marasmius*）属菌が**気中菌糸束**（aerial rhizomorph）によって網状構造を形成し，新たな落葉をトラップすることによって**宙吊りのリター層**（suspended litter layer）を生み出す．このような森林でリターをトラップする網状の菌糸束の構造について，Hedger ら（1993）は根状菌糸束の先端には傘が小さい子実体が発生することから，子実体の柄（stipe）を含めた議論が必要であると論じた．これら2つの線状組織は機能的に非常に類似している．子実体の柄は傘に栄養分を輸送し，多くの子実体は放射状に広がる菌糸束からの補給を受けることから，菌糸束と柄の境界ははっきりしない．radicating（根状に伸びた）という用語は子実体の柄が伸びて根のように見える**偽根**（pseudorhiza）となり，土中の基質から土壌表面に伸長する様子を表す．普段は偽根を形成しない種においても，暗所で子実体形成を誘導する培養を行うと柄の原型が何センチも伸長するが，光を当てるとそこに向かって先端に子実体原基が発生する（Buller, 1924）．これは根状菌糸束であろうか？　それとも偽根？　あるいは柄が伸長したもの？　どのように呼ぶかはさほど重要ではないが，形態が類似しているのはいずれも菌糸が線状組織化したものに由来することを理解すべきであろう．

9.8　球形構造物：菌核，子座，子嚢果，担子果

菌核（sclerotium, 複数 sclerotia）は偽柔的な菌糸の塊であり，外側の外層（皮層，rind または cortex）と内側の髄層（medulla）が同心性構造となっているが，必ずしも明確に区別できない．菌核は塊茎のように成熟すると親菌糸から脱離する．ある種の菌核はわずか数細胞から構成され，顕微鏡でないと見ることができない．逆にオーストラリアの砂漠で見られる *Polyporus mylittae* の菌核は直径20〜35 cm にも達する．

菌核はストレス耐性の菌糸体からなる耐久構造物であり休眠期間を経たのち内部の貯蔵物質を消費して発芽する（Erental *et al.*, 2008）．強固に詰まった菌糸の先端部が厚膜化し色素沈着（メラニン化）し，不浸透性の表面構造を形成するために，休眠状態の菌核は数年間に渡って生存する．このような不浸透層は乾燥や紫外線（あるいは放射線など）照射に特に有効に働く．似たような構造体は他の状況でも発生することがある．たとえば，ハシバミの枝に付着（その様子は熱帯林で見られる根状菌糸束とリターの接着に似ている）するヒビウロコタケ（*Hymenochaete corrugata*）の表面構造は**偽菌核状殻皮**（pseudo-sclerotial plate）とよばれる．このような殻皮が内容物を完全に覆うと，その構造物は菌核とよばれる．多くの真菌類は基質や基層（病原菌の場合は宿主組織）の一部を有色の厚膜細胞で覆うことがあるが，このような構造全体をある種の菌核ということもできるかもしれない．

このようなことから，菌核という言葉は，さまざまな形態構造が示す機能的な面を意味するのである．異なる形状は，子嚢菌類の中では**収斂進化**（convergent evolution）によって，おそらく子嚢殻，閉子嚢殻，分生子果などの胞子形成組織が退化して成立した結果であろう．担子菌類では，ウシグソヒトヨタケ（*Coprinopsis cinerea*）において菌核と子実体形成に同じ遺伝子が関わっていることがわかっている．同じ発生経路によって生じた菌糸の塊を22〜26℃で光照射下に置くと軸対称性（axial symmetry）を生じて子実体原基が誘導され，一方で30〜37℃，暗黒下に置くと放射相称（radial symmetry）に転じて菌核が形成される．

髄層は菌核の大半を占め，これらの細胞（外層をもつ菌核については，それも含む）がグリコーゲンやその他の多糖類，ポリリン酸，タンパク質，脂質などを貯蔵するといわれている．菌核は，菌糸が集合して小さいがはっきりとした**原基**（initial）をつくり，原基が**成長**（development）して十分な大きさに達し，親菌糸から栄養貯蔵物質を受け取り，表面が色付いて明瞭になるなどの**成熟**（maturation）過程を経て，形成される．また，成熟過程では，蓄積した栄養分を長期保存に適した組成に変換することも行われる．

菌核は発芽して菌糸，分生子，子嚢果あるいは担子果を形成する．形成される構造は菌核の大きさに左右される傾向にある．小さな菌核は菌糸を，大きな菌核は子実体をつくる，ということである．*P. mylittae* の巨大菌核は水分の供給なしに担子果をつくるが，中身は半透明の蜂の巣状となっており，菌糸が大量の菌体外ゲルをまとっているため，これらが栄養分と水を供給源として機能している．

多くの子嚢菌類あるいは担子菌類の菌糸は集合して，有性胞

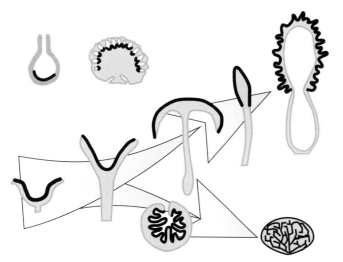

図9.15　子嚢菌類が形成する子実体の断面の概略図（Burnett, 1968 より改変）．いずれの図でも胞子形成層は黒太線で示す．左上，典型的なフラスコ型の子嚢殻（*Sordaria* など），その右，*Daldinia* に見られる子嚢殻形成子座（perithecial stroma）．それ以外の図は，単純なコップ型の子嚢果（*Peziza* など）から *Sarcoscypha*, *Helvella*, *Mitrula*, アミガサタケ *Morchella*，あるいは *Genea*，地下生菌 *Tuber* に至る子嚢果の推定される形状変化の様子を描いた．Moore, 1995 より改変．

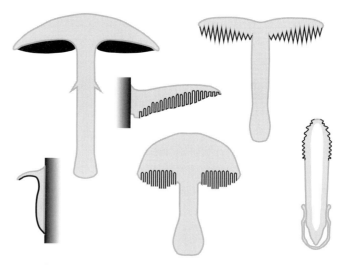

図9.16　担子菌類が形成する子実体の断面の概略図（Burnett, 1968 より改変）．子実層は黒線で示す．上段左から，ハラタケ，サルノコシカケ，ハリタケ，下段左からウロコタケ，イグチ，スッポンタケ．Moore, 1995 より引用．

子を形成あるいはもっと重要なことだが，拡散するための子実組織を形成する．子嚢菌では菌糸が固まったものからできた**子嚢果**（ascoma, 複数 ascomata）と呼ばれる組織の中に子嚢（ascus, 複数 asci）がつくられ，その中に有性交雑によって**子嚢胞子**（ascospore）が形成される（図8.5 参照）．子嚢果は造嚢菌糸（ascogonial hyphae）の中心体（centrum）を取り囲む二核体ではない不稔菌糸によって形成されるが，さまざまなタイプのものが知られている（図9.15）．たとえば，*Aleuria* のコップ状の**子嚢盤**（apothecium, 複数 apothecia），*Neurospora* や *Sordaria* などがつくるフラスコ状の**子嚢殻**（perithecium, 複数 perithecia），*Aspergillus* などで見られる完全に閉じた構造の**閉子嚢殻**（cleistothecium, 複数 cleistothecia）などである．同様に幅広い多様性は子嚢胞子の形状（球形，線形など）や壁構造，あるいは子嚢の形態［有弁（フタがある）または無弁（有孔でフタはない）］にも認められる．

担子菌類の子実体，いわゆるきのこ（サルノコシカケ，ホコリタケ，スッポンタケ，チャダイゴケなどを含む）はいずれも**担子果**（basidioma, 複数 basidiomata）であり，**担子器**（basidium, 複数 basidia）に有性胞子である**担子胞子**（basidiospore）をつくる（図8.5）．いくつかの担子果の構造を図9.16 に示す．子嚢菌の場合と同様に，担子胞子の形状や壁構造，そして担子器や生殖細胞ではないが囊状体（またはシスチジア，cystidium）や側糸（paraphysis）の形態に大きな多様性が見られる．

担子器は**減数母細胞**（meiocyte）であり，その中で減数分裂が起こり担子胞子が形成される．担子胞子は減数母細胞の外側につくられる**外生胞子**（exospore）であるが，子嚢胞子は減数母細胞の内部につくられるため**内生胞子**（endospore）といわれる（図8.5）．イグチやサルノコシカケ類では，担子器や担子胞子は子実体の傘の裏側に空いている穴の中の表面に並んだ**子実層**（hymenium）に形成される．ハラタケ類では，傘の裏側が板状構造，すなわち**ひだ**（gill または lamella, 複数 lamellae）になっており，そこに子実層ができる．いずれの構造も胞子形成組織である子実層として利用可能な面積を増やすために有効である．平坦な表面に胞子をつくるのと比べて，ひだをもつ場合，表面積は最大20 倍に達する．多孔構造もまた表面積を稼げるが，小孔の大きさや密度に左右される．多孔菌類の傘は平坦な場合と比較して18〜45 倍の表面積をもつ（Fischer & Money, 2010）．

しかし，**小孔**（pore）はひだに比べて担子器の収容性に欠ける．なぜなら，内側の湾曲具合によっては，担子胞子の拡散を互いに阻害しないための担子器間の距離が制限され，あまり近接に配置することができないからである．そのため，子実体組織の単位体積当りの担子器密度は実質的にはひだ構造のほうに軍配が上がる．一方，特に乾燥からの保全という観点からは小孔構造のほうが優れており，**多年生子実体**（perennial fruit body）には適している．多年生サルノコシカケの1個の子実

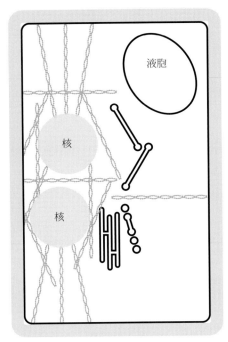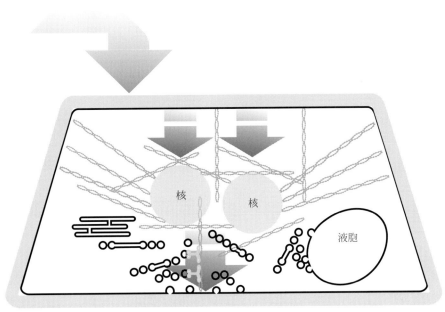

図9.17 ハラタケ類における重力検知システム．担子菌の二核菌糸体では2個の核がFアクチンに囲まれ，それぞれの距離を適切に保っている（核間の距離は遺伝子発現に影響する）．核が平衡器として機能し重力場を検出することが示されているが，その仮説を図示したものである．垂直方向（一般的な柄の方向）の細胞内では，核は強く張られたアクチンミクロフィラメントによって支えられている（左図）．ところが，組織の方向が変化したとき，つまり右図に示すように横倒しになった場合，平衡器（核）が動いて内膜系に繋がっているアクチン繊維の結合にストレスが掛かり，シグナルが発生するのである．たとえば重力に対して細胞の下方に繋がっているアクチン繊維の張りは比較的弱い．もし，この緩みによって膜や壁への小胞輸送を担う微小繊維が機能しているとすると，それらは下部の膜／壁に特異的に輸送されることになる．方向感覚が喪失した直後に放出されるのは，組織中の菌糸生育を制御する成長因子受容体であろう．やがて成長因子が働き，細胞壁の改変あるいは再構築に必要な分子が輸送される．細胞壁再構築は細胞の下方で起こるため，細胞は上方に向かって曲がってゆくのである．このような機構は子実体の柄のような長く伸びた組織の多数の細胞にも作用するため，子実体が物理的に妨害されたとしても再構築することができる．Moore et al., 1996より改変．カラー版は，口絵32頁を参照．

体からは5～6ヵ月にわたり1分当り1,000万個の胞子が形成される．ハラタケ類（たとえばハラタケ Agaricus campestris）も1分間に200万個の胞子を放出できるが，これらの場合はせいぜい2週間程度しか持続しない．

多くの種では，胞子は傘の裏側から放出され，風によって拡散されるため，傘は高いところになければならないが，これを担うのが柄である．担子胞子は**手荒く放散され**（violently discharged），1個の担子器に付いた4個の担子胞子は数分以内に散り散りになる．また，胞子はさまざまな物理的プロセスによる推進力を得て，活発に子孫を拡散させる（Ingold, 1999）．担子胞子の拡散メカニズムは非常に粗暴的（衝撃的）であり，胞子が繋がった小柄付近に**射出液**（Buller's drop）とよばれる水溶液の滴が分泌されることによって起こる．胞子表面が疎水性であることも重要であり，**表面張力カタパルト**〔surface-tension catapult（射出装置）〕による推進力を生み出していると考えられる（Turner & Webster, 1991; Money, 1998）．このような仕組みで胞子はひだ表面から0.1～0.6 mmほど弾き出されるが，射出液が大きいほどこの効果も大きい（Stolze-Rybczynski et al., 2009）．この過程で胞子が受ける加速度はスペースシャトル打ち上げ時に乗組員が経験するものよりも数千倍（！）も大きいと思われる．さらに衝撃的なことに，スペースシャトルが打ち上げの最初の2分間に燃料の50％を消費するのに対して，射出胞子（ballistospore）は胞子全体量の1％しか代謝しない（Money, 1998）．

担子胞子は，射出されたあとわずか0.001秒後には空気抵抗によって失速するが，やがて自然落下によってひだ領域から脱する．このように担子胞子はひだとひだの間隙あるいは小孔の中心に向かって撃ち出されるのである．また，担子胞子は隣のひだや小孔の反対側の壁に衝突することがないよう，空間の半分よりも先には達しない．最新のハイスピードカメラを用いた解析によると，胞子の形や大きさが射出距離に影響すると考えられている（Stolze-Rybczynski et al., 2009）．おそらく射出液の量が決定づけるのであろう．つまり，胞子の大きさや形状と小孔の半径あるいはひだの間隔には密接な関係があり，進化

図 9.18　子実体形成およびその他の多細胞構造への形態形成に関与する生理的プロセスの概要．Moore & Novak Frazer, 2002 より改変．

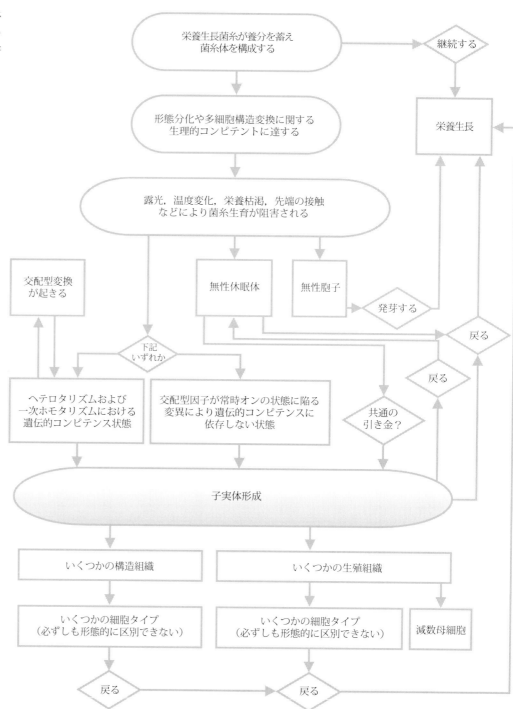

と適応の結果，子実体は現在の形態に至ったのであろう．

担子胞子は**重力**（gravity）によって落下し，ひだや小孔を脱して子実体直下の乱気流に突入する．そのため，子実体およびひだがきわめて重力に対して敏感で，柄やひだが歪んで成長したときにも地面に対して**垂直方向に**（vertical）修正することができる．ハラタケ科のきのこは重力に対応して形態を変化させるが，これを**重力屈性**（gravitropism）という．重力屈性による屈曲は柄を構成する細胞がそれぞれ異なる生育を示す結果起こる．下側の細胞が上側の細胞よりも大きく伸長することにより，柄が上方に曲がってゆく．カルシウム・シグナル伝達系はこのような成長差の制御に関わっているが，重力の感知には関与しない．重力の検知にはアクチン細胞骨格と核移動性が

関わっているといわれている．つまり，核が平衡器として機能しアクチン細胞骨格と作用すると内膜系に働きかけ，局所的な細胞成長を促す特殊な小胞や小型の液胞を拡散させると考えられている（図 9.17，Moore *et al.*, 1996）．これらはいずれも胞子が子実体の傘の下を流れる気流に乗って広く拡散するための巧妙な仕組みである．

担子菌類は，有性（たいていの場合，二核体）菌糸としての生活に期限というものが存在しないため，**長期間にわたる細胞質融合**（long-term plasmogamy）の状態にある．これは子嚢菌類のヘテロカリオン生育が際限なく続くのと同じような現象であり，いずれのグループも有性和合菌糸は成長に関して複数の選択肢をもつ．すなわち，菌糸生育の継続，無性胞子形成，あるいは有性サイクルの進行である（Moore, 1998）．どの方向に進むかは，たいてい非常に限局的な環境条件によって決定されるが，ほとんどの場合栄養源からの栄養の摂取と蓄積によっていずれかの形態形成に向かって舵を切ることになる．子実体形成やその他の多細胞構造への形態形成に関与する生理的プロセスの概要を図 9.18 に示す．

9.9 文献と，さらに勉強をしたい方のために

Buller, A. H. R. (1924). *Researches on Fungi*, vol. 3. London: Longman Green & Co. ASIN: B0008BT4QW.

Burnett, J. H. (1968). *Fundamentals of Mycology*. London: Edward Arnold. ISBN-10: 071312203X, ISBN-13: 9780713122039.

Chen, J. L. & Tzean, S. S. (1993). *Podosporium elongatum*, a new synnematous hyphomycete from Taiwan. *Mycological Research*, **97**: 637–640. DOI: http://dx.doi.org/10.1016/S0953-7562(09)81190-8.

Davis, R. H. (2000). Neurospora: *Contributions of a Model Organism*. New York: Oxford University Press. ISBN-10: 0195122364, ISBN-13: 9780195122367.

Dunlap, J. C. (1998). Common threads in eukaryotic circadian systems. *Current Opinion in Genetics and Development*, **8**: 400–406. DOI: http://dx.doi.org/10.1016/S0959-437X(98)80109-3.

Dunlap, J. C. & Loros, J. J. (2006). How fungi keep time: circadian system in *Neurospora* and other fungi. *Current Opinion in Microbiology*, **9**: 579–587. DOI: http://dx.doi.org/10.1016/j.mib.2006.10.008.

Erental, A., Dickman, M. B. & Yarden, O. (2008). Sclerotial development in *Sclerotinia sclerotiorum*: awakening molecular analysis of a 'dormant' structure. *Fungal Biology Reviews*, **22**: 6–16. DOI: http://dx.doi.org/10.1016/j.fbr.2007.10.001.

Fischer, M. W. F. & Money, N. P. (2010). Why mushrooms form gills: efficiency of the lamellate morphology. *Mycological Research*, **114**: in press. DOI: http://dx.doi.org/10.1016/j.mycres.2009.10.006.

Frankhauser, C. & Simanis, V. (1994). Cold fission: splitting the *pombe* cell at room temperature. *Trends in Cell Biology*, **4**: 96–101. DOI: http://dx.doi.org/10.1016/0962-8924(94)90182-1.

Hedger, J. N., Lewis, P. & Gitay, H. (1993). Litter-trapping by fungi in moist tropical forest. In: *Aspects of Tropical Mycology* (eds. S. Isaac, R. Watling, A. J. S. Whalley & J. C. Frankland), pp. 15–35. Cambridge, UK: Cambridge University Press. ISBN-10: 0521450500, ISBN-13: 9780521450508.

Ingold, C. T. (1999). Active liberation of reproductive units in terrestrial fungi. *Mycologist*, **13**: 113–116. DOI: http://dx.doi.org/10.1016/S0269-915X(99)80040-8.

Kirk, P. M., Cannon, P. F., Minter, D. W. & Stalpers, J. A. (2008). *Dictionary of the Fungi*, 10th edn. Wallingford, UK: CAB International. ISBN-10: 0851998267, ISBN-13: 9780851998268.

Lakin-Thomas, P. L. (2000). Circadian rhythms: new functions for old clock genes? *Trends in Genetics*, **16**: 135–142. DOI: http://dx.doi.org/10.1016/S0168-9525(99)01945-9.

Lysek, G. (1984). Physiology and ecology of rhythmic growth and sporulation in fungi. In: *The Ecology and Physiology of the Fungal Mycelium* (eds. D. H. Jennings & A.D.M. Rayner), pp. 323–342. Cambridge, UK: Cambridge University Press. ASIN: B001616YA2.

Martinelli, S. D. & Clutterbuck, A. J. (1971). A quantitative survey of conidiation mutants in *Aspergillus nidulans*. *Journal of General Microbiology*, **69**: 261–268. DOI: http://dx.doi.org/10.1099/00221287-69-2-261.

Mims, C. W., Richardson, E. A. & Timberlake, W. E. (1988). Ultrastructural analysis of conidiophore development in the fungus *Aspergillus nidulans* using freeze-substitution. *Protoplasma*, **144**: 132–141. DOI: http://dx.doi.org/10.1007/BF01637246.

Minter, D. W., Kirk, P. M. & Sutton, B. C. (1983a). Thallic phialides. *Transactions of the British Mycological Society*, **80**: 39–66. DOI: http://dx.doi.org/10.1016/S0007-1536(83)80163-6.

Minter, D. W., Sutton, B. C. & Brady, B. L. (1983b). What are phialides anyway? *Transactions of the British Mycological Society*, **81**: 109–120. DOI: http://dx.doi.org/10.1016/S0007-1536(83)80210-1.

Money, N. P. (1998). More g's than the space shuttle: the mechanism of ballistospore discharge. *Mycologia*, **90**: 547–558. Stable URL: http://www.jstor.org/stable/3761212.

Moore, D. (1995). Tissue formation. In: *The Growing Fungus* (eds. N. A. R. Gow & G. M. Gadd), pp. 423–465. London: Chapman & Hall. ISBN-10: 0412466007, ISBN-13: 9780412466007.

Moore, D. (1998). *Fungal Morphogenesis*. New York: Cambridge University Press. ISBN-10: 0521552958, ISBN-13: 9780521552950. See Chapter 6: Development of form and Chapter 7: The keys to form and structure. DOI: http://dx.doi.org/10.1017/CBO9780511529887.

Moore, D. & Novak Frazer, L. (2002). *Essential Fungal Genetics*. New York: Springer-Verlag. ISBN-10: 0387953671, ISBN-13: 9780387953670. See Chapter 10: The genetics of fungal differentiation and morphogenesis. URL: http://www.springerlink.com/content/978-0-387-95367-0.

Moore, D., Hock, B., Greening, J. P., Kern, V. D., Novak Frazer, L. & Monzer, J. (1996). Gravimorphogenesis in agarics. *Mycological Research*, **100**: 257–273. DOI: http://dx.doi.org/10.1016/S0953-7562(96)80152-3.

Moore-Landecker, E. (1996). *Fundamentals of the Fungi*, 4th edn. Upper Saddle River, NJ: Prentice Hall. ISBN-10: 0133768643, ISBN-13: 9780133768640.

Rayner, A. D. M., Powell, K. A., Thompson, W. & Jennings, D. H. (1985). Morphogenesis of vegetative organs. In: *Developmental Biology of Higher Fungi* (eds. D. Moore, L. A. Casselton, D. A. Wood & J. C. Frankland), pp. 249–279. Cambridge, UK: Cambridge University Press. ISBN-10: 0521301610, ISBN-13: 9780521301619.

Stolze-Rybczynski, J. L., Cui, Y., Stevens, M. H. H., Davis, D. J., Fischer, M. W. F. & Money, N. P. (2009). Adaptation of the spore discharge mechanism in the Basidiomycota. *PLoS ONE*, **4**(1): e4163. DOI: http://dx.doi.org/10.1371/journal.pone.0004163.

Timberlake, W. E. (1993). Translational triggering and feedback fixation in the control of fungal development. *Plant Cell*, **5**: 1453–1460. Stable URL: http://www.jstor.org/stable/3869795.

Trinci, A. P. J., Wiebe, M. G. & Robson, G. D. (1994). The mycelium as an integrated entity. In: *The Mycota*, vol. 1, *Growth, Differentiation and Sexuality* (eds. J. G. H. Wessels & F. Meinhardt), pp. 175–193. New York: Springer-Verlag. ISBN-10: 3540577815, ISBN-13: 9783540577812.

Turner, J. C. R. & Webster, J. (1991). Mass and momentum transfer on the small scale: how do mushrooms shed their spores? *Chemical Engineering Science*, **46**: 1145–1149. DOI: http://dx.doi.org/10.1016/0009-2509(91)85107-9.

Ulloa, M. & Hanlin, R. T. (2000). *Illustrated Dictionary of Mycology*. St Paul, MN: American Phytopathological Society Press. ISBN-10: 0890542570, ISBN-13: 9780890542576.

Voisey, C. R. (2010). Intercalary growth in hyphae of filamentous fungi. *Fungal Biology Reviews*, **24**: 123–131. DOI: http://dx.doi.org/10.1016/j.fbr.2010.12.001.

Webster, J. (1980). *Introduction to Fungi*, 2nd edn. Cambridge, UK: Cambridge University Press. ISBN-10: 0521228883, ISBN-13: 9780521228886.

Part 4
Biochemistry and developmental biology of fungi

第4部
菌類の生化学と発生生物学

Section 10
Fungi in ecosystems

第10章
生態系における菌類

　菌類は，分解者としての能力をもつことから，すべての生態系に対して多大な貢献をしている．菌類界に特化した最も重要な特徴の1つは，菌類は基物を菌体の外で消化して栄養分を得るということである．実際の世界では，無機物質を消化することもあるが，菌類が資源として利用する物質のほとんどは，動物や植物，その大部分は植物の遺体である．本章では，菌類の栄養菌糸が，養分を得て，吸収し，代謝し，再加工し，再分配する方法について説明する．

　この中で，菌類は養分の再利用と無機化に貢献しているので，以下は，そのような菌類の働きを可能にする酵素系について述べる．われわれの記述は比較的簡単であるが，より詳細な話は，菌類生理学の主要なテキスト（Jennings, 2008）において見ることができる．明確に記述するため，関連した酵素系についてはわれわれの記述の目的に応じた順番で，個別に述べていく．この序論は次のような印象をもってもらうことを意図している；すなわち，菌類は，たいていの環境下で，養分獲得のための最初の段階として高分子物質を，単糖，アミノ酸，カルボキシル酸（carboxylic acids），プリン（purines）およびピリミジン（pyrimidines）などに変換するための酵素を分泌し，それによって細胞に吸収する．また，たいていの菌類の菌糸体は，これらの生化学的変化を同時に行う．

　本章では，われわれは菌類が生態系に貢献する方法を見てゆく．どのようにして菌類が，多糖類のセルロース（cellulose），ヘミセルロース（hemicellulose），ペクチン（pectins），キチン（chitin），デンプンやグリコーゲン（glycogen）を分解するのか？　リグニン（lignin）を分解する菌類の特異的な能力や，タンパク質，脂質，エステル，リン酸塩や硫酸塩を消化する手法について述べる．養分の流れを輸送や転流の点から取り扱い，最後の2つの節においては，スタチン（statins）やストロビルリン（strobilurins）のような有用生産物を含む二次代謝産物や，一次（中間）代謝における主要な経路について簡単に，しかし包括的に取り扱う．

10.1 菌類の生態系への貢献

　木材，つまり植物に付随する細胞壁は，地球上で最も一般的な基質である．リグニンを除いて（下記参照），植物バイオマスの大部分は，多糖類のセルロース，ヘミセルロースやペクチンからなっており，これらの割合は細胞の種類や齢によって異なる．細胞壁構成要素が大部分を占めるが，植物遺体中の脂質，タンパク質およびリン酸は死滅した細胞質由来のものを含む．しかし，木材自体は窒素やリンに乏しい．植物バイオマスは，多糖類，タンパク質およびリグニンが，それぞれきちんと仕分けられた塊からなっているわけではない．これら3種類の物質は，互いに緊密に混ざり合っているので，リグノセルロース（lignocellulosic）および / またはリグノタンパク質（lignoprotein）複合体の分解を考えるほうがよい．

　禾本類の藁，もしくはサトウキビバガスのような典型的な**農産物残渣**は30～40％のセルロース，20～30％のヘミセルロースおよび15～30％のリグニンを含んでいる．物質循環に貢献する生物が，これら混合物の構成成分を分解する能力はさまざまである．そのような分解能力に基づいて，菌類は，白色腐朽菌（white-rot fungi），褐色腐朽菌（brown-rot fungi），軟腐朽菌（soft-rot fungi）に分けられてきた．白色腐朽菌［約2,000種，ほとんどが担子菌門（Basidiomycota）の菌類］は，リグニンを代謝することができる．一方，褐色腐朽菌（約200種の担子菌門の菌類）はセルロースやヘミセルロースを，リグニンを変化させることなく分解する．軟腐朽菌［たいていは土壌生息性子嚢菌門（Ascomycota）の菌類］は，どちらかといえば，その中間的な能力を有しており，セルロースとヘミセルロースを速やかに分解するが，リグニンはゆっくりと分解する．これらの分解様式の違いはこれらの菌類がそれぞれ異なる酵素を作り出すことによるものであり，それによって，菌類は潜在的な栄養資源の複合体を消化し，そのためのさまざまな酵素を組み合わせて活用していることを強調しておきたい．

　自然界で，細菌類と菌類はセルロースの分解を担っている．しかし，リグニンを分解する能力は菌類，とりわけ担子菌門の菌類といくつかの子嚢菌門の菌類に限られている．リグニンは分岐の多いフェニルプロパノイド重合体であり（以下，10.7節参照），ポリフェノールを分解する能力は，菌類が養分の再利用に貢献していることはもちろん，産業工程によって環境に及ぼす損害を減少させることを意味する．これは，菌類を用いた**バイオレメディエーション**（bioremediation）とよばれる過程のことである．廃棄物は，植物や動物にとって有害なタンニンやフェノール物質を有しているため，その多くは有害である．これは，**農業廃棄物**にもいえることである．例をあげると，農薬に汚染された残渣のほか，綿実油，菜種油，オリーブ油および椰子油などを生産する際の抽出残渣，柑橘類廃棄物のような果物類の加工残渣などがある．

　実際に，農産物生産業は大量の廃棄物を生む；平均すると，現在の世界農業生産量は，一次生産量の40％を病害虫により消失し，その残りの70％以上は廃棄される．このように，収穫物は現存成長量のほんのわずかの量になる．忘れてはいけないのは，'収穫物' というのは，成長能をもつ植物の種子の部分かもしれないし，油分のように種子の一部分かもしれない．そのため，農業生産物の総バイオマス量の80～90％は廃棄物として捨てられる．これら廃棄物がすき込まれるか堆肥化されるか，もしくは放置されて腐っていくとしても，これら廃棄物の多くを再利用するのは環境中の菌類である．

　菌類の養分獲得様式はおもに3つのものがある．おそらく大多数の菌類は**腐生栄養菌**であり，これらは，死滅した有機物を基物として利用するが，菌類自身が殺したものではない．**殺生栄養菌**は，生きた組織に侵入し殺したのち，これらを利用する．また**活物栄養菌**は宿主細胞に侵入するが，これらを殺すことはない．活物栄養菌の場合，菌類が侵入し定着するため宿主植物は局所的に消化されるけれども，単糖のような簡単な養分のみを宿主から得ていると考えられる．なぜなら高分子の細胞構成要素が広範囲で利用されると宿主にダメージを与えるからである．活物栄養菌は宿主特異的である一方で，一般に腐生栄養菌と殺生栄養菌はかなり広範囲に生息しており，大多数の高分子栄養源中にて優占している．

　高分子化合物が栄養源として優占していることは，草本植物の落葉，木材および草食動物の糞のような基物にあてはまることである．先に言及したように，落下したばかりの**植物リター**（plant litter）は，炭素が豊富ではあるが，窒素やリンは乏しい．消化されたリター（草食動物の糞を遠回しに言い表すと）は，比較的窒素分や核酸，ビタミンおよび成長因子が豊富である，なぜなら，動物の消化管を通過するのに伴って細菌や原生動物などの微生物の遺骸が蓄積されていくからである．動物組織の構成は，その臓器部位によって大きく異なるが，自然界で動物遺体のほとんどは，腐肉食動物によってただちに食べられるため，いかなる微生物も利用できない．そのため，微生物には，他の生物が利用できない，皮膚や軟骨や骨などの部位が残される．

土壌中の**窒素**のほとんどは有機化合物として存在しており，アンモニア態や硝酸態（人工の寒天培養培地に一般に加えられる窒素源），または亜硝酸態として存在する割合は，土壌中の全窒素の2％を超えることはほとんどない．しかし，粘土土壌はより多くのアンモニアを保持することができる．無機態の窒素化合物は，化学肥料を繰り返し施与している農耕地土壌でのみ優占して存在する．亜硝酸は，通常検出できないレベルであり，硝酸含量は，通常非農耕地土壌では大変低い．なぜなら硝酸塩や亜硝酸塩は，降水によってただちに溶脱されるからである．その結果，たいていの場合，粘土粒子に付着した交換性アンモニウムや有機態窒素が腐生菌の窒素源となる．ほとんどの表層土壌では，全窒素の20〜50％はタンパク質態で存在しており，5〜10％は結合態や複合態のアミノ糖である．アミノ糖は，また土壌中の炭水化物構成要素となっており，これは全有機物量の5〜16％を占めている．ここで再び，大部分の土壌中の炭水化物は，やはり高分子体であるといいたい．単糖は土壌中炭水化物の1％以下にすぎず，セルロースは14％までを占めており，キチンもまたアミノ糖含量の観点から代表的なものである．土壌中のリン量の50〜70％は有機態であり，ほとんどは核酸やイノシトールリン酸やリン脂質のような化合物に由来するか，それに関連するリン酸エステルである．

無機態の**硫黄**はある種の土壌中に蓄積する．たとえば，乾燥地域での硫酸カルシウムや硫酸マグネシウム，または石灰質土壌における炭酸カルシウムと共結晶化した硫酸カルシウムなどとしてである．湿潤地域の表層土壌には無機態硫黄はほとんど存在しない．有機態の硫黄は，メチオニンやシスチン（およびその誘導体），硫酸化した多糖類や脂質を含む硫酸エステルとして存在する．

細胞外酵素（extracellular enzymes）は細胞内において産生されるが，細胞の外で作用する．そのため酵素は細胞膜を通して分泌されているはずである．膜を介したタンパク質転送に関与する機構は真核生物すべてに共通する．分泌されるポリペプチドは，アミノ末端部の過渡的な短いシグナル配列によって識別され，その配列は，少なくとも6個の疎水性のアミノ酸残基が連続的につらなったものである．シグナル配列はリボソーム上で形成されるポリペプチドの最初の部分に存在する．その疎水性のゆえに，膜二重層の脂質環境と親和性があるので，シグナル配列は，リボソームを，ポリペプチドが翻訳される場である小胞体膜上に向かわせる（5.9節参照）．

細胞外酵素の中には水溶性であり菌糸周囲の流体膜中を自由に分散することができるものもあるが，菌糸細胞壁，細胞外マトリックス，または基物自体に結合することによって，空間に固定されるものもある．このような自然の**酵素**の固定化は，酵素を産生する菌類にとって有益である．なぜなら，この特性により基物の分解の場は，菌糸のすぐ近傍に維持されるからであり，それによって，酵素を分泌する菌類は，酵素活性によって作られる可溶性養分をめぐる共存菌との競合において確実に有利になる．このように，菌類は周辺環境をある程度制御することができる．

10.2 多糖類の分解：セルロース

多糖類は，単糖類が重合したものであり，これらの糖類はグリコシド結合によってつながっている．利用可能な糖の数と種類，および隣接する糖残基の異なった炭素原子間で可能な結合様式がさまざまであるので，非常に多様な多糖類が存在する．これに呼応して，多様な酵素が存在する．これらは，上に述べたさまざまのグリコシド結合を加水分解できる，加水分解酵素やグルコシダーゼである．重合体（多糖類に限ったことではなく，いかなる重合体であっても）の分解を担う酵素は，分解に際して，以下の2つの方式のうちの一方で作用する．それらは，重合体分子をランダムに攻撃して，効果的に多くのオリゴマーに断片化する**エンド型酵素**（endoenzymes），または重合体の末端から単量体や二量体に切り離していく**エキソ型酵素**（exoenzymes）である．

セルロース（cellulose）は，地球上で最も豊富な有機化合物であり，有機態炭素の50％以上を占めており，毎年約10^{11} tが生産される．セルロースはグルコースの直鎖重合体であり，隣接する糖分子は$\beta 1,4$結合によってつながっている（図10.1）．この重合体には，数百から数千の糖残基が存在し，これは約50,000から1,000,000の分子量に相当する．セルロースの分解は，化学的にシンプルであるが，その物理的形態によって複雑になっている．セルロースは穏やかな酸分解によって，水溶性の糖類が遊離されるが，完全には分解されず，100〜300グルコース残基をもつオリゴマーが残る．ただちに分解される画分は非結晶セルロースとよばれ，酸耐性のある画分は結晶セルロースとよばれる．セルロースの三次元構造と立体配座はその化学的分解に影響を及ぼすので，セルロース分解酵素活性に影響を及ぼすにちがいない．

担子菌門の白色腐朽菌である*Phanerochaete chrysosporium*（*Sporotrichum pulverutentum*）や子嚢菌門の菌類の*Trichoderma reesei*のセルロース分解酵素（**セルラーゼ**, cellulase）複

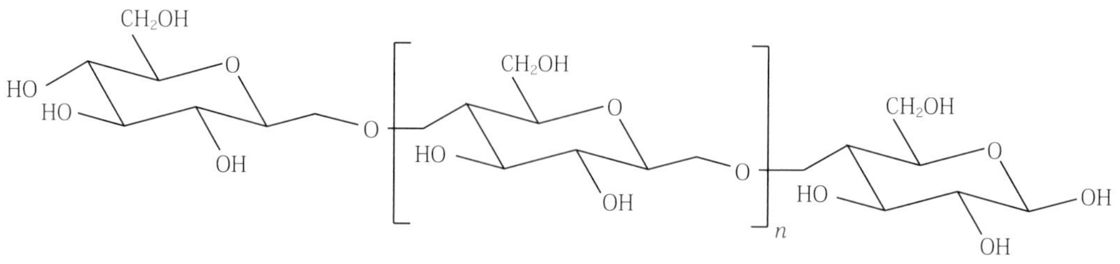

図10.1　セルロースの構造式．重合体分子中に数百から数千の糖残基があり，これは分子量にして5万から100万に相当する．

合体は多くの加水分解酵素からなる．それらは，エンドグルカナーゼ（endoglucanase），エキソグルカナーゼ（exoglucanase）およびセロビアーゼ（cellobiase）（つまり，β-グルコシダーゼ）であり，これらは共働的に作用し，細菌類や菌類の両方において，セルロソーム（cellulosomes）（Bégum & Lemaire, 1996）とよばれる細胞外多酵素複合体に組織化される．エンドグルカナーゼは，ランダムにセルロースを攻撃し，それによってグルコース，セロビオース（2つのグルコース分子からなる二糖類）およびセロトリオース（三糖類）を生じる．エキソグルカナーゼはセルロース分子の非還元末端から攻撃し，グルコースごとに切り離すが，またセロビオヒドロラーゼ（cellobiohydrolase）活性を示し，重合体の非還元末端を攻撃してセロビオースを生じることもある．セロビアーゼは，セロビオースを加水分解してグルコースを生じる．したがって，グルコースは，酵素の加水分解によるセルロース分解の最終産物であり，ただちに代謝される．

セルロソームは，細菌類および菌類において高度に発達した，細胞外の分子機械である．セルロース分解酵素には，酵素の触媒領域に加えて，触媒反応に関わらない領域もある．しかしながら，この領域は，基質との結合，多酵素複合体の形成（いわゆる，結合領域），または細胞表面への付着に関わっている（Shoham et al., 1999）．セルロソームは結晶セルロースや，それに会合した植物細胞壁の多糖類を効果的に分解する．また，細胞表面に付着し，さらに不溶性の基層に付着することにより，セルロソーム産生細胞は，水溶性の産物の利用に関しての競争において優位に立つことができる．セルロソームの操作［デザイナーセルロソーム（designer cellulosomes）の生産］は，家庭および産業から排出されるセルロース性廃棄物の有望な管理手法と思われる（Bayer et al., 2007）．

セルロースの上で成長する場合，P. chrysosporium のような白色腐朽菌は，2種類のセロビオース酸化還元酵素を産生する．それらは，セロビオースキノン酸化還元酵素（cellobiose : quinone oxidoreductase；CBQ）と，セロビオース酸化酵素（cellobiose oxidase；CBO）である．CBOはセロビオースをδラクトンに酸化でき，ついで，δラクトンはセルビオン酸に変換されたのち，グルコースとグルコン酸になる．セロビオースδラクトンは，CBQによってもつくられうる．さまざまな電子受容体を利用できるCBOが，他の多くの菌類にも存在することが明らかにされてきたが，これらの役割はわかっていない．これらの酵素はおそらく，セロビオース量およびグルコース量の制御において最も重要である．というのは，これらの物質の蓄積はエンドグルカナーゼの活性を阻害するからである．もともとCBQの役割は，セルロース分解とリグニン分解をつなぐことであった．CBOはまた，3価の鉄イオン（Fe^{3+}）を還元し，過酸化水素（hydrogen peroxide）とともに，ヒドロキシルラジカルを生成する．これらのラジカルは，リグニンとセルロースの両方を分解することができ，セロビオース酸化酵素は木材腐朽菌による木材分解において中心的な役割を果たしていることがわかる．

褐色腐朽菌は，白色腐朽菌における加水分解型セルロース分解とはやや異なる初期セルロース分解系を利用している．褐色腐朽菌はセルロースを速やかに，最後には完全に解重合することができる．セルロースが細胞壁内部深くに存在しリグニンによって護られていても利用することができる．その解重合の過程は，材中の過酸化水素（菌類が分泌する）と鉄（Ⅱ）イオン（Fe^{2+}）に依存しており，この過程によって，セルロース中の糖分子が酸化される．酸化によってセルロースは断片化されて，加水分解酵素によるさらなる攻撃を受けやすくなる．興味深いことに，多くの菌類の菌糸の表面を覆っているシュウ酸（oxalate）の結晶が，木材中に通常存在するFe^{3+}をFe^{2+}に還元することと，それによってセルロースを酸化的に開裂することに関わっている可能性がある．白色腐朽菌もリグニン分解のために過酸化水素を産生するけれども，シュウ酸を分泌せず，セルロースを酸化的に解重合することはできない．

10.3　多糖類の分解：ヘミセルロース

ヘミセルロースは，さまざまな五炭糖や六炭糖が混ざった多

様な分岐鎖状重合体の名称であり，糖は時にウロン酸や酢酸と置換されている．植物に見られる主要なヘミセルロースはキシラン（xylans；五炭糖のキシロースの 1,4 結合重合体）であるが，アラバン（arabans；アラビノース重合体），ガラクタン（galactans；ガラクトース重合体），マンナン（mannans），およびそれらの共重合体（たとえば，グルコマンナンやガラクトグルコマンナンなど）もある．被子植物の主要なヘミセルロースはキシランであるが，キシロース残基の最大 35％がアセチル化されており，双子葉植物では 4-O-メチルグルクロン酸に置換されている．ヘミセルロース分解を行う酵素はこれらの基質の特異性に応じて名付けられている．たとえば，マンナナーゼ（mannanases）はマンナンを，キシラナーゼ（xylanases）はキシランを分解する，などである．キシランは植物の細胞壁に多く存在していることから，キシラナーゼについては，他に比べて多くのことが知られている．

キシラナーゼは，その基質によって誘導されるものであり，菌類は，基質に反応して，単一の酵素ではなく酵素の複合体を産生する．キシラナーゼ複合体は少なくとも，2 個のエンドキシラナーゼ（endoxylanases）と 1 個の β-キシロシダーゼ（β-xylosidases）からなる．エンドキシラナーゼはキシランをキシロビオースと，他のオリゴ糖に分解する．一方，キシロシダーゼはこれらの小さな糖類をキシロースに分解する．また，アラビノースもわずかに形成される．このことはキシラナーゼ複合体がキシランの分枝部位を分解できることを示している．

10.4 多糖類の分解：ペクチン

ペクチンはガラクツロン酸（galacturonic acids）が β 1,4 結合でつながった鎖状化合物であり，カルボキシル基の約 20～60％がメタノールとエステル結合している．ペクチンは，おもに植物細胞間の中葉中に存在する．このことは，植物細胞壁にわずかにしか存在しないことを示しており，そのため大半の植物リターの構成要素としてはほとんど重要ではない．しかし，殺生栄養菌によって，生きた植物の中葉は徹底的に分解される．したがって，ペクチナーゼ（pectinases）は植物組織への菌類の侵入の際には大いに重要である（Byrde, 1982）．

ポリガラクツロナーゼ（polygalacturonases）およびペクチンリアーゼ（pectin lyases）は，ペクチンのみを攻撃する．一方で，アラバナーゼやガラクタナーゼはペクチンに結合した中性糖の重合体を分解する．これらの酵素の活性は，植物組織の構造的一体性に大きな影響を及ぼし，細胞壁のダメージによる浸透圧ストレスにより細胞が死滅するような場合もある．ペクチナーゼによる分解産物は菌類によって栄養素として吸収されるが，これらの酵素は一義的に養分供給に関わると考えるよりも，植物の防御を破る機械装置の一部とみるほうが考えやすい．

10.5 多糖類の分解：キチン

キチンは，その反復単位が C-2 の位置の水酸基がアセトアミド基に置換されている点を除いてセルロースの反復単位と同じである（図 10.2）．地球上で 2 番目に多く存在する重合体であり，菌類の細胞壁はもちろん，節足動物の外骨格に存在する．アミノ糖，またはその誘導体を含む多糖類はムコ多糖類とよばれる．キチンは，β 1,4 グリコシド結合を攻撃するグルカン加水分解酵素（glucan hydrolase）である**キチナーゼ**（chitinase）によって分解され，その結果二糖類のキトビオースが生じ，続いてキトビアーゼ（chitobiase）によって単糖類の N-アセチルグルコサミン（N-acetylglucosamine）になる（Seidl, 2008）．キチナーゼはまた，菌類の細胞壁合成に関わっている（第 6 章参照）．

10.6 多糖類の分解：デンプンとグリコーゲン

植物の主要な貯蔵多糖類であるデンプンは，α 1,4 グリコシド結合によってつながったグルコース重合体である．アミロース（amylose）は長い直鎖状重合体であるが，アミロペクチン（amylopectins）（ほとんどのデンプンの 75～80％を構成する）は，α 1,6 グリコシド結合によって形成される分枝点をもっている（図 10.3）．これらの 1,6 結合は，鎖に沿って，およそ 20～30 個のグルコース単位ごとに形成されており，分枝は約 30 グルコース単位の長さである．デンプン分解酵素は以下の酵素を含む：1,4 結合に作用し 1,6 結合を回避するエンドアミラーゼ（endoamylases）の α-アミラーゼ（α-amylases）；1,6 結合点に至るまで（この酵素は，1,6 結合を回避することができない）1,4 結合を 1 つおきに切り離して二糖類の麦芽糖を生じるエキソアミラーゼ（exoamylases）である β-アミラーゼ（β-amylases）；1,4 結合と 1,6 結合の両方に作用し，ほとんど菌類にのみ存在すると考えられるアミログルコシダーゼ（amyloglucosidases）（または，グルコアミラーゼ）；1,6 結合に作用し分枝を切り離す酵素（たとえば，プルラナーゼ）；二糖類や少糖類の 1,4 グリコシド結合を加水分解して，デンプン

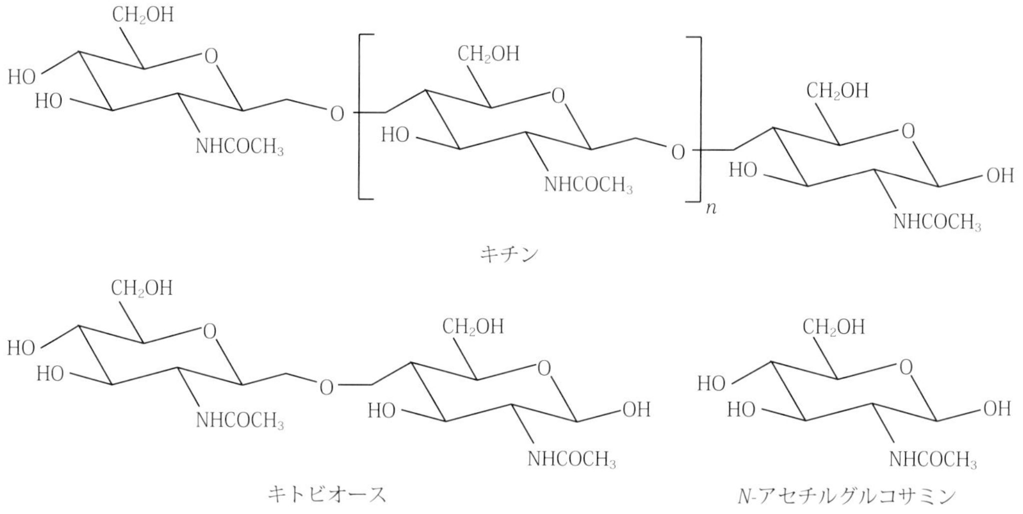

図10.2 キチンおよびその構成物の構造式．キチンの構造はセルロースの構造に類似しているが（図10.1），グルコース分子のC-2部位の水酸基がアセチルアミノ基（acetylamino group）に置換されている点が異なる．自然界に存在するキチン単位のほぼ16％は脱アセチル化している（Moore, 1998より改変）．

キチン

キトビオース

N-アセチルグルコサミン

分解の最終産物としてグルコースを生成するα-グルコシダーゼ，などである．

グリコーゲン（glycogen）はデンプンに非常に類似している．1,4グリコシド結合によって連なったグルコース残基からなる分枝型重合体であるが，デンプンに比べて分枝は短いが，高頻度で分枝している．グリコーゲン中には，1,6グリコシド結合によって形成される分枝が約10個のグルコース単位ごとに存在し，分枝は約13個のグルコース単位の長さである．グリコーゲンは，動物の組織や菌類自身の中に見られる貯蔵多糖である．たいていの菌類は，死滅したり，または死滅しそうな細胞に囲まれると，その周囲にグリコーゲンが存在するようになると考えられる．細胞内においては，グリコーゲンは，トランスフェラーゼ（transferase）や分岐に対処するためのα 1,6-グルコシダーゼ（α-1,6-glucosidases）（1個のポリペプチドの作用による）の助けを借りた，ホスホリラーゼ（phosphorylase）によって分解され［植物は，貯蔵デンプンを細胞内で可動化するために同様の加リン酸分解機構を利用して，デンプンホスホリラーゼ（starch phosphorylase）によりデンプンを分解してグルコース1-リン酸を遊離する］，これによりグルコース1-リン酸が遊離され（図10.4），代謝系に組み込まれる．細胞外においては，グリコーゲンは，デンプンと同様にアミラーゼ酵素複合体の成分によって分解される．

10.7 リグニン分解

リグニンは高分子量で不溶性の植物由来重合体であり，複雑で多様な構造を有する．リグニンは，本質的には多くのベンゼンのメトキシ誘導体［フェニルプロパノイドアルコール（phenylpropanoid alcohols）またはモノリグノール（monolignols）］からなっており，それらは，とりわけコニフェリルアルコール（coniferyl alcohols），シナピルアルコール（sinapyl alcohols），クマリルアルコール（coumaryl alcohols）とよばれる（図10.5）．これら3種のフェニルプロパノイドアルコールの割合は，裸子植物と被子植物との間で，またさまざまな植物群の間で異なる．どのようにしてリグニンが植物体の中で合成されるかは，何十年も研究が行われてきたにも関わらず，明らかになっていない．モノリグノールがランダムに集積して，三次元で広範囲に架橋した複雑な重合体を形成するというようなモデルが長年にわたって支配的に提示されてきた．しかし現在では，リグニンは植物の細胞壁でのさまざまな機能に適応するため，モノリグノールの特殊な配列を有しており，本来リグニンの一次構造はほんのわずかしか存在しないという考えに代わっている（Humphreys & Chapple, 2002；Davin & Lewis, 2005）．

被子植物のリグニンの一次構造（図10.6）は，容易に知ることが難しい．しかし，栄養的基質としてのリグニンの特性や，リグニン分解に関与する生物が有している酵素作用機構については理解できるはずである．注目すべきは，3種のフェニルプロパノイドアルコールがリグニンの構造を形成している様式や，その場合に，エーテル結合や炭素 - 炭素結合が優先していることや，他の重合体（多糖類やタンパク質）に架橋する際に関わることのできる水酸基がいくつか存在することなどである．とりわけ，ベンゼン環が卓越していることには注目すべきである．ベンゼン環が豊富な食料がどのくらいあるだろうか？

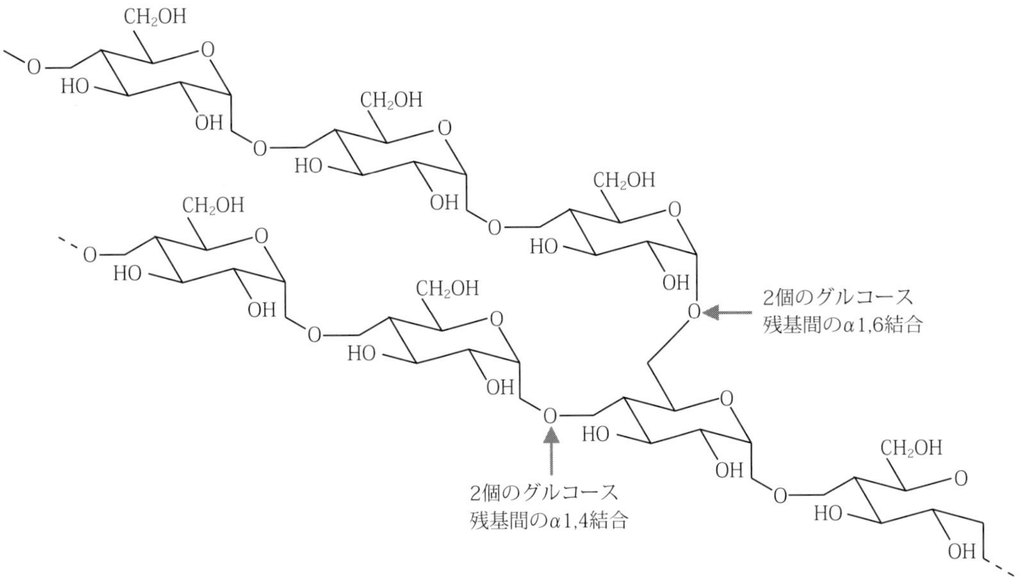

図 10.3 アミロペクチンの構造式．1,6 結合は，直鎖上のグルコース単位の 20〜30 個ごとに形成され，分枝は約 30 グルコース単位の長さである（Moore, 1998 より改変）．

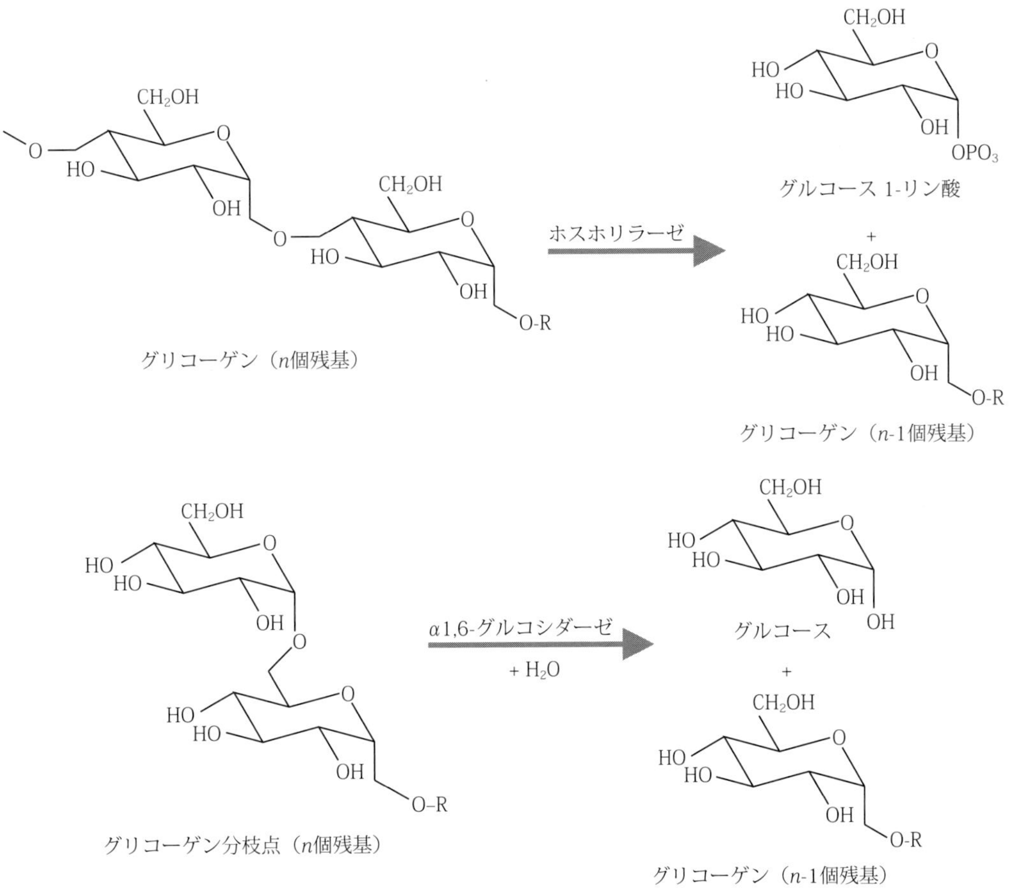

図 10.4 グリコーゲンの細胞内分解．上図は，1,4 グリコシド結合の 1 つに作用するグリコーゲンホスホリラーゼ活性を示している．下図は，1,6 グリコシド結合を加水分解するグルコシダーゼによって分枝を切り離す作用を示している．グリコーゲンにおいては α1,6 グリコシド結合によって形成される 1 個の分枝は，約 10 個のグルコース残基ごとに形成されており，分枝はおよそ 13 個のグルコース単位の長さである（Moore, 1998 より改変）．

また，その際にどのようにベンゼン環を代謝するのだろうか？読者の台所ではベンゼン環，とりわけフェノールは食料よりも殺菌剤中に多く存在するだろう．それがリグニンの機能を知る鍵である．リグニンを分解しようとする微生物は，ベンゼン環を有する抗微生物剤を産生する．それによりリグニンは菌類の攻撃に対しての抵抗力が付与される．

微生物分解に対する著しい抵抗性はリグニンのおもな機能の 1 つである．なぜならこれによって他の高分子物質をも微生

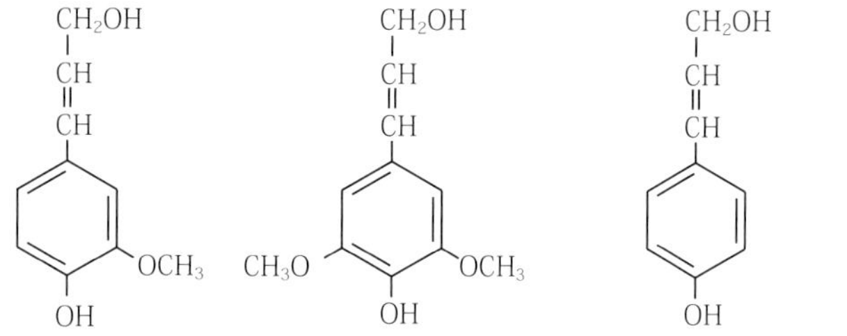

図 10.5 リグニン重合体を構築するのに用いられるフェニルプロパノイドアルコールの化学構造．これらはまた，モノリグノールとよばれる．これら3種類のフェニルプロパノイドアルコールの存在比は，被子植物と裸子植物のリグニンとの間で，また，植物の種間で異なる．

物の攻撃から守ることができるからである．われわれは，多糖類，タンパク質および脂質などの重合体を分割するのは加水分解酵素と考えがちであるが，リグニン中のサブユニットを結合させて一緒にする炭素-炭素間結合やエーテル結合は，酸化的過程によって開裂され，リグニンを分解するためには一連の酵素が必要である．単純な合成リグニンを分解する能力は数種の細菌類において報告されてきたが，自然のリグニンを分解する能力は，ごくわずかの真菌類に限られると一般に考えられている．それらは担子菌門や子嚢菌門の菌類であり，一般に白色腐朽菌と知られている．というのも，リグニンは木材の主要な着色物質だからである．

酸化的リグニン分解は，次のような一連の酵素による：

- リグニンペルオキシダーゼ［lignin peroxidase；ヘム（Fe）を含むタンパク質］，過酸化水素に依存したリグニン酸化を触媒する．
- マンガンペルオキシダーゼ（manganese peroxidase），この酵素もまた，過酸化水素に依存したリグニン酸化を触媒する．
- ラッカーゼ（laccase；銅を含むタンパク質），リグニンの構成成分の脱メチル反応を触媒する．

これらは，リグニン分解の重要な酵素であり，以下に少し詳細に述べる．加えて，細胞外で過酸化水素を産生する**グリオキサル酸化酵素**（glyoxal oxidase）や，リグニン分解産物である**ベラトリルアルコール**（veratryl alcohol）もまたリグニン分解において重要な役割を有している．

異化的なリグニン分解は，以下の過程を含む．

- モノマー間エーテル結合の開裂．
- プロパン側鎖の酸化的開裂．
- 脱メチル反応．
- ベンゼン環の開裂によってケトアジピン酸が産生され，その後，脂肪酸の1つとしてTCA回路に組み込まれる．

ほとんどの研究は，リグニンを完全に二酸化炭素と水に**無機化**することのできる *Phanerochaete chrysosporium* のような白色腐朽菌を対象としている．*Pha. chrysosporium*（*Sporotrichum pulverulentum*）のリグニン分解系は，菌類が一次成長を終えたのち（つまり，菌類の**二次代謝**の1つの側面である）に現われ，窒素の枯渇によって誘導される．白色腐朽菌のゲノムは，ラッカーゼ，リグニンペルオキシダーゼおよびマンガンペルオキシダーゼをエンコードする遺伝子群であるという特色がある．このような細胞外酵素の多様性は，菌類の生理においてこれらの酵素が多様な機能（たとえば，ラッカーゼは植物病原性，胞子形成および色素形成に役立っている）を有していることの結果であるが，リグニンという物質の多様性への対応と考えることもできる．

リグニンペルオキシダーゼ（リグニナーゼ）は白色腐朽菌における重要なリグニン分解酵素である．*Pha. chrysosporium* のリグニンペルオキシダーゼ群は，グリコシル化した細胞外ヘムタンパク質からなっており，このタンパク質は窒素制限下で分泌される．この菌類を低窒素濃度の培地で育てると，細胞抽出液によって産生される過酸化水素量が増加する．これは，リグニン分解活性の出現と関連している；カタラーゼ酵素の添加によって実験的に過酸化水素が分解されると，リグニン分解は強く阻害される．過酸化水素由来の活性酸素はリグニン分解に関わっているが，特異的な細胞外酵素であるリグニンペルオキシダーゼの活性部位に保持される．リグニンペルオキシダーゼは強く酸化的であり，それ自身，過酸化水素によって酸化されて活性化される．これは，1電子酸化を含むリグニン分解の最初のステップであり，不安定な中間物質を生じるが，その後，この中間物質はフェノール，芳香族アミン，芳香族エーテルおよび多環式芳香族炭化水素の酸化を触媒する．ベラトリルアルコールは二次代謝産物であり，リグニンペルオキシダーゼを再利用し，過酸化水素による不活性化から酵素を保護することなどにより，リグニン分解を促進する．

リグニンペルオキシダーゼには，15個ものアイソザイムが存在し，これらの分子量は，38,000～43,000にもわたり，アイソザイムの分布は，用いた培養条件や菌株によって変化す

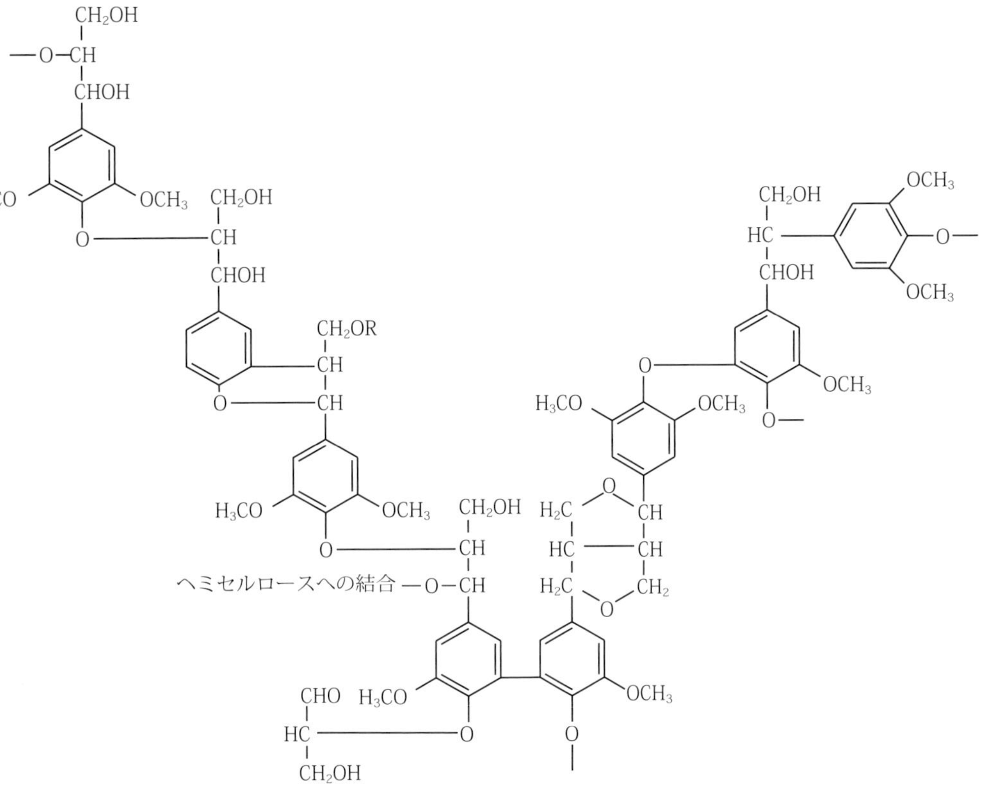

図 10.6 被子植物のリグニン多重構造の構造式．3つのフェニルプロパノイドアルコールが構造中に用いられている様式や，エーテル結合や炭素−炭素間結合が構造中で優先していることおよび他の多重体（多糖類やタンパク質）との架橋に関わる数個の水酸基の存在に注目してほしい．とりわけ芳香環が卓越することに注目してほしい（Moore, 1998 より改変）．

る．しかしながら，10種類のリグニンペルオキシダーゼの遺伝子は，保存配列とともに Pha. chrysosporium において同定され，3つの異なる連鎖群に位置づけられた．しかし，リグニンペルオキシダーゼはすべての白色腐朽菌において発見されているわけでない．特に，パルプ産業や製紙業における潜在的な利用可能性〔バイオパルピング（biopulping）；Breen & Singleton, 1999〕ゆえに広く研究されている白色腐朽菌の Ceriporiopsis subvermispora には，この酵素は存在しておらず，この場合，マンガンペルオキシダーゼがリグニン分解を担っている．マンガンペルオキシダーゼはもう1つのグリコシル化細胞外ヘムタンパク質群であり，ほとんどの白色腐朽菌によって産生される．リグニンペルオキシダーゼと同様に，マンガンペルオキシダーゼもその作用に過酸化水素を必要とするが，そのメカニズムはまったく異なる．マンガンペルオキシダーゼ系は低分子の酸化作用物質を生じ，この物質がリグニン内に拡散し，酵素から離れた部位でリグニン中のフェノール基を酸化することができる．これらの酸化作用物質のあるものは過酸化脂質かもしれない．しかし，そのおもなものは，酵素名の由来である金属イオンのマンガン（Mn）である；酵素は過酸化水素を利用して細胞外の Mn^{2+} を Mn^{3+} に酸化し，これによって，Mn^{3+} は，酵素から離れた部位でのリグニン分解を可能にする拡散性

の酸化剤となる．

ペルオキシターゼに必要な過酸化水素は，おそらく細胞外酵素であるグリオキサル酸化酵素（glyoxal oxidase）によって生成される．この酵素は，電子を低分子のアルデヒド（グリオキサルやグリコアルデヒドなど）から酸素分子に渡し，過酸化水素が生じる．アリルアルコール酸化酵素（aryl alcohol oxidase）は，ベンジルアルコールをアルデヒドに変換する過程で電子を酸素に渡し，過酸化水素を発生させるもう1つの酵素である．Ceriporiopsis subvermispora は，シュウ酸酸化酵素（oxalate oxidase）を分泌する．この酵素は，シュウ酸の二酸化炭素と過酸化水素への分解を触媒し，マンガンペルオキシダーゼ活性に必要な過酸化水素のおもな供給源となる．

リグニン分解酵素を産生する菌類はわずかにしか存在しないが，かなり広範囲の菌類が，細胞外酵素としてラッカーゼを分泌する．ラッカーゼは銅を含んだ酸化酵素であり，o- および p-フェノールを酸化することができ，リグニン分解産物の代謝に必要である．興味深いことに，菌類の培養中におけるラッカーゼの出現と消失が多くの場合に，菌類の有性生殖や無性生殖と関連している．たとえば，栽培きのこのツクリタケ（Agaricus bisporus）の菌糸成長の間は，堆肥のリグニンの大部分が分解され，それに応じてラッカーゼ活性が高いことが記録され

ている（この1つの酵素で，菌体中の総タンパク質量の2％になる）．しかし，培養菌体が子実体を形成するとラッカーゼは，まず不活性化により，続いて酵素タンパク質の分解により急速に活性を失う．この酵素活性の推移は，発育段階に応じた菌糸体の栄養要求性の変化や，菌糸体がその要求を満たすために環境にはたらきかける能力を反映するものである．

ラッカーゼは，木材腐朽性の担子菌門はもちろん，コウジカビ（Aspergillus）属やアカパンカビ（Neurospora）属などリグニン分解能をもたない子嚢菌門も含む多くの菌類にみられる．ラッカーゼはまた，植物にも出現し，リグニン合成に関わる．ラッカーゼは，広範囲の基質と反応するために，**介在物質**と相互に作用しあう．介在物質は，菌類によって分泌される低分子の補助基質であり，拡散性のリグニン酸化因子として機能する．

リグニン分解酵素は，バイオテクノロジーのいくつかの分野でかなり有望である．産業におけるバイオパルピングについてはすでに述べたが，リグニン分解酵素がセルロースを遊離し，純化させることでパルプの質を向上させている．ラッカーゼはまた，次のような可能性を有している．

- パルプの漂白
- 無毒化（特に，パルプ工場廃水の無毒化）
- ワインからのフェノール物質の除去
- 医薬品の化学的変換

さらに，多くの農薬の有効性はベンゼン環に依存している；その例は，**ペンタクロロフェノール**（pentachlorophenol；PCP）や**ポリ塩化ビフェニール**（polychlorinated biphenyls；PCBs）である．これらの農薬を分解できる生物はたいへん限られており，これらの物質は環境中に残存する．しかし，リグニンを分解できる生物は，そのような**残留性農薬**を破壊するのに必要なツールをすべて備えている（Reddy, 1995）．

菌類による木材の分解に関連した興味深い副次的な話題を2つ紹介する．1つは今後より重大な問題になる可能性があるが，リグニンペルオキシダーゼやマンガンペルオキシダーゼの活性を高めるために菌類が産生する低分子有機物の中には，材由来の塩素から**クロロ芳香族化合物**を生じるものがあること，また，ベラトリルアルコールの合成は**クロロメタン**（chloromethane）を必要とすることである．これらの揮発性物質は大気中に揮散し（それによって，基質から塩素が一時的に放出される），環境汚染物質としてふるまう．白色腐朽菌の属，特にキコブタケ（*Phellinus*）属やカワウソタケ（*Inonotus*）属のある種の菌類は，木材の分解により莫大な量のクロロメタンを大気中に放出する．1年当りの全球レベルでのこの発生源からの大気中への放出量は，160,000 tと推定され，この75％は，熱帯や亜熱帯林からのものであり，その86％はキコブタケ属の菌類単独によるものである．クロロメタンは強力な**温室効果ガス**であり，成層圏オゾンに有害な効果を有する大気汚染物質である．しかしながら，クロロメタンは自然生態系の産物でもある（Watling & Harper, 1998；Anke & Weber, 2006）．

2つ目の話は，少なくとも64種の菌類が**生物発光菌**（bioluminescent）であり，菌糸体および/または子実体から光を発しているということである．今までに発見されたすべての菌類種は木材腐朽菌であった．真に生物発光性の菌類のすべては，伝統的なキシメジ科（担子菌門）に属する白色胞子を生じるハラタケ類（agarics）である．つまり，きのこを形成する腐生栄養菌であるが，ごくまれに，植物病原菌も存在し，3つの異なる進化系統に属している．これらの進化系統は，それぞれに特徴的な属の名称にちなんで名づけられている，つまり，ツキヨタケ（*Omphalotus*）属系統には12種が，ナラタケ（*Armillaria*）属系統［ナラタケ（*Armillaria mellea*）は最も広く分布する生物発光菌である］には5種が，クヌギタケ型（mycenoid）系統には，47種が属する．さまざまな発光菌が異なる組織から光を発する．たとえば：

- ナラタケ属菌類の菌糸体と根状菌糸束，
- 多くのクヌギタケ（*Mycena*）属菌類では菌糸体のみ，
- ヌナワタケ（*Mycena rorida*）では胞子のみ，
- ヤグラタケモドキ（*Collybia tuberosa*）では菌核のみ，
- ワサビタケ（*Panellus stipticus*）とツキヨタケ属きのこ［*Omphalotus olearius*（*Clitocybe illudens*）］においては菌糸体と子実体（きのこ）全体，後者の場合，きのこの傘，柄，ひだおよび胞子から発光する．

生体外での発光は，さまざまな種の菌類から得た冷水抽出物（酵素を抽出）と熱水抽出物（基質を抽出）を混ぜることによって，酵素学的に実現することができる．このことから，この生物発光はこれらの菌類に共通するメカニズムによっていることがわかる．動力学的データによると，連続的な2段階の酵素の作用メカニズムが示唆される．第1段階は発光物質［任意にルシフェリン（luciferin）とよばれる］が，ニコチンアミドアデニンジヌクレオチドリン酸（NAD(P)H）を消費して水

溶性還元酵素によって還元される．第2段階で，還元されたルシフェリンは，不溶性の（膜に結合した？）ルシフェラーゼ（luciferase；530 nm付近に最大発光波長をもつ青緑色の可視光の形でエネルギーを放出する酵素）によって酸化される．

菌類のルシフェリンは明らかに菌類が合成できる多くの二次代謝産物の1つであるが，正確な同定と構造は，まだ明らかにされていない．さらに，**菌類の自己発光の生理的および生態的機能**がどのようなものであるのかはまったく明らかにされていない（そのために，進化上の淘汰の優位性を評価するのが困難である）．熱帯林の閉鎖樹冠下の暗がりにおいて，自己発光する子実体は，胞子分散を助ける食茸性動物（昆虫やその他の節足動物を含む）を誘引するのに有利であるかもしれない．反対に，菌糸体（および根状菌糸束や菌核のような栄養構造）が自己発光性の組織である場合，発光によって被食を防ぐと考えられる．しかしこれらの推定は完全に満足のゆくものではない．現在知られる限り，すべての発光性担子菌類はリグニン分解能を有する白色腐朽菌である．生物発光は酸素依存代謝過程であり，熱ではなく光として放出されたそのエネルギーにより，リグニン分解の間に形成された**過酸化物が無毒化されている**可能性がある．したがって，現時点で可能性のある仮説は，菌類の自己発光は有益なプロセスであるということになる．なぜなら，生物発光は，木材腐朽の間に形成される活性酸素種の有害作用に対して酸化抑制作用をもたらすからである（Desjardin et al., 2008, Oliveira & Stevani, 2009）．

10.8 タンパク質の分解

プロテイナーゼ［proteinases｛プロテアーゼ（protease）ともいう｝］はペプチド加水分解酵素である：タンパク質やペプチドのペプチド結合を加水分解し，基質分子を小さな断片に，最終的にはアミノ酸に分解する一群の酵素である．この酵素群は生理化学的および触媒的性質が非常に異なる複合群である．タンパク質分解酵素は細胞内および細胞外で産成され，タンパク質性の食資源を分解して栄養摂取に貢献するだけでなく，細胞の調整プロセスにおいて重要な役割を果たしている．細胞内でのタンパク質分解は，**プロテアソーム**（proteasomes）（5.9節参照）とよばれる多触媒性のプロテイナーゼ巨大複合体が担っていると思われる．

細胞外タンパク質分解酵素は，大きなポリペプチド基質を細胞内に吸収可能な低分子に加水分解することに関わる．細胞外プロテイナーゼは多くの菌類種によって産生されるが，ほとんどのことは，コウジカビ（*Aspergillus*）属菌類やアカパンカビ（*Neurospora crassa*）によるタンパク質の利用とプロテイナーゼ産生を対象にして明らかにされている．担子菌門のハラタケ（*Agaricus*）属，ヒメヒトヨタケ（*Coprinopsis*）属やフクロタケ（*Volvariella*）属は，タンパク質を単独の炭素源として，糖であるグルコースと同じように効率的に利用でき，また，タンパク質を窒素源や硫黄源としても利用できる（Kalisz et al., 1986）．菌根菌は，炭素源および窒素源の双方として利用することが示されており，ある種の菌根菌は，土壌中のタンパク質に由来する窒素を宿主植物に供給する．

コウジカビ属菌類においてプロテイナーゼ産生は抑制解除によって制御され，アカパンカビのプロテイナーゼは誘導と抑制によって制御されている．どちらの菌種においても，プロテイナーゼはアンモニアの存在下では産生されない．そのために，アンモニアはこれらの菌類にとって第一の窒素源であると思われる．対照的に担子菌門における細胞外プロテイナーゼ産生は，おもに誘導によって制御されている．基質のタンパク質が入手可能な限りは，たとえ代替のアンモニア，グルコースおよび硫酸塩が十分に供給されてもプロテイナーゼは産生される．したがって，この場合は，タンパク質はまず第一に選択される基質であると推定できる（Kalisz et al., 1987, 1989）．

タンパク質は，おそらくリター分解生物が利用できる最も豊富な窒素源であり，植物タンパク質，リグノプロテインや微生物タンパク質の形をとっている．多くの病原性微生物はプロテイナーゼを分泌するが，この酵素は感染過程に関わっている．またリンゴの病原菌である *Monilinia fructigena* などの菌類には宿主植物のタンパク質を栄養分として利用するものもある．数種の病原菌の毒性はこれらが分泌する細胞外プロテイナーゼ活性と関連している．昆虫の角皮のような，ほとんどのプロテイナーゼによっては分解困難な構造タンパク質などを加水分解できる特殊なプロテイナーゼを分泌する菌類も存在する．動物の皮膚生菌の *Microsporum* 属や *Trichophyton* 属はコラゲナーゼ，エラスターゼやケラチナーゼを産生する．

タンパク質分解酵素は，**ペプチダーゼ**（peptidases）および**プロテイナーゼ**の2つの主要なグループに分けられる（Kalisz, 1988）．エキソペプチダーゼ（exopeptidases）は，タンパク質末端のアミノ酸やジペプチドを切り離す．この酵素は，タンパク質のカルボキシル末端に作用するものはカルボキシペプチダーゼ，アミノ末端に作用するものはアミノペプチダーゼ，またジペプチドに作用するものはジペプチダーゼと細分類される．プロテイナーゼは内部のペプチド結合を切り離すので，エ

ンドペプチダーゼ（endopeptidases）である．プロテイナーゼの触媒機構は，酵素の活性サイトにある特定のアミノ酸残基に作用する阻害剤に対する反応によって，間接的に確認することができる．この反応によって，以下の4つのサブグループに分けられる．

- セリンプロテイナーゼ（serine proteinases）は，最も広く存在するタンパク質分解酵素である．活性部位にセリン残基をもっており，一般に，中性からアルカリpHで活性があり，基質特異性は広い．
- システインプロテイナーゼ（cysteine proteinases）は菌類にはほとんど存在しないが，*Microsporum* 属，キコウジカビ（*Aspergillus oryzae*）および *Phanerochaete chrysosporium*（*Sporotrichum pulverulentum*）に，細胞外性のものが報告されている．
- アスパラギン酸プロテイナーゼ（aspartic proteinases）は，低pH（3～4）で最大活性を有し，菌類に広く存在する．
- メタロプロテイナーゼ（metallproteinases）は，5～9に至適pH値を有し，エチレンジアミン四酢酸（EDTA）などの金属イオンキレート剤によって阻害される．多くの場合，EDTAによって阻害される酵素は，亜鉛（Zn^{2+}），カルシウム（Ca^{2+}）またはコバルト（Co^{2+}）の各イオンによって再活性化される．メタロプロテイナーゼは広く分布するが，菌類においてはほんの数種についてのみ報告されており，これらのほとんどは亜鉛を含んだ酵素であり，1酵素分子当り亜鉛原子1個が存在する．

10.9　リパーゼおよびエステラーゼ

リパーゼ（lipases）およびエステラーゼ（esterases）は，アルコール類と有機（脂肪）酸とから形成されるエステルの加水分解を触媒する．これらは，一般に特異性は低く，いかなるリパーゼであってもいかなる**有機エステル**をもほとんど完全に加水分解する．しかし，作用速度はエステルによって異なる．特異性の発現に影響を及ぼすおもな要因は，そのエステル結合のいずれかの側の炭化水素鎖の長さと形態である．エステラーゼという用語は一般に，アシル基の短い炭素鎖を好む酵素に用いられる．本来のリパーゼはアシル基の長い炭素鎖を好む傾向がある．これらの酵素の基質は脂肪，リポタンパク質の脂質要素およびリン脂質のエステル結合を含んでいる．

細胞外リパーゼ産生は，ツクリタケ（*Agaricus bisporus*）が細菌を分解する際に検出されている．発酵槽培養においては，ほとんどのリパーゼは，定常期（つまり，**二次代謝活性期**）に産成され，クモノスカビ（*Rhizopus*）属菌におけるリパーゼ産生の制御は培地中の炭素源や窒素源，および酸素濃度によって非常に影響を受ける．

10.10　ホスフォターゼおよびサルファターゼ

ホスファターゼ（phosphatases）も，また，リン酸とアルコールのエステルに作用するエステラーゼである．これらは比較的特異性は低いが，その活性に応じて，ホスホモノエステラーゼ，ホスホジエステラーゼおよびポリホスファターゼにグループ分けされる．ホスホモノエステラーゼは，さらに，至適pHによってアルカリ性ホスファターゼまたは酸性ホスファターゼに分けられる．たとえば，ホスファターゼは，ツクリタケ（*Agaricus bisporus*）が堆肥で成長する間に産成される細胞外酵素の1つであり，そのためにリター分解菌の養分吸収において重要であるに違いない．サルファターゼ（sulfatases）は，ホスファターゼがリン酸エステルに作用するのと同じように**硫酸エステル**に作用する．サルファターゼは土壌中の硫酸化多糖類から硫酸を産生するのに重要であると考えられる．

10.11　栄養素の流れ：輸送と転送

細胞膜はリポイド層であり，細胞の水成の「泡」をその水成の環境と分離している．排泄物を除去し栄養素を吸収するというように，細胞はその周辺環境と化学物質を交換する必要があるために，その分離は完全でも絶対的でもない．脂質に容易に溶解する分子のみは，他の助けなしに，細胞膜を通過できる．しかし，細胞膜を通して転送されなければならない分子の大多数は親油性というよりも親水性であるために，細胞膜はさまざまな**輸送**システムを進化させ，これによって膜の両側間での選択的な物質伝達が可能になる．この選択性によって細胞は，その周辺環境との相互作用を制御することができる．

無限の溶液中において，溶質分子は2通りの方法で動くことができる．溶液の全容積は，至る所に輸送され，それに伴って溶質分子も運ばれる．これは溶質移動の第一の様式である**容積流**（bulk flow）［質量流（mass flow）］であり，溶液中の対流や他の大規模な攪乱などに由来する．生きている生物に関しては，容積流は原形質流動や蒸散流などの過程によると考えられる．この流れは，脂質二重層膜を通しての小規模の移送より

も，大きな細胞もしくは細胞間の規模での物質の分布（溶液中であってもなくても）により関わっていると思われる．

溶質移動の第二の様式は**拡散**（diffusion）であり，すべての溶質分子は，分子レベルでのランダムな熱運動によって絶えず動き回る．もし，溶液が完全に均質であるならば，ある単位容積から出てゆくいかなる分子も，その単位容積内に入ってくる同数の分子に置き換わるため，溶質分子の交換は検出できない．一方，溶液中に濃度勾配があるならば，濃度勾配の高い部位から低い部位に向かって溶質分子のネットのフローが起こる．この勾配は，非荷電分子（たとえば，糖類）の化学的勾配，荷電イオン（たとえば K^+）の電気的勾配，またはこれら2つの組合せからなっている．この拡散過程は細胞の挙動にかなり関連している．なぜなら，細胞にとって重要なほぼすべての溶質について，細胞膜を横断する**濃度勾配**が存在するからである．

生体膜を横断するためには，溶質は水溶性の相から膜の脂質環境に向かい，そこを横断して，膜の反対側の水溶性の相に再び入る必要がある．他の助けなしに生体膜を横切って分子が拡散するためには，これらの分子の脂質への溶解性がかなり重要である．しかしながら，この一般論には例外もある．それは，（水分子のように）小さい極性分子は，脂質への溶解性から想定される以上に速やかに細胞内に入る．それらの分子は，膜リン脂質のアシル鎖のランダム運動によって瞬間的に生じるギャップや**細孔**を通る単純な拡散によって膜を横断しているようである．これらの物質の移送（酸素や二酸化炭素のように，膜の脂質二重層に可溶な分子のように）は**単純な拡散**によっている．これら物質の移動速度は，膜の両側での濃度の差異に比例しており，その動きの向きは，濃度の高い側から低い側へである．このような移送様式においては，代謝エネルギーはまったく消費されないし，特別な膜構造は存在しない．しかし，膜内外の濃度が等しくなると，正味の移送は停止する．

単純な拡散によって生体内の生体膜を通過する化合物はわずかにしか存在しない．細胞が吸収し排出する必要があるほとんどの代謝産物は極性が大きすぎて脂質中に溶解することはなく，また分子サイズが大きすぎて瞬時に生じる細孔を利用することもできない．このようなことに対処するために，膜は**溶質輸送システム**を備えている．これは，細胞膜だけではなく，細胞内コンパートメントの境界である内膜系にも適用できるものである．どの輸送系にも必須な分子は，膜の両側をつなぎ膜の脂質部位を横断する代謝産物の輸送を助ける**輸送体分子**（transporter molecule）である．

受動的と能動的な輸送体のいずれであっても，基質の転送は，基質の結合部位が膜の両面に交互に存在するような輸送体の立体構造の変化に依存している．これらの輸送体は，ほぼ500個のアミノ酸からなる**膜貫通糖タンパク質**（transmembrane glycoproteins）であり，3つのおもなドメインからなる．それらは，12個のαヘリックス膜貫通ドメイン，6番目と7番目のヘリックスの間の高荷電細胞質ドメインおよび1番目と2番目のヘリックスの間の炭水化物部分を有した小さい外部ドメインである．タンパク質のアミノ末端側半分とカルボキシル末端との配列の相同性から，12番目のαヘリックス構造は6番目のヘリックス構造をエンコードする遺伝子の重複によるものであることが示唆される．イオンチャネルは，そのポリペプチドサブユニットが孔を有するβバレル構造を形成するために異なる．そのポリペプチドの1個のループが折り畳まれてバレル（樽）状になり，そのループのアミノ酸がチャネルのサイズとイオンの選択性を決定する．この輸送体は，開構造と閉構造とを繰り返す．

もし移動が，代謝エネルギーを必要としない**受動的**なものであるならば，輸送過程は**促進拡散**（facilitated diffusion）である．その過程は膜の両側間に存在する濃度差に依存しており，移動は**濃度勾配の低い方**（低濃度のコパートメントの方）へ向かって起こる．しかし，脂質中での代謝産物の溶解性から推定されるよりも，移動はずっと速く進み，速い移動速度は，輸送体や輸送体／代謝産物複合体が膜の脂質環境中で非常に動きやすいことによる．単純拡散とのおもな違いは，促進拡散が次のような特性を示すことである．

- 高い基質特異性をもつ．
- 飽和反応速度論に基づいている．

飽和反応速度論に基づくということは，輸送される代謝産物の濃度が上昇するにつれて，輸送速度は，すべての輸送体が輸送される代謝産物と複合体を形成している（つまり，輸送体は飽和状態である）際にみられる理論上の最大値に向けて漸近的に上昇することである．

促進拡散は特定の物質を非常に速い速度で輸送することができるが，膜の両側で輸送された代謝産物の濃度を等しくするだけである．しかし，多くの場合，細胞は，**濃度勾配に逆らって**代謝産物を移動させる必要がある．主要な事例は，細胞が低濃度でのみ得られる栄養分を吸収していることである；もし，細胞の成長が外部の養分濃度に制限されないならば，細胞は養分

を細胞外に存在する濃度よりも高濃度になるまで蓄積できるはずである．この場合，濃度の逆勾配が成立し維持される．単純拡散も促進拡散もこのようなことはできない．このことを成し遂げるためには，細胞は輸送機構を動かすためにエネルギーを費やさなければならない．このような過程は，**能動輸送**（active transport）とよばれる．

能動輸送は輸送体を介する過程であり，そこでは，輸送体/基質複合体の膜を横断する移動はエネルギーに依存している．この輸送体は，促進拡散の輸送体と同じ性質（飽和反応速度論，基質特異性および代謝阻害剤に対する感受性）を有している．これらの性質に加えて，能動輸送過程は化学的および/または電気化学的な勾配に逆らって膜を横断して基質を特異的に移動させる．また，この過程は代謝的エネルギー生成を阻害する条件や化合物によって阻害される．

能動輸送のメカニズムは，しばしば**共役輸送**（co-transport）であり，そこではあるイオンの電気化学的勾配に沿った移動は，濃度勾配に逆らった別の分子の輸送を伴っている．そのイオンと輸送された基質が同じ方向に移動する場合，共役輸送体は**共輸送体**（symporter）とよばれる．一方，これらの2つの物質を反対の方向に輸送する輸送体は**対向輸送体**（antiporters）とよばれる．菌類における，ごく普通の**プロトン**（protons）または K^+ の電気化学勾配はイオンポンプによって造られ，そこではATPの加水分解はイオンチャネルの細胞質側領域をリン酸化する．それによって引き起こされるタンパク質の立体構造の変化によってイオンは膜を通過し，膜の反対側で結合部位の親和力が低くなり，イオンを切り離す．脱リン酸化はポンプを活性構造に戻す（そして，他のイオンや分子を逆の方向に移送する可能性がある）．

陰イオン，陽イオンや非電解質の輸送には複雑な相互作用が存在する；そのような相互作用は，多くのさまざまな分子種とその他の代謝過程との間の代謝的，化学的，生物物理学的，または/もしくは電気化学的な関係性に依存していると考えられる．たいていの細胞においては，輸送戦略とよべるものが機能していることを示す証拠がある．単一の吸収システムであることはごくまれである．通常，二重もしくは多重のシステムであり，さまざまな要素が，菌類が出会うであろうさまざまな環境条件に適合している．多重吸収システムは，当然のことながら［アカパンカビ（*Neurospora*）属でのグルコース輸送体のような］**ミカエリスメンテン速度論**（Michaelis-Menten kinetics）を示す輸送体，または［ヒメヒガサヒトヨ（*Coprinopsis*）属でのグルコース輸送体のような］環境に応じて変化する速度論を示す輸送体などの，物理的に分離した輸送体の存在を示唆するような複雑な吸収反応速度論をもたらす．

物理的な基盤がどのようなものであっても，そのような輸送プロセスの構成要素の制御特性はお互いに連携しているようであり，それにより，環境中における基物の利用可能性がどのように変異していても養分吸収は確実なレベルに維持されている．しかしながら，輸送プロセスについての最も重要な概念は，すべての輸送プロセスには，菌類細胞からプロトンが能動的に排出されることが必須なことである．このようにして形成されたプロトンの濃度勾配によって，糖，アミノ酸などの養分は，濃度勾配に沿ったプロトン共輸送によって吸収され，さらにプロトン勾配は K^+/H^+ 交換のようなカチオン輸送，あるいは対向輸送に直接関わる．したがって，それぞれの菌類は，たいていの養分について，**多重吸収システム**を有するが，しかしすべてではないが，ほとんどは同一の基本的プロセス（能動的な水素イオン排出）によって活性化されている．

これまで考察されていない重要な点は，輸送システムは細胞の溶質濃度を変え，それによって，浸透するすべての養分や水の動きに必ず影響を及ぼすということである．水は，数えきれないほど多くの生化学的プロセスの重要な要素（しばしば過大視されているとしても）である．たとえば，あらゆる加水分解酵素の反応は水分子を使用し，すべての濃縮反応も水の分子を生じ，1 gのグルコースの呼吸は0.6 gの水を生じる．菌類細胞の水分関係は全体的な収支にとって重要な側面である．水の利用の可能性は，その位置エネルギーによって決まり，**水ポテンシャル**（water potential）と言われ，ギリシア語の大文字のプシー（Ψ）と表記される．水ポテンシャルゼロは，基準容量の自由純水の位置エネルギーである．生きている細胞の内部と周囲の水は，浸透圧力，膨圧力，基質力または重力の影響に応じて，基準状態と比較してプラスまたはマイナスの位置エネルギーをもっている．水は水ポテンシャル勾配に沿って，高い方から低い方へと自然に流れるが，菌類にとって通常の状態においては，マイナスの状態からさらにマイナスの位置エネルギーの状態へと流れることを意味する．水ポテンシャルが低いほど，生理的な目的に利用できる水は少なくなり，水を利用可能にするのに費やさなければならないエネルギー量は大きくなる．

ここで2つのことを考える必要がある．1つは，細胞が基質を吸収したことにより溶質関係が変わることに対する何らかの補償作用である．細胞への基質吸収により細胞水のポテンシャルはさらに低下し，外部の水が流入する傾向が増す．もう1

つは，外部の水ポテンシャルを制御できない場合でも水吸収を制御する手段を細胞に付与することである．もちろん，実際には，これらは，同じ問題の2つの側面である．いずれの場合も，菌類は，水ポテンシャルストレスに対処しなければならない．事実証拠は，溶質の輸送システムがこのことを可能にするメカニズムをもっていることを示している．膜を通して水が動くことによる，膨圧（turgor pressure）の内部的な維持は膜を横断するイオンの輸送，および巨大分子の分解や溶質の生合成と関連している．通常，無機イオンは，原形質の浸透ポテンシャルにかなりの割合で貢献している．それに関わるおもなイオンは K^+ と Na^+，および陽イオンとバランスを保つために移動する Cl^- である．グリセロール，マンニトール，イノシトール，スクロース，尿素およびプロリンなどの有機の溶質も浸透圧に貢献している．

　水ポテンシャルストレスに対する最も直接的な反応は，水が細胞の中や外へ急速に流れることによる細胞容積の変化である．それによる膨圧の変化は細胞膜の浸透性や電気的特性に影響を及ぼし，その結果，細胞はイオンやその他の溶質を細胞膜を横断して輸送し，また/もしくは，溶質を合成するか，巨大分子の分解によって溶質を得て，容積を元に戻すことができる．水ポテンシャルストレスに対するこの反応はかなり迅速である．このことは菌のプロトプラストを用いた実験により明白である．プロトプラストのサイズは培地の溶質濃度を変えるとすぐに変化する．そのような現象は，水分子が膜の脂質（疎水性）環境に浸透できないにもかかわらず，細胞膜が水に対して即座に透過性を示すことを証明するものである．水分子は，膜貫通タンパク質中の孔やチャネルを通して移動することにより膜を貫通すると考えられる．

　制御された水の流れは壁合成装置の制御と調和して，菌類細胞の膨張をコントロールする第1の要因であるに違いない．細胞の膨張は，菌類細胞の分化を特徴づける細胞形態の変化の多くの要因となっている．膨圧もまた菌糸に沿った流れに貢献している．菌糸は繊維状の構造をしているので，菌糸内での水や溶質の流れ（転送）は非常に重要である．われわれの現時点での先端成長に関する見解は，菌類が，さまざまの液胞や微小小胞の急速な転送と特異的な配送を組織化できるということに基づいているが，菌糸に沿った，より一般的な水の流れは膨圧の勾配によって駆動され，溶質はこの膨圧によって駆動される容積流によって転送されている．このような養分の転送は形態形成にとって重要である．なぜなら，栄養菌糸体上で発育する子実体のような多細胞構造に養水分を供給するおもな方法だからである．転流は Jennings（2008；14 章参照）により説明されており，そのメカニズムはナミダタケ（*Serpula lacrymans*；欧州北部の建築物における主要な木材腐朽菌）が炭水化物を転送する様子を描写した以下の彼の記述を引用して説明する．

> 菌糸体は材中のセルロースを分解し，グルコースをつくり出し，それを能動輸送によって菌糸に取り込む．菌糸の中で，グルコースは，おもな転送炭水化物であるトレハロースになる．トレハロースの蓄積によって，菌糸の水ポテンシャルは外部より低くなる．そのことによって，菌糸内への水の流れが生じ，そのようにして生じた静水圧が溶液を菌糸体中へと押しやる．転送された物質のシンクは新しくつくられた原形質であり，伸長する菌糸体先端でつくられる細胞壁成分である．このようにナミダタケにおける転送機構は高等植物の師部における転流に関して現在認められているもの，つまり浸透圧によって駆動された質量流と同じである（Jennings, 2008；459 ページ）．

　この説明は，たとえば炭水化物以外の養分，および／または，子実体や子実体内の特定の組織のような別の養分シンクに注目することで，敷衍して適用することができる．重要なことは，この容積流は組織内で一方向性である必要はないということである．組織は菌糸の集合体からなっているので，その集合体中のさまざまな菌糸は，同時にさまざまな方向に溶質を転送しているかもしれない．さまざまな放射性同位体によってラベルされた養分を用いることで，ナラタケ（*Armillaria mellea*）の根状菌糸束に沿って，同時に双方向に炭素が転送されることが明らかになっている．菌根においては，宿主植物からの炭素源と，土壌から菌糸によって吸収されたリンが同時に逆方向に移動しているにちがいない．実際，菌根における炭素の流れは，かなり複雑なはずである．というのは，炭素は同じ菌根システムによって繋がった異なる2つの植物体の間を移動できるからである．多くのことがまだわからないままであるが，養分（このカテゴリーでは水分を含む）は，菌糸システムを通じて長い距離を配送され，養分の流れは，制御され特定の目的に向けられていることは明らかである．

10.12　一次（中間）代謝

　菌類が最大速度，またはそれに近い速度で成長している時に，特異的にはたらく代謝経路が一次経路であるが，成長速度

が何らかの理由で最大速度以下に制限されると二次経路が稼動する（増幅する）ようになる（Bu'Lock, 1967）．一次代謝の基本的な機能は，養分を利用して ATP，ともに同じ化学エネルギーと還元力を有する還元型ヌクレオチド補酵素の NADH と NADPH および細胞成分，とりわけ高分子成分の前駆体を産生することである．本節では，生合成経路に供せられる基質とエネルギーと還元力を与える化合物の形成を担う代謝，いわゆる一次あるいは中間代謝のさまざまな様相を扱う．

エネルギーと還元力は炭水化物の異化作用から生じる．他の炭素を含む化合物も同じ目的で，ほとんどの細胞によって利用されるが，酵素プロセスの全段階は伝統的に，大気中の酸素を利用してグルコースを二酸化炭素と水に変換することにより制御条件下でエネルギーを遊離する過程として描写されてきたものである．このすべてのプロセスは呼吸と称されるものであり，その化学的に釣り合いのとれた（もしくは，化学量論的な）要約式は次のように表わされる：

$$C_6H_{12}O_6 + 6O_2 \rightarrow 6CO_2 + 6H_2O + エネルギー$$

注目すべきは，この数式は，ここに示された化学変換を遂行するための生化学的メカニズムを描こうとしているのではないということである．強調すべきは，1モルのグルコースを変換するためには，6モルの酸素を大気から吸収しなければならないこと，および細胞内に6モルの二酸化炭素と6モルの水が発生すること，さらに 2,900 KJ の自由エネルギー（すなわち，何らかの仕事をすることができるエネルギー）が放出されることである．これをより理解しやすい単位に置き換えると，1 g のグルコースの呼吸は，1.07 g（747 cm^3）の酸素を使い，1.47 g（747 cm^3）の二酸化炭素と 0.6 g の水を生じ，16.1 KJ のエネルギーを放出するということである．

この基本的な化学反応を進めるために，生きた細胞は酵素に制御された一連の反応を活用する．これらは便宜的に，以下の3つのフェーズ，つまり次の3つの経路に分けられる．

- ペントースリン酸経路（pentose phosphate pathway；PPP）を含む解糖（glycolysis）．
- トリカルボン酸［tricarboxylic acid；TCA，もしくはクレブス（Krebs）回路］．
- 酸化的リン酸化（oxidative phosphorylation）．

解糖という言葉は，特定の経路を意味するものではなくグルコースをピルビン酸（pyruvate）に変換することである．実際には3つの酵素経路があるが，そのうちの1つがおもなものである．エムデン・マイヤーホフ・パルナス経路［Embden-Meyerhof-Parnass（EMP）pathway］はほとんどの種において主要な経路である．この経路は9つの酵素ステップからなり，そのすべてが細胞質内で起こる（図 10.7）．これらの反応の最終的な結果は図 10.7 に示しており，1個のグルコース分子が，2個のピルビン酸分子に加え，2個の ATP 分子と2個の NADH$_2$ 分子に変換される．このようにして，得られたエネルギー（2ATP+2NADH$_2$，後者は潜在的な化学的仕事を表す）は，むしろ小さい．EMP 経路のおもな機能は，TCA 回路で化学的に加工するためにグルコースをピルビン酸に変換することである．

一般的なもう1つの解糖系はペントースリン酸経路（pentose phosphate pathway；PPP）である（図 10.8）．またこれは，ヘキソース1リン酸経路（hexose monophosphate pathway；HMP）ともよばれ，厳密に化学的な意味では，こちらの名称の方が正確である．つまり，グルコース -6-リン酸は迂回路に入り，さまざまな化学変換を経た後，フルクトース -6-リン酸とグリセルアルデヒド-3-リン酸が，EMP に戻される．しかし，ペントースリン酸経路という名称は，PPP によりつくられた五炭糖がヌクレオチド合成（RNA や DNA に加えて，補酵素やエネルギー担体を含む）に利用され，同じくエリトロースリン酸がシキミ酸（shikimic acid）経路による芳香族アミノ酸の生合成に利用され，また，脂肪や油分合成のような還元力を必要とする生合成反応に用いられる補酵素の NADPH$_2$ が生成されることなどから理解できるものである．そのため，PPP は，理論的には完全に解糖（一連の反応系列の6個のサイクルにより，1分子のグルコースは完全に酸化されて二酸化炭素になる）を遂行できるが，それ以上に PPP はさまざまな生合成系の中間生成物を供給していると考えられる．また PPP は，もちろん，炭素源として利用可能になる五炭糖の利用経路や，ヘキソースリン酸とペントースリン酸との相互変換経路を備えている．

第3の解糖経路は，エントナー－ドウドロフ経路［Entner-Doudoroff（ED）pathway］（ここでは図示しない）であり，この経路は，6-ホスホグルコン酸を経由して，2-ケト-3-デオキシ-6-ホスホグルコン酸を生じ，この化合物はピルビン酸とグリセルアルデヒド-3-リン酸になる．ED 経路は細菌類の一般的な解糖系であるが，ごくわずかな菌類においても存在が明らかになっている．

いかなる細胞においても異なる解糖系が利用されるときに

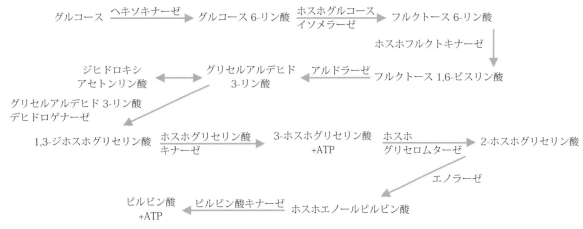

図10.7　エムデン・マイヤーホフ・パルナス（EMP）解糖経路.

は，それは各解糖系の中間生成物が細胞の機能のために必要とされる，その相対的な貢献度を反映しているのであろう．細胞の機能は，その齢，活性および養分とともに変化するであろう．一般に，PPPは生合成系のために中間生成物を提供するので，この経路の利用は急速に成長したり分化している細胞において増加し，休眠したり静止状態の場合，最小限にとどまる．

いずれの解糖系がピルビン酸生成に寄与しているにせよ，ピルビン酸は，細胞質で形成され，その後，ミトコンドリアに輸送され，そこで，アセチルCoA（acetyl-CoA，アセチル補酵素A）に変換される．この過程は，最初にピルビン酸を脱炭酸して，生じたアセチル基を補酵素Aに転移する酵素複合体であるピルビン酸デヒドロゲナーゼ複合体（pyruvate dehydrogenase complex）によって進行する．

TCA回路は循環的である．なぜなら，その最終生成物であるオキサロ酢酸は，アセチルCoAと反応して，ピルビン酸の残存炭素原子を反応系列（図10.9）に導入する．その反応系列の第一の機能は解糖系で生成したピルビン酸を完全に二酸化炭素に変換することであり，そこで遊離されたエネルギーはおもにNADH$_2$に捕捉される．全体の化学量論では，1分子のピルビン酸は3分子の水とともに，3分子の二酸化炭素を産生し，10個のプロトンを遊離する．10個のプロトンは，3個のNADH$_2$分子，1個のFADH$_2$と1個の高エネルギー化合物のGTPの形で現れる．コハク酸デヒドロゲナーゼ（succinate dehydrogenase）は，ミトコンドリアの内膜に結合している（このために，細胞抽出物の画分中にミトコンドリアが存在しているか否かのマーカーとして用いられる）．他のTCA回路の酵素はミトコンドリアのマトリックス中に存在する．

TCA回路の一般的な変異形は，グルタミン酸脱炭酸ループである．このループでは，2-オキソグルタル酸は，酸化的に

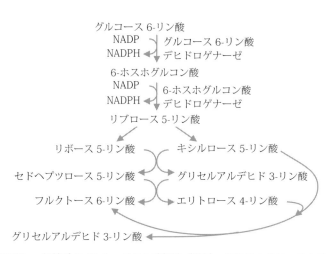

図10.8　解糖系のペントースリン酸経路（PPP），またはヘキソース1リン酸経路（HMP）（Moore, 1998より改変）.

脱炭酸されてコハク酸になるのではなく，アミノ化されグルタミン酸になる．グルタミン酸は脱炭酸されて，4-アミノ酪酸になり，2-オキソグルタル酸との間で，アミノ基転位が行われ，コハク酸セミアルデヒドが生じる．その酸化によって，コハク酸としてTCA回路に戻る（図10.9の中心部）．このループの酵素は，ウシグソヒトヨタケ（*Coprinopsis cinerea*）の子実体とりわけ傘の部位において活性が高く，この菌類においてはTCA代謝の通常の経路である．グルタミン酸脱炭酸ループは，また，ツクリタケ（*Agaricus bisporus*）においても機能している．

解糖系とTCA回路を経て，基質であるグルコースに含まれる炭素のすべてが二酸化炭素として遊離される．しかし，その際にはごくわずかのエネルギーが遊離されるのみであり，ほとんどのエネルギーはNADH$_2$に捕捉される（GTPとFADH$_2$にも少しは捕捉される）．還元型の補酵素の形のエネルギーは，

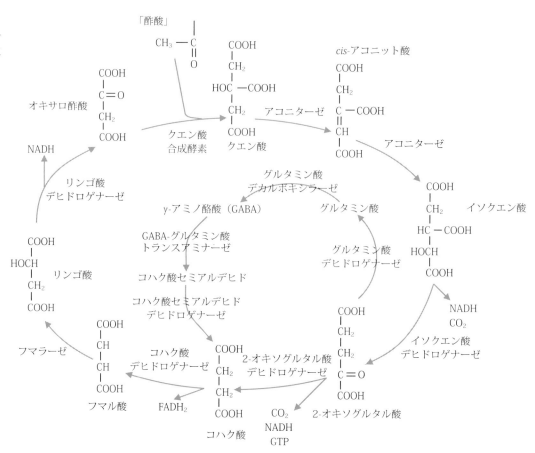

図10.9　ピルビン酸の酸化：トリカルボン酸（TCA）回路．グルタミン酸脱炭酸ループは，主要回路の中心部に示している（Moore, 1998より改変）．

　ミトコンドリア内膜に存在する**酸化的リン酸化過程**において電子伝達鎖を経てATPとして取り出される．電子伝達鎖は，電子を，還元型補酵素から一連の反応を通して最終的に酸素に渡し，酸素は還元されて水になる．電子伝達鎖の構成要素間で段階的に電子を移動させることによって，プロトンがミトコンドリアマトリックスから膜間腔へくみ出される．

　その結果生じる**プロトン勾配**（proton gradient；膜間腔のpHはマトリックスのpHよりおよそ1.4低い）がATP生成に用いられる．1対のプロトンが1分子の$NADH_2$から酸素に移送されることにより，電子伝達鎖の3ヵ所においてプロトンがくみ出され，その結果，それぞれの部位で生じたプロトン勾配によって各1分子のATPが合成される．ATPはミトコンドリア内膜のマトリックス側に位置する酵素複合体によって合成される．プロトンは，この複合体中のチャネル（F_0セクターと知られているチャネルは，少なくとも4個の疎水性サブユニットからなっており，膜中のプロトンチャネルを形成する）中を勾配に沿って移動するので，酵素に会合したF_1セクター（5個の異なるサブユニットを含む）がマトリックス内に突出して，ATP合成を担っている（5.10節参照）．

　ここでは，異化作用を眼目にして述べたが，紹介した経路は，少し改変することで糖合成が可能になる．解糖系とTCA回路によって，菌類がかなり広範な潜在的炭素源やエネルギー源を利用できる機会を与えられていることを強調した．しかし，たとえば酢酸を利用できる菌類は，3個以上の炭素原子が結合したすべての化合物を合成する必要がある．そのような化合物を合成するために，解糖系を逆方向に進めることは容易ではない．なぜならば，キナーゼ（kinases）（ヘキソキナーゼ，ホスホフルクトキナーゼ，ピルビン酸キナーゼ）によって進む反応段階は不可逆的である．そのためこれらの反応段階のためには，さらなる酵素が**糖新生**（glucogenesis）（図10.10）にとって必要である．

　このような状況で，ピルビン酸から炭水化物への変換の最初の反応段階はピルビン酸カルボキシラーゼ（pyruvate carboxylase）によって進む．この酵素はオキサロ酢酸を合成する．オキサロ酢酸は，ホスホエノールピルビン酸カルボキシキナーゼ（phosphoenolpyruvate carboxykinase）によって脱炭酸されリン酸化されて，ホスホエノールピルビン酸になる．ホスホエノールピルビン酸は，その後，EMP経路の逆反応によって

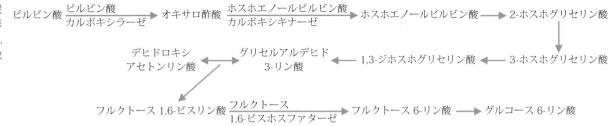

図10.10　糖新生：炭水化物の形成（Moore, 1998より改変）．

フルクトース1,6-ビスリン酸に変換される．この場合，さらに，フルクトースビスホスファターゼ（fructose bisphosphatase）がフルクトース6-リン酸を生成するために必要である．糖リン酸は容易に相互転換できるので，いったんこの化合物が形成されると，オリゴ糖や多糖類の合成を進行させることができる．この反応により形成された多くの多糖類の構造については本章ですでに示した．

解糖系と糖新生とは二者択一的であり，代謝バランスを保つために，緊密に制御されることが求められる．ホスホフルクトキナーゼは，解糖系の制御のキーとなる酵素であり，フルクトースビスホスファターゼは同一の分子に反対方向に反応し，クエン酸によってアロステリック的に活性化され，AMPによって阻害される．

糖代謝についての説明を終える前に，糖アルコールである**マンニトール**（mannitol）と，二糖類である**トレハロース**（trehalose）が，菌類において最も普通に存在する水溶性の細胞質内炭水化物であることに触れておく．トレハロースは，菌類において最も広範囲に分布する糖である．マンニトールとトレハロースは一時的な貯蔵化合物（つまり，必要なときに，ただちに移動できる化合物）であると考えられ，両化合物は，胞子発芽に関する代謝に用いられる基質であることが認められている．

トレハロースの合成/蓄積/分解のサイクルは，菌類の成長の多くのステージで起こっている．そのために，この糖は菌類の炭水化物経済における'共通通貨'であることは明らかである．トレハロースは，糖ヌクレオチドであるUDPグルコースとグルコース-6-リン酸から，トレハロースリン酸合成酵素（trehalose phosphate synthase）によって，トレハロース-6-リン酸として合成される．マンニトールには他の機能が存在すると考えられる．マンニトールは，海生菌類の*Dendryphiella*属においては浸透圧調整機能を有し，また食用菌のツクリタケの子実体においても同じ機能をもっており，この場合，総乾重の50％の濃度まで蓄積される（あなたの目の前の皿にのっているツクリタケの子実体の半分がマンニトールである）．また，同様の濃度がシイタケ（*Lentinula edodes*）においてもみられる．ツクリタケの場合，マンニトールはNADP結合型マンニトールデヒドロゲナーゼ（mannitol dehydrogenase）によりフルクトースが還元されて生成される．

脂質は，3個の水酸基が，3個の脂肪酸分子に置換されたグリセロール分子である．脂質分解の最初の段階はリパーゼによって進行し，グリセロールから脂肪酸が除去される．グリセロールは，グリセルアルデヒド-3-リン酸に変換され，このことにより解糖系に組み込まれる（図10.8参照）．しかし，グリセロールは脂肪の重さのほんの10%を占めるにすぎず，脂肪の質量のほとんどは長い炭素鎖［たとえば，パルミチン酸はC_{16}であり，ステアリン酸はC_{18}である］をもつ脂肪酸である．

脂肪酸の炭素鎖は，CoAに結合したアセチル基（acetyl group）の形で2個の末端炭素原子が連続的に除去されて分解される．2番目（β位）の炭素原子の位置で切断されるため，この過程は，**β酸化**（β-oxidation）とよばれ，ミトコンドリアのマトリックスにおいて起こる（図10.11）．この切断はそれぞれ酸化的に起こり，酵素は水素原子を補酵素のNADやFADに受け渡す．このように，パルミチン酸の分解には7回の切断が必要であり，分解によって8分子のアセチルCoA（TCA回路に入る），7分子の$NADH_2$と7分子の$FADH_2$（これら両方とも酸化的リン酸化のために電子伝達系に入る）が生じる．脂肪酸の酸化は相当量のエネルギーを遊離する．たとえば，パルミチン酸1分子は約100分子のATPを生じる．これが，脂肪が有効なエネルギー貯蔵化合物である理由である．

極論すると，生物体中にあるすべての**窒素**は大気中の自然の元素に由来する．毎年，1～2億トンの大気中の窒素が，シアノバクテリア（藍藻）や窒素固定細菌のニトロゲナーゼ酵素系によって還元されてアンモニアになる．現時点での知識に基づくと，いかなる菌類も窒素元素を固定できないと思われる．

もし菌類がアミノ酸の直接吸収によってアミノ基を入手することができないならば，アミノ基は菌類によって形成されなけ

ればならず，最も身近なアミノ基源は，アンモニウムの同化によるものである．アンモニウム同化の唯一の経路は，菌類においてはかなり普遍的であると考えられているが，それは**グルタミン酸デヒドロゲナーゼ**（glutamate dehydrogenase）によるアンモニウムと2-オキソグルタル酸からのグルタミン酸の合成である．多くの糸状菌類と酵母は2種類のグルタミン酸デヒドロゲナーゼを産生することが明らかにされており，1つは補酵素NADに，もう1つはNADPに結合したものである．

図10.12からわかるように，2-オキソグルタル酸とグルタミン酸の相互変換は，窒素代謝の中心的位置を占め，炭素代謝と窒素代謝の双方にとって重要な経路が一緒になったものである．その反応は容易に可逆的に進み，しばしばNAD結合型グルタミン酸デヒドロゲナーゼ（NAD-GDH）は，脱アミノ反応や異化反応（グルタミン酸→2-オキソグルタル酸＋アンモニウム）を行う．一方でNADP結合型酵素は，アミノ化もしくは同化機能（2-オキソグルタル酸＋アンモニウム→グルタミン酸）を有している．一方，ある種の生物は，異なった内因性の制御パターン，とりわけ形態形成過程に応じた制御パターンを進化させた．たとえば，インクキャップきのこウシグソヒトヨタケでは，通常NADP-GDHは子実体の傘の組織においてのみ活性が高く，担子器に局在して，アンモニウムの阻害作用から減数分裂と胞子形成を保護している．すなわち，NADP-GDHはアンモニウムを同化するというよりも無毒化している．

このような例はさておき，一般にNADP-GDHは，菌糸体におけるアンモニウム同化における最も重要な酵素であり，その活性は，しばしばアンモニウムが成長を制限する唯一の窒素源として与えられたときに増加する．しかしながら，ある種の菌類では，窒素が制限された時に，他の酵素がアンモニウムを捕集すると思われる．これは，グルタミン合成酵素（glutamine synthetase）/グルタミン酸合成酵素（glutamate synthetase）系である．**グルタミン合成酵素**はおそらく普遍的に存在し，グルタミンの合成を担っている．しかしながら，グルタミン合成酵素は，アンモニウムに対して親和性が高く，**グルタミン酸合成酵素**（グルタミンと2-オキソグルタル酸を2分子のグルタミン酸に変換する）とともに，アンモニウム分子の濃度が極端に低いときでさえアンモニウムを回収できるアンモニウム同化系を形成する．最終結果（2-オキソグルタル酸＋NH_4^+→グルタミン酸）は，NADP-GDHによって進む反応と同じであるが，グルタミン合成酵素は，グルタミンを生成するのにATPを利用するので，コストは高くなる．グルタミン酸合成酵素機構は細菌において一般的であり，菌類にはほとんどみられない．しかし，アカパンカビ（*Neurospora crassa*）と *Aspergillus nidulans* およびいくつかの酵母や菌根菌において明らかにされている．

ある種の酵母や多くの糸状菌は硝酸を唯一の窒素源として利用することができる．化学的には，硝酸は最初に亜硝酸に変換され，その後アンモニウムになる．しかし，これらの変換にかかる酵素的なステップはかなり複雑である．その反応の複雑さは，アカパンカビ（*Neurospora*）属やコウジカビ（*Aspergillus*）属の菌類において硝酸同化に影響を及ぼす突然変異遺伝子の多さから推測できる．硝酸同化の最初の段階は**硝酸還元酵素**（nitrate reductase）によって進む．この酵素は，菌類においては一般に，モリブデン（Mo）を含んだ補因子をもち，NADPH（少なくともある種の酵母においてはNADH）を必要とする．硝酸は，酸素原子の除去によって還元される前に，まず酵素のモリブデン補因子と結合すると考えられる．酸素原子の除去によって形成された亜硝酸は，アンモニウムへの還元のためにその窒素原子により亜硝酸還元酵素に結合する．硝酸から形成されたアンモニウムはただちに2-オキソグルタル酸からグルタミン酸への還元的アミノ化に用いられる．

NO_3^- から NH_3 への変換は相当量のエネルギーを消費する化学的還元である．実際，4分子の $NADPH_2$ に相当する量（880 KJ エネルギー）が，1分子の NO_3^- を NH_3 に還元するのに用いられるが，この量は，アンモニウム同化に必要なエネルギー（1分子の $NADPH_2$ がNADP-GDH経由の同化に，1分子の $NADPH_2$ ＋1分子のATPがグルタミン合成酵素とグルタミン酸合成酵素の経由の同化に必要）に上乗せされるものである．これらの付加的なエネルギー要求があるとすれば，硝酸還元機構は，硝酸が唯一の利用可能な窒素源である場合にのみ産生され，硝酸によって誘導され，アンモニアまたは何らかの代替還元態窒素源によってただちに阻害されることが容易に想像できる．

生きた細胞の構成成分は常に動的な状態にあり，古い成分は異化され新しい成分が合成され，すべての成分はターンオーバーしている．タンパク質や他の含窒素化合物が，このターンオーバー過程の一部として，または外部へ供給される養分として分解される場合，その炭素は二酸化炭素として，水素は水として，窒素はアンモニウムもしくは尿素として処理される．炭素源としてのタンパク質の利用についてはこれまで議論してきた．そのような場合，生物（動物，植物または菌類）は窒素過剰の害を被るので，窒素を排出しなければならない．担子菌のツクリタケ，ウシグソヒトヨタケ，フクロタケ（*Volvariella*

図 10.11 脂肪酸のβ酸化過程(Moore, 1998 より改変).

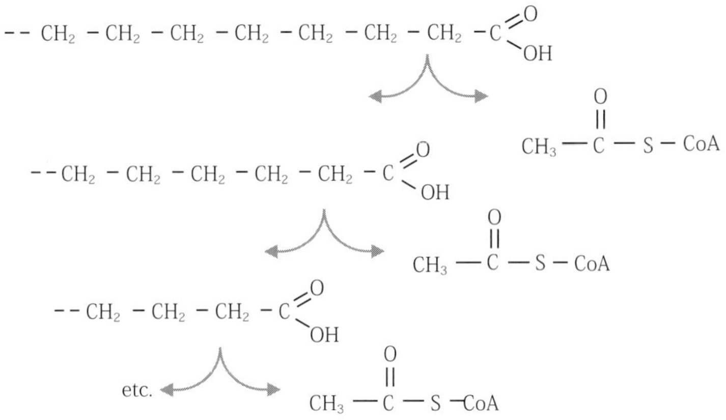

図 10.12 窒素の再配分経路を表した流れ図であり，アミノ酸，プリン，ピリミジンの代謝的起源を示す（Moore, 1998 より改変）.

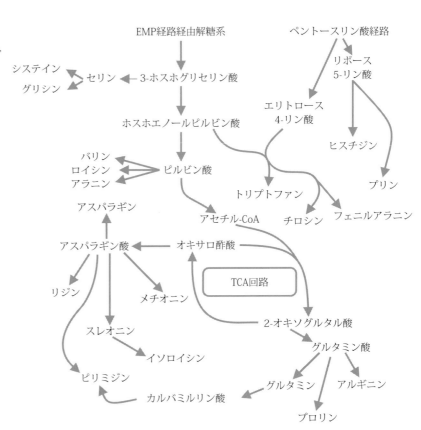

volvacea) を用いた実験において，養分として与えられたタンパク質に含まれる窒素の3分の1から2分の1は，培地中にアンモニウムとして排出された.

タンパク質を代謝する陸生哺乳類においては，アンモニウムの毒性は尿素回路（図 10.13）によって形成された尿素として排出されることにより避けられる．しかし，**ウレアーゼ**（urease）は，一般に菌糸体に常在しており，生成された尿素は常にアンモニウムと二酸化炭素に分解される．そうであっても，菌類は尿素を貯め込む（ウレアーゼが抑制されるとき）場合が

ある．特に担子菌門の子実体中には，かなりの量の尿素が蓄積されており，その場合，尿素は，細胞が膨張する際に細胞内への水分の流入を制御する**浸透性代謝物**（osmotic metabolite）として作用するようである．このように，菌類は尿素を合成し蓄積する能力を有し，菌類に広く存在するが，過剰の窒素を処分するために排出されるのはアンモニアのようである．

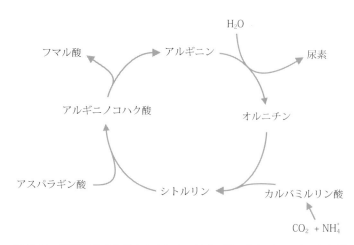

図 10.13 過剰の窒素を排出するための尿素回路. カルバミルリン酸を構成するアンモニウム分子とアスパラギン酸のアミノ基を両者とも尿素分子中に「廃棄する」(Moore, 1998 より改変).

10.13 スタチンやストロビルリンのような商品を含む二次代謝産物

　一次および二次代謝は共存している；つまり，これらの代謝プロセスは同じ細胞内で同時期に起こっており，同じ栄養源から含炭素中間生成物を生ずる．しかし，一般に養分が欠乏すると，成長速度は低下し，最終的には停止する．それに応じて代謝の進行は変化し，多くの特殊な生化学機構が出現し（もしくは増幅し），二次代謝とよばれるものが確立される．その結果生じた二次代謝産物は，生物の通常の成長には不必要のようである．むしろ細胞間の情報伝達，他の生物からの防御と競合のような機能を目的としていると思われる．

　二次代謝は菌類においては一般的なものである．比較的わずかな酵素学的プロセス（しばしば，比較的低い基質特異性の）からなっており，これらのプロセスは，一次代謝系のいくつかの重要な中間生成物を，多種多様な産生物へと変換する (Bu'Lock, 1967). これら二次代謝の後の方の段階は非常にさまざまであるので，個々の二次代謝産物の菌類種間の分布は非常に狭い．これらについての話題は莫大である．本節においては，Turner の古典的な教科書 (Turner, 1971；Turner & Aldridge, 1983) に見られるような包括的な扱いの向こうを張ることがねらいではない．むしろわれわれの日常生活に何らかの重要性を有するいくつかの事例を通して，菌類の化学的多能性について描きたい．

　大多数の二次代謝産物は，ここまでに扱ってきた経路の少数の中間生成物に由来するものである：

- アセチル CoA は，おそらく最も重要であり，テルペン，ステロイド，脂肪酸およびポリケチドの前駆体である.
- ホスホエノールピルビン酸とエリトロース-4-リン酸は，シキミ酸経路による芳香族二次代謝産物の合成開始に用いられる．シキミ酸経路は芳香族アミノ酸の合成にも用いられる．
- さらなる二次代謝産物は他の（非芳香族）アミノ酸から合成される（図 10.14）.

　テルペン (terpenes), カロテノイド (carotenoids) およびステロイド (steroids) は自然界に広く分布する．そのような意味で，菌類の産生物はとしては，ありふれたものであるが，多くの最終産物は，菌類の代謝に独特の化学構造をもっている．これらの化合物はすべて，炭化水素のイソプレンにおけるように配置された 5 個の炭素原子をもつ点で共通である．テルペンは自然界にみられるイソプレノイド化合物の中で最も単純なものであり，前駆体のイソプレン単位が縮合してイソプレノイド鎖を形成することによって合成される（図 10.15）.

　厳密には，テルペンは $C_{10}H_{16}$ の化学式をもった炭化水素の名称である．この用語は一般に，開鎖（つまり，非環式）または環式化合物である炭素数 10 個のイソプレノイドを指す．非環式テルペンの合成は，ジメチルアリルピロリン酸がイソペンテニルピロリン酸と縮合して，炭素数 10 のモノテルペンのゲラニルピロリン酸を形成することにより開始する（図 10.16）. もう 1 個のイソペンテニルピロリン酸の添加により，炭素数 15 のセスキ (sesqui-；一倍半の) テルペンであるファルネシルピロリン酸になり，さらにもう 1 個のイソペンテニルピロリン酸の添加により，炭素数 20 のジテルペンである，ゲラニルゲラニルピロリン酸になる，などである．

　このようにして 24 個ものイソプレン単位が縮合可能であるが，通常，二次代謝産物は 2〜5 個の単位をもっているにすぎない．そのような分子がすべて二次代謝産物というわけではない．呼吸鎖のユビキノンはポリプレノイドキノンである．セスキテルペンは菌類から単離されたテルペン類のうちで最も大きなグループである．ほとんどの菌類のセスキテルペンは，図 10.17（そのほとんどがはっきりと明らかにされた代謝経路というよりも，もっともらしい可能性のあるものである）にあるようにファルネシルピロリン酸の環化に由来する炭素骨格に基づいている．

　ジテルペンはゲラニルゲラニルピロリン酸の環化に由来するものであり（図 10.18），ジベレリン (gibberellins) もその 1 つである．ジベレリンは植物病原菌であるイネの馬鹿苗病菌

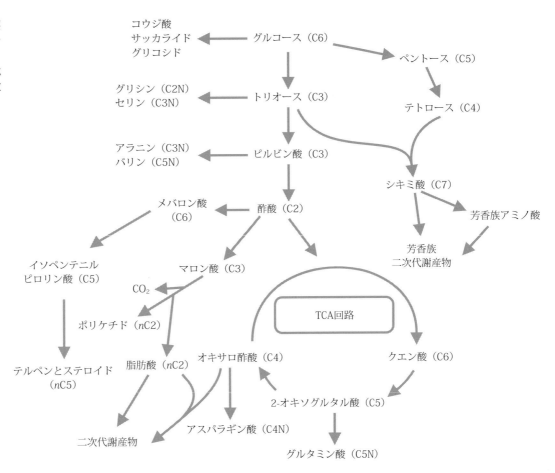

図10.14 二次代謝産物合成の主要経路と一次代謝との関係を要約した代謝ルートマップ．図10.9や図10.12と比較（Moore, 1998より改変）．

[*Gibberella fujikuroi*（*Fusarium moniliforme* の有性世代）]の培養濾過液から初めて単離された植物成長促進因子の混合物であり，その後，内在性植物ホルモンであることが明らかになった．

トリテルペン（C_{30}）のおもな重要性は，非環式トリテルペンであるスクアレン（squalene）がステロールの前駆体になることである．スクアレンは，2分子のセスキテルペン（ファルネシルピロリン酸）単位の頭-尾型縮合によって生成される．サメの肝油に高濃度で存在することがわかり，そのように（*Squalus* はツノザメの属名である）よばれている．しかし，他の生物はもちろん菌類においても，ステロール（と環式トリテルペン）は酸化スクアレンの環化により生成される（図10.19）．

コレステロールは動物において量的に主要なステロールであり，生体膜の流動性を制御する．エルゴステロール（ergosterol）は，麦角菌（ergot fungus, *Claviceps purpurea*）から初めて単離されたのでそのように名づけられたが，おそらく菌類においてコレステロールと同様の役割を果し，生体膜の透過性に影響を及ぼしている．また菌類に特異的であるために，エルゴステロール合成系は抗真菌剤の標的として有望である．しかしながら，他のステロールも，コレステロールでさえも菌類に普通に存在し，また，非常に多様なステロールも見い出されており，それらは菌株を特徴づけることのできる可能性を有する．脂質，ステロールおよびリン脂質の含量は，*Candida albicans* や *Mucor lusitanicus* においては，菌糸体形と酵母形の間で異なるため，形態形成と関連すると考えられる．ステロール合成の一連の反応段階については，かなり明らかになっている．ステロール合成の重要な段階は**β-ヒドロキシβ-メチルグルタリル CoA 還元酵素**（β-hydroxy-β-methylglutaryl-CoA reductase, HMG-CoA 還元酵素）によって制御されている．この酵素は HMG-CoA をメバロン酸に変換する．この酵素を阻害すると，ステロール合成は停止する．

スクアレンがセスキテルペンの頭-尾型縮合によって合成されるのとまったく同じように，炭素数40の**カロテノイド色素**は2個のジテルペンの頭-尾型縮合によって合成される．これらには，トマトの赤色色素であるリコピンのような非環式化

合物や，α-, β-, γ-カロテン（図10.20）のような単環式や二環式の化合物が含まれる．カロテンやそのケト誘導体はさまざまな種において合成されており，カロテノイドはすべての菌類がこの化合物を合成しているわけではないが，ある種の菌類の有効な分類マーカーになっている．これらの生合成経路は十分に理解されている．

イソプレン単位の連続的な縮合によって，非常に長い炭素鎖をもったテルペン類が合成される．天然ゴムはおおよそ5,000のイソプレン単位をもった高重合度イソプレン化合物である．おもな商品原料であるゴムノキ（*Hevea brasiliensis*）の乳液は，この炭化水素粒子の水成コロイド状懸濁液である．これとはまったく対照的に，チチタケ（*Lactarius*）属の傷ついた子実体，クヌギタケ（*Mycena*）属の柄およびムジナタケ（*Lacrymaria*）属のひだの端からしみ出るミルク状の液体もまた，時々，乳液とよばれるが，ゴムノキの乳液とはただ表面的に似ているだけで，化学的にまったく異なるものである．菌類が産

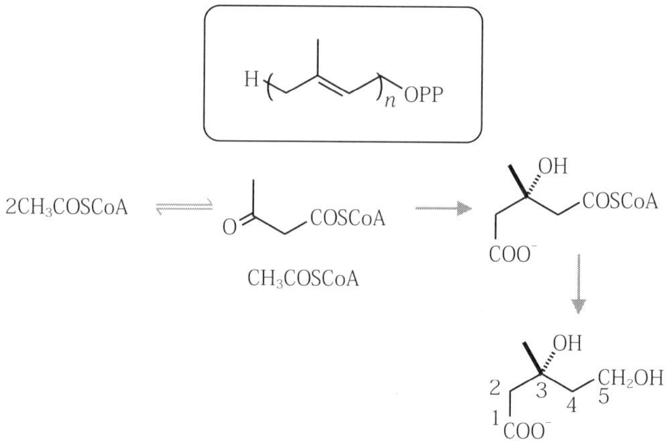

図10.15　イソプレン単位からのテルペンの生成経路．基本となるイソプレノイド反復構造は上部に示してある．下部には，2分子のアセチル補酵素からのメバロン酸合成を示している．テルペン鎖の成長については図10.16に続けて示し，本図の右下部に示した炭素原子の数え方を用いている（Moore, 1998 より改変）．

図10.16　連続的な縮合による非環式（つまり，直鎖状）テルペンの合成．ジメチルアリルピロリン酸は，イソペンテニルピロリン酸と縮合して，ゲラニルピロリン酸を形成する．スクアレンはステロールの前駆体である（図10.19参照）．スクアレンは，2分子のセスキテルペン（ファルネシルピロリン酸）単位の頭-尾縮合によって形成される．これら分子の組立て様式を理解するために炭素原子の数え方を確認してほしい（Moore, 1998 より改変）．

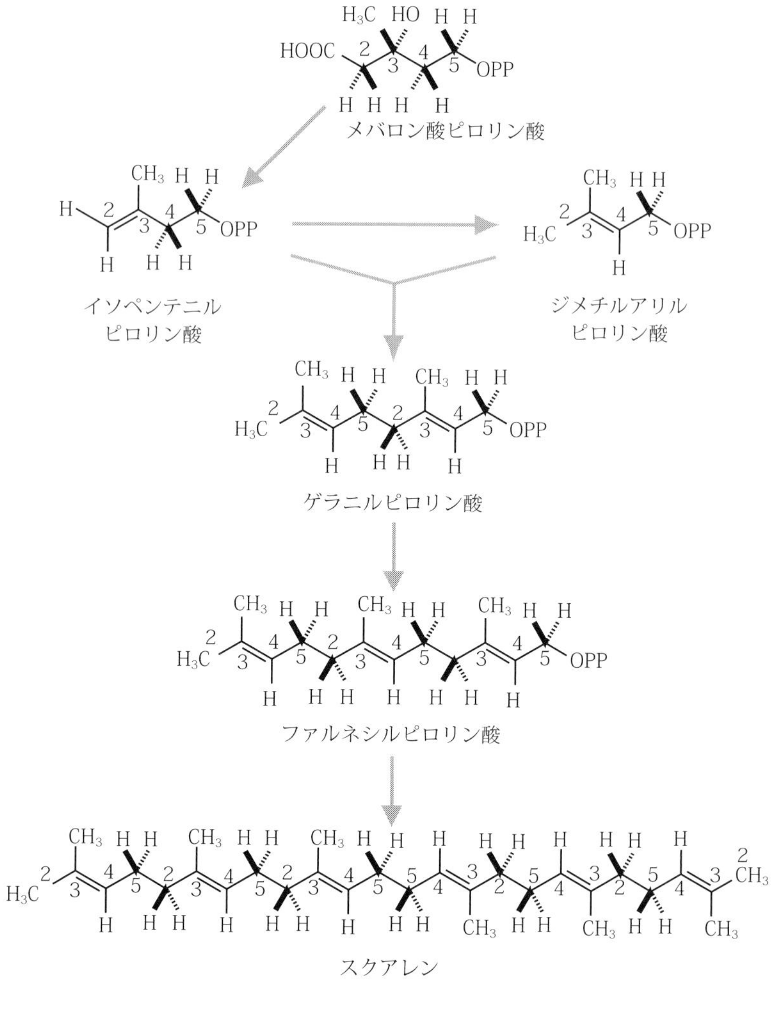

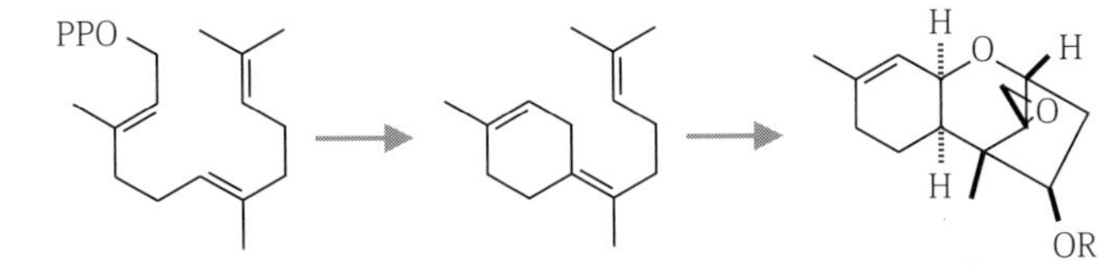

図 10.17 セスキテルペン（sesquiterpens）：トリコテセン核（trichothecene nucleus）を形成するためのファルネシルピロリン酸の環化を示す（Moore, 1998 より改変）．

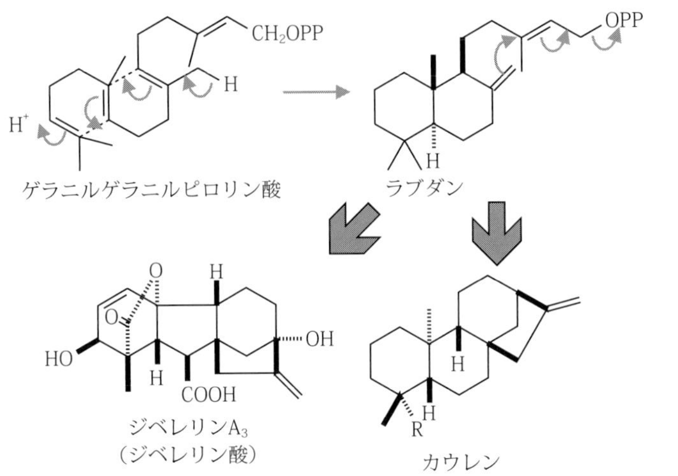

図 10.18 ギバン（gibbane）およびカウレン（kaurane）構造を生じるジテルペンであるゲラニルゲラニルピロリン酸の環化．植物成長ホルモンであるジベレリン酸は，植物体の異常成長をもたらす植物病原菌の二次代謝産物として発見された（Moore, 1998 より改変）．

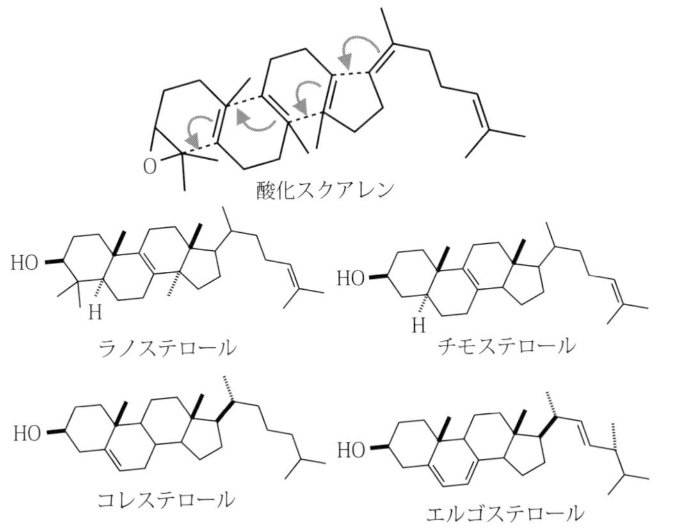

図 10.19 ステロールと環式テルペンは，酸化スクアレンの環化によって形成される．このことは，上部の図で描かれており，いくつかのステロールの構造式は下の方にある．エルゴステロールとコレステロールの医学上の重要性の違いについて，より詳細なことは図 18.1 参照（Moore, 1998 より改変）．

生する乳液は，おそらく属間で構造が異なり，アカチチタケ（*Lact. rufus*）の乳液またはミルクは，マンニトール，グルコースおよびラクタリン酸（$CH_3[CH_2]_{11}CO[CH_2]_4COOH$；構造式は図 10.25 の下部に示す）を含んでいる．ラクタリン酸は修飾された脂肪酸（6-オキソオクタデカン酸，または 6-ケトステアリン酸としても知られている）である．

菌類では，他の経路に比べてポリケチド経路においてより多くの二次代謝産物が合成されている．ポリケチドは子嚢菌門の菌類の二次代謝産物として特異的に見い出されており，担子菌類にはめったにみられず，菌類以外ではわずかの生物で産生されるだけである．ポリケチドはより正確にはポリ β-ケトメチレンと記述され，その基本的な非環式の直鎖は，$-CH_2CO-$ 単位から構成されている．ちょうど，直鎖状ポリイソプレノイド鎖が折り畳まれ，環状化されるように，ポリケチドも環状化され，さまざまに異なる分子を生じうる（図 10.21 の下部を参照）．繰り返し単位の化学的特性から予想されるように，ポリケチド合成は，もともとはアセチル CoA に由来するアセチル基の転位を含んでいる．実際にポリケチド合成は脂肪酸生合成と多くの共通点をもっている．

脂肪酸は段階的なアセチル基の除去（β 酸化，図 10.11 参照）により異化される．しかし，脂肪酸合成には，マロニル CoA が必要である．マロニル CoA は，アセチル CoA カルボキシラーゼ（acetyl-CoA carboxylase）によるアセチル CoA のカルボキシル化によって合成される．その反応式は，$CH_3COSCoA + HCO_3^- + ATP \rightarrow COOH \cdot CH_2COSCoA + ADP + P_i$ である．脂肪酸は脂肪酸合成酵素系とよばれる酵素複合体によって合成される．最初の反応は，アセチル CoA からの酢酸が，マロニル基（マロニル CoA 由来）と縮合して，アセト酢酸を形成するものである．しかし，アセト酢酸はこの時点ではまだ酵素に結合しており，その後，還元，脱水されて，再度還元されて，ブチリル酵素複合体（butyryl-enzyme complex；$CH_3CH_2CH_2CO$-S- 酵素）が形成される．鎖を伸長させるために，ブチリル基は別のマロニル残基と縮合し，続いて還元，脱水，還元のサイクルを繰り返す．このようにして，マロニル CoA は，アセチル CoA からの酢酸に由来する最初の 2 個の末端原子を除く長鎖脂肪酸のすべての炭素を提供する．

この脂肪酸合成についての簡単な記述は，ポリケチド合成について述べることにより繰り返されることになる．ポリケチド合成は，アセチル単位がマロニル単位と縮合することによって始まり，各 CoA 誘導体を必要とし，関与する酵素上で進行していると思われる．両方の経路では遊離の前駆体は細胞質にみ

図10.20 菌類のカロテノイド色素
（Moore, 1998より改変）.

α-カロテン

β-カロテン

γ-カロテン

リコピン

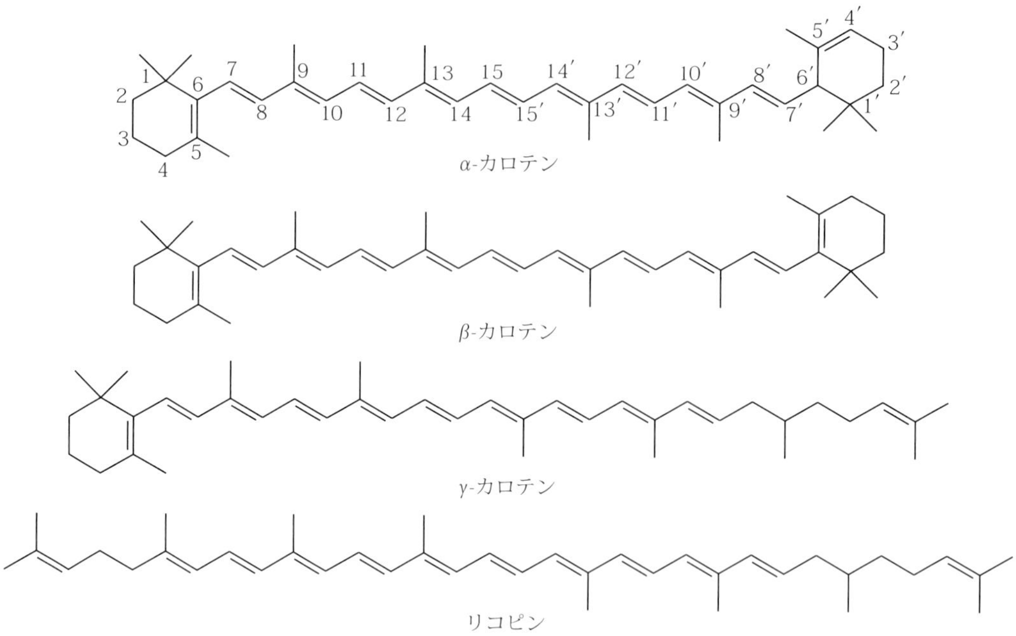

図10.21 ポリケチド鎖はさまざまに折り畳まれ，内部アルドール縮合によって閉鎖芳香環が形成される．このことを描くため，テトラケチドの2通りの環化を最上段に示し，それらによって得られる可能性のあるオルセリン酸（orsellinic acid）とアセチルフロログルシノール（acetylphloroglucinol）をその右側に示した．図の下部には本文中で述べたポリケチドの一部のものの構造を示している（Moore, 1998より改変）.

オルセリン酸

アセチルフロログルシノール

メバスタチン　シトリニン　メレイン

ストロビルリンA　ゼアラレノン　アフラトキシンB1

グリセオフルビン　フミガチン　LL-Z1272a

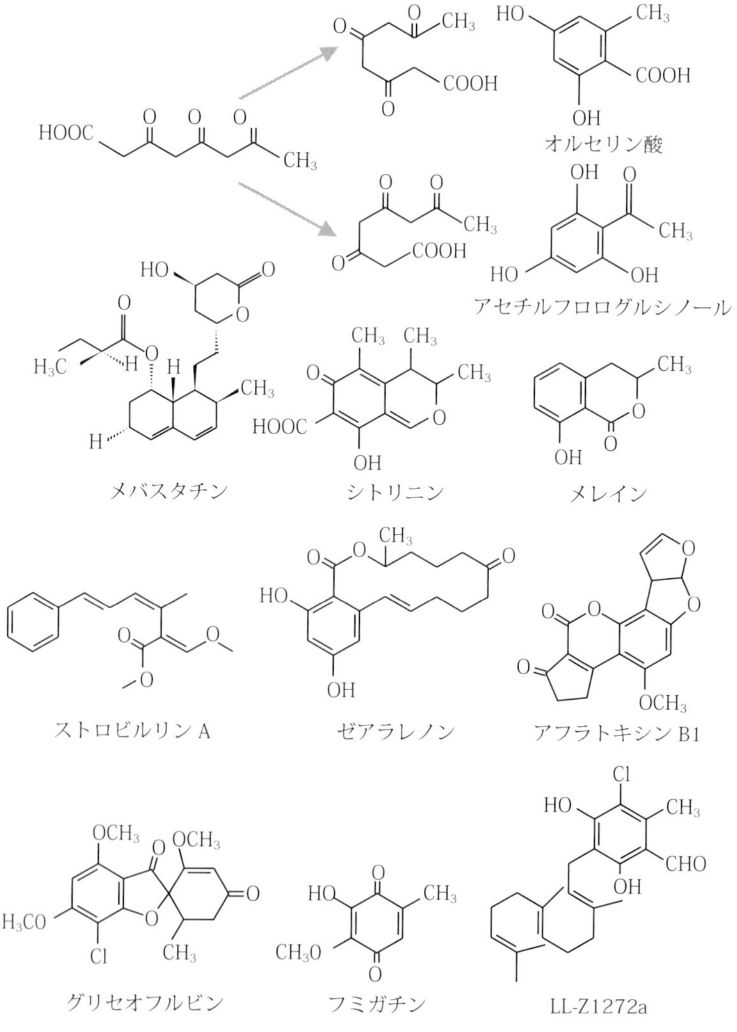

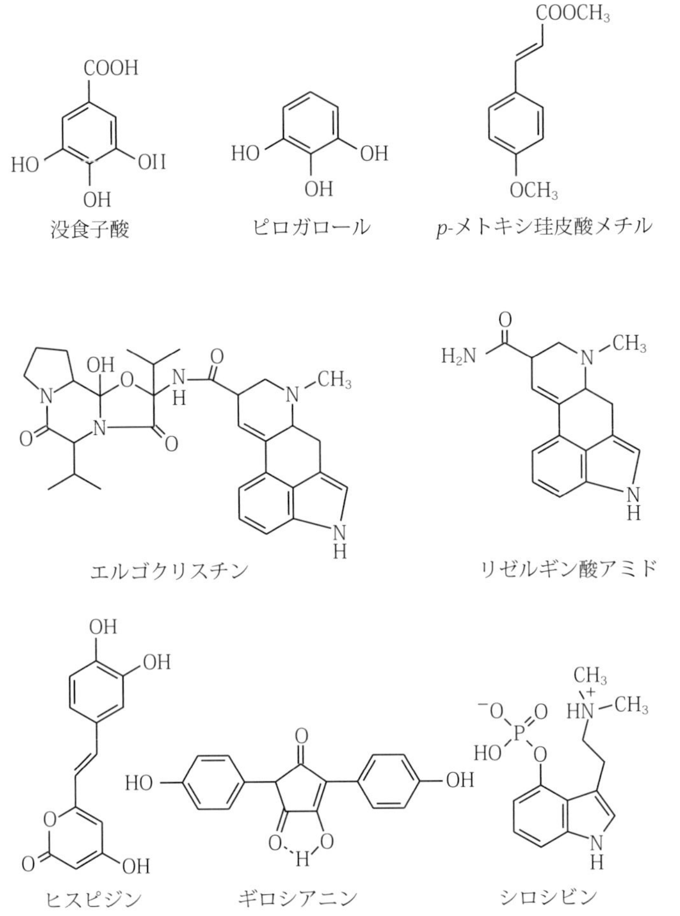

10.13 スタチンやストロビルリンのような商品を含む二次代謝産物

図10.22 シキミ酸-コリスミ酸経路はフェニルアラニン，チロシンおよびトリプトファンなどのアミノ酸やさまざまな芳香族化合物を合成する．没食子酸，ピロガロールや p-メトキシ珪皮酸メチルは比較的単純な化合物であり，菌類はもちろん多くの植物によって合成される．麦角アルカロイド（Claviceps purpurea に由来する）の1つであるエルゴクリスチン，リゼルギン酸アミドや，天然のマジックマッシュルーム［シビレタケ（Psilocybe）属］の幻覚誘発物質であるシロシビンは，すべてトリプトファン誘導体である．またギロシアニンはアイゾメイグチ（Gyroporus cyanescens）が産生する物質であり，子実体が傷ついたとき酸化して青色を呈する．また，ヒスピジンは，ヤケコゲタケ（Polyporus hispidus）の子実体を強靭にさせるはたらきをもつ重合体の前駆物質である（Moore, 1998 より改変）．

つかっていない．脂肪酸とポリケチドの鎖状構造形成のメカニズムは類似しているが，ポリケチド合成においては還元反応は起こらず，連続的な縮合反応によって $-CH_2CO-$（ケチド）反復単位からなる高分子体が形成される．これら反復単位の数は，次の例のように，合成された鎖状構造物を名づけるために用いられる．

- テトラケチド（tetraketides）［地衣類の多くにおいて検出されているオルセリン酸や，Aspergillus fumigatus によって特異的に合成されるフミガチン（fumigatin）］
- ペンタケチド（pentaketides）［HMG-CoA 還元酵素を阻害する抗真菌剤であるシトリニン（citrinin）．この物質はもともと Penicillium citrinum から単離されたが子嚢菌門の菌類に普通に存在する．また，生物除草剤としての価値をもつメレイン（mellein）］
- ヘプタケチド（heptaketides）［もともと Pe. griseofulvum から単離され，動物や植物の真菌病を治療するために営利的に利用される抗真菌剤のグリセオフルビン（griseofulvin）］

これらの鎖状化合物のメチレン基（$-CH_2-$）やカルボニル基（$=C:O$）は，相互に作用して内部アルドール縮合により閉鎖芳香環を形成する．さまざまな環化はこのようにして起こり，一般にみられるポリケチドの多様性の要因の一部を説明するものである．しかし，その数は，引き続いてなされている化学的修飾によりさらに増加している．その結果，ポリケチド二次代謝産物は，あまりにも多すぎてここに記載することができない（Turner, 1971；Turner & Aldridge, 1983 参照）．しかし，ポリケチドには多くの毒素が含まれ，そのうちのいくつかは医学的に重要である（図 10.21）．

図 10.21 における有名な事例には，次のようなものがある．

- ゼアラレノン（zearalenone）は，Fusarium 属菌類によって汚染された貯蔵穀物中に産生される毒素である．アフラトキシン類（aflatoxins）は，コウジカビ（Aspergillus）属菌類が感染した落花生かす中に産生され，最も有毒で，突然変異誘発性や発がん性の高い天然物として知られている．
- Pe. citrinum によって産生され，現在スタチン［図 10.21 のメバスタチン（mevastatin）のような］として知られている化合物や，As. terreus によって産生され，のちにロバスタチン（lovastation）と名付けられた化合物は，もともとそれらの脂質合成を阻害する能力に基づいて単離された．これらは，HMG-CoA 還元酵素の阻害剤であり，またこの酵素は，コレステロール合成のメバロン酸経路の律速酵素であるために，循環器系疾患をもつかその危険のある人間のコレステロールレベルを下げるために用いられている．肝臓におけるこの酵素の阻害は，低密度リポタンパク質（LDL）受容体を刺激して，血流からの LDL の除去作用を高め，血液中のコレステロールレベルを下げる．投薬後1週間でそのはっきりしたプラスの結果がみられる．これらの化合物は21世紀

の特効薬であり（抗生物質は20世紀の特効薬である），現在では，世界中で最も幅広く利用されている医薬品である．

- ストロビルリンA（strobilurin A；図10.21）はストロビルリン抗真菌剤の代表的なものである．最初に発見された天然のストロビルリンであり，松毬に発生するきのこであるマツカサシメジ（*Strobilurus tenacellus*）が松毬に定着し，松毬を自身のものとするためにストロビルリンを産生している．天然のストロビルリンは光に当たると変化しやすいが，安定的な合成類似化合物が多く存在する．合成ストロビルリンは，現在最も広範に用いられている農業用殺菌剤である．
- より複雑な化合物も産生されており，たとえばポリケチド由来の芳香環にセスキテルペンが結合した化合物もある．一例をあげると，*Fusarium* 属菌類から単離された抗生物質LL-Z1272a は，アスコクロリン類とよばれる化合物の代表である．これらは抗ウイルスや抗腫瘍性活性をもつために興味深い配糖体の細胞毒性物質である．

シキミ酸-コリスミ酸経路（shikimate-chorismate pathway）の主要な役割は，芳香族アミノ酸であるフェニルアラニン，チロシンおよびトリプトファンの合成である（図10.14）．しかし，この経路は，二次代謝産物となる他の芳香族化合物合成の中間生成物を供給する．植物は，この経路によりさまざまな化合物を合成する．しかし，菌類はそれほどこの経路を利用しておらず，芳香族化合物を合成するのにポリケチド経路がより用いられている．しかし，没食子酸，ピロガロールや4-メトキシ-*trans*-ケイ皮酸メチルのような植物に普通に存在する多くのシキミ酸-コリスミ酸経路誘導体が，菌類からも単離されている（図10.22）．

特異的に菌類に関連した化合物の1つに**麦角アルカロイド**（ergot alkaloids；麦角菌 に由来する）があり，これらにはエルゴクリスチン，リゼルギン酸アミドやシロシビンなどがある．シロシビンは，マジックマッシュルーム［シビレタケ（*Psilocybe*）属の菌類］の幻覚誘発物質の要素である．これらすべての物質は突きつめればトリプトファン誘導体である．また，アイゾメイグチ（*Gyroporus cyanescens*）の子実体が傷つくと酸化して青色を呈する色素のギロシアニンや，ヤケコゲタケ（*Polyporus hispidus*）の子実体の強靭化に関わる重合体のヒスピジン（Bu'Lock, 1967）などは，担子菌類によりシキミ酸-コリスミ酸経路において合成される化合物である．

非芳香族アミノ酸由来のさまざまな誘導体が存在する．ムスカリンやムスカリジン（図10.23）は，ベニテングタケ（*Amanita muscaria*）のおもな毒性物質［しかし，アセタケ（*Inocybe*）属 やカヤタケ（*Clitocybe*）属の菌類においても存在する］であり，グルタミン酸から合成される．ツクリタケから単離されたアガリチンや，グルタミニルヒドロキシベンゼンのような関連物質（GHB）は，置換された（正確にいうと，N-アシル化した）グルタミン酸分子である．また，抗真菌剤であるバリオチン（*Paecilomyces variotii* から単離された）は，ヘキサケチドによってN-アシル化されたγ-アミノ酪酸（γ-aminobutyric acid；GABA，図10.9に示している）である（図

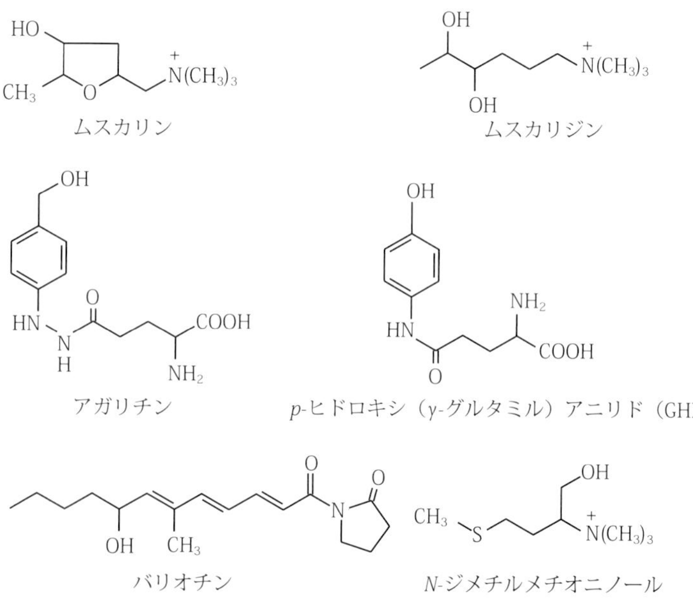

図10.23 非芳香族アミノ酸もまた修飾され，二次代謝産物として蓄積される．ベニテングタケ（*Amanita muscaria*）のおもな毒性物質であるムスカリンやムスカリジンはグルタミン酸から合成され，アガリチンや*p*-ヒドロキシ（γ-グルタミル）アニリド［*p*-hydroxy（γ-glutamyl）anilide，もしくはグルタミニルヒドロキシベンゼン（glutaminyl hydroxybenzene；GHB）］はハラタケ（*Agaricus*）属 から単離されたが，これらはNアシル化したグルタミン酸分子である．アガリチンは，ツクリタケ（*Agaricus bisporus*）子実体の乾重にして0.3％までを占め，GHBは担子胞子の休眠性の制御に関わっており，ハラタケ属菌類の担子胞子の細胞壁メラニンの前駆物質であると思われる．バリオチンは *Paeciomyces varioti* から単離された抗真菌剤であり，ヘキサケチドによってNアシル化されたγ-アミノ酪酸である．N-ジメチルメチオニノールは揮発性アミンであり，メチオニンが *Penicillium camemberti* によって脱炭酸されてつくられる．この物質はカマンベールチーズの香り成分である（Moore, 1998より改変）．

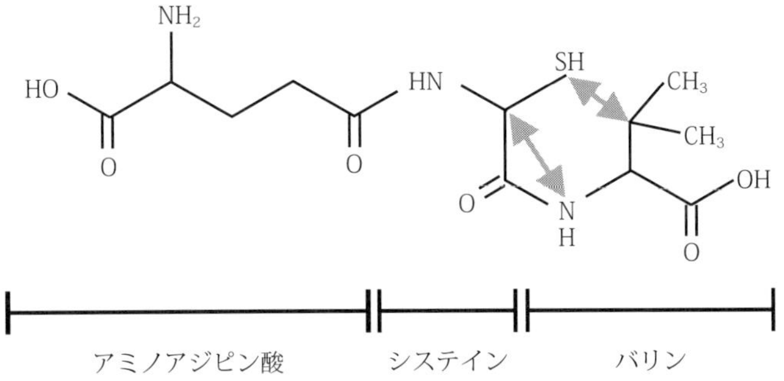

10.13 スタチンやストロビルリンのような商品を含む二次代謝産物　273

アミノアジピン酸　システイン　バリン

δ-(α-アミノアジポイル)システイニルバリン
(ACV-トリペプチド)

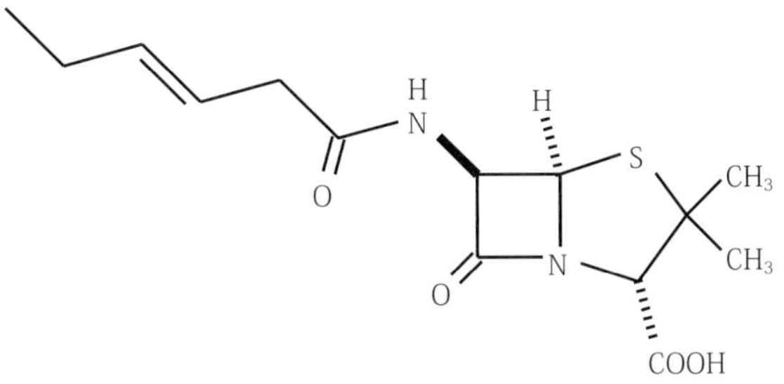

ペニシリンF

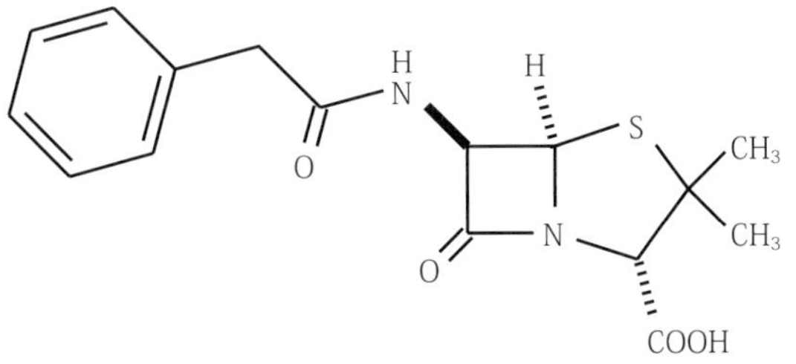

ペニシリンG

図10.24　ペニシリン抗生物質は典型的なペプチド由来の二次代謝産物である．この図は，2つのペニシリンの構造式を示している．上部は，ペニシリン前駆物質のδ-(α-アミノアジポイル)システイニルバリンである．この物質のアミノアジポイル，システインおよびバリン基は特定され，双頭の矢印が，ペニシリン核をつくるために必要な結合部位を示している．図17.29および図17.30も参照（17.15節）．

10.23）．中性アミノ酸の脱炭酸によってつくられる揮発性アミンはある種の菌類の明瞭な香りの一部となる．たとえば，小麦の黒穂病菌（Tilletia tritici）は大量のトリメチルアミンをつくり，カマンベールチーズの香りは Pe. camemberti によってつくられる N-ジメチルメチオニノールによるものである．

さまざまな菌類の二次代謝産物が，2個またはそれ以上のアミノ酸がペプチド結合により繋がったペプチドに由来している．それらのうちでジペプチド由来物質は，ペニシリン（penicillins）やセファロスポリン（cephalosporins）である．これらは，これまでに菌類から単離された最も重要な化合物として

評価され，医学界に新時代を，バイオテクノロジーに新たな研究分野をもたらした．これらの化合物の基本構造はシステインやバリンに由来する（図10.24）．しかし，ペニシリンGのアシル基がフェニルアラニンであるように（図10.24に示した），さまざまのアシル基が他のアミノ酸に由来する場合もある．ペニシリンの生合成はトリペプチドのδ-(L-α-アミノアジポイル)-L-システイニル-D-バリン［δ-(L-α-aminoadipoyl)-L-cysteinyl-D-valine)；図10.24］を必要としている．しかし，リボソームは必要としない．その代わり，ペプチド合成酵素のアミノ酸活性化ドメインが，ペプチド二次代謝産物のアミノ酸構成要素の数と順序を決定する．実験系での，この多機能酵素の遺伝子配列の再構成により，雑種遺伝子が生じる．この雑種遺伝子は，アミノ酸特異性が変化したペプチド合成酵素の情報をエンコードしており，それによってアミノ酸配列が変更されたペプチドが合成される．

また，ペプチドに由来する多くのテングタケ（Amanita）属菌類の毒素が存在し，α-アマニチン（α-amanitin）やファロイジン（phalloidin）などが代表的なものである．タマゴテングタケ（Am. phalloides）と食用の野生きのこが似ているため，この毒素は，多数のきのこ中毒の被害事例に関わっている．多くの菌類は，鉄を獲得するためにシデロフォア（siderophores）を産生する．鉄は必須養分であるけれども，水中や陸上環境，または宿主動物体内で容易に得ることはできない．この鉄結合化合物も，修飾アミノ酸から形成されたペプチドが起源である．

脂肪酸の化学的修飾はさまざまな二次代謝産物を生み出しており，そのほとんどがポリアセチレンである．ポリアセチレンの多くは担子菌類から単離されている．これらの化合物は C_6〜C_{18} の範囲の直鎖状炭素鎖をもっているが，菌類の場合，C_9〜C_{10} が最も一般的である．これらは，共役したアセチレン［つまり，隣り合う炭素間で三重結合を有している．たとえば，マツノネクチタケ（Fomes annosus）から単離されたヘキサトリエンがある：図10.25］，もしくはエチレン構造（すなわち，炭素原子間で二重結合をもつ）とアセチレン構造の両方をもつ化合物である（たとえば，ネモチン酸：図10.25）．ポリアセチレンは脂肪酸に由来し，一連の脱水素反応により合成される（Turner, 1971；Turner & Aldridge, 1983）．また，脂肪酸からは，アオカビ（Penicillium）属，ネクトリア（Nectria）属およびカーブラリア（Curvularia）属の菌類から抽出されたブレフェルジンのようなシクロペンタンが合成される（図10.25）．ラクタリン酸についてはすでに言及した．

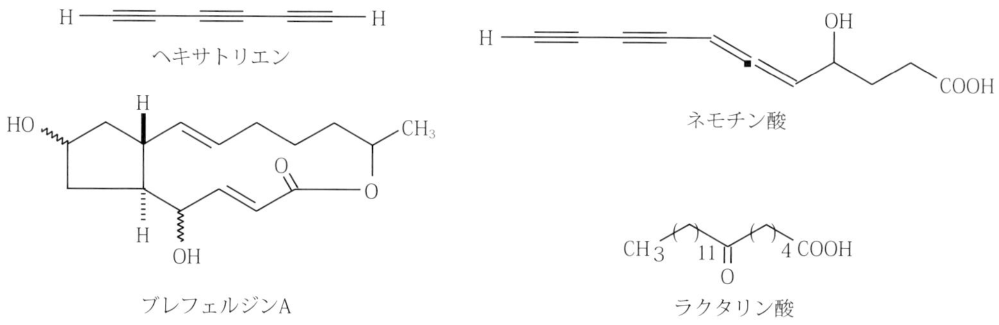

図 10.25 脂肪酸の化学的修飾により，ポリアセチレンやシクロペンタン（cyclopentanes）などのさまざまな二次代謝産物がつくられる．ラクタリン酸（lactarinic acid）はチチタケ（*Lactarius*）属の傷ついた子実体から分泌される「ミルク」や「乳液」の主要成分である．ラクタリン酸は 6-ケトステアリン酸（6-ketostearic acid）であり，イソプレン化合物であるゴムノキからの本物の乳液とはまったく異なる（Moore, 1998 より改変）．

ヘキサトリエン

ブレフェルジンA

ネモチン酸

ラクタリン酸

10.14 文献と，さらに勉強をしたい方のために

Anke, H. & Weber, R. W. S. (2006). White-rots, chlorine and the environment: a tale of many twists. *Mycologist*, **20**: 83–89. DOI: http://dx.doi.org/10.1016/j.mycol.2006.03.011.

Bayer, E. A., Lamed, R. & Himmel, M. E. (2007). The potential of cellulases and cellulosomes for cellulosic waste management. *Current Opinion in Biotechnology*, **18**: 237–245. DOI: http://dx.doi.org/10.1016/j.copbio.2007.04.004.

Bégum, P. & Lemaire, M. (1996). The cellulosome: an exocellular multiprotein complex specialised in cellulose degradation. *Critical Reviews in Biochemistry and Molecular Biology*, **31**: 201–236. DOI: http://dx.doi.org/10.3109/10409239609106584.

Breen, A. & Singleton, F. L. (1999). Fungi in lignocellulose breakdown and biopulping. *Current Opinion in Biotechnology*, **10**: 252–258. DOI: http://dx.doi.org/10.1016/S0958-1669(99)80044-5.

Bu'Lock, J. D. (1967). *Essays in Biosynthesis and Microbial Development*. New York: Wiley. ISBN-10: 0471121002, ISBN-13: 978-0471121008.

Byrde, R. J. W. (1982). Fungal pectinases, from ribosome to plant cell wall. *Transactions of the British Mycological Society*, **79**: 1–14. DOI: http://dx.doi.org/10.1016/S0007-1536(82)80185-X.

Davin, L. B. & Lewis, N. G. (2005). Lignin primary structures and dirigent sites. *Current Opinion in Biotechnology*, **16**: 407–415. DOI: http://dx.doi.org/10.1016/j.copbio.2005.06.011.

Desjardin, D. E., Oliveira, A. G. & Stevani, C. V. (2008). Fungi bioluminescence revisited. *Photochemical and Photobiological Sciences*, **7**: 170–182. DOI: http://dx.doi.org/10.1039/b713328f.

Humphreys, J. M. & Chapple, C (2002). Rewriting the lignin roadmap. *Current Opinion in Plant Biology*, **5**: 224–229. DOI: http://dx.doi.org/10.1016/S1369-5266(02)00257-1.

Jennings, D. H (2008). *The Physiology of Fungal Nutrition*. Cambridge, UK: Cambridge University Press. ISBN-10: 0521038162, ISBN-13: 978-0521038164. DOI: http://dx.doi.org/10.1017/CBO9780511525421.

Kalisz, H. M. (1988). Microbial proteinases. *Advances in Biochemical Engineering/Biotechnology*, **36**: 1–65. DOI: http://dx.doi.org/10.1007/BFb0047943.

Kalisz, H. M., Moore, D. & Wood, D. A. (1986). Protein utilization by basidiomycete fungi. *Transactions of the British Mycological Society*, **86**: 519–525. DOI: http://dx.doi.org/10.1016/S0007-1536(86)80052-3.

Kalisz, H. M., Wood, D. A. & Moore, D (1987). Production, regulation and release of extracellular proteinase activity in basidiomycete fungi. *Transactions of the British Mycological Society*, **88**: 221–227. DOI: http://dx.doi.org/10.1016/S0007-1536(87)80218-8.

Kalisz, H. M., Wood, D. A. & Moore, D (1989). Some characteristics of extracellular proteinases from *Coprinus cinereus*. *Mycological Research*, **92**: 278–285. DOI: http://dx.doi.org/10.1016/S0953-7562(89)80066-8.

Moore, D. (1998). *Fungal Morphogenesis*. New York: Cambridge University Press. Metabolism and biochemistry of hyphal systems. ISBN-10: 0521552958, ISBN-13: 978-0521552950. See Chapter 3: DOI: http://dx.doi.org/10.1017/CBO9780511529887.

Oliveira, A. G. & Stevani, C. V. (2009). The enzymatic nature of fungal bioluminescence. *Photochemical and Photobiological Sciences*, **8**: 1416–1421. DOI: http://dx.doi.org/10.1039/b908982a.

Reddy, C. A (1995). The potential for white-rot fungi in the treatment of pollutants. *Current Opinion in Biotechnology*, **6**: 320–328. DOI: http://dx.doi.org/10.1016/0958-1669(95)80054-9.

Seidl, V. (2008). Chitinases of filamentous fungi: a large group of diverse proteins with multiple physiological functions. *Fungal Biology Reviews*, **22**: 36–42. DOI: http://dx.doi.org/10.1016/j.fbr.2008.03.002.

Shoham, Y., Lamed, R. & Bayer, E. A. (1999). The cellulosome concept as an efficient microbial strategy for the degradation of insoluble polysaccharides. *Trends in Microbiology*, **7**: 275–281. DOI: http://dx.doi.org/10.1016/S0966-842X(99)01533-4.

Turner, W. B (1971). *Fungal Metabolites*. London: Academic Press. ISBN-10: 0127045503, ISBN-13: 978-0127045504.

Turner, W. B. & Aldridge, D. C. (1983). *Fungal Metabolites II*. London: Academic Press. ISBN-10: 0127045511, ISBN-13: 978-0127045511.

Watling, R. & Harper, D. B. (1998). Chloromethane production by wood-rotting fungi and an estimate of the global flux to the atmosphere. *Mycological Research*, **102**: 769–787. DOI: http://dx.doi.org/10.1017/S0953756298006157.

第11章
食料としての菌類の利用

　菌体は，高品質の食料資源である．なぜならば，菌類は適切な量（乾燥重量当り典型的には20〜30%の粗タンパク質）のタンパク質を含有しており，タンパク質にはヒトや動物の栄養として必要なすべての必須アミノ酸（不可欠アミノ酸）が含まれている．これに加えて，脂肪含有量が少なく，食物繊維としての機能を有するキチン質の細胞壁をもち，満足できる量のビタミン，とりわけビタミンB類とグリコーゲンの形で炭水化物を含んでいる．このため，菌体は理想的な食料と考えられる．考古学的あるいは関連する分野の知見からは，人類が有史以前から食料および医薬として食用きのこ，毒きのこ，サルノコシカケ類を使いつづけてきたことが読み取れる．

　現在，われわれは，毎日，毎時間（日々），菌類や菌類の生産物に依存している．本章では，現在，人類により利用されている食料品としての菌類について集中的に取り上げたい（Moore, 2001）．しかしながらこの話題に移る前に，ヒト以外の動物による菌類の食料としての利用方法について取り上げたい．菌類の特色は，食物網に顕著に組み込まれており，また，野生きのこは商業的に採取されていることである．しかし菌類は，単に子実体が採集対象となるだけではなく，菌類の細胞や菌糸体もヒトの食料として利用されている．さらに菌類は，多くの一般的に利用されている発酵食品の生産にも用いられている．それゆえに，いくつかの異なる産業的培養方法についても取り上げたい．最後に，菌類を培養するのはヒトだけではないことを，菌類を栽培する昆虫類とその共生菌について取り上げて指摘しておきたい．なお，これらの**相利共生**の詳細は第15章で取り上げたい．

11.1　食料としての菌類

菌類（fungus，複数 fungi）の子実体（fruit bodies）は多くの無脊椎動物（invertebrates）によって利用されている．かなりの種の菌類の子実体は十分大型であるので，鹿や霊長類のような大型の哺乳類（mammals）を始めとする多くの哺乳類でも利用可能である（Hanson et al., 2003）．大部分の土壌中には菌糸体（mycelium，複数 mycelia）が多量に存在し，昆虫類（insects），ダニ類（mites），線虫類（nematodes）や軟体動物（molluscs）を含む無脊椎動物による食物網（food web）の成立におもに寄与している．微小節足動物（microarthropods）は土壌中の有機物を破砕する役割［その結果，微生物によって行われる有機物の無機化（mineralisation）の過程をお膳立てしている］を担っている．しかし，森林土壌中に何万種もいる微小節足動物の約 80 ％が，菌類の菌糸体を食料源としている菌食者（fungivores あるいは mycophagous）である．これらの小型動物の多くについては第 1 章（1.5 節）ですでに取り上げたが，まだ読まれていないのであれば資料ボックス 11.1 の URL にアクセスし，ウェブ掲載ビデオをご覧いただきたい．

本章では，外の世界へ短時間出てみることによって，菌類の生態についてのいくつかの最も重要な特徴を明示しようと思う．あまり気負わずに，英国の Cheshire 州，Stockport 市郊外の庭（図 11.1～11.8，次節で考察する）を隅々まで巡ってみよう．

11.2　食物網における菌類

担子菌門（Basidiomycota）の多くの腐生菌は，土壌とリター（litter）の境界領域に広範囲に渡って菌糸体ネットワーク（mycelial networks）を形成して，リター，特に林地での循環にかかわっている．これらの菌糸体の成長前面では個々の菌糸がはっきり確認できる．しかし，ほかの場所では菌糸はしばしばより集まり，各地点間での水分と養分の輸送を担う菌糸束（strands, cords）を形成する．このことについてはすでに（9.7 節）記述したが，ここでは全菌糸体量（mycelial biomass）とその土壌中での物理的な拡がりという意味での，この菌糸体ネットワークの規模に着目して述べたい．これらを踏まえて庭を探ってみよう．2006 年の秋，英国の Cheshire 州，Stockport 市の郊外の奥まった庭にハイイロシメジ（*Clitocybe nebularis*）（俗称，clouded agaric あるいは clouded funnel）が群がって出現した（図 11.1 と図 11.2）．

観察は 10 月 21 日から 11 月 19 日の 29 日間にわたって行われた．最初，子実体は若く，しかし成熟直前の状態（傘の直径 5 cm）であった；図 11.2 は，10 月 29 日に観察された群生する子実体を示している．10 月 31 日から 11 月 1 日にかけての 1 晩，この時季初めての霜がみられたが，気温はその年の 10 月の平均気温を上まわっていた．きのこのいくつかは，石畳の近くに発生していた．敷石の 1 枚を持ち上げてみると，その下まで菌糸体が侵入していることが確認された（図 11.3；11 月 1 日に撮影した．あたかも他の菌糸体のようにみえる）．

菌糸体は土壌とリター層（litter layer）に及んでおり（図 11.4），60 cm 平方の敷石の下の菌糸体は，微細な菌糸（hypha，複数 hyphae）の急速な成長によって，土壌粒子，落葉，死滅した根および死滅しつつある根を包み込む（図 11.5 と図 11.6）．そして，これらの微細な菌糸は，根の断片や大きい葉などの残渣がかなり離れ離れに存在したり，パッチ状に存在していたりすると，集合して菌糸束を形成して（図 11.5，図 11.7，図 11.8）菌糸体を拡大させる．この菌糸体は，図 11.2 に示した子実体の成長を数日から数週間に渡って支えてきたのにちがいない．このような全菌糸体は，その地域に生息する生物群にとって食料源となることが明白である．

自然林内では，このように大きな菌糸体ネットワークが持続的にきわめてあたりまえに存在し，これらはいくつかの重要な食物網の成立にあたって食料源になっているのに違いない．菌類と土壌無脊椎動物（soil invertebrates）の相互作用については実に多くの研究が行われてきたが，その科学的研究の大部分

資料ボックス 11.1　土壌中の生物

Iowa 州立大学の作物学と微生物学を担当する Thomas, E. Loynacham 教授は，土壌中の生物全般を取り上げた 16 編の短編ディジタルビデオからなるビデオ 1 セットを制作した．
これらのビデオを視聴するためには，次の URL にアクセスされたい：
http://www.agron.iastate.edu/~loynachan/mov/

11.2 食物網における菌類

図 11.1　ハイイロシメジの子実体が発生している菌糸体が存在する，Stockport 市郊外の庭園の立地を示す．子実体と菌糸体の状況は図 11.2〜図 11.10 に示した．この生物学的調査は我が家の裏庭で行われた．空中写真像は観察地点（矢印）を示すと同時に，生物学および自然史が研究室の枠を超えて都市環境まで拡がった位置を示している（図は GeoPerspectives の版権；www.emapsite.com の販売チームの James Burn 氏のご厚意による）．カラー版は，口絵 33 頁参照．

図 11.2　2006 年の秋，Stockport 市郊外の庭に出現したハイイロシメジの多数の子実体．観察は 10 月 21 日から 11 月 19 日までの 29 日間にわたって行った．キララタケ（*Coprinellus micaceus*）の子実体が，10 月 26 日頃と 11 月 1 日頃に出現し，成熟後，自己分解した（その一例を左上部に矢印で示した）．右下部に見えている敷石の角に注目せよ．この敷石をもち上げると，図 11.3 に示した菌糸体が見られる（David Moore 撮影）．カラー版は，口絵 34 頁参照．

図 11.3　敷石を取り除き，ハイイロシメジの菌糸体を示した．図中の数字は図 11.4 から図 11.8 の写真撮影位置を示している（David Moore 撮影）．カラー版は，口絵 35 頁参照．

図 11.4　ハイイロシメジの子実体の直下の土壌を取り除き，菌糸体が土壌とリター層に拡がっている様子を示した．この写真の撮影位置は図 11.3 に示した（David Moore 撮影）．カラー版は，口絵 36 頁参照．

図 11.5～11.8　敷石の下の，ハイイロシメジの旺盛で広範囲にわたる菌糸成長を示す．菌糸束がリター片から出現していることに注目せよ．これらの写真の撮影位置は図 11.3 に示した（David Moore 撮影）．図 11.5 と図 11.6 のカラー版は口絵 37 頁，図 11.7 と図 11.8 のカラー版は口絵 38 頁参照．

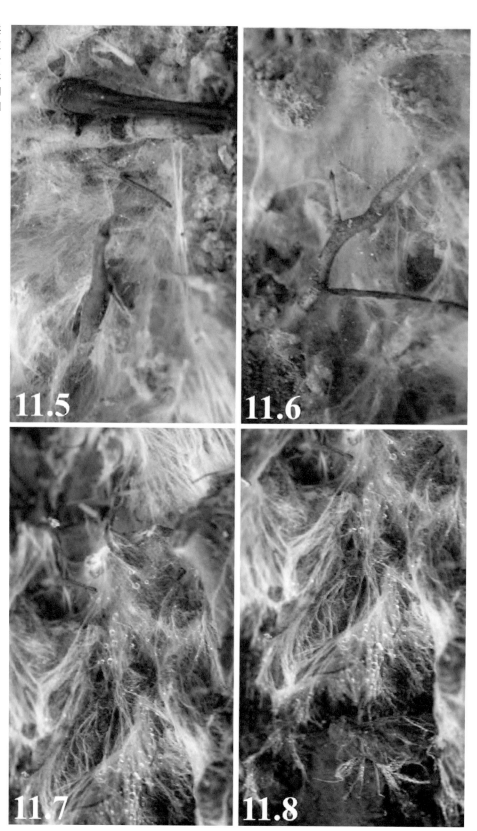

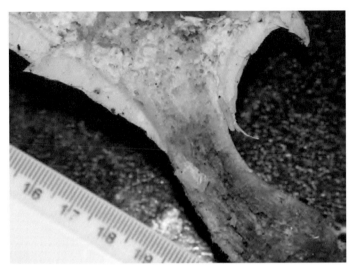

図11.9 きのこ食性ハエ類の幼虫（蛆）によって生じた長い抗道をもつハイイロシメジの子実体の切片（David Moore 撮影）．カラー版は，口絵39頁参照．

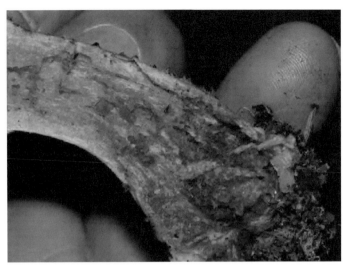

図11.10 きのこ食性ハエ類の幼虫（蛆）によって生じた長い抗道をもつハイイロシメジの子実体柄の基部（David Moore 撮影）．カラー版は，口絵40頁参照．

は，菌類とトビムシ目（Collembola）として知られる微小節足動物による菌糸体の摂食に関するものである（Tordoff *et al.*, 2006; Wood *et al.*, 2006）．トビムシ類は土壌環境に不可欠な構成要素であり，細菌，地衣類（lichens）を含む多くの生物および有機分解物を摂食するが，これらの食料資源よりも菌類の菌糸を好む．

トビムシ類（springtails の名称でも知られる）は，翅をもたない体長0.2〜9 mm の原始的な昆虫類である．トビムシ類はあらゆる種類の土壌中に多数生息し，その個体群密度は通常 10^4 匹 m^{-2} に達する．このため，これらのトビムシ類による菌糸の摂食は，菌糸体の形態を劇的に変化させる．トビムシ類は，実験室での実験できわめて興味深い**餌選好性**（food preferences）を示す．*Folsomia candida* のようなトビムシは，菌糸体のより老熟した部分も摂食するものの，菌糸先端部や繊細な菌糸体を好むようである．一方，他種のトビムシ類は，アーバスキュラー菌根菌（arbuscular mycorrhizal fungi）の菌糸よりもアナモルフ菌類（conidial fungi; anamorphic fungi）の菌糸を選んで摂食する．このスケールでの摂食は，林地での菌糸体ネットワークの拡大を，ひいては死滅した有機物を分解する能力を損なう（Tordoff *et al.*, 2006; Wood *et al.*, 2006）．菌糸体はこの摂食圧に対する忌避反応として，摂食者から遠ざかる方向に成長を加速させ，菌食者の**食害**（grazing damage）か

ら逃れようとする．トビムシ類のおもな環境への影響は，捕食を介して食物網に関与することは別として，消化と排泄によって土壌中の窒素化合物およびリン化合物を無機化することである．そしてこのことが，植物量の増加を招くことになる．トビムシ類は，腐生菌（saprotrophic fungi）が優占するリター層の上層部に生息する傾向を示すが，この植物生産に対する有益な効果はもちろん，トビムシ類による下層の鉱質土壌層に生育する菌根の菌糸体に対する何らかの損傷によって相殺されることになる．

ダニ類は，体長250 μm 程度できわめて小型であり，土壌中には少なくともトビムシ類と同じくらいの数が生息している．ダニ類の多くは捕食者であり，線虫類や他の節足動物（arthropods）を捕食する．しかし，細菌や菌類を摂食するものもいる．アカトウガラシにいるヒナダニ科のダニ類（red pepper mites, *Pygmephorus* spp.）は，子嚢菌門（Ascomycota），特にトリコデルマ類（*Trichoderma* spp.）に特化した菌食者であり，これらの菌類がしばしば多量に生育している堆肥（きのこ栽培場の堆肥を含む）のなかに生息している．これらのダニ類は，きのこ栽培場の主要な害虫ではないが，きのこ生産に損失を生じさせる可能性のある *Trichoderma* 属菌類の存在を示唆している．*Tarsonemus myceliophagus* はその種小名から推察できるように，きのこ栽培場に非常に大きな損害をもたらす最

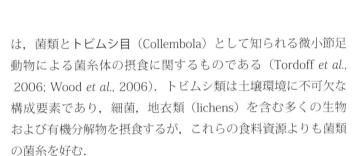

訳注1：広義の昆虫類（六脚亜門 Hexapoda）に含まれる．

訳注2：菌食者ではない．

訳注3：ダニ類は菌寄生菌の運び屋となっている．

図11.11 オレンジの形をした大型で黒色のナメクジ Arion ater が, キララタケ (Coprinellus micaceus) の子実体を完全に食い尽くしている (Stockport 市の同一の庭で David Moore が撮影した). カラー版は, 口絵41頁参照.

も重要な害虫である. このダニは, 菌類の菌糸体を好んで摂食するきわめて小さな動物 (体長 180 μm) である. この小ささのため, きのこの生産物に損傷の病徴が現れるまで, 感染に気づかずに事が進んでしまうことになる.

　線虫類の多くの種は, 分解中の有機物が豊富な生息地に見い出される. いくつかの種は腐生者 [saprophagous (形), 分解物質を摂食する] であり, 他の種は菌食者 (特異的菌食者) である. これらの線虫類は, 小さな無色の, 体長が 1 mm までの生物であり, 土壌粒子やリター片の表面の水の薄膜中を泳いでいる. 菌食性の 2 種, Ditylenchus myceliophagus と Aphelenchoides composticola は, **菌糸体をもっぱら摂食する線虫類** (mycophagous nematodes) である. これらのいずれの線虫類も, その個体数は 1 週間で 50 から 100 倍に増え, その結果, 個体数を菌糸体の全面的破壊に十分なレベルまでに急速に増加させることができる.

　多くの小型の双翅類 [dipteran (形)] のハエ類の幼虫 (larva, 複数 larvae ; 蛆 maggot) は, おそらく最も高い頻度でみられる菌食性の動物である. 野外のきのこの子実体で, これらのハエの蛆 (幼虫) がまったく存在しないものはまれである. 成熟雌バエは菌類の子実体に産卵する. 孵化して幼虫が出現すると, 幼虫は, 子実体の組織の中にもぐりこみ子実体を摂食する. そして子実体の組織を摂食し続け, 坑道を穿ち, 子実体に大きな被害を与える (図 11.9 と図 11.10). これらがきのこ食性ハエ類 (mushroom flies) とよばれるものである. きのこ食性ハエ類の体長は 1〜数 mm で, 近縁の果実食性ハエ類 (ショウジョウバエ科 Drosophilidae) とほぼ同等の大きさである. 事実, 果実食性ハエ類の 1 種, Drosophila funebris はきのこの子実体の傘に産卵する. しかしながら, きのこに特化したハエ類は次の 3 つの近縁の科, クロバネキノコバエ科 [Sciaridae ; 通常, **クロバネキノコバエ類 (fungus gnats)** として知られている], ノミバエ科 [Phoridae ; ノミバエ類 (hump-backed flies) : 飛翔して逃げるよりも走って逃げる行動様式から, **逃走バエ (scuttle flies)** として知られている], およびタマバエ科 [Cecidomyiidae ; タマバエ類 (cecids) とよばれ, **瘤子虫 (gall midges)** あるいは瘤蛆 (gall gnats) のことである. この科の大部分の蛆は植物組織を摂食するため, その結果として植物組織に異常成長が生じて瘻瘤 (gall) とよばれる構造をつくる] に属している. クロバネキノコバエ類の幼虫は, まれに子実体の傘 (cap ; pileus, 複数 pilei) に孔を穿つことがあるが, 通常, 子実体の柄 (stem, stipe) の下方から上方に向かって抗を穿つ傾向がある. 一方, ノミバエ類による損傷は, きのこの子実体の上方から下方に向かう傾向を示す. クロバネキノコバエ類とノミバエ類は菌糸体も摂食する. タマバエ類の幼虫は, 菌糸体と子実体原基の柄の基部を摂食する. また, いくつかの種は, きのこの子実体のひだ (gill) を好む.

　クロバネキノコバエ類の数種は, よくみかけるものである. その 1 つ Lycoriella solani は, 有機リン系殺虫剤 (organophosphorus insecticides) に対して耐性を獲得しているため, 非常に大きな損害をもたらす**きのこ栽培場の害虫**になっている. 成虫は, きのこ栽培棟の周りにいるダニ類と細菌および病害菌類の胞子を伝播することによってきのこ生産に影響を与える. 深刻な損害は, クロバネキノコバエ類の幼虫が成熟した子実体の柄に穿孔することによってもたらされる. しかし, 最も劇的な損害は, きのこの子実体の生育段階初期でのクロバネキノコバエ類の侵入によるものである. なぜならば, クロバネキノコバエ類の幼虫は, 成長中の子実体原基を損ない, きのこの収穫に壊滅的打撃を与えるからである.

　ノミバエ類 (phorid flies) もよくみられるものである. ノミバエ類の幼虫は, 通常, 雑食者 (omnivores) であり, 分解中の植物質から新鮮な肉までなんでも摂食する. さらにノミバエ

類は種の多様性に富んでおり，英国でみるとMegaselia属のものだけでも100種以上存在する．しかしながら，そのうちの1種Megaselia halterataは，その幼虫がきのこの菌糸体を摂食し（雌は，新たに成長中の菌糸体に誘引され，産卵する），成虫がVerticillium属の病原真菌類を運ぶため，きのこ農場の重要な害虫である．Megaselia属の他種の幼虫は，成長中の子実体の表面や組織内で摂食し，その傘や柄に孔を穿つことによって損傷を与える．Megaselia nigraは，野生きのこの子実体に穿孔する種として最も頻繁に観察されるものであり，きのこ農場の害虫としても知られている．

タマバエ科のハエは，3,000種以上が記載されている．それにもかかわらず成虫は大変小さいため，ほとんど気づかれず，おそらく多くの未記載種が発見されることを待っていると考えられる．タマバエ科の多くの種は，作物の害虫として経済的にみて重要である．その他の種の幼虫は，他の節足動物を捕食する．タマバエ科の6種はきのこにつくことが知られており，そのうちで最も多くみられる種はHeteropeza pygmaeaである．タマバエ類の幼虫は，幼生生殖（paedogenesis）とよばれる他に例をみない無性的増殖過程を有する．この過程では，幼虫は「母幼虫」となり，母幼虫は卵から孵化して1週間以内に，10〜20個体の娘幼虫を生じる．このような生殖方法は幼虫の急速な繁殖を導き，形成された幼虫集団は子実体と菌糸体に甚大な損害を与える．

きのこ類^{訳注4}，サルノコシカケ類およびトリュフ類など菌糸体から子実体が形成されると，この子実体が大型の節足動物から軟体動物，小型の哺乳類，ヒトに至る**多くの動物**にとってきわめて重要な**食料源**となる．ナメクジ類（slugs）とカタツムリ類（snails）は，子実体を摂食して傘や柄に大きな空洞を穿つ（図11.11）．大型のナメクジは，1本の子実体を容易に食べつくすことができる．多くの小型の哺乳類は，子実体に依存した生活を送っている．とりわけ，トリュフ類（truffles）のような地下生（hypogenous）菌類は，小型哺乳類の食料の相当部分，あるいは大部分をまかなっている．このようにして，菌類は，食物網の底辺から猛禽類のような食物連鎖（food chain）のまさに頂点を占める捕食者までの生物に影響を及ぼす．もっぱら菌類の子実体を食料としている小型の哺乳類を捕食する猛禽類は，間接的に土壌に生育する菌類に依存していることになる．

食物連鎖に関して学術的に公表されている例は，米国の太平洋沿岸北西部に生息するニシアメリカフクロウ（northern spotted owl, *Strix occidentalis caurina*）である．この鳥は，北米で最も大型の鳥類にランキングされ，翼幅約1.2 mである．米国太平洋岸北西部の地域社会は，この地域の連邦管理林から伐採される木材にその大部分を依存している．老齢林が伐採されるとその伐採地には，元から生育していた成長の遅い樹種ではなく，成長が速い商業的樹種が長期間に渡って植えられてきた．残念なことに，このような森林の再生にも関わらず，ニシアメリカフクロウの個体群は劇的に減少した．ワシントン州にはわずか500つがいしか生息しない．このためほんのわずかの数の個体の死や移動あるいはそのいずれかが，この地域のニシアメリカフクロウ個体群を種として存続可能なレベル以下にしかねない．

ニシアメリカフクロウは縄張り意識が強いため生息地の攪乱に弱い．ニシアメリカフクロウは，樹木間や樹木下を飛翔できる老齢で高くて開いた林冠をもつ森林を好む．このフクロウは，リス，モリネズミ，ハツカネズミ，ハタネズミなどの小型の哺乳類を主要な食料源としている．そして，これらの小型哺乳類のほとんどは，**地下生菌類の子実体（トリュフ類）**をおもな食料源としている．不幸にして，商業的再森林化に適している成長の速い樹種が形成する菌根は，小型の哺乳類が摂食する子実体を生じる元来の樹種が形成する菌根とは異なる．その結果，小型の哺乳類の個体数が減少する．すなわち，獲物となる動物種の減少によって，フクロウの個体数もまた減少する．これらの事実は，各生物種の保全にはその生育地（生息地；habitats）の保全が肝要であるという環境保全上の主要な教訓となっている．老齢林での樹木の伐採は，伐採地が元と同様の群落で置き換わることが可能なときにのみ，生息する生物群集の維持が可能となるであろう．商業目的で，異なる分布域の樹種を植えると，元とはまったく異なる生育地となる．米国の連邦政府は，1973年制定の絶滅危惧種に関わる法律で連邦政府が絶滅危惧種を認定し，当該種が生き残ることが可能な生育地を見極め，絶滅危惧種と生育地の両者の保護を支援することを義務付けている．1994制定の北西部森林プラン（The Northwest Forest Plan）は，絶滅危惧種と生育地の保全というこの原則を，法律的に一体化することを要件としたものである．この原則は，フクロウとその獲物となる生物種を保全しただけではなく，老齢林依存性で希少な234菌種に対して追加的保護処置をとることによって，絶滅危惧種の保全をさらに推進した．

訳注4：ここでは帽菌類の意味でつかわれている．

11.3　野外での採取：商業的なきのこの採取

　食料のためにきのこを採取することは，森にベリーやその他木の実（果実）を採取することと同じように昔からの伝統である．採集されたきのこが商品の供給を目的に購入されることになると，これは産業であり，きのこの生育地という天然資源の商業的活用といえる．数種類の野生きのこ，とりわけ，アンズタケ類（chanterelles; *Cantharellus cibarius*），モルケラ（アミガサタケ類）[morels；アミガサタケ（*Morchella esculenta*）]，アシボソアミガサタケ（*Morchella deliciosa*），オオトガリアミガサタケ（*Morchella elata*）]，トリュフ類［フランス産の黒トリュフ（*Tuber melanosporum*），イタリアのアルバ（Alba）産の白トリュフ（*Tuber magnatum*）；図3.13参照］およびマツタケ（matsutake, *Tricholoma matsutake*）は，「天然資源の活用」というレベルに到達している．多くのきのこは，お祭りや市場における伝統や秘儀と関係がある．伝統や秘儀は民衆行事に関わりがあり，その生産物であるきのこ自体の品質についての強い興味をよび覚まし関心を深めている．フランスとイタリアでは，大部分のトリュフは，このきのこのにおいを嗅ぎ分けるブタやイヌを用いて採取されている．日本の伝統では，マツタケの贈り物は受け取った人に大切に思われ，特別な贈り物と感じられている．この伝統は現代も受け継がれている．アミガサタケは，多くの人々にとって最高の食用菌である（資料ボックス11.2）．アミガサタケは子嚢菌門に属しており，春（通常，5月）に，大きな特有の肋脈とくぼみをもつ棍棒状の子実体を形成する（図3.13参照）．世界中に非常に多くの美しいアミガサタケがある．

　とりわけ，きのこは人類にとって常に重要なものであり続けてきた．おそらくこのことは，アルプスではるか昔に亡くなって「アイスマン（The Iceman）」（Peintner *et al.*, 1998）として知られるようになった旅行者の携行品によって最も明瞭に示される．紀元前約3,200年，新石器時代に生きていた（Neolithic）旅行者がアルプス踏破を試みたが，彼は成就できなかった．どういうわけか，氷と雪に閉じ込められて，おそらく殺されて埋葬され，氷河の中に保存された．氷河は緩やかに山の斜面を下降し，ついに1991年に現在のオーストリアとイタリアの国境近くの氷床の末端に，彼の遺体が出現した．5,000年間良好な状態で保存されてきた彼の遺体と衣服や携行品は，いかなる意味でも驚くべき発見であった．おそらく最も驚くべき発見は，アイスマンの携行品の内に3点の異なった菌類があったことである．これらの1つは，いくつかの火打ち石とともに，皮製のポーチに入っていた繊維質の塊であった．この繊維質の塊は，長い間，火口（tinder）として使われてきた菌類［ホクチタケ（tinder bracket）あるいは輪ひづめ状の菌類のツリガネタケ（*Fomes fomentarius*）]と同定された．それゆえ，この繊維質の塊が，アイスマンの火おこしキットの一部となっていたことは明らかである．残りの2点については，未解決である．これらはサルノコシカケ類であるカンバタケ（*Piptoporus betulinus*）の小片であり，革ひもと織り混ぜられていた．これらの物は明らかに丁寧に製作されており，アイスマンがアルプス越えの際に携行品として彼自身で選んだ彼にとって重要な品々の1つであるに違いない．カンバタケ（*Piptoporus*）属のきのこは，消毒剤や，疲労を軽減させ気持ちをなごませる**薬理活性のある**（pharmacologically active substances）物質を含んでいることが知られている．儀式や儀式の場での呪術に使用されることから，このきのこは山岳地帯を旅する者の必需品になったと思われる．円錐形のものは，ひっかき傷やかすり傷を負ったときに使用するある種の止血棒であると考えられる．おそらく他の物は，状況が悪くなったとき，さらに明らか

資料ボックス 11.2　菌類の価格

　料理用およびグルメ用の菌類の小売価格は高い．とりわけ，トリュフの価格は高い．本書の執筆時点では，1 kg当り，約1,400ポンド（冬にとれる新鮮な黒トリュフ）から約3,250ポンド［冬にとれるペリゴール産（Perigord）の新鮮な黒トリュフ］である．これらのきのこおよびその他の商業用の菌類に関するさらなる情報は，以下のURLにアクセスすると得ることができる．

http://www.truffle-uk.co.uk/
http://www.whitetruffleauction.com/index
http://www.efoodies.co.uk/icat/truffles
http://www.smithymushrooms.co.uk/index.html
http://www.themushroombasket.com/the-mushroom-basket
http:// thegreatmorel.com/

に悪くなったときにも歩み続けるために向精神薬（幻覚剤）のほんのわずかな助けが必要になった際に噛んだりあるいは吸ったりしたのであろう．

現在にもう少し近づいた1872年の話であるが，ニュージーランドの菌類産業は，香港で販売するためにアラゲキクラゲ（wood ear fungus; *Auricularia polytricha*）を収穫し，ついに年間数十万ポンドに達する収益を得ていた．そして1871年に香港の植民地大臣（Colonial Secretary of Hong Kong）は，中国人コミュニティでは，アラゲキクラゲが薬品と食品の両面から使用されるためにより尊ばれていると報告している．ニュージーランドの入植農民は，天日干しのアラゲキクラゲ1ポンドにつき4ペンスの代金を受け取っていたが，香港市場での小売価格はこの4から10倍に達していた．アラゲキクラゲの取引（商）人は，ニュープリマス（New Plymouth）の市場日ごとに平均65ポンド相当（1.8 tに相当）を仕入れたといわれている．このニュージーランドでのアラゲキクラゲの取引は，アラゲキクラゲの野外での採取品が価格競争で商業栽培のキクラゲ類（*Auricularia*）に太刀打ちできなくなる1950年代まで続いた．

明らかに，きのこ類は食料源と医薬源として，長きにわたり重要なものであった（Pegler, 2003a, b, c）．しかし，野生きのこに対する需要は1980年代初期に激増し，現在，野生きのこの収穫は大きなビジネスとなっている．1997年のアンズタケ類（chanterelles；栽培品ではなく野外収穫品）の国際市場は，1.5×10^9 米ドル以上に達していると推定される（Watling, 1997）．マツタケはもう1つの高価なきのこであり，東京市場で，1本200米ドルで取引されている．マツタケの年間の総収穫量は，価格にして$3〜5 \times 10^9$米ドルと推定される．野外での収穫物を求めるツアリズムやTVの料理番組，レシピ本，雑誌記事のような周辺事象の価値に加えて，これらの菌類の収集や高い評価は，確かに大変巨大で多様な産業になっている．

商業的なきのこの収穫産業は，今や，収穫者，購入業者，加工業者，仲買業者という体系にまで拡大している．きのこ狩りをする人々は，それぞれの産地においてきのこ（子実体）を収穫している．購入業者は，一般には特異的な加工業者と提携し，きのこ（子実体）の発生が知られている森林の近傍に取引基地を設定し，きのこ（子実体）を進んで購入しようという彼らの意志を周知徹底する．加工業者はきのこ（子実体）をグレード分けし，その表面をきれいにし，梱包してから船などで搬出する．一方で，野外できのこ（子実体）を採集する人々に直接現金を支給する．仲買業者は，世界中の市場にきのこを送り届ける．これが，ヨーロッパと米国で一般的になったきのこの流通モデルである．このような流通を可能にした1つは，迅速な大陸横断と大陸間の輸送へのアクセスの容易さにある．輸送と情報伝達が向上し続ける限り，野生きのこの収穫に基礎を置く産業は発展を続けるであろう．

商業的に成り立っている野生きのこの採集業は，わずか数時間のうちに市場で販売が可能なきのこ（子実体）が完全に剥奪されつくした森林地域を生み出すことさえある．地域の人々はこの光景を目の当りにして自然資源の破壊ととるであろうが，きのこ（子実体）の採集は，自然環境保全論者が注意を払う必要のあるようないかなるダメージも与えることはない．個々の子実体は1個体ではなく，単に地下にある同一の菌糸体から発生したものである．ある世代の子実体を採集すると，おそらく，新世代の子実体の発生を促進すると考えられる．事実，きのこの菌床栽培における連続的な生産は，最初の一斉発生後は，きのこ（子実体）を定期的に収穫することによって促進される．何がきのこにとっての保護となるかといえば，もちろん，菌糸体の健康状態である．それゆえ，不必要な踏みつけや攪乱，および林床と，子実体を形成する菌糸体に物理的損傷を与える各種の活動（踏みつけ，落ち葉かき，車の移動）は避けなければならない．

森林のレクレーション地区（キャンプサイトやピクニックサイト）についての解析結果は，損傷が局在化していることを示している．森林全体を通じてみると，攪乱や踏み固めは有意な影響を与えていないように見えるが，キャンプファイアサイトや野外のピクニックテーブルの周りのむき出しで踏みつけられた土壌のような，最も攪乱された場所ではきのこ（子実体）はほとんど見られない（Trappe *et al.*, 2009）．

11.4 ヒトの食料としての菌糸細胞と菌糸体

食品産業における菌体を用いた最も成功した2つの応用例は，**酵母エキス**（yeast extract）と**クォーン菌類タンパク質**（Quorn™ myco-protein）である．この2つの例は，菌類の菌糸体を食品として用いる際の，あい異なる2つの方法を示している．前者は，簡単な加工工程により，醸造廃棄物を香味料，ダイエット補助食品，およびマーマイト（Marmite），ボブリル（Bovril）やベジマイト（Vegemite）のような製品に変換したものである．後者の酵母抽出物は，1つの商業的な成功モデル例である．すなわち，安価な（理想的には廃棄物）供給

図11.12　クォーンは，低脂肪でコレステロールを含まず健康に良い食品であり，一般的なスライスされた肉食品に替わりうるものとして製造された．菌類タンパク質は，地球に負担をかけずに，われわれの肉に対する味覚を満足させることのできる方法であるに違いない．

原料を用い，一般的な生産工程で造られ，比較的高い小売価格で販売されるものである．最近市場に出まわっている菌類製品のもう 1 つのモデルが，クォーンである．クォーンは，通常，炭素源としてコムギあるいはトウモロコシのデンプン由来の食品用のグルコースを用いて培養して得られた，土壌糸状菌類の *Fusarium venenatum* の菌糸体である．培養は高さ 45 m のエアリフト発酵槽を用いて，連続培養モード（すなわち，培地が連続的に供給されるのとともに，菌糸体と使用済の培地が新たな菌糸の生産と見合う速度で収穫される．詳細については 17.18 節参照）で行われた．したがってこのクォーンは，高い生産技術の産物といえよう（Trinci, 1991, 1992; Wiebe, 2004）．このクォーンの市場価値は，まさに肉類の繊維様の性質に似た糸状の構造にある（図 11.12）．

このクォーンは，菌体としての本来の栄養学的価値に加えて，その糸状構造のゆえに，肉類に替わる低脂肪，低カロリー，コレストロール含まない健康食品として，消費者に販売

することが可能になった．クォーンは，「肉類代替物」というふれ込みで販売されるが，多くの肉類（そして大部分のきのこ類）よりもより高価なものといえよう．みたところ，クォーンは，市場では環境にやさしいプレミア価値を有する健康食品して位置づけられている（http://www.quorn.com/ と http://www.quorn.co.uk/Home/ を参照）．

11.5 発酵食品

　菌類は，直接食品として利用されることに加えて，さまざまな食料生産物の加工に利用されている．これらの菌類の利用では，菌類はまずその食品を特徴づける何らかの匂い，香り，あるいは食感［テクスチャー（texture）］を造り出すことに関わる．さらに最終的な食品の一部となる場合もあるし，ならない場合もある．これらの生産に関しては第17章で取り扱う（p. 526）．インドネシアで造られるテンペ（tempeh）は，ある程度調理したダイズの子葉を *Rhizopus oligosporus* を用いて発酵させた食品である．*R. oligosporus* は，一定量の大豆を塊にし，タンパク質が豊富なケーキにする．このケーキは，肉類の代替物として，菜食主義者用のマーケットでますます広範囲に販売されている．この種類の発酵産物には，他にもさまざまなものがある．Ang-kak は中国とフィリピンで人気のある食品で，ベニコウジカビ（*Monascus purpureus*）を用いて米を発酵させたものである．ベニコウジカビは色素とエタノールを生産し，赤い日本酒や食品の着色に利用される．この色素は，赤色，黄色，紫色のポリケチド（polyketides）の混合物である．さらに，固相発酵（solid-sate fermentation）では深部液体発酵（submerged liquid fermentation）に比べて約10倍も多量の色素類が得られる．

　醤油（soy sauce）は，その伝統的生産様式では，発酵産物である．大豆を浸漬，煮たのち，つぶしてキコウジカビ（*Aspergillus oryzae*）と *Aspergillus sojae* とともに発酵させる．基質（基物）の大豆がこれらのカビで覆われると，塩水に移し，*Pediococcus halophilus* という細菌を接種する．次いで30日後に酵母の *Saccharomyces rouxii* を接種する．塩水槽での発酵の完了には6～9ヵ月を要する．その後，醤油は濾過されたのち低温殺菌される．

　チーズ（cheese）は，アジアで普及している発酵大豆食品に対応する西洋の発酵食品といえよう．チーズは，牛乳から製造される固体あるいは半固体のタンパク質食品である．近代食品加工法，特に凍結保存技術が発展するまでは，チーズ加工技術は，牛乳の唯一の保存方法であった．チーズ製造工程の基本的な部分は細菌を用いた発酵であるが，糸状菌類が関与する重要な工程が2つある．その1つは，初期凝固工程の酵素の供給と，もう1つはカビによる熟成工程である．

　チーズ生産は，牛乳中のタンパク質を凝固させ，その結果固形状のカード（curd, 凝乳；これからチーズは製造される）と液体状のホエー（whey, 乳清）を生じさせる酵素類の作用によるものである．伝統的なチーズ生産では，離乳していない反芻動物の胃膜から抽出した酵素，特にキモシン（chymosin, レンニン）とペプシン（pepsin）を用いる．チーズ製造産業の急速な拡大によって，これらの動物由来の酵素は代替酵素が用いられるようになった．現在では，チーズ生産の約80％が，*Aspergillus* spp. や *Mucor miehei* のようなカビ由来の凝固酵素が用いられている．ごく最近になって，動物由来の酵素類が遺伝子組換え微生物（genetically modified microbes）によって産生され市場に出回るようになった．しかし現時点では，ほとんどの商業的なチーズの生産は，凝固工程では依然として糸状菌類由来の酵素に依存している．カビによる熟成工程は凝固とは別の工程であり，少なくともここ2千年間，チーズに香りをつけるために用いられていた．

　ロックフォール（Roquefort），ゴルゴンゾーラ（Gorgonzola），スティルトン（Stilton），デニッシュブルー（Danish Blue），ブルー・チェシャー（Blue Cheshire）のようなブルーチーズ類（blue cheeses）では，温度と湿度の制御下での保存に先立ち *Penicillium roqueforti* が接種される．その後，接種菌はチーズ全体に廻り（図17.41），主要な香りと匂い物質としてメチルケトン類（methyl ketones），とりわけ2-ヘプタノン（2-heptanone）を産生する．カマンベール（Camembert）とブリー（Brie）は，香りよりもテクスチャーに変化をもたらす *Penicillium camemberti* を用いて熟成させる（いくつかのタイプのカマンベールやブリーでは，二次的な細菌の成長によって香りが変わる）．*P. camemberti* はチーズの表面に成長して，チーズの外側から中心に向かって，チーズを消化して柔らかくする菌体外プロテイナーゼ類（proteinases）を産生する（図17.42；p. 530参照）．

11.6 産業的栽培方法

　ちょうど前節でチーズ製造について述べたので，パンとビールのプラウマンズランチについての物語を完結することができるだろう．しかしわれわれは，パン焼きと醸造についてはこの

あとの第17章のバイオテクノロジーに関する部分で論議するクォーン菌類タンパク質の生産にはふれないこととして，ここでは話題をきのこ栽培に移したい．きのこは，生産物の価格，生産量，きのこ産業に関わる人数，あるいはきのこ生産が実際に行われている地理的な面積のいずれの観点から試算しても，世界的にみて，酵母（yeast）を用いた産業を除くと最も大きなバイオテクノロジー産業である．他の固相発酵についての専門的なことがらは，第17章で考察したい．ここでは，きのこの農業的栽培の産業的側面について取り上げたい．ヨーロッパの伝統的きのこ生産は，堆肥化した植物リターを用いたきのこ栽培である．

世界のすべてのきのこ産業は，何らかの形での**固相発酵**を用いたものである．この固相発酵には，2つの伝統的栽培方法がある．ヨーロッパの伝統的なきのこ栽培では，堆肥化した植物リターが用いられる．東南アジアでは，同様の堆肥を用いた栽培が，多くは小作農民によるヒラタケ（oyster mushroom）とフクロタケ（paddy straw mushroom）の栽培として発展した．一方，日本と中国の伝統的な栽培では，典型的にはえり抜きの（最高の）きのこが［Lentinula；日本ではシイタケ，中国ではシャングー（shiangu）とよばれている］原木を用いて栽培されている．

ヨーロッパにおけるきのこ産業は，19世紀末にパリの洞窟内で始まったといわれている．きのこ生産は，おそらく，早くも17世紀には，ヨーロッパの貴族の私有地内の家庭菜園の食料供給機能の一翼を担うものとして，始まったのではないかと思われる．そのような私有地に関するいくつかの現存する記録によれば，きのこ生産のために肥料を施し，堆肥をつくる場が確保されていたことが記されている．堆肥の利用とその製造は，その時代の有能な野菜栽培者の間で確かにありふれたことであった．

現在のきのこ産業は，ツクリタケ（Agaricus bisporus）の生産のためにきわめて特化した堆肥に依存している．ツクリタケは自然界では広範囲に分布しているが，まれにしか確認されていない．なぜならば，定着したツクリタケの菌糸体は非常にまれに，しかも数本の子実体を互いに孤立させてしか発生させないからである．今日のツクリタケ生産の隆盛は，その堆肥が園芸用の堆肥と「共に発展」してきた結果である．一方で通常の園芸目的の堆肥は独自に発展した．ツクリタケ専用の堆肥を用いることによって子実体が高密度で発生するようになったが，この堆肥を用いなかったら子実体発生は平凡なもので，発生密度も低かったであろう．

堆肥造りは2つの工程を経て進められる．**第1工程**［phase 1；混合・堆積・前発酵と切返し，一次発酵（phase 1 composting）］では，藁，肥料，その他の堆肥構成成分が混ぜ合わされ，山積みにされる．山積みの混合物に水を加えてから，堆肥撹拌機を用いて十分に撹拌する．この「前湿潤（pre-wetting）」処理は数日間続けられる．その後，この機械を用いて，幅約2 m，高さ2 m，長さ数 mの大きさの堆肥の堆積物を作製する．数日以内に，この堆肥堆積物の中心部は細菌の活動によって，表面はかなり冷たいものの内部は70℃前後に達する．高温は堆肥内の微生物を殺すが，それ以上の昇温は堆積物の「内側と外側」を定期的に切返すことによって緩和される．発熱とともに細菌の分解活動よって大量のアンモニアが発生する．第1工程の重要な目標は，十分な撹拌（その結果，堆積物のすべてが，幾時間かを熱くなった中心部で過ごすことになる）によって堆肥を均一化することである．堆肥堆積物が造られて1週間後に，堆積物は大型の自動「撹拌機（turning machine）」で混ぜ合わされ「切返し」が行われる．堆肥堆積物はさらに1週間放置され，その後再び撹拌される．このようにして堆肥が造られ始めて3週間後に，堆肥を第2工程へと移す用意が整う．

第2工程［phase 2；後発酵，二次発酵（phase 2 compsoting）］は，また，**発熱のピーク**（peak-heat），**低温殺菌**（pasteurisation）あるいは「**乾熱期（sweat out）**」として知られる連続した堆肥作製工程である．この工程では，撹拌は行われず，より制御した条件下におかれる．堆肥は，大きな塊として菌床に山積され，あるいは堆肥作製の最終工程用の栽培用コンテナに詰めて熟成が続けられる．いずれの場合も堆肥熟成は，栽培コンテナの周囲あるいはばら積みの堆肥の内部にまで，空気が循環するように配慮した建物の内部で行われる．この工程が始まると，数時間で堆肥周辺の空気と堆肥の温度は約60℃に達する．この**低温殺菌**（パスツリゼーション）過程は，通常，1日以内で完了し，その後，換気量を増やして堆肥の温度を4〜6日間約50℃に維持する．菌床はその後，約25℃に自然冷却され，菌の接種の準備が整う．堆肥温度の自然な低下と遊離アンモニアの消失が，堆肥作製過程が完了したサインとな

訳注5：お百姓さんの簡単な食事の意から転じた，パン，チーズ，ビールなどからなるスナックランチのこと．
訳注6：発生舎に棚をつくっては床づめする棚式と箱を床づめする箱式がある．

11.6 産業的栽培方法

る．

きのこ生産の基礎は同様である．しかし，栽培コンテナとは異なり，栽培工程は特異的な段階に分けられる可能性がある．きのこは，大きな木製のトレー，棚式の菌床やプラスチック製の栽培瓶で生産される．

- 木製のトレー（0.90 × 1.2 m から 1.2 × 2.4 m で 15 から 23 cm の深さ）は，木製の脚によって区分けした 3 段あるいはそれ以上の段の棚に置く．トレーの移動には，フォークリフトと何らかの種類のトレーを取り扱うラインが必要である．
- きのこ栽培室は中央部と周辺部に通路を持ち，室内に固定した 4 段から 6 段の，通常，金属製の棚が配置されている．それぞれの棚は，幅が約 1.4 m で，長さは栽培室にほぼいっぱいである．堆肥の充填，トレーを空にする，接種（spawning），覆土（casing）およびその他の栽培に伴う作業には，特別な機械が必要である．
- きのこの菌糸体が完全に蔓延した堆肥が入っている約 25 kg の栽培袋が通常，きのこ農場に供給される．そして栽培袋は，栽培室の床あるいは段になった棚に置かれる（これが第 3 堆肥である）．

きのこ生産農家にとって第 1 工程の堆肥は，いかなるきのこの菌株であれ，それらを栽培する際に栽培条件を最適化するためには最も融通性のあるものである．第 2 工程の堆肥が得られると，きのこ栽培農民はいかなるきのこの菌株を接種するかを選択できる．第 3 工程の堆肥の使用は，より費用がかかるが，短期間でのきのこの生産を保障し，きのこ生産に必要な最小限の予めの設備投資が要求される．

接種は，きのこの菌糸体を堆肥に導入する工程である．この工程は，通常，堆肥に容易に混合できるような何らかの形の担体（carrier），たとえば，最も一般的には，目的の菌類の菌糸体で覆われた穀粒（しばしば，大麦粒）用いて行われる．1 t の堆肥当り約 5 kg（0.5% W/W）の種菌が使用される．種菌を接種した部分から，栄養菌糸は成長して堆肥内に延び広がる［この段階は「菌まわし（spawn running）」とよばれる］．接種された菌糸体は，堆肥の温度の 25℃では 10～14 日で菌床中に蔓延する．

第 3 工程の堆肥（phase 3 compost）は，目的とするきのこの菌糸体が蔓延している状態である．現在，きのこ生産業は，種菌生産者と第 1 工程，第 2 工程および第 3 工程の堆肥の供給者から成っている．

覆土は，ハラタケ（Agaricus）属きのこの子実体形成を誘起する工程である．菌まわしした堆肥（菌糸体が完全に蔓延した堆肥）は，「覆土層」によって覆われなければならない．覆土には，最初，園芸土が用いられたが，現在では，多くの場合，湿ったピート（peat）とチョーク（chalk）の混合物が用いられている．チョークは，そのままでは酸性のピートを中性にするために用いられる．この pH 調整には，時として，栄養分をゆっくりと遊離させるための役割が含まれている．

覆土の最適な深さは 3～5 cm であり，堆肥表面部において均等な厚さになるように施用されなければならない．ツクリタケの菌糸体は成長して覆土層に侵入するが，覆土表層部には菌糸束として到達し，これらの過程が子実体形成過程の開始に必要とされる．子実体形成を完結させるためには，発生室を換気して，二酸化炭素濃度を低下させ（通常，0.1% 未満），室温も 16～18℃まで下げる必要がある．

これらの栽培工程を通じて水を霧状に散布することによって，覆土層の湿度は子実体形成に必要とされるレベルに維持される．なぜならば，湿度，温度および空気中のガス濃度は，すべて厳密に制御されねばならないからである．ハラタケ属のきのこの菌糸体が覆土層中に成長するように 7～9 日間放置後，覆土全体を十分にかき混ぜるために，回転する先がとがった歯をもつ機械で菌床全面を処理する．この過程は「菌掻き（ruffling）」[訳注7] とよばれており，菌糸束を完全に切断する．このことが，ツクリタケの菌糸体が覆土表面にまで成長することを促進し，その結果，子実体原基が形成される．覆土はハラタケ（Agaricus）属きのこの栽培のみで必要であり，フクロタケ類（Volvariella spp.），ヒラタケ類（Pleurotus spp.），キクラゲ類（Auricularia spp.），シイタケ（Lentinula edodes）のような他種のきのこを，わらを基材とする堆肥で栽培する場合には必要とされない．[訳注8]

菌掻きの数日後，菌糸の損傷と覆土土壌表面の微気象の変化がツクリタケ類のきのこの菌糸体によって感知され，そのことが子実体原基形成の引き金となる．形成最初期の子実体は，多少とも球状で平滑な表面をもち，「ピンズ（pins）」あるいは

訳注7：瓶栽培での菌掻きは scratching あるいは Kinkaki と表記．
訳注8：日本では，ホンシメジなどの栽培でも覆土が使われる場合がある．

表11.1 1981年から2002年にかけての世界の栽培きのこ生産量

年	世界全体の生産量（100万t）
1981	1.257
1983	1.453
1986	2.182
1990	3.763
1994	4.909
1997	6.158
2002	12.250

菌種の割合は，2002年現在で，ツクリタケ（button mushroom）約46％，ヒラタケ類26％，シイタケ15％，キクラゲ類13％．生産地の地域別分布（1997年における）は，アジアが約74％，ヨーロッパが16％，北アメリカが7％，その他の地域が1％以下である．Chang（2008）のデータから．

「ピンヘッド（pinheads）」とよばれ，覆土の7〜10日後にみられる．そして，覆土18〜21日後には，市場で販売可能な発育段階の子実体が収穫できる．

　子実体の連続的な発生［フラッシュ（flush）とよばれる］はその後，約8日間隔で進行する．それぞれのフラッシュの子実体を，菌床から完全に収穫し終えるには5日間を要する[訳注9]．収穫期においては，覆土の保湿と，16〜18℃の範囲での培養温度の維持が要求される．この間，二酸化炭素濃度を低く保つために換気にも注意を払う必要がある．発生室では，厳密なバランスのとれた環境の管理が必要とされる．特に，加湿は，乾燥を最小限にするために不可欠だが，強度の加湿は，病気の発生を促進することになる．

　きのこ栽培者は，それぞれの接種サイクルについて3〜5フラッシュとして，全収穫量は培養床（培養トレー）m^2当り約25 kgになると予想している．最終の収穫後（接種から7〜10週後），培養堆肥を廃棄し，発生室を空にして清掃を行い，滅菌後，次の栽培菌床を準備する．ほとんどの大規模生産農場では，1年を通じて，1〜2週間ごとに新規の栽培サイクルがスタートしている．このようなわけで，きのこ栽培農家は1年間で，穀物栽培農家が生涯を通じて得るよりも多くの収穫を得るものと思われる．

　きのこの産業的生産では，1年当り，トータルで数百万トンのきのこが生産される．1970年代中頃には，ツクリタケの生産量は，世界の全きのこ生産の70％以上であった．現在，きのこ生産トン数は12倍に増加したが，きのこ全体の生産量に対するツクリタケの生産量はおよそ45％近くである（表11.1）．現在，きのこの総収穫量は，世界の貨幣価値を平準化すると，小売価格にして500億米ドルに達している．

　20世紀後半4半世紀の最も大きな変化は，消費者が実にさまざまなきのこに興味を寄せるようになったことである．英国のような最も保守的な市場でも，いわゆる「**異国のきのこ類**（exotic mushrooms）」が今や市場に入り込んでおり，新鮮なシイタケやヒラタケ類が，地方のスーパーマーケットで日常的にツクリタケ類と一緒に棚に並べられている．スーパーマーケットによっては，他のいくつかのきのこ類，とりわけ，えのき（エノキタケ，*Flammulina velutipes*），ブナシメジ（*Hypsizygus marmoreus*），しろしめじ（ヒラタケ，*Pleurotus ostreatus*），キングオイスター（エリンギ，*Pleurotus eryngii*）などを販売している．これらの多くは地域的に生産されている［たとえば，英国の「きのこかご（Mushroom Basket）」あるいは「鍛冶屋のきのこ（Smithy Mushrooms）」（http://www.themushroombasket.com/index.hym や http://www/smithymushrooms.co.uk/index.html）や，米国Californiaの「黄金の食通きのこ（Golden Gourmet Mushrooms）」（http://www.goldengourmetmushrooms.com/mushrooms.html）といったウェブサイトにアクセスせよ］．しかしながら，きのこ産業は本当に国際的であり，きのこ栽培はアルコール生産に次ぐ大きなバイオテクノロジー産業である．

　ヒラタケ類（*Pleurotus*; oyster mushroom）の生産は，今まで述べてきたツクリタケ類（*Agaricus*）の場合とは異なる．なぜならば，ヒラタケの栽培は栽培環境の要求がそれほど厳格でないからである．ヒラタケ類（*Pleurotus*）は，堆肥化/低温殺菌した基質（基物），および堆肥化していないが殺菌したおが粉，木のチップ，穀物のわら，など広範囲の基質（基物）の，いずれでも旺盛に成長する．覆土は必要ない．ヒラタケ類は，さまざまな国でその国の気候に合わせて，異なるヒラタケ属の菌種が栽培されている．たとえば，インドではウスヒラタケ（*Pleurotus pulmonarius*；*Pleurotus sajor-caju* と間違ってよばれてきた）が，ヨーロッパではヒラタケ（*P. ostreatus*；*Pleurotus florida* と商業的にはよばれてきた．これも不正確な種名）が栽培されている．

　ある種のきのこが適正な価格で生産され，生産が顕著に増加しているのは，他の産業から生じた**廃棄物**の利用によるところに一因がある．たとえばヒラタケ類［ヒラタケ，オオヒラタケ（*Pleurotus cystidiosus*），ウスヒラタケ］は，いずれも綿生産の

訳注9：発生期間が5日の意味．

廃棄物に容易に成長する．同様に，東南アジアでは，フクロタケ（*Volvariella volvacea*）が伝統的に稲わらを用いて栽培されている．また，綿生産廃棄物を用いても栽培されている．綿生産廃棄物を用いても高い収量が得られ，稲わらよりも広範囲な領域で入手可能であるので，はるかに安価な基質（稲わらの価値がより高くなるのは稲わら固有の価値に由来するものではなく，稲が栽培されていない地域への輸送代金によるものである）である．綿生産廃棄物は織物産業や衣料産業から生じ，世界全体のリサイクル体制から大量に産み出される．

きのこ生産物の販売による流通収益に関連した多量の固形廃棄物の処理は，廃棄物処理システムと統合した有機農業システムの適切な例である．廃棄物の浄化のためにきのこ栽培を用いるという概念は，最近，一般的な廃棄物処理モデルになった．われわれは，農業生産物が現実に利用されるのはごくわずかの部分であるため，農業は莫大な廃棄物を発生することをすでに述べてきた（ココナツとココナツ油を生産するココナツヤシのプランテーション（coconut oil plantation）では生物量の95％が，サイザル麻（sisel plant）の栽培ではその98％が，サトウキビ（sugar cane）の生産では83％などが廃棄されている）．

ヒラタケ類（*Pleurotus* spp.）はとりわけ，リグノセルロース（lignocellulose）を含む非常に多くの種類の農業廃棄物上にきわめて速やかに成長する．それゆえこの事実は，きのこを用いて廃棄物を分解し，そのことによって現金収入源となるヒラタケ類の生産をしようという魅惑的な考えとつながる．さらに，きのこ（子実体）を収穫したのちの廃菌床が，有用な動物の飼料（きのこの菌糸体は，動物のタンパク質含有量を増大させる），土壌改良剤（廃菌床はまだまだ栄養分が豊富であり，土壌構造を発達させる高分子化合物を含んだ堆肥である），そして廃棄物埋め立て地の環境汚染物質［ポリクロロフェノール（polychlorinated phenols）のような］の分解にさえ利用可能であるということが，きのこ生産をさらにより魅惑的なものとしている．なぜならば，廃菌床には自然に存在するリグニン（lignin）中のフェノール成分（phenolic components）を分解できる微生物群集が存在しているからである（10.7節参照）．ヒラタケ属の菌は，子実体中に金属イオンを集積する性質をもっていることに少し留意をする必要がある．もしも，基物（基質）として使われる廃棄物が**重金属**（heavy metals；多くの産業においてカドミウム（Cd）は特に問題となる）で汚染された産業汚染源由来ならば，生産された子実体は消費に適さない（Moore & Chiu, 2001）．きのこ（子実体）の収穫は重金属汚染の効率的な除去方法となるであろうが，菌糸体のはたらきは廃棄物に残った基質（基物）も浄化すると考えられる．

ヨーロッパ式のきのこの栽培は世界中で利用されているけれども，アジア式の伝統的なきのこ生産は，より天然基質を利用する傾向がある．シイタケは伝統的に広葉樹（カシ，クリ，シデ）の原木（丸太）で栽培されてきており，今でも，中国の中央高地では非常に広い範囲で，広葉樹の原木を用いて栽培されている．この話を広い視点から捉えてみると，伝統的な丸太の積み上げ方式を用いた栽培は，中国のヨーロッパ連合（ユーロ）の全面積に匹敵する地域で，現在でも最も盛んに行われている栽培方法である．シイタケ栽培に適する原木は，直径10 cm以上，長さ1.5～2 mであり，通常，野生の菌類や昆虫類による種菌接種前の感染を防ぐために，春あるいは秋に伐採される．ドリルで孔をあけた原木（のこぎりあるいは斧で切ったもの）に種菌を詰め，風雨から種菌を守るためにワックスあるいはその他の封入剤で接種孔を密封する．この場合，種菌には米やその他の穀物粒に成長させた菌糸体が用いられるが，菌糸体を成長させた木製のだぼ（種駒；wooden dowel）が用いられることの方が多い．このだぼは，きのこ生産用の原木に開けた穿孔にハンマーを用いて打ち込む．

接種された原木（log）は，風通しと水はけが良く，24～28℃の温度が維持可能な，開かれた丘の中腹に設けられた**伏込み場**（laying yard）に積み重ねられる．ほだ木は，接種した菌の栄養菌糸がほだ木中に完全に蔓延するまで，5～8ヵ月間，この伏込み場に据え置かれる．最後に，菌が蔓延したのち，ほだ木は子実体形成を促進するためにはだ場（はだ起こし）に移される．この段階は，通常，子実体原基形成に必要な12℃～20℃の低温刺激と高湿度条件が確実に得られる冬期に行われる．最初の収穫可能な子実体は，ほだ木がはだ場に移動されたのちの最初の春に出現する．ほだ木当り，春と秋に，数年にわたって，延べで0.5～3 kgのきのこ（子実体）が得られる．

この伝統的なシイタケ生産は経費がかかり，土地と多くの木々を必要とする．さまざまな理由から，シイタケ栽培には以下のようなより産業的な栽培方法が行われている．ポリエチレン製の袋に広葉樹のチップとおが粉を詰めた**人工ほだ木**（artificial log）は，高収量が達成可能な伝統的な原木栽培のほだ木の代替物になりうる．人工ほだ木を用いることにより，屋内（単に，プラスチック製の覆いで囲われたものでよいだろう）での栽培が可能となり，環境制御が容易なために周年生産ができるようになる．

フクロタケ（*Volvariella volvacea*；paddy straw mushroom）の栽培はおもに稲わらを用いて行われるが，何種類かの他の農業廃棄物もフクロタケの栽培に適した基質（基物）となる．栽培基質の準備にあたって，稲わらの場合は，まず束ねて縛り，24時間から48時間水に浸漬する．浸漬後の稲わらは，約1mの高さまで積み重ねられる．この浸漬堆積物に，子実体を収穫済みの廃稲わらを接種する[訳注10]．1ヵ月以内に，卵型をした子実体が同調的に発生する．このような未熟な子実体（外被膜はそのままの状態であり，未熟な子実体全体を完全に包んでいる）は，ヒラタケやシイタケのように成熟して市場に出されるものとは異なり，まるでツクリタケの若い子実体（baby button，ベビーボタン）のような状態で市場に出される．フクロタケの基質（基物）当りの生産収率は低く，収穫後の子実体を良好な品質で維持することは困難である．収穫されたフクロタケは，低温で貯蔵しても，2～3日以内に褐変して自己分解する．これらのことが，フクロタケ生産の制限要因となっている．

マンネンタケ（*Ganoderma lucidum*）は，食料としてではなくその効用は真実であるか単なる推察であるか不明であるが，薬用的価値から栽培されている特有なきのこである．アジアでは，リンチー（ligzhi）あるいはレイシ（reishi，霊芝）とよばれている．マンネンタケ複合種（*Ganoderma lucidum* complex）には数種が存在し，健康飲料，粉末，タブレット（錠剤），カプセル，ダイエットサプルメントという形で，栄養補助食品のさまざまな商業ブランドが市場に供給されている．マンネンタケ（*Ganoderma*）属は，薬効があるという主張がある一方で，臨床的にはその薬効が証明されていないが，伝統的生薬（herbal medicine）としてきわめて重要視されている．マンネンタケは，短く切った原木に接種され，これらを湿度の維持と保温のために土壌で覆って（プラスチック製のフィルムで覆われた「トンネル」）栽培されている．子実体は密集してきわめて多量に発生し，環境条件によって子実体の柄の長さを必要に応じて制御することが可能である（Moore & Chiu, 2001）．

トリュフ（truffles）は著しく高価である．1個200g以上のものでは，kg当り1,000ポンドにもなる．トリュフ栽培はこれまで説明してきた他の菌類の栽培とは異なる．なぜならば，トリュフは，子嚢菌門に属する，コナラ（*Quercus*）属に菌根を形成し地下に子実体を形成する菌であり，宿主植物に依存するところが大きいからである．伝統的に，トリュフは，ブタあるいはきのこ（子実体）によって生産される揮発性代謝産物のにおいを検出するように訓練されたイヌを用いて探される．トリュフの「栽培」は，19世紀初頭にフランスで最初に確立された．そのきっかけは，トリュフが発生している樹木に隣接して生育している実生を移植すると，移植された実生が新しい場所でトリュフを形成し始めたということが発見されたことであった．トリュフ生産所（Truffières）あるいはトリュフ園（truffle groves）は，過去100年間でフランス中に設立された．トリュフの価値は非常に高いので，トリュフ生産は今や世界中に拡がっている．トリュフ生産所は，トリュフが豊富なことが知られている場所に，カシの実生を植えることによって始まった．黒トリュフが感染した実生は，温室内で栽培することができる．近縁種の白トリュフを，実生に人工的に接種することもできる．これらのトリュフが感染した実生は，植栽してから7～15年後に樹下にきのこ（子実体）が発生するようになる．子実体の発生は，20～30年間継続する（Moore & Chiu, 2001）．

11.7　園芸（農業）昆虫類と菌類

中南米のattineアリ類は，キツネノカラカサタケ科（Lepiotaceae）（担子菌門）[訳注11]に属する通常*Leucocoprinus gongylophorus*とよばれる菌類と，どちらかというと稀な，古い時代からの関係を築いている．この関係は，約6,500万年～4,500万年前まで遡ることができると考えられる，相利共生的なものである．attineアリ類は，特定の菌類を彼らの巣に活発に接種し，葉片を供給し，菌糸を刈り込み，雑菌類を除去して，その菌類を栽培する．菌類はアリへのご褒美として，ゴンギリディア（gongylidia）とよばれる特異な構造体を形成する．この構造はアリに摂食されるために進化した，分枝した菌糸である．アフリカでは，シロアリのいくつかの種も，また，オオシロアリタケ（*Termitomyces*）属（キシメジ科 Tricholomataceae，担子菌門）の菌類の「菌園」を維持している．この菌類はシロアリ類の排泄物によって培養され，働きアリによって巣にもち帰られた植物質遺体を分解し，シロアリ類にとってより消化され易い食料を菌糸塊の形で提供する．これらの相利共生の詳細に

訳注10：栄養菌糸が蔓延したもの．
訳注11：ハラタケ科（Agaricaceae）に同じ．

ついてはのちほど（第15章）述べることとし，ここでは，園芸昆虫類（gardening insects）が存在するという事実のみを指摘したい．これらの昆虫類は，ちょうどわれわれがきのこ（子実体）の食料としての価値のゆえに特定のきのこを栽培するように，菌糸体が食料として価値があるゆえにきのこを栽培するのである．もちろんこの菌糸体は，植物残渣を分解することによって増殖したものである．

11.8 菌類の子実体の発育

　菌類の子実体の発育には，菌糸成長が特定のパターン，すなわち，いく度となく菌種に特異的な形態を生じるパターン，をとることが不可欠である．これには，高いレベルの制御と統制が要求される．われわれはすでに，細胞と組織の分化に関係するいくつかの制御回路について示した（第9章，9.2節と9.8節）．次章では，菌類の子実体を生じさせる発育経路の性質についてみてみよう．

11.9 文献と，さらに勉強をしたい方のために

Chang, S.-T. (2008). Overview of mushroom cultivation and utilization as functional foods. In: *Mushrooms as Functional Foods* (ed. P. C. K. Cheung), pp. 1-33. Hoboken, NJ: Wiley. ISBN: 9780470054062.

Hanson, A. M., Hodge, K. T. & Porter, L. M. (2003). Mycophagy among primates. *Mycologist*, **17**: 6-10. DOI: http://dx.doi.org/10.1017/S0269915X0300106X.

Molina, R., Pilz, D., Smith, J., Dunham, S., Dreisbach, T., O'Dell, T. & Castellano, M. (2001). Conservation and management of forest fungi in the Pacific Northwestern United States: an integrated ecosystem approach. In: *Fungal Conservation: Issues and Solutions* (eds. D. Moore, M. M. Nauta, S. E. Evans & M. Rotheroe), pp. 19-63. Chapter DOI: http://dx.doi.org/10.1017/CBO9780511565168.004. Cambridge, UK: Cambridge University Press. ISBN-10: 0521803632, ISBN-13: 9780521803632. Book DOI: http://dx.doi.org/10.1017/CBO9780511565168.

Moore, D. (2001). *Slayers, Saviors, Servants and Sex: An Exposé of Kingdom Fungi.* New York: Springer-Verlag. ISBN-10: 0387951016, ISBN-13: 9780387951010. See Chapter 7: Let's party!

Moore, D. & Chiu, S. W. (2001). Fungal products as food. In: *Bio-Exploitation of Filamentous Fungi* (eds. S. B. Pointing & K. D. Hyde), pp. 223-251. Hong Kong: Fungal Diversity Press. ISBN: 9628567721.

Pegler, D. N. (2003a). Useful fungi of the world: the Shii-take, Shimeji, Enoki-take, and Nameko mushrooms. *Mycologist*, **17**: 3-5. DOI: http://dx.doi.org/10.1017/S0269915X03001071.

Pegler, D. N. (2003b). Useful fungi of the world: the monkey head fungus. *Mycologist*, **17**: 120-121. DOI: http://dx.doi.org/10.1017/S0269915X03003069.

Pegler, D. N. (2003c). Useful fungi of the world: morels and truffles. *Mycologist*, **17**: 174-175. DOI: http://dx.doi.org/10.1017/S0269915X04004021.

Peintner, U., Pöder, R. and Pümpel, T. (1998). The iceman's fungi. *Mycological Research*, **102**: 1153-1162. DOI: http://dx.doi.org/10.1017/S0953756298006546.

Tordoff, G., Boddy, L. & Jones, T. H. (2006). Grazing by *Folsomia candida* (Collembola) differentially affects mycelial morphology of the cord-forming basidiomycetes *Hypholoma fasciculare*, *Phanerochaete velutina* and *Resinicium bicolor*. *Mycological Research*, **110**: 335-345. DOI: http://dx.doi.org/10.1016/j.mycres.2005.11.012.

Trappe, M. J., Cromack, K. Jr., Trappe, J. M., Wilson, J., Rasmussen, M. C., Castellano, M. A. & Miller, S. L. (2009). Relationships of current and past anthropogenic disturbance to mycorrhizal sporocarp fruiting patterns at Crater Lake National Park, Oregon. *Canadian Journal of Forest Research*, **39**:1662-1676. URL: http://www.ingentaconnect.com/content/nrc/cjfr/2009/00000039/00000009/art00004.

Trinci, A. P. J. (1991). 'Quorn' mycoprotein. *Mycologist*, **5**: 106-109. DOI: http://dx.doi.org/10.1016/S0269-915X(09)80296-6.

Trinci, A. P. J. (1992). Myco-protein: a twenty-year overnight success story. *Mycological Research*, **96**: 1-13. DOI: http://dx.doi.org/10.1016/S0953-7562(09)80989-1.

Watling, R. (1997). The business of fructification. *Nature*, **385**: 299-300. DOI: http://dx.doi.org/10.1038/385299a0.

Wiebe, M. G. (2004). Quorn mycoprotein: overview of a successful fungal product. *Mycologist*, **18**: 17-20. DOI: http://dx.doi.org/10.1017/S0269915X04001089.

Wood, J., Tordoff, G. M., Jones, T. H. & Boddy, L.(2006). Reorganization of mycelial networks of *Phanerochaete velutina* in response to new woody resources and collembola(*Folsomia candida*) grazing. *Mycological Research*, **110**: 985-993. DOI: http://dx.doi.org/10.1016/j. mycres.2006.05.013.

Section 12
Development and morphogenesis

第12章
発育と形態形成

　第9章では，菌類の菌糸がいかに広範な細胞分化能を有するのかを，他の章，特に第3章と第8章では，菌類が形成する多細胞性のさまざまな無性と有性の子実体構造のいくつかについて言及し図示した．それゆえに，菌類の菌糸体は，次に示すような発育現象に導く多くの代替可能な経路をもち合わせていることが明らかである．

- 菌糸成長の持続．
- 無性生殖器官の形成．
- 有性サイクルへの進展．

　これらは厳密な意味での代替発育経路ではない．なぜならば，それほど大きくはない菌糸体においてさえ，これらすべての可能性が同時に発現することもありうるからである．このことは，遺伝子の発現を制御している何かが局在していることを推測させる．
　本章では，菌類の発育と形態形成の性質と，発生生物学で正規に用いられている用語について説明したい．菌類の発生生物学に関する観察と実験から，きのこの子実体形成には，反応能と局所的パターン形成のさまざまな組合せに基づき10種類の方式があるという結論が導かれる．この結論に関する特定の例として，ヒメヒトヨタケ属の子実体がいかにして子実層を形成するのかを，また，ヒメヒトヨタケ属とフクロタケ属のきのこがいかにしてひだを形成するのかについて示す（サルノコシカケ類の管孔がいかに形成されるのかについても忘れずに示す）．また，ヒメヒトヨタケ属の子実体の成熟過程における，柄形成や子実体の細胞の膨張の調整を例にとって，きのこの子実体の仕組みについて考察したい．
　形態形成のメカニズムは生化学な出来事に基づいているので，形態形成に関連する代謝制御について考察しなければならない．同時に，発育についてのアイディアや，子実体以外の組織や他の生物との比較生化学的な観点からも代謝制御について考察する．古典的な遺伝学的研究方法がいかに，菌類の発育の解明にいくばくかの進展をもたらし，遺伝学的データの掘り起しに影響を与えたかを示す．最後に，発育の終盤である，脱分化，老化，死について話題提供し，菌類の発生生物学の基本原理についてまとめて本章を閉じたい．

12.1 発育と形態形成

きわめて多くの菌類において，菌糸は，通常，菌糸体を構成する栄養菌糸から分化し，**集合して**，多様で多数の菌糸の集合構造からなる組織を形成する．これらには，菌糸束（strands, cords），根状菌糸束（リゾモルフ；rhizomorphs）や子実体の柄（9.7節参照）のような菌糸が並行に配列した細長い器官，および大型の子嚢菌門（Ascomycota）や担子菌門（Basidiomycota）の菌核（sclerotium，複数 sclerotia），子実体さらにその他の胞子形成構造体（9.8節参照）のような，菌糸が織り込まれた菌糸集合構造がある．

これらの多細胞性構造体（multicellular structures）は，いずれもそれぞれに特異的な「パターン」の菌糸成長により形成される．この特異的な「パターン」の菌糸成長は，刻々と種に特有な同一の構造とその構造の形態をつくり出す．また，「パターン」の菌糸成長には，厳密な制御と調整が必要である．これらの多細胞性構造体の形成は，局所的に気菌糸（気中菌糸；aerial hypha，複数 aerial hyhae）が集合して**菌糸房**［hyphal tuft，**菌糸結節**（hyphal knot）］を形成することに始まり，菌糸塊はしだいに大きくなって子実体原基（primordium，複数 primordia；あるいは環境条件次第で他の構造体）に分化し，原基からついには子実体などになる．

この菌類の形態形成（morphogenesis）において取り上げられる**不等成長**（differential growth）は，菌類の多細胞構造をつくり上げているさまざまな組織の発達を促す．この不等成長には，細胞壁合成の詳細な制御と調整が関係している．本書で取り上げた細胞壁形成についての記述のほとんどは，菌糸先端成長［hyphal tip growth，頂端成長（hyphal apical growth）］に関するものである．しかし，多細胞構造の形成においては，菌糸頂端から後方に離れた「成熟した」菌糸壁で，細胞壁形成が再スタートし，細胞は形をつくり変えられ，新しい形態になる．これに加えて，隣接する2本の分枝菌糸（hyphal branches）どうしが菌糸細胞壁合成によって融合し，菌糸体構造の強度は元よりも増す．また，菌糸細胞壁が，その内側にほとんどが太い原線維からなる二次壁が合成されることにより，肥厚化している事実が多数観察されている．二次壁は，おそらく貯蔵栄養として蓄積されたグルカン（glucans）からなると考えられる（図6.5〜図6.9参照）．菌糸壁の合成，再合成および二次的細胞壁合成（secondary wall formation）は，別に取り上げる価値のあるものであり，本書では第6章で詳細に取り上げた．

構造体中で実際に分化するのは特定の菌糸（実際には，個々の菌糸の特定の細胞）に限定されており，組織の分化成長が，構造体全体の巨視的形態を変化させる力学的な力を生み出す．組織の分化成長こそが，発育分野における学術用語としてのパターン形成（pattern formation）の意味である．パターン形成は，分化の過程における**局所的パターン化**［regional patterning，**局所的指定**（regional specification）］と，引き続く局所的パターン中の細胞分化によって引き起こされる．パターン形成は，組織の特定の空間的配置を生み出し，構造や器官の最終的な形態をつくり出す．これらの過程は，比較的簡単な実験と観察に基づき推定されたものであるが，どのようにして分化する菌糸が特定されるのかについてはまだなにもわかっていない．

本章では，菌類の発生生物学の公式原理が，菌糸の成長，分枝およびその相互作用のパターンについての実験と観察によっていかに確立されたのかについて，例をあげて説明する．これらの菌糸レベルのパターンが，菌類の子実体や同様の多細胞構造体の多様な形態に見られる組織パターンをつくり出すのである．しかるのちに，このような組織パターンがつくり出されるメカニズムについての理論を紹介する．まず，本章で使用する学術用語を簡単に説明したい．

すでに，発生分野に特異的ないくつかの学術用語，すなわちパターン形成と局所的指定など，を用いた．また，他には見られない菌類の発育を特徴づける，いくつかのきわめて重要な性質についてもふれた．この重要な性質とは，菌類の多細胞生物としての発育が，栄養菌糸の通常の成長と分枝に対する制御と適応に依存していることである．とりわけ，いかなるものであれ多細胞構造の形成は，周囲を探索するように外側に向かう栄養菌糸の成長特性，つまり負の自律屈性（autotropism）であるが，この特性の反対に菌糸が内側に向かって成長することを必要とするという事実に依存している．菌糸が凝集し多細胞構造体を形成するためには，形成に関わる菌糸が，菌糸体を構成する菌糸先端の外に向かう成長を支えている負の自律屈性を，内側に向かう正の自律屈性へと変換しなければならない（4.10

訳注1：何らかの屈性によって屈曲した器官がまっすぐになり，元に戻る現象に対して名付けられた用語である．屈性は，本来，「植物や菌類が外的刺激に対して方向性をもった成長運動を示す現象」に対して定義付けられた用語であり，外的刺激の存在しない本現象を屈性とよぶべきかどうかについては議論がある．

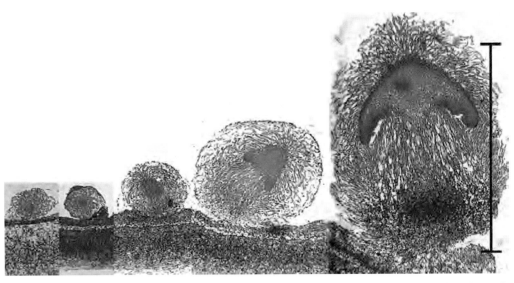

図12.1　ツクリタケのようなきのこの子実体の初期発育は，胚の発生過程にきわめて似ているように見える（スケールバー：1 mm）．しかし，菌類は栄養成長的な生物で，ここに示したものは子実体であり，子実体の多くは，1個の菌糸体によって長い時間をかけて形成されたものであることを想起してほしい．これらの画像は，ヒトヨタケのきのこ（ink cap mushroom）の，ウシグソヒトヨタケの子実体の発育ごく初期の，連続的な発育段階の切片の光学顕微鏡写真である．成熟子実体は約100 mmの高さに達するので，ここに示した発育段階は子実体形成の全過程の最初期のたった1％に対応しているにすぎない．切片は，多糖類が集積している部分が過ヨウ素酸シッフ染色試薬（periodic acid-Schiff reagent, PAS）で青紫に染色されている．この場合は，多糖類は他の分析法によりグリコーゲン（glycogen）と同定されている．左端の写真は，大きな菌糸房であり，左から2番目の写真は，始原原基（initial）（内部には，何らかの菌糸が詰まった状態や分化が見られ，この始原原基は環境条件によって菌核あるいは子実体になる）である．左から3番目の写真では，原基は高さ300 μmにすぎないにもかかわらず，その内部には明らかに傘様および柄様の構造が分化していることに注目してもらいたい．左から4番目の切片（高さ，700 μm）では，分化はさらに明瞭であり，若いひだが形成されているが，ひだと柄の間の空隙はまだ形成されていない．右端は高さ1.2 mmの子実体原基であり，子実体の基本的な「体制」（図12.2参照）が完全にでき上がり，被膜，傘表皮（すなわち，傘の表皮），傘，ひだ（環状のひだ腔の形成が始まっている），および柄（柄基部のふくらみが明瞭であり，この部位はグリコーゲンが高濃度に集積しているのが特徴である）の区分が明瞭になっている．カラー版は，口絵41頁を参照．

節の考察を参照）．この正の自律屈性は，分枝した菌糸先端がお互いにさらに他の菌糸に接近し，多細胞構造体形成の出発点となる菌糸房の形成を可能にするのである．

12.2 発生生物学の公式の学術用語

　発育とは，ある生物個体が胚（embryo）から成熟した親個体になるまでの成長と変化の過程と定義されている．この定義はすぐに，菌類の発育に興味をいだくすべての菌学者に疑念を抱かせる．なぜならば，ほとんどの発生生物学者が動物を扱っているという事実の必然の結果であるが，この定義が「胚」という用語を用いているからである．菌類は「胚」をもたない．事実，菌類は**組み立てユニットからなる生物**（modular organisms）であり，多細胞構造体（特に，きのこのような菌類の子実体など）は個体ではなく，菌糸体の付属物なのである．この事実が，クローン性サンゴや栄養生殖する植物（Harper et al., 1986; Andrews, 1995）と共有する菌類の特徴である．それでは，この事実からどこに向かうのであろうか？

　きのこの子実体の初期発育は，まるで胚の発生過程のようである（図12.1）．胚に似ることから，動物の発生学で用いられる用語を用いることにより，多くのことが得られることは明白である．たとえば，図12.1に示された一連の画像は，きのこの基本的な**体制**の発育過程を明瞭に示す．主要な**組織**や**器官**を識別する**パターン形成**は，明らかに子実体形成のきわめて初期の段階で起こっている．なぜならば，子実体の被膜（veil），傘（cap）[訳注2]，ひだ（gill）[訳注3]，柄（stem）[訳注4]および柄基部はすべて，最終的な成熟子実体のわずか1％の大きさの構造の中に，はっきりと形成されているからである（まるで，胚のように！）．発生生物学においてすでに確立された言葉を用いなければならない．しかしその際には，多細胞生物の発育に影響することが

訳注2：pileus，複数pileiともいう．
訳注3：lamella，複数lamellaeともいう．
訳注4：植物の茎と区別するため，柄（stipe）ともいう．

らにおいて，植物，動物，菌類がお互いにいかに異なるかを理解しつつ，留意して用いなければならない．

真核生物のおもな界は，何らかの単細胞レベルの生物から分かれて進化してきたと考えられている（第2章参照）．動物界，植物界，菌類界という多細胞構造をつくった3つの真核生物グループは，どの1つをとっても，多細胞状態が確立されるはるか昔に互いに分岐していた．それゆえ，これらのグループは，それぞれまったく別個に，多細胞系の機構や仕組みを進化させなければならなかった．これらの生物で進化してきた機構が，何らかの共通性を有すると期待する理由はどこにもない．もちろん，3つの生物グループは，これらを明瞭に真核生物に分類する特徴をすべて共有している．しかし，3つの生物界が，これらの多細胞系の発生生物学的な様相の何らかの面を共有していると期待する論理的な理由は何もない．もし，これらの主要な生物界が，多細胞化する前の段階で進化的に分岐していたとすると，これらの生物界はそれぞれ別個に，いかにして細胞集団を組織化するのかということについて，「学ば」ねばならなかったであろう．

菌類の菌糸（細胞）は非常に多くの重要な点で，動物や植物の細胞とは異なっている．それゆえ，有機的な組織を形成する際に細胞が相互作用をする方法に，重要な差異があると予想される．必然的に，これらの非常に異なる生物は，多くの場合に，形態形成を制御する上での同じ種類の問題を解く必要があり，進化はある共通の戦略に収斂されると予想される．しかし，その結果は，**相同**（homologous；共通の系譜ゆえの構造や形態の類似性）というよりも，**相似**（analogous；進化的意味で，異なる進化的起源の器官が，機能と構造あるいはそのいずれかに類似性を示すこと）といえよう．

共通の戦略に収斂されると考えられるが，しかし，ほとんどの場合は，動物，植物，菌類の間の**細胞生物学的な多くの相違**のゆえに，これらの生物グループが各々の発生生物学的制御方法が非常に異なっている点に重きを置くことになる．下等な動物においてさえ，胚発生の鍵となる特徴は，細胞と細胞集団の動きにある（Duband et al., 1986; Belloch et al., 1999）．すなわち，動物の形態形成においては，明らかに細胞の移動（そして，移動を制御するあらゆること）が中心的役割を演じているに違いない．対照的に，植物の細胞は細胞壁で取り囲まれており，動く機会はほとんどない．それゆえ，植物は，有糸分裂（miotic division）のための紡錘体の方向と位置，すなわち紡錘体の赤道面に形成される娘細胞（嬢細胞）の細胞壁の方向と位置，を制御することによって，外見と形を変化させている（Gallagher & Smith, 1997）．

もちろん菌類細胞もまた壁に囲まれているが，先の章で述べたように，菌類の基本単位構造である菌糸の次の2つの特性が，菌類の形態形成を植物の形態形成とはまったく異なるものにしている．

- 菌糸は頂端部のみで成長する（4.4節と5.15節参照）．
- 隔壁は，菌糸の長軸方向と直交する方向にのみ形成される（4.12節参照）（Harris, 2001）．

これらの特徴の結果として，菌類では，どんなに隔壁を形成（「細胞分裂」）しても，1本の菌糸が2本になることはない（Field et al., 1999; Howard & Gow, 2001; Momany, 2001, 2002; Momany et al., 2001）．菌類の発生的な形態形成が動物や植物のいずれとも明確に異なる重要な事実は，菌類の形態形成が**菌糸の分枝の配置**に基づいていることである．繁殖するために，菌糸は分枝しなければならない．組織化された構造を形成するために，分枝が生じるように新たな菌糸頂端が形成されなければならないし，親菌糸から分枝が形成される位置と分枝の成長方向が，厳密に制御されていなければならない．

菌類の多細胞構造の発育（動物の胚発生の諸特徴と真に相似）に関する研究のほとんどは，分類学の一部として行われ，理論発生生物学に対しては何らの貢献も果たしてこなかった．この事実は，われわれが真核生物の生化学，分子細胞生物学，細胞構造および細胞周期（cell cycle）について知っている非常に多くのことが，酵母を用いた研究からもたらされていることを考えると，驚くべきことである．いまだに，菌類がいかに動物や植物と異なっているかを示すために，動物や植物の発生生物学的研究に由来する用語と概念を用いることができる．

形態形成という用語は，一般に，生物の体の形の発育を包含したものである．ある種の菌類における酵母型と菌糸型の変換を記述するのに，形態形成という用語が用いられてきたが，この現象は形態形成というよりも細胞分化の一側面である．動物や植物において形態形成の鍵となる課題は，常に，細胞群によりパターンが形成され，さらに胚の形態が整えられる，細胞間相互作用に関することであった．この種類のアプローチを菌類にも適用する挑戦が続いている．

訳注5：二形性（二型性，dimorphism）という．

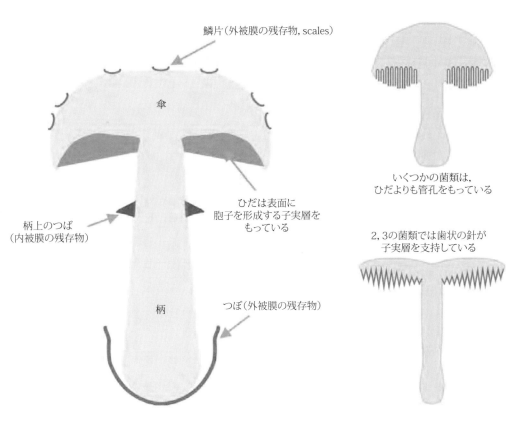

図12.2 きのこの子実体のおもな組織.きのこの子実体は主要な例である.子実体は,基本的に傘型をした胞子を分散するための器官であり,傘の下表面は胞子を生産する子実層で裏打ちされている.子実体は,基質上に柄によって支えられている.ここでは,縦断切片図が示されている.成熟子実体は,若い発育段階で子実層の保護にはたらいた被膜の残存物をしばしばもっている.本文では,いかに子実体の構造が形成されたかについて考察している.

異なった生物において同じような機能が制御されている方法を比較することによって,発育過程に対して共通に求められていることを解決するために異なる細胞レベルの機構が用いられてきたのか否か,あるいは用いられているとしたらどのように用いられてきたのかが,明らかにされてきた(Meyerowitz, 1999).もちろん,そうはいっても菌類はそのような考察で特徴づけられるものではない.本章では,多細胞菌類の発育の特徴を描きたい.このことを,菌類の多細胞構造の発育についての最近の理解を導き出した実験と観察のいくつかを示すことにより,行いたいと考えている.このことは,いくつかの古い文献を徹底的に調査することも含んでいる.さらに,簡単な実験と定量的観察が,菌類の発生生物学に含まれる基本的なプロセスについての重要な推論を行う際に,いかに貢献しうるかを示すであろう.

12.3 菌類発育生物学の観察と実験の基礎

ここで取り上げるきわめて多数の実験が,きのこの子実体の発育(図12.1参照)について記載している.それゆえ,まず,子実体の発育を述べる際に必要な,子実体の基本的な組織パターンを明確にする必要がある.図12.2には,典型的な子実体構造の縦断面を示す.

きのこの子実体とは,胞子の散布過程を雨から守るために[担子胞子(basidiospores)は,胞子基部のくちばし状突起に形成される液滴との間の,疎水性相互作用(hydrophobic interactions)によって射出される;雨中では,このような射出が起こらない],雨傘のような形をした胞子散布のための器官である.胞子は,きのこの子実体の傘の下部にならんだ子実層(hymenium,複数hymenia)の細胞に形成される.子実層によって覆われた表面積は,傘の下部が垂直方向の板状構造に分かれること(ひだ),密に束ねた管を形成すること[管孔(tubes, pores)]あるいは歯状の針(tooth-like spikes)を形成することによって拡大する.子実層で覆われた表面積の増大は,同構造の生殖能を増大させ選択的な優位性をもつために(9.8節参照),このような進化は異なる系統で何回か独立に起こった.

柄の幾何学的比率(短く太い,あるいは長く細い)は,大きい傘はより丈夫な柄といったように,支持機能の要求に応じて変化する.しかし,柄の形は,生態学的要求やその菌種の生育地によっても変化する.すなわち,短い柄は裸地に子実体を形成する菌種に適していると考えられる.しかし,豊富なリターや多量の下草によって表面が覆われている土壌に特徴的に発生

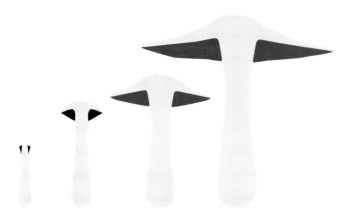

図12.3　裸実型の子実体の発育の模式図であり，子実層（縦断面の影で示した部分）は柄の頂端部から単純に生じる．子実層は，発育初期（左端）には頂端部は子実層をもたないように見えるが，成熟に従って（左から右にゆくにつれて），傘の下側のひだ表面に露出して存在するようになる（Moore, 1998a より改変）．

する子実体では，空気流に対して傘をもち上げるために背の高い柄を必要とするだろう．このような幾何学的考察とともに，これらの構造的要件は柄の内部形態を決定する．すなわち，高くて細い柄は，解剖学的に，成熟時中空の円柱状になる傾向を示し，きわめて短く太い柄は，成熟時も中実の構造を形成する傾向を示す．しかしながら，柄は，単に傘を物理的に支える以上に，傘を生理学的にも支えている．傘がその形態維持とその生産物である胞子生産に必要なすべての栄養源とすべての水分は，菌糸体（mycelium，複数 mycelia）によって供給され，柄を経由して転流される．

「きのこ」として認識されている解剖学的形態は，発育するきのこの「胚」を構成する組織の分化成長と形態形成によって決定される（図12.2）．この章の残りの部分では，いかにしてこれらのきのこの構造が形成されるかを紹介したい．しかし，そのために，いくつかの特異的な例を紹介しなければならない．まず，これらの高等菌類の子実体にみられるとてつもなく大きな形態的多様性を生み出す，多様な分化成長パターンが存在することを強調したい．

12.4　子実体形成の10種類の様式

きのこ（子実体）の形の決定には10種類の様式が存在するようであり（Watling & Moore, 1994），これらを図12.3から

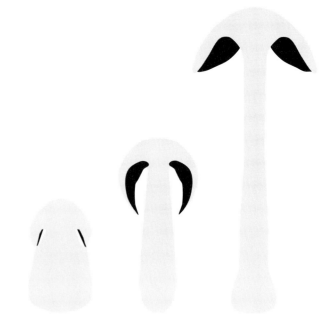

図12.4　半裸実型の子実体の発育中，子実層は，成熟前期の間のみ，柄と柄に近接した傘の間に形成される極端に小さい被膜で被われる（Moore, 1998a より改変）．

図12.9に縦断面図で示した．しばしば傘は，単に柄の頂端部から外部へ向かっての成長によって形成される．このような場合，柄の長さが増すにつれて傘の直径が増す．子実層（胞子を形成する組織）は，発育中の傘の下側表面に形成される．その結果，子実層は子実体の最初期発育段階から外部環境にさらされることになる．これは裸実型（gymnocarpic type）の発育とよばれる．なお，gymnos とはギリシャ語で「裸」を，carpos はギリシャ語で「果実」を意味する（図12.3）．

柄の頂端部に近接して傘の組織がふたのような形で出現すると，若い子実層を外部環境から幾分か保護をすることになる．この場合，子実層の組織は，傘と柄の間に形成される環状の空隙内に位置することになる．この空隙は拡がり，傘と柄がついには完全に分離するが，発育初期には，柄と，柄に密接した傘の間に形成される組織［被膜（veil）；ギリシャ語の velus に由来する；「皮（skin）」あるいは「羊皮紙（parchment）」］が子実層を保護する（図12.4）．これは，半裸実型（gymnovelangiocarpic type）の発育とよばれる．この用語は，「裸」（発育が進行すると裸出するので）という意味の gymnos と，ギリシャ語の「容器（vessel）」あるいは「托（receptacle）」（特に種子を含む容器）を意味する angio を組み合わせたものであ

訳注6：ここでは子実体の意．
訳注7：ここでは子実体原基の意．
訳注8：hemiangiocarpic ともいう．

12.4 子実体形成の10種類の様式

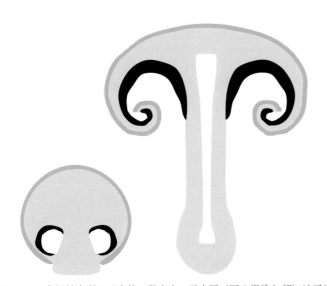

図12.5　傘縁被実型の子実体の発育中，子実層（図の黒塗り部）は子実体形成の最初期には，傘の縁部から下向きにのび，胞子を形成している組織（子実層）を囲む組織によって保護されている．その後，子実体が成熟するのにつれて傘の縁部が内側に巻き込み，最も若い子実層を保護する（Moore 1998a より改変）．

図12.6　柄の基部から上部へ拡がる組織によって子実層が保護されている配置は，柄被実型とよばれる．柄の基部から上部へ拡がる組織は，原基全体を囲んでいるわけではない．この組織は，子実体の発育につれて傘によって破られ，その結果，柄の基部にツボ（ラテン語の意味は「被覆」である）とよばれるカップ形の組織の切れ端が残る（Mooore, 1998a より改変）．

る．なぜならば，子実体の発育初期には，子実層が膜状構造体で囲まれているためである．

その他のケースでは，子実層を保護するため傘縁部（margin, rim）が巻き込んでいる．これは，**傘縁被実型**（pilangiocarpic）［ギリシャ語で「傘－托－子実体（hat-receptacle-fruit）の意；図12.5］の発育とよばれる．傘（pileus）という用語はギリシャ語の *pilos* に由来する言葉である．この *pilos* は，昔ギリシャの船乗りによって，ぴっちりとしたすりきれた縁のない帽子に対して使われた言葉である．もう1つの異なる様式では，柄［stem；stipe ともよばれる．樹木の幹あるいは杭を意味するラテン語の *stipes* に由来する］の基部が，精巧で保護的なフラップ［flap；つぼ（volva）とよばれる］につくり上げられる．つぼは，子実体の若い発育段階に，発育中の子実層を覆っている［**柄被実型**（stipitangiocarpic）の発育とよぶ．ギリシャ語で，「（柄－托－子実体）stipe-receptacle-fruit」を意味する］（図12.6）．後者の子実層の保護を最もおし進めたも

のは，**バルブ被実型**（bulbangiocarpic）の発育である．この発育型では，子実層を保護する組織は，その多くが柄の基部の膨らんだ部分に由来しており，発育初期には子実体原基を完全に包み込んでいる（図12.7）．

子実体の発育に着目する限り，なんといっても子実層の保護様式が鍵となる特徴である．これらの保護組織は，解剖学的には異なる起源のものがあると考えられるが，ほとんどの場合，被膜という用語で統一的に表現されている．この事実は，**被膜被実型**（velangiocarpic）の子実体の発育には，4種類のタイプが存在するという認識を導く．この場合には，1枚かそれ以上の枚数の特殊な被覆組織（被膜）が，特異的に子実層を覆っている（図12.8）．**一被膜被実型**（monovelangiocarpic）の場合，1枚の（外, universal）被膜が子実体原基を包んでいる．

資料ボックス12.1　専門用語のラテン語とギリシャ語由来

現在，科学の世界で使われる古典的な言語由来の接頭語と接尾語の例は，米国 Georgia 州 Savannah の Armstrong Atlantic 州立大学の Don Emmerluth 博士のウェブページ http://www.angelfire.com/de/netsite/modbiogreek.html に掲載されている．

読者は，Douglas Harper's Online Etymology Dictionary にも興味をもたれるであろう．この辞書は，その言葉によると，「600年あるいは2000年前に，われわれの用語が何を意味し，それらの用語がどのような意味に響くかを説明している」．

次の URL を参照：http://www.etymonline.com/index.php

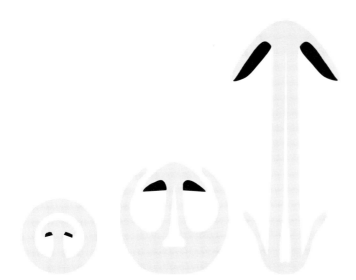

図12.7　図12.6の例の極端な場合，つぼは子実体の頂部まで拡がって，子実体を完全に覆う．これは，バルブ被実型の発育とよばれる．フクロタケ（*Volvariella volvacea*）とその近縁種の基本構造である（図12.27参照）．（Moore 1998a より改変）．

二被膜被実型（bivelangiocarpic）では，外被膜に加えて内側の（内，partial）被膜が特異的に子実層を包んでいる．さらに，準被膜被実型（paravelangiocarpic）では，被膜は退化し，しばしば，子実体の成熟時には完全に消失する．さらに，後生被膜被実型（metavelangiocarpic）では，傘と柄あるいはそのいずれかに由来する二次的な組織が一体化したものが，外被膜に相似の組織を形成する．

最後に，子実体構造に大きな変更が加えられ，いわゆる「きのこ」を生じない何種類かの菌類グループが存在する．これらのグループは，スッポンタケ，ホコリタケ，あるいはトリュフ[訳注9]のような特異な形態の子実体を生じる．これは内実型 [endocarpic；ギリシャ語の内側（within, inside）を意味する endon に由来]の子実体の発育とよばれ，その結果成熟した子実層が囲い込まれたあるいは被覆された子実体を生じる．この種類の子実体の3つのパターンが，成熟子実体の縦断面図として図12.9に示されている．これらの子実体の多くのものは，土壌に埋もれている（地下生の，hypogenous）か，あるいは少なくとも土壌表面に形成される．このような子実体を形成する菌

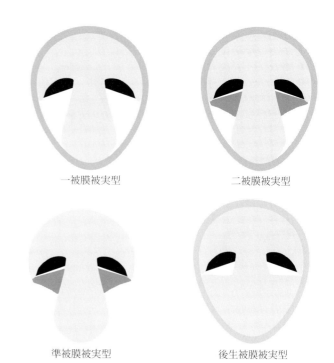

図12.8　被膜被実型の子実体の発育の4つのタイプ（型）の成熟子実体の縦断面図．被膜被実型の子実体の子実層（黒色に塗りつぶされた部分）は，胞子[訳注A]が成熟して子実体が外気[訳注B]にさらされるまで膜状の組織で（影をつけた灰色の部分）で保護されている．一被膜被実型の菌は，子実体原基を包む1枚の膜（外被膜）を有している．二被膜被実型の菌は，外被膜に加えて内側の膜（内被膜；濃い灰色で示した部分）を有している．準被膜被実型の菌は，膜（濃い灰色の部分；内被膜対応部位）が退化（小さくなる）し，成熟時にはしばしば消失する（para のギリシャ語の意味は，「きわめて似ている」あるいは「ほとんど」である）．後生被膜被実型の菌は，傘と柄あるいはそのいずれかに由来する二次組織集合体が，外被膜に相似の構造を形成している（接頭語の meta- は，ギリシャ語の「ともに（with）」あるいは「間で（among）」の意）（Moore, 1998a より改変）．

訳注A：ここでは，有性の外生胞子である担子胞子を指す．

訳注B：腹菌類と総称される担子菌門の地下生菌では，全担子胞子が成熟するまで膜（殻皮）で包まれる．半地下生や地上性の腹菌類では，たとえばスッポンタケのように胞子の成熟後，子実体が発育を再度開始し，殻皮を突き破って成長して［内に蓄積された特定の高分子物質が酵素によって分解されることによる浸透圧の上昇に伴い，折りたたまれていた子実体が発育（膨張）する．原則としてこの過程では，細胞分裂を伴わない］．

訳注9：トリュフは子嚢菌門の地下生のきのこであり，担子菌門のきのこの子実体の発育に関するここでの議論に加えることが適切かどうかについては，現在のところ十分な知見がない．担子菌門のショウロ（*Rhizopogon rubescens*）のような半地下生やアカダマタケ（*Melanogaster intermedius*）のような地下生菌類と，子嚢菌門の地下生のきのこであるトリュフの子実体はいずれも胞子が散布まで殻皮（periderum, peridium, 複数 peridia）に覆われており，ボール型をしているが，これは収斂の結果と推察されている．かつては担子菌門のきのこのうち，胞子の成熟まで殻皮で包まれているものを腹菌類と総称していたが，最近の分子系統解析の結果，形態学的に腹菌類とまとめられていた菌類は，実は，多系統のものであることが実証されており，これも収斂の一例と考えられている．本節での議論は，あくまでも，外部形態に基づく子実体形成の型の分類である．今後，分子系統進化の成果を含めて，子実体形成の発育過程の型の分別が進化という時間軸を含めて議論されるようになると期待される．

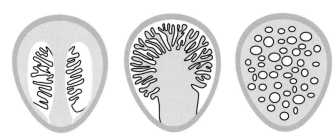

図 12.9　子実体の内実型の菌は，成熟子実層が膜で囲まれているか，あるいは完全に覆われている（殻皮で覆われている）子実体を形成する．形態からみた腹菌類の子実体にみられる 3 つのパターンが，その成熟子実体の縦断面図でここでは示されている（Moore, 1998a より改変）．

類は，長年に渡って特別なグループ，腹菌類（gasteromycetes；「胃の形をした菌類」，ギリシャ語の「胃」あるいは「腹」を意味する gaster に由来）に分類されてきた．

しかしながら，地下生の子実体は，自然分類群の弁別的特徴を表しているというよりも，多くの異なる系統における特殊化を表していることが明らかになっている．通常，**地上生**（epigeous）の子実体を形成するいくつかの菌種は，日照りや乾燥といった成長に不適な環境条件にでくわすと地下生の子実体を形成する．

上記の考察は，異なった組織の**不等成長**により，菌類の子実体の非常に大きな形態学的多様性が生じうる，また生じるという考えを，読者により起こさせることを目的としている．この子実体の多様性は，大きさ，色素形成，相称性，構成要素の器官の大きさ間の規則的あるいは不規則的な関係，そして，子実層がひだ，管孔，あるいは歯状の針のいずれの上に生じる（そしてこれらの構造が厚いのか大きいのか，薄いのか小さいのか，そして，あるいは数が多いのかきわめて少ないのか）のかといった特徴を加えることによって，増幅される．それゆえ，もし，子実体の特徴を記載するために選んだ名称を数え上げると，子実体をつくり上げるには実際 10 種類の方法があることに気づくであろう．しかし，数による表現は，単に問題の出発にすぎない．このような記載が，庭に生えたきのこ，リゾットや炒め物に混じったきのこ，あるいはステーキに添えられたきのこについて，もう少し深く考えて頂けるきっかけになることを希望しているのである．ブリテン諸島には，哺乳類 48 種，鳥類 210 種，高等植物 1,500 種が知られている．一方，**菌類は 15,000 種以上**が知られており，この種数は昆虫（英国には 22,500 種が知られる）に匹敵する．これが英国の種の多様性である．

ここから，子実体の発育の細胞レベルでの詳細に話題を絞りたい．このことに関する研究成果の紹介は，この分野の大部分の研究が行われたヒトヨタケ（ink cap mushroom）の 1 種，現在，ウシグソヒトヨタケ（*Coprinopsis cinerea*）とよばれているきのこを用いて行いたい．この菌種を用いた研究は，同菌が何度も誤同定されてきた不幸な歴史的経過がある．そのために，ここで引用する文献には，*Coprinus cinereus*，*Coprinus lagopus*，*Coprinus macrorhizus* などいくつかの菌種名が登場する．異なる種名は誤同定によるものであり，これらの種名はすべて同一種を指している．*Coprinopsis cinerea* の同定に関するいくつかの問題，および同菌の子実体発育の特徴に関する一般的特徴は，Moore et al.（1979）によって考察されている．次いで，Redhead et al.（2001）は，「*Coprinus*」とよばれてきたすべての菌種について分子系統解析（molecular phylogenic analyses）訳注11 を行い，これらの菌種をハラタケ科 Agaricaceae のササクレヒトヨタケ（*Coprinus*）属，新しく設立したナヨタケ科（Psathyrellaceae）のキララタケ（*Coprinellus*）属，ヒメヒトヨタケ（*Coprinopsis*）属，ヒメヒガサヒトヨ（*Parasola*）属に再分割した．これがいかにして，*Coprinus cinereus* が *Coprinopsis cinerea* とよばれるようになったかの経過である．

12.5　反応能と局所的パターン形成

菌類の菌糸体に由来する子実体とその他の多細胞性構造体形成におけるいくつかの発育段階については以前の章で述べた．多細胞構造の形成は菌糸体の分化の側面をもっており，菌糸体は必要な資源にアクセスし入手しなければならない．杓子定規にいえば，菌糸体は多細胞性構造体の形成に着手するための**反応能**（competence）をもたねばならない．

実際的な意味では，反応能をもつことは本質的に，外側に拡がっていく菌糸体が，さらなる発育と形態形成に必要なすべての合成過程のために，**蓄積栄養的貯蔵物質**の形で，十分な供給物質を内部に吸収するために，十分な量の基質（基物）を見い出して獲得したことを意味している．本質的な点は，これらの栄養素が，もはや菌糸の外側には存在せず，潜在的に利用可能

訳注10：ネットの情報では，3,354 種の維管束植物が知られる．
訳注11：原文では分子配列解析（molecular sequence analyses）であるが，本文の内容は，このうちの分子系統解析を意味している．

であるということではなく，すでに菌糸システム内部に存在して即座に利用可能である，ということである．このような均衡の変化は，細胞と組織を分化させる何らかの制御回路のシフトをもたらす．

第9章で，環境とその他の影響に対応した菌糸体の分化について述べ（9.2節），そして図9.18で，菌類における子実体とその他の多細胞性構造体の発育段階を要約したフローチャートを示した．最初の2つの段落では，生理学的な面を強調したが，このフローチャートは，反応能に対する**遺伝学的要素**もまた存在することを気付かせる．菌糸体レベルでの和合性システムが菌糸体間相互作用に寄与しうる（7.5節）が，通常，菌糸体間の相互作用は交配型因子によって支配されている（第8章）．その結果，性的に和合性のある菌糸体が形成される[訳注12]．しかしながら，高等菌類では，一倍体の菌糸体でさえ，菌糸成長を継続させるか，無性胞子形成と無性的な多菌糸構造体（子座（stroma，複数 stomata），菌核など）形成を行うか，あるいはそのいずれかを形成をするかといった，多くの発育経路の選択肢を有している．一方，和合的な一倍体の菌糸間の交配は，有性生殖環（sexual cycle）とこれに伴う付加的な経路への推移を可能にする（Moore, 1998a）．これらの間の選択は，しばしば，いくつかの発育経路のいずれかに進む能力をもつようになった菌糸体に対する，時としてきわめて局所的な環境条件の影響の問題であった．

このフローチャート（図9.18）に描かれているように，多細胞性の発育は，一般に，栄養菌糸の通常（新天地の探査，侵略）の成長を**抑制**，あるいは**制限**する何らかの攪乱（disturbance）が，シグナルとなって開始する．この栄養成長（vegetative growth）の制限は，栄養上の危機，たぶん，基質（基物）中の多くの，あるいは非常に重要なたった1つか2つの，たとえば菌類に好まれる炭素源や窒素源のような栄養素が，使いつくされることによってもたらされるものと思われる．現在では，菌糸体は多くの栄養素を吸収し菌糸内に貯蔵しているので，栄養上の危機とは，菌糸体が餓死寸前の状態にあることを意味しているわけではない．そうではなく，栄養供給の均衡が変化し，このことが菌糸内の制御パターンの変化を招くことを意味しているのである．

数多くの実験室レベルの形態形成の研究の対象となってきたその他の主要なシグナルは，**温度ショック**，**光照射**，**培養容器の縁部との遭遇**，**菌体の物理的傷痍（損傷）**であり，いずれも菌類の通常の自然な生育地（habitat）で普通に起こる出来事に関連するものである．多くの担子菌門の菌類は，その子実体形成に，季節的な気温の変動に対する適応と考えられる，温度の急激な低下を必要とする．菌類の照明パターンに対する反応は，昼光，あるいは日長を反映したものと考えられる．あるいは，菌類の光照射に対する反応は，菌糸体が暗い基層［substratum；リター層（litter layer），植物残渣の堆積，あるは植食動物（herbivores）の糞などのような］中で成長し，ついには光が照射されている基層表面に出現するという，生育特性を反映している．研究室レベルの実験における「縁部との遭遇」は，通常，菌糸体がペトリ皿の縁に達することを意味している．一方，自然環境では，土壌中で成長していた菌糸体が岩石に遭遇したり，あるいは材木片中の菌糸体が表面に到達したりすることと同意であろう．野外での菌体の傷痍は，強い雨，雹や風などの有害な天候条件，あるいは動物による攪乱によって加えられるものと思われる．さらに，それまで保護されていた菌糸体が，何らかのその他の環境変動（すなわち，たとえば，動物による穴掘りによって，菌糸体がその基層から切り離されること，あるいは，光や温度のストレスに暴露されることなど）に暴露された結果によるものと思われる．

子実体は，長年に渡ってそうであると信じられてきたが，1つの細胞から由来したものではない．むしろ，子実体や菌核のような**多細胞性構造体の形成の開始**は，異なった細胞源からの菌糸細胞の凝集を必要としている．菌糸細胞の凝集は，菌糸の成長パターンの最も基本的な変化の直接的な結果である菌糸の集合によって起こる．すなわち，菌糸体で菌糸は負の自律屈性（菌糸の先端部が，菌糸体中心から，さらにお互いに離れて成長する現象）を示すが，菌糸が凝縮した多細胞性組織の構成成分を形成するには，菌糸の先端部が正の自律屈性を発揮して，お互いに集合するように成長しなければならない（Matthews & Niederprurm, 1972; Waters et al., 1975: Van der Valk & Marchant, 1976）．

動物の胚と異なり，菌類の多細胞性構造体は，通常，明らかに，単一の親の子孫の細胞の集合から成り立っているのではなく，多数の**協同的にはたらく菌糸システムの集合**によって形成されている．事実，知られているのはわずかに2, 3の例だが，キメラ状の子実体が報告されてきた［「キメラ（chimeras）」という用語は，ギリシャの神話（想像）上の数種類の動物の部位からなる怪物の名前に由来する．現在では，「遺伝学的に異な

訳注12：極性であったり雌雄性であったりする．

る細胞から成り立っていること」を意味する]．Kemp（1977）は，野外で採取した馬糞の上で「ヒトヨタケ（Coprinus）属」の子実体がいかに形成されるかを記述したが，室内で培養したところ，子実体は2つの菌種から構成されていたのだ［その後，これら2種はマグソヒメヒガサヒトヨタケ（Coprinus miser）と Coprinus pellucidus と同定されたが，現在では，Parasola misera と Coprinellus pellucidus と命名されている］．この2菌種は明らかに異なる形態の担子胞子をもっており，子実層は2種類の異なった担子胞子をつけている異なった担子器の集団の混合によって形成されている．この事実は，キメラが子実体全体に行き渡っていることを意味している．

一般的にいって，最も高度に分化した細胞は，菌類の多細胞性構造体を構成する組織塊の外側に発生する（William et al., 1985）．よって，菌類の形態形成に関わる主要な出来事は，植物や動物の形態形成と同じように，組織の表面と，隣り合う組織を分かつそれらの「表皮」細胞層と関係している．成熟組織は，図 12.1 に示されたようにごく初期の段階の子実体原基でもはっきり区別できるようになっているので，菌類は，動物や植物のように基本的な「ボディプラン」を発生のきわめて初期の段階から確立している．「ボディプラン」をつくり上げている組織の分布パターンは，領域指定（regional specification），細胞分化（cell differentiation）および細胞協調（cell coordination）という過程によって逐次的に確立される．これらの過程のすべては，モルフォゲン（morphogens）と成長因子（growth factors）あるいはそのいずれかによって，特定の効果があがるようにうまく調整されているようである．分化中の子実体原基に，動物や植物の発生にきわめて重要な役割を果たしている成長ホルモン（growth hormones）や成長因子と同じように，モルフォゲンが存在することを示す直接的な証拠はないが，このこと示しているいくつかの間接的な証拠がある．栄養構造あるいは子実体構造に形成される，非常に若い菌糸房あるいは原基は，見かけ上ゆるやかに織り合わされた菌糸からなる組織の塊から成り立っている．しかし，その後すぐに，迅速な細胞形成［すなわち，組織化された迅速な分枝形成（branch formation）］を行う組織層が確認できるようになり，この組織層は成熟した器官の主要な組織層の境界を定める．このように組織学的にはっきりと識別される部位（成熟器官の予定組織部位[訳注13]）をつくり出すために，当初は均質な織り合わされた菌糸から何らかの組織化が行われる．

12.6　ヒメヒトヨタケ属の子実体：子実層の形成

ウシグソヒトヨタケのひだ（この表面に子実層が形成される）の分化は，柄と傘の組織の境界領域で，空隙が環状に形成される前に明瞭になる（図 12.1）．ひだは，小さな密に詰まった分枝菌糸の垂直な隆起として生じる．そして，このひだの分化のうねりが組織の中を傘の外周に向けて進むのにつれて，うねりののちに，円柱状細胞からなる2枚の組織化された面が形成される．円柱状細胞は隣接するひだ表面の始原的な子実層を構成し，隣接したひだどうしは発達しつつあるひだの間の空隙によって隔てられている．環状の空隙は，ひだが十分に形成されたのちにのみ見られ，傘を構成する菌糸の膨張の結果，傘が柄から引き離される．

最初に形成された（一次）ひだの中央の組織は，織り込まれた菌糸によって相当期間，柄の外囲に直接連結されたままであ

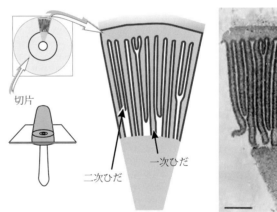

図 12.10　ウシグソヒトヨタケの発育後期の子実体の傘の横断切片図．横断切片の作製方法を左図に示した．中央と右側の図では，基部は柄組織であり，上部はより拡散した組織は外被膜の切れ端である．図の中央部では，ひだは「平行な」（実際は，放射状）組織ブロックのように見える．左上側の切片の中心の穴は，柄の内腔である．発育のこの段階では，傘は柄の最上部を包み込み，ひだは柄の長軸に沿って保持されている．それゆえ，横断切片はひだプレートを横切し，ひだプレートはひだの積み重ねのように見える．子実層は密に詰まられ，より濃く染色された細胞からなる．したがって，右側の写真ではひだに沿った黒い線のように見える．一次ひだの縁と柄の間には，依然として菌糸が延びている証拠があるが，子実層は柄と接触している一次ひだの縁に形成される．一次ひだ（柄から外側に向けて延びている）と二次ひだ（傘の半径の全長にわたって延びているわけではない）の両方が存在することに注目せよ．読者は，二次ひだの形成について，どのように思いますか？右側の写真中のバーは 100 μm．

訳注 13：動物の胚発生にみられる予定運命と同等の意味．

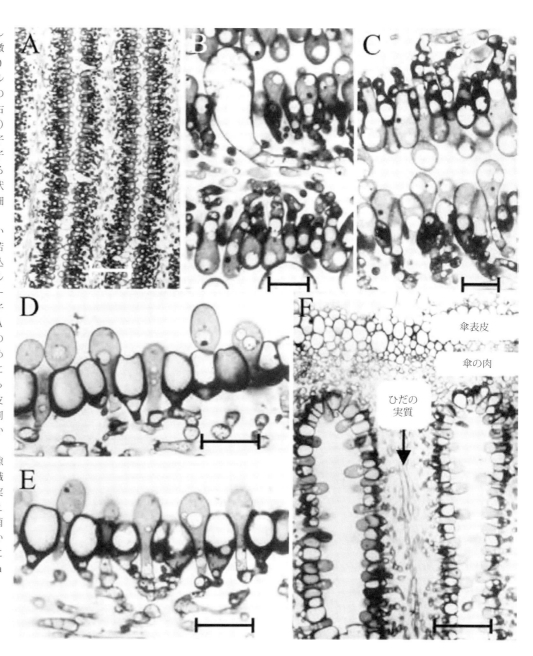

図12.11 ウシグソヒトヨタケの分化した子実層の組織切片の光学顕微鏡写真．A（スケールバー，20 μm）およびBとC（スケールバー，5 μm）は，1〜2 mmの高さの子実体原基（図12.1の右端の子実体原基と同じ大きさ）の子実層を示す．この段階の子実層は，密に詰まった若い担子器の層から成っており，ところどころに大きいがまだ若い嚢状体が存在する．担子器の下の細胞からの分枝は側糸になるが，分枝の先端が濃く染色されているのではっきり確認できる．若い側糸は，担子器の層に割り込み始めている．DとE（スケールバー，10 μm）およびF（スケールバー，20 μm）は，側糸の子実層への割り込みが完了したA〜Cよりもあとの段階の切片の写真を示す．側糸は膨張し始めている．側糸が担子器下細胞に接続していることは，まだはっきりわかる．Fによって，傘表皮（傘の「表皮」）は，子実層と同じように，密に詰まった細胞からなる層であることがわかる．しかし，傘の肉は，細胞間空隙の大きい非常に空間の多い組織である．同じことは，ひだの実質（ひだの肉）についてもいえる．ひだの実質では，組織が菌糸からなることがはっきりわかる（写真は，Isabelle V. Rosinによる．イラストはMoore, 1998aより改変）．

り，十分に発育した原基でのみ柄から離れて独立する．この初期の発育段階からまさにきのこ（子実体）の最終的な成熟に至る段階で，発育上の変化が2つの主要な方向に沿って進行する．すなわち，内側のひだのエッジ（すなわち，柄に最も近いエッジ）から外側のエッジ（傘の露出表面に最も近い）に向けてと，傘の周縁部から傘の頂点に向けての2方向である（Rosin & Moore, 1985a）．これらの**形態形成極性**（morphogenetic polarities）は形態形成の最も早い段階に確立され，子実体の発育を通して維持される．

ウシグソヒトヨタケの成熟して十分に分化した子実体の傘は，薄い傘実質（pileus trama）［傘の「表皮（epidermis）」は，**傘表皮**（pileipellis）とよばれている］から構成されており，傘の実質の外側は被膜細胞が境界となり，内側にはひだがつり下げられている．ひだはお互いに平行で，発育を通してこの配置を維持するものとして記載されている．厳密にいうと，ひだは傘の半径に沿って配置されるが，ひだは非常に薄く，無数にあるので，微小部分を調べた場合平行に見える（図12.10）．ひだの表面は，次の3つの高度に分化したタイプの細胞からなる**子実層**である．すなわち，**担子器**（basidium；複数 basidia；胞子が形成される細胞である．名称は，ギリシャ

語の「踏み段」，円柱の「台座」あるいは「土台」を意味するbasisに由来する．なぜならば，担子器は胞子を支えるようになるからである），**囊状体**（シスチジア；cystidium，複数 cystidia；大きな膨張した細胞である．名称は，ギリシャ語で「膀胱」を意味するkystisに由来する），および**側糸**（paraphysis，複数 paraphyses；名称は，ギリシャ語で「側」を意味する前置詞のparaと，「自然物」を意味するphysisに由来する）である．側糸は不稔性の二次細胞であり，この記述は側糸の重要性を軽く見せるが…，最終的には成熟したひだの物理学的な構造のほとんどを構成する基盤材料になる．

子実層の細胞はすべて，ひだの中心層である**実質**（trama）から分枝した菌糸として発生する．実質の構成細胞は開放性で，基本的な菌糸構造を維持している．ウシグソヒトヨタケの「小さな，密に詰め込まれた分枝菌糸の隆起の背」は，ほとんどがその間に囊状体を散在させた若い担子器［しばしば**原担子器**（protobasidium，複数 protobasidia）とよばれている］である．このうねの背は最初の子実層を形成し，湾曲して実際上周縁部のひだ板（gill plate）をつくり上げる．若い担子器は最終的には減数分裂（meosis）（図 8.5）を行い，担子胞子を生産する．囊状体は，実質の分枝していない菌糸の末端のコンパートメントとして生じる（図 12.11）．最初から，囊状体ははるかに大きな細胞である．囊状体はひだの間の空隙［ひだ腔（gill cavity）］を横切って橋渡しをし，2つの向かい合うひだ板の表面の子実層を結びつける．そして囊状体は，傘の膨張により生じた引張り荷重をひだ全域に拡散させるといった機械的な機能も果たす（以下で論議する）．実質から分枝した菌糸のうちで，約8%が囊状体になるにすぎない．残りの分枝菌糸は，原担子器になる（Horner & Moore, 1987）．

側糸は，担子器の直下の菌糸細胞からの**分枝菌糸**として発生し，分枝菌糸は担子器層に押し分けて入り，その過程で膨張する（図 12.11）．側糸の約75%は，減数分裂が完了するまでに子実層に入り込む．残りの側糸は，発育後の段階に入る．対照的に担子器の数は，ひとたび側糸の挿入が始まると増加しない（Rosin & Moore, 1985b）．

形態形成が局所的に制御されていることの証拠は，ヒメヒトヨタケ属の子実体の隣接する子実層における**囊状体**の分布を比較することによって得られた（Horner & Moore, 1987）．大きな，膨張した囊状体の細胞は，ひだの間の空隙中に突出し，隣接するひだの向かい合う子実層にぶつかる．その結果，数値的な分析が可能なある種の囊状体の関係（切片の顕微鏡観察からわかる）が存在する．図 12.11 の顕微鏡写真に見られるよう

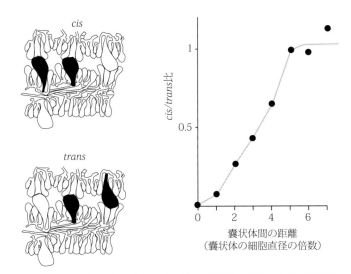

図 12.12 ウシグソヒトヨタケの子実層中の囊状体の分布．左側の線画は，顕微鏡写真に見られる，隣り合う1組の囊状体の2種類の存在様式，cis（2個の囊状体が同一の子実層に出現）あるいはtrans（互いに向かい合う子実層から出現），の類別を示す．右側のグラフは，2個の囊状体間の距離（横軸；囊状体細胞の直径の倍数で示した）に対する，cis/transの比（縦軸）を示す．その結果，近接したcisの存在比は，近接したtransの存在比よりもずっと小さかった．この事実は，同一の子実層から出現する囊状体の出現パターンには，何らかの阻害的な影響があることがうかがえる．

に，ひだ間の空隙に突出している囊状体は，囊状体どうしを隔てる他の細胞の存在により「離れている」か，あるいは他の細胞が介在せず「隣接して」存在している．そしていずれの場合も，2つの囊状体が双方とも同じ子実層から発生するか（cis，シスと記されている），各々が向かい合う子実層から発生するか（trans，トランス），のいずれかである（図 12.12）．

もし，囊状体の分布がまったくランダムであれば，その場合は隣接する囊状体ペアの出現頻度は囊状体の存在密度に依存している（隣り合う囊状体間の距離の関数として評価することができる）．さらに，ランダムである場合は，「離れている」と「隣接する」のいずれのカテゴリーにおいても，同数のcisとtransが出現するであろう．しかしながら，子実体原基の連続切片を用いて得られた定量的データによると，囊状体の形成は，同一の子実層上に近接して存在する囊状体によって，正の阻害を受けることが示されている（図 12.12）．明らかに，囊状体の形成は，同じ子実層のすぐ近くの部位からの，他の囊状体の出現の可能性を積極的に低下させる（Honer & Moore, 1987）．阻害的な影響が及ぶ範囲は，半径約 30 μm の範囲に拡がるが，厳密に同じ起源の子実層に限定される．

囊状体形成は，発育中の子実層の直上部のひだ空隙中の大気の成分（液体というよりも気体であると仮定して），おそら

く，水蒸気の濃度によって活性化されると考えられる．したがって，嚢状体の分布パターンは，活性化因子と阻害因子との間の相互作用に依存している可能性がある．そのようなパターン形成過程については，Meinhardt & Gierer（1974）およびMeinhardt（1976，1984）によって展開された，**活性化因子－阻害因子モデル**（activator-inhibitor model；形態形成領域モデルともよばれる）を用いた分析とシミュレーションの余地がある．このモデルはすっきりしたわかりやすいモデルであり，形態形成パターンはまさに2つの化合物の間の相互作用によってもたらされることを示唆したものである．2つの化合物とは，自身の合成を自己触媒する活性化因子と活性化因子の合成を阻害する阻害因子である．両方の因子は，合成される領域から拡散する．阻害因子はより急速に拡散し，その結果，周囲の細胞における活性因子の産生を阻害する．このモデルは，植物や動物における気孔，繊毛，体毛および剛毛の分布を，無理なく説明する．さらに，非常に多様なパターンが，コンピュータシミュレーションによって，拡散係数，崩壊速度や他のパラメーターを変化させることにより産み出されている．このモデルを植物や動物のみならず菌類にもうまく適用できたということにより，葉の気孔，昆虫の剛毛や菌類の子実層における嚢状体の分布が，基本的な機構のレベルでは非常に多くの点で共通している，という事実に関心が集った．換言すれば，これらの例は，パターン形成には一般的な法則が存在するということの表れである．一般的な法則は，関係する分子レベルでのメカニズムは異なっているかもしれないが，すべての多細胞システムに同じように適用できるであろう．

上述したのは，形態形成が絶妙に制御されていることを示す多くの発育制御事象を，例をあげて説明したものである．

- 第一に，これらの分化は傘のひだ組織で行われており，一方，ひだからほんの数百 μm 離れた柄の組織では別の一連の分化が進行している．子実体の器官は，高度に特殊化された領域である．局在化を制御するメカニズムは，何であろうか？
- 第二に，述べているのは菌類の組織である．それゆえ，関係する細胞要素とは，**菌糸の分枝**であり，**菌糸コンパートメント**（hyphal compartments；隔壁で仕切られた細胞）である．図12.11の写真は，子実体形成の際に菌糸体によって示される成長パターンの変化（分枝）を劇的に強調しているが，菌糸の分枝はこの写真に示されたような頻度で形成されるのである．寒天培地表面の栄養成長においては，この二核体の先導菌糸（leading hyphae）は，約73 μm の間隔で分枝する．しかし，図12.11に見られるように，子実層における分枝頻度は，寒天表面の栄養成長におけるよりも10あるいは20倍高い．何がこのように高頻度で分枝させるのであろうか？
- 第三に，次に示すように，少なくとも4つの細胞分化経路がある．これらは，実質，担子器，嚢状体および側糸になる未分化の菌糸である［次で，第5の細胞型，**シスチジア接着体**（cystesium，複数 cystesia）について言及したい］．ここに述べた細胞型はすべて，実質菌糸からの分枝として生じる．これらの細胞型は，同じ菌糸システムから生じた姉妹分枝の関係にあるにもかかわらず，樽形孔隔壁（dolipore septum）で仕切られているにすぎない各細胞がまったく異なった分化経路をたどる（図12.13）．このような隔壁の両側で，いかにして異なった分化経路が制御されているのであろうか？
- 第四に，子実層を構成している細胞はすべて，菌糸の分枝に由来している．しかし，分枝の先端は連続的に成長することはなく，伸長は制御されて，伸長を停止して分化する．さらに，伸長の停止は，分枝細胞集団全体にわたって調和されているように見える．その結果，子実層の表面は均一な層になる．何がすべての分枝細胞の伸長を同時に停止させるのだろうか？
- 第五に，子実層の分枝の伸長方向もまた，均一である．図12.11Aを見ると，実質内菌糸からの数百（その一生で，数十万）という分枝がすべて，上方に向かって成長し，1つの子実層を形成していることがわかるだろう．そして，これらの分枝からほんの数 μm 離れた，同じ実質内の菌糸からの同じくらいの数の分枝がすべて，下方に向かって成長し，同一のひだに他の子実層を形成する．何がこれらの分枝を同じ方向に向けさせているのだろうか？

最後に，タイミングの問題がある．最初の分枝菌糸先端集団

訳注14：他の多細胞生物の細胞に相当する．担子菌類や子嚢菌類は，細胞分裂に際して，分裂面の細胞膜と細胞壁が求心的に形成されるが，分裂の完了時でも完全に閉じず，一部のオルガネラが通過可能な程度の未閉鎖部が残る．このため，細胞の伸長方向と垂直に形成される細胞膜を含む細胞壁部分を，菌糸壁とよばず，隔壁とよぶことが多い．この関係で，隔壁で仕切られた菌糸の単位を細胞ではあるが，細胞間相互の連絡がより密なことが予想され，他の多細胞生物の場合と区別してコンパートメントとよぶことがある．

図12.13 ウシグソヒトヨタケにおける，樽形孔隔壁を挟んでの細胞分化の透過型電子顕微鏡写真．左側の写真は，菌核の髄層の切片である．隔壁（矢印）の両側の菌糸コンパートメントに，厚い細胞壁と薄い細胞壁が存在する．右側の写真は，未成熟の子実層の切片である．異常に膨張した側糸が，その下側のより普通の様相の細胞と樽形孔隔壁（矢印）を共有している（Moore, 1998a より改変）．

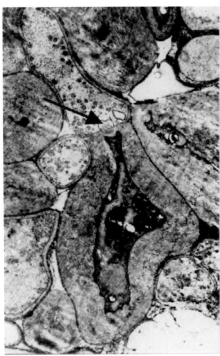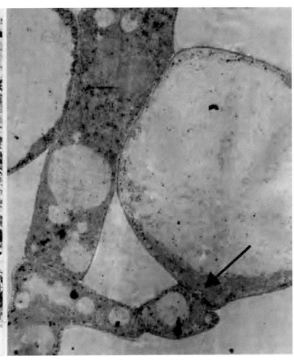

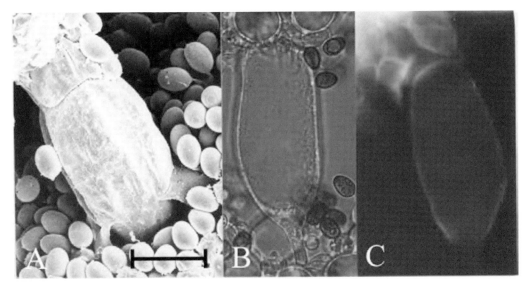

図12.14 ウシグソヒトヨタケの担子器と粘着性のシスチジア接着体．パネル版の3つの写真はすべて，ひだの空隙をつなぐ嚢状体と，反対側の子実層のシスチジア接着体との融合を示す．A. 嚢状体（下部）とシスチジア接着体（上部）の接合部分を示している臨界点乾燥走査型電子顕微鏡写真．B. 嚢状体とシスチジア接着体（上部）の明視野光学顕微鏡写真．C. B と同一の細胞で，紫外線（UV）励起された色素，calcofluor white が蛍光を発している．蛍光は，細胞が接着した壁における細胞壁成分のキチンの新規合成を示す．それゆえに，2つの子実層間を橋渡しする嚢状体は，両子実層と結合し，それらを強化する．写真はほぼ同一サイズに調整されている．スケールバー，20 μm（香港中文大学の S. -W. Chiu 教授によって撮影された顕微鏡写真，Moore, 1998a より改変）．

は，原担子器と嚢状体になる．そして，これらの分枝集団が特定の細胞に分化したのちに，各原担子器のすぐ下側の細胞（菌糸コンパートメント）から分枝が出現する．この分枝細胞は特異的に成長して，すでに確立した原担子器の層の中に割って入り，舗石としての側糸になる．この過程もまた，各々独立した分枝菌糸の大きな集団全体に，時間と位置が調和されている．

ツクリタケ（*Agaricus bisporus*）の子実層は，担子器を次の2種類の異なった方法を用いることにより，多様性のリストに興味深い一例を付け加えてくれる．すなわち，胞子形成という子実層の一義的な目的のために用いることと，構造を構成す

るメンバーとして用いること，である．ツクリタケの子実層は不稔性の細胞を含んでいるといわれるが，Allen et al.（1992）は，子実層を構成する細胞の圧倒的多数が原担子器であることを見い出した．1個の融合核をもった原担子器は，子実体の一生を通じて，まさに老化に至るまでずっと，子実層の細胞中の大多数を占めている．減数分裂の進行はゆっくりしており，常に，古い子実体においてさえ，担子器のうちのほんの少数が4個の嬢核（娘核）をもっているにすぎない．この事実は，ほとんどの原担子器において，**減数分裂第一分裂前期で停止している**ことを示唆する．分裂停止している原担子器はその状態に止まっているので，子実層の構造因子として機能する．

12.7　ヒメヒトヨタケ属とフクロタケ属の子実体のひだの形成（多孔菌類の管孔がいかに形成されるかもお忘れなく）

ウシグソヒトヨタケの子実層には5番目の細胞型があり，いまだに，その起源は他の生物で見つけられたもう1つの現象の説明となっている．ひだ腔を横切る嚢状体の成長の初期段階において，嚢状体（シスチジア）が接触することになる腔の向かい側の細胞は，起源をともにする仲間である原担子器と識別することができない．しかしながら，嚢状体が反対側の子実層としっかりと接触すると，子実層中の嚢状体に接触された細胞は，接触によって明瞭に顆粒状で液胞化した細胞質を発達させる．この事実は，接触刺激が，接触された細胞の持続的な担子器への分化を中断させるか，粘着性の細胞型〔**シスチジア接着体**とよばれる．「嚢状体」と「粘性」を意味するラテン語起源の言葉の合成語〕に至る別の分化経路を開始させる，ことを示唆する（図12.14）．嚢状体とシスチジア接着体の粘着はきわめて強く，まちがいなく結合壁の合成を伴っている（図12.14Cに表示）．

「ヒトヨタケ（*Coprinus atramentarius*）」[訳注15]における，上記の結合壁合成の強さの重要性に関する興味深い記述が，Buller（1910）によって記録されている．

> 2つの隣接するひだの一部を無理に引き離すことに成功したとすると，嚢状体はその頂端で，一方のひだからほとんど離れているが，他方のひだではその（嚢状体の）基部で接着したままになっている…．次のように，しばしば逆も起こる．嚢状体は…基部で破断し，頂端で接着したままになっている…

このような写真による説明から，嚢状体とシスチジア接着体の接着は非常に強く，子実層下層の菌糸分枝システムの破断ひずみに勝りうるということから，このことが非常に長い間知られてきた理由がわかる．接着は非常に強いので，無理に引っ張ると，子実下層起源の細胞が子実層から引き抜かれる．そのような単一の配列の機能は何であるだろうか？　その答えは，最初に形成されたウシグソヒトヨタケの一次ひだ（primary gills）が巻き込まれて折りたたまれたプレートとして出現することにあるようである（図12.15）．

最終的には「平行」になるウシグソヒトヨタケの巻き込んだひだに関しては，傘が展開するにつれてひだは引っ張られて通常の平行な配列になると予想される（図12.10に示すように）．ひだが平行になる過程は，ひだが固定されることによって，傘の展開がひだを引っ張って本来の形にするのに伴い，相互に連結しているひだプレートが柄の周囲で完全にぴんと伸びた構造になることによって，成し遂げられる．ひだの固定は，一次ひだの柄への結合と，応力因子として作用する嚢状体とシスチジア接着体によって行われる．この応力は，子実体の成熟過程を通じてのその構造の幾何学的変化によって生じる．ヒメヒトヨタケ属のきのこの幼傘は，柄の頂部を取り囲むようにして存在し（図12.10に図示），ひだは柄の周囲に垂直なプレートとして放射状に配置されている．ウシグソヒトヨタケの典型的な子実体原基で得られた計測結果は，高さが1 mmから34 mmに育つと，柄の周囲長は9倍に，一方，傘の外縁部の周囲長は15倍になることを示している．一次ひだは柄と傘の双方の表面に接続しているので，一次ひだは必然的に，内側よりも増加率が大きい外側の表面に引き伸ばされることになる．そして，強固に接着している嚢状体-シスチジア接着体ペアは規則的に分布しているので，これらのペアは，上記の張力をひだ全体に伝達し，張力を均等化する**張力タイ**（tension ties）としてはたらく．

図12.15Bは，フクロタケ（*Volvariella*）属のきわめて若い子実体原基の初期のひだは巻き込んでいるものの，ヒトヨタケ型（coprinoid-type）のものとはきわめて異なっていることを示す（図12.7を図12.10の線画と比較せよ）．すべてのハラタケ類（「agaric」；ひだをもつすべての「きのこ」を意味する，広

訳注15：現在は，*Coprinopsis atramentaria*.

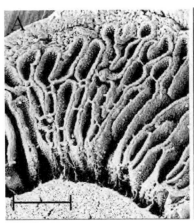

図 12.15 　ウシグソヒトヨタケ（A）とキヌオオフクロタケ（B）の「始原ひだ」の走査型電子顕微鏡写真．「始原ひだ」は，はっきりと巻き込んでいるようにみえる．スケールバー，0.5 mm．これらの試料は，全体の大きさがわずか数ミリメートルの小さな子実体原基から得られた組織片である．子実体原基は，数センチメートルの大きさの成熟子実体を形成する（香港中文大学の S. -W. Chiu 教授によって撮影された顕微鏡写真．Moore, 1998a より改変）．

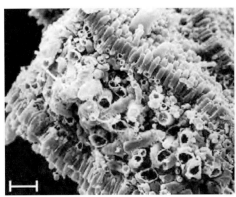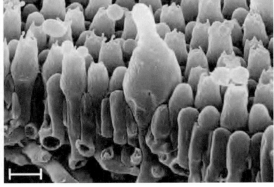

図 12.16 　キヌオオフクロタケの成熟したひだの走査型電子顕微鏡写真．左は，凍結割断したひだの実質の断面像（スケールバー，20 μm）．右側の像は，子実層の拡大写真（スケールバー，5 μm）．子実層の細胞は密に詰め込まれ重なり合って，ぴんと張った風船のゴム膜のよう密着層を形成し，著しく膨潤した細胞塊を含むひだ実質を覆うように延び広がっていることに注目されたい．ひだは膨潤してよく見られる形になり，工学用語でいう延伸スキン構造を形成する．この構造物では，その構造的強度をひだの実質の圧縮と子実層の張力の組合せに依存している（写真は，香港中文大学の S. -W. Chu 博士による．Moore, 1998a のイラストより改変）．

義の意味で用いた）のひだの全般的な発育プログラムにおいて，一次ひだは傘の下表面で隆起したうねとして生じ，柄に向かって突出するようである．そして，二次，三次ひだは，一次ひだの間にいつどこでも空間が利用可能になると形成される．追加的に形成されるひだは，既存のひだの一方の側からあるいはその近くから分岐として，あるいは既存のひだの近くあるいは基部の子実層が折りたたまれるようにして発生する．これらの「発育規則（developmental rules）」（特に「いつどこでも空間が利用可能になる」規則）を適用すると，成熟したハラタケ類の成熟子実体でしばしばみられる規則正しい放射状のパターンの，通常の過渡期の発育段階として図 12.15B に示された波状の（迷路状の）ひだのパターンが必然的に生じる．

巻き込んだひだから規則的な放射状パターンをもつひだへの変換は，おそらく，フクロタケ属のきのこのひだの実質の菌糸細胞の膨張によって達成されるものと考えられる．フクロタケ属のきのこ（図 12.16）の成熟子実層は，密に押し付けられた細胞の層であり，図 12.16 に示した破断されたひだの実質は，著しく膨張した多数の細胞によってびっしりとみたされている．Reijnders（1963）と Reijnders & Moore（1985）は，菌類の構造体の発育事象を駆動する菌糸細胞の膨張の役割の重要性を強調した．子実層という「表皮」によって囲まれたひだの実質の細胞の膨張と成長が，初期のひだを効果的に膨張させ，それゆえ引き伸ばし，成熟した傘の整然としたひだの放射状の配列パターンを形成する圧縮力を生み出すことは容易に示唆される．それゆえにこのような場合，ひだは膨張によって形が維持されている．換言すれば，成熟したひだは，ひだの実質の圧

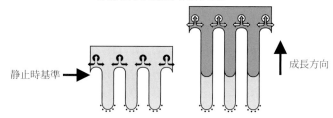

図12.17　フクロタケ属のひだの形成（Chiu & Moore, 1990b）. フクロタケ属の子実体のひだの端（背）に，傘が直径 10 mm のときに，インクによりマークをし，傘の直径が約 50 mm に達し，成熟したときにその結果を観察した．線画は，3つのひだ板の断面図を示す．インクによるマークは，「未熟な」ひだの端に弧状に打たれた小さな黒点で示した．成熟するまでに形成された新しい組織は，かげをつけた濃い灰色で表示した．上下2つの線画は，異なる戦略によるひだの成長時におけるインクのマークの想定される配置の変化を示している．もし，ひだがその端で成長すると（上部のパネル），菌糸の先端部はインクでマークされた部位を越えて成長し，マークされた部分はひだ腔の中に隠されることになる（見える部分から隠れる）．もし，ひだが傘組織に近い基部側の成長によって拡大すると（下部のパネル），ひだ腔にひだを「掘り進めるように伸ばして行く」ため，元のひだの端はそのまま残ることになる．実際の実験では，ひだの部分が5倍の大きさになってもインクのマークは元の位置に留まっていた．この事実は，フクロタケ属のひだは基部で拡大することを結論づけている．すなわち，未熟な子実体のひだの端に位置する菌糸の先端部は，成熟子実体のひだにおいてもそのまま端に残っていた（線画は Moore, 1995 より改変）．

縮と子実層の張力の組合せによる，工学用語でいう**延伸スキン構造**（stretched skin-construction）によって形づくられている（Chiu & Moore, 1990b）．

ひだの発育の方向に関しては，20世紀初頭から論議の的になってきた．きわめて重要な疑問点は，ひだは，通常，傘組織と反対側のひだの端（背）の部分での成長，あるいは傘組織と接するひだの根元の部分での成長のいずれによって（あるいは両者，あるいはいずれでもない），大きくなるのかということである．これは難解な問題ではないが，どこの領域が成長し，それゆえに発育制御が行われている部位なのかという重要な疑

問である．この疑問に対する答えは，ありきたりのハラタケ類の未成熟の子実体に，適度な間隔をあけてインクにより正確にマークをし，その子実体が成熟するにつれて何が起こるのかを観察することによって容易に得られる（図 12.17）．フクロタケ属の若い子実体に，水溶性インクあるいは水溶性カラーペイントを用いて，撹乱が最少限となるようにマークをした（Chiu & Moore, 1990b）．その結果，傘の成長にともなって，傘の頂部につけられたインクのマークは傘の頂部に互いに近接したまま残っていたのに対して，傘の頂部と縁部の中間点の傘の中央部の外表面のマークは互いに遠く離れ，マーク自体も拡散した状態になっていった．傘の縁部および傘組織から離れたひだの縁部につけられたマークも傘の縁部およびひだの縁部にとどまっていた．これらの観察結果は以下のことを示唆している．

(a) 傘の展開に対する最大の貢献はつば（annulus, ring）にあり，この貢献は傘の周縁部から行われ頂部までは拡がらない何らかの方法で行われる．

(b) ひだの傘組織と結合していない側の端（背）は元の状態のままに残り，置き換わらなかった．

(c) 傘の周縁部も同様に，周囲長が増大したものの，置き換わらなかった．

これらは単純な実験だが，決定的な意味をもっている．重要な観察結果は，ひだの傘組織と結合していない側の端（背）につけたインクのマークが，ひだが成熟して数 mm の大きさになったにもかかわらず，ひだの端に残っていたということである．この結果は，ひだの傘組織と結合していない側の端は完全に分化していたことを意味している．すなわち，ひだの端は成長部位ではないために，その部分につけられたインクのマークはひだが成熟してもそれ以上大きくなることはない．つまり，未成熟な子実体のひだの端に存在していた菌糸先端部が，成熟過程を通じてそのまま残っていたのである．すなわち，(b) の観察結果は，フクロタケ属のきのこの個々のひだの成長は，傘と結合している側ではないひだの端（背）の拡張によるものではないこと，(c) から傘の周縁部は傘の放射状の展開の成長の中心ではないことを物語っている．そこで今や図 12.10 の説明文に示された二次ひだに関する疑問に答える時がきた．

必然的な結論は，ハラタケ類（agaric）のきのこのひだの高さ（gill depth）[訳注16] の成長は，傘組織と接するひだ基部の成長と，

訳注16：ひだの幅（gill breadth, gill width）と表記することが多い．

ひだの基部あるいは中央部への子実層単位の挿入によるものであるということである．傘の放射状の展開は，おそらく，傘の周縁部の背後の広い範囲で新たな菌糸の分枝が古い菌糸と並んで挿入されることによるものと思われる．すなわち，傘の発育のきわめて早い段階に形成された傘の周縁部を構成する菌糸の先端部は，成熟した傘の周縁部にそのまま残っている．傘周縁部の菌糸は先端で成長し続けることも，したがって周縁部を放射状に拡大し続けることもない．また，他の菌糸に追い越されることもない．そうではなく，傘周縁部の菌糸先端は，周縁部の後背部分での新たな成長で生じた圧力によって，放射状に外側に「押し」出される．そして，周縁部の菌糸先端は，周縁部の円周が増加するのに伴い，新たに生じた分枝と結合する．同じような実験がウスヒラタケ（Pleurotus pulmonarius）の子実体を用いて，ひだの端をヤヌスグリーン（Janus Green）で生体染色することにより行われた．その結果，実験当初にマークしたひだの端は，そのまま残っていた．傘の外囲のさらなる成長は，まったく新しい，すなわち，染色されていない組織の生産を伴っていた．この新しい組織が，傘の外囲を放射状に外側に向かって拡大していた．明らかに，これらのひだもまた，傘組織に接続している基部で成長していた．しかしながら，ウスヒラタケの傘の周縁部は活発に成長する部位であることが証明された．すなわち，傘の周縁部につけた標識マークは，組織の成長によって打ち消されていた．新たに形成された傘の周縁部には，原基時の染色が存在していなかった（Carmen Sánchezの観察．Moore, 1998, の図 6.42 に描かれた）．

前記のように，若いヒメヒトヨタケ属の子実体は，通常の「きのこ」とは異なった幾何学的特徴をもっている．なぜならば，若い傘は柄の頂部を完全に取り囲んでいる．傘の形成過程において**一次ひだの内部（実質）**組織は柄の外側の層と連続している．柄と傘の外周長は，ともに約10倍大きくなるということをすでに述べた（傘の外周長はこれよりも大きく，柄の外周長はこれよりも小さい）．ところで，子実体の成熟過程において，ひだがついている柄の表面が拡大すると，ひだは必然的に厚さが増す傾向を示すと考えられる（図 12.18）．

しかしながら，成熟したひだは厚さが薄いので，傘の円周長が増すにつれてひだの厚さが増す傾向は，ひだの数を増すことによって補償されなければならない（図 12.19）．いかにしてこの補償がなされているのかは，図 12.20 に示した．

図 12.20 は，新たなひだ腔と，既存の一次ひだの実質内に，ひだ腔と境界を接するように一対の子実層が形成されることを示している．Y字型ひだ構造（Y-shaped gill structure）の存

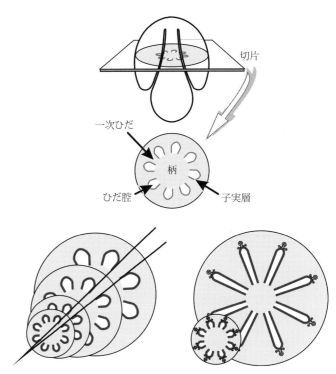

図 12.18　柄に接続しているヒメヒトヨタケ属のきのこの一次ひだ．上のパネルは，読者にわかりやすいように，傘の原基の横断切片の基本的配置を描いたものである．もし傘の展開中にこれらの幾何学的関係が変化することなく維持されると，ひだの厚さは2つの理由で著しく増大する．(a) すなわち，一次ひだは柄の周囲に接続しているので，柄の周囲長の増大はひだの厚さの増大を伴う（下の左図）．(b) ひだ形成体が放射状に外側へ移動するので[分枝パターンを生じ，図 12.21 の下図に示したように，形成初期の切断面の境界を成している柵状の原子実層（protohymenium, 複数 hymenia）を形成する]，ひだの放射状の経路（灰色部分）が散開して，ひだは必然的に厚くなるものと思われる（下の右図）．これらの問題に対する解決が図 12.19 に描かれている．

在は，重要な観察結果である．Y字型の分岐領域には，形成因子が存在するように思われる．分岐領域では，大きな細胞間隙にあるランダムに絡み合った実質の菌糸から，新たなひだ腔によって隔てられたきわめてぎっしりと詰まった子実層板（hymenial plates）への，構造変換が見られる．Y字型の分岐領域の形成因子は，**ひだ形成体（gill organizer）**とよばれてきた．新たなひだ形成体は既存の子実層の間に出現し，柄の拡張が既存の子実層を引き離すものと考えられる（そして，おそらく阻害的な領域を減少させ，新たなひだ形成体の形成が可能になるのであろう）．多数の子実体の切片についての観察（Rosin & Moore, 1985a）から，これらのY字型ひだ構造は，あたかも新たなひだ形成体が柄の表面レベルに生じ，傘に向かって外側に移動するように，指向されていることがわかる．この事実は，ヒメヒトヨタケ属のきのこ（子実体）のひだは外側に向

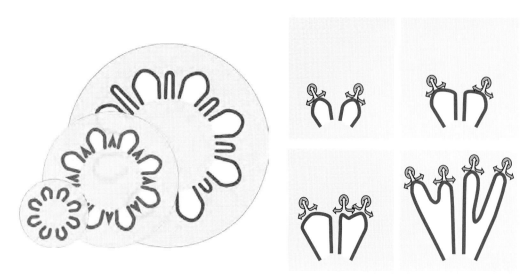

図 12.19　ヒメヒトヨタケ属のきのこの新たな一次ひだと二次ひだの発生．左図：表面が拡張している柄と接続する部分の，一次ひだの厚さの増加は，元の一次ひだの実質内に新たなひだ腔が出現することによって補償される．右図：ひだの厚さが外に向かって増加する際の形成要素は，ひだ腔の最外縁部と接する傘の組織に存在するひだ形成体である．ひだの放射状の経路（灰色部分）は散開しているので，ひだ腔のこの部分は接線方向に拡大し，ついには隣り合う 2 つのひだ形成体の間に新しいひだ形成体が出現するのに十分な空隙ができる．親世代のひだ形成体と娘世代のひだ形成体の外へ向かっての連続的な移動によって，これらの間に二次ひだが形成される．これら 2 つの機構は二者択一的なものではない．これらの機構はともに，成熟したヒメヒトヨタケ属の子実体を特徴づける放射状に伸びる狭いひだの集団を形成する（図 12.20 参照）．

図 12.20　ウシグソヒトヨタケの子実体の傘の横断切片．上方は柄の組織である．柄の組織とひだの実質の組織はつながっており，これらのひだはすべて一次ひだである．これら 2 つの切片に，Y 字型のひだ実質の形（上向き矢印）が見られることに注目せよ．Y 字型のプロフィールにおいて，これらの Y 字型の両腕部は依然，柄に接続している（下向き矢印）．このことは，一次ひだは，既存の一次ひだの実質内に新たなひだ腔を形成しながら次々と増えることを示している．スケールバー，250 μm（光学顕微鏡写真は Isabelle V. Rosin による．図は Moore, 1998a より改変）．

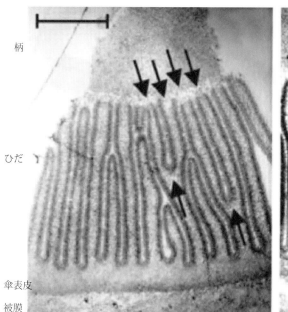
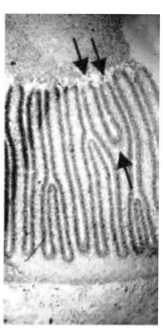

かって放射状に拡がり，ひだの基部は傘組織の未分化組織へと延びていることを明瞭に示している．

　傘組織には，各々のひだの弧（アーチ）の近接部に（すなわち，**各ひだの空間の先端に**），ひだ形成体が存在すると信じられている．ひだ形成体は，ひだの形成の場を外に向かって，柄から離れて，着実に補充される未分化の傘組織中を前進する（図 12.21）．

　二次ひだは，傘の拡大によって既存のひだの間の距離が増大して，再びひだ形成体が生じうる空間ができるのに伴い形成されるものと考えられる．この一連の観察は，理論上の形態形成の 2 つ伝統的な構成要素の根拠となる証拠を提供している（Rosin & Moore, 1985a）．一方，ひだ型の形態形成の放射状

の進行を確実にする活性化シグナル（activating signal）の放射状の拡散を仮定することができる．他方，組織領域の抑制因子の濃度が効果的な範囲を超えるまで，新たなひだ形成体の形成を妨げる抑制因子の傘の接線方向に沿った拡散を想定することができる．抑制因子の傘の接線方向に沿った拡散が起こる段階では，放射状に拡散する活性化シグナルによって新たな形成体が生じる．仮定されたひだ形成体の活性化因子と，仮定されたひだ形成体の抑制因子との相互作用は，ひだの間隔，ひだの数およびひだの厚さ，さらにひだの存在場の完全な放射状の配向を制御するのに必要なすべての要件を満たしている．

基本的なきのこの柄，ひだ，傘という特徴的で一般的な配列は，ひだをもつきのこの基本的ボディプランを構成している．基本的な哺乳動物のボディプランは，ヒト，キリン類，シロナガスクジラといった多様な動物を形づくることができる．しかし，このような多様な動物の体制は，初期胚ではほとんどその違い見分けることができないように，本質的に同一の形態形成過程によって形づくられる．この共通の属性を直視すると，ひだをもつきのこ類においては，いくつかの明瞭に異なる系統的ルートが存在するという事実に照らしているにも関わらず，同一の基本的ボディプランに至る多数の形態形成プロセスを用いているようには思えない．ひだの幅を横切る成長ベクトルが，あらゆる菌種で柄から離れる方向に向けられていることが最も重要である．この点は，ひだが端ではなく根元の部分で成長するという観点をから研究が進められてきた．すなわち，一般的な説明では，すべてのひだはその根元部分での拡張により成長し，傘組織と接していない端の部分の成長によるものではない（Moore, 1987）．

典型的なハラタケ類のヒメヒトヨタケ属とフクロタケ属のきのこにとって，ひだの発育ベクトルは柄から離れる方向に向かっている．驚くべきことに，同じようなことが，ヒラタケ（Pleurotus）属やシイタケ（Lentinula）属のような「ひだをもつ多孔菌類（polypores with gills）」においても見られるようである．ウスヒラタケやシイタケ（Lentinula edodes）のひだの端（背）を生体染色剤のヤヌスグリーンでマークをつけると，その後の成長や発育がきわめて顕著であっても，端の色素はそのまま残る．明らかに，これら両菌のひだも根元の部分で成長している．しかしながら，外の傘周縁部へ向かっての成長は，ハラタケ類のきのこと同じではない．ハラタケ類のきのこでは，傘の周縁部は，周縁部背後の成長による圧力によって，外側に向かって前進する．その結果，傘周縁部のマークは傘が展開しても周縁部に残ったままである．ウスヒラタケやシイタ

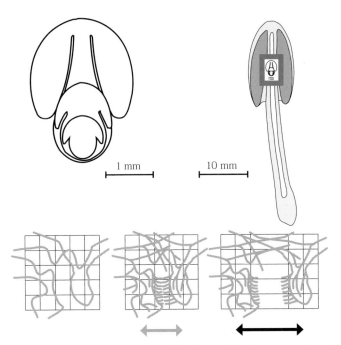

図 12.21　ウシグソヒトヨタケの子実体の拡大のダイナミックス．上左側の図は，図 12.1 に示されたような子実体の始原原基と原基の切片の輪郭線画を，入れ子にして示したものであり，組織層の外側に向かっての着実な増大を描いたものである．上右側の図は，成熟子実体の正中切片図に，上左側の図の大きさと比較するために重ね合わせたものであり，組織境界の外に向かっての増大を示す．下側の図は，この増大が，発育初期の子実体の切断面を横切る張力ストレス（tension stress）を加えることによって，いかにしてひだ間に腔を生じるかを示している．下左側の線画は，未分化な組織中の小さな領域を基準格子と対比して示している．下側中央の線画に示すように，サイクル的に分枝が生じ，2つの互いに向かい合う栅状組織（すなわち，2つの若い子実層）になるように明確な分枝成長が行われていると考えられる．これは発育初期の切断面であり，張力が加えられると，栅状組織は引き離されて（下側右図），2つの子実層によって囲まれたひだ腔が形成される．

ケでは，子実体原基の段階で傘周縁部に付けられた基準標識は，組織の成長によって乗り越えられ，新しくできた傘の周縁部には基準標識が見られず，傘の周縁部が活発な成長領域であることが証明されている．おそらくこれらの成長パターンの相違は，一連の発育戦略の結果である．特に，細胞膨張対細胞増殖といった一連の発育戦略が，ハラタケ類と多孔菌類（polypores）のきのこの形態形成の相違をつくりだすのである．

確かに，ウスヒラタケではっきりと見られる傘組織の外に向かう放射状の成長は，機能的には背着生（resupinate）の多孔菌類のキコブタケ属 Phellinus contiguus の横への拡大に似ている（Butler & Wood, 1988）．それゆえ，「ひだをもつ多孔菌類」は，子実体の構造組織についての先祖の発育性向を維持し

ているものの，子実層托の発育に関しては先祖の性向破棄しているように思える．それでは，多孔菌類の管孔とは何なのであろうか？

ずっと以前に，Corner（1932）は，ツヤジョウゴタケ（*Polystictus xanthopus*）の傘の若い部分の下側の，彼が「**管孔野（pore field）**」とよんだ領域に，いかにして管孔と管孔壁（dissepiment）が生じるかを記述した．もちろん，管孔は子実層で縁取られた管状の孔である．各管孔を分けている組織は**管孔壁**とよばれている．この用語は，文字通り仕切りを意味し，多孔菌類の管孔間の組織に特に当てはめられたものである．このように記述することは，管孔がそれ自体で自主的な実体であることを意味している．しかしながら，ひだをもつきのこのひだの間の空隙のように，管孔はその周囲の組織によってその境界をはっきりと定められている．すなわち，管孔壁の菌糸に起こる，パターン形成のための成長と分枝の過程によって，境界がはっきりと定められているのである．

管孔は，管孔壁が成長できない場所である．Corner（1932）は，「管孔野」を，**傘の下側の周縁部に近い環状構造部**（annulus）であるとした．環状構造体では，菌糸の分化成長の局所的発達の結果，管孔壁の形成が**突出隆起**（protruding ridges）として始まる．突出した隆起は，傘の下側の拡張していない領域で，枝分かれをし，結合をする．突出隆起は，管孔の元となる．Cornerは，また，多孔菌類の管孔野に対応する，*Asterodon ferruginosus* のハリタケ型（hydnoid）の子実体の**針野**（spine field）についても述べている．針野では，直径200〜300μmの局所的な領域から**下方へ向う成長**がみられ，針が生じる．針野に存在する菌糸の先端は，地球の中心に向かって成長する**正の重力屈性**（gravitropism）を示す．

管孔壁の構成細胞は，菌糸体を構成する菌糸から分化する．子実層の構成要素が最初に分化する，担子器と剛毛体（seta；子実層から突出した，厚壁の剛毛様の不稔性の菌糸末端）は分岐を繰り返しながら成長している培養3日目の菌糸体から直接生じる，剛毛体が最初に分化する．管孔の基部には，この散在して不連続的な子実層がより連続的になり，それとともに，より多くの担子器と同時に剛毛体が，管孔壁の成長とともに分化する（Butler, 1992a）．剛毛体，担子器，管孔壁を構成する菌糸のすべてが，外植体（explants）として分化する（Butler, 1992b）．

P. contiguus は，自然界では，基質（基物；substratum，複数 substrcta）にべったりくっついた管孔をもつ子実体（すなわち，**背着生**の子実体）を形成する．本菌の通常の基物は，枝や小枝の下側表面である．Butler & Wood（1988）は，ペトリ皿で培養したコロニーでは，周縁部の3〜4mm内側に管孔が形成されたと記述している．*P. contiguus* の寒天培地に形成された子実体は，通常，自然状態で発生した子実体と同じような形態を示す．寒天培地に形成された子実体の管孔の数や密度は，野生子実体に見られる範囲内のものであった．Butler（1995）は，*P. contiguus* の子実体形成が，*P. contiguus* の培養抽出物から得られた1つかそれ以上の代謝産物によって促進されることを見い出した．この子実体形成誘導物質（fruiting-inducing substances）はいまだに特定されていない．

管孔は，**倒置状態**（寒天培地が上側にある状態）での培養でのみ形成された．寒天培地がペトリ皿の底にある通常の培養では，菌体組織の無秩序な成長が見られた．この結果は，管孔壁の拡大は明瞭に正の重力屈性を示すが，子実体形成に寄与するある種の菌糸は正の重力屈性を表さないことを示している．Butler（1988）は，管孔の形態形成に2つの発育過程の存在を識別した．それらは，彼女が，**細胞群の形成開始と気中束生成長**（aerial fascicle growth；fascicle は，菌糸の数本の集まりあるいは束）とよんだものである．

子実体組織は，菌糸体の周縁部のすぐ背後の狭い形成開始帯に細胞群として発生する．新しい管孔は，それらの細胞群原基から側方への拡張によって形成される．そして，最終的な管孔の密度は，最初の管孔野によって規定されるのではない．むしろ，二次管孔形成は，厚い管孔壁の領域内での不等成長と，一次管孔の再分割の双方によって起こる．管孔壁を支える傘組織から離れた先端領域で起こる管孔壁の継続的な成長は，管孔の範囲を定める．管孔壁の外縁部は，傘の下側から離れる方向に成長する．その結果，管孔壁の外縁部は垂直下方に向かって成長する．そして，管孔は，傘組織と接続していない側の外縁部で明らかに拡大する．一方，ひだは常にその基部で拡張する．

12.8 ヒメヒトヨタケ属の子実体：柄形成

子実体の柄は傘のように明瞭に組織に分かれていないものの，ある一定レベルでの分化をしており，明瞭な形態形成がみられる．Corner（1932）は，多孔菌類の子実体の組織を記載する手法として**菌糸分析**（hyphal analysis）を導入した．この手法は日常的に分類に用いられている（補遺2を見よ）．長年に渡って，多くの異なったタイプの菌糸と，一連の組織型が記載されてきた（Corner 1966）．Cornerは，1，2，3種類の菌糸から構成されている組織をそれぞれ一菌糸型（monomitic），二菌糸型（dimitic），三菌糸型（trimitic）とよんだ．これらの3つの異なる範疇の菌糸は，原菌糸 [(generative hypha，複数 generative hyphae）なぜならば，これらの菌糸は最終的には担子器を形成したり，直接的にあるいは間接的に他のあらゆる構造を形成するので]，骨格菌糸 [(skeltal hypha，複数 skeltal hyphae) 厚い細胞壁ときわめて狭い内腔を有するが，分枝や隔壁形成はみられない]，あるいは結合菌糸 [(binding hyphae) 成長に限界があり，不規則に高い頻度で分枝を形成する] とよばれている．Corner は，また，肥大して厚壁化した菌糸を含む2, 3種類の異なる型の菌糸からなる子実体に，それぞれサルコ二菌糸型（sarcodimitic）とサルコ三菌糸型（sarcotrimitic）という名称を与えた．

これらの用語はすべて，多孔菌類の子実体で定義されたものであることを忘れてはならない．しかし，Redhead（1987）は，ハラタケ（*Agaricus*）属，モリノカレバタケ（*Collybia*）属，ホウライタケ（*Marasmius*）属，エノキタケ（*Flammulina*）属を含むひだをもつきのこ類でもこのような構造を確認し，子実体組織の細胞分化が広範囲の分類群におよぶことを見い出している．事実，Fayod（1889）は，彼が観察した子実体の組織に頻繁にみられる細胞のなかに，細い菌糸細胞が存在することをすでに記載している．これらは「基礎菌糸（fundamental hyphae）」よばれているが，菌糸組織系が多孔菌類で用いられているようには，分類に用いられることはなかった．これらは，実に多様な特殊化した細胞タイプに分化しうる未分化な栄養菌糸細胞なので，今日では，「胚性幹細胞（embryonic stem cells）」のような何かとよぶことも可能であろう．菌類の子実体のさまざまな部位における，分化した菌糸細胞の存在に関しては，多くの報告がある．しかし．菌糸細胞や菌糸組織の機能の理解に重要なのは，発育中における，分化した菌糸細胞集団の相対的な大きさ，細胞集団の分布，および細胞集団が変化する方法である．**定量的菌糸解析**に関する唯一の明快な報告があり，それは，ウシグソヒトヨタケの柄について行われたものである（Hammond *et al.*, 1993a）．

この研究は，さまざまな発育段階の子実体の柄の太さ5 μm の横断切片を用い，これらの各横断切片の菌糸の特徴を，画像解析ソフトを用いて定量的に解析したものである．調べた柄の各片の各々の切片について，ランダムに選んだ2ヵ所で，放射状のトランセクト（幅12 μm）中の全細胞の面積を測定した．個々の細胞の面積を，トランセクト中の配列に厳密に沿って，柄の外側から出発して中心部まで，あるいは老熟した柄では内腔まで，測定した（図12.22）．その結果，はっきりと区

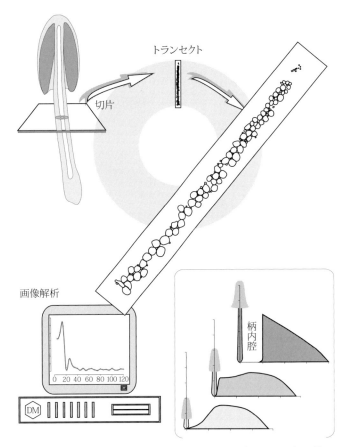

図12.22　ウシグソヒトヨタケの柄の構造とその発育．図は，担子菌の子実体の柄の顕微鏡切片から，細胞の大きさの分布を示すデータがいかにして得られたかを示している．コンピュータのモニター上の菌糸細胞の大きさの分布を示すプロットは，微細菌糸群のきわめて明瞭な分布と，膨張菌糸群のきわめて散在的な分布を示す．下段右側のパネルは，27 mm, 45 mm, 70 mm の高さの担子器果（basidiome, 担子菌の子実体）柄の，柄中央部から外側に向かう，半径に沿った平均細胞面積の分布を示したものである．細胞の大きさの分布の変化は，柄の成長が，元の柄組織の深部における環状の菌糸細胞の膨張を伴うものであることを示している．この結果は，柄の内部領域は裂けて引き離され（中央の空隙を生じ），外側の領域は引き伸ばされることを示す．

別できる2種類の菌糸群が確認され，横断面の面積が20 μm² 未満の微細菌糸（narrow hyphae）と，20 μm² 以上の膨張菌糸（inflated hyphae）に分類された．これらの2種類の菌糸群は，柄中にランダムに，均等に，あるいは，集まって分布しているようである．ランダムな分布では，1本の菌糸いずれかのタイプの存在は，他のタイプの菌糸が隣接して出現する確率には影響を及ぼさない．均等分布の場合は，他の個体の出現確率を低下させ，一方，集中分布の場合は，出現確率は上昇させるであろう．この2種類の菌糸個体群の空間分布を統計解析した結果，膨張菌糸は，子実体の発育段階（高さ27 mm から

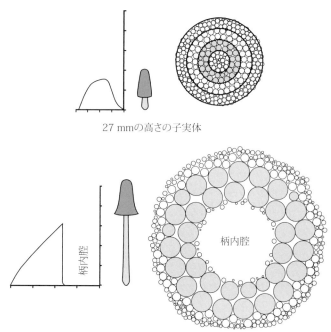

図12.23 ウシグソヒトヨタケの柄の発育中にみられる細胞の大きさの変化の幾何学的な帰結．左側のグラフは，27 mm と 70 mm の長さの柄の横断面の半径に沿った細胞の大きさの分布を示す．一緒に，縮尺をそろえた子実体が描かれている．右図は，柄の横断切片が，同じように縮尺をそろえて描かれている．線画で示した，27 mm の高さの子実体原基（左側）の柄の横断切片は，中実の組織により構成されている．この中実組織は，左隣のグラフの半径に沿って見られるゾーンに対応する，4 つのゾーンに分けることができる．中央部（ゾーン 4）と最外縁部（ゾーン 1）は，2 つの皮層ゾーンの細胞よりも幾分より小さい細胞で構成されている．その後の子実体の発育につれて，最も劇的な細胞の膨張が，ここでは斜線で示したゾーン 3 の細胞で起こる．子実体が 27 mm から 70 mm の高さに成長するのにつれて，ゾーン 3 の細胞の面積は 3.6 倍に増大するが，ゾーン 2 の細胞の面積は 1.6 倍になるのにすぎない．その他のゾーンの細胞は，ゾーン 3 での膨張に対応して再整理されなければならない．これらの細胞面積の変化などの最も大きな結果は，柄の中心部に内腔が生じることである．細胞のプロフィール面積の変化は，本図では，縮尺を合わせて描かれているが，総数で 327 個の細胞プロフィールのみが描かれているのにすぎない．ここに描かれているのは，生体内に（in vivo）実際に存在する細胞のごく一部にすぎない．それゆえ，本図は必然的に，細胞面積と膨張柄のサイズの間の見かけ上の関係をゆがめている．微細菌糸は組織全体にランダムに分布しており，これらの細い菌糸の膨張菌糸への転換が，柄の横への拡張に寄与しているが，本図では無視して描いていない (Moore, 1998a より)．

70 mm までの）や柄中での位置に関わらず，きわめて均等に分布していた．膨張菌糸の均等な（すなわち，ランダムではない）分布は，組織的制御の 1 つのかたちを意味すると思われる．一方，微細菌糸の空間分布は，基本的にランダムである．

この膨張菌糸と微細菌糸は，わずか 3 mm の子実体原基でもみられる．しかしながら，柄の伸長期には，微細菌糸の割合が減少する．この事実は，少なくともかなりの数的割合（約 25%）の微細菌糸が，膨張菌糸に組み入れられたことを示唆している．数 mm 以上の高さのどの柄でも，横断切片の低倍率像では，著しく膨張した細胞が優占していた．しかし，柄の横断切片では，微細菌糸が常に相当の割合（23〜54%）を占めていた．そうはいっても，微細菌糸は，全横断面のわずか 1% から 4% を占めるにすぎない．微細菌糸は，いくつかの伝統的な組織学的染色剤［特に，核酸/タンパク質およびタンパク質/多糖類の複合体を染色する，Mayers ヘマルム（Mayer's haemalum），トルイジンブルー（toluidine blue）とアニリンブルー（aniline blue）/サフラニン（safranin）］によって濃く染色される．特に，微細菌糸は，多糖類を染色する過ヨウ素酸シッフ試薬（PAS 試薬，periodic acid-Schiff reagent）によって強く染色される顆粒状の構造を有している．

しかしながら，横断切片のすべての微細菌糸プロフィールや，縦断切片のいかなる微細菌糸であれそれらのすべての菌糸コンパートメントが，同じように染色されるわけではない．この異なる菌糸の染色は，微細菌糸集団の中での**機能的分化**を反映している可能性がある．あるいは，微細菌糸は柄における栄養素の転流に重要な役割を演じていると考えられているので，単に輸送過程における細胞質物質の縦方向での不均一な分布を反映しているのかもしれない．微細菌糸は，膨張菌糸とは別に，分枝によって他の微細菌糸と菌糸壁側面で吻合を起こし，ネットワークを形成しているようである．一方，膨張菌糸は，分枝もそれに伴うネットワーク形成も行わない．

一般的に，膨張菌糸が，柄の上下のどの位置においても，またどの発育段階においても，半径の全長にわたって微細菌糸の間に分散している．しかし，膨張菌糸の分布は，柄の成熟の間に徐々に変化する．6 mm と 27 mm の高さの子実体でみると，膨張菌糸の数は，柄の横断面の外表面から中心へ，半径の約 1/2 ほどまでは増加するが，その後，膨張菌糸のサイズは柄内腔（lumen）へ向かうにつれて小さくなる．45 mm の高さの子実体でみると，膨張菌糸の横断面積は，柄の外表面から内腔へ向かうにつれて着実に増加する．この傾向は，70 mm の高さの子実体ではより顕著になる．この測定結果は，柄の膨張が，ちょうど半径の半分以上の環状の領域における，おもに膨張菌糸の横断面積の増加によることを意味している．何が，これらの**特異的な柄の菌糸**を拡大させるのであろうか？　強調されるべき，柄組織内において明らかに環状に分布する**菌糸細**

胞の膨張の幾何学的帰結は，以下のように要約されるであろう（図12.23）.

- 最初に，柄の中心部が引き離される（これは，この部分の拡張によるものではない．柄の中心部の外側の部分が拡張した結果，中心部が引き離されたと考えられる）．このようにして生じた柄の内腔の内壁に，中心部を構成していた細胞が残存片として残る.
- 次いで，拡張する環状帯の外側のゾーンの組織は引き伸ばされ，再組織化される（これは自身が拡張するのではなく，その内側の組織が拡張し，その結果，外側の組織が引き伸ばされなければならなかったのである）.

何がある菌糸を膨張させ，一方，他の菌糸には形態学的に栄養菌糸と同じような状態を維持させるのかについては不明である．しかしながら，**組織的な膨張化パターン**が，成熟した柄の最終的な形態をつくり出していることは事実である．柄組織において明瞭に環状に進行する菌糸細胞の膨張は，中まで詰まった菌糸組織からなる円柱を，中空の管に変換する．中空の管はそれ自身工学的利点を有し，より大きな単位容量当りの剛性をもつ支持要素（柄）と，さらに，他の**伸展表皮構造**（streched-skin construction）をもつくり出す．この構造は，柄組織内での圧縮と，その引き伸ばされた外側の組織の張力の組合せによって，さらに大きな構造的強度をもたらす.

12.9 子実体の成熟過程における細胞の膨張化の調整

上述したことからわかるように，担子菌類の子実体形成における変化の大部分は，細胞膨張化（cell inflation）に依存している．肥大化は，若い子実体原基段階では典型的にゆっくりとしたプロセスであり，子実体の成熟段階では，特徴的により速い．子実体の発育に伴う局部的な細胞の膨張化はしばしば描かれている．Reijnders（1963）は，子実体のさまざまなゾーンが比例して拡張し，その結果，さまざまな組織が，他の部分の成長によって妨げられることも，圧縮されることも，あるいはゆがめられることもなく成熟することを示した．そのような細胞の存在位置に関連する細胞分化の調整は，動物と植物の形態形成において最も重要な一般的な原理である．このような調整は，パターン形成に関わる形態形成因子［morphogenetic factor(s)］あるいは形態形成シグナル（morphogenetic signals）が，発育中の組織を移動することに基づくものと考えられる.

もしこのことが菌類でも真実であれば，シグナルの性質は良くわかっていない．しかし，子嚢菌門や担子菌門の大きな子実体原基では，そのシグナルの移動機構は，動物ホルモンや植物ホルモンの分野におけるスケールと同様に，数mmを超える距離に渡って機能することが必要であろう．しかしながら，ある二次的な事象がそれに先立つ一次的な事象の開始あるいは完了によってのみ誘発されるといったように，発育事象が因果関係に基づいて配列されていれば，みかけ上の「調整」はもたらされるだろう．この問題について最終的に得られるいかなる結論についても，必要とされるのは，子実体全体に渡る肥大化に関する全体論的な研究と，遠く離れた位置にありしかも正確な時間の枠組みの中での，細胞行動の間の相互関係の評価である．このような研究は，ウシグソヒトヨタケの子実体を対象としてHammad et al.（1993b）によってなされた.

この研究では，非常に重要な減数分裂と胞子形成事象の正確なタイミングを立証するために，十分に多数の子実体試料が調べられた．そして，このような研究により基本的な**予定表**が明らかにされた．その他の過程は，傘の小さな組織片を顕微鏡的に観察することによって，簡単に予定表と対照することができる．迅速な顕微鏡検査のための小さな組織片の除去（「生体組織検査，biopsies」）は，子実体の発育を妨げない．この予定表は，内因的に制御された過程に基づくという意味で客観的なものである．減数分裂や胞子形成の過程は，子実体の機能にとって中心となるものであり，予定表は信頼できるものである．予定表は，いろいろな目的に使用できる．なぜならば，既知の（絶対）時間間隔で子実体の細長い組織片を調べることによって，栽培条件あるいは栽培遺伝子型のいかなる変化の効果も明らかになるからである.

Hammad et al.（1993b）によって記述された培養条件では，子実体原基は，培地に接種されて5日後に形成され，その後2～3日中に成熟子実体にまで発育する．この間に，担子器は，形態学的にも生理学的にも特徴的な，次に示すような一連のステージを経る.

- 二核の原担子器は，核融合（カリオガミー，karyogamy）に引き続いて，減数分裂の第1分裂，次いで減数分裂の第2分裂を行う.
- 減数分裂の完了後，4本の小柄（sterigma，複数sterigmata）が出現する.
- 担子胞子原基（basidiospore initial）の形成がこれに続く.
- 次いで，核移動（nucleus migration）が起こる.

- 最後に，担子胞子が成熟し，成熟担子胞子が散布される．

　これらのすべての出来事は，18時間以内に完了する．異なった胞子形成段階間の，次に示すような重複は，発育を通じて変化する．

- 減数分裂の第1分裂では，約60％の担子器が2個の核をもつ．
- そして，減数分裂の第2分裂では，約70％の担子器が4個の核をもつ．
- 小柄が出現する時点では，約90％の担子器が同一のステージに達している．

　核融合を0時間目とすると，担子器が減数分裂の第1分裂を終了するのに5時間，減数分裂の第2分裂が完了するのには，さらに1時間が必要である．減数分裂の第2分裂の終了から小柄の出現までには1.5時間を要する．小柄の出現後1.5時間目に担子胞子が出現する．担子胞子形成は1時間続き，その後，核の移動が開始する．担子胞子の色素形成は，担子胞子形成の1時間後に始まる．そして，担子胞子は成熟し，7時間後には散布される．

　細胞膨張化の調整についての研究は，ウシグソヒトヨタケの子実体の顕微鏡用切片を用いた，細胞の大きさの測定によってなされた．ウシグソヒトヨタケの時系列でみた発育は，子実体が減数分裂と担子胞子形成に達した段階によって定義されている．

　細胞膨張に関することに限ってみれば（組織切片の細胞の面積から測定する限り），減数分裂の前の細胞面積の増加はごくわずかである．おそらく，子実体形成のこれらの早い時期におけるいかなる子実体の拡張も，主として細胞肥大というよりも細胞の増殖によるものである．対照的に減数分裂期には，子実体の切片の細胞の断面積の増大が顕著になる．約8 mmまで高さの減数分裂前の子実体の，柄の細胞の縦横比の平均値は約2だが，減数分裂後はこの値は非常に増大する．この値は，48 mmの高さの子実体では10，55 mmの高さの子実体では20，そして，83 mmの高さの子実体ではほぼ35に達する．柄の伸長が最も速い時期は，担子胞子散布前の5時間であり，核融合の8時間後に始まる．傘の展開は担子胞子の成熟とともに始まり，核融合の14時間後，担子胞子が成熟するにつれて始まるのである．

　これらのデータのうち最も注目に値する特徴は，急速な**柄伸長**（stem elongation）が減数分裂の終了時をもって開始することである．事実，傘のさまざまなタイプの細胞の肥大化と柄細胞の伸長は，減数分裂後ただちに始まる．

　柄伸長は，担子胞子をより効率的に散布するために，傘を大気中に持ち上げるのになくてはならないことである．ひだの組織を構成するさまざまなタイプの細胞の膨張化も，効率的な担子胞子散布にはなくてはならないことである．すなわち，子実体全体に渡る細胞の調整した膨張化は，明らかに，担子胞子の効率的な散布に優位にはたらく．観察されたこれらの調整的膨張化は，子実体中の空間的に離れた部位に減数分裂の終了を「報告」し，細胞の拡張を誘起する何らかの種類の**シグナル伝達システム**（signalling system）によって達成されるものと思われる．事実，傘が柄に付着したまま残っていると，柄の伸長は，傘をすべて除去した場合に比べて有意に大きい．柄の通常の伸長には，傘が半分元のまま残っていれば十分であることが確認されている．

　傘の組織片の外科的除去が柄の伸長に及ぼす影響については，数種類のきのこで長年に渡って観察されてきた．一般的にいって，成長中の柄は，傘がそのまま残されている部位（ひだが残っていることが前提となる）と反対の方向に曲がる．この事実は，ひだが柄の「成長ホルモン（growth hormone）」の供給源となっているためと説明されてきた．残念ながら，きのこにおけるホルモンの効果に関する知見はごくわずかであり，不十分である（Moore, 1991; Novak Frazer, 1996）．いかなるものであれ明確な菌類の成長ホルモンは，今に至っても化学的には単離されていない．これは，長い間，動物ホルモンや植物ホルモンの双方を生産する病原性/寄生性の代表的菌類種を含むことが知られてきた菌類界についての，驚くべき主張である．

12.10　きのこ（子実体）の仕組み

　協調した肥大化が，子実体を構成する細胞や組織の分化において，中心的役割を演じていることは明白である．しかし，細胞の肥大化は，全体として，子実体の形態形成にきわめて大きな意味をもっているように思える．ここで再び，ヒメヒトヨタケ属のきのことその近縁種に的を絞るが，これらの菌種についての話は，他のきのこにも同じように適用できる子実体構造の普遍的な特徴の実例となる．

　Buller（1924, 1931）による記述を除き，ヒトヨタケ類（ink caps）の傘の形態形成についての論議は，通常，子実体からの胞子散布を妨げると考えられていた，胞子散布を終えたひだ組織の除去における**自己分解**（autolysis；ひだ組織の自己

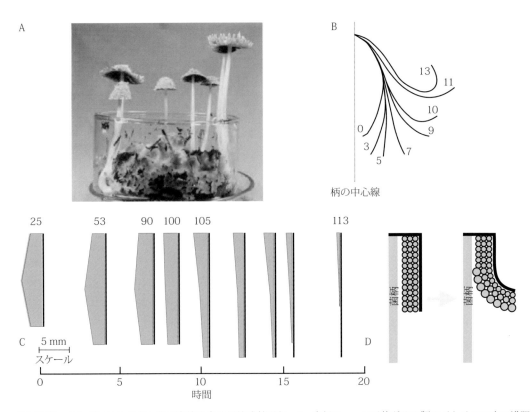

図 12.24 ウシグソヒトヨタケの子実体の傘の最終成熟過程．A，直径 9 cm の石英ガラス製のペトリ皿の中の堆肥上での，ウシグソヒトヨタケの子実体形成の写真．B，傘の展開の最終段階において，傘の縦断面が変化する様子を示した図．子実体が成熟する際に，同一の子実体について連続写真を撮影し，その後，傘の縦断面の上縁面の変化をトレースした．図中の数値は，観察開始時をゼロとして，経過時間を示したものである．これら一連の観察期間中，柄は 25 mm から 93 mm に伸長した．担子胞子の散布は，観察開始 5 時間後から始まった．C，ひだの成長と自己分解を，縮尺を考慮して描いた．最終的な発育段階の子実体から，小さな傘組織片を規則的な間隔で外科的に，それ以外には子実体を損なわずに切り出し，ホルマリン固定した．次いで，輪郭外縁の長さ［傘の肉あるいは傘表皮の外縁部の長さ］を測定した．さらに，傘の各切片の適当な一次ひだの先端，中央，基部で，その幅を測定した．これらの図では，傘の形は無視されている（このことについては，B を参照）．縦のバーは輪郭の長さを，影を付けた部分はひだ薄片を示している．図上部の数値は，傘組織片が切り出された時点での柄の長さ（mm）を示す．この子実体試料では，担子胞子散布は観察開始後 7 時間目から始まった．これらの観察では，傘の肉はそのままになっており，ひだの自己分解の全期間を通じて拡張し続け，さらに，傘の発育の最終期間には，傘の肉の長さは変化しなかった．D，ウシグソヒトヨタケの子実体の傘の発育．図は，もし，傘実質が柔軟であるものの，外側の境界部（傘表皮；太い黒色の線として表示）が拡張できないと仮定すると，子実層の細胞の肥大化が，ひだの外側へ向う屈曲（B の縦断面図に示されているように）を，いかに説明しうるかを示している（図は，Moore et al., 1979 を改変）．

消化であり，「インク（ink）」が生産される）の役割に限られている．しかしながら，この自己消化期間に傘はその形を大きく変える．最初，垂直方向にならんでいたひだは，やがて水平方向にならぶようになる（Buller, 1924, 1931）．ウシグソヒトヨタケでは，この傘の展開は 6 時間で完了する．傘の展開では，周縁部が次第に捲れあがり，傘やひだの組織が放射状に裂けるとともに，雨傘のように開く．この子実体の傘の展開の機械的な過程が，子実体の傘の展開時の，連続的な発育段階の傘の縦断面の輪郭の長さの測定によって明らかになった．その結果，最後の自己消化段階には，一定の長さが保持されていることがわかった（図 12.24）．この結果は，以下のような事象が観察されるにも関わらず，真実である．

- 側糸が分化すると，側糸の膨張化がひだの面積を増大させるに違いない．
- 胞子を散布し終えたひだ組織は自己消化によって取り除かれるが，ひだ組織のかなりの部分が，傘の展開の非常に遅くまで自己消化せずにそのまま残存する．

それゆえ，面積を拡張しているひだは，柔軟であるが，しかし明らかに拡張できない傘の組織のバンドによって結び付けられている．この異なる性質の組織の組合せが，傘を捲れ上がらせる（図 12.24）．傘の組織は，自己消化過程がひだのほとんどを除去したのちには，最も重要な構造的メンバーになる．しかし，傘の展開初期には，傘の主要な拡張力と構造的統合性は

側糸の膨張化によって与えられる（Ewaze et al., 1978; Moore et al., 1979）.

ウシグソヒトヨタケの子実体の機械的過程の結果としてもたらされる，いくつかの構造的特性に関心を向けたい.

- ひだの整然とした「平行」配列（12.7節）.
- 柄の中空で円筒状の構造への変換（図12.22参照）.
- そしてそのとき，子実体の傘の成熟中に，最終的な形態形成が行われる.

菌類の成熟した多細胞構造のいくつかの特徴的な様相は，異なる程度に肥大化する組織の間の機械的相互作用（mechanical interactions）の結果であることが，重要で普遍的な点である. このような機械的相互作用が，きわめて正確で，識別できる最終的な形態をもたらす. しかし，この最終的な形態は，ゲノム（genome）中に明確に仕様が記載されているわけではない. そうではなく，ゲノムには，代謝的活性および構造的活性についてのプログラムの仕様が記載されている. これらの活性が，もし正しくはたらくならば，そのような特徴的な形態をつくり出すであろう.

12.11 形態形成に関わる代謝制御

子実体の発育における細胞の肥大化と組織の拡張の重要性を強調してきた. しかし，細胞の膨張化を支えるために整えられなければならないいくつかの方策がある. 明らかに，これらの要求には，広範囲に渡る新しい細胞壁（cell wall）の合成が含まれている（第6章参照）. しかしながら，細胞壁の合成のみでは細胞を膨張化できない. 次のようなことが求められるであろう.

- 細胞壁で囲まれた部分が，「細胞質（cytoplasm）」で満たされる必要がある. そしてこのことは，通常，液胞（vacuoles）の大きさと，そしておそらくその数の著しい増大を意味する.
- 液胞は水溶液で満たされており，それゆえ，その結果，細胞による水分吸収が著しく増大する必要がある.
- 水は，水ポテンシャル（water potential）の高い溶液（低溶質濃度）から水ポテンシャルの低い溶液（高溶質濃度）へ，原形質膜（cytoplasmic membrane）訳注17と液胞膜（vacuolar membrane）訳注18を横切って運ばれる. それゆえ必然的に，浸透的に高活性の溶質が細胞と細胞質コンパートメント（cytoplasmic compartments）に蓄積するように，代謝を調整することが必要になる. 高活性溶質が蓄積すると，細胞と細胞質コンパートメントは膨張化する.

それゆえ，究極的には，細胞の肥大化は，一次（仲介）代謝パターンの修飾（このことは，現存する酵素の活性レベルの特異的な増加あるいは減少，および/あるいは特定の酵素類の導入あるいは除去，を意味する）によって駆動される. 代謝パターンの修飾は，栄養的な条件に対する反応としてよりも，むしろ分化過程に対する決定的に重要な寄与として行われる（10.12節参照）.

実際に，ヒトヨタケ類の子実体の発育に伴う酵素活性の変化についての目録が，次に示すように書き留められてきた.

- ウシグソヒトヨタケとササクレヒトヨタケ（Coprinus comatus）において，子実体の発育と関連したグルコシダーゼ（glucosidase）とグルカナーゼ（glucanases），プロテイナーゼ（proteinase）およびキチナーゼ（chitinase）の活性の上昇が，傘の展開時に認められている（Iten, 1970; Iten & Matile, 1970; Bush, 1974）. これらの酵素は，自己分解した「インク」液（自己分解物質（autolysate））中に確認されている. それゆえ，担子胞子の形成を終了したひだ組織構成物質の分解は，これらの特異的な酵素の抑制解除に基づいている.
- ウシグソヒトヨタケでは，自己消化（autodigestion）の開始に先立つ子実体発育の初期段階において傘組織の形成が始まると，多くの酵素の活性が特異的に抑制解除される（Moore, 1984）. これらの酵素のうち，NADP依存グルタミン酸脱水素酵素（NADP linked glutamate dehydrogenase, NADP-GDH）とグルタミン合成酵素（glutamine synthetase, GS）の活性は，とりわけウシグソヒトヨタケの子実体の傘の発育時に，特異的に抑制解除されることが見い出されている.

菌糸体もまた，試験管内（in vitro）の特異的な条件下で，

訳注17：通常，plasma membrane や cell membrane を用いる.
訳注18：通常，tonoplast を用いる.

NADP-GDHの抑制を解除する．この現象によって，発育中の子実体の内因性制御事象についての観察を補足する調節因子（本件に関する総説は，Moore, 1984を参照）についての，実験的研究ができるようになった．調節因子に関する実験的研究は，非常に明確に制御されている酵素の機能を立証しようとするものである．内因性制御事象についての重要な観察は，次のようなことである．

- 菌糸体におけるNADP-GDHの抑制解除には，この酵素の新規（de novo）合成の抑制が含まれている（Jabor & Moore, 1984）．抑制は，菌糸体を，窒素源を欠くが炭素源が豊富な［通常，100 mMのピルビン酸（pyruvate）が用いられるが，酢酸，グルコース，スクロースなども適切］培地へ移植することによって解除される．
- 移植培地に2 mM NH_4^+ を少量加えると，NADP-GDHの抑制解除が妨害される．その他多数の窒素化合物を供試したところ，アンモニウムを生じる窒素化合物［グルタミン（glutamine）を含む］のみが，NADP-GDHの抑制解除を阻害した．
- アセチルCoA（acetyl-CoA）を合成できない突然変異体は，NADP-GDHの抑制を解除できなかった（Moore, 1981）．
- 子実体では，NADP-GDHの抑制は傘では解除されるが，柄では解除されない（Stewart & Moore, 1974; Al-Gharawi & Moore, 1977）．子実体の発育に伴い，随伴するNAD依存グルタミン酸脱水素酵素（NAD-GDH）の活性もまた増大する．傘中の両酵素の比（NAD-GDH: NADP-GDH）の比は，10：1から1.4：1に変化する．この大きな変化は，アンモニウムに対する親和性が10倍も大きくなったことによる．
- 傘と菌糸体中のNADP-GDHの抑制解除，GSの抑制解除，および傘のアルギニン（arginine）と尿素（urea）の生合成代謝に関わる4種類の酵素の調和的制御，の間に高い正の相関性が存在する（Ewaze et al., 1978）．
- 光学顕微鏡と電子顕微鏡を用いた観察によって，傘の若い子実層の発育中の担子器にNADP-GDHが局在化していることが，細胞化学的に明らかになった（Elhiti et al., 1979）．
- 多量（子実体当り乾燥重量にして2 mgまで）のグリコーゲン（glycogen）が子実体中に蓄積され，傘に特異的に移送される（Jirjis & Moore, 1976; Moore et al., 1979）．
- NADP-GDHの抑制解除は，最初，核融合時に起こり，その後，減数分裂後に再度増幅される．ヒメヒトヨタケ属では，他のハラタケ類と異なり，減数分裂がすべての担子器を通じて高い同調性をもって起こる．子実層中のNADP-GDH活性の測定とグリコーゲンの定量分析とともに，染色された核の観察結果は，正常に発育している子実体において，核融合が明らかになると酵素活性が増大し始めることを示している．グリコーゲンの利用は，減数分裂の終了時にかけて始まる．そして，グリコーゲンは，減数分裂直後の数時間以内にほとんど完全に使いつくされる（Moore et al., 1987b）．また，減数分裂直後の数時間以内に，担子胞子形成（basidiospore formation）が起こる．
- ウレアーゼ（urease）活性は傘には見い出されていないが，柄と菌糸体には存在する（Moore & Ewaze, 1976; Ewaze et al., 1978）．

これらの観察結果の意味を考えると，最も重要な点は，そのような代謝の変更は反応の順序という観点からみると目新しいことではない，ということである．つまり，子実体で起こることの多くが，菌糸体でも起こりうる．しかしながら，子実体，とりわけ傘には，きわめて特異的な代謝系の制御状況が存在する．なぜならば，子実体の発育の通常の属性であるこれらの代謝系の変化は，栄養成長している菌糸体を特定の（そして，時として最も特殊な）合成培地で培養したときにのみ誘導されうる．それでは子実体に特異的なものとは何かというと，その発育の初めから，構成細胞のおもに代謝についての，準備の整った基本的な変化のセットが存在することである．基本的な変化により，傘の細胞は，柄あるいは親の菌糸体のいずれの細胞とも，代謝的に明確に異なる細胞になる．以下の考察をより良く理解するために，第10章を読まれることをお奨めする［10.12節「一次（中間）代謝」を参照．特に，ピルビン酸の酸化，トリカルボン酸回路（tricarboxylic acid cycle）[訳注19]およびグルタミン酸脱炭酸（glutamate decarboxylation）環を示した図10.9，窒素の再配分経路のフローチャートを描いた図10.12，さらに尿素回路（urea cycle）を示した図10.13を参照］．

上掲した観察は，オルニチン回路（ornithine cycle）[訳注20]によるアルギニンの生合成と尿素の形成が，ウシグソヒトヨタケの子実体の傘と柄で起こっていることを示している（図10.13）．ウレアーゼは，菌糸体中と柄中で高い活性を示すが，傘の組織

訳注19：TCA回路，クレブス回路（Krebs cycle），クエン酸回路（citric acid cycle）ともいう．
訳注20：尿素回路ともいう．

の抽出物では活性が検出されない．しかし，アルギニンの生合成は，放射性同位元素でラベルした基質の代謝と酵素活性の増加から判断して，傘の発育時に特異的に増幅される．4種類の酵素，NADP依存グルタミン酸脱水素酵素（NADP-GDH），グルタミン合成酵素（GS），オルニチンアセチルトランスフェラーゼ（ornithine acetyltransferase），オルニチンカルバモイルトランスフェラーゼ（ornithine carbamoyltransferase）は，発育中の傘では強く抑制されている．一方，傘を支えている柄中の，これらの酵素活性は低い（あるいは低下した）ままであった．アルギニンの生合成が増幅された結果，傘中にはアルギニン，アラニン（alanine），グルタミン酸（glutamate）が蓄積される．より重要なことは，子実体の発育中に傘中の尿素量は2倍になるが，その濃度は変化しないことである．この事実は，尿素の蓄積と発育中の組織への水の流入との間には因果関係があることを示唆している．そこで，ウシグソヒトヨタケでは，尿素は浸透圧調整に有効に働く代謝物であると結論づけられた．そして本菌の代謝は，尿素サイクルに向けた窒素の流れを強めるように適応してきた．この事象がすべて，傘が展開できるように，傘組織に水を送り込むことに捧げられた．この事実が，子実体の成熟に伴う，傘も含めた形の変化の原因を説明してくれる．しかし，このことが，物語のすべてでもないし，終点でもない．

尿素は，低分子量，無毒の窒素含有排出物であり，理想的な浸透性代謝産物である．このため，組織がほぼ自己消化過程に入り，それゆえすべてを同化作用から異化作用へ重点を移し，その結果，組織が，いかにして代謝をシフトして多量の尿素を急速に得ることができるようになるかを，容易に理解できる（図10.12）．そして，もっぱら傘中で，ウレアーゼ活性が低下することによって，尿素が傘中に確実に蓄積するようになる．

しかしながら，この系では，NADP-GDHとGSの協調的制御は，アンモニウムが制限されている組織中でのアセチルCoA（Acetyl-CoA）蓄積回路に依存している．この事実は，「異化を介した尿素の蓄積物語」とは十分に合致していない．他の条件下（多くの他の生物）では，NADP-GHとGSは，いずれもアンモニウムと非常に高い親和性をもっており，両酵素はアンモニウム回収機構（ammonium scavenging system）に寄与する．これは同化過程であり，窒素欠乏を緩和し，タンパク質の生合成に必要なアミノ酸を生産する．ウシグソヒトヨタケの傘組織では，アミノ態窒素は，自己消化したタンパク質からたやすく獲得可能と考えられる．それゆえ，子実体成熟の後期段階において，老廃物からアンモニウムを回収するための

GDHとGSの活性が，窒素の同化に必要であるとは考えられない．

しかしながら，老廃物からの酵素的分解回収の結果，分解回収を受けた基質はきわめて効率的に細胞質から取り除かれる．そのために，もう1つの説明は，これらの2つの酵素は，アンモニウムによって阻害される過程をもつ細胞内で，アンモニアが存在しない環境を維持するために抑制解除される，というものである．さて，NADP-GDH活性は，ウシグソヒトヨタケの傘組織中の担子器に特異的に局在している．そして，ここで話題にしている細胞は，減数分裂のために特化している担子器である．確かに，真核生物の減数分裂の正常な進行は，一般に，アンモニウム感受性の過程に依存しているように思われる．グリコーゲン分解，DNA合成，大規模なRNAとタンパク質の分解はともに，菌類の減数母細胞（meiocytes）で独自に起こる．これらすべての過程は，アンモニウムイオンによって阻害されるようである（Moore et al., 1987aと同論文中の引用文献）．このことは，次に示すように，酵母においてもさえも真実である．

- 蓄積されたグリコーゲンの分解は，アンモニウムイオンを含む培地で培養した酵母細胞ではみられない．
- アンモニウム処理は，減数分裂開始時のタンパク質の分解を遅延させ，タンパク質とDNAの合成を阻害する．
- DNAの複製は，複製開始後のアンモニウムによって阻止される．そして，アンモニウムの存在下で培養を続けると，多量のDNAが分解される．

それゆえ，ウシグソヒトヨタケの担子器においては，NADP-GDHとGSの活性が特異的に促進され，これらの細胞をアンモニウムイオンの阻害効果から保護すると説明されている．

12.12 発育拘束

さて，菌類の個々の細胞がきわめて特異的な分化をしていることに関しては，豊富な証拠がある．発育上の重要な概念，すなわち，発育拘束（commitment）に関してさえも，いくつかの直接的な証拠がある．細胞が，発育に関わるいくつかの系路のうちのたった1つの経路に，いかにして強く拘束されるかという過程である．これらの発育上の系路は，分化した細胞タイプの表現型（phenotype）が発現する前に，個々の細胞に開

かれている．発育拘束は，常に後生動物（metazoans）の発生における重要な概念であった．そして，医学的治療における胚性幹細胞の潜在的可能性に対する最近の興味の増大とともに，この拘束は未だに研究の主要な道であり続けている．研究は，いかなる要因が，可塑性をもつ胚性幹細胞からいくつかの分化した細胞タイプを生じさせうるのかを，明らかにすることを意図して設定される．すなわち，いかなるシグナルが細胞を特定の運命に委ねさせるのか，特定の発育経路に沿って分化をするという決定が不可逆的か否か，を明らかにすることである（Lassar & Orkin, 2001）．

発育拘束を示す古典的な証明は，細胞の新しい環境への移植を含む．もし，移植細胞が，その**もともとの移植前の発生経路**の特性に従って発生を続けるならば，移植に先立って拘束されているといえる．一方，もし移植細胞が**新しい環境**にふさわしい経路に進むならば，その時は明らかに移植時には拘束されていない状態になっていないことになる．ほとんどの菌類の構造体は，攪乱され，新しい「環境」[これは通常，実験系の（in vitro）培養培地］に「移植された」ときには，きわめて容易に栄養菌糸を生じる．もちろん，厳密にいえばこれは再生現象（regeneration phenomenon）である．この現象は，菌類自身の真相として重要であり，菌類のきわめて重要で，実験的に魅力的な属性である．しかし，この現象は，菌類細胞が，その分化の状態に対して発育拘束を示さないという印象を与えるものではない．

菌類の多細胞構造体に関しては，きちんとした移植実験はほとんど報告されていない．発育経路に対する拘束についての最も明確な例は，Bastouill-Descollonges & Manachere（1984）と Chiu & Moore（1988a）によって示された．彼らは，*Coprinellus congregatus* とウシグソヒトヨタケの切り出したひだの担子器が，それぞれ，もし，ひだを減数分裂の初期に寒天培地に移すと，発育し続けて担子胞子を生産することを示した．同様の実験結果は，培養培地として素寒天，緩衝寒天，あるいは栄養寒天のいずれが用いられても得られた．他の子実層の細胞，嚢状体，側枝および実質細胞は即座に菌糸成長に戻ったが，未熟な担子器はしばしば菌糸成長には戻らなかった．明らかに，担子器は減数母細胞として不可逆的に特殊化しており，減数分裂の前期Ⅰの間に，担子器は確かに担子胞子形成プログラムを完結するように拘束されている．

これらの移植実験は，これらの菌類において，分化した表現型が出現する少し前に，**担子器の分化（担子胞子形成）**経路への**拘束**が生じることを明確に証明するものである．子実層の担子器以外の細胞は，拘束を示さないということを強調することもまた重要なことである．むしろ，子実層の担子器以外の細胞は，分化の状態にきわめて微妙な統制があるかのように，培養すると速やかにもともとの菌糸成長に戻る．これらの細胞がその場所で（in situ）菌糸成長を行わないという事実は，組織の環境が通常含む何らかの状況が，これらの細胞の分化状態を，何らかの方法で絶えず強化していることを意味している．このような拘束されていない細胞は，全能性（totipoteney）の幹細胞と考えざるを得ない．きのこの子実体の大部分の細胞が分化に対して拘束されていない状態になっていることは，野外で採集されたきのこの子実体の組織片を培養用培地に接種すると，容易に栄養成長に転じることの原因となっている．菌学者は，彼らの採集した子実体から単純な培地を用いて培養菌株をつくりうるこのような方法を，通常のおきまりの方法と考えている．動物や植物の生態学者は，このようなことができるとは思っていない．この違いは，菌類細胞の分化の重要な特性であること意味している．

移植組織片の切り出しのときに核融合（二核性）前段階にあるウシグソヒトヨタケの原担子器は，その発育段階で分化の進行が阻止される．すなわち，核融合前段階以後の生理学的齢で移植された組織片は，生体内に（in vivo）あるときに比べて分化速度が遅くなるものの，減数分裂と担子胞子形成あるいはその一方を完了する．いったん分化が始まると，担子器の成熟は試験管内でも進行可能な，自律的で，内因的過程である．しかし，阻害を受けることがある．減数分裂前期Ⅰ後の原担子器は，たとえ素寒天培地に移植されても，減数分裂と担子胞子の成熟を通して分化する減数母細胞のプログラムに，拘束されている．この試験管内での移植法は，胞子形成過程を妨げる化学物質の，迅速で小スケールでのバイオアッセイ（bioassay）として発達してきた．単にさまざまな化合物を移植用培地に添加するだけで，担子器の分化が阻害される．このバイオアッセイでは，成長は阻害されない．むしろ，**分化阻害剤**（differentiation inhibitors）は，胞子形成時に活発な成長が期待される担子器領域からの栄養菌糸先端の成長を引き起こす（Chiu & Moore, 1988b, 1990c）（図12.25）．

試験した分化阻害剤は，以下の2つのグループに該当する．

- アンモニウム塩と，アルカリ金属塩を含むアンモニウム塩にごく近い構造的類似化合物，およびグルタミンとある種のグルタミンの構造的類似化合物は，減数分裂Ⅰ後のいかなるときに（減数分裂後の胞子形成ステージにおいてさえも）組織

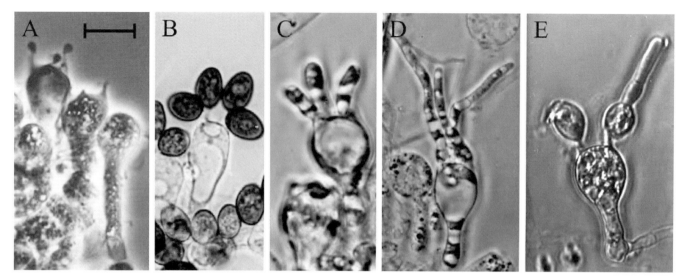

図 12.25　ウシグソヒトヨタケの担子器の発育は，アンモニウム塩の添加によって妨害される．この現象は，発育中の子実体から切り出した細長いひだ組織片を寒天培地に移植するという，試験管内での実験によってはっきりと確認できる．もし，細長いひだ組織片が減数分裂の前期 I（A）の後に移植されると，ヒメヒトヨタケ属の担子器は発育を続けるように拘束されている．そして，子実体から組織片を切り出して素寒天に移植すると，担子器は減数分裂と担子胞子形成を完結する（B）．培地にアンモニウム塩が含まれていると，正常な発育は阻止される．アンモニウムで処理された担子器は，担子胞子と小柄を形成する替わりに，即座に脱分化し，活発に細胞壁が成長している領域から栄養菌糸先端部を形成する（C, D と E）．C と D では，小柄が栄養菌糸先端部として成長したものである．E では，菌糸先端部が完全にできあがっていない担子胞子から成長している．この担子胞子からの成長は，成熟前発芽と同等ではないことに，注目してほしい．なぜならば，発芽孔（germ pore，この部分から成熟胞子は発芽する）は，小柄との連結点に近接して位置しているからである．試料 E においては，菌糸先端は，未完成の担子胞子の一次細胞壁が成長している領域から，アンモニウム処理によって出現する．スケールバー＝10 μm（顕微鏡写真は，香港中文大学の S. -W. Chiu 教授による．イラストは，Moore, 1998a より改変）．

に与えられても，阻害効果を示す．
- イオノフォア（ionophores），cAMP および細胞壁合成阻害剤は，減数分裂中に与えられた場合に限り有効である．

減数分裂段階と担子胞子形成段階の間での担子器の感受性の違いは，細胞が核分裂の間に前もって担子胞子形成の準備をしていることを意味している．そのために，細胞学的に認識可能な核分裂の終わりまでには，イオノフォアと細胞壁合成阻害剤によって引き起こされる代謝的な撹乱にも関わらず，胞子形成は進行しうることになる．一方，担子胞子形成過程は，過剰のアンモニウム（そして，グルタミンなど）に対して感受性を示すが，核分裂の完了後も必須であり続ける，必須成分を含んでいなければならない．阻害剤に暴露された時点で到達していた発育段階によって，栄養菌糸先端部が，4 ヵ所の小柄頂端発生予定位置から，小柄の先端から，一部形成された担子胞子あるいは異常な担子胞子から，さらに本来ならば側糸が出現するであろう担子器の基部領域から，出現する．これらのデータやその他のデータから，ウシグソヒトヨタケの担子器の分化は，次のようなことを包含する一連の拘束段階に分類される．

- 組換え（recombination）に対する拘束．
- 減数分裂に対する拘束．
- 担子胞子形成に対する拘束．

これらの移植実験で，担子胞子形成を阻害し栄養成長を促進するという，外部から与えたアンモニウムとグルタミンの効能は，以前の節で記述した観察を補完するものである．その観察とは，子実体が成熟するにつれて，傘ではアンモニウムを回収する NADP-GDH と GS の活性が自然に上昇する（12.11 節参照），というものである．かくて，説明のサイクルは完了となる．

観察と実験から，正常に発育しているウシグソヒトヨタケの子実体では，アンモニウムを回収する酵素活性が特異的に抑制解除され，アンモニウムイオンが減数母細胞の分化を停止させ，担子胞子形成を止めさせるのを防いでいるものと推測することができる．ウシグソヒトヨタケは，自然界で，アンモニウムが多量にあり揮発している堆肥に成長している．それゆえ，傘でアンモニウム同化酵素類が生産されて，効率のよいアンモニウム回収システムとしてはたらき，子実層の周りの微環境を阻害剤のアンモニアが存在しない状態に維持しているのであろ

う．このような現象の証拠は，傘にアンモニウム塩溶液を注入し，アンモニウム除去システムに負荷をかけたときに，減数分裂経路が停止し，成熟した傘に担子胞子が形成されない子実層の白いパッチがとり残される，という事実にあるように思われる（Chiu & Moore, 1990c）．その結果，減数分裂と担子胞子形成がアンモニウムイオンによる阻害に対して感受性をもつことが，生体内（in vivo）レベルの実験で判明する．

12.13 他の組織や他の生物との比較

　ここまで，中間代謝が，細胞の分化や菌類の形態形成に対して非常に重要な貢献をする，特殊な例について述べてきた．細胞の肥大化と組織の拡張が，ほとんどの菌類における子実体の成熟のきわめて重要な様相であると仮定すると，この特殊な例が一般化できるかどうかを問うことは，合理的であるように思われる．ウシグソヒトヨタケにおける主要な観察結果は，傘の発育中，尿素が乾燥重量ベースで2.5倍に増加するが，新鮮重量ベースの尿素の濃度は基本的に変化しないということである．この事実から，尿素は浸透圧調節因子としてはたらき，子実層の細胞へ水を送り込み，このことにより傘を展開させると推測される．

　しかしながら，ツクリタケやシイタケでは，マンニトール（mannitol；糖アルコールあるいは多価アルコール）が合成され，尿素と同じような浸透圧調節機能を果たしている（Hammond & Nichols, 1976; Tan & Moore, 1994）．多量のマンニトールの集積を支えるために，菌糸体では常にその活性が低いペントースリン酸経路（pentose phosphate pathway, PPP；図10.8節）の活性が，子実体では約15倍に特異的に増大する（Tan & Moore, 1995）．ウスヒラタケでもペントースリン酸経路活性の増大が報告されているが，このきのこの子実体では，尿素とポリオールの両者が増大するのが特徴であるように思われる．

　柄の細胞の拡張や伸長は，ウシグソヒトヨタケの柄伸長の本質的な様相であるが，柄の代謝は傘の代謝と劇的に対照的である．傘と柄という2つの互いに結合している組織間でみられる相違は非常に顕著であるので，共通の結果がきわめて異なった方法で行われる．報告されている傘と柄の間でみられる相違は，炭水化物とアミノ酸からみた代謝産物の蓄積パターンの相違，同位元素で標識された基質の代謝パターンの相違，特定の酵素，特にポリオール脱水素酵素（polyol dehydogenases），キチン合成酵素（chitin synthase），NADP依存グルタミン酸脱水素酵素（NADP-GDH），アルカリホスファターゼ（alkaline phosphatase），オルニチン（ornithine）代謝に関わる酵素，グルカナーゼ，およびフェニルアラニンアンモニアリアーゼ（phenylalanine ammonia-lyase）などの酵素活性の顕著な相違，などである（Moore et al., 1979 とそこに掲載されている引用文献）．それにもかかわらず，柄の伸長は，柄を構成する細胞の容積の顕著な増大に依存している．細胞壁は肥厚化しないままであり，細胞内容積のほとんどは液胞によって占められているので，柄は流体静力学的な骨格によって支持されなければならない．

　発育中の柄による水分の吸収は，劇的である．

- 柄が約20 mmから100 mmの高さに発育する間に，「平均的な」子実体の柄は，その新鮮重量が2倍になるが，乾燥重量はほとんど変化せず，200 mg近い水を吸収する．

　柄細胞の膨圧は，柄の伸長期を通じて一定に維持されている．それゆえ，柄細胞では，水の吸収と細胞壁の合成と並行して，浸透ポテンシャルを適切に調節する溶質が形成されて蓄積されなければならない．柄細胞の浸透圧調節因子としては，低分子炭水化物が最適の候補である．たとえば，トレハロースは，柄の最終乾燥重量の18％に達する．トレハロースは非還元糖であるが，アルコール可溶性の還元糖は，成熟柄の乾燥重量の12％に達する．それゆえ，トレハロースとこれらの還元糖を合わせると，成熟柄の乾燥重量の30％に達する．マンニトールは，上記のように，ツクリタケとシイタケでは浸透圧調節物質としてはたらくが，ウシグソヒトヨタケ（全ポリオール含量は乾燥重量の6％を超えないが，子実体の成熟に伴い含量は減少する）では，何の役割も演じていない．マンニトール単独で比較すると，その含量は，ツクリタケでは全子実体乾燥重量の50％，シイタケでは20〜30％に達する．

　柄細胞の浸透ポテンシャルのほとんどには，低分子化合物が寄与しているのに違いない．そして，おそらく，無機イオン，特にカリウムイオンが，非常に重要な貢献をしている可能性がある．そこで，糖含量は，細胞の全浸透ポテンシャルのほんの一部を担うだけかもしれないが，糖含量は，すでに細胞内にある物質代謝によって容易に調整される画分である．このような調整は，細胞の無機成分ではできない．

　これらのデータはすべて，異なる菌類において，さらに同一の種類の異なる組織においてさえも，細胞の肥大化と子実体の拡張が行われる方法に，基本的相違があることを示唆する．ツ

クリタケでは，傘の展開は菌糸の肥大化によるが，シイタケでは，菌糸の増殖に基づいている．

興味深いことに，ウシグソヒトヨタケの子実体（菌糸の肥大化によって膨張する）とスエヒロタケ（*Schizophyllum commune*）の子実体（菌糸の増殖によって展開する）では，両菌の細胞の拡張戦略は基本的に異なるものの，多くの代謝的類似性を示す．明らかに，同じ戦略的目的を達成するのに，まったく異なった戦術が用いられる．おそらく，進化の過程で，形態形成プロセスの実行を可能にする異なる**代謝機構**の間の，「選択」がなされてきたのだろう．そして，代謝機構の選択は，形態形成に寄与する特定の**細胞レベル**のプロセスの「選択」とは，独立になされてきた．

12.14 発育に関する古典遺伝学的研究方法およびゲノムデータの発掘

細胞の肥大化と組織の拡張に関するいくつかの基本的に異なる方式が存在するという示唆は，**発育変異体**の誘導についてなされた研究によって，より確かなものになった．このいずれの経路に関する古典遺伝学的研究も，次のような方法に基づいている．

- 変異系統の同定．
- 機能的シストロン（cistron）を解明するため相補性試験．
- 優性を決定するためのヘテロカリオン（heterokaryon）の表現型の比較．
- 遺伝子発現の順序を示すための，ヘテロカリオンにおけるエピスタチックな（epistatic）相互関係の決定（Moore et Frazer, 2002）．

近代分子的手法は，ゲノム解析ツールを用い（第18章参照），トランスクリプトーム（transcriptome, 転写されたRNA群）および/あるいはプロテオーム（proteome, 翻訳されたポリペプチド群）を解析して比較することである．トランスクリプトームやプロテオームの解析・比較により，生物が発育順序に沿って発育する時の，さまざまな発育段階に対応した形質発現プロフィールが与えられる．たとえば，Chum et al (2008) は，シイタケの二核菌糸体と子実体原基の遺伝子の発現プロフィールを決定するために，遺伝子発現の一連の解析を行い，子実体の発育には遺伝子の特異的なセットが要求されることを明らかにした．菌糸体から子実体原基への変化は，ハイドロフォビン（hydrophobins），細胞内輸送に関わる遺伝子，およびストレス反応に寄与する遺伝子などの，盛んな発現が関与している．

分子解析は，子実体の発育過程に含まれる遺伝子制御事象の複合的ネットワークを概観することを可能とするが，発育過程を特徴づけること，および/あるいは発育過程を開始する独特の決定的な事象に焦点をあてることは困難と思われる．古典的なアプローチ（「まず，変異をみつける」）は，速やかに決定的な事象に焦点をあてることができるが，しかし，この事象が属する複合的ネットワークを同定することは困難である．とはいえ，古典的アプローチから話を進める方がより容易である．

ウシグソヒトヨタケの古典遺伝学的アプローチは，とりわけ，柄の伸長がみられず正常な傘の展開が可能な突然変異株（mutants），あるいは柄の伸長は正常だが傘の展開ができない突然変異株を分離することから始まった（Takemaru & Kamada, 1971, 1972）（図12.26）．

明らかに，傘の分化経路と柄の分化経路は完全に分離されている可能性があり，同じ子実体の異なる部分の組み立てには，遺伝学的に異なる経路が用いられていると結論される．菌類の多細胞構造体の分化は，**遺伝学的に区画化されており**，通常の形態形成は数個から場合によって多くの**発育に関わるサブルーチン**から成り立っている．たとえば，柄，傘，子実層，子実層托，など，に対するサブルーチンが存在するようである．各サブルーチンは互いに独立して機能することができ，別個の遺伝的制御と生理的制御の下にある．特定の菌類の通常の形態形成はこれらのサブルーチンの統合を必要とし，その種を特徴づける子実体の形態をつくりだす．異なる方法で統合された同一のサブルーチンは，数種の他菌種に特徴的な異なった形態を生み出す．

もう1つの重要な点は，菌類は**発育における不正確**（developmental imprecision）に対して強い耐性をもっていることである．はなはだしく奇形の子実体が形成された時でさえ，その子実体はやはり胞子を形成し，分散することができる．高等菌類の子実体の形態の変異が多くの菌種で報告されており，しばしば環境ストレスに対する適応戦略として出現する．キヌオオフクロタケ（*Volvariella bombycina*）の自然発生的な奇形子実体における，そのような発育上の可塑性についての詳細な解析は，正常な形態形成が別個の発育上のセグメントの集合であることを示している，より多くの証拠を提出している（Chiu et al., 1989）．

観察される子実体の構造は，通常のハラタケ型（agaric

図12.26 ウシグソヒトヨタケの発育突然変異体．左から右に，AとBは野生型（A, 発育中期；B, 完全に成熟して自己分解している），Cは胞子を形成しない突然変異株，Dは傘を展開しない突然変異株，およびEは柄が伸長しない突然変異株（上の写真は未成熟子実体，下は自己分解した子実体）を，それぞれ示す．これら3種類の突然変異体はすべて優性であり，交雑において1つの遺伝子として分離する．すべての培養は，直径9 cmのガラス製のペトリ皿で行われた（写真はJunxia Ji博士による）．カラー版は，口絵42頁参照．

form）の子実体から完全に奇形的な閉じられたホコリタケ様構造（puffball-like structures）の子実体に至るまでさまざまであるが，すべては，実際にあるいは潜在的に，減数胞子（meiospore）生産とそれらの分散をする構造である（図12.27）．これらの観察結果は，再度，正常な子実体の発育は，独立した，しかし，調和的な一連の形態形成上のサブルーチンから成り，各サブルーチンは，完全な実体として活性化されたり抑制されたりしていることを示唆している．たとえば，通常，ハラタケ類の子実体の「子実層サブルーチン」が起動されて，ひだの「表皮」層が形成される．すなわち，「子実層托（hymenophore）サブルーチン」が，ハラタケ類の子実体の古典的なひだプレートつくり出す．奇形子実体が見分けのつくさまざまな組織からなっているという事実は，それらの組織が個別の発育プログラムによって決定されていることを示唆している．それゆえ，子実体は，きわめて奇形的に，傘の下側表面というよりも（あるいは下側表面に加えて），傘の上側表面に機能的な子実層をもつことができる（図12.27）．重要な点は，このような奇形組織は，機能的で識別可能な組織であり，腫瘍様の成長によってできたものではなく，間違った位置で起動された形態形成サブルーチンの正しい実行によって形成された組織であるということである．

不正確さに対するこの耐性は，菌類の形態形成の重要な属性である．というのは，この耐性が，発育上のサブルーチンの発現に柔軟性を与え，子実体が不利な条件に反応し，さらに胞子集団を形成することを可能にするのである．環境条件が正常な発育には不利な時であってさえも，子実体は，子実体がその機能を果たすための発育プログラムにおいて，依然として十分な柔軟性をもっている．

菌類の分化経路が，サイバープログラミング用語である「ファジー論理（fuzzy logic）」として描かれる性質を示す可能性について，論議されてきた（Moore, 1998b）．菌類細胞の分化を，個々の主要な，はい/いいえ，の「決定」を必要とするものとみるかわりに，ファジー論理の考えは，菌類の分化の最終到達点がささいな「近似」のネットワークの均衡に基づくものである，ことを示唆している．はい/いいえの選択によっては，特徴の特異的な組合せに不可避的に至る，二者択一の発育経路間のいずれに進むのかが決定される．ファジー論理は標準的なブール論理（Boolean）を展開したものであり，真理の重要性を「完全なる真実」と「完全なる偽り」の間に位置する部分的な真理という概念で処理することができる．この論理は，厳密にというよりもあいまいな意思決定様式の基礎をなす論理であり，不確かさやあいまいさを扱うことができ，多種多様な問題に適用されている．

現実世界における意思決定は，不完全な，あいまいな，はっきりしない，あるいは不確かな情報を処理する必要性によって特徴づけられる．その情報は，誤りがちなセンサー，伝達過程における損失よる不十分なフィードバック，過度のノイズなどによって与えられる類の情報である（現実生活では，意思決定は，日々行われている「現時点で得られる情報に基づいた最善の推測」である）．ファジー論理の技術的重要性は，この論理

第12章　発育と形態形成

図12.27　キヌオオフクロタケの多形子実体（polymorphic fruit bodies）．Aは典型的なハラタケ類のきのこの通常の形態を示している．よく発達したつぼをもっているのが特徴である．つぼは幼子実体を包み込んでおり，発育時に傘がつぼを破って出現する（バブル被実型の発育，図12.7参照）．スケールバー = 20 mm．BからGは，いくつかの多形性を示す．これらは，基本的に通常培養であるが，異常な温度および/あるいは乾燥などの，何らかの環境ストレスに曝されるとしばしば生じるように思われる．Bは一見正常である．しかしながら，この属に特徴的なつぼを完全に欠いている．スケールバー = 5 mm．Cは，基部に異常に発達したつぼをもつ裸実性の子実体（図12.3参照）．スケールバー = 2 mm．Dは，傘の周縁部が急速に増殖し，カールして傘の上表面に乗りかかることによって形成された，波状になった余分の子実層をもつ子実体．スケールバー = 10 mm．EはDの試料の走査型電子顕微鏡（SEM）像であり，傘の上側の表面に発達したひだの様子を示す．スケールバー = 1 mm．Fは，表面全体に渡って子実層を形成している棍棒状の子実体．スケールバー = 5 mm．Gは，両断した子実体の走査型電子顕微鏡（SEM）像である．迷路状の子実層托が，棍棒状の「傘」の表面全体を覆っている．スケールバー = 0.5 mm．この多形は，アミガサタケ属の菌種の正常な子実体に似ていることから，「アミガサタケ様（morchelloid）」とよばれている．アミガサタケ属は，いうまでもなく子嚢菌門のメンバーである（顕微鏡写真は，香港中文大学のS.-W. Chiu 教授による．イラストは，Chiu et al. 1989 より改変）．

が，自然界において一般に意思決定がいかにして機能するように思われるかを理解するための，数学的な基礎を提供するという事実に基づいている（Zadeh, 1956; Leondes, 1999）．

結論は，菌類細胞は，分化段階に関わるすべての条件がまだ満たされていなくても，分化段階を受け入れる柔軟性を有するということである．換言すれば，分化に関わる複数の経路間での発生上の決断は，ある程度の不確実性をもってうまく行われうる．それゆえ，結論としては，菌類の分化経路は，究極的には高度に多形なそれでも機能的な子実体形成を導きうる，形質発現における相当の自由（ファジー制約）を許容する法則の適用に基づかなければならないということである．

この方向での議論の1つの結果は，きのこの子実体のさまざまなパターンを発生させるのに，パターン形成遺伝子（patterning gene）は必要でないかもしれない，ということである．むしろ，上記のように，さまざまなパターンは，単純でファジーな発育法則，および物理的な力（引っ張り，膨張化，拡張）を伴う基本的な代謝制御，の通常の適用により生じるものと思われる．ハラタケ類のきのこの1つでみられる特異的なひだのパターンは，おおよそ，「傘の単位体積当りのひだの数（x）」を特定する一群の調節遺伝子を必要としないであろう．なぜならば，ひだのパターンは，「常に」，ひだの形成をもたらす組織内の局所的環境と，子実体を成熟させる引き続く一連の環境についての，一般的な法則を適用する結果生じるからである．

子実体の形態形成は，発育プログラム中の基本的に自己完結的な一連のセグメントの発現によって生じる，という説明はさ

まざまな意味をもつであろう．セグメントが具象化される順序は，子実体の全体の形を決定するであろう．それゆえ，このような見方は，分類学的な類縁関係と進化学的な類縁関係を明確にする，自然な手法を与える可能性がある．より機械論的には，そのようなセグメント化された発育プログラムは，同じような論理階層に組織化され，発育プログラムを遺伝的に制御する方法をもっているように思われる．そして，もしこのようなセグメント化されたプログラムが明確に立証されれば，古典的に体節化された体形を発現させる他の生物の発育システムと比較することを思い浮かべるであろう．動物，植物，菌類の発育メカニズムの間には，実際，類似性がみられるのは明らかである．同様に，3つの生物グループにおいて，3つの進化系統が，形態，構造および行動において，それぞれのグループに特徴的でお互いに完全に分離した様式に分岐してからはるかのちに，多細胞性が進化したことは疑いの余地がない．それゆえ，多細胞性の形態形成をもたらす機構は，いかなる共通祖先によっても保持されなかったか，保持されたとしても，ほんのわずかしか保持されなかったと考えられる．

植物，動物，菌類における形態形成の基本的制御には，相似性が確かに見られるようである．相似性が存在するということは，形態形成を支配する法則は，物理学的現象や化学的現象に反応する生物学的な実体に対してよりも，関係する物理化学的現象により多くを負うている自然の法則であることを意味する．

遺伝子データベースにある塩基配列との相同性を調査することによって，植物，動物，菌類をさらに比較する試みがなされた．まず，動物のシグナル伝達機構に関わる *Wnt*, *Hedgehog*, *Notch* および *TGF-α* の各遺伝子の相同塩基配列が，担子菌門と子嚢菌門の数種の菌類ゲノムについて比較された．これらの遺伝子は，動物の通常の発生における，不可欠で高度に保存されてきた成分であると考えられている．これらすべての遺伝子の相同塩基配列は，植物におけるとちょうど同じように，菌類ゲノムにはみられなかった（Moore et al., 2005）．続いて，動物，植物，菌類について，塩基配列が決定されたゲノム中の発育に関わる遺伝子の塩基配列の相同性が，データマイニング手法を用いて包括的に研究された（Moore & Meškauskas, 2006）．これらの実験については，18.13節（p. 587）でより詳細に議論する．これらの実験の結果，菌類と他の真核生物との間の相同性は，真核細胞の構成に関わる78塩基配列に限られるということがわかった．これらの探索の結果，菌類は，*Wnt*, *Hedgehog*, *Notch*, *TGF*, *p53*, *SINA*, あるいは *NAM* の各遺伝子の塩基配列をもっていないことがわかった．この結果，糸状菌類（filament fungi）のユニークな細胞の生態は，動物や植物とも根本的に異なる方法で，糸状菌類の多細胞系の発育を制御する方法を進化させた，という結論が得られた．

おそらく，菌類の多細胞構造の発育過程は，制御を必要とする動物や植物の発育過程と相似あるいは相同であると考えられる．不幸にして，動物や植物の発育制御に関わる塩基配列に相同の配列が，菌類には存在しなかったという証明は，菌類の多細胞系の発育を実際に制御する分子については，何もわからないままになっていることを示す．さらに，不幸にして，本書執筆時点において，菌類の発育現象の基本的制御過程について何も知られていない，また，菌類の多細胞構造をつくり出す分子や機構についても何もわかっていないという状況はそのままである（Moore et al., 2007）．

12.15　脱分化，老化，死

死は，動物界と植物界という他の2つの主要な真核生物界において，生物学の重要な様相であり，このことは菌類界においても同様である．死は，形態形成に寄与するもう1つの細胞過程である．老化した個体を取り除くことは，若い個体に道を開け，その個体群の進化を可能にする．プログラム細胞死（programmed cell death, PCD）は，動物と植物双方の形態形成に対する重要な貢献要因であると認識されてきた．PCD過程は，時間と位置が制御された組織の除去過程である．細胞死には，外傷性あるいは壊死性のタイプとアポトーシス（apoptosis）あるいはプログラム細胞死（PCD）という2つのタイプがある．

高等動物において，PCDは，合成過程を含む一連の良く制御された過程を包含する．一連の過程は，内部的な細胞変性と，最終的に食作用（phagocytosis）による死滅細胞の除去に至る．高等動物において，このようなアポトーシスによる細胞の除去は細胞内で起こる現象であり，抗原が逃れ出ることと，その結果起こる動物自身の細胞成分に対する免疫反応（自己免疫）の危険を回避するために重要である．このようなことは，植物と菌類では考えられない．菌類におけるPCDの最も明白な例は，ヒトヨタケ類の子実体の発育の後期段階に起こる自己分解である．自己分解は，ずっと以前は子実体発育に不可欠の1過程であると説明されていた（自己分解は，傘の裏面からひだ組織を取り除き，担子器の上側の領域による担子胞子散布に対する妨害を取り除く）．自己分解は，一連の溶解酵素（lytic enzymes）の産生と組織的な放出を伴う（Iten, 1970; Iten & Matile, 1970）．それゆえ，これらの傘組織の自己分解は明らかに PCD といえよう．

菌類の子実体の寿命に関する実験的研究がたった1つだけある．Umar & Van Griensven（1997a）は，培養を害虫や病気から守る人工的な環境下できのこを栽培した．そして彼らは，ツクリタケの子実体の寿命が 36 日であることを見い出した．老化は，子実体形成の約 18 日後に最初に明らかになり，局所的な核と原形質の溶解が見られた．36 日後には，子実体のほとんどの細胞が，ひどく変性したり奇形になったりした．それにもかかわらず，多くの担子器と子実下層の細胞は生き生きしており，細胞学的には 36 日目においても健全であった．それゆえ，著しく老化した子実体においてさえも，健全で生きている細胞が見い出された．これらの細胞は，おそらく，**子実体再生**（renewed fruiting）として知られる異常な現象の原因と思われる．

野外で採取されたきのこ子実体の組織は，通常，栄養寒天平板培地に接種されると栄養菌糸を盛んに生じる．このような子実体形成段階から栄養成長段階への転換は，唐突な過程ではなく，むしろ，何らかの種類の分化状態の「記憶」のように思われる．分離したひだからの最初の菌糸の成長は，通常，当初は，ひだ組織の分枝し撚り合わされ密に詰まった菌糸パターンと良く似ている．この成長パターンは，培養中にみられる通常の栄養菌糸の成長パターンとはまったく異なる．この「記憶」の理由は，分化に特異的な遺伝子の産生物（ハイドロフォビンのような；Wessels, 1994a & b, 1996）が引き続く栄養成長によって希釈されるまでの間の，この遺伝子の残留発現にすぎない．

子実体の再生（子実体組織上に直接子実体が形成されること）はまれなことではなく，不適切に貯蔵された切離子実体の各部位（傘，柄および/あるいはひだ）で起こりうる．試験管中（in vitro）では，切離子実体組織上に多くの子実体原基が発生して，ミニチュアサイズではあるが，通常の成熟子実体になりうることが示されている．栄養菌糸の培養に比べて，切離子実体の組織はきわめて速やかに子実体を形成する．たとえば，ウシグソヒトヨタケでは，子実体は 4 日以内に再生するが，これに比較して，二核菌糸体（dikaryon）が接種された培養では，同一条件下で，子実体は 10〜14 日で形成される（Chiu & Moore, 1988a; Brunt & Moore, 1989; Bourne et al., 1996）．子実体の再生は，きのこの生存にとって重要な役割を担っているようである．すなわち，子実体の再生は，死滅しつつある子実体の組織で，胞子をさらに生産して散布するために，生き残り，組織中の資源を消費し，さらに速やかに資源のリサイクルを行う際に，重要な役割を果たしている．

Umar & Van Griensven（1997b, 1998）は，一般に細胞死がさまざまな構造の分化の始まりに関与していることを見い出した．たとえば，ツクリタケのひだ腔の形成開始に細胞死が関与している．彼らは，特定の時期と部位における細胞死が分化過程の一部を構成していると指摘している．**菌類プログラム細胞死**（fungal PCD）は，多くの菌種の発育の多くの段階でその役割を担っているのかもしれない（Umar & Van Griensven, 1998）．個々の菌糸コンパートメントが犠牲になって菌糸が切り取られ，特定の形の組織が形成される．それゆえ，菌類の PCD は，子実体の始原原基と原基の菌糸塊に由来する未加工の材料から，子実体の形を彫刻するようにつくり出すのに使われている．Umar & Van Griensven（1998）によって詳述されたいくつかの例では，細胞死に至るプログラムが，犠牲的な細胞の自己溶解によって放出される粘液質物質の過剰生産に関わっている．自己分解中のヒトヨタケ類のひだでは，細胞死によって放出される細胞内容物に，増大した溶菌酵素活性が見られることを想起してほしい．明らかに，菌類の PCD では，犠牲になる細胞が死滅する際に放出される細胞内容物も特定の機能を担っている．

12.16 菌類発生生物学における基本的原理

菌類発生生物学の主要な特徴は，Moore（2005）によって1セットの原理にまとめられている．下記のリストは，上記の部分で考察した大部分の観察を組み合わせたものである．通常，多くの菌類の菌糸は，菌糸体を通常構成する栄養世代から分化し，多菌糸性の構造体の組織を形成するために集合するということを思い起こすことから話を始めたい．多菌糸性構造体は，菌糸束，根状菌糸束および子実体の柄のように平行に配列した菌糸が目立つ線形の器官，あるいは菌核，子実体およびその他の子嚢菌門や担子菌門の大形の胞子形成構造体のように菌糸が織りなす球状の塊といえよう．

菌類の形態形成が依存していると考えられる一連の原理は，次のようなものであり，それらの多くは動物や植物の両者の原理と異なっている．

- 原理 1：菌類の発育が負うている基礎細胞生物学は，菌糸は頂端部でのみ伸長し，隔壁は菌糸の長軸に対して直角な方向

にのみ形成される，ということである．
- 原理2：菌類の形態形成は，菌糸の分枝の配置に基づく．分枝形成によって成長する先端の数が増加することは，動物や植物でみられる細胞増殖と同等である．増殖するために菌糸は分枝しなければならず，分化した組織を形成するために分枝を開始する位置とその成長方向が制御されなければならない．
- 原理3：菌類の菌糸細胞間相互作用の制御に関する分子生物学は，動物や植物の細胞間相互作用に関する分子生物学で知られているものとはまったく異なる．
- 原理4：菌類の形態形成のプログラムは，発生学的サブルーチンに組織化されている．発生学的サブルーチンは，形態形成プログラムの個々に独立した特徴に寄与する遺伝学的な情報の統合された集まりである．プログラムされた正しい時間と部位におけるすべての発生学的サブルーチンの実行が，正常な構造体を形成する．
- 原理5：菌糸は頂端部でのみ成長するので，1つの構造体のすべての菌糸先端の全体的な屈性反応の変化は，子実体の基本的形態を生じさせるのに十分である．
- 原理6：局所的な空間スケールでの協調は，誘導菌糸（inducer hypha）によって達成される．誘導菌糸は，その周囲の菌糸結節（これらはReijndersの菌糸結節とよばれている）および分枝，あるいはそのいずれかの反応を制御している．
- 原理7：屈性シグナルに対する組織の反応，およびReijndersの菌糸結節の誘導菌糸に対する反応は，植物や動物の細胞に見られるような連絡構造に類似する構造が菌糸側面間に存在しないことと相まって，菌類における発育が，おもに細胞外環境を通じて伝達されるモルフォゲンによって制御されていることを示唆する．植物や動物の組織で隣接細胞間を相互に連結する構造としては，原形質連絡（プラズムデスム），ギャップ結合およびその他の細胞プロセスが知られる．
- 原理8：菌類は，隔壁孔が開いている（透過型電子顕微鏡による観察から判断して）ように見える場合でさえも，隣接する菌糸コンパートメント間で極限の細胞分化を示すことがある．
- 原理9：減数母細胞は，その発育上の運命に拘束された唯一の菌糸細胞であるように思われる．他の高度に分化した菌糸細胞は，全能性を維持している．すなわち，分化した菌糸細胞から栄養菌糸の先端を発生させ，再び菌糸体を形成する能力をもっている．
- 原理10：菌類は，ある形態形成上の構造を構築した段階，および/あるいはある分化状態に到達した段階でも，きわめて大きな不正確さ（すなわち，ファジー論理の発現）に対する耐性がある．この不正確さの結果，著しい奇形子実体（発生学的サブルーチンを実行する際の誤りによって形成される）でさえもまだ生存能力のある胞子を散布することができ，さらに不完全に（あるいは，まちがって）分化した菌糸細胞であってもなお有用な機能を果たしている．
- 原理11：子実体が膨張し成熟するときに，物理学的な相互作用が，子実体全体の形や外観に影響を与える．そして，このような相互作用が，しばしばわれわれに最もなじみ深い外観をつくり出す．

12.17 文献と，さらに勉強をしたい方のために

Al-Gharawi, A. & Moore, D. (1977). Factors affecting the amount and the activity of the glutamate dehydrogenases of *Coprinus cinereus*. *Biochimica et Biophysica Acta*, **496**: 95–102. DOI: http://dx.doi.org/10.1016/0304-4165(77)90118-0.

Allen, J. J., Moore, D. & Elliott, T. J. (1992). Persistent meiotic arrest in basidia of *Agaricus bisporus*. *Mycological Research*, **96**: 125–127. DOI: http://dx.doi.org/10.1016/S0953-62(09)80926-X.

Andrews, J. H. (1995). Fungi and the evolution of growth form. *Canadian Journal of Botany*, **73**: S1206–S1212. DOI: http://dx.doi.org/10.1139/b95-380.

Bastouill-Descollonges, Y. & Manachère, G. (1984). Photosporogenesis of *Coprinus congregatus*: correlations between the physiological age of lamellae and the development of their potential for renewed fruiting. *Physiologia Plantarum*, **61**: 607–610. DOI: http://dx.doi.org/10.1111/j.1399-3054.1984.tb05177.x.

Blelloch, R., Newman, C. & Kimble, J. (1999). Control of cell migration during *Caenorhabditis elegans* development. *Current Opinion in Cell Biology*, **11**: 608–613. DOI: http://dx.doi.org/10.1016/S0955-0674(99)00028-9.

Bourne, A. N., Chiu, S. W. & Moore, D. (1996). Experimental approaches to the study of pattern formation in *Coprinus cinereus*. In: *Patterns in Fungal Development (eds. S. W. Chiu & D. Moore), pp. 126-155. Cambridge, UK: Cambridge University Press. ISBN-10: 0521560470, ISBN-13: 9780521560474.

Brunt, I. C. & Moore, D. (1989). Intracellular glycogen stimulates fruiting in *Coprinus cinereus*. *Mycological Research*, **93**: 543-546. DOI: http://dx.doi.org/10.1016/S0953-7562(89)80050-4.

Buller, A. H. R. (1910). The function and fate of the cystidia of *Coprinus atramentarius*, together with some general remarks on *Coprinus* fruit bodies. *Annals of Botany*, **24** (old series): 613-629.

Buller, A. H. R. (1924). *Researches on Fungi*, vol. 3. London: Longmans Green & Co. ASIN: B0008BT4QW.

Buller, A. H. R. (1931). *Researches on Fungi*, vol. 4. London: Longmans Green & Co. ASIN: B0008BT4R6.

Bush, D. A. (1974). Autolysis of *Coprinus comatus* sporophores. *Experientia*, **30**: 984-985.

Butler, G. M. (1988). Pattern of pore morphogenesis in the resupinate basidiome of *Phellinus contiguus*. *Transactions of the British Mycological Society*, **91**: 677-686. DOI: http://dx.doi.org/10.1016/S0007-1536(88)80044-5.

Butler, G. M. (1992a). Location of hyphal differentiation in the agar pore field of the basidiome of *Phellinus contiguus*. *Mycological Research*, **96**: 313-317. DOI: http://dx.doi.org/10.1016/S0953-7562(09)80944-1.

Butler, G. M. (1992b). Capacity for differentiation of setae and other hyphal types of the basidiome in explants from cultures of the polypore *Phellinus contiguus*. *Mycological Research*, **96**: 949-955. DOI: http://dx.doi.org/10.1016/S0953-7562(09)80596-0.

Butler, G. M. (1995). Induction of precocious fruiting by a diffusible sex factor in the polypore *Phellinus contiguus*. *Mycological Research*, **99**: 325-329. DOI: http://dx.doi.org/10.1016/S0953-7562(09)80907-6.

Butler, G. M. & Wood, A. E. (1988). Effects of environmental factors on basidiome development in the resupinate polypore *Phellinus contiguus*. *Transactions of the British Mycological Society*, **90**: 75-83. DOI: http://dx.doi.org/10.1016/S0007-1536(88)80182-7.

Chiu, S. W. & Moore, D. (1988a). Evidence for developmental commitment in the differentiating fruit body of *Coprinus cinereus*. *Transactions of the British Mycological Society*, **90**: 247-253. DOI: http://dx.doi.org/10.1016/S0007-1536(88)80096-2.

Chiu, S. W. & Moore, D. (1988b) Ammonium ions and glutamine inhibit sporulation of *Coprinus cinereus* basidia assayed *in vitro*. *Cell Biology International Reports*, **12**: 519-526. DOI: http://dx.doi.org/10.1016/0309-1651(88)90038-0.

Chiu, S. W. & Moore, D. (1990a). A mechanism for gill pattern formation in *Coprinus cinereus*. *Mycological Research*, **94**: 320-326. DOI: http://dx.doi.org/10.1016/S0953-7562(09)80357-2.

Chiu, S. W. & Moore, D. (1990b). Development of the basidiome of *Volvariella bombycina*. *Mycological Research*, **94**: 327-337. DOI: http://dx.doi.org/10.1016/S0953-7562(09)80358-4.

Chiu, S. W. & Moore, D. (1990c). Sporulation in *Coprinus cinereus*: use of an *in vitro* assay to establish the major landmarks in differentiation. *Mycological Research*, **94**: 249-253. DOI: http://dx.doi.org/10.1016/S0953-7562(09)80623-0.

Chiu, S. W., Moore, D. & Chang, S. T. (1989). Basidiome polymorphism in *Volvariella bombycina*. *Mycological Research*, **92**: 69-77. DOI: http://dx.doi.org/10.1016/S0953-7562(89)80098-X.

Chum, W. W. Y., Ng, K. T. P., Shih, R. S. M., Au, C. H. & Kwan, H. S. (2008). Gene expression studies of the dikaryotic mycelium and primordium of *Lentinula edodes* by serial analysis of gene expression. *Mycological Research*, **112**: 950-964. DOI: http://dx.doi.org/10.1016/j.mycres.2008.01.028.

Corner, E. J. H. (1932). A *Fomes* with two systems of hyphae. *Transactions of the British Mycological Society*, **17**: 51-81. DOI: http://dx.doi.org/10.1016/S0007-1536(32)80026-4.

Corner, E. J. H. (1966). *A Monograph of Cantharelloid Fungi*. Annals of Botany Memoirs no. 2. Oxford, UK: Oxford University Press. ASIN: B000WUINOS.

Duband, J. L., Rocher, S., Chen, W. T., Yamada, K. M. & Thiery, J. P. (1986). Cell adhesion and migration in the early vertebrate embryo: location and possible role of the putative fibronectin receptor complex. *Journal of Cell Biology*, **102**: 160-178. Stable URL: http://www.jstor.org/stable/1611752.

Elhiti, M. M. Y., Butler, R. D. & Moore, D. (1979). Cytochemical localisation of glutamate dehydrogenase during carpophore development in *Coprinus cinereus*. *New Phytologist*, **82**: 153-157. Stable URL: http://www.jstor.org/stable/2485086.

Ewaze, J. O., Moore, D. & Stewart, G. R. (1978). Co-ordinate regulation of enzymes involved in ornithine metabolism and its relation to sporophore morphogenesis in *Coprinus cinereus*. *Journal of General Microbiology*, **107**: 343-357. DOI: http://dx.doi.org/10.1099/00221287-107-2-343.

Fayod, V. (1889). Prodrome d'une histoire naturelle des Agaricinés. *Annales des Sciences Naturelles, Botanique Série*, **7-9**: 179-411.

Field, C., Li, R. & Oegema, K. (1999). Cytokinesis in eukaryotes: a mechanistic comparison. *Current Opinion in Cell Biology*, **11**: 68-80. DOI: http://dx.doi.org/10.1016/S0955-0674(99)80009-X.

Gallagher, K. & Smith, L. G. (1997). Asymmetric cell division and cell fate in plants. *Current Opinion in Cell Biology*, **9**: 842-848. DOI: http://dx.doi.org/10.1016/S0955-0674(97)80086-5.

Hammad, F., Watling, R. & Moore, D. (1993a). Cell population dynamics in *Coprinus cinereus*: narrow and inflated hyphae in the basidiome stipe. *Mycological Research*, **97**: 275–282. DOI: http://dx.doi.org/10.1016/S0953-7562(09)81120-9.

Hammad, F., Ji, J., Watling, R. & Moore, D. (1993b). Cell population dynamics in *Coprinus cinereus*: coordination of cell inflation throughout the maturing fruit body. *Mycological Research*, **97**: 269–274. DOI: http://dx.doi.org/10.1016/S0953-7562(09)81119-2.

Hammond, J. B. W. & Nichols, R. (1976). Carbohydrate metabolism in *Agaricus bisporus* (Lange) Sing.: changes in soluble carbohydrates during growth of mycelium and sporophore. *Journal of General Microbiology*, **93**: 309–320. DOI: http://dx.doi.org/10.1099/00221287-93-2-309.

Harper, J. L., Rosen, B. R. & White, J. (1986). *The Growth and Form of Modular Organisms*. London: The Royal Society. ISBN-10: 0521350743, ISBN-13: 9780521350747.

Harris, S. D. (2001). Septum formation in *Aspergillus nidulans*. *Current Opinion in Microbiology*, **4**: 736–739. DOI: http://dx.doi.org/10.1016/S1369-5274(01)00276-4.

Horner, J. & Moore, D. (1987). Cystidial morphogenetic field in the hymenium of *Coprinus cinereus*. *Transactions of the British Mycological Society*, **88**: 479–488. DOI: http://dx.doi.org/10.1016/S0007-1536(87)80031-1.

Howard, R. J. & Gow, N. A. R. (2001). *The Mycota: Biology of the Fungal Cell*. New York: Springer-Verlag. ISBN-10: 3540706151, ISBN-13: 9783540706151.

Iten, W. (1970). Zur Funktion hydrolytischer Enzyme bei der Autolysate von *Coprinus*. *Berichte Schweitzerische Botanische Gesellschaft*, **79**: 175–198.

Iten, W. & Matile, P. (1970). Role of chitinase and other lysosomal enzymes of *Coprinus lagopus* in the autolysis of fruiting bodies. *Journal of General Microbiology*, **61**: 301–309. DOI: http://dx.doi.org/10.1099/00221287-61-3-301.

Jabor, F. N. & Moore, D. (1984). Evidence for synthesis de novo of NADP-linked glutamate dehydrogenase in *Coprinus* mycelia grown in nitrogen-free medium. *FEMS Microbiology Letters*, **23**: 249–252. DOI: http://dx.doi.org/10.1111/j.1574-6968.1984.tb01072.x.

Jirjis, R. I. & Moore, D. (1976). Involvement of glycogen in morphogenesis of *Coprinus cinereus*. *Journal of General Microbiology*, **95**: 348–352. DOI: http://dx.doi.org/10.1099/00221287-95-2-348.

Kemp, R. F. O. (1977). Oidial homing and the taxonomy and speciation of basidiomycetes with special reference to the genus *Coprinus*. In: *The Species Concept in Hymenomycetes* (ed. H. Clemençon), pp. 259–273. Vaduz, Liechtenstein: J. Cramer. ISBN-10: 3768211738, ISBN-13: 978-3768211734.

Lassar, A. B. & Orkin, S. (2001). Cell differentiation: plasticity and commitment – developmental decisions in the life of a cell (editorial overview of a special topic issue). *Current Opinion in Cell Biology*, **13**: 659–661. DOI: http://dx.doi.org/10.1016/S0955-0674(00)00267-2.

Leondes, C. T. (1999). *Fuzzy Theory Systems: Techniques and Applications*. New York: Academic Press. ISBN-10: 0124438709, ISBN-13: 9780124438705.

Matthews, T. R. & Niederpruem, D. J. (1972). Differentiation in *Coprinus lagopus*. I. Control of fruiting and cytology of initial events. *Archiv für Mikrobiologie*, **87**: 257–268. DOI: http://dx.doi.org/10.1007/BF00424886.

Meinhardt, H. (1976). Morphogenesis of lines and nets. *Differentiation*, **6**: 117–123. DOI: http://dx.doi.org/10.1111/j.1432-0436.1976.tb01478.x.

Meinhardt, H. (1984). Models of pattern formation and their application to plant development. In: *Positional Controls in Plant Development* (eds. P. W. Barlow & D. J. Carr), pp. 1–32. Cambridge, UK: Cambridge University Press. ISBN-10: 052125406X, ISBN-13: 9780521254069.

Meinhardt, H. & Gierer, A. (1974). Applications of a theory of biological pattern formation based on lateral inhibition. *Journal of Cell Science*, **15**: 321–346. URL: http://jcs.biologists.org/cgi/content/abstract/15/2/321.

Meyerowitz, E. M. (1999). Plants, animals and the logic of development. *Trends in Cell Biology*, **9**: M65–M68. DOI: http://dx.doi.org/10.1016/S0962-8924(99)01649-9.

Momany, M. (2001). Cell biology of the duplication cycle in fungi. In: *Molecular and Cellular Biology of Filamentous Fungi* (ed. N. J. Talbot), pp. 119–125. Oxford, UK: Oxford University Press. ISBN-10: 0199638373, ISBN-13: 9780199638376.

Momany, M. (2002). Polarity in filamentous fungi: establishment, maintenance and new axes. *Current Opinion in Microbiology*, **5**: 580–585. DOI: http://dx.doi.org/10.1016/S1369-5274(02)00368-5.

Momany, M., Zhao, J., Lindsey, R. & Westfall, P. J. (2001). Characterisation of the *Aspergillus nidulans* septin (*asp*) gene family. *Genetics*, **157**: 969–977. URL: http://www.genetics.org/cgi/content/full/157/3/969.

Moore, D. (1981). Evidence that the NADP-linked glutamate dehydrogenase of *Coprinus cinereus* is regulated by acetyl-CoA and ammonium levels. *Biochimica et Biophysica Acta*, **661**: 247–254. DOI: http://dx.doi.org/10.1016/0005-2744(81)90011-5.

Moore, D. (1984). Developmental biology of the *Coprinus cinereus* carpophore: metabolic regulation in relation to cap morphogenesis. *Experimental Mycology*, **8**: 283–297. DOI: http://dx.doi.org/10.1016/0147-5975(84)90052-5.

Moore, D. (1987). The formation of agaric gills. *Transactions of the British Mycological Society*, **89**: 105–108. DOI: http://dx.doi.

org/10.1016/S0007-1536(87)80064-5.

Moore, D. (1991). Perception and response to gravity in higher fungi: a critical appraisal. *New Phytologist*, **117**: 3-23. DOI: http://dx.doi.org/10.1111/j.1469-8137.1991.tb00940.x.

Moore, D. (1995). Tissue formation. In: *The Growing Fungus* (eds. N.A.R. Gow & G. M. Gadd), pp. 423- 465. London: Chapman & Hall. ISBN-10: 0412466007, ISBN-13: 9780412466007.

Moore, D. (1998a). *Fungal Morphogenesis*. New York: Cambridge University Press. ISBN-10: 0521552958, ISBN-13: 9780521552950. DOI: http://dx.doi.org/10.1017/CBO9780511529887.

Moore, D. (1998b). Tolerance of imprecision in fungal morphogenesis. In: *Proceedings of the Fourth Conference on the Genetics and Cellular Biology of Basidiomycetes* (eds. L.J.L.D. Van Griensven & J. Visser), pp. 13-19. Horst, The Netherlands: The Mushroom Experimental Station.

Moore, D. (2005). Principles of mushroom developmental biology. *International Journal of Medicinal Mushrooms*, **7**: 79-102. DOI: http://dx.doi.org/10.1615/IntJMedMushr.v7.i12.90

Moore, D. & Ewaze, J. O. (1976). Activities of some enzymes involved in metabolism of carbohydrate during sporophore development in *Coprinus cinereus*. *Journal of General Microbiology*, **97**: 313-322. DOI: http://dx.doi.org/10.1099/00221287-97-2-313.

Moore, D. & Meškauskas, A. (2006). A comprehensive comparative analysis of the occurrence of developmental sequences in fungal, plant and animal genomes. *Mycological Research*, **110**: 251-256. DOI: http://dx.doi.org/10.1016/j.mycres.2006.01.003.

Moore, D. & Novak Frazer, L. (2002). *Essential Fungal Genetics*. New York: Springer-Verlag. ISBN-10: 038 7953671, ISBN-13: 9780387953670. URL: http://www.springerlink.com/content/978-0-387-95367-0.

Moore, D., Elhiti, M. M. Y. & Butler, R. D. (1979). Morphogenesis of the carpophore of *Coprinus cinereus*. *New Phytologist*, **83**: 695-722. Stable URL: http://www.jstor.org/stable/2433941.

Moore, D., Horner, J. & Liu, M. (1987a). Co-ordinate control of ammonium-scavenging enzymes in the fruit body cap of *Coprinus cinereus* avoids inhibition of sporulation by ammonium. *FEMS Microbiology Letters*, **44**: 239-242. DOI: http://dx.doi.org/10.1111/j.1574-6968.1987.tb02275.x.

Moore, D., Liu, M. & Kuhad, R. C. (1987b). Karyogamy-dependent enzyme derepression in the basidiomycete *Coprinus*. *Cell Biology International Reports*, **11**: 335-341. DOI: http://dx.doi.org/10.1016/0309-1651(87)90094-4.

Moore, D., Walsh, C. & Robson, G. D. (2005). A search for developmental gene sequences in the genomes of filamentous fungi. In: *Applied Mycology and Biotechnology*, vol. 6, *Genes, Genomics and Bioinformatics* (eds. D. K. Arora & R. Berka), pp.169-188. Amsterdam: Elsevier.

Moore, D., Gange, A. C., Gange, E. G. & Boddy, L. (2007). Fruit bodies: their production and development in relation to environment. In: *Ecology of Saprotrophic Basidiomycetes* (eds. L. Boddy, J. C. Frankland & P. van West), pp. 79-103. Amsterdam: Elsevier. ISBN-10: 0123741858, ISBN-13: 9780123741851.

Novak Frazer, L. (1996). Control of growth and patterning in the fungal fruiting structure. A case for the involvement of hormones. In: *Patterns in Fungal Development* (eds. S. W. Chiu & D. Moore), pp. 156-181. Cambridge, UK: Cambridge University Press. ISBN-10: 0521560470, ISBN-13: 9780521560474.

Redhead, S. A. (1987). The Xerulaceae (Basidiomycetes), a family with sarcodimitic tissues. *Canadian Journal of Botany*, **65**: 1551-1562. DOI: http://dx.doi.org/10.1139/b87-214.

Redhead, S. A., Vilgalys, R., Moncalvo, J.-M., Johnson, J. & Hopple, J. S. Jr. (2001). *Coprinus* Pers. and the disposition of *Coprinus* species *sensu lato*. *Taxon*, **50**: 203-241. Stable URL: http://www.jstor.org/stable/1224525.

Reijnders, A. F. M. (1963). *Les Problèmes du développement des carpophores des Agaricales et de quelques groupes voisins*. The Hague: Dr W. Junk. ISBN-10: 9061936284, ISBN-13: 9789061936282.

Reijnders, A. F. M. & Moore, D. (1985). Developmental biology of agarics: an overview. In: *Developmental Biology of Higher Fungi* (eds. D. Moore, L. A. Casselton, D. A. Wood & J. C. Frankland), pp. 581-595. Cambridge, UK: Cambridge University Press. ISBN-10: 0521301610, ISBN-13: 9780521301619.

Rosin, I. V. & Moore, D. (1985a). Origin of the hymenophore and establishment of major tissue domains during fruit body development in *Coprinus cinereus*. *Transactions of the British Mycological Society*, **84**: 609-619. DOI: http://dx.doi.org/10.1016/S0007-1536(85)80115-7.

Rosin, I. V. & Moore, D. (1985b). Differentiation of the hymenium in *Coprinus cinereus*. *Transactions of the British Mycological Society*, **84**: 621-628. DOI: http://dx.doi.org/10.1016/S0007-1536(85)80116-9.

Stewart, G. R. & Moore, D. (1974). The activities of glutamate dehydrogenases during mycelial growth and sporophore development in *Coprinus lagopus* (*sensu* Lewis). *Journal of General Microbiology*, **83**: 73-81. DOI: http://dx.doi.org/10.1099/00221287-83-1-73.

Takemaru, T. & Kamada, T. (1971). Gene control of basidiocarp development in *Coprinus macrorhizus*. *Reports of the Tottori Mycological Institute (Japan)*, **9**: 21-35.

Takemaru, T. & Kamada, T. (1972). Basidiocarp development in *Coprinus macrorhizus*. I. Induction of developmental variations. *Botanical Magazine (Tokyo)*, **85**: 51–57.

Tan, Y. H. & Moore, D. (1994). High concentrations of mannitol in the shiitake mushroom *Lentinula edodes*. *Microbios*, **79**: 31–35. URL: http://www.ncbi.nlm.nih.gov/pubmed/8078418.

Tan, Y. H. & Moore, D. (1995). Glucose catabolic pathways in *Lentinula edodes* determined with radiorespirometry and enzymic analysis. *Mycological Research*, **99**: 859–866. DOI: http://dx.doi.org/10.1016/S0953-7562(09)80742-9.

Umar, M. H. & Van Griensven, L. J. L. D. (1997a). Morphological studies on the life span, developmental stages, senescence and death of *Agaricus bisporus*. *Mycological Research*, **101**: 1409–1422. DOI: http://dx.doi.org/10.1017/S0953756297005212.

Umar, M. H. & Van Griensven, L. J. L. D. (1997b). Hyphal regeneration and histogenesis in *Agaricus bisporus*. *Mycological Research*, **101**: 1025–1032. DOI: http://dx.doi.org/10.1017/S0953756297003869.

Umar, M. H. & Van Griensven, L. J. L. D. (1998). The role of morphogenetic cell death in the histogenesis of the mycelial cord of *Agaricus bisporus* and in the development of macrofungi. *Mycological Research*, **102**: 719–735. DOI: http://dx.doi.org/10.1017/S0953756297005893.

Van der Valk, P. & Marchant, R. (1978). Hyphal ultrastructure in fruit body primordia of the basidiomycetes *Schizophyllum commune* and *Coprinus cinereus*. *Protoplasma*, **95**: 57–72. DOI: http://dx.doi.org/10.1007/BF01279695.

Waters, H., Moore, D. & Butler, R. D. (1975). Morphogenesis of aerial sclerotia of *Coprinus lagopus*. *New Phytologist*, **74**: 207–213. Stable URL: http://www.jstor.org/stable/2431390.

Watling, R. & Moore, D. (1994). Moulding moulds into mushrooms: shape and form in the higher fungi. In: *Shape and Form in Plants and Fungi* (eds. D. S. Ingram & A. Hudson), pp. 270–290. London: Academic Press. ISBN-10: 0123710359, ISBN-13: 9780123710352.

Wessels, J. G. H. (1994a). Development of fruit bodies in Homobasidiomycetes. In *The Mycota*, vol. **1**, *Growth, Differentiation and Sexuality* (eds. J. G. H. Wessels & F. Meinhardt), pp. 351–366. New York: Springer-Verlag. ISBN-10: 3540577815, ISBN-13: 9783540577812.

Wessels, J. G. H. (1994b). Developmental regulation of fungal cell wall formation. *Annual Review of Phytopathology*, **32**: 413–437. DOI: http://dx.doi.org/10.1146/annurev.py.32.090194.002213.

Wessels, J. G. H. (1996). Fungal hydrophobins: proteins that function at an interface. *Trends in Plant Science*, **1**: 9–15. DOI: http://dx.doi.org/10.1016/S1360-1385(96)80017-3.

Williams, M. A. J., Beckett, A. & Read, N. D. (1985). Ultrastructural aspects of fruit body differentiation in *Flammulina velutipes*. In: *Developmental Biology of Higher Fungi*, British Mycological Society Symposium no. 10 (eds. D. Moore, L. A. Casselton, D. A. Wood & J. C. Frankland), pp. 429–450. Cambridge, UK: Cambridge University Press. ISBN-10: 0521301610, ISBN-13: 9780521301619.

Zadeh, L. A. (1996). Fuzzy logic = computing with words. *IEEE Transactions on Fuzzy Systems*, **4**: 103–111. DOI: http://dx.doi.org/10.1109/91.493904.

Part 5
Fungi as saprotrophs, symbionts and pathogens

第5部
腐生栄養体,共生体および病原体としての菌類

Section **13**
Ecosystem mycology: saprotrophs, and mutualisms between plants and fungi

第13章
生態系菌類学：腐生栄養菌類，および植物と菌類との相利共生

　本章では，生態系菌類学について論じる．資源を循環利用し，地球環境に大きな影響を与える菌類の役割に焦点を当てる．同時に，腐生栄養菌類，および植物と菌類との相利共生についても述べる．菌類はまた，毒素を形成することにより食品の汚染や劣化を引き起こす．しかし，スタチン（statins）やストロビルリン（strobilurins）のような毒素は，われわれ自身の実際的な目的のために商品化されている．

　菌類は材を分解する能力があるので，住居の構造材を腐朽させる．一方，菌類のこの能力を利用して，有毒な難分解性の廃棄物を分解あるいは無害化する道が開かれる可能性もある．しかし，好ましくない面もあり，材腐朽菌類は有力な温室効果ガスのクロロハイドロカーボンを大気中に放出し，そのことにより潜在的に地球温暖化に寄与する．

　本章の後半では，植物との相互作用について述べる．そこでは，アーバスキュラー内生菌根（arbuscular endomycorrhizas, AM），ツツジ型（ericoid）内生菌根，アーブトイド型（arbutoid）内生菌根，シャクジョウソウ型（monotropoid）内生菌根，ラン型（orchidaceous）内生菌根，外生菌根（ectomycorrhizas）および内外生菌根（ectendomycorrhizas）などの，すべてのタイプの菌根について論じる．菌根が宿主に及ぼす影響とその商業的応用，さらに環境変動や気候変動に対する影響についても論じる．最後に地衣類（lichens），内生菌類（endophytes）および着生菌類（epiphytes）について紹介する．

　菌類は明らかに，植物界，動物界および細菌界の全メンバーとの，広範で力強い相互作用のネットワークの形成に関わる（Prosser, 2002）．菌類はその特有の性質のために，ほとんどの生態系においてきわめて重要な役割を果たしている．

- 菌類は，事実上すべての植物種と非常に多くの動物種との**相利共生者**（mutualists；すべてのパートナーが利益を得る共生関係の構成者）となる．しかし，おそらく相利共生の中で最も重要なのは，菌類と通常は緑藻との間の共生の地衣類，および植物と菌類との間の共生の菌根である．ほとんどの植物は，生き残りや成長を菌根菌類に依存し，菌類は引き換えに宿主植物から光合成で生成された糖を得る．植物にとっての菌根形成の恩恵は，栄養素特にリンを効率的に吸収できることである．この効果は，栄養素を吸収する根の表面積を，菌類が拡げることによる．菌根による水の吸収は，乾燥ストレスに対する植物の抵抗性を強化する．さらに，菌根は後に示すように，ある種の植物病原体に対する直接間接の防護となる．
- **寄生性**（parasitic）および**病原性**（pathogenic）の菌類は，植物，動物および他の菌類の生体組織に感染し，障害や病気を引き起こし，宿主に対する淘汰圧となる（第14〜16章を参照せよ）．植物病原菌類でさえも，植物の種構成を豊かにすることにより自然環境に正の効果をもたらす．病気で殺された植物は，栄養循環に関わる生物に有機物を提供する．生きている樹木の枯死枝あるいは腐朽心材は，空洞に営巣する動物の生息場所となる．一方，優占植物の罹病・枯死によって生じた林分のギャップは，他の植物の発育を可能にし，植物種の多様性と，昆虫からヘラジカにいたる動物のえさの多様性の双方を増加させる一因となる．

- 菌類は腐生栄養生物（saprotrophs）であり，有機および無機の栄養素の循環における分解過程を担う．明らかに，何であれ死滅した有機物の菌類による分解は，基本的な生態系の機能の1つであり，木材あるいは他の植物リター，動物糞，あるいは死体や骨などを分解し，土壌中の栄養素レベルを利用可能な状態に維持する（以下を参照）．しかし，菌類の分解が果たす，他にも重要な貢献がある．材腐朽菌類は材を非常に軟らかくし，鳥，爬虫類，両生類，昆虫，哺乳動物などの小動物の営巣を可能にする．
- 菌類の産生物が土壌粒子や有機物を凝集させ，排水や通気を改善する．菌類は，そのような作用により，他の多くの生物のために多様な生息地をつくり出す（6.8節のグロマリンに関するわれわれの論議を参照せよ）．
- 菌類は，細菌，他の菌類，線虫（Yeates & Bongers, 1999），微小節足動物および昆虫（Cole et al., 2008; Gange, 2000）などの多くの土壌生物のえさになり，同時に捕食者になる（第15章参照）．
- きのこ類やセイヨウショウロ類は，霊長目，シカおよびクマのような大型の哺乳類を含む，多くの動物のえさとして消費されている．また，多くの小型哺乳類は，ほとんどすべての食物供給をきのこ類やセイヨウショウロ類に依存している．同様に，菌類の菌糸体は，多くの微小節足動物にとっての重要な栄養資源となっている（11.2節参照）．

13.1 生態系菌類学

自然界における菌類の重要性は，群集において菌類の組成と機能が変化すると，自然環境の多様性，健全性および生産性が広範囲に影響を受ける可能性があることに現れる．種の豊富さの観点からいえば，陸上生態系では菌類，細菌，線虫や節足動物などが典型的に優占しているが，残念ながら，保全に関する研究のほとんどは，脊椎動物や維管束植物に集中している．しかしながら，実際的な証拠により，菌類の多様性が，土地の利用形態によって影響を受ける可能性のあることが示されている．

ほとんどの環境では，容易に見つけることのできる大型ではなやかな肉質のきのこ，地下生のセイヨウショウロ類の大多数は菌根性である．潜在的な宿主を植樹することによって，菌根菌類の種の多様性は，決定されるまでではないにしても，影響を受けるであろうことは明らかである．しかしながら，土地の管理形態は，腐生菌類の多様性に対しても同様に影響を及ぼす可能性がある．事実ヨーロッパ北部では，森林の過度の管理が，木材腐朽菌類の種多様性の減少を招いているのではないかと考えられている．この現象は，伐採を行った森林から木質リターを運び出すという管理方式によると考えられる．木材腐朽菌類の種の多様性は，森林に残置された木質リターの質と量の双方と正の相関がある．さらに，残置された粗大木質リターは，セイヨウショウロ類の数度と多様性を促進さえする（Lindner Czederpiltz et al., 1999）．木材腐朽菌類の多様性と数度の減少は，管理林内群集における主要な栄養素のリサイクルと，生態的ニッチを整えることに対して負の影響を及ぼす．それゆえ，伐採林から，木質リターを除去するという管理方法を継続することは逆効果である．その結果，この影響は，植物群落を超えて，群落中の菌類と相互作用をする，すべての他の生物にまで及ぶ．えさを菌類に依存する昆虫やナメクジから，これらの無脊椎動物を食べる脊椎動物も影響を受ける．そしてもちろん，このようなことは，営利的な森林だけに当てはまることではない．公園や風致地区などの文化施設は，非常に多数の住人が居住している都市環境にとって，ますます重要な側面である．しかし，ここではまた，過度の手入れは生物多様性に負の影響を及ぼし，資源のレクリエーション的な価値を失わせる可能性がある．

ここまで，菌類が地球生態系に寄与する方法について簡潔に述べたが，第14〜16章では，これらについて詳細に論じる予定である．まず，腐生的活性のいくつかの面に注目するが，本章ではおもに，植物と菌類の間のさまざまな共生関係について取り上げようと思う．

13.2 循環処理生物および腐生栄養生物としての菌類

先の章，特に第10章と第11章で，このトピックの多くの面についてすでに論議した．ここで繰り返すつもりはないが，ポイント，ポイントをまとめるために再度簡潔に触れ，先の議論に参考文献を付したいと思う．

菌類は，少なくとも5億年間，生物遺体を循環処理してきた（Taylor et al., 2004, 2006）．最も初期の繊維状の化石［ネマトファイト（nematophytes）；2.7節，図2.7と図2.8参照］は，おそらく大きな多菌糸菌類であり，4.4億年前に，広範に優占していた陸上生物であったと考えられる．これらの菌類は，たぶん最初の陸上動物や植物が侵入したであろう古代「土壌」をつくり出した．菌類寄生のいくつかの例が，初期デボン紀のライニー・チャート（Rhynie chert）から採取された標本

中の，4億年前の化石から記載されている．同じ標本の最初期の陸上植物の化石からは，ベシキュラー－アーバスキュラー菌根（vesicular-arbuscular mycorrhizas）が見い出されている（2.7節）．

菌類を定義する特徴は，栄養素を細胞外の基質消化によって得ることである．厳密には，すべての菌類は**化学合成－有機従属栄養生物**（chemo-organoheterotrophs）である．これは，必要な炭素，エネルギー，およびさらに化学的な仕事を行うための電子を，非常に多様な有機資源から得ているということを意味する．この化学合成－有機従属栄養生物という範疇には，次の3つの主要なサブグループがある．

- **腐生栄養菌類**（saprotrophs）は分解者である．腐生栄養菌類にはおそらく菌類の大多数が含まれ，本節の主題である．
- **殺生栄養菌類**（necrotrophs）は，宿主（通常植物）組織に速やかに侵入し，これを殺し，その後死んだ生物体中で腐生的に生息する．これらの菌類は，比較的宿主特異性が高くない病原生物であることが多く，組織表面の条件が感染に好適であれば，どのような植物組織でも攻撃することができる．これらは，その感染が組織の壊死を引き起こすので，すそ腐病，実生の立枯病や成熟した植物の葉や茎の汚斑病などの病気を引き起こす．これら病気の例は，Rhizoctonia属，Fusarium属，Septoria属，および卵菌門のフハイカビ（Pythium）属などによる病気である（第14章参照）．
- **活物栄養菌類**（biotrophs）は，生きている植物の表面あるいは内部に見い出され，宿主植物を急には殺さない．これらの菌類は，おそらく非常に複雑な栄養要求性をもっている．それゆえ，培養できないか，あるいは特殊な培地で限定的にしか成長できない．また，これらは，うどんこ病の Erysiphe graminis，イネもち病の Magnaporthe grisea，および Cryptococcus neoformans などの動物の病原菌類のような，きわめて宿主特異的な，特殊化した病原菌類である（第14章および第16章を参照）．

腐生栄養菌類は多くの物質を分解し，土壌の表面，内部や下層に存在する非常に多くの物質を消化し，そこから栄養素を抽出する能力がある．それゆえ，菌類の菌糸体は，土壌中の有機態の炭素や窒素のシンクとしてはたらく．多くの生態系には，菌類と植物根の間の菌根共生関係が広く存在するので，光合成によって固定された炭素のかなりの割合が菌類の菌糸体になる（下記を参照）．

通常あまり注目されていないが重要なこととして，菌類が岩石や鉱物の中での**無機的変換**（inorganic transformations）や元素循環に関わっていることがある（1.6節参照）．種々の菌類は，細菌よりも効率的に，鉱物や金属イオンを溶解し可動化することができる．あらゆる土壌において，菌類は鉱物や無機栄養素（たとえば，必須金属イオンやリン酸）を捕集し，再配分することに関わっている．このはたらきは，菌根菌類に限られているわけではない．しかし，植物根は，鉱物の不溶性塩類（特にリン酸）を吸収することができないが，菌根菌類の菌糸はそれらを可溶化できるので，宿主にとって，菌根のはたらきがそれだけ重要なものとなっている．菌類はまた，大量の金属イオンを蓄積することができる．たとえば，テングタケ（Amanita）属のある種は，子実体の中に kg 乾重当り 1 g のレベルの銀を蓄積することができ，この濃度は生育土壌よりも 800〜2,500 倍高い（Borovička et al., 2007）．Lepp et al.（1987）は，カドミウムとバナジウムについて，同じような分析結果を報告している．また，Avila et al.（1999）は，スウェーデンで，ノロジカ体内の，チェルノブイリ事故の放射性降下物に由来する放射性セシウムの濃度が，きのこシーズンには明らかに 5 倍にまで増加したことを示した．全体として，おそらく最も重要なことは，菌糸体シンクが栄養素を「現場」に保持し，このことによって雨水溶脱による土壌からの損失を防止しているということである．

菌類のとりわけ重要な能力は，木材を消化できることであり，菌類は木材を消化できる唯一の生物である．木材は植物の二次細胞壁であり，この惑星に最も広範に存在する基質であり，陸上のバイオマスの約 95% を構成している．リグニンは，木材中でヘミセルロースやセルロースと複合体を形成し，難分解性で，ある意味で，植物体の長寿命部位への微生物の攻撃に対する妨害構造として進化したものである．リグニンを分解する生物は菌類に限られており，そのほとんどは担子菌門に属するが，少数の子嚢菌門に属する菌類も含まれている．これらの菌類は，推定，年間 4×10^{11} トンのバイオマスを消費している．木材質量の約 70% は，セルロース，ヘミセルロースおよびペクチンから構成されている．多糖類消化の酵素学については第10章で述べた（17.22節も参照せよ）．

リグニン（lignin）は，木材の約 20〜25% を占める，高度

訳注1：スコットランド北部のライニー付近に分布するデボン紀前期の珪質堆積層のこと．多くの保存状態の良い生物化石が発見されている．

に分岐したフェニルプロパノイド高分子である．リグニン分解は，加水分解過程というよりも酸化分解過程である．またリグニン分解は，モノマー間のエーテル結合の切断，プロパン側鎖の酸化的切断，フェノールの脱メチル化，およびベンゼン環のケトアジピン酸への開裂といった過程からなる．ケトアジピン酸は，トリカルボン酸回路に供給される．リグニン分解は，次の酵素群に依存している．リグニンの H_2O_2 依存酸化を触媒するマンガンペルオキシダーゼ；同様の，リグニンの H_2O_2 依存酸化を触媒するヘム〔Fe〕含有タンパク質のリグニンペルオキシダーゼ；および，リグニン成分の脱メチル化を触媒する，銅含有タンパク質のラッカーゼなどである（10.7 節と 17.22 節を参照せよ）．

植物リターを分解する生物が入手することのできる，最も豊富に存在する**窒素源**（nitrogen sources）は，植物タンパク質の形のポリペプチド，リグニンタンパク質や微生物タンパク質などである．細胞外プロテイナーゼ（proteinase）酵素は，多くの菌類種によって産生され，大きなポリペプチド基質を細胞が吸収できる小さな分子に加水分解している（10.8 節を参照）．多くの病原性菌類は，その感染過程の一部としてプロテイナーゼを分泌し，また当然，宿主のタンパク質を栄養源として利用する．腐生菌類と菌根菌類は，タンパク質を窒素源と炭素源の双方（そしてまた，硫黄源にも）に用いることができる．また，ある種の外生菌根（以下を参照）は，土壌タンパク質由来の窒素を宿主植物に供給する．

他の章でふれる**腐生栄養菌類**（saprotrophic fungi）についてさらに詳細に述べるよりも，ここでは，その成長様式に関連したことについて述べる．それらのこととは，(a) 菌類はいかに地球環境に影響を与え得るか，(b) カビ毒，(c) 住居の構造木材の腐朽，(d) 菌類を，有毒および難分解性廃棄物の無害化に用いることのできる可能性，(e) 木材腐朽菌類による大気中へのクロロハイドロカーボンの放出，などである．

13.3 大地を動かす

腐生菌類は，ものを消化しない場合でも，物理的に破壊的でありうる．きのこは軟らかくつぶれやすいかもしれないが，石の床板を持ち上げ，タールマック舗装[訳注2]を押し分けて成長することが知られている．1860 年代に，著名な菌学者の Mordecai Cubitt Cooke は，*A Plain and Easy Account of British Fungi*（Cooke, 1862）を著し，その中で次のように述べている：

> …台所の大きな炉石が，その下で成長していた菌類によって炉盤から無理やり押し上げられた．最終的に安定的に静置するまで，古い炉盤を 6 インチの深さまで掘り下げて除去し，新しい基礎を置き，2，3 度敷き直さなければならなかった．

Cooke はまた，Carpenter 博士による同じような観察結果を紹介している．

> 数年前，Basingstoke の町の街路に舗石が敷きつめられた．何ヵ月も経たないうちに，理由もわからず，舗装がでこぼこになっているのが観察された．ほどなくして，ミステリーの謎が解けた．数個の最も重い舗石が，その下から成長してきた大きなきのこによって，路盤から完全に持ち上げられたのである．舗石の 1 個は 22 × 21 インチの大きさで，重さ 83 ポンドであった…

菌類の攻撃をよく受けるのは 19 世紀の構造物ばかりではない．2008 年 10 月 30 日の BBC ニュースウェブサイトは，英国の Berkshire 州，Reading で，きのこが，1 軒の家のタールマック舗装の乗り入れ道路をもち上げてしまった，と報じた（図 13.1）．

他の興味深い挿絵付の例は，英国菌学会から刊行されている雑誌，*Mycologist* の 1991 年 4 月号の裏表紙に掲載されたものである．写真は，テニスコートに発生した腹菌類のハマニセショウロ（*Scleroderma bovista*）の子実体である．この場合，建設上の履歴が次のように記録されている．

> …元のフライアッシュ[訳注3]製の固い多孔性コートの上に，1989 年厚さ 75 mm の砂利が敷かれ，その後表面を 20 mm の厚さのタールマカダムで覆い，ローラーで滑らかにならされた．最初の子実体は，1990 年に出現した…（Taylor & Baldwin, 1991）．

Buller（1931）はちょっとした実験を行い，発育中のきの

訳注2：タールと砕石を混ぜて固めた舗装のこと．
訳注3：飛散灰のこと．

図 13.1　夫婦は，家の近くの舗装道路が盛り上がり出し，それはただ単にきのこの集団によって引き起されたということを発見して，困惑した…元の報告を見るためには，次の URL にアクセスせよ：http://news.bbc.co.uk/1/hi/england/berkshire/7699964.stm．カラー版は，口絵 43 頁を参照．

この頂端に重りを置き，子実体がどのくらいの圧力を発揮することができるのかを調べた（図 13.2）．彼は，1 個のきのこが，少なくとも大気の 2/3 の圧力を発揮することができる，ということを明らかにした．その圧力は，1 平方インチ当り約 10 ポンドに相当する．それはもちろん，すべて，水圧の問題である．6.2 節で示したように，きのこは，自身を水で満たし，裂け目や割れ目を押し拡げて成長することができる．きのこは，ある種のつむじ曲がりな意図で，舗装を突き破っている

第13章 生態系菌類学：腐生栄養菌類，および植物と菌類との相利共生

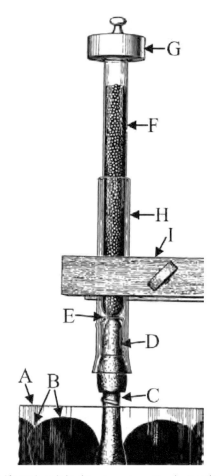

図13.2 マグソヒトヨタケ（*Coprinus sterquilinus*）の子実体が，多数の鉛の弾を持ち上げる，その能力をテストするための実験装置［原図は，Buller（1931）の図67］．マグソヒトヨタケの子実体（C）は，研究室で，ガラス皿（A）に入れた何個かの馬糞球（B）を用いて培養された．子実体を取り囲むようにガラス管（H）を設置し，締め具（I）でガラス管を固定した．次いで，子実体の傘（D）に小さなガラスのビーカー（E）を被せ，全重150gまでの鉛の弾（F）を入れた試験管をビーカーの上に置き，重しをかけた．子実体は，その後2時間でさらに1mm成長し，その上50gのおもり（G）を置いても，成長速度は減少しなかった．全重を300gまで増やしたときに，初めて子実体の柄（C）が曲がり，つぶれた．

のではない．そうではなく，自然界で，土壌や植物リターを押し分けて子実体を地表に突出させ，放出された胞子が，微風に乗ることのできる位置に子実体をもってゆく必要から，そのようなことをしているのである．もし，たまたまテニスコートで菌類に妨害されたら，その時は菌類と勝負をし，試合の位置につき，対戦しよう！

13.4 カビ毒：食物の汚染と変性（スタチンとストロビルリンについてもふれる）

何種類かのきのこは有毒であること，多くの菌類は二次代謝産物を産生し，そのあるものはカビ毒であることについては良く知られている（10.13節を参照せよ）．毒を産生する菌類は，菌類界全体に分布しており，進化史の中で何度か独立に進化したことは明らかである．しかし，菌類における毒の適応的な意味については，どちらかというとあまり関心をもたれてこなかった．毒の明らかな機能は，毒がなければきのこやその他の菌類の構造を食べてしまう，多くの動物に対する抑止力として働くことである（11.2節を参照せよ）．

野生のオポッサム（*Didelphis virginiana*）は，毒きのこのベニテングタケ［*Amanita muscaria*；ハエトリキノコ（fly agaric）］を食べた後具合が悪くなり，その後はベニテングタケを避けるようになった（Camazine, 1983）．このような毒きのこの機能は，毒きのこは，その危険性を何らかの方法で他の生物に知らせているに違いない，という考えを抱かせた．そして，ベニテングタケの「白いいぼの付いた赤い傘」は，警戒色の一例としてあげることができる，と主張されてきた．食用きのこや有毒きのこに付随する生態的および形態的特徴を分析した結果，毒きのこは，食用きのこよりもより色彩に富んでいるわけではないが，より特有のにおいをもつ傾向がある（more likely to have distinctive odours；そして，おそらく芳香），ということが明らかになった（Sherratt et al., 2005）．この事実は，有毒動物が潜在的な捕食者に「私を避けて」ということを知らせるために，警戒色を用いているのとは対照的である．毒きのこは，警戒色ではなく，食菌生物による回避学習を促進するために，警戒臭気/芳香を摂食阻害因子（antifeedants）として進化させた，という興味深い可能性を提起する（Sherratt et al., 2005）．このような線に沿っての論議には危険性がある．なぜなら，このような見方は，動物の行動を人間関係から見る擬人観に似ているからである．さらに，カビ毒は，きのこをつくる菌類によってのみ産生される，および/あるいは，カビ毒は，特異的に動物に対してのみ向けられている，と解される可能性がある．ハエトリキノコは，多くの点で目立つきのこである．このきのこは，近縁種のテングタケ（*Amanita pantherina*）とともに，ヒトの中枢神経系の機能を障害することにより中毒を起こす．活性成分は，イボテン酸（ibotenic acid）とムシモール（muscimol）である．しかしながら，ベニテング

タケは，ヒトに対して向精神効果をもつ他の物質を含んでおり，古代から祈祷師や巫女により神秘主義的な目的で使用されてきた（Wasson, 1959; Michelot & Melendez-Howell, 2003）．

ヒトの食糧の汚染との関係で，最も重要な毒素は**アフラトキシン類**（aflatoxins）である．これらの毒素は，糸状の子嚢菌門の *Aspergillus flavus* と *A. parasiticus*［さらに頻度は高くないが，*Aspergillus* 属の他の数種類によっても］などの菌類が，24〜35℃，湿度7％（換気した場合10％）以上で，貯蔵食糧生産物を基質として腐生的に成長しているときに，二次代謝産物として産生される．アフラトキシン汚染の可能性のある**食糧生産物**（food products）としては，トウモロコシ・モロコシ・トウジンビエ・コメ・コムギなどの穀物，地下生の実（ピーナッツ）などの油料種子，ダイズ，ヒマワリ，綿実，チリ・黒こしょう・コリアンダー・ウコン・ショウガなどの香辛料，アーモンド・ピスタシオ・クルミ・ココナツ・ペカンなどの木の実，などがある．同様に，汚染作物で飼育された動物の乳は，高濃度のアフラトキシンを含んでいる可能性があるので，飼育された動物に由来する乳製品もまた汚染されているかもしれない．

汚染は，作物が耕地で成長しているときでも，収穫後の貯蔵期間中であっても，カビが成長してアフラトキシンを分泌したときに起こる．国連食糧農業機関（FAO）の推定によると，毎年世界の食糧収穫物の25％がアフラトキシンの影響を受けているという．

先進国では，ヒトに急性の**アフラトキシン中毒症**（aflatoxicosis）を起こすレベルの，食物のアフラトキシン汚染はまれにしか起こらない．しかし，Williams *et al.*（2004）が結論付けているように，発展途上国に生活している，地球の総人口の約2/3に相当する45億の人々が，ほとんど野放しの量の毒素に**慢性的に曝されている**（chronically exposed）．その結果，穀粒のアフラトキシン汚染は，人類と家畜類の健康に対する**主要な脅威**（major threat）となっている．少なくとも，常用食物中のアフラトキシン含量は，**肝がん**（liver cancer）と関係がある（また原因となっているかもしれない）．アフラトキシン中毒症が流行っている地域で，肝臓疾患が一般的な健康上の問題となっているのは，偶然の一致ではない．

では，なぜ *Aspergillus* 属の菌類は，アフラトキシンを用いて人類を攻撃するのだろうか？　もちろん実際のところ，人類が穀粒や他の収穫物を相当量貯蔵できるまでに，農業を発展させ得たその時間内に（数千年かもしれない），*Aspergillus* 属の菌類が進化してアフラトキシン産生能を獲得しえた可能性はまったくない．この物語において生物学的に重要な動物は，人類ではなく**齧歯類**（rodents）である．齧歯類は，哺乳類の中で単一で最大のグループを構成している（全体で約4,000種の現存哺乳類の中で，1,500種が齧歯類である）．齧歯類は種子を，穴や巣に貯蔵する目的で集めるので，毎年人類に数十億ドル分の収穫物の損失を負わせている．齧歯類は，6.5〜5.5千万年前の暁新世の末期ころに，化石記録に初めて出現する．その時間の長さは，*Aspergillus* 属の菌類が，非常に毒性の高い摂食妨害物質を産生することにより，**穀粒の貯え**（grain stores）の「所有権」をめぐって，齧歯類と競合し始めるのに十分な長さである．

人類と毛皮で覆われた小さな哺乳類は，菌類を食べる唯一の動物ではない（11.2節と図11.11を参照せよ）．菌類の産生する多くの有毒二次代謝産物が，**無脊椎動物**（invertebrates）を標的にしている．たとえば Seephonkai *et al.*（2004）は，動物の細胞毒である配糖体が，昆虫の病原菌類の *Verticillium* 属から得られたことを記述している．また，Nakamori & Suzuki（2007）はタイプの異なる研究によって，ニオイコベニタケ（*Russula bella*）とスギエダタケ（*Strobilurus ohshimae*）の子実体のシスチジアが，触れるだけで節足動物を殺す（未知の）化合物を産生することにより，トビムシ目から子実体を守っていることを明らかにした．

これらと同様の化合物として，1970年代に研究者たちによって，フハイカビ（*Pythium*）属と *Penicillium* 属の菌類の培養基から単離された **HMG-CoA 還元酵素阻害剤**（hydroxymethylglutaryl-CoA reductase inhibitors）がある．研究者たちは次のように述べている．

「…ある種の微生物が，そのような化合物を，成長にステロールあるいはその他のイソプレノイドを要求する他の微生物と闘うための武器として産生する，ことを期待した．」（Endo, 1992）

単離された化合物は，**スタチン系薬剤**（statins）として知られるようになった．スタチン系薬剤には，メバスタチン（mevastatin），ロバスタチン（lovastatin），シンバスタチン（simvastatin）およびプラバスタチン（pravastatin）などがある．これらの薬剤は，現在有効かつ安全なコレステロール低下薬として世界中の市場に出回っており，おそらく現時点では最も広範に使用されている薬剤である（また，10.13節および17.12節を参照せよ）．「他の微生物と闘うための武器として」

という引用句に注目して頂きたい．これらの化合物は，明らかに標的となっている競合種に対しては毒性があるが，人類にとっては明白に有益である．カビ毒といわれている所以は，定義の問題である．

次に，**ストロビルリン系薬剤**（strobilurins）がある．ストロビルリンと関連化合物のオウデマンシン（oudemansins）を産生する菌類は，世界中のすべての気候帯に見いだされている．これらの産生菌類は，子嚢菌類の *Bolinea lutea* という唯一の例外を除いて，すべて担子菌門に属している．ストロビルリンとオウデマンシンは，菌類のミトコンドリアの電子伝達系に作用し，電子をシトクロム b-c_1 複合体に伝達するユビキノン（補酵素Q）担体と結合することにより，標的菌類の呼吸を阻害する（5.10節で述べた）．

ストロビルリン産生菌類は，補酵素Qタンパク質の結合エンベロープにアミノ酸配列変異をもっており，このタンパク質のストロビルリン結合親和性が著しく小さくなっている．このことにより，ストロビルリン産生菌類は，ストロビルリン耐性になる（Sauter et al., 1999）．

一連の殺真菌ストロビルリン系薬剤が開発され，種々の農作物に対するさまざまな真菌病に使用されている．現在では，世界中の**殺菌剤**（fungicide）市場で約20％の占有率を保持している．殺菌剤市場全体は，他の菌類に対して有毒であるが，「顕著な環境の許容性」とよばれるものをもっている**カビ毒**（fungal toxins）に基礎を置いている．環境の許容性とは，当該の薬剤がすべての他の生物に対して無視できる程度の効果しかもたない，ことを意味している（および10.13節と18.4節を参照せよ）．

カビ毒物語の最後の一面は，その**兵器**（weapons）としての可能性である．その際，菌類としての生物学的要素，あるいは活性のある毒素それ自身の特異的な化学的要素，のいずれに焦点を当てて開発するかである．Paterson（2006）は，菌類そのものよりも，低分子量の毒素の方が生物兵器としては最大の脅威になると結論付けている．現時点では，「兵器化」されているものについてはまだ何も知られていないし，疑いをかけられているものもない．しかし，これらの生物兵器の処理や除染についての体制を前もって構築できるように，潜在的な脅威について認識して置く必要がある．ほとんどの脅威について同じことがいえるが，被害妄想になるよりも心構えをしておく方が良いのである．

13.5　住居の構造木材の腐朽

菌類と他の生物との違いを際立たせる生物学的な特性は，その木材を消化する能力にあることを見てきた．菌類は立木，伐倒木材，植物リターおよびあらゆる種類の木造建築物を腐朽させ最終的に分解することができる（Schwarze, 2007）．英国が**木造船**（wooden ships）で「海洋を制覇していた」200年ほどの間，菌類は，船体材として常にオーク材を好んできた英国海軍にとっての悩みの種であった．もし英国の天然森林が十分量のオーク材を供給できたのであれば，他樹種の木材は使用されなかっただろう．

英国における環境保全に関する法律の制定は，おそらく伐採や木材の使用を規制することを目的とした，議会によるさまざまな法令の制定を嚆矢とした．また，法律の制定による森林再生の取り組みが，とりわけ船の建造用木材の供給を保障するための森林再生の取り組みが促進された．しかし，木造船は絶えず船体の木材の腐朽に苦しめられてきた．木造部分が交互に繰り返し濡らされ乾かされること，通気の悪さ，加えて建造時に十分乾燥されていない木材が使われることなどすべてが，樹木とともに進化し木材を栄養分とする菌類の成長に好都合であった．良く乾燥した（すなわち，人工乾燥した）木材の使用と，十分な**換気**（ventilation）の設備は，木材の建築物を良い状態に保つ鍵である．

建築用木材が他の木材と異なるところはない．乾燥状態を維持しないと腐朽するだろう．建築物の適切な設計がキーとなる．腐朽の原因となる菌類は，森林にふつうに存在しており，ほとんどの場合大工の専門性から見るとどうでもよい存在である．常に乾燥している木材は，菌類による攻撃を免れることができる．すべての木製構造は，戸外あるいは室内の多湿条件で使用すると，何らかの防腐剤で処理しない限り最終的には腐朽する．すべての種類の木材は，菌類による攻撃を免れ得ない．攻撃に対する抵抗性は相対的であり，一般に軟材（針葉樹）は，カシ（oak），イチイ（yew）やチーク（teak）などの硬材（広葉樹）よりも感受性が高い．

建築物の**乾腐**（dry rot）被害の原因として，3種類の菌類が知られるが，ナミダタケ（*Serpula lacrymans*）とよばれる種が第1の元凶である．この菌類の胞子は，湿った木材上に落下した時に発芽するが，この事実が湿った木材が攻撃されやすい1つの理由である．菌糸は，木材から栄養素を抽出する酵素を放出しながら木材中に侵入する．菌糸が木材中にたとえくま

図 13.3 乾腐菌類のナミダタケ（*Serpula lacrymans*）が，被害を受けた地下室の壁板（A）や天井の横げた（B）に成長している．黒ずんだ部分は，背着生の子実体である（写真は，ドイツの Mintraching-Sengkofen の Ingo Nuss 博士のご厚意で提供された）．カラー版は，口絵 44 頁を参照せよ．

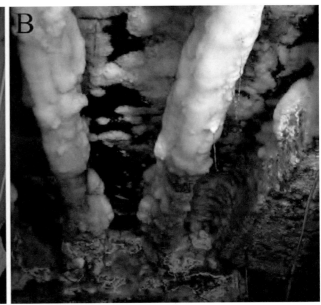

なく繁殖しても，腐朽が相当に進むまでは，外部からは菌類の存在を示す兆候は見られない．木材表面のふくらみや裂け目が，特にペンキを塗った木材の場合は，攻撃の初期兆候である．しかし，ほどなくして菌糸体や子実体が出現するが…（図13.3）．

この菌類の子実体は，きのこ型ではなく，むしろ平たく，オレンジ〜茶あるいはシナモン色で，大きさが直径 1 m くらいにもなる**背着生の子実体**（resupinate fruit body）である．おびただしい数の胞子が生産され，家具，床や他の基物の表面にさび色に沈積する．子実体や胞子の沈積は，しばしば感染を受けた住居の住人が最初に気づく乾腐の兆候である．ナミダタケは，5 mm もの太さになる菌糸の束を形成する．この**菌糸束は侵襲的である**（strands are invasive）．菌糸束を構成する菌糸細胞は共同して，すでに感染した食物資源から出発して他の食物資源を探しに，遠く離れて成長する（9.7 節を参照せよ）．

菌糸束は，食物物質を能率的に移動させることができる．この能力ゆえに，ナミダタケは，栄養物質ではない基物や構造を乗り越えて拡がることができる．ナミダタケは，木材を基質として成長し，それを分解し，ついには木材を粉末に変えてしまう（このことが「乾腐」とよばれるゆえんである）．しかし，木材を構成している化学物質が消化されると，木材の乾重の半分に等しい水が形成される．それゆえ，この菌類は，活発に成長しているときに，必要とする水を自身で供給することができる．その結果，ナミダタケが攻撃を開始するときには，木材は湿っていなければならないが，その後は，乾いた木材でも成長し続けることができる．事実，この菌類が盛んに成長しているときには，木材腐朽により過剰な水が生産され，水は菌類から水滴として浸み出てくる．この水滴が，二名法の種小名「lacrymans」の由来となった涙である．[訳注4]

実に，**菌糸束は探検家であり**（strands are explorers），菌糸束がさまよいながら木材に達すると，直ちに木材を攻撃し，ついには分解する．木材腐朽菌類をして，建築物にとってかくも危険なものにしているのは菌糸束である．なぜならば，菌糸束は，れんが建造物，セメントおよび石などの細孔，タイルや他の床張り材の下側，さらにしっくいや他の天井材の表面，実際あらゆる機械的な支持構造に侵入できるからである．研究室の実験条件で，菌糸束は，完全に乾燥した幅 1 m のしっくい板を横断して成長することが観察された．菌糸束は，最初に感染を受けた木材が探査菌糸束に栄養を供給し続ける限り，成長し続けることができる．ナミダタケの菌糸束は，栄養物質を双方向に移動させることができる（**栄養素が，同時に，双方向に流れる**ことが，研究室で示されている）．それゆえ，菌糸束が攻撃対象の木材を新たに発見すると，元の位置からたとえ数ヤード離れていても，侵入菌糸総体は，栄養素の供給を受けながら効率的に単一の生物体に統合され，ついには，侵入を受けた建築物の大きさに達することもあり得る．

訳注 4：涙を意味する lachryma に由来する．

これまで60種類ほどの屋内木材腐朽菌類が記載されており，そのうちの最も一般的な20種類の菌類については，菌糸束の形態が特徴的であり，対象物に繁殖している菌類を菌糸束の特徴から同定することができる（Huckfeldt & Schmidt, 2006）．建築構造に被害をもたらす最も一般的な菌類は，乾腐菌類（ナミダタケ），地下貯蔵室腐菌類［イドタケ（*Coniophora puteana*）］および湿腐菌類［マワタグサレキン（*Antrodia vaillantii*），チョークアナタケ（*Antrodia xantha*），ホシゲタケ属の菌類（*Asterostroma* spp.），*Donkioporia expansa*，イチョウタケ（*Paxillus panuoides*），*Phellinus contiguus*, *Tyromyces placentus*）］などである（Singh, 1999）．*Phellinus megaloporus*（繊維状オーク腐れを引き起こす）とよばれる菌類は，ヨーロッパ各地でナミダタケと同じくらいの頻度で見られ，ベルサイユ宮殿の屋根に深刻な被害をもたらしている．この菌類は，非常に湿潤な条件と比較的高い温度を要求する．*Phellinus megaloporus*は，菌糸束を形成せず，おそらく他のどのような菌類よりもオーク材のより急激な腐朽をもたらす．ナミダタケは，自然界では競争に弱い腐生菌類であるが，英国やヨーロッパ北部では，**建築木材腐朽の最も深刻な原因菌類**である．乾腐菌類は，建築物中で特殊な生態的ニッチを占め，ヨーロッパの構造木材に広く見られるが，ヨーロッパの森林では見い出されない．本菌類は，野外では，ヒマラヤ山脈にのみ見い出されている（Singh, 1999）．

すべての材質劣化が，木材の分解に終わるわけではない．木材を変色させる菌類［**辺材変色菌類（sap-stain fungi）**］が存在する．木材の強度は低下しないが，変色［一般に**スポルティング**（spalting，不規則な黒っぽい線ができる）とよばれる］によって，木材はほとんどの目的にはふさわしくないものになってしまう．見栄えが悪くなった木材は，自然な仕上げ用木材には使用できないので，変色木材の価値は下がる．製材を保管している間に着色が進行する．辺材変色菌類は，木材の含水率が高く天候が温暖な時に最も速く発育する．それゆえ，しばしば，予防薬が繰り返し施用される．良く乾燥された（すなわち人工乾燥された）木材を使用し，十分に換気することが肝要である．

実際にある種の変色は，特別のキャビネットケースに飾られた工芸品のために需要が多い．ロクショウグサレキンモドキ（*Chlorociboria aeruginascens*）は，オークや他の落葉性樹種で，特徴的で鮮やかな青緑色の色素を産生する．このように着色した木材は，**タンブリッジ・ウェア**（Tunbridge ware）とよばれる工芸品の置物（通常寄木細工であるが）に使用されてきた．英国には，20世紀初頭に発効した，ロクショウグサレキンモドキを人工的に樹木に感染させて，着色木材を作成することを含む特許さえ存在する．

木材のろくろ師は，腐朽の初期段階で起こる材の変色を利用して，色のパターンを自由に調節することを楽しんでいる．**帯線**（zone line）とよばれる暗色で屈曲した線や，赤色，褐色や黒色の色素の細い筋が，菌類の感染を受けた木材中にしばしば見られる（図7.8と図13.4）．

このタイプのスポルティングは，同じ木材に生育する異なった菌類間での相互作用の結果生じたものである．帯線は，異なった菌糸体が，障壁を造りながら相互作用をした部位（図7.8）を示す．障壁は，暗色の二次壁をもつ菌糸細胞のプレートから形成され，偽菌核状殻皮とよばれている．帯線をつくる菌類は，しばしば木材に被害を与えるが，帯線そのものは被害を及ぼさない．

菌類はまた，人造ポリマー（man-made polymers）を生物劣化させる（Sabev et al., 2006; Shah et al., 2008）．プラスチックは，現代生活に不可欠のものとなった．最近の推定によると，プラスチックの生産高は世界中で年間1.4億トン以上であると示唆されている．「プラスチック物質」という語句は，ポリ塩化ビニル（PVC），ポリウレタン，ポリスチレン，ポリアミドおよびポリエステルなどの，分解に対して幅広い特性と感受性をもつ広範なポリマーを網羅する．一般にプラスチックは，生産費が安いので，たとえば床材，熱絶縁体，靴底，ケーブル外装，パイプ，包装容器および機械部品など，広範な目的で使用されるようになった．英国のみで，2002年には470万トンのプラスチックが消費され，その大部分は包装容器と建築/建設産業で使用された．

再生利用しようという努力にもかかわらず，これらの物質のほとんどは，埋め立て処理により廃棄されるか，環境中に蓄積する．炭素を含む多くのプラスチックは，次の2つに分けられる．1つは，PVCやポリスチレンなどのような炭素骨格［**ホモポリマー（homopolymers）**］をもつプラスチックで，これらの炭素骨格は，難分解性で，化学的，微生物学的分解に対して抵抗性がある．もう1つは，**ポリウレタン（polyurethanes）**のように，骨格に窒素や酸素などの他の元素を含むいわゆるヘテロポリマー（heteropolymers）であり，酵素的微生物分解に対してきわめて感受性が高い．それゆえ，ヘテロポリマーのこのような性質は，合成ポリマーからつくられた多くの製品の有効寿命に深刻なダメージを与え，使用を制限し，さらに大きな産業上の問題と，何らかの医学的な問題を引き起こす．PVC

図13.4 菌類の感染によりスポルティングされた（不規則な黒っぽいすじの入った）木材工芸品．スポルティングされたブナ木材から，ろくろで造られた皿（A）とつぼ（B）の見本．これらの見本は，木材の魅力的な模様を示し，ろくろ師は，そのような模様の装飾的な価値に引かれて木材を使う．クローズアップ写真は，スポルティングを生じる菌類のコロニー間の帯線の三次元的な分布（CとDおよび図7.8）を示す．つぼは，West Yorkshire の Birstall Woodturning Club の Matt Cammiss によって造られた（写真は David Moore による）．カラー版は，口絵 45 頁を参照せよ．

のようなある種の難分解性プラスチックについては，ポリマーそれ自身は分解に非常に抵抗性がある．しかし，有機酸のような可塑剤が，製品の柔軟性を増すために素材に混ぜ合わされるが，可塑剤それ自身は，しばしば酵素的な微生物攻撃に対してきわめて感受性が高い．そのために，たとえば可塑化PVCには，菌類と細菌の成長を抑制するために，しばしば広域スペクトルを有する殺生物剤（broad-spectrum biocides）がポリマー混合物に混ぜ入れられ，その結果，最終製品の寿命は延びる．

13.6 有毒廃棄物や難分解性廃棄物のレメディエーション（分解・無害化）への菌類の利用

菌類は実際に，ワックス，塗料，革製品，および最もきめの細かい綿布から最も重いキャンバスまでのあらゆる形態の織物を基質として成長できる．そして，この分解能力の多くは，リグノセルロース分解酵素，特にリグニン分解酵素メンバーの活性によっている．第10章では，次の事項について述べた．

- 多糖類：セルロースの分解（10.2節）．
- リグニンの分解（10.7節）．
- タンパク質の消化（10.8節）．
- 農業，産業および林業残渣の化学的処理については，17.22節の「リグノセルロース残渣の消化」で述べる．

有害生物（pest）とは，彼らがふつうに行っていることを，人間がふさわしくないと考えている場所で行う生物のことである．それゆえ，人間の家の構造材で生育している木材分解生物は有害生物である．しかしながら，もし同じ生物を，人間が出す廃棄物の分解に幾分かでも利用できれば，それは技術的な驚異と捉えることができる．全体として，生物学的，化学的理由から，より進歩した菌類，特にきのこをつくる菌類は，人間の農業活動により生じた植物性廃棄物を分解してくれる，理想的な候補生物である．

世界の農業は現在，一次生産物の平均 40% を害虫や病気によって失っている．さらに，収穫物は常に成育した植物体のほんの一部でしかないので，残された植物体の 70% 以上が投棄

されている．「収穫物」は，生育した植物体の種子だけかもしれないし，あるいは種実油のように種子のさらに一部だけかもしれない，ということを思い起こしてほしい．コーヒーの灌木のうちのどのくらいの割合が，一杯のインスタントコーヒーになるのか，ちょっと想像してほしい．一般に，農業生産によって生じた全バイオマスの80～90％が，**廃棄物**（waste）として捨てられる．農業廃棄物のあるものは農薬で汚染されている．他の農業廃棄物は，綿実油，アブラナ油，オリーブ油やパーム油などの抽出残渣，および柑橘類などの果実の加工残渣などのように，タンニンや，植物や動物に有毒なフェノール系物質を含んでいるので有害である．これらの残渣は，木材中に見いだされる複雑なフェノール系化合物に化学的に似た化合物を含んでおり有害である．菌類は木材を分解できるので，土壌や廃液のいずれであっても，その中にも含まれる環境汚染物質の分解に用いることができる．廃液には，紙パルプ産業から排出された産業廃水や，さらには，塩素化ビフェニル（chlorinated biphenyls），芳香族炭化水素，ディルドリン（dieldrin）および殺菌剤であるベノミル（benomyl）などの**農薬**（pesticides）で汚染された廃液がある．

汚染物質の除去に菌類を用いることの利点は，菌類は部分的に分解することはせず，他の有害な可能性のある物質を残留させないことである．菌類は，汚染物質を完全に無機化し，汚染物質の化学的構成要素を，二酸化炭素，アンモニア，塩素および水として，大気や土壌に還元できる．実験室内での試験により，汚染物質の分解には，ヒラタケ属のきのこ（*Pleurotus* spp.）が特に有効であることがわかった．この試験は，世界中で広く殺菌剤や防腐剤として用いられている**クロロフェノール**（chlorophenols）の1つである，ペンタクロロフェノール（PCP）を用いて行われた．PCPは農薬としては有効であるが，環境中のほとんどの微生物はそれを分解することができないので，何年にもわたり環境中に残存して有毒であり続ける．PCPの使用は，今日では，世界中のほとんどの国で法律上禁じられているが，現在までに世界中で最も多量に用いられた農薬である．たとえば，1980年代の米国では，年間約2,300万トンのPCPが，おもに材防腐剤として用いられた．中国中央部の広範な地域では，1960年代以来，年間約500万kgが，住血吸虫症の原因寄生虫を媒介するカタツムリを殺すための，軟体動物駆除剤として散布された．この化学物質は非常に持続性があり，環境中に放出されたPCPのほとんどが，いまだにその場に存在する．PCPは，原形質膜をプロトン透過性にして，膜内外のプロトン勾配をなくすことにより，酸化的リン酸化を脱共役するのできわめて有毒である．またこの物質は，発ガン性を有しており，**環境修復処理**（remediation treatment）にとって優先すべき汚染物質であると，公に宣言された．

PCPで汚染された土地を修復する従来の戦略は，掘削と焼却あるいは埋め立てであった．そのような方法は，費用が掛かり，明らかに環境にとって破壊的であり，非常に局限化された「点源」汚染以外には役に立たない．環境浄化に生物システムを用いるバイオレメディエーション（生物環境修復，bioremediation）は非常に有望で，従来の方法に代わりうるものである．既知の広範な木材腐朽菌類あるいは植物質リター分解菌類をバッチ培養して，供試菌類のPCP除去能力を比較した．菌糸体として供試された菌類は，ワタゲナラタケ（*Armillaria gallica*），ナラタケ（*A. mellea*），マンネンタケ（*Ganoderma lucidum*），シイタケ（*Lentinula edodes*），*Phanerochaete chrysosporium*，ウスヒラタケ（*Pleurotus pulmonarius*），タマチョレイタケ（*Polyporus*）属の1種，ウシグソヒトヨタケ（*Coprinopsis cinerea*）およびフクロタケ（*Volvariella volvacea*），さらにウスヒラタケが生育していた栽培床の廃堆肥などであった．これらの菌類はすべて，活発なPCPの分解と吸収による除去機構を示した（図13.5）が，PCPに対する耐性レベルは，その分解能力とは相関がなかった．7日間の培養で，ナラタケの菌糸体は，1g乾燥菌糸体重当り，PCPを13 mg分解という最高の能力を示した．ウスヒラタケの菌糸体はPCPを10 mg分解し，2番目に高い能力であった．一番効果が小さかったのはタマチョレイタケ（*Polyporus*）属の菌で，PCPを1.5 mg分解した．一方，細菌と菌類がともに生育するヒラタケ（*Pleurotus*）属の菌類の廃堆肥は，たった3日間PCPに暴露しただけで，1g乾燥重当りPCPを19 mg分解するという能力を示した（Chiu et al., 1998）．

きのこ栽培の廃培養基の抽出液にPCPを添加して一定時間培養後，この廃培養基の抽出液からさらに抽出液を得て，選択的ガスクロマトグラフィー–質量分析（GC-MS）を行った．その結果，このクロマトグラムには，残ったPCPのピークのみが認められた．この結果は，菌糸体とPCPを一緒に培養した時には，PCPの種々の分解産物が見い出されたのとは対照的であった．ウスヒラタケ栽培後に残された**廃堆肥**（spent compost）は，2つのきわめて重要な役割を果たす．廃堆肥はPCPを吸収，固定化し，そして濃縮する．その結果，PCPを汚染場所から運び出すことが可能になる．同時に，廃堆肥はPCPを完全に分解する．きのこ栽培は世界中で広く行われていることであり，有害な廃棄物（廃堆肥）が汚染物質を除去

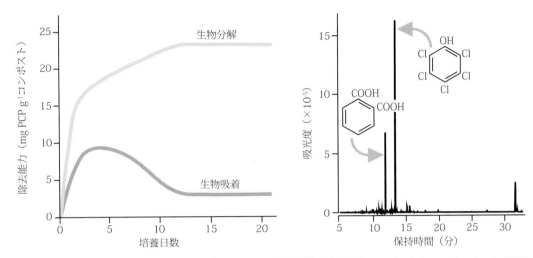

図13.5 左図は，ヒラタケの使用済みコンポストによる，数週間培養したときの，ペンタクロロフェノール（PCP）の除去（単なる吸着ではない）を示す．右図は，ウスヒラタケ（*Pleurotus pulmonarius*）の菌糸体による，塩素の除去と引き続くベンゼン環の開裂という異化過程を通じての，PCPの脱塩素化を示す．左図の曲線は，ヒラタケの使用済み培養基（すなわち，最後に子実体を収穫した後に残った培養基）によるPCPの絶対除去能力を，キャピラリー電気泳動法によって定量化したものである．右図は，PCPを $25\ mg\ L^{-1}$ 含む培地中で，ウスヒラタケを2日間培養した後に，菌糸体から得られた抽出液のガスクロマトグラフ質量分析（GC-MS）スペクトラムである．保持時間13.53分の位置の，最も高いピークはPCPであり，12.03分の次の高さのピークは，ベンゼン-1,2-ジカルボン酸（フタル酸ともよばれる）である．長い保持時間の他のピークは，ベンゼン環の開裂と，その直鎖誘導体のエステル化で生じた脂肪酸である．たとえば，保持時間15.73，31.96および32.25分の位置のピークは，ヘキサデカン酸（パルミチン酸 $C_{16}H_{32}O_2$）とその誘導体であると同定された［Chiu *et al.*（1998）を改変・描き直した］．

し，同時にきのこを生産することができるという考えは，きわめて魅力的である．

しかし，このアイデアには問題がないわけではない．ウスヒラタケは，一般的な産業汚染物質である金属元素のカドミウムを濃縮することができる．カドミウムは，最も汚染されたきのこを乾燥重量で30 g未満食べたヒトの週間耐性限界を超えてしまう程度に濃縮される．カドミウムは非常に有毒なので，このような事態は公共の健康に対する危険要素となる可能性がある．通常の方法で栽培されたウスヒラタケには何の心配もない．問題の要点は，もしきのこを**産業廃棄物**（industrial wastes）と混合した堆肥で栽培した場合には（たとえば，レメディエーションプログラムにおいて），きのこを食品として市場に出す前に，重金属含量を測定するのが適切であろうということである．最も確かな方法は，きのこを収穫した後の，残った廃培養基を使用することである．皮肉にも，これらの培養基はしばしば，廃棄物そのものとして放棄される．しかし廃培養基の利用は，**その場**（*in situ*）におけるバイオレメディエーションのための効果的な戦略としての，土壌の改良と汚染物質の分解とを結びつける統合的なアプローチ法を疑いもなく提供することができる．

13.7 木材腐朽菌類による大気中への塩素化炭化水素（クロロハイドロカーボン）の放出

菌類，とりわけ白色腐朽性木材腐朽菌類が，塩素化炭化水素を代謝する能力を有するということは，菌類の生化学において特に珍しいことではない．むしろ普通に見られる特徴である．この代謝能力は，木材分解過程において，日々普通に行われている反応である．これらの菌類が産生するある種の有機低分子（「メディエーター」化合物あるいは補助基質）は，リグニンペルオキシダーゼとマンガンペルオキシダーゼの活性に不可欠な H_2O_2-再生系に関わり，木材に含まれる塩素を**塩素化芳香族化合物**（chloroaromatics）に導入する（すでに第10章，10.7節の「リグニン分解」で述べた）．有機低分子のベラトリルアルコール（veratryl alcohol）の合成には，メチル基供与体としてクロロメタン（CH_3Cl）が必要である．

これらの揮発性化合物が大気中に放出されると，塩素を一気に放出し，これらの化合物は，**環境汚染物質**（environmental pollutants）になる可能性がある．ほとんどの種では，クロロメタンの産生はその消費と緊密に連結しているので，研究室で培養しても検出できるほどの量は放出されない．何種類かの菌類で，クロロメタンの過剰な産生が見られる．たとえば，サル

ノコシカケの1種サクラサルノコシカケ（*Phellinus pomaceus*；*P. tuberculosus* としても知られる）は，ふつうに見られる灌木や樹木の多くの弱い寄生菌類であるが，菌体内の基質に含まれる塩素イオンの90％以上をクロロメタンとして放出する（Anke & Weber, 2006）．

クロロフルオロ炭素（CFCs）のような他の温室効果ガスと異なって，クロロメタンは，人間活動よりもむしろ自然活動によって生じる．世界中で毎年約500万トンのクロロメタンが放出され，その結果，クロロメタンは大気圏外の成層圏に**最も豊富に存在する含ハロゲン炭化水素ガス**（most abundant halocarbon gas）である．CH_3Cl の発生は，陸上起源が顕著であり，その中でもおもなものは，バイオマスの燃焼，木材腐朽菌類，沿岸の塩性湿地，熱帯植生，および土壌有機物の分解と，植物ペクチンと塩素イオンの反応などによるものである（塩素イオンは，老化した葉や葉リター中の環境温度下で，非生物的にクロロメタンを形成する）（Keppler et al., 2005）．

菌類が関わるクロロメタン発生量は，年間およそ15万トンと考えられており（Watling & Harper, 1998），世界中の塩性湿地からの発生量とほぼ同一である．しかし，60％以上は，世界中の産業活動に基づく石炭燃焼炉から大気中に放出されている．クロロメタンは強力な温室効果ガスであり，成層圏のオゾン層の破壊にも深く関わる大気汚染物質でもある．その気候変動に対する関与はまだ明らかになっていない．

13.8 菌根概説

菌類と植物根との間の菌根性**相利共生**（mutualistic association）は，原始時代から地球の陸上生態系の進化に貢献してきた．この関係において，植物の根は菌類による感染を受け，根外の菌糸体は，土壌中で成長し続け，栄養素や水を消化吸収して宿主植物と分け合う．この関係は，Albert Bernhard Frank というドイツ人植物学者によって，1885年に発見された．彼は，プロイセンでトリュフの森を造り出す可能性についての研究を開始した．しかし，彼の研究は，菌類と根との間の共生を通しての樹木の栄養摂取に関する革新的理論に発展した．彼は，この複合構造を，*Wurzelpilze*（ドイツ語で根菌類の意），もしくは根-菌類とよんだ．事実，Frank は，1885年に連続して発表した3つの論文の表題に，*Wurzelsymbiose*（*Symbiose*；共生の意），*Wurzelpilze* および *Mycorhiza*（*Myco*，菌類；*rhiza*，根の意）という用語を用いた（そして，その後の2つの論文では，*Mykorhiza* と *Mycorrhiza* を用いた）．そのつづりは，現在では，「mycorrhiza」に統一されているが，いずれにせよ菌類-根を意味しているのだ！　その後の研究は，Frank の説明のまさにほとんどすべてが正しかったことを示している．

菌根は，菌類と植物根との間の相利的（共生的）相互関係である．植物は，菌類の菌糸体を利用して栄養素（とりわけリン酸）の吸収が増加することにより利益を受ける．一方，菌類は，宿主から光合成でつくられた糖の供給を受ける．このような仕組みは，約6億から4億5千万年前に，植物が最初に陸上に進出したのとほとんど同時に進化したように思われる．今日では，約6,000種の菌類が24万種くらいの植物と菌根を形成することが知られている．全体として95％の維管束植物が，砂漠，低地熱帯多雨林，高緯度および高標高の地域，さらに水生生態系を含めたすべての生息地で，根に菌根を形成している．少数の非菌根性の科に属する植物は，栄養をめぐる競争が少ないオープンな生息地，とりわけリンが十分利用可能であると思われる生息地に定着する傾向がある（Brundrett, 2009；菌根についてのさらなる情報とイラストについては，Mark Brundrett のウェブサイト http://mycorrhizas.info を参照せよ）．非菌根性の作物植物には，イグサ・コウガイゼキショウ［イグサ（*Juncus*）属］，カンスゲ・コウボウムギ［スゲ（*Carex*）属，*Kobesia* 属］，ビランジ・フシグロ・センノウ［マンテマ（*Silene*）属］およびアブラナ（*Brassica napus*；キャノーラとして知られる栽培品種の1つの特定のグループ）などがある．

また菌根菌類は，植物を共同体に結びつけるが，この共同体は，単一の個体よりもストレスや攪乱に対してより順応性がある．同じ菌根菌類ネットワークに結びつけられた2つの異なった植物個体間では，栄養素が，たとえば日の当たる場所に成育する供与植物から日陰の受容植物に向けて，というように移動できる．**菌根による相互連結**（mycorrhizal interconnections）はネットワークを形成し，このネットワークを通して，栄養素とシグナル分子が，植物から植物，植物から菌類および菌類から植物へと移動する．貧栄養土壌では，菌根菌類は，菌糸体が土壌中の養分を腐生的に消化することによって得た窒素を，宿主植物に供与することができる．Van der Heijden & Horton（2009）は，自然生態系における菌根ネットワークの重要性に関する総説をまとめ，次のようにと述べている．「菌根ネットワークは，実生の定着を助長し定着に影響を与えることにより，植物と植物の間の相互作用を変化させることにより，さらには再生循環された栄養素を供給することにより，植物群落で

キーとなる役割を果たしている.」

植物にとってこのような制度は,例外というよりも法則となった.逆に,菌類のあらゆる主要なタイプについて,一般的で重要な菌根の例をあげることができるが,実は,ほとんどの菌類は菌根性ではない.最もふつうに出会う可能性のある菌根菌類は,森の多い地域でふつうに見られるきのこである.すでに紹介したテングタケ（Amanita）属やヤマドリタケ（Boletus）属などのきのこは,樹木や他の森林植物の菌根性パートナーであり,アンズタケ類やセイヨウショウロ類もまたそうである.もちろんセイヨウショウロ類はいわゆる「きのこ型」の子実体ではなく,子嚢菌門の地下生の子実体である.

13.9 菌根のタイプ

菌根は伝統的に,外生菌根と内生菌根の2つのタイプに分類されてきた.この分類は,植物根組織中での菌糸の存在位置に基づいている.外（ecto）は根の外側を,内（endo）は内側を意味する.現在では,この分類はあまりにも単純であると考えられており,7つの菌根タイプが確認され,命名されている.しかしながら,本書では,次のような4つの主要なタイプと,3つの補助的な下位分類にまとめた.

内生菌根（endomycorrhizas）：菌類の構造は,ほとんど完全に宿主の根内に存在し,3つの主要タイプと2つの下位グループを包含する.

- アーバスキュラー内生菌根（arbuscular endomycorrhizas, AM）：最も一般的な菌根であり,最初に進化した.共生菌類は,グロムス菌門（Glomeromycota）のメンバーで,絶対活物栄養性であり,多くの作物植物を含む約80％の植物種の根と共生している.AM共生は内生であり,以前はベシキュラー－アーバスキュラー菌根（vesicular-arbuscular mycorrhiza, VAM）とよばれていた.VAMの名称は,すべての菌類が嚢状体（vesicle）を形成するわけではないので取り下げられ,以後AMの名称が選ばれた［以下の表13.1およびSelosse & Tacon（1998）参照］.しかし,他のテキストでは依然として,「VAM」あるいは「VA」菌根が用いられている.
- ツツジ型内生菌根（ericoid endomycorrhizas）：泥炭地や,同じような厳しい環境に耐えて生息する植物の菌根であり,エリカ（Erica）属（ヒース）,カルーナ（Calluna）属（ギョリュウモドキ,ナツザキエリカ）およびスノキ（Vaccinium）属（コケモモ）などが形成する.共生菌類は,子嚢菌門（Ascomycota）のメンバー（1例はHymenoscyphus ericae）である.植物の細根は,菌糸の疎なネットワークに覆われている.共生菌類は,ポリペプチドを腐生的に消化し,吸収した窒素を宿主に渡す.極端に厳しい条件では,菌根は宿主に炭素源（多糖類やタンパク質に含まれている炭素を目的に代謝することにより）を供給することさえある.次の2つの分化したサブグループが,ツツジ型内生菌根から分かれる.
  - アーブトイド型内生菌根（arbutoid endomycorrhizas）.
  - シャクジョウソウ型内生菌根（monotropoid endomycorrhizas）：シャクジョウソウ科（Monotropaceae）の無葉緑植物によって形成される菌根共生.
- ラン型内生菌根（orchidaceous endomycorrhizas）：ツツジ型菌根に似ている.ラン型菌根の場合は,宿主を支えるために無機栄養だけではなく炭素栄養さえも菌類パートナーから宿主に供されている.というのは,若いランの実生は,光合成を行わず,炭水化物の供給を,土壌中の複雑な炭素源を消化して若いランが利用な形に変換している菌類パートナーに依存しているからである.すべてのランは,初期の実生の段階では無葉緑性であるが,通常成熟すると葉緑素をもつようになる.それゆえ,この場合,実生段階のランは,菌類に寄生していると解することもできる.特徴的な共生菌類の例としては,担子菌類のRhizoctonia属（この属はいくつかの新しい属に分けることのできる複合属であるが）があげられる.

外生菌根（ectomycorrhizas）：森林樹木の大多数を含む約3％の種子植物と菌類の間の,**最も進化した共生関係（most advanced symbiotic association）**である.この共生では,植物根系は菌類組織の鞘で完全に包まれている.鞘の厚さは,通常は50μmまでであるが,100μm以上になることもある.菌糸は根の最外層[訳注5]の細胞間に侵入し,ハルティッヒネット（Hartig net）とよばれる構造を形成する.菌鞘から外側に,菌糸,菌糸束および根状菌糸束などの菌糸要素のネットワークが延び拡がり,外部土壌を探査し,同時に根の菌類部分にも接続する.外生菌根菌類は,おもに担子菌門（Basidiomycota）に属し,テングタケ属の菌類（Amanita spp.）,ヤマドリタケ属

訳注5：表皮組織のこと.

表13.1 7つの菌根タイプの特徴のまとめ

特徴	菌根タイプ						
	内生菌根					外生菌根	
	アーバスキュラー（AM）	ツツジ	アーブトイド	シャクジョウソウ	ラン	外生	内外生
有隔壁の共生菌類	無し	有り	有り	有り	有り	有り	有り
無隔壁の共生菌類	有り	無し	無し	無し	無し	無し	無し
細胞内定着	有り	有り	有り	有り	有り	無し	有り
菌鞘	無し	無し	有りか無し	有り	無し	有り	有りか無し
ハルティッヒネット	無し	無し	有り	有り	無し	有り	有り
嚢状体	有りか無し	無し	無し	無し	無し	無し	無し
宿主植物クロロフィル[a]	有り（無し？）	有り	有り	無し	無し[a]	有り	有り
菌類分類群	グロムス菌門	子嚢菌門	担子菌門	担子菌門	担子菌門	担子菌門 子嚢菌門	担子菌門 子嚢菌門 （グロムス菌門）
植物分類群	蘚植物門 シダ植物 裸子植物 被子植物	ツツジ目 蘚植物門	ツツジ目	シャクジョウソウ科	ラン科	裸子植物 被子植物	裸子植物 被子植物

脚注 a：すべてのランは初期実生段階ではクロロフィルをもっていないが，通常成熟するともつようになる．
出典：Smith & Read（1997）と Harley（1991）の表1による．

の菌類（*Boletus* spp.）およびキシメジ属の菌類（*Tricholoma* spp.）などの，ふつうに見られる**森林性きのこ類**（woodland mushrooms）を含む．外生菌根は，たとえばカラマツとのみ共生するハナイグチ（*Boletus elegans* = *Suillus grevillei*）のように高度に特異的である場合と，20種かそれ以上の樹種と共生するベニテングタケ（*Amanita muscaria*）のように非特異的な場合がある．特異性を宿主の面から見ると，40の菌類種がマツと菌根を形成することができる．

外生菌根は，地下の菌糸体が「森林規模の連絡網（wood-wide-web）」として機能することにより，一群の樹木を相互に結びつけることができる．外生菌根菌類は，炭素源を宿主に依存しており，炭素源をめぐって腐生菌類と競争することはほとんどない．わずかの例外（*Tricholoma fumosum* は1例であるが）を除いて，共生菌類はセルロースとリグニンを利用できない．しかし共生菌類は，植物の無機イオン吸収を大きく促進し，栄養素，特に根が入手できないリン酸とアンモニウムイオンを獲得することができる．宿主植物は，外生菌根をもたない時には成長が貧弱である．外生菌根グループはかなり均一であるが，次の1つのサブグループ，内外生菌根がつけ加えられる．

- **内外生菌根**（ectendomycorrhiza）：外生菌根と内生菌根の特徴を示す菌根に対して付された，純粋に描写的な名称である．内外生菌根は基本的に，マツ（*Pinus*）属（マツ），トウヒ（*Picea*）属（トウヒ），そして割合は小さいがカラマツ（*Larix*）属（カラマツ）に限定されている．内外生菌根は，外生菌根と同じ特徴を有するが，宿主の根の細胞内への菌糸の活発な侵入が見られる．

表13.1 は，これらの7つのタイプの菌根のおもな特徴をまとめたものである．

13.10 アーバスキュラー内生菌根（AM）

アーバスキュラー内生菌根（AM）は，菌根共生の中で最もふつうに見られるタイプであり，おそらく最初に進化したものである．共生菌類は**グロムス菌門**（Glomeromycota）のメンバーである（3.5節で論議した）．他の書籍では，これらの菌類は接合菌門（Zygomycota）のグロムス目（Glomales）に位置づけられているかもしれないが，これは誤りである．AM菌類は，**絶対活物栄養**（obligate biotrophs）であり，多くの作物植物を含む約80％の植物種（これは全陸上植物種のほぼ2/3，あるいは全維管束植物種の90％に相当する）の根に共生している．AM共生は内生であり，以前はベシキュラー-

13.10 アーバスキュラー内生菌根（AM）

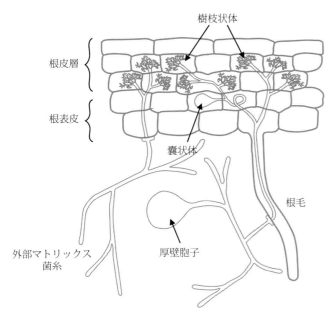

図13.6 アーバスキュラー内生菌根の細胞レベルでのおもな特徴を示す．胞子が発芽すると，菌糸が伸びて根毛に侵入する．さらに，根の皮層細胞間で成長し，同時に個々の細胞内に侵入して樹枝状体を形成する．樹枝状体は，細かく分枝した菌糸の集合であり，菌類と植物との間での栄養素の交換の主要な場であると考えられている．これらの特徴の多くについての写真は，図3.7を見よ．また，菌根についてのより以上の情報や図解については，次のMark Brundrett のウェブサイトにアクセスせよ．http://mycorrhizas.info［Jackson & Mason (1984) を改変した］．

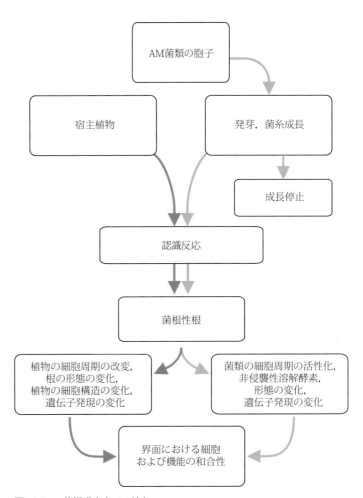

図13.7 菌根成立までの流れ

アーバスキュラー菌根（VAM）とよばれていた．この名称は，ギガスポラ科（Gigasporaceae）のメンバーが，囊状体（vesicles）を形成しないことが明らかになったために取り下げられ，以後は，アーバスキュラー菌根（AM）の名称が使われるようになった（表13.1 および図3.7 と図13.6 参照）．図13.6 は，このタイプの菌根のおもな特徴を図示したものである．

宿主根の中には広範囲に菌糸体が存在し，根の外側では，**根外菌糸体**（extraradical mycelium）が栄養資源を求めて土壌や他の基物の中に縦横に延び拡がっている．宿主根の外側で，菌糸はしばしば厚壁胞子とよばれる非常に大型の胞子を生産する．菌根共生の形成は，一種の感染過程である（図13.7）．胞子は植物根の近くで発芽し，生じた菌糸は根浸出物に反応して根に侵入する．菌糸は根組織の中で成長し，根の皮層で分枝菌糸が植物細胞に侵入するための付着器を形成する．宿主細胞の細胞膜は陥入し，菌類の貫入体を取り囲むように増殖する．皮層細胞内に侵入した「菌糸」は，繰り返し二叉分枝を行い，**樹枝状体**（arbuscule）（図3.7B を参照）を形成する．樹枝状体の寿命は4～15日で，その後崩壊し，植物細胞は正常に戻る．

またギガスポラ科を除いた多くのAM菌類は，皮層細胞の間と細胞内に囊状体（vesicles）を形成する（図3.7C）．囊状体は，膨潤した球形あるいは卵形の，脂質を含んだ構造で，養分の貯蔵に使われていると考えられる．囊状体は通常直径100 μm 以上であり，菌糸先端が膨潤したものである．

すべてのAM菌類は，**絶対活物栄養**（obligately biotrophic）であり，生存を完全に植物に依存している．AM菌類は，宿主特異性をほとんどあるいはまったく示さないので，絶対活物栄養性であることはAM菌類に何の不利益ももたらさない．ツツジ型やラン型と異なって，AM菌類の宿主は，何らかの特定の植物の分類グループに限定されているわけではなく，あらゆる生息地の，シダ植物，裸子植物および被子植物に広く見いだされる．そして，蘚苔門や苔類のような「原始的」な植物さえもAM様の共生を形成する．現在AM菌類としては，150～200種が知られている．しかし，AM菌類の分類はいまだに，おもに，根の外側の菌糸体に形成される，直径40～800 μm

で比較的大型の多核胞子の特徴に基づいている．分子マーカーを用いた研究では，非常に大きな多様性が示されている．この研究結果から，200 ほどの記載された「形態種（morphospecies）」の数は，この門の真の多様性を過少評価している可能性が示唆される（Redecker, 2002）．グロムス菌門が有性的に繁殖していることを示す証拠はなく，胞子は，無性的に形成されていると考えられる．胞子は多層の壁をもち，この特徴は種の記載に用いられている．同様に，胞子は，単独，集塊あるいはいわゆる胞子囊果中に密集して形成され，胞子形成様式は属や科を記載する際に重要であった（これらの形態に関するさらなる情報については，図 3.7 を参照せよ）．

グロムス菌門には 10 属が確認されている．*Glomus* 属はグロムス目（Glomerales），グロムス科（Glomeraceae）に置かれ，70 以上の形態種（典型的な層状壁構造をもつ胞子は，菌糸先端からの出芽により形成される）を有し，門の中で最大の属である．*Gigaspora* 属と *Scutellospora* 属は，ギガスポラ科の非常に近縁の属である．これらの胞子は，球根状の胞子形成細胞上に形成され，胞子壁に新たに形成された開口から発芽する．*Pacispora* 属は，前記 2 属に近縁であるが，これらの属とは分離されている．アカウロスポラ科（Acaulosporaceae）は *Acaulospora* 属と *Entrophospora* 属を含む．*Diversispora* 属はこれらの属に近縁である．

パラグロムス目（Paraglomerales）の *Paraglomus* 属は古代種であるが，*Geosiphon* 属と *Archaeospora* 属を含むアルカエオスポラ目（Archaeosporales）と姉妹グループを形成する．*Geosiphon pyriformis* は，シアノバクテリアの *Nostoc punctiforme* と明らかに独特な共生を形成し，興味深い種である．この共生は，他の AM 菌類が関わる共生と構造的に逆の状況にある．というのは，光合成共生者が 2 mm までの大きさの菌類の膀胱状細胞中に生息しているからである．それゆえにこの場合は，菌類が大型共生者あるいは**外住者**（exhabitant）であり，原核性の光合成パートナーが小型共生者あるいは**居住者**（inhabitant）である．

AM 菌類は絶対活物栄養なので，それらを純粋培養しようという試みは現在までは失敗している．胞子は純粋培養で発芽するが，その後死んでしまう．しかし商業的に栽培されている植物の大多数は，AM 共生を形成するので，作物に菌根菌類を接種する方法の開発については，関心が高まり続けている（以下の 13.17 節を参照せよ）．

高度に分枝した樹枝状体は広大な表面積をつくり出し，このことはパートナー間での栄養素の交換を促進する．両方向的な**栄養素の移動**（nutrient transfer）は，菌根共生の鍵となる特徴である．アーバスキュラー菌根においては，次のような主要な栄養素が交換される．

- 植物パートナーの光合成活性によってつくられた還元炭素．
- 土壌微生息地の探査を通して，菌糸により可動化され，吸収されたリン酸．

栄養素は，根皮層細胞とそれに侵入した菌類の樹枝状体との間で，両方向に交換される．両者の間が共生的境界面である．一方には，植物細胞の細胞膜とその細胞外マトリックスが，他方には菌類細胞の細胞膜とその細胞外マトリックスが境を接して存在している．

菌類と植物との間での栄養素の移動は，**間接的**に結びつけられている．すなわち，グルコースとリン酸の交換を例にあげると，それらの間でのつながりは「1 対 1」の関係ではない．このことは，同一の宿主植物は異なる AM 菌類と共生することができ，実際異なる菌類と共生したときに，植物－菌類の組合せが異なると，炭水化物－リン酸の交換比率もまったく異なる可能性がある，という事実によって示される．加えて，土壌のリン酸利用可能性が高いときには，リン酸の移動と切り離して炭水化物を移動させることができる．植物と菌類との間での栄養素の移動過程は，**各々の供与生物から界面アポプラスト［アポプラスト（apoplast）は，植物と菌類の 2 つの細胞膜の間の自由拡散空間である］への溶質の受動流出**（passive efflux of solutes from each donor）と，それに続く**受取り生物による能動吸収**（active uptake by the receiver）からなると考えられている．このメカニズムにおいて，現在までに関係があると考えられたすべての能動輸送体は，プロトンポンピング ATP アーゼ共輸送体である（10.11 節参照）．具体的には，菌類サイドには，ATP を消費してプロトンを樹枝状体から汲み出し，同時にグルコースを取り込む ATP アーゼが存在する．そして，植物サイドには ATP を消費してプロトンを皮層細胞内から汲み出し，同時にリン酸を取り込む ATP アーゼが存在する（図 13.8）．

13.11　ツツジ型内生菌根

ツツジ目（Ericales）に属するほとんどの植物は，土壌菌類と共生的に結合し，独特な**ツツジ型菌根**（ericoid mycorrhiza）を形成する能力がある．この共生は，当初はツツジ科（Ericace-

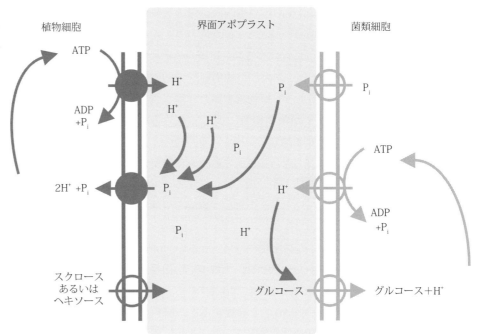

図13.8 アーバスキュラー菌根における，界面を通してのリン酸と炭素化合物の交換-移動モデル．実験的に菌根の界面の膜に局在化させた細胞膜・プロトンポンプATPアーゼと二次輸送体が円で示され，輸送の方向は矢印で示された［Ferrol et al.（2002）を描き直した］．

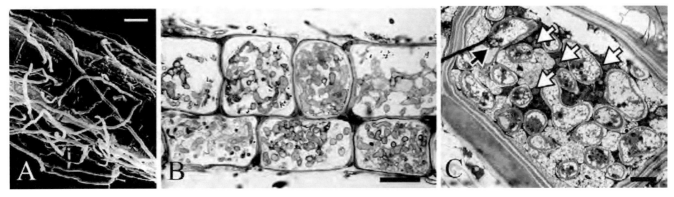

図13.9 ツツジ型菌根の細胞生物学．A，ゆるい菌糸の織物に覆われたツツジ（Rhododendron）属の根の走査電子顕微鏡写真．スケール・バー = 25 μm ［Smith & Read（1997）を改変した］．B，Gaultheria poeppiggi［ツツジ科（Ericaceae）］のツツジ型菌根の切片写真．多量の菌糸が皮層細胞内に住みついている．スケール・バー = 10 μm．C，菌糸が住みついた Erica cinerea の毛根の皮層細胞（菌糸は，細胞容積のほとんどを占める）．黒の矢じり，細胞内菌糸の樽形孔隔壁．白の矢じりは，植物細胞のミトコンドリア．スケール・バー = 2 μm［BとCは，フランスのMontpellier II 大学のMarc-André Selosse 教授と米国 North Carolina 州の Wake Forest 大学の Sabrina Setaro 博士のご厚意で提供された画像ファイルを用いて，Selosse et al.（2007）を改変したものである．John Wiley and Sons の許諾を得て複製した］．

ae）のメンバーについて記載されていた．ツツジ科のメンバーは，北半球により豊富であり，英国のヒースが生育する泥炭地（「ヒースの生育する荒野」）に存在する，エリカ属（ヒース），カルーナ属（ギョリュウモドキ，ナツザキエリカ）およびスノキ属（コケモモ）などが，おそらく最もよく知られている．このグループはまた，ツツジ（Rhododendron）属（シャクナゲ）を含んでいる．これらの植物は，泥炭地や同じような厳しい環境に耐える植物である．ヒースの生えている荒野は，典型的には高標高およびより冷涼な緯度に見られ，土壌は貧栄養で酸性である．形態的に同じような菌根共生は，南半球，とりわけオーストラリア南部に広範に分布しているエパクリス科（Epacridaceae）に見い出される．科の名称は，エパクリス（Epacris）属に由来する．

ツツジ型共生を行う菌類は，子囊菌門のメンバーである．この共生を行う菌類の菌糸は，根毛の表面にゆるいネットワークを形成する（図13.9A）．また，共生菌類の菌糸は，しばしば

個々の表皮細胞の表面のいくつかの点で細胞内に侵入し（図 13.9B, C），これらの細胞は菌糸のコイルで満たされる．すべての内部共生と同様に，細胞内に存在する共生菌類の構造は，菌糸の成長とコイル形成に伴って陥入した植物細胞の細胞膜（plant-derived membrane）によって植物細胞質と分離されている．根毛の容積の 80% までが菌類組織によって占められる．栄養素は，これらのコイルを通じて交換される．このように菌類が定着できるのは，成熟し十分に拡張された表皮細胞に限られる．成長中の根の分裂組織のやや後方に位置する，毛根の先端領域には，まだ成熟していない表皮細胞が感染を受けていない状態で残っている．

ツツジ型菌根菌類は，条件的共生生物（facultative symbionts）である．すなわち，これらの菌類は，土壌中で自由生活をする菌糸体として存在し，また人工培地で培養することもできる．これらの菌類は，栄養寒天培地で培養すると，暗色のゆっくりと成長する不稔性の菌糸体を生じる．胞子や生殖構造が存在しないために，ツツジ型菌根菌類の同定と分類は複雑になった．そのために，分子的技術を用いて，DNA や RNA のプロフィールを調べる事態がますます増えている．これらの研究結果により，分離株どうしは，表面的に似ていても相当大きな遺伝的多様性があることがわかっている．

ツツジ科の灌木は，植物リターがとりわけゆっくりと分解し，その結果，難分解性の有機物は豊富に存在するが，利用可能な窒素やリンのような無機栄養素の濃度が低い酸性土壌を生じる環境の，多くのヒース性荒野群落で優占種となる．このような菌根を形成することにより，宿主は，菌根を形成しなかったら利用できないような有機栄養を入手することが可能になり，宿主植物の窒素（nitrogen）とリン（phosphorus）の吸収を改善する．根を覆う菌糸ネットワークと土壌中の菌糸体は，腐生的にポリペプチドを分解し，吸収した窒素を宿主と交換する．たとえば，菌根菌類は，高標高や高緯度地方の冬期におけるようなきわめて厳しい環境条件下では，多糖類やタンパク質をそれらに含まれる炭素を標的にして代謝することにより，宿主に対して炭素養分を供給することさえある．しかし一般には，共生菌類は，宿主から光合成で産生された炭水化物を得ている．

菌根菌類がこのような生理学的属性を有しているので，ツツジ科植物は先駆植物となることができる．ツツジ科植物は，南半球の乾燥砂質土壌から北半球の湿潤粗腐植（モル腐植；未熟な腐植の状態で，他の物質と結合していない有機物であり，ほとんど無機化されておらず，pH が酸性であるという特徴を有する．しかし，泥炭よりはほんのわずかに分解が進んでいる）までの，栄養素が乏しく厳しい環境条件の生息地に侵入定着することができる．そして，外生菌根菌類が存在しないということが，マツやカンバのような樹種がヒース生の荒野に侵入することを妨げているように思われる（Collier & Bidartondo, 2009）．また，ツツジ科植物は，土壌に有毒なレベルの金属イオンが含まれていて非常に汚染された環境でも，共生菌類が金属イオンを無害化しているので生育することができる．要するに，ツツジ科植物は，菌根を形成することにより，栄養ストレスをかけられた（nutrient-stressed）条件下でも生存することができるようになる．さらにツツジ科植物は，菌根形成により競争能力が向上し，重金属で汚染されたような場所においてさえも，他の植物との競争に勝って生き残ることができるようになる（Perotto et al., 2002; Mitchell & Gibson, 2006）．

13.12 アーブトイド型内生菌根

アーブトイド型菌根は，ツツジ型菌根と同様に，ツツジ目，特にツツジ科の *Arbutus* 属（マドローニャ）と *Arctostaphylos* 属（クマコケモモ，カリフォルニア産ツツジ科低木），およびイチヤクソウ科（Pyrolaceae）のイチヤクソウ（*Pyrola*）属（ヒメコウジ；何人かの研究者はこの菌根を別のタイプと認識しているが）の植物によって形成される．これらの植物はすべて，厳しい高標高地帯の荒野に生息する，耐寒性でおもに常緑の灌木（evergreen shrubs）であり，それらの装飾的な葉，花および果実のゆえに広範に栽培されている．

アーブトイド型菌根をつくる菌類は担子菌類（basidiomycetes）であり，しばしば，同じ菌類種が，森林の樹木と外生菌根を形成する場合もある（下記を参照）．事実，これら2つの菌根タイプの構造は非常に似ている．アーブトイド型菌根は，次のような特徴を有する．

- 菌鞘が発達し，根組織の最外層細胞のみに，ハルティッヒネットもよく発達している．外生菌根と同じように菌鞘が存在するので，宿主を土壌から隔離し，菌根性の根によって吸収されるすべての物質は，菌鞘を通り抜けなければならない（これらすべての特徴は，外生菌根と同様である）．
- しかし，共生菌類の菌糸は，外側の皮層細胞に盛んに侵入して，これらの細胞は菌糸コイルで充満される（内生菌根の特徴）．

アーブトイド型の菌根は，菌根を外生と内生とに二分する分類体系にはきれいに当てはまらない．というのは，アーブトイド型が，両者の特徴を併せもつからである．根を包む菌鞘とハルティッヒネットとともに，細胞内コイルが存在し，さらに**宿主がツツジ科のメンバーであるという事実**（*the fact that the host plant is a member of the Ericaceae*）が，アーブトイド型菌根と診断する際の特徴である．本章の後の節では，**内外生菌根**（ectendomycorrhiza）とよばれる他の中間タイプの菌根について紹介する．この菌根は，外生菌根性であるが，菌糸が外側の皮層細胞に侵入し，細胞をコイルで満たす．外生菌根の菌糸は，通常はこのようなことを行わない．この場合，**宿主が針葉樹類のメンバーである**［*the plant host is a member of the Coniferophyta*；マツ，イチイなどの球果を生じる裸子植物，および球果を生じないが裸子植物の「生きた化石」イチョウ（*Ginkgo*）属など］ということが，内外生菌根とアーブトイド型の相違点である．

13.13 シャクジョウソウ型内生菌根

このタイプの菌根は，かつてはシャクジョウソウ科（Monotropaceae）に置かれていたが，現在ではツツジ科（Ericaceae）に置かれている無葉緑植物によって形成される．これらの植物については，1つのまとまりとして語るのが適切であり，そこで本書では，シャクジョウソウ類（monotropes）とよぶことにする．このグループは，シャクジョウソウ（*Monotropa*）属，*Monotropsis* 属，*Allotropa* 属，*Hemitomes* 属，*Pityopus* 属，*Pleuricospora* 属，*Pterospora* 属および *Sarcodes* 属などを含む．

これらのシャクジョウソウ類は，すべて完全にクロロフィルを欠き，それゆえに光合成ができないという意味で例外的な植物である．事実，シャクジョウソウ類は，その菌根に寄生しており，**菌類従属栄養生物**（mycoheterotrophs）とよばれている．これらの植物は，土壌から無機物や栄養素を得るために共生菌類を用いているだけではなく，近くに存在する光合成植物の炭水化物の蓄えを引き出すために，この光合成植物の根に接続した共生菌類を用いている．シャクジョウソウ類は，北半球の温帯域の在来植物であるので，ここに述べた炭水化物を供給する光合成植物が，ブナ，ナラ類およびヒマラヤスギなどの可能性がある．しかし，シャクジョウソウ属は，ほとんどの場合には針葉樹林に生息するので，より一般的にはマツ，トウヒおよびモミなどが候補になる．炭水化物は，針葉樹類からシャクジョウソウに，両者に共通の菌根パートナーを通して移動する．シャクジョウソウへの炭水化物の移動を制御するのは菌類である．シャクジョウソウに放射性同位体の ^{32}P で標識したリンを注入すると，リンが近くの樹木から回収されるので，移動は双方向的である．

シャクジョウソウ型共生に関わるのは，**担子菌門**（Basidiomycota）の菌類である．ヤマドリタケ（*Boletus edulis*）のような何種類かのヤマドリタケ（*Boletus*）属の菌類は，シャクジョウソウ型の内生菌根を形成することが確認されている．同時に，ヤマドリタケ属の種は，広範な樹木種と外生菌根を形成する．この事実は，シャクジョウソウ類はいかにしてそのように多くの異なった樹木種と共生するようになるのか，という問いに対して解答を与えてくれるであろう．シャクジョウソウ類は一般に珍しく，またまれな植物であると思われている．しかし，シャクジョウソウ属と *Pterospora* 属や *Sarcodes* 属のような他のシャクジョウソウ類は，しばしば森林で樹木の下に成育する唯一の高等植物である．なぜならば，強度の遮光が，往々炭水化物の産生を光に強く依存しているクロロフィルをもつ植物を排除するからである．

シャクジョウソウ属の根は菌鞘によって密に覆われており，菌糸は菌鞘から土壌中に延び拡がる．シャクジョウソウ属と *Pterospora* 属においては，菌鞘が根先端を囲んでいるが，*Sarcodes* 属では根先端に菌鞘は存在しない．これら3つの属すべてにおいて，ハルティッヒネットが外側の表皮層の細胞を包んでいるが，その下側の皮層には侵入していない．しかし，個々の菌糸は確かに，ハルティッヒネットから皮層の外側の細胞に向けて成長してゆき，皮層細胞の壁が成長する菌糸に合わせるように陥入する．

ハルティッヒネットから延びた菌糸が，皮層細胞の細胞壁に侵入する部位は，**菌類ペグ**（fungal pegs）として知られている．ペグは，細胞内で表面積を拡げながら急速に増大する．ついにはペグの先端は，膜質の袋の中で成長し，植物細胞の細胞質中に広がってゆく．菌類ペグの内容物は，膜質の袋を一杯にするが，決して宿主の細胞質に直接入り込むことはない．シャクジョウソウ型菌根によって形成される菌類ペグの数は季節変動する．ペグ形成が最大になる時期は，開花と一致して（そして多分栄養素に対する要求性が高くなる時期に応じて）6月である．一方「ペグの先端‐破裂」は，種子が放出される7〜8月に起こる（おそらく栄養素を最後の一押しで急増させ，花茎が老化する直前に種子生産を後押しするために）．

13.14 ラン型内生菌根

　ラン科は顕花植物中で最大の科（largest family of flowering plants）であり，約880属と22,000種が認められているが，種数は25,000種に及ぶと推測されている．全体として，ラン科植物の種数は，全種子植物種の約10%を占める．ランの種数がどの程度のものかということを少し具体的に考えてみると，それは鳥の2倍，哺乳動物の4倍になる．世界各地に代表種が存在し，たとえばヨーロッパには約90種が存在するが，ほとんどの種は熱帯や亜熱帯に自然分布している．しかしランは，普通に栽培されており，現在では世界中の園芸家が100,000以上の交配種や栽培品種を栽培している．

　ラン型菌根は，ツツジ型菌根に似ているが，その炭素栄養はさらにより宿主を支えるために使われている．すべてのランは，非光合成性（non-photosynthetic）である成長段階があり，それゆえその段階では外部栄養源に依存している．ランの種子は，非常に小さく，貯蔵栄養物は少ない．それゆえほとんどの場合，実生段階では絶対菌根性である．事実ほとんどのランの種子は，適当な菌類が感染しない限りは発芽しない．しかし若いランの実生それ自身は，非光合成性であり，菌類パートナーが土壌中の複雑な炭素源を利用して，若いランが利用可能な炭水化物をつくってくれることに依存している．すべてのランは，初期の実生段階では葉緑素を欠くが，しかし通常成熟すると葉緑素をもつようになる．それゆえこの場合，実生段階のランは菌類に寄生していると解することができる．現在では多くのラン種が，菌根が感染していなくても炭水化物を外部から供給すれば，人工的に培養できることが知られている．菌根をもつ成熟したランは，貧栄養土壌ではより競争力がある．菌根の価値の他の評価基準は，試験管中で実生と菌類を共生させると，実生組織の窒素濃度が非共生の実生よりも高くなるということにある．これらの実験結果は，ランの栄養素吸収には，菌根菌による支持が不可欠であることを示す．

　ランの菌根菌類は，**担子菌門（Basidiomycota）** に属しており，特に多くのランは *Rhizoctonia* 属（本属は複合属であり，いくつかの新しい属に分けることができる）の菌類と共生している．興味深いことに，ラン型菌根菌類の多くは，**他の植物に対しては重大な病原生物**（pathogens to other plants）である．この事実は，*Rhizoctonia* 属の種に限ってはまさしく該当している．他の植物に対する病原体として分離された *Rhizoctonia* 属の系統（たとえば，主要な穀類作物のすべてと，おそらくほとんどのイネ科植物に萎縮病を起こす *R. solani*，およびコムギの株腐病の原因である *R. cerealis*）が，ランの種子の発芽を支えることができる．同様に，*Rhizoctonia* 属のこれらの種および他の種が，成熟して健康なランの菌根から分離されることがある．しかしながら，*Rhizoctonia* 属とランの間の菌根の多くは，腐生性であり，さまざまの炭水化物や他の物質を分解する酵素を産生し，リグニンを含む植物砕片を分解する．シュンラン（*Cymbidium*）属やオニノヤガラ（*Gastrodia*）属のランと共生するクヌギタケ（*Mycena*）属のいくつかの種は，葉リター中の腐生菌類としてよく知られている．

　ランのオニノヤガラ（*Gastrodia elata*）は，実生段階では腐生生物の *Mycena osmundicola*（バミューダで，植物リター上に生育していたものを元に新種記載された小型のきのこである）とともに発育する．しかし，成熟するとともに非常に有害な樹木病原菌類のナラタケ（*Armillaria mellea*；honey fungus）に依存するようになる．そのような意味で，オニノヤガラは特に興味深い．シイタケ（*Lentinula edodes*）は，広く栽培されているきのこであり，木材の白色腐朽菌類である．しかしシイタケでさえ，何種類かの他の木材腐朽菌類と同じように，*Erythrorchis* 属（タカツルラン）の無葉緑素ランの発育を支えることがある．このようにしてランは，異なった幅の広い栄養戦略をもつ，非常に多様な菌類を菌根パートナーとして利用する（Rasmussen, 2002; Bonnardeaux et al., 2007）．また共生菌類への依存度は，ランの生存期間を通じて変化する．ほとんどのランにおいて，実生段階以降は依存度が明らかに減少する．ある種のランは，それらの葉が光合成能力を有するのにも関らず，非常に菌根に依存した状態を維持する．一般的にいって，実生は，より発育の進んだ個体よりも広範な種類の菌類と共生する．この事実は，個々の個体が発育の間に共生相手を変えることを示唆する．

　共生菌類は，ランの種子の胚が水を吸収し，膨潤して種皮を破った後に種子に感染する．小さなランの種子は，分化した胚あるいは貯蔵栄養をもっていないので，発芽はプロトコーム（protocorm）とよばれる中間段階までに限定される．プロトコームが成長を停止する前に，数本の表皮毛が発生する．プロトコームは，*Rhizoctonia* 属のような菌根菌類が表皮毛に定着した場合にのみ，さらに発育する（図13.10A-C）．ランの「胚」はほんの数百の細胞からなっており，菌類は細胞から細胞に急速に広がる．菌糸は胚の細胞に侵入し，ラン細胞の細胞膜は陥入し，菌糸は宿主の細胞膜のうすい層によって取り囲まれる．

　共生菌類の菌糸は，ラン細胞の中で，ペロトン（peloton）

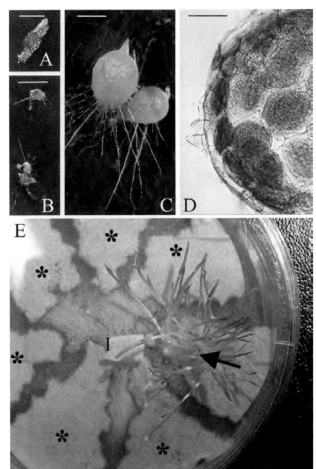

図13.10 ランの種子への菌類の感染．A〜D，実験室の無機塩寒天培地上での，菌類の Rhizoctonia cerealis と，ヒース性荒野に点在するラン Dactylorhiza maculata ssp. ericetorum の種子との菌根形成．A，寒天上の D. maculata の未発芽種子で，種皮で包まれている．スケール・バー = 0.5 mm．B，対照寒天上の，発芽しているが感染を受けていないプロトコーム．種子は容積が増大し，種皮が破れ，数本の表皮毛を生じているが，それ以上の成長は見られない．スケール・バー = 1 mm．C，発芽し R. cerealis が感染したプロトコーム．容積が非常に増加し分化も見られ，極性化し，シュート頂端が出現していることがわかる．スケール・バー = 1 mm．D，コットンブルー/乳酸で封入した感染プロトコームの切片．菌類が青く染色されている．プロトコームの外側の皮層細胞中のペロトンとよばれる菌糸コイルと，皮層の内側の細胞中における菌糸コイルの崩壊に注目せよ．スケール・バー = 100 μm．E，無菌培養法による，ランと菌類の共生関係の特異性の検定．ラン種子（ざくっと裂いたろ紙片上に置いた）と，菌根を形成する可能性のある菌根菌類を用いた．被検菌類は，ペトリ皿の寒天培地上のIの位置に接種され，前培養された．各々のろ紙片上には，異なった種子のまとまりが乗っている．たった1種類のランが，この寒天平板に成長している菌類と和合性があり，発芽し，葉をもった実生（矢印）になった．他の種類のランの種子（星印）は発育できなかった．菌根についてのこれ以上の情報や図解については，次の Mark Brundrett のウェブサイトにアクセスせよ．http://mycorrhizas.info［A〜D は Weber & Webster（2001）を改変した．E は Bonnardeaux et al.（2007）を改変した．すべては Elsevier の許諾を得て複製された］．カラー版は，口絵46頁を参照せよ．

とよばれるコイルした菌糸の密な塊を形成する．ペロトンは，ランと菌類の間の境界表面積を大きく増大させる（図13.10D）．各細胞内のペロトンは，ほんの数日間だけ存続し，その後退化する．実際，退化は，形成後24時間以内に始まっている可能性がある．退化したペロトンは，ついには崩壊した菌糸の無定形の塊として残存する．退化ペロトンは，**菌類周辺膜**（perifungal membrane）とよばれる，宿主の細胞膜と連続した膜性の鞘によって囲まれている．これらのペロトンの生成・崩壊の過程で，植物細胞は完全に機能的な状態を維持している．何らかの生き残り菌糸，あるいは隣接細胞からの侵入菌糸によって，再定着されることもある．ラン細胞は，繰り返し感染を受けながら，このサイクルを数回繰り返すことができる．事実，複数の菌類が，同じラン組織で同時にペロトンを形成することがある．

伝統的に，ラン型菌根には2つのタイプの活性が確認されてきた．

- 上に述べた**菌糸貪食**（tolypophagy）：菌糸貪食は，ペロトンの分解に基づいている．この現象は，ほとんど大部分の種に見い出される．
- 次に述べる**チオソーム食**（ptyophagy）：高度に菌根栄養性の熱帯ランの仲間にのみ見られる．

チオソーム食では菌糸は消化される．老化した菌糸は，大きな液胞と肥厚した細胞壁を発達させる．細胞質が退化した時に，菌糸細胞は崩壊し，ラン細胞によって消化され尽くされる．たとえば，オニノヤガラでは，ナラタケの菌糸は根の皮層管の中を束になって伸長する．皮層管は，一列に並んだ「通過細胞」から発達する．通過細胞の隣接する細胞壁と，もとの細胞内容物は変質劣化する．皮層管の外側の宿主細胞には菌糸コイルが存続し，皮層の内側には**消化細胞**（digestion cells）が存在する．菌糸が消化細胞に入り込むと，植物の細胞膜と菌糸の細胞壁との間に境界面が形成される．植物は，境界面に向けて溶解小胞を放出する．菌類の細胞壁は破れ，境界面空間に向

けて開き（こうなると消化胞であるが），植物の細胞膜の陥入部位から，菌類の細胞壁の破片を含んだ飲作用胞が形成される（Rasmussen, 2002）．その後，菌類の細胞壁破片は，ラン細胞に吸収され，さらに消化される．

菌根菌類による感染は，必ずしも，ランの発芽とその後の成長をもたらすものではない．感染後，次の3つのことが起こる可能性がある．

- 上に述べたような菌根性相互作用．
- 寄生的感染：ラン細胞は侵略され，胚は死ぬ．
- ラン細胞が菌類の感染を拒否し，菌根は形成されない．

菌類の感染が成立すると，その後ランの実生は順調に発育する．ランにとって，発芽後の最初の年は，菌根菌類が唯一の栄養源である．しかし，ほとんどの種類のランは，成熟とともに葉緑素をもつようになり，菌根への依存度は低下する．にもかかわらず，ほとんどの成熟したランは，依然として菌根性の根をもち続け，窒素やリンの吸収を促進するために菌類を利用する．

成熟した時に葉緑素をもたないままのランは，約200種存在する．それらは，Galeola 属，オニノヤガラ（Gastrodia）属，Corallorhiza 属および Rhizanthella 属などである．これらのランは，栄養を菌根菌類に依存し続ける，すなわち**絶対菌類従属栄養生物**（obligate mycoheterotrophs）である．何種類かの葉緑素をもつランは，空中に突出した光合成性の花茎を生じる前に，地下で数年間過ごすことにより（たとえば，ヨーロッパのラン科カキラン属およびキンラン属の野生ラン），菌根菌類に対する依存性を延長させる．これらのランは，**部分菌類従属栄養生物**（partial mycoheterotrophs）である．

13.15 外生菌根

外生菌根は，一般に，高等植物と菌類の間の最も進化した共生関係であると考えられている．なぜなら，外生菌根が，種子植物のたった3％に見られるのに過ぎないのにもかかわらず，宿主はすべて高木や灌木などの木本種であり，森林樹種のほとんどを含むからである．それゆえ，外生菌根共生は，外生菌根性植物により被われている面積の広大さと，木材資源としての経済的価値のゆえに，地球規模で重要である．全体として，植物の43の科と140の属が外生菌根を形成することが確認されている．北方温帯地域では，マツ［マツ（Pinus）属］，トウヒ［トウヒ（Picea）属］，モミ［モミ（Abies）属］，ポプラ［ヤマナラシ（Populus）属］，ヤナギ［ヤナギ（Salix）属］，ブナ［ブナ（Fagus）属］，カンバ［カバノキ（Betula）属］およびオーク［コナラ（Quercus）属］などの植物が，外生菌根性（あるいは類縁の内外生菌根性）樹種の典型である．南半球では，フタバガキ科（Dipterocarpaceae）と，ユーカリ（Eucalyptus）属およびナンキョクブナ（Nothofagus）属（ナンキョクブナ）が重要な外生菌根性植物である．フタバガキ科は，南米からアフリカを経て東南アジアに至る，地球の広範な地帯の低地多雨林で優占する．この外生菌根グループは，均質であると合理的に考えることができるが，サブグループの内外生菌根は切り離されている（次節を参照）．外生菌根共生の特徴は次のようにまとめることができる．

- 植物根の周囲に菌糸からなるしっかりした鞘組織が存在すること．
- 根が非感染のものに比較し短く，太くなること．
- 宿主根の表皮および皮層細胞間に侵入した菌糸によって，広範囲にわたってハルティッヒネットとよばれる菌糸ネットワークが形成されていること．

この共生では，植物の根系は，通常50 μm まで時に100 μm 以上もの厚さになる，菌糸の鞘（sheath）組織によって完全に包まれている．菌糸は，根の最も外側の細胞層間に侵入し，**ハルティッヒネット**（Hartig net）とよばれる構造を形成する（図13.11）．菌鞘から菌糸，菌糸束および根状菌糸束などの菌糸要素システムが，外側に延び拡がって土壌領域を探査し，同時に菌糸システムは，根の菌類組織とも接続し相互作用をする．

広範な種類の菌類が，外生，あるいは内外生菌根を形成する．少なくとも65属，5,000～6,000の菌類種が確認されている．これらの約3分の2が担子菌門（Basidiomycota）に属し，残りはアツギケカビ（Endogone）属を除いた**子嚢菌門**（Ascomycota）である．アツギケカビ属は，小型の接合子果（トリュフ型子実体）をつくる菌類であり，さらにアーバスキュラー菌根をも形成する．外生菌根を形成する菌類種の約4分の3の種は地上生の（地表面に）子実体を形成するが，4分の1は地下生の（地下に）トリュフ（truffles）型の子実体をつくる．外生菌根を形成する子嚢菌門のメンバーというと，地下生の子実体を思い浮かべる．外生菌根菌類には，テングタケ（Amanita）属，ヤマドリタケ（Boletus）属およびキシ

図 13.11　クロラゾールブラック E で清澄化・染色し，ノマルスキー型微分干渉顕微鏡で観察した，森林樹木の外生菌根の徒手切片の光学顕微鏡写真．菌糸は，宿主の細胞間に侵入し，分枝してハルティッヒネットとよばれる迷路状構造を形成する．宿主は，菌糸の侵入に反応して，細胞中にポリフェノール（タンニン）を産生し，壁に二次代謝産物を蓄積する．マツ（*Pinus*）属やトウヒ（*Picea*）属のような外生菌根性の裸子植物では，ハルティッヒネットが皮層の深い部位に形成される．この事実は，通常表皮の 1 細胞層に限定してハルティッヒネットを形成する，ヤマナラシ（*Populus*）属，カバノキ（*Betula*）属，ブナ（*Fagus*）属，ユーカリ（*Eucalyptus*）属などの被子植物における典型的な状況と対照的である．A，外生菌根性の *Tsuga canadensis*（カナダツガ）の横断切片．迷路状のハルティッヒネット菌糸（矢印）が，根の皮層細胞間に侵入し，多くの細胞を完全に包んでいる．菌鞘内部のタンニンで満たされた表皮細胞（星印）に注目せよ．スケール・バー = 100 μm．B，外生菌根性の *Populus tremuloides*（アメリカヤマナラシ）の根横断切片．細長い表皮細胞の周囲に，迷路状のハルティッヒネット菌糸（矢印）が見られる．この複雑な菌糸の分枝パターンは，根と接する菌類の表面積を拡大していると考えられる．活性の高い菌根帯は，根端から数ミリメートル背後に存在する（菌根形成には時間が必要なので）が，根端からさらに離れた古くなった領域では，ハルティッヒネットの菌糸は老化する．菌根についてのこれ以上の情報や図解については，次の Mark Brundrett のウェブサイトにアクセスせよ．http://mycorrhizas.info ［画像は Brundrett *et al.*（1990）のものから改変され，School of Plant Biology, Western Australia 大学の Mark Brundrett 博士のご厚意で供与された］．カラー版は，口絵 47 頁を参照せよ．

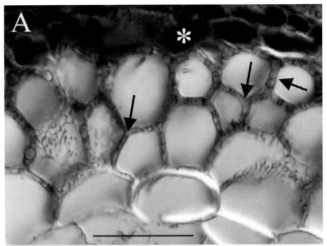

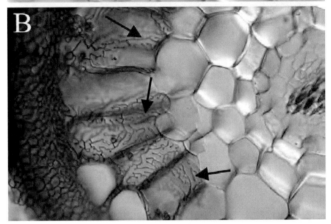

メジ（*Tricholoma*）属などのような森林でふつうに見られるきのこ類（common woodland mushrooms）が含まれる．外生菌根には，宿主特異性の非常に高い種がある．たとえば *Boletus elegans* は，必ずカラマツと菌根を形成する．しかし外生菌根の場合は，一般的には宿主特異性は高くない．たとえば，ベニテングタケ（*Amanita muscaria*）は，カンバ，ユーカリ，トウヒおよびダグラスモミなど 20 種もしくはそれ以上の樹種と外生菌根を形成する．菌類パートナーに対する特異性については，マツは 40 種の菌類と，ドイツトウヒ（*Picea abies*）は 100 種以上の菌類と外生菌根を形成することができる．1 個体の樹木の根系に，何種類かの菌類の菌根が存在するのは珍しいことではない．

外生菌根は，共生菌類の菌糸が選好する木本種とりわけ樹木の，二次あるいは三次根に感染した時に発達し始める．菌糸は，根冠と分裂組織のすぐ後方の部位から，先端から離れるように根の表面上を成長し，菌糸の織物を形成し，その後量感のある菌鞘が発達する（図 13.11）．菌糸は菌鞘から内側に向かい，表皮と皮層の組織の細胞間を機械的にこじ開け，同時にペクチナーゼ（pectinases）を分泌しながら成長してゆく．この行動によりハルティッヒネットが形成される．菌糸は決して細胞内に（しかし，次の 13.16 節の「内外生菌根」を参照せよ），あるいは中心柱には侵入しない．細胞間（intercellular）のハルティッヒネットは各細胞により完全に取り囲まれ（図 13.11），それゆえ各植物細胞は，他の細胞とはほとんどあるいはまったく接触しない．ハルティッヒネットの広大な表面は，植物と菌類との間で物質交換が行われる主要な境界面である．

菌類が感染すると，根の成長パターンは変化する．菌鞘は根端の細胞分裂速度と細胞の伸長を低下させ，それゆえ根の成長速度を減少させる．皮層細胞は放射状に伸長し，その結果感染を受けた根の外観は非感染の根に比べて短く太くなる．これらはしばしば「短根」とよばれる（図 13.12）．

菌鞘はまた根毛の発育を抑制し，その結果植物に入るすべての栄養素は菌鞘を通して運ばれなければならない．菌類は，成

図13.12 外生菌根；種々の森林樹木種の根系の一部分は，外生菌根の形態学的多様性を示す．A〜Dはすべて，ダグラスモミ（*Pseudotsuga menziesii*）の根であるが，それぞれは異なった菌類との菌根である（写真は，B. Zakによる）．A，担子菌類トリュフの*Hysterangium*属との菌根（トリュフ型子実体も示す）．B，菌根菌類*Rhizopogon vinicolor*［イグチ目（Boletales），担子菌門］．C，菌根菌類*Poria terrestris*［＝*Byssoporia terrestris*，タマチョレイタケ目（Polyporales）］．D，菌根菌類*Lactarius sanguifluus*［ベニタケ目（Russulales）］．EとFは，菌根菌類はベニテングタケ（*Amanita muscaria*）であるが，宿主は異なる菌根を示す（写真は，R. Molinaによる）．E，アラスカトウヒ（*Picea sitchensis*）およびF，モントレーマツ（*Pinus radiata*）（画像A〜Fは，米国，Oregon州，Pacific Northwest Research Station, USDA Forest ServiceのRandy Molina博士のご厚意で提供された画像ファイルから作成された）．写真Gは，実験的ミクロコスム[訳注A]（ここでは実生は，1 cm間隔で併存し，その間に土壌を入れた2枚のガラスシートからなる容器中で生育している）で，外生菌根菌類のアミタケ（*Suillus bovinus*）と共生して生育しているマツ実生である．この場合，2種類の土壌が使われている．1は下記のポドゾル土壌E層のものであり，2は有機壌土である．根外菌糸体（m，はっきり見えるのは，おもに菌糸束）は，定着した根端（r）から両方の基層土壌中に伸び，根よりもはるかに広範囲に伸び拡がっている．ポドゾル土壌は，北半球の針葉樹林あるいは北方林，および南半球のユーカリ林やヒース性荒野などに典型的な土壌である．ポドゾル土壌では，有機物や可溶性の無機物が，上方の層（層位）から下層に溶脱される．E層は強度に溶脱された4〜8 cmの厚さの層であり，おもに不溶性の鉱物からなっている．この鉱物層に非常に豊富に菌糸体が

長を続ける根に対応して菌鞘を拡張させる．その結果，根は常に確実に菌鞘に取り囲まれ，他の菌類の定着は妨げられる．しかしながら，冬を越して根が成長を再開すると，菌類は置き換えられる可能性がある．もし，菌鞘が連続的に直ちに成長を再開しない場合は，根は他の菌類との共生に曝される可能性がある．この種の置換（あるいは補充）は，上に述べた初期および後期定着者との関係での置換とは異なる．

外生菌根共生は相利共生であり，パートナーは相互に利益を受ける．光合成でつくられた炭水化物は植物から菌類に移送され，菌類はこの豊富な炭素源を利用して，菌糸を土壌中に広範囲に伸び拡がらせる．菌糸体は，栄養資源を求めて土壌中で繁殖し，無機物や水を吸収し，これらを植物根と分け合う．同時に，植物パートナーに，病原体に対する抵抗性および水ストレスに対する防護能を賦与する．この外部の菌糸体は，**根外菌糸体**（extraradical mycelium）とよばれる．これは，相互に連結した三次元の菌糸ネットワークである．そして多くの場合に，菌糸束や根状菌糸束のような特殊化した菌糸集合体を形成し，これらの菌糸集合体は，宿主による栄養素の吸収表面積だけではなく，宿主の栄養資源への全般的な潜在的到達可能範囲を量的に増加させる（図 13.12）．これらの菌糸集合体は，栄養素を発見し，遠く離れた獲得の場から，菌根組織内の菌類から植物への移送の場まで輸送する．

代謝産物の交換は，植物と菌類の**双方**が生存し続けるために，とりわけストレスのある環境条件下では不可欠である．ほとんどの外生菌根菌類は，炭素源を宿主植物に依存しているので，腐生菌類のようには炭素源をめぐる競争をしない．わずかの例外を除いて，シャカシメジ（*Tricholoma fumosum*）[訳注6]もその1つであるが，外生菌根菌類はセルロースやリグニンを利用することができない．一方菌類は，根が入手できない栄養素，特にリン酸とアンモニウムイオン（および水）を獲得することができる．この結果，植物による無機物の吸収が非常に促進される．この共生の成功は，森林生態系の安定にとって不可欠である．もし樹木が外生菌根をもっていなかったら，その成長は貧弱なものになっていただろう．マツ属のようなある種の樹木が成功裏に定着するためには，外生菌根菌類の感染が必須である．感染の結果**実生**（seedlings）は，成熟した林冠植物の葉によって被陰されているような，生存により不適な条件下でも，成熟した樹木と競争できるようになる．

外生菌根菌類は，樹木をまとまった集団に結びつけることができる［隠れた菌糸体が，いわゆる「**森林規模の連絡網**（wood-wide-webb）」として機能することにより結びつける．この連絡網では，シグナルは，菌根菌類を通して樹木間で交換される］．多くのレベルで微妙に調整された，パートナー間のシグナルのバランスが，確かに存在するように思われる．菌糸と植物根の細胞は，アドヘシン［付着因子（adhesins）；Dranginis *et al.*, 2007；6.8節参照］に似た，**細胞アンカー受容体**（cell-anchor receptors）と**可動性シグナルリガンド**（mobile signal ligands）を，相互感知分子として発達させた．そして，菌糸と根の細胞は，これらのシグナルに反応して，局部的な細胞環境の変化に素早く適応し，適切な変換経路を通して核にシグナルを送る．もちろん，菌糸と根の双方の細胞に，共生を形成する能力に関する遺伝的要素と，共生関係の成立に影響する（強めたり抑制したり）環境条件に対する一連の反応がある．細胞による環境の感知，および外生菌根組織内の細胞間伝達は，これらの情報処理において主要な役割を果たすに違いない（Tagu *et al.*, 2002）（図 13.13）．

おそらく間違いなく，外生菌根を構成する植物と菌類の間の，最も重要なコミュニケーションは栄養素の交換である．内生菌根菌類とその宿主との間の栄養素の交換の場合と同様に（上に述べた論議と図 13.8 を参照せよ），外生菌根における菌類と宿主との間の栄養素の交換は，栄養素をアポプラスト境界面に放出する一方のパートナーと，その栄養素をアポプラスト境界面から吸収する他方のパートナーに依存して行われている．外生菌根組織に含まれる，既知のあるいは仮説上の輸送体を示すモデルを図 13.14 にまとめた．植物と菌類との間の境界面，ハルティッヒネットのことであるが，で働いているシステムは，次のような事象を含むことに留意せよ．

図 13.12 続き
　存在するということは，この層が外生菌根菌類の成長のための重要な培養基であることを示している．外生菌根菌類は，菌糸周辺を局所的に酸性化し，また有機酸のような金属結合風化因子を分泌することにより，その化学的環境を改変し，北方林土壌の鉱物の風化において中心的な役割を果たす．菌根についてのこれ以上の情報や図解については，次の Mark Brundrett のウェブサイトにアクセスせよ．http://mycorrhizas.info［Rosling *et al.*（2009）から引用．この写真は Elsevier の許諾を得て複製された］．カラー版は，口絵 48, 49 頁を参照せよ．
　訳注A：自然を模した単純化された制御実験系のこと．

訳注6：= *Lyophyllum fumosum*.

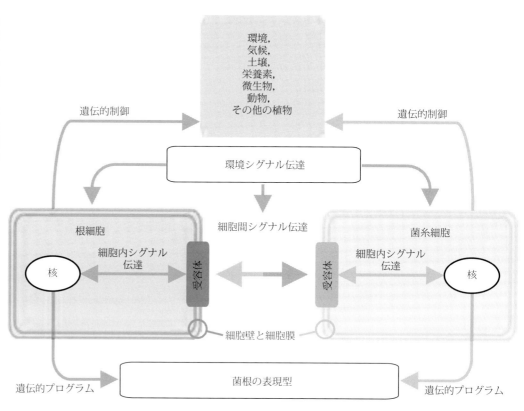

図 13.13 外生菌根共生における，菌糸と根の細胞の間に存在する，細胞間および細胞内情報伝達のモデル．環境条件の変化はシグナルの産生を促し，シグナルは共生の両パートナーの細胞によって感知される．両パートナーはおそらく，この情報を核に伝達し，遺伝子発現とその結果表現型の変更を生じさせる［Tagu et al.（2002）を再掲，改変した］．

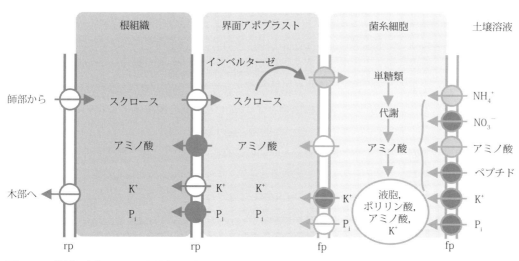

図 13.14 菌類と宿主との間の栄養素の交換は，一方のパートナーによる栄養素のアポプラスト界面への放出と，他方のパートナーによる界面アポプラストからの栄養素の取り込みから成り立っている．本図は，菌根組織内で栄養素の交換を行っている輸送体についての，最近の考えをまとめたものである．略語：fp, 菌糸細胞膜；rp, 根細胞膜．円は輸送体を，矢印は輸送の方向を示す．中間灰色の円は，輸送体ファミリーのメンバーの少なくとも1つが，酵母の欠損株を用いた機能相補クローニングによって，特性が明らかにされた輸送体を表している．灰色円は推定上の輸送体であり，候補の遺伝子がゲノム中に存在する．白色円は仮説上の輸送体を表す［Chalot et al.（2002）を再掲・改変した］．カラー版は，口絵 49 頁を参照せよ．

- 植物によるアポプラストへのスクロースの放出（delivery of sucrose into the apoplast by the plant）と，植物由来酸性インベルターゼ（acid invertase）によるスクロースの加水分解．その結果生じたヘキソース（hexoses）は，その後菌類細胞によって取り込まれる．
- 菌類の Pi（無機リン酸）吸収システムが，おそらく数種類のホスファターゼ（phosphatases）のような分泌酵素のたすけを得て，環境から Pi を「取り入れる」．ホスファターゼ

は，土壌中に貯蔵された「結合態」リン酸を含む物質を消化することにより，リンの利用可能性を改善するという重要な役割を果たす．菌糸は，Pを能動的過程（高度に可動性のある液胞により？）により移動させ，アポプラストに配達し，Pに欠乏している宿主による取り込みを可能にする．

- 菌類の特異的な取り込みシステムによる**硝酸，アンモニウムおよびペプチドの取り込み**（nitrate, ammonium and peptide uptake into the fungus）は，潜在的にこれらの窒素化合物を中間物質代謝に供給する．中間代謝系はアミノ酸を供給し，アミノ酸はアミノ酸輸出担体により，菌類側からアポプラストに放出される．その後アミノ酸は，植物細胞により吸収される．

- K^+は，表面に存在する菌糸によって土壌溶液から，高親和性の能動的K^+吸収（active K^+ uptake by peripheral hyphae）によって取り込まれる．ついでK^+は，菌類の細胞外に向かうK^+チャネルを通して，アポプラスト中に放出される．その後K^+は，宿主植物のK^+輸入担体によって吸収される（absorption by host plant K^+ importers）（現時点では仮説である）．

13.16 内外生菌根

このタイプは明確なサブグループというよりも，**外生菌根と内生菌根双方の特徴**（characteristics of both ectomycorrhizas and endomycorrhizas）を示す菌根に対して与えられた，実際的な名称である．内外生菌根は，基本的に，マツ属（マツ），トウヒ属（トウヒ），およびこれらの属ほどではないが，カラマツ属（カラマツ）属に限定されている．内外生菌根は，外生菌根と同じ特徴をもっているが，しかし同時に，菌糸は宿主根の多くの生細胞内にも侵入する．内外生菌根の形成は，ハルティッヒネットの形成とともに始まり，ネットは成長している根先端の分裂組織の背後の，より生育の進んだ部位で発達する．

ハルティッヒネットの菌糸は，表皮組織と皮層の外側の組織の細胞間に成長してゆく．後には，内部の皮層にも伸長してゆく．根先端から離れたより生育の進んだ領域では，**細胞内侵入**（intracellular penetration）の程度が増す．ひとたび細胞内に侵入すると，菌糸は繰り返し分枝する．最も生育が進んだ植物細胞は，隔壁を有する菌糸のコイルでほとんどいっぱいに満たされる．内外生性菌根共生は，まる1年間存続し，菌糸が退化あるいは溶解するという証拠はない．内外生菌根の形成は，外生菌根の場合と同じように短根の発達を誘導する．出現した根は，高度に分枝した菌糸マトリックスで覆われるようになる．目の粗い鞘が根毛間に発達し，ついには根全体を覆う．

内外生菌根共生に関わるのは，**子嚢菌門**（Ascomycota）に属する菌類である．ほとんどの菌類は，*Wilcoxina*属に属し，分離株の大多数は，*Wilcoxina mikolae*と*W. rehmii*の2種に同定されている．これら2つの分類群は独特の生息地に占有する．*W. mikolae*は，厚壁胞子形成菌類であり，もっぱら撹乱された鉱質土壌に見いだされる．一方，*W. rehmii*は，泥炭質土壌で繁殖するが，厚壁胞子はつくらない．

13.17 菌根の効果，商業的応用および環境変動と気候変動の影響

これまでは個々の特有の菌根タイプについて，幾分詳しく述べてきた．本節では，これらについての知見の糸を撚り合わせ，菌根共生一般について論議したいと思う．

菌根共生が植物と菌類の双方に与えるおもな利点は，本来の供給レベルを超えて多量の栄養素が得られることである．その利点は，ふつう両方向への栄養素の動きである．炭水化物の形態の炭素源は，植物から菌類へ，そして土壌中の栄養素，特に窒素，リンおよび水は，菌類から植物へ，というようにである．これは菌根の基本的な特質であり，たぶん**相利的共生**（mutualistic association）の基礎である．なぜならば，相利共生は相乗作用をもたらすからである．共生に関わる2つの生物は，単独で栄養素を獲得するよりも，共同のときのほうがより良く獲得することができる．これらの事例に例外はある．

すでに，シャクジョウソウ型菌根や，すべてのラン型菌根の幼時段階について述べたことからわかるように，菌類が共生から実際に利益を得ているということについては，まったく明らかになってはいない．すなわちこれらの共生は，いみじくも，**植物による菌類への寄生**（parasitism of the fungus by the plant）と表現されている内容の方が，はるかに実情を表している．ラン科は，顕花植物類の中で最も多様な科であるということを思い合わせると，このような特別な例外が非常に多数存在することは明らかである．シャクジョウソウ型菌根は，しばしば，周囲の樹木とも外生菌根を形成するのでより複雑である．替わりの外生菌根性の供給源（樹木）からの炭水化物が，菌類と，共生するシャクジョウソウ属の双方の生存を支えている．

一般に菌根感染は，次のようなことにより，栄養素の取り込

みを増大させるので植物の成長を促進する．

- 土壌中の吸収器官の**表面積を増大させる**（increasing the surface area）．吸収器官としての役割は，根毛というよりも菌糸体が替わって行う．
- 植物が利用できない供給源から**栄養素を可動化する**（mobilising nutrients）．なぜならば，菌類は，酵素を産生し，不溶性の供給源を消化あるいは可溶化できるからである．
- キレート形成化合物を分泌することにより，および/あるいは，非常に高い親和性を有する輸送体を産生することにより，存在する栄養素をいかなるものであれ**残らず捕集する**（scavenging）ことができる．

栄養素は，根から伸び拡がる菌糸，しばしば菌糸束に組織化されているが，によって獲得される．菌糸は，おそらく宿主根自身が探り獲得する量よりも，はるかに大容量の土壌を探って，多量の栄養資源を獲得することができる．菌糸による取り込みに引き続いて，栄養素は非常に効率良く宿主根へ後送される（5.10，5.16および10.11節参照）．通常，菌根を取り囲むゆるやかな織物のような菌糸，あるいは外生菌根の菌鞘は，双方とも，土壌から獲得した栄養素の貯蔵庫としてはたらくことができる．これらの栄養素は，植物に要求されて，あるいは要求されたときに植物に供給される．

栄養素を割り増しで受け取ったお返しに，菌根性の宿主植物は，生産した**光合成産物**（photosynthates）の10〜20％を菌類に供給する．供給された光合成産物は，菌根菌類とこれらの付属構造の形成，維持およびはたらきに使用される（Jakobsen & Rosendahl, 1990）．この光合成産物は，植物に課された分担金ではなく，菌類への投資である．菌類に供給される炭水化物の量が多ければ多いほど，菌類の能力はより大きくなり，植物が獲得する土壌栄養素も多くなる．

植物から菌類への炭素の移動についてみると，炭水化物はスクロース（sucrose）の形で植物を離れ，ほとんどの場合植物起源のインベルターゼ（invertase）によって，グルコース（glucose）とフルクトース（fructose）に加水分解される．その後菌類に取り込まれた炭水化物は，トレハロース（trehalose）の形で，ある系統ではマンニトール（mannitol）として菌糸中に出現する．ラン型やシャクジョウソウ型菌根におけるように，炭水化物が菌類から植物に移送されるときには，逆の経路をたどり，トレハロースとマンニトールはスクロースに変換される．

栄養素の交換は，アーバスキュラー菌根では**樹枝状体**（arbuscules）で，ツツジ型（および他の内生）菌根では**菌糸コイル**（hyphal coils）で行われる．これらの構造はいずれも，植物細胞の側から見ると細胞内境界面である．対照的に，外生菌根における植物と菌類の間の接続は，植物細胞から見ると細胞外になるハルティッヒネットを通じて行われる．

根による栄養素の直接的取り込みは，しばしば根系の周囲に栄養素欠乏ゾーンを出現させる．したがって，その後の栄養素の吸収は，栄養素が土壌中を根系の周囲に移動できる速度に完全に制限される．菌糸はこれらの枯渇ゾーンを横切って成長し，このような成長様式により，根による栄養素の吸収を促進することができる．宿主植物にとって，菌根菌類に栄養を与えて養い，菌根菌類の不断の菌糸伸長を保障することは，自身で根を絶えず伸長させ続けるよりも，栄養素との接触を維持するためには経済的な方法である．

栄養素が土壌を移動する速度は，それらの化学的性質に依存しており，植物根による栄養素の利用可能性にとってきわめて重要である．リン酸（PO_4^{3-}）の形のリンは，最もありふれた2価金属と結合して**不溶性**（insoluble）の形で存在するので，土壌中での運動性がきわめて小さく，ほとんどの生態系で**制限栄養素**（limiting nutrient）となることが多い．それに比して，アンモニウムイオン（NH_4^+）はリン酸よりも約10倍も動きやすいが，10倍多量に必要とされて吸収される．アンモニウムイオンは酸であり（アンモニアNH_3はガスであるが），森林やヒースの生えている荒野の土壌のような酸性土壌には，最も豊富に存在する．そうでなければ，ほとんどの土壌では，硝酸イオン（NO_3^-）が根にとって主要な，すぐ手に入る窒素源である．

菌根共生を構成する菌類の立場から，上に述べた考察につけ加えることは，「利用可能（available）」という言葉の意味が変化することである．園芸家が「利用可能な窒素とリン」について語るとき，彼らは，土壌水中の可溶性の塩について語っている．もし塩が可溶でなければ，それらは利用できない．さらに，もし元素が単純な無機塩の形でなければ，同様に利用できない．菌類は，この制限的な言葉については問題にしない．

菌類は，吸着しているリン酸の**脱着**（desorption）や，あるいは溶解性の小さいリン酸の溶解を促進する，クエン酸やシュウ酸のような有機化合物を産生する（Plassard & Fransson, 2009）．菌類はまた，**酸性ホスファターゼ**（acid phosphatases）を細胞外に分泌し，土壌中のホスフォグルカン（phosphoglucans），リン脂質および核酸のような有機錯体からリン酸を

遊離させる．加えて**菌類は**，ポリリン酸塩（polyphosphates）の形でリンを菌糸中に**貯え**，**移動させる**．菌類は，菌糸体中のリンをポリリン酸塩の形で保持し，無機リン酸濃度を低く（低Pi）維持することにより，外部で何らかの形態のリンを見いだしたときに，その取り込みを促進することができる．

これらの考察に加えて，共生菌類の細い菌糸によって**探査される土壌の**，菌糸の単位表面積当りの**容積の大きさ（large volume of soil explored）**についても考えてみよう．そうすれば，菌根性の根にとっての「利用可能なリン」という言葉の意味を，さらに敷衍することができるであろう．一般的に，菌根感染の結果もたらされる植物の大きな成長促進は，リン酸の吸収の増大によるものである．アーバスキュラー菌根を形成する植物においては，リンの80％までが菌糸ネットワークを通じて取り込まれたものである．リンの取り込みにおける菌根の有益な効果は，土壌中のリン濃度が上昇すると失われる．アーバスキュラーおよび外生菌根の感染は双方とも，リン濃度の高い土壌では減少する．そのような土壌では，菌根共生は最終的には見捨てられる．

同様の考察は，栄養素の窒素についても当てはまる．植物根は，アンモニウムイオン（NH_4^+）と硝酸イオン（NO_3^-）の形態の無機窒素栄養源が制限栄養素となっている．そしてほとんどの植物は，硝酸イオンよりもアンモニウムイオンを好んで取り込む．そのおもな理由は，硝酸態窒素は代謝系で使用されるためには還元されなければならず，この還元過程はエネルギー要求過程だからである．この好みはまた菌類一般にも見られる．事実多くの菌類は，硝酸塩をまったく利用できない．菌類は，アンモニウムイオンに非常に親和性の高い輸送体を用いて，アンモニウムイオンをとりわけ効率的に同化することができる．しかし植物の窒素栄養に対する菌類のおもな貢献は，プロテイナーゼ（proteinases）とペプチダーゼ（peptidases）を産生することにより，有機窒素源を利用できることである．この能力によって菌類は，非菌根性の植物根が利用できない窒素源を利用することができる．リンの場合と同様に，もし植物が，他の供給源から無機窒素を獲得できるようになると（たとえば，硝酸アンモニウム NH_4NO_3 のような化学肥料の施与により），植物にとっての菌根共生の価値は減少し，菌根感染率も低下する．

しかし，菌根はその植物パートナーに他の利益をもたらす．菌根菌類の菌糸は，無機物を素早く効率的に遊離させ，吸収し，そして移送することができる．菌根性の植物は，共生菌類のこの能力によって，カリウム（図 13.14 参照），カルシウム，銅，亜鉛および鉄などの金属イオンをすべて，より急速に，より多量に同化できる．外生菌根の菌鞘もまた，裸の（すなわち，非菌根性の）植物根よりも多くの利益をもたらす．菌鞘の菌糸は，重金属を蓄積し，不動化することができる．それゆえ，宿主植物が亜鉛，カドミウムやヒ素などの有害な重金属を高濃度に含む土壌で成育したときに，これらの金属は，植物組織には到達できず，植物は損傷を受けない（Hartnett & Wilson, 2002）．

菌根共生によってもたらされるその他の利益

菌根菌類は上に述べたこと以外の，不利な条件に対する植物パートナーの耐性を増大させることによっても，宿主に利益をもたらし得る．たぶん最も重要で論議の的になっている事実は，すべての菌類は植物が耐えることのできる水ポテンシャルよりも低い値の下で成長できる，ということである．この事実は，非菌根性の植物がしおれて成長を停止し，ついには枯れてしまうような条件下でも，菌類は代謝的に活性があり，水や栄養素を集め続けることができるということを意味する．それゆえ，菌根性の植物は，菌根菌類が拡張した菌糸体ゾーンによって，土壌の深い部分や，宿主から非常に離れた部分からでも貯蔵水を獲得することができる．つまり，**高い水ストレス（high water stress）**条件下でも成長し続けることができる．この仕組みはすべての生態系で機能するが，乾燥した生態系でとりわけ顕著である．サボテンを含む最も一般的な砂漠植物の多くは，強度に菌根性である．この事実は，菌根が，土壌の水分保持量が少ない極端な生態系においてさえ，宿主の水関係に対して特別に重要な貢献を果たしていることを示す．

この問題について議論になっていることは，植物生理学者が，根に接続している菌糸の横断面積は一般に非常に狭いので，植物の水流動に大きく貢献することはできず，それゆえ菌根による水輸送は，極端な水欠乏の際にしおれを遅らせるくらいの意味しかないだろう，と主張していることである．この種の論議は，菌糸があらゆる種類の栄養素を大量に，きわめて速く，しかも長距離を輸送することに高度に適応している，という事実を無視しているように思われる．これが菌類の生存戦略なのである．この考察に，植物を支えているのに違いない莫大な量の根外菌糸体のことを考慮に入れて（図 13.12B），宿主植物の水関係に対する菌根菌類の貢献の潜在的な価値については，疑う余地がないと思われる．

先に菌根は，根の病原体から植物を防護すると述べた．外生菌根は特に効果的であり，**病原体の攻撃と闘うために**，次のよ

うないくつかの戦略をもっている.

- 抗真菌物質および抗生物質の排出：キシメジ（*Tricholoma*）属の種の80％が抗生物質を産生し，ヤマドリタケ（*Boletus*）属とカヤタケ（*Clitocybe*）属は抗真菌物質を産生する．
- 病原体を抑制する作用をもつ他の微生物の成長を促進する．
- 菌根菌類による制御の下で，植物による抗生物質の産生が刺激される．
- 厚い菌鞘による根の構造的防護：植物病原体が植物に感染するためには，植物組織に接近する必要があり，かつ植物病原体は通常菌類組織には感染できないので，機械的な障壁は効果的な防護になる．

アーバスキュラー菌根も同様に，病原体，とりわけ *Fusarium oxysporum* や，卵菌門の *Phytophthora parasitica* のような根感染性菌類，の攻撃に対する植物の抵抗性を増大させる．ほとんどの根病原性菌類は，根に対してアーバスキュラー菌根菌類よりも素早く感染できるので，両者が同時に感染した場合は，しばしば菌根菌類が競争によって排除される．しかしながら，菌根共生がすでに確立されている場合は，病原性菌類の感染は非常に減少する．

たとえば，トマトに *Fusarium* 属の病原菌類を感染させた場合，アーバスキュラー菌根性のトマトの壊死根はたった9％であったが，非菌根性のトマトでは32％であったことが明らかにされている（Werner, 1992）．アーバスキュラー菌根の形成は同様に，病原体や，根病原性線虫のような害虫さえも，それらによる病原性の発現を抑制することが示されている．これらの事例のメカニズムについては，何もわかっていない．おそらく，細胞壁の化学的性質の変化，あるいはファイトアレキシン（phytoalexins）の産生といった，菌根菌類の感染に対する植物の反応が，病原体や害虫に対する抵抗性を全般的に改善している可能性がある（Newsham *et al.*, 1995）．

単に植物のみが，すべての菌根性の菌糸から利益を受けているわけではない．前節では，多くの小動物，特に小型節足動物が食物を菌糸体に依存していることについて論じた（11.2節参照）．また菌根菌類は，宿主植物が光合成で固定した炭素の約20％を消費している，ことについてもすでに述べた．これらの2つの事象をまとめて考えてみよう．そうすると菌根菌類の菌糸は，植物由来の炭水化物を土壌動物に再配分（redistribution）するための重要なルートであることが理解できるだろう．大気中の二酸化炭素は，植物体中で光合成により炭水化物に，アポプラスト空間でスクロースからヘキソース糖に，菌根でヘキソースからトレハロースに，さらにトレハロースは菌類組織に合成される．菌類組織は最終的に，土壌生物相を構成する小動物に食べられ，消化され，そして小動物の体に変換される．

自然の群集の構造と変化に及ぼす菌根の影響

菌根は，すでに概略を述べた方法で個々の植物に利益を及ぼすことにより，必然的に植物群落の生態に影響を及ぼす．一般に，外生菌根菌類とアーバスキュラー菌根菌類は双方とも，宿主特異性が非常に低い．そのために，1個体の菌類が1地域の数個体の植物に感染し，そしてまた数種類の異なった菌類が，1個体の植物に感染することが可能である．このような事実のために，菌根は，1つの生息地内の多くの異なった植物種の，多くの異なった植物個体を結びつけるネットワークを造りあげることができる．これが「森林規模の連絡網（wood-wide-web）」である．すなわちこのネットワークでは，炭水化物，アミノ酸および無機栄養素，さらに化学シグナルなどが，共有する菌類を通して植物の間を流れることができる．

親植物はこのネットワークによって，実生が定着できるようになるまで支えることができる．植物や実生はまた，菌糸体ネットワークを通して栄養素を受け取ることにより，被陰されている，水ストレスを受ける，土壌がやせているなどのあまり好適ではない条件下で，健全に生育することができる．不利な環境下の植物の栄養は，より理想的な条件下に成育する近くの植物から供給された栄養分によって補われる．菌根が植物の成長を促進する結果，植物の再生産能が向上し，子孫の生き残り率が改善される．このような結果，菌根は，個体群サイズを増大させ，群落内の個体群密度や種分布に影響を及ぼす（Koide & Dickie, 2002）．

われわれに最もなじみの深い菌類の子実体（きのこ）の多くは，菌根菌類に属している．子実体の発生には季節性があり，植生の変化とともに遷移することが良く知られている．さまざまな生息地に特徴的な菌類群集の種組成の変化に関しては，かなり多くの研究文献がある（Frankland, 1998）．温帯林とりわけカバノキ属，マツ属およびトウヒ属の森林の発達に伴う，外生菌根性のハラタケ類の遷移について記載されている．

訳注7：植物が誘導的に産生する抗微生物作用物質のこと．

菌根の発達のパターンと遷移は，樹木の一生の間に変化する．ある種の菌類は，**初期菌類**（early-stage fungi）とよばれる，適応性の広い一次定着者である．一方他の菌類は，樹木の生育が進行し成熟した時に優占し，**後期菌類**（late-stage fungi）とよばれる．しかしながら，ある種の菌類は，植物の齢に関係なく感染し，成熟した森林で発芽した実生には，優占している後期菌類が通常定着する．初期菌類は，それらの植物パートナーが先駆的定着者であり，他の土壌菌類がほとんど存在しない場では，単なる初期定着者以上の役割がある．これらの初期菌類は，攪乱依存者あるいは r 選択種（r-selected species；素早く成長し，繁殖する個体群のこと）としてはたらく．後期菌類は，まだ他の菌類が存在しない土壌では生き残ることができず，K 選択生物 [K 選択種（K-selected species）は，繁殖率が小さく，個体群を安定に維持し，非常に競争を好む傾向がある] である．

それゆえ，森林の菌類に関する限り，林冠が閉鎖されるまでは（北方の温帯林では約 27 年間かかる），種多様性は増加する傾向があるが，樹木リターが蓄積し窒素のほとんどが有機態になると減少する．オオキツネタケ（*Laccaria proxima*）は，宿主木に対して高度に選択的ではなく，菌糸束あるいは菌糸コードを欠く比較的小型の子実体を生じる，繁殖の盛んなハラタケ類の一例であり，若い第一世代の樹木下に出現する．ベニテングタケは，後期菌類の典型であり，より宿主選択的で，その子実体は大型でより持続性があり，しばしば菌糸束とコードによって栄養を供給されている（宿主木により供給される栄養素に大きく依存していることを意味する）．

地上の子実体の存在に基づく研究結果は，樹木の根に結合した菌糸体についての情報が一緒にない限り誤った結果を導くことがあるので，警告を発する必要がある．いくつかの一般的な菌根形成種は，たとえ子実体を形成するにしても，まれにしか形成しない．この事実が，菌類の多様性を明らかにするために，現在，PCR（ポリメラーゼ連鎖反応）と核酸ハイブリダイゼーション技術（Mitchell & Zuccaro, 2006; Anderson & Parkin, 2007）を用いて環境試料の塩基配列を分析することに非常に多くの関心が払われている，1 つの理由である．マツの外生菌根について，菌糸体を対象として，これらの分子的技術により明らかにされた結果は，子実体を対象とした研究による結果と少し異なっている．菌糸体を対象とした研究により，種多様性は，安定化するまでに 41 年間増加し続けるということが明らかにされている（Frankland, 1998）．

菌類の初期型と後期型の区別は，商業的には重要である．というのは，たとえば森林管理者が，森林樹木の種苗場においてや，森林破壊後に樹木を再生させるために菌根形成を利用する際に，接種源の菌類を選択する助けとなるからである．初期菌類は，新たな森林の発達を促進する接種源として使用できる．一方，後期菌類はこのような使用には適していない．

気候変動の影響

英国で，過去 60 年間にわたる野外における子実体の採集結果の記録から，子実体発生の季節変動パターンの変化が見い出された（Gange et al., 2007）．これらの記録の分析結果から，ふつうに見られる菌類が気候変動にいかに反応しているか，ということが明らかになった．気候変動は，英国におけるこの間の菌類の子実体発生パターンを劇的に変化させた．菌類の子実体発生の変化は，1975 年以来の英国の温度記録の変化を反映している．温帯気候においては，大型の子実体を形成する菌類の大多数は，春と夏に活発に菌糸体を成長させ，秋に子実体を発生させると考えられている．一般に，1 年のうちで子実体が**最初**に発生した日付は，現在 60 年前に比べて有意に早くなり，**最後**に発生した日付は有意に遅くなっている．その結果，子実体発生期間は長くなっている．発生期間の増加は，劇的である．1950 年代には，315 種の平均子実体発生期間は 33.2 日間であったが，21 世紀の最初の 10 年間では 74.8 日間と 2 倍以上であった（Gange et al., 2007）．

落葉樹と針葉樹の双方と菌根を形成する菌類種の子実体発生は，落葉樹では遅れるが針葉樹では遅れず，2 つの生態系の間では気候に対する反応に生理学的な差異がかなりあることが見い出されている．以前には秋にのみ子実体を発生させていたかなりの数の菌類種が，現在では春にも子実体を発生させている．この現象は，春と夏の温度や降雨の変化に対応して，生態系における菌糸体の活性や，物質の分解速度が増加したことを示している．このような分析から，菌類についての比較的簡単な野外観察によって気候変動を検出することができ，菌類は非常に高感度で気候変動に反応し得る，ということがわかる．菌類はすでに気候変動に反応しており，生育パターンを変動に適応させている．

子実体の発生傾向は，7 月と 8 月の温度と降雨に対する反応を表しているように思われる．7，8 月の温度が高く降雨が少ない年は，子実体発生が遅れる．菌根性の種の発生傾向は，同じ生息地の非菌根性の腐生性菌類種とは異なっている．菌根性の種は，環境因子よりも宿主植物からの刺激に反応するということが示唆される（Gange et al., 2007）．

英国において気候変動が菌類に及ぼした影響をまとめると，多くの菌類種の菌糸体が現在では，夏後半と秋（おそらく11月までは）だけではなく，冬後半と春前半にも活発になっているように思われる．このような現象は，生態系の機能に対してより大きな意味をもつ．というのは，これらの変動は，以前よりも1年間のうちのずっと長い期間菌糸体が活性状態にあり，したがって分解速度が上昇し，菌類間の競争関係も変化することを示唆しているからである．菌糸体活性が変化し，急速に上昇しつつあるという事実は，分解過程や共生関係もまた変化するであろうし，そのことが草原や森林のダイナミクスと食物網のきわめて大きな変更につながるであろう（Gange et al., 2007; Moore et al., 2008）ことを意味している．

地球環境変化，とりわけ大気中の二酸化炭素濃度の上昇とその結果としての温度上昇は，ほとんどの生態系に影響を与えるであろう．これらの変化が菌根系に及ぼす影響について，より多くのことを知る必要がある．なぜならば，すでに概略を述べたように，菌根菌類が植物群落の構造に大きな影響を及ぼしているからである．また菌根菌類が，宿主の光合成生産量のかなりの割合を消費していることについてはすでに説明した（Söderström, 2002; Staddon et al., 2002）．

菌根の商業的応用

菌根はほとんど常に植物の成長と健全性にとって有益であることを考えると，農業や園芸における菌根の潜在的な価値は計りしれないであろう．研究により，何種類かの作物が，アーバスキュラー菌根菌類の接種にポジティブに反応することが明らかにされている．トウモロコシ，コムギおよびオオムギは，アーバスキュラー菌根菌類を接種すると，成長速度がそれぞれ2，3および4倍速くなった．タマネギは，アーバスキュラー菌根菌類を接種すると，非菌根性の対照に比べて成長は6倍になった．しかしながら，このような菌根の潜在的能力にもかかわらず，作物への計画的接種はほとんど行われていず，菌根はほんのわずかの生産業で計画的に導入されただけであった．

林業は，植物の成長における菌根の役割を認識し活用した産業の1つである．商業的な木材のほとんどは，外生菌根を形成する樹木から生産されたものであり，毎年30億m^3以上，およそ6,400億米ドルの価値の樹木が伐採されている．新たな植林地は，外生菌根菌類の接種により相当な利益を受ける．もし，その土地に以前外生菌根性の樹木が生育していなかった場合には，特に利益がある．同様に，その土地に本来存在していなかった樹木種（いわゆる外来種）を植林する場合は，それらとともに適当な菌根菌類を導入しないと，ほとんど常にうまく成長できない．しかしながら，ひとたび外来種が定着すると，その種の他の個体は，菌根菌類がすでに土壌中に定着しているので容易に栽培できる．

いくつかの小規模な生産業が，定常的に菌根感染を利用している．ランの種子の発芽には菌根の接種が必要であり，接種しない場合には，実生に人工培養で必要な栄養素を与えなければならない．もっとも，非菌根性の実生は，成熟した時に菌類病に対してより感受性が高くなる傾向があり，健全な成熟植物を生産する鍵は実生に菌根を接種することである，と産業界では一般に考えられている．

上に述べたように，菌根性の植物は，非菌根性のものよりも土壌中の高レベルの重金属に耐性がある．それゆえ菌根は，かつて産業用地であった場所の改善プログラムに役に立つ．鉱業や他の重工業の操業により生じた広い面積の不毛の土地は，しばしば，アルミニウム，鉄，ニッケル，鉛，亜鉛あるいはカドミウムのような金属によって汚染されている．金属性の汚染物質はまた，土壌 pH と，窒素，リンおよびカリウムのような必須栄養素の可動性に影響を及ぼす可能性がある．

環境修復では，斜面の形や勾配の変更および大規模な有毒廃棄物の除去など，土壌の大規模な移動を伴う作業が実施されることがある．その結果，表土はほとんど人工的になり，しばしば，pH が中和され，化学肥料が施用される．これらの努力にもかかわらず，90％までの植物は定着できないと考えられる．もし再定着が妨げられると，裸地は不安定な状態のままで侵食にさらされる．再定着がうまくゆかない一般的な理由は，重金属中毒を防ぎ，そして，種子の発芽を助けることのできる菌根が存在しないことである．重金属を蓄積し不動化することにより，菌根菌類は土壌の自然浄化装置としてはたらく．すでに見たように，菌根菌類は，植物が利用できない不動化された栄養素を取り込み，しばしば鉱山土壌や荒廃した産業用地で問題となる窒素やリンの欠乏を補うことにより，新しい土壌における栄養素の循環を開始する．ひとたび菌糸体ネットワークが確立されると，土壌の構造と安定性は向上し，その土地はうまく復旧に向かって進むことができる．

13.18 地衣類概説

地衣類は，菌類（共生菌体，mycobiont）と光合成パートナー［フォトビオント（photobiont），ほとんどが藻類なので**共生藻体（phycobiont）**ともよばれる］との間の相利的（共生

的）共生である．通常は，菌類と緑藻，時にフォトビオントとしてシアノバクテリア，との間の共生である．共生の基盤は，フォトビオントが太陽光を使用して光合成により炭水化物をつくることであり，この炭水化物を地衣類を構成する両パートナーが分け合う．

ある種の地衣類は，フォトビオントとして緑藻とシアノバクテリアの双方をもっている．この場合には，シアノバクテリアは，三者共生における共同の代謝のために，大気中の窒素ガスを固定することに専念している可能性がある（Sanders, 2001：およびURL:http://www.lichen.com/を参照せよ）．地衣類の共生は，両パートナーの生態学的範囲を拡張する密接な共生である．地衣類の組織は，**葉状体**（thallus）とよばれる．ほとんどの場合葉状体は，個別に成長している時の菌糸体あるいは藻類のいずれとも非常に異なっている．菌糸は，藻類細胞を取り囲み，しばしば地衣類に独特の多細胞菌類組織の中に藻類細胞を取り込む．

生物界には，これらの独特の統一体が約2万種存在する．それらは，大きさ，形および色がさまざまである．ある種は，壁や屋根の表面に散在しているのをしばしば見ることのできる黄褐色の円盤のように，扁平で，成長している基層の表面にしっかりと付着している．しかし，他の種は，鱗片状，葉状あるいは灌木状，または支持体から撚り糸状に垂れ下がっている．次に示すような数種類の地衣類葉状体の形態が認識されており，ある形態は，外観や生育様式が単純な植物に非常に似ている（Büdel & Scheidegger, 1996; Sanders, 2001）．

- かさぶた状（扁平なかさぶた，壁や他の石造建築物の表面にふつうに見られる）
- 葉状
- 樹枝状（分枝した，灌木状）
- 糸状（毛状）
- かさぶた状（粉状）
- 小鱗片状（小さな鱗片からなる）
- ゼラチン状（内部に水を吸収し保持する多糖類を産生するシアノバクテリアが存在する地衣類）

顕微鏡切片を観察すると，典型的な葉状地衣類の葉状体（図13.15）には，菌類の繊維状細胞が撚り合わされた4つの層が見られる．最上層は，密に織り込まれた菌糸により形成されており，外側の皮層とよばれる厚さ数百μmはあるであろう保護組織層をなしている（Büdel & Scheidegger, 1996）．ウメ

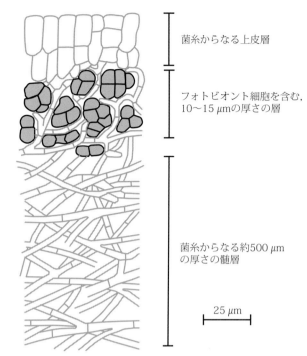

図13.15 地衣類の切片のスケッチで，層状の（異層の）葉状体の一般的な構造を示す．地衣類の大多数は，内部的に層状化した葉状体を発達させる．最も一般的な層は，上皮層，フォトビオント層，髄層および，時に下皮層である．しかし，下表面は一般には皮層がなく，「綿毛状」と表現される菌糸体からなるか，しばしば集合して菌糸束を形成する菌糸からなる．その結果，この場合，葉状体の下表面は，網状の脈からなるように見える．菌類組織は，細長い菌糸から構成されていて，非常にゆるい菌糸体状（繊維菌糸組織状）であるか，あるいは，菌糸が密に詰め込まれていて個々の菌糸が見分けられず，組織が直径の等しい細胞から構成されているように見える．この組織は，維管束植物の真の柔組織と似ているので偽柔組織とよばれる．ここに示したスケッチは，葉状地衣のツメゴケ（Peltigera）属のような地衣類を念頭に置いて描いたものである．ツメゴケ属の地衣類は，裂片のある幅広の葉状体をもち，世界のさまざまな地域の土壌，岩石，樹木やこれらと似たような基物の表面に成育する．ツメゴケ属のすべての種は，窒素固定シアノバクテリアのネンジュモ（Nostoc）属と共生している．本属は，おそらく世界中に最も広く分布している「藍藻（blue-green alga）」である．ツメゴケ属のある種の地衣類は，真核藻類フォトビオントも同時にもっている．ツメゴケ属の地衣類は，大気中の窒素を固定し，さらに光合成をも行うという2つの能力をもっているので，重要な一次定着者であり，土壌形成を実際に開始させる生物でもある．より詳細については，Nash（1996）およびSanders（2001）を参照せよ［Hudson（1986）の図を再掲，改変した］．

ノキゴケ科（Parmeliaceae）のある種では，皮層は，1μmまでの厚さの一種のクチクラ層とも思える外皮層を分泌する．藻類細胞は，皮層下の密な菌糸組織ゾーンに埋め込まれて存在する．フォトビオントである個々の細胞あるいは細胞グループは，通常個々が菌糸に包まれている．藻類層の下には，藻類の

存在しない，ゆるく織り込まれた菌糸からなる，髄層とよばれる第三の層が存在する．葉状体の下面，髄層の下側は，最上層に似ている．それは下皮層とよばれ，密に詰まった菌糸からなっている．下皮層から伸びる分枝菌糸は，**偽根**（rhizines）として知られる根様構造であり，葉状体が基層に付着する際の助けとなる．

進化的にいえば，最も古代の共生は，菌類とラン藻類（blue-green algae）との間のものである．ラン藻類は，より正しくはシアノバクテリア（cyanobacteria）とよばれている．なぜならば，それらは藻類というよりも，むしろバクテリア（細菌）だからである．しかし，ラン藻類は確かに，クロロフィルをもち，光合成を行うことができる．シアノバクテリアは，地球大気に酸素を放出した最初の生物である．それゆえシアノバクテリアは，おそらく30億年前，われわれが今日依存している大気の形成に至る革命をスタートさせたのである．現在までに報告されている最も古い地衣類様の化石は，中国南部で発見されたものである．これらの化石は，球状のシアノバクテリアあるいは藻類と密接に共生した，糸状の菌糸を含んでいる．それらは，現在から6.35～5.51億年前のものであり，維管束植物が進化するよりも前に，菌類が光合成生物との共生的提携を発達させたことを示している（Yuan et al., 2005）．

化石地衣類はまた，4億年前のライニーチャートからも記載されている（Taylor et al., 1995）．より進化した（真核性の）藻類が出現したことに伴い，菌類（ほとんどは，現在の子嚢菌門に類縁のもの）は，現在の地衣類にあたる提携を発達させた．読者受けしそうな進化についての1つの興味深い推測は，維管束植物が，菌類と藻類のゲノムの遺伝子的組合わせから生じたというものである．遺伝子的組合わせは，「高等植物の体」を造るための遺伝的構成を規定した．植物体は，未分化の藻類型細胞と，その中に散在する高度に特殊化した菌類型細胞のモザイクとして具象化された（Atsatt, 1988）．藻類型細胞は現生の植物の光合成細胞になり，菌類型細胞は構造組織や輸送組織を構成した．

何種類かの地衣類は，生殖のために，菌糸で囲まれた藻類細胞の小さな集まりからなる**粉芽**（soredia；図13.16）とよばれる断片を生産する．断片は集合して，地衣類の上部表面に**粉芽塊**（soralia）とよばれる粉状のかたまりを形成する．地衣類は，**裂芽**（isidia）とよばれる別の構造も形成する．裂芽は，葉状体から上方に伸びたこわれやすい突起であり，崩壊し機械的に分散される．多くの地衣類は，乾燥した時に壊れて断片になる．断片自身は，風の作用で分散され，湿気が戻った時には成長を再開する．樹枝状地衣類は，とりわけ容易に崩壊する．これらの例のいずれにおいても，破片は菌類と藻類の**双方**を含んでおり，微風により葉状体から容易に離脱し，胞子のように広範囲に吹き飛ばされる．破片は，もし適当な場所に着地できれば，新しいコロニーの形成を開始する．

地衣類は，共生の典型的な例であり，事実共生という用語が生み出されるきっかけとなった．地衣類は，熱帯多雨林よりも広い地球の地表面で優占している．5つの菌類グループのうちの1つを含み，他の生物には近づき難いような場ででも生存可能である．これらの生態的特徴はすべて，微細構造的，生理的に特異的な**提携**（partnership）のゆえに可能なのである．パートナーの菌類は，藻類を保護し，水を取り込み，さらに菌体外に分泌した酵素により土壌および岩石そのものからさえも栄養素を抽出することにより，物理的，生理的に藻類を支える．これらの共生生物は，直接的あるいは間接的に化学的風化を引き起こし，マグネシウム，マンガン，鉄，アルミニウムおよびケイ素などの無機物を可動化する（Banfield et al., 1999）．共生関係にある藻類あるいはシアノバクテリアの細胞は，光合成を行い，水を光分解し，大気中の二酸化炭素を還元して，両パートナーが使うための炭水化物を産生する．

しかしながら，つい最近の研究は，この関係が事実，いかに相互に有益なのかということについて疑問を投げかけている．地衣類の本体は，ほとんどが菌類である．藻類パートナーは，全バイオマスのほんの5〜10%を占めるにすぎない．事実，

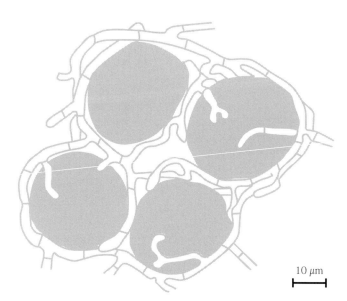

図13.16 粉芽．地衣類の生殖構造で，菌糸で包まれたフォトビオント細胞（灰色で示した）からなる［Hudson（1986）の図を再掲し，改変した］．

顕微鏡で観察すると，菌類細胞は，病原性菌類と同じような方法で藻類細胞に侵入している．菌類は侵入しているが，ほとんどいつの場合も栄養素は藻類細胞から自然に漏れ出てくるので，菌類が吸器を藻類細胞に侵入させる必要はまったくない．確かに自然界では，光合成パートナーは菌類パートナーに依存せずに存在し得るが，逆はない．

もし，菌類を研究室でフォトビオントが存在しない条件で培養すると，地衣菌類は未分化の菌糸塊として成長する．該当するフォトビオントと一緒に培養された時にのみ，地衣類葉状体に特徴的な菌糸形態が生じる．フォトビオントの細胞は，栄養交換の過程で日常的に破壊される．それゆえ，共生の安定性は，フォトビオント細胞が破壊されるよりも速く再生産されることに依存している．これらの観察結果から，地衣中の菌類は，実際は**藻類に寄生しており**（parasitising the alga），藻類の光合成産物を栄養として利用していると考えられている（Ahmadjian, 1993）．しかしながら，別の観察結果，とりわけ2つのパートナーが多くの代謝産物を共有しているという事実は，「相利共生」が，この関係を最もよく表しているという見解を支持している．そして，この共生関係は，**菌類がフォトビオントを「栽培」する**（fungus is 'farming' its photobiont）という農業経営にたとえられてきた（Sanders, 2001）．

地衣類は，他の生物が生息できないような場所に生育できるという，注目すべき能力をもっている．地衣類はしばしば，土壌が存在しないような場に最初に定着する生物であり，ある種の極限環境における唯一の植生となっている．典型的な特徴は，厳しい乾燥に耐えることができることである．乾燥条件下で，地衣細胞は脱水されて，ほとんどの生物化学的活性が停止し，地衣類は**クリプトビオシス**（cryptobiosis）として知られる代謝停止状態になる．この状態で地衣類は，最も過酷な環境の極端な温度，放射線照射および乾燥状態を生き延びることができる（Honegger, 1998）．

地衣類は，砂漠の暑さから北極や南極の寒さまでの極限温度に耐える．ある種の地衣類は，もやや霧から水分を抽出し，高山の岩石上に成育する．地衣類はまた，植物，特に幹，枝および小枝の表面に成育する，きわめてありふれた**着生生物**（epiphytes）である．これらの環境下では，着生地衣類は寄生生物ではない．地衣類は，植物にたいして何らの生理的影響も及ぼさない．単にそれらの表面を生息地として使用しているだけである．無理からぬことではあるが，地衣類の成長はどちらかというと遅い．おそらく北極では，1,000年で2インチ（約5 cm）しか成長しない．いくぶんおだやかな極限環境では，成長速度は少し速いかもしれない．

既知の全菌類種の20％にあたる，約13,500種の菌類が地衣類の形成に関わっている．これらの菌類は，おもに**子嚢菌門**（Ascomycota）に属しており，ほんの15種ほどが担子菌門である．後者は**担子地衣類**（basidiolichens）とよばれ，はるかに一般的な**子嚢地衣類**（ascolichens）とは区別されている．地衣類は，温度，乾燥および貧栄養のストレスにさらされている環境に特徴的に見いだされるが，菌類の生殖構造はこのような環境においてもしばしば豊富に形成される．このような特徴は，明らかに菌類の多様性と高い生態的適応性に寄与している（Seymour et al., 2005）．厳しい環境下における活発な生殖構造の形成は，類縁の非地衣化菌類種と同じように子実体を形成する担子地衣類の生殖の一般的な形態かもしれない．子嚢地衣においては，胞子は子嚢盤，子嚢殻および分生子殻中に形成される．これらの菌類胞子は，分散された後に，機能的な地衣類を形成するためには，まず和合性のある藻類パートナーを見つけなければならない．

地衣類の分類学的命名は，菌類パートナーに基づいている．地衣類は，極限環境に抵抗性があるので，岩石表面，樹皮，屋根瓦，等々の陸上生息地の先駆的定着者である．それゆえ地衣類は，都市および田園双方の環境にきわめてふつうに見られ（Purvis et al., 1992），それらの環境では，地衣類の種多様性が大気汚染の指標として用いられている（Nash, 1996）．地衣類は，大気と降雨に依存しているので，大気汚染にきわめて感受性が高い．酸性雨や二酸化硫黄は多くの地衣類を殺し，それゆえ産業化が進んだ国の都市では，劣悪な大気質のゆえに地衣類はほとんど存在しない．それゆえ，もしあなたが，あなたの地域の石造建築物に地衣類が生育しているのを発見したら，それはおそらく，あなたの肺にとっては良いことだろう！

地衣類は，人類の食物供給に顕著な貢献をしていないが，その栄養的価値は穀物種子に類似している．地衣類が生育しているような厳しい環境の地域では，原住民は地衣類を補助食品として利用している．中東の砂漠に成育するある地衣類種は，次に引用した旧約聖書の『出エジプト記』にある，ユダヤ民族を飢えから救うために天から落ちてきたマナ[訳注8]であったかもしれない．

訳注8：ユダヤ民族の脱エジプトの際に，荒野で神によって恵まれた食物のこと．

…そして朝になり，露が一行の周囲に一面に降りた．そして降りていた露がはらわれた時，荒野の野面を見ると，白い霜ほどに小さい丸いものが地上に散り敷かれていた．そして，ユダヤの子供たちがそれを見た時に，口々にこれはマナだ（何だ？）といった．なぜなら彼らはそれが何であるかを知らなかったから．そしてモーゼは彼らにいった，これは皆が食べるために，主が皆に与えたパンであると…
（出エジプト 16：13-15）

　地衣類は，動物の食物として一層重要である．地衣類が，トナカイの常食の95％ほどを占める北極地方ではとりわけ重要である．北極地方ほど過酷ではない条件下では，荒野に生息する哺乳動物のほとんどは，冬期の通常の食物を地衣類で補っている．多くの鱗翅目の幼虫は，もっぱら地衣類を摂食している．より高温の気候下では，たとえばリビアのヒツジは，砂漠の岩石の上に成育している地衣類を，咀嚼するごとに歯を磨滅させながら採食している．地衣類は，極限環境に適応した生息様式をとっているので，何種類かの珍しい化学物質を産生しており，それらのあるものは地衣類の同定に非常に有用である．これらの化合物は人類に有用かもしれない．それらは抗生物質，香料の原料の精油および織物用の染料などを含む．そしておそらく，他の多くの化合物が発見され，開発されることを待っているだろう（Oksanen, 2006）．

13.19　内生菌類概説

　多くの植物体の組織の中には，少なくとも無害であり，有益であるかもしれない菌類が生息している．内生菌類（endophytes）については，いくつかの定義がある．通常重要視されているのは，植物体内に生息するが，何らの病気の症状を顕在化させないという事実である．症状が見られないのに，植物体内に内生菌類が存在するということは，通常培養法によって間接的に認識することができる．組織小片（たとえば葉）を表面殺菌し，寒天平板上に置くと，葉内部に生息する菌類が寒天上に成長してくる．

　葉内部に存在する内生菌類はまた，光学顕微鏡を用いた組織学的方法によって直接観察することができる．とりわけ良好な結果が得られる手法は，菌類細胞壁の特定成分の1つを蛍光色素で標識することである．この方法により，組織切片中の目的の成分を，蛍光検出光学系を備えた顕微鏡で観察することができる（図 13.17）．

　この方法で切片を観察したところ，各宿主に通常数種類の菌類が同時に定着していることが明らかになった．観察結果はまた，「不顕性（symptomless）」については，分析のレベルによって異なった解釈ができることを示している．肉眼では葉に兆候が見られず，見かけ上は健全である場合でも，顕微鏡を用いて詳細に観察すると，実は葉に感染を受け，植物はそれに応答していることが明らかになる可能性がある（Johnston et al., 2006）．

　内生菌類はほとんどが子嚢菌門（Ascomycota）に属しており，驚くほど多様な菌類である．内生菌類は，タイ類，ツノゴケ類，セン類，ヒカゲノカズラ類，トクサ類，シダ植物および種子植物などの，陸上植物のすべての主要な系統の，地上部組織に見い出される．内生菌類は，北極から熱帯までの，農耕地や荒野などの幅広い環境条件下に生息する．内生菌類は，厳密に不顕性の共棲者である場合から，潜在的な病原体である場合まで連続的に変化する状態があり，宿主に対して広範な影響を及ぼす．潜在的な病原体は，環境の何らかの変化に対応して，宿主に対して病原性になる可能性がある（Arnold, 2007）．その連続的な状態の変化の中には，内生菌類が宿主と共生的である可能性がある．しかし，すべての内生菌類が共生的ではないのは，当然である．

　もっぱらイネ科［特にウシノケグサ（Festuca）属のトールフェスク］の体内に生息する内生菌類が，家畜に対する草本毒（toxicity of grasses to livestock）の原因であることが明らかにされた．この時から，内生菌類は重要な研究課題の対象になった．内生菌類によって産生される菌類アルカロイド（alkaloids）は，それを含む植物を食べる家畜に有毒である．しかしアルカロイドは，植食昆虫の攻撃から宿主植物を保護することにより，植物の活力を向上させている．それゆえこの場合，内生菌類は，宿主に利益を及ぼしているといえる．不幸なことに，内生菌類は飼育されている家畜にとっては有害であるので，内生菌類が感染しているトールフェスクは，家畜の飼料としては避けられなければならない．しかし，ゴルフコースなどのアメニティー施設では，内生菌類に感染したトールフェスクの使用が積極的に奨励されている．その理由は，内生菌類による人為的ではない自然な保護が，化学病虫害防除剤の使用の低減につながるからである．トールフェスクにおける内生菌類の共生は，植物間競争，多様性，生産性，遷移，植物 – 草食動物相互作用および食物網を通じたエネルギーの流れに影響を及ぼすことにより，自然生態系の多くの面で劇的な効果を発揮する可能性がある（Rudgers & Clay, 2007）．

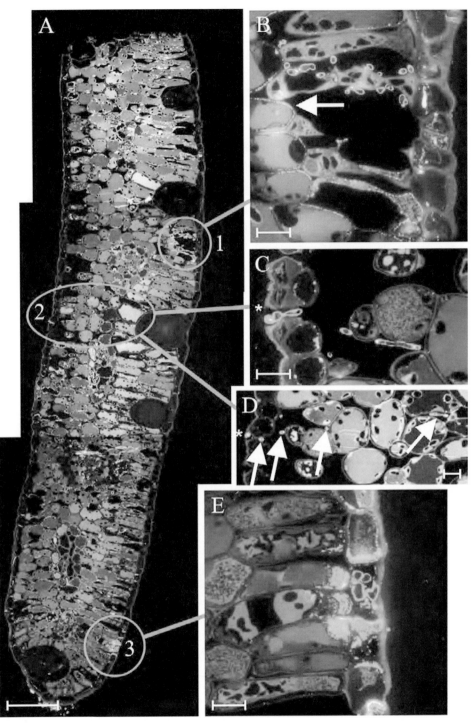

図 13.17 パネル A：フトモモ科（Myrtaceae）の Kunzea ericoides の葉の切片．厚さは，200 nm．K. ericoides は「ホワイトティーツリー」とよばれ，ニュージーランドに自然に存在する樹木である．菌類細胞壁の β 1,3-D-グルカンが，蛍光色素で標識されている．菌糸細胞壁はグリーンに着色し，植物細胞壁は自己蛍光を発して黄色または褐色を呈する．しかし，カロースを産生する植物細胞壁もまた緑色を示す．葉切片 A を構成するフォトモンタージュには，3 つの別々の菌類感染が見られる．フォトモンタージュの各々は，パネル B〜E に詳細に図解されている．パネル B：感染タイプ 1 を示す．菌糸は気孔を通じて侵入し，その存在は気孔腔に限定され，気孔腔周辺の植物細胞は菌類に反応してカロース（callose；矢印）を産生している．パネル C, D：感染タイプ 2 を示す．侵入はこの場合も気孔を通じて行われるが，気孔下腔を囲む植物細胞はカロースを産生せず，菌糸は葉組織深く伸長する（パネル D の矢印）．星印は，パネル C と D で同じ気孔を示す．パネル E：第 3 のタイプの感染を示す．菌類は表皮細胞壁に直接侵入するが，周囲の植物細胞は盛んにカロースを産生し，菌類を表皮細胞 1 層に封じ込める．スケール・バー：パネル A = 100 μm，パネル B〜E = 10 μm［ニュージーランドの Landcare Research の Peter R. Johnston 博士のご厚意で提供された画像ファイルを用いて，Johnston et al.（2006）のものを改変した．この写真は Elsevier の許諾を得て複製された］．カラー版は，口絵 50，51 頁を参照せよ．

宿主に対する機能面での内生菌類の関係は，必ずしも明らかではない．多くの内生菌類は，何か他の理由で，たとえば単に湿気のある隠れた生息地として植物の内部空間に定着しているのかもしれない．しかしながら，内生菌類−植物間相互作用は，全体として，環境，および宿主植物の齢と遺伝子型の多様性に依存している（Saikkonen, 2007）．森林樹木や他の木本植物と内生菌類との関係は，相利共生から病原性までの幅がある．この関係はしばしば相利共生であると考えられているが，その証拠は多くの場合状況証拠である．そのおもな理由は，単に，内生菌類が非常にふつうに見られるので，内生菌類が存在する意味を検証するために必要な，内生菌類が存在しない対照樹木が存在しないからということにある．Sieber（2007）は，状況を次のようにまとめている．

　…樹木の内生菌類は，健全な植物組織の内部「空間」の，ほとんどの場合無害な定着者である．ある種の内生菌類は，潜在的に病原性がある．しかし，病気は，他のほとんどは未知の誘発因子との組合せの下でのみ発現される．内生菌類−宿主共生の相利性の証明については，ほとんどの場合決定的な証拠はなかった．しかし，植物群落は，これらの共生がなかったら，おそらく多くの環境ストレス下で生き残ることはできなかったろう．われわれが確信をもって知っていることのすべては，**内生菌類はどんな健全な植物組織にも存在する**，ということである．

　内生菌類は，数百万年間それらの宿主とともに進化してきた．それは，単に宿主とだけではなく，宿主を含む群落や生態系とともに進化してきたのである．そして，その生態系は，宿主を採食する害虫や病原体を含んでいる．虫癭をつくる昆虫は，植物に寄生し，植物組織に異常なこぶ（腫瘍）を生じさせる害虫の仲間である．異常なこぶは，卵を産みつける昆虫あるいはその幼虫，または植物を採食する若虫が原因の刺激に反応して形成される．これらの昆虫は，ついには虫癭に取り囲まれ，発育の間，虫癭組織のみを採食する．これらのこぶは，非常に苦味のあるタンニンを多量に含むのでゴール（gall）とよばれる．

　虫癭をつくる昆虫には，アブラムシ，ネアブラムシ，キジラミ，ユスリカ（タマバエ）およびタマバチなどがある．タマバチ［gall wasps；ハチ目（Hymenoptera），タマバチ科（Cynipidae）］は，植物に虫癭を生じさせる最も重要な昆虫である．タマバチの約80％は，オークに特異的に虫癭をつくる（事実，すべての既知の虫癭の60％はオークに生じる）．

　内生菌類は，長い間オークやタマバチとともに進化を続けてきた．そして，とりわけ興味深い相互作用は，オレゴンホワイトオーク（Oregon white oak）のタマバチについて出現した．なぜならば，内生菌類は，葉から虫癭の中に向かって成長し，すべての虫癭組織に感染するからである．その結果，虫癭の中の昆虫は死ぬが，直接菌類によって殺されるわけではない．そうではなく，昆虫が死ぬのは，その食資源である虫癭組織が菌類の感染によって殺されるからである．樹木にできた虫癭の約12.5％が，内生菌類の侵入の結果死滅する．それゆえ，内生菌類は，害虫の制御に非常に大きな貢献をしているといえる．害虫が駆逐されると，内生菌類は葉組織に不顕性感染をした住人に戻る（Wilson, 1995）．

　ほとんどの内生菌類の立場は，いまだに明らかではない．異なった多様な因子が，無害な腐生生物から共生者へ，あるいは病原体へと，内生菌類が変化する引き金を引いている可能性がある．内生菌類はしばしば，宿主のほとんどを枯死させるなど，攻撃的な病原体になる可能性もある．しかし，このようなことは通常，宿主が物理的な損傷あるいは一般的なストレスを受けた後に起こる．しかしながら，劇的な気候変動が始まり，植物群落に対するストレスが増加したときに，内生菌類は新しい植物の病気の原因になるかもしれない（Slippers & Wingfield, 2007）し，価値のある新しい二次代謝産物の供給源にさえなる可能性がある（Suryanarayanan *et al.*, 2009）．

13.20 着生菌類

　植物体の表面は，他のどのような物体の表面とも同じように，菌類にとっての潜在的な生息地となる．われわれはすでに，樹木の幹，枝および小枝などの表面における，地衣類の成長について述べた．葉や果実の表面，さらに花の蜜腺の中（分泌液だが，植物にとっては外部になる）における酵母の成長，さらに潜在的な宿主の表面を「はい登る」ナラタケ（*Armillaria*）属のような病原菌類の根状菌糸束の成長についても述べた．植物体の表面に生息する菌類を**着生菌類**（epiphytes）と

訳注9：癭瘤の意であるが，本来の意味は「苦いもの」，「苦味」である．
訳注10：*Quercus garryana* のこと．

よぶ．ある種の菌類は，乾燥し，ロウ質で覆われ，さらには直接太陽照射にさらされるなど，きわめて厳しい環境である植物体表面に特異的に適応している．それゆえ着生菌類は，しばしば，UV照射から身を守るために着色（特にメラニン化）されている．またある種は，脂質を完全に消化し，葉の表皮を覆うロウ質層を利用することができる．酵母は一般に短い生活環を有しており，それゆえ着生酵母は，たとえ好適な条件がほんの短い期間しか続かなくても，増殖することができる．

13.21　文献と，さらに勉強をしたい方のために

Ahmadjian, V. (1993). *The Lichen Symbiosis*. New York: Wiley. ISBN-10: 0471578851; ISBN-13: 9780471578857.

Anderson, I. C. & Parkin, P. I. (2007). Detection of active soil fungi by RT-PCR amplification of precursor rRNA molecules. *Journal of Microbiological Methods*, **68**: 248-253. DOI: http://dx.doi.org/10.1016/j.mimet.2006.08.005.

Anke, H. & Weber, R. W. S. (2006). White-rots, chlorine and the environment: a tale of many twists. *Mycologist*, **20**: 83-89. DOI: http://dx.doi.org/10.1016/j.mycol.2006.03.011.

Arnold, A. E. (2007). Understanding the diversity of foliar endophytic fungi: progress, challenges and frontiers. *Fungal Biology Reviews*, **21**: 51-66. DOI: http://dx.doi.org/10.1016/j.fbr.2007.05.003.

Atsatt, P. R. (1988). Are vascular plants 'inside-out' lichens? *Ecology*, **69**: 17-23. Stable URL: http://www.jstor.org/stable/1943156.

Avila, R., Johanson, K. J. & Bergstrom, R. (1999). Model of the seasonal variations of fungi ingestion and ^{137}Cs activity concentrations in roe deer. *Journal of Environmental Radioactivity*, **46**: 99-112. DOI: http://dx.doi.org/10.1016/S0265-931X(98)00108-8.

Banfield, J. F., Barker, W. W., Welch, S. A. & Taunton, A. (1999). Biological impact on mineral dissolution: application of the lichen model to understanding mineral weathering in the rhizosphere. *Proceedings of the National Academy of Sciences of the United States of America*, **96**: 3404-3411. Stable URL: http://www.jstor.org/stable/47651.

Bonnardeaux, Y., Brundrett, M., Batty, A., Dixon, K., Koch, J. & Sivasithamparam, K. (2007). Diversity of mycorrhizal fungi of terrestrial orchids: compatibility webs, brief encounters, lasting relationships and alien invasion. *Mycological Research*, **111**: 51-61. DOI: http://dx.doi.org/10.1016/j.mycres.2006.11.006.

Borovička, J., Řanda, Z., Jelínek, E., Kotrba, P. & Dunn, C. E. (2007). Hyperaccumulation of silver by *Amanita strobiliformis* and related species of the section *Lepidella*. *Mycological Research*, **111**: 1339-1344. DOI: http://dx.doi.org/10.1016/j.mycres.2007.08.015.

Brundrett, M. C. (2009). Mycorrhizal associations and other means of nutrition of vascular plants: understanding the global diversity of host plants by resolving conflicting information and developing reliable means of diagnosis. *Plant and Soil*, **320**: 37-77. DOI: http://dx.doi.org/10.1007/s11104-008-9877-9.

Brundrett, M. C., Murase, G. & Kendrick, B. (1990). Comparative anatomy of roots and mycorrhizae of common Ontario trees. *Canadian Journal of Botany*, **68**: 551-578. DOI: http://dx.doi.org/10.1139/b90-076.

Büdel, B. & Scheidegger, C. (1996). Thallus morphology and anatomy. In: *Lichen Biology* (ed. T. H. Nash), pp. 40-68. Chapter DOI: http://dx.doi.org/10.1017/CBO9780511790478.005. Cambridge, UK: Cambridge University Press. ISBN-10: 0521459745, ISBN-13: 9780521459747. Book DOI: http://dx.doi.org/10.1017/CBO9780511790478.

Buller, A. H. R. (1931). *Researches on Fungi*, vol. **4**. London: Longmans, Green and Co. ASIN: B0008BT4R6.

Camazine, S. (1983). Mushroom chemical defense: food aversion learning induced by hallucinogenic toxin, Muscimol. *Journal of Chemical Ecology*, **9**: 1473-1481. DOI: http://dx.doi.org/10.1007/BF00990749.

Chalot, M., Javelle, A., Blaudez, D., Lambilliote, R., Cooke, R., Sentenac, H., Wipf, D. & Botton, B. (2002). An update on nutrient transport processes in ectomycorrhizas. *Plant and Soil*, **244**: 165-175. DOI: http://dx.doi.org/10.1023/A:1020240709543.

Chiu, S. W., Ching, M. L., Fong, K. L. & Moore, D. (1998). Spent oyster mushroom substrate performs better than many mushroom mycelia in removing the biocide pentachlorophenol. *Mycological Research*, **102**: 1553-1562. DOI: http://dx.doi.org/10.1017/S0953756298007588.

Cole, L., Buckland, S. M. & Bardgett, R. D. (2008). Influence of disturbance and nitrogen addition on plant and soil animal diversity in grassland. *Soil Biology and Biochemistry*, **40**: 505-514. DOI: http://dx.doi.org/10.1016/j.soilbio.2007.09.018.

Collier, F. A. & Bidartondo, M. I. (2009). Waiting for fungi: the ectomycorrhizal invasion of lowland heathlands. *Journal of Ecology*, **97**: 950-963. DOI: http://dx.doi.org/10.1111/j.1365-2745.2009.01544.x.

Cooke, M. C. (1862). *A plain and easy account of the British fungi, with descriptions of the esculent and poisonous species, details of the principles of scientific classification, and a tabular arrangement of orders and genera*. London: Robert Hardwicke. View the book (free) at this URL: http://www.archive.org/details/aplainandeasyacc00cookiala/.

Dranginis, A. M., Rauceo, J. M., Coronado, J. E. & Lipke, P. N. (2007). A biochemical guide to yeast adhesins: glycoproteins for social and antisocial occasions. *Microbiology and Molecular Biology Reviews*, **71**: 282-294. DOI: http://dx.doi.org/10.1128/MMBR.00037-06.

Endo, A. (1992). The discovery and development of HMG-CoA reductase inhibitors. *Journal of Lipid Research*, **33**: 1569-1582. URL: http://www.jlr.org/content/33/11/1569.full.pdf+html.

Ferrol, N., Barea, J. M. & Azcón-Aguilar, C. (2002). Mechanisms of nutrient transport across interfaces in arbuscular mycorrhizas. *Plant and Soil*, **244**: 231-237. DOI: http://dx.doi.org/10.1023/A:1020266518377.

Frankland, J. C. (1998). Fungal succession: unravelling the unpredictable. *Mycological Research*, **102**: 1-15. DOI: http://dx.doi.org/10.1017/S0953756297005364.

Gange, A. (2000). Arbuscular mycorrhizal fungi, Collembola and plant growth. *Trends in Ecology and Evolution*, **15**: 369-372. DOI: http://dx.doi.org/10.1016/S0169-5347(00)01940-6.

Gange, A. C., Gange, E. G., Sparks, T. H. & Boddy, L. (2007). Rapid and recent changes in fungal fruiting patterns. *Science*, **316**: 71. DOI: http://dx.doi.org/10.1126/science.1137489.

Harley, J. L. (1991). The state of the art. In: *Methods in Microbiology*, vol. **23**, *Techniques for the Study of Mycorrhiza* (eds. J. R. Norris, D. J. Read & A. K. Varma), pp. 1-23. London: Academic Press. ISBN: 9780125215237. DOI: http://dx.doi.org/10.1016/S0580-9517(08)70171-5.

Hartnett, D. C. & Wilson, G. W. T. (2002). The role of mycorrhizas in plant community structure and dynamics: lessons from grasslands. *Plant and Soil*, **244**: 319-331. DOI: http://dx.doi.org/10.1023/A:1020287726382.

Honegger, R. (1998). The lichen symbiosis: what is so spectacular about it? *The Lichenologist*, **30**: 193-212. DOI: http://dx.doi.org/10.1017/S002428299200015X.

Huckfeldt, T. & Schmidt, O. (2006). Identification key for European strand-forming house-rot fungi. *Mycologist*, **20**: 42-56. DOI: http://dx.doi.org/10.1016/j.mycol.2006.03.012.

Hudson, H. J. (1986). *Fungal Biology*. London: Edward Arnold. ISBN-10: 071312895X, ISBN-13: 9780713128956.

Jackson, R. M. & Mason, P. A. (1984) *Mycorrhiza*. London: Edward Arnold. ISBN 0-7131-2876-3.

Jakobsen, I. & Rosendahl, L. (1990). Carbon flow into soil and external hyphae from roots of mycorrhizal cucumber plants. *New Phytologist*, **115**: 77-83. Stable URL: http://www.jstor.org/stable/2557054.

Johnston, P. R., Sutherland, P. W. & Joshee, S. (2006). Visualising endophytic fungi within leaves by detection of (1-3)-β-D-glucans in fungal cell walls. *Mycologist*, **20**: 159-162. DOI: http://dx.doi.org/10.1016/j.mycol.2006.10.003.

Keppler, F., Harper, D. B., Röckmann, T., Moore, R. M. & Hamilton, J. T. G. (2005). New insight into the atmospheric chloromethane budget gained using stable carbon isotope ratios. *Atmospheric Chemistry and Physics*, **5**: 2403-2411. URL: www.atmos-chem-phys.net/5/2403/2005/.

Koide, R. T. & Dickie, I. A. (2002). Effects of mycorrhizal fungi on plant populations. *Plant and Soil*, **244**: 307-317. DOI: http://dx.doi.org/10.1023/A:1020204004844.

Lepp, N. W., Harrison, S. C. S. & Morrell, B. G. (1987). A role for *Amanita muscaria* L. in the circulation of cadmium and vanadium in a non-polluted woodland. *Environmental Geochemistry and Health*, **9**: 61-64. DOI: http://dx.doi.org/10.1007/BF02057276.

Lindner Czederpiltz, D. L., Stanosz, G. R. & Burdsall, H. H. Jr. (1999). Forest management and the diversity of wood-inhabiting fungi. *McIlvainea*, **14**: 34-45. URL: http://www.namyco.org/publications/mcilvainea/mcil_past.html.

Malajczuk, N., Molina, R. & Trappe, J. (1982). Ectomycorrhiza formation in *Eucalyptus*. I. Pure culture synthesis, host specificity and mycorrhizal compatibility with *Pinus radiata*. *New Phytologist*, **91**:467-482. DOI: http://dx.doi.org/10.1111/j.1469-8137.1982.tb03325.x.

Michelot, D. & Melendez-Howell, L. M. (2003). *Amanita muscaria*: chemistry, biology, toxicology, and ethnomycology. *Mycological Research*, **107**: 131-146. DOI: http://dx.doi.org/10.1017/S0953756203007305.

Mitchell, D. T. & Gibson, B. R. (2006). Ericoid mycorrhizal association: ability to adapt to a broad range of habitats. *Mycologist*, **20**: 2-9. DOI: http://dx.doi.org/10.1016/j.mycol.2005.11.015.

Mitchell, J. I. & Zuccaro, A. (2006). Sequences, the environment and fungi. *Mycologist*, **20**: 62-74. DOI:http://dx.doi.org/10.1016/j.mycol.2005.11.004.

Moore, D., Gange, A. C., Gange, E. G. & Boddy, L. (2008). Fruit bodies: their production and development in relation to environment. In: *Ecology of Saprotrophic Basidiomycetes* (eds. L. Boddy, J. C. Frankland & P. van West), pp. 79-103. London: Academic Press. ISBN-10: 0123741858, ISBN-13: 9780123741851.

Nakamori, T. & Suzuki, A. (2007). Defensive role of cystidia against Collembola in the basidiomycetes *Russula bella* and *Strobilurus ohshimae*. *Mycological Research*, **111**: 1345-1351. DOI: http://dx.doi.org/10.1016/j.mycres.2007.08.013.

Nash, T. H. (1996). *Lichen Biology*. Cambridge, UK: Cambridge University Press. ISBN-10: 0521459745, ISBN-13: 9780521459747. DOI: http://dx.doi.org/10.1017/CBO9780511790478.

Newsham, K. K., Fitter, A. H. & Watkinson, A. R. (1995) Multi-functionality and biodiversity in arbuscular mycorrhizas. *Trends in Ecology and Evolution*, **10**: 407-411. DOI: http://dx.doi.org/10.1016/S0169-5347(00)89157-0.

Oksanen, I. (2006). Ecological and biotechnological aspects of lichens. *Applied Microbiology and Biotechnology*, **73**: 723-734. DOI: http://dx.doi.org/10.1007/s00253-006-0611-3.

Paterson, R. R. M. (2006). Fungi and fungal toxins as weapons. *Mycological Research*, **110**: 1003-1010. DOI: http://dx.doi.org/10.1016/j.mycres.2006.04.004.

Perotto, S., Girlanda, M. & Martino, E. (2002). Ericoid mycorrhizal fungi: some new perspectives on old acquaintances. *Plant and Soil*, **244**: 41-53. DOI: http://dx.doi.org/10.1023/A:1020289401610.

Plassard, C. & Fransson, P. (2009). Regulation of low-molecular-weight organic acid production in fungi. *Fungal Biology Reviews*, **23**: 30-39. DOI: http://dx.doi.org/10.1016/j.fbr.2009.08.002.

Prosser, J. I. (2002). Molecular and functional diversity in soil micro-organisms. *Plant and Soil*, **244**: 9-17. DOI: http://dx.doi.org/10.1023/A:1020208100281.

Purvis, O. W., Coppins, B. J., Hawksworth, D. L., James, P. W. & Moore, D. M. (1992). *The Lichen Flora of Great Britain and Ireland*. London: The Natural History Museum. ISBN-10: 0565011634, ISBN-13: 9780565011635.

Rasmussen, H. N. (2002). Recent developments in the study of orchid mycorrhiza. *Plant and Soil*, **244**: 149-163. DOI: http://dx.doi.org/10.1023/A:1020246715436.

Redecker, D. (2002). Molecular identification and phylogeny of arbuscular mycorrhizal fungi. *Plant and Soil*, **244**: 67-73. DOI: http://dx.doi.org/10.1023/A:1020283832275.

Rosling, A., Roose, T., Herrmann, A. M., Davidson, F. A., Finlay, R. D. & Gadd, G. M. (2009). Approaches to modelling mineral weathering by fungi. *Fungal Biology Reviews*, **23**: 138-144. DOI: http://dx.doi.org/10.1016/j.fbr.2009.09.003.

Rudgers, J. A. & Clay, K. (2007). Endophyte symbiosis with tall fescue: how strong are the impacts on communities and ecosystems? *Fungal Biology Reviews*, **21**: 107-123. DOI: http://dx.doi.org/10.1016/j.fbr.2007.05.002.

Sabev, H. A., Barratt, S. R., Greenhalgh, M., Handley, P. S. & Robson, G. D. (2006). Biodegradation and biodeterioration of man-made polymeric materials. In: *Fungi in Biogeochemical Cycles* (ed. G. M. Gadd), pp. 212-235. Chapter DOI: http://dx.doi.org/10.1017/CBO9780511550522.010. Cambridge, UK: Cambridge University Press. ISBN-10: 0521845793, ISBN-13: 9780521845793. Book DOI: http://dx.doi.org/10.1017/CBO9780511550522.

Saikkonen, K. (2007). Forest structure and fungal endophytes. *Fungal Biology Reviews*, **21**: 67-74. DOI: http://dx.doi.org/10.1016/j.fbr.2007.05.001.

Sanders, W. B. (2001). Lichens: interface between mycology and plant morphology. *BioScience*, **51**: 1025-1035. DOI: http://dx.doi.org/10.1641/0006-3568(2001)051[1025:LTIBMA]2.0.CO;2.

Sauter, H., Steglich, W. & Anke, T. (1999). Strobilurins: evolution of a new class of active substances. *Angewandte Chemie International Edition*, **38**: 1328-1349. DOI: http://dx.doi.org/10.1002/(SICI)1521-3773(19990517)38:10<1328::AID-ANIE1328>3.0.CO;2-1.

Schwarze, F. W. M. R. (2007). Wood decay under the microscope. *Fungal Biology Reviews*, **21**: 133-170. DOI: http://dx.doi.org/10.1016/j.fbr.2007.09.001.

Seephonkai, P., Isaka, M., Kittakoop, P., Boonudomlap, U. & Thebtaranonth, Y. (2004). A novel ascochlorin glycoside from the insect pathogenic fungus *Verticillium hemipterigenum* BCC 2370. *Journal of Antibiotics*, **57**: 10-16. URL: http://onlinelibrary.wiley.com/doi/10.1002/chin.200432196/full.

Selosse, M.-A. & Le Tacon, F. (1998). The land flora: a phototroph-fungus partnership? *Trends in Ecology and Evolution*, **13**: 15-20. DOI: http://dx.doi.org/10.1016/S0169-5347(97)01230-5.

Selosse, M.-A., Setaro, S., Glatard, F., Richard, F., Urcelay, C. & Weiss, M. (2007). Sebacinales are common mycorrhizal associates of Ericaceae. *New Phytologist*, **174**: 864-878. DOI: http://dx.doi.org/10.1111/j.1469-8137.2007.02064.x.

Seymour, F. A., Crittenden, P. D. & Dyer, P. S. (2005). Sex in the extremes: lichen-forming fungi. *Mycologist*, **19**: 51-58. DOI: http://dx.doi.org/10.1017/S0269915X05002016.

Shah, A. A., Hasan, F., Hameed, A. & Ahmed, S. (2008). Biological degradation of plastics: a comprehensive review. *Biotechnology Advances*, **26**: 246-265. DOI: http://dx.doi.org/10.1016/j.biotechadv.2007.12.005.

Sherratt, T. N., Wilkinson, D. M. & Bain, R. S. (2005). Explaining Dioscorides' "Double Difference": why are some mushrooms poisonous, and do they signal their unprofitability? *American Naturalist*, **166**: 767-775. Stable URL: http://www.jstor.org/stable/3491237.

Sieber, T. (2007). Endophytic fungi of forest trees: are they mutualists? *Fungal Biology Reviews*, **21**: 75-89. DOI: http://dx.doi.org/10.1016/j.fbr.2007.05.004.

Singh, J. (1999). Dry rot and other wood-destroying fungi: their occurrence, biology, pathology and control. *Indoor and Built Environment*, **8**: 3-20. DOI: http://dx.doi.org/10.1177/1420326X9900800102.

Slippers, B. & Wingfield, M. J. (2007). Botryosphaeriaceae as endophytes and latent pathogens of woody plants: diversity, ecology and impact. *Fungal Biology Reviews*, **21**: 90-106. DOI: http://dx.doi.org/10.1016/j.fbr.2007.06.002.

Smith, S. E. & Read, D. J. (1997). *Mycorrhizal Symbiosis*, 2nd edn. London: Academic Press. ISBN-10:0126528403, ISBN-13: 9780126528404.

Söderström, B. (2002). Challenges for mycorrhizal research into the new millennium. *Plant and Soil*, **244**: 1–7. DOI: http://dx.doi.org/10.1023/A:1020212217119.

Staddon, P. L., Heinemeyer, A. & Fitter, A. H. (2002). Mycorrhizas and global environmental change: research at different scales. *Plant and Soil*, **244**: 253–261. DOI: http://dx.doi.org/10.1023/A:1020285309675.

Suryanarayanan, T. S., Thirunavukkarasu, N., Govindarajulu, M. B., Sasse, F., Jansen, R. & Murali T. S. (2009). Fungal endophytes and bioprospecting. *Fungal Biology Reviews*, **23**: 9–19. DOI: http://dx.doi.org/10.1016/j.fbr.2009.07.001.

Tagu, D., Lapeyrie, F. & Martin, F. (2002). The ectomycorrhizal symbiosis: genetics and development. *Plant and Soil*, **244**: 97–105. DOI: http://dx.doi.org/10.1023/A:1020235916345.

Taylor, R. S. & Baldwin, N. A. (1991). Surface disruption of an artificial tennis court caused by *Scleroderma bovista*. *The Mycologist*, **5**: 79. DOI: http://dx.doi.org/10.1016/S0269-915X(09)80099-2.

Taylor, T. N., Hass, H., Remy, W. & Kerp, H. (1995). The oldest fossil lichen. *Nature*, **378**: 244. DOI: http://dx.doi.org/10.1038/378244a0.

Taylor, T. N., Klavins, S. D., Krings, M., Taylor, E. L., Kerp, H. & Hass, H. (2004). Fungi from the Rhynie chert: a view from the dark side. *Transactions of the Royal Society of Edinburgh: Earth Sciences*, **94**: 457–473. DOI: http://dx.doi.org/10.1017/S026359330000081X.

Taylor, T. N., Krings, M. & Kerp, H. (2006). *Hassiella monospora* gen. et sp. nov., a microfungus from the 400 million year old Rhynie chert. *Mycological Research*, **110**: 628–632. DOI: http://dx.doi.org/10.1016/j.mycres.2006.02.009.

van der Heijden, M. G. A. & Horton, T. R. (2009). Socialism in soil? The importance of mycorrhizal fungal networks for facilitation in natural ecosystems. *Journal of Ecology*, **97**: 1139–1150. DOI: http://dx.doi.org/10.1111/j.1365-2745.2009.01570.x.

Wasson, R. G. (1959) *Soma, Divine Mushroom of Immortality*. New York: Harcourt, Brace & World Publishers. ASIN: B0018GY63M.

Watling, R. & Harper, D. B. (1998). Chloromethane production by wood-rotting fungi and an estimate of the global flux to the atmosphere. *Mycological Research*, **102**: 769–787. DOI: http://dx.doi.org/10.1017/S0953756298006157.

Weber, R. W. S. & Webster, J. (2001). Teaching techniques for mycology. XIV. Mycorrhizal infection of orchid seedlings in the laboratory. *Mycologist*, **15**: 55–59. DOI: http://dx.doi.org/10.1016/S0269-915X(01)80077-X.

Werner, D. (1992). *Symbiosis of Plants and Microbes*. London: Chapman & Hall. ISBN-10: 0412362309, ISBN-13: 978-0412362309.

Williams, J. H., Phillips, T. D., Jolly, P. E., Stiles, J. K., Jolly, C. M. & Aggarwal, D. (2004). Human aflatoxicosis in developing countries: a review of toxicology, exposure, potential health consequences, and interventions. *American Journal of Clinical Nutrition*, **80**: 1106–1122. URL: http://www.ajcn.org/cgi/content/abstract/80/5/1106.

Wilson, D. (1995). Fungal endophytes which invade insect galls: insect pathogens, benign saprophytes, or fungal inquilines? *Oecologia*, **103**: 255–260. Stable URL: http://www.jstor.org/stable/4221028.

Yeates, G. W. & Bongers, T. (1999). Nematode diversity in agroecosystems. *Agriculture, Ecosystems and Environment*, **74**: 113–135. DOI: http://dx.doi.org/10.1016/S0167-8809(99)00033-X.

Yuan, X., Xiao, S. & Taylor, T. N. (2005). Lichen-like symbiosis 600 million years ago. *Science*, **308**: 1017. DOI: http://dx.doi.org/10.1126/science.1111347.

第 14 章
植物病原菌としての菌類

　人類が放浪をしながらの狩猟採取生活に終止符を打ち，農業によって食料問題を解決しようと始めた瞬間から，人類に対する菌類の挑戦が始まった．農作物は非常に確実性の低い資源である．気候，火事，洪水，雑草，害虫，そしてさまざまな植物病原体によって起こされる，胴枯症状と総称される諸病害によって，農作物の収量は容易に減少することを，古代の農耕民はすぐに学んだはずである．

　さまざまな原因によって農作物は損失を受けるが，これは自然生態系内においても同じく起こりうることである．しかし，特定の農作物をまとめて畑地にもち込むことにより，農地は植物病の蔓延に理想的な環境となった．そして，農作が選択的になればなるほど，農作物は純然たる単一栽培に近づく．これにより，たった1つの原因，すなわちたった1種の植物病原体により，甚大な農業的損失が生じるようになった．本章ではこうした植物病原体としての菌類を取り上げる．

　菌類は植物にとって最も主要な病原体であり，また世界の農業生産量における主要な損失要因でもある．植物病原菌にはきわめて多数の種が含まれているので，ここではいくつかの例にしぼって議論を進めたい．本章で取り上げる作物病原菌は，イネいもち病菌（*Magnaporthe grisea*），ならたけ病菌，もしくはナラタケ類（*Armillaria*），さび病菌・うどんこ病菌・黒穂病菌といった植物細胞に侵入して吸器を形成する病原菌，斑点病菌（*Cercospora*），ニレ類立枯病菌（*Ophiostoma*）およびコムギ黒さび病菌（*Puccinia graminis*）である．

　主要な病原菌の紹介に続いて，植物病害に関する基礎的知識について整理する．これには，病気のトライアングル，植物の殺生栄養性（necrotrophic）病原体と活物栄養性（biotrophic）病原体の違い，そして病原体が宿主に与える影響などが含まれる．本章の最終節では，病原菌の「気孔開口部からの侵入」および「物理的もしくは酵素による宿主細胞壁への直接的侵入」を比較しながら，病原体がいかにして宿主植物を攻撃するかについて述べる．最後に，植物の防御反応および病害システムの共進化（換言すれば，病原体および宿主植物の遺伝的変異）について解説する．

14.1 菌類病と世界の農業生産における損失

農作物の病気が人類に甚大な損失を及ぼすことがある．その代表的な例として，1845年から1846年にかけてのアイルランド大飢饉をあげることができる．この飢饉は，ジャガイモ疫病（potato late blight；卵菌門に属する糸状の偽菌類 *Phytophthora infestans* によって引き起こされる）というたった1つの植物病によって，ヨーロッパのジャガイモが大凶作になったことに起因する．この作物病によって，当時のアイルランド人口の実に8分の1が失われた．このことからも，作物病がわれわれの文明体制や自然現象に対する理解に，いかに大きな影響を与え得るかがわかる．大飢饉は，餓死者数，飢餓から逃れるための移民数，農作物の損失や減産量といった，統計上の数字をはるかに超越した悲劇である．なお，本件についてはDavid Moore（2000）による *Slayers, Saviors, Servants and Sex: An Expose of Kingdom Fungi* の第2章に詳しい．過去150年間，人類は科学を発展させてきたが，今日においても植物病は世界中の農業に大きな損失を与え続けている．ジャガイモ疫病に関する話題は，こうした事実をふまえたうえで理解すべき歴史上の1ページといえよう．アイルランド大飢饉のような重大な災難に直面することによって，人類がこれらを避けるために最低限必要なことを学び，今日においては，植物病による損失はおもに金銭的損失というレベルの問題になっていると考えたい．しかし，個々の統計学的数字の裏では，個人あるいは家族レベルで生活が激変するような悲劇的な事件が，依然存在する可能性は否めない．

地球的レベルで見ると，今日の農作物生産量減少の主因は**雑草**（weed）であるが，**虫害**（insect damage）や**植物病**（plant disease）による生産量減少も重要である（表14.1）．作物を保護する手段には，雑草防除と有害動物・植物病の防除が含まれる．前者は機械的もしくは化学的手法によるが，後者は合成された化学物質である農薬に大きく依存している．過去40年間，**農薬使用**（pesticide use）量が大きく増加したにも関わらず，農作物の損失量ははっきりとは減少していない．ただ，有害生物による加害が継続し，ある程度の制御の失敗は依然続いてはいるものの，農薬の使用によって生産者は生産方法を修正し，農作物生産量を増やすことが可能になった（Oerke，2006）．

もちろん，植物の病害を引き起こすのは菌類だけではない（図14.1）．菌類に加えて，バクテリア，ウイルス，線虫，ア

表14.1 世界の生物害による年間作物損失量の推定値．生物害ごとの2001〜2003年における総生産量に対する損失トン数の平均パーセントで示す．

生物害のカテゴリー	損失率（％）
動物害（虫害などを含む）	18
微生物害（70〜80%は菌類による）	16
雑草害	34
合計	68

Oerke（2006）のデータより作成．

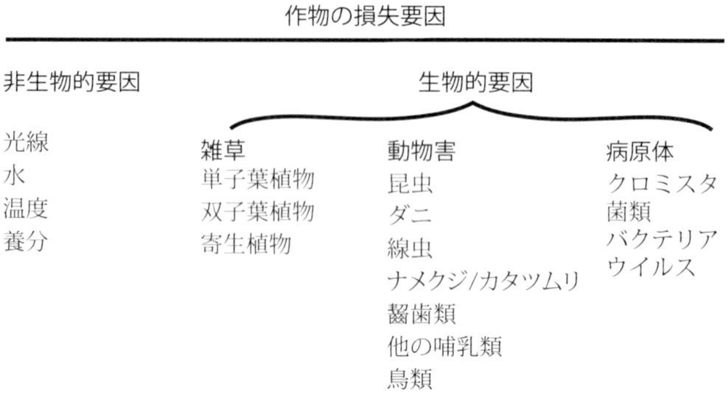

作物の損失要因			
非生物的要因	生物的要因		
	雑草	動物害	病原体
光線	単子葉植物	昆虫	クロミスタ
水	双子葉植物	ダニ	菌類
温度	寄生植物	線虫	バクテリア
養分		ナメクジ/カタツムリ	ウイルス
		齧歯類	
		他の哺乳類	
		鳥類	

図14.1 理想的条件下において期待収量の減少を起こす可能性のある生物学的，および物理的環境要因（Oerke, 2006を改変）．

ブラムシや他の昆虫類などが病害に関与する．これらいずれの生物群にも重要な病原体が含まれるが，世界中の植物病害を見渡すと，おそらく菌類による損害が最も深刻であろう．その理由の1つとしては，植物病原性のバクテリアやウイルスと比較すると，**はるかに多くの植物病原性菌類が存在する**ということがある．米国Ohio州で数年前に行われた調査では，州内から報告された病害のうちおよそ1,000は菌類によるものであった．これに対して，ウイルスおよびバクテリアによるものは，それぞれ100および50程度であった．

農作物の生産量低下は，農地環境の生物的要因と物理的要因の両面から生じており，実際の収量は期待される値よりは低いものになる（図14.1，図14.2）．**到達可能生産量**（attainable yield）とは，最適の生育条件において，実際に技術的に可能な最大の生産量である．これは，理論上の最大値である**潜在的生産量**（yield potential）と比較すると，はるかに少ない．農地における実際の生育条件では，潜在的生産量に達することは不可能である．生産低下量は到達可能生産量中に占める割合として示すと最も理解しやすいが，実際の生産量を算出して示すこともある．作物はさまざまな形で生物害により生産量が低下する．以下にその例を示す．

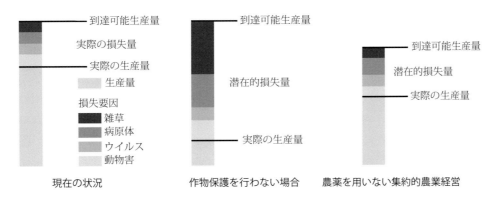

図14.2 さまざまな防除手段の有無による，標準的な作物損失量と生産量の違い．作物保護策実施の意義（図左に「現在の状況」として表示）は，潜在的損失量のうち，あらゆる保護策の実施によって損失を免れることができる量の割合として算出される（中央の棒グラフと比較）．一方，作物生産量に対する農薬使用の影響（右の棒グラフ参照）には，農薬使用によって起こる農業システムの変化（たとえば，別品種の導入，作物ローテーションの修正，肥料使用量の削減など）が考慮されている．農業手法の改善は農薬使用の中止から誘発され，時に到達可能生産量の減少を伴うことがある（Oerke, 2006を改変）．

- 作物の本数（個体数）の減少：苗を枯死させる立枯病などの殺生栄養性病原体．
- 光合成能力の低下（菌類，バクテリア，ウイルスによる病害）．
- 植物の老化促進（ほとんどの病原体）．
- 被陰および日光の「略奪」（雑草や一部の病原体）．
- 同化物の枯渇（線虫，病原体，吸汁性節足動物）．
- 組織の消費（植食性動物，殺生栄養性病原体）．
- 無機養分を巡る競争（雑草）．

農作物の生産量低下には量的なものと質的なものがあり，絶対値（kg ha^{-1} あるいは金額 ha^{-1} など）または相対値（たとえば生産トン数中の損失量が占める割合など）によって表す．相対値の表し方としては，以下のようなものがある．

- 単位面積当りの生産性低下によって，単位面積当りの生産量が低下する**量的損失**（quantitative loss）．
- 下記の要因による有害生物による**質的損失**（qualitative loss）．
  - 作物中の標準的成分量の減少．
  - 市場価値の低下（果物や野菜の変形や傷など）．
  - 保存中の品質低下．
  - 収穫物の病害虫，もしくはそれらが生成する毒性物質による汚染．

農業調査統計によると，菌類による直接的な被害によって，毎年多大な量の農作物が損失を被っている．もちろん，農作物

表14.2 2001～2003年における世界の主要作物の実際の損失率推定値．全生物害による生産損失トン数の平均パーセントで示す．

作物名	損失率（％）
コムギ	28.2
イネ	37.4
トウモロコシ	31.2
ジャガイモ	40.3
ダイズ	26.3
綿花	28.8

Oerke（2006）に基づく．世界の農業生産量は国際連合食糧農業機関（FAO）資料（http://faostat.fao.org/ 参照），およびCAB Internationalと世界各国の農業機関による作物保護概論（http://www.cabi.org/compendia/cpc/ 参照）による．

損失量には（少なくとも部分的には）気象の不順によるものもあり，損失量全体に占める菌害の割合は一定ではない．しかし（損失額という観点から），世界の農業生産量の約16％が，毎年病害によって失われ続けているのが現状である（表14.1）．この値は飽くまでも全体の平均値であり，病害による損失が1～2％の地域や，逆に損失が30～40％にのぼるような，まれに見る重度の病害発生地の存在が隠されている．全有害生物による潜在的損失量の国際的合計比は，コムギでは約50％，綿花では80％以上など，作物の種類によって異なっている．また，ダイズ，コムギ，綿花の実損率は26～29％，トウモロコシ，イネ，ジャガイモではそれぞれ31，37，40％である（表14.2）．全体としては，雑草による潜在的損失率が34％と最も高く，害虫などの有害動物および病原体による損失は，雑草による損失の半分程度である（Oerke, 2006）（表14.1）．

ここで取り上げているのは，はるか昔の原始的農業ではな

く，21世紀の農業そのものである．今日，まさにこの瞬間にも，農作物のうち平均8分の1は菌類病の被害によって失われている．しかし，このことは一面では植物保護政策の推進にプラスの効果を与えているともいえる．先進諸国において，もし作物保護策がなされなかったとすると，作物の50から100%は損失すると予想される（図14.2，表14.1）．

重要な植物病原体は，菌類ならびに菌類様生物のさまざまなグループに含まれている．以下に，個別の病原菌をいくつか紹介する．病原菌の系統的範囲は広く，さび病および黒穂病は，最も進化した菌群である担子菌門に属する菌によって起こされる．一方で，ジャガイモ疫病やブドウベと病は，最も原始的な菌類様生物で，クロミスタ界の卵菌門に属する微生物によるものである．クリ胴枯病，モモ縮葉病，ニレ類立枯病，オオムギ網斑病，ビート斑点病，リンゴ斑紋病，カエデ斑点病，さらにその他の数千という病気は，最も進化した菌群と最も原始的な菌類様生物の中間ともいえるグループに属する菌類によるものである[訳注1]．植物病原菌にはあまりにも膨大な種数が含まれており，ヒマラヤかどこかには，僧侶たちがあらゆる植物病原菌の名前を書き出している寺院があるのでは，という噂があるほどである．僧侶たちが最後の1種を書き出した瞬間に世界が終わってしまい，また一からやり直さなければいけない．いや，今度はきのこの番か？

雑草，病原体そして有害動物による作物の損失は非常に重大であり（表14.1，表14.2），潜在的損失をなくす，もしくは減らすには，何らかの防御策が必要となる．病害によって失われるのは金銭だけではない．クリ胴枯病（侵入病原菌によって起こされる）はアメリカグリの病気であり，米国内の貴重なクリ材やクリの実を収穫するための木を，事実上絶滅させてしまった．同じようなことは，英国でも起こった．ニレ類立枯病が米国からヨーロッパにもち込まれ，ニレの巨木が枯死した．ただしニレの枯死がもたらしたのは，商業的損失というよりはむしろ快適な生活環境の喪失であり，その損失を経済的に評価するのは難しい．殺菌剤が開発されるまで，農作物は周期的に病原菌による大きな打撃を受け，その結果重大な飢饉が引き起こされてきた．19世紀中盤のアイルランドにおけるジャガイモ飢饉はその最たるものである．ただし，この飢饉は卵菌門に属するジャガイモ疫病菌（*Phytophthora infestans*）によって起こされたものである．本書では，これまでクロミスタ界に属する菌類様生物と真菌類を同等に取り上げることを避けてきた（3.10節参照）．しかし，*Phytophthora*による疫病はあらゆる農作物において知られており（Lucas *et al.*, 1991），植物病に関する章の中でこれらを無視するのは適当ではない．なお，菌類は植物の病原体として最も主要な生物群ではあるが，動物の病原体としては少数派である．これについては，第16章で詳しく述べる．

14.2 主要病害の実例

植物病原性菌類の種類は非常に多いため，本章ではいくつかの例にしぼり，具体的内容についてこの後詳細に解説する．

ここでは，多種多様な植物病原性菌類のごく一部について，簡単に記述する．植物病害に関する詳細な情報については，資

資料ボックス14.1　植物病原生物に関するさらなる情報

英国植物病理学会による「病原体紹介」では，さまざまな植物病原生物に関するより詳細な情報を提供している．これは定期連載で，特定の病原生物に関する最新の研究について，簡潔に概説されている．学術雑誌 *Molecular Plant Pathology* に掲載され，また英国植物病理学会のホームページにも掲載されている．

病原生物に関する紹介は，http://bspp.org.uk/（ホームページの左側にある閲覧パネルにある，*Molecular Plant Pathology* のタイトルをクリックし，そのページの上にあるハイパーリンク表の「Pathogen profiles」をクリックする）において閲覧可能である．

Whiley-Blackwell社の *Molecular Plant Pathology* ホームページから，全文ダウンロードが可能である．

（http://www.whiley.com/bw.journal.asp?ref=1464-6722&site=1 のURLにおいてスクロールダウンして，「Pathogen profiles」とヘディングされた段落を参照し，掲載されたアクセスに関する説明に従う）

また，米国Wisconsin-Madison大学植物病理学部のホームページ上にある，講義資料を閲覧することも強く薦めたい．URLは以下の通りである．

http://www.plantpath.wisc.edu/PDDCEducation/EducationIndex.htm

---

訳注1：これらは子嚢菌門に属するが，これらが系統学上，担子菌門と卵菌門の中間に位置しているというわけではない．

料ボックス14.1に示した各URLが参考になる.

14.3 イネいもち病菌（子嚢菌門）

イネいもち病菌（*Magnaporthe grisea*；= *Magnaporthe oryzae*）は最も深刻なイネの病原菌として広く知られ，毎年6千万人分の食料に相当するイネが被害を受けている．イネいもち病菌は分生子の発芽後付着器を形成し，そこから宿主植物に侵入することが知られており，胞子の付着，発芽，宿主の認識，感染に必要な構造の形成，宿主細胞や組織への侵入といった実験系研究の材料として用いられている（Knogge, 1998）.

菌類による植物病害の分子生物学的研究分野において，いもち病菌は主要な「モデル生物」としてしばしば用いられている．2005年には，イネいもち病菌のゲノムシーケンスが発表され（Dean *et al.*, 2005），続いて行われた病原性の機能的ゲノム研究により，いもち病の発現に必要な多くの遺伝子機能が新たに発見された（Jeon *et al.*, 2007；Talbot, 2007）．こうした研究によって，菌類が病気を起こすのに必要な調節機構の解明が進んだ（Lorenz, 2002）.

14.4 ナラタケ（担子菌類）

ナラタケ属に含まれるいくつかの種は，樹木のならたけ病の病原菌として知られている．病原性ナラタケ類は非常に高い侵攻性を示す．米国Oregon州北部に位置するBlue Mountains地域の混交針葉樹林では，400ないし1000年生と推定されるオニナラタケ（*A. ostoyae*）の1クローンが，その分布範囲内にあるポンデローサ・マツの30%を枯死させたことが報告されている.

この個体は，現時点での世界で最も大きな生物個体と考えられており，その分布域は森林内の965 ha（2384エーカー）の範囲に及ぶ．大局的に見れば，Manchester大学のキャンパス面積は300エーカーであり，この菌1個体で大学8個分の面積を占めていることになる．この965 haに及ぶ個体に属する最も離れた菌株は，互いに約3.8 km離れた箇所から分離されている．オニナラタケが針葉樹林内において広がる3つの推定速度から概算して，この菌の年齢は最低1900年から最高8650年に及ぶものと推測された（Ferguson *et al.*, 2003）.

その数年前には，北ミシガンの広葉樹林で確認されたヤワナラタケ（*Armillaria bulbosa*）のクローンが，世界最大かつ最も古い生物個体として報告された（Smith *et al.*, 1992）．この個体が広がった範囲は「わずか」15 haであり，その推定年齢は1500歳であった．ナラタケ類の個体が巨大になるのは，米国に限ったことではない．ヨーロッパアルプスにあるスイスの国立公園では，オニナラタケの平均個体サイズは6.8 haであり，その最大のものは約37 haであった（Bendel *et al.*, 2006）．担子菌類の菌糸体は森林土壌内に広く遍在しており，さまざまな外生菌根性，腐生性，さらに寄生性の担子菌類の菌糸体が，森林土壌内でかなりの距離を栄養繁殖的に広がることが可能である（Cairney, 2005；Bendel *et al.*, 2006）.

ナラタケ類は，特に寒冷で比較的乾燥した環境下において，迅速に林内を広がることができる．これは，これらが強い病原力をもつことに加え，根状菌糸束を形成することによるものである．根状菌糸束は，多数の菌糸が固く結びついた非常に防御的な構造である．ナラタケ類は林床内の根状菌糸束を通じて，既存の養分源から水や養分を移送し，新たな養分源を求める根状菌糸束へと届けることができる（図14.3）（9.7節参照）．このように，根状菌糸束はナラタケ類の病原性に大きな役割を担っている.

14.5 吸器を形成する病原菌（子嚢菌門および担子菌門）

アマさび病菌（*Melampsora lini*；担子菌門）およびオオムギうどんこ病菌（*Blumeria graminis*；*Erysiphe graminis*が用いられることもある，子嚢菌門）は，ともに吸器（haustorium, 複数 haustoria）という特殊化した養分獲得器官を形成する．吸器は宿主植物の生きた細胞内に侵入する．これにより，病原菌は宿主の生きた細胞膜に密着して養分を吸収するとともに，植物の防御反応を抑制することが可能になる．黒穂病菌（smut fungi；担子菌門の *Ustilago* 属菌）は穀類の病原菌として特に重要である．黒穂病菌は吸器を形成しないが，**細胞内菌糸**（intracellular hyphae）によって宿主細胞膜に陥入し，生きた宿主細胞にとりつく.

これらはいずれも農業上非常に重要な病原菌である．これら

訳注2：植物の病名は日本植物病理学会が制定する．宿主植物名はカタカナ，病名は漢字またはひらがな表記にする．たとえば，ヒノキのナラタケによる病気の病名は「ヒノキならたけ病」になる.

訳注3：= *A. gallica*.

訳注4：非病原性と考えられるナラタケ類にも根状菌糸束を形成する種があることに注意.

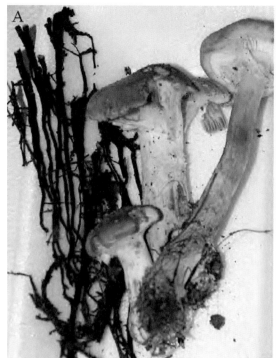

図 14.3 ナラタケ（*Armillaria mellea*）．A，子実体および根状菌糸束（写真撮影 David Moore）．B，倒木の樹皮下から姿を見せた根状菌糸束，C，B の根状菌糸束の拡大写真（B，C 撮影 Elizabeth Moore）．カラー版は，口絵 51 頁を参照．

の病原菌と宿主の相互作用の中で発揮される相互認識と相互シグナル伝達，また菌の病原力遺伝子と宿主の抵抗性遺伝子といった両者間の相互作用は，病害によってそれぞれ異なっている．これらの違いを明らかにすることによって，病原菌と宿主植物の関係について科学的知見を深め，さらに食料生産量を高めることにつなげることができるかもしれない（Ellis *et al.*, 2007）．

14.6　*Cercospora*（子嚢菌門）

Cercospora 属にはさまざまな植物の病原菌が多数含まれ，その多くは植物の葉に斑点病（leaf spot）を引き起こす．葉の斑点病とは，寄生を受けた植物の葉上に円形の変色を生じる病気である．斑点病による典型的な斑点は，周辺部は暗色，縁部は明瞭であり，中央部は黄色から褐色と変異がある．時に多数の斑点が融合し，広い範囲で葉枯病症状を示すこともある．

斑点病の原因となるのは *Cercospora* 属菌だけではないが，本属に含まれる種は非常に広い範囲の植物に加害することが知られている．宿主としては，アルファルファ，アスパラガス，バナナ，アブラナ類，アサ，ニンジン，セロリ，穀草類，コーヒー，キュウリ，イチジク，ゼラニウム，ブドウ，牧草類，ハシバミ，ホップ，レンズマメ，レタス，マンゴー，キビ，ラン，パパイヤ，ピーナッツ，ナシ，マメ類，コショウ，ジャガイモ，バラ，モロコシ属，ダイズ，ホウレンソウ，イチゴ，テンサイ，サトウキビ（斑点が癒合して線状になるため，黒線病とよぶ），カエデ，タバコ，スイカ，そして多数の野生植物や観葉植物が知られている．

テンサイ褐斑病菌（*Cercospora beticola*）はテンサイ葉病害の病原菌として最も重要で，テンサイの生産量や品質低下の原因となる．病害防除には農薬が必要となり，このことがテンサイの生産コスト上昇の一因となっている．テンサイ褐斑病菌は作物残渣上に形成された子座で越冬する．子座内で形成された胞子は，翌年には新葉への第一次伝染源となる（Khan *et al.*, 2008）．

14.7　ニレ類立枯病菌（子嚢菌門）

ニレ類立枯病菌（*Ophiostoma novo-ulmi*）は，英国国内のほとんどのニレ（推定 2500 万本）を枯らせ，また 20 世紀中を通じて，世界各地におけるニレの壊滅的枯死の原因となった病原菌である．ここでは，以下に示すニレ類立枯病の特徴に注目しながら話を進める．

- 病気のベクター（媒介者，disease vectors）．
- 地理的隔離（geographic isolation），および大陸間貿易を通じて病原菌が導入されることにより地理的障壁が突破され，

結果として各地に「新規」の病害が発生.
- 生活環境保全的植物（amenity plant）の重要性.

　本病害が初めて広く知られるようになったのは，1918年および1919年のオランダでのことである．感染したニレは初期病徴が現れた後速やかに枯死し，多数の成熟木が失われることとなった．本病害は，1920年代にオランダの研究者によってその原因が解明されたことから，オランダニレ病（Dutch elm Disease；ニレ類立枯病の英名）とよばれるようになったものである．発見当時，病原菌は *Ceratocystis* 属に分類されていたが，今日では *Ophiostoma* 属に分類されている．さらに，当初は1種類と考えられていたが，実際には3種が含まれていたことが今日では明らかになっている．その3種とは，1910年にヨーロッパで感染が確認され，1928年には北米において輸入材上に確認された *O. ulmi*，西ヒマラヤ地区において自然分布しているのが発見された *O. himal-ulmi*，そしてヨーロッパにおいて最初に記載された後1940年代には北米で確認され，1960年代後半以降ヨーロッパと北米の両地域においてニレ類に壊滅的被害を及ぼした，最も病原性の高い *O. novo-ulmi* である．*O. novo-ulmi* は，*O. ulmi* と *O. himal-ulmi* の交配種である可能性も示唆されている．*Ophiostoma himal-ulmi* は19世紀後期に東南アジアのオランダ領東インドから偶然ヨーロッパにもち込まれたとされている．[訳注5]

　ニレ類立枯病の病徴は，水と養分の欠乏によるものであり，こうした症状は萎凋（wilting）と総称されている．感染木の葉は垂下後黄化し，数日から数週間で褐変・枯死する．さらに太枝が枯死し，ほとんどの感染木は2年以内に枯死する．これは，菌の侵入に対して感染木が反応し，樹脂やチロース（近接する柔細胞組織が木部内の導管に膨れ出して，木部空隙内に形成される泡状の塊）が木部組織を充填することによって引き起こされるものである．こうした反応は侵入した菌の進展をくい止めるためのものであるが，本病に関しては実際には有効な効果は得られない．導管が次々と塞がれると，感染木は水や養分を吸い上げることができなくなる．樹木の枯死後は，菌は腐生菌として材内を伸長する．

　ただし，この病害は1種の菌だけによって起こされるわけではない．この菌は単独では他の樹木に感染を広げることができず，実際にはさまざまなニレのキクイムシ類との共同作業によって，初めて病気が他の木に蔓延することが可能になる．これらキクイムシ類の成熟メスは，最近枯死したニレに産卵する．卵が孵化すると，幼虫は内樹皮，さらには材の外部に穿孔して摂食する．ニレ類立枯病によって枯死した木にキクイムシが穿孔すると，キクイムシの孔道内には菌の胞子が形成される．羽化した成虫は孔道内で菌の胞子を体表につけ，当年生の若いニレの健全枝に移ってこれらを摂食する．このようにして，ニレのキクイムシ（ヨーロッパにおいては *Scolytus multistriatus*）はニレ類立枯病のベクターとして働く．病原菌が感染した樹木はベクター昆虫を誘引するが，これは病原菌が宿主樹木を操り，採餌中の昆虫に見つかりやすくしているともいえよう（McLeod et al. 2005）．

　北米では，*O. novo-ulmi* は（移入種である）ヨーロッパ産のニレキクイムシと在来のキクイムシである *Hylurgopinus rufipes* の両種によって，新たな宿主となるニレに運ばれる．*Hylurgopinus rufipes* はより寒冷な気候にも耐性があることから，北米草原地帯一帯ではニレ類立枯病菌の主要なベクターになっている．中国およびシベリア産のニレ類は本病害に対して高い抵抗性を有するが，ヨーロッパおよび北米のニレ類は抵抗性が低い．次に，1930年に Ohio 州の Cinccinati において，北米で初めてニレ類立枯病が発見された経緯について話をすすめたい．

　ニレ類立枯病菌は，ヨーロッパから輸入されたニレ材を介して，米国東部の沿岸地域に移入されたことが明らかにされている．当時，アメリカニレは北米各地で重要な**生活環境保全的樹木（amenity tree）**となっており，都市部において広く植栽されていた．これは，さながら都市森林のように植栽されたといっても過言ではない．しかし，1950年までには米国の17州（およびカナダ南東部）に病害が広がった．今日では，北米全土のアメリカニレ分布地域もしくは植栽地域において，ニレ類立枯病が認められている．これまでに無数のニレの木が枯死し，それに伴い，被害木の除去，処分，そして被害跡地への新たな植栽のために，数十億ドルもの費用が費やされた．話はこれだけでは済まず，この後にはさらなる展開が待ち受けていた．

　1963年5月，アメリカニレの丸太の積荷が英国にもち込まれた．この丸太にはキクイムシおよび病原菌であるニレ類立枯病菌が感染しており，その後数年の間に今度は英国で2500万本ものニレの木が枯れるに及んだ．

　ニレ類立枯病菌（Scheffer et al., 2008），さらに他の菌類病

訳注5：現在のインドネシア．

原菌（Massart & Jijakli, 2007）の制御には，**生物防除**（biological control，バイオコントロール）も期待されている．ニレ類立枯病症候群の生物防除には，宿主であるニレ，病原菌およびベクターとなるキクイムシの三者が，その対象となりうる．

- ニレの抵抗性品種の開発，あるいは感受性樹木について病害に対する抵抗性を誘導する技術．
- ニレ類立枯病菌に対して競争的な微生物（バクテリアまたは菌類）．
- ニレ類立枯病菌またはベクターとなるキクイムシへの重複寄生者（寄生者に対する寄生者）．
- キクイムシの繁殖阻害．

現時点では，ニレ類立枯病に対する有効な治療法はまだ開発されておらず，病害の制御には衛生管理による予防が重要である．被害を受けた枯死木もしくは衰弱木は除去し，病原菌とキクイムシの双方を駆除することが必要である．しかし，注意すべきは樹木の地上部だけではない．ニレは隣接木と根が融合する傾向があり，結果として数本の木が根系を共有するという現象が見られる．こうした根の融合は，互いに15 m 程度まで離れた木の間で起こりうる．根系が共有された場合，1本の木にニレ類立枯病が感染すると，根に侵入した菌が根の融合部を介して他の健全木に広がる可能性がある．衛生管理には，感染木およびその枝の進展範囲内に沿って最低深さ60 cm の溝を掘り，根の融合部を分断する作業も必要である．

14.8 黒さび病菌 - 地球的規模でのコムギへの脅威

「さび病 - 地球的規模での小麦への脅威」．これは，2009年3月に掲載された実際の新聞見出しである（http://www.guardian.co.jp/environment/2009/mar/19/rust-fungus-global-wheat-crops）．*Puccinia graminis* f. sp. *tritici* による**茎さびもしくは黒さび病**（stem rust, black rust）は，これまで世界各地において何度となくコムギ（*Triticum aestivum*）に深刻な被害を与えてきた．1度の蔓延によって，コムギに最も大きな被害を及ぼすのが本病である．厄介なことに，本病に感染すると，収穫3週間前には健全に見えたコムギが，収穫時には枯れた茎と萎びた穀物が黒く絡まり合った塊と化してしまう．コムギ黒さび病に関する最初の詳細な報告は，18世紀のイタリアに認められる．北米における1904年および1916年の二度にわたる壊滅的な大流行を経て，コムギ黒さび病菌に関する研究が進んだ．その結果，多数の病原菌系統が存在しており，その系統毎にコムギの各品種に対する病原力が異なることが明らかになった．これは，コムギは品種によって異なる**抵抗性遺伝子**（resistance gene）をもつことによるものである．

その後，黒さび病に対するコムギ抵抗性の解明や，抵抗性コムギの育種に関する研究，さらにはサビ菌の疫学や進化に関する研究が集中的に行われた．こうした研究を進める間，コムギの遺伝学者と植物病理学者の間で，国際的な共同研究が始められたことも特筆すべきであろう．

病害の生物学的側面を解明することにより，セイヨウメギ（*Berberis vulgaris*）とコムギ黒さび病菌（*Puccinia graminis*）の関係も明らかになった．メギは黒さび病菌の**中間宿主**（alternate host）であり，本菌の**有性世代**（sexual stage）はメギ上に形成される．したがってメギは，菌集団が病原力遺伝子を新たに組合せる場となる．加えて，菌はメギ上で**越冬**（survive through the winter）し，それが翌春にコムギ黒さび病の伝染源となる．セイヨウメギは鑑賞樹として広く植栽されていたが，北米およびヨーロッパにおいては，セイヨウメギの撲滅が黒さび病制御の重要な第一歩となった．1918年から1980年の間に，5億本以上のメギが米国の主要なコムギ生産地帯において伐採された．

メギ撲滅運動と平行して，**遺伝的制御戦略**（genetic control strategies）も策定された．1950年には，米国農務省農業調査局は「国際春コムギさび病苗床計画」を開始，これを1980年代中盤まで継続した．その目的は，以下の2点である．

- 世界中のコムギの野外におけるさび病抵抗性に関わる，新規遺伝子や遺伝子の組合せの探索．
- 植物育種家や植物病理学者が開発したコムギ新品種の，さび菌に対する抵抗性試験と抵抗性品種の選抜．

この間，約50の抵抗性遺伝子がコムギから検出されたが，1遺伝子を除くとこれらは特定のコムギ品種に特異的であった．これは，宿主植物の抵抗性遺伝子と，これに対応する病原体の病原性遺伝子間の**遺伝子対遺伝子関係**（gene-for-gene relationship）によるものである（14.17節参照）．

こうした活動の結果，近代的コムギ農業が展開されている国々における黒さび病被害は収まった．たとえば，メキシコでは過去40年近く黒さび病菌の系統に変化は見られず，自然感染は認められていない．同様に，インド亜大陸では1960年に抵抗性コムギが発売され，これに伴い今日では数百万 ha の農

地で栽培されるコムギが抵抗性を有し続けている．黒さび病の発生は世界中で減少し，1990年代の中盤にはほとんど無視できるレベルに至った．それでは，コムギ黒さび病がこれほどまで制御されているにも関わらず，なぜ上記のような新聞見出しが掲載されることになったのであろうか．残念ながら，病害発生が減少するにつれて，黒さび病についての研究や病害抵抗性のためのコムギ育種も低調になった，という問題が生じていたのである．

　菌類はわれわれに先んじている．1999年，ウガンダで初めて同定された際には，黒さび病菌のレース Ug99（race Ug99）はコムギの抵抗性遺伝子 *Sr31*〔ライ麦（*Secale cereale*）に由来する〕に対して病原性を示す，唯一のレースであった．この抵抗性遺伝子は，広く栽培されるコムギ品種の多くに，染色体転座によって組込まれたものである．Ug99 は，育種選抜によって導入されてきたコムギ各品種がもつ抵抗性遺伝子のほとんどに対しても，病原性を有している．他のレースとは異なり，Ug99 はコムギの既知および未知の抵抗性遺伝子に対して，病原性を併せもっているのである．このため，どこで開発されたかに関わらず，ほとんどのコムギ栽培品種は Ug99 に対して抵抗性をもたない．現在，発展途上国において栽培されているコムギ栽培品種のうち，実に80から90％は，この新しいサビ菌レースに対して抵抗性をもたないと考えられる．

　ケニアとウガンダでは，近年80％にも上るコムギの減産が記録された．Ug99 の胞子は風によって数百マイルも飛ぶ可能性があり，瞬く間にエチオピアとスーダンにも広がった．現在では，Ug99 はイエメンとイランにも広く分布している．このまま東方に分布を拡大し続けると，世界のコムギ生産量の15％を生産するインド亜大陸にまで被害が広がることになる．

　更なる研究により，新たな抵抗性コムギを開発することが求められている．

14.9　植物病の基礎：病気のトライアングル

　植物の病気は，「病気のトライアングル（disease triangle）」（図14.4）とよばれる概念によって，うまく説明することができる．病気のトライアングルに示された三角形の3つの角には，病気の発生に必要な3つの要素が位置づけられている．その3つの要素とは，

- 感受性宿主，
- 病気を起こす生物（病原体），

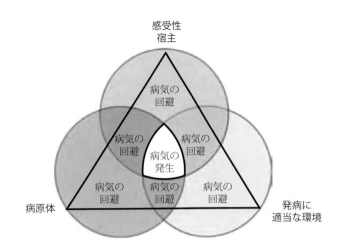

図14.4　病気のトライアングルでは，その三角に3つの必要要因（感受性宿主，発病に適当な環境，病原体）を位置づけた三角形の内側の位置によって，植物の病気発生という現象を説明している．この関係に対して，これら要因が貢献する「強さ」（「強さ」はそれぞれの円の大きさによって示される）の違いにより，病気被害の深刻さが量的に変化する．被害の深刻さは，三角形中央の「病気の発生」を示す範囲の面積変化によって表される．ここでの病気のトライアングルというダイアグラムは，動的変化を説明するために用いられている．静的な病気のトライアングルについては，宿主が病原体に対して「完全に感受性を示す」から「まったく感受性を示さない」までの違い，病原体の病原力の程度，そして病気発生に対する環境の適合性を図示する．もしいずれかの要因が0になると，三角形は変形して線状になり，「病気発生」を示す部分の面積は0になる．それほど極端ではない変化がいずれかの要因に生じると，病気の激しさ（発生頻度や被害の深刻さ）を示す中央の「病気の発生」部の面積が変化する．たとえば，宿主がある程度の抵抗性を示す場合，感受性宿主の円は小さくなり，その結果重なり部分の面積が小さく，また病気の激しさも小さくなる．あるいは，病原体の病原力が非常に強くなった場合，「病原体の円」は大きくなり，これにより重なり部分の面積が大きく，また病害の激しさも増すことになる（米国 Wisconsin-Madison 大学植物病理学部出版の下記 URL に示されたダイアグラムによる．URL：http://www.plantpath.wisc.edu/PDDCEducation/MasterGardener/General/Slide2.htm）．

- （発病に）適当な環境

である．宿主とは，植物そのもののことである．宿主には多くの病気にかかる種もあれば，特定の病気にしかかからない種もある．病原体（pathogen）は，病気そのものである．植物の病気は菌類によって起こされるものが多いが，バクテリアやウイルスによる病気もある．

　適当な宿主と適当な環境条件が整わなければ，病原体は宿主に対して何ら病気を起こすことはできない．病原体によっては，1種もしくはほんの数種の宿主植物に特異的なものもあるが，ほとんどあらゆる植物に感染可能な病原体もある．適当な

環境とは，基本的には病原体が大繁殖するのに必要な気象条件を指す．あくまで，発病に「適当」な環境であり，もしも病原体が存在するだけで病気が起こるのであれば，それは宿主植物にとっては「適当でない（unfavourable）」環境ということになる．

この三要因が同時にすべて満たされることによって，初めて病気が発生する．もしも，そのうちの1つ，もしくはそれ以上の条件が満たされなかった場合，病気は発生しない．病気のトライアングルという概念は，おそらく20世紀の初頭ころから知られるようになり，植物病理学のパラダイムの1つとなった．これは，電気工学や電子工学における（電力，抵抗，電圧に関する）オームの法則と同様の地位を，植物病理学において占めているといってよい．

生物的要因に起因する病害が発生するには，「病害発生に適当な環境」下において，「病原体に対して感受性を有する宿主」と「病原力を有する病原体」とが相互関係をもつことが絶対に必要である．発病を促す作用とは，病気のトライアングルを変形させ，角の部分の面積を狭く，あるはなくしてしまう作用といい換えることができる．たとえば，その数多い中から例示すると，

- 宿主の防御作用欠如，
- 病原菌胞子の効率的散布，
- 病原菌の胞子形成に適した気象条件

などがこうした作用に該当する．

一方，やはり数多い中から病気を制御する方法を例示すると，

- 育種による宿主の抵抗性の向上，
- 農薬による病原体の防除，
- 散水による水ストレスの緩和

などをあげることができる．

このような三者関係は，植物の病気に特有の現象とされることが多い．これは，植物は移動することができないため，不適な環境から逃れるすべをもたないからである．たとえば，植物はほとんど熱を蓄えることができない．またそれゆえ動物と比較すると，温度ストレスにさらされる機会がはるかに多い．動物であれば，たとえ変温動物であっても，日光を浴び，あるいは逆に必要に応じて日陰に退避することによって，ある程度温度ストレスから逃れることができる．さらに脊椎動物は免疫系を有しており，病原体を認識して無毒化するという洗練された仕組みによって，身を守ることができる．菌類は植物の病原体として最も顕著である．菌類の生育は環境条件に強く依存しており，このことも病気のトライアングルが植物に特有のことと理解される一因となっている．

しかし，この三者関係が植物の病気に固有であるといい切ってしまうと，菌類にも病気があるという事実を見落とすことになる．「発病に適当な環境」下で，「病原性を有する病原体」によって「感受性のある宿主」が病気になる，という3つの要素は，菌類の病気発生についても同様に必要とされる．

病気のトライアングルに「人間活動」，「ベクター」そして「時間」といったさらなるパラメーターを加え，病気の発生をより精確に捉えようとする試みもある．農業とはそもそも人間活動そのものであり，人間活動自体が病気のトライアングルに大きな影響を与える要因の1つである．人間活動は，これまで議論した三要因すべてに影響を与え，これにより病害発生の有無やその激しさにも多大な影響を与える可能性がある．したがって人間活動の影響は，すでにトライアングル構造の基礎に，暗黙のうちに組込まれているともいえる．こうしたことから，「人間活動」を新たな角に加えて「病気の四角形」とすることに反対する意見がある．

動物や他のベクターは，多くの植物病害に関して重要な役割を担っているものの，すべての植物病害について不可欠な存在という訳ではない．したがって，「宿主」と「病原体」という2つの頂点を結ぶ三角形の辺上に，「ベクター」という要因を置くことによって，三者の関係を修正できるような場合に限れば，「ベクター」を加えることには意味があるといえよう．こうした議論からも，一部の病原体にとってベクターがいかに重要かを伺い知ることができる．

「時間」も重要な軸の1つである．病気が始まる時期や病気の激しさは，病気の主要三要因が揃う時期や期間の長さに影響される．病気の三角形に「時間」を加えることにより，こうした事例の説明を試みる研究者もいる．三要因がある程度の期間満たされることによって，初めて発生する病気もある．しかし，こうした期間の長さは，解析のレベルに依存している．感染に特徴的な宿主の生理的現象が発現するには，数分から数時

訳注6：図14.4の，「病気の回避」の部分．

間の時間がかかる．一方野外での病徴発現には，さらに数日から数週間を要する．（三角錐の形で表すなど）病気のトライアングルの第4の軸として「時間」を加えることにより，さらに現実的で利用しやすい図を描くことができるかもしれない．

14.10 植物の殺生栄養性病原菌と活物栄養性病原菌

植物病原体はその生活様式から，しばしば**活物栄養性病原体**（biotroph）および**殺生栄養性病原体**（necrotroph）［加えて近年では半活物栄養性病原体（hemibiotrophs）］に分類される．これらは，以下のように定義される．

- 活物栄養性病原体は生きた細胞から栄養を得る．これらは生きた植物上または植物組織内に生息し，非常に複雑な栄養要求性をもつことがあり，速やかに宿主植物を殺すことはない．
- 殺生栄養性病原体は死んだ細胞から栄養を得る．これらは速やかに植物組織を侵して枯死に至らせ，枯死体上で腐生栄養的に生活する．
- 半活物栄養性病原体は，最初は活物栄養的であるが，後に殺生栄養的になる．

このような分類は，さまざまな形で一般化することが可能である（表14.3）．こうしたことからも，病原体を「活物栄養性」と「殺生栄養性」に分けて考えることが，生物学的に有意義であることがわかる．シロイヌナズナはすでに全ゲノム解析が完了した植物である．シロイヌナズナの病害抵抗性遺伝子を解析することによって，「活物栄養性」と「殺生栄養性」の違いは，個々の病原体に対する防御機構の違いによるものであることが明らかになった．

活物栄養性病原体に対する植物の防御機構として，宿主の**プログラム細胞死**（programmed cell death）が重要であるが，サリチル酸依存防御経路による防御反応の活性化も，その関与が認められている．殺生栄養性病原体は宿主の枯死細胞から栄養を得るため，こうした防御機構によって制御されることはない．しかし，ジャスモン酸シグナル伝達経路，およびエチレンシグナル伝達経路によって活性化した反応の制御は受ける（下記参照）．こうした「防御機構の違い」から，殺生栄養性と活物栄養性病原体を区別することができる．さらに，活物栄養性の病原菌類は，吸器を形成する種に限定される（Oliver & Ipcho, 2004；Glazebrook, 2005）．

殺生栄養性病原体，活物栄養性病原体，および半活物栄養性病原体の具体例を表14.4に示す．半活物栄養性病原体とは，ジャガイモ疫病菌のように殺生栄養性，および活物栄養性病原

表14.3 活物栄養性および殺生栄養性病原体の比較

殺生栄養性病原体	活物栄養性病原体
日和見的・非特異的病原体	特異的病原体
宿主細胞を速やかに殺生	宿主植物の損傷は軽微，宿主細胞は速やかに殺生されないが，不親和性の相互作用においては過敏感細胞死を起こす
傷や自然開口部を通じて非特異的に侵入	直接侵入（うどんこ病）もしくは自然開口部からの侵入（サビ菌）など，特異的に侵入
多くの細胞壁分解酵素や毒素を分泌	分解酵素や毒素を生成するとしても少数
通常，付着器や吸器を形成しない	付着器や吸器を形成する
全身的ではない	しばしば全身的
通常，衰弱，幼弱，もしくは損傷した宿主を加害	齢や活力状態を問わず加害
宿主範囲は広い	宿主範囲は狭い
純粋培養は容易	純粋培養は容易でない
競合的腐生者として生存	宿主上または休眠体で生存
量的抵抗性遺伝子により制御される［ふ枯病菌（*Stagonospora nodorum*）によるコムギの発疹など］	特異的（遺伝子対遺伝子）抵抗性遺伝子により制御される（トマト葉かび病，さび病，うどんこ病，べと病など）
宿主内の枯死細胞を通じて細胞内および細胞間で生育	細胞間隙で生育
ジャスモン酸およびエチレンに依存した宿主抵抗経路により制御	サリチル酸に依存した宿主抵抗経路により制御

表 14.4　広く見られる植物病原体

殺生栄養性病原体		活物栄養性病原体		半活物栄養性病原体と病名
病原体名	病名	病原体名	病名	
Botrytis cinerea	灰色かび病	*Blumeria*（*Erysiphe*）*graminis*	うどんこ病	*Cladosporium flavum*，トマト葉かび病（活物栄養性ともされる）
Cochliobolus heterostrophus	トウモロコシごま葉枯病	*Uromyces fabae*	さび病	*Colletotrichum lindemuthianum*，炭疽病
Pythium ultium	苗立枯病	*Ustilago maydis*	トウモロコシ黒穂病	*Magnaporthe grisea*，イネいもち病（殺生栄養性ともされる）
Ophiostoma novo-ulmi	ニレ類立枯病	*Cladosporium fulvum*	トマト葉かび病	*Phytophthora infestans*，ジャガイモ疫病（研究者により活物栄養性とも殺生栄養性ともされる）
Fusarium oxysporium	萎凋病	*Puccinia graminis*	穀類黒さび病	*Mycosphaerella graminicola*，トマト白星病
Sclerotinia sclerotiorum	菌核病	*Phytophthora infestans*	ジャガイモ疫病	

体双方の特徴を併せもつ病原体である．

14.11　病原体が宿主に与える影響

　病気は常に容易に確定できる訳ではなく，さまざまな病徴を注意深く考慮することが必要である（Illinois 大学 Urbana-Champaign 校の病虫害総合防除に関するホームページ http://www.ipm.uiuc.edu/diseases/series600/rpd641/ 参照）．病原体の特性を解明（理想的にはその同定も）することにより，その宿主範囲や病徴進展に必要な環境要因が明らかになり，それによって適切な病害制御技術を適用できる可能性が生じてくる．病気の制御技術には，次のようなものが考えられる．

- 病害抵抗性品種（disease-resistant cultivars）の利用．宿主植物が示す抵抗性の高低は，「非常に抵抗性が高い」（ほとんど，あるいはまったく罹病しない），「やや抵抗性をもつ」（通常は罹病しないが，年によっては罹病する），「やや感受性をもつ」（しばしば罹病する），「非常に感受性が高い」（ほぼ常に罹病し，枯死に至ることがある）といったバリエーションが認められる．
- 十分な衛生管理（good sanitation）．感染葉の除去や間引きによる通気の改善などが含まれる．
- 土壌中の水や養分利用能の改善．養分状態の悪い作物は，病気に対する感受性が高くなる．
- 生物的防除法（biological control methods）の利用．病害管理技術の1つとして継続的に試みられている（Massart & Jijakli, 2007）．しかし，常に適用可能，あるいは実用的とは限らず，最終的には農薬が用いられることもある（Mares et al., 2006）．

　罹病した植物に見られる病徴は，その病原体が植物の生理状態に及ぼす影響によって異なる．光合成は植物にとって最も重要な機能であり，光合成を阻害する病原体は，宿主の葉や枝の**萎黄**（chlorosis, 黄化）や**壊死**（necrosis, 褐変および枯死）といった症状を起こすことがある．光合成の阻害が起こると，それが例え軽微な障害であっても宿主は衰弱し，他の病害虫に対する宿主の感受性が増加する．

　病原菌の影響によって，宿主植物の**維管束を通じての水分や養分の輸送**が阻害されることもある．これは，宿主の地上部における蒸散能低下や，罹病した根部の養分や水分の吸収能低下によるものと考えられる．その結果，維管束を通じた輸送が遅滞して，感染部の「上部」に位置する部位が萎凋，萎黄，時に枯死に至るものである．

　すべてではないにせよ，ほとんどの伝染性病害によって宿主の**呼吸量は増大**する．これは植物がほとんどのタイプのストレスに対して示す反応の1つである．呼吸量増大のほとんどは，感染を受けた宿主組織で起こっており，これは受傷時に見られる基本的な反応と考えられる．酸素吸収量の増加，および呼吸に関与する酵素活性の増大により，感染部の温度のわずかな上昇，感染部における代謝産物の増加，さらには宿主組織の乾燥重量の増加が生じる．

　病原体が感染した際に，植物細胞が示す最初の検出可能な反

応として，細胞膜やオルガネラ膜の透過性の変化をあげることができる．これにより，電解質量（特にCa^{2+}およびK^+）が減少することがある．こうした透過性の変化は，侵入した菌の生産する毒素に対する反応として生じる現象である．こうした毒素の一例として，エンバクビクトリア葉枯病菌（*Cochliobolus victoriae*）が生産する環状ペプチドの1種ビクトリン（victorin）があげられる．ビクトリンは膜構成タンパク質に結合し，膜の透過性に影響を与えることで，最終的には宿主葉の萎黄や縞状の枯れ（斑点病）を起こす．ビクトリンは既知の植物に対する毒素としては，最も強力かつ選択性の高い物質であり，感受性エンバクに対しては $10\ pg\ mL^{-1}$（13 pM）で有効であるのに対して，抵抗性エンバクや他の作物に対しては百万倍の高濃度でも毒性を示さない．このことから，ビクトリンは**宿主特異的毒素**（host-specific toxin）の1つとされる．他にも，宿主特異的毒素として以下のようなものが知られている．

- トウモロコシごま葉枯病菌（*Helminthosporium maydis*, = *Cochliobolus heterostrophus*）のレースTが生産するHMT毒素（HMT toxin）は，ミトコンドリア内膜上のテキサス型細胞質雄性不稔に関わる特定部位に反応し，ミトコンドリア膜の陽イオン浸透性を増大させる．

- トウモロコシ北方斑点病菌（*Cochliobolus carbonum*）のレース1が生産するHCトキシン（HC toxin）は，環状テトラペプチドの1種である．この毒素を生産することから，レース1は特定遺伝子型のトウモロコシに対して特異的な病原性を示す．HCトキシンは $20\ ng\ mL^{-1}$ の濃度でも活性を示し，トウモロコシのヒストン脱アセチル化酵素（histone deacetylase）を阻害することにより，ヒストンのアセチル化に影響を及ぼす．ヒストンのアセチル化は，クロマチン構造，細胞周期の進行および遺伝子発現に関与している．HCトキシンは，*HTS1*遺伝子にコードされたHCトキシン合成酵素1によって合成される．すべての*HTS1*遺伝子が阻害されると，菌はHCトキシンを合成できなくなり，病徴は萎黄斑点を生じる程度になる．特定遺伝子型を除くトウモロコシは，毒素を分解するHCトキシン還元酵素を有しており，レース1に対して非特異的な抵抗性を示す．

フザリン酸［Fusaric acid；5-ブチルピリジン-2-カルボン酸（5-butylpyridine-2-carboxylic acid）］は低毒～中毒性の宿主非特異的マイコトキシンの1種で，穀類，トマト，バナナやタバコの病原となるフザリウム（*Fusarium*）属菌によって広く生産される．フザリン酸は，（すべてではないが）さまざまな病徴を起こすことがある．トマトはフザリン酸を脱炭酸して，はるかに（100倍も）毒性の高い3-*n*-ブチルピリドン（3-*n*-butyl-pyridone）を産生する．一方で，フザリン酸はマウスに対して弱い毒性を有する．これはドーパミン・ヒドロキシラーゼ（dopamine hydroxylase）を阻害することによって，血圧を低下させるためである．このことから，フザリン酸は臨床薬剤としての潜在的価値を有すると考えられる．

宿主細胞のタンパク質生合成に際しての転写や翻訳に対して，病原体が影響を及ぼすこともある．その影響により，**宿主の代謝系は病原体が有利になるよう変化する**．これにより植物の二次代謝に変化が起き，何らかの方法で病原体に都合が良くなるような化学物質の生産を促すこともある．その一例として，「ベクターに作用して，他の宿主植物への病原菌移送を促す物質」の生産をあげることができる（McLeod et al., 2005）．同様に興味深い例として，**植物ホルモンの過剰生産**によって植物細胞が異常増殖し，植物組織が異常化するという現象がある．宿主植物のホルモン異常は，宿主の代謝に対する病原体の影響や，あるいは病原体によって生産される植物成長ホルモンやホルモン類似物質によって，もたらされるものである．

- 白さび病菌（*Albugo candida*；クロミスタ界卵菌門）はアブラナ属の植物に感染し，インドール酢酸（indole acetic acid；IAA）の異常生産を誘導する（アブラナ属は最も重要な農作物や園芸作物を含む属であり，スウェーデンカブ，カブ，コールラビ，キャベツ，芽キャベツ，カリフラワー，ブロッコリー，カラシ，ナタネなどが含まれる）．本種による病害は白さび病とよばれている．インドール酢酸は植物オーキシンの元祖ともいうべき物質で，細胞伸張や頂芽優勢（側芽形成を阻害する）の促進，落葉の抑制，子房の成長継続の促進，維管束やコルク形成層の細胞分裂，側根や不定根形成の促進に関わっている．

- 植物ホルモンの1種ジベレリン（gibberellin）は1930年代，イネ馬鹿苗病菌（*Gibberella fujikuroi*, = *Fusarium moniliforme*；子嚢菌門）に罹病したイネから初めて単離された．この菌は，自ら植物の生長ホルモンであるジベレリン酸（gibberellic acid）を過剰に産生する．馬鹿苗病にかかった苗は，異常成長して葉の黄化，萎黄を起こし，最終的には倒れて枯死する．健全な植物体においては，ジベレリンによる成長制御物質は，茎や葉の細胞伸長，種子発芽，休眠，開

花，酵素誘導，そして葉や果実の老化に関わっている．アジア，アフリカおよび北米では，今日でもイネ苗の馬鹿苗病が発生している．2003年の被害率は20ないしは50%と見積もられている．世界の人口のうち約半分は，イネを主食としていることに注視する必要があろう（国際イネ研究所統計；http://www.knowledgebank.irri.org/ 参照）．

14.12　植物病原体の感染様式

病原体が病気を発症させ，また自らの生存を確実にするには，宿主に侵入することが必要である．したがって，病原体は適当な宿主に付着し，それと判別するとともに，宿主に侵入するためのメカニズムを備えている．宿主組織に侵入するには，気孔や傷部といった既存の開口部を見つけて，そこから侵入するという様式と，直接機械的に侵入するという様式が考えられる．それでは，病原体はどのようにして侵入門戸を検出するのであろうか．

宿主葉表面に落下した病原菌の胞子は，胞子の細胞壁と葉のクチクラ層疎水面との間の**疎水性相互作用**（hydrophobic interaction）によって，葉の表面に固着する（6.8節参照）．胞子から発芽した菌糸は，適当な部位に至るとそれを感知し，菌糸先端を膨張させて（付着器に分化する）葉表面への固着強度を高める．菌糸は宿主の葉表面に強く固着することにより，植物体内に貫入する際に機械的な力を発揮することが可能になる．

葉や人工的基物上において発芽した病原菌の分生子発芽管は，通常は表面の畝状もしくは溝状の構造に垂直な方向に成長する．幅 2.0 μm，高さ 0.5 μm の畝または溝がある人工物の表面では，付着後4分以内に付着器が形成される．これは**接触屈性**（thigmotropism）の1種で，硬質の物質との物理的接触による刺激に反応して，方向性を有した成長を示すものである．同様の機構は，動物病原体についても知られている（Nikawa et al., 1997）．

植物病原菌が作用する対象は，植物のクチクラである．クチクラは細胞外に位置し，外面の（一般には表皮の）細胞表面に形成される．クチクラは層状構造を呈し，**クチン**（cutin）単位によって構成されている．外層はおもに，あるいはすべて，非常に**疎水性の高いワックス**（hydrophobic waxes）から構成され，内層の表皮細胞に接した部分の組成は非常に親水性が高い（セルロースに富む）．内層が親水性で外層が疎水性であることから，クチクラは植物細胞表面からの水分消失を阻止する均質な防御壁として機能する．成長中の菌糸は，基物表面の非常に細かい変化を感知することが可能で，葉の表皮細胞，特に気孔細胞間にあるような，葉表面の隆起部の間隙を察知することができる．発芽管菌糸は，先端が気孔の孔辺細胞（実験室内においては，人工物表面のくぼみ）を超え，気孔の上に付着器を形成すると，伸長成長を停止する．

植物病原体が宿主表面を認識する手段（surface cue）は，接触屈性だけではない．イネいもち病菌による付着器の形成や分化には，基物表面の硬さや，また別個に表面疎水性の刺激も重要である．Gタンパク質シグナル伝達系の調節やcAMPの集積もこれらの刺激に誘発されるものである（Liu et al., 2007）．さらにこれらの菌糸体は，気孔に対して**化学刺激屈性的**（chemotropically）に反応するが，おそらくこれは呼吸腔からのガスに反応するものと考えられる．

14.13　気孔開口部からの侵入

付着器は菌糸の先端が膨れて，高度に分化した組織である．気孔の上面を付着器が覆うと，侵入菌糸が形成されて，直接気孔を通じて気孔下の空隙に侵入する．さらに菌糸が中葉の葉細胞間を伸長し，宿主組織を壊死させることなく必要な養分を摂取する．

気孔開口部からの貫入は，**サビ菌**（rust fungi）である *Uromyces* 属で見られるが，マメ類のさび病を起こす *Uromyces fabae*（担子菌門）はその顕著な例としてあげられる（Voegele, 2006）．この菌はソラマメ（*Vicia faba*），エンドウ（*Pisum sativum*）やレンズマメ（*Lens culinaris*），さらに50種以上のソラマメ属種や20種以上のレンリソウ属（スイートピーやグラスピーなど）など，多くの有用作物に害を与える．中でも，ソラマメのさび病は最も深刻な病害であり，被害が生産量の50%に及ぶこともある．*Uromyces fabae* は**長世代型サビ菌**（macrocyclic rust）の1種であり，サビキン目に知られている5タイプの胞子世代すべて（下記参照）をもち，さらにそのすべてが同一宿主上に形成される（**同種寄生，autoecious**）．本種の生活環は以下の通りである．

- 複相の**冬胞子**（teliospore）が野外の植物遺骸上で越冬し，翌春発芽して**後担子器**（metabasidium）を形成する．
- 減数分裂によって後担子器から4つの単相の**担子胞子**（basidiospore）を形成．担子胞子は2つの異なる交配型を有する．

- 後担子器から担子胞子が射出される．
- 担子胞子が宿主葉に付着後，発芽して感染に必要な器官を形成する．
- 感染宿主体内において，菌糸体が**柄胞子**（pycniospore）および受精毛を含む**柄子器**（pycnium）を形成する．
- 異なる交配因子をもつ柄子器間で，柄胞子が交換されて**二核化**（dikaryotization），さび胞子堆原基を形成する．
- さび胞子堆が分化してさび胞子（aeciospore）を形成する．
- 宿主上でさび胞子が発芽，感染に必要な器官を形成する．
- 二核体感染により**夏胞子堆**（uredium）を形成，夏胞子堆に**夏胞子**（urediospore）を形成する．
- 夏胞子は空気伝搬する無性胞子として主要なものであり，夏期中宿主植物に繰り返し感染して大量に生産される．夏胞子は，サビ菌類（rust fungi）の「赤錆（rust）」状胞子に該当する．
- 夏の終期に夏胞子堆が**冬胞子堆**（telium）に分化，胞子形成に際して核融合を伴って単細胞複相の冬胞子を形成，冬胞子は宿主上で越冬する．

サビ菌の感染器官に関する情報は，ほとんどが夏胞子の解析に基づいたものである（図14.5）．夏胞子（図14.5A）は発芽により発芽管を生じるが，発芽管は明瞭な付着器を形成し，貫入菌糸によって気孔開口部から葉内に侵入して，気孔下空隙に小囊を形成する．小囊から伸長した菌糸は葉肉細胞に行き当たると吸器母細胞に分化，ここから吸器が形成されて宿主細胞内に貫入する．

発芽した担子胞子からの侵入様式は，まったく異なっている．付着器，小囊および吸器を形成するものの（Voegele, 2006）（図14.5），より直接的な貫入を行う（14.14節参照）．

夏胞子は単細胞で，細胞壁は針状突起に覆われ，またその表面は疎水性を示す．胞子が宿主組織表面に**最初に付着**する際には，疎水性相互作用が重要な役割をはたしている．胞子と宿主が接触すると，低分子性の炭水化物およびグリコシル化ポリペプチド（glycosylated polypeptides）からなる，細胞外マトリックスの産生が始まる．この細胞外マトリックスは，胞子の発芽孔プラグが融解した物に起因する．細胞外マトリックスや菌の生産するクチナーゼ，エステラーゼは固着パッドの形成に関与する．胞子発芽誘発には40分以上の暗黒条件と，5℃から26℃（最適温度は20℃）の温度条件が必要である．しかし，こうした条件さえ揃えば，何の表面にあるかにはほとんど関わらず，夏胞子は発芽する．このことから，発芽の誘発には宿主からのシグナルは必要ないと考えられる．

基物の表面を発芽管が曲りくねりながら進む間，菌体内の細胞質は**発芽管**（germ tube）内へと移動していく．付着のために産生された細胞外マトリックスによって，発芽管は基物の表面に付着する．これが先に引用した，局所的な兆候が成立した箇所に該当する．*Uromyces appendiculatus* および *U. vignae* の付着器は，高さ 0.4〜0.8 μm の畝状突起によってその分化が誘導される．これは，気孔の孔辺細胞の高さに該当する．誘導に伴い，原形質は付着器に移動して，空胞化した発芽管は隔壁が形成されて分離される．付着器の分化に伴い，セルラーゼ，タンパク質分解酵素，キチン脱アセチル化酵素など，さまざまな**分解酵素**（lytic enzyme）が産生される（図14.6）．

付着器の基部からは**貫入菌糸**（penetration hypha）が形成され，気孔腔内に侵入して気孔下囊（substomatal vesicle）を形成する．その後隔壁が生じて，気孔下囊は貫入菌糸から分離される．気孔下囊からは細い感染菌糸が生じて，ペクチンエステラーゼ，メチルエステラーゼ，セルラーゼなどの酵素を活発に分泌し，宿主細胞壁を局所的に破砕する．感染菌糸が葉肉細胞に接触すると**吸器母細胞**（haustorial mother cell）が分化，

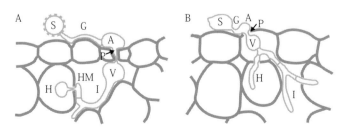

図14.5 マメ類さび病菌（*Uromyces fabae*）の夏胞子（A）および担子胞子（B）由来の感染に際して形成される器官．S, 胞子．G, 発芽管．A, 付着器．P, 侵入菌糸．V, 小囊．I, 感染菌糸．HM, 吸器母細胞．H, 吸器（Voegele, 2006より再描）．

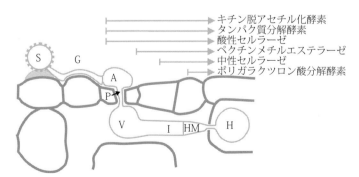

図14.6 マメ類さび病菌の初期二核感染構造に産生が認められる分解酵素の遷移．S, 胞子．G, 発芽管．A, 付着器．P, 侵入菌糸．V, 小囊．I, 感染菌糸．HM, 吸器母細胞．H, 吸器（Voegele, 2006より再描）．

第14章 植物病原菌としての菌類

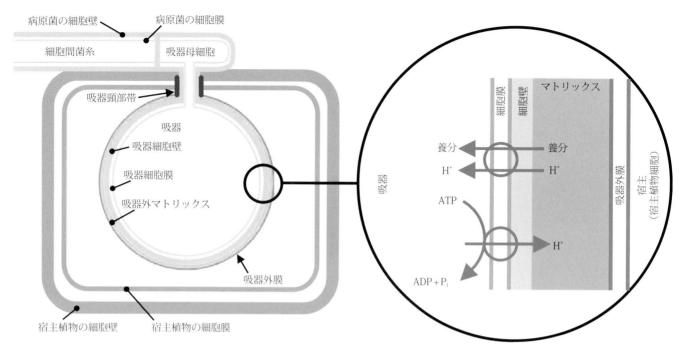

図14.7 宿主ソラマメの葉肉内における，マメ類さび病菌（*Uromyces fabae*）の二核性吸器の概念図．本図では，病原菌と宿主植物の間に存在する障壁（細胞膜および細胞壁）の数を強調して図示している．病原菌由来の構造を淡灰色で，吸器外マトリックスや吸器外膜を含めた植物由来の構造を灰色で示す（ただし，マトリックス生成には菌類も部分的に関与する）．右の拡大図は，菌のATP分解酵素によるプロトンポンプによって，菌の共輸送により植物細胞から養分吸収を進める様子を示す（図13.8および図13.14と比較）（Voegele, 2006の図に基づく）．カラー版は，口絵52頁を参照．

隔壁が生じて感染菌糸から分離される．原形質は吸器母細胞へと移動し，それ以前に形成された細胞は空胞化する．吸器母細胞の形成に伴い，ペクチン酸リアーゼ活性が生じる（Voegele, 2006）（図14.6）．

これまで記した感染に関わる器官［侵入期（penetration phase）とよばれる期間を担う］は，いずれも実験室内において，プラスチック膜上で病原菌の胞子を発芽させることによって，形成を再現することが可能である．吸器の分化完了には宿主からのシグナルが必要となることから，吸器，および寄生期（parasitic phase）や後の胞子形成期（sporulation phase）に形成される器官は，すべて宿主植物体内においてのみ，確認することができる（図14.7）．吸器形成には宿主細胞壁の突破，および細胞膜への侵入という過程が含まれる．吸器は宿主細胞内に形成されるものの，寄生菌および宿主の細胞膜，菌の細胞壁および吸器外マトリックス（extrahaustorial matrix）によって分断されており，生理的には宿主の範囲外ということができる．吸器外マトリックスは炭水化物およびタンパク質の混合物であり，おもに宿主植物に由来するもので，シンプラスト（symplast）の一部，もしくはアポプラスト（apoplast）が特殊化したものと考えられる．シンプラストとは，細胞膜の内側で水や溶質が自由に拡散する部分であり，アポプラストは細胞膜の外側でさまざまな物質が自由に拡散する部分である（Voegele, 2006）．

14.14 宿主細胞壁への直接的侵入

すべての付着器が，気孔の孔辺に対する反応によって，あるいは気孔上に形成されるわけではない．一部の病原菌は無傷の細胞壁上に付着器を形成し，直接的に細胞壁に貫入する．直接的貫入は機械的に行われるだけではなく，非常に強い圧力をかけて行われることもある（Money, 1999）．付着器は発芽管菌糸の先端が膨張して形成され，強い粘着物質によって宿主に付着する．付着器は成熟すると細胞壁内にメラニンを沈着させる．それにつれて付着器内にはグリセロール（glycerol）などの代謝物が蓄積されて，細胞質の浸透圧ポテンシャルが増大する．これにより，水分が付着器内に引き込まれ，膨圧が極端に高くなる．

付着器へのメラニン（melanin）沈着は，このような高い膨圧の維持に際して重要である．これは，メラニンは細胞壁に高度に交差結合されており，細胞質の高い浸透ポテンシャルからくる物理的圧力を支えることが可能となるためである．

続いて，貫入菌糸（penetration peg）とよばれる細い菌糸が

付着器の基部から伸びて，宿主表面に穿孔する．付着器内において高められた膨圧はすべて，貫入菌糸先端の微細な接触面に集中される．加えて，貫入菌糸が宿主のクチクラ内を伸長する間，菌糸からはクチクラ構成物質を特異的に加水分解する酵素が分泌される．こうした酵素分泌はクチクラ構成物質によって誘導される．菌糸の貫入が完了すると吸器が形成され，そこから菌糸が分岐して葉組織内に広がる．

このタイプの典型的な菌糸貫入は，**うどんこ病菌**（powdery mildews）の1種である *Blumeria* 属（旧来は *Erysiphe* 属におかれた）や，イネいもち病菌において見られる．灰色かび病の病原菌である *Botrytis cinerea*（子嚢菌）は，ワイン用ブドウの貴腐化の原因ともなる菌である．興味深いことに，本菌は付着器を形成するものの，先述のような物理的圧力を発揮することはなく，壁がメラニン化することも，あるいは発芽管から付着器を切り離す隔壁が形成されることもない．

うどんこ病菌は経済的にも重要な植物病原菌を含む菌群であり，オオムギ，コムギ，マメ類，リンゴ，テンサイやブドウなど，広い範囲の植物を侵す．うどんこ病菌が宿主に感染すると，疎水性の葉表面に接触することにより，分生子からは**クチナーゼ**（cutinases）や他のタンパク質の分泌が最初に認められる．うどんこ病菌の分生子は，植物体表面に付着後24時間以内に発芽して付着器を形成，貫入菌糸を伸ばして宿主の表皮クチクラや細胞壁を貫入し，表皮細胞内に吸器複合体（haustorial complex）を形成する．吸器複合体は菌の栄養獲得器官の1つであり，宿主に貫入して養分の吸収を可能にする．

コムギうどんこ病菌（*Blumeria graminis*）の細胞膜からは，これまでヘキソース輸送タンパク質（hexose transporters）を含むいくつかの輸送タンパク質や，アミノ酸透過酵素が見つかっている．このことから，宿主のコムギから病原菌に，グルコースやアミノ酸が輸送されていることがわかる．宿主からの養分によって菌糸は成長して，葉の表面を覆う（あるいは，さらに何ヵ所からも宿主への貫入を繰り返す）．感染した宿主細胞内には，**吸器外膜**（extrahaustorial membrane, EHM）に覆われた菌の吸器が形成される．吸器は，吸器外膜によって宿主

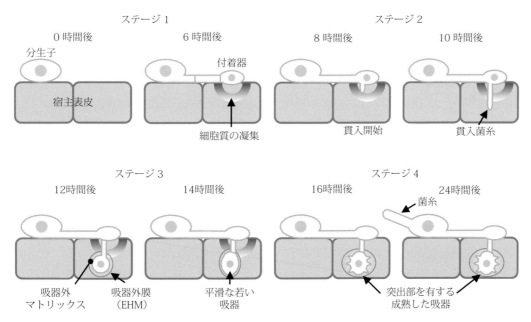

図14.8 *Blumeria* (*Erysiphe*) *cichoracearum* の感受性宿主であるシロイヌナズナに対する感染を時系列で示した，「コマ漫画」風図解．ステージ1（接種0〜6時間後；時間はいずれも概数）には，分生子が発芽して付着器を形成するが，植物細胞への侵入は認められない．このステージでは，植物の表皮細胞の細胞質および細胞小器官が，付着器の直下に移動集積する．ステージ2（6〜10時間後）には，付着器から長細い貫入菌糸が生じ，続いて表皮細胞内に侵入する．ステージ3（10〜14時間後）には，貫入菌糸の先端が膨張して表面が平滑な長い嚢状になり，吸器を形成する．このステージでは，感染葉表面の菌糸から吸器複合体に核が移動し，隔壁が形成されてくびれた部分が遮断される．吸器複合体は菌の吸器，ゲル状の吸器外マトリックス（菌および宿主植物双方に由来すると考えられる），および宿主の吸器外膜（EHM；宿主植物由来）からなり，感染後12〜18時間後に形成される．吸器外膜は吸器の周辺を覆い，宿主の細胞質から吸器を隔離している．感染初期の最終ステージとなるステージ4（16〜24時間後）には，吸器本体から伸びる明瞭な突出部が顕著になる．ステージ4までに，付着器発芽管とは反対側に，分生子から菌糸が伸長する．ここで図示した一連の事象は他の多くのうどんこ病菌にも共通するが，果穀類のうどんこ病菌では例外的に，付着器の発芽管伸長に先立って，痕跡的な一次発芽管形成が認められる（Koh *et al.*, 2005 に基づく）．

の細胞質から分断されている．吸器外膜は宿主由来のものであり，固有かつ特殊化した膜である．これは，細胞膜が陥入してそれが後に分化したものであるか，あるいは侵入した吸器を標的として小囊によって新たに合成されたものとも考えられる．うどんこ病菌による典型的な感染過程における事象を図 14.8 に示す（Koh et al., 2005）．

　イネいもち病菌ゲノムに含まれる遺伝子（合計 2154）のうち，約 21％は胞子発芽および付着器形成期間中に，**差次的発現**（differential expression，2 倍量以上の遺伝子発現の変化）を示し，その過半数は発現が上昇していた（Oh et al., 2008）．

　付着器形成時には，357 の遺伝子について発現に変化が認められた（240 遺伝子は発現上昇，117 遺伝子は発現低下）．酵素やアミノ酸の分解，脂質の生合成，二次代謝，細胞移送に関わる遺伝子発現が劇的に増加，分泌タンパク質をコードする遺伝子については 4 倍もの増加が認められたのに対して，タンパク質生合成に関わる遺伝子発現はかなり減少した（Oh et al., 2008）（図 14.6）．

14.15　酵素による貫入

　分泌されるタンパク質は先に述べたような共通のものである．植物病原菌は生きた植物体への貫入など，類似した生活様式を共有している．活物栄養性の菌に関しては，「宿主への貫入」とは「植物細胞壁への貫入」，「（潜在的には）宿主植物の抵抗反応の抑制」，さらには「養分吸収のための，生きた植物細胞膜への密接な接触」を意味している．これらの現象はいずれも発病に際して，菌の遺伝子により生産されるタンパク質が必要となる．これについては，半活物栄養性菌であるイネいもち病菌の病原性に関わる多くの遺伝子を材料として，これまで解説してきた．しかしながら，活物栄養性病原菌と比較すると，殺生栄養性病原菌が宿主細胞を壊死させて消費するに際しては，毒素生合成経路や細胞壁分解酵素産生のために，より大きな遺伝子相補が行われることが，ゲノムの比較解析によって明らかにされている．

　これまで述べてきた通り，一般に植物病原菌は，発芽時や宿主への侵入時に発揮されるクチナーゼ，セルラーゼ，ペクチナーゼ，タンパク質分解酵素などいくつかの**加水分解酵素**（hydrolytic enzymes）を分泌する．こうした酵素は，腐生菌によっても産生されている．しかし，病原菌における酵素活性，酵素の基物特異性やその制御は，病原菌による必要性や宿主植物の特性に順応したものとなっている．たとえば，アブラナ科植物黒すす病菌（*Alternaria brassicicola*，子囊菌門）は，さまざまなアブラナ科植物の葉の黒変または褐変を起こすが，土壌中，腐敗しつつある植物体内，木材あるいは食品内において腐生的生活を送ることもある．腐生生活時と寄生生活時では，本種が産生するクチナーゼのアイソザイムパターンが異なることが知られている（Knogge, 1998）．

　植物病原体が植物体に対して行う最初の攻撃は，ワックスによって覆われたクチンによって構成された，葉表面への菌糸貫入である．病原体の感染には，宿主植物と病原体双方の，複雑な感知機構と信号が必要となる．植物病原体は，いつ，どこで発芽し，感染に必要な器官を形成し，酵素や代謝産物を産生するのか，あるいはこれらをするか否かを選択する必要がある．これらの選択は，物理的化学的環境を感知し，基物表面が疎水性かあるいは親水性か，さらにその硬さや化学的環境を認知するといった過程を通じて行われる（Knogge, 1998；van Kan, 2006）

　灰色かび病菌（*Botrytis cinerea*，子囊菌門）は殺生栄養性原菌の 1 種であり，これまで詳細な研究が行われている．本種は付着器を形成するが，直接的な物理的圧力だけで宿主に貫入することはできない．本種は高度にメラニン化した細胞壁をもたず，さらにコムギうどんこ病菌やイネいもち病菌などに見られるような，付着器から発芽管を離脱する隔壁形成も認められない．これらは，高い物理的圧力を発揮する付着器に特徴的な構造である．灰色かび病菌の付着器に関しては，**分泌酵素**（secreted enzyme），特にクチナーゼとリパーゼの存在が，植物体表面を突破するに際して重要である．灰色かび病菌のゲノムには，少なくとも 5 つのクチナーゼ遺伝子，および 12 以上のリパーゼ遺伝子が含まれている．

　付着器から伸びる貫入菌糸の先端からは過酸化水素が産生され，クチクラ構造の分解や菌糸貫入が促される．表皮細胞への初期侵入に際しては，ペクチナーゼ（ペクチン質分解酵素）も産生される．灰色かび病に感受性を有する植物のほとんどは，細胞壁内のペクチン含有量が比較的高い，という共通の特徴をもつ．灰色かび病菌は，少なくとも 6 つのペクチン質分解酵素遺伝子をもち，宿主細胞の特性によってその遺伝子発現は制御されている．このため，灰色かび病菌のペクチン分解系は効率的であり，またこのことはこの菌がもつ宿主偏好性に反映されている．

　灰色かび病菌は，植物に毒性のある低分子の代謝産物を産生し，さまざまな方法で宿主の細胞死を促す．そのうち，最もよく研究されているのは，セスキテルペン（sesquiterpene）で

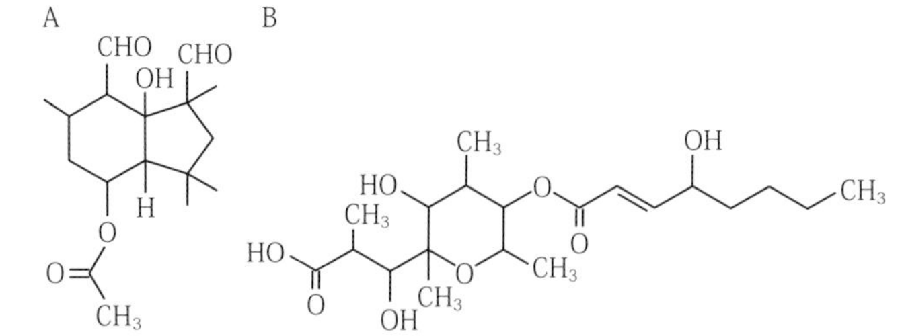

図14.9 灰色かび病菌による植物毒性代謝物質. A, セスキテルペンの1種ボトリディアール. B, ボトシン酸（ポリケチドの1種）.

あるボトリディアール（botrydial）である（図14.9A）.

灰色かび病菌の一部の系統は，宿主細胞を殺すのにボトリディアールのみを用いるが，他の系統はボトシン酸（botcinic acid，図14.9B）などの他の毒素も産生する．灰色かび病菌や，広く見られる殺生栄養性病原菌である菌核病菌（*Sclerotinia sclerotiorum*, 子嚢菌門）では，ジカルボン酸（dicarboxylic acid）であるシュウ酸塩（oxalate）も産生する（Plassard & Fransson, 2009）．シュウ酸塩欠損変異株は非病原性であるが，シュウ酸塩産生能の回復により病原性も回復する．シュウ酸産生によって，次に述べるようなさまざまな機能が生じると考えられる．

- シュウ酸は強い酸（strong acid）である．灰色かび病菌が潜在的に有する酵素には，酸性環境下で活性化するものがある．（ペクチナーゼ，タンパク質分解酵素，ラッカーゼなど）．
- シュウ酸は二価金属イオン，特にCa^{2+}とCu^{2+}をキレートする．植物細胞内のCa^{2+}のほとんどは，ペクチンに組込まれた形で細胞壁内に蓄積される．ペクチナーゼによる部分的加水分解の後，Ca^{2+}はシュウ酸によってペクチンから抽出される．カルシウムが除去され，さらに分解が進むことにより，ペクチンはさらにペクチナーゼの影響を受けやすくなる．
- シュウ酸は植物の防御反応を弱め，植物のプログラム細胞死の引き金となる（van Kan, 2006）．

ソラマメ赤色斑点病菌（*Botrytis fabae*）やユリ葉枯病菌（*B. elliptica*）など，宿主特異性を有する*Botrytis*属菌は，宿主選択的毒素（host-selective toxin）として知られる植物毒性タンパク質を産生する．これらは，植物細胞死を起こすタンパク質ファミリーの1つである，壊死性およびエチレン誘導性タンパク質群［necrosis and ethylene-inducing proteins（NEPs）］

である．これらは，フザリウム属の1種*Fusarium oxysporum*の培養ろ液から初めて分離されたものであるが，それ以降バクテリア，疫病菌属や真菌に属するさまざまな植物病原性微生物から検出されている．果実や野菜の一部がしばしば罹病する，（バクテリアや菌類によって起こされる）軟腐病（soft rots）として知られる植物病では，菌類の細胞外酵素が特に重要とされる．植物病に関与する酵素にはペクチナーゼ，ヘミセルラーゼ，セルラーゼやリグニン分解酵素がある（菌類の酵素については，すでに第10章で取り扱った）．これらは，圃場，運送中あるいは商店における，生の果実や野菜の腐敗の原因となっており，商業的にも重要である．小売店レベルにおいては，マイコトキシンが生果実の安全性維持に有効な可能性がある，とする報告もある（Moss, 2008）．

以上のことから，*Botrytis*属（ならびに，おそらくは他の従属栄養生物も）が感染すると菌類由来のさまざまな毒物が産生され，それにより植物細胞のプログラム細胞死が起こる，というのが一般的なパターンということになる．換言すると，宿主細胞死には病原体，そして宿主植物自身双方が積極的に参画しているということができる．感染によって，酸化バースト（オキシダーティブバースト，oxidative burst）という反応が起こる．酸化バーストとは，病原体によって攻撃を受けた際の初期に（植物，さらには動物においても）起こる反応であり，過酸化水素（hydrogen peroxide）などの活性酸素種［reactive oxygen species（ROS）もしくは過酸化物］の産生が誘導される．その主要産生メカニズムは，植物の膜結合性NADPHオキシダーゼもしくはペルオキシダーゼが関わり，植物の種によってそれが単独あるいは協調して働くかが異なっている．通常，ROSは分子状酸素の連続的な1電子還元過程の副産物として生成するため，ほとんどの細胞で産生し，無毒化されている．また，ほとんどの細胞は同時に細胞内ROSを最小限に保つ防御機構を備えている．しかし，細胞がストレス環境下にさらされると，これらの防御機構は，大量のROSの急激な産生によって解除される．これが酸化バーストである［同様の反応過程は動物，特に哺乳類の食細胞において古くから知られ，呼吸バースト（respiratory burst）とよばれている］．しかし植物においては，この現象は以下のような役割をもつ．

- 侵入する病原体に対して，潜在的作物保護剤（potential protectant）を産生する．酸化剤はそのものが直接保護的であるが，さらにこれらは植物細胞壁の酸化的架橋形成の基質として用いられ，また拡散性のある信号として働いて，周辺

細胞の細胞防御遺伝子を誘導する.

- サリチル酸（salicylic acid）および細胞質 Ca^{2+} の変化とともに，高度に増幅され，統合された信号システムの中心的な役割を担う．呼吸バーストは過敏感反応表現の原因となるもので，活物栄養性病原体に対する抵抗性に寄与する．この過敏感反応とはプログラム細胞死であり，これには核凝縮や，特定遺伝子群の発現および特定タンパク質の活動が含まれる．これらの中で特徴的なのはメタカスパーゼ（metacaspase）である．これは，Arg/Lys特異的であり，動物のアポトーシスに関わるアスパラギン酸特異的カスパーゼ（Asp-specific caspases）に相当する．メタカスパーゼは植物および菌類のプログラム細胞死を起こす.

植物は過敏感反応を起こし，感染した細胞を急速に枯死させることによって，活物栄養性病原体から身を守る．細胞死によって，侵入した病原菌は細胞にとりつくことができず，養分獲得のための構造物を形成して，感染を開始した発芽胞子の成長をささえることができなくなる．絶対的活物栄養性の病原菌は，腐生的に栄養を得ることができない．したがって，1枚の葉，あるいは数個の細胞を犠牲にすることにより，病原菌を兵糧攻めにして，発芽した胞子を効率的に殺すことが可能になる．一方で，灰色かび病菌や菌核病菌といった殺生栄養性病原菌は，死んだ植物組織から栄養を得ることができる．

実際，殺生栄養性植物病原体の目的は宿主細胞を殺し，植物体を分解して菌体に変換することであるということができるかもしれない．これらの菌は，宿主の防御メカニズムを自らの病原性に利用している（Govrin & Levine, 2000）．灰色かび病菌はクチクラ侵入に際して，侵入を助けるために酸化剤を用いて酸化バーストを引き起こす．しかし，感染によって植物の原形質膜には過酸化水素が多量に集積される．これにより過敏感反応が誘導されて植物細胞死が起こり，枯死した植物体は病原菌によって腐生的に利用される（Knogge, 1998；van Kan, 2006）．そのために，これらの菌はさまざまな消化酵素を産生して，消化代謝を完全に発揮する．このようにしてこれらの菌は，植物細胞を栄養源として最大限利用することが可能になる（Jobic et al., 2007）．

14.16 植物による構成的および誘導的防御メカニズム

植物は進化の過程において，病原体から身を守るためのさまざまな防御メカニズムを獲得してきた．健全な植物がもって生まれた構造や化学物質には，病原体による感染を回避し阻止するのに有効なものがある．また，範疇としては重なるが，病原体に対する抵抗反応も重要なメカニズムである（表14.5）．

植物のもつ構成的防御には，以下のようなものがある．

- 表面のワックス構造（surface wax）．
- 表皮細胞壁（epidermal cell wall）および内側の防御壁（内皮）の化学的構造，厚みおよび架橋結合．
- 気孔および皮目の解剖学的位置および表皮毛の特徴．
- 植物表面や表面組織に含まれる菌発芽阻止物質（fungal germination inhibitors）［タマネギ（*Allium cepa*）の鱗茎におけるカテコール（catechol）や，ジャガイモの表皮におけるクロロゲン酸（chlorogenic acid）などのフェノール化合物など；図14.10参照］．

感染に対する反応によって生じる防御には，以下のようなものがある．

- 組織レベルでの組織学的防御（histological defenses at the tissue level）．
  - コルク層や離脱層の形成（植物体の一部を離脱させること

表14.5 植物の潜在的および誘導的防御機構

感染前から植物体内に存在		感染後に誘導	
構造物	化学物質	構造物	化学物質
植物体表面ワックス	葉面浸出液	リグニン化	過酸化水素（酸化バースト）
クチクラ，樹皮	表面pH	器官離脱層	ファイトアレキシン
細胞壁（厚さ）	毒素（フェノール化合物など）	チロース（維管束の萎凋に呼応して形成）	防御反応タンパク質および代謝産物
カスパリー線（内皮）	酵素阻害剤（タンニンなど）	コルク層形成	コルク層形成
		過敏感反応：プログラム細胞死を引き金に宿主細胞が急速に壊死	

によって，他の部分が守られる場合）．
- 導管成分を遮断し，病気の拡大を制限するチロース（tyloses）の形成．
- 植物表面の細胞壁上または細胞内へのガム（樹脂状で粘性のある物質で，乾燥すると脆い固体になる）の沈着．

• **細胞もしくは準細胞レベルでの防御戦略**（defense tactics at the cellular/subcellular level）．
- 感染部位周辺への細胞質成分の集中．
- β-グルカン（β-glucan）であるカロース（callose）による細胞壁の厚壁化．
- 病原体や病原体由来毒素に対する特異的付着や，レセプター部位の変質および除去．
- 植物から周辺環境への阻害物質の放出：植物はさまざまなフェノール化合物を産生するが，その一部は初期の防御物質（図 14.10）として機能して，反応性防御物質や土壌中に残存する**他感物質**（allelochemical，環境中に放出される生体分子で，周辺生物の生育や成長に影響を及ぼすもの）も含まれる（Popa *et al.*, 2008）．
- セルロースおよびリグニンの沈着，およびヒドロキシプロリン（hydroxyproline）に富んだ糖タンパク質の集積による細胞壁の強化．
- タンパク質分解酵素阻害剤，およびキチナーゼやグルカナーゼなど菌細胞壁をターゲットとした分解酵素の産生．
- **ファイトアレキシン**（phytoalexin）の産生：ファイトアレキシンは抗菌化合物であり，健全な植物組織には検出されないが，病原体による感染後濃度が上昇する．ファイトアレキシンにはテルペノイド，糖ステロイド，アルカロイド（2 例を図 14.11 に示す）がある．ファイトアレキシンの定義はこれまで拡大解釈されてきたが，現在は植物が産生する化学物質のうち，病原体や害虫への抵抗に貢献するものがファイトアレキシンとされる．したがって，これまでわれわれがとりあげてきた化学物質の多くが，ファイトアレキシンの範疇に含まれると考えられる．単純な機能的定義では，ファイトアレキシンは感染により新たに産生される化合物であり，（感染前から存在して）感染阻害剤として機能するものは**ファイトアンティシピン**（phytoanticipin）という．しかし実際には，その区分は常に明白なわけではない（Dixon, 2001）．ファイトアレキシンは植物に加害する生物に対して毒性を有しており，高度な特異性をもつ．ある有害生物に対して有効な活性をもつファイトアレキシンが，他の有害生物に対しては有効ではないこともある．

植物は過敏感反応により，活性酸素種と過酸化水素を産生して，感染を受けた細胞のプログラム細胞死を誘発する．これにより，傷ついた細胞は自殺して病原体に対する物理的障壁となる．こうしたタイプの誘導抵抗性は，病原の種類に関わらず短い時間で起こるため，**一般的な短期応答**（general short-term response）ともよばれる．

これに代わる反応として，宿主植物は**長期的抵抗**（long-term resistance）も起こす．長期的抵抗は**全身獲得抵抗性**（systematic acquired resistance, SAR）としても知られ，植物体の一部が病原体と接触した後に，植物体全体が抵抗性となる反応である．これは，ジャスモン酸（jasmonate），エチレン（ethylene），アブシジン酸（abscisic acid）などの**ホルモン**

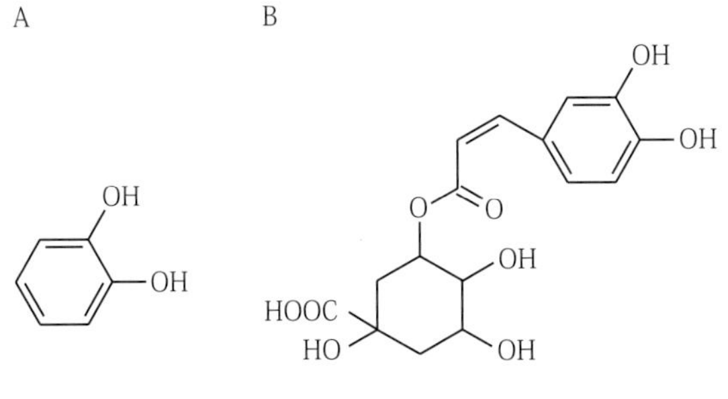

図 14.10 菌の成長阻害剤として働くフェノール化合物 2 種．A，タマネギ鱗茎の外皮に含まれるカテコール．B，ジャガイモの塊茎およびコーヒーの緑豆の外皮に含まれるクロロゲン酸（ケイ皮酸エステルの 1 種）．

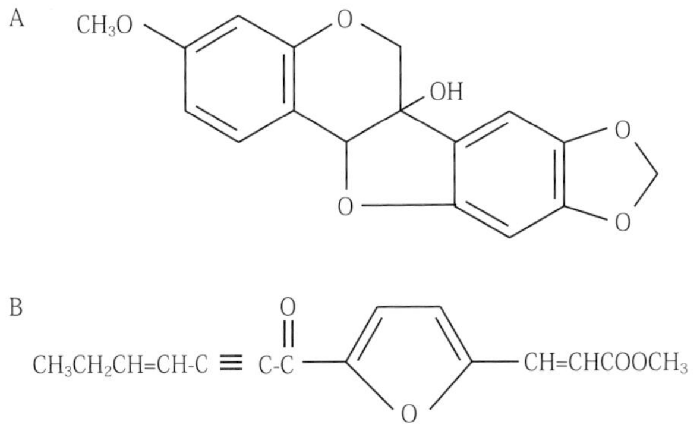

図 14.11 特徴的な 2 種のファイトアレキシン．A，ピサチン（pisatin）．エンドウのファイトアレキシンで，イソフラボノイド化合物．*Nectria haematococca* の病原性系統のいくつかは，ピサチンのメチル基分解酵素を産生して，ピサチンを無毒化する．B，ウィエロン（wyeron）．ソラマメによって産生されるフラノアセチレン・ファイトアレキシン．ウィエロンは，「London 大学 Wye 校・植物成長物質および全身性殺菌剤ユニット」において発見されたことから，このように命名された．

(hormone)や内在性のサリチル酸集積によって，植物の他の部分にシグナルを送ることによる．気体のホルモンが受傷組織から放出される場合には，近隣の植物も同様に抵抗性反応を獲得する可能性もある．

実際に，植食動物は芳香族の傷害反応化合物（aromatic wound response compound）を感知し，その植物がすでに食用にはならないことを見極めることができる．全身獲得抵抗性は広い範囲の病原体に対して有効であり，このことから**広域スペクトル抵抗性**（broad-spectrum resistance）ともよばれる．病原体から発される全身獲得抵抗性シグナルによって，さまざまな病原性関連（PR）遺伝子の誘導に関わる特異的分子シグナルの伝達経路が活性化される．これにより，さらなる病原体による攻撃から植物が守られる．ファイトアレキシンを合成するのに必要な酵素も，こうした機能の1つである．

このように，植物の活発な防御反応を誘発する病原体からのシグナルを，**エリシター**（elicitor）という．エリシターは単なる菌の生産物であるが，植物はこれらを感知して防御反応を発動する．特定の病原体群のすべてによって産生されるエリシターを**一般的エリシター**（general elicitor），特定の遺伝子型をもつ病原体のみによって産生されるエリシターを**レース特異的エリシター**（race-specific elicitor）もしくは**品種特異的エリシター**（cultivar-specific elicitor）という．エリシターはしばしば病原体細胞壁の構成成分であり，あるいはさらに構成成分の一部に過ぎないこともある．トマトによるファイトアレキシン産生を誘発する，*Cladosporium fulvum*（子嚢菌門）の産生するペプチドや，疫病菌の1種 *Phytophthora megasperma*（クロミスタ界卵菌門）がダイズ（*Glycine max*）に感染した際に，抵抗反応を引き出す分枝型グルカン（branched glucans）などがその例である．

14.17 病原菌と宿主の遺伝的変異：病害系共進化

菌類の産生するさまざまな分泌物を決定づける遺伝子は，本質的には菌類の病原力遺伝子群の構成要素であるといってよい．これは，これら遺伝子の生成物が，菌類の病原性に何らかの関与をしているためである．同様に，感染に対する防御要因に関わる植物の遺伝子は，その生成物が感染に対する防御に役立っていることから，事実上植物の抵抗性遺伝子と見なすことができる．

Ellis *et al.*（2007）は，植物と病原体の病害系共進化について，次のように述べている．

……複雑な戦略と，それに対する対応策のシナリオといえよう．第1の段階として，非病原性の祖先である菌が植物病原菌へと進化する際に，宿主による基本的な抵抗反応を弱めるエフェクターとよばれる分子を獲得する，という過程がある．このような基本的抵抗反応は，病原体の共通分子パターン（PAMPs）とよばれており，共通の微生物特異的分子によって誘導されるものである．こうした分子は，宿主のレセプターによって「自己ではない」と判断され，宿主による低レベルでの抵抗反応の引き金となる．第2の段階は，「エフェクター検知物質」に関する宿主植物側の進化である．これは，抵抗性（R）タンパク質としてより広く知られているもので，病原体のエフェクターを特異的に認識して，宿主の強い抵抗反応を作動させる．多様な宿主の抵抗性タンパク質によって認知されるエフェクタータンパク質は，非病原力タンパク質ともよばれる．第3の段階では，病原体側の対応策が進化してより複雑になる．ここでは，Rタンパク質からは認識されないが，病原力は維持するようにエフェクターを修正する，あるいは古いエフェクターを削除する，もしくは新たなものに置換することが可能になる．典型的な病原体においては，インヒビタータンパク質を進化させて，直接，もしくは間接的にRタンパク質によるエフェクターの認識を遮断するという過程が，第3の段階に加わる……．

垂直，もしくは水平抵抗性から，宿主植物の菌類病に対する反応は，以下のように分類することができる．

- **垂直抵抗性**（vertical resistance）は一般に，栄養繁殖をしない1年生の作物に見られる．一般に植物のもつ1つ，ないしは少数の病原体特異的遺伝子に依存している．抵抗性が打ち破られると，作物は発病する．
- **水平抵抗性**（horizontal resistance；おそらく自然界では最も普通に見られる）は多年生，もしくは栄養繁殖する1年生植物に見られる．多数の遺伝子によって制御されており，広く見られ，また非特異的．

病気に対する**耐性**（tolerance）とは，病原体が感染しても，作物が生産を継続できる能力のことである．病原体に対する植物の耐性には，次の2タイプがある．1つは，1ないしは少数の重要な遺伝子に基づく特異的な抵抗性で，特定の遺伝的に定義された病原体系統に対して有効である．もう1つは，多遺

伝子に基づいたより一般的な抵抗性で，広範囲の病原体に対して有効である．

病原菌が宿主を攻撃するには，宿主の防御戦略を攻略する必要がある．忘れてはならないのは，われわれが扱っているのは**植物病原性「菌類」**だという事実である．菌類のもつ，異核共存性や疑似有性生殖環（parasexual cycle）といった特性が，病原菌の集団遺伝に影響を及ぼすことも考えられる．もちろん，植物育種家や，近年重要性を増している分子生物学者および遺伝子技術者の活動も，宿主作物の集団遺伝に影響を与えている．

20世紀の中盤，アマの**特異的抵抗性**（specific resistance）の遺伝と，その病原菌であるアマさび病菌の**病原力因子**（virulence factors）について，統合的な研究が行われた．その結果，抵抗反応の有無を決定づける役割は，宿主および寄生者双方の遺伝子が担っているとする概念が導かれた．

この概念では，宿主においては抵抗性を有するという形質が優性として表現されるが，逆に寄生者においては病原力をもたないという形質が優性として表現される（いい換えると，菌類において病原力をもつという形質は，劣性形質である）．そして，表面的には，宿主のもつ個々の抵抗性遺伝子は，それぞれ病原体のもつ1つの遺伝子と対応している．これが，**遺伝子対遺伝子の概念**（gene-for-gene concept）である．

最も単純な遺伝子対遺伝子の関係においては，宿主の抵抗性と感受性という対立遺伝子，そしてこれに対応する病原体の病原力の有無という対立遺伝子の間での反応は，かなり単純なものである．こうした単純な相互関係も実在するが，一般に宿主と病原体間の相互関係はもっと複雑である．古典的な交配試験の結果，アマからは29の異なる宿主抵抗性因子が同定されているが，その個々の因子に対して，それに対応する病原性因子がアマのさび病菌から認められている．25以上の宿主およびその病原体の組合せにおいて，同様の宿主・病原体間の相補的な重要遺伝子相互作用が確認，もしくは示唆されている．

宿主植物の1遺伝子座と病原体の1遺伝子座間の相互関係を，表14.6に示した．宿主の対立遺伝子はRが抵抗性を，rが感受性を示し，これに対応する病原体の対立遺伝子はVが非病原力を，vが病原力を示す．

2因子相互作用の例を表14.7に示す．ここでは，優性関係によって生じた異なる表現型ごとにまとめ，単純化して配列した．このような多因子関係においては，遺伝子対遺伝子の遺伝子座のうちいずれかにおいて，抵抗性（宿主）と病原力（病原体）の対立遺伝子が合致すると，宿主は病原体に対して抵抗性を示す．遺伝子対遺伝子の抵抗性によって宿主植物が過敏感反応を起こし，病原体を封じ込めてその増殖を制限することもある．

遺伝子対遺伝子の相互作用は，宿主と病原体間の認識反応といい換えることもできる．病原菌の非病原力に関する対立遺伝子は，なぜか自身を「病原菌である」と標識してしまう．この場合，宿主植物の抵抗性対立遺伝子により，宿主は菌を認識して封じ込めることが可能になるが，抵抗性を発揮するには，いくつもの認識過程のうち1つが成立するだけでよい．菌が病原体として成功するか否かは，いかに宿主に認識されることを防ぎ，自らの標識すべてをとり除いて，背景にとけ込むことに

表14.6　1因子遺伝子対遺伝子関係

菌の病原性遺伝子型[a]	宿主植物の遺伝子型[a]		
	RR	Rr	rr
VV	抵抗性	抵抗性	発病
Vv	抵抗性	抵抗性	発病
vv	発病	発病	発病

a：宿主の対立遺伝子は，Rは抵抗性，rは感受性［正確には抵抗性（R）の劣性対立遺伝子］を表す．これに対応する病原体の対立遺伝子は，Vは非病原力，vは病原力［正確には非病原力（V）の劣性対立遺伝子］を表す．Moore & Novak Frazer (2002) より．

表14.7　2因子遺伝子対遺伝子関係

菌の病原性遺伝子型[a]	宿主植物の遺伝子型[a]			
	R1-, R2-	R1-, r2r2	r1r1, R2-	r1r1, r2r2
V1-, V2-	抵抗性	抵抗性	抵抗性	抵抗性
V1-, v2v2	抵抗性	抵抗性	発病	発病
v1v1, V2-	抵抗性	発病	抵抗性	発病
v1v1, v2v2	発病	発病	発病	発病

a：因子1および2の宿主対立遺伝子は，Rは抵抗性，rは感受性を表す．これに対応する病原体の対立遺伝子は，Vは非病原力，vは病原力を示す．表の大きさを小さくするため，ホモ接合およびヘテロ接合優性をまとめて表記した（たとえば$R1R1$や$R1r1$は$R1-$と表記）．Moore & Novak Frazer (2002) より．

成功するかに関わっている．植物にとっては，より感度の高い監視力を得ることが，生存の鍵となる．遺伝子対遺伝子相互作用は，均衡した多型性間での共進化による衝突に，宿主と病原体を縛り付けるものである．

遺伝子対遺伝子相互作用は，応用遺伝子操作の対象にもされている．農作物の病害制御戦略の一環として，実際に抵抗性の主動遺伝子は盛んに用いられている．病原体の生殖戦略によって，応用的なアプローチは異なってくる．常に無性生殖を行う病原体（クローン性の病原体）は，定期的に有性生殖を行う病原体とは大きな違いがある．クローン集団においては，集団内に存在する病原性遺伝子型の変異は限られている．これに対して，有性生殖を行う集団では，遺伝子組換えによる新たな病原力の獲得など，はるかに多様な病原性遺伝子型が生じる．

農作物育種において用いられる病害抵抗性遺伝子は，元々は病原体（現在では農作物の病害でもある）と，現在の農作物の祖先である植物との間の共進化によって生じたものである．遺伝子対遺伝子相互作用は，特にサビ菌やうどんこ病菌においては，自然界における野生植物の病害にも認められる．実際に植物育種家が，農作物のレース特異的抵抗性品種を育種する際には，その作物と近縁の野生種を遺伝子源として用いることが多い．野生エンバク（*Avena fatua*）のエンバク冠さび病菌（*Puccinia coronata* f. sp. *avenae*）や，ノボロギク（*Senecio vulgaris*）とそのうどんこ病菌である *Blumeria fischeri* などについては，野生の宿主と病原体の相互作用が詳細に研究されている．

病原力に関する分子レベルでの研究の結果，病原性にはさまざまな様相が存在することが明らかになってきた．唯一共通していえることは，たった1つの物質によって病原力を発揮する病原菌は，存在しないということである．一般に，病原力が発揮されるには，いくつもの，あるいはむしろ多数の遺伝子が必要となる．

アマ（*Linum usitatissimum*）とアマさび病菌（*Melampsora lini*）の間の相互作用に関する遺伝学的研究の結果，約30のアマの抵抗性（*R*）遺伝子と，これらに「応答」する約30のアマさび病の非病原力（*Avr*）遺伝子が決定された．オオムギ（*Hordeum vulgare*）とオオムギうどんこ病菌（*Blumeria graminis hordei*）の相互作用においては，80以上の抵抗性遺伝子が確認されている．オオムギの病原菌である堅黒穂病菌（*Ustilago hordei*）に関しては，コムギおよびオオムギの黒穂病に対して示す主要な遺伝子抵抗性，および非病原力遺伝子がこれまで遺伝子マッピングされてきた．しかし，トウモロコシについては，黒穂病に対する主要な遺伝子抵抗性がまだ確定されていない（Ellis *et al*., 2007）．

挿入変異（Brown & Holden, 1996）や全ゲノム，トランスクリプトーム，プロテオーム，セクレトームおよびメタボロームに関する研究など（Lorenz, 2002；Jeon *et al*., 2007；Talbot, 2007），精巧な分子分析法の導入が拡大してきたが，これらは菌類の病原性に関する分子遺伝学的研究に，刺激を与えることとなった．Jeon *et al*.（2007）は，アグロバクテリウム（*Agrobacterium tumefaciens*）を用いた形質転換法により（AMT；18.9節参照），20,000以上のイネいもち病菌（*Magnaporthe grisea*, = *Magnaporthe oryzae*）の突然変異株を作成した．いもち病菌は，付着器という特殊な構造を形成して植物に感染する．付着器はイネのクチクラに貫入する構造であり，そこから菌が組織に侵入して病徴が発現する（14.3節参照）．挿入変異株をマルチウェル・プレートで培養し，高処理能植物感染分析系において成長，分生子形成，付着器形成および病原性の解析を行った．得られたデータをリレーショナル・データベース化し，変異の詳細な表現型および分子生物学的特徴から変異株を選出した．この研究の結果，202の新規病原性遺伝子が検出された．

Talbot（2007）は，Jeon *et al*.（2007）の研究を，挿入変異や大規模な全ゲノムシーケンス情報を用いた，**工業規模研究**（industrial-scale study）と評価した．重要な作物病害に関わる他の多くの菌類についても，本研究と同様に詳細かつ包括的な情報を利用可能にすることが必要であろう．最も重要な作物に限っても，少なくともいくつかのさび病，うどんこ病，立枯病，腐朽病，斑点病や萎凋病など，これらに被害を及ぼす病害が数多く残されている．

14.18 文献と，さらに勉強をしたい方のために

Bendel, M., Kienast, F. & Rigling, D. (2006). Genetic population structure of three *Armillaria* species at the landscape scale: a case study from Swiss *Pinus mugo* forests. *Mycological Research*, **110**: 705–712. DOI: http://dx.doi.org/10.1016/j.mycres.2006.02.002.

Brown, J. S. & Holden, D. W. (1996). Insertional mutagenesis of pathogenic fungi. *Current Opinion in Microbiology*, **1**: 390–394. DOI:

http://dx.doi.org/10.1016/S1369-5274(98)80054-4.

Cairney, J. W. G. (2005). Basidiomycete mycelia in forest soils: dimensions, dynamics and roles in nutrient distribution. *Mycological Research*, **109**: 7–20. DOI: http://dx.doi.org/10.1017/S0953756204001753.

Dean, R. A., Talbot, N. J., Ebbole, D. J., Farman, M. L., Mitchell, T. K., Orbach, M. J., Thon, M., Kulkarni, R., Xu, J.-R., Pan, H., Read, N. D., Lee, Y.-H., Carbone, I., Brown, D., Oh, Y. Y., Donofrio, N., Jeong, J. S., Soanes, D. M., Djonovic, S., Kolomiets, E., Rehmeyer, C., Li, W., Harding, M., Kim, S., Lebrun, M.-H., Bohnert, H., Coughlan, S., Butler, J., Calvo, S., Ma, L.-J., Nicol, R., Purcell, S., Nusbaum, C., Galagan, J. E. & Birren, B. W. (2005). The genome sequence of the rice blast fungus *Magnaporthe grisea*. *Nature*, **434**: 980–986. DOI: http://dx.doi.org/10.1038/nature03449.

Dixon, R. A. (2001). Natural products and plant disease resistance. *Nature*, **411**: 843–847. DOI: http://dx.doi.org/10.1038/35081178.

Ellis, J. G., Dodds, P. N. & Lawrence, G. J. (2007). The role of secreted proteins in diseases of plants caused by rust, powdery mildew and smut fungi. *Current Opinion in Microbiology*, **10**: 326–331. DOI: http://dx.doi.org/10.1016/j.mib.2007.05.015.

Ferguson, B. A., Dreisbach, T. A., Parks, C. G., Filip G. M. & Schmitt, C. L. (2003). Coarse-scale population structure of pathogenic *Armillaria* species in a mixed-conifer forest in the Blue Mountains of northeast Oregon. *Canadian Journal of Forest Research*, **33**: 612–623. DOI: http://dx.doi.org/10.1139/x03-065.

Glazebrook, J. (2005). Contrasting mechanisms of defense against biotrophic and necrotrophic pathogens. *Annual Review of Phytopathology*, **43**: 205–227. DOI: http://dx.doi.org/10.1146/annurev.phyto.43.040204.135923.

Govrin, E. M. & Levine, A. (2000). The hypersensitive response facilitates plant infection by the necrotrophic pathogen *Botrytis cinerea*. *Current Biology*, **10**: 751–757. DOI: http://dx.doi.org/10.1016/S0960-9822(00)00560-1.

Jeon, J., Park, S.-Y., Chi, M.-H., Choi, J., Park, J., Rho, H.-S., Kim, S., Goh, J., Yoo, S., Choi, J., Park, J.-Y., Yi, M., Yang, S., Kwon, M.-J., Han, S.-S., Kim, B. R., Khang, C. H., Park, B., Lim, S.-E., Jung, K., Kong, S., Karunakaran, M., Oh, H.-S., Kim, H., Kim, S., Park, J., Kang, S., Choi, W.-B., Kang, S. & Lee, Y.-H. (2007). Genome-wide functional analysis of pathogenicity genes in the rice blast fungus. *Nature Genetics*, **39**: 561–565. DOI: http://dx.doi.org/10.1038/ng2002.

Jobic, C., Boisson, A.-M., Gout, E., Rascle, C., Fèvre, M., Pascale Cotton, P. & Bligny, R. (2007). Metabolic processes and carbon nutrient exchanges between host and pathogen sustain the disease development during sunflower infection by *Sclerotinia sclerotiorum*. *Planta*, **226**: 251–265. DOI: http://dx.doi.org/10.1007/s00425-006-0470-2.

Khan, J., del Rio, L. E., Nelson, R., Rivera-Varas, V., Secor, G. A. & Khan, M. F. R. (2008). Survival, dispersal, and primary infection site for *Cercospora beticola* in sugar beet. *Plant Disease*, **92**: 741–745. DOI: http://dx.doi.org/10.1094/PDIS-92-5-0741.

Knogge, W. (1998). Fungal pathogenicity. *Current Opinion in Plant Biology*, **1**: 324–328. DOI: http://dx.doi.org/10.1016/1369-5266(88)80054-2.

Koh, S., André, A., Edwards, H., Ehrhardt, D. & Somerville, S. (2005). *Arabidopsis thaliana* subcellular responses to compatible *Erysiphe cichoracearum* infections. *The Plant Journal*, **44**: 516–529. DOI: http://dx.doi.org/10.1111/j.1365-313X.2005.02545.x.

Liu, H., Suresh, A., Willard, F. S., Siderovski, D. P., Lu, S. & Naqvi, N. I. (2007). Rgs1 regulates multiple G subunits in *Magnaporthe* pathogenesis, asexual growth and thigmotropism. *EMBO Journal*, **26**: 690–700. DOI: http://dx.doi.org/10.1038/sj.emboj.7601536.

Lorenz, M. C. (2002). Genomic approaches to fungal pathogenicity. *Current Opinion in Microbiology*, **5**: 372–378. DOI: http://www.sciencedirect.com/science/article/B6VS2-468VN2T-2/1/5d06cddd121a56eb8b4f1e3cd94ddc96.

Lucas, J. A., Shattock, R. C., Shaw, D. S. & Cooke, L. R. (1991). *Phytophthora*. Cambridge, UK: Cambridge University Press. ISBN-10: 0521400805, ISBN-13: 9780521400800.

Mares, D., Romagnoli, C., Andreotti, E., Forlani, G., Guccione, S. & Vicentini, C. B. (2006). Emerging antifungal azoles and effects on *Magnaporthe grisea*. *Mycological Research*, **110**: 686–696. DOI: http://dx.doi.org/10.1016/j.mycres.2006.03.006.

Massart, S. & Jijakli, H. M. (2007). Use of molecular techniques to elucidate the mechanisms of action of fungal biocontrol agents: a review. *Journal of Microbiological Methods*, **69**: 229–241. DOI: http://dx.doi.org/10.1016/j.mimet.2006.09.010.

McLeod, G., Gries, R., von Reuss, S. H., Rahe, J. E., McIntosh, R., König, W. A. & Gries, G. (2005). The pathogen causing Dutch elm disease makes host trees attract insect vectors. *Proceedings of the Royal Society of London, Series B*, **272**: 2499–2503. DOI: http://dx.doi.org/10.1098/rspb.2005.3202.

Money, N. P. (1999). Biophysics: fungus punches its way in. *Nature*, **401**: 332–333. DOI: http://dx.doi.org/10.1038/43797.

Moore, D. (2000). *Slayers, Saviors, Servants and Sex: An Exposé of Kingdom Fungi*. New York: Springer-Verlag. ISBN-10: 0387951016, ISBN-13: 9780387951010. See Chapter 2: 'Blights, rusts, bunts and mycoses: tales of fungal diseases'.

Moore, D. & Novak Frazer, L. (2002). *Essential Fungal Genetics*. New York: Springer-Verlag. ISBN-10: 0387953671, ISBN-13: 9780387953670. URL: http://www.springerlink.com/antent/978-0-387-95367-0.

Moss, M. O. (2008). Fungi, quality and safety issues in fresh fruits and vegetables. *Journal of Applied Microbiology*, **104**: 1239–1243. DOI: http://dx.doi.org/10.1111/j.1365-2672.2007.03705.x.

Nikawa, H., Nishimura, H., Hamada, T. & Sadamori, S. (1997). Quantification of thigmotropism (contact sensing) of *Candida albicans* and *Candida tropicalis*. *Mycopathologia*, **138**: 13-19. DOI: http://dx.doi.org/10.1023/A:1006849532064.

Oerke, E.-C. (2006). Crop losses to pests. *Journal of Agricultural Science*, **144**: 31-43. DOI: http://dx.doi.org/10.1017/S0021859605005708.

Oh, Y., Donofrio, N., Pan, H., Coughlan, S., Brown, D. E., Meng, S., Mitchell, T. & Dean, R. A. (2008). Transcriptome analysis reveals new insight into appressorium formation and function in the rice blast fungus *Magnaporthe oryzae*. *Genome Biology*, **9**(5): R85. DOI: http://dx.doi.org/10.1186/gb-2008-9-5-r85.

Oliver, R. P. & Ipcho, S. V. S. (2004). *Arabidopsis* pathology breathes new life into the necrotrophs-vs.-biotrophs classification of fungal pathogens. *Molecular Plant Pathology*, **5**: 347-352. DOI: http://dx.doi.org/10.1111/J.1364-3703.2004.00228.X.

Plassard, C. & Fransson, P. (2009). Regulation of low-molecular-weight organic acid production in fungi. *Fungal Biology Reviews*, **23**: 30-39. DOI: http://dx.doi.org/10.1016/j.fbr.2009.08.002.

Popa, V. I., Dumitru, M., Volf, I. & Anghel, N. (2008). Lignin and polyphenols as allelochemicals. *Industrial Crops and Products*, **27**: 144-149. DOI: http://dx.doi.org/10.1016/j.indcrop.2007.07.019.

Scheffer, R. J., Voeten, J. G. W. F. & Guries, R. P. (2008). Biological control of Dutch elm disease. *Plant Disease*, **92**: 192-200. DOI: http://dx.doi.org/10.1094/PDIS-92-2-0192.

Smith, M. L., Bruhn J. N. & Anderson, J. B. (1992). The fungus *Armillaria bulbosa* is among the largest and oldest living organisms. *Nature*, **356**: 428-431. DOI: http://dx.doi.org/10.1038/356428a0.

Talbot, N. J. (2007). Fungal genomics goes industrial. *Nature Biotechnology*, **25**: 542-543. DOI: http://dx.doi.org/10.1038/nbt0507-542.

van Kan, J. A. L. (2006). Licensed to kill: the lifestyle of a necrotrophic plant pathogen. *Trends in Plant Science*, **11**: 247-253. DOI: http://dx.doi.org/10.1016/j.tplants.2006.03.005.

Voegele, R. T. (2006). *Uromyces fabae*: development, metabolism, and interactions with its host *Vicia faba*. *FEMS Microbiology Letters*, **259**: 165-173. DOI: http://dx.doi.org/10.1111/j.1574-6968.2006.00248.x.

Section 15
Fungi as symbionts and predators of animals

第15章
共生者と動物捕食者としての菌類

本章では，アリやシロアリや甲虫類による菌類の栽培を含む，菌類との共同事業を取り扱う．また，共進化に関する重要な話の1つに，嫌気性菌類と関連したイネ科植物の進化と反芻動物の発生に関するものがある．この話題は，人類は主要な食料として穀類を利用し，反芻動物の中から主要な食物となる家畜を選抜したため，人類の進化とも関連した魅力的なものである．最後に捕食性の線虫捕捉菌類を覗いてみよう．

菌類はその進化のすべての経過を通じて動物や植物とともに歩んできた．なぜならばこの三者の高等生物は進化の初期において互いに別れたからである．そして，この間ともに近接して生息してきたことによって多くの共同ベンチャー事象が生じた．われわれはすでに，いくつの菌類が菌根や地衣類のような相利的な関係のパートナーとして植物とともに生きてきたことをみてきた．これらの共生や相利関係で，それぞれパートナーはそのパートナーシップによって何らかの利益を得ており，この連携によってこれらの生物は個々に生活する場合よりもより成功をおさめている．互いにきわめて近接して生活している生物（しばしば2種類，時としてそれ以上の種類）は，互いの細胞を融合させ，地衣類の葉状体のように互いに結合した組織の形成に寄与することもあろう．この地衣類の相利関係は，相利関係として知られているものの中でも最も古いもので，いくつかの最も過酷な環境下でみられるものである．

菌類は動物ともよく似た緊密な関係をもっており，本章ではこのことも取り扱いたい．これにはいくつかの例があり，われわれがその相利関係の事象の大部分を把握しているのは，これらのうちの次の2つである．

- ハキリアリとシロアリによってつくられる「**菌園**」（最も注目に値するケースは，ハキリアリによる例であり，栽培されている菌類もハキリアリも互いの存在なくして生きられない状態にあり，菌類を栽培して菌糸を食べている）．
- **ツボカビ類**と**反芻動物**．

これらの例は，共生関係の鍵となる特徴を示す．

- すなわち，これらの生物は互いに相手に有益である．
- パートナーは協力関係を可能にするために互いに行動的にまた形態的に適応を示している．
- パートナーはきわめて長期間にわたって段階を踏んで進化（**共進化**）してきており，その時点で菌類は，そしておそらく動物も協力関係なしに生き残れなくなっている．

15.1 菌類の協同ベンチャー事業

われわれはすでに，数百kgの畜牛や数百gの微小節足動物などのような**植食動物の食料としての菌類**について考察してきた（11.1節参照）．菌類の子実体は霊長類やシカのような大型の哺乳類にとって有用な栄養補助食品として利用されている（Hanson et al., 2003）．しかし，ハナゴケ類（*Cladonia* spp.）属の地衣類（lichens）が，トナカイ（reindeer, *Rangifer tarandus*）にとって冬場の主要な食料となっているような例もある（Kumpula, 2001；Oksanen, 2006；Olofsson, 2006）．反芻動物（ruminants）のトナカイは，積雪下の地衣類を摂食してその断片を消化するのに行動学的にも解剖学的にも適している．

多くの節足動物は菌類の菌糸体を主要な栄養源としている．森林に生息する数万種の微小節足動物種の80％近くが，彼らの食料源の大部分あるいはすべてを菌類の菌糸体に依存する**菌食者**（fungivoresあるいはmycophagous）である．これら多くの小型動物については11.1節で取り上げた．

顕微鏡レベルでは，菌類に生息する最小の**菌食者**としてトビムシ類（Collembola）がある．これら多数の土壌生息性の翅をもたない小型節足動物は，系統的には昆虫類のいくつかの最も祖先系の系統のいずれかから由来したものである．トビムシ類は，土壌環境に不可欠な構成者である細菌，地衣類および分解有機物を含むさまざまな有機物質を摂食するが，土壌中のあらゆる食料源中でも菌類の菌糸は好んで摂食する．*Folsomia candida*のようなトビムシ類は，土壌上層（リター層）に生息して，しばしば菌根菌（mycorrhizal fungi）の菌糸よりも腐生性の**分生子形成菌**（conidial fungi）の菌糸を好んで摂食する．これらのトビムシ類は菌糸の先端部と小さな菌糸体を好んで摂食する．林地でのこのようなトビムシ類による摂食は，菌糸体ネットワークの形成や菌類による枯死有機物の分解能力を低下させる（Tordoff et al., 2006；Wood et al., 2006）．

よく調和した菌糸体のネットワークの性質は，多くの種の菌類において摂食に対する形態的な反応として起こり，これは植食動物の摂食攻撃から身をかわすための1つの手段と解釈することができる．このことは，このレベルにおいてさえ植食動物と菌類の間に**進化的連係**があることを物語っている．事実，トビムシ類に対しての過度な補償によって菌類の成長は促進され，その結果，総生物量は増大する．しかし，これは，十分な量の栄養分が菌類に提供される環境下に限られる（Bretherton et al., 2006）．

土壌中でのトビムシ類の生息に及ぼす他の要因は，地表で成長するイネ科草本（grass）の葉に**内生菌類**（endophytic fungi）が存在していることである．内生菌によって感染したリターは，内生菌類に感染していないリターに比べて分解が速く進むようである．これは，おそらく内生菌の生産する毒素によって土壌生物群集構造が，**デトリタス食者**（detritivores）がより高い割合を占めるように変わるためと考えられる（Lemons et al., 2005）．内生菌類は，畜牛のような大型動物による摂食を阻止する．その結果，内生菌類の宿主である植物を防御する機能を発揮することになる（第13章参照）．しかし，同じように，内生菌類は，餌としての植物の嗜好性，消化性，あるいは栄養価に変化を起こすことによって，植食動物と相互作用もする．

われわれの次のトピックスは，典型的な相利共生（mutalism）である．とはいえ，今回は，菌食者に対する阻害よりも菌類が植食動物の**摂食を促進する作用**（encouraging grazing）を取り上げたい．

attineアリは新熱帯区（Neotropcs，中米から南米）に生息する200種以上の養菌性アリであるが，菌類を育てる能力はむしろ稀である．ほとんどのアリは，菌類栽培にリターの破砕物を用いるが，ハキリアリ（leaf cutter ants, *Atta* spp.と*Acromyrmex* spp.）はLepiotaceae科（担子菌門：ハラタケ目）の2つ属の菌類［キヌカラカサタケ（*Leucocoprinus*）属とシロカラカサタケ（*Leucoagaricus*）属］を栽培するため，新鮮な葉を切りとって集める（Muller & Rabeling, 2008）．このアリと菌類の相利共生は，この関係がいかに成功しており，いかに複雑かを示している（Muller et al., 2001）．

菌類栽培の進化は，attineアリで約4,500〜6,500万年前にただ一度だけ起こった．attineアリは活発に菌類を彼らの巣内に接種し，葉の破片を供給し，菌糸を切り刻み，そして雑菌となる菌類を取り除く．その見返りとして，接種された菌類はattineアリの食料源となる特殊化した菌糸の束を供給する．これらは造園アリ（gardening ants，農民アリ）ともいえる（Vega & Blackwell, 2005）．attineアリは，アリの巣に主要食料源となる特定の菌類を栽培するために新鮮な葉を集め，これ

訳注1：おもにアナモルフ菌類（anamorphic fungi）．
訳注2：通常ハラタケ科（Agaricaceae）を用いる．

を堆肥に変える農業活動に従事しているわけである．Schultz & Brady（2008）によると，この農業活動は特殊化した相利共生であり，アリ，シロアリ，キクイムシ（bark beetles）およびヒトという4つのグループの動物にのみ進化したものである．

15.2　アリによる農業

　造園アリは，中米から南米の熱帯降雨林内の優占植食者（dominant hervivore；ヒトのみがより多くの樹木を破壊）であり，植物質を採取し堆肥にする．もちろん，結果的に造園アリは森林を破壊するが，作物にも損害を与える．アリ道は30 cm幅となり，その部分を荒らす．1つのコロニー（1つの巣）は，数百万匹の個体群からなっており，その巣は$8\,m^2$，深さ1 mに達する．このアリによって，収穫された数mm^2に切り刻まれた葉はパルプ化され，咀嚼された植物質はアリの唾液と糞を加えられ菌園（fungal garden）用の新しい堆肥とされる．新しく造られた堆肥には，菌園の既存の部分から菌糸体が持ち込まれ，栽培された菌類が接種される．**菌園**では，通常は子実体を形成しないハラタケ目（*Agaricales*）に属する菌類の**純粋培養**（monoculture）が行われている．アリが菌類の世話をしている間，菌糸体は，脂質（lipids）と炭水化物（carbohydrates）をたくさん含む先端が膨らんだ菌糸を作り出す［これらは**蟻餌菌球**（ブロマチア；bromatium，複数 bromatia）あるいは**蟻餌細胞**（ゴンギリディア；gongylidius，複数 gongylidia）とよばれる．両用語ともに'膨らんだ菌糸先端部'の意味だが，厳密には，前者はハキリアリの菌園で，後者はシロアリの菌園で形成されるものをさす］（図 15.1）．

　これらの膨潤した菌糸先端部はアリによって収穫され，そのアリの幼虫（larvae）の主要な食料源となる．成熟アリは植物の浸出液（樹液）や葉の組織から栄養を得ることができるので，成熟したアリにとって栽培している菌類は単に栄養補助食品にすぎないが，幼虫は葉を分解する菌類に全面的にその食料を依存している（Bass & Cherrett, 1996）．中米から南米にかけて数種の**造園アリ**が知られている．

　共生菌類は造園アリの巣から他の巣へと運ばれねばならない．運搬は，交尾をした女王となる雌アリによって，配偶飛行の一部として行われる．造園アリの巣は，ほお下方のポケット（すべてのアリの口腔にある濾過装置）に共生菌類をもつ1匹の女王アリから始まる．新たな女王アリは共生菌類といくつかの種類の培養に適切な植物質に**菌類の接種源**を混ぜ合わせ，即座に共生菌類が成長を開始できるようにその上に産卵する．その後，女王アリは毎日，約50個の卵を産む．この卵から最初に孵化するアリは働きアリとなる．この働きアリは，最終的に

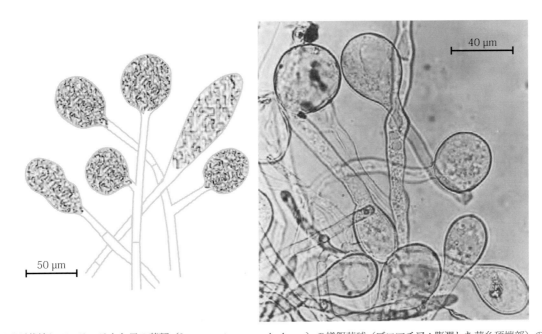

図15.1　ハキリアリが栽培しているハラタケ目の菌類（*Leucoagaricus gongylophorus*）の蟻餌菌球（ブロマチア；膨潤した菌糸頂端部）の膨れた菌糸頂端部の線画（ダイアグラム）と顕微鏡写真図．炭水化物類，とりわけ，トレハロースとグリコーゲンを集積しているブロマチアは，ハキリアリの主要な食料源となる．蟻餌菌球（ブロマチア）は蟻餌細胞（ゴンギリディア）ともよばれる．両用語ともに'膨らんだ菌糸先端部'の意味だが，厳密には，前者はハキリアリの菌園で，後者はシロアリの菌園で形成されるものである（Fisher *et al*, 1994 の Jack Fisher による写真；Elsevier による複写許可済み）．

図15.2 ハキリアリ．働きアリ（体長約8 mm）は葉を切り（A），その葉片を巣に移送する（B）（働きアリが運ぶ大きな葉片が，ハキリアリの別名「パラソルアリ」の語源である）．巣のなかでは，葉片は，本文中に記述したように，ハキリアリの食料となる菌類を育てるための材料として利用される（Cの背景に示されている菌糸体）．ハキリアリの女王（C）は，あらゆる社会性昆虫類の女王の中で最も長生きで繁殖力がある［Alex Wildによる写真（http://www.alexanderwild.com/）：図と図の説明はMueller & Rabeling, 2008；版権 National Academy of Science, USA, 2007］．カラー版は，口絵53頁参照．

1,000個あるいはその程度の数の互いに結び付けられた部屋を造る．そのためには，働きアリは，数百万匹からなるコロニーを維持できるように，森林土壌を深く掘削する．最初の働きアリが出現してから，食料源の元となる葉の調達が始まる．この葉の調達は，アリの種，生息地，環境に依存しており昼間あるいは夜間のいずれかの周期で活動が行われる．

働きアリは，樹木の葉の細片を切り取り，それらを巣に持ち帰る（図15.2A）．働きアリは，切り取った葉片を，通常，大顎でとらえて運ぶ．このため運んでいる葉片が働きアリの頭部を覆うため（図15.2B），パラソルアリ（parasol ants）ともよばれる．1つの標準的な巣には，数百万のアリが生息するが，その中で体長が最大の階級に属するアリは兵隊アリで，体長20 mmに達する．兵隊アリは，巣のアリ集団と移動経路を侵入者から守っている．コロニー（colony）の中で最も個体数の多いグループは，森林の中で葉をあさる体長8 mm程度の働きアリである．働きアリは，自分よりも大きな葉片を切り取ることができ，その**葉片を巣に持ち帰る**．葉は，コロニーのテリトリー内からアリ路を通して集められる．アリ路は資源（葉）を探索するのを容易とするとともに，隣接するハキリアリのコロニーとの相互侵害が生じる機会を減らす．アリ路の構造は何列もからなっており，地表には障害物はない．そのため，資源（葉）の探索の効率を高める．アリ路は化学的には，資源（葉）の効率的な探索のために，働きアリが資源への到達径路をフェロモン（pheromones）によって標識している．いったん，収穫された積載物の葉片が巣に運ばれてくると，葉を探索する働きアリの約半分の大きさのより小さな働きアリが，その葉片を噛み砕きより小さな葉片にし，それらの葉片を同家系のコロニーの菌園に運ぶ．

次に，最も小さな体長1.5 mmのアリが仕事を受け継ぐ．これらのアリは，菌園の**栽培者**（cultivators），すなわち，きのこ栽培者である．これらのきのこ栽培アリ（造園アリ）は，葉片をきれいにしたのち，すでにできあがっている菌園から得た共生菌類の菌糸体を葉片に接種する．造園アリが既存の菌糸体からむしり取った菌糸を，菌園を拡大するために，十分に咀嚼された葉（基質）が存在する新たな場所に運ぶ．造園アリは，継続的に菌園を維持し，同時に幼虫と女王アリの世話をする（図15.2C）．栽培用基質（基物，substrate）は，通常，使用されつくし，3から4ヵ月後に廃棄される．利用されつくした栽培用基質（基物）は，巣内の廃棄物貯蔵室に，死んだ仲間といったような他の廃物とともに，貯蔵される．最終的には，廃物は巣内の部屋から持ち出され，巣の中は空になる．

ハキリアリによって栽培された菌類は，胞子を形成しないが，このアリが集めて幼虫に給餌するある種類の糖液を分泌する特異な菌糸先端部をもっている（図15.1）．このアリとの連合（アソシェーション）に関わっている菌類，とりわけハキリアリの巣に生息する菌類はいつもハキリアリの巣内に生息しており，常に，ハラタケ類のきのこである．しかし，このきのこが森林内で自由生活しているところは一度も発見されていない．これは**絶対的相互依存関係**である．

コロニーの拡大のための材料となる葉の需要は莫大である．ハキリアリは中央および南アメリカの熱帯多雨林の優占的植食者である．この'優占'という言葉は，森林に住むヒトを含めたものである．約50種類の農業作物・園芸作物および約25種類の牧草がハキリアリの攻撃を受ける．もちろん，このことは新しいことではない．19世紀の終わりの4半世紀，「熱帯アメリカにおける最も大きな災難の1つ」と記述され，初期のブラジルの農民は，ハキリアリとの戦いで強い挫折感をいだき，"ブラジル政府がハキリアリを殺すか，ハキリアリがブラジルを倒すか"のいずれかと語った（Mueller & Rabeling, 2008）．

ハキリアリは，アメリカの熱帯多雨林のすべての葉の生産量の17%を収穫していると計算されてきた．牧場にハキリアリの巣があると，その牧場が養える10%から30%の畜牛の頭数を減らす．このような統計値は，いかにハキリアリが自然植生で優占する搾取者であるかを，また，いかに人類の農業に衝撃を与えるものかを示している．ハキリアリは，植物質をめぐる競合で人類に勝っている．それゆえ，重要な害虫とみなされている．各年の潜在的損失は，10億米ドルを上まわるであろう（何らかの対照をおいての論議ではない）．このことは，ハキリアリは「優占的植食者」ということを十分に理由づけるものである．

第1級の社会性昆虫類と第1級の植物リター分解菌のこの組合せこそが相利共生の成功の鍵となっている．ハキリアリという社会性昆虫はその巣の周りの広い半径範囲から食料源を収穫する組織的な力をもっている．しかし，共生菌類のきわめて多才な生分解能はハキリアリが利用できるものは何でも集めることを可能にしている．

たいていの植物群落においてヘクタール当りの樹木の種数は，極地から赤道域に行くにつれて増加する．たとえば，カナダの北方の針葉樹林にはヘクタール当り1～5種が生育するが，北アメリカの広葉樹林ではヘクタール当り10～30種が生育する．南アメリカの熱帯多雨林ではヘクタール当り40～100種が生育する．

熱帯多雨林で成長する植物は化学的および物理的に非常に多様であり，このことが植食者にとって主要なやっかいごとになっている．大部分の植食者は，進化の過程では単に限られた範囲の消化酵素しか獲得できなかったため，狭い食餌耐性（diet tolerance）しかもっていない．植食昆虫は，通常，1種の植物を摂食する．一方，熱帯多雨林のハキリアリ類は，**きわめて広範囲の食餌**をとることができる．これらのハキリアリ類のコロニーは，その巣の周りに生育している50～80%の植物種を収穫することができる．このことは，ハキリアリが栽培する菌類が広範囲の分解能力をもっていることに基づいている．

これは，アリと菌類の完全な**偏性共生関係**（obligate symbiotic association）である．アリの糞はさまざまな窒素源［アラントイン（allantoin），アラントイン酸（allantoic acid），アンモニア（ammonia），20種類を超えるアミノ酸（amino acids）］を含んでおり，これらは堆肥に加わり，菌類に利用されることとなる．ハキリアリは共生菌類によって生産されるタンパク質分解酵素（タンパク分解酵素，proteolytic enzyme）を獲得して，集積・移動する．その結果として，タンパク質分解酵素が糞の中に蓄積される．これらは，葉に含まれるタンパク質を加水分解する．

菌類によって生産されるセルラーゼ（cellulases）は，セルロース（cellulose）を分解し，その分解産物である菌類の炭水化物をハキリアリが収穫する．もちろん，ハキリアリは，他の動物のようにグリコーゲン（glycogen）を分解できるが，セルロースを分解できない．この共生菌類によって，ハキリアリは植物質を栄養として利用できるようになる．一方，共生菌類は，ハキリアリとの共存により，いかなる植物病原菌よりも，はるかに広範囲の植物を利用できるようになる．いくつかの植物は，ハキリアリによる切断，採取，あるいは摂食を抑止する物質を生産して自分自体を防御する．これらの防御装置は強靭であり，粘性のあるラテックス（latex）や広範囲の植食者に有効な化学物質を含んでいる．

熱帯多雨林が緑にあふれているという事実は，ある種の皮肉が含まれている．なぜならば，この林の樹木の根に感染する菌根菌のすべてが，熱帯の多様で豊かな世界で樹木が成長することを可能にする特別なものを樹木にもたらしているからである

訳注3：酵素反応の基質が棲家ともなる場合を基物ということがある．多くはこの場合も基質という．

（第13章参照）．その後，菌根菌とともに，これらの豊富な緑の葉をすべて切り落とす6本脚の収穫者の大群が出現した．6本脚の大群は，何をするために出現したのか？　それはもう1つの菌類に給餌するためである．まさにその通りなのだ！

Schultz & Brady（2008）は，菌類を育てるすべてのアリの連（Attini）の分子系統解析を行った．そのデータは，信頼できる時間の尺度となるように化石データによって補正され，ゲノム解析の信頼できる例となるように同義遺伝子を含んでいる．5,000万年以上前の始新世（Eocene）初期に数種の菌類を栽培することによってアリの農業が発祥したことを示している（Schulz & Brady, 2008）（図2.6, p. 31, 地質学的時間尺度を参照）．

大部分の共生菌類［一般には「キヌカラカサタケ型（leucocoprineaceous）菌類」］は，担子菌門，ハラタケ目においておもにシロカラカサタケ（Leucoagaricus）属とキヌカラカサタケ（Leucocoprinus）属から構成される大きな1系統のクレードを形成するキヌカラカサタケ連（Leucocoprineae）訳注4に属する（Vellinga, 2004）．約5,000万年前，attineアリはpaleoattine系列とneoattine系列の姉妹分岐群に分かれた．その後，過去3,000万年の間に，3つの主要なアリによる農業システムが，元となるpaleoattine系列のアリによる栽培システムから分岐した．これらにはそれぞれ，別々のキヌカラカサタケ属の菌類の栽培者が含まれている．Schultz & Brady（2008）は，アリによる農業を以下の5つのタイプに分けた．

- 低次元の農業（lower agriculture）は，attine属で大多数を占める76種のアリによって，広い範囲の菌種を栽培する最も原始的な農業形態である．これらは，paleoattineアリであり，この範疇に属する共生菌類は，まだ，菌園での栽培とは無縁の自然界でも成長可能である．
- ほうきたけ類の菌類を用いた農業（coral fungus agriculture）は，約1,500万年前に出現し，Apterostigma属の数種のアリが用いている形態である．これらのアリは，フサタケ（Pterula）属とハナビタケ（Deflexula）属とに近縁なほうきたけ類［おもに熱帯性の小型の木材腐朽菌とリター分解菌を含むフサタケ科（Pterulaceae）］のクレードに属する菌類を栽培する（Munkacsi et al., 2004）．
- 酵母を用いた農業（yeast agriculture）は，約2,000万年前に出現し，Cyphomyrmex属の数種のアリによって用いられている．これらのアリは，はっきりと他と区別できるクレードに属する2形性のキヌカラカサタケ属の菌類を栽培する．本属の菌類は，自然状態では菌糸体として存在する一方で，アリと共生すると酵母形になる．菌園は，小さな，不定形の0.5 mm直径の単細胞の酵母（酵母形での成長はハラタケ目の菌類ではまれであるが）からなる瘤の塊でできている．
- 広範囲に適用された高度な農業（generalised higher agriculture）は，葉を刈り取らない「高等なattineアリ」（Sericomyrmex属とTrachymyrmex属）によって用いられている．これらのアリは，別のはっきりと区別できるクレードに属するキヌカラカサタケ属の菌類を栽培する．これらの菌類は，菌園での生活に過度に適応したため，attineアリの巣の外ではみられない（しかし，これらの巣を実験室に持ち帰って育てた場合，子実体を形成する）．
- 葉の切断者による農業（leaf-cutter agriculture）は，1,000万年前から800万年前の間に現れ，高度な農業を行うアリによって用いられている．この農業は，Atta属とAcromyrmex属の中で，生態学的に優占するアリが良く用いている．これらのアリは，Leucoagaricus gongylophorusと同定されてきた高度に派生的に進化した1菌種を栽培する（Pagnocca et al., 2001）．

分子研究の興味ある特徴は，attineアリの系統的相互関係は，菌類を栽培するアリ類間（これらは合致するといわれている）の系統パターンを反映していることである．さらに，菌園の菌類の寄生者にすらこのことが及んでいる（図15.3）．

クラドグラム（分岐図）の分岐の一致（すなわち，これらを一致させるパターン）は，共種分化（co-speciation）の事象，すなわち，これらの菌類とその共生者のアリ類との共進化（co-evolution）を示唆している．事実，図15.3は両者の相互関係はもっと複雑であることを示している．Escovopsis属の菌類とよばれる菌園の一般的な菌寄生者もまたアリ類とその栽培している菌類とともに共進化していることを示している（Currie et al., 2003）．Escovopsis属［子囊菌門，アナモルフはボタンタケ目（Hypocreales）］の菌類は，自由生活している寄生者として知られている．おそらく，この菌類の祖先は，アリとの共生菌の祖先と偶然に連携をもったのであろう．Escovopsis属の菌類は，現在では，菌園の共生菌類の特異な寄生者として進化している．興味あることに，Escovopsis属の菌類は糸状菌類の寄

訳注4：ハラタケ科の科内分類群．

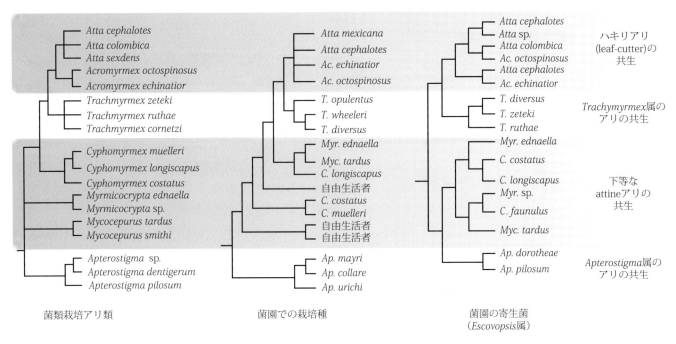

図15.3 attineアリと菌園に共存する菌類（associated fungi）の系統樹．この図は，菌類を栽培するアリ，菌園から分離された栽培されている菌類，および菌園から分離された *Escovopsis* 属の菌園寄生菌類それぞれの遺伝子配列に基づいて，これら三者の共進化を分子系統学的手法により再構築したものを示す．クラドグラムは，さまざまな菌園での栽培菌と *Escovopsis* 属の菌類の系統は，これらが分離されたホストとなる菌園を維持しているアリの種名に基づき示している．この図のクラドグラムの類似度は，三者共生の共進化を示している．ここに示された高い類似度の有意性によって，これらすべての系統が4つの主要な系統に分別される．（i）原始的で下等な attine アリの共生は，キヌカラカサタケ型菌類と最も原始的な attine アリとの共生；（ii）*Apterostigma* 属のアリとの共生は，キシメジ科の（tricholomataceous）菌類と *Trachymymex* 属のアリ内のクレードに属するアリとの共生；（iii）キヌカラカサタケ型菌類と *Trachymymex* 属のアリから進化した共生，（iv）ハキリアリの共生は，キヌカラカサタケ型菌類と名高いハキリアリ種との共生である．これら三者の分枝パターンが正確には一致しなかったのは，それは次にあげるような多くの理由による．下等な attine アリと共生する菌類の栽培変種には，自由生活するキツネノカラカサタケ科の菌類が含まれる．*Apterostigma* 属の attine アリは進化の過程で共生菌類を科レベルで切り替えた．最近になって，アリと栽培変種の間で切り替えが行われたことが記録されている（アリの系統よりも *Escovopsis* 属の病原菌類が寄生する栽培菌種を追跡）（Currie *et al.*, 2003から改変し再度描いたイラスト）．

生菌であり，酵母による菌園には感染しない．*Escovopsis* 菌による寄生（parasitism）からの忌避は，アリによる酵母を用いた農業という相利共生において酵母の増殖に適するような選択圧の一部となったのかもしれない．

相互作用と依存はここまで記述したことよりもより進んでいるといえよう．なぜならばいまだに別の生物との連携が想定されているからである．これらの菌類を栽培するアリは**ストレプトミケス**（*Streptomyces*）**属の放線菌**との共生的相互関係を発達させた．菌類を栽培するアリ類のクチクラの部分は肉眼では粉をふいているようにみえるコートで覆われている．この粉は白っぽい灰色の堅い外皮で，実際は，ストレプトミケス属の放線菌の塊から形成されている．放線菌は普通にみられる生物であり，多くは，土壌生息細菌であり，抗細菌性や抗真菌性を有する多くの二次代謝産物を生産する［大部分のわれわれ自体が医療用に用いている抗生物質は放線菌の代謝産物であり，その多くはストレプトミケス属の放線菌由来である］．

菌類を栽培しているアリと連携している ストレプトミケス属の放線菌は，*Escovopsis* 属の寄生菌類の成長を抑制する**抗生物質**（antibiotics）を産生する．この放線菌は，研究された限り菌類を栽培するすべてのアリの種と連携をもっており，アリの体表部に存在する属特異的な陰窩（crypts）と外分泌腺に保持されている．この放線菌は親アリからその子へと垂直的に伝播される．そして，attine アリと連携するストレプトミケス属の放線菌は，かなり進化しており，きわめて古い起源をもっている（Currie, 2001；Muller *et al.*, 2001；Currie *et al.*, 2003, 2006）．この attine アリ類の共生は，菌園に寄生する *Escovopsis* 属菌類と，アリ−菌類−放線菌の三者連合（tripartite alliance）との間にみられる**四者が関係する共進化的な「軍備拡大競争」**（quadripartite co-evolutionary 'arms race'）のようなものである（Mueller *et al.*, 2001）．

15.3 アフリカでの造園者（農民）シロアリ

　菌類の栽培は，新世界の南北アメリカではハキリアリによって行われているが，旧世界のアフリカやアジアでは同様な菌類と栽培者としての関係をシロアリが担っている．シロアリは熱帯圏での**木質分解**（wood degradation）の大部分を担っている．昆虫のオオシロアリ亜科（Macrotermitinae）のものは消化管内に植物質を消化する微生物群集をもっており，消化によってその栄養分を遊離させる．オオシロアリ亜科はさまざまな戦略で進化してきた．造園シロアリは植物質から得られる栄養分を得るために植物質を摂食する．そしてこの造園シロアリは菌類栽培するために自身の糞を用いて堆肥をつくる．この菌類は，傘の直径が1 mにもなる最大級の子実体を発生する西アフリカ産の *Termitomyces titanicus* を含むオオシロアリタケ *Termitomyces*（担子菌門：キシメジ科）属のきのこである．養菌者（農民）シロアリの巣で菌類の生産する酵素がより分解し難い植物質を分解して成長し，その結果として同菌類はシロアリの餌となる．

　シロアリは巣の中で栽培菌をアリ塚の中あるいは土壌中に分散させて**菌園**（fungus combs）とよばれる特別な構造を維持する．働きアリは乾燥した植物質を摂食して，新鮮な基質（基物）となる糞のペレット（球粒）［一次糞（primary faeces）］を巣上部表面にたえまなく供給する．そのために，菌糸体は菌園内で急速に成長できる．数週間たつと，同菌類は**成長阻害された子実体原基**である「こぶ（nodule）」様構造を形成する．これらの「こぶ」様構造は働きアリによって収穫後，消費（摂食）される．最終的には菌園菌糸体と廃菌床全体が働きアリによって消費（摂食）されることになる．

　菌類を栽培するシロアリの巣は数 1,000 Lにも達する場合があり，数10年間も維持され，通常1匹の女王アリの子孫である数100万匹もの不妊の働きアリを養うことになる．さまざまな種のシロアリがさまざまな形と大きさのシロアリ塚を造る．10 mにも達する煙突のような形をしたシロアリ塚はアフリカの数地域の藪原で普通にみられる．シロアリ塚の内部は，多数の部屋と巣自体と栽培菌の両者に機能する換気用の立抗にわかれている．このような塚は，無脊椎動物の中でもおそらく最も複雑なコロニーであり最も複雑な塚の構造と思われる．キノコシロアリのすべての幼虫と大部分の成虫が**栽培している菌類を摂食する**．例外的に，女王アリ，「王アリ」，兵隊アリは，働きアリの唾液腺分泌物を給仕される（Aanen et al., 2002, 2007）．

　この2つの主要な社会性昆虫類と菌類の共生，すなわちアリ類とシロアリ類による農業相利共生（mutualism）は，多くの点で似ているが，異なる点もある．菌類との相利共生により豊富な資源を利用することができる．また，attineアリ（ハキリアリ，attine ants）は新熱帯区で優占する植食者であり，**養菌性シロアリは旧熱帯区での主要な分解者である**．しかしながら，ハキリアリの菌類栽培品種（cultivar）はめったに子実体を形成せず，通常，クローン的に繁殖し，分封する女王アリとともに垂直伝播される（上記参照）．一方，オオシロアリ亜科のシロアリの共生菌類（fungal mycobionts）はしばしば子実体を形成する．雨季にはシロアリが分封する時期であり，シロアリが巣を放棄すると巣の周りやアリ塚に子実体を形成する．

　これらの野外で発生した子実体は新たな巣での接種源になると思われる．すなわち，シロアリの栽培する菌類は，無性的に繁殖する場合に較べて子実体形成（有性生殖）をすることによって自由に組み換えを起こして遺伝集団構造の維持が，「水平伝播（horizontal acquisition）」によって可能となる．このことは，新たなシロアリのコロニーは，通常，まず共生菌なしに始まり，他のシロアリ塚に発生した子実体が散布する担子胞子をもつリターを働きアリが集めることによって共生菌を獲得することを意味する（Aanen et al., 2002）．しかし，シロアリ共生菌が巣を形成する世代のシロアリによって無性的に伝播されることが2例知られている．シロアリの *Macrotermes bellicosus*，およびすべての *Microtermes* 属の種は，婚姻飛翔（nupital flight）の前に，どちらかの性の個体（*M. bellicosus* では雄，すべての *Microtermes* 属の種では雌）が菌類の無性胞子（分生子）を摂食して，新たな巣のコロニーの形成したあとに菌園を形成するための接種源としている（Aanen et al., 2007）．

　原生動物（protists），メタン生成古細菌（メタン生成アーキア，methanogenic archaea）と真正細菌を含む広範囲に及ぶ消化管内生息微生物との共生関係はシロアリの進化に主要な役割を演じてきた（Varma et al., 1994；Bignell, 2000）が，全シロアリのうちオオシロアリ亜科のものだけがオオシロアリタケ属の菌類と相利的**外部共生**（ectosymbiosis）を進化させてきた．

　オオシロアリ亜科は11属330種からなり，その11属中10属がアフリカに，5属がアジア（そのうち1属はアジアにのみ），2属がマダガスタルから報告されている．約40種のオオシロアリタケ属の共生菌類が記載されている．シロアリとその共生菌類の分子系統解析の結果は，この共生が単一起源

であり，アフリカから始まっていることを示している．これらのデータは，相利共生の祖先型および現存する分類群の相利共生での共生菌類の水平伝播様式に一致している．前出した *Microtermes* 属シロアリと *M. bellicosus* の2つにおける菌類の純系の垂直伝播（vertical transmission）は別々の起源をもっていた．これらの事実にもかかわらず，シロアリと菌類の系統は有意な一致を示していた．おそらく，この相利共生は高い特異性があり，すなわち，**異なる属のシロアリは，異なるクレードに属する** *Termitomyces* **属の菌を栽培する傾向にある**（Aanen et al., 2002, 2007）．

菌類を栽培するシロアリは，**木造構造を攻撃し木材の強度を劇的に低減することになる迷路状になった坑道をつくるため，害虫**として位置付けられる．世界に 2,300 種以上のシロアリが存在し，このうち 183 種が建築物に打撃をあたえることが知られている．シロアリによる直接的被害とその駆除費用は合わせると，米国だけで 10 億 5,000 万米ドルと推定される（Varma et al., 1994；Su & Scheffrahn 1998）．殺虫剤や殺菌剤はこれらの害虫に駆除に効果がある．キチン生合成の阻害剤であるヘキサフルムロン［hexaflumuron, 1-{3, 5-dichloro-4-(1, 1, 2, 2-tetrafluoroethoxy) phenyl}-3-(2, 6-dicfluorobenzoyl)urea］は，遅効性の毒餌として特に効果的であることが立証されている．殺虫剤のリストでは意図的胃攻撃性殺虫剤に属することが記述されているヘキサフルムロンは 1 g 以下の投与でシロアリの 1 つのコロニーを全滅させることができる．また，この殺虫剤は，菌類のキチンの生合成を標的とする毒物としてもはたらく結果として菌園に対してもダメージを与えるとも考えられる（Su & Scheffrahn, 1998）．

15.4　甲虫類による農業

昆虫類と菌類の親密な相互依存関係の最後の例は，ゾウムシの仲間の Scolytinae 亜科と Platypodinae 亜科に属する木材穿孔性昆虫類（養菌性昆虫類，wood-boring beetles）と菌類についてのものである．これらの成虫は，乾燥や大気汚染などのような何らかのストレスを樹木が受けると，摂食と産卵のため生きている樹木の幹に坑道をつくる点が他とは異なる点である．最近，伐採された材や風で倒れた材でも同様の状況が発生する．アリやシロアリのように地下に菌園を造るよりも，これらの雌の成虫は材中に迷路状の坑道を造り（図 15.4），坑道の壁の表面に産卵し，その際かつて生息した坑道から運んできた菌類の接種源を接種する．これらの成虫は，新たな巣を造る樹木に，体表面の数個の小さなくぼみ状の腺である mycangia（単数 mycangium）あるいは mycetangia（単数 mycetangium）とよばれる菌嚢（マイカンギア）を用いて菌類を運び込む．

アンブロシア甲虫類（ambrosia beetles）は，その生活を完全に共生菌類に依存しており，深くて複雑なかたちをしたポーチ様の菌嚢をもっている．これらの昆虫類の体表面にある特殊化した構造は，共生菌類の胞子や酵母形の細胞を純粋培養状態で運搬することに適応している．また，菌嚢から物質が分泌され，運搬する間の胞子の維持と菌糸体を育てるための栄養を供給している．共生菌類は一度，材中に持ち込まれると材中で菌糸体として成長する．このことによりアンブロシア甲虫類は，菌類が樹木の防御機構をかいくぐるのを手助けするとともに，直接的にはアンブロシア甲虫類自体への餌の供給を手助けしている（Farrell et al., 2001）．これらは多くの木質食性昆虫類（木材食性昆虫類, xylophagous insects, wood-eating insects）にみられる．もっともこのような呼び名にも関わらず，多くのこれらの甲虫類は栄養の大部分を木材に成長した菌類の消化によって得ている．いくつかの場合，アンブロシア甲虫でみられるように，菌類は単一の食料源であり，材の坑道は菌類が成長するのに適した微環境を作出している唯一のもので．その他の場合では，たとえばマツ甲虫 *Dendroctonus frontalis* では，その昆虫についているダニによって，菌類は運ばれる．

昆虫の卵が孵化するまでに，運ばれた菌類は，材の構成成分を分解する菌体酵素を用いて栄養を得て坑道内壁全体に成長する．この菌類の「菌叢（lawn）」［むしろ空想的に「アンブロシア（ambrosia）」とよばれる］は，成長中の若い幼虫に**消化されやすい食料**を供給する．アンブロシア甲虫類の幼虫はほとんど坑道を穿たない．そのかわりに，坑道内の小室においてひたすら両親によって純粋培養された無性の分生子の給餌を受ける．結局，菌嚢中の菌類を与えられて，幼虫はさなぎになり，次いで成虫になる．このように菌類は幼虫にとって無償で与えられたもの，すなわち，神の食べ物（アンブロシア）であり，それゆえに同菌類はアンブロシア菌類（ambrosia fungi），同甲虫類はアンブロシア甲虫類とよばれるようになった．

アンブロシア菌類は，ophiostomatoid 菌類として知られる**植物病原菌類**のグループに由来する．すなわち，アンブロシア菌類は *Ophiostoma* 属［子嚢菌門（Asomycota），ソルダリア亜綱（Sordariomycetidae），オフィオストマ科（*Ophiostomatales*）］に属するかその近縁属の菌類である．培養されている菌類は，現在，*Ambrosiella* 属と *Raffaelea* 属に分類されている．このグループのその他の甲虫類は**キクイムシ**（bark bee-

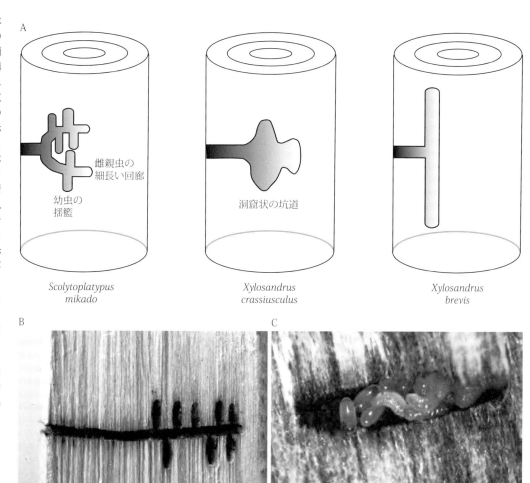

図 15.4 アンブロシア甲虫類は立木を侵す害虫である．A，上部の一連の図はアンブロシア甲虫類による典型的な坑道の迷路の構造の模式図である．また，これらの図の下部にはそれぞれの坑道を穿つアンブロシア甲虫類の種名を示した．B，縞模様を示すアンブロシア甲虫［オウシュウトウヒ（*Picea abies*）の立木中の *Trypodendron lineatum*］の坑道（写真提供：州立植物衛生局，Czechia，Bugwood.org.，Petr Kapitola による画像番号 2112005）．C，粒状に見えるアンブロシア甲虫（*Xylosandrus crassiusculus*）の卵と幼虫（写真提供：Georgia 大学，Bugwood. Org.，Will Hudson による画像番号 2912072）．
［写真 B と C：Forestry Images（http://www.forestryimages.org/），The Bugwood Network と USDA Forest Service の共同プロジェクト：許可の元で作成，カラー版は，口絵 54 頁参照］．

tles）とよばれるものであり，自由生活している植物病原性の ophiostomatoid 菌と共生する．この菌類は，樹脂によって防御されている樹木の篩部をキクイムシが攻撃するのを助けている．この場合，甲虫は病原菌類の媒介者の役割を担っている．このような相互作用は，ニレ類立枯病菌に関するわれわれの考察ですでに取り上げている（14.7 節参照）．

アンブロシア甲虫類は約 3,400 種が知られ，その多くは 3,000 万年前の琥珀中に発見されている．このことは，このような相互作用が 6,000 万年前までに至る第 3 期（Tertiary）に生じ，ハキリアリにみられる共生とほぼ同時期であったことを示唆している．しかしながら，ハキリアリにみられる共生の起源が 1 つであるのとは対比的に，アンブロシア菌類による栽培共生の進化には少なくとも 7 つの異なる起源の例が知られている．菌類栽培習性の獲得はアンブロシア甲虫類に「ジェネラリストとしての生存戦略（generalist strategy）」をとることを可能とした．なぜならば，アンブロシア甲虫類はアンブロシア菌類の材分解能力によって広範囲の樹種を利用し，成虫による穿孔は菌類を材深部まで運搬可能とし，それにより昆虫類の菌類栽培によって，森林内の樹木に代表される豊富なバイオマス資源を利用する能力が上昇したからである（Farrell 2001）．

ophiostomatoid 菌は，植物病原性のオフィオストマ（*Ophiostoma*）属の菌類の主要な寄主となる針葉樹が出現した直後の約 2 億年前に発生した．これは，アンブロシア甲虫類とアンブロシア菌類による共生の最も古くみつもった起源である **6,000 万年前**である．*Raffaelea* 属と *Ambrosiella* 属というアンブロシア菌類が含まれる属はいずれも多系統起源であり，絶対病原菌類であるオフィオストマ属とケラトキスチス（*Ceratocystis*）属を含む Ophiostomatoid クレードより，それぞれ少なくとも 5 回分岐して出現している．

15.5　嫌気性菌類と反芻動物の発生

われわれは，これまでに Schultz & Brady（2008）が農業と

は4つの動物グループ，つまりアリ，シロアリ，キクイムシおよびヒトにおいて発展してきた特異的な共生であると述べたことを紹介した．本書ではヒトによる農業に関して取り上げるつもりはないが，その他の話題として，アリ，シロアリ，キクイムシに関連する農場と農業については取り上げてきた．この節では**ツボカビ類**（chytrid fungi）と**反芻動物**（ruminants）の共生関係について話を拡げる．この話題は人間の農業にとってもきわめて重要な話題である．なぜならば，草食性の家畜による植物構造の主体となるリグノセルロース（lignocellulose），セルロース（cellulose）およびヘミセルロース（hemicellulose）のような炭水化物（carbohydrates）の消化は草食性の家畜によって行われ，これら物質の消化管内で起こりがちな嫌気的条件下での消化は，家畜の消化管内の共生微生物の加水分解によってのみ可能であるからである．

　反芻動物は，別の方法で，ルーメン（rumen）内の植物性食料の不消化性の繊維状の構成物質を最大限に消化することができるようにうまく適応している．すべての反芻動物の最も特徴的行動パターンは，前腸からの特に発酵した食料を吐き戻し，再度，咀嚼し，嚥下することである．これは**反芻**（rumination）とよばれている．また，前腸（foregut）で発酵を行う哺乳類は，2種類の酵素を生産する．胃で生産されるリゾチーム（lysozyme）とすい臓で生産されるリボヌクレアーゼ（ribonuclease）である．これらの消化酵素は反芻に伴い適応したものである．反芻動物の消化管の微生物群集は，あらゆる範囲の微生物，真正細菌（bacteria），バクテリオファージ（bacteriophage），古細菌（archaea），繊毛性原生動物（ciliate protozoa），嫌気性菌類（嫌気性真菌類；anaerobic fungi）を含んでいる．これらは典型的に種の多様性に富み，高い個体群密度をもち，複雑な相互作用を示す（Mackie, 2002）．

　ここではこれらの複雑微生物群集のうちの1つの構成要素である嫌気性のツボカビ類に着目して取り扱う．ツボカビ類は動物のルーメンからのみ見つけられるわけではないが，全消化管内に生息する．さらに嫌気性菌類は糞からも発見されることから，嫌気性菌類は乾燥と酸素を含む大気でも生存できる耐久体になる能力をもっていることが示唆される．

　20世紀の中頃までは，一般に，すべての菌類は生き残るために酸素を要求すると考えられてきた．それによって，ルーメンの微生物群集がおもに嫌気性細菌（anaerobic bacteria）と鞭毛性の原生動物（flagellate protozoa）からなるということになっていた．確かに，1949年に発行された書籍の「菌類の化学活性；*Chemical Activities Fungi*」において Jackson W.

Fosterは，そのように，つまりすべての菌類は酸素を必要とするということを，以下のようにはっきりと述べていた．しかし，この見解は，その後，嫌気性の菌類が存在することが知られるようになったので，間違っていることが明白になった．このような間違いは普通によく繰り返されることではある．

　…カビと細菌のおもな代謝的相違点は，偏性あるいは条件的にかかわらず嫌気性菌類は存在しないということである…（Foster, 1949）

　この見解は，ルーメンに生息する「鞭毛性の」*Neocallimastix frontalis* が，1975年に**偏性嫌気性**であるがツボカビ類の**菌類**と適切に分類されるまで，ずっと支持された（Orpin, 1975）．

　ツボカビ類は古いグループの菌類である（3.2節参照）．ツボカビ類の菌は，通常，1本の鞭毛をもつ遊走子を造るが，いくつかの偏性嫌気性の菌種は2本あるいは多数の鞭毛をもつ遊走子をつくる．すべてのツボカビ類の鞭毛は，遊走子の前方にあり，羽毛型の鞭毛にみられる毛あるいは鱗片を欠いたむち型である．ツボカビ類は，通常，水生菌として記述されるが，まだ実際は，多数のものが同時に陸生であり，アリゾナの乾燥した渓谷の砂や北極圏（Arctic）の永久凍土層からも分離される．ツボカビ類は腐生あるいは寄生であり，その生態学的に最も重要な役割は，分解者としてセルロース，ヘミセルロース，キチン（chitin），ケラチン（keratin）のような高分子の化合物のみならずリグニン（lignin）やスポロポレニン（sporopollenin）［花粉粒やいくつかの菌類の胞子の外壁層にみられる複雑に架橋した高分子］のような生物界で最も難分解性の物質も分解できることである．寄生者として，ツボカビ類は広い範囲の藻類，他の菌類，植物，蘚類，昆虫，無脊椎動物類の表面や体の中に生息する．脊椎動物の最初の寄生者であるツボカビの *Batrachochytrium dendrobatidis* は両生類に寄生し殺傷する．ツボカビ類は**世界中**で，主要な種の80％は温帯域に見られる．このような比較的多数のツボカビ類が温帯域から記録されているのは，これらの地域での研究のための採集が進んでいることが最もあり得る理由である．言い換えれば，ツボカビ類は熱帯域と極地域では採集が現在進行中である（Shearer et al., 2007）．

　これらの嫌気性のツボカビ類は他のツボカビ類と形態学的に類似しているが，嫌気性のツボカビ類は Neocallimastigomycota（3.3節参照）という門に位置付けられている．嫌気性のツ

ボカビ類は，すべての菌類の門の中で最も原始的な菌門であり，姉妹門として残りのツボカビ門（Chytridiomycota）とは最も早い段階で分岐した系統（すなわち，この系統は，現在のホストである反芻性の草食動物が地質年代上出現するはるか遠い昔に出現した）である．

　ルーメンに棲むツボカビ類（rumen chytrids）は鞭毛の数と胞子嚢の形質に基づき6つの属が記載されており，これらの属はすべてNeocallimastigales目に位置付けられている．有性世代は知られていない．嫌気性のツボカビ類は，単心性（1つの成長中心をもち，1つあるは数個の胞子嚢を形成する）あるいは多心性（数個の成長中心をもつ）のようであり，胞子嚢は糸状あるいは球根性の仮根（rhizoids）をもち，多くの鞭毛あるいは1本の鞭毛をもつ遊走子を形成する．これら6つの属として，*Neocallimastix*, *Piromyces*, *Caecomyces*, *Anaeromyces*, *Orpinomyces*, *Cyllamyces* が記載されている（Ho & Barr, 1995；Ozkose et al., 2001）．*Neocallimastix frontalis* は最初，家畜の雌ウシから，*Piromyces* 属の菌類はウマとゾウから分離されてきた．

　ルーメンに棲むツボカビ類は，新鮮な摂取された植物質に対する最初の侵略者（primary invaders）であり，その生物量（バイオマス，biomass）は，全体として，ルーメン中の全微生物の生物量の約20％に相当する（Rezaeian et al., 2004a, b）．遊走子は植物質片の表面に舞い降り，包囊を形成し，ついでよく発達した仮根系のある葉状体を形成する．この仮根系は，動物のルーメンと消化管内にて植物質片内に侵入して，そこにある炭水化物と他の高分子が発酵よって造られたエネルギーを抽出する．遊走子の核は包囊内に保持されて，やがて，包囊から，隔壁によって形成される無核の仮根状菌糸体（rhizomycelium）から切り離されて，胞子嚢を形成する．胞子嚢の原形質は，裂けて，単核の始原遊走子を形成する．最終的に胞子嚢の中に遊走子（遊走子当り最大16本の鞭毛をもつ *N. frontalis*）が形成され，遊走子が最終的に胞子嚢の頂部から周囲の液体中に遊離される．*N. frontalis*（図3.1，p. 43）は偏性嫌気性であり，ウシ，ヒツジ（Rezaeian et al., 2004a & b の図を参照），スイギュウ，ヤギ，シカを含むその他の草食動物のルーメン内の草の破片に成長する．

　N. frontalis は，培養すると多数の**仮根状菌糸体**を形成する．この成長様式は，ツボカビ類の役割を非常に重要にさせるものである．糸状の仮根はセルロース（多くの動物は自分自体でセルロース分解酵素を生産しない）や植物質断片を構成するその他の高分子の分解に必要な酵素を一通り分泌しながら植物質の中に拡大して行く．

　ルーメンは，栄養に富みほとんど酸素が存在しない動的な生息地である．pHは宿主の食べた物やルーメンに生息する微生物の代謝活性，また宿主の組織よって変化する．嫌気性菌類にはミトコンドリアが存在しておらず，好気呼吸によってエネルギーを生産することができない．この代わりに，嫌気性菌類は炭水化物を酸と混合して発酵を行うヒドロゲノソーム（hydrogenosomes）をもっている．酸混合発酵の結果として，6単糖と5単糖は蟻酸（formate），酢酸（acetate），乳酸（lactate）およびエタノール（ethanol）に変換される．これらは，ヒドロゲノソームが生産するピルビン酸酸化還元酵素（ピルビン酸オキシドレダクターゼ；pyruvate oxidoreductase）やヒドロゲナーゼ（hydogenase）によって，ATPという形でのエネルギー，二酸化炭素および水素に変換される．

　続いて，メタン細菌（methnogenic bacteria）は過剰な水素ガスをメタン（methane）に変換する．このメタンは動物の口と肛門から噴出する．嫌気性菌類は，また，さまざまな消化酵素を生産することから，広い基質特異性（substrate specificity）を有し，植物の細胞壁のおもな構造高分子をさまざまな単純なオリゴ糖類（oligosaccharides），2糖類（disaccharides），単糖類（monosaccharides），アミノ酸（amino acids），脂肪酸（fatty acids）などに変換する．これらは，エネルギー源を造り出すために混合酸発酵（mixed acid formation）を行ったり，微生物の細胞の成長，生殖および個体群の成長に寄与する同化の他のプロセスに利用されたりする．微生物の成長は，最終的には，宿主動物の胃にも伝わり，胃で動物による消化が起こり，その結果として宿主動物の栄養とエネルギー源となる（Trinci et al., 1994；van der Giezen, 2002）．

　ルーメン内の微生物は，宿主動物と協同と競争という相互関係をもち，ルーメン内に**複雑な生態系**を形成する．いくつかの相互作用は単に競争的である．繊毛をもつプロトゾア（ciliate protozoa）はルーメン内の微生物フロラの最大の構成要素である．繊毛虫類（ciliates）は菌類の遊走子や細菌を摂食する．これら繊毛虫類による菌類個体群の捕食は全体としてルーメンに生息する微生物のセルロース分解活性を減少させる．*Ruminococcus albus* のような細菌は，嫌気性菌類を純粋培養した場合に比べて，*N. frontalis* の小麦わら，トウモロコシの茎，大麦わらのキシラン（xylan）の分解能を低下させる．*R. albus* は菌類の生産するキシラナーゼ（xylanases）とセルラーゼ（cellulases）を阻害する物質を菌体外に分泌する．いくつかの嫌気生菌類は細菌に対して有効な阻害物質を生産する．これらの特

性は単に生物間競争を現したものにすぎない．しかしながら，植物質のすべての分解は，菌類と細菌が別々にはたらいた場合に比べて両者が一緒にはたらいた場合の方が大きくなる．

いくつかの相互作用は相利共生にまで至る．たとえば，メタン細菌はルーメン生態系における一次水素化分解者（primary hydrogenotrophs）であり，このメタン細菌の作用によってツボカビ類はより効率的に働くことができる．遊離した水素がわずかにでも存在すればヒドロゲナーゼの作用が阻害される．しかし，この酵素は菌類の代謝において非常に重要なものである．このため，水素の集積によって炭素の流れは減少し，エタノールや乳酸のような阻害物質の生産が増大する．メタン細菌はルーメン中で水素を消費し，ヒドロゲナーゼに対する阻害を解除する．メタン細菌の活動の結果として，ツボカビ類を介して，炭素の流れが増大し，付随して水素分子の生産が増大する．

結果的に，**メタン細菌と菌類は相乗的にはたらき**協力してより効率的な発酵工程を実行する．それにより，食料からより高い生物量収量を導き出し，より大きな微生物集団を発生させる．そして，より大きな利益を宿主にもたらす．すなわち，哺乳動物，ツボカビ類とメタン細菌からなる**三者相利共生**（tripartite mutualism）が成立する．もし，畜牛の牧場を経営していたり，食肉を提供する肉屋であったり，食事の際に肉を食べる人に肉料理を提供するレストラン経営者であったりする場合のことを付け加えると，相互依存が及ぶ範囲はさらに広がることになる．

誕生直後の反芻動物はこの微生物相（microbial flora）をもっていない．そのため，誕生した幼獣は，成獣には普通に生息する嫌気性菌類，嫌気性細菌，嫌気性プロトゾアを獲得しなければならない．これらの微生物は幼獣のルーメンに，ルーメンの機能が発揮される前にすみやかに定着している．このような定着は，牧場内で，耐久型のツボカビ類を含んだ糞に出くわしたりして起こっているのであろう．また，菌類は反芻動物の口と咽喉部を含む消化管中に存在しており，母親が幼獣へのなめる行為やグルーミングおよび若い成獣との相互作用の際などに唾液を介してこれらの嫌気性微生物が運搬されること，すなわち，接種行為となることを示唆している．また，空中サンプリングした試料にも，数種の嫌気性菌類が含まれていることが報告されており，エーロゾルがもう1つの嫌気性微生物伝搬のルート（特に，集約的牧畜のような例で起こる多数の群れにおいて）となっている可能性を示唆している．

高効率の発酵は大型動物によって2つの異なる方法で行われる．

- 第1の方法は，**後腸発酵**（hindgut fermentation）とよばれるものであり，反芻草食動物以外で見られるものでる．胃で行われる最初の胃部消化ののち，これらの動物は面積的に拡大した後腸で，通常，盲腸（caecum）で長時間発酵が行われる．
- 第2の方法は，**前腸発酵**（foregut fermentation）とよばれるものであり，反芻動物に適用されているものである．これらの大型動物は，彼らの微生物の相棒に4つの小室に変化した胃を棲み家として与えている．ルーメン（他に比べはるかに最も大きい），蜂巣胃（reticulum），葉胃（omasum）から構成される3つの前胃は，時々，食道の由来と考えられているが，一部の専門家は，これらは胃由来と考えている．そして，真の胃（true stomach），すなわち，皺胃（abomasum）がこれに続く．皺胃は消化管において，酸と消化酵素類［ペプシン（pepsin）とレンニン（rennin）］を生産している唯一の部位である．

新たに産まれた子ウシでは，皺胃は胃の全容積の約80％を占めているのに対して成獣のウシではたった10％の容積を占めるにすぎない．乳牛の4種類の胃の全容積は約130 L（ヒトの胃は1つであり，通常，約1 Lである）であり，これら4つの胃はひとまとめにしてみると腹腔（abdominal cavity）部の容積のほぼ75％を占める．

分類学的には，反芻動物は哺乳動物（哺乳綱）の偶蹄目（ウシ目，Artiodactyla）（偶数個の足指のあるひづめ）に属する．形態的特徴は，単に，ウシ，ヒツジ，ヤギ，キリン，バイソン，ヤク，スイギュウ，シカ，ヌー，そしてさまざまなアンテロープ（羚羊）で例示される．これらの動物はウシ（Ruminantia）亜目に位置付けられる．その他の通常，反芻類とよばれている動物で形態的にほんのわずかに異なる前胃をもつ動物には，ラクダ，リャマ，アルパカ，ビクーニャが知られており，縮小した葉胃（第3胃）をもっているため，偽反芻動物（pseudoruminants），つまり4つというよりもむしろ「3つの胃」をもつ動物と言われている．これらの動物は，ラクダ（Tylopoda）亜属に位置づけられている．この劇的な消化管の適応は，この相利共生において動物がなし遂げてきた「進化的投資（evolutionary investment）」である．つまり，皺胃が変化したことで，これらの動物は，新鮮な植物質を着実に摂食すると同時に微生物を獲得することになる．これらの取り込まれた微生

物は安全で暖かい生育場所を得て，餌として供給された食料を消化する．そのみかえりとして，動物は植物細胞壁を高効率で分解する微生物を得ることになる．

Piromyces 属の菌類と *Caecomyces* 属の菌類は，ウマとロバ［いずれも，奇蹄目（ウマ目，Perissodactyla 目）のウマ（*Equus*）属あるいは偶数個の足指のあるひづめ動物］，インドゾウ［長鼻（Proboscidea）目］から分離されている．これらの動物は，反芻動物と異なり**後腸発酵**を行う非反芻動物（non-ruminant herbivores）である．後腸発酵は，宿主にエネルギー源と共生微生物が消化した植物質から得ることができるある範囲の栄養を供給するが，この発酵は胃より消化管の下流で起こるため，発酵産物のその後の消化過程が欠如しており，発酵から得られる利益は限られている．

後腸発酵は，効果的な「下流回収（downstream recovery）」過程である．この発酵は，この過程がなければ失われてしまう食料からいくばくかの栄養価を得るスカベンジ（scavenging，再利用可能なものをあさること）によって宿主動物に進化的優越性を提供している．しかし，後腸発酵は，比較的低い効率化システムである．たとえば，ゾウは1日当り16時間も食料となる植物を摂食するが［その半分はイネ科を主体とする草本植物（grasses）であり，植物の他の葉，茎，根，果実などを喰いとる］，食料とした葉の60％は消化されない．これと比較してルーメンを用いる戦略は，反芻によって発酵が長時間に渡って起こるため，また，発酵産物が胃に再び投入され，胃では宿主の消化液によっていったん発酵された植物質とともに莫大な量の共生微生物が消化されるため，高効率的な栄養抽出工程を提供することになる．

偶蹄目の動物とツボカビ類の共生は，消化が難しいイネ科を主体とする草本類を動物が餌にすることを可能とした．イネ科を主体とする草本植物の草原（grasslands）の拡大とともに反芻動物の消化効率は，偶蹄目の動物が，最近の時代において世界中で，**優占陸上植食動物**（dominant terrestrial herbivores）となることを可能とした．しかし，この物語は，イネ科を主体とする草本植物の進化が始まるよりも遠い昔から始まっている．Neocallimastigomycota 菌門が，菌類系統進化学的にみると，ツボカビ類の初期の分岐系列において出現していることは興味深い事実である（James *et al.*, 2006）．このことは，これらの菌類が，いかなる種の植食動物が出現する前に，おそらく，泥や流れのよどんだ場所のように嫌気的ニッチ（anaerobic nich）で腐生者（saprotrophs）として，地球上に存在したことを意味しているのであろう．

化石鞭毛菌類（fossilised flagellated fungi）は，プレカンブリア紀（Precambrian）から報告されているが，鞭毛菌類かどうかの真偽は議論中である．一方，ツボカビ類は，おそらく，4億年前のデボン紀のライニーチャート（Devonian Rhynie Chert）でみられ，「おそらく最も一般的な微生物要素」（Taylor *et al.*, 2004）と考えられる．植物群落（plant communities）の構成員として最もよく知られているダニ類やトビムシ類を含む数種の節足動物もまた，前期デボン紀のライニーチャート（Taylor *et al.*, 2004）を代表する生物である．

その結果として，このうまく保存された化石の記録は，ツボカビ類と他の菌類との綱レベルの違い，およびその当時の植物や微小節足動物類との共生が古生代（Paleozoic era）中紀頃に確立されていたことを示している（図 2.6 参照）．

その時代以降，菌類は豊富に存在しており，いかなる新芽を喰う動物も，前期デボン紀のライニーチャートを特徴づける植物群落を摂食することによって，植物と一緒に腐生性微小菌類を少量に得ていたと考えられる．最初の真の植食動物（herbivores）は果実と種子食者（**果食者**，frugivores）であった可能性が高い．なぜならば，果実や種子中のデンプン，タンパク質，脂肪（油脂）は，葉の植物繊維よりも容易に消化可能であるからである．普通葉（foliage）や水分に富んだ葉や茎からしかるべき量の栄養を得るためには，これらを発酵させるため消化管に長時間とどめる必要がある．この葉の活用のための必要条件として大形化への進化が生じたと推察されている（Mackie, 2002）．

白亜紀（Cretaceous，約1億年前）の恐竜は，たぶん，彼らはまだ単に新芽食者（browser）として植食動物のニッチ（niche）を占めていたものと思われる．真の植食哺乳動物（grazing animals）は，かなりのちにイネ科（Poaceae，以下をみよ）の草原を構成する草本の放散とともに，中新世（Miocene；2,000 万年前頃；図 2.6）に出現した．

白亜紀後期と暁新世（Paleocene）初期（8,000 万年前に対応）の植食哺乳動物は，肉体的に小型の果食者であった．哺乳動物は暁新世中期（6,000 万年前）まで草食動物にはならなかった．新芽を食べる植食哺乳類は，暁新世中期に最初に現れたが，始新世後期（late Eocene, 4,000 万年前；図 2.6）までファウナ（fauna）の主要構成要素にはならなかった．

最初に現れた草食動物は，地上性の大型の果食者からあるいは小型の昆虫食（insectivorous）者が通常のサイズに大形化をした祖先から（Mackie, 2002），食餌様式の分化によって出現した地上性の大形哺乳類とみられている．また，後腸発酵が最

初に生じ，この初期の後腸での適応後に前腸での発酵が出現したものとしか考えられず，偶蹄目の出現に先立つ奇蹄目の動物の最初の進化的出現を反映したものではないかとの議論が行われてきた．

ステップ，温帯草原（temperate grasslands），熱帯-亜熱帯サバンナを含むイネ科植物の優占する生態系は，地球の陸系の表面積の約 1/4 を占め，最近の世界では中心的役割を果たしている．これらの生態系は，新生代（Cenozoic）に進化した（Strömberg & Feranec, 2004）．イネ科の草本は，最初，6,000万年前に生じたと考えられている（Jacobs, 2004）．最初に現れたイネ科草本は C_3 光合成経路をもつものとして出現したが，半乾燥地性のサバンナでは C_4 光合成経路をもつものが優占するようになっている．

C_3 光合成経路は，たいていの植物に用いられている典型的な光合成経路である．C_4 植物（C_4 plant）は，サバンナのイネ科草本に，照度や温度が高い場合，より効率的に光合成を行うことができる．なぜならば，C_4 植物は，水をより効率的に利用し，光呼吸（photorespiration）を減少させる生化学的および形態的適応を行っている．偶蹄目の動物は，アフリカとユーラシアにおけるサバンナとステップのイネ科植物を主体とする草原の発達と拡大によって進化したという見事な議論がある（Cerling, 1992；Bobe & Behrensmeyer, 2004）．

始新世期（Eocene epoch）におけるアフリカとユーラシアにおけるイネ科植物を主体とする草本植物の草原の出現と，その後の中新世（Miocene）におけるイネ科植物を主体とする草本植物の草原分布域の拡大によって，偶蹄目の動物が奇蹄目の動物に対して優位になり始めた．偶蹄目の動物の**反芻の進化**に対する信頼度の高い仮説は，寒冷化と乾燥化による地域の環境の不毛化の増大に対する共同適応（joint adaptation）であったというものである．

始新世の気候は，湿度が高く熱帯的であり，新芽を喰う植食者や果食者（そして後腸発酵）が優位な状況にあった．漸新世（Oligocene）の開始とともに，気候は次第に冷涼化と乾燥化に向かう傾向が第三紀（Tertiary）を通じて続いた．赤道帯（equatorial zone）における太陽光の照射の強度化に伴う乾燥化の増大は C_4 イネ科植物（C_4 grasses）に有利なようである．このため C_4 イネ科植物が優占植生となることによって，植食者の進化はより繊維質の植物質の発酵効率の増大が重要であったと強調したい．換言すれば，前腸発酵と反芻に対して有利にはたらき，後腸発酵に対しては不利にはたらく選択圧の存在である（Mackie, 2002；Bobe & Behrensmeyer, 2004）．

中新世の森林の消失とイネ科植物を主体とする草本植物の草地の拡大は，乾燥に耐え，イネ科植物を主体とする草本植物の草原植生（vegetation）を利用できる偶蹄目の動物の進化に有利にはたらいた．このように環境の変化は主要な進化イベントを引き起こした．この場合で言うと，ウシ科（bovid；Bovidae）の動物の数量と多様性の主要な変化は，全生態系に影響を与える**気候の劇的な変化**によって引き起こされた（Bobe & Eck, 2001；Franz-Odendaal et al., 2002；Bobe, 2006）．

話を少し横道にそらすと，鮮新世（Pliocene）の東アフリカにおけるホモ（Homo）属（人類）の誕生も，また，これらの気候変化の出現とホモ属が引き起こした生態系の移入が時を同じくして広い意味では相互に関連をもっているようである．現在，イネ科植物を主体とする草本植物の草地は，地球を覆う植生の 25% を占めている．イネ科に属する植物は，主要な穀物類を含んでおり，人類活動にとって最も重要な植物である．偶蹄目の動物は，現在種としても化石種の植食動物としても最も多く成功を収めており，190 種が現存している．

- イネ科を主体とする草本植物の繁栄は，東アフリカのサバンナの草地における進化に関わる環境圧のおかげである．
- 偶蹄目の動物の繁栄は，ルーメンでツボカビ類と共生関係を成立させたおかげである．
- 人類はイネ科植物から主要な穀物類を見い出し，反芻動物の中から人類にとっての主要食物となる家畜類を見い出した．

15.6 線虫捕捉菌類

菌類はさまざまな動物に対して病原性，寄生性，共生性を示すが，菌類と土壌生息線虫類との相互作用は寄生の域を超えている．体長 0.1～1.0 mm の生きた**土壌線虫類を捕捉する**方法を有する菌類は約 150 種存在する．一度，菌糸が線虫類を捕捉すると，菌糸は線虫の体内に侵入し，線虫類を消化する．このような性質を示す菌類は一般的に寄生菌類とよばれるが，何者かが罠を通過するのを待ち受け，線虫の軌跡を止め（通過を止め），そして摂食する動きは，捕食性の肉食者（predatory carnivore）とよばれるのに値する．

200 種以上の菌類（接合菌門 Zygomycota，担子菌門 Basidiomycota，子嚢菌門 Ascomycota）が，土壌中で自由生活する線虫を，**菌糸体に形成される粘着性の罠を用いて線虫類を捉え，菌糸を侵入させ，殺し，消化する**．最も広く分布する捕食性の肉食菌類は Orbiliaceae 科（子嚢菌門）に属する．5 種類

のタイプの罠が知られている（図15.5）．このうち，以下に紹介する最初の4種類の罠は，菌糸構造の表面の一部，あるいはすべてを覆う粘着層により線虫類を捕捉する（Yang et al., 2007）．

- 粘着性のネットワーク（adhesive network, an）は，最も広範囲に分布する罠であり，栄養菌糸の側枝によって作られる．この側枝は環をえがきながら分枝元となる菌糸と融合して口径約20μmの罠の環のネットワークを形成する（図15.5A）．この罠の輪は三次元のものであり（図15.6A参照），これを獲物にからませる（図15.6B）．そして，この環は発芽した分生子から形成されることもある（図15.6C）．
- 粘着性のこぶ（adhesive knob, ak）は形態的に明瞭に膨らんだ細胞であり，短いあるいは長い菌糸の分枝上に形成され，元の菌糸に通常，近接している（図15.5B）．
- 非収縮性の環（non-constricting rings, ncr）は，常に粘着性のこぶ（ak）と一緒に存在し，栄養菌糸から形成された分枝が巻き込み，膨潤し，支持細胞の上に3つの細胞によって形成される（図15.5B）．
- 粘着性の円柱（adhesive column, ac）は，3つの膨潤した細胞からなる短い直立した分枝である（図15.5C）．
- 収縮性の環（constricting ring, cr）もまた通常3つの細胞から構成される環状になった菌糸の分枝であるが，最も精巧な罠の装置であり（図15.5D），獲物を活発に捕捉する．線虫が収縮環に入ると，3つの環を構成する細胞は1，2秒内に誘導されて膨潤し，獲物をしっかりと罠に捉える．0.1秒以内に，同細胞は最大の大きさ，すなわち，体積にして約3倍まで，完全に内側に向かって膨潤する（図15.7）．

系統解析の結果は，捕捉環構造は2つの系列に由来するこ

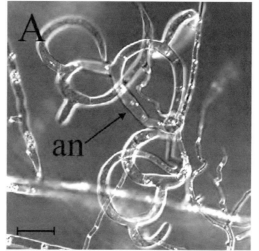
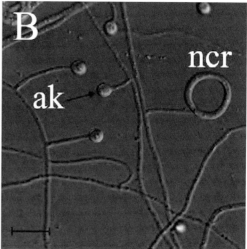
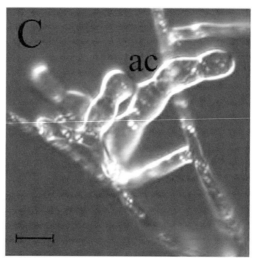
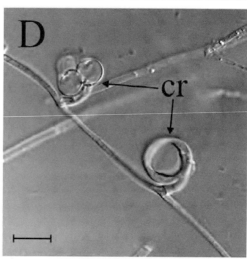

図15.5　自然界でみられる線虫捕捉装置．A，粘着性のネットワーク（an），最も広く分布している罠．B，粘着性のこぶ（ak）と非収縮性の環（ner）．C，菌糸の上に形成された粘着性の円柱（ac）は短い直立した数個の膨潤した細胞．D，収縮性の環（cr），最も洗練された捕捉装置，線虫が収縮性の環にはいると獲物の線虫を活動的に捉える．3つの収縮性の環を構成する細胞は，内側に向かって急速に膨潤し，1，2秒以内に獲物をきつく罠環で捉える．パネルDの左側上部の環は，ばねを失っていない罠．スケールバー：10μm（中国北京の微生物学研究所のXingzhong Liu教授とDr Ence Yang博士のご厚意によって原図を提供されたYang et al., 2007に掲載された図より改変．©：National Academy of Science, USA, 2007）．

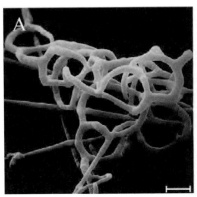 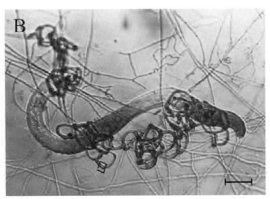 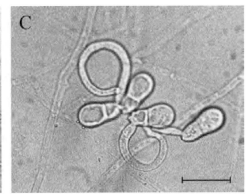

図15.6　線虫捕捉装置．A, *Arthrobotrys oligospora* の典型的な粘着性の罠のネットワークの走査電子顕微鏡図，スケールバー：10 μm；B, *A. oligospora* の粘着性のネットワークに捉われた線虫の光学顕微鏡写真，スケールバー：20 μm；C, 分生子の発芽に用いた培地にあるペプチド含有物によって，*A. oligospora* の分生子から誘導された罠の光学顕微鏡写真　スケールバー：20 μm（Elsevier 社の許可のもと Nordbring-Hertz, 2004 より作成）．

とを示唆している．1つは収縮環の系列，もう1つは粘着性の罠の系列である（Li *et al.*, 2005；Yang *et al.*, 2007）．粘着層は罠だけにみられ，その他の菌糸体には存在しない．そして罠を構成する細胞は栄養菌糸に比べて，電子密度の高い構造体と厚い細胞壁をもっている．この収縮は，線虫捕捉菌類（nematode-trapping fungis）の細胞壁に存在する**レクチン**（lectins）（糖類結合性タンパク質）と線虫の体表面に存在する炭水化物とによる認識機構がはたらいている．一方，粘着性は *N*-アセチルガラクトサミン（*N*-acetylgalactosamine）によって阻害される．この認識機構がはたらくと，線虫捕捉菌類の**粘着性を示す層の表面の高分子に再構成が生じる**．同時に，この機構がはたらくと，線虫の消化を開始するために菌糸の分枝の成長が誘起される．捕食者（たとえば，*Arthrobotrys oligospora*）と獲物（線虫）の間には種特異性はみられない．線虫を捕捉後1時間以内に菌糸は線虫体内に侵入し，線虫を消化する．

　線虫殺傷菌類の捕獲器官には常在的なものと誘導的なものがある．*A. oligospora* の罠形成は，誘導的であり，線虫類それ自体の存在か線虫類が分泌するペプチドによって形成される．線虫類がいないと，*A. oligospora* は腐生的なまま成長する．線虫捕捉という習性は，生息地で窒素源が不十分なことを補うための手法と考えられる．*A. oligospora* は，試験管内の（*in vitro*）系では，貧栄養の素寒天培地，低窒素源培地，あるいはアミノ酸あるいはビタミンを含んでいない培地に分生子が接種されたときにのみ環の形成や線虫食がみられる．

　捕捉装置の誘導能は，人工培地で腐生者として長年にわたって培養しても残っている．このことは，この高度に分化した捕捉構造は，それを形成する菌類の生存と病毒性に重要な能力であることを示している．

　Arthrobotrys 属の菌類は，粘着性のネットワークと無柄性の粘着性のこぶを形成しながら成長することで特徴づけられる．*Dactylellina* 属の菌類は，柄性の粘着性のこぶ，非収縮性環，そして環を形成するために生じる無柄の粘着性こぶで特徴付けられる．*Drechslerella* 属の菌類は収縮性の環をもつことで特徴付けられる．

　線虫捕食菌は，Orbiliaceae 科（子嚢菌門）の非捕食菌のメンバーから由来したと思われる．もっとも，捕食という生活様式は，菌類のさまざまな門で数回にわたって進化したもののようである．たとえば，担子菌門のヒラタケ（oyster mushroom；*Pleurotus ostreatus*）は，粘着性の菌糸分枝を用いた**線虫捕捉菌**である．われわれは，最近，以下のような E メールを North West Fungus Group の John L. Tayler 氏から受けとった．

　一方，私は，ヒラタケ（*Pleurotus*）属の菌種が線虫類を捕捉することができることを知っていたが，この技能は木質の宿主体中にある菌糸に限定されていると思っていた．しかし，私は同定を間違ったヒラタケの確認の必要に迫られた．傘と5枚のひだを切ると，傘の組織の2つのくぼみに15匹の屈曲した状態で死んだ線虫類が観察された．そのうちの1つは，カップ型の菌糸の付着構造（線虫類に対する毒が存在するといわれている）とその付着部から線虫類の体内に分枝しながら成長した菌糸を確認し，消化が行われていると推察した．一方，この子実体は構造的に堅丈で，見た目には食べるのに適した状態を過ぎてはいるが食べるのをやめるほどのものではなかった．

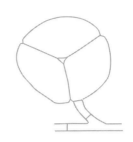

A. 3つの菌糸細胞から構成されている環　　B. 収縮した環

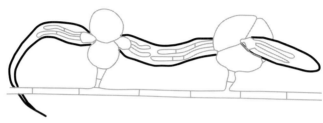

C. 獲物(黒色)を捕捉した菌類(灰色)

図15.7　*Drechslerella* 属の菌類の収縮環の留め金の閉鎖．線虫が収縮性環を通過すると，3つの環細胞（A）は1, 2秒以内に内側に向かって膨潤して，その結果，環が硬く締まり獲物を捉える．0.1秒以内に，環を構成している細胞は最大の大きさ，すなわち，体積にして約3倍まで，厳密に内側に向かって膨潤する（B）．収縮環は獲物を硬く固定する（C）．この図の意味するものを次の視点から少し考えてみよう．それは，(a) 線虫類の存在を検知する刺激変換システムと検知器，さらに（b）代謝活性のバーストを生む反応によって，誘起される浸透圧の上昇と，水の移動によって細胞を膨張させ環の内側を形態的に拡大させる細胞壁の構造の局所的変形をもたらせる反応システム．

Orbiliaceae 科の菌類がもつ粘着性のこぶは，**祖先的な罠装置**であり，それから収縮性の環とネットワーク形成は2つの経路を経て生じたと考えられる．

- 1つ目の生き方は，粘着性のこぶは，最初，粘着性の二次元のネットワークを形成したのち三次元のネットワークを形成するもの；
- 2つ目の生き方は，粘着性が失われ非収縮性の環から収縮性環を形成する膨潤性の細胞を形成するもの（Li et al., 2005；Yang et al., 2007）．

線虫捕捉菌類は，1億年前の琥珀中に化石としてその存在が確認された．化石菌類は菌糸の環を捕捉装置として利用しており，獲物である線虫と一緒に化石になっていた．これらの菌類の獲物を捕食する習性は明らかに恐竜の時代である白亜紀を代表するものであった（Schmidt et al., 2007）．

土壌線虫類はあらゆる土壌中にきわめて多数（一般的に1 m^2 当り100万匹）生息しており，種多様性（一般的に30分類群）も有している（Yeates & Bongers, 1999）．土壌線虫類は土壌作物の根圏（rhizosphere）中のきわめて広範囲の土壌生物を摂食しており，数種の線虫類は寄生性である．線虫類には，作物や家畜に対する病原性をもつものもあり，この場合，線虫捕捉菌は生物防除に利用可能と思われる．

たとえば，線虫捕捉菌類の *Nematophthora gynophila* は線虫の *Heterodera avenae* の生物防除に利用可能と思われる．この線虫は，根を食害して損傷を与えるため水分吸収を阻害することにより穀物に害を与えている．また，家畜の消化管寄生性の線虫類は線虫捕捉菌の *Duddingtonia flagrans* によって生物防除が可能と思われる．線虫捕捉菌類の休眠胞子（厚壁胞子，chlamydospores）は，動物の餌の中に混ざり込んでおり，消化管を通過しても生き残る．その結果，動物の糞の中で成長し，糞の中で寄生性の線虫を捕捉し，殺す．このため，牧場での寄生性線虫の感染力を低下させ，草食動物，とりわけ，若いウシ，ヒツジ，ヤギの線虫感染症の負荷を低下させる．3ヵ月間の同処理で90％の線虫感染症負荷が低減される（Larsen, 2006）．

15.7 文献と，さらに勉強をしたい方のために

Aanen, D. K., Eggleton, P., Rouland-Lefèvre, C., Guldberg-Frøslev, T., Rosendahl, S. & Boomsma, J. J. (2002). The evolution of fungus-growing termites and their mutualistic fungal symbionts. *Proceedings of the National Academy of Sciences of the United States of America*, **99**: 14 887-14 892. DOI: http://dx.doi.org/10.1073/pnas.222313099.

Aanen, D. K., Ros, V. I. D., de Fine Licht, H. H., Mitchell, J., de Beer, Z. W., Slippers, B., Rouland-LeFèvre, C. & Boomsma, J. J. (2007). Patterns of interaction specificity of fungus-growing termites and *Termitomyces* symbionts in South Africa. *BMC Evolutionary Biology*, **7**: 115. DOI: http://dx.doi.org/10.1186/1471-2148-7-115.

Bass, M. & Cherrett, J. M. (1996). Leaf-cutting ants (Formicidae, Attini) prune their fungus to increase and direct its productivity. *Functional Ecology*, **10**: 55-61. Stable URL: http://www.jstor.org/stable/2390262.

Bignell, D. E. (2000). Ecology of prokaryotic microbes in the guts of wood and litter-feeding termites. In: *Termites: Evolution, Sociality, Symbioses, Ecology* (eds. T. Abe, D. E. Bignell & M. Higashi), pp. 189-208. Dordrecht: Kluwer. ISBN-10: 0792363612, ISBN-13: 9780792363613.

Bobe, R. (2006). The evolution of arid ecosystems in eastern Africa. *Journal of Arid Environments*, **66**:564-584. DOI: http://dx.doi.org/10.1016/j.jaridenv.2006.01.010.

Bobe, R. & Behrensmeyer, A. K. (2004). The expansion of grassland ecosystems in Africa in relation to mammalian evolution and the origin of the genus *Homo*. *Palaeogeography, Palaeoclimatology, Palaeoecology*, **207**: 399-420. DOI: http://dx.doi.org/10.1016/j.palaeo.2003.09.033.

Bobe, R. & Eck, G. G. (2001). Responses of African bovids to Pliocene climatic change. *Paleobiology*, **27** (Supplement): 1-47. Stable URL: http://www.jstor.org/stable/2666022.

Bretherton, S., Tordoff, G. M., Jones, T. H. & Boddy, L. (2006). Compensatory growth of *Phanerochaete velutina* mycelial systems grazed by *Folsomia candida* (Collembola). *FEMS Microbiology Ecology*, **58**: 33-40. DOI: http://dx.doi.org/10.1111/j.1574-6941.2006.00149.x.

Cerling, T. E. (1992). Development of grasslands and savannas in East Africa during the Neogene. *Palaeogeography, Palaeoclimatology, Palaeoecology*, **97**: 241-247. DOI: http://dx.doi.org/10.1016/0031-0182(92)90211-M.

Currie, C. R. (2001). A community of ants, fungi, and bacteria: a multilateral approach to studying symbiosis. *Annual Review of Microbiology*, **55**: 357-380. DOI: http://dx.doi.org/10.1146/annurev.micro.55.1.357.

Currie, C. R., Wong, B., Stuart, A. E., Schultz, T. R., Rehner, S. A., Mueller, U. G., Sung, G.-H., Spatafora, J. W. & Straus, N. A. (2003). Ancient tripartite coevolution in the attine ant-microbe symbiosis. *Science*, **299**: 386-388. DOI: http://dx.doi.org/10.1126/science.1078155.

Currie, C. R., Poulsen, M., Mendenhall, J., Boomsma, J. J. & Billen, J. (2006). Coevolved crypts and exocrine glands support mutualistic bacteria in fungus-growing ants. *Science*, **311**: 81-83. DOI: http://dx.doi.org/10.1126/science.1119744.

Farrell, B. D., Sequeira, A. S., OMeara, B. C., Normark, B. B., Chung, J. H. & Jordal, B. H. (2001). The evolution of agriculture in beetles (Curculionidae: Scolytinae and Platypodinae). *Evolution*, **55**: 2011-2027. DOI: http://dx.doi.org/10.1554/0014-3820(2001)055[2011:TEOAIB]2.0.CO;2.

Fisher, P. J., Stradling, D. J. & Pegler, D. N. (1994). *Leucoagaricus* basidiomata from a live nest of the leaf-cutting ant *Atta cephalotes*. *Mycological Research*, **98**: 884-888. DOI: http://dx.doi.org/10.1016/S0953-7562(09)80259-1.

Foster, J. W. (1949). *Chemical Activities of Fungi*. New York: Academic Press. ASIN: B0007DOOWK.

Franz-Odendaal, T. A., Lee-Thorp, J. A. & Chinsamy, A. (2002). New evidence for the lack of C_4 grassland expansions during the early Pliocene at Langebaanweg, South Africa. *Paleobiology*, **28**: 378-388. Stable URL: http://www.jstor.org/stable/3595487.

Hanson, A. M., Hodge, K. T. & Porter, L. M. (2003). Mycophagy among primates. *Mycologist*, **17**: 6-10. DOI: http://dx.doi.org/10.1017/S0269915X0300106X.

Ho, Y. W. & Barr, D. J. S. (1995). Classification of anaerobic gut fungi from herbivores with emphasis on rumen fungi from Malaysia. *Mycologia*, **87**: 655-677. Stable URL: http://www.jstor.org/stable/3760810.

Jacobs, B. F. (2004). Palaeobotanical studies from tropical Africa: relevance to the evolution of forest, woodland and savannah biomes. *Philosophical Transactions of the Royal Society of London, Series B*, **359**: 1573-1583. Stable URL: http://www.jstor.org/stable/4142302.

James, T. Y., Letcher, P. M., Longcore, J. E., Mozley-Standridge, S. E., Porter, D., Powell, M. J., Griffith, G. W. & Vilgalys, R. (2006). A molecular phylogeny of the flagellated fungi (Chytridiomycota) and description of a new phylum (Blastocladiomycota). *Mycologia*, **98**: 860-871. URL: http://www.mycologia.org/cgi/content/abstract/98/6/860.

Kumpula, J. (2001). Winter grazing of reindeer in woodland lichen pasture: effect of lichen availability on the condition of reindeer.

Small Ruminant Research, **39**: 121-130. DOI: http://dx.doi.org/10.1016/S0921-4488(00)00179-6.

Larsen, M. (2006). Biological control of nematode parasites in sheep. *Journal of Animal Science*, **84**: E133-E139. DOI: http://dx.doi.org/10.1079/AHRR200350.

Lemons, A., Clay, K. & Rudgers, J. A. (2005). Connecting plant-microbial interactions above and belowground: a fungal endophyte affects decomposition. *Oecologia*, **145**: 595-604. DOI: http://dx.doi.org/10.1007/s00442-005-0163-8.

Li, Y., Hyde, K. D., Jeewon, R., Cai, L., Vijaykrishna, D. & Zhang, K. (2005). Phylogenetics and evolution of nematode-trapping fungi (Orbiliales) estimated from nuclear and protein coding genes. *Mycologia*, **97**: 1034-1046. DOI: http://dx.doi.org/10.3852/mycologia.97.5.1034.

Mackie, R. I. (2002). Mutualistic fermentative digestion in the gastrointestinal tract: diversity and evolution. *Integrative and Comparative Biology*, **42**: 319-326. DOI: http://dx.doi.org/10.1093/icb/42.2.319.

Mueller, U. G. & Rabeling, C. (2008). A breakthrough innovation in animal evolution. *Proceedings of the National Academy of Sciences of the United States of America*, **105**: 5287-5288. DOI: http://dx.doi.org/10.1073/pnas.0801464105.

Mueller, U. G., Schultz, T. R., Currie, C. R., Adams, R. M. M. & Malloch, D. (2001). The origin of the attine ant-fungus mutualism. *Quarterly Review of Biology*, **76**: 169-197. Stable URL: http://www.jstor.org/stable/2664003.

Munkacsi, A. B., Pan, J. J., Villesen, P., Mueller, U. G., Blackwell, M. & McLaughlin, D. J. (2004). Convergent coevolution in the domestication of coral mushrooms by fungus-growing ants. *Proceedings of the Royal Society of London, Series B*, **271**: 1777-1782. DOI: http://dx.doi.org/10.1098/rspb.2004.2759.

Nordbring-Hertz, B. (2004). Morphogenesis in the nematode-trapping fungus *Arthrobotrys oligospora*: an extensive plasticity of infection structures. *Mycologist*, **18**: 125-133. DOI: http://dx.doi.org/10.1017/S0269915X04003052.

Oksanen, I. (2006). Ecological and biotechnological aspects of lichens. *Applied Microbiology and Biotechnology*, **73**: 723-734. DOI: http://dx.doi.org/10.1007/s00253-006-0611-3.

Olofsson, J. (2006). Short- and long-term effects of changes in reindeer grazing pressure on tundra heath vegetation. *Journal of Ecology*, **94**: 431-440. DOI: http://dx.doi.org/10.1111/j.1365-2745.2006.01100.x.

Orpin, C. G. (1975). Studies on the rumen flagellate *Neocallimastix frontalis*. *Journal of General Microbiology*, **91**: 249-262. DOI: http://dx.doi.org/10.1099/00221287-91-2-249.

Ozkose, E., Thomas, B. J., Davies, D. R., Griffith, G. W. & Theodorou, M. K. (2001). *Cyllamyces aberensis* gen. nov. sp. nov., a new anaerobic gut fungus with branched sporangiophores isolated from cattle. *Canadian Journal of Botany*, **79**: 666-673. DOI: http://dx.doi.org/10.1139/cjb-79-6-666.

Pagnocca, F. C., Bacci, M., Fungaro, M. H., Bueno, O. C., Hebling, M. J., Sant'anna A. & Capelari, M. (2001). RAPD analysis of the sexual state and sterile mycelium of the fungus cultivated by the leaf-cutting ant *Acromyrmex hispidus fallax*. *Mycological Research*, **105**: 173-176. DOI: http://dx.doi.org/10.1017/S0953756200003191.

Rezaeian, M., Beakes, G. W. & Parker, D. S. (2004a). Methods for the isolation, culture and assessment of the status of anaerobic rumen chytrids in both *in vitro* and *in vivo* systems. *Mycological Research*, **108**: 1215-1226. DOI: http://dx.doi.org/10.1017/S0953756204000917.

Rezaeian, M., Beakes, G. W. & Parker, D. S. (2004b). Distribution and estimation of anaerobic zoosporic fungi along the digestive tracts of sheep. *Mycological Research*, **108**: 1227-1233. DOI: http://dx.doi.org/10.1017/S0953756204000929.

Schmidt, A. R., Dorfelt, H. & Perrichot, V. (2007). Carnivorous fungi from Cretaceous amber. *Science*, **318**: 1743. DOI: http://dx.doi.org/10.1126/science.1149947.

Schultz, T. R. & Brady, S. G. (2008). Major evolutionary transitions in ant agriculture. *Proceedings of the National Academy of Sciences of the United States of America*, **105**: 5435-5440. DOI: http://dx.doi.org/10.1073/pnas.0711024105.

Shearer, C. A., Descals, E., Kohlmeyer, B., Kohlmeyer, J., Marvanová, L., Padgett, D., Porter, D., Raja, H. A., Schmit, J. P., Thorton, H. A. & Voglmayr, H. (2007). Fungal biodiversity in aquatic habitats. *Biodiversity and Conservation*, **16**: 49-67. DOI: http://dx.doi.org/10.1007/s10531-006-9120-z.

Strömberg, C. A. E. & Feranec, R. S. (2004). The evolution of grass-dominated ecosystems during the late Cenozoic. *Palaeogeography, Palaeoclimatology, Palaeoecology*, **207**: 199-201. DOI: http://dx.doi.org/10.1016/j.palaeo.2004.01.017.

Su, N.-Y. & Scheffrahn, R. H. (1998). A review of subterranean termite control practices and prospects for integrated pest management programmes. *Integrated Pest Management Reviews*, **3**: 1-13. DOI: http://dx.doi.org/10.1023/A:1009684821954.

Taylor, T. N., Klavins, S. D., Krings, M., Taylor, E. L., Kerp, H. & Hass, H. (2004). Fungi from the Rhynie chert: a view from the dark side. *Transactions of the Royal Society of Edinburgh: Earth Sciences*, **94**: 457-473. DOI: http://dx.doi.org/10.1017/S026359330000081X.

Tordoff, G., Boddy, L. & Jones, T. H. (2006). Grazing by *Folsomia candida* (Collembola) differentially affects mycelial morphology of the cord-forming basidiomycetes *Hypholoma fasciculare*, *Phanerochaete velutina* and *Resinicium bicolor*. *Mycological Research*, **110**: 335-345. DOI: http://dx.doi.org/10.1016/j.mycres.2005.11.012.

Trinci, A. P. J., Davies, D. R., Gull, K., Lawrence, M. I., Bonde Nielsen, B., Rickers, A. & Theodorou, M. K. (1994). Anaerobic fungi in herbivorous animals. *Mycological Research*, **98**: 129-152. DOI: http://dx.doi.org/10.1016/S0953-7562(09)80178-0.

van der Giezen, M. (2002). Strange fungi with even stranger insides. *Mycologist*, **16**: 129-131. DOI: http://dx.doi.org/10.1017/S0269915X(02)003051.

Varma, A., Kolli, B. K., Paul, J., Saxena, S. & König, H. (1994). Lignocellulose degradation by microorganisms from termite hills and termite guts: a survey on the present state of art. *FEMS Microbiology Reviews*, **15**: 9-28. DOI: http://dx.doi.org/10.1111/j.1574-6976.1994.tb00120.x.

Vega, F. E. & Blackwell, M. (2005). *Insect-Fungal Associations: Ecology and Evolution.* Oxford, UK: Oxford University Press. ISBN-10: 0195166523, ISBN-13: 9780195166521. URL: http://www.oup.com/us/catalog/general/subject/LifeSciences/Invertebratezoology/Entomology/~/dmlldz11c2EmY2k9OTc4MDE5NTE2NjUyMQ==.

Vellinga, E. C. (2004). Genera in the family Agaricaceae: evidence from nrITS and nrLSU sequences. *Mycological Research*, **108**: 354-377. DOI: http://dx.doi.org/10.1017/S0953756204009700.

Wood, J., Tordoff, G. M., Jones, T. H. & Boddy, L. (2006). Reorganization of mycelial networks of *Phanerochaete velutina* in response to new woody resources and collembola (*Folsomia candida*) grazing. *Mycological Research*, **110**: 985-993. DOI: http://dx.doi.org/10.1016/j.mycres.2006.05.013.

Yang, Y., Yang, E., An, Z. & Liu, X. (2007). Evolution of nematode-trapping cells of predatory fungi of the Orbiliaceae based on evidence from rRNA-encoding DNA and multiprotein sequences. *Proceedings of the National Academy of Sciences of the United States of America*, **104**: 8379-8384. DOI: http://dx.doi.org/10.1073/pnas.0702770104.

Yeates, G. W. & Bongers, T. (1999). Nematode diversity in agroecosystems. *Agriculture, Ecosystems and Environment*, **74**: 113-135. DOI: http://dx.doi.org/10.1016/S0167-8809(99)00033-X.

Section 16
Fungi as pathogens of animals, including humans

第16章
動物（ヒトを含む）病原菌としての真菌

本章ではヒトを含む動物に対する病原体としての真菌について紹介する．昆虫には多くの真菌あるいは真菌様微生物が感染する．微胞子虫（Microsporidia），トリコミケス綱（Trichomycetes），ラブルベニア目（Laboulbeniales）そして，昆虫寄生菌（entomogenous fungi）である．必然的に，害虫のコントロールにこのような昆虫の病気を利用できないかと考えられるようになった．他にも両生類の皮膚ツボカビ症のような新興疾病やサンゴのアスペルギルス症も知られているが，長期間にわたって宿主と関わりつつも特に問題を起こさなかった生物が突然新たな病気を引き起こすようになりうることを示している．

ところが，やはり最も興味を惹かれるのはヒト病原真菌による**真菌感染症**（mycosis，複数 mycoses）であろう．そこで，ヒト真菌感染症，環境内真菌およびアレルゲンやカビ毒の生産による健康への影響について項目ごとに論述する．

最後に，動物と植物病原菌の比較とともに，それらの疫学の基礎について概説する．さらに，他の真菌に病原性を発揮する菌寄生菌についても紹介する．

16.1 昆虫の病原体

昆虫は地球上で最も繁栄している動物であり，海洋は甲殻類が占拠しているためにわずか数種が知られるのみだが，陸上環境の至る所で見ることができる．これまでに百万種以上の昆虫が記載されてきたが，これは全生物種の半数以上に相当する．未記載種も含めると，昆虫綱（Class Insecta）は地球上のすべての生物種の 90 ％を占めるのではないかと見積もられている．ところが，昆虫類は多くの微生物による感染症に罹ることから，多くの昆虫学者は昆虫種よりも多くの昆虫病原性の微生物種が存在するのではないかと考えている．

昆虫は病原性ウイルス，細菌および原虫に感染する．それに加え，微胞子虫およびトリコミケス綱という 2 つのグループの生物にも感染することが知られているが，その関係は不明瞭である．いずれもこれらは食物摂取によって感染を引き起こすものが多い．

真菌は昆虫に浸潤性に感染する．つまり，感染性真菌は菌糸を伸ばし酵素を生産して昆虫の表皮を貫通することができることを意味する．これらの病原生物は，害虫の生息数をコントロールするための天然制御資源として働く．そのため，昆虫感染性真菌を農業現場における害虫として，あるいはヒトの病気の運び屋として活動する昆虫を抑えるための商業的利用に結び付けることが注目されている．

16.2 微胞子虫

微胞子虫（microsporidium，複数 microsporidia）は真核生物最小の生物である．単細胞の胞子をつくるが，ミトコンドリア，ペルオキシソーム，中心粒を欠く．一方で原核生物的な性質ももっており，たとえばリボソームの沈降係数は 70S および 5.8S と 28S の結合体であり，さらにゲノムサイズも細菌のものに近い．いずれにしても微胞子虫は非常に特化した真核細胞であり，他の真核生物の細胞内絶対寄生性生物である．

多くの微胞子虫は昆虫の重要な病原体だが，甲殻類や魚類に対する感染も一般に見られる．それだけでなく，ヒトを含む多くの動物種から見つかっている．おそらく，汚染された食料や水を通して伝染するものと思われる．

微胞子虫は当初，原生動物界の一門を構成すると考えられていた．その後，ミトコンドリア獲得以前に他の真核生物から分かれという推定に基づき，他のミトコンドリアをもたない原生生物（protist）とともにアーケゾア（Archezoa）という初期型の真核生物の 1 つの界として位置付けられた．ところが複数の遺伝子配列を用いた系統学的研究によって，微胞子虫は真菌に近縁であることが示唆された．現在ではツボカビ門に近く，小型の内生性ツボカビから派生してきたものではないかと考えられている（第 2 章：真菌系統学の項を参照，Hirt et al., 1999；Gill & Fast, 2006）．このケースでは，微胞子虫は真核生物の中で最も原始的なものというより，**最も小型化し非常に特殊化した真菌**，と推定されている．Corradi & Keeling (2009) に，微胞子虫に関する 150 年間にわたる分類学的変遷および現在までに至った結論に関する総説がまとめられている．

微胞子虫には他の真菌類といくつかの共通点がある．核分裂は核膜に包まれたままの状態で起きる．また，mRNA へのキャップ付加メカニズムが共通であり，二糖類としてはトレハロースを貯蔵し，いずれもキチンを合成する．分子系統学的には，微胞子虫は細胞構造，代謝系および遺伝子構造が**選択的にスリム化**（selective reduction）し，主要な真菌の系統と分かれたことが推定される（図 2.10 参照）．

微胞子虫の真の分類学的所属を理解することは，単なる科学的興味に終始するわけではない．微胞子虫は病原体であり，その病気を引き起こしているのは真菌である．真菌感染症治療を**抗真菌**（antifungal）薬によって治療することが回復へ繋がることは明白であり，**抗細菌**（antibacterial）薬や**抗原虫**（anti-protozoal）薬によって金と時間を無駄にする必要はないのである．

ヨーロッパでのカイコガの病気としての記録は 1857 年に遡るが，寄生した病原微生物が Nosema bombycis と名付けられ新たな分類群である微胞子虫が提唱されたのは 1882 年のことである（Keeling & Fast, 2002）．微胞子虫の生活環は単純なものから非常に複雑なものまで幅広い．微胞子虫の繁殖は有性的，無性的，あるいはその両方によって行われる．あるものは中間宿主をもつ．胞子形成過程が複数存在するもの，異なる機能を有する複数タイプの胞子をもつものもおり，これらが同一宿主内での再感染に関与していることもある．宿主外では胞子のみが認められる．

微胞子虫の胞子はタンパク質による外壁と**キチン**（chitin）による内壁が厚く細胞を保護しているが，それ以上に明確な形態的特徴は極糸（polar filament）の存在である（Keeling & Fast, 2002）．極糸は宿主への侵入のために特殊化した構造であり，これのおかげで微胞子虫胞子独特の，そして高度に特殊

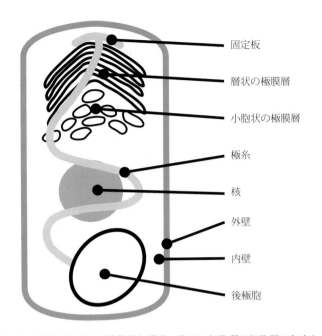

図16.1 微胞子虫胞子の特徴的な構造．胞子の細胞質は細胞膜に包まれ，さらに二層の頑丈な細胞壁に囲まれている．外壁（exospore wall）は高密度でタンパク質に富む．内壁（endospore wall）は先端部で薄く，キチンやタンパク質が主成分である．スポロプラズム（芽体；sporoplasm）は，微胞子虫の感染に関与する．胞子内には核が一個または二個の密着した核（連核；diplokaryon）が存在する．細胞質中には70Sリボソームが豊富で，感染性の構造体，すなわち極膜層（polaroplast），極糸（polar filamentまたはpolar tube），後極胞（posterior vacuole）などが含まれる．極膜層は胞子の前部を占め，幾層にも重なったラメラ極膜層と，その後部には緩い集合体である小胞極膜層に分かれている．極糸は膜と糖タンパク層から構成されており，直径0.1～0.2 μm，長さ50～500 μmで，細胞の先端部に傘状の固定板（anchoring disk）によって固定されている．極糸は細胞の1/2～1/3の長さにわたってまっすぐ伸びており，残りは螺旋状になっている．螺旋の数やそれらの相対的位置関係，角度，傾きは種ごとに保存されており，種同定の基準となっている．極糸の端には後極胞（posterior vacuole）があるが，それらの接続部分の詳細は不明である．Keeling & Fast, 2002より転載．

化した宿主への侵入が可能となるのである．宿主への侵入は高速で発射される**射出管**（projectile tube）を通して行われる．**極糸**（polar filament）または**極管**（polar tube）は細い中空の管状構造で，胞子の一方の端で固定板に接続しており，反対側の端では後極胞（posterior vacuole）に達している．また，成熟した胞子では螺旋状の構造をとる（図16.1）．

胞子が宿主に摂取され，消化管内で胞子が発芽すると，極糸が急速に**反転**し，宿主の消化管の細胞膜を突き破り，細胞質内に胞子内容物を**注入**する（図16.2）．反転した極糸の長さは50～500 μmほどで，胞子の大きさの100倍に達する．発芽は2秒以内に完了し，極糸の先端は毎秒100 μm以上の速度で動く．極糸が完全に伸びると，後極胞で生み出されるであろう胞子の内圧によって芽体が極糸に押し込まれる（図16.2F）．この過程もまた速やかに行われ，芽体は15～500ミリ秒以内に宿主内に完全に注入される．消化管組織中で無性的に増殖した後，微胞子虫は他の組織に拡散してゆく．

このような感染機構だけでも十分に珍奇だが，微胞子虫の生活様式には他にも独特な特徴がある．それは，宿主動物の感染細胞が**異常肥大**（hypertrophic growth）することである．寄生者が内部で増殖するとともに，宿主細胞の構成が完全に変化するが，宿主動物の体内にあるにも関わらず，宿主細胞と寄生者が形態的にも生理的にも統合されて宿主とは異なる生命体であるかのように見えるようになる．そのコストはすべて宿主側が負担する．その様子は宿主細胞と微胞子虫による**共生共存**（symbiotic coexistence）の結果，腫瘍というよりもむしろ**異物化寄生性複合体**（xenoparasitic complex）が形成されたように見える．**キセノマ**（xenoma）とは，微胞子虫による異物化寄生性複合体のことを指す言葉である．微胞子虫はミミズ類，甲殻類，昆虫類，変温脊椎動物（おもに魚類だが，商業魚種が多く含まれる）内でキセノマを形成する（Lom & Dyková, 2005）．

ほとんどの微胞子虫は1種または近縁な数種の宿主に特異的に感染する．記載された種の半数以上が鱗翅目と双翅目から分離されたものである．いくつかの微胞子虫は宿主の死に繋がる急性の病気を引き起こすが，ほとんどは慢性の病原体であり，寿命や繁殖力を低下させ，あるいは幼虫の発育に遅延または蛹化不全を起こす．

170属1,300種以上が記載されてきたが，少なくとも14種は**ヒトの病原体**（pathogen of human）でもあり，日和見感染を引き起こす．この感染症は**微胞子虫症**（microsporidiosis）とよばれ，世界中で感染が見つかっている．ヒトの微胞子虫症は，おもに（例外もあるが）重度の免疫不全患者（HIV感染，臓器移植患者など）に発生する．

最も一般的な**臨床症状**は，消化管への感染による下痢である．しかし，結膜炎，角膜あるいは眼への感染，筋肉，呼吸器，泌尿生殖器などへの播種感染も起こりうる．*Brachiola algerae, B. connori, B. vesicularum, Encephalitozoon cuniculi*（哺乳類では最も普通に見られる微胞子虫），*E. hellem, E. intestinalis, Enterocytozoon bieneusi, Microsporidium ceylonensis, M. africanum, Nosema ocularum, Pleistophora* sp., *Trachipleistophora hominis, T. anthropophthera, Vittaforma corneae* の14種がヒト病原体として認識されている．

家畜や野生動物には微胞子虫のキャリアになるものもおり，

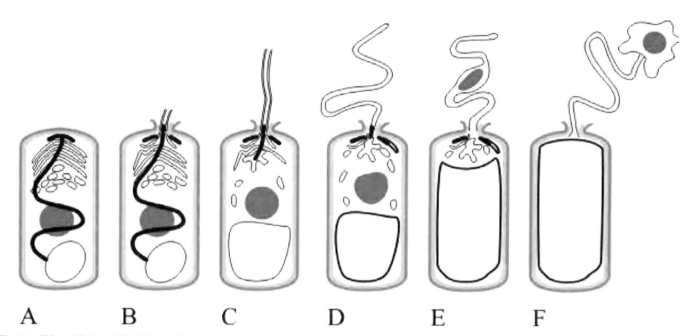

図 16.2 微胞子虫胞子の発芽は極糸の反転によって行われる．A：休止期の胞子内の極糸（黒色），核（灰色），極膜層および後極胞（図16.1参照）を描いたもの．B：極膜層と後極胞が膨れはじめ，固定板が破裂すると，極糸が反転しながら伸長を開始する．C：極糸は反転を続ける．D：極糸が完全に反転し終わると，芽体が押し込まれる．E：芽体が極糸内を移動する．F：芽体が極糸から外に押し出される．極糸は新たに形成された膜に固定される．図は Keeling & Fast, 2002 より転載．

特に *Encephalitozoon cuniculi*，*E. intestinalis*，*Enterocytozoon bieneusi* によるヒトへの感染がしばしば見られる．オウム，インコ，セキセイインコなどの愛玩鳥類もまた *Encephalitozoon hellem* のキャリアになる．*Enterocytozoon bieneusi*，*Nosema* sp.，*Vittaforma corneae* は排水管や排水溝で分離されるため，上水道への汚染が懸念される．なお，上水道への糞便汚染によって発生する水媒介性疾患の中で最も普遍的なのは *Cryptosporidium* によるクリプトスポリジウム症（cryptosporidiosis）だが，*Cryptosporidium* は哺乳類の腸管に寄生する**原生動物**である．

Loma salmonae は養殖パシフィックサーモンに微胞子虫性鰓病を引き起こす．罹患した個体のエラには激しい広範囲の炎症反応が起こり，呼吸障害による死亡率も高い．カナダのサケ養殖産業では重要な感染症となりつつある．*Nosema apis* はセイヨウミツバチ（*Apis mellifera*）の中腸の上皮細胞に感染しノゼマ病を引き起こすが，生息域を世界中に拡大してきた．ノゼマ病は温帯域のミツバチにとって生殖能および越冬能を激しく低減させる恐ろしい病気である．

16.3　トリコミケス綱

微胞子虫は真菌であるものの，長い間，原生動物と考えられてきたが，現在に至ってもなお，原生動物であると思い込んでいる有識者もいる．一方，トリコミケスは逆に原生動物であるにも関わらず，ずっと真菌と誤解されてきたうえ，現在でも真菌と思っている専門家もいる．

これらの非常に普遍的な生物は**昆虫**その他の節足動物の**消化管**内のクチクラ層のみに，ほとんど常在性，ときに病原性あるいは共生性（相利共生的）に，貫入することなく接着して生息する．宿主動物は陸生（terrestrial），海水生あるいは淡水生の節足動物である．最も一般的には，ユスリカ（ユスリカ科），蚊（カ科），ブユ（ブユ科），カブトムシ（甲虫目），カワゲラ（カワゲラ目）とカゲロウ（カゲロウ目），そしていくつかのヤスデ（ヤスデ目）や甲殻類が知られている．

伝統的な分類では，いくつかの微細構造の特徴に基づいてトリコミケス綱は接合菌門に組み込まれ，さらにトリコミケス綱は以下の4目に分けられていた．

- アメビディウム目（Amoebidiales）：淡水生節足動物の体外表面に生息する．
- アセラリア目（Asellariales）
- エクリナ目（Eccrinales）
- ハルペラ目（Harpellales）

ハルペラ目の分類学的位置および接合菌門の他系統性については 3.6 節を参照されたい．トリコミケスの仲間は無隔壁（アメビディウム目およびエクリナ目）または不規則な有隔壁（ハルペラ目およびアセラリア目）の栄養菌糸と無性胞子嚢（asexual sporangium）をつくる．さらに，ハルペラ目のほとんどの属で**接合胞子**（zygospore）をつくるため，トリコミケス綱が接合菌門に組み入れられてきた．アメビディウム目とエクリナ目は現在この分類群から除かれている．

アメビディウム目はアメーバ様の生物で，淡水生節足動物の外骨格に接着する．*Amoebidium parasiticum* が最初に記載された．アメーバ様の生活環は真菌界（Kingdom Fungi）では他に例を見ない．さらに顕著なのは，*A. parasiticum* は積み重なったディクチオソーム（dictyosome）をもつが，これは真菌では見られない構造である．また，細胞壁には**キチンが含まれない**．これらの特徴から，真菌に分類することは困難といわれていたが，分子系統解析によって，アメビディウム目はトリコミケス綱から原生動物のメソミセトゾア綱（Mesomycetozoea）に移された（Benny & O'Donnell, 2000）．

エクリナ目は無分岐，無隔壁，多核の葉状体（thallus）をもち，胞子囊胞子（sporangiospore）をつくる．それらは葉状体の頂部から基部に向かってつくられるが，この特徴は菌界の生物のみに見られる．これらのいくつかの形態的な特徴と，正真正銘の真菌であるハルペラ目と生態的ニッチが共通していることから，エクリナ目はトリコミケス綱に組み入れられていた．現在では塩基配列の情報に基づいて，エクリナ目はアメビディウム目と共通祖先をもつことがわかり，いずれのグループもオピストコンタ（opisthokont）内の動物界と真菌界の境界付近のメソミセトゾア綱に配置された（Mendoza *et al.*, 2002；Cafaro, 2005）．

これらの真菌様原生動物が除かれた結果，トリコミケス綱はハルペラ目とアセラリア目だけが残されることとなった．これらのグループは菌糸から葉状体が形成され，細胞壁にキチン質を含み，規則的に隔壁に仕切られるもののその隔壁は不完全で穴が開いており，その部分は栓で閉じられている．アセラリア目では有性世代は知られていないが，*Asellaria ligiae* では細胞間の融合が確認されている．一方，ハルペラ目では同じ，または異なる葉状体細胞が融合し，接合胞子柄の先端に接合胞子（二重円錐形で成熟すると先端部が膨れる，図 3.9 参照）が形成される．

系統解析によると，これらのトリコミケス綱（ハルペラ目およびアセラリア目）はいわゆる接合菌門（多系統ではあるが）・

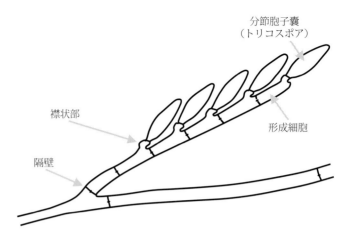

図 16.3　*Smittium*（ハルペラ目）の無性生殖の様子．Moss & Young, 1978 より引用．

キクセラ亜門に所属することが確認された（White, 2006；White *et al.*, 2006, 3.6 節参照）．これらの微小菌類は節足動物の消化管への着生に高度に特化しており，**絶対**（obligate）内部共生者であるため，研究が非常に困難である．すなわち，これらの真菌から化学物質を調製するためには，宿主由来の分子の混入を防ぐ必要があるが，無菌培養（純粋培養）できる種も限られている．ハルペラ目所属の 38 属のうちわずか 8 属が培養可能となっているが，アセラリア目の培養に成功した例はない．

トリコミケス綱という名称の由来にもなったトリコスポア（trichospore）は無性胞子である．ハルペラの仲間は分岐あるいは不分岐の葉状体を形成し，成熟期には葉状体全体あるいは側枝に規則的に隔壁が構成され，単核の形成細胞（generative cell）がつくられる．それぞれの形成細胞の先端からは分節胞子囊（merosporangium），つまりトリコスポアが形成される（図 16.3）．多くの属では，トリコスポアは短い側枝上，すなわち形成細胞の襟状部（collar region）に形成される．アセラリア目の仲間は脱落性の分節胞子嚢はつくらないが，菌糸に規則的に隔壁が入り，断片化して単細胞の分節型胞子が形成される．アセラリア目の仲間には，分岐するように分節型胞子が発芽するものもあり，その形状や位置関係はトリコスポアによく似ている．

このような**昆虫の消化管に生息する真菌**（insect gut fungus）は世界中のあらゆる環境に分布し，探せば探すだけ見つかってきた．ハルペラ目は水生昆虫の幼虫から多く見つかるが，ときには淡水生のワラジムシ類（isopod）の中腸（midgut）や後腸（hindgut）の裏層にも見つかる．

これらはまた，下等双翅目の仲間［カ（mosquitoe），ガガ

ンボ（crane fly），ブユ（black fly）などのカ亜目，Nematocera]，カゲロウ（mayfly，カゲロウ目，Ephemeroptera），カワゲラ（stonefly，カワゲラ目，Plecoptera），甲虫（甲虫目，Coleoptera），トビケラ（caddis-fly，トビケラ目，Trichoptera）の中腸の裏層に着生していることもある．

アセラリア目は，ワラジムシ（woodlice），ダンゴムシ（pill bug），フナムシ（sea slater）などの陸生，淡水生，海水生のワラジムシ（甲殻亜門ワラジムシ目）や，トビムシ（springtail，トビムシ目，Collembola）のような六脚類（hexapod）に生息している．

これらはほとんどの場合，宿主と共生関係にあるとされているが，自然界で実際にどのような関係にあるのかはまったく不明である．真菌類は節足動物の消化管内での生息に高度に特殊化しているため，片利共生（commensal）関係にあるかもしれない．一方で，真菌は多くの分解酵素を分泌する性質をもつことから，節足動物宿主の食物消化を助けることによって，相利共生関係にある可能性もある．また，宿主の発生段階によっては，寄生的な側面を見せる種もある．いずれにしても，節足動物の消化管内に生息する真菌については，ほんの一部分しかわかっていない．

16.4　ラブルベニア目（Laboulbeniales）

ラブルベニア目は真菌界・子嚢菌門・チャシブゴケ菌綱（Lecanoromycetes）に所属する（第3章参照）．このグループには2,000種以上が知られており，いずれも昆虫（ほとんどが甲虫類，図16.4），ダニまたはヤスデに寄生する絶対生体寄生菌（外部寄生菌）である．この仲間はおそらく最も奇妙な微小菌類ではなかろうか．というのも，糸状菌生育をせず，二細胞性の子嚢胞子が肥大したのちに分裂して形成される葉状体細胞としてのみ生育する（図16.4C）．葉状体は足細胞（foot cell）を用いて宿主に侵入し，クチクラ層に吸気を差し入れ，虫の体内から栄養分を奪い取る．しかし，このグループの寄生菌はそれ以上宿主にダメージを与えることはない．

葉状体の形態はグループ内でも多彩であるが，それぞれの種内では葉状体を構成する細胞の数は決まっている．つまり，葉状体の発生は，子嚢の放出を助ける羽毛状の付属糸（appendage）を含め，厳密に決められているということである．これらの付属糸は葉状体のサイズの小ささと相まって，外部寄生菌（ectoparasitic fungus）によって宿主上に剛毛が生えているように見えることから，見落とされがちである（図16.4，図16.5およびWeir & Beaked, 1995参照）．

これらの菌は宿主どうしが接触することによって感染するが，たいていは交尾が関係しており，その間に接着性の子嚢胞子が新しい宿主に乗り移る．子嚢胞子はしばしば対のまま放出されるが，紡錘形で不均等な二細胞性であり，ゼラチン質に覆われている．二細胞のうち大きいほうは葉状体の足細胞を含む

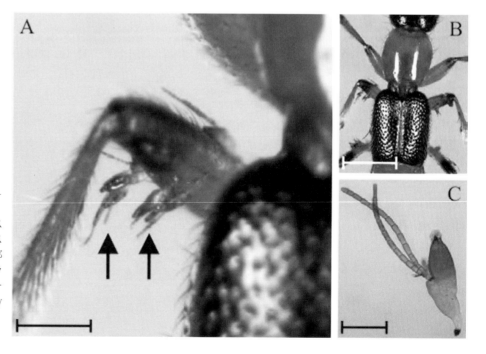

図16.4　ハネカクシ（rove beetle，*Paederus riparius*）の脚部に寄生する*Laboulbenia cristata*．A：脚部に寄生した*Laboulbenia*の子実体（スケールバー＝200 μm），B：その全体像（スケールバー＝1 mm）．C：ハネカクシの脚部から脱離した*Laboulbenia cristata*子実体．ラクトフェノール固定したものを撮影（スケールバー＝50 μm）．写真提供：Malcolm Storey（http://www.bioimages.org.uk）．カラー版は，口絵55頁参照．

図16.5 ハネカクシ Philonthus に付着したラブルベニア目 Rhachomyces philonthinus の葉状体の走査電子顕微鏡像（スケールバー＝50 μm）．米国 シラキュース大学 Alex Weir 博士提供．参考ウェブページ：http://www.wildaboutbritain.co.uk/pictures/showphoto.php/photo/69703/size/big/cat//ppuser/24039.

基部となり，宿主に接着するが，さらにそこからは**吸器**（haustorium）が現れ，宿主内に侵入する（図16.6）．普通の分生胞子と同様に1つあるいは複数の付属糸によってつくられる不動精子［spermatium，小分生子（microconidium）とも］による受精が起こると，小型の子実体（子嚢）が宿主の外皮上の葉状体の上部の細胞から外側に向かって形成される（図16.6）．

ラブルベニア目の仲間は幅広い**節足動物**を宿主として見つかっているが，約80％は甲虫類（Coleoptera）である．ゴキブリの仲間（ゴキブリ目，Blattodea），ハサミムシ（ハサミムシ目，Dermaptera），ハエ（双翅目，Diptera），ナンキンムシ（カメムシ亜目，Heteroptera），ハチ類（ハチ目，Hymenoptera），アリ（アリ科，Formicidae），シロアリ（シロアリ目，Isoptera），ハジラミ（ハジラミ目，Mallophaga），コオロギ類（バッタ目，Orthoptera），アザミウマ（アザミウマ目，Thysanoptera），ヤスデ（ヤスデ綱，Diplopoda），ダニ［クモ綱ダニ亜綱（Arachnida, Subclass Acari）］なども感染することが知られている．

ラブルベニア目の仲間の**宿主特異性はきわめて高い**（extreme host specificity）．それだけでなく，宿主の体のどの部位で生育できるかさえも決められている．さらに，節足動物は高度に種分化が進んでおり，これらの宿主に未知の寄生菌が寄生していると考えると，Hawksworth（2001）が見積もっている150万種という数値をはるかに凌駕する真菌種が存在するものと思われる．

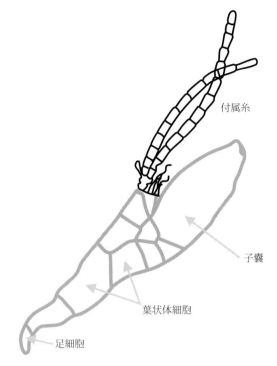

図16.6 ラブルベニア目葉状体の主要な特徴．詳細は Weir & Beakes, 1995 を参照のこと．

16.5 昆虫寄生菌

昆虫寄生とは，昆虫体上または体内で生育することを意味するが，厳密にはすでに本章で述べてきた生物はすべてその範疇に収まる．しかし多くの場合，この単語はクチクラ層を**突き破って**宿主昆虫に感染する糸状菌を指して用いられる．本章ですでに紹介してきた真菌類は，外部寄生菌（ectoparasite）あるいは感染性胞子が消化管内で消化されることによって感染を果たす昆虫病原菌であった．

昆虫寄生（entomogenous）菌あるいは「**昆虫病原**（entomopathogenic）」菌（表16.1）において，一般的な感染機構は胞子がクチクラに接着し適当な条件で発芽することで開始される．

胞子からの発芽管は，酵素や物理的圧力によって昆虫宿主のクチクラを貫通し身体内部（血腔および体液）に侵入してゆく．図16.7に宿主の防御反応とともに概要を示した．

体腔内で菌糸は栄養成長を行うが，しばしば酵母様の**分節菌糸体**（hyphal body）を形成し，出芽状に増殖する．やがて，血腔が満たされると，菌糸は宿主の固形組織（solid tissue）へと伸長してゆく．最終的には，寄生菌は栄養分を使い尽くして

第16章 動物(ヒトを含む)病原菌としての真菌

表16.1 昆虫寄生菌の種類

菌名	分類群	宿主
ボウフラキンの1種 *Coelomomyces psorophorae*	コウマクノウキン門 (Blastocladiomycota)	カの1種 *Culiseta inornata* と copepod、カイアシ類 *Cyclops vernalis* を行き来する
ハエカビ目の仲間 *Erynia*	接合菌門ハエカビ目 (Zygomycota:Order Entomophthorales)	ハエカビ目の1種 *Erynia neoaphidis* はアブラムシの病原菌であり、*Erynia radicans* はハマキガの1種の幼虫の生物防除に使われてきた.
ハエカビ属の1種 *Entomophthora muscae*	接合菌門ハエカビ目 (Zygomycota:Order Entomophthorales)	イエバエなどの双翅目
糸状菌 *Lecanicillium lecanii* (かつては *Verticillium lecanii* とよばれていた)	子嚢菌門ボタンタケ目 (Ascomycota:Hypocreales)	アブラムシ(aphid)およびコナジラミ(whitefly)に寄生する. バータレック(Vertalec, 微生物農薬としてグリーンハウス内のアブラムシ防除に使われる)やマイコタール(Mycotal, 微生物農薬としてグリーンハウス内のコナジラミ防除に使われる)の製造に用いられる.
ハッキョウビョウキン *Beauveria bassiana* (*Cordyceps bassiana* の不完全世代)	子嚢菌門ボタンタケ目バッカクキン科 (Ascomycota:Hypocreales:Clavicipitaceae)	シロアリ、コナジラミ、コロラドハムシ(Colorado beetle、ジャガイモの重要害虫)などの甲虫類に寄生する. マラリア媒介性カの生物防除に使えるかもしれない.
サナギタケ (*Cordyceps militaris*)	子嚢菌門ボタンタケ目バッカクキン科 (Ascomycota:Hypocreales:Clavicipitaceae)	カイコガ(*Bombyx mori*)などのガの幼虫に寄生し死に至らしめる. アジアの民間伝統療法に用いられる.
リョクキョウビョウキン *Nomuraea rileyi*	子嚢菌門ボタンタケ目バッカクキン科 (Ascomycota:Hypocreales:Clavicipitaceae)	カイコガの脱皮や変態を阻害する.
コッキョウビョウキン *Metarhizium anisopliae*	子嚢菌門ボタンタケ目バッカクキン科 (Ascomycota:Hypocreales:Clavicipitaceae)	シロアリ、アザミウマ(thrip)など200種以上の昆虫に感染し、マラリア媒介性カの生物防除に使えるかもしれない.

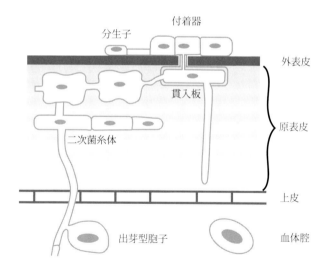

図16.7 コッキョウビョウキン *Metarhizium anisopliae*(子嚢菌)の感染形態. この菌は世界中の土壌中に分布し、200種以上の昆虫に病気を引き起こす. 図は、菌が昆虫のクチクラを突き破る様子を横から見たところを模式的に表したものである. クチクラの抵抗性とは以下の2つの要素から構成される:(1)既存のシステム[外表皮(epicuticle)における疎水性、静電気、他の微生物、低い湿度、乏しい栄養、毒性がある脂質やフェノール性化合物、着色タンパク質;原表皮(procuticle)を硬化・乾燥させるキチン結晶および着色タンパク質、原表皮におけるプロテアーゼ阻害物質]、(2)誘導されるシステム(メラニン化によってクチクラ構成成分の結びつきが強まり真菌の加水分解酵素への耐性が強化される). Hajek & St. Leger, 1994 より引用.

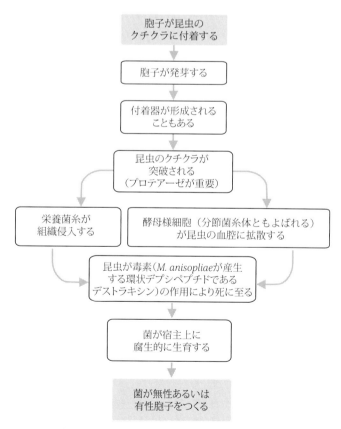

図16.8 昆虫寄生菌の一般的な感染プロセス.

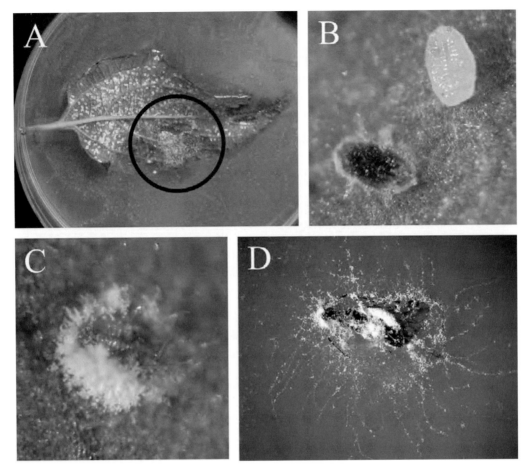

図16.9 ハッキョウビョウキン Beauveria bassiana（子嚢菌）感染の最終段階．コナジラミ Trialeurodes vaporariorum における B. bassiana 感染の影響（A〜C）．A：コナジラミに酷く食害された葉の裏面．コナジラミのサナギは Beauveria に感染している．丸印で囲んだところは特に酷い．B：拡大して見たところ．感染されたサナギと健常なものを比較している．感染サナギは赤く見えるが，これは Beauveria およびいくつかの真菌がつくる抗生物質オオスポレイン（oosporein）が蓄積したことによるものである．オオスポレインはジャガイモ疫病菌 Phytophthora infestans にも拮抗的に作用するが，カビ毒でもあり，汚染された飼料を与えられた家禽類の骨格に影響を及ぼす．C：分生子柄が形成されたコナジラミ遺体．D：Dicyphus hesperus（カスミカメムシ科昆虫）は温室でのコナジラミやクモダニ（spider mite）の生物学的防除に用いられる肉食昆虫だが，Beauveria 感染にも弱い．写真は Rose-lyne Labbé 著・修士論文（Faculté des Sciences de L'Agriculture et de L'Alimentation, Université Laval, Canada）：*Intraguild interactions of the greenhouse whitefly natural enemies, predator* Dicyphus hesperus, *pathogen* Beauveria bassiana *and parasitoid* Encarsia formosa., 2005，および Labbé et al., 2009 より，著者提供．カラー版は，口絵56頁参照．

しまい，宿主は飢餓状態に陥るとともに時には寄生菌が生産する毒素によってダメージを与えられる．やがて宿主が死ぬとともにクチクラが破壊される（図16.8 参照）．

寄生菌はそのまま**宿主遺体上で腐生的に成長し続け**，昆虫体内も表面も菌糸で埋め尽くされる．やがて子実体，すなわち胞子形成装置が遺体から出現し，感染性胞子が生み出される（Castrillo et al., 2005；図16.8 および 16.9 参照）．

昆虫寄生菌の最終段階がこのようなステップを経ない種も知られているが，このような種では感染宿主が飛翔などの行動によって子孫を拡散させる．たとえば，接合菌門ハエカビ目の *Massospora* はセミに感染症を引き起こし，同じく接合菌門ハエカビ目の *Strongwellsea* は，複数種のハエ成虫に寄生する病原真菌である．しかしながら，昆虫遺体を菌糸体が覆い尽くし，そこから子実体が発生し，さらには周囲に胞子を拡散させる様子は，野外では最もよく見られる（図16.9C）．そのような真菌種は裸眼でも容易に見つけることができるため，ミツバチやカイコなどの産業的に重要な昆虫が真菌感染症に罹患するのが早期に把握できる．また，無脊椎動物の病理学という学問分野の創世への貢献も忘れてはならない．

昆虫寄生菌は，菌界の主要ないずれの門からも見つかっている．ツボカビ，接合菌，子嚢菌そして担子菌である．そして，合計57属が昆虫寄生菌を含むことが報告されている（Tanada & Kaya, 1993）．接合菌と子嚢菌の仲間には非常に一般的な**昆虫病原菌**が含まれており，生物防除に役立てられている（16.6

節参照）．数種類の昆虫寄生菌は幅広い昆虫に感染する［たとえば，*Verticillium lecanii*（*Lecanicillium lecanii*）はアブラムシ，アザミウマ，コナジラミに寄生］が，他のものは非常に特異性が高く，*Erynia neoaphidis* はアブラムシのみに感染する．感染過程には，真菌－昆虫間の種特異的，あるいは菌株（昆虫個体）特異的な認識相互作用が関係している．

たとえば，*Coelomomyces dodgei* と *C. punctatus* は，いずれもコウマクノウキン門（Blastocladiomycota）に所属する近縁種であり，胞子嚢（sporangium）の大きさ，形状がよく似ており，宿主とする力の種類も共通で，地理的生態域も重複している．ところが，これらの雑種は認められず，強制的に雑種を形成しようとしても配偶子はほとんど生存しないため，これらの 2 種は**生物学的別種**[訳注1]ということになる（Castrillo et al., 2005）．

感染の初期過程である「接着」は特異性の有無に関わらず起こるであろう．これは，昆虫のクチクラと真菌胞子表面のハイドロフォビンタンパク質が自然に**疎水性相互作用**（hydrophobic interaction）を起こすことによる（6.8 節参照）．よく知られる昆虫寄生菌であるハッキョウビョウキン（*Beauveria bassiana*），コッキョウビョウキン（*Metarhizium anisopliae*），リョクキョウビョウキン（*Nomuraea rileyi*）の胞子はこのように振る舞い，宿主にも非宿主にも同じように接着する．

ハエカビ目（Entomophthorales）の仲間では，**粘液性の外層**（mucilaginous coat）もまた，接着するためのツールとして働く．いくつかの水生昆虫寄生菌では，遊走子がもつ背地走性（negative geotaxis）によって水面付近にいるカの幼虫に衝突しやすくなることで最初の接触が起こる．対照的に，胞子や発芽管が宿主のクチクラの化学的あるいは物理的素性を認識し，選択的に接着が行われる場合もある．ツボカビの仲間ボウフラキン属（*Coelomomyces*）のいくつかの種は，カの幼虫に選択的に接着する．

陸生の糸状菌では，胞子発芽に続いて侵入菌糸が伸長，または発芽管の先に付着器が形成される．いずれの場合も，細い貫入ペグ（penetration peg）が**昆虫のクチクラを突破する**が，ここでは物理的作用（膨圧）または酵素的作用［特にプロテアーゼ（クチクラの 70％はタンパク質）に加えて，キチナーゼやリパーゼ］の一方または両方の手段を用いる（Charnley, 2003）．胞子の周囲に粘液性物質を分泌するものも多く，侵入構造形成時に宿主のクチクラへの接着を強力にサポートする．コッキョウビョウキン（*M. anisopliae*）では，**付着器形成**（appressorium formation）やクチクラ分解酵素類（プロテアーゼなど）は貧栄養条件で誘導されるが，これは感染過程の初期段階に菌が環境の状況や宿主の存在を感知していることを示す．酵素類は順序だって産生される．つまり，プロテアーゼの次にキチナーゼが分泌され，クチクラを分解する．重要な点は，クチクラを分解する酵素類は単に侵入のためだけでなく，栄養の獲得にも用いられる点である（Castrillo et al., 2005）．

昆虫寄生菌は**二形性**（dimorphic；5.18 節参照）を示し，侵入後は糸状菌生育から酵母生育やプロトプラスト様菌糸体（protoplast hyphal body, 体液中を循環し出芽増殖する）生育に変換する．やがて，糸状菌生育に戻って内部組織や臓器に侵入する．ハエカビ属（*Entomophthora*）菌では糸状菌生育が貧栄養条件，特に窒素源の枯渇によって誘導される（Castrillo et al., 2005）．植物病原菌も昆虫病原菌も宿主侵入に関して同じような手段を発達させてきた．つまり，どちらも付着器をつくり，そこから細い感染菌糸が出現して物理的および酵素的作用によって宿主表面を突破する．糸状菌は単細胞のバクテリアに比べて，植物に対する病原体としては圧倒的に遅れを取っている．昆虫のケースでも同様である．いずれも高等動物の病原体まで進化したという点では成功したともいえよう．

宿主内で寄生菌が生育すると，多種多様な**毒性代謝物**（toxic metabolite）を生産する．これらは低分子の二次代謝産物からより複雑な環状ペプチドや酵素を含むが，中には殺虫性のものもあるが，病徴と関連づけるだけの十分な量が検出された例は少ない．その少ない例の 1 つは**デストラキシン**（destruxin）とよばれる環状ペプチドである．これは *Metarhizium* 属菌が生産する環状のデプシペプチド毒素である．デプシペプチドでは，1 つあるいは複数のアミド結合（-CONHR-）がエステル結合（-COOR）に置換されている．28 種類の異なるデストルキシンが報告されており，これらは程度は異なるものの色々な昆虫種に対する殺虫活性をもつとされる．デストラキシンの生産量は病原性や宿主範囲に関係していると考えられている．デストラキシンは宿主の免疫系を撹乱し，貪食作用を阻害する（Charnley, 2003）．

他にも多くの毒素が昆虫寄生菌によって生産される．たとえば，イエバエ（*Musca domestica*）に寄生し死亡させるハエカ

訳注1：原文では two distinct morphospecies とあり，morphospecies とは形態的に判別可能な種のことを意味するため，直訳すると「2 つの明確な形態的に異なる種」となるが，これでは直前の文章と矛盾するため，「生物学的別種」をあてた．

ビ（*Entomophthora muscae*）は誘引物質を生産する．それが他のハエ（特にオス）をハエカビ胞子に覆われた遺体におびき寄せ，飛んできた健常個体に再感染を引き起こさせるのである．真菌二次代謝産物には神経毒として作用するものもある．なぜなら，真菌感染を受けた昆虫には異常行動がしばしば見られるからである．特に，感染個体が死亡する直前に垂直面を上方に移動する行動が頻繁に行われる．つまり植物の茎，岩，あるいは，屋内昆虫であれば壁や窓の最上部まで登るのである．高いところに位置することによって真菌にとっては胞子の拡散という点で有利であり，そのために宿主昆虫を登らせるのであろう．

やがて，菌糸がクチクラを突き破って出現し，外部に出てきた菌糸体は宿主上で成長し，環境条件が整ったときには胞子形成を行う．もしたとえば，乾燥，低温といった望ましくない状況では，昆虫遺体の中で休眠形態を取り，環境が改善したときに生育を再開し胞子形成に至る種も存在する．

16.6　害虫の生物防除

前節ではさまざまな節足動物の真菌感染症と，それらの病気が自然界で節足動物の生息数を制御している様子について述べた．節足動物に感染する真菌は種ごとに決まった宿主を死に至らしめるとともに感染性のある胞子などを増殖させ，さらに多くの宿主に感染しようとする．人類は農作物生産が必要だが，これはしばしば節足動物害虫により攻撃され，あるいはこのような害虫によって病原が媒介される．このような背景から，われわれにとって害悪でしかないこれらの節足動物に感染する病原体を**生物農薬**（biocontrol agent）として利用しようという試みに多大な努力が払われることは実に理に適っていることである．生物防除とは，宿主，害虫，病原あるいは人間以外の生物によって，望ましくない病害が軽減されるような作業，と定義されてきた．

1930年代後半にDDTの殺虫活性が発見されて以来，化学合成によって製造された**殺虫剤**（insecticide）や**殺ダニ剤**（acaricide）は最も重要な害虫制御を担ってきた．現在でもこれらの物質は非常に重要であるが，下記の理由による．

- **適用範囲が広く**，異なる農業害虫に対して効果を発揮する．
- **効率的である**．
- **製造コストが低く**抑えられ，**安価である**．
- 作付け期間中効果が**持続する**．

殺虫剤化合物は，農業害虫による経済的損失を低減し，あるいは昆虫によって媒介される動植物に対する病気の発生を抑えることに関して，特に20世紀後半に非常に有効に働いた．

一方で，このような特性のため，農薬化合物を用いることによる弊害も発生してきた．これらの物質は安価で効率的なため，**過剰な使用**という問題を引き起こしている．適用範囲が広いため，たとえ農業害虫や病原体媒介昆虫の問題がそれほど大きくない場面であっても，世界中のあらゆる環境で使用されるということが繰り返されてきた．このように過剰な使用が繰り返された結果，**土壌**，**食糧**，水が人工化合物によって**汚染される**といった事態が引き起こされた．その結果，以下のようなことが起こってきた．

- 多くの害虫に**耐性**が出現した．
- もともといた害虫に代わって，**新たな昆虫類が害虫として働くようになった**．
- 害虫の天敵が消失した．
- 害虫以外の生物も駆除されてしまい，自然環境が破壊された．
- 食物連鎖によって**生物濃縮**が起こり，捕食者である鳥類やほ乳類に影響を及ぼした．

こうした殺虫剤化合物の負の側面により，新たな制御システムの構築が必要となり，

- **生物的防除剤**（biological control agent），
- **環境管理**（environmental management），
- **フェロモン**（pheromone）による害虫の繁殖抑制，
- **遺伝子操作**（genetic modification）による耐虫性植物の作出，
- 上記戦術の組合せによる**総合的病害虫管理**（Integrated Pest Management, IPM）プログラム，

といった手法が脚光を浴びている．

節足動物類に対する**天然由来の病原体**（naturally occurring pathogen）は生物的防除剤として優れた候補であり，温室作物，果樹園，観葉植物，芝草，貯蔵農作物や森林などの害虫を制御するため，あるいはヒトや動物病原体の媒介昆虫を抑制するために，すでに多くの病原が少なくとも小スケールで用いられている（Lacey *et al.*, 2001による総説参照）．これまでの試

験結果は，経済的には比較的小さな効果しか現れていないが，理論上，微生物由来の**生物的防除剤**を用いる利点は，以下の通りである．

- 効率的かつ高い特異性が期待できる．
- 天然物として受け入れやすい．
- ヒトや標的以外の生物に無害．
- 化学農薬使用の減少による食品あるいは環境中の残留農薬の低減．
- 害虫の天敵の保全．
- 生態システムにおける生物多様性の保全．

しかし，**負の側面**もある．

- 高価あるいは大量生産が困難．
- 有効期限が短い．
- 害虫出現後に病原を散布する必要がある（予防的あるいは重篤化防止的使用は困難）．

昆虫寄生菌を生物的防除に用いるには，消化管感染が可能な細菌の場合と異なり，胞子が発芽し，昆虫の表皮から貫入する期間に必要とされる高湿度（80％以上）が必要であることから，不利であるとされてきた．この問題を克服するための研究によって，油脂などを用いて真菌胞子を調合し，生物的防除に用いる方法が確立した．*Verticillium lecanii*（*Lecanicillium lecanii*）はキクに付くモモアカアブラムシ（*Myzus persicae*）やその他のアブラムシ類に効果的な生物的防除剤だが，この作物は温室内で栽培されるため湿度は制御可能である．また，この作物は短日植物であり，花芽形成を調整するため夏の間は午後から翌朝にかけてシートで遮光されるのだが，これもまた植物周囲の高湿度環境を保ち，真菌胞子が発芽してアブラムシに感染するためには有利に働く．遮光直前に真菌胞子をひと吹きすることにより，2～3週間はアブラムシを防除することが可能である．*V. lecanii* 胞子を含む商品はバーテラック（Vertalac）とよばれ，アブラムシやコナジラミの防除に使われている．

昆虫寄生菌を**野外で生物的防除剤**として用いるのはさらにずっと困難であるが，水生の期間をもつ害虫の防除については期待されている．中でも注目されているのはマラリアなど昆虫媒介性の病気を，昆虫寄生菌によって制御する試みである（Blanford *et al.*, 2005；Scholte *et al.*, 2005；Thomas & Read, 2007）．このように，現在使用中あるいは見込みがある昆虫寄生菌の例はあるものの，現時点で最も広く用いられている農業害虫に対する微生物防除剤は毒素生産細菌バチルス・チューリンゲンシス（*Bacillus thuringiensis*）である（Lacey *et al.*, 2001）．この細菌は生物的防除のメカニズムや長所に関する好例として，真菌由来の防除剤（**真菌殺虫剤**，mycoinsecticide）の開発に資するための分子生物学的研究，作用機序，耐性管理などの面で参考とされている．特に，病原性発揮のプロセス，宿主クチクラ突破に関与する酵素，殺昆虫性真菌毒素といった面において比較検討されている（Charnley, 2003）．*B. thuringiensis* のエンドトキシンコード遺伝子を発現する**遺伝子組換え植物**（transgenic plant）がタバコ，綿花，トウモロコシなどの作物を害虫から保護するために開発されたが，昆虫寄生菌が産生する毒素について同様の技術を用いることが可能になるかもしれない．

適用範囲が広い化学農薬に代わって微生物由来の防除剤の使用が広がるには，下記の要素が要求されるだろう（Lacey *et al.*, 2001）．

- 病原体の毒性および殺傷速度が高まること．
- 不利な環境条件（低温，乾燥，など）でも効果を発揮すること．
- 製造効率が上がること．
- 取扱いが容易，効果が持続する，消費期限が長い，などに関する品質向上．
- 既存のシステムへの組み込み法，あるいは環境や他の総合的病害虫管理（IPM）との相互作用への理解が深まること．
- 環境への配慮を尊重すること．
- 生産者，消費者に広く受け入れられること．

将来的には，IPM プログラム（IPM programme）に組み込まれ，特に複数の病原微生物を混合感染させることによって毒性を向上させるとともに生物的防除に用いられる種の再生産を高めることで，宿主と病原体の動態そのものから改良してゆけるよう注目したい．

16.7　皮膚ツボカビ症：両生類の新興感染症

ツボカビ症（chytridiomycosis）は世界中に広がる両生類が罹患する皮膚感染症である．この感染症はカエルツボカビ *Batrachochytrium dendrobatidis* によって引き起こされるが，両生類の成体の表皮で増殖して**致死的な炎症性疾患**（fatal inflammatory disease）に至らしめる．

　この病気が見つかったのは1998年に入ってからだが（Berger et al., 1998），北米西部，中米，南米，オーストラリア，アフリカで起きた両生類の生息数に劇的な減少と関連づけて考えられるようになった．この病気が与えたインパクトは強烈で，ある地域では水質汚染や捕食者の移入による影響ですでに低下していた土着の両生類の生息数が圧倒的に減少したため，複数種が絶滅した可能性があるとさえいわれている（Wake & Vredenburg, 2008）．生物相が消失するということだけでなく製薬産業にとってのインパクトも大きい．すなわち，両生類は重要な毒性物質の資源として有望だからである．神経毒（neurotoxin），血管収縮薬（vasoconstrictor）あるいは鎮痛剤（painkiller）などに使える可能性がある．

　最初にこの病気が報告されたのは，オーストラリア・クイーンズランドおよびパナマの山岳性熱帯雨林で採集された衰弱または死亡した両生類成体からのデータである（Berger et al., 1998）が，ツボカビ菌による脊椎動物への寄生に関する初めての研究例でもあった．ツボカビは水中あるいは湿った土壌であればどこでも見られ，セルロース，キチンやケラチンのようなタンパク質を分解する．寄生性ツボカビは植物，草類，原生生物，無脊椎動物に感染することは知られていたが，カエルツボカビは両生類成体のケラチン質の表皮で増殖する．この病原体は種特異性が低いうえに，感受性の集団には非常に**高い致死性**をもつ．そのため，カエルツボカビは新興病原菌であり自然界の両生類集団のうち感受性が高いものに辿り着き，このような結果を招いたものと考えられている．またこの病原菌は「珍しい」両生類や淡水魚の商取引によって世界中に拡散されたのではないかと思われる（Fisher & Garner, 2007）．

　これまでは，ツボカビ症は両生類の病気に留まっており，また，**ツボカビ菌が脊椎動物に寄生する唯一の例**である．感染症は野生動物の集団生物学にとって重要なファクターの1つであり，集団のサイズに影響を及ぼす．野生でのツボカビ症の発生頻度から，カエルツボカビはいくつかの両生類集団と共進化し，耐性あるいは非感受性を獲得しながら病気とのバランスを保ってきたのではなかろうかと推察される．たとえば，その地域の低地に棲む種は影響を受けず，逆に高地に棲む近縁種に感染すると非常に高い致死性を示す．近年，熱帯雨林地域における生態が撹乱されたことによって，本来低地にのみ分布していた病原体が感受性の両生類集団が住む高地エリアに移入していったのかもしれない．

　両生類ツボカビ症の臨床所見は無気力，異常姿勢あるいは水中での体勢維持能力の喪失である．ときには皮膚病変，表皮の消失または潰瘍化が見られることもある．皮膚，筋肉，眼から出血が起きることもある．臨床症状が認められてから数日後には死亡に至るが，真菌毒素あるいは表皮組織の急激な分解によって起こる宿主の炎症反応が死亡の原因と思われる．炎症反応によって外皮が肥厚（皮膚組織の細胞が異常増殖する）し，その結果，両生類の気体バランスや浸透圧調節に不可欠な**皮膚呼吸が不全**となるのである．

　感染が成立すると，カエルツボカビは両生類オタマジャクシの角質化された口器に定着するが，この部分は皮膚呼吸に寄与しないのでオタマジャクシは死亡しない．すなわち，幼若期を病原体の保有宿主として利用することで，両生類成体の個体数が減少したとしてもカエルツボカビが生存できるようになっていると考えられる．持続性という点では，ツボカビは腐生性にも生育できることによっても強化されよう．実際，このような能力によってツボカビ症の脅威は増すとともに両生類の減少に拍車が掛かり，最悪の場合には両生類が再生産不能に陥る結果に繋がりかねない．

　カエルの病気を治療すると聞くと奇妙に感じるかもしれないが，数種，それどころか多くの種が絶滅の危機に瀕する可能性に直面したとき，種の保全という観点から感染制御や残された個体の治療という選択をせざるを得なくなる．絶滅の危機にある希少種の中には，成体の生息数が数十〜数百にまで減少したものもある．実際上，ここまで数が減ってしまうと野生での種の保全も困難であり，計画的な捕獲・繁殖によって絶滅を防ぐなどの工夫が必要であろう．

　水族館などの繁殖現場では正しい**隔離手順**（quarantine procedure）の実践によって，感染を防止あるいは限定することは可能である．また，アゾール系抗真菌剤を用いた処置により成体での感染を治療できたという報告もある．もう1つの治療法は感染した成体を8時間37℃に保つという処置を24時間おきに2回行う，というものである．ツボカビが侵すのはカエルの皮膚だけだが，カエル皮膚の分泌腺では抗菌性のペプチドが生産されて皮膚に分泌され，本来の防御機構として働く（Rollins-Smith et al., 2002；Zasloff, 2002）．

　これらのペプチドはツボカビに抑制的あるいは殺菌的に作用するが，培養実験下でもカエルツボカビの生育を効果的に抑える．皮膚分泌物に含まれる**抗菌性ペプチド**（antimicrobial peptide）はツボカビの遊走子の皮膚への初期感染を予防するとともに，すでに感染している皮膚領域からの病気の伸展を抑制するために機能する（Rollins-Smith et al., 2002）．しかし，

これらのペプチドがすでにツボカビ症に罹患した個体の治療に使えるのか，病気の拡散防止にどの程度の効果を発揮するのかは不明である．

16.8　サンゴのアスペルギルス症

　1970年代以降，珊瑚礁を中心とした生態系の破壊が問題となっている．珊瑚礁の消失は地球温暖化，オゾン層の破壊，乱獲，富栄養化，乱暴な土地利用，人間活動の活発化といった複数の原因が複合的に働いた結果生じたと考えられる．しかし，サンゴの病気が珊瑚礁の減少の原因の一端を担っていると主張する研究もある．サンゴの病気（coral disease）に関してはさまざまな面においてほとんどわかっていない．しかし，病気の発生そのものは増加傾向にあると考えられており，海洋環境でのサンゴの減少と関連があると推定される．ところが，多くのデータは純粋に病気についての記述のみであり，ウイルスでも細菌でも真菌でも同様に病原体として扱われ，ほとんどの報告では病原体として見つかったとされる根拠に乏しい（Richardson, 1998；Harvell et al., 1999；Work et al., 2008）．

　病原体が十分なレベルで解明された病気の1つがウミウチワ・アスペルギルス症（aspergillosis of sea fans）である．1995年から1996年にかけて，カリブ海およびフロリダ・キーズの珊瑚礁でウミウチワ Gorgonia ventalina の大量死が起こった．アスペルギルス症に罹患したウミウチワでは，ポリプ組織（polyp tissue）が破壊され直下の中軸骨格が露出した部位が広がるといった病徴が見られる．病気が進行して激しくなると，骨格に穴が開いてしまう．この感染症は地理的に広い範囲で見られ，多くの場合，ウミウチワ集落のごく一部が損傷を受けるだけだが，うちわ構造全体の破壊に至ることもある．組織が破壊された病変部分の周縁部からはいずれも真菌菌糸が検出され，さらに詳細な解析により，以下のようなことが示された（Smith et al., 1996）．

- Aspergillus 属の同種の菌が地理的に異なる場所の罹患サンゴから分離された．
- それらの菌は純粋培養が可能であった．
- 培養菌糸を健常なウミウチワに接種したところ，典型的な病徴が現れた．
- 人為的に発生させた病変部から同じ菌が分離された．

　この一連の実験は，Robert Koch が1870年代に確立した病原微生物の同定スキーム（いわゆるコッホの原則，Koch's postulates）に従ったものである．このような作業は，ある病気の病原体と推定されたものが，確かに病原体そのものであると断定されるためには不可欠である（Richardson, 1998；Work et al., 2008 参照）．最初の研究では，この菌は Aspergillus fumigatus と同定されたが，後に A. sydowii であったことが示された（Geiser et al., 1998）．この病気は今でも西大西洋で発生しているが，1980年代にカリブ海で起こったウミウチワの大量死の原因ではないかと考えられている（Richardson, 1998）．A. sydowii は陸上からも海中からも見つかる一般的な**腐生菌**（common saprotroph）である．この菌は広く分布しており，アラスカの永久凍土から熱帯地域に至る非常に幅広い陸上から分離された記録があるばかりか，亜熱帯地域の沿岸部の海水や4,450mの深海部からも分離されている．A. sydowii は普遍的に見られるが，植物や動物に病原性をもつという認識はなされていなかった．しかし，非海生の A. sydowii 株はウミウチワに対して病原性をもっていなかったため，病害を受けたサンゴから分離された株は陸生の株がもたない**病原性**（pathogenic potential）を獲得したものと結論付けられた．

　Aspergillus 属菌のいくつかの種は動物に対して**日和見感染**（opportunistic infection）を引き起こすことが知られており，**免疫系**（immune system）や他の防御システムが減弱した個体が攻撃を受ける．A. sydowii によるウミウチワ感染もまた日和見的なもので，宿主が汚染やその他の環境要因によって衰弱した隙を突いたのかもしれない．あるいは，病気を引き起こした株は特殊な病原性因子，たとえば**カビ毒**（mycotoxin）などの二次代謝産物，を有している可能性もある．A. sydowii が海生病原菌として現れたことは，陸上と海洋の境界は病気の伝播を妨げる十分な効果をもたないことを示している（Harvell et al., 1999）．

　両生類のツボカビ症やサンゴのアスペルギルス症の研究を通して，普遍的に見られる腐生菌が何百万年も昔から共存してきた動物種に対して突然病気を引き起こす能力を，いつどのようにして獲得したのか，について考えることによって，**新興感染症**の出現メカニズムへの理解が進むかもしれない．このことは決して両生類や刺胞動物に限った話ではなく，人間にも重要なことである．次はわれわれの番かもしれない．

16.9 真菌症：ヒト真菌感染症

真菌による病気を真菌症という．そのほとんど（すべてと言っても過言ではないかもしれない）は病原体ステージが生活環の一部を占めるわけではなく，むしろ普遍的な真菌種によって引き起こされる．それらは環境的に優位性があることを利用し，また，宿主の抵抗力が弱まったことに付け込んで病気を引き起こし，いわゆる**日和見病原体**（opportunistic pathogen）といわれる．ヒトと家畜あわせて約400種の真菌種が病気を引き起こす．そのうち60種余りがヒト病原体であり，その約半分は皮膚に表在性感染を引き起こし，残りは皮下，リンパ，そして全身感染（図16.10）を引き起こす病原体であるが，さらにいくつかの真菌種はアレルギー反応を惹起する．

真菌感染症として知られる疾患の種類が比較的少ないからといって，ヒト真菌感染症の発症がまれというわけではない．逆にヒトに感染症を引き起こす真菌種が限られているだけに，その数少ない病原菌は**非常に広く分布している**のである．多くの人間（あるいは誰もが）は，一生のうち何度か足部白癬（いわゆる水虫，athlete's foot）に罹患する．足部白癬は元来熱帯に分布していた *Trichophyton rubrum* によって引き起こされるが，実際に熱帯で感染するわけではない．この菌は温暖で湿った靴を好むため，現在では中間的な気候帯まで幅広く分布するようになり，非常に容易に感染する．しかし，水虫は少し不快なだけであり，何度かの外来診療によって治療可能である．

一般的に皮膚，爪，毛髪は環境に露出しているため，真菌の攻撃を受けやすい．水虫はその一例であり，その他の白癬（ringworm）も同類である．白癬とは互いに近縁な *Microsporum* あるいは *Trichophyton* 属所属菌によって引き起こされる真菌感染症の総称である．それぞれの真菌種は身体の特異的な部位に感染を引き起こす．家畜からペットまで多くの動物もまた皮膚や体毛に白癬を生じる．これらの真菌はヒトにも感染するケースがあるが，これを人獣共通感染症（zoonosis）といい，ヒトとそれ以外の動物間で病気が伝染する．

ヒト真菌感染症に関するもう1つの目を引く統計をあげると，酵母 *Candida albicans* による感染を一切受けることなく生殖期間を過ごす女性は非常にまれであるという事実であろう．*C. albicans* は健康なヒトであっても，口腔，咽頭，大腸，生殖器に常在している．通常，*C. albicans* は病気を引き起こすことなく，消化器系臓器内で他の微生物との生態バランスを保ちながら偏利共生的に生きている．しかし，糖尿病，加齢，妊娠あるいは単にホルモンの変化など他の要因が重なることによって，*C. albicans* は宿主（ヒト）の防御システムを超えて増殖し，**カンジダ症**（candidiasis）を引き起こすのである．その病徴は単純に痒みを発するものから命に関わるものまで幅広い．カンジダ症もほとんどの場合，宿主の免疫防御システムが働き深部への進展が食い止められるため，他の表在感染と同様に痒みを伴うだけであり，真菌は皮膚近傍に留まる．何らかの原因により免疫システムが不全状態の患者の場合は真菌が身体の深部に侵襲し全身に感染し死に至ることもある．

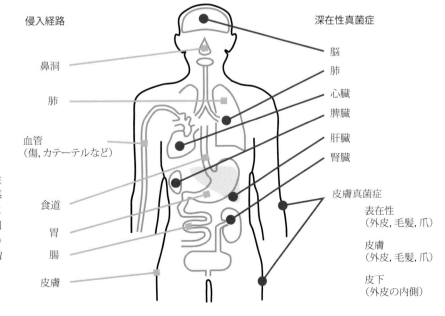

図16.10 ヒト真菌感染症の感染経路および分布．深在性または表在性病原真菌および日和見感染真菌の感染ルート（図左側），深在性真菌症の標的臓器および表在性・皮下性真菌症（皮膚病）の感染部位（図右側）を示した．イラスト（Steve Schuenke 作）は Texas 大学医学部 Galveston 校出版の *Medical Microbiology* 第4版（ISBN 0-9631172-1-1），Samuel Baron, 1996 より引用．

臓器移植患者は拒絶反応を防ぐために免疫システムが投薬によって抑制されており，また，AIDS（後天性免疫不全症候群）患者は HIV（ヒト免疫不全ウイルス，human immunodeficiency virus）感染によって免疫システムにおいて主体的に機能する $CD4^+$ 細胞が減少するために免疫力が失われてしまい，真菌に対して易感染状態になる．このように免疫力が低下した患者に対する感染を日和見感染（opportunistic infection）という．カンジダ症（candidiasis）は HIV 関連の全身播種性真菌感染の中でも最も普遍的に見られるが，他にも健常人には感染しないものの免疫力の低下に伴い感染を引き起こす真菌は知られている．これらの真菌は「隙を見て」感染し，時には命を脅かすのである．

16.10 ヒト真菌症の種類（臨床的視点から）

真菌症は 5 種類に大別されるが，それらはさらに 2 つのメジャーなカテゴリーに分けられる．

- 皮膚真菌症（skin mycosis）
  - 表在性真菌症（superficial mycosis）
  - 皮膚真菌症（cutaneous mycosis）
  - 皮下真菌症（subcutaneous mycosis）
- 全身性真菌症（systemic mycosis）
  - 一次病原真菌（多くが二形性）による全身性真菌症
  - 日和見病原真菌による全身性真菌症

ヒト真菌感染に関するオンライン情報としては http://www.doctorfungus.org/ が非常に優れているので参照されたい．

表在性真菌症（superficial mycosis；白癬，tinea）は熱帯地域で多く見られるが，体毛あるいは皮膚表面に限局した疾患である．実例として

- *Piedraia hortae* は子囊菌の 1 種であり，毛幹に黒色砂毛症（black piedra）を引き起こし，頭皮に茶〜黒色の小結節（実際には子囊菌座，ascostroma）が見られる．
- *Trichosporon cutaneum* は担子菌系酵母であり，土壌，水，植物，動物，鳥類などに普通に見られるのみならず口腔，皮膚，爪などの常在菌である．皮膚，頭皮，陰毛に発生する白色砂毛症（white piedra）の原因菌であると同時に，免疫不全患者に日和見感染を引き起こす．

皮膚真菌症（cutaneous mycosis）はヒトや動物の皮膚，体毛，爪など，生きていない組織のケラチン層の外側に真菌が増殖することによって引き起こされる病気である．*Microsporum*, *Trichophyton*, *Epidermophyton* の 3 属に所属する真菌（いずれも子囊菌）が起因菌であり，これらは皮膚糸状菌（dermatophyte）とよばれ，これらの病気も皮膚糸状菌症（dermatophytosis）といわれる．ただし，-phyte という用語は植物を意味することが多いため，dermatomycosis と綴るほうが適切と思われる．いずれの真菌もケラチン分解能を有しており，皮膚およびその周辺で非侵襲的に増殖するが，すぐ内側の上皮細胞に痒みや炎症反応を引き起こし，やがてアレルギー反応によってこれらの細胞を死に至らしめる（表 16.2）．

手足の爪への感染は非常に重要な疾患であり，そのため起因菌に関わらず，そのような病態に対して爪真菌症（onychomycosis）という特別な呼称が与えられている．いくつかの皮膚糸状菌が爪白癬を引き起こす（表 16.2）が，いわゆる皮膚糸状菌に含まれない *Scopulariopsis brevicaulis*（子囊菌系糸状菌）や *Candida albicans*（子囊菌系酵母）もまた爪真菌症の原因菌である．1 種類以上の真菌種が同時に感染することも珍しくはない．

イギリスではおよそ 180 万人が爪真菌症に罹患しており，患者にとっては非常に厄介な病気である．罹患率（prevalence）はアメリカでは 2〜3 %，フィンランドでは 13 % に達し，男性の罹患率は女性より 2 倍ほど高い．年齢とともに罹患率は高くなり，高齢者ではおよそ 25 % に達する．糖尿病患者や免疫不全患者にも罹患率は高い．

皮膚真菌症の原因菌は自然界に広く分布するが，

- 好地性（geophilic），すなわち土壌中に腐生的に生育し，土壌との接触によって感染を引き起こす *Microsporum gypseum* など，
- 動物好性（zoophilic），すなわち動物に一次的に寄生するが，接触によってヒトに伝染する *Microsporum canis*, *Trichophyton mentagrophytes*, *T. verrucosum* など，
- ヒト寄生性（anthropophilic），すなわちヒトが一次宿主であり，ときに動物に感染する *Microsporum audouinii*, *Trichophyton rubrum*, *T. tosurans*, *Epidermophyton floccosum* など，

に大別される．

皮下真菌症（subcutaneous mycosis）は普段は土壌中の腐生

表16.2　イギリス国内で年間25万人以上に皮膚糸状菌症を引き起こす真菌

真菌種	真菌症
Trichophyton rubrum	ヒトの足部および体部白癬，爪真菌症（onychomycosis），鼠径部に広がることもある．
Trichophyton mentagrophytes var. interdigitale	ヒトの足指の股の間の水虫，湿った環境を好み，靴を常用するヒトに普通に見られ，手に移ることもあり，また，爪真菌症も引き起こす．ウサギや齧歯類の体毛にも普通に見られる．
Trichophyton verrucosum	ウシやウマの体毛に感染するが，ときにヒトにも伝染し，頭皮にハゲや脱毛を誘発することもある．
Microsporum audouinii	子供に白癬を引き起こすが，宿主はヒトに限られ，発展途上国に多く見られ，シャーレ上の培養菌糸のようにリング状構造を皮膚に形成するが，発赤は菌が分泌するタンパク質に対する炎症反応である．
Microsporum canis	イヌやネコの体毛に普通に見られ，白癬を誘発するが，ペットに接触した子供がしばしば罹患する．
Microsporum gypseum	土壌から見つかるが，皮膚糸状菌症を引き起こす．他の微生物との競合のため，他の皮膚糸状菌は生育できない．
Epidermophyton floccosum	ヒトがおもな宿主であり，Epidermophyton属では唯一の病原真菌である．皮膚に感染し，体部白癬，股部白癬，足部白癬，爪白癬を引き起こす．

皮膚糸状菌の伝染は以下の要因で起こる可能性がある：宿主の物理的接触，胞子の微小な傷への滞留，脱落した皮膚片や抜け落ちた体毛に菌糸が付着，水泳プールや学校施設の共有，体験型動物園での動物とのふれあい．

性真菌によって引き起こされる疾患である．特にアフリカ，インド，南アメリカの熱帯および亜熱帯地域に多く見られるが，真菌が傷口から侵入して病気を引き起こす．裸足で日常生活を送るヒトに多く発病する．

- *Madurella mycetomatis*や*M. grisea*（子嚢菌系糸状菌）は菌腫（mycetoma；いわゆるマヅラ足，madura foot）を引き起こす．この疾患は限局的感染によって侵襲性の腫瘍状の膿瘍が形成され，慢性的な炎症反応を引き起こし，感染した部位に腫脹，歪曲と潰瘍化につながる．原因菌は皮膚の小さな傷口から侵入し，数年にわたって皮膚および皮下組織で増殖し，やがて結合組織や骨まで広がる．たいていの場合，菌腫には薬物治療は効果的でなく，患部の切断を含めた外科的処置が唯一の治療手段である．
- *Sporothrix schenckii*（子嚢菌，温度に応じて二形性を示す）はスポロトリクス症（sporotrichosis）の原因菌である．*Sporothrix*は*Ophiostoma stenoceras*の無性世代である．この菌は世界中の土壌に分布するが，感染症は限られた地域においてのみ見られる．ペルーで最も*S. shenckii*感染の発生が多い．「バラ園病」ともよばれ，スポロトリクス症は皮膚の小さな傷口から侵入した菌糸がリンパ系に及ぶことによって引き起こされる．この菌は二形性を示すが，25℃では菌糸生育を行い，分生子柄および分生子を形成する．一方，37℃では楕円形あるいは葉巻形の出芽酵母生育を行う．酵母細胞はリンパ系に沿って拡散し，播種性スポロトリクス症は皮膚，骨，関節への感染を引き起こし，眼内炎（眼の内部の層の炎症），髄膜炎，浸潤性副鼻腔炎に至ることもある．

全身性真菌症（systemic mycosis）は体全体が侵される真菌感染症である．これらは一次病原体（たいてい二形性）によるものと，日和見菌によるものに分けることができるが，それぞれオーバーラップすることもある．深在性真菌症（deep-seated mycosis）ともよばれる．おもな違いは，一次病原体は**毒性が強く**（virulent），宿主に侵入すると感染を引き起こすのに対し，日和見病原体は宿主の免疫システムが弱まったときに病原性を発揮するものの，普段は腐生的あるいは片利共生的な（commensal）に生存している．

ほとんどの一次病原体による全身性真菌症は土壌またはある種の基質に発生した病原性真菌の胞子を吸引することから病気が始まる．そのため，肺が初発臓器であり，やがて他の臓器に拡散される．ブラストミセス症（blastomycosis），コクシジオイデス症（coccidioidomycosis），クリプトコックス症（cryptococcosis），ヒストプラズマ症（histoplasmosis）がおもな疾患である．

ブラストミセス症は二形性真菌*Blastomyces dermatitidis*（子嚢菌）によって引き起こされる感染症であり，アメリカのミシシッピ川およびオハイオ川流域の風土病であるが，原因菌は腐食した木材を含む土壌に腐生的に生息している．温度によって二形性を示し，37℃では糸状菌生育から出芽酵母生育にシフトする．この疾患の大発生は腐敗した木質性の有機物を多く含む湿った土壌に富む川や水路付近での労働あるいはレクリエーション活動と関係が深い．胞子の吸入によって感染が起こり，

発芽した胞子は肺内で酵母生育する．30〜45日後，細菌性肺炎とよく似た急性肺疾患（pulmonary disease）に至るが，皮膚，尿路などの他の臓器に播種することもある．アメリカでは毎年およそ30〜60人がブラストミセス症で死亡している．

コクシジオイデス症〔別名「渓谷熱（valley fever）」〕は，熱応答型二形性真菌 Coccidioides の仲間によって引き起こされる．この菌は，夏は非常に高温に達するが温暖で乾燥した低高度のアルカリ性土壌（特に齧歯類の巣穴）によく見つかる．C. immitis と C. posadasii の2種のみが知られ，両種ともにアメリカ南西部やメキシコの砂漠地帯に分布するが，それに加え，C. immitis はカリフォルニアのサンホアキン・バレーに，C. posadasii は南米にも生息する．これらの2種は，それまで C. immitis の地域型として認識されてきたカリフォルニアタイプと非カリフォルニアタイプが2002年に分けられたものである．乾燥した Coccidioides の**分節型分生子**（arthroconidium，複数 arthroconidia）が砂嵐によって巻き上げられ，それを吸引することによって感染が引き起こされる．コクシジオイデス症は肺感染を初発とするが，若い健常者は軽い咳症状を呈するもののやがて軽快する．ところが健康状態に問題がある患者の場合，感染は皮膚，骨，関節，リンパ節，副腎，中枢神経系などに達する．死に至るケースもあり，北米，中米から南米にかけて年間50〜100人がコクシジオイデス症によって亡くなっている．

クリプトコックス症（cryptococcosis）は莢膜に覆われた担子菌系酵母 Cryptococcus neoformans による感染症である．本菌の環境中の感染源は**ハト糞**（pigeon dropping）に汚染された土壌や樹木，建物などである．本菌は世界中に分布するが，その感染症は北ヨーロッパ地方に多い．本菌は吸入によって感染するが，ほとんどの場合，肺に留まる．ところが，ときに全身に播種し，ひどい場合には脳まで達しクリプトコックス髄膜炎を引き起こす．クリプトコックス症は，**免疫不全患者**に多く見られる感染症であることから，日和見感染とも考えられている．エイズ患者のおよそ15％は，クリプトコックス症に罹患することがわかっているが，エイズの流行前には100万人当り2〜9件の発生だったものが，エイズが広がった1990年代半ばにはエイズ患者1,000人当り17〜66件に達したことが知られている．

ヒストプラズマ症（histoplasmosis）には2つの異なる病型が知られているが，いずれも Histoplasma capsulatum による感染症である．最も一般的なのは北米型ヒストプラズマ症とよばれる肺疾患で，Histoplasma capsulatum var. capsulatum によって引き起こされる．もう一方は，アフリカ型ヒストプラズマ症という皮膚や骨の疾患で，Histoplasma capsulatum var. duboisii によって引き起こされる．Histoplasma（子嚢菌）は熱応答型二形性真菌であり，25℃では糸状菌生育を，37℃では酵母生育を示す．また，Histoplasma は無性世代名であり，有性世代としては Ajellomyces capsulatus が当てられている．環境中では鳥類やコウモリの糞に汚染された土壌に生息し世界中に分布するが，感染症の発生は熱帯地域で多い．ヒストプラズマ症は北米のテネシー川，オハイオ川，ミシシッピ川流域の風土病でもあり，年間50人ほどの死者が出ている．

日和見病原真菌による全身性真菌症は本来病原性が低い真菌（環境中に生息するほぼ無限の真菌種を含む）による感染症である．疫学調査によると1980年以降，非真菌病原微生物感染症による死亡率は減少し続けているにも関わらず，真菌感染症による死亡率は着実に増加している．多くの理由が指摘されているが，中でも**診断技術の向上**によって真菌感染症が認識されやすくなったこと，つまり，病気の発生が必ずしも増加したわけではなく，真菌感染症であるという診断が付きやすくなったことが大きい．すなわち，分子レベルの診断方法の導入により，真菌の迅速な検出が可能となったことが背景にある．また，海外への渡航が一般的となったため，熱帯地域に多い病原真菌へのアクセス頻度が高くなったことも一因とされる．第三に，免疫不全患者の増加も原因の1つであろう．臓器移植患者への免疫抑制剤の投与や癌患者への抗がん剤治療の副作用によって免疫力が低下し，病原真菌への抵抗力が弱まる．また，**エイズ患者も免疫力が低下する**．実際，エイズ関連死の大半は究極的には真菌感染症によると考えられる．免疫不全患者から最も高頻度に分離される真菌は，体内常在菌である Candida，腐生菌（環境菌でもある）Aspergillus，そして接合菌の仲間である．後述するが，真菌感染症の原因菌のスペクトラムは急激に変化している．

カンジダ症（candidiasis）：Candida は人体表面の至る所にも分布し，病気を引き起こすことなく生育することができる．ところが，ヒトの抵抗メカニズムが崩れると病原性を発揮する．C. albicans は人体の普遍的な微生物叢の一部を構成している．普段は他の微生物との生態的バランスを保っており，ヒトは自分の中に C. albicans がいることにすら気付かない．しかし，ステロイドや免疫抑制剤による治療，さらには抗細菌物質の投与によって他の微生物が減少すると，Candida による感染機会が増大する（表16.3）．

実際，細菌の減少によって C. albicans の腸管への接着頻度

表16.3　抗生物質投与群および非投与群からの Candida albicans の分離頻度

	各部位からの分離頻度		
	口腔	消化管	女性器
抗生物質非投与群	43	15	8
抗生物質投与群	76	22	15

は高くなることから，常在細菌が C. albicans の重要な病原性因子の1つである内皮細胞への接着を抑制していると思われる．Candida は口腔や膣粘膜に表在性に生育することが多い．口腔内の疾患は「口腔カンジダ症（thrush）」とよばれ，舌，歯茎，口腔粘膜に発生し，特に新生児や乳児に多く見られる．成人ではホルモン異常あるいは免疫異常に伴って見られる．女性器の疾患は膣カンジダ症とよばれ，膣下部に痒みや痛みをもたらす．膣カンジダ症はイギリスではカンジダ症の中で二番目に多い．75％の女性が生涯に一度は膣カンジダ症を経験し，さらにその半分は重度化する．膣カンジダ症は女性器の pH が低くなる妊娠期間中に発症することが多く，また，ステロイド系の避妊薬を使用することで発症が増加することも知られている．

粘膜カンジダ症はほぼすべてのエイズ患者に発症する．また，臓器移植患者や抗がん剤治療など，治療の副作用で免疫状態が低下したときにも多く見られる．細胞性免疫（cell-mediated immunity）の低下によってエイズ患者は真菌に対して非常に易感染状態に陥る．エイズ患者の60〜80％は1回以上の真菌感染を経験し，少なくとも10〜20％は真菌感染によって死亡する．

よく Candida は二形性（dimorphic）真菌として紹介されることが多いが，卵形の酵母（yeast）細胞から糸状菌糸生育まで多形性（pleomorphic）を示すと考えたほうがよいともいえる（Odds, 2000）．C. albicans を血清を含む培地で培養すると，出芽ではなく偽菌糸による生育をはじめるが，C. albicans の同定基準として用いられている．菌糸または偽菌糸生育は酵母生育に比べて以下の点で勝っている．

- 酵母よりも病原性が高い．
- 内皮層の貫通力が高い．
- 防御反応に対する抵抗力が強い．

C. albicans は，これまでずっと最も普遍的な侵襲性感染を引き起こす酵母であるとされてきた．ところが，フルコナゾールによる治療が効果的であるため，C. albicans 感染の件数は減少している．ところが，1990年代に入ると，C. glabrata による感染が増加してきた．この種はフルコナゾール感受性が低く，頭部や頸部へのがん放射線療法を受ける患者に咽頭カンジダ症を引き起こすことが知られている（Nucci & Marr, 2005）．

Candida albicans や Cryptococcus neoformans は，いずれも速やかな表現型変換（phenotypic switching）を起こす．これは遺伝的に同一の細胞が2つのまったく異なる細胞形態を呈する現象である．C. albicans の場合，ホワイト型とオペーク型が知られている．ホワイト細胞は典型的な酵母細胞の形状で，オペーク細胞は細長くなり表面には特徴的な模様が見られる．いずれのタイプの細胞も幾世代にもわたって安定しており，細胞型変換はランダムに低頻度に発生する．表現型変換はエピジェネティックな現象（epigenetic phenomenon）と考えられており（Whiteway & Oberholzer, 2004；Zordan et al., 2007），これは DNA の再編成によって制御されている遺伝子発現パターンが変化することによって起こると思われる．これらの細胞は宿主と異なる対応を見せる．つまり，オペーク細胞は皮膚感染に，ホワイト細胞は血流感染に適応しやすい．Odds（2000）によるとこのような「変換」は小進化（microevolution）メカニズムの代表例であり，新しい微生物ニッチに速やかに適応するための生存戦略の1つではないかと指摘している．

アスペルギルス症（aspergillosis）は，Aspergillus 属菌の分生子を吸入することによって起こる肺の疾患である．哺乳類や鳥類に発生するが，鳥類で最も古い時代（19世紀初頭にまで遡る）に真菌症と認識された病気であり，過密な環境で飼育されるニワトリでは大流行も発生する．Aspergillus は世界中に分布し，腐生的に増殖するため，人間生活に非常に身近な存在である．アスペルギルス症は野生動物だけでなく，ほぼすべての家畜・家禽類での発症が報告されている．アスペルギルス症の原因菌は Aspergillus fumigatus, A. flavus, A. niger, A. nidulans, A. terreus, A. glaucus などだが，いずれも世界中に普通に見られ，あらゆる有機物を基質として生育できる．

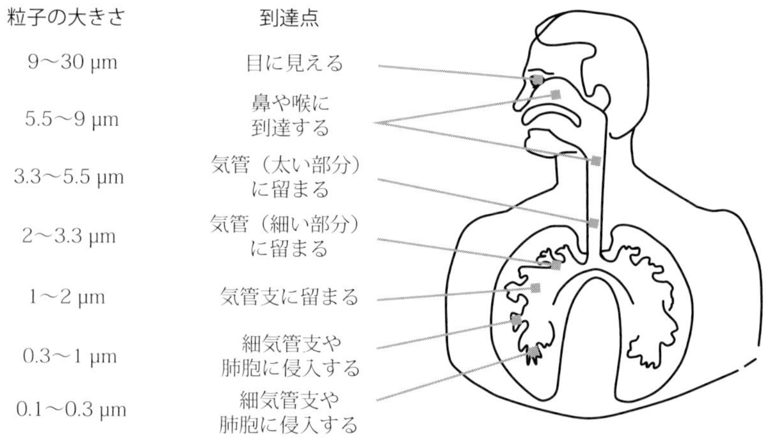

図16.11 粒子の大きさによるヒト呼吸器官への侵入到達度. Aspergillus 属の分生子は 2〜4 μm のサイズであり, 肺の深部に到達可能である. 図は米国環境保護庁のウェブサイト（原図は, Environment Canada）より改変引用.

粒子の大きさ	到達点
9〜30 μm	目に見える
5.5〜9 μm	鼻や喉に到達する
3.3〜5.5 μm	気管（太い部分）に留まる
2〜3.3 μm	気管（細い部分）に留まる
1〜2 μm	気管支に留まる
0.3〜1 μm	細気管支や肺胞に侵入する
0.1〜0.3 μm	細気管支や肺胞に侵入する

　Aspergillus 属菌は無数の分生子を産生し, 野外でも普通に見られるカビである. 分生子は干し草や藁あるいは穀物を酷く汚染する. これらの真菌感染が労働環境と結び付けられて考えられていなかった 20 世紀半ばまでは, これらを日常的に取り扱う農場や醸造所などの労働者は農夫肺（farmer's lung disease）のハイリスク集団であった. ヒトのアスペルギルス症はそのほとんど（90%以上）が A. fumigatus によるものであり, 最もハイリスクなのはがん治療を受けている患者あるいは**免疫抑制剤による治療**を受けた結果, 好中球が減少してしまった臓器移植患者である. このような免疫抑制状態はエイズ患者にはまれであり, そのためアスペルギルス症はエイズ患者の主要な疾患とはならない. Aspergillus 属菌の分生子は吸引を経て肺や肺胞腔内に留まるため, さまざまな呼吸器疾患を引き起こす（図 16.11）.

　アレルギー性アスペルギルス症（allergic aspergillosis）は分生子に対する急性症状であり, 喘息反応（asthmatic reaction）に繋がる. さらに症状が進行すると気管支肺アスペルギルス症（bronchopulmonary aspergillosis）とよばれる気管支炎（bronchitis）に至る. やがて菌糸が伸長して「菌球（fungal ball）」型アスペルギルス症（いわゆる**アスペルギローマ**, aspergilloma）となり, 肺腔内に菌の塊ができる. さらには, 侵襲性あるいは播種性アスペルギルス症が発症すると, 菌が肺組織から他の臓器や組織に拡大する. このような疾患は免疫抑制剤の登場までは非常にまれであった.

　ヒトは誰でも A. fumigatus の胞子に常日頃から接しているが, 健常な気管や**正常な免疫システム**によって吸引された胞子は速やかに無害化される. ことさら問題になるのは, 気管の防御システムを超過するほどの大量の胞子に暴露される環境で作業に従事する労働者である. 免疫システムが抑制された場合, アスペルギルス症によって肺に重篤な問題が起き, さらには腎臓, 肝臓, 皮膚, 骨組織あるいは脳などに播種する危険性がある. アスペルギルス症が重篤化すると致死率が非常に高くなる（表 16.4）ため, 迅速な診断と治療開始が重要である［参照ウェブページ：http://www.aspergillus.org.uk/（アスペルギルス・ウェブサイト), http://www.aspergillus.org.uk/newpatients/index.php（アスペルギルス症患者サポート・ウェブサイト), http://www.nationalaspergillosiscentre.org.uk/（国立アスペルギルス症センター）].

　真菌感染の発生状況（epidemiology）は 1995 年以降の 10 年間で明らかに変動してきた. 侵襲性アスペルギルス症の発生数は顕著に増加し, 一般的な抗真菌薬に耐性を示す真菌種（Fusarium や接合菌など）による感染も増えている. 特に免疫抑制患者において Candida albicans 以外の酵母あるいは A. fumigatus 以外の糸状菌が深在性真菌感染症を引き起こすケースが増加した様子は, 発生生態の転換であるともいわれている（Nucci & Marr, 2005）.

　ある臓器移植専門の医療機関では, 1995 年に侵襲性アスペルギルス症の原因菌に占める A. terreus の割合が 2.1% であったものが 2001 年には 10.2% に増加した. A. terreus は真菌感染症に対する第一選択薬の 1 つであるアンホテリシン B の効果が低い. 近年記載された真菌種である A. lentulus もまた複数の抗真菌薬に対する感受性が低い（in vitro の試験結果). 予防

表 16.4　侵襲性アスペルギルス症患者の予後

アスペルギルス症の形状	死亡率（%）
播種性（複数部位感染）	95〜100
脳アスペルギルス症	95

的に投与される抗真菌薬の種類の変化あるいは外科技法の改善に伴い発生した院内環境の変化が臓器移植患者，未熟児あるいはきわめて重篤な患者が接触する感染性真菌種を遷移させたことによって，このような真菌感染症原因菌の交代が起こってきたのではないかと考えられている（Nucci & Marr, 2005）．

ニューモシスチス症（pneumocystosis）は Pneumocystis 属菌によって引き起こされる感染症の総称である．不顕性感染（asymptomatic infection），小児肺炎（infantile pneumonia），肺炎（免疫不全患者），肺外感染に分類される．このうち，小児肺炎では，乳幼児突然死症候群（SIDS）との関連が指摘されている．Pneumocystis 属菌による肺炎は PCP（PneumoCystis Pneumonia）ともよばれ，免疫不全患者では特に重要な疾患である．Pneumocystis は 1980 年代後半まで原生動物に分類されてきたが，分子系統学的には子嚢菌門（Ascomycota）タフリナ亜門（Taphrinomycotina）に置かれ（第 3 章参照），現在では**酵母様真菌**（yeast-like fungus）として扱われている．元々 Pneumocystis carinii という種名が使われていたが，ヒト感染の原因菌は P. jirovecii（チェコの寄生虫学者 Otto Jirovec に献名された）として別種扱いとなっている．なお，P. carinii はヒト以外の感染原因菌の名称として現在も有効である．

Pneumocystis の DNA は大気や水中から検出されるものの，その姿は顕微鏡を用いても観察されない．そのため，Pneumocystis は次の宿主への感染に至る前に死滅してしまうと考えられる．この菌は培養できないため，生活環に関する情報は宿主内での状況に限定される．Pneumocystis の**トロフォゾイト**（trophozoite）とよばれる栄養体は無性生育中につくられるが，原生動物として扱われていた頃の名残である．栄養体の形態は変化に富み，宿主組織中に連鎖して見られる．Pneumocystis は一倍体で無性的に細胞分裂して増殖するが，細胞融合によって二倍体の接合子が形成されると考えられる．接合子では減数分裂が起こり，まず前嚢子（precyst）がつくられ，**シスト**（cyst）が形成され成熟する（これらの用語も原生動物時代の名残である）．成熟後には，8 個の嚢子内胞子（intracystic spore）が形成されるが，これは減数分裂後に体細胞分裂が起こった結果生じる子嚢胞子のことである．成熟したシストが破れると，これらの胞子は放出され，発芽して栄養体に戻る．このような生活環のうち，どのステージが感染形態で，どのように環境中に放出されるのかは不明である．感染源はニューモシスチス症患者あるいは Pneumocystis 保菌者とされヒト-ヒト感染が疑われることから，その点，病原真菌の中では非常に特殊である．

Pneumocystis は免疫不全患者（先天性あるいは後天性），がん治療や臓器移植による拒絶反応抑制のために副腎皮質ホルモンや免疫抑制剤の投与を受けている患者に対する**日和見真菌症**（opportunistic mycosis）原因菌の主要なものの 1 つである．HIV 感染に対して有効性の高い抗レトロウイルス療法が導入された 1996 年以降，PCP は減少している（Sax, 2001；Hammer, 2005）が，依然として最も重要なエイズ関連疾患の 1 つであり，特にエイズ患者では肺からリンパ節，脾臓，骨髄，肝臓，腎臓，心臓，脳，膵臓，皮膚，その他の臓器に播種性に広がる肺外感染に至ることもある．

接合菌症（zygomycosis）は**新興疾患**（emerging disease）の 1 つで，臓器移植患者での症例が急増している．臓器移植患者における真菌感染に関する調査によると，2001 年から 2003 年にかけて接合菌症の割合が 4% から 25% に増加した．接合菌症および侵襲性アスペルギルス症の比較による危険因子の分析研究によると，ボリコナゾール（voriconazole，トリアゾールの一種で侵襲性カンジダ症やアスペルギルス症の治療や予防に用いられる）の使用と接合菌症の発生に関連が認められた．接合菌症は Candida albicans や Aspergillus fumigatus による感染症を生き延びた患者が直面する「**第三の脅威**（third threat）」ともいわれている（Nucci & Marr, 2005）

接合菌症のおもな起因菌は Absidia corymbifera, Rhizomucor pusillus, Rhizopus arrhizus であり，いずれも**土壌中に普遍的に見つかる**が，衰弱した患者に急性播種性の感染症を引き起こす．この疾患は糖尿病性アシドーシス患者，栄養失調の幼児および重度の火傷患者に多く発生し，白血病，リンパ腫，エイズ，免疫抑制療法との関係もあるとされる．典型的な感染は鼻から頭蓋に至る顔面エリア，肺，消化管および皮膚に見られ，菌糸は動脈血管侵襲性が高く，感染部位周辺に塞栓や壊死を引き起こすこともある．糖尿病性アシドーシス患者が鼻脳性接合菌症（rhinocerebral zygomycosis）を併発すると数日内に死亡する．

免疫不全患者（immunocompromised patient）における**フザリウム症**（fusariosis）もまた増加傾向にある．Fusarium 属菌（子嚢菌系糸状菌）で最も病原性が高いのは F. solani である．Fusarium は植物病原菌としてもよく知られ，穀類を含む植物に広く分布するとともに，土壌中にも生息する．造血幹細胞（haematopoietic stem cell）移植患者における感染率は年ごとに上昇している．造血幹細胞は臓器移植でも 2 番目に多い施術であり，悪性腫瘍（malignancy）や骨髄不全障害（bone marrow failure disorder）の患者に対して施される．全米で年

間45,000件の移植手術がなされ,そのうち2,000件は20歳未満の患者である.これらの患者は長期間(最長で術後10年以上のケースも)に及ぶ強力な免疫抑制によりT細胞介在型免疫(T-cell-mediated immunodeficiency)が機能せず,フザリウム症のハイリスク集団となっている(Nucci & Marr, 2005).

16.11 居住空間における真菌と健康への影響:アレルゲンとカビ毒

居住空間における真菌の影響はしばしば過小評価されている(Crook & Burton, 2010).胞子をつくって空中に撒き散らす真菌は絨毯,壁紙,シーツ,毛布,布団などの天然繊維を含むものや残飯,ペットフード,ペットのケージなど,屋内のありとあらゆる場所に蔓延している.柱や壁の素材として使われる木材に乾腐(dry rot)を引き起こす真菌もまた,大量の胞子を産生する(第13章参照).このような真菌の胞子は住人が移動するたび,あるいは自然に発生する空気の流れに乗って拡散される.

いわゆるカビは水分によって劣化した建物の広い範囲でも増殖する.そのような汚染はあらゆる部分に見られるが,特に壁紙や天井板などのセルロースを含むような木質材料由来の箇所に多い.居住区域内のカーペットや空気から採集された真菌の胞子密度に関する研究によると,調査した家屋のおよそ半数で,1 m^2 当り500 CFU(コロニー形成ユニット)を超える胞子密度が観察された.一般的に真菌胞子密度はカーペット敷きであることが多い部屋よりも台所で高かった.最も検出頻度が高かったのは Cladosporium, Penicillium, Aspergillus, Stachybotrys 属菌(すべて子嚢菌系糸状菌)であった.中でも Stachybotrys chartarum は特に注意を要する.

シックハウス症候群(sick building syndrome)患者や,肺疾患(特に乳幼児肺出血,infant pulmonary haemorrhage)をもつ乳幼児は,カビ臭く,水分によって劣化した建物に住んだ経歴をもつ.これらの病気は胞子やカビまみれのものとして吸い込まれた S. chartarum が産生するカビ毒(mycotoxin)が原因とされている.Stachybotrys はトリコテセン(trichothecene,第10章参照)系カビ毒であるサトラトキシン(satratoxin)を生産する.サトラトキシンはDNA,RNAやタンパク質の合成を阻害することから,ヒトや動物組織に病理学的変化を及ぼす.Stachybotrys はまた,溶血性物質スタキリシン(stachylysis)も産生するが,この物質はヒツジの赤血球を溶解し,家畜の疾患への関与が推定されている.室内のカビが産生する揮発性有機化合物(volatile organic compounds;VOCs)を管理下でヒトに暴露させると,呼吸器系に刺激を感じることがわかっている.

室内の大気からは300種類ほどの異なる化学物質が検出されるが,そのうちの3-メチルフラン(C_5H_6O;3-MF)は神経毒性が疑われている.3-MFは,多くの普通に生息する真菌によって生産されるため,水分によって劣化した建物に実際に生きている真菌の指標(マーカー,marker)として使われている.3-MFは,2-オクテン1-オール[$CH_3(CH_2)_4CH=CHCH_2OH$,これもまた普遍的な真菌が発する化合物である]と同様に典型的なカビ臭い匂い(musty fungus smell)をもつ.3-MFは,肺疾患を増悪させるが,眼,鼻,気管に急性の刺激を起こすこともあることが知られており,シックハウス症候群への関与が疑われている(Wålinder et al., 2005)が,揮発性物質がヒトの健康に及ぼす影響については,現在も不明な点が多い.

しかし,真菌と疾患の明確な因果関係ははっきりとしない.また,Stachybotrys が注目された根拠も不明瞭である,というのも,Stachybotrys は屋内汚染真菌の中のわずか1種であり,さらには,Aspergillus, Penicillium, Alternaria, Cladosporium といった菌に比べると数的にも頻度的にも低い.また,これらの菌群はシックハウス症候群が発生した建物からも頻繁に検出される.

Stachybotrys がことさら注目を引いたのは,1993年1月から1994年11月にかけてオハイオ州クリーブランドに乳幼児肺出血が集団発生し,それと Stachybotrys が関係していると主張する論文が発表されたためである.後日,このデータの解釈は誤認であり,「関係」そのものも有意でないことが解析され,他の因子,たとえばタバコや副流煙,のほうが重要である可能性が指摘されると,原著の論文は撤回された.

S. chartarum が毒素生産菌であり,実験動物に病気を起こせることは事実だが,それでは本当にヒトの疾患の原因なのであろうか.S. chartarum は屋内で見つかる真菌でもまれな種であることから,疾患の主要な原因因子ではない可能性が高いと思われる.

アレルギー(allergy)もちのヒトや免疫不全患者は屋内の真菌によって影響を受けることは,多くの研究によって支持されている(Ochiai et al., 2005 など).しかし,健康で免疫状態も健常な場合に屋内環境で遭遇する程度の真菌への暴露によって病気に罹患するかについては議論の余地がある.ただし,議

16.11 居住空間における真菌と健康への影響：アレルゲンとカビ毒

> **資料ボックス 16.1　きのこのスープがライアンエアーを迂回させる**
>
> 月曜日，ライアンエアー航空機に乗ってブダペストからダブリンに向かっていた機内でのでき事だが，頭上の荷物入れに置かれた瓶入りスープが漏れてある乗客の顔に掛かってしまった．その男性は頸部が腫れ呼吸困難に陥ったため，適切な医療を受けさせるために航空機はドイツのフランクフルトに緊急着陸した．昨日，ライアンエアーの担当者は，瓶には植物性油脂ときのこのエキスが含まれており，アレルギー反応を引き起こした，と報告した．医師による処置のため，ボーイング737型機はおよそ2時間遅延した．乗客に医療行為が必要な場合に近隣の空港に着陸することはプロトコールに定められており，乗務員とパイロットはそれに従った，と航空会社の広報部はアナウンスした．
>
> Guardian誌（http://www.guardian.co.uk/）2008年8月28日（木）09:53 BSTの記事より

論は尽きなくとも，特にアレルギーをもっていたり病弱なヒトにとっては，治療よりも予防のほうがベターであろう．屋内は通気を確保し，定期的な清掃を行うことが望ましい．湿気の多い環境では清潔に保たれた**除湿器**を使用し，水漏れがあれば速やかに修繕するとともに，カビが認められたら直ちに除去し，その部分は防腐剤処理を施すべきであろう（Cheong et al., 2004；Cheong & Neumeister-Kemp, 2005）．アレルギー反応は患者にとっては重要な問題であり，資料ボックス16.1に取り上げた新聞記事を参照されたい．

真菌胞子の量あるいは視覚的に確認できるカビの量と，幼児または若年の喘息の発生には相関があるとされる．また，ある研究によると，全人口の5%ほどが一生の間に真菌への暴露による何らかのアレルギー症状を呈するといわれている．トータルでは10～32%の喘息患者は真菌に対して感受性であるが，ペットやダニ由来のアレルゲン物質に対する感受性をもつ患者の割合よりは有意に低い（Hossain et al., 2004；Ochiai et al., 2005）．

前もって真菌由来アレルゲン物質に暴露したあと，微量の同じアレルゲン物質に再暴露したときに，急激なアレルギー反応が起きる．**オーガニック・ダスト・トキシック・シンドローム**（organic dust toxic syndrome；ODTS）は外見上アレルギー反応と同様の現象だが，一度に大量の真菌由来物質に汚染された微粒子に暴露することによって引き起こされる．この疾患は免疫システムが引き金となるのではなく，真菌微粒子が**直接的な毒性**をもち，呼吸器系に急性の負荷を掛けることによって引き起こされる．これらはおもに**職業病**（occupational disease）であり，汚染された建物のリフォーム業者や清掃業者に多く見られる．他にも多くの有機性粉塵が同様の健康障害を引き起こすが，カビだけが悪者というわけではない．真菌あるいはその他の抗原を用いた皮膚プリックテストによって，建物関連の疾患を診断することができるが，これは原因物質の存在下で病徴が現れ，それが除去されると病徴も消失することから可能となる診断法である．

真菌毒素によるほぼすべてのヒトの疾患は，毒性物質の摂取によって引き起こされる．現在100種以上のカビ毒産生菌が知られており，300種類以上のカビ毒の産生がわかっているが，そのうち発がん性が認められるのは2種類のカビ毒だけである（Bennett & Klich, 2003）．きのこについては，幸か不幸か，多くの国で一般的に見られる2,000種のきのこのうち，わずか50種ほどが有毒で，そのうち6種が致死的である．

きのこ関連の食中毒で最も恐ろしいのはAmanita属によるもので，アマトキシン（amatoxin）とファロトキシン（phallotoxin）という2種類の環状ペプチドを生産する．タマゴテングタケ（Amanita phalloides）は英名「Death Cap」とよばれる通り，アメリカや西ヨーロッパで発生する食中毒死の90%以上の原因きのこである．ドクツルタケ（Amanita virosa）は英名「Destroying Angel」とよばれ，これも致死性が高い．いずれのきのこ毒も基本的な細胞機能を阻害する．

アマトキシンはRNAポリメラーゼ（RNA polymerase）に結合し，mRNAの合成を阻害する．そのため，細胞は正常な機能を失い，やがて死滅する．臓器の中でも特に，高いタンパク質合成が必要なものがこの毒素に感受性が高い．肝臓の肝細胞（hepatocyte）もこのような性質があり，きのこ食中毒に関係する最も重要な臓器である．他にも腎臓，膵臓，睾丸，白血球も同様にターゲット組織である．アマトキシンは腸から速やかに吸収され，肝臓で濃縮されると，肝臓組織を破壊する．

ファロトキシンは細胞膜や細胞骨格を非可逆的に崩壊させ，結果的に細胞死を誘導する．ところが，ファロトキシンはヒトの腸管からは吸収されないため，食中毒症状との関連性は認められないと考えられる．

テングタケ（Amanita）属による食中毒患者は**四段階**に症状が変化する．はじめの6～24時間では，無症状である．その後12～24時間にわたって強い腹部の痛み，吐き気，嘔吐と大量の下痢が起こる．この段階で患者はしばしば腹痛を伴う風邪と誤診される．その後の12～24時間，症状は小康状態となり回復の兆しを見せるため，誤診が正しかったかのように思われ

ることが多い．しかし，この間にもきのこ毒は肝細胞を殺傷し肝臓を破壊し，文字通り内部から崩壊させる．

肝臓障害（liver damage）の症状はきのこ毒の摂取後4～8日のみ現れるが，ダメージそのものは急速に，加速度的に進行する．毒きのこを食べたあと，6～16日後には肝機能不全が原因で死亡に至る．誤診を免れ，肝機能を正しくモニターし，適切な治療が施されたとしても，食中毒による死を逃れるチャンスは少ない．肝移植などの高度医療をもってしても，**致死率**は20～30％および，10歳以下の子供では50％は死に至る．

有毒なきのこを摂取すると，たいていのヒトは不快ながらも比較的緩やかで短時間の「食中毒」症状を訴える．症状が速やかに現れるほど，毒成分の効果は限定的である．致死的なきのこ毒は遅効性で摂取後6～12時間あるいはそれ以上にわたって無症状である．低毒性なきのこによる食中毒では，食後2時間あるいはそれ以内に症状が見られる．数時間の不快感，嘔吐，吐き気，痙攣，下痢が続いた後，患者は全快する．野生のきのこを食べて食中毒を起こす最も危険性が高いのは，何でも試しに口に入れてしまう幼児，いかなる「トリップ」でも試す価値があると考える快楽的薬物使用者，元の居住地では美味しく食べられるきのことよく似た毒きのこを採ってしまう移住者，などである．

長年にわたって人々を苦しませてきた毒素をつくる真菌はきのこだけに限らない．文字通り燃えるように体中が熱くなり，皮下をアリやネズミが這い回るように感じ，酷い幻覚に悩まされ，余りの酷さに狂気に陥り……，それを乗り越えたとしても，手足が膨れ，炎症を起こし，激しく灼けつくような痛みと死ぬほどの寒気が交互におとずれ，やがて，患部は麻痺して，生きた体から抜け落ちる……，指が，つま先が，手が，足が，腕が，膝が，すべてが体から腐り落ちる……．

このような酷い病気の記録は西暦857年まで遡る．ドイツのライン川下流域のカンテン地域の古い記録によると，「……体中が腐ったような水ぶくれに覆われる疫病で，死ぬ前に手足が体から抜け落ちる……」という記述がある．

それからおよそ1世紀後には，多数の犠牲者が発生する事件が起こった．西暦944年，フランスでは推定4万人が犠牲となったが，規模はさておき1880年代にも同様の事件が起こっている．11～12世紀の記録によると，この疾病は「Holy Fire」とよばれていたが，のちに患者が安らぎと真の慰めを求めて聖大アントニオスに巡礼するようになった．このため，フランスでのできごとは「聖アントニウスの火（St Anthony's fire）」とよばれるようになったが，この疾病はライ麦生産とライ麦パンの消費地で起こっていた．

この疾病はカビの病気に侵されたライ麦から製造されたパンを食べることによって引き起こされた．この植物病は**麦角**（ergot）とよばれ，*Claviceps purpurea*（小麦，ライ麦，その他のイネ科植物に感染する）によって引き起こされる．中でも，ライ麦に最も多く発生する．胞子は花に感染し，柱頭で発芽して子房に侵入する．そこで種子に蓄えられるはずの栄養分を使って，本来種子ができるはずの場所にやや屈曲した細胞の塊（菌核）をつくる．成熟すると，硬い紫色または黒色のやや屈曲した針型の菌核がライ麦の殻から飛び出してくる（図16.12）．Ergotとは，もともとフランス語で，ある種の鳥の足の爪のことを意味するが，形が似ていることから名付けられたが，現在では病名として定着している．野生植物では菌核は秋には地面に落下し越冬した後，春になると発芽して次の世代の植物に感染する．しかし，耕作地では，菌核は収穫され，他の穀物と一緒に製粉されるが，その過程で菌核に含まれるカビ毒に汚染される．

麦角は少なくとも3種類の化合物を産生する．エルゴタミン（ergotamine），エルゴバシン（ergobasine），エルゴトキシン（ergotoxine）であるが，これらは**医学的に重要**になってきた（Tudzynski et al., 2001）．さまざまな麦角アルカロイドおよびその誘導体がもつ四環形構造がノルアドレナリン（noradrenaline），ドーパミン（dopamine），セロトニン（serotonin）といった天然の神経伝達物質と類似しており，薬理的効果が認められる．エルゴタミンやエルゴバシンは平滑筋（子宮，血管，胃，腸を制御する）を動かすが，現在では出産時の

図16.12　カラスムギ *Avena fatua* に発生した *Claviceps purpurea* の麦角．写真：David Moore．カラー版は，口絵57頁参照．

子宮収縮導入剤として，あるいは出血を防ぐことで偏頭痛を抑える薬として用いられている．エルゴトキシンは神経系に対して抑制的に作用するため，機嫌や感情に影響するが，振戦せん妄（delirium tremens）とヒステリー（hysteria）のような心因性障害（psychological disorder）の治療に用いられる．麦角を医療目的で使用することは16世紀の記録にも残っており，ヨーロッパの助産婦が麦角そのものを使って陣痛を誘導し，予定外の妊娠中絶に用いたとされる．

現在では**麦角中毒**（ergotism）として知られているが，同じ中毒から2つの異なるタイプの病状（壊疽と痙攣）が出現する．壊疽はフランスのいくつかの地域で，痙攣はヨーロッパ中部でおもに発生する．**痙攣性麦角中毒**（convulsive ergotism）症状はビタミンA欠乏（乳製品不足によると思われる）と麦角中毒の重複によって現れる．**壊疽性麦角中毒**（gangrenous ergotism）は，おもに四肢の血管が収縮し，細胞を破壊し，死に至らしめる．痙攣性麦角中毒では，麦角アルカロイドはおもに神経系に作用し，腕や脚を痙攣させ，特に手や足を永久的に収縮させる．酷い場合には，全身が突然強烈に痙攣し，幻覚症状に陥る．Massachusetts州Salemで8人の少女が引きつけを起こしたが，これは麦角中毒によるものではないかといわれている．この事件は1692年の魔女裁判に繋がり，19人（ほとんど女性）が魔術の罪で有罪とされ，絞首刑に処された．イギリスではなぜか麦角中毒がほとんど起こっていない．壊疽性麦角中毒の唯一の記録はBury St Edmunds近郊に住む農夫一家に1762年に起こった事件である．母親と5人の子供は片方あるいは両方の足または脚を失い，父親は両手が麻痺し指の爪を失った．

病気が認知され，穀類の取扱いが進歩し，特に20世紀後半になると農薬が導入されるようになったことによって植物の病気が防除されるようになったため，麦角中毒はほとんど見られなくなった．1927年，イギリスManchesterではヨーロッパ中部からのユダヤ人入植者たちが小麦とライ麦の混合粉から作られたパンを食べて，およそ200人が軽微な麻痺症状を被ったが，これがイギリスにおけるただ1つの集団麦角中毒である．同じ頃，1926年9月から1927年8月にかけて，ロシアで12,000件の麻痺性麦角中毒が発生したが，このときの穀類は同じ地域から運ばれたものであると考えられている．最近の集団発生はフランスで1951年に起こったが，200人以上の患者が幻覚症状を訴え，5人が死亡した．一人の若い犠牲者は，腕からゼラニウム（観賞用植物）が生えたと信じ込んでいた．一方で，**飼料植物へのバッカクキン感染に起因する家畜**麦角中毒は依然として問題となっている．羊は，舌に炎症と潰瘍化が起こる．牛では，歩行困難と足に乾性壊疽を起こし，時には足を失うまでになる．

最後に，最も重要であり，可能であれば最も回避したいカビ毒，**アフラトキシン**（aflatoxin）について紹介する．アフラトキシンは数種類の化合物の総称だが，おもに糸状菌 *Aspergillus flavus* と *A. parasiticus* によって産生される．アフラトキシンは，現在知られる中で**最も発がん活性が高い天然化合物質**（the most active carcinogenic natural substance）である．中でも最も重要なのがアフラトキシンB1（AFB1）であり，急性毒性（acute toxicity），催奇形性（teratogenicity），変異原性（mutagenicity），発がん性（carcinogenicity）を有する（McLean & Dutton, 1995）．これらのカビ毒はトウモロコシやピーナッツなどの作物に発生し，まれにコメやダイズなどにも混入する．収穫前に現れることもあるが，特に原因菌の生育に適した高温多湿の環境に保管された農作物に多く見られる．発展途上国でしばしば問題になるが，特にアフリカの熱帯地域では深刻である．また，アメリカ南西部でも問題となっている．

汚染された作物を摂取すると，アフラトキシンは吸収されて肝臓の酵素によって代謝され活性化される．つまり，たとえばAFB1が影響を及ぼすためには，その分子は**活性型のエポキシド**（reactive epoxide）に変換されるが，この反応は臓器，特に肝臓のシトクロムP450依存的に働く酵素モノオキシゲナーゼ（mono-oxygenase）によって触媒される．このエポキシドは非常に反応性が高く，DNA，RNA，タンパク質などの細胞内分子と誘導体を形成する．活性型のアフラトキシンは肝細胞（hepatocyte）を殺傷するが，これによって**肝炎**（hepatitis）が誘導されたり，がん化したりする．ヒトの肝臓は比較的代謝が緩慢なため，急性毒性に対する感受性は低い．ヒト以外の動物，特に家禽類にとっては，危険度が高い．1960年代に，イギリスの農場で10万羽ほどの七面鳥が死亡した．当時，その病気は原因がはっきりせず，七面鳥X病（turkey X disease）と名付けられた．やがてこの事件は飼料の汚染に起因することが解明され，大変な損害が発生した事件からアフラトキシンの研究が始まった．ヒトにとってさらに重要な問題なのは，長期間アフラトキシンに暴露することによって原発性**肝臓がん**（liver cancer；他の癌も例外ではないが）が引き起こされる点である．

アフラトキシンの健康へのリスクは，総称してアフラトキシン中毒症（aflatoxicosis）とよばれるが，地域によって大きく異なる．温暖湿潤気候の地域では一般的にカビが生育しやすい

環境であり，温調管理が貧弱な状況下では先進国よりも500倍ほど肝臓癌の発生率が高い．ヨーロッパでは，危険因子はおもに汚染された輸入食品（主としてナッツ類）や家畜飼料である．アフラトキシンは汚染された飼料から食物連鎖を通して人間の食糧に入り込むのである．穀類，ピーナッツ，他のナッツ類，綿実油などにアフラトキシン生産菌は多く発生する．肉，タマゴ，牛乳，その他の家畜由来食品もまた，アフラトキシン汚染飼料を摂取した動物を通して，ヒトが暴露する可能性がある．

2004年1～6月にかけて，ケニア東部でアフラトキシン中毒症の大発生により数百人が罹患し，そのおよそ半数が死亡した．この事件は乾燥した天候のためにトウモロコシが不作で痛みも多く，カビが生育しやすい状況で発生した．さらに，乏しい収穫物を盗難から守るため，人々は家の中でトウモロコシを保管したが，そのような場所はたいていの食糧倉庫よりも温度が高く湿気も多かった．結局，317人の患者が肝臓不全の症状で病院で治療を受け，125人が死亡した．健康当局はウイルス性肝疾患ではなくアフラトキシン中毒症を疑い，トウモロコシサンプルを調査し，検体から4,400 ppbに達するAFB1汚染を検出した．これは食品のアフラトキシン汚染の規制値の220倍に相当する濃度であり，他の急性アフラトキシン中毒症発生例の場合に匹敵する（Azziz-Baumgartner et al., 2005；Lewis et al., 2005）．

アフラトキシンや他のカビ毒は世界的には農産物の25％を汚染しており，特にアフリカ，アジア，南アメリカ地域においては健康や寿命に大きく影響している．アフラトキシン汚染を除くためには，物理的に取り除く，汚染した部分を除去する，徐染する，あるいは食糧の保管環境の改善によって汚染拡大を防ぐ，などの方法に限られる．

アフラトキシンを厳密に取り除くことはきわめて困難なため，食糧あるいは飼料をアフラトキシン汚染から守るためには，早期からカビの発生とカビ毒の生産を防ぐことが最も望ましい．倉庫の天井や壁の結露，水漏れ，水の侵入などは保管中のカビの生育を促進する．湿気がありカビの発生を許容するような，いかなる環境も除かれるべきである．冷蔵や温度管理が最も簡便であろう．酸素濃度を制限（1％未満）する，あるいは二酸化炭素濃度を高く維持する（20％以上）のもカビの生育を阻害する．残念ながら，これらの方法はコストが高く，アフラトキシン汚染が懸念される膨大な食料・飼料を供給する熱帯地域の発展途上国では上記のような理想的な保管を実施することはまず不可能である．地道な警戒を怠ってはならない．

過剰な暴露を避けるため，多くの先進国ではアフラトキシン濃度を検査しており，ヒトの食糧および家畜の飼料への許容レベルが公的機関によって監視されている．現在でもアメリカ人は0.5 μg未満のアフラトキシンを毎日摂取し，ヒトの母乳は200種類以上の環境化合物の1つとしてアフラトキシンが検出される．母乳におけるアフラトキシンのような危険物質の検出レベルが十分に低いのは，環境浄化技術の進歩の証左といえるが，逆に検出限界以上であるからこそ，まだ改善の余地があるともいえる．ある専門家は「汚染されていない母乳は世界中どこにも存在しない．いかなる母親も環境由来の化学物質を体内に蓄えているのだ．」と指摘する．

16.12 動物および植物病原菌の比較および疫学の基礎

すでに本章あるいは前章で真菌が植物や動物の重要な病原体であることは述べてきたが，いくつかの共通点があることにはお気付きだろうか．相違点を纏めるのは重要である（Sexton & Howlett, 2006）ため，重要な違いを列記する．

- 植物に対して，真菌はバクテリアやウイルスよりも病気を起こすことが多い．
- 動物に対しては，バクテリアやウイルスが真菌よりも病気を起こすことが多い．

疫学（epidemiology）とは，集団における疾病の分布に関する研究分野である．また，歴史的なものも含めたデータ収集と分析を組み合わせて解析し，病気が集団に与える影響を調べる学問であり，疾病の拡散や重篤化を抑えようと試みることもある．また，疫学は人間生活を中心に考える傾向があり，動物疫学の多くの部分はヒトの疾病に関連する研究の一部分という扱いであり，植物疫学は農業あるいは園芸作物に集中している．

あえて個別に表記はしていないが，本書ではすでに多くの真菌感染の疫学についてふれてきた．たとえば，*Candida*や*Aspergillus*はヒトの深在性真菌感染の代表例だが，新たな日和見病原体として*Pneumocystis*，接合菌，*Fusarium*などが出現してきたことを紹介した（16.10節）．同様に，圃場における植物病の拡散や制御に作用するファクターおよび植物病の管理における疫学知識の重要性について，具体例をあげつつ説明した（第14章）．

本章で見てきたとおり，哺乳動物における真菌の病原性は宿主の免疫状態に左右されることが多い．特にヒトの真菌感染制

御に対する免疫システムは明らかに重要であり，普通に見られる腐生菌が日和見病原真菌として免疫不全患者に襲いかかる様はすでに何度も述べたとおりである．植物も防御能はもつものの，動くことはできない．動物の免疫システムにおける重要な要素は，感染部位に細胞を**動員**することである．植物はこのような方法で防御力を増強することができないので，侵入を試みる菌糸とそれを防ごうとする植物細胞が衝突することになる．植物が取り得る最も優れた防御法は，侵入を受けた細胞が**過敏環反応**（hypersensitive response）によって絶対寄生菌に対して抵抗する現象，すなわちプログラム細胞死である（14.15節参照）．

このように宿主である動物と植物は生物学的にまったく異なるが，真菌の病原性について対比しうる技術的な要素が掘り起こせるかもしれない．

- 動物を用いた実験に常に付きまとう倫理的な問題は，植物には当てはまらない．
- ヒト病原真菌の実験は培養細胞や実験動物を用いて行われるが，植物病原菌の場合は本来の宿主を直接用いた実験が可能である．
- 動物病原菌よりも植物病原菌のほうがはるかに多く，宿主の種類も豊富である．

一方，**毒力**（virulence）という用語は，動物病理学者と植物病理学者にとって，技術上の意味がやや異なるという問題がある．英語では一般に，virulenceとは微生物が病気を引き起こす能力を意味する．virulenceという単語は，しばしばpathogenicity（病原性）と互換性のある言葉として使用される．とはいっても，virulentという単語は宿主に大きなダメージを与える病原体に対して使われるのであるが…．植物がどのように病原菌を認識し応答するかを説明するために，**遺伝子対遺伝子説**（gene-for-gene theory）が提唱された．この説によると，感染に際しては植物の1遺伝子，病原菌の1遺伝子，合計2つの遺伝子が関与する．不幸は，植物宿主の抵抗性遺伝子によって認識される病原菌側の遺伝子として，**avirulence gene**（非病原性遺伝子）という言葉が使われたことであった（14.17節参照）．このような植物の遺伝子は動物の免疫システムによく似ており，病原菌の存在を認識し，感染防御に寄与する．動物の研究者はこのような感染微生物に由来し免疫相互作用にはたらく分子を**抗原**（antigen）とよぶ．

- 動物病理学者にとって，感染側の病原性遺伝子（virulence gene）によって**抗原がつくられ**，
- 植物病理学者にとって，病原性遺伝子とは非病原性遺伝子の対立遺伝子であり，宿主の抵抗性反応を惹起する分子をつくらない，ということになる．

植物の真菌症に関与する複雑な相互作用は**病気の3要素**（disease triangle，14.9節参照）によって説明され，それぞれが協調的に病気を成立させる．これらの3要素とは，

- 感受性宿主，
- 病原体，
- 発病に適した環境，である．

同様の概念は動物病原体についても**損傷応答フレームワーク**（damage-response framework）として提唱された（Casadevall & Pirofski, 2003）が，動物宿主が受けるダメージの量に応じて，相互作用の結果が評価される，としている．これは，病原体あるいは宿主を中心に考える微生物の病原性を調和させ，普遍的な概念をベースにした実験研究に焦点を当て，より現実的に試行する試みである．損傷応答フレームワークの基本的信条は，次のようなことである．

- 微生物の病原性とは，宿主と微生物の相互作用によって生み出される．
- 宿主 - 微生物間相互作用の中で宿主にとって重要な結果は，宿主が受けたダメージの大きさによって評価される．
- 宿主のダメージは微生物側の因子や宿主応答，またはその両方に起因する．

動物と植物両方に感染できる真菌は限られているため，これらの比較は異なる種間で行わざるを得ない．多くの病原真菌は**子嚢菌門**（Ascomycota）に属する．もっとも，脊椎動物の病原真菌の中では，ツボカビ類は両生類（amphibian）に感染するカエルツボカビだけであり，あるいは比較的少数の接合菌や担子菌がヒトに感染する．すでに述べたとおり，接合菌症とクリプトコックス症は臨床的に重要な疾患であるが，接合菌や担子菌類に属する多くの植物病原菌と比較するには，あまりにも例が少なすぎる．そのため，本書では子嚢菌に限定して紹介するが，動物と植物の病原真菌は**子嚢菌の中でも異なる綱**（補遺1参照）に集中している．

- ズキンタケ綱（Leotiomycetes），クロイボタケ綱（Dothideomycetes），フンタマカビ綱（Sordariomycetes），タフリナ菌綱（Taphrinomycetes）には植物病原真菌が多い．
- 動物病原真菌の多くはユーロチウム菌綱（Eurotiomycetes），特にケトチリウム菌亜綱（Chaetothyriomycetidae）およびユーロチウム菌亜綱（Eurotiomycetidae）に属するが，これらは少数の植物病原真菌を含む（Berbee, 2001）．

動物と植物に対する病原性真菌に関して比較しつつ考察を加えた科学論文は驚くほど少ない．Hamer & Holden（1997），Sexton & Howlett（2006），Casadevall（2007）くらいであろうか．このうち，Sexton & Howlett は，植物と動物宿主に対する真菌の病原性について，子嚢菌に注目して類似点を記述した．以下の7項目にそれらの比較をまとめた．

- 第1段階：植物病原真菌の分生子や子嚢胞子あるいは動物病原真菌の酵母細胞，菌糸または分節型胞子（arthrospore）が宿主表面に接着し，宿主を認識する．
- 第2段階：感染繁殖体の活性化．
- 第2段階a：子嚢胞子（植物病原真菌のみ），分生子または分節型胞子の発芽．
- 第2段階b：二形性動物病原真菌の形態変換．酵母形から病原型糸状菌形へ，あるいはその逆に，糸状菌形から病原型酵母形へ．
- 第3段階：宿主への侵入には色々な仕組みが関係していると思われる．たとえば，ある種の植物や昆虫の病原菌は付着器（appresorium）によって物理的圧力がつくり出される．プロテイナーゼや，クチナーゼ（cutinase），セルラーゼ（cellulase），ペクチナーゼ（pectinase），キシラナーゼ（xylanase）などの細胞壁分解酵素といった分解系酵素は，植物病原真菌によって生産される．また，プロテイナーゼとクチナーゼが連続的に作用して昆虫のキチン質が分解される．植物の気孔や動植物の傷口のような開放部分もまた，病原真菌にとっては侵入部位になりうる．
- 第3段階a：動物病原真菌 Histoplasma capsulatum は宿主細胞上の受容体に結合し，食作用を惹起するが，これも宿主細胞への侵入機構の1つであろう．
- 第4段階：宿主防御の回避．病原真菌は過酸化水素のような酸化性分子や抗真菌化合物を無毒化したり，メラニンのような防御性物質を産生するものもある．動物病原性の子嚢菌類は，宿主の免疫システムを回避あるいは阻害するものが多い．植物病原の場合は，宿主細胞内での共生的生育時に宿主へのダメージを最小限に抑えたり，植物酵素の阻害物質を生産したりして，真菌自身の細胞壁分解酵素への露出を抑制している．
- 第5段階：宿主内での増殖．しばしば宿主の細胞死に至るが，動物宿主内での鉄分子の取り込みなど，特殊な栄養環境における生存戦略が要求される．あるいは，宿主細胞の生理環境（たとえば pH など）を変化させ，病原真菌にとってより好都合な環境をつくり出すこともある．
- 第6段階：無性生殖．
- 第6段階a：植物病原真菌では，宿主組織表面から分生子が発生することによって無性生殖が行われる．
- 第6段階b：動物病原真菌では，宿主内で胞子を形成することは一般的ではなく，宿主から宿主への伝搬もまれである．Coccidioides immitis は感染宿主内で，球状体（spherule）の内部組織が細胞分裂を繰り返して，内生胞子（endospore）を生産する．ただし，昆虫病原真菌では宿主の死後，大量の無性胞子を生産することが一般的である．
- 第7段階：有性生殖．植物病原真菌による罹病サイクル中，交配と減数分裂によって子嚢胞子を形成するものもいる．遺伝的に異なる個体間での交配が成立する（ヘテロタリックな種では当然だが，ホモタリックの場合は必ずしも当てはまらない）と組換え型の子孫が産出される．動物病原真菌では，有性生殖が宿主内で起こったという報告はない．ただし，Pneumocystis 属菌では有性生殖が起こっているかもしれない（Sexton & Howlett, 2006）．

以上のように，いくつかの点は確かに類似している．特に，

- 宿主への接着，
- 糸状菌生育による宿主への（宿主からの）貫通，
- 宿主組織を分解して栄養源を確保するための酵素群を分泌し，あるいは宿主にダメージを与えるための毒素を生産する能力，などを有している．

ただ，あと1つ，指摘していない点がある．それは，真菌は他の真菌に寄生することもあるということである．真菌と動物は互いに近縁であるため，次の節で紹介することとする．

16.13 菌寄生性および菌病原性の真菌類

自然界では，菌類も生物群集の一部として生活している．このような生態系には微生物に加え，植物，動物，そして多数の真菌も含まれる．同じ基質上に生育する真菌類は互いに競合して栄養源を独占しようとするが，やがて競争が激しくなると最も強力な真菌種が他の菌に寄生するようになることもある．特に腐生的な真菌類は加水分解酵素などを生産・分泌し基質から栄養を摂取する，というライフサイクルを営むが，これが高じて動物，植物，果ては真菌類を宿主とする病原性真菌へと変貌するようになるのである．

多くの真菌はグルカナーゼ（glucanase）やキチナーゼ（chitinase）を分泌し，真菌の生きた菌糸を攻撃する．これらの酵素で細胞壁を分解し，細胞を融解させるが，他の真菌に寄生する真菌種は多い．しかし，同所的に生育する真菌類にもさまざまな関係性があり，まったく無関係に生きているもの，腐生的なもの，片利共生的なもの，共生的なもの，そして寄生といってもその範囲は広く，あるいはどのような関係が一般的なのかも明確ではないことも多い．

詳細に入る前に強調するべき点だが，いくつかの，あるいはたくさんの真菌は，異なる生物界に属する複数の生物に寄生することが可能である．たとえば，子嚢菌 *Arthrobotrys oligospora* は菌寄生菌として，あるいはオオムギの根の表皮への侵入者としての側面をもつ（図16.13）．さらに，*Arthrobotrys* は線虫捕捉菌（nematode-trapping fungus）でもあることはすでに紹介した（図15.7）．つまり，この真菌は真核生物3界（動物，植物，真菌）すべての生物を侵すことができるのである．

菌寄生（mycoparasitism）とは，ある種の真菌（宿主）が他種の真菌（菌寄生菌）によって寄生される現象を意味する用語である．重複寄生（hyperparasitism）という言葉も同様の現象を指す単語として使われてきたが，これは寄生性昆虫にさらに寄生する昆虫について表現するのに使われた言葉であり，宿主そのものが寄生性でない限り，あまり適切な用法ではない．菌寄生では，一方の生きた真菌が直接栄養源として他方の真菌に利用される状況が発生する．また，**菌生**（fungicolous）という単語もあるが，これは宿主（とされる側）から寄生者（とされる側）への栄養の移動が不明瞭な場合に用いられる．実際はこのケースが大半でもある．菌生菌（Fungicolous fungus）は常に別種の菌に関連して見られるが，厳密な関係解明は困難なことが多い（Jeffries, 1995）．

植物病原菌（14.10節参照）と同様に，菌寄生は殺生栄養性（necrotrophic）と生体栄養性（biotrophic）に大別される．

- **殺生栄養性**（necrotrophic）では，寄生者が宿主に破壊的に侵入し死滅させる．これらの菌の大部分は腐生菌としての生育も旺盛で，いわゆる**栄養胞子形成**（mitosporic）型の *Gliocladium* や *Trichoderma* といった大量の無性胞子を形成する子嚢菌や，*Dicranophora* や *Spinellus* のような接合菌，そして *Pythium* などの卵菌が含まれる．*Pythium* は厳密には真菌

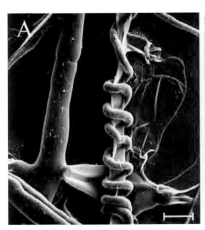 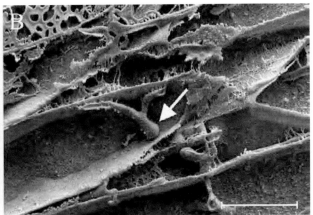

図16.13 菌寄生菌は多能であり，真核生物3界すべてを攻撃する．*Arthrobotrys oligospora* は典型的な線虫捕捉菌である．（A）*Rhizoctonia solani* 菌糸の周囲に巻き付いた菌寄生菌としての一面を見せる．*Rhizoctonia* の健常な菌糸は左側に見える．スケールバーは10 μm．（B）*Arthrobotrys oligospora* によるオオムギの根表皮部への感染初期の様子．植物への感染は内生的なものであり，感染した宿主植物は病原性線虫や植物病原菌に対する耐性を付与されるものと考えられる．スケールバーは20 μm．第15章図15.6 の線虫捕捉菌に関する項目も参照されたい．図は Nordbring-Hertz, 2004 より，Elsevier 社の許可を得て転載．

表16.5 多様な菌寄生および宿主-寄生者間の特徴

宿主-寄生者の関係	宿主-寄生者の接触の詳細
接触型寄死栄養性（contact necrotroph）	菌どうしは接触するが寄生者の菌糸による宿主への侵入はないが，宿主の細胞質は変質し溶菌することもある．
侵襲的寄死栄養性（invasive necrotroph）	菌どうしは接触（図16.13A）し，寄生者の菌糸が宿主に侵入する．宿主の細胞質は速やかに変質し，しばしば溶菌を伴う．
細胞内生体栄養性（intracellular biotroph）	宿主菌糸体内に葉状体または菌糸が完全に埋没するが，宿主細胞質は健常を保つ．
吸器型生体栄養性（haustorial biotroph）	宿主菌糸体内に寄生者菌糸由来の吸器が侵入するが，宿主細胞質は健常を保つ．
融合型生体栄養性（fusion biotroph）	菌どうしは強力に密着する．寄生者の菌糸は宿主菌糸の周囲にしばしば巻き付き，互いに密着する．接触した菌糸部位に微小孔が形成され，あるいは寄生者から短い侵入菌糸が伸長することもある．宿主の細胞質は健常を保つ．

出典：Jeffries, 1995 を改変.

ではないが，菌寄生への特殊化を実によく表している．なぜなら，菌寄生性 *Pythium* はチアミン要求性で無期窒素源を利用できないが，この生理的特徴が植物病原性 *Pythium* との明確な相違点である．これらはさらに，相互作用の強度によって以下の二通りに区分される（表16.5）．

- 菌糸間干渉（hypha-to-hypha interference）とは，**接触型寄死栄養性**（contact necrotroph）のことである．たとえば，*Cladosporium* の菌糸は植物病原真菌 *Exobasidium camelliae* の生きている担子器に侵入することなく壊死に至らしめる（Mims et al., 2007）．
- 侵襲的寄死栄養性（invasive necrotroph）では寄生菌糸（parasitic hypha）が宿主菌糸に侵入し，寄主を死に至らしめる．
- 生体栄養性（biotrophic）では，寄生者が宿主の生きた菌糸内で生育し，そのバランスが取れた状態が成立する．大多数の生体栄養性菌寄生菌は *Dispira*，*Dimargaris*，*Piptocephalis*，*Tieghemiomyces* などの接合菌類である．これらの菌は宿主菌とともに共培養できるが，宿主を除いた環境では貧弱にしか生育しない．これらは，寄生者とその宿主の関係の密接さ，あるいは宿主と寄生者の接触の仕組みによって区分されてきた（表16.5）．
- 寄生者の葉状体が完全に宿主内に侵入する，すなわち，宿主の細胞質内に入り込むツボカビや卵菌類のような**細胞内生体栄養性**（intracellular biotroph）．
- 寄生菌糸から吸器（haustorium）が形成され，それが宿主に侵入する**吸器型生体栄養性**（haustorial biotroph）．
- 特殊化した接触細胞によって，寄生者と宿主の細胞質が細胞壁を貫く小孔によって連結され，菌糸内チャネルを形成する**融合型生体栄養性**（fusion biotroph）．

菌寄生は菌糸による接触と認識からスタートし，宿主・寄生者双方に多くの特異的な遺伝子制御が伴う．たとえば，菌寄生菌 *Stachybotrys elegans* とその宿主 *Rhizoctonia solani* の相互作用中の遺伝子発現の様子は Morissette らにより解析されている（Morisstte et al., 2008）．

菌糸間相互作用にはいくつかの種類があるが，そのうちの一部はすでに詳細に解説した．同種内相互作用は同一種の別個体由来と思われる**菌糸間の相互作用**である．もし，作用し合う菌糸が同個体由来であれば，速やかに菌糸融合が起こり，菌糸体は緊密に絡み合うだろう（5.16節参照）．

異なる菌糸間の相互作用は**栄養菌糸和合性反応**（vegetative compatibility reaction）と関係する．これは，菌糸の個体性を識別し，菌糸ネットワークにおけるアナストモシスやヘテロカリオシス（異核共存性とも，heterokaryosis）の程度を制御する（図17.7参照）．このような同種間の相互作用では，同じ基質上の異なる個体由来の菌糸が明瞭に判別できる．つまり，接触した領域で拮抗作用が起こるためである（図7.8，図13.3参照）．極端なケースでは，対立する異なる個体の一方が圧倒的に優勢な状況において，他方の菌糸が弱められてしまい，栄養分が奪い取られてしまい，やがて菌寄生の状態に陥る．有性生殖環における細胞質融合や核融合に繋がる性和合性についても，同様に検定できる（8.1節および以降の節参照）．

異種間相互作用（Interspecific interaction）も似たようなメカニズムによって開始されると思われる．その関係性は**中立的**（neutralistic），**相利共生的**（mutualistic）あるいは**競争的**（competitive）に区分されている（Cooke & Rayner, 1984；Dighton et al., 2005）．

- **中立的相互作用**（neutralistic interaction）では，菌糸は混じり合うものの，いずれも明確な反応を示さない．
- **相利共生的相互作用**（mutualistic interaction）では，それぞれの個体がいずれも何らかの利益を享受し，双方の生存性を高める．
- **競争的相互作用**（competitive interaction）では，互いの拮抗作用によって適応力が減弱されるため，双方にとって負に作用する．

競争的相互作用では，より活動的な側が他方を凌駕し，多くの栄養分を獲得するということが一般的に起こる．広義の解釈では，活動的な菌を菌寄生菌として扱うことも可能かもしれないが，この場合はあくまでも基質からの栄養分を独占しているに過ぎず，宿主からの直接の栄養素の吸収は起きていない．そのため，この場合は「**菌生**（fungicolous）」という表現が最も適切（当り障りない）であり，その生物学的実態がどうあろうとも，菌どうしの相互作用を最も幅広くカバーできる（Gams et al., 2004）．

中でも最も活動的・攻撃的な菌生菌は真の菌寄生菌であり，さらに**寄死栄養**（necrotroph）と**生体栄養**（biotroph）に二分される（表 16.5 参照）．中でも寄死栄養菌は非常に攻撃的であり，ひとたび優先するとたちまちのうちに相手（宿主）を殺してしまう．寄死栄養菌と宿主が接触すると，寄生者側の菌糸がしばしば宿主菌糸に絡み付き（図 16.3A），第三者に妨害されることなく栄養分を奪い取る．**生体栄養型菌寄生**では，両者の関係が生理的に釣り合っており，寄生者と宿主が長期間にわたって共存できるように高度に適応している．また，しばしば侵入のための特殊な器官を形成したり，菌どうしの連結が成立する（表 16.5）．

真菌類の生態系における役割は大きく，また，真菌間相互作用もまた生物コミュニティーの構成に重要な地位を占めることから，菌寄生菌もまた自然環境に大きな影響を及ぼすものと思われる．**菌生菌**（fungicolous fungus）もどこにでも普遍的に多数存在する．多くの真菌にとって自然界で他者の菌糸や胞子などの構造体との接触は不可避であり，一部は寄生的な関係にあるかもしれないが，いずれにしても無関係というわけではない．

菌寄生の状態にあることを具体的に証明するのは非常に困難であることも多く，また，攻撃される側の菌糸が異常を示したり明確な生育阻害が認められる状況をもって菌寄生が成立しているとみなされることがしばしば発生する．そのため，厳密な意味で果たして何種の真菌が菌寄生性をもつのかを見積もるのは難しい（Jeffries, 1995）．

概算ではあるが，Dictionary of Fungi 第 10 版（Kirk et al., 2008）によると，1,100 種の真菌が 2,500 種の真菌に寄生し，さらに少なくとも 2,000 種が地衣上生菌（lichenicolous fungus）と考えられている．これらの数字はあくまでも見積の最小値であり，菌生菌はありと**あらゆる環境**に生育するため，菌寄生も現在想像されるよりもはるかに広く起こっている現象であろうと思われる．結局のところ，真菌類は自然界のどこにでも存在し，それどころかどこでも優占しており，栄養分を生きた菌糸からでも死んだ菌糸でも分け隔てなく取り込める能力が非常に強い淘汰圧として働いてきたに違いない．

Jeffries（1995）は，菌寄生に関する 2 つの特殊な例を詳細に記述している．

- アーバスキュラー菌根菌の胞子への**寄死栄養型侵入**（necrotrophic invasion）．グロムス菌門に属する *Acaulospora*, *Glomus*, *Scutellospora*, *Gigaspora*, *Sclerocystis* はごく普通のアーバスキュラー菌根菌である．これらがつくる胞子は菌界でも最も大きく，野外の土壌からふるいによって容易に単離できる．このような方法で単離された胞子には，ある割合で，しばしば大部分の胞子に，寄生された痕跡が見つかる．それらの胞子の壁には，菌寄生菌の菌糸または根状体（rhizoid）の貫入によると思われる，多くの細い溝が穿たれている．というのは，湿潤な土壌では，ツボカビ類によるこのような胞子の寄生は一般的であるからである．卵菌門の仲間である *Spizellomyces* や *Pythium* もまた，アーバスキュラー菌根菌の胞子の中に見られる．他にもアーバスキュラー菌根菌の胞子から分離される真菌は多いが，それらは条件的寄生者と思われ，普段は腐生生活を営むものが状況に応じて胞子を攻撃すると考えられる．*Gigaspora gigantea* の胞子に対する菌寄生に関する研究によると，44 種の真菌（*Acremonium* 属菌，*Chrysosporium parvum*，*Exophiala werneckii*，*Trichoderma* 属菌，*Verticillium* 属菌など，すべて子嚢菌）が健常な胞子から高頻度で分離されたのに対し，*Fusarium* 属菌，*Gliomastix* 属菌（以上，子嚢菌）や *Mortierella ramanniana*（ケカビ亜門）は死んでいる，あるいは死につつある胞子からおもに分離された．水生菌によるアーバスキュラー菌根菌胞子への寄生は，デボン紀前期のライニーチャートの標本からも見つかっており，菌寄生が 4 億年前の生態系に出現し

ていたことを示している（Hass et al., 1994；Taylor et al., 2004）.

- **吸器型菌寄生菌**（haustorial mycoparasite）による**生体寄生型侵入**（biotrophic invasion）. 吸器によって宿主に侵入する菌寄生菌は非常に特殊化しており，多くの場合，宿主なしには生育できない. いずれも接合菌門（Zygomycota）のメンバーだが，*Piptocephalis*（トリモチカビ亜門, Zoopagomycotina）や *Dimargaris*（キクセラ亜門, Kickxellomycotina）は，ウサギなどの草食動物の糞に生育するケカビ亜門（Mucoromycotina）に属する *Pilobolus*, *Pilaira* や *Phycomyces* といった腐生菌を宿主として寄生生活を送る. *Piptocephalis* は，森林や草原の土壌にもごくごく普通に見られ，釣菌法（宿主菌が生育する基質上に土壌サンプルを振り掛ける）により分離される.

これらの例は顕微鏡下で確認できるレベルの現象であるが，肉眼でも見える子実体から菌寄生菌の子実体が発生している様は非常に明白でありインパクトも強い. ニセショウロ（*Scleroderma citrinum*）から発生したキセイイグチ（*Boletus parasiticus*, *Xerocomus parasiticus* としても知られる）はその一例である（図16.14）.

このイグチは可食といわれるが，その宿主は毒性があるため，摂取は避けるべきである. 宿主であるニセショウロは広葉樹や針葉樹と菌根を形成するが，北半球の温帯のじめじめした苔むした地域の木の根元に夏の終わりから秋にかけて発生する. 図鑑などには，キセイイグチは「稀」と書かれているが，宿主側は非常にありふれており，寄生はいつでも起こりうる. 他にも野外では多くの寄生菌が発生するが，詳細はMichael Kuo 氏のウェブサイト http://www.mushroomexpert.com/mycotrophs.html を参照されたい.

このような**菌寄生性**（mycotrophism）は必ずしもキセイイグチ（図16.14）のように明確ではない. なぜなら，宿主の子実体（きのこ）はとても小さくなったり，黒くなったり，ほとんど見えなくなったり，あるいは地下に埋没していたりするなど，認識不能にちかいものも多いからである. たとえば，ニオイオオタマシメジ（*Squamanita odorata*）は他のハラタケ類に寄生するが，その宿主は小さく萎縮した瘤状構造となり，ほとんど認識できない. 後日，分子生物学的手法によってワカフサタケ（*Hebeloma mesophaeum*）が宿主と同定された（Mondiet et al., 2007）. このような例は担子菌の，いわゆるきのこらしいきのこに限った話ではない. 冬虫夏草の仲間（*Cordyceps*, 子嚢菌）の子実体は地下生菌ツチダンゴ類（*Elaphomyces*, 子嚢菌）の子実体から発生する（資料ボックス16.2 参照）. 一般的によく知られる冬虫夏草といえばサナギタケ（*Cordyceps militaris*）があげられるが，この菌は北半球に広く分布し，チョウやガの幼虫やサナギに寄生する. ここでもまた，寄生菌を含む属には異なる生物界に属する生物を宿主とする寄生種が含まれることがわかる（図16.13 参照）.

アーバスキュラー菌根菌胞子への寄生は，4億年前のデボン紀前期のライニーチャートから出土した化石標本から見つかったことは上述したが，菌寄生がいつ進化してきたのかは定かではない. 大型菌類は化石として見つかることはまれだが，白亜紀初頭（1億年前）の琥珀からきのこへの菌寄生は見い出されており（Poinar & Buckley, 2007），これはきのこ化石の最古の記録である. 興味深いことに，この標本では，菌寄生菌がさらに重複寄生を受けており，白亜紀にはすでに複雑なパターンの菌寄生が成立していたことを想像させる.

多くの種類の真菌が他の仲間に寄生するが，近年では産業的に栽培されるきのこが攻撃されると経済的に大きな打撃となることから，世界中で栽培されている**ツクリタケ**（*Agaricus bisporus*）栽培施設で発生する病気を引き起こす菌寄生について解説する. 栽培きのこはバクテリアやウイルスにも感染し，収量に大きく影響するが，ここでは紹介しない. 地理的に最も広く普通に見られるツクリタケ寄生菌は**ウェットバブル病**（wet bubble）または**白カビ病**（white mould）を引き起こす

図16.14. 大型菌寄生菌. ニセショウロ（*Scleroderma citrinum*）から発生したキセイイグチ（*Boletus parasiticus*, *Xerocomus parasiticus* としても知られる）. 英国 Harrogate にある Harlow Carr ガーデンにて 2005年に採集. David Moore 撮影. カラー版は，口絵58頁参照.

資料ボックス 16.2　菌寄生菌の一例

冬虫夏草の仲間（*Cordyceps*，子嚢菌）の子実体は地下生菌ツチダンゴ類（*Elaphomyces*，子嚢菌）の子実体から発生する．下記リンク参照．

Cordyceps canadensis	[http://www.rogersmushrooms.com/gallery/DisplayBlock~bid~5864.asp]
Cordyceps capitata	[http://www.rogersmushrooms.com/gallery/DisplayBlock~bid~5865.asp]
Elaphomyces muricatus	[http://www.rogersmushrooms.com/gallery/DisplayBlock~bid~5903.asp]
Cordyceps militaris	[http://www.rogersmushrooms.com/gallery/DisplayBlock~bid~5866.asp]

Kuo, M. (2006, October) による菌寄生菌25種についてのウェブページ
MushroomExpert.Com Web site [http://www.mushroomexpert.com/mycotrophs.html]

Mycogone perniciosa とドライバブル病（dry bubble）あるいは褐斑病（brown spot）を引き起こす *Verticillium fungicola* であり，いずれも子嚢菌である．これらの菌寄生菌はきのこ栽培に重大な経済的損失を与えるが，フクロタケ（*Volvariella volvacea*）栽培でも同様の病気を引き起こすことで知られる．

栽培きのこの菌糸体の栄養成長は，子実体発生に繋がる菌糸束が形成される頃までは *Mycogone perniciosa* に影響されない．*Verticillium* の菌糸はきのこの菌糸を覆うように生育し，やがて激しく壊死させる．*Verticillium* は *M. perniciosa* よりも子実体に対して殺菌的に活動する．また，*M. perniciosa* は栄養菌糸を殺すことはないが，*Verticillium* は菌糸すら殺してしまう．*M. perniciosa* はきのこの子実体を覆うように厚くビロード状の白い菌糸を伸ばして生育する（白カビ病とよばれる所以である）のに対し，*Verticillium* は細く灰褐色の布状の生育を示す．なお，*Verticillium* は *Cladobotryum* に対する病名であるクモノスカビ病（cobweb mould）とよばれることもある（後述）．

M. perniciosa や *Verticillium* による寄生は子実体形成に大きく影響し，形態異常が第一の症状である．感染の時期によって病気の進行は異なるが，感染時期が早いほど異常の度合いも大きくなる．最も酷い場合，未分化の菌糸体が球状構造を形成してしまい，もはや子実体に分化しない．これらが「バブル」と呼ばれている．*M. perniciosa* によって発生する球状構造は5cmあるいはそれ以上に達するが，*Verticillium* によるものは1cm以下にしかならない．

子実体発生の後期に *Verticillium* が感染すると，柄が膨らみ，傘が開かず，子実体が裂けて引き剥がれるなどの奇形を生じる（Largeteau & Savoie, 2008）．十分に発達した子実体が *M. perniciosa* 感染を受けると，寄生菌糸が覆うにつれて，ひだが異常に大きくなる．その過程で，*M. perniciosa* に感染された子実体は湿って異臭を発生させ，透き通った琥珀色の液滴が子実体から分泌されるが，そのためこの病気はウェットバブル病とよばれる．*Verticillium* に感染した子実体は，はじめは乾いて縮む（ドライバブル病）が，やがてバクテリアが侵入し腐敗病を発生させる．これらの菌寄生菌は子実体菌糸の細胞壁成分を分解する酵素を生産するが，最終的に腐敗病を引き起こすのは二次的（あるいは日和見的）に壊死組織に感染するバクテリアや真菌によるものである．

天然の大型菌類（特にハラタケ類）は，*Cladobotryum* 属菌（子嚢菌）にしばしば寄生される．*C. dendroides* は栽培きのこの病原菌としても一般的である．この寄生者は子実体組織を分解するが，典型的な奇形は起こらない．栽培きのこの菌床表面での *C. dendroides* の生育は非常に特徴的であり，クモノスカビ病（原文では cobweb）とよばれる所以である．寄生菌の菌糸に覆われた子実体は淡褐色となり，特に柄の基部が軟腐状態となる．また，きのこの収量はさまざまな腐生菌，特に貧栄養状態の堆肥や木箱によく見られるリグノセルロース系基質を好む菌種によっても損害を受ける．これらは寄生菌というよりもむしろ雑菌として扱われることが多い．

一般論として，多くの栽培きのこ種（ヒラタケの仲間は例外だが）の生育は決して早くはないため，基質に対する競争という意味では後れをとることになる．担子菌であるスエヒロタケ（*Schizophyllum*），キウロコタケ（*Stereum*），カワラタケ（*Coriolus*），イドタケ（*Coniophora*），シワタケ（*Merulius*），子嚢菌である *Hypoxylon* 属菌などは，木箱を用いたきのこ栽培や，屋外でのシイタケ（*Lentinula edodes*）の原木栽培現場で見つかった木材普及菌の代表例である．堆肥を基質として用いるきのこ栽培で最も普通に見られる雑菌はウシグソヒトヨタケ（*Coprinopsis cinerea*）のようなヒトヨタケの仲間，そして子嚢菌であるトリコデルマ属菌（*Trichoderma*）も非常に多い．*T. pleurotum* や *T. pleuroticola* はヒラタケ（*Pleurotus ostreatus*）の緑カビ病を引き起こし，世界中のヒラタケ生産の脅威であるだけでなく，他のきのこ類に対しても重大な感染を引き起こす（Komon-Zelazowska *et al.*, 2007）．

トリコデルマ属菌は土壌中に普通に見られる．腐生菌として

の競争力があり，他の真菌種の日和見菌でもあり，植物共生菌ではないかともいわれている（Harman et al., 2004）．Trichoderma viride は苗立枯病菌 Rhizoctonia solani や，樹木の重要病原菌であるナラタケ類（Armillaria や Armillariella）に寄生する．トリコデルマ属菌の中には植物の根の外皮から2～3層内側に侵入し旺盛に生育するものもある．ところが，これは寄生とはまったく異なり，根の伸長や展開を促し栄養の摂取を高める働きがある上に，植物病原菌や非生物由来ストレスから植物を保護していると考えられている．農業生産における損失の大きな部分が土壌微生物によって引き起こされる病気によるものだが，トリコデルマ属菌や近縁なグリオクラディウム（Gliocladium）属菌は，農作物病原菌に対する生物防除剤，いわゆる真菌農薬（mycopesticide）としての応用が試みられている．真菌農薬については第17章でさらに詳細に述べる．

16.14 文献と，さらに勉強をしたい方のために

Azziz-Baumgartner, E., Lindblade, K., Gieseker, K., Rogers, H. S., Kieszak, S., Njapau, H., Schleicher, R., McCoy, L. F., Misore, A., DeCock, K., Rubin, C. & Slutsker, L. (2005). Case-control study of an acute aflatoxicosis outbreak, Kenya, 2004. *Environmental Health Perspectives*, **113**: 1779-1783. Stable URL: http://www.jstor.org/stable/3436751.

Bennett, J. W. & Klich, M. (2003). Mycotoxins. *Clinical Microbiology Reviews*, **16**: 497-516. DOI: http://dx.doi.org/10.1128/CMR.16.3.497-516.2003.

Benny, G. L. & O'Donnell, K. (2000). *Amoebidium parasiticum* is a protozoan, not a trichomycete. *Mycologia*, **92**: 1133-1137. Stable URL: http://www.jstor.org/stable/3761480.

Berbee, M. L. (2001). The phylogeny of plant and animal pathogens in the Ascomycota. *Physiological and Molecular Plant Pathology*, **59**: 165-187. DOI: http://dx.doi.org/10.1006/pmpp.2001.0355.

Berger, L., Speare, R., Daszak, P., Green, D. E., Cunningham, A. A., Goggin, C. L., Slocombe, R., Ragan, M. A., Hyatt, A. D., McDonald, K. R., Hines, H. B., Lips, K. R., Marantelli, G. & Parkes, H. (1998). Chytridiomycosis causes amphibian mortality associated with population declines in the rain forests of Australia and Central America. *Proceedings of the National Academy of Sciences of the United States of America*, **95**: 9031-9036. Stable URL: http://www.pnas.org/content/95/15/9031.abstract.

Blackwell, M. (1994). Minute mycological mysteries: the influence of arthropods on the lives of fungi. *Mycologia*, **86**: 1-17. Stable URL: http://www.jstor.org/stable/3760716.

Blanford, S., Chan, B. H. K., Jenkins, N., Sim, D., Turner, R. J., Read, A. F. & Thomas, M. B. (2005). Fungal pathogen reduces potential for malaria transmission. *Science*, **308**: 1638-1641. DOI: http://dx.doi.org/10.1126/science.1108423.

Cafaro, M. J. (2005). Eccrinales (Trichomycetes) are not fungi, but a clade of protists at the early divergence of animals and fungi. *Molecular Phylogenetics and Evolution*, **35**: 21-34. DOI: http://dx.doi.org/10.1016/j.ympev.2004.12.019.

Casadevall, A. (2007). Determinants of virulence in the pathogenic fungi. *Fungal Biology Reviews*, **21**: 130-132. DOI: http://dx.doi.org/10.1016/j.fbr.2007.02.007.

Casadevall, A. & Pirofski, L.-A. (2003). The damage-response framework of microbial pathogenesis. *Nature Reviews Microbiology*, **1**: 17-24. DOI: http://dx.doi.org/10.1038/nrmicro732.

Castrillo, L. A., Roberts, D. W. & Vandenberg, J. D. (2005). The fungal past, present, and future: germination, ramification, and reproduction. *Journal of Invertebrate Pathology (Special SIP Symposium Issue)*, **89**: 46-56. DOI: http://dx.doi.org/10.1016/j.jip.2005.06.005.

Charnley, A. K. (2003). Fungal pathogens of insects: cuticle degrading enzymes and toxins. *Advances in Botanical Research*, **40**: 241-321. DOI: http://dx.doi.org/10.1016/S0065-2296(05)40006-3.

Cheong, C. D. & Neumeister-Kemp, H. G. (2005). Reducing airborne indoor fungi and fine particulates in carpeted Australian homes using intensive, high efficiency HEPA vacuuming. *Journal of Environmental Health Research*, **4**: online at http://www.cieh.org/jehr/jehr3.aspx?id=11440.

Cheong, C. D., Neumeister-Kemp, H. G., Dingle, P. W. & Hardy, G.St J. (2004). Intervention study of airborne fungal spora in homes with portable HEPA filtration units. *Journal of Environmental Monitoring*, **6**: 866-873. DOI: http://dx.doi.org/10.1039/b408135h.

Cooke, R. C. & Rayner, A. D. M. (1984). *Ecology of Saprotrophic Fungi*. New York: Longman. ISBN-10: 0582442605, ISBN-13: 9780582442603.

Corradi, N. & Keeling, P. J. (2009). Microsporidia: a journey through radical taxonomical revisions. *Fungal Biology Reviews*, **23**: 1-8. DOI: http://dx.doi.org/10.1016/j.fbr.2009.05.001.

Dighton, J., White, J. F. & Oudemans, P. (2005). *The Fungal Community: Its Organization and Role in the Ecosystem*. Boca Raton, FL: CRC Press. ISBN-10: 0824723554, ISBN-13: 9780824723552.

Fisher, M. C. & Garner, T. W. J. (2007). The relationship between the emergence of *Batrachochytrium dendrobatidis*, the international trade in amphibians and introduced amphibian species. *Fungal Biology Reviews*, **21**: 2–9. DOI: http://dx.doi.org/10.1016/j.fbr.2007.02.002.

Gams, W., Diederich, P. & Poldmaa, K. (2004). Fungicolous fungi. In: *Biodiversity of Fungi: Inventory and Monitoring Methods* (eds. G. M. Mueller, G. F. Bills & M. S. Foster), pp. 343–392. Burlington, MA: Academic Press. ISBN-10: 0125095511, ISBN-13: 9780125095518. Shortcut URL: http://www.sciencedirect.com/science/book/9780125095518.

Geiser, D. M., Taylor, J. W., Ritchie, K. B. & Smith, G. W. (1998). Cause of sea fan death in the West Indies. *Nature*, **394**: 137–138. DOI: http://dx.doi.org/10.1038/28079.

Gill, E. E. & Fast, N. M. (2006). Assessing the microsporidia–fungi relationship: combined phylogenetic analysis of eight genes. *Gene*, **375**: 103–109. DOI: http://dx.doi.org/10.1016/j.gene.2006.02.023.

Hajek, A. E. & St. Leger, R. J. (1994). Interactions between fungal pathogens and insect hosts. *Annual Review of Entomology*, **39**: 293–322. DOI: http://dx.doi.org/10.1146/annurev.en.39.010194.001453.

Hamer, J. E. & Holden, D. W. (1997). Linking approaches in the study of fungal pathogenesis: a commentary. *Fungal Genetics and Biology*, **21**: 11–16. DOI: http://dx.doi.org/10.1006/fgbi.1997.0964.

Hammer, S. M. (2005). Management of newly diagnosed HIV infection. *New England Journal of Medicine*, **353**: 1702–1710. DOI: http://dx.doi.org/10.1056/NEJMcp051203.

Harman, G. E., Howell, C. R., Viterbo, A., Chet, I. & Lorito, M. (2004). *Trichoderma* species: opportunistic, avirulent plant symbionts. *Nature Reviews Microbiology*, **2**: 43–56. DOI: http://dx.doi.org/10.1038/nrmicro797.

Harvell, C. D., Kim, K., Burkholder, J. M., Colwell, R. R., Epstein, P. R., Grimes, D. J., Hofmann, E. E., Lipp, E. K., Osterhaus, A. D. M. E., Overstreet, R. M., Porter, J. W., Smith, G. W. & Vasta, G. R. (1999). Emerging marine diseases: climate links and anthropogenic factors. *Science*, **285**: 1505–1510. DOI: http://dx.doi.org/10.1126/science.285.5433.1505.

Hass, H., Taylor, T. N. & Remy, W. (1994). Fungi from the Lower Devonian Rhynie Chert: mycoparasitism. *American Journal of Botany*, **81**: 29–37. Stable URL: http://www.jstor.org/stable/2445559.

Hawksworth, D. L. (2001). The magnitude of fungal diversity: the 1.5 million species estimate revisited. *Mycological Research*, **105**: 1422–1432. DOI: http://dx.doi.org/10.1017/S0953756201004725.

Hirt, R. P., Logsdon, J. M., Healy, B., Dorey, M. W., Doolittle, W. F. & Embley, T. M. (1999). Microsporidia are related to Fungi: evidence from the largest subunit of RNA polymerase II and other proteins. *Proceedings of the National Academy of Sciences of the United States of America*, **96**: 580–585. Stable URL: http://www.jstor.org/stable/46854.

Hossain, M. A., Ahmed, M. S. & Ghannoum, M. A. (2004). Attributes of *Stachybotrys chartarum* and its association with human disease. *Journal of Allergy and Clinical Immunology*, **113**: 200–208. DOI: http://dx.doi.org/10.1016/j.jaci.2003.12.018.

Jeffries, P. (1995). Biology and ecology of mycoparasitism. *Canadian Journal of Botany (Supplement)*, **73**: S1284–S1290. DOI: http://dx.doi.org/10.1139/b95-389.

Keeling, P. J. & Fast, N. M. (2002). Microsporidia: biology and evolution of highly reduced intracellular parasites. *Annual Review of Microbiology*, **56**: 93–116. DOI: http://dx.doi.org/10.1146/annurev.micro.56.012302.160854.

Kirk, P. M., Cannon, P. F., Minter, D. W. & Stalpers, J. A. (2008). *Dictionary of the Fungi*, 10th edn. Wallingford, UK: CAB International. ISBN-10: 0851998267, ISBN-13: 978-0851998268.

Komon-Zelazowska, M., Bissett, J., Zafari, D., Hatvani, L., Manczinger, L., Woo, S., Lorito, M., Kredics, L., Kubicek, C. P. & Druzhinina, I. S. (2007). Genetically closely related but phenotypically divergent *Trichoderma* species cause green mold disease in oyster mushroom farms worldwide. *Applied and Environmental Microbiology*, **73**: 7415–7426. DOI: http://dx.doi.org/10.1128/AEM.01059-07.

Labbé, R. M., Gillespie, D., Cloutier, C., & Brodeur, J. (2009). Compatibility of fungus with predator and parasitoid in biological control of greenhouse whitefly. *Biocontrol Science and Technology*, **19**: 429–446. DOI: http://dx.doi.org/10.1080/09583150902803229.

Lacey, L. A., Frutos, R., Kaya, H. K. & Vail, P. (2001). Insect pathogens as biological control agents: do they have a future? *Biological Control*, **21**: 230–248. DOI: http://dx.doi.org/10.1006/bcon.2001.0938.

Largeteau, M. L. & Savoie, J. M. (2008). Effect of the fungal pathogen *Verticillium fungicola* on fruiting initiation of its host, *Agaricus bisporus*. *Mycological Research*, **112**: 825–828. DOI: http://dx.doi.org/10.1016/j.mycres.2008.01.018.

Lewis, L., Onsongo, M., Njapau, H., Schurz-Rogers, H., Luber, G., Kieszak, S., Nyamongo, J., Backer, L., Dahiye, A. M., Misore, A., DeCock, K. & Rubin, C. (2005). Aflatoxin contamination of commercial maize products during an outbreak of acute aflatoxicosis in Eastern and Central Kenya. *Environmental Health Perspectives*, **113**: 1763–1767. Stable URL: http://www.jstor.org/stable/3436748.

Lom, J. & Dyková, I. (2005). Microsporidian xenomas in fish seen in wider perspective. *Folia Parasitologica (Praha)*, **52**: 69–81. URL: http://www.paru.cas.cz/folia/pdfs/showpdf.php?pdf=20740.

McLean, M. & Dutton, M. F. (1995). Cellular interactions and metabolism of aflatoxin: an update. *Pharmacology and Therapeutics*, **65**: 163–192. DOI: http://dx.doi.org/10.1016/0163-7258(94)00054-7.

Mendoza, L., Taylor, J. W. & Ajello, L. (2002). The class Mesomycetozoea: a heterogeneous group of microorganisms at the animal-fungal boundary. *Annual Review of Microbiology*, **56**: 315-344. DOI: http://dx.doi.org/10.1146/annurev.micro.56.012302.160950.

Mims, C. W., Hanlin, R. T. & Richardson, E. A. (2007). Light- and electron-microscopic observations of *Cladosporium* sp. growing on basidia of *Exobasidum camelliae* var. *gracilis*. *Canadian Journal of Botany*, **85**: 76-82. DOI: http://dx.doi.org/10.1139/B06-153.

Mondiet, N., Dubois, M. P. & Selosse, M. A. (2007). The enigmatic *Squamanita odorata* (Agaricales, Basidiomycota) is parasitic on *Hebeloma mesophaeum*. *Mycological Research*, **111**: 599-602. DOI: http://dx.doi.org/10.1016/j.mycres.2007.03.009.

Morissette, D. C., Dauch, A., Beech, R., Masson, L., Brousseau, R. & Jabaji-Hare, S. (2008). Isolation of mycoparasitic-related transcripts by SSH during interaction of the mycoparasite *Stachybotrys elegans* with its host *Rhizoctonia solani*. *Current Genetics*, **53**: 67-80. DOI: http://dx.doi.org/10.1007/s00294-007-0166-6.

Moss, S. T. & Young, T. W. K. (1978). Phyletic considerations of the Harpellales and Asellariales (Trichomycetes, Zygomycotina) and the Kickxellales (Zygomycetes, Zygomycotina). *Mycologia*, **70**: 944-963. Stable URL: http://www.jstor.org/stable/3759130.

Nordbring-Hertz, B. (2004). Morphogenesis in the nematode-trapping fungus *Arthrobotrys oligospora*: an extensive plasticity of infection structures. *Mycologist*, **18**: 125-133. DOI: http://dx.doi.org/10.1017/S0269915X04003052.

Nucci, M. & Marr, K. A. (2005). Emerging fungal diseases. *Clinical Infectious Diseases*, **41**: 521-526. DOI: http://dx.doi.org/10.1086/432060.

Ochiai, E., Kamei, K., Hiroshima, K., Watanabe, A., Hashimoto, Y., Sato, A. & Ando, A. (2005). The pathogenicity of *Stachybotrys chartarum*. *Japanese Journal of Medical Mycology*, **46**: 109-117. URL: http://www.jsmm.org/common/jjmm46-2_109.pdf.

Odds, F. C. (2000). Pathogenic fungi in the 21st century. *Trends in Microbiology*, **8**: 200-201. DOI: http://dx.doi.org/10.1016/S0966-842X(00)01752-2.

Poinar, G. O. & Buckley, R. (2007). Evidence of mycoparasitism and hypermycoparasitism in Early Cretaceous amber. *Mycological Research*, **111**: 503-506. DOI: http://dx.doi.org/10.1016/j.mycres.2007.02.004.

Richardson, L. L. (1998). Coral diseases: what is really known? *Trends in Ecology and Evolution*, **13**: 438-443. DOI: http://dx.doi.org/10.1016/S0169-5347(98)01460-8.

Rollins-Smith, L. A., Doersam, J. K., Longcore, J. E., Taylor, S. K., Shamblin, J. C., Carey, C. & Zasloff, M. A. (2002). Antimicrobial peptide defenses against pathogens associated with global amphibian declines. *Developmental and Comparative Immunology*, **26**: 63-72. DOI: http://dx.doi.org/10.1016/S0145-305X(01)00041-6.

Sax, P. E. (2001). Opportunistic infections in HIV disease: down but not out. *Infectious Disease Clinics of North America*, **15**: 433-455. DOI: http://dx.doi.org/10.1016/S0891-5520(05)70155-0.

Scholte, E.-J., Ng'habi, K., Kihonda, J., Takken, W., Paaijmans, K., Abdulla, S., Killeen, G. F. & Knols, B. G. J. (2005). An entomopathogenic fungus for control of adult African malaria mosquitoes. *Science*, **308**: 1641-1642. DOI: http://dx.doi.org/10.1126/science.1108639.

Sexton, A. C. & Howlett, B. J. (2006). Parallels in fungal pathogenesis on plant and animal hosts. *Eukaryotic Cell*, **5**: 1941-1949. DOI: http://dx.doi.org/10.1128/EC.00277-06.

Smith, G. W., Ives, L. D., Nagelkerken, I. A. & Ritchie, K. B. (1996). Caribbean sea-fan mortalities. *Nature*, **382**: 487. DOI: http://dx.doi.org/10.1038/383487a0.

Tanada, Y. & Kaya, H. K. (1993). *Insect Pathology*. San Diego, CA: Academic Press. ISBN-10: 0126832552, ISBN-13: 978-0126832556.

Taylor, T. N., Klavins, S. D., Krings, M., Taylor, E. L., Kerp, H. & Hass, H. (2004). Fungi from the Rhynie chert: a view from the dark side. *Transactions of the Royal Society of Edinburgh: Earth Sciences*, **94**: 457-473. DOI: http://dx.doi.org/10.1017/S026359330000001X.

Thomas, M. B. & Read, A. F. (2007). Can fungal biopesticides control malaria? *Nature Reviews Microbiology*, **5**: 377-383. DOI: http://dx.doi.org/10.1038/nrmicro1638.

Tudzynski, P., Correia, T. & Keller, U. (2001). Biotechnology and genetics of ergot alkaloids. *Applied Microbiology and Biotechnology*, **57**: 593-605. DOI: http://dx.doi.org/10.1007/s002530100801.

Wake, D. B. & Vredenburg, V. T. (2008). Are we in the midst of the sixth mass extinction? A view from the world of amphibians. *Proceedings of the National Academy of Sciences of the United States of America*, **105**: 11 466-11 473. DOI: http://dx.doi.org/10.1073/pnas.0801921105.

Wålinder, R., Ernstgård, L., Johanson, G., Norbäck, D., Venge, P. & Wieslander, G. (2005). Acute effects of a fungal volatile compound. *Environmental Health Perspectives*, **113**: 1775-1778. Stable URL: http://www.jstor.org/stable/3436750.

Weir, A. & Beakes, G. W. (1995). An introduction to the Laboulbeniales: a fascinating group of entomogenous fungi. *Mycologist*, **9**: 6-10. DOI: http://dx.doi.org/10.1016/S0269-915X(09)80238-3.

White, M. M. (2006). Evolutionary implications of a rRNA-based phylogeny of Harpellales. *Mycological Research*, **110**: 1011-1024. DOI: http://dx.doi.org/10.1016/j.mycres.2006.06.006.

White, M. M., James, T. Y., O'Donnell, K., Cafaro, M. J., Tanabe, Y. & Sugiyama, J. (2006). Phylogeny of the Zygomycota based on nuclear ribosomal sequence data. *Mycologia*, **98**: 872-884. Stable URL: http://www.mycologia.org/cgi/content/abstract/98/6/872.

Whiteway, M. & Oberholzer, U. (2004) *Candida* morphogenesis and host–pathogen interactions. *Current Opinion in Microbiology*, **7**: 350–357. DOI: http://dx.doi.org/10.1016/j.mib.2004.06.005.

Work, T. M., Richardson, L. L., Reynolds, T. L. & Willis, B. L. (2008). Biomedical and veterinary science can increase our understanding of coral disease. *Journal of Experimental Marine Biology and Ecology*, **362**: 63–70. DOI: http://dx.doi.org/10.1016/j.jembe.2008.05.011.

Zasloff, M. (2002). Antimicrobial peptides of multicellular organisms. *Nature*, **415**: 389–395. DOI: http://dx.doi.org/10.1038/415389a.

Zordan, R. E., Miller, M. G., Galgoczy, D. J., Tuch, B. B. & Johnson, A. D. (2007). Interlocking transcriptional feedback loops control white-opaque switching in *Candida albicans*. *PLoS Biology*, **5**: e256. DOI: http://dx.doi.org/10.1371/journal.pbio.0050256.

第6部
菌類のバイオテクノロジーとバイオインフォマティクス

Section 17
Whole organism biotechnology

第17章
全菌体を用いた生物工学

　本章では，商業的に重要な生産物を生産するために，生きている菌体をそのまま利用する生物工学について考察する．この場合の生物工学は，おもに菌類の液内培養による発酵を意味している．そこで，菌類培養において必須の側面である，培地，酸素の要求と供給，および発酵槽の工学について，詳細に記述したい．液体培養における菌類の成長パターン，発酵槽における成長の動力学，成長の収率，定常期，およびペレットとしての成長を紹介する．

　回分培養の他に，流加培養法，恒成分培養槽およびタービドスタットについても論議する．次いで，産業現場に目を向けて，液内発酵の利用について，具体的には，アルコール発酵，クエン酸発酵の生物工学，ペニシリンやその他の薬剤，織物の柔軟仕上げや加工，さらに食品の加工のための酵素，ステロイド類，菌類を用いた化学的変換，クォーン菌類タンパク質（Quorn™）の発酵，発酵槽の発展，さらに胞子やその他の接種源の生産，などについて考察する．植食者の自然な消化発酵の「工学的側面」について考察するために，反芻動物の消化に言及する．そして，まさにいかに多くの嫌気性菌類を家畜の消化管内で培養しているかを理解したい．

　最も重要な産業的（特に食品の）発酵のほとんどは，固相で起こる．そこで，もう少し詳細にリグノセルロース残渣の消化について考えてみる．その後，われわれの主要な食品である，パン，チーズおよびサラミの製造，醤油，テンペおよび他の食品の話題に戻りたい．さらに，チョコレート，コーヒー，そして茶のような産物についても若干述べたい．ほとんどの人は，これらすべての食品の製造が発酵過程に依存していることを認識していないであろう．

　運動性の水生胞子をもつ唯一の真菌類であるツボカビ類は例外として，糸状菌類は，陸上環境において成長し，遺体あるいは生きている植物や動物の何らかのバイオマスを分解するためにデザインされた，陸生の生物として進化しきた．

　しかしながら，生物工学においては，菌類は一般に**発酵槽**（fermenters）として知られる容器中で，液内培養される（Pirt, 1975; El-Mansi *et al*., 2007）．この培養法は，制御された環境での菌体と他の生産物の高レベルでの生産を可能にする．なお，米国では，fermenterの語尾の2文字の違いで，fermen*ter*（発酵生物の意）とfermen*tor*（培養装置の意）でその意味を使い分けているが，ここではこの慣例に従っていないことに留意されたい．

17.1 液内培養における菌類による発酵

発酵槽（fermenter）を用いた基本的培養系には，**閉鎖系**（**回分系，batch**）と**開放系**（**連続系，continuous**）の，2つがある．回分培養（batch cultures）には，撹拌する（すなわち，振盪撹拌，あるいはインペラ（impeller）による混合など）か，あるいは静置するかなど，いくつかの運用方式がある．さらに，連続培養系を制御する際にもいくつかの方式がある．2つの方式の細かい差異についてさておき，発酵槽を用いたこれらの2つの基本的な培養系のおもな特徴を，**表17.1**にまとめた．

回分培養とは，生物が接種され，新しい培養が生産される培地が，1回分（batch；あるいは1回分の量）だけなので，そのようによばれる．回分培養は，最適温度（実験により定められる）で行われ，接種後は，培養が終了して収穫されるまで（収穫時期は実験により選択される），**培養条件の変更や培養への栄養素の供給などが行われないものである．回分培養は静止状態に置かれる場合があり，その場合は，培養される微生物は流体培地中で懸濁状態で成長するか，培地表面で菌体〔バイオマス（biomass）〕マットを形成して成長する．あるいは，回分培養において，ガス交換（最も一般的には，培地への酸素の取り込みと，培地からの二酸化炭素の放出）の向上を目的として，何らかの方法による撹拌が行われることがある．小スケールの実験室レベルでの培養は，ほとんどの場合は三角フラスコを用い，**往復運動**（前後への直線運動）あるいは**軌道運動**（容器内の流体に渦巻を発生させる回転運動）を行う振盪器上で撹拌される．

数百 m^3 までの容量の産業スケールの培養は，**撹拌槽型反応器**（stirred tank reactors, STRs）として知られる容器内で行われる．STRs 内では，流体は，反応器中心にある回転翼のインペラによって撹拌される．産業用の発酵槽の高さと直径の比は，平均 1.8（すなわち，高い円筒状）である．絶対容積の約 70% にまで培養液が満たされる．インペラの直径は，発酵槽の直径の約 40% 超である．撹拌動力は，2～6 kW m^{-3} の範囲で変化する．インペラの先端速度は，平均 5.5 m sec^{-1} である．そのようなインペラ速度が，菌糸体とフロックス（flocs）とよばれる緩やかに集合した菌糸体の塊の双方を，断片化する．このインペラ速度は全体として利点があり，全菌糸体への酸素を含む栄養素の供給を向上させる．

ここでは，回分培養行程のバリエーション，さまざまな連続培養行程，および以下のような発酵槽のデザインの諸相について論議する．さしあたっては，回分培養の実用性，および実験室レベルでの培養における菌類，とりわけ糸状菌類（filamentous fungi）の反応に着目したい．そこで以下の節では，あなた自身が，三角フラスコを用いて培養器内の振盪器で培養する場合を想定してほしい．

17.2 菌類の培養

もし，菌類の培養を準備するとしたら，最初に考えるべきことは**培地**（medium）の性質についてである．試験管内（in vitro）培養のためには，培地は，培養しようとしている微生物が含む元素をすべて含んでいなければならない．**表17.2**は，典型的な子嚢菌類に属する糸状菌類と典型的な細菌の元素組成を示しており，培地調製の参考になるであろう．また，表17.2は，培地に必要な栄養素の**種類**と**量**に関する情報を提供している．産業界は，使用済みの培地の形で栄養素を浪費することを欲しない．それゆえ，必要な栄養素の種類と量にしたがって，培地組成を調整しなければならない．従属栄養生物（heterotrophs）は，炭素源とエネルギー源として，還元された形のすでに形成された有機化合物を用いる．何らかの種の微生物によって資化され得ない天然有機化合物は存在しない．しかしながら，不幸なことに，プラスチックや農薬などの多くの

表17.1　発酵槽を用いた2つの基本的な培養系，回分培養と連続培養のおもな特徴の比較

特徴	培養系のタイプ	
	閉鎖系（回分培養）	開放系（連続培養）
栄養素	供給なし	供給
菌体量と成長産物	除去されず	除去
環境条件	一定ではない	一定
指数関数的成長	わずかに数世代継続	無限に継続

表17.2 *Fusarium venenatum*と大腸菌（*Escherichia coli*）のおおよその元素組成（組成は，mg g^{-1} 菌体量で表示）

多量元素（菌体量の約96%を占める）			微量元素と超微量元素[a]（菌体量の約4%を占める）		
元素	*Fusarium venenatum*	大腸菌	元素	*Fusarium venenatum*	大腸菌
炭素	447	500	微量カチオン		
酸素	未測定	200	K	20	10
窒素	83	140	Na	未測定	10
水素	69	80	Ca	0.8	5
リン	16	31	Mg	1.8	5
硫黄	未測定	10	Fe	0.05	2
			超微量カチオン		
			Cu	0.04	超微量元素で合計3%，個々の超微量元素の測定値なし
			Mn	0.12	
			Zn	0.28	

[a] Co, Mo, Ni, その他少数の金属は重要な超微量元素であるが，本分析では確認できなかった．

人工有機化合物は，非常にゆっくりとしか分解されないか，まったく分解されない．

　均衡成長（balanced growth）をしている間は，菌体量（biomass）の増加は，タンパク質，RNAおよびDNAなどの含量のような，個体群のすべての特性の同等の増加を伴う．すなわち，培養の化学的組成は一定値を維持する．不均衡成長（unbalanced growth）は，菌体中のさまざまの高分子化合物や他の成分の相対濃度が変化する状態をいう．たとえば，窒素源は枯渇したが，炭素源は過剰に存在するような場合，さまざまな細胞成分は不均一な速度で合成される．ほとんどの培地は，炭素源とエネルギー源，通常はグルコース（glucose）であるが，最初に使い尽くされる栄養素となるようにデザインされている．

　培地中に「リットル当りグラムオーダー（g L^{-1}）」で必要な多量元素（macroelements）は，明らかに炭素，酸素，水素と以下のものである．

- 窒素：アミノ酸（amino acids），プリン（purines），ピリミジン（pyrimidines），などの合成に要求される．多くの微生物は，アミノ酸中の窒素を利用できる．無機窒素源には，NH$_4^+$とNO$_3^-$が含まれる．
- リン：核酸，リン脂質（phospholiids），ATPのようなヌクレオチド（nucleotides），などに存在する．ほとんどすべての微生物は，リン源としてPO$_4^{3-}$を利用する．
- 硫黄：アミノ酸のシステイン（cysteine）とメチオニン（methionine）の合成，コエンザイムA（coenzyme A）のような酵素の補因子（cofactors）の合成に必要である．多くの微生物は，硫黄源としてSO$_4^{2-}$を用いる．

　微量カチオン（minor cations）は，培地中の濃度が「リットル当りmgオーダー（mg L^{-1}）」で要求される元素であり，以下のものがある．

- カルシウム（Ca）：微生物細胞内のCa濃度は，高度に特異的な輸送過程によって，きわめて低いレベルに維持されている．Caは重要な成長調節物質である．Caはガラス容器から容易に遊離する．このことが，Ca制限培地を用いた場合の不純物となりうる．
- 鉄：Fe^{2+}［第一鉄（ferrous）イオン］とFe^{3+}［第二鉄（ferric）イオン］の形の鉄は，シトクロム（cytochromes），ヘムタンパク質（haem proteins），他の多くの酵素類の成分である．微生物の成長には，培地中に0.36〜1.8 × 10^{-3} Mの濃度の鉄の存在が必要とされるが，pH 7の好気条件下（aerobic conditions）では，Fe^{3+}の溶解度は1 × 10^{-17} Mにすぎない．Fe^{2+}の溶解度は酸性条件下では増し，また，嫌気条件下（anaerobic conditions）ではFe^{2+}の濃度は10^{-1} Mに達する可能性があるが，ほとんどの環境下における鉄の有効な吸収は，シデロフォア（siderophores）とよばれる生物学的な鉄のキレート剤（chelators），あるいはクエン酸（citric acid）あるいはエチレンジアミン四酢酸（ethylenediamine

tetra-acetic acid, EDTA）のような培地に添加された物質によっている．

- マグネシウム（Mg）：細胞中で最も多量に存在する二価カチオンである．細胞内Mgの約90％が，リボソームや多価陰イオン細胞成分と結合している．残りのMgは，比較的一定濃度の1〜4 mM遊離Mg^{2+}となっている．Mgは，高分子化合物の合成や，エネルギーに富んだ化合物のATPを形成する役割を担っている．Mgを要求する酵素には，スーパーオキシドジスムターゼ（superoxide dismutase）がある．
- カリウム（K）：多くの酵素の活性に不可欠である．RNAとも会合している．また，Kは，菌糸の浸透ポテンシャル（osmotic potential）のほとんどを与えている．
- ナトリウム（Na）：一般に主要元素と考えられており，海生微生物はまちがいなくNaを必要としているが，菌類の成長に対するNaの明確な必要性に関してはほとんど明らかにされていない．

超微量カチオン（trace cations）は，培地「リットル当りμgオーダー（$\mu g\ L^{-1}$）」で要求される元素であり，以下のものがある．

- コバルト（Co）：ビタミンB_{12}の成分である．
- 銅（Cu）：ラッカーゼ（laccases）を含む多くの酵素類の補欠分子族（prosthetic group）である．
- モリブデン（Mo），ニッケル（Ni）および亜鉛（Zn）：代謝のいくつかのきわめて重要な局面に関わる多くの酵素類に含まれる．

Fe^{3+}のような微量元素（minor element）が欠乏すると，比成長速度は低下するものの，菌体収率はほとんど影響を受けない（図17.1）．

表17.3は，いくつかの標準培地（standard media）の調製法と，調製上の留意点を示す．培地の調製の際には，滅菌によって培地の化学性が変化しないようにするために，いくつかの用心すべきことがある．

- グルコース溶液は，濾過滅菌をするか，他の培地成分とは別個にオートクレーブをする必要がある．なぜならば，グルコースは，無機塩類あるいは有機化合物存在下でオートクレーブすると，分解［カラメル化（caramelisation）により褐変する］するからである．
- アンモニアの気化を避けるために，アンモニウム塩は，pH7.0以下でオートクレーブするべきである．
- リン酸塩もまた，他の培地成分とは別個にオートクレーブをする必要がある．そうしないと，リン酸マグネシウムアンモニウム，リン酸マグネシウムカリウム，あるいはリン酸マグネシウムナトリウムの不溶性の沈澱が形成されるからである．
- 鉄の扱いは，キレート剤が存在しないと，すべての鉄が沈澱する可能性があるので特に問題である．鉄とその他の微量元素が沈澱を形成することを防ぎ，また，これらの元素の培地中の濃度を制御するために，一般にキレート剤を用いることが不可欠である．しばしば，この目的で，クエン酸が用いられる．いくつかの培地のレシピは，EDTAのような他の金属キレート剤を使用している．EDTAは，金属イオンの緩衝剤（buffers）としてはたらく（EDTAは，Fe^{3+}に対して高い親和性を示すが，Ca^{2+}とMg^{2+}に対してはほとんど親和性を示さない）．不幸なことに，EDTAは，ある種の微生物の成長を阻害する可能性がある．さらに，クエン酸は，培地中のより容易に利用される炭素源が枯渇すると，炭素源として利用されるかもしれない．この事実は，そのような成分を含む培地を用いた菌類の成長に関する研究を複雑なものとする可能性がある．

培地のある種類の成分は，成長するために添加される必要があるという意味で，成長因子（growth factors）とみなすことができる．大部分の菌類はほとんどのビタミン類を合成できるが，いくつかのケースでは，特定のビタミンがある種の菌類に

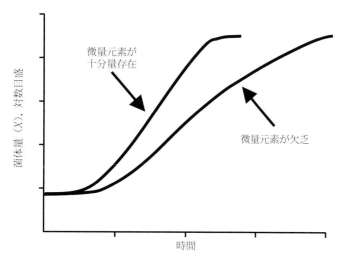

図17.1 回分培養における微量元素欠乏が成長に与える影響．成長速度は低下するが，菌体収量はほとんど影響を受けない（Pirt, 1975を改変）．

表17.3 いくつかの広範に使用されている培地の組成とその調製

菌類培養用の複合培地（complex media）

麦芽エキス培地（malt extract medium, ME；リットル当りの成分量）

- 麦芽エキス 20 g ＋ ペプトン（peptone）1 g．
  - BlakesleeのMEA培地では，グルコース 20 g を添加．
  - MYE（malt yeast extract）培地では，酵母エキス 20 g を添加．

1 L 当り 12〜20 g の寒天を添加することにより，液体培地を固化することが可能である．ペプトンは，天然タンパク質を酸あるいは酵素によって加水分解することによって得られる栄養素抽出物である．これらの抽出物は，乳タンパク質（カゼイン，casein），肉，酵母および植物に由来し，培養の窒素源，炭素源（アミノ酸やペプチドとして）および他の栄養素（ビタミン類や無機物類のような）になる．多くのペプトンや抽出物が，培地商品製造業者から入手可能である（たとえば，http://www.sigmaaldrich.com/sigma-aldrich/home.html および http://www.bd.com/ds/productCenter/DCM.asp を参照せよ）．

菌類培養用の最小培地（minimal medium）

フォーゲルの培地［Vogel's medium. 最終組成，蒸留水 1 L に対する成分量．Vogel, H.L.（1956）を改変．アカパンカビ（*Neurospora*）属の培養に好適な培地（medium N）．*Microbial Genetics Bulletin*, 13：42．］

成分	量
グルコース	10 g
クエン酸三ナトリウム	2.5 g
KH_2PO_4（無水）	5.0 g
NH_4NO_3（無水）	2.0 g
$MgSO_4 \cdot 7H_2O$	0.2 g
$CaCl_2 \cdot 2H_2O$	0.1 g
クエン酸一水和物	5.26 mg
$ZnSO_4 \cdot 7H_2O$	5.26 mg
$Fe(NH_4)_2(SO_4)_2 \cdot 6H_2O$	1.05 mg
$CuSO_4 \cdot 5H_2O$	0.26 mg
$MnSO_4 \cdot 4H_2O$	0.05 mg
H_3BO_3	0.05 mg
$Na_2MoO_4 \cdot 2H_2O$	0.05 mg
チアミン塩酸塩	0.25 mg（藻菌類[訳注A]と担子菌類）
ビオチン	0.05 mg（アカパンカビ属の菌類が要求）

フォーゲルの液体培地は，良い具合に 4 種類の溶液として調製し，個別に滅菌し，無菌的に混合して作製することができる（寒天は固体培地の作製時に必要となる）．

(A) フォーゲルの貯蔵用溶液は 50 倍濃度で作製する．この原液を 0.2 μm の孔径のメンブランフィルターを通して滅菌する．貯蔵溶液は，以下のような成分を含んでいる．

成分	量
クエン酸三ナトリウム	125 g
KH_2PO_4（無水）	250 g
NH_4NO_3（無水）	100 g
$MgSO_4 \cdot 7H_2O$	10 g
$CaCl_2 \cdot 2H_2O$	5 g
微量・微量元素水溶液	5 mL（水溶液 B，以下に示す）
ビタミン水溶液	2.5 mL（水溶液 D，以下に示す）
蒸留水	1 L にする．

(B) 微量・超微量元素水溶液

成分	量
クエン酸一水和物	5 g

・ZnSO$_4$・7H$_2$O	5 g
・Fe(NH$_4$)$_2$(SO$_4$)$_2$・6H$_2$O	1 g
・CuSO$_4$・5H$_2$O	0.25 g
・MnSO$_4$・4H$_2$O	0.05 g
・H$_3$BO$_3$	0.05 g
・Na$_2$MoO$_4$・2H$_2$O	0.05 g
・蒸留水	95 mL

(C) グルコース［5%（W/V)］

(D) 藻菌類[訳注A]用あるいは担子菌類用チアミン塩酸塩水溶液（5 mg mL^{-1}），あるいはアカパンカビ属用ビオチン水溶液（1 mg mL^{-1}）．

200 mLのフォーゲル培地を作製するには，次のような水溶液を，次のような割合で混合する．水溶液C 40 mL＋水溶液A 4 mL＋蒸留水 56 mL＋3%（W/V）素寒天溶液 100 mL（半固体培地），あるいは 156 mL 蒸留水（液体培地）．

　フォーゲル培地は，アカパンカビ属やその他の子嚢菌類の培養に便利な培地である．クエン酸は，この培地中でキレート剤（そして弱い緩衝剤）としてはたらく．さらに，クエン酸の機能を代替する成分が存在しない場合，ある種の菌類はクエン酸を炭素源として利用するために，問題は複雑になる．オートクレーブをかけることは，培地の組成にダメージを与える可能性がある．すなわち，培地中のすべての鉄，さらにカルシウム，マンガンおよび亜鉛のほとんどを含む沈殿が形成されるからである．培地に EDTA を加えると，オートクレーブ中のこの沈殿形成を防ぐことができる．

　きわめて多数の培地のレシピが存在する．「培地」については，*Dictionary of the Fungi* 10版（Kirk et al., 2008）を参照．

訳注A：藻菌類（phycomycetes）という分類用語は現在では用いない．現在では，クロミスタ界（Chromista）に含まれる偽菌類と接合菌門（Zygomycota）やツボカビ門（Chytridiomycota）に含まれる真菌類を総称する場合や，単に下等な菌類とほぼ同義で，過去に用いられた用語である．ここでは，過去の論文の引用の部合で，この用語を用いたと推察されるが，出典が明記されていないため，現在の何門の真菌類（ture fungi）あるいは偽菌類（false fungi）を示しているのかは特定できない．担子菌類（Basidiomycetes）も現在は用いない．ここでは出典が明記されていないため，現在の分類体系でいう Agariomycetes と推察されるが，特定できないので，担子菌門（Basidiomycota）の真菌類を示しているということ以上は特定できない．引用文献との関係で，古い分類体系を用いて表示したと考えられる．

よって要求される．たとえば，ビオチン（biotin）はアカパンカビ（*Neurospora crassa*）の必須成長因子であり，培地に添加されなければならない．チアミン（thiamine）は，ウシグソヒトヨタケ（*Coprinopsis cinerea*）によって要求される．これらは，**野生型**（wild-type）のアカパンカビやウシグソヒトヨタケの特質であることを強調したい．ビタミン生合成経路に欠損のある栄養素要求性突然変異株（auxotrophic mutant）は，まさに他の経路に欠損のある栄養素要求体と同じように容易に得ることができる．野生型がそのような生合成経路における欠損を表すような場合，おそらく，そのような菌類は，自然環境で栄養的欠損によって不利な選択圧を受けることがないように，通常，合成経路の最終産物の十分な供給を受けている，ということを意味するのであろう．

17.3　酸素の要求と供給

　発酵槽を用いての作業では，培養による酸素の要求性と，培養への酸素の供給が重要な一面となる．グルコースと無機塩培地で生育する好気性菌類によって要求される酸素の推定総量は，次の呼吸におけるグルコース酸化の化学量論から得ることができる．

$$C_6H_{12}O_6 + 6O_2 = 6CO_2 + 6H_2O$$

グルコース 5 g ＋ 酸素 5.35 g ＝ 二酸化炭素 7.35 g ＋ 水 3.0 g

　培地中に含まれるグルコースのおよそ半分は呼吸により消費され，成長に必要なエネルギーとして供給される．残りのおよそ半分は，菌糸における高分子とその他の代謝産物の生合成に用いられる．培地中のグルコースの約半分は呼吸に用いられてエネルギーを生成し，残り半分は生合成に使われるという事実が，なぜグルコースの**増殖収率**（growth yield）がおよそ 0.5 となるのかを説明する．増殖収率の値は，培地中の炭素源に左右される（17.7節を参照）．

　酸素は水に溶けにくく，温度が上昇するにつれて溶解度は低下する（表 17.4）．したがって，空気で飽和した水中には，グルコース 5 g を完全に酸化するのに必要な酸素 5.35 g の 0.2% 未満しか存在していない．それゆえに，培養物が成長しているときには培地中に酸素が継続的に供給されることが必要不可欠である．すなわち，酸素の気相から液相への移行が，成長時の培養の重要な要素となる．**静止液膜理論**（stationary liquid film theory）の最も単純な概念（図 17.2）は，大量の大気から，気体–液体界面を経由して，大量の液体培地への酸素の移動を単純に可視化したものであり，大気から液体培地への酸素の移動のような過程であると考える．

表17.4 さまざまな温度において大気中の酸素濃度と平衡状態にある培地中の酸素濃度

温度（℃）	典型的な培地において1気圧の大気と平衡状態にある酸素濃度（mg L^{-1}）
20	9.08
25	8.10
35	6.99

図17.2 静的な大気－水境界に溶解ガスの濃度勾配が存在する条件下における，静止液膜理論に従った酸素吸収過程．静止液膜理論は，大量の大気と大量の液体培地との間に静止液膜の存在を想定したものである（Pirt, 1975を改変）．

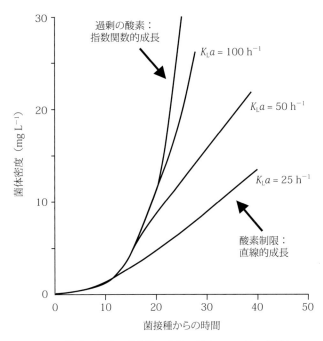

図17.3 バッチ培養における微生物の成長に対する K_La 値の効果（Stanbury et al., 1998を改変）．

酸素の移動過程は，大量の気体（大気）→液体表面の静止液膜→大量の液体培地からなる（図17.2）．

大量の大気から大量の液体培地への酸素の移動速度は，次の式で与えられる．

$$R_{oxygen} = K_La(C^*_{oxygen} - C_{oxygen})$$

R_{oxygen}＝単位液体容積当りの酸素の移動速度；K_La＝質量移動係数（時間当り）；C^*_{oxygen}＝大気相と液相が熱力学的平衡状態にあった場合に，大量の液相に存在可能な酸素濃度；C_{oxygen}＝大量の液相中の実際の酸素濃度．液相が酸素で飽和したとき，$C^*_{oxygen}=C_{oxygen}$となり，酸素の移動は起こらない．

K_La の値は，特定の発酵槽が特定の方法で運転されたときの特性値であり，発酵槽中の微生物の生育に大きな影響を与える（図17.3）．図17.3は，菌体が同一の条件下（K_Laを除く）で培養された場合，発酵槽の K_La 値が菌体生産量に影響を及ぼすことを示す．すなわち，培養物は，K_La 値により異なった菌体量で酸素制限状態になる．したがって，好気性生物（圧倒的多数の菌類がこのカテゴリに含まれる）の培養に用いられる発酵槽は，K_La 値が最大になるように設定される必要がある．

菌類の培養が酸素制限状態となったとき，成長は酸素の移動量と化学量論的に密接な関係がある（図17.3における成長曲線の直線部分が示している）．K_La 値が大きくなると，発酵槽の通気能力はより高くなる．酸素移動速度（K_La）は，0.5 M 亜硫酸ナトリウム溶液中の，触媒存在下における亜硫酸ナトリウムの硫酸ナトリウムへの酸化速度を測定することによって決定できる．亜硫酸塩の酸化速度は，特定の発酵槽が特定の方法で運転された時の酸素移動速度と同等である．

K_La 値は，酸素の移動に対する抵抗（resistance to oxygen transfer）の実際の度合である定数（K_L）と，界面面積 a の積である．静止した液体の界面面積は，液体表面の面積である．撹拌培養（agitated aulture）では，この面積は，撹拌により液体培地中につくり出される気泡の大きさと数に依存し，気泡を小さくし，数を増やすことによって増加させることができる．これが撹拌過程の目的である（以下を参照）．

振盪フラスコ培養において，酸素移動速度に影響を及ぼす要因としては次のようなものがある．

- フラスコ中の液量の効果（図17.4）．
- 撹拌の程度の効果．撹拌の程度は，振盪フラスコ培養においては，シェーカーの速度と振幅の幅（往復運動の物理的な程度）に基づいて測定される．振盪速度を150から300 rpmに上げると，液中の酸素量の比率が250％まで上昇する．

17.4 発酵槽工学

撹拌した反応槽における酸素移動速度は，撹拌の種類によって影響を受ける（図17.5）．ボルテックス型撹拌反応槽［vortex STR（stirred tank reactor）］内において，高速で回転するインペラによって液体中に渦が生じ，渦は気泡を液体中に引き込み，気泡はインペラによって分散される．現在，ボルテックス型 STR（vortex STRs）が使用されることは，きわめてまれである．発酵槽の設計と運用に関する発酵微生物学に対する，生化学技術者の貢献を正しく評価することは重要である．インペラの直下で培養液に空気を供給することにより，流入空気がインペラにより直ちに非常に小さな気泡に分散され［スパージング（sparging）として知られる工程］，通気の効率をさらに改善することが可能である．バッフル型 STR（baffled STR）内では，発酵槽の内壁上のバッフルが渦の形成を妨げるが，液体中の乱流状態がバッフルによって促進され，その結果，通気が増加する（図 17.5）．また，バッフルは三角フラスコによる小スケール培養でも用いることができる．時には，ガラス職人によって，三角フラスコの側面に 4 つのバッフルが，壁面のくぼみとして取り付けられる．また，柔軟な金属コイルを三角フラスコに設置することもできる．どちらの方法によっても，液体の乱流（turbulence）を促進し，そのことによって通気性（aeration）を高めることができる．

インペラの領域内では培養の粘度（viscosity）が低く，気相から液相への酸素移動速度が上昇するために，発酵槽中のこの領域内は十分に通気されている．発酵槽の壁面に近い領域では通気が悪くなり，流れがよどむ．

最も効率的なインペラのタイプは羽根付きの円板であり，一般的に 6，または 8 枚の**垂直の羽根**をもっている（図17.6）．インペラの最適な直径は容器の直径の約 40% であり，最適な羽根の高さはインペラの直径の約 17% である．発酵槽内では，インペラは容器の底の上方，容器の直径の 3 分の 1 から 2 分の 1 の長さの範囲内に位置していなければならず，より大きな工業用の装置では，同じシャフトに 2 または 3 個のインペラをもつことになる（図 17.7）．

酸素移動速度という観点から，スパージングされる空気の流出口の最も効果的な位置は，インペラの直下である．実際に

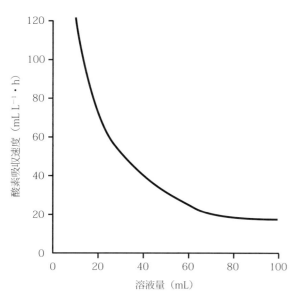

図 17.4　酸素移動速度に対する溶液量の影響．オービタルシェーカーを用いて 500 mL フラスコを 250 rpm で振盪するときに，フラスコ内の液体の量がどのように酸素移動速度に影響を与えるかを示す（Pirt, 1975 を改変）．

図 17.5　撹拌反応槽（STRs）の種類．左図のボルテックス型 STR では，空気は渦に引き込まれ，インペラで液中に分散される．右図はバッフル型 STR を示しており，タンク内壁のバッフルが渦の生成を防止し，さらに流体に乱流を起こし，そのことにより通気を増加させる（Pirt, 1975 を改変）．

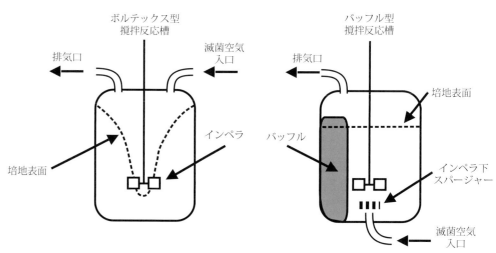

は，培養は，通常は**毎分1培養体積分の空気**の割合でスパージングされている（図17.8）.

STR 内の**撹拌**の程度は，小さな気泡を形成することにより，次のような理由で K_La に大きな影響を与える．

- 撹拌は酸素移動のための表面積を増加させるために，撹拌速度は，酸素移動速度に影響を与える（図17.8）．具体的には，2 L の培養槽を用いた研究室レベルの培養では，一般に 1,000 から 1,200 rpm の速度で撹拌される．
- 液体からの気泡の離脱が遅くなる（ガスの交換時間が長くなる）．
- 気泡の合体が妨げられる（小さな気泡が維持される）．
- 液体の乱流は，気体 - 液体界面領域の静止液膜の厚さを減少させる．
- 菌体量の密度もまた，培養のレオロジー（rheology）に影響を与えることにより，酸素移動速度に影響を与える（図17.8）．培養のレオロジーは，培養生物の形態によっており，糸状の微生物は，単細胞微生物よりも粘性のある培養を形成する．

酸素電極を用いて培養中の培地の**酸素含有量**を確認し，必要に応じて撹拌とスパージングを調整することを勧める．

インペラの重要な機能として，気泡のサイズを小さくすることがあるが，泡（foams）の形成は避けなければならないため，これには限界がある．泡とは，培養液本体中に形成された泡沫の安定な集合体であり，培養液の表面に蓄積する．泡は，菌体から培養液中に漏れ出したタンパク質，ペプチドおよびその他の物質によって安定化する．泡に捕らわれた気泡は，空気の流れから分離されるため，酸素が枯渇するようになり，気体の交換も妨げる．**消泡剤**（antifoams）の添加は，泡の形成を減少させる．消泡剤は，気体 - 液体表面に親和性をもつ化学添加剤である．気体 - 液体表面で，消泡剤は，小さな気泡の大きな気泡への合体を促進することにより泡を不安定化する．合体により生成した大きな気泡は，破裂し，その中に含まれる気体を空気の流れに戻す．一般に使用される消泡剤の例としては，ポリアルキレングリコール（polyalkylenglycols），アルコキシル化脂肪酸エステル（alkoxylated fatty acid esters），ポリプロピレングリコール（polypropyleneglycol, PPG），シロキサンポリマー（siloxane polymers），ミネラルオイル，珪酸塩（silicates）などがあり，総容量の1%までの濃度で用いられている．

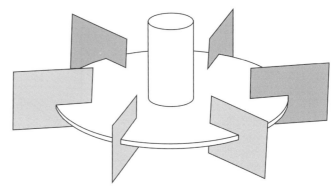

図17.6　効率的な発酵槽のインペラの工学的図．このインペラは Rushton ディスクタービンとして知られており，Rushton et al.（1950）によって設計された．4枚もしくは6枚羽根（本図）のインペラが最も一般的だが，用途によって3，4，5，6，8あるいは12枚羽根のものがある．この放射型インペラが回転することで，流体をインペラの軸から直角に離れるように，放射状に押し流す（「海のスクリュー」型軸インペラは，発酵インペラとは対照的に，流体をシャフトの軸にそって押し流す）．

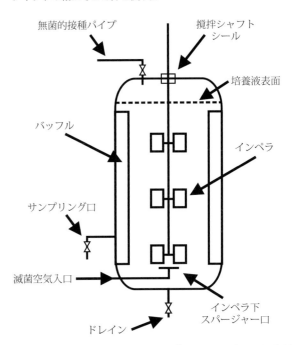

図17.7　ステンレス製工業用大型（100 m³）STR 発酵槽の工学的断面図（Stanbury et al., 1998 を改変）．

撹拌している反応槽においては，熱が，菌体の化学反応によってと，これに加えて，培養への通気のために必要な撹拌の動力によって発生する．熱を防ぐために，**冷却システム**（cooling system）の構築が必要となる．最も一般的な構造は，発酵槽の外側または内側に装着された，チューブを通して水を循環させるウォータージャケットタイプである．エアーリフトタイプの発酵槽（図17.9）は，撹拌機から発生する熱を防ぐ．こ

図17.8 撹拌型反応槽における酸素移動速度に対する空気のスパージング，撹拌速度，菌体量の影響．A，酸素移動速度に対する空気のスパージングの効果．B，ボルテックス型STRにおける酸素移動速度に対する撹拌速度の効果．C，撹拌型反応槽における K_La に対する菌体量（*Penicillium chrysogenum* の密度）の効果（AとBは Pirt, 1975 を，C は Righelato, 1979 を改変）．

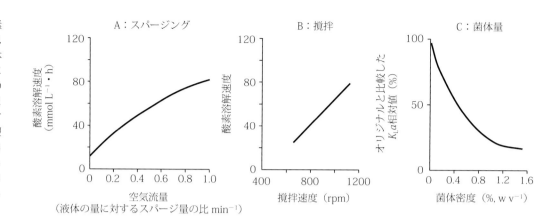

図17.9 典型的なエアリフト型発酵槽の図．左側は，ループが外側にある研究室スケール（ガラス製）のエアリフト型発酵槽であり，下降管の直径は保持時間を最小にするために可能な限り狭くしてある．右側は，ループが内側にある工業用エアリフト型発酵槽（大型の発酵槽は一般に，動物の飼料用単細胞タンパク質の生産に利用されている）である．装置は，滅菌培養液流入ラインと培養オーバーフロー口が双方とも開放されている時は連続フローシステム，また，培養液を充填して接種後，培養液流入ラインと培養オーバーフロー口の双方を閉じることでバッチモードとして運用できる（Stanbury et al., 1998 を改変）．

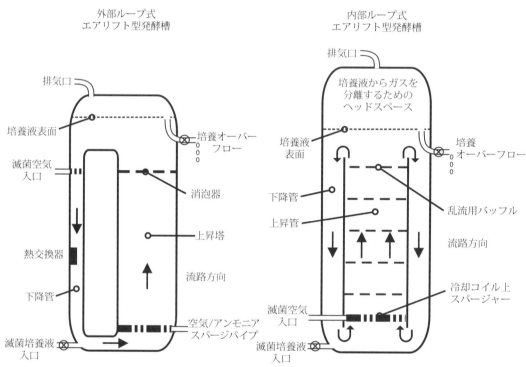

のタイプの発酵槽は，通気された培養液と非通気の培養液の間の密度差に基づいて作動する［厳密に言えば，培養液は液体であるので，その**比重差**（specific gravity difference）である］．空気枯渇培養液の比重は，空気が富化された（つまり，**新たにスパージされた**）培養液の比重よりも比較的大きいために，後者が**上方に移動する**傾向があり，その結果発酵槽の内容物に必要となる撹拌が生じる．さらに，スパージング帯の静水圧の上昇は，酸素の溶解速度を上昇させ，培養液中への酸素移動を促進させる．

17.5 液体培養における菌類の生育

ある種の菌類は，液体培養で分散して均一に成長するが，ほとんどの菌類は自然に菌糸塊またはペレットの形で成長する．

- *Geotrichum candidum* のようなカビは，自然発生的に菌糸が断片化し，**分散**（disperse）菌糸体として成長し，多かれ少なかれ均一な培養を形成する（図17.10A）．
- アカパンカビのようなカビは分散菌糸体として成長するが，定常期に凝集し，大きな菌糸塊を形成する．

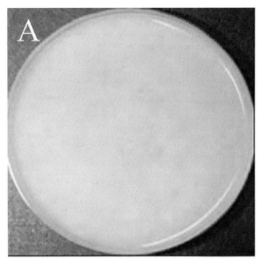
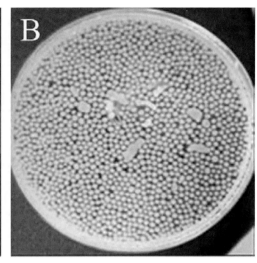

図17.10 液体培養におけるカビの形態（振盪培養または撹拌培養）．糸状菌類の液体培養の外観（発酵槽で増殖させたのち，直径9 cmのペトリ皿にデカントし写真撮影）．A, *Geotrichum candidum* の分散した均一な成長．B, *Aspergilus nidulans* により形成された菌糸体ペレット（画像はDr G. D. Robsonにより提供された）．カラー版は，口絵59頁を参照．

- アカパンカビの**凝集**（aggregation）は，培地中への，菌糸を結びつけるガラクトサミノグリカン（galactosaminoglycan）の蓄積を伴う．
- *Aspergillus nidulans* のようなカビは，胞子が**凝集して発芽**し，その結果目視可能な球状のコロニーまたはペレットを多数形成する（図17.10B）．

バランスのとれた成長を維持し，それゆえ実際に理論的な成長曲線の動力学的特性（kinetic characteristics）を確立することに対する，これらの成長パターンの影響を過小評価すべきではない．単一の細胞として成長する微生物（細菌，酵母，原生動物，動物培養細胞，単細胞藻類）を用いた作業は比較的容易である．すなわち，培養中の同じ培養から連続的に**代表的な**サンプルが採取でき，それゆえ，細胞数（すなわち細胞密度）を測定することができる．また，各培養から繰り返しサンプルを採取し（個々の測定の精度を確認するために），さらに十分な数の繰り返し培養を用いて実験する（実験的変動幅を測定し，決定するために）ことによって，まさしく統計的妥当性を確立することが重要である．

均一な細胞層あるいはカルス（calluses）として生育する動物や植物の細胞，そして糸状菌類のような生物は，取り扱いが容易ではない．これらの生物のすべて（ペレット状に生育する糸状菌類を含む）において，実験者は**代表的な**サンプルを同じ培養から採取できないという問題に直面する．このような状況下で，長期の培養期間にわたって成長率を簡便に測定するためには，各測定時に全培養物を収穫する必要がある．全培養物の収穫の必要性は，培養の全期間を通じて精度よく，さらに変動性をも確実に測定するために，培養開始時に多くの繰り返し培養を同時にスタートしなければならないことを意味する．

測定方法は，増殖パターンによって異なる．実験の目的は，培養物中の**生体菌体**（live biomass）含量を測定することである．細胞数が測定できない場合，菌体乾燥重量が最も頻繁に使用される指標であるが，技術的な問題が発生する．回収と乾燥の方法は必ずしも容易ではなく，菌体量が非常に少ない成長初期段階には正確な測定に問題が生じる．生きた菌体と死んだ菌体を区別する（乾燥重量法では区別できない）ためには，次のような他の測定方法を用いる．

- DNAの含量，おもに核の数を測定する．
- エルゴステロール（ergosterol）は，サンプルが動物および／または植物組織で汚染されていたとしても，**菌類の膜の質量**の測定値とされている（たとえば，堆肥，土壌，あるいは植物根の内部あるいは表面の菌根のような固体組織の中の菌類の成長を測定する時のような）．

後に述べるようなクォーン（Quorn™）菌類（代用肉）製造に用いる真菌 *Fusarium venenatum* についての実験で，顕微鏡像の画像解析を用い，液体培養の成長初期段階での総菌糸長と分岐を測定した．この測定により，菌体測定と，菌糸成長パラメータ，特に**菌糸成長単位**（hyphal growth unit）を統合して解析することが可能になった（菌糸成長速度論については，第4章の4.4節と4.9節で述べた）．

分散状態で成長する生物は，酵母や細菌のような単細胞生物と同一の成長動態を示す．培養時間に対する菌体量または細胞数の変化で表した生育曲線（図17.11）は，**誘導期**（lag phase），**加速期**（acceleration phase；接種したすべての細胞

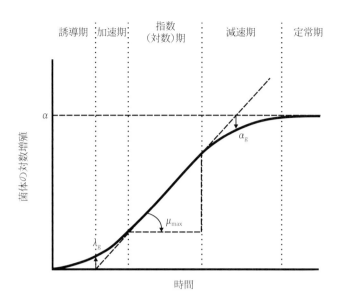

図 17.11 液内培養における細胞数をベースにした仮想的な成長曲線（「古典的成長曲線」）．パラメータ：μ_{max}，最大比成長速度；λ_g，誘導期；α_g，対数増殖期の終点；α，成長曲線の極限値の直線である漸近線．λ_g は，指数曲線の接線が時間軸と交わる点から決定．α_g は，対数曲線の接線が漸近線と交わる点の時間から決定．

$$\mu x = \frac{dx}{dt}$$

μ＝比増殖速度；x＝菌体量；t＝時間．積分を行うと，

$$\ln x_t = \mu t + \ln x_D$$

この式は，直線グラフの古典的な直線関係を示す $y=mx+c$ の式と類似している．それゆえ，時間（横軸）に対して縦軸に $\log_e$（菌体量）をプロットすると，μ の値はグラフの傾斜として求めることができる．しかし，これは典型的な成長曲線における対数期にしか当てはまらない．成長曲線は曲線であり，この直線はより正確には曲線の接線である．

バッチ培養における典型的な生物の成長曲線には，対数期の前に誘導期があり，その間に細胞は生育状況に適応し，成長と核分裂のために必要な RNA，酵素，その他の化合物の合成を開始する，ということを思い起こしてほしい．対数期後栄養素は枯渇し始め，成長速度は栄養を使いきるまで減少していき，生物は定常期へと入っていく（図 17.11）．実際に，多くの人工培地では炭素源が最初に枯渇する栄養素となっている．図 17.11 の成長曲線の対数期は，最も重要なパラメータが次のようなものであることを示している．

が同時に成長し始めるわけではないことから），対数期（exponential phase）[訳注1]，減速期（deceleration phase；培地中の制限栄養素である炭素源の濃度が，μ_{max} の維持に必要な濃度以下に減少することによる），定常期（stationary phase；炭素源の枯渇による）を示す．この説明は，培地中の制限栄養素が，グルコースのような炭素源とエネルギー源である場合に適用できる．制限栄養素が炭素源やエネルギー源ではない場合には，アンバランスな成長をするために，状況はさらに複雑になる．

バッチ培養における糸状菌の成長曲線（growth curve）は，基本的に単細胞生物の成長曲線と同様の挙動を示す．対数増殖は次の式で記載される．

- μ_{max}（最大比増殖速度）：対数曲線の接線の傾きである．
- λ_g（誘導期）：対数曲線の接線を時間軸に外挿して，時間軸との交点から決定される時間である．
- α：成長曲線の定常期部分が徐々に近づくが，決して完全に合致することのない直線である漸近線（asymptote）を y に外挿して，y 軸との交点から決定される．
- α_g（対数期の終わりの時間）：対数曲線の接線と漸近線の交差点の時間である．

表 17.5 何種類かのカビの液体回分培養における倍加時間

菌類種	培養温度（℃）	培地[a]	倍加時間（T_d, h）
Fusarium venenatum	30	最小	2.48
アカパンカビ（*Neurospora crassa*）	30	最小	1.98
Geotrichum candidum	30	最小	1.80

[a] 天然培地での成長は，最小培地におけるよりも速い．なぜなら，天然培地ではいくつかの高分子物質が培地中に供給されており，新たに合成する必要がないからである．

訳注1：時間に対して細胞数の対数が直線となることから対数期（log phase）とよぶことが多いが，時間に対して細胞数が指数関数的に増加することから指数期（exponential phase）ともよぶ．

対数曲線の接線の傾きは，最大比成長速度である．対数曲線の接線を用いて計算することができる他の便利なパラメータは，菌体量（または単細胞生物の培養の場合は細胞数）を2倍にするのに必要な時間であり，平均倍加時間（mean doubling time）とよばれ，しばしば T_d という記号で表されている（表17.5）．

17.6 発酵槽中での生育の動力学

表17.5は，培養温度と培地の性質の双方について明示していることに注目してほしい．環境条件は，培養中の細胞の成長速度に対して，したがって，成長曲線の指数部分の傾きに由来するいかなるパラメータ値に対しても影響を及ぼすために，条件の明示は必要不可欠である．温度は成長速度の明確な決定要素であり，このことが，食料品を鮮度を保つために冷蔵する理由である．低温では微生物の成長はかなり遅くなるために，食料品は常温の場合に比べて非常に長く保存することができる．その他の成長速度に影響を及ぼす培養環境要因として，pH，ガス交換，光合成生物のための照明などがある．

しかしながら，ほとんどの菌類の培養において最も重要なのは栄養素である（温度が十分であると仮定した場合）．そしてそれはすべての栄養素を意味している．すべての栄養素が十分量存在すれば，最大比成長速度（μ_{max}）に達することができる．栄養素の供給が不十分であると，栄養素の供給の減少が成長速度を次善の状態に制限するので，栄養素は**制限されている**ことになる．図17.12に，簡単な例として糖質を用いて，菌類の回分培養における，成長速度に及ぼす初発グルコース濃度の違いの影響を示した．他のいかなる栄養素についても，それが無機物であれ有機物であれ，炭素源，窒素源，または硫黄源であれ，図17.12の例に適用することができる．しかしながら，非炭素源栄養素では，不均衡成長による複雑さのゆえに，図17.12の曲線とは異なったものになる．

図17.12の曲線は，基質濃度（一般に［S］と示され，［ ］は濃度を表す）に対する酵素反応速度（一般に v と示される）を表す，単一基質-反応進行曲線（Michaelis-Menten）ときわめて類似している．酵素動力学におけるミカエリス定数（K_m, Michaelis constant）との類似から，最大成長速度の1/2値を与える基質濃度は K_s で表される．K_s 値は，図17.12に示されている．Jacques Monod（1942）は，栄養素（グルコースのような）の濃度が減少したときに，結果として K_s 値が培養の比成長速度の減少をもたらすレベルにまで低下することに，最

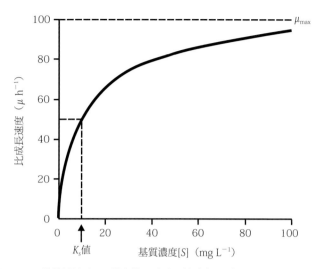

図17.12 基質制限下での微生物の成長．培地中のグルコースの異なる初発濃度が微生物の比成長速度に及ぼす影響．K_s 値は最大成長速度の半分が得られた基質濃度．グラフでは，培養における基質濃度の変化に対する比成長速度（μ）の（双曲線型）変化が，プロットされている．

初に気づいた（図17.12に示すように）．

Monodは，制限栄養素の取り込みは酵素（パーミアーゼ）によって制御され，栄養素の濃度と比成長速度との間の関係の形が，酵素触媒反応の速度に対する基質濃度の効果と類似していることを，示唆した．栄養素に対する微生物の K_s 値は，栄養素の取り込みに関わるパーミアーゼタンパク質に対する栄養素の濃度の効果を反映していると考えられる．

酵素触媒反応速度に対する基質濃度の効果を表すミカエリス-メンテン式は，次の式で示される．

$$V = \frac{V_{max}S}{(S + K_m)}$$

ここで V＝反応速度，V_{max}＝最大反応速度，S＝基質濃度，K_m＝反応速度が $0.5\,V_{max}$ のときの基質濃度である．

微生物の比成長速度に対する基質濃度の影響に関する，ミカエリス-メンテン式に類似のMonodの式は，以下のように示される．

$$\mu = \frac{\mu_{max}S}{(S + K_s)}$$

μ＝比成長速度，μ_{max}＝基質の制限がないときの最大比成長速度，S＝成長を制限する基質の濃度，K_s＝微生物の成長速度が $0.5\,\mu_{max}$ のときの基質濃度．

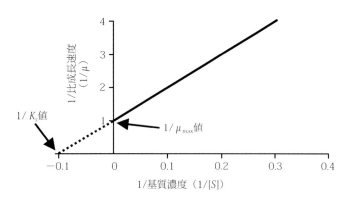

図 17.13　$1/[S]$ に対する $1/\mu$ のラインウェーバー・バークプロット．

酵素反応速度論では，反応定数の V_{max} と K_m は $1/v \times 1/[S]$ の二重逆数（ラインウェーバー・バーク，Lineweaver-Burk）プロットから効果的に求められるが，Monod の式は，この酵素反応速度論との類似性を敷衍して，次の 1 次関数に変換できる．

$$\frac{1}{\mu} = \frac{1}{S} \cdot \frac{K_s}{\mu_{max}} + \frac{1}{\mu_{max}}$$

図 17.12 のデータを，垂直軸（縦座標）を $1/\mu$，水平軸（横座標）を $1/S$ として再度プロットすると直線が得られ，この直線は，縦座標と $1/\mu_{max}$ で，横座標と $-1/K_s$ で交わる（図 17.13）．

ミカエリス定数 K_m は，基質に対する酵素の親和性の尺度である．この事実から類推して，生物が最大速度の半分の速さで生育する際の基質濃度の K_s は，基質に対する生物の親和性の尺度であるとみなされる．微生物は栄養素に対して高い親和性を示す．たとえば，上記のように測定されたグルコースに対する *F. venenatum* の K_s 値は，30 μM（＝5.4 mg L^{-1}）以上であると記述されている．

ここでは注意が必要である．なぜならば，酵素反応速度論とのこの類似性は，液体培養における成長を制御している**基本的な反応速度論**（basic kinetics）を思い起こすために役立つが，それには限界があるということである．特に，酵素反応速度は単一の酵素と単一の基質との間の相互作用の結果であるが，培養の成長速度は，もし単一の基質を用いているとしても，基質との統合された代謝的相互作用のすべてと，すべての多様な反応生成物の結果であることを，常に念頭に置くことが肝要である．

それにもかかわらず，小さい K_s 値は，重要な淘汰上の利点になる．なぜならば，自然界でグルコースのような栄養素の濃度が非常に低いときでも，微生物が速く成長できるからである．そのため，観察された特徴的な小さい K_s 値は，微生物が低基質濃度で生態学的に繁栄できるように進化してきたことを示している．回分培養におけるこのような微生物に対する小さい K_s 値の重要性は，(a) 微生物はほとんどすべてのグルコースが使い果たされるまで μ_{max} で成長し，(b) 成長減速期が非常に速く終了することである．

すべての栄養素（気体状の酸素を含む）が過剰に供給されない限り，最大比成長速度に達することはない．また，栄養素が消費されたときに消費分を補充するために，培養に栄養素が継続的に供給され，老廃物や他の潜在的に毒性のある代謝産物（気体状の二酸化炭素を含む）が取り除かれない限りは，最大比成長速度が維持されることはない．

成長速度は，栄養素が枯渇し始めたときに低下し始め（「**減速期**（deceleration phase）の開始」），栄養素が使い果たされて**定常期**に入るまで，低下し続ける．ほとんどの培地では，制限栄養素は普通炭素源（一般に，グルコースやスクロースのような糖質）である．しかし，最大量の生産物を得るために高菌体密度を維持することが好まれる工業的スケールの発酵槽では，しばしば酸素が制限栄養素となる．厳密な嫌気性を示すルーメンツボカビ類（rumen chytrids）を除いて，菌類は一般に好気性生物（aerobic organisms）であり，呼吸と最大成長のために絶対的に酸素を必要とする．

それゆえ，実際には，培養の定常期の開始は以下の原因によって決定される．

- 栄養素の枯渇（たとえばグルコースの）．
- 酸素の欠乏．
- 毒性代謝産物の蓄積．

もしくは，これらの要因のすべて，あるいはいずれかの要因の組合せで関わっている．また，定常期への移行は，たとえば硫酸アンモニウムが窒素源である場合のような，緩衝作用がない培地の pH の変化に原因がある可能性がある．

17.7　菌体収量

最終的な培養菌体の**収量**（yield）は，成長曲線が定常期に入ったときに測定できる．培養の菌体収量（X）は，初期菌体接種量（X_0）と成長期末期の最大菌体量（X_{max}）の差である．

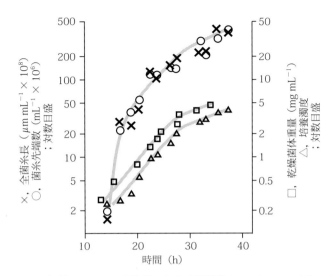

図17.14 振盪フラスコ回分培養における子嚢菌 *Geotrichum candidum* の初期成長．プロットは，振盪フラスコ培養における *G. candidum* の乾燥重量（□；mg mL^{-1}，対数目盛），培養濁度（△，吸光度，対数目盛），全菌糸長（×，µm mL^{-1} × 10^8，対数目盛）および菌糸先端数（○，mL^{-1} × 10^6，対数目盛）などの増加を示す（Caldwell & Trinch, 1973 を改変）．

$$X = X_{max} - X_0$$

菌体収量は，消費された基質量に関連付けることができる（工業的培養において考慮しなければならない重要なことがらは，経費をかけて添加した基質からどれだけの量の生産物が得られるかということである）．収量と消費基質量の関係が **収率係数**（Y, yield coefficient）である．収率係数は，次式のように，生成菌体量（g 単位）と消費基質量（S, g 単位）の比で表される．

$$Y = \frac{X}{S}$$

図17.14 は，子嚢菌 *Geotrichum candidum* の振盪フラスコによる回分培養における初期成長を示している．すなわち，恒温室で，開始時，一定容量の液体培地を用いて振盪培養された．プロットされたパラメータは，いくつかの特徴を示す．図17.14 において，菌体量は，培養の吸光度（もしくは「濁度」，△）と，その後の菌体乾燥重量（□）を測定することにより求められていることに注目せよ．これら2つの測定値は明らかに異なるが，曲線のパターンは十分に類似しており，本菌のこのような培養において，濁度は菌体量の信頼に足る測定値として使用することができる．単細胞の細菌や酵母と，先端で伸長し，断片化していない菌糸状の菌類は形態が異なるため，糸状

表17.6 寒天および液体培地における *Geotrichum candidum* の菌糸成長単位

培地の種類	温度（℃）	菌糸成長単位（G, µm）
液体培地	20	112
寒天培地	25	110

菌類における培養液の濁度は，菌体測定法として細菌や酵母における場合と比べて信頼性は低い．しかしながら，本法は，ある種の糸状菌の成長実験においては，非破壊的かつ有効な手段である．

図17.14 の他のパラメータは，このような培養における菌糸成長の特徴，すなわち菌体の全菌糸長（×）と菌糸先端数（○）を示す．同時に，これらのプロットは，乾燥重量（菌体量）で示した成長曲線の形をたどっていることに注目してほしい．ふたたび，予測通り，これらの2つの測定法による数値は異なっているが，観察により得られた曲線は非常に類似しており，同一であると判断しても妥当である．これらの結果により，以下のようにまとめることができる．

- 乾燥菌体重量の増加は，全菌糸長の増加の信頼のおける指標である．
- 培養の濁度は，乾燥菌体重量の信頼のおける（しかし，非破壊的な）指標である．
- 培養の濁度の増加は，菌糸の全先端数の増加の信頼のおける指標である．

もちろん，菌糸全長と菌糸先端数の両方を測定し，菌糸全長を菌糸先端数で割ることにより，**菌糸成長単位**（hyphal growth unit, G）を算出することができる（表17.6）．

17.8 定常期

定常期において，菌体重量はほとんど変化せずに，そのままの状態に止まっているわけではない．むしろ，老化している．培養が定常期に入るとともに，活性は急激に低下している（図17.15）．さらに，定常期の初期段階では，動物細胞でプログラム細胞死の徴候とされている細胞の特徴が，特異的に誘導されるのに引き続いて（図17.17），**自己分解**（autolysis）の前兆が見られる（図17.16）．

図17.17 に示された例は，次のようなことである．

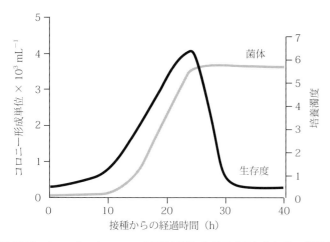

図17.15 *Aspergillus fumigatus* の回分培養における成長と生存度．成長は菌体量の指標として培養濁度で，生存度はコロニー形成単位 mL^{-1} で示した（データは Dr G.D.Robson によって提供された）．

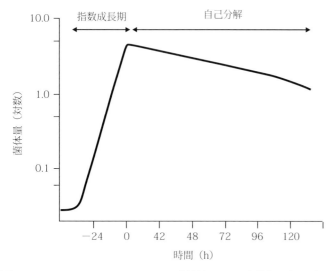

図17.16 *Penicillium chrysogenum* の回分培養における定常期の自己分解．ほぼすべてのグルコースが枯渇するまで μ_{max} が維持され，また，乾燥菌体重量は菌体密度の変化を測定するには比較的感度が良くない方法であるために，本図においては，減速期は明らかではない（Trinch & Righelato, 1970 を改変）．

- アネキシン（annexin）V-FITC（蛍光色素の fluorescein isothiocyanate）：アネキシンは，カルシウム依存性のリン脂質結合タンパク質ファミリーである．アネキシン V は，健康な細胞の原形質膜の細胞質基質側におもに存在するフォスファチジルセリン（phosphatidylserine, PS）に選択的に結合する．**細胞膜が破壊され始めたとき，蛍光標識されたアネキシンは，外膜小葉中の PS を検出する．**
- TUNEL 染色：TUNEL（この語は，terminal deoxynucleotidyl transferase-mediated dUTP-biotin nick end labelling に由来）

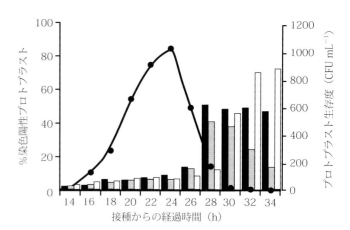

図17.17 *Aspergillus fumigatus* の培養の定常期における生存度と，アポトーシス・マーカーの出現．プロトプラストは，種々の成長時期の菌糸体から調製し，生存度（●）を測定した．プログラム細胞死の特徴的な徴候の発現は，細胞質膜の破壊を検出するアネキシン V-FITC 染色（黒色バー），TUNEL 染色（横縞バー）および断片化 DNA の指標となる propidium iodide（PI）染色（白バー）などの割合で測定し，それぞれパーセンテージで示した（データは，Dr G.D. Robson によって提供された）．

は，DNA の一本鎖切断（single-strand breaks in DNA；「ニック，nicks」）を標識する．また，TUNEL は，アポトーシス化した動物細胞の特徴である DNA の断片化の開始を明示する．
- DNA 結合蛍光色素である propidium iodide（PI）による核の染色もまた，**断片化した DNA を検出でき，またその発光強度は断片化の程度と相関がある．**

動物（特に脊椎動物）におけるアポトーシスは，死んだ細胞がファゴサイト（phagocyte，食細胞）に飲み込まれるまで，細胞断片が健全な原形質膜内部に保持されている細胞死のパターンである．事実，細胞膜の外側へのフォスファチジルセリンの分布（上記参照）は，死滅しつつある動物細胞を，ファゴサイトーシス（phagocytosis）のターゲットであると確認するのに役立つ．この過程の機能は，単純な細胞溶解（cell lysis）［ネクローシス（necrosis）］で放出される抗原が関係し，自然免疫反応から動物を守ることである．もちろんこの現象は糸状菌類においては起こらない．しかし，成長曲線の定常期において，プログラムされた細胞死の特徴となるマーカーの出現は，定常期における活性の消失と自己分解が組織化された過程であることを示す．細胞は，成長プログラムの最終段階では**殺される**わけであり，単に死ぬのではない．

自己分解中に，一般に細胞壁や高分子成分は分解されて，ほとんどは，死細胞の壊死とともに，単純に培地に還元される．

しかし，分解物によっては，全菌体中の生き残った菌糸細胞によって捕集され，ある種の再成長に利用される．この二次成長は，潜在性成長（cryptic growth）とよばれる．この用語は，自己分解中においても少なからぬ（隠れた）細胞が成長し続けているという事実を，それが例外ではなくむしろ当り前であることを，微生物学者に思い起こさせるためにつくられたものである．

17.9 ペレットの成長

糸状菌は，液内培養では凝集するかもしくはペレット状になり，より複雑な成長機構を示す．初期成長は，早い段階では菌体を構成するすべての菌糸が成長に寄与するために指数的である．しかしながら，小さなペレット（pellets）が大きくなるにつれて，栄養素がペレットの中に拡散してゆかなければならず，そして中心の菌糸は次第に栄養素が制限されてくるために，指数的に成長できるのは球状ペレットの表面に限定される．中空の大きな菌類のペレットを切り開くと，アルコール臭がし，ペレットの中心部の代謝は嫌気的で発酵が起こっていると思われる．菌類が大きなペレットを形成した場合，ペレットの中心の菌体は「毒性」産物（toxic products）を産生し，毒性産物は培地中へ拡散される．これらの産物は，結果的にペレット外周の菌糸成長を阻害する．

ペレットは，胞子が発芽に先立ってまず膨潤することで，形成が始まる．ついで，胞子壁の静電荷が変化して，胞子が凝集する．胞子が発芽したのち，胞子凝集体から菌糸体集合が，引き続いてペレットが形成される．この現象は，数字上では単純なことではない．A. nidulans の培養では，開始時に 2.3×10^6 分生子 cm^{-3} を接種すると，たった 2.9×10^3 ペレット cm^{-3} が形成されるにすぎず，凝集ファクター（aggregation factor）は 1,000 倍になる．

ペレット形成には多くの因子が影響することが知られる．接種量はしばしば非常に重要であり，高濃度の胞子の接種は菌体の成長を拡散させ，低濃度の胞子では菌体が凝集し，ペレットが形成されやすい．培地の組成とインペラによる培養の撹拌もまた，液内成長における菌体の全体の形態形成に重要な役割を果たす．いくつかの例では，低 pH が，菌体を分散（すなわち，ペレット状にはならない）させることが知られている．

ペレット状菌体の培養の成長動力学においては，時間に対して菌体量の立方根をプロットすると，菌体量は直線的に増加する．これを三次元成長（cubic growth）とよぶ．明らかに，ペレットを形成するカビの成長は，球状体を構成する個体群の成長に依存しており，ペレットの球状の性状ゆえに三次元成長関係が生じる．さらに，球状体の体積は半径の3乗に依存しているので，次の関係式が成り立つ．

$$球状体の体積 = \frac{4}{3} \times \pi r^3$$

図 17.18 は，振盪フラスコ培養における A. nidulans の単一ペレットの乾燥菌体重量の増加が，指数関数的動力学よりも，立方根動力学（cube root kinetics）によって，より良く表現できることを示している．この事実は，ペレットの半径が，球状菌

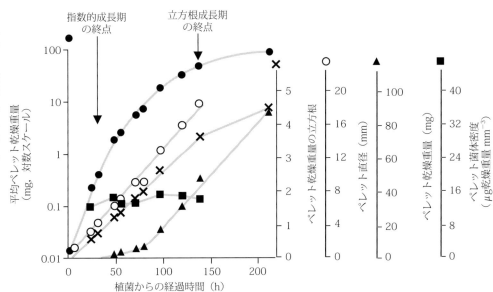

図 17.18 25℃で液内回分培養した Aspergillus nidulans のペレットの成長（それぞれのフラスコは，50 mL の培地を含み，1個のペレットを接種した）．ペレットの乾燥重量は，対数軸（●），立方根軸（×）および算術値軸（▲）に対してプロットして示した．ペレットの平均直径（○）および菌体密度（ペレット 1 mm³ 当りの乾燥重量：■）も示した（Trinch, 1970 を改変）．

図17.19 *Aspergillus nidulans* の直径9 mmのペレットの横断面図．内部に成長帯が確認できる（Trinch, 1970を改変）．

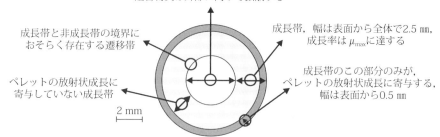

体の周辺の成長帯の幅によって決まる速度で直線的に増加するがゆえである．菌体の周辺成長帯は，指数的に成長し続けることができる．ペレットの周辺成長帯の内側の菌体は，非常にゆっくりと成長しているか，もしくはすでに成長を停止している．

A. nidulans のペレット内部には，3つの成長帯が確認できる（図17.19）．ペレットの菌体は，形態学的にも生化学的にも**不均一**である．ペレットは基本的に球状の菌糸体の塊りであるが，菌類ペレットの生理は複雑であり，ペレットの生理は周辺から中心に向かって徐々に変化する．この変化の度合いは，ペレットにおける菌糸の詰まり方（すなわち，菌体密度）によって影響を受け，個々の成長帯の分布は，図17.19から考えられるよりも明瞭ではない．

しかし，一般的にいって，最も外側の成長帯は指数関数的に成長し，ペレットが球状に大きくなることを支える．この**周辺成長帯**（peripheral zone）の幅は，栄養素（特に酸素）が，指数関数的な成長を支えるのに十分な量供給されうるか，否かによって決まる．ペレットの成長は，菌体への栄養素の供給（全体的な流入と拡散による）と，外側に向かって拡散する潜在的に有毒な代謝分泌産物の除去に依存する．ペレットの**最内層の成長帯**（innermost zone）は，栄養素（特に酸素）の供給が最も不十分で，そのために，この部分の成長帯は成長していない菌体から構成されている．ついには，ペレットの中心部の菌糸体は栄養素が枯渇し，成長を停止し，定常期に入り，最終的には自己分解がはじまる（Trinch, 1970）（図17.19）．ペレットの周辺成長帯が拡大し続けると，**中空のペレット**（hollow pellet）が形成される．菌体が成長していない中心部と，指数関数的に成長している周辺成長帯の間は，中間遷移成長帯である．中間帯では，徐々に栄養素（と酸素）の供給が不十分になることに伴い，菌体の成長が遅くなり，この成長帯はもはやペレットの放射状の拡張に寄与しなくなる．

ペレットの成長動力学は，以下の数式で示される．

$$x_t^{\frac{1}{3}} = x_0^{\frac{1}{3}} + kt$$
$$x_t^{\frac{1}{3}} = x_0^{\frac{1}{3}} + k_{\mu wt}$$

ここで k ＝定数，x ＝菌体密度，μ ＝比成長速度，w ＝ペレットの表層成長帯の幅，t ＝時間である．

ペレットへの栄養素の輸送と，ペレットからの二次代謝産物の排出は，代謝産物の拡散性で変化する．酸素は水にほとんど溶解しないので（表17.4と上記の考察を参照），小さなペレットでも中心部まで拡散することができず，その結果中心に存在する菌糸細胞は成長を停止し，死に至る．

例外的に，この形式の成長が，生物工学的観点から有益になりうる．その種の古典的な例として，クロコウジカビ（*Aspergillus niger*）由来の有機酸である**クエン酸**の生産がある．クエン酸は，さまざまな加工食品やソフトドリンクの香味料，防腐剤やpH調整剤として非常に広範に使用されている．また，薬品や洗剤の緩衝剤，石鹸や洗剤の金属キレート剤としても使用される．元来，柑橘類，おもにレモンがクエン酸源として用いられており，その製造プロセスは，イタリアで1800年代後半に商業化された．

しかしながら，クロコウジカビのいくつかの菌株とその他の菌類が，一定の培養条件下で大量のクエン酸を分泌することが知られている．**特定の糸状菌類による最初の発酵**が，米国のPfizerにより開発された（17.14節参照）．本発酵法において，クエン酸の高い収率は，ペレットの形で成長している培養に決定的に依存している．クエン酸発酵は，直径0.2～0.5 mmのペレットを用いてスタートし，それらは最終的に直径1～2 mmにまで成長する．加えて，他の有機酸であるシュウ酸の生成を抑えた場合にのみ，糖からクエン酸への効率的な変換が可能となる．シュウ酸生成経路における鍵酵素であるオキサロ酢酸ヒドロラーゼは，金属マンガンとpH 5～6の条件を必

図17.20 機械的ストレス下における培養の全体的な挙動は，培養レオロジーとして知られる．

要とする．非常に酸性のpHと金属欠乏の条件を課すと，シュウ酸の生成を完全にブロックし，効率的なクエン酸の蓄積と分泌を促すことができる（Plassard & Fransson, 2009）．培地は，しばしば化学的に処理されて微量金属が除去され，ステンレススチール製の発酵槽を用いることで金属汚染が防止されている．

その他のほとんどの発酵産物，特に酵素の生産では，高収率は，菌体の分散培養（dispersed culture）によって得られる．その理由は，この菌体が分散した成長形態が，若くて，活発であり，生産性が高い菌体の生産を最大にするからである．現在までに，ペレット形成を防ぐさまざまな方法が用いられてきた．しばしば，接種する胞子濃度を増加させることにより，有効になりうることがある．*Penicillium chrysogenum* を例にあげると，$2〜3×10^5$ 分生子 mL^{-1} 培地未満を接種した場合はペレット状になり，$2〜3×10^5$ 分生子 mL^{-1} 以上では菌糸状に成長する．

ペレット形成はしばしば，胞子と発芽胞子間の静電気的相互作用により開始するために，培地中に荷電した**陰イオンポリマー**（anionic polymers）を添加することによって，分散成長に好適な条件が得られる．効果的な物質としては，Carbopol（carboxypolymethylene），Junlon（polyacrylic acid）やHostacerin（sodium polyacrylate）などがあり，ペレットの形成を抑制するために使用されている（Jones *et al*., 1988）．その作用機序は，これらの物質が，胞子表面を均一な陰イオン電荷層で覆い，静電気的な反発により胞子の凝集を妨げているものと考えられる．

培養の形態もまた，発酵槽における培養の挙動に大きな影響を与える．菌糸体が分散しているとき，分散し，分岐した，菌糸の相互作用により，培養生物の成長とともに培養の粘性は増加する．そして，菌体量が高濃度になったときに，培養は極度に濃厚になり粘性を帯びる．これが，発酵において，次のような重要な意味をもつ．

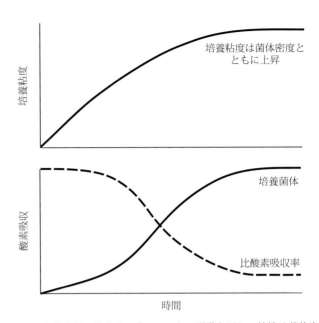

図17.21 糸状菌類の培養は，非ニュートン挙動を示し，粘性は菌体密度と菌糸の分枝の頻度が関係する．上図は，菌体密度によってどのように培養粘性が上昇するかを示す．下図は，菌体密度の上昇に伴って，酸素吸収がどのように減少するかを示す（なぜなら，粘性の上昇に伴って，気相から液相への酸素の移動速度が減少するからである）（Righelato, 1979を改変）．

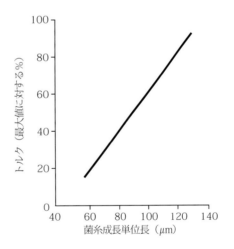

図17.22 キコウジカビ（*Aspergillus oryzae*）における，菌糸の分枝（菌糸成長単位で表示）と粘性（インペラを回転させるのに必要なトルクで表示）の関係（Bocking *et al*., 1999を改変）．

- 培養の抵抗が増大することにより，インペラによる撹拌スピードを維持するためにさらなるエネルギーが必要になる．
- 培養の粘性が高くなるために，培地への酸素の移動速度が減少する．

後者の意味は，糸状菌類の産業的発酵において，しばしば酸素が制限要因となるおもな理由である．これらの機械的なスト

レス下における培養の全体的な挙動は，培養レオロジーとして知られるものである（図17.20）．レオロジーとは，流体間の摩擦の研究であり，複合的な流体によって示される，見かけの粘性，あるいは「流れに対する抵抗」である．

培養レオロジーは，おもに**菌糸体の形態**によって影響を受ける．菌糸体が比較的分枝していないとき（菌糸成長単位が大きい時：4.4節と4.9節参照），菌体密度が同程度の場合，培養粘度は，高度に分枝した菌糸体（菌糸成長単位が小さい）に比べて高くなる（図17.21と図17.22）．なぜなら，長くてまばらに分枝した菌糸は，より独立した実体としてふるまう短くて頻繁に分枝した菌糸体よりも，容易に絡み合い相互作用するからである．

17.10 回分培養を越えて

ここまで，時には，他の培養システムについてもふれてきたが，ほとんどは，回分培養に集中して論議してきた．そこで，ここでは，他のタイプの培養システムについて取り上げたいと思う．

流加培養（fed-batch culture；単純に「fed-batch」ともいう）という用語は，回分培養中に，培地を断続的にまたは連続的に供給するという意味で使用されてきた．最終的に菌体を回収するまで何も培養から取り除かないために，培養の容積は時間とともに増加する（図17.23A）．流加培養法は，**基質制限下**で，非常にゆっくりした成長速度を得る方法である．ペニシリン発酵は，古典的な流加培養工業生産法であり，Nielsen（1996）によって最もよく記載されている．

時間経過とともに，培養中の総菌体量は増加するが，培地が追加されて培養容積も増加するので，菌体密度は事実上一定のままである．もし，希釈率（D）がμ_{max}より小さく，K_sが追加流入する培地中の基質濃度よりもずっと小さいとすると，準定常状態が得られる．しかしながら，連続培養とは異なり，培養槽の容積は有限なので，D値（それゆえ，μ値）は時間とともに減少する．また，何も培養から取り除かないので，培養のある段階で，培地の供給を止める必要がある．

流加培養の希釈率は，以下の式で与えられる．

$$D = \frac{F}{V_0 + F_t}$$

ここでD＝希釈率，V_0＝培養の最初の容積，およびF＝培養への培地の供給速度である．

流加培養法の次の展開は，定期的にある量の培養を取り除き，同時に培養に培地を供給し続けることである．これは，**反復流加培養**（repeated fed-batch）法とよばれる．反復流加培養法では，培養の一部が定期的に取り除かれるので，培養容積と，その結果希釈率と比成長速度が，循環的に変化する．

流加培養における基質制限下の成長は，技術的に恒成分培養よりも容易であるために，このタイプの培養は多くの工業用発酵に利用されている．特に，回分培養に新鮮な培地を供給することが，以下のような目的で利用されている．

- 生産工程において，**異化産物抑制**（catabolite repression）が問題であるときに，これを緩和する．
- 菌体の成長に対するある種の培地成分の**毒性効果**を防ぐ．これは，特殊な生産工程における菌体の成長において必要とされる場合がある．たとえば，フェニル酢酸ナトリウム（sodium phenylacetate）はペニシリン（penicillin）の毒性前駆体であるが，培養に徐々に添加することで，阻害濃度以下に維持することができる．

図17.23 A，流加培養法を示す図．B，流加培養法における，菌体密度（x），基質（グルコース）濃度（S）および希釈率（D）の基本的動力学（Stanbury et al., 1998を改変）．

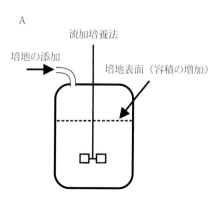
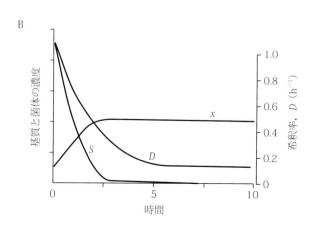

17.11 恒成分培養槽法とタービドスタット法

反復流加培養法でさえも，表17.1に示したような意味で，閉鎖培養系である．重要な開放培養系は，恒成分培養槽（ケモスタット，chemostat）である．恒成分培養槽における培養は，次のような事項からなる．

- 新鮮な培地を，連続的に一定の速さで導入する．
- 連続的に培養を取り除くことにより，容量を一定に保つ．
- **単一の栄養素を供給することにより成長速度を制御する．**

発酵槽は，成長速度が培地の単一の成分（**制限基質**，limiting substrate）の利用性によって制御されるために，恒成分培養槽とよばれる．重要な特徴は，培養に制限基質を供給し，希釈率（すなわち，新鮮な培地の供給速度）が培養の比成長速度を決めるのは，新鮮な培地を連続的に導入することである，ということである．

恒成分培養槽培養のおもな特徴は，次のようなことである．

- 培地の容量は，一定である．
- 少容量の培地は，短時間で培養と混合されなければならない．すなわち，完全に混合されなければならない．
- 培養条件（栄養素の濃度，pH，温度，抗生物質の濃度などの）を一定に維持することができる．
- 比成長速度を，ゼロとμ_{max}の間で変動させることができる．
- 比成長速度定数（μ）を一定に保持したまま，培養条件（pH，温度，酸素分圧，など）を変動させることができる．
- 高分子化合物の組成や機能的特徴のような菌体の性質を，一定に保つことができる．
- μとは独立に，菌体密度を調節し（供給される培地中の制限基質の濃度を変えることによって），一定に維持することができる．
- 基質制限成長を，無限に維持することができる．この成長様

表 17.7 タービドスタット連続流動培養と恒成分培養槽連続流動培養の比較

パラメーター	タービドスタット	恒成分培養槽
成長速度の制御方法	内部的	外部的
培養の成長速度	μ_{max}あるいはμ_{max}に近い値	0より少し大きい値からμ_{max}より少し小さい値の範囲
培地タンク中のすべての栄養素濃度の増加の影響	菌体密度は，光度計の設定値が変更されたときにのみ増加する	菌体密度が増加する
培養容量	一定	一定
培養条件	一定	一定
培養期間	無限	無限
長期培養によって選抜される突然変異株のタイプ	μ_{max}変異株と一連の中立的変異株	高希釈率ではμ_{max}変異株，低希釈率ではK_s変異株，中立的変異株

図 17.24 基本的な恒成分培養槽．A，連続培養槽．B，培養初期における菌体密度（x）と基質（グルコース）濃度（S）の変化を示す．初期回分培養期から連続培養期への移行を表す．

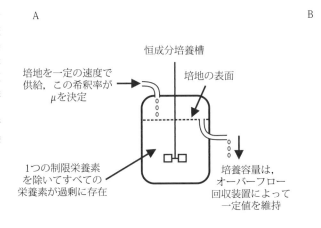
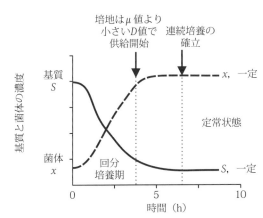

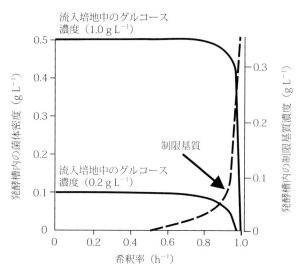

図17.25 菌体密度と制限基質（グルコース）濃度に与える希釈率の影響．培養が μ_{max}（1.0 h^{-1}）に近づいたとき，菌体は洗い出され，残存グルコース濃度は増加する（Pirt, 1975 を改変）．

式は，低基質（グルコース）濃度で，異化産物抑制を外し，二次代謝を誘導することができる．非常に長時間，恒成分培養槽培養を行ったとき，微生物は進化する（以下を参照）．事実，恒成分培養槽培養は，特異的な生理学的性質をもつ変異体を選抜するのに用いることができる（表17.7を参照）．

希釈率は培養の比成長速度を決定し，次の式で表される．

$$D = \frac{F}{V}$$

ここで D = 希釈率，F = 培地の流入速度，および V = 培養の容積である．

したがって，もし，F = 1 L h^{-1} で V = 5 L とすると，D = 0.2 h^{-1} となる．定常状態では，$\mu = D$ である．ゆえに，恒成分培養槽では，μ は 0 から μ_{max} の範囲で変動させることができる．定常状態では，培養の菌体密度と制限基質濃度は一定値を維持する（図17.24B）．制限基質濃度と菌体密度の間のこの関連性が，なぜこの要素の環が恒成分培養槽とよばれるのかの理由である．

定常状態下の発酵槽容器内の菌体密度は，次の式で示される．

$$\bar{x} = Y(S_r - \bar{S})$$

ここで $\bar{x}$ = 発酵槽内の菌体密度，$\bar{S}$ = 発酵槽内の成長制限基質濃度，Y = 制限基質の収率係数（グルコースについては Y = 約 0.5），S_r = 流入培地中の成長制限基質の濃度である．

菌体密度と制限基質（グルコース）濃度に対する希釈率の影響を，図17.25 に示した．この際，恒成分培養槽に供給される培地中のグルコース濃度は，1.0 g L^{-1} あるいは 0.2 g L^{-1} である．

培養が μ_{max}（1.0 h^{-1}）に近づいたとき，培養菌体は容器から洗い出され，残存グルコース濃度は増加する．発酵槽内の微生物の平均滞留時間は，希釈率の逆数である（すなわち，R = 1/D．R = 微生物の平均滞留時間，D = 希釈率）．

臨界希釈率（critical dilution rate, D_{crit}）以下の希釈率では，定常状態を維持することができる．希釈率が D_{crit} より大きいと，定常状態を維持できない．なぜなら，もし D が μ_{max} と等しいか，あるいはそれよりも大きい場合は，定常状態の培養が維持できなくなり，培養は洗い出されるからである（新たに成長した菌体によって置き換えられるよりも多くの菌体が，オーバーフローによって失われる）．恒成分培養槽培養からの菌体の流出の動力学を用いて，次の式から μ_{max} を計算することができる．

$$\mu_{max} = \frac{\ln x_t - \ln x_0}{t} + D$$

連続流動培養法には，タービドスタット（tubidostats）法と恒成分培養槽法の 2 種類の主要なタイプがある（表17.7）．両者とも，**完全に**混合された菌体の懸濁物であり，一定速度で培地が供給され，同じ速度で培養が収穫されなければならない．恒成分培養槽の比成長速度は，制限基質である単一の栄養素の濃度によって，外部から制御される．グルコース制限恒成分培養槽では，ほとんどすべてのグルコースが培養によって利用され，その結果，菌体密度は一定値に達する．一定値に達した菌体密度は，基本的に流入する基質中のグルコース濃度に比例する（これが定常状態である）．

タービドスタット培養の比成長速度は，μ_{max} に等しいか，あるいは非常に近い値であり，培養菌体の光学的密度（すなわち，培養の濁度）として表現されるような細胞内反応の速度によって制御される．濁度は，光度計で測定される．タービドスタットにおいては，入射光は培養によって散乱され，透過光は光度計で検出され，測定される．濁度（すなわち，検出された透過光）が一定のレベルに達したとき，培地を送入するポンプのスイッチが入り，濁度を設定レベルに戻す（図17.26）．

目的は，培地が供給される速度を操作することによって，**培養の濁度**（culture turbidity）を一定に維持することである．もし濁度が増加傾向にある場合は，培地の供給速度が上げら

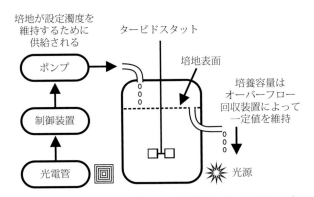

図17.26 タービドスタットの構成図．光電管が，濁った培養を透過してきた光を測定する．濁度（すなわち，検出された透過光）が一定値に達したとき，培地供給ポンプのスイッチが入り，濁度を設定値に戻す．

れ，濁度を希釈して設定値に戻す．一方，濁度が減少傾向にある場合は，培地の供給速度が下げられて，菌体成長は設定濁度まで回復する．濁度測定に用いられる検出器の光学面は，微生物膜（microbial biofilm）の成長，泡，あるいは培地の沈殿物によって容易に汚染される．この汚染の問題は，依然として未解決である．実際には，タービドスタットは，短期間はうまく作動するが，濁度のコントロールは，結局は信頼性の低いものになる．

このような方法でコントロールされた培養においては，栄養素濃度を上げても，菌体密度あるいは比成長速度には影響を及ぼさない．上に示したように，定常状態の発酵槽内の菌体密度は，$\bar{x} = Y(S_r - \bar{S})$ で表される．

もし，タービドスタットが長期間正常に作動可能であれば，このシステムは，大きな μ_{max} 値をもつ突然変異体に対する選択圧に応用できるだろう．さらに，タービドスタットは，抗生物質耐性が増した突然変異体の選抜にも用いられてきた．

菌体量をモニターし，培地の供給をコントロールするためのその他の方法には，次のようなものがある．

- 培地中の二酸化炭素の測定．
- 培地中の酸素の測定．
- 残存栄養素濃度［ニュートリスタット（nutristat）あるいはグルコーススタット（glucose-stat）とよばれる．クォーン菌類タンパク質生産のために，*F. venenatum* がグルコーススタット連続培養で培養される］．
- 培地 pH（pH auxostat とよばれ，培地へのアルカリの添加を制御する）（Simpson et al., 1995）．
- 誘電率［誘電率とは，物質が電場で伝導する（「通過を許す」）能力のこと］は，菌体の成長に伴う培養の変化の影響を受け，培地の供給を制御する電波センサーで測定される［このような恒成分培養槽は，定誘電率装置（permittistats）とよばれる］．

17.12 液内発酵の利用

上に論じた発酵過程は，多種多様な菌類の産生物の工業生産に用いられている．アルコール（alcohol）とクエン酸は，生産量という意味で，世界で最も重要な菌類の代謝産物である．ペニシリンは現在でも重要な抗生物質であるが，われわれが今日使用するほとんどの**抗生物質**は細菌由来のものである（上述のごとく現在でも増加傾向にある）．菌類はいくつかのその他のきわめて重要な薬剤を産生する．たとえば，菌類はシクロスポリン（cyclosporine）を産生し，この物質は，移植を受けた患者の臓器拒絶反応を回避するために，**免疫反応**（immune response）を抑制することができる．

すでに非常に医学的な価値があり，臨床分野で重要度が増しているように思われる菌類由来の他の天然化合物は，メビノリン（mevinolin）とよばれる．この化合物は，菌類の *Aspergillus terreus* によって産生され，コレステロール（cholesterol）レベル（心臓血管疾患，脳卒中，および他のいくつかの広範囲の病気のリスク因子である）を低下させるために使用されているスタチン（statins）の主成分である．メビノリンに由来する3種類の化合物，プラバスタチン（pravastatin），シンバスタチン（simvastatin）およびロバスタチン（lovastatin）は，世界中で販売されており，個々に薬剤売り上げのトップ10に含まれている．3種類を合わせた販売額は，1990年代後半には50億USドルにも及んでいる．

カビはまた，**麦角アルカロイド**（ergot alkaloids），**ステロイド誘導体**（steroid derivatives），**抗腫瘍物質**（antitumour agents）などの化合物も産生する．濃度を低く調製した麦角毒

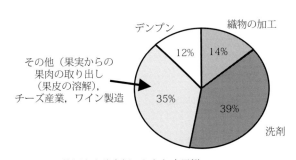

図17.27 菌類由来酵素類のおもな応用例．

は有用な薬剤であり，平滑筋の伸縮のみならず血管拡張や血圧の降下を引き起こす．これらのアルカロイドは合成可能であるが，突然変異と高収率株の選抜による菌株の改良は非常に成功し，発酵は依然として最も対費用効果の高い生産手段であった．

今日，臨床分野で用いられているステロイド化合物（steroids）のほとんどは，製造中に菌類および/または菌類由来酵素によって修飾されている．菌類や菌類由来酵素を用いた特異的な化学的変換（chemical transformation）によって，そうでなくては非常に困難で不可能であり，あるいは直接的な化学合成によって生産するにはまさに非常に高価な化合物が製造できる．最近，多くの菌類由来産生物が，がんの成長を抑制することが動物実験で発見された．現在，これらの化合物のほとんどの特異性と安全性が問題視され（これらは，腫瘍に対してのみではなく健康な組織に対しても悪影響があるかもしれない），医学的な有用性が制限されている．患者自身の免疫系の活性を修飾することによりはたらく化合物（免疫調節物質，immunomodulators）は，がん細胞に対してもより抑制活性があり，非常に大きな価値を示しているように思われる．要約すると，われわれの日常生活に寄与する菌類の産生物は，次のように広範にわたる．

- 一次代謝産物（primary metabolites）：特に，脂肪酸と有機酸，有機酸の中ではクエン酸が主要な産生物である．他の例は，多価不飽和脂肪酸のアラキドン酸（arachidonic acid）で，有用な臨床効果があり，血漿中のコレステロールやトリアシルグリセロール（triacylglycerols）を低下させ，動脈硬化症や他の心血管症に良好な影響をもたらす．また，本物質は母乳に含まれているため，乳児用調合乳にも加えられる．さらに，新生児の脳および網膜の発達において重要である．
- 二次代謝産物：ほとんどは，シクロスポリンやスタチンとしてはもちろん，抗生物質のペニシリンやセファロスポリン（cephalosporin）のような薬剤として使用される．
- 多くの酵素：セルラーゼ（cellulases），アミラーゼ（amylases），リパーゼ（lipases），プロテイナーゼ（proteinases）などであり，産業において途方もなく多様な用途に使用されている．
    - 繊維加工（textile processing）：セルロース分解酵素，特にデニム生地の処理（石洗い（stone-wash）仕上げのために），およびほつれた繊維を取り除くためのセルラーゼやプロテイナーゼによる織物のバイオ仕上げ加工に用いられる．
    - 生物学的洗剤（biological detergents）：これらはアルカリ条件下で活性をもつことが必要であり，それゆえに菌類由来のプロテイナーゼ，リパーゼ，アミラーゼ，セルラーゼなどの活性に好都合である．また，繊維の艶出しをし（光を散乱し，色彩をくすませるほつれた繊維を除去する），修復して，繊維を柔軟化するためにも用いられる．
    - デンプンの加水分解（starch hydrolysis）：アミラーゼによる．菓子製造で使用される高フルクトース（fructose）シロップの生産に用いられる．
    - チーズ製造（cheese-making）：菌類プロテイナーゼが，長年ウシキモシン（bovine chymosin）の代替物として使用されてきたが，現在では，遺伝子組み換えされた酵母やクロコウジカビ（Aspergillus niger）で発現されたウシキモシンの使用が増えている．
    - 醸造（brewing）：菌類由来α-アミラーゼ，グルカナーゼ（glucanases）およびプロテイナーゼは，ビール製造において発酵に先立つ「もろみ」経過の間に，オオムギからの抽出を改良するのに使用されている．
    - ワインと果汁の調製：菌類由来ペクチナーゼ（pectinases）は，ペクチン（pectin）を除去して，果物や野菜の果皮を除去し，アルコール飲料を清澄化するのに用いられている．
    - プロテイナーゼ：多種多様な生物種由来のタンパク質を修飾するのに用いられている．たとえば，革製品の生産過程における生皮由来の体毛や剛毛の除去などがある．
    - パンの焼成（baking）：キシラナーゼ（xylanases）は，酵母がより多くの多糖を利用できるようにすることにより，パン生地（dough）の容積を増やすのに用いられている．
    - 製薬（pharmaceutical production）：菌類から抽出された酵素類は，天然物を化学的に加工して薬剤を調製する際に，ステロールやその他の前駆体を修飾するのに用いることができる．たとえば，6-アミノペニシラン酸（6-aminopenicillanic acid，6-APA）は，天然物を加工して合成したペニシリンの前駆体であり，その側鎖はペニシリン-Vアシラーゼ（penicillin-V acylase）によって除去できる．

工業生産過程でおもに用いられている菌類には，次のようなものがある．

- クロコウジカビ（A. niger）：グルコアミラーゼ（glucoamy-

lase），その他の酵素，クエン酸などの生産．
- キコウジカビ（*A. oryzae*）：α-アミラーゼ，その他の酵素類の生産．
- *Trichoderma reesei*：セルラーゼの生産．
- *Penicillium chrysogenum*；ペニシリン群の生産．
- *Cephalosporium acremonium*；セファロスポリン群の生産．
- *Fusarium venenatum*：タンパク質食品の生産．
- *Mortierella* sp.：アラキドン酸の生産．

糸状菌類は，多くの菌株が優れた産生および分泌能力（secretion capacity）を有しているので，酵素生産に用いられる．たとえば，*T. reesei* の株は，$40\ g\ L^{-1}$ ［この50％は，単一コピー遺伝子から産生されるセロビオヒドロラーゼ（cellobiohydrolase）である］までのセルラーゼを産生する．これらの高い生産性は，糸状菌類の生活スタイル，特に菌体外で高分子を分解するという生態を反映している．また，高生産性は，酵素分泌が菌糸の先端成長と関連しているという事実も反映している．それゆえ，先端成長を最大化することは，タンパク質の分泌を最大化する．確かに，遺伝的に修飾された糸状菌類は，次のような理由で，異種タンパク質生産のための細胞工場（cell factory）として大いに期待できる．

- 高い生産性と分泌量能力が発現される．
- 確立した発酵槽の条件下で培養が可能である．
- 翻訳後のタンパク質の修飾（post-transcriptional protein modification）過程が，哺乳類のシステムと類似している．
- 多くはないが，いくつかの菌類は，食品としての利用および/あるいは伝統的な工業技術の分野での長い歴史を反映して，一般的に安全であると認められた（Generally Recognized as Safe，「GRAS」）状態にある．

これらの酵素生産技術の多く，とりわけ遺伝子修飾を含む技術については，第18章で取り扱うことになる．本章では，生きている菌類が産業化された工程を推し進めているような，伝統的な生物工学的産業とよばれるものに重点を置くつもりである．これらの工業的生産は実際に，非常に大きな商業的価値を備えた世界的な産業であり（Hutkins, 2006）（表17.8），次のようなものがある．

表17.8　世界における，菌類によるいくつかの生産物の年間商業的価値の推定値[a]（100万米ドルで表示）

生産物	小計	計
食品/飲料生産物		410,600
アルコール飲料	306,000	
チーズ	35,000	
マッシュルーム	50,000	
高フルクトースシロップ（甘味料）	15,000	
酵母菌体	3,000	
クエン酸（香味料）	1,500	
クォーン菌類タンパク質	100	
医薬品		47,150
薬剤	26,400	
抗生物質	19,250	
ステロイド	1,500	
産業製品		14,800
産業アルコール	11,800	
酵素	3,000	
総計		472,550

[a] 数値は，さまざまの資料の統計値を引用してまとめた．値は，21世紀初頭に得られたものである．
[b] アルコール飲料には，世界的に高率の税金が課されており，商業用の価格には税金が含まれている．

- アルコール飲料（alcoholic beverage）の生産：エール，ビール，ラガービール，ワイン，スピリッツなど．
- パンの製造：すべての発酵パン．
- チーズ：製造と熟成．
- 高フルクトースシロップ（high-fructose syrup）の生産：糖菓製造のための甘味料の生産．
- きのこ栽培（mushroom cultivation）：菌類を利用していることが，明白にわかる行為である．この世界的な産業においては，約30種が商業的に栽培されている．そのうちの7種は，産業スケールで栽培されている．

しかし，きのこ栽培は，小作農業から，小自作農業，さらに数百万ドル規模の高度に機械化された農業までの，すべての規模の農業に適している．しかしながら，きのこ栽培産業は，液内培養というよりも，固体発酵工程を用いている．また，本章の後半で，これらの菌類を用いた産業について取り扱う．

17.13 アルコール発酵

世界中で最も重要な発酵は，いうまでもなくアルコール飲料の製造に使われる発酵である（表17.8，および17.22節の燃料用アルコールに関する考察を参照）．アルコール発酵は単純な工程であり，果汁，蜂蜜，あるいは穀粒か根菜などの，糖類に富んだものを用いて始まる．これらの糖質に酵母を添加して（あるいは，すでに出発物質に存在する酵母に依存する．これは，伝統的なワイン発酵でふつうに行われている方法である），混合物に発酵を行わせる．最終的な発酵産物は，酵母や発酵工程にもよるが，16％までのアルコールを含む（Ingledew et al., 2008）．

発酵はこのように単純な工程であるので，アルコールは，最も初期の文明を含めてあらゆる文明の生活様式に取り入れられてきた．発酵に関する最も初期の記録は，パン，ビールとワインの製造を描いた古代エジプトの壁画と霊廟の装飾物に見られる．王家の谷の霊廟を建設した労働者が住んでいた村から発掘された紀元前1550〜1307年のものと推定されるお墓の陶器の中のビール残渣から，走査型電子顕微鏡によって酵母細胞が明瞭に確認された（Samuel, 1996）．生物学的観点からは，このアルコール発酵に関わる生物は，必ず Saccharomyces cerevi-siae〔醸造酵母（brewer's yeast）として知られているのは，驚きに値しない〕とよばれる酵母か，あるいはある近縁の変異株（variant）である，ということは酵母の生理の注目すべき面である．

エタノール発酵の化学は，以下の式のように要約される．

$$C_6H_{12}O_6 \rightarrow 2\ C_2H_5OH + 2\ CO_2$$

この反応式は，1分子のヘキソースが2分子のエタノールと2分子の二酸化炭素に転換されること示している．多くの酵母種が，嫌気条件下でのみ，この発酵を行うことができる．すなわち，酸素ガスの存在下では，糖を二酸化炭素と水に転換する完全な酸化的呼吸が行われる．

しかしながら，出芽酵母 S. cerevisiae とその分類学的に遠い類縁種，分裂酵母 Schizosaccharomyces pombe の両酵母は，酸素存在下でも優先的に発酵を行い，適当な栄養素が与えられれば好気条件下でもアルコールを産生する．

- エール（ales）製造に用いられる酵母は泡を生じる傾向があり，発酵液の表面で増殖する．このような上面発酵酵母は，S. cerevisiae そのものである．
- ラガービール（lager）製造用の酵母は，発酵槽の底で発酵を行う．この酵母は近縁種の Saccharomyces carlsbergensis である．

結論として，エール，ビール，そしてラガービールは，あまねく大麦麦芽から製造される．他の穀物は，特殊なビールや大麦が得られない地域でのエール，ビール，そしてラガービール製造に使用される（Briggs et al., 2004; Hutkins, 2006）．

発酵工程は，穀粒を発芽させることから始まる．発芽2〜4日目に，発芽穀粒は貯蔵デンプンの消化を開始して，可溶性の糖類が生成する．その後，発芽穀粒をゆっくりと加熱することによって殺し，次いで，トウモロコシ，大麦，あるいは米のような他の穀粒とともに，湯に浸して糖化する（mash）．最後に，この甘い混合物にホップ（hops）を加えて煮沸し，ビールに苦味をつける．この煮沸混合液を冷却したのち，発酵のために発酵槽に導入する．

ビールの4つの主要な原料は，次のようなものである．

訳注2：ビール酵母，パン酵母，ワイン酵母などともよばれる．
訳注3：ビール醸造における麦汁調製の工程で，破砕麦芽に水を加え，加熱糖化を行う工程および，その状態を mash とよぶ．mash をろ過することにより麦汁が得られる．

- 水：水は，その中の溶解無機塩類が，麦芽穀粒からの発酵可能な糖の抽出，および発酵の間の酵母のはたらき方に影響を及ぼすために，最終的なビールの性質に影響を与えるので，重要である．ピルゼンラガービールの発祥の地として知られるピルゼン（Pilsen；チェコ共和国の Bohemia 西部の都市）の水に含まれる全無機塩量は，約 30 ppm である．一方，ペールエールビール（Pale Ale）の発祥地である，英国の Burton-upon-Trent の硬水には，1,220 ppm の無機塩が含まれている．ペールエールの名称を冠したビールをつくり出す助けとなっているのは，まさに Burton-upon-Trent 地方の水の中の硫酸カルシウムである．カルシウムは麦芽粒からの糖類の抽出効率を増大させ，一方，硫酸はホップの苦味を強くする．そのうえ，2 価のカルシウムイオンは，懸濁したポリペプチドと多糖類の間に塩橋を形成して，この架橋による凝集がビールの清澄化を促進する．
- 麦芽（malt）：麦芽は，大麦が発芽したものである．大麦の穀粒が発芽すると，穀粒中のデンプンは糖類に転換される．この転換過程が，糖類が最適濃度に達した時点で乾燥によって停止されると，穀粒には，相当量の糖類に加えて，デンプンから発酵可能な糖類をさらに抽出することができる多少の酵素類を含むことになる．麦芽を糖化する工程（以下参照）は，これらの酵素類によるデンプンの分解を可能にする．
- ホップ（hops）：つる植物のホップの花は，発酵の最終産物に苦味をつける樹脂を含んでいる．この樹脂は，抽出するのに少なくとも 15 分間の煮沸を必要とする．同時に，ホップは，発酵産物に独特の芳香を与える油成分を含んでいるが，油成分は煮沸によって速やかに蒸発する．典型的なイングリッシュ・インディア・ペールエールビール（English India Pale Ale）は，最初，イングランド地方で醸造され，1,700 年代後半に，インドの英国軍のために輸出された．通常のレシピよりも多量のホップが加えられ，ホップ中の自然の保存物質によって，このエールビールはインドの英国植民地への長い航海を耐えることができるようになった．また，ブリティッシュ・ビター（British bitter）というエールビールはさらに多量のホップを含むが，他の醸造ビールとの違いをかもしだすために淡色麦芽が加えられる．
- 酵母：ある種のビールは野生酵母類を用いて製造されるが，最も近代的なビール醸造業者は，酵母の培養株を使用することを好む．直近の発酵から表面の泡をすくい取り，これを次のビール発酵を開始するのに用いる．麦汁中の糖濃度は発酵を通じてモニタリングされ，アルコール濃度が予定した値になると発酵は停止される．

発酵の準備は，大麦の発芽穀粒（malted grain）を破砕することから始まる．この破砕工程は，発芽穀粒を小さな細片に砕くことにより表面積を増大させ，同時に穀粒から殻をはぎ取ることを目的としている．生じたグリスト（grist；破砕された穀粒のこと）は，発酵に必要な糖類と酵素類が遊離しやすくなっている．

糖化（mashing）は，グリストと 67℃ の温水を混合し，麦芽中の酵素類によるデンプンから糖類への転換を促進する工程のことである．糖化は，糖化槽（mash tun）とよばれる容器の中で行われ，この工程はあらゆる発酵工程に共通である．用いられる穀粒は，ビールとモルトウイスキーでは典型的には大麦麦芽であるが，他のアルコール飲料では，トウモロコシ，モロコシ，ライムギ，あるいは小麦の穀粒と混ぜられるか，大麦麦芽と置き換えられることさえある．

すりつぶされた麦芽粒は，抽出を最大限にするために，1.5 時間から 2 時間に渡ってかき混ぜられ，お湯が吹きかけ（sparge）られる．最終的に，糖化工程で得られた麦芽浸出液［現在ではウォート（wort）とよばれる］は，コッパー（copper；銅でつくられていることに由来）として知られる煮沸用の大釜にポンプを用いて汲み入れられ，煮沸される．この段階で，最初の 1 回分のホップが加えられる．この工程で添加されたホップは，麦汁に苦味を与える．最終的にビールに芳香を与える可能性のある揮発性物質は，この段階で揮散すると考えられる．ウォートは 1.5 時間から 2 時間煮沸され，次いで加熱を停止し，芳香用ホップが添加される［この工程は，ドライホッピング（dry hopping）とよばれる］．

短時間撹拌したのち，熱いウォートから，上澄み麦汁のみを得るか，あるいは濾過によって麦汁を得る．この麦汁を急激に冷却して，17℃ の発酵槽に移す．酵母を添加して（投入して，pitched），発酵が開始すると，数時間で発酵の進行が明らかになる．1〜3 週間後，若（あるいは，グリーン，green）ビールは，10℃ 以下に冷却した熟成槽に流し込まれる．1 週間から数ヵ月間熟成させたのち，ビールはしばしば濾過される．こうして生成した透明なブライトビール（bright beer）は，そのまま消費者に提供されるか，容器に詰められる．

ワイン醸造（wine-making）もまた，現在では世界的な産業となっており，フランスとイタリアが，今でも世界のワイン生産のおよそ半分を占めている（Jackson, 2000）．古典的なワイン醸造用のブドウの学名は *Vitis vinifera* である．重要な栽培品

種には，Sauvignon（赤Bordeaux），Pinot Noir（主要な赤Burgundyブドウ），RieslingとSilvaner（ドイツ産白ワイン用），BarbeaとFreisa（北イタリア産ワイン用），およびおもなシェリー酒用のブドウのPalomeroなどがある．黒いブドウを房ごとつぶして，赤ワインがつくられる．この赤ワインの赤色は，ブドウの果皮中の色素によるものである．黒色あるいは白色のブドウは，白ワインの醸造に用いられるが，搾汁のみが用いられ，果皮の色素の抽出は避けられる．

もちろん，ワインの品質は，用いられたブドウ，製造技術，さらには，土壌のタイプや，栽培シーズンはどのような具合であったかなどの細かい点の影響を受ける．ブドウを圧搾することによりブドウ果汁が得られ，果汁は通常，7〜23％の果肉，果皮，果柄および種子を含んでいる．ワイン産業では，このブドウ果汁が**マスト**（must；発酵前ブドウ果汁）とよばれる．

マストの最も制御された発酵は，*Saccharomyces ellipsoideus* とよばれる *S. cerevisiae* の楕円型の変異株を用いて行われる．この変異株は，ブドウや果汁調製機器に由来する自然起源のものである場合もあるが，通常多くの場合は，ブドウ果汁を用いて調製された種酵母培養（starter yeast）として本培養に接種される．ヨーロッパの伝統的なワイン醸造業者は，ブドウの花や蕾そのものに生育する**その土地の［あるいは, 野生の（wild）］酵母類**を用いることを好む．なぜならば，その土地の酵母類が，その地域の特徴であるからである．そのような地域に一般的な酵母類の属には，*Candida*, *Pichia*, *Kloeckera*（*Hanseniaspora*），*Metschnikowia*, および *Zygosaccharomyces* などがある．高品質で特異な香りのワインはこのような方法で醸造されるが，野生の酵母類による醸造では，しばしば予想通りのものが得られるとは限らず，また，雑菌による腐敗も起こりうる．

ほとんどのワイン醸造の決定的な特徴は，特異的に分離され培養されたただ1種の酵母，*S. ellipsoideus* を用いる**制御された発酵**（controlled fermentation）であることである．この *S. ellipsoideus* といえども発酵の特性によって，数百種類の系統が存在しており，たとえ同一品種のブドウを用いても，多様なワインがつくり出されることになる．

発酵は，ステンレス製のタンク，伝統的な口が開いた木製の大桶，あるいはワイン醸造用の胴が膨れた樽を用いて，5〜14日間の一次発酵，場合によってはさらに5〜10日間の二次発酵という形で行われる（Hutkins, 2006）．二次発酵は，おそらく，多くのスパークリングワインの製造におけるように，ワインボトル中で行われる．

酵母による発酵ののち，品質の良いワインは，木製の貯蔵樽中で1〜4年間熟成させる（age）．ある種のワインでは，酸性度を低下させて味をまろやかにするために，熟成中に**細菌による発酵**が促進される．スパークリングワインを製造するためには，瓶詰をするときに，糖，少量のタンニンと顆粒状の沈殿を生じる特別な系統の *S. ellipsoideus* を添加する．

ワインボトル中での二次発酵では，二酸化炭素が発生し，その結果，アルコールと反応して **ethyl pyrocarbonatene** とよばれる不安定な化合物が形成される．この化合物が，自然に醸造されたスパークリングワインに，なかなか泡立ちが消えないという特性（加圧下で二酸化炭素が注入されただけのスパークリングワインでは，短時間の発泡しか認められない）を付与する．

20％以下のブランデーを添加した**強化ワイン**（fortified wine）には，シェリー酒（sherry）がある．シェリーは特定のブドウからつくられ，熟成樽の中での酵母類の二次的な増殖によって，シェリー酒特有の芳香物質類がつくられる．ベルモット（Vermouths）は，ニガヨモギのような香草によって香りづけされたあと，さらにアルコールが添加されたワインである．ポート（Port）は，アルコールあるいはブランデーを添加することにより一次発酵を停止させ，いまだに幾分かの糖が残った赤ワインである．マデイラ（Madeira）の特有の香りは，余剰のアルコールを添加する前に，発酵中のワインに熱処理を行うことによって生じたものである．

17.14 クエン酸の生物工学

クエン酸は，炭素数6個の弱い有機酸である．クエン酸は，クレブス回路（Krebs cycle）の構成成分の1つであり，アセチルCoA由来のアセチル基が，炭素数4個のオキサロ酢酸に付加することによって生じる（図10.9参照）．このため，クエン酸は，ほとんどすべての生物の代謝の成分として自然に生じる物質である．

クエン酸の名称は，それが柑橘類（citrus）の果実の主要な有機酸であり，果実の乾燥重量の8％にまで達しうるという事実に由来する．クエン酸の化学構造（図17.28）は，3個のカルボン酸基（carboxylic acid groups）と1個の水酸基（hydroxyl group）を有することが特徴である．この化学構造が，クエン酸を，食物や医薬品のpH緩衝剤，酸味料，保存料，および/あるいは金属イオンのキレート剤として用いるのにふさわしい多様な性質を賦与する

1784年のレモンジュースからのクエン酸の**最初の単離**の功

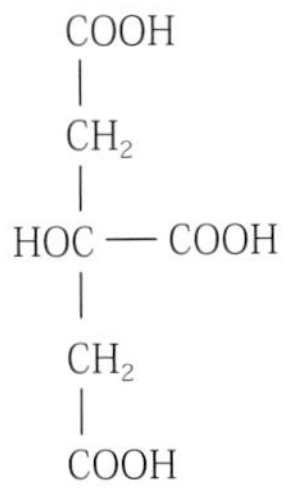

```
     COOH
      |
     CH₂
      |
HOC — COOH
      |
     CH₂
      |
     COOH
```

図 17.28　クエン酸（2-hydroxypropane-1, 2, 3-tricarboxylic acid）の化学構造式.

績は，Karl William Scheele によるものである（Grewal & Kalra, 1995）．1860 年には，イタリアで栽培されたレモンの果実からクエン酸が単離され，クエン酸産業が始まった．この方法は，イタリアからの柑橘類の果実の輸出が第一次世界大戦（1914 年～1918 年）の間中断されるまで用いられた．

1917 年に，James Currie は，一般的なカビであるクロコウジカビ（*Aspergillus niger*）が，**表面発酵**（surface fermentation）によって糖からクエン酸を生産するのに使用できることを発見した．この表面発酵は，コウジカビ（*Aspergillus*）属のカビを用いた産業的生産の基本となった（Grewal & Karla, 1995）．表面培養は，大規模生産に用いられた最初の方法となった（1919 年にベルギーで，1923 年には米国の Pftzer 社によって導入された）．

その後，効率のよい**液内培養工程**（submerged processes）が発達したが（ペレット状の成長形態を用いる；17.9 節参照），表面培養法は，今でも，簡便でエネルギーコストも小さいことから，ある種の生産装置では用いられている．菌糸体は，高純度のアルミニウムあるいはステンレス製の 50 から 100 L 容の浅いトレーの培地表面に，マットを形成して成長する．

培地の主要な**炭水化物源**は，精製したあるいは粗製のスクロース（ショ糖, sucrose），サトウキビのシロップ，あるいはビートの糖蜜（糖濃度にして 15%に希釈）であり，pH は 5～7 に調整して，28～30℃で発酵を行う．発酵は 8～12 日間行われ，培地 pH は 2.0 以下になる．

発酵の終了後，発酵に用いた培地は，菌糸体と分別してトレーから流し出される．クエン酸は，発酵液に生石灰（酸化カルシウム，CaO）を加えて沈殿をつくらせることにより，**回収**される．沈殿した**クエン酸三カルシウム塩**（tricalcium citrate）は，濾過と沈殿を数回水洗することによって回収される．得られたクエン酸三カルシウム塩の沈殿物を硫酸で処理すると，クエン酸を含む溶液中に不溶性の硫酸カルシウムを生じる．この溶液を濾過し，濃縮すると，クエン酸はクエン酸一水和物（citric acid monohydrate）として結晶化する．

液内発酵（submerged fermentation）には，回分培養法，連続回分培養法，および流加回分培養法があるが，回分発酵法が最も一般的に用いられる．回分発酵法では，高い溶存酸素濃度を維持する通気システムが不可欠であり，最適条件下では，発酵は 5～10 日で完了する．全発酵過程をとおしての収率は 70～75%の範囲であり，毎年，全世界で少なくとも 60 万 t のクエン酸が発酵生産されている．

17.15　ペニシリンと他の医薬品

クエン酸は，最初の生物工学の生産物である．糸状菌類の回分法における表面培養によるクエン酸の生産のために発達した技術は，1940 年代に，はるかに**革命的な菌類産生物**，抗生物質（antibiotics）のペニシリン，の生産に応用された．ペニシリンは，フレミング（Alexander Fleming）が休暇から戻り，ペトリ皿で培養していた彼の実験材料の細菌が，混入した菌類によって殺されていたのを見い出したことによって，偶然発見されたという逸話については，おそらくご存じであろう．ここでは，この話を繰り返すつもりはない．というのは，抗生物質が利用できるようになったことによってもたらされた，**生活様式の変化**の大きさについて強調したいからである．とはいえ，ペニシリンに関する歴史の「要点」は以下の通りである．

- 1928 年，ロンドンにある St. Mary's 病院のフレミングは，彼の黄色ブドウ球菌（*Staphylococcus aureus*）の培養が，混入した *Penicillium notatum* のコロニーによって殺されていることを発見した．しばらくのちに，「私は，この現象には何か重要な問題が含まれていると考え，雑菌が混入した元の培養プレートを保存した」と述べたと報告されている．
- 1940 年，Oxford 大学の Howard Florey と Ernst Chain は，微生物によって産生された抗細菌物質に関する研究の一部として，ペニシリンの化学療法剤としての特性を明らかにした．
- 1941 年，米国で，ペニシリン発酵技術が発展した．
- 1945 年，Oxford の Dorothy Hodgkin と Barbara Law はエックス線結晶回折法によって，ペニシリンの β-ラクタム構造（β-lactam strucure）を証明した．
- 1956 年，米国の John Sheehan は，化学合成によってペニシリンを生産した．

現在，われわれは，抗生物質を当たり前のものと思っている．たとえば，軽い喉の痛みを感じたときには，抗生物質を使用する．軽い傷を負ったときには，「合併症対策として」抗生物質を皮下注射する．このような抗生物質の使用は，すべてありふれた，通常のことになっている．しかしながら，抗生物質が即座に入手可能になったことによってもたらされた変化は，些細なこととは言い難い．抗生物質は，人類の歴史において初めて，誰をも待ち受けているまったくとるに足りない理由による「**敗血症（blood poisoning）**」の死の恐怖から人類を解放した．この間の事情は，ペニシリンによる治療を受けた最初の患者の一人についての，次のような逸話で説明できる．

1940年の12月末，Albert Alexanderという名の男性が，英国のOxfordにあるRadcliffe病院に入院した．Albertは，43歳の警察官であった．彼は，病院に入院する1ヵ月前に怪我をした．その怪我が職務に関わるものかどうかは，記録されていない．その**傷から感染を受け**，非常に恐ろしい敗血症（septicaemia）を起こした．感染性細菌は，彼の顔，頭，上体の組織に広がり，免疫系が拡大に対処するよりも早く増殖し，顔や前額全体に膿瘍を生じさせた．彼の眼も感染を起こし，2月3日に眼を摘出しなければならない状況となった．次いで，彼の肺にも感染が及んだ．死が目前となり，部分的に精製されたペニシリンを用いる実験的治療が選択された．

2月12日，200 mgが，続いて3時間間隔で100 mgずつが注射された．翌日，彼の体温は平熱に戻り，ベッドで起き上がれるようになった．体調はどんどんとよくなった．しかしながら，ほんのわずかのペニシリンしか得られなかったので，彼の尿中からペニシリンを再抽出し，彼の静脈に再注射せざるを得なかった．ついに，すべてのペニシリンが使い尽くされ，彼の病状は急激に悪化した．ペニシリン治療に対する当初の期待にもかかわらず，Albert Alexanderを救うための奇跡の薬は十分な量を得られなかった．彼は，3月15日に死亡した．**傷痍に伴う感染が彼の死を招いた**．そして，この警察官に死を招いた傷は，どのようなものであったのであろうか？ Albert Alexanderは，バラのとげによって掻き傷を負ったのである．

現代の他のいかなる科学的進歩にもまして，ペニシリン物語は，人々の興味と想像力をかきたてる．それは，この菌類による1つの産生物が，医学に革命をもたらしたからである．ペニシリンは，あらゆる病を治すことはできないが，肺炎，壊疽，淋病，敗血症，および骨髄炎の治療に対して有効である．ペニシリンが最初に用いられるようになったとき，致死的で広範囲に蔓延する病気は，医学の歴史の中の話に追いやられた．

1930年代およびそれ以前には，皮膚が受けるいかなる損傷も，土壌細菌や空中細菌による感染を受ける可能性があった．感染した細菌のあるものは，免疫系が対応できる限界を超えて増殖する可能性がある．細菌が感染し，増殖すると，細菌は病人を衰弱させ，血流中に毒素を産生し，毒素は全身性の障害をより生じさせる．

普通の行動的な成人は，庭作業，散歩，登山中などに，かすり傷や小さな切り傷を負う可能性がある．骨髄炎は*Staphylococcus*による骨の感染症であり，比較的子供に多くみられる．定期的にカミソリでひげをそる男性は誰でも，当然できるかすり傷や切り傷から感染を受ける可能性がある．これが，1923年に，Caernarvon卿を殺したできごとである．彼は，1922年にツタンカーメンの墳墓を発見するまで，エジプトに19年間滞在していたベテランであった．そして，高貴な卿に最終的に死をもたらしたのは「ミイラの呪い」ではなく，カミソリによる切り傷からの感染によって引き起こされた敗血症であった．感染はそれほど劇的ではなかったが，痛みと衰弱を伴い，そのすべてがありふれた出来事であった．

さらに，婦人はよりリスクが高かった．出産は，今日でさえきわめて難しい一連の過程である．抗生物質が容易に入手できるようになるまでには，新しく母になった人のうちの非常に多くの割合の人々が，体内感染による産褥熱に苦しみ，亡くなった．同様に，驚くほど多くの新生児が，出産過程で細菌におかされる．これらの細菌は感染力が弱いが，それにもかかわらず，おかされた新生児がたとえ生きのびたとしても，新生児の失明，難聴，さらに終生のハンディキャップなどの原因となる．

ペニシリンは，医療の革命的な変化に大きく貢献した．その結果，ペニシリンが出現するまでは，死や身体上の廃疾の一般的な原因であった病気には，現在ではめったにお目にかかることがないという状態にまで，人間の生活様式を変化させた．この地球上のあらゆる人々の日々の経験における劇的な変化は，ペニシリンが発見され，医療に導入されたことによる**最も顕著な様相**である．

その他にも，ペニシリンに関する物語のいくつかの顕著な様相がある．ペニシリンの供給が，その1つである．最初の患者であるAlbert Alexanderに対しては，世界中で1 gそこそこのペニシリンしか手に入らず，この量は彼の命を救うのには十分ではなかった．現在では，地球上のすべての人間に5 gずつを投与するのに十分な量の，完全に精製したペニシリンを生産しているのだ！　産業スケールでのペニシリン生産の発展は，

表17.9 突然変異の誘発と菌株の選抜による優良菌株の開発

菌種	系統番号とその由来	培養液中のペニシリン濃度（mM）
Penicillium notatum	フレミングの元の系統	0.003〜0.006
	上記系統の亜系統	0.035
Penicillium chrysogenum	NRRL[a] 1951（分離された新種）	記録なし
	NRRL 1951.B25	0.25
	NRRL 1951.X-1612	0.85
	NRRL 1951 Wis Q-176（今日ペニシリン生産に使用されているほとんどの系統の祖先系統）	2.5
Penicillium chrysogenum	P1（Panlabs Biologics. Inc., San Diego, 米国；東洋醸造（株），東京から提供された系統由来の系統）	22.9
	P8（Panlabs Biologics. Inc., San Diego, 米国；東洋醸造（株），東京から供給された系統由来の系統）	50.0

[a] NRRL（Northern Regional Research Laboratory；現在の米国農務省農業調査局の the National Center For Agricultural Utilization Research 中最大の研究機関，1940年，米国最初の菌株コレクションセンターが本施設内に開設された.

科学的な観点からも技術的な観点からも，大成功といえよう（表17.9）.

ペニシリンは，フレミングによって1928年に，偶然，発見された．フレミングは，混入した菌類をアオカビ（Penicillium）属の1種と同定し，細菌に対する未知の阻害物質をペニシリンと名付けた．フレミングは，1930年代にある程度までこの物質について研究を行ったが，この物質を精製し，あるいは安定化することには成功しなかった．彼はこの物質の潜在価値を明瞭に認識し，この物質が大スケールで生産された場合の医療的価値について示唆した.

その後，ペニシリンは，Oxford大学のHoward Florey, Ernst Chain, Norman Heatleyとその他のメンバーからなるチームによって精製された．この事実が，1940年にOxfordのRadcliffe病院における実験的使用のためのペニシリンが，いかにして得られるようになったかの経緯である．Oxford大学のチームは，溶媒のエチルエーテル（ethyl ether）を用いる精製方法を発展させた．この方法は，フレミングが分離したPenicilliumが成長していた肉汁培地から，高収率でペニシリンを抽出するのに有効であった．このようにして得られた茶色の粉末は，きわめて有力な抗生物質であったが，しかし，いまだ完全に精製されたものではなかった．このペニシリン生産工程の核心は，**表面発酵法**である．そして，Oxford大学のグループは，容易に得られるあらゆるタイプのびん類と深皿類をためしたが，これらの間に合わせの容器類の中で最適であったのは，なんと病院の便器であった！ 後年，この病院の便器をモデルとして，ペニシリン生産を目的として製作された陶磁器製あるいはガラス製の容器は，「ペニシリンフラスコ（penicillin flasks）」と名付けられた.

英国の発酵産業は，率直にいって，ペニシリンの生産を効果的にスケールアップするための，知識と専門的技術に欠如していた．しかし，米国の大学や産業界の科学者は，深部液内培養によって菌類を培養する経験を有しており，高収量の系統株を選抜し開発することのエキスパートであった．確かに，ペニシリン生産の産業化に対する米国のきわめて重要な貢献は，1930年代の，化学物質，とりわけクエン酸の産業的生産に菌類を利用することによって，ワックスマン（Selman Waksman）とHarold Raistrickのような米国の科学者の経験の中から育ったものである.

ペニシリン生産技術の改良が米国に委ねられたことが，第二次世界大戦下の抗生物質生産の驚異的な発展をもたらした．大戦終了時までには，ペニシリンの生産価格は，それを配達するための包装よりも廉価になった．このことは，また，戦争遂行努力に対しても絶大な貢献をした．第一次世界大戦では，戦争による犠牲者の15％が感染創で死亡した．第二次世界大戦の後半にペニシリンが広く利用できるようになると，致命的ではない戦傷の回復率は，ふつう94％〜100％であり，戦傷からの感染による死亡はほとんど0％になった.

このペニシリン生産工程で最初に選ばれた微生物は，フレミングが最初に分離したPenicillium notatumではなくてPenicillium chrysogenumであった．この選抜は，培地中へのペニシリンの蓄積の多少を基準にして行われた（表17.9）．その後，菌株の突然変異の誘起と選抜の繰り返しによって，ペニシリ

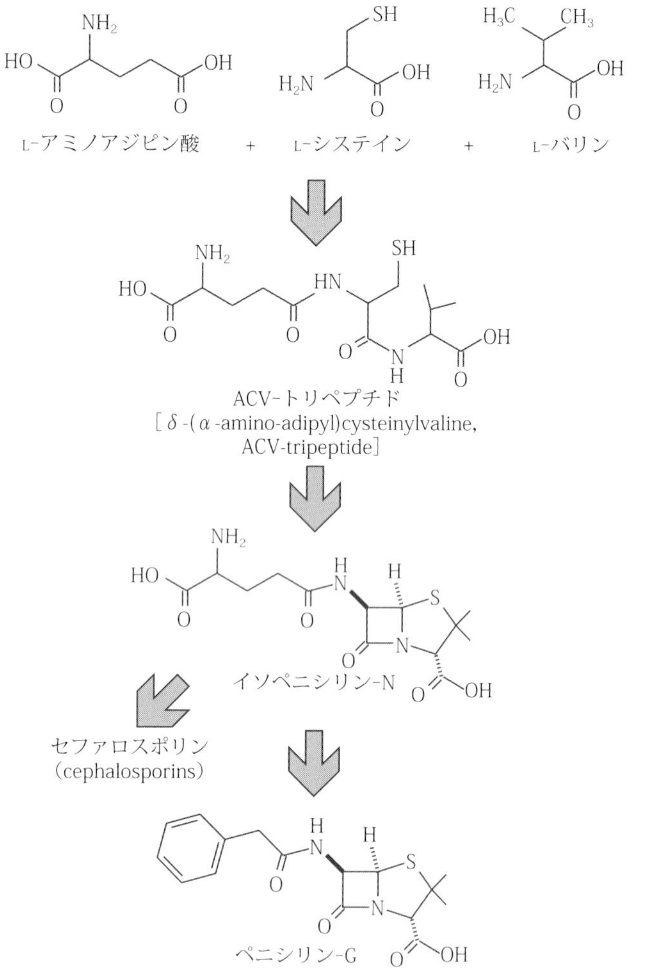

図 17.29 ペニシリンの生合成．ペニシリンは，アミノアジピン酸，システインおよびバリンからなる，化学的に修飾されたトリペプチドである．ペニシリンの生合成に関わる最も重要な酵素は，3つの構成アミノ酸からトリペプチドのACVを形成するACV-合成酵素である．ペニシリンの生合成の第二段階は，イソペニシリン-N合成酵素による，ACVからのペニシリン-Nとしてのβ-ラクタム環の形成である．β-ラクタム環の閉環過程には酸素原子が関わるが，酸素原子はβ-ラクタム環の中には取り込まれない．最終的に，酵素のアセチルCoA：イソペニシリン-Nアシルトランスフェラーゼによって，側鎖が付加されるか，置換される．

の収率は驚異的に改良された（表 17.9）．

ペニシリンは，アミノアジピン酸（aminoadipic acid），システイン（cysteine）およびバリン（valine）からなる化学修飾されたトリペプチド（tripeptide）である（図 17.29）．ペニシリンの生合成に関わる最も重要な酵素は，3個の構成アミノ酸からトリペプチドのACV [δ-(L-α-aminoadipyl)-L-cysteinyl-D-valine] を形成する，ACV合成酵素（ACV-synthetase）である．

- α-アミノアジピン酸（α-aminoadipate）は，リジン（lysine）合成の中間体として形成される．このアミノ酸は，対数期^{訳注4}の菌糸細胞には蓄積されず，タンパク質の中にもみられない．
- システインとバリンはともに対数期^{訳注4}の菌糸細胞にみられ，ポリペプチド中に普通に存在する．

ペニシリンの生合成の第二段階は，イソペニシリン-N合成酵素（isopenicillin-N synthetase）による，ACVからのペニシリン-N（penicillin-N）となるβ-ラクタム環の形成である．閉環過程には酸素原子が介在するが，酸素原子は環の中には取り込まれない．最終的に，酵素のアセチルCoA：イソペニシリン-Nアシルトランスフェラーゼ（acetyl-CoA: isopenicillin-N acyltransferase）のはたらきによって，次の2つの過程によって，側鎖が付加されるか，置換される．

- イソペニシリン-N側鎖の遊離によって，α-アミノアジピン酸と6-アミノペニシラン酸（6-aminopenicillanic acid, 6-APA）を生じる．
- 次いで，新たな側鎖が付加され，補酵素A（co-enzyme A）が遊離される．

1つのある特定のカルボン酸を培養に与えることによって，菌類は，側鎖に供給されたカルボン酸（carboxylic acid）をもつある1つのタイプの分子を産生する．たとえば，自然に産生されるペニシリン-G（penicillin-G）の側鎖はフェノキシ酢酸（phenoxy acetate）であり，ペニシリン-Vの側鎖はフェニル酢酸（phenyl acetate）である．**半合成ペニシリン類**（semi-synthetic penicillins）は，6-アミノペニシラン酸（6-aminopenicillanic acid, 6-APA）の化学修飾によって生産される（図 17.30）．

ペニシリンの生合成に関わる酵素類の情報をコードしている遺伝子は，クラスターを形成して存在する（図 17.31）．これらの遺伝子には，すべてβ-ラクタム環をもつ化合物を産生するという意味で，高度の相同性がみられる．たとえば，*pcbAB* 遺伝子はACV合成酵素の情報を，*pcbC* 遺伝子はイソペニシリン-N合成酵素の情報を，さらに *penDE* 遺伝子はアセチル

訳注4：糸状菌類の培養には対数期はなく，直線成長期（linear growth phase）の誤りではないかと考えられる．

図17.30 半合成ペニシリンは，6-アミノペニシラン酸の化学修飾によって生産される．

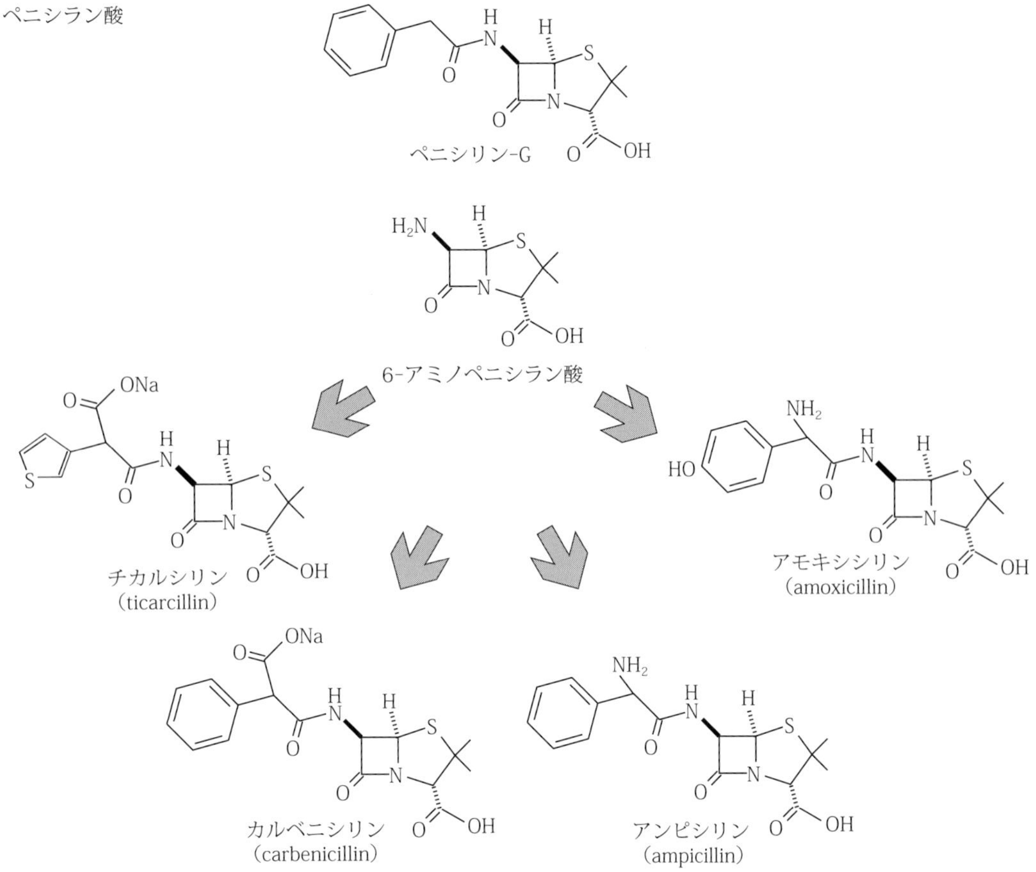

ペニシリン-G

6-アミノペニシラン酸

チカルシリン（ticarcillin）

アモキシシリン（amoxicillin）

カルベニシリン（carbenicillin）

アンピシリン（ampicillin）

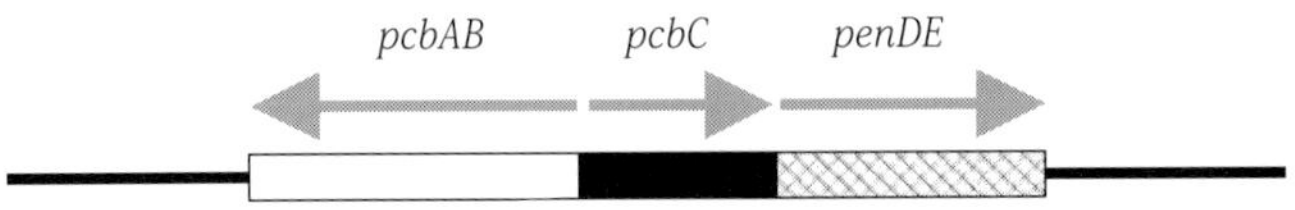

図17.31 ペニシリン生合成に関わる酵素群の情報をコードする遺伝子群と，その転写方向を示すダイヤグラム．遺伝子 *pcbAB* は ACV-合成酵素の情報を，遺伝子 *pcbC* はイソペニシリン-N 合成酵素の情報を，遺伝子 *penDE* はアセチル Co-A：イソペニシリン-N アシルトランスフェラーゼの情報を，それぞれコードする．

Co-A：イソペニシリン-N アシルトランスフェラーゼの情報を，それぞれコードしている．

　細菌のストレプトミケス（*Streptomyces*）属の種もまた，β-ラクタム環をもつ抗生物質を産生する．そして，ストレプトミケス属によって産生される ACV 合成酵素およびイソペニシリン-N 合成酵素と，糸状菌類によって産生されるそれらの酵素との間には，高度の相同性がみられる．この事実は，ペニシリンの生合成に関わる遺伝子群が，細菌由来の可能性があることを示唆している．これらの酵素類の情報をコードしている遺伝子群は，細菌の祖先の中で進化し，約3億7千万年前に，**遺伝子の水平伝播**（horizontal gene transfer）によって糸状菌類に伝播した可能性がある．

　遺伝子群として存在することにより，**遺伝子重複**（gene duplication）による合成経路の増幅が可能になる．この事実が，**表17.9**に示されている収量の改良の基礎になっているように思われる．今日産業用に使用されているペニシリン産生系統には，*P. chrysogenum* NRRL 1951 の元系統におけるよりも，40〜50倍以上の遺伝子の重複が存在する．それゆえ，現在の産業用系統の，ペニシリン生合成に関わる遺伝子の転写効率が大きく増大していても驚くにあたらない．

　最初の産業的生産では表面回分培養が用いられていたが，最近のほとんどの生産では，**流加液内発酵**（fed-batch submerged fermentation）が用いられている（**図17.32**）．生産段階の接種菌量は，何回もの中間種菌段階の培養を経て増やされる．一般に，種菌量を増やすそれぞれの段階では，容量ベースで次の段階の10%量の種菌が生産される（つまり，1段階ごとに種菌量は10倍になる；**図17.32**の最上段パネル）．ペニシリン生産用培地は，無機塩類とともに炭素源として，グルコース，ラクトース（lactose，乳糖），あるいはコーンスティープリカー（corn steep liquor，トウモロコシの濃縮浸漬液；ト

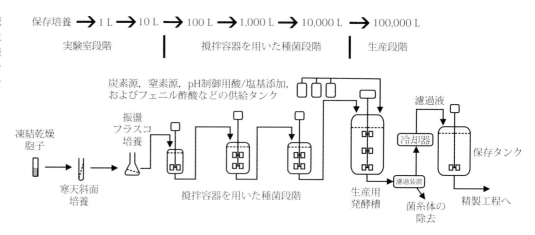

図17.32 現在一般に行われている，流加液内発酵によるペニシリン生産の概略図．上部パネルは，接種菌量を段階的に増やす過程を示す（Stanbury et al., 1998 を改変）．

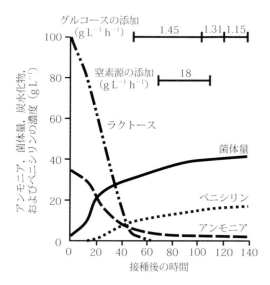

図17.33 典型的なペニシリン生産過程の特徴（Stanbury et al., 1998 を改変）．

ウモロコシの湿式粉砕の際に生じる農産廃棄物）を含んでいる．ペニシリンの前駆物質［たとえば，フェニル酢酸（phenylacetic acid）］の添加は収率を向上させるが，これらの前駆物質は毒性（発酵に対する阻害作用）がある．このことが流加培養が好んで用いられる理由である（なぜならば，潜在的に毒性のある代謝産物を，有毒なレベル以下の濃度で添加することができるからである）．

ペニシリン生産段階では，富栄養培地は24時間まで成長を支える．栄養素となるグルコースが枯渇すると，その後の成長速度は，グルコース添加によって制御される．培地中のグルコース濃度は，ペニシリンの生合成を抑制するレベルに達しないように，注意深く監視される．発酵が続くと，窒素源，硫黄源，ペニシリン前駆物質などの他の栄養素が枯渇し（図17.33），追加で添加される．

典型的な生産コストは，全体に対する百分率で表して，栄養素代25％，労働費，維持費，蒸気代，電気代，廃棄物の処理費，などを合わせて25％，固定費，減価償却費，税金，保険代を合わせて28％，分離・精製費22％である．β-ラクタム環をもつ抗生物質は，抗生物質市場の65％を占有する．ペニシリンは化学合成で生産できるが，発酵による生産のほうがはるかに安価である．100 m³ の発酵槽を用いると，7.5日で，2.8 t のペニシリン-G ナトリウム（約90,000米ドル相当）が生産可能である．ペニシリンは特許期間が切れているので，世界のどこででも生産できる．その価格は，ペニシリンを生産しようとする企業の数によって変動するものの，安価である．

アラキドン酸（arachidonic acid）はもう1つの重要な薬剤であり，接合菌類を発酵生産に用いた有用な実例である．アラキドン酸は，ほとんどの哺乳類の必須脂肪酸（essential fatty acids）の1つである．アラキドン酸は，20個の炭素からなる鎖と，4個のシス型の二重結合をもつカルボン酸であり，ω末端から第6番目の炭素に最初の二重結合をもっている［化学物質名：5,8,11,14-シス-エイコサテトラエン酸（5,8,11,14-cis-eicosatetraenoic acid）］．この物質は，多くの動物細胞の細胞膜の主要構成成分であり，細胞膜の流動性に寄与する．

アラキドン酸は，動物において多岐にわたる生理的機能を有し，したがって，薬剤，薬理学，化粧品，食品産業および農業においてさまざまな方法で利用されており，代謝において次に示すような物質の前駆物質となっている．

- プロスタグランジン（prostaglandins）：リンパ球（lymphocyte）を介して免疫機能を調節する．プロスタグランジンは，炎症の血管相の媒介物質であり，潜在的な血管拡張剤（vasodilators）である．本物質は，血管透過性（vascular permeability）を増加させる．プロスタサイクリン（prosta-

表17.10 *Mortierella* 属の菌類の脂質とアラキドン酸の含有

菌類種	菌類の乾燥重量当りの脂質の百分率含量	脂質中のアラキドン酸の百分率含量
Mortierella alpina	35～40%	50～65%
Mortierella elongata	44%	31%

cyclin；プロスタグランジン I_2）は血管拡張ホルモン（vasodilator hormone）であり，血管系の損傷に関連する恒常性機構（homeostasic mechanism）においてトロンボキサン（thromboxane）とともにはたらく．

- トロンボキサン：強力な血管収縮剤（vasoconstrictor）であり，同時に血小板凝集（platelet aggregation）を促進する．
- ロイコトリエン（leukotrienes）：炎症を仲介し，血管収縮を起こす一方，微小血管透過性（microvascular permeability）を亢進させる．

すべての動物において，アラキドン酸が寄与する生理学的な経路は，痛みと炎症を生じる主要な系であり，恒常性維持機能の制御に関与している．

ある種の哺乳類は，リノール酸（linoleic acid）をアラキドン酸に変換する能力をもっていないか，もっているとしてもきわめて限られた合成能力しかもっていない．その結果，アラキドン酸は，これらの哺乳類の食物の必須成分になっている．植物は，アラキドン酸をほとんどあるいはまったく含んでいない．そのため，アラキドン酸の合成能をもたない動物は，**絶対肉食者**（obligate carnivores）である．ネコ科はその一例である．ヒトは，アラキドン酸を動物性食物（肉，卵や乳製品）およびリノール酸からの生合成の両者によって得ているが，栄養補助食品には顕著な効果がある．動物の肝臓，魚油および卵黄は，良く知られたアラキドン酸源であるが，接合菌類の *Mortierella* 属の菌類もまた，卓越したアラキドン酸源である（表17.10）．さらに，*Mortierella alpina* の脂肪酸合成（fatty acid synthesis）に関与する遺伝子の突然変異によって，アラキドン酸の産生レベルを変化させることも可能である（Sakuradani et al., 2004）．

Mortierella 属菌類を用いた伝統的な発酵法は，精製アラキドン酸を容易に得るための有望な生産方法である．とりわけ，5日間培養後，インペラ回転速度を180から40 rpmに減速し，通気速度を毎分0.6から1発酵槽容量分に調整する，**二段階流加発酵**（two-step fed-batch fermentation）法が有望である．これらの調整は，菌糸体に対する物理的損傷を減じ，ほとんどの脂肪酸合成が起こる定常期の期間を長くする．5日間と7日間培養後，回分培養に，それぞれ3%（w/v；重量/体積）および2%（w/v）のエタノールを供給すると，アラキドン酸の産生がさらに向上する（Jin et al., 2008）．

アラキドン酸は，血漿中のコレステロール（cholesterol）とトリアシルグリセロール（triacylglycerols）量を低下させる，有益な臨床的効果を示しており，動脈硬化症（arteriosclerosis）やその他の心血管疾患（cardiovascular diseases）に良い影響をもたらす．アラキドン酸は母乳に含まれており，新生児の脳と網膜の発達に重要である．このような理由から，**新生児栄養**（infant feeding）の「**調整乳**（formula milk）」には，アラキドン酸が加えられている．アラキドン酸が添加された調整乳は新生児の成長を促進し，アラキドン酸が添加されていない調整乳に比べて発育により良い結果をもたらすことが，研究の結果明らかになっている（Clandinin et al., 2005）．

17.16 繊維の柔軟仕上げと加工，および食品加工のための酵素

酪農業における菌類酵素の利用については，すでに述べた．しかし，菌類の培養によって産生された酵素による，**衣服の製造**（clothing manufacture）と**食品の製造**（food manufacture）の双方については，多くの他の利用の側面が存在する（図17.27）．工業用酵素は，およそ20億米ドルの価値があると見積もられている．繊維産業は非常に巨大で利益も多く，ナイロンやポリエステルなどの合成繊維が，盛んに台頭してきたのにもかかわらず，非常に多くの織物は，いまだに**綿**（セルロース）の繊維や，**ウール**および**絹**（タンパク質）の繊維などの天然繊維から製造されている．そして，天然繊維は，天然酵素によってさまざまな方法で加工できるのである．

われわれが個人的に最も馴染みのある繊維処理は，衣類の**洗濯用洗剤**（detergent）に含まれている菌類酵素によってもたらされるものである．生物洗剤に含まれる（タンパク質，脂質および糖質などの汚れの除去に用いる）**プロテイナーゼ**（proteinase），**リパーゼ**（lipase），**アミラーゼ**（amylase）や（色彩を鮮やかにし，繊維を修復することに利用する）**セルラーゼ**（cellulase）などの酵素は，アルカリ条件下で活性を表さなければならない．これらの酵素は細菌由来のものもあるが，多くは菌類の酵素である．

酵素は，織物製品の製造にも利用される．発展している新し

い分野は，以下のごとくである．

- 天然繊維の酵素製剤，すなわち**生物製剤**（biopreparation）は，染色前に不純物を除去し，水を節約する．また，天然繊維を改質して付加価値をつけた商品（たとえば，ウールにシルクペプチドを付加するなど）や，ウール繊維の表面を改質して手触りを良くした織物を製造することなどが可能である．ペクチナーゼ（pectinases），セルラーゼ，プロテイナーゼやキシラナーゼ（xylanases）などの加水分解酵素は，木綿加工に利用され，手触りが柔らかく，吸収性のよい織物がつくり出される．
- 合成繊維の酵素的**生物加工**（bioprocessing of synthetic fibers）は，ポリエステル，ポリアミドあるいはアクリル繊維の機能を向上させ，付加価値をつけることが可能である．
- 繊維排水の改善，すなわち**生物的環境修復**（bioremediation）や排水処理は，織物加工における重要な側面であり，酵素は，ラッカーゼが廃液中の色素を脱色するなど，ここでもまた役に立つ．

木綿織物のセルラーゼ処理は，環境にやさしい方法であり，織物の特性を向上させる．セルラーゼは，1990年代に入って初めて織物産業に導入されたが，それらは現在では，**最もよく利用されている酵素群の1つである**．セルラーゼは，制御された方法でセルロース系繊維を修飾することができ，織物の質を向上させるので，最もよく用いられているのである．

セルラーゼを利用した綿織物の**生物仕上げ**（biofinishing cotton fabrics）は，機械的方法よりも効率よく，かつ優しくほどけた繊維を取り除くことができる．酵素の興味深い適用法は，バイオストーニング（biostoning；生物的石洗い）として知られる方法で，「ストーンウォッシュ（stone-washed；軽石などとともに洗った）」デニムに仕上げることである．織物産業はもちろんファッション産業でもあり，この数年，デニム布地は，見た目が着古して色褪せており，肌触りが柔らかいものが流行っている．伝統的に，デニムジーンズの製造業者は，これらの望ましい特徴を出すために，軽石とともにジーンズを洗浄している．それゆえ，「ストーンウォッシュ」ジーンズという．

デニムの洗浄に石を用いることのデメリットは，回転する石による機器の損傷，加工した衣類から残留した軽石を取り除くことの難しさ，粒状物質による排水溝の目詰まりなどである．今なお人々に好まれている着古した印象は，**セルラーゼ処理**（cellulose enzyme treatment）と，打ちたたきやこすり合わせなどの方法によりわざと傷をつけること，の組合せによって得られる．担体の軽石に固定化したセルラーゼを用いることは，加工費用の低廉化と酵素活性の上昇の両方が達成できる利点がある（Pazarlioǧlu et al., 2000）．

ウール産業における処理工程と仕上げ工程の多く，特にウール地衣類の縮みを軽減するための処理には，環境に好ましくない化学薬品が必要とされる．伝統的な処理には，強酸性塩素が必要とされ，結果として汚染廃棄物が生じる．このような事情が，ウールに対して同様の効果をもたらす，酵素の利用についての関心を呼び起こす．さまざまな**タンパク質分解酵素**（proteolytic enzymes）が候補となっているが，これらの酵素類は，加工中にウールの内部構造に浸透して繊維を分解し，望ましくない繊維損傷を引き起こすという問題がある．天然酵素は，修飾したり固定化することによって，酵素による繊維の分解を制御できる．この事実は，ウールを含んだ製品に対して多様な仕上げ効果をもたらす酵素処理を，うまく発展させる道のあることを指し示す（Shen et al., 2007）．

酵素は，**食品のバイオテクノロジー**（food biotechnology）でも広く利用されている（図 17.27）．いくつかの例について，この章で取り上げている．その一例として，ここでは，リンゴジュースの生産量は，ジュース産業においてはグレープに次いで大きく，搾汁の収量を最大限にするために酵素類が製造工程に取り入れられていることを，指摘したい．酵素の利用は，大規模な食品加工産業のさまざまな領域で共通に見られる特徴であり（表 17.11），追加の設備投資を行わずに製品の生産量を増加させることができる．

リンゴの加工では，抽出と清澄化の2つのステップで，**マセレーション酵素**（macerating enzymes）のペクチナーゼ，セルラーゼ，ヘミセルラーゼ（hemicellulases）が利用されている（Bhat, 2000）（表 17.11）．酵素類は，搾汁時に果実を液化し，得られるジュースの収量を増加させ，さらに，抗酸化物質やビタミンなどの重要な細胞成分の遊離を促進することに用いられている．第2番目の工程においては，不溶性のペクチンから形成される何らかの沈殿物を除去するために酵素が用いられている．酵素はジュースと混合された状態であるために，容器に詰めたり，流通させる前に，酵素とジュースを分離する必要がある．分離は，一般に，**清澄剤**（fining agent）としてゼラチンを添加することによって行われる．ゼラチンは，酵素を「フロック（flocs）」として凝集させ，フロックは濾過によって除去することができる．この工程における1つの問題

表17.11 食品バイオテクノロジーにおけるセルラーゼ, ヘミセルラーゼおよびペクチナーゼ

酵素	機能	応用例
マセレーション酵素（ペクチナーゼ, セルラーゼ, ヘミセルラーゼ）	可溶性ペクチンと細胞壁成分の加水分解；果汁の粘度の低下と舌ざわりの維持	果実からの果汁と, オリーブからのオイルの搾汁の改善；香り, 酵素, タンパク質, 多糖類, デンプンおよび寒天の遊離
酸耐性および熱耐性ペクチナーゼ（ポリガラクツロナーゼ, ペクチンエステラーゼおよびペクチントランスエリミナーゼなどを含む）	果実組織の分解による, 漿果や核果の粘性の急速な低下	果実の圧搾と色素抽出の改善
高プロペクチナーゼ活性と低セルラーゼ活性を有するポリガラクツロナーゼ	プロペクチンの部分的加水分解	高粘性果実ピューレの製造
低ペクチンエステラーゼ活性と低ヘミセルラーゼ活性を有するポリガラクツロナーゼとペクチントランスエリミナーゼ	プロペクチンの部分加水分解と可溶性ペクチンの加水分解による中程度サイズの断片の生成；酸性成分の生成と沈殿；セルロース繊維由来親水性コロイドの除去	低粘性の混濁野菜ジュースの製造
ポリガラクツロナーゼ, ペクチントランスエリミナーゼおよびヘミセルラーゼ	ペクチン, 分岐多糖および粘性物質の完全な加水分解	果実ジュースの清澄化
ペクチナーゼとβ-グルコシターゼ	果実と野菜の簡便な皮むきや堅固化のためのペクチナーゼとグルコシターゼの注入	果実と野菜の感覚特性の改変
アラビノキシラン修飾酵素（エンドキシラナーゼ, キシラン脱分岐酵素など）	穀物アラビノキシランの修飾とアラビノキシロ-オリゴ糖の生成	パン製品などの生地, 品質および保存期間の向上
セルラーゼとヘミセルラーゼ	細胞壁の多糖と置換セルロースの部分的もしくは完全な加水分解	浸漬効率, 穀物による均一な水吸収, 発酵食品の栄養価, 乾燥野菜や乾燥スープの再吸水能力, 機能性食品素材や低カロリー代替食品としてのオリゴ糖の製造, および生物変換などの向上
β-グルカナーゼとマンナナーゼ	菌類と細菌の細胞壁の可溶化	食品安全と貯蔵
キシラナーゼとエンドグルカナーゼ	アラビノキシランとデンプンの加水分解	小麦粉からのデンプンとグルテンの分離と単離
ポリガラクツロナーゼとペクチンリアーゼ活性をもたないペクチンエステラーゼ	果実の加工	高品質のトマトケチャップと果実の果肉の製造
ラムノガラクツロナーゼ, ラムノガラクツロナンアセチルエステラーゼおよびガラクタナーゼ	混濁状態の安定性	混濁状態の安定したリンゴジュースの製造（貯蔵中に沈殿物を生じない混濁ジュース）
セルラーゼおよびペクチナーゼ	果実と野菜の搾りかすからの抗酸化物質の遊離	冠動脈心疾患やアテローム性動脈硬化の制御の可能性；食品の品質低下の軽減
エンドマンナナーゼ	グアーガムの修飾	水溶性食物繊維の生産による食品の繊維含量の強化

出典：Bhat, 2000 を改変.

は, 酵素が一度しか利用できないことである. 酵素を, 多糖ゲル, ナイロン濾過膜もしくは粒状担体に**固定化**（immobilization）することで, それらを再利用することが可能となる（Álvarez et al., 2000）.

産業プロセスに用いられる微生物酵素は, おもに液体発酵により産生されるが, しかし固相発酵は, 酵素産生の大きな可能性を秘めている（Pandey, 2003）. たとえば, *Phanerochaete chrysosporium*, キコウジカビ, *Aspergillus giganteus*, および *Trichoderma virens* などを, 綿実種皮廃棄物（基質, 酵素誘導物質の双方としてはたらく）を用いた固相発酵により培養して得られた酵素標品は, 生物学的処理の間に綿織物中の不純物を効率よく分解するのに用いることができる（Csiszár et al., 2007）.

新たな環境から採取した微生物をスクリーニングすることによって得られた他生物由来の新規酵素や, タンパク質工学または組換え DNA 技術を用いて既知の酵素を修飾することによってつくり出された新規酵素, についての研究が継続して行われている（Olempska-Beer et al., 2006）.

17.17 ステロイドと菌類の利用による化学的変換

ステロイド (steroid) 化合物は，製薬業界では最も広く販売されている製品である．今日，**大量に製造されたステロイド**が，（処方箋が必要な）薬剤による治療と同様に，非常に広範な「処方箋なしで購入できる」薬剤による治療に用いられている．ステロイドの一般的な機能には，抗炎症作用，免疫抑制作用，利尿作用，同化作用，避妊薬，**プロゲステロン**（progesterone）**類似機能**，などがある．また，製造されたステロイドは，ある種のがん，骨粗鬆症および副腎機能不全の治療，冠動脈性心疾患の回避，抗真菌薬もしくは抗肥満薬として，さらに，HIV インテグラーゼ（HIV integrase）を阻害することによって，HIV や AIDS の感染の予防や治療のために利用されている．天然の生物資源からの，治療に適用できる可能性のある新規ステロイドやステロールの分離は，現在活発に研究されている分野である（Fernandes et al., 2003）．

ステロイドの効果についての研究努力は，1949 年にメイヨー・クリニック（Mayo Clinic）において，関節リュウマチの症状を軽減する，内因性ステロイドであるコルチゾン（cortisone）の劇的な効果が発見されたことにより鼓舞された．しかしながら，ステロイド分子の構造は複雑であり，化学合成が難しい．臨床的に有用で商業的価値の高い化合物を製造するのに必要な，高度に特異的な修飾反応を行わせることさえも，困難であり，多大な費用がかかる．それゆえに，20 世紀後半における，ステロイド剤とステロイドホルモンの製造，およびステロイド産業の成長は，大規模な産業プロセスにおける**微生物工学の適用**が成功をおさめた最たる例の 1 つである．

メイヨーにおける発見の直後，アップジョン・カンパニー（Upjohn Company）は，菌類の Rizopus の培養が，女性ホルモンのプロゲステロン中の非常に特異的な位置に水酸基を酵素的に導入する（すなわち，プロゲステロンの 11α-水酸化である）ことが可能であることを，発表した（Hogg, 1992）．プロゲステロンは，大豆ステロールである**スチグマステロール**（stigmasterol）から合成された．

この発見は，従来の有機化学では多段階工程で行われる化学的修飾が，1 段階で行えることを示した．実際に，近年になって，ステロイドの全合成が，およそ**20 段階の工程**（「およそ」とした理由は，何をもって開始とし，何をもって終了とするかによるからである）で行われることが報告された（Honma & Nakada, 2007）．この報告を，20 世紀半ばの同様の論文（Chamberlin et al., 1951; Peterson & Murray, 1952）と比較することは興味深い．

それ以来，微生物による反応を利用した，ステロイドの変換が急増した．多くの新薬や新規ステロイドホルモンの大規模な合成生産に，微生物による特異的な変換工程が用いれれてきた．修飾ステロイド（modified steroids）は，天然ステロイドよりも好まれている．その理由は，効能が上昇し，血流中で薬剤の半減期が長くなり，配送方法が簡便になり，さらに，副作用が減少すること，などである．

このような医薬誘導体製造のための生体触媒（biocatalysts）として，酵素よりも生細胞の培養が好んで用いられる理由は，おもに，酵素の単離，精製および安定化に追加の費用負担がかかることである．

さまざまの非常に異なる微生物が，**ステロイド変換**（steroid transformations）**のための生体触媒**として利用できる．

- さまざまな種類の細菌（bacteria）：*Pseudomonas, Comamonas, Bacillus, Brevibacterium, Mycobacterium, Streptomyces*，など．
- 糸状菌類（filamentous fungi）：ヒゲカビ（*Phycomyces*）属，ケカビ（*Mucor*）属，クモノスカビ（*Rhizopus*）属，コウジカビ（*Aspergillus*）属，アオカビ（*Penicillium*）属，など．
- 酵母（yeasts）：*Hansenula, Pichia*，サッカロミケス（*Saccharomyces*）属，など．
- 藻類（algae）：クロレラ（*Chlorella*）属，*Chlorococcum*，など．
- 原生生物（protozoa）：*Pentatrichomonas*，トリコモナス（*Trichomonas*）属（Donova et al., 2005）．

治療に適用できる可能性のある新規ステロイド様化合物の研究は，**内生菌**（endophytic fungi），サンゴおよび**海綿動物**を含む広範な天然生物資源におよんでいる（Fernandes et al., 2003）．

17.18 クォーン（Quorn™）発酵と発酵槽の進化

1950 年代末期に，専門家たちは，30 年以内（すなわち，1980 年代まで）に，タンパク質に富む食物が世界的に不足すると予測していた．それゆえ，**単細胞タンパク質**（single cell protein, SCP），特に微生物由来のものが，肉タンパク質の安価な**タンパク質代替物質**（protein alternatives to meat）とし

表17.12 クォーンと牛肉との比較

栄養素含有量	蒸し煮牛肉(%, w w⁻¹)	クォーン(%, w w⁻¹)
タンパク質	30.9	12.2
食物繊維	0	5.1
コレステロール	0.08	0
総脂質	11.0	2.9
(多価不飽和脂肪酸/飽和脂肪酸)比	0.1	2.5

表17.13 クォーン製造に用いられたグルコース1 kg当りのタンパク質収量の比較

生 物	タンパク質生成量（g kg⁻¹）
ウシ	14
ブタ	41
ニワトリ	49
Fusarium venenatum	136

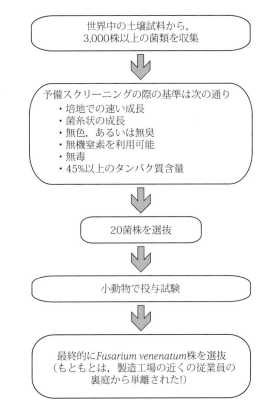

図17.34 最終的にクォーン菌類として知られるようになった，菌類を発見するために用いられたスクリーニングのフローチャート．

て，可能ならば廃棄物を基質として工業的に生産されることにより，予測された世界的食糧不足を解消する手段となりうることが期待された．菌類SCPは，従来の農業生産物である大豆かすのような，一般に定着している動物飼料と競合しなければならない．したがって，研究や開発に多額の費用がかかり，および/あるいは，独特で高価な製造設備を必要とする新規の微生物タンパク質（mirobial protein）は，競合し得ないであろう．人類の消費のために生産されるタンパク質は，家畜の飼料とは異なって，次に示すような基本的必要条件を備えている必要がある．

- 生産コストが安価である．
- 大量生産が可能である．
- 必須アミノ酸を含むタンパク質の含量が高い．

1964年に，Rank Hovis McDougall（RHM）Reserch Centreは，穀類を加工する際の廃棄物であるデンプンを，タンパク質に富む食物に変換する方法の開発に着手した．研究者たちは，次のような理由で，糸状菌類から新しい食物を生産することに決めた．

- 人類は，菌類を，食物として用いてきた長い歴史を有する．
- 菌糸体を，培養液から収穫することが，比較的容易である．

- 許容できる食品にふさわしい匂い，味および食感などの官能特性（sensory properties）もしくは**感覚刺激特性**（organoleptic properties）をもつ，糸状菌類由来の食品を開発することは可能である．この食品の市場価値は，肉の繊維状の性質に模すことのできる，繊維状の構造に重点がおかれた．菌体固有の栄養価と相まって，繊維状の性質は，菌類タンパク質（myco-protein）を，低脂肪，低カロリー，コレステロールフリーの健康食品として販売することを可能にした．当初，いかなる意味でも，意識的に，菌類タンパク質を肉と比較することはなされなかった．しかし，効率よく生産できる（表17.13），健康的な肉の代替食品として（表17.12）販売されたとき，売り上げが劇的に増加した．

大規模なスクリーニングにより，*Fusarium venenatum* A3/5株が，その後 *Fusarium graminearum* A3/5として知られるようになったが，評価のために選定された（図17.34）．菌類タンパク質は，*F. venenatum* の発酵により生じた食品の総称として，英国食品基準委員会（UK Foods Standards Committee）によってつくられた言葉である．菌類タンパク質は，食品開発を

行ったRank Hovis McDougall Reserch Centreと, 自由にできる発酵槽の容量をもっていたImperial Chemical Industries (ICI) の合弁会社として, 1984年に設立されたMarlow Foods Ltdによって生産された.

製品についての10年間の研究（1970〜1980）は, 毒性試験を含んでおり, 11種の動物（ブタ, 仔ウシ, ヒヒを含む）に対する投与試験では, 被験動物またはそれらの子孫に有害効果を示さなかった. 2500人のボランティアについての試験でも, 有害作用や免疫応答は示さなかった. 貯蔵中の細菌の持ち込みは, ニワトリまたは魚と同程度であると証明された. 最終的に, 認可を得るために, 200万語, 26巻の報告書が, 当時の農業漁業食糧省に提出されて, 認められた. 製品は, 1985年1月に初めて市場で販売された. AstraZenecaによるクォーンの追加の毒性試験は, 1996年12月に完了し, 報告書が米国食品医薬品局（United States Food and Drug Administration, FDA）に提出された. 米国でクォーンを販売するためには, FDAの認可が必要であった. 冷凍クォーンが, 最初に, 米国で, 2002年8月に販売された. 人間が食べている食品で, クォーンより厳しい**安全試験**を受けている食品はない！

菌類タンパク質は, 当初は, 従来の食糧の世界的な規模での供給減少分を補うための, タンパク質高含量食物として想定されていたが, しかし, 1980年代までには, 予想されたタンパク質を多く含む食糧の世界的規模での不足は, 現実のものとはならなかった. その結果, Marlow Foodsは, クォーンを, 新しい健康食品として販売することに決めた. このタンパク質は, **動物性脂肪やコレステロールを含まない**ので, カロリーと飽和脂肪が小さく, 食物繊維（菌類の細胞壁であるために, 全粒粉パンよりも食物繊維を含む）を多く含む. 販売方針のこの劇的な変化は, 1989年の調査により正当化された. その調査によると, 英国の国民のほぼ半分が赤身肉の摂取量を減らしており, 一方, 若者の5分の1がベジタリアンである, ということであった.

その後, 菌類タンパク質を, **肉の類似品**（meat analogue）として販売することが決まった. 今日, クォーンは, バーガー, ソーセージおよび薄切り肉の類似品（図11.12参照）として, また50種類以上の調理済みの食品の成分として, さらに調理も味付けもされていない形（厚切れ, 細片, あるいは細切れの形の）で, 販売されている. 最後の調理や味付けがされていない食品は, 家庭において, 広範な調理食品中の成分として用いられている. 14.4節で, クォーンの食品的価値について議論した. したがって, ここでは, クォーンの生産の生物工学に集中して議論したい（Wiebe, 2004）.

先に述べたすべての生産システムは, 次のことについて考慮している.

- 次の3つの長所をもつ回分培養や流加培養.
  - 簡単なシステムである.
  - 工業用発酵で一般に用いられている.
  - 「高市場価値」の製品の製造に用いられている.
- しかし, 製品が生物量（菌体量）であるときには, 数日ごとに新しい発酵を準備する必要があるので, あまりにも高価であるという欠点がある.
- 連続流動培養は, 次の3つの利点がある.
  - 生物量（菌体量）を連続的に生産する.
  - 長期間の運用が可能である.
  - 結果的に比較的安価である.
- おもな欠点は, 工程が技術的に非常に難しいこと, さらに, これまでに糸状菌類では工業的規模で行われたことがなかったこと, である.

$F.\ venenatum$ A3/5の菌体量の生産には, **連続流動培養システム**が選ばれた. なぜなら, 連続培養では回分培養よりも, はるかに高い生産性を達成することができるからである. 1994年の初頭までは, 菌類タンパク質の生産に用いられたエアリフト型発酵槽は, もともとは, 動物の飼料のプルティーン（Pruteen）の生産を目的として細菌の$Methylophilus\ methylotrophus$を培養するために, ICIによりBillinghamで建設されたものであった. この40 m^{3}の発酵槽（Quorn 1と命名）は, 約30 mの高さの引き延ばされたループからなり, 希釈率0.17〜0.20 h^{-1}でグルコース濃度を維持するための装置として運用された. この条件で, 発酵槽は, 年間1,000 tのクォーンを生産することが可能であった.

1993年後期には, Marlow Foodsは, 新しい155 m^{3}のエアリフト型発酵槽（Quorn 2, 古いプルティーン発酵槽の跡地に建設した）を稼動させ, 次いでQuorn 2と対をなすQuorn 3を建設した. これによって, クォーンの生産を, 年間10,000〜14,000 tまで増加させることが可能になった. 新しい発酵槽は, **世界最大の連続流動培養システム**である. 各発酵槽は, 建設費用が37.5百万ポンド, 高さが50 m, 重量が250 t以上である. 1997年までに, これらの2つの新しい発酵槽は, クォーンの売上高を, 年間約74百万ポンドにまで増加させた.

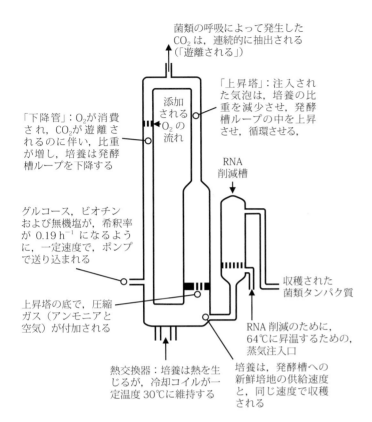

図17.35 連続流動培養法により，菌類タンパク質を生産する際に用いられた，クォーンエアリフト型発酵槽の概略図（Trinci, 1991, 1992, 1994 を改変）．

各 155 m^3 の発酵槽には，回分培養により得られた 50 g の生菌体を含む 5 dm^3 の培養が接種され，4 日後に連続流動培養が開始される．エアリフト型発酵槽においては，ほとんどの酸素移動は，比較的幅広の**上昇塔**（riser）の底付近で起こる．この上昇塔の底では，滅菌空気が導入され（図17.35），発酵槽の高さにより高い静水圧が生じる．この高い静水圧によって，乱流（結果として，小さな気泡）とともに，気相から液相への酸素の移動にとって格好の状態がもたらされる．かくて，上昇塔は，そこに流入する空気と培養の 2 つの相の混合を含み，その結果，気泡は流体の容積の 50 % にまでなる．気相から液相への酸素の移動率は，培養が上昇塔の最上部に流動してゆくほどに減少し，最上部では気相は約 10 % の酸素を含む．

上昇塔最上部の圧力が低い領域では，CO_2 が放出され，その後，培養は**下降管**（downcomer）に入る．下降管の底で，培養は上昇塔に導かれ，再び空気をチャージされ，このことによって，圧力サイクルが完結する．培養は，下降管にセットされた熱交換器によって約 30 ℃ に維持される．酸素制限を防ぐために，下降管において酸素が供給される．上昇塔中の比較的通気された培養と，下降管中の比較的空気が枯渇したた培養との間の比重の差［**静水圧差**（hydrostatic pressure diferential）を生じる］によって，成長中の菌糸繊維は，Quorn 1 では約 6 分ごとに 1 回循環の速さで，一方，Quorn 2 と 3 では約 2 分ごとに 1 回循環の速さで，発酵槽ループの中を確実に連続的に循環する．

成長のための**窒素**［アンモニア（ammonia）の形態の］は，上昇塔の底で，無菌の圧搾空気とともに発酵槽に供給される．培養へのアンモニアの供給速度は，培養の pH が 6.0 になるようにセットした pH 監視装置によって制御される．栄養素溶液は，希釈率が 0.17～0.20 h^{-1} の範囲になるように培養に供給される．栄養素供給装置は，グルコース濃度維持装置としても機能する．すなわち，グルコースは常に過剰に存在し，菌類は常に μ_{max} で成長し，10～15 $g\,L^{-1}$ の菌体密度が維持される．

発酵槽は，24 時間を基準とした対応が必要である．カビ毒の存在の有無の試験は，感度 2 ppb の方法を用いて，24 時間ごとに行われる．現在まで行われた試験は，用いた成長条件から予想されたように，すべて陰性であった（菌類は μ_{max} で成長しており，一方，毒素は，ゆっくりと成長している培養，または定常期の培養によって産生される二次代謝産物である）．生産物は連続的に収穫され，Quorn 2 と 3 はそれぞれ，毎時 30 t を生産する．

収穫した菌糸体は，そのままでは用いることができない．もし，ヒトの食物が過剰の核酸を含んでいると，血中**尿酸**（uric acid）値が上昇し，過剰分は関節や組織中に結晶性の沈殿物として蓄積し，通風として知られている病気や腎結石に罹る．これは，ヒトの代謝に特有の性質である．ヒトでは，尿酸は核酸の分解によって産生されるのに対して，他の脊椎動物では，やや溶けにくい尿酸は，高度に可溶性の酸であるアラントイン（allantoin）に変換される．

このような事情で，世界保健機関（World Health Organisation, WHO）は，単細胞タンパク質（single cell protein, SCP）[訳注5] 源からのヒトの RNA 摂取量について勧告した．勧告値は，成人に対しては，SCP からは RNA として 1 日 2 g，すべての摂取源からの全核酸摂取量は 1 日 4 g を超えないものとされた．比増殖速度 0.19 h^{-1} で培養した F. venenatum の菌体は，8～9 %（w/w）の RNA を含有している．この場合，菌類タンパ

訳注5：細菌，酵母，糸状菌，藻類などの微生物を大量培養し，タンパク質源として利用するもの．

ク質の摂取量は，1日20gを超えないものとなる．したがって，タンパク質と繊維状構造の損失を最小限に抑えつつ（しかし，不幸にして，タンパク質損失は，現在でも相当量になる），菌類タンパク質中のRNA含量を減少させる方法が開発された．

RNA含量を減少させる工程では，菌体の温度を20〜30分間68℃に上げて，成長を停止させ，リボソームを破壊し，そして細胞内のリボヌクレアーゼ（RNAases）を活性化させる．リボヌクレアーゼは，細胞内のRNAをヌクレオチド（nucleotides）に分解し，ヌクレオチドは菌糸壁を通って培地中に拡散する．重要なことは，リボヌクレアーゼはプロテアーゼ（proteases）よりも耐熱性があり，そのために，タンパク質の損失は最少限に抑えられることである．この方法は，リボヌクレアーゼの至適pHが5〜6であるので，培養液中の他の条件は調整せずに行われる．RNAを削減させる工程は，それに付随する相当の経済的な不利益を伴う．というのは，RNAを除去するのと同時に，この工程の間に，おそらく30%までの菌体乾燥重量と，相当な量のタンパク質を含む他の細胞成分が，失われるのが避けられないからである．しかし，RNA含量を減らすことは肝要である．この処理後，菌類タンパク質は，たった1%（w/w）のRNAを含むにすぎず，この値は動物の肝臓における存在量と同等であり，WHOによって推奨されている2%（w/w）の上限値内に良く収まっている．

SCPとして細菌や酵母よりむしろ糸状菌類を用いることの利点の1つは，比較的容易に菌糸体を収穫できる点にある．RNA含量を減少させた後，菌体は遠心分離により収穫され，約30%（w/w）の総固形分を含む菌体が得られる．

Rank Hovis McDougallは，菌類タンパク質の菌糸繊維が，望ましい繊維状構造に配列される，機械的工程を開発した．この段階で，菌体に色や風味を付与する（調理済み食品に用いるために）ために，他の成分が加えられることがある．最終的に，少量の卵白が，タンパク質結合剤としてクォーン菌類タンパク質に添加される．この後，卵白を添加された菌類タンパク質は，菌糸繊維の配列を安定化させるために，「ヒートセット（熱処理）」される．この工程の結果，菌類タンパク質は，肉と同じ「噛みごたえ」とみずみずしさをもつが，肉と違う点は，調理した時でも色や香りをもっていることである．最終的に，製品は小さいサイズにカットされ，短期または長期の貯蔵のために冷凍される．品質管理チェックは，最終製品が非常に高い品質であることを保証するために，工程のすべての段階ごとに行われる．

F. venenatumの発酵は，当初，無期限に連続して行われる予定であったが，実際には，発酵は，連続流動培養の開始後，1,000時間（＝6週間）またはそれより短い時間で停止された．菌糸体が受ける剪断力は，撹拌発酵槽（Rank Hovis McDougall法，RHM法）とエアリフト発酵槽（Marlow Foods法）で異なるが，2つの型の発酵槽における F. venenatum の菌糸体の形態と成長は同じであり，両システムにおいて，高度に分岐したコロニーを形成する（colonial）突然変異体（図17.36）が生じる．

コロニーの突然変異菌糸からなる菌体は，親株と同じ化学組成を有し，同様に栄養価が高いが，突然変異菌糸の存在により菌類タンパク質の食感が変化し，もろくなるために，製品の基準を維持できない．そこで，培養を終了し，新しい培養を始める必要が生じる．つまり，突然変異菌糸の出現は，発酵の早期の終了と，その結果生産性の損失を引き起こす．高度に分岐した突然変異菌糸を寒天平板で培養すると，親株よりもはるかに密に詰まったコロニーを形成し，ずっとゆっくりと半径を広げる（これが，コロニー突然変異体とよばれる所以である）．放射状の成長速度が遅くなるのにもかかわらず，グルコース濃度を一定に維持する装置または恒成分培養槽を用いて，高い希釈率で培養すると，コロニー突然変異体は急速に親株に取って代わる（図17.37）．STRを用いた，高い希釈率でのグルコース制限恒成分培養で，コロニー突然変異体は，約107世代（変動幅，99〜115世代）以降に出現する．菌類タンパク質発酵において，コロニー突然変異体の出現を防止する，あるいは遅らせることができれば，生産性を高め，さらに製品の単価を減らすことになるだろう．

発酵のこの早期の終了がどのように制御されているかを理解するには，恒成分培養における微生物の培養が，どのように進んでいるのかを理解する必要がある．微生物が恒成分培養槽で成長しているとき，その微生物の比成長速度（μ）と成長制限基質濃度（S）との間の関係は，先に引用した，次のMonodの式で表される．

$$\mu = \frac{\mu_{max} S}{(S + K_s)}$$

上式において，μ_{max} はその微生物の最大比成長速度で，飽和定数である K_s は，制限基質に対する微生物の親和性の尺度である．すなわち，K_s は，微生物が最大成長速度の半分の速さで成長する際の基質濃度である．もし，恒成分培養槽での培養が長引くと，微生物個体群は，突然変異（mutation）や自然淘汰（natural selection）によって環境に適応するために，新し

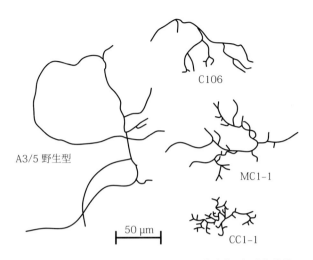

図 17.36 *Fusarium venenatum* A3/5 と，実験室の恒成分培養において自然に生じた，高度に分岐したコロニーを形成する 3 種類の突然変異体（C106, CC1-1 および MC1-1）の，菌糸体の形態の比較（Trinci, 1994 を改変）．

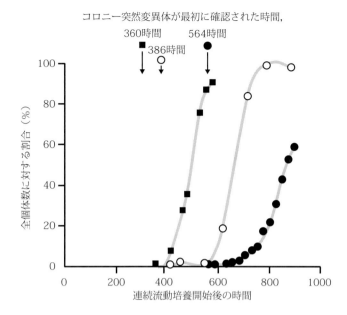

図 17.37 *Fusarium venenatum* を，実験室スケールのグルコース制限恒成分培養槽を用いて，希釈率 0.19 h^{-1} で培養中に出現したコロニー突然変異体の個体数（全個体数に対する百分率で表示）（Trinci, 1992, 1994 を改変）．

い，つまり有利な株が出現する．親株に比較して**有利な突然変異体**（advantageous mutant）の競争上の優位性は，**選択係数**[selection coefficient(s)]を算出することにより定量化できる．

$$s = \frac{\ln\left[\dfrac{p_t}{q_t}\right] - \ln\left[\dfrac{p_0}{q_0}\right]}{t}$$

ここで，p_t は時間 t における変異体の濃度，q_t は時間 t における親株の濃度，そして p_0 と q_0 は，各々の株の初期濃度である．選択係数は，選択が，ある表現型が次世代の表現型に対してなす相対的な寄与を，**減少させることにはたらく程度の尺度**である．それは，0 と 1 の間の数字である．

もし，$s = 1$ なら，その表現型（phenotype）に対する選択はすべてで，そして，ある表現型は次の世代へは寄与しない．もし，$s = 0$ なら，その表現型はまったく選択されない（すなわち，好ましい表現型と比較して，選択的に中立である）．たとえば，もし好ましい表現型が 100 の生存能力のある子を生じ，もう 1 つの表現型がたった 90 の子しか生じないとすると，$s = 0.1$ となり，もう 1 つの表現型に対して不利な選択圧力がかかる．この現象を表す別の方法は，好ましい表現型の**適応度**（fitness）は 1.0 であり，もう 1 つの表現型の適応度は 0.9 であると表すことである．

恒成分培養において発現する突然変異体の選択優位性は，2 つのおもなカテゴリーに分類される．

- 突然変異体が，親株よりも高い最大比成長速度（μ_{max}）をもつ．

- 突然変異体が，親株よりも制限栄養素に対して小さい飽和定数（K_S）をもつ．

一般に，前者の高い最大比成長速度（μ_{max}）をもつ突然変異体は，恒成分培養槽かタービドスタットを用いた高い希釈率での培養で選択される．また，制限栄養素に対して小さい飽和定数をもつ K_S 突然変異体は，通常，恒成分培養槽を用いた低い希釈率での培養で選択される．

有利な突然変異とは対照的に，突然変異体に親株に比較して選択的優位性も不利益も与えない突然変異[**中立突然変異**（neutral mutation）]は，個体群中に非常にゆっくりと蓄積し（前進突然変異率で最大に），有利な突然変異に結びつくことがなければ，高濃度になることも決してない．中立突然変異を起こした個体群の周期的な減少は，恒成分培養槽で非常に長期間培養された細菌で観察された．この現象は，周期的な選択とよばれる．周期的な選択は，*F. venenatum* を用いて研究することができる．なぜならば，この菌類は，単核のフィアライド（phialides）から形成される大型分生子（macroconidia）を生じるためである．したがって，培養から収穫した大型分生子の核は，菌糸体中に存在する核の試料を与えることになり，さらに，*F. venenatum* では，大型分生子で起こる中立突然変異を観

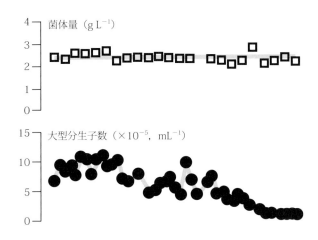

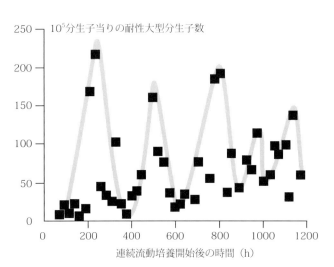

図17.38 実験室レベルのグルコース制限恒成分培養槽中での，*Fusarium venenatum* の培養における周期的な選択．グルコース制限恒成分培養槽中の改変フォーゲル（Vogel）培地で，25℃，pH5.8，希釈率 $0.10\ h^{-1}$ で，*F. venenatum* A3/5 を培養したときの，菌体の密度，大型分生子の総数，および 250 μM シクロヘキシミドに対して自然に耐性を示すようになった大型分生子の数．個体群中のシクロヘキシミド自然耐性大型分生子の濃度の減少は，表現型が未知の他の有利な突然変異体の出現と関係づけられる．この現象は周期的選択として知られ，同様の観察がコウジカビ（*Aspergillus*）属のいくつかの種でなされている（Trinci, 1994; Swift *et al.*, 2000）．

察することによって，周期的な選択を追跡することができるのである（図17.38）．

恒成分培養槽では，中立突然変異体は直線的に蓄積するが，それらの濃度は，中立突然変異をもたない有利な突然変異体が出現すると減少する．この周期的な選択の現象を用い，突然変異体の表現型がわからないときでも，個体群中に有利な突然変異体が出現した時期を決定することができる．たとえば，恒成分培養槽で培養されている *F. venenatum* A3/5 個体群におけ
る有利な突然変異体の出現は，個体群中の塩素酸塩（chlorate）耐性とシクロヘキシミド（cycloheximide）耐性の大型分生子の増加と減少をモニターすることによって，決定された（後者の例は，図17.38 に示した）．図17.38 に示されているように，グルコース制限恒成分培養槽において培養された *F. venenatum* A3/5 の個体群中に，未知の表現型をもつ少なくとも 3 種類の有利な突然変異体が出現した．

グルコース制限恒成分培養槽を用いて，*F. venenatum* A3/5 を希釈率 $0.19\ h^{-1}$ で培養すると，周期的な選択が，124 時間ごとに，あるいは 34 世代ごとに 1 回起こった（Wiebe *et al.*, 1993, 1994, 1995）．グルコース制限恒成分培養槽における，*F. venenatum* A3/5 の希釈率 $0.05\ h^{-1}$（倍加時間，13.9 時間）での培養においては，いくつかの個体群の K_S 値が測定され，K_S 値は，培養の進展とともに減少することがわかった．このように，*F. venenatum* A3/5 を，グルコース制限恒成分培養槽中で，小さい希釈率で培養すると，菌糸体の形態は変化しないが，親株よりも基質に対してより高い親和性をもつ，すなわち，グルコースをより効率的に吸収できるシステムを有する可能性のある，有利な突然変異体が選択される．

グルコース，アンモニアあるいはマグネシウム制限恒成分培養槽中で，*F. venenatum* A3/5 を希釈率 0.18 または $0.19\ h^{-1}$ で培養した実験において，グルコース制限培養では，コロニー突然変異体は，連続流動培養開始後，360，386 および 421 時間目（それぞれ，99，106 および 115 世代目）に最初に検出された．また，アンモニアあるいはマグネシウム制限恒成分培養では，コロニー突然変異体は，連続流動培養開始後，それぞれ 447 時間目（115 世代），あるいは 260 時間目（71 世代）に最初に検出された．このような培養が進展するままに置かれたときにはいつでも，コロニー突然変異体は，最終的に，全個体群の 90％以上を占めた．

この実験は，高度に分枝した表現型が，コロニー突然変異体の選択的優位性をもたらす原因ではないことを示す．そうではなくてむしろ，優位性は，分枝に対して多面的な影響をもつ代謝系の変化によって，もたらされるように思われる（Simpson *et al.*, 1998）．工業的な菌類タンパク質の発酵において，コロニー突然変異体の出現を防ぐまたは遅らせるための戦略を発展させることは，経済的に非常に重要である．現在までに，次の 3 つの可能な戦略が確認されている．

- 低い希釈率で，発酵槽を稼働すること．
- 周期的に，発酵槽中の選択圧を変化させること．

- 少なくとも菌糸体の形態に関する限り F. venenatum A3/5 株よりも遺伝的に安定で，まばらに分枝した F. venenatum 株を分離，または，遺伝子工学で作出すること．

しかし，生産工程で，発酵槽をより低い希釈率で稼働させてコロニー突然変異体の出現を遅らせることによって得られた利点は，このような条件下では菌体生産速度が低下することによって相殺されるだろう．同様に，周期的に選択圧を変化させることは，製品の化学物質含有量を変える可能性があり，生産工程に好ましからざる複雑さをもち込むことになる．しかし，F. venenatum A3/5 株より形態的に安定な，F. venenatum の変異体（たとえば，二倍体）を選抜することは可能である．

17.19 胞子と接種源の生産

菌類は，他の真核生物界の生物に寄生することができ，さまざまな種類の害虫，寄生生物および病原生物の生物防除剤（biocontrol agents）として認識されるようになった．雑草の病原体は，**菌類除草剤**（mycoherbicides）（第14章参照）として利用できる可能性があり，**菌類殺虫剤**（mycopesticides）は，線虫（15.6節で考察）を含む動物の病原体から開発することができるだろう（第16章参照）．

さらに，以前に，他の菌類に寄生する多くの種類の菌類について述べたが，これらの菌類は，病原性菌類の生物防除剤として役立つ可能性がある．土壌に普遍的に存在する Trichoderma 属の菌種は，特に興味深い．なぜなら，この菌類は，植物の潜在的な共生者であると同時に，他の菌類，とりわけ，実生の Rhizoctonia 立枯れ病のような一般的な病気の原因菌類や，樹木のナラタケ（Armillaria）属根腐れの原因菌類などの菌類の日和見寄生者だからである（16.13節を参照）．そして，菌類と植物根の間にはあらゆる種類の菌根相利共生関係があり，これらの関係は発達し，化学肥料なしで作物の成長を促進するために利用することができる．菌類寄生菌や拮抗菌（antagonistic fungi）は，潜在的に，雑草や病原体の制御を目的とした化学防除剤の生物学的代役となる可能性がある．

これらのケースのすべてにおいて，将来性のある商品は，菌糸体および/あるいは胞子の形の菌体であり，これらは，実際的には発酵により生産される．たとえば，Botrytis cinerea が原因の果実の灰色かび病を防除するために，液体発酵法により Trichoderma harzianum の分生子胞子が大量に生産されてきた（Latorre et al., 1997）．分生子は，300 L 容の発酵槽を用いて，28℃，60〜70時間培養，培地容積当り毎分 0.4 倍量の通気速度，ロータースピードは 180 rpm，一定の低照度下で生産された．

同様に，菌類除草剤として用いられる Fusarium oxysporum（子嚢菌門）の厚壁胞子生産の最適条件が，まず 2.5 L 容発酵槽で，次いで 20 L 容にスケールアップされて検討された（Hebbar et al., 1997）．その結果，1段階の液体発酵で，大量の厚壁胞子（chlamydospores）（$10^7\,\mathrm{mL^{-1}}$）が，2週間足らずで生産されることがわかった．厚壁胞子は，他のタイプの胞子よりも極端な乾燥や温度条件に耐性があるために，商品として必要な貯蔵寿命を有する菌類除草剤を，容易に開発できる．

最後に，液内培養による Ulocladium atrum（子嚢菌門）の分生子胞子形成（conidiation）の誘導について紹介しよう．この菌類は，温室や圃場に生育する作物の B. cinerea による灰色かび病の防除に利用できる可能性がある．菌糸体断片と分生子（conidia）からなる接種源の全量を最大にした時の得られた分生子数は，25℃，ローターの回転速度 100 rpm で9日間培養したときに，約 $2\times10^7\,\mathrm{mL^{-1}}$ であった．貯蔵寿命の研究において，生存能力のレベルは，エンバク粒を用いた4週間の発酵で得られた気中胞子（aerial spores）と同等であることがわかった．しかしながら，液内培養で形成された分生子の乾燥条件における発芽能力は，貯蔵6ヵ月後に急激に低下した．一方，固体基質上で形成された気中胞子では，このような能力の低下は観察されなかった（Frey & Magan, 2001）．

この最後の例は，**固相発酵**（solid state fermentation）で形成された胞子の性質は，液内発酵で形成された胞子と明らかに異なるという事実を，強く示すものである．生物制御剤として用いられる菌類胞子は，得られた胞子が高品質であるという理由で，優先的に固相発酵で生産される．高品質である理由は，具体的には，乾燥に強く，市販用の乾燥商品の状態で安定なことである．もっとも，固相発酵で得られた胞子は，液内培養で生じた胞子と比較して，形態的，機能的および生化学的な違いがあるのであるが（Feng et al., 2000; Hölker et al., 2004）．胞子の最大収量は，液内発酵（第1段階の「接種種菌」の生産のために）と固相発酵（引き続く胞子の生産のために）の組合せによって得られる．

用いられる基質の種類は非常に多岐にわたっており，多くの植物起源廃物質（次の 17.21 節を参照）だけではなく，あらゆる種類の種子と穀物粒が含まれる．ある種の菌類（たとえば，植物病原菌類の Sclerotinia sclerotiorum に対して活性のある生体防除剤である Coniothyrium minitans など）の胞子生産

は，基質表面でのみ見られる．

食品工業で使用される胞子は，均一で純粋な胞子が高収量で得られるので，しばしば種菌培養として固相発酵で生産される．この方法は，ブルーチーズやブリーチーズ製造に利用される *Penicillium roqueforti*, *Penicillium camemberti*, およびサラミ製造に利用される *Penicillium nalgiovense* の胞子生産に適用されている（17.24節を参照）．これらの *Penicillium* 属の菌類は，液内回分培養で培養可能であるが，これらの菌類の工業的な胞子生産は，固体基質（パン，種子，など）が好まれる傾向がある．固相培養では，14日間の培養で，基質ベースで最大 2×10^9 胞子 g^{-1} までの収量が得られ，この値は，液内培養による収量のおよそ10倍である．固相発酵については，地球上で最大で，最も広範に分布している液内発酵工程について簡単に見たのち，次の17.21節でより詳細に説明しようと思う．

17.20 草食動物の自然の消化発酵

草食動物（herbivores）の自然の消化発酵（digestive fermentations）については，すでに論議した．

- 草食動物が食物を消化できることについては，菌類が重要な寄与をしている（3.3節と図3.3を参照）．
- 反芻動物（ruminant）の生物学，および反芻動物の消化管の微生物群集については，15.5節で考察した．

ここで，第1胃（rumen，こぶ胃）発酵の量的な視点を，簡潔に付け加えたい．それは，反芻動物の「工学」的な側面であり，あなたの友人の想像力をかき立て，興味をよびさます，いくつかの数字を示そうと思う．

反芻動物の前腸は4つの部屋から構成されており，それぞれ，第1胃，第2胃（蜂巣胃），第3胃（葉胃）および第4胃（皺胃）という．第1胃は4つの部屋の中で最大であり，第2胃と組み合わさることで，発酵容器を形成する．この容器の容量は，ウシでは100〜150 L，ヒツジでは約10 Lである．この発酵容器には，次のものが投入される．

- 動物が飼料とする，固形物としての植物体．
- 反芻動物が生じる膨大な量の唾液，すなわち発酵液．その量は，ウシでは1日当り約150 L，およびヒツジでは11 L（つまり，1日当り1発酵槽分の容量の唾液）になる．

第1胃の中の液体や微生物を含む小さい粒子の保持時間は，10〜24時間の範囲であるが，植物片のように大きな粒子の保持時間は，2〜3日間である．**第1胃は連続培養システムであるが，内容物は十分に混合されない**．植物性物質からなる基質の不均一な性質のゆえに，植物性基質は成層化されると考えられる．

反芻動物は，植物体を利用可能な栄養素に変換することを，微生物に依存している．第1胃の消化内容物中の微生物の濃度は，細菌が $10^{10} \sim 10^{11} g^{-1}$，原生生物が $10^5 \sim 10^6 g^{-1}$，そして嫌気性菌の菌糸体形成単位が $10^5 g^{-1}$ である（Trinci et al., 1994）．それゆえ，平均的なウシは，約 1.5×10^{14} 単位の嫌気性菌を含んでおり，平均的なヒツジは約 10^{11} 単位の嫌気性菌を含んでいる．

乳牛の総数は世界で 2.4×10^8 頭であるが，それに加え，肉用牛は世界で約 1.3×10^9 頭存在する（出典：FAO http://www.fao.org/ag/againfo/home/en/news_archive/AGA_in_action/glipha.html）．それゆえ，全体としておよそ 1.6×10^9 頭の畜牛が世界中に存在している．すなわち，総計 2.4×10^{11} Lに達する胃液が歩き回っており，その中に 2.4×10^{23} 単位の嫌気性菌が存在しているのである．畜牛の群れだけで，この数字である．

世界中には 10^9 頭のヒツジが存在し，各々のヒツジは，歩く10 Lの発酵培養である．さらには，アンテロープ，バイソン，バッファロー，ラクダ，シカ，ヤギ，雄ウシ，野生の獣類，などが存在する…．そして，われわれが気にもかけていない，後腸発酵（hindgut-fermenting）を行うウマ，シマウマ，サイ，象，バク，ナマケモノ，ブタ，ペッカリー，テンジクネズミ，チンチラ，…そしてウサギまで存在する！

世界中で多くのツボカビ類（chytrids）が，多くの発酵を行っている．この事実が，反芻動物の消化管内の発酵が，**最も大きく，最も広範に分布している液内発酵工程**といわれるゆえんである．少し計算してみたらわかるだろう．草食動物が行う発酵の副産物として放出される温室効果ガスのメタンが，気候に与える影響を考えてもらいたい．

17.21 固相発酵

固相発酵では，微生物は固体基質の表面で成長し，液内発酵とのおもな違いは，関与する液体の量である．上述したように，液内発酵においては，菌体が培地中に懸濁した状態で成長するのに対して，固相発酵では，固体基質が最少限の可視的な

水をもち，固体基質の粒子又は砕片の間に，連続した気相が存在している．

固相発酵システム中の水のほとんどは，湿った基質粒子内に吸収されており，粒子間の空間のほとんどは，**気相により満たされている**．とはいっても，いくらかの水滴は，基質粒子間に目に見える状態で存在し，さらに基質粒子自体も水被膜で覆われているかもしれない．このタイプの発酵は，より一般的な**固体基質発酵**（solid substrate fermentation）の一種である．固体基質発酵には，連続的な液相中に固体の基質粒子を懸濁させたタイプの発酵（どちらかというと，胃や第1胃内における食物の消化のような）から，固定化された基質の周囲および基質の中を，液相が流れるタイプの発酵［**細流フィルター**（trickle filters）などのような］までの，さまざまなタイプがありうる．

固相発酵は，基質の物理的状態に応じて，次の2つのグループに分けることができる．

- 低水分の固体，攪拌し，あるいは攪拌せずに発酵を行う．
- 固体基質を充填したカラム，液体を少しずつカラムに通しながら，発酵を行う（再循環させる場合と，させない場合がある）．

固体基質は通常，豊富で複雑な栄養素源となり，補充の必要がないかもしれない．この種類の混合基質は，糸状菌類が，さまざまな細胞外酵素を産生して粒状の基質の表面や基質を貫いて成長でき，菌糸体を形成するのに理想的である．固相発酵に用いられる伝統的な基質は，穀物のわらおよび他の植物残渣のようなさまざまな農産物，さらに米，小麦，トウモロコシ，ならびに大豆などの種子である．固相発酵は，酵母や細菌もまたこのような方法で培養できるが，糸状菌類の培養に関するものがほとんどである．すなわち，ほとんどは絶対好気性生物であり（このシステムを，嫌気的に運転してはいけない理由はないが），このプロセスは，特定の生物の純粋培養あるいは何種類かの生物を混合することに特徴があるだろう．

固相発酵槽は，今なお，生物制御剤として使用するための何種かの（ほとんどの？）菌類の胞子を生産するためには，最も良い方法である．生物制御の目的に用いる，良好な菌類胞子を生産することは液内培養では困難である［*Verticillium*（*Lecanicillium*）*lecanii* は明らかな例外である］．これらの特徴は，17.19 節で扱う．

固相発酵のおもな問題は，それらを制御するのが容易ではなく，このことが，調整要件を満たすことを困難にしている．堆肥化の工程では，有害なガス（特に，アンモニアや硫化物）が放出され，さらに，対象生物によって生産された気中胞子は，健康障害を生じる［アレルゲン（allergens）として］可能性がある．

伝統的な固相発酵の例としては，次のようなものがある．

- 堆肥の形成．
- きのこの栽培（mushroom cultivation）［そして，栽培とは独立した工程による，種菌またはきのこの種菌（mushroom spawn）の生産］．
- パン生地の発酵．
- カビによるチーズの熟成（ripening），およびサラミ（salami）や醤油（soy sauce）のような他の食品の製造．

事実上，固相発酵といってよい方法が，チョコレートとコーヒーの生産に用いられている．発酵により，ココアあるいはコーヒーの果実の場合は，果実から果肉や粘質物を取り除き，およびコーヒーの場合は粘質物を取り除き，さらに**風味**（flavor）を付加して，「豆（種子）」が調製される．

カカオの木，*Theobroma cacao* から得られるココア製品は，食品，化学，製薬および化粧品などの産業で利用されている．カカオは，アマゾン川流域に起源をもつ植物で，現在は世界中の熱帯地域において栽培されている重要な作物である．カカオの果実は，長さ 20～30 cm で，重さ 0.5 kg 程度の卵形のさや（pod）をもつ．カカオの果実は，幹や木の主枝から直接生じ，通常は手で収穫される．それぞれのさやには，約 40 粒の種子（ココア「豆」，それらは，真の豆ではないが）が入っており，種子は厚いペクチン質の果肉に包まれている．初期の行程のほとんどは，農場で行われる．収穫したさやは，長なたで切り開かれ，さやの中の果肉と種子が手でかき取られる．殻は廃棄されるが，果肉と種子は，数日間山積みにされる．この間に，種子と果肉は，「**スウェッティング**（sweating）」とよばれる工程を経る．すなわち，この工程は天然の**微生物発酵**であり，厚い果肉は液化される．結果として，果肉は流れ出し，後にココアの種子が残り，種子は集められる．この発酵中に，次の2つの工程が同時に進行する．

- 粘液質の果肉中の**微生物活性**により，微生物の代謝副産物としてアルコールと有機酸が産生され，代謝の結果熱が放出され，温度が約 50℃まで上昇する．

- 微生物からの代謝産物の拡散と温度上昇によって，複雑な生化学反応が種子の子葉内で起こる．

発酵は，各種の酵母，乳酸菌や酢酸菌の遷移が見られることに特徴がある．最初の24時間には，酵母の急速な成長が見られる（*Saccharomyces cerevisiae, Kloeckera apiculata, Candida bombi, Candida rugopelliculosa, Candida pelliculosa, Candida rugosa, Pichia fermentans, Torulospora pretoriensis, Lodderomyces elongiosporus, Kluyveromyces marxianus, Kluyveromyces thermotolerans* などの）．酵母の最も重要な役割は，次にあげるようなことである．

- 果肉中のクエン酸の分解：pH が 3.5 から 4.2 に変化し，細菌の増殖が可能になる．
- 酢酸菌の基質であるエタノールの産生．
- シュウ酸，コハク酸，リンゴ酸および酢酸などの有機酸の形成．
- ある種類の有機揮発性物質の産生：これらは，おそらくココアの「豆」の中のチョコレートの香気物質の前駆体である．
- 果肉を分解するペクチナーゼの分泌：ペクチンは，果肉の粘性に関与する主要な植物多糖である．酵母のペクチナーゼは，果肉の粘性を低下させ，溶解果肉液が流れ出し，通気を向上させる（酢酸菌によって要求される）ために必要とされる．

未発酵のカカオ種子は，チョコレートの香気物質（その香気は，生のジャガイモの香気に似ているといわれる）を生産しない．新鮮なカカオ種子を，温アルコールと有機酸で処理することによっては，チョコレートに香気を付与することはできない．**香気の発達**には，発酵中に起こる，複雑な物理的および有機的生化学反応が絶対に必要である．発酵が終了した豆は，豆を炒り，次いで，固形分（飲料や料理用のココアをつくるために，粉末にされる）からココアバター（チョコレートバーをつくるために使用される）を分離するための加工工場に移送する前に，天日干しされる（Schwan, 1997; Schwan & Wheals, 2004; http://www.unctad.org/infocomm/anglais/cocoa/characteristics.htm）．

コーヒー豆は，ココア豆と同様の発酵により調製される．その理由も同じようなことである．コーヒー豆もココア豆も，実際は豆ではない．厳密には，「豆」はマメ科植物の種子である（ソラマメ，インゲンマメ，などのような）．ココア豆はカカオの種子であり，数枚の心皮からなるさやの中に形成される．一方，コーヒー豆は，単一の心皮からなる果実（核果とよばれる）の中に形成される種子である．コーヒーの果実内部には，外側から中心部に向かい，肉質部，中心殻（核あるいは石果），中心殻の中に 1 つ以上の種子が，順に存在する．良く知られる核果型の果実には，サクランボ，杏，ダムソン，ネクタリン，モモ，プラム，マンゴー，オリーブ，ナツメヤシ，ココナッツおよびコーヒーなどがある．灌木状の *Coffea* 属のいくつかの種は，コーヒー豆を収穫するために栽培されているが，*Coffea arabica* は最高の風味をもつ．「ロブスタ（Robusta）」豆（*Coffea canephora* var. *robusta*）は通常，*Coffea arabica* には適さない土地で栽培されている．この植物種は，2 個の種子（いわゆるコーヒー「豆」）を含んだ，赤や紫のサクランボ様の核果をつける．収穫は，またもや手作業で行われる．収穫されたばかりの果実は，洗浄され，水中に浸漬される．次いで，果実の果肉のほとんどは，表面がざらざらになったローラーを備え，水流下で果肉を洗い落す機械によって除去される．第 2 段階では，コーヒー「豆」は，**大きな水容器内で発酵される**．この発酵によって，残った果肉はすべて溶解し，コーヒー種子をおおっている，水不溶性のペクチン質薄皮は除去される．発酵には約 2 日間を要し，この工程は，コーヒーに豊かな香りと独特の風味を与えるために重要である．発酵が終了すると，コーヒー豆は洗浄され，5〜6 日間天日干しされ，最終的に，「ペルガミノコーヒー（pergamino coffee）」として流通および/または輸出に回される（http://www.hollandbymail.com/coffee/index.html）．

Wikipedia によると，「お茶は，水に次いで世界で最も広く消費されている飲料である…」（http://www.en.wikipedia.org/wiki/Tea）．お茶（tea）は，*Camellia sinensis* の加工した葉，葉芽および節間から製造される．

- 最も柔らかい若い葉と葉芽が，手で灌木から**摘み取られる**．
- 次いで，葉は，含水量が 70% になるまで**乾燥される**．
- しおれた（枯れた）葉は，機械的にローラーにかけられ，押し広げられ，ねじれた針金のような茶葉となる．
- ロール掛けが終了すると，葉は，**放出された酵素**に空気が良く通るように机上に広げられる．葉は，徐々に緑色から淡褐色，そして濃褐色に変化し，酸化には約 26℃ で 30〜180 分間かかる．

一般に**茶の発酵**（tea fermentation）とよばれているこの酵

素的酸化は，加工工程において重要なキーとなるステップである．この工程の間に，クロロフィルは分解され，タンニンが放出され，茶葉中のポリフェノールは酵素的に酸化されて，縮合されることにより，着色した化合物を生じる．この化合物は，最終的な飲料の風味，色および濃さといった品質に寄与する．茶産業は，発酵という表現を用いるのは誤りであると主張している．なぜなら，酸化に関与する酵素類は植物に内在するものであり，微生物が関与していないからである．しかしながら，内生（endophytic；13.19節）および着生（epiphytic；13.20節）菌類が広く存在することを考えると，この説に納得できるわけではない．

　近年，固相発酵法が，**細胞外酵素**（extracellular enzymes）やその他の菌類の産生物，さらに，生物的変換のための接種源および，とりわけ**菌類農薬**（mycopesticides）として使用するための菌類胞子，などを工業的に生産するために開発されている．微生物農薬の製造のために固相発酵法を用いることのおもな利点は，この方法が，個々の農家によってもまた地方生活共同体によっても，行うことができる点である．現地生産することにより，大規模工業生産の容易さに伴う製品の安定性の低さと保存期間の短さ，さらには製品の保管や長距離輸送の問題，などの主要な問題のいくつかを回避できる．地方で生産された菌類農薬は，より廉価にすることができ，またその製法は，現地の環境条件に合わせて最適化できる（Capalbo et al., 2001; Pandey, 2003）．

　大規模な固相発酵に使用する発酵槽は，**バイオリアクター**（bioreactors）とよばれている．それらは，シンプルな堆肥の堆積までをも含めた，プラスチックの袋や蓋なしのトレイと同じくらい簡単なものもある．堆肥の堆積の場合，堆積が大きいと，混合するのに大型の設備が必要かもしれない．より「機械化された」装置には，その間を温度と湿度を制御した空気が循環できるように積み重ねられたトレイ，あるいは追加で何らかの撹拌ができるような回転ドラム式バイオリアクター，などがあるだろう（Mitchell et al., 2006）．

　菌類農薬標品用の菌類胞子生産のための，一般化された実際的な方法は，二段階の発酵工程からなる．第一段階では，菌類は，液内回分培養で培養される．この培養は，第二段階で，固相発酵によって分生子を形成するために，固体基質（通常，加圧蒸気滅菌された種子や穀物粒，しばしば米など）に接種される．

　固相発酵が終了すると，その表面に分生子が形成されている基質は，風乾され，その後分生子がマイコハーベスター（MycoHarvester；菌類胞子収穫器）を用いて採取される．採取後，精製された胞子は乾燥され，適切に最終製品として調製され，包装される．

　マイコハーベスターは二段式の装置であり，表面に菌類が成長している基質を粉砕するための回転ドラム式撹拌器と，エアーサイクロン装置（air cyclones）を装備した4つかそれ以上のステンレススチール製のチャンバーからなる胞子分離部分，から構成されている．これらのサイクロンは，強力なファンで駆動される急速に回転する空気の渦であり，装置を通して空気を引き込む．撹拌機は，機械的に胞子を基質から遊離させ，基質残渣と胞子はサイクロン内に吸い込まれる．

　サイクロンは効果的に粒子を遠心分離し，分生子を含んだ空気は装置から引き出され，収集器内に集められるが，大きな基質粒子は，サイクロンから抜け出て，装置の側面や底面に貯まる（http://www.dropdata.net/mycoharvester/index.htm）．

17.22　リグノセルロース残渣の分解

　農業，産業および森林から出る残渣のリグノセルロース（lignocelluloses）は，世界中に存在する全生物量の大部分を占める．リグノセルロースは，多くの有用な生物製品および化学製品への生物変換が可能な，再生しうる資源である．毎年，この生物体が大量に蓄積すると，結果として，環境劣化と貴重な原料の潜在的な損失，の双方が起こる．貴重な原料は，廃棄しなければ，加工することにより，エネルギー，食品，動物の飼料や精密化学製品を生み出す可能性がある．

　リグノセルロース含量が高い**農業残渣**（agricultural residues）や**森林資材**（forest materials）は，とりわけ豊富に存在する．その理由は，栽培作物は，地球上で生育する全植物量の非常に小さい割合を占めるにすぎないからである（この問題についての簡潔な考察については，10.1節を参照せよ）．リグノセルロース物質の主要成分は，セルロース，次いでヘミセルロースやリグニンであり，これらは，非共有結合性相互作用および共有架橋結合によって，網目状の構造をとり，化学的に結合する．菌類，特に白色腐朽菌（white-rot fungi；担子菌門）は，非常に効率的なリグノセルロース分解酵素機構をもっており，低コストの生物的環境修復プロジェクトの魅力的な要素である可能性がある（Kumar et al., 2008; Sánchez, 2009）．

　Phanerochaete chrysosporium（*Sporotrichum pulverulentum*）などの白色腐朽担子菌類は，リグニンを，二酸化炭素と水に完全に**無機化**（mineralize）できる．多くの微生物は，セルロー

スとヘミセルロースを，炭素源やエネルギー源として分解利用できるが，白色腐朽菌だけが，植物細胞壁中の最も難分解性の構成成分であるリグニンの分解能力をもっている．自然界においては，これらの木材腐朽菌やリター分解菌は，炭素循環に重要な役割を果たしている．白色腐朽菌は，リグニンに加えて，塩素化芳香族化合物，複素環式芳香族ポリマーおよび合成高分子などの，さまざまな難分解性の環境汚染物質を分解できる（13.6節を参照）．白色腐朽菌のこれらの特殊機能は，おそらく，強力な酸化活性と，リグニン分解酵素の低い基質特異性によるものであろう．

　菌類は，2つのタイプの菌体外酵素系をもっている．1つは，多糖類の分解を担う加水分解酵素からなる加水分解酵素系である．もう1つは，リグニンを分解しフェニル環を開裂する（opens phenyl rings），独特な酸化的および細胞外リグニン分解酵素系である．分解のメカニズムを理解する際に考慮すべき重要なことは，関係する酵素が，傷んでいない生の木材に侵入するには大きすぎるということである．木材への侵入は，過酸化水素（hydrogen peroxide）および過酸化水素から誘導される活性酸素ラジカル（active oxygen radicals）によって行われる（10.7節を参照）．最も広く研究されている白色腐朽する生物は，担子菌類のPhanerochaete chrysosporiumである．Trichoderma reeseiとその突然変異体は，最も良く研究されている子嚢菌類の菌種であり，ヘミセルラーゼとセルラーゼの工業的生産に用いられている．リグノセルロースの，次の各成分の生物分解に関与する酵素については，すでに述べた．

- セルロース（10.2節）．
- ヘミセルロース（10.3節）．
- リグニン（10.7節）．

ここでは，これらの天然の酵素系の利用に関するいくつかの重要な点について強調し，これらの酵素系が貢献する生物工学のいくつかについて説明したいと思う．

　自然界では，さまざまな酵素類が，セルロースの遊離および加水分解を触媒するために，共働的にはたらいている．pH，温度，ミネラル類への吸着のようないくつかの物理的因子，および酸素，窒素，リンの利用性などの化学的因子，さらにフェノール化合物や他の潜在的阻害剤の存在などが，自然のシステムと人工的なシステムにおける，リグノセルロースの生物変換（bioconversion）に影響を与える可能性がある．

　P. chrysosporiumは，セルロース，ヘミセルロースおよびリグニンを同時に分解するのに対して，Ceriporiopsis subvermisporaのような他の種は，セルロースとヘミセルロースを分解する前に，リグニンを分解する傾向がある［そして，もちろん，褐色腐朽菌はセルロースを急激に分解するが，リグニンはゆっくりと修飾するにすぎない．この腐朽様式は，特に軟質材に影響を及ぼし，カンバタケ（Piptoporus betulinus），ナミダタケ（Serpula lacrymans）およびイドタケ（Coniophora puteana）などが褐色腐朽菌類の例である］．3.11節と13.5節を参照せよ．

　農業関連産業活動の安定した発展は，世界中の農業，林業，都市固形廃棄物およびさまざまの産業廃棄物からのリグノセルロース残渣（lignocellulosic residue）の大量の蓄積をもたらした（表17.14）．

　リグノセルロースの有用で高価値の製品への生物変換には，

表17.14　さまざまな農業上の起源から生じるリグノセルロース残渣の1年間の量

リグノセルロース残渣の発生源	百万t
サトウキビバガス（bagasse；搾り殻）	380
トウモロコシ収穫後の廃植物体	191
もみ殻	188
コムギのわら	185
ダイズ収穫後の廃植物体	65
キャッサバ収穫後の廃植物体	48
オオムギのわら	42
綿花収穫後の廃植物体	20
モロコシ収穫後の廃植物体	18
バナナの廃棄物	15
マニ（mani）の殻	11.1
ヒマワリの種子収穫後の廃植物体	9.0
豆収穫後の廃植物体	5.9
ライムギのわら	5.2
マツの廃棄物	4.6
コーヒーの種子収穫後の残渣	1.9
アーモンドの種子収穫後の残渣	0.49
ヘーゼルナッツの殻	0.24
サイザル麻とヘネッケン繊維［リュウゼツラン（Agave）属］収穫後の残渣	0.093

出典：Sánchez（2009）を改変し，さらにFood and Agriculture Organization（FAO）と同様の公式情報源などに基づいて作成した．

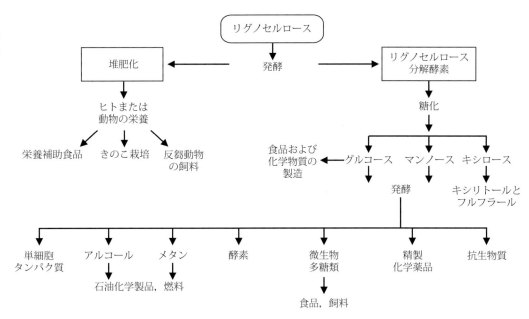

図 17.39 リグノセルロース廃物の生物変換における一般的な工程段階，および一連の製造可能な製品（Sánchez, 2009 を改変）．

通常，以下のような多段階の工程が必要である．

- **収集**，および機械的，化学的あるいは生物学的な前処理を行う．
- **ポリマーを加水分解**し，容易に代謝される分子（通常は糖）に変換する．
- **糖の発酵**により，微生物的または化学的最終産物に変換する．
- 分離，精製，**包装および販売**をする．

表 17.14 は，これらの農業廃棄物の**年間発生量**の公式推計値を示している，ことに留意してほしい．その量は驚異的であり，表に示された各項目の総計値は 12 億 t で，ここには，再生利用用に回収された廃棄紙あるいは庭のごみのような都市固形廃棄物は含まれていない．生物学的に加工処理されたリグノセルロース系廃棄物については，次に示すようないくつかの用途が考えられる（図 17.39）．

- 生物学的方法を用いて製造された代替燃料には環境的な便益があることを希望しつつ，原材料を**エタノール生産**に用いる．エタノールは，化学工業原料またはガソリン用添加増強剤のいずれかに使用される．北半球において主要なリグノセルロース源である針葉樹は，スウェーデン，カナダ，米国西部における燃料用エタノール生産の原材料として注目されている（Sánchez, 2009）．ブラジルと米国は，それぞれサトウキビ糖汁とコーン（トウモロコシ）を発酵して，エタノールを生産する．米国で栽培されているトウモロコシと他の穀物の 25％が，燃料用エタノールの生産に使用されていると推定されている（2009 年で 1.07 億トン）．米国では，1980 年代以降，燃料用エタノールは，ガソホール（gasohol）または酸素化燃料中に容積比で 10％まで混ぜられて，使用されている．燃料用エタノールの製造は，非常に大きなビジネスである．2007 年には，世界で 500 億 L の燃料用エタノールが生産されており，その半分は，米国で生産されている（the Renewable Fuels Association のウェブサイト http://www.ethanolrfa.org/pages/statistics を参照せよ）．穀物から生産されるエタノールを酸素化燃料添加剤として使用することは，この目的のためにトウモロコシを使用するために，記録的なレベルにまで商品市場における作物の価格を高騰させたと，いう理由で批判されてきた．トウモロコシ価格の高騰は，いくつかの食品の価格の上昇につながった．なぜなら，トウモロコシから製造される家畜飼料の価格が，それに応じて上昇したためである．もちろん，この批判は，**作物の廃棄物**（crop waste）を用いて発酵を行う工程には当てはまらないだろう．
- **有機酸，アミノ酸，ビタミン**，たとえばキサンタン（xanthans）のような細菌と菌類により産生される多くの**多糖類**，などの高価値の生物製品は，グルコースを基礎基質として用いる発酵により産生されている．しかし，これらと同じ製品は，理論的にリグノセルロース残渣由来の糖類から製造できると考えられる．*P. chrysosporium* の既知の代謝に基づいて，いくつかの潜在的に高価値の製品が，リグニンから誘

導可能だろう．ルーメン微生物は，セルロースや他の植物性炭水化物を，大量に，酢酸（acetic acid），プロピオン酸（propionic acid）および酪酸（butyric acid）に変換する．これらの有機酸は，その後，反芻動物がエネルギー源や炭素源として利用する．これらの菌類はまた，液体消化槽内での，リグノセルロース系廃棄物の嫌気的な工業的生物加工に利用することが見込まれる．

- 食用きのこの栽培のための堆肥（compost）づくり．良好な堆肥は，きのこ栽培を成功させるための必須の前提条件である（11.6 節を参照）．ヨーロッパにおけるきのこの堆肥のための基本的な原料は，小麦のわらであるが，他の穀物のわらもしばしば使用される．理論的には，わらは，厩舎の安定な敷きわらとして使用された後の，すでに馬糞と混合された状態で得られる．このような原料の獲得は産業的規模では不可能であり，鶏糞のような他の動物の排泄物が，石膏（硫酸カルシウム）と大量の水と一緒に，わらと混合される．石膏中の過剰なカルシウムは，肥料の粘液質のねばねばした成分を沈殿させる．このことにより，堆肥が水浸しになるのが妨げられ，一般に堆肥の通気や機械的特性が向上する．これらの性質は，混合によって促進される．このような処理のすべてが，堆肥が均一に発酵することを可能とし，それによって多量の収穫が確実に得られるようになる．リグノセルロース残渣を利用した食用きのこの栽培は，これらの原料を人間の食物に変換し，価値を付加する工程である．この工程は，これらの残渣の再利用を可能にする最も効率的な生物学的方法の 1 つである．きのこは，穀類のわら，バナナの葉，おがくず，ピーナッツの殻，コーヒー粕，ダイズおよびワタの茎などの多種多様なリグノセルロース系残渣上でうまく生育できる．きのこは，実際，セルロース成分を相当にもつ，いかなるリグノセルロース系基質上でも生育できる．この方法の他の利点は，生産単位が，地方の小作農から数百万ポンドの規模のきのこ農場まで変化しても対応しうることである．
- リグノセルロースの生物変換は，**動物飼料**（animal feeds）を生産するためにも利用することができる．たとえば，菌類は，オオムギなどの穀物の，アミノ酸のリジン（lysine）の不足を補い，栄養価を改善するために利用することができる．浸漬したオオムギにキコウジカビ（*Aspergillus oryzae*）または *Rhizopus arrhizus* を接種すると，タンパク質含量が，菌類の成長とともに増加する．生成物は，ブタの飼料として用いられる．今後の製品開発を視野に入れて，安価なリグノセルロース残渣を用いて，*Trichoderma* 属の種のような菌類を栽培する，多くの研究が進行中である．この菌類［やヒラタケ（*Pleurotus*）属などの他の菌類］の菌糸体を，たとえば農業廃棄物を用いて栽培すると，リグノセルロース残渣の成分が放出され，セルロース性物質や他の非消化性物質は，動物が容易に利用できる糖やグリコーゲン（glycogen）に変換される．さらに，このような栽培は，基質中のタンパク質含量を増加させ，ついには，生成物は栄養価の高い動物飼料になる．
- 「廃棄物の生物変換」工程ではないけれども，本節の最後に，菌類を用いて，木材防腐剤の浸透性を上昇させて**木材を改造する**，ことに言及したい．この方法は，環境にやさしい木材の保護方法である．建築木材は，一般に，構造強度は高いが，自然の耐久性は低い．防腐剤処理により耐久性を増加させる試みは，木材細胞間の壁孔の閉鎖による木材の透過性の低下により，防腐剤処理の有効性が小さくなる．樹木が生きているときには，これらの壁孔を通しての側面方向への透過が可能であるが，木材が収穫され乾燥されたときには，壁孔は閉じる．透過性は，通常木材に機械的に切れ目をつけることにより，改善される．しかし，白色腐朽菌 *Physisporinus vitreus* による間隙の選択的分解は，生物工学的な「**生物学的に切れ目を入れる**（bioincising）」代替行為工程である（Schwarze, 2007）．

リグノセルロースの生分解に関する，生物加工の可能性のさらなる発展は，生物が用いている分子機構の理解にかかっているように思われる．たとえば，セルロース分解に関わるさまざまの遺伝子のクローン化および塩基配列の決定は，セルラーゼの生産をより経済的にする可能性がある．第 18 章で，再度この話題に戻る．

17.23　パン：アルコール発酵式の別の側面

発酵パンは，穀物粒由来の糖を，出芽酵母（*Saccharomyces cerevisiae*）によって発酵させて得られたもう 1 つの生成物である．驚くことではないが，パン製造産業で，パン酵母として知られているように（昔は，ビール醸造業者によってパン屋に供給されていたが），この酵母は，本書で以前に次の化学式で要約したものと同じ，アルコール発酵の化学作用をいまだに用いている．

$$C_6H_{12}O_6 \rightarrow 2\,C_2H_5OH + 2\,CO_2$$

1個のヘキソース分子は，2個のエタノール分子と2個の二酸化炭素分子に変換される．醸造者にとって，キーとなる生産物はエタノールであり，パン屋にとってのキーとなる生産物は**二酸化炭素**（carbon dioxide）である．要約すれば，パン生地の発酵プロセスは，小麦粉のデンプンが分解されて二酸化炭素が産生されることに依存している．生じた二酸化炭素は，小麦粉由来のグルテン（gluten）タンパク質によって安定化されたパン生地中に，泡を生じさせる．この泡が，パン生地を膨らませる．少量のアルコールも産生されるが，アルコールはパンを焼く際に蒸発する．アルコール発酵と同様に，この工程は，酸素存在下においても，適当な栄養素が与えられれば，優先的に発酵を行う出芽酵母の能力に依存している．

それらの「適当な栄養素」は，パン酵母の培地中に含まれている．培地とはもちろん，パン生地のことである．それゆえ，おそらく，パンの処方箋を見るべきである．白パン，黒パン，全粒パンおよびカンパーニュ・パン，さらに，バゲット，バース・バンズ（Bath buns, Bathのパン），チェルシー・バンズ（Chelsea buns, Chelseaのパン），スコッチ・バップス（Scotch baps），バーン・ケーキ（barm cakes；泡状のパン種で発酵させたパン），グラナリ・ブレッド（granary bread；全粒パンの一種），等々，**何百ものパンの処方箋がある**（たとえば，http://www.cookitsimply.com/category-0020-0e1.html；Hutkins, 2006を参照せよ）．基本的な白パンの処方箋の材料は，酵母，ショ糖，水，牛乳，精白小麦粉，塩，およびバターである．

酵母，ショ糖，水，ミルクを混ぜて，発酵が進んで泡立つまで，ほんの10分間ほど温かい場所に置く．この泡立った発酵混合物は**バーム**（barm）とよばれ，以前は，パンを発酵させるために，ビールのもろみからバームを取る慣習があった．小麦粉と塩をバターと混ぜ，これに酵母の懸濁液を加え，すべてを混ぜ合わせ（こね）て，滑らかなパン生地にする．パン生地は，温かい場所で，大きさが2倍になるまで放置して膨らませる．この操作には，60分間から90分間かかる．そして，パン生地は，もう一度5分間ほどこね，次に焼き型の形に整え，再び約1時間放置して，2度目の膨らまし［**プローヴィング**（proving）という］を行う．最後に，生地の塊りは，230℃で30～40分焼かれる．

生物学の視点で，この工程を見てみよう．すべての原料を混ぜ合わせてパン生地を造ったのち，パン生地は，温かい場所で60～90分間かけて大きさが2倍になる（思い起こしてほしい，ここで話しているのはパン屋さんでの話であり，温かい場所を見い出すのは難しいことではない）．

パン生地がこのように膨張するのは，酵母の発酵が二酸化炭素を産生することと，そして小麦粉が，グルテンとして知られるタンパク質の混合物を含んでいるからである．グルテンは，タンパク質のグリアジン（gliadin）とグルテニン（glutenin）の結合したものである．これらのタンパク質は，小麦，ライ麦および大麦などの種子の内乳中に貯蔵され，デンプンとともに発芽植物に養分を供給し生育を支える．グリアジンとグルテニンを合わせると，小麦の種子に含まれるタンパク質のおよそ80％を占める．これら2種類のタンパク質によって形成されるグルテンは，これらの穀物粒からつくられたパンを含む食品中の，重要な栄養素源である．しかも，グルテンタンパク質は，発酵パンの**構造**にとってきわめて重要であり，その構造は，パン生地中のグルテンタンパク質の粘着性に依存している．グリアジンは糖タンパク質（glycoprotein）であり，グルテニンと，分子間および分子内ジスルフィド（disulfide）架橋結合により三次元ネットワークを形成する．このネットワークは，パン生地をこねあげるときに発達する．

その後，発酵で産生された二酸化炭素ガスは，グルテンにより捕捉されて気泡が形成され，パン生地中に気泡がますます形成されるのに伴い，パンを「膨らませる」．2度目のこね上げ（kneading）の行程は気泡を再配分し，より多くのジスルフィド架橋結合の形成を促進し，プローヴィング（膨らませること）の間にさらに多くの二酸化炭素の気泡が形成されるのを助ける．この最後の発酵後，パン生地は加工され，生地中のアルコールは揮発し，パン生地の気泡の多い構造は固定化され，空隙の多いパン構造が形成される．

何らかの種類のパンについての最初の記録は，5000年以上前の**古代エジプトの絵文字**（hieroglyphs）にあり，そこには，製パン所とともに膨らんだパン生地とその隣のパンの焼竈が描かれている．ワイン製造，ビール醸造とパン製造は，古代エジプトでお互いに平行して始まった．紀元前2000年と推定されている，エジプトの**ビール醸造業とパン屋**を兼ねたお店の木製のレプリカは，大英博物館で見ることができる．およそ紀元前2000年～1200年頃の墓に保存されていた，乾燥したパンの塊りおよびビールの残渣を，光学顕微鏡と走査型電子顕微鏡によって観察した結果（Samuel, 1996）は，パンが，未加工の穀粒からつくられた粉と，同時に麦芽と酵母で製造されていたことを推定させてくれる．この事実は，古代エジプトの最初の発酵パンでは，今日われわれが「バーム（泡状のパン種）」とよんでいる発酵している醸造酒が，パン生地と混ぜられていた

ことを示唆する.

酵母の正確な性質については，1859年，パスツール（Louis Pasteur）が，ワインの酵母は生きている生物であることと，活発に生きている細胞のみが発酵を起こすことができることを証明するまでは，知られていなかった．ビール醸造とパン製造の間には直接的な関係が，常にあったように思われる．17世紀のパリの医学界では，パン屋がパンの製造にビールのバームを使用することを許可するかどうかについて，何ヵ月間も議論された．彼らは，最終的に使用の禁止を決めたが，パン屋はほとんど気に留めず，上流社会がとても好むきめの細かいふわふわのパンを製造するために，バームを使用し続けた．英国の料理本には，19世紀にビール製造が唯一信頼に足るパン製造用の酵母の供給源とされるまで，当然のようにパン製造はもちろんビール醸造についても同時に，処方箋と製造説明が記載されていた．ワイン製造用のバームは，苦すぎてパン製造には使用できない．ビールのバームでさえも，エールビール醸造に用いるためには，ホップの苦味を除くために洗う必要があった（Hutkins, 2006）.

しかしながら，2つの産業界には，酵母に対する異なった要求性があった．**パン製造業者は，より高い温度に耐性のある酵母が必要で，アルコールの産生には特にこだわらない．一方，醸造業者は，高いアルコール濃度に耐え，高濃度にアルコールを産生する酵母が必要で，高温下での性能には特にこだわらない**［そして，乾燥酵母製造に用いる株（下記参照）は，乾燥工程に耐性でなければならない］（Hutkins, 2006; Gibson *et al.*, 2007）.

今日では，信頼性が高く高度に特殊化した酵母が，工業的に生産されており，世界中で乾燥標品や圧縮標品として販売されている．工業的な酵母の生産は，適当な酵母の株を，試験管中で純粋培養したものや，培養をバイアル中で凍結乾燥したものを種菌として，開始される．この酵母試料は，酵母の懸濁液の容量を増倍させるために，次第にスケールアップさせる一連の培養の，第1段階の培養の接種源となる．初期段階では，糖蜜，リン酸塩，アンモニアおよび無機塩を含んだ培地を用いて，回分発酵（batch fermentations）で培養される．その後の段階の培養は，流加回分発酵（fed-batch fermentations）で行われる．この段階では，糖蜜やその他栄養素が，酵母の増殖を最大にするがアルコールの産生を阻害するような速度で，発酵槽に供給される．このような種菌発酵が終了したら，発酵槽の内容物をポンプで分離器に送り込み，酵母と使用済みの糖蜜を分離する．冷水で洗浄後，クリーム状の酵母は，最終的に工業用発酵槽に接種されるまで，1～2℃で保存される.

これらの工業的な発酵槽は，最大250 m³までの稼働容量をもつ．最初に，水が発酵槽にポンプで注入され，次いで種菌貯蔵所から取り寄せたクリーム状の酵母を発酵槽に投入する．曝気し（毎分，およそ1発酵槽分の容量の空気を多孔分散管から吹き込む），冷却して（外装の熱交換機によって，培養の温度を30℃に維持する），さらに栄養素を添加して，15～20時間にわたる発酵を開始する．発酵の開始時には，培養の量は，発酵槽の容量の30～50％を占める．培養装置は，流加回分発酵として稼働される．発酵の間に，pHを4.5～5.5の幅に維持しながら，添加速度を速めながら栄養素を添加すると（細胞数を増やす成長を支えるために），発酵槽中の培養は最終的な容量になる．酵母の細胞数は，この発酵の間におよそ5～8倍になる.

発酵が終了したら，酵母を遠心分離によって発酵培養液と分離し，水洗し，さらに再び遠心分離をして，固形分の濃度が約18％のクリーム状の酵母塊を得る．酵母クリームは，約7℃に冷却して，ステンレススチール製の冷蔵容器中に貯蔵する．クリーム状酵母は，取引先に直接タンクローリで配達することができる．あるいは，酵母クリームを圧搾ろ過器にポンプで送り込み，十分な量の水を取り除き，30～32％の酵母固形分を含む圧搾ケーキにすることもできる．圧搾ケーキ酵母は，粉々に砕いて袋に詰め，冷蔵トラックで取引先に配分できる．湿気のある酵母を，収穫し加工するためには数時間かかり，得られた酵母製品を貯蔵するためには，冷却することが必要である．クリーム状酵母製品，および圧搾酵母製品は，それぞれ，10～28日以内に使用されなければならない.

乾燥酵母の製造は，流動床（そこでは，粉砕した圧搾酵母ケーキ中を通過した空気が，空気のベッドを形成し，粉砕酵母塊を浮遊させ撹拌して，乾燥させる）上での，蒸発冷却による酵母の乾燥工程を必要とする．噴霧乾燥もまた，生きている酵母を保存するのに効果的であるが，噴霧乾燥は高エネルギーを必要とする作業工程であり（実際に，蒸発する水1g当り7,500～10,000 Jを必要とする），注意深く最適化する必要がある（Luna-Solano *et al.*, 2005）．最終的な乾燥製品は，真空パックされ，室温で数ヵ月から数年間貯蔵できる.

17.24 チーズとサラミの製造

チーズは，ミルクから製造される固体または半固体のタンパク質食品である．チーズの製造は，冷蔵，低温殺菌および缶詰

のような現在の食品保存方法が出現する前は，ミルクを保存する唯一の方法だった．基本的なチーズ製造は，細菌による発酵（bacterial fermentation）であるが，菌類がきわめて重要な貢献をする2つの工程がある．それらは，製造工程のまさに開始時にミルクを凝固させる（milk coagulation）酵素を供給することと，製品の風味および/あるいは粘稠度を変えるカビによる熟成（mould ripening）である．

チーズの製造は，ミルクの中のタンパク質を凝固させて，固体の凝乳（curd；チーズの元となる固形分）と液体の乳漿（whey）を形成する酵素の作用によっている．チーズの製造は，次のような基本的な段階からなっている．

- ミルクのpHを5.8～6.4に調整し，たとえば塩化カルシウム（$CaCl_2$）などのカルシウム源を加える．
- チーズ製造用容器中のミルクに凝乳酵素を混ぜる．この段階では，ミルクの温度は約45°Cである．
- 酵素がカゼイン（casein）と反応して，容器内のミルクが凝固し始めるのに十分な時間（およそ10分間）放置する．
- 初期の凝塊を細片にカットし，およそ60°Cまで加熱し（たとえば，直接水蒸気を注入することにより，あるいは容器に外装した蒸気ジャケットによって加熱する），さらに約15分間撹拌する．この操作によって，液体の乳漿が固形物の凝乳から分離し始める．このような，ゲルから液体を抽出する，あるいは排除することを離漿（syneresis）とよぶ．カゼイン分子が酵素によって消化されると，カルシウム結合が形成され，疎水性領域が発達し，その結果水分子を凝乳構造から引き離す．凝乳は，乳漿を排除するために，調理され，あるいは煮沸される．
- 凝乳は冷却され，脱水や圧搾によって乳漿から分離される．
- 次いで，チーズ凝乳は，チーズ製造業者が要求する製品に加工される（図17.40）．製品の差異は，基本はどの時点で乳酸菌発酵が顕著になるかということにある．とはいっても，温度，pHおよび添加物などのほかの要因が特定のレシピによって変わることもある．
- 細菌の活性を低下させ，チーズの風味を強化するために，チーズに塩が加えられる（Farkye, 2004）．添加される塩はまた，チーズの熟成（cheese ripening）の間の，チーズ中の酵素の活性に影響を及ぼす．

乳離れしていない反芻動物の胃膜から抽出された動物性酵素標品［レンネット（rennet）もしくはキモシン（chymosin）とよばれる］が，伝統的にチーズ製造で用いられてきたミルクタンパク質の主要な凝固剤であった．チーズの生産と消費の急速な拡大は，このような酵素の異なる供給源への関心をよび起こした．成長した動物の胃は，ペプシン（pepsin）を多く含有しているため，凝固効果が弱くてタンパク質分解能が高いため，チーズ収量は低下し，異臭が生じ，チーズ造りに適していない．コウジカビ（*Aspergillus*）属やケカビ（*Mucor*）属のような菌類が，潜在的な酵素源であると認定されている．*Rhizomucor pusillus*, *Rhizomucor miehei* および *Cryphonectria parasitica* 由来のアスパルチルプロテイナーゼ（aspartyl proteinase）は，少なくともある種のチーズの製造には多かれ少なか

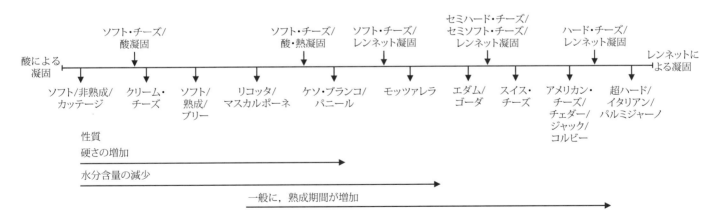

図17.40 チーズの種類の分布．市場には広範囲におよぶ種類のチーズがある．きわめてやわらかいものから，きわめて硬いものまである．硬度は，タンパク質分解の可能な程度，加工温度やpHによって制御されている．チーズは，ミルクがもともと含んでいた微生物，および/あるいは，発酵あるいはその後の加工の過程でチーズに導入された微生物やその他の物質によって，さまざまな風味をもつ．もちろん，風味は，もともとのチーズの基質の起源によっても異なる．ミルクは，均一な産物ではない．すなわち，牛乳はウシの品種により異なり，また，チーズは，ヒツジ，ヤギ，スイギュウおよびラクダのミルクからもつくられる（Farkye, 2004を改変）．

れ満足のいく結果が得られているので，菌類の酵素はある程度市場に供給されている．最終的には，仔ウシ由来のキモシン［あるいは，プロキモシン（prochymosin）］の遺伝子が，初めは原核微生物で，そして次には真核微生物でクローン化された．そして，近年は**遺伝子組換え微生物**（genetically modified microbes）によって産生された動物性酵素が，市場で優性となってきている．

確かに，チーズやその他の乳製品の製造に用いられてきた凝乳酵素のキモシンは，食品製造において使用承認を得た**最初の遺伝子組換え生物**（genetically modified organisms）**から得られた酵素**であった．1990年3月，米国食品医薬品局（FDA）は，組換えDNA技術によるいかなる生産物であれ，食品に使用する場合の最初の法令を発布し，このキモシンを「**安全基準合格証**（generally recognized as safe）（**GRAS**）」として認定した．この問題で重要なことは，GARSが，製品に対する新しい食品添加物に適用されている市販前承認の必要性から，キモシンを除外していることである．

当時，新しい酵素の起源は，細菌の大腸菌（Escherichia coli）で発現したウシのプロキモシン遺伝子であった．その後，遺伝子組換えでウシ属のプロキモシン遺伝子を含むようになった，酵母の Kluyveromyces lactis と糸状菌類の Aspergillus awamori（両種とも子嚢菌門）によって，工業的に産生されたキモシン標品もまたGRASを取得した．FDAは，**発酵産生キモシン**（fermentation-derived chymosin）（**FDC**）が伝統的な仔ウシレンネットよりも純粋であり，自然界に存在するレンネットと等しいという判断を下した．FDCで製造されたチーズの収量，食感および品質は，仔ウシキモシンで製造されたものと同等であること，さらにFDCはほかの凝固剤よりも収量で勝ることが立証された．

微生物レンネットは，非特異的なタンパク質分解の低減（収量を向上させる）や熱安定性（このことは，製品の弾性の制御を容易にする，換言すれば，ソフト・チーズをソフトな状態に維持することができる）などさまざまの面で改善されている．今日では，チーズ製造の約90％は，凝固段階で，遺伝子組換え微生物（おもに酵母であるが，A. awamoriを含む）から得られた酵素に依存している．Bacillus属やコウジカビ（Aspergillus）属の種，あるいはRhizomucor niveus由来の**工業用の微生物プロテイナーゼ**（commercial microbial proteinase）と，キコウジカビ（A. oryzae）由来の非特異的なアミノペプチダーゼ（aminopeptidases）は，アレルギー誘発性が低減され生物活性ペプチド含量が増加したカゼインや乳漿タンパク質の加水分解生成物，苦味が除去され風味が生じたタンパク質の加水分解生成物，さらに酵素によって促進されたチーズの熟成や酵素で改変されたチーズの製造などを含む，他のさまざまな食品の修飾に用いられている（Stepniak, 2004）．

確かに，チーズ製造は伝統的な農業に見られるかもしれないが，近年多くの重要な生物工学的発展があった（Johnson & Lucey, 2006）．しかしその一方では，チーズ製造は巨大産業であり，21世紀の開始をまたいで急速に成長し続けている．2002年の統計を用いると，チーズ生産の総合的価値は，米国では133億米ドル，英国では26億米ドル，フランスでは69億米ドル，そしてドイツでは56億米ドルであり，これらの国での1998年から2002年の間の売上高の伸びは10〜30％であった（Farkey, 2004）．米国では，未加工のナチュラルチーズの1人当りの年間消費量は，1980年にはちょうど7.7 kg以上だったものが，2004年には13.6 kg以上に増加し，チーズの総生産量は，1980年の180万tから2003年には390万tに上昇した．

米国では，チーズ製造工場の数は，1980年には737であったのが，2003年には399に減少している．それにもかかわらず，生産量が増加したのは，残ったチーズ製造工場の生産能力がかなり高くなったことによって整合性がとられている（高まったことによる？）．最大の工場は，1日に400万Lのミルクを処理することができる．チーズ製造容器は，1980年の標準サイズの容器が15,000〜23,000 Lのミルクを処理する容量をもっていたのに対して，2003年の標準サイズ容器は，30,000 Lの処理容量を有している（Johnson & Lucey, 2006）．

チーズの熟成は，多くの代謝プロセスに依存し，相互に関連する複雑な事象を含んでいる．ラクトース（lactose），乳酸塩（lactate），乳脂肪およびカゼインが，風味化合物に変換される生化学的な経路は，現在は一般的な言葉で知られている．300以上の揮発性および非揮発性化合物が，チーズの風味に関与している．風味化合物は，タンパク質分解，脂肪分解，糖分解，クエン酸塩代謝および乳酸塩代謝のような，生化学的経路から生じる（McSweeney, 2004; Stepaniak, 2004）．これらの生化学的経路の相対的な寄与は，チーズの種類と，各チーズの特徴的な微生物フローラ（microbial flora）に依存している．

カビによる熟成（mould ripening）は，チーズを仕上げる伝統的な方法であり，少なくとも2000年間行われている方法である．ロックフォール，ゴルゴンゾーラ，スティルトン，デニッシュブルーおよびブルー・チェシャーのような**ブルーチーズ**（blue cheese）は，すべてPenicillium roquefortiを用いる．

図 17.41 Stockport のスーパーマーケットで購入したブルーチーズのサンプル（左，ゴルゴンゾーラ；右，デニッシュブルー）．上：新たに圧搾したチーズに Penicillium roqueforti の胞子を注入する際に，接種器具の刃先によりつけられた外側の「外皮」の穴が見られる．下：チーズの内側に胞子が形成され，胞子接種時に刃先によりつけられた跡と，凝乳粒子間の空隙に菌類が成長しているのが，明らかになっている（撮影は，David Moore による）．カラー版は，口絵 60 頁参照．

本菌類は，チーズを温度や湿度を制御した状態で貯蔵する前に，金属くしの刃先に付けた胞子を，新しいチーズに強制的に押し込むことによって接種される．接種菌類は，Penicillium roqueforti, Penicillium camemberti（チーズ用）および Penicillium nalgiovense（サラミ用）などの登録株の種培養である．種培養は，均一で純粋な胞子の収量が良いので，もっぱら固相発酵により生産される．

接種後，菌類は，チーズ中に，さらに凝乳粒子の間の空隙の中にまで成長し，風味化合物やにおい化合物を産生する．接種器具によってつけられた孔や引っ掻き跡は，通常販売段階においてもはっきりとわかる（図 17.41）．

カマンベール・チーズとブリー・チーズは，Penicillium camemberti とよばれるカビによって熟成される．カビは，チーズの風味以上に**チーズの食感**を変化させる．この菌類は，チーズの表面に酵素を押し出しながら成長する．酵素は，チーズの外側から中心に向って，凝乳を消化し，硬さをより柔らかくする（図 17.42）．

Penicillium nalgiovense は，保存肉食品や**発酵肉食品**の種培養として，最も広く使われている糸状菌類（子嚢菌門）である．発酵ソーセージの製造にカビを用いることは，18 世紀のイタリアから広まった．イタリアでは，発酵および空気乾燥されたソーセージは，室温で長期間にわたって安全に保存できるために，農場労働者に人気の食物だった．今日，**サラミ**が，南ヨーロッパの国々において，牛肉，ヤギ肉，馬肉，子ヒツジの肉，豚肉，家禽の肉および/あるいは鹿肉などのさまざまな肉を使って，広く製造されている．みじん切りの肉を，動物の脂肪のすり身，穀類，ハーブ，スパイス，さらに塩と混ぜ，1 日間発酵させる．この混合物は，サラミソーセージを切ったときに見られる，典型的な大理石模様を与える．この混合物は，そのあと外皮に詰め込み，P. nalgiovenes の胞子密度が $10^6\,\mathrm{mL}^{-1}$ の懸濁液に，浸したり噴霧したりしたのち，最後はつるして保存する．

菌類は，ソーセージを覆うように，さらに肉やその他の混合物の中で成長し，さまざまの仕事をする．基本的に，菌類は，保存処理の間に，サラミソーセージに**風味を与え，腐敗を防ぐ**が，これらの効果は次に示すような働きによる．

- 熟成過程中のタンパク質分解，乳酸の酸化，アミノ酸分解，脂肪分解および脂肪酸代謝が，好ましい風味を生み出す．
- 空気にさらされているソーセージは，その表面に，通常は特許で守られている特定のカビが定着しているので，他の好ましくない酵母，カビおよび細菌の種による腐敗から防護され

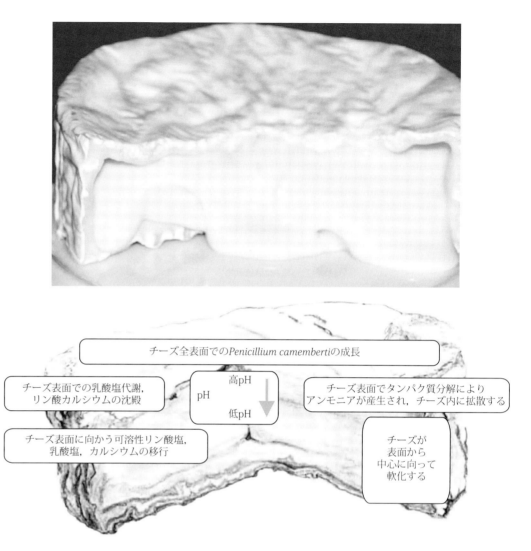

図17.42 熟成して食べ頃のカマンベールチーズ（上図）．下のスケッチは，チーズの表面で *Penicillium camemberti* が成長して，チーズが熟成する間に起こった変化の概略を示したものである（撮影は，David Moore による．下側の模式図は，McSweeney, 2004 を修正し，書き直した）．カラー版は，口絵 61 頁を参照．

ている．

- カビの菌糸体に覆われたソーセージの表面は，乾燥を制御し，製品の滑らかで均一な表面を確保する．

17.25 醤油，テンペ，およびその他の食品生産物

菌類は，アジアで大きな市場をもついくつかの食品の加工に用いられている．これらの食品において，菌類はおもにいくつかの特徴的な，匂い，色，風味，あるいは舌ざわり（テクスチャー）に寄与し，菌類自体は最終的な食品そのものの一部になる場合と，ならない場合がある．水に浸漬した植物種子に菌類を成長させることは，醤油やその他のさまざまな**発酵食品**（fermented foods）を製造するのによく使われ方法である（Moore & Chiu, 2001; Hutkins, 2006）．

醤油は，中国では 2,500 年以上の間使用されてきた．すなわち，醤油は，世界で最も古い調味料の 1 つである．醤油は，塩味とこってりとした香りのする調味料であり，塩水中の大豆と小麦の混合物の複雑な発酵工程によって製造される．この発酵工程中に，炭水化物はアルコールと乳酸に，また，タンパク質はペプチドとアミノ酸に分解される．この伝統的な醸造あるいは発酵法により，6 カ月あるいはそれ以上をかけて，バランスの取れた風味と芳香をもつ，暗褐色で透明な塩味のするまったく申し分のない醤油が生産される．醤油の茶色は，6〜8 カ月に渡る熟成工程中の，糖類のカラメル化の産物である．醸造によらない代替法がある．これは，酸加水分解法であり，しばしば不快な臭気をもつ不透明な液体を生じ，この場合たった 2 日で生産可能である．代替法について述べたが，これ以上は語るまい．

醤油の原料は，次のようなものである．

- 大豆［ダイズ（*Glycine max*）の種子；soya あるいは soja beans として知られる］：他の材料と混合する前にすりつぶされる．
- 粉砕小麦粒：粉砕大豆と混合される（化学的加水分解によって製造される醤油では，一般に小麦は用いられない）．
- 塩（特に NaCl）：第二段階の発酵開始時に，12〜18％濃度になるように添加される．この塩の添加は，明らかに醤油の風味形成に寄与すると同時に，乳酸菌と酵母が発酵を完結するための選択的な増殖環境を確立する．さらに，高い塩分濃度は，同時に保存剤（preservative）としても機能する．

伝統的な醸造法に基づく醤油の大規模な製造は，次の 3 工程から成り立っている（Luh, 1953）．

- 麹造り（Koji-making）：粉砕した大豆と小麦は，水を加えて混合したのち，混合物の粒が完全に柔らかくなるまでゆでられる．この粥状混合物（mash；すりつぶしてどろどろの状態になったもの）を約 27℃になるまで放置したのち，糸状子嚢菌類に属するキコウジカビ（*Aspergillus oryzae*）と *Aspergillus sojae* を用いて発酵させる．工場の大きさによるが，大豆粒は握りこぶしサイズの球状にする（伝統的な方法）か，トレーにいれて発酵させる．この大豆，小麦およびカビの培養物が，麹（koji）として知られるものである．これらのカビの主要な役割は，粥状混合物中のタンパク質を分解することである．この工程は 3 日を要し，この工程で用いられるこれらのコウジカビ類［*Aspergillus* spp.；種母麹（seed starter）と知られているものである］は，しばしば，厳格に外部への流失対策が行われた発酵所独自の系統（proprietary strains）である．なぜならば，この工程は，最終生産物となる醤油の風味を決定づけるきわめて重要な発酵段階だからである．
- 塩水発酵（brine fermentation）：基質にカビが十分に成長した麹は，発酵槽に移され，水と塩と良く混合されて，醪（もろみ，moromi）とよばれる粥状発酵物がつくられる．発酵を完結するために，まず乳酸菌の *Pediococcus halophilus* が，次いで 30 日後に酵母の *Saccharomyces rouxii* が添加される．醪は，数カ月間発酵させる．この間に消化が進み，大豆と小麦のペーストは，半液体状，赤茶色の「熟成醪」ができる．熟成醪中の細菌と酵母は，タンパク質やその他の化合物を酵素的に消化し，アミノ酸と派生化合物が産生され，その結果，醪には，200 種類以上の風味成分が含まれる．
- 精製（refinement）：6〜9 カ月に渡り発酵させたのちの醪を布に包み，この包みに圧力を加えて，生醤油と小麦や大豆の残渣を濾過分離する．濾過により得られた生醤油は，低温殺菌され（pasteurised；この工程で新たな風味成分が形成される）たのち，販売のために瓶詰される．圧搾濾過の際得られた搾り粕ケーキは，動物の飼料として価値のある副生産物である．

醤油は，大豆の発酵によって製造される液体である．その他の数種類の伝統的な大豆食品は，おもにまるごとの大豆から製造される（Moore & Chiu, 2001; Hutkins, 2006）．大豆はきわめて栄養価が高く，タンパク質やその他の栄養素を多量に含んでいる．伝統的な大豆食品は，真に健康上の利益をもたらしている．伝統的な大豆食品は，非発酵食品と発酵食品に分類される（Liu, 2008）．**非発酵大豆食品**（non-fermented soyfoods）には，豆乳，豆腐（tofu），大豆もやし，湯葉（soymilk film，豆乳膜），おから（soy pulp），枝豆，ソイナッツ（soynuts）およびきな粉などがある．**発酵大豆食品**（fermented soyfoods）には，細菌発酵食品の**納豆**［natto；稲わらに生息する細菌の納豆菌（*Bacillus natto* var. *natto*）を用いて発酵させる］，**大豆ヨーグルト**（soy yoghurt；豆乳を細菌によって発酵させたもの），そして次のような菌類に依存する食品などが含まれる．

- 乳腐（sufu）：豆腐を食塩などで処理したのち，接合菌類の *Actinomucor elegans*, *Mucor racemosus*, *Rhizopus* spp. などを用いて発酵させて製造する．
- 大豆ナゲット（soy nuggets）：水に浸漬して蒸した大粒の大豆を，炒った小麦あるいはもち米の粉と混ぜ，その後，キコウジカビを用いて発酵させる．数日間培養したのち，生じた大豆麹を，塩水とさまざまな香辛料，種子および/あるいは根しょうがのみじん切り（時として日本酒）とともにケグ（kegs, 小樽）に詰め，その後数カ月間熟成させる．得られた大豆ナゲットを，天日乾燥する．
- テンペ（tempeh）：種皮を除き蒸した発芽大豆を，接合菌門の糸状菌類である *Rhizopus oligosporus* を用いて制御発酵させて製造する．クモノスカビ（*Rhizopus*）属による発酵は，大豆を固めて，高タンパク質のコンパクトな白色のケーキを生じ，このケーキは肉の代替物として用いられている．テンペは，インドネシアでは数百年に渡って，好まれてきた食品であり，主要なタンパク質源であった（http://www.tempeh.

info/).

- 味噌（miso）：おそらく，日本料理における最も重要な発酵食品である．味噌は，基本的に発酵大豆ペーストである．しかし，米といくつかの穀粒，さらに他の種子をも含めて組み合わされ，実にさまざまな味噌になる．このように，味噌は，材料の組合せによって異なる．基本的な製造工程は，本質的にすべての組合せの味噌に共通である．すなわち，米，大麦あるいは大豆は蒸され，冷却後，キコウジカビが接種される．このようにして麹ができあがると，洗浄後，蒸して，冷却させて押しつぶした大豆と，水と塩を混ぜたものに，種麹を加える．これを醸造用の大樽にいれて，12〜15ヵ月間発酵させると，この混合物中のタンパク質が徐々に自然に分解されて，独特の風味と高い栄養価をもつ味噌ができる．

この種類のその他の発酵食品には，赤米麹（ang-kak；紅麹）がある．赤米麹は，明赤紫色をした米の発酵食品であり，中国やフィリピンで人気があり，*Monascus* 属の種（子嚢菌門，ユウロチウム目）を用いて発酵されるものである．ペトリ皿を用いた平板培養では，菌糸体は，初期成長段階には白色であるが，急速に濃いピンク色に変わり，次いで明瞭な黄橙色に変化する（Pattanagul *et al.*, 2007 に図解されている）．*Monascus purpureus* は，特徴的な色素とエタノールを産生し，これらは赤い日本酒と食物の色付けに用いられる．この色素は，赤色，黄色および紫色のポリケチド（polyketides）の混合物であり，固相発酵では，液内発酵に比べて約 10 倍量のポリケチドの混合物が得られる．

米は，まず，穀粒が十分に吸水しつくすまで水に浸漬したのち，菌類を直接接種するか，接種に先立って蒸される．接種は，*M. purpureus* の胞子あるいは粉末状の赤色酵母米を，加工した米と混合することによって行われる．その後，この接種源との混合物を，室温で3〜6日間培養する．この培養の終了時には，米粒は，中心部が明るい赤色に，表面部が赤紫色に変化していなければならない．赤米（red rice）は，ジャーの中の低温殺菌された湿った塊，乾燥された丸ごとの穀粒，あるいは臼で挽かれた粉末（食紅として使用される）として販売されている（Pattanagul *et al.*, 2007; Lin *et al.*, 2008）．

17.26 文献と，さらに勉強をしたい方のために

Álvarez, S., Riera, F. A., Álvarez, R., Coca, J., Cuperus, F. P., Bouwer, S. T., Boswinkel, G., van Gemert, R. W., Veldsink, J. W., Giorno, L., Donato, L., Todisco, S., Drioli, E., Olsson, J., Trägårdh, G., Gaeta, S. N. & Panyor L. (2000). A new integrated membrane process for producing clarified apple juice and apple juice aroma concentrate. *Journal of Food Engineering*, **46**: 109–125. DOI: http://dx.doi.org/10.1016/S0308-8146(00)00139-4.

Bhat, M. K. (2000). Cellulases and related enzymes in biotechnology. *Biotechnology Advances*, **18**: 355–383. DOI: http://dx.doi.org/10.1016/S0734-9750(00)00041-0.

Bocking, S. P., Wiebe, M. G., Robson, G. D., Hansen, K., Christiansen, L. H. & Trinci, A. P. J. (1999). Effect of branch frequency in *Aspergillus oryzae* on protein secretion and culture viscosity. *Biotechnology and Bioengineering*, **65**: 638–648. DOI: http://dx.doi.org/10.1002/(SICI)1097-0290(19991220)65:6<638:AID-BIT4>3.0.CO;2-K.

Briggs, D. E., Brookes, P. A. & Boulton, C. A. (2004). *Brewing: Science and Practice*. Cambridge, UK: Woodhead Publishing. ISBN-10: 1855734907, ISBN-13: 9781855734906. URL:http://www.woodheadpublishing.com/en/book.aspx?bookID=427.

Caldwell, I. Y. & Trinci, A. P. J. (1973). The growth unit of the mould *Geotrichum candidum*. *Archives of Microbiology*, **88**: 1–10. DOI: http://dx.doi.org/10.1007/BF00408836.

Capalbo, D. M. F., Valicente, F. H., de Oliveira Moraes, I. & Pelizer, L. H. (2001). Solid-state fermentation of *Bacillus thuringiensis tolworthi* to control fall armyworm in maize. *Electronic Journal of Biotechnology*, **4**(2): issue of August 15, 2001. This paper is available on-line at: http://www.ejbiotechnology.info/content/vol4/issue2/full/5/5.pdf.

Chamberlin, E. M., Ruyle, W. V., Erickson, A. E., Chemerda, J. M., Aliminosa, L. M., Erickson, R. L., Sita, G. E. & Tishler, M. (1951). Synthesis of 11-keto steroids. *Journal of the American Chemical Society*. **73**: 2396–2397. DOI: http://dx.doi.org/10.1021/ja01149a551.

Clandinin, M., Van Aerde, J., Merkel, K., Harris, C., Springer, M., Hansen, J. & Diersen-Schade, D. (2005). Growth and development of preterm infants fed infant formulas containing docosahexaenoic acid and arachidonic acid. *Journal of Pediatrics*, **146**: 461–468. DOI: http://dx.doi.org/10.1016/j.jpeds.2004.11.030.

Csiszár, E., Szakács, G. & Koczka, B. (2007). Biopreparation of cotton fabric with enzymes produced by solid-state fermentation. *Enzyme and Microbial Technology*, **40**: 1765–1771. DOI: http://dx.doi.org/10.1016/j.enzmictec.2006.12.003.

Donova, M. V., Egorova, O. V. & Nikolayeva, V. M. (2005). Steroid 17β-reduction by microorganisms: a review. *Process Biochemistry*, **40**:

2253–2262. DOI: http://dx.doi.org/10.1016/j.procbio.2004.09.025.

El-Mansi, M., Bryce, C. F. A., Demain, A. L. & Allman, A. R. (2007). *Fermentation Microbiology and Biotechnology: An Historical Perspective.* Boca Raton, FL: CRC Press. ISBN-10: 0849353343, ISBN-13: 9780849353345. URL: http://www.crcpress.com/product/isbn/9780849353345.

Farkye, N. Y. (2004). Cheese technology. *International Journal of Dairy Technology*, **57**: 91–98. DOI: http://dx.doi.org/10.1111/j.1471-0307.2004.00146.x.

Feng, K. C., Liu, B. L. & Tzeng, Y. M. (2000). *Verticillium lecanii* spore production in solid-state and liquid-state fermentations. *Journal of Bioprocess and Biosystems Engineering*, **23**: 25–29. DOI: http://dx.doi.org/10.1007/s004499900115.

Fernandes, P., Cruz, A., Angelova, B., Pinheiro, H. M. & Cabral, J. M. S. (2003). Microbial conversion of steroid compounds: recent developments. *Enzyme and Microbial Technology*, **32**: 688–705. DOI: http://dx.doi.org/10.1016/S0141-0229(03)00029-2.

Frey, S. & Magan, N. (2001). Production of the fungal biocontrol agent *Ulocladium atrum* by submerged fermentation: accumulation of endogenous reserves. *Applied Microbiology and Biotechnology*, **56**: 372–377. DOI: http://dx.doi.org/10.1007/s002530100657.

Gibson, B. R., Lawrence, S. J., Leclaire, J. P. R, Powell, C. D. & Smart, K. A. (2007). Yeast responses to stresses associated with industrial brewery handling. *FEMS Microbiology Reviews*, **31**: 535–569. DOI: http://dx.doi.org/10.1111/j.1574-6976.2007.00076.x.

Grewal, H.S. & Kalra, K. L. (1995). Fungal production of citric acid. *Biotechnology Advances*, **13**: 209–234. DOI: http://dx.doi.org/10.1016/0734-9750(95)00002-8.

Hebbar, K. P., Lumsden, R. D., Poch, S. M. & Lewis, J. A. (1997). Liquid fermentation to produce biomass of mycoherbicidal strains of *Fusarium oxysporum*. *Applied Microbiology and Biotechnology*, **48**: 714–719. DOI: http://dx.doi.org/10.1007/s002530051121.

Hogg, J. A. (1992). Steroids, the steroid community, and Upjohn in perspective: a profile of innovation. *Steroids*, **57**: 593–616. DOI: http://dx.doi.org/10.1016/0039-128X(92)90013-Y.

Hölker, U., Höfer, M. & Lenz, J. (2004). Biotechnological advantages of laboratory-scale solid-state fermentation with fungi. *Journal of Applied Microbiology and Biotechnology*, **64**: 175–186. DOI: http://dx.doi.org/10.1007/s00253-003-1504-3.

Honma, M. & Nakada, M. (2007). Enantioselective total synthesis of (+)-digitoxigenin. *Tetrahedron Letters*, **48**: 1541–1544. DOI: http://dx.doi.org/10.1016/j.tetlet.2007.01.024.

Hutkins, R. W. (2006). *Microbiology and Technology of Fermented Foods.* Oxford, UK: Blackwell Publishing. ISBN-10: 0813800188, ISBN-13: 9780813800189. DOI: http://dx.doi.org/10.1002/ 9780470277515.

Ingledew, W. M., Austin, G. & Kelsall, D. R. (2008). *The Alcohol Textbook: A Reference for the Beverage, Fuel and Industrial Alcohol Industries*, 5th edn. Nottingham, UK: Nottingham University Press. ISBN-10: 1904761658, ISBN-13: 9781904761655. URL:http://www.nup.com/product-details.aspx? p=250.

Jackson, R. S. (2000). *Wine Science: Principles, Practice, Perception*, 2nd edn. London: Academic Press. ISBN-10: 012379062X, ISBN-13: 9780123790620. URL:http://www.sciencedirect.com/ science/book/9780123790620.

Jin, M.-J., Huang, H., Xiao, A.-H., Zhang, K., Liu, X., Li, S. & Peng, C. (2008). A novel two-step fermentation process for improved arachidonic acid production by *Mortierella alpina*. *Biotechnology Letters*, **30**: 1087–1091. DOI: http://dx.doi.org/10.1007/s10529-008-9661-1.

Johnson, M. E. & Lucey, J. A. (2006). Major technological advances and trends in cheese. *Journal of Dairy Science*, **89**: 1174–1178. DOI: http://dx.doi.org/10.3168/jds.S0022-0302(06)72186-5.

Jones, P., Shahab, B. A., Trinci, A. P. J. & Moore, D. (1988). Effect of polymeric additives, especially Junlon and Hostacerin, on growth of some basidiomycetes in submerged culture. *Transactions of the British Mycological Society*, **90**: 577–583. DOI: http://dx.doi.org/10.1016/S0007-1536(88)80062-7.

Kirk, P. M., Cannon, P. F., Minter, D. W. & Stalpers, J. A. (2008). *Dictionary of the Fungi*, 10th edn. Wallingford, UK: CAB International. ISBN-10: 0851998267, ISBN-13: 9780851998268. URL: http://bookshop.cabi.org/default.aspx?site=191&page=2633&pid=2112.

Kumar, R., Singh, S. & Singh, O. V. (2008). Bioconversion of lignocellulosic biomass: biochemical and molecular perspectives. *Journal of Industrial Microbiology and Biotechnology*, **35**: 377–391. DOI: http://dx.doi.org/10.1007/s10295-008-0327-8.

Latorre, B. A., Agosín, E., San Martín, R. & Vásquez, G. S. (1997). Effectiveness of conidia of *Trichoderma harzianum* produced by liquid fermentation against *Botrytis* bunch rot of table grape in Chile. *Crop Protection*, **16**: 209–214. DOI: http://dx.doi.org/10.1016/S0261-2194(96)00102-0.

Lin, Y.-L., Wang, T.-H., Lee, M.-H. & Su, N.-W. (2008). Biologically active components and nutraceuticals in the *Monascus*-fermented rice: a review. *Applied Microbiology and Biotechnology*, **77**: 965–973. DOI: http://dx.doi.org/10.1007/s00253-007-1256-6.

Liu, K. S. (2008). Food use of whole soybeans. In: *Soybeans: Chemistry, Production, Processing, and Utilization* (eds. L. A. Johnson, P. J. White & R. Galloway), pp. 441–481. Urbana, IL: American Oil Chemists' Society Press. ISBN-10: 1893997642, ISBN-13: 9781893997646. URL: http://www.aocs.org/Store/ProductDetail.cfm?ItemNumber=3281.

Luh, B. S. (1995). Industrial production of soy sauce. *Journal of Industrial Microbiology and Biotechnology*, **14**: 467–471. DOI: http://dx.doi.org/10.1007/BF01573959.

Luna-Solano, G., Salgado-Cervantes, M. A., Rodriguez-Jimenes, G. C. & Garcia-Alvarado, M. A. (2005). Optimization of brewer's yeast spray drying process. *Journal of Food Engineering*, **68**: 9–18. DOI: http://dx.doi.org/10.1016/j.jfoodeng.2004.05.019.

McSweeney, P. L. H. (2004). Biochemistry of cheese ripening. *International Journal of Dairy Technology*, **57**: 127–144. DOI: http://dx.doi.org/10.1111/j.1471-0307.2004.00147.x.

Mitchell, D. A., Krieger, N. & Berovič, M. (2006). *Solid-State Fermentation Bioreactors: Fundamentals of Design and Operation*. New York: Springer-Verlag. ISBN-10: 3540312854, ISBN-13: 9783540312857. URL: http://www.springerlink.com/content/978-3-540-31285-7#section=465752&page=1.

Moore, D. & Chiu, S. W. (2001). Fungal products as food. In: *Bio-Exploitation of Filamentous Fungi* (eds. S. B. Pointing & K. D. Hyde), pp. 223–251. Hong Kong: Fungal Diversity Press.

Nielsen, J. (1996). *Physiological Engineering Aspects of* Penicillium chrysogenum. Singapore: World Scientific Publishing. ISBN-10: 9810227655, ISBN-13: 9789810227654. URL: http://www.worldscibooks.com/lifesci/3195.html.

Olempska-Beer, Z. S., Merker, R. I., Ditto, M. D. & DiNovi, M. J. (2006). Food-processing enzymes from recombinant microorganisms: a review. *Regulatory Toxicology and Pharmacology*, **45**: 144–158. DOI: http://dx.doi.org/10.1016/j.yrtph.2006.05.001.

Pandey, A. (2003). Solid-state fermentation. *Biochemical Engineering Journal*, **13**: 81–84. DOI: http://dx.doi.org/10.1016/S1369-703X(02)00121-3.

Pattanagul, P., Pinthong, R., Phianmongkhol, A. & Leksawasdi, N. (2007). Review of angkak production (*Monascus purpureus*). *Chiang Mai Journal of Science*, **34**: 319–328. URL:http://www.science.cmu.ac.th/journal-science/343_7_ReviewPatcha.pdf.

Pazarlioğlu, N. K., Sariişik, M. & Telefoncu, A. (2005). Treating denim fabrics with immobilized commercial cellulases. *Process Biochemistry*, **40**: 767–771. DOI: http://dx.doi.org/10.1016/j.procbio.2004.02.003.

Peterson, D. H. & Murray, H. C. (1952). Microbiological oxygenation of steroids at carbon-11. *Journal of the American Chemical Society*, **74**: 1871–1872. DOI: http://dx.doi.org/10.1021/ja01127a531.

Pirt, S. J. (1975). *Principles of Microbe and Cell Cultivation*. Oxford, UK: Blackwell Scientific Publications. ISBN-10: 0632081503, ISBN-13: 9780632081509.

Plassard, C. & Fransson, P. (2009). Regulation of low-molecular-weight organic acid production in fungi. *Fungal Biology Reviews*, **23**: 30–39. DOI: http://dx.doi.org/10.1016/j.fbr.2009.08.002.

Righelato, R. C. (1979). The kinetics of mycelial growth. In: *Fungal Walls and Hyphal Growth* (eds. J. H. Burnett & A. P. J. Trinci), pp. 385–399. Cambridge, UK: Cambridge University Press. ISBN 0521224993.

Rushton, J. H., Costich, E. W. & Everett, H. J. (1950). Power characteristics of mixing impellers, part II. *Chemical Engineering Progress*, **46**: 467–476.

Sakuradani, E., Hirano, Y., Kamada, N., Nojiri, M., Ogawa, J. & Shimizu, S. (2004). Improvement of arachidonic acid production by mutants with lower n-3 desaturation activity derived from *Mortierella alpina* 1S-4. *Applied Microbiology and Biotechnology*, **66**: 243–248. DOI: http://dx.doi.org/10.1007/s00253-004-1682-7.

Samuel, D. (1996). Investigation of ancient Egyptian baking and brewing methods by correlative microscopy. *Science*, **273**: 488–490. DOI: http://dx.doi.org/10.1126/science.273.5274.488.

Sánchez, C. (2009). Lignocellulosic residues: biodegradation and bioconversion by fungi. *Biotechnology Advances*, **27**: 185–194. DOI: http://dx.doi.org/10.1016/j.biotechadv.2008.11.001.

Schwan, R. F. (1997). Microbiology and physiology of cocoa fermentation. *SGM Quarterly*, **24**: 6–7.

Schwan, R. F. & Wheals, A. E. (2004). The microbiology of cocoa fermentation and its role in chocolate quality. *Critical Reviews in Food Science and Nutrition*, **44**: 205–221. DOI: http://dx.doi.org/10.1080/10408690490464104.

Schwarze, F. W. M. R. (2007). Wood decay under the microscope. *Fungal Biology Reviews*, **1**: 133–170. DOI: http://dx.doi.org/10.1016/j.fbr.2007.09.001.

Shen, J., Rushforth, M., Cavaco-Paulo, A., Guebitz, G. & Lenting, H. (2007). Development and industrialisation of enzymatic shrink-resist process based on modified proteases for wool machine washability. *Enzyme and Microbial Technology*, **40**: 1656–1661. DOI: http://dx.doi.org/10.1016/j.enzmictec.2006.07.034.

Simpson, D. R., Wiebe, M. G., Robson, G. D. & Trinci, A. P. J. (1995). Use of pH auxostats to grow filamentous fungi in continuous flow culture at maximum specific growth rate. *FEMS Microbiology Letters*, **126**: 151–158. DOI: http://dx.doi.org/10.1111/j.1574-6968.1995.tb07409.x.

Simpson, D. R., Withers, J. M., Wiebe, M. G., Robson, G. D. & Trinci, A. P. J. (1998). Mutants with general growth rate advantages are the predominant morphological mutants to be isolated from the Quorn production plant. *Mycological Research*, **102**: 221–227. DOI: http://dx.doi.org/10.1017/S0953756297004644.

Stanbury, P. F., Whitaker, A. & Hall, S. (1998). *Principles of Fermentation Technology*. Oxford, UK: Butterworth-Heinemann. ISBN-10: 0750645016, ISBN-13: 9780750645010. URL: http://www.elsevier.com/wps/find/bookdescription.cws_home/679802/description#description.

Stepaniak, L. (2004). Dairy enzymology. *International Journal of Dairy Technology*, **57**: 153-171. DOI: http://dx.doi.org/10.1111/j.1471-0307.2004.00144.x.

Swift, R. J., Craig, S. H., Wiebe, M. G., Robson G. D. & Trinci, A. P. J. (2000). Evolution of *Aspergillus niger* and *A. nidulans* in glucose limited chemostat cultures, as indicated by oscillations in the frequency of cycloheximide resistant and morphological mutants. *Mycological Research*, **104**: 333-337. DOI: http://dx.doi.org/10.1017/S0953756299001136.

Trinci, A. P. J. (1970). Kinetics of the growth of mycelial pellets of *Aspergillus nidulans*. *Archives of Microbiology*, **73**: 353-367. DOI: http://dx.doi.org/10.1007/BF00412302.

Trinci, A. P. J. (1991). 'Quorn' mycoprotein. *Mycologist*, **5**: 106-109. DOI: http://dx.doi.org/10.1016/S0269-915X(09)80296-6.

Trinci, A. P. J. (1992). Myco-protein: a twenty-year overnight success story. *Mycological Research*, **96**: 1-13. DOI: http://dx.doi.org/10.1016/S0953-7562(09)80989-1.

Trinci, A. P. J. (1994). Evolution of the Quorn® myco-protein fungus, *Fusarium graminearum* A3/5. *Microbiology*, **140**: 2181-2188. DOI: http://dx.doi.org/10.1099/13500872-140-9-2181.

Trinci, A. P. J. & Righelato, R. C. (1970). Changes in constituents and ultrastructure of hyphal compartments during autolysis of glucose-starved *Penicillium chrysogenum*. *Journal of General Microbiology*, **60**: 239-249. DOI: http://dx.doi.org/10.1099/00221287-60-2-239.

Trinci, A. P. J., Davies, D. R., Gull, K., Lawrence, M. I., Bonde Nielsen, B., Rickers, A. & Theodorou, M. K. (1994). Anaerobic fungi in herbivorous animals. *Mycological Research*, **98**: 129-152. DOI: http://dx.doi.org/10.1016/S0953-7562(09)80178-0.

Wiebe, M. G. (2004). Quorn™ myco-protein: overview of a successful fungal product. *Mycologist*, **18**: 17-20. DOI: http://dx.doi.org/10.1017/S0269915X04001089.

Wiebe, M. G., Robson, G. D., Cuncliffe, B., Oliver, S. G. & Trinci, A. P. J. (1993). Periodic selection in long-term continuous-flow cultures of the filamentous fungus *Fusarium graminearum*. *Journal of General Microbiology*, **139**: 2811-2817. DOI: http://dx.doi.org/10.1099/00221287-139-11-2811.

Wiebe, M. G., Robson, G. D., Oliver, S. G. & Trinci, A. P. J. (1994). Evolution of *Fusarium graminearum* A3/5 grown in a glucose-limited chemostat culture at a slow dilution rate. *Microbiology*, **140**: 3023-3029. DOI: http://dx.doi.org/10.1099/13500872-140-11-3023.

Wiebe, M. G., Robson, G. D., Oliver, S. G. & Trinci, A. P. J. (1995). Evolution of *Fusarium graminearum* A3/5 grown in a series of glucose-limited chemostat cultures at a high dilution rate. *Mycological Research*, **99**: 173-178. DOI: http://dx.doi.org/10.1016/S0953-7562(09)80883-6.

Section 18
Molecular biotechnology

第18章
分子生物工学

　菌学とは不思議な学問領域である；何を意味するかによりその領域内に妙な区分が生じている．その意味は，それに携わる人の立場によって異なっているようである．世界中で，生化学者や分子生物学者，さらには臨床科学者までもが菌類を詳細に研究している．しかし，彼らは自身を菌学者とは呼ばない．彼らは菌類に関する領域を今も研究し続けているにもかかわらず，自身を生化学者，分子生物学者，臨床医と称している！　分子生物学（あるいは生化学や病理学）を適切に理解し，さらに活用するためには，ある段階において，その生物全体を包括的に俯瞰できるようにそれぞれの研究部分を統合する必要がある．この点において，今まさにわれわれは「フィールド菌学者（field mycologists）」を必要とする段階にいる．彼らは，過小に評価され，その結果，「世界の多くのところで，菌学者は絶滅危惧種となっている」(Minter, 2001)，「分類学者それ自体の保護を推進する」(Courtecuisse, 2001) 配慮が必要となっている.

　今まで本書では，常に全体像を示すように努めてきた；真菌生物学の真の考え方としてはこれが好ましい．しかし，今，本章でこの考えをかえてみよう．本書を通してわれわれは分子的な詳細ならびにその解釈をできるだけ書きあげてきた．今までに得た菌類の生物学の全体像を知ることで，さらにある側面をより詳細に検討し，人類の利益にどのように貢献できるかを問いたい．

　まず，本章を抗真菌剤の分子的な側面を調べることから始めよう；これら抗真菌剤は，細胞膜，細胞壁をターゲットとしている．21世紀のはじめにおいても，全身性真菌症（systemic mycoses）のおもな治療法はいまだアゾール類（azoles）やポリエン類（polyenes）の使用によるものである．しかし，併用療法（combinatorial therapy）が，薬剤抵抗性管理のための有望な分子的アプローチとなっている．また，農業分野においては，21世紀初めの殺菌剤として，真菌代謝物に由来する殺菌剤：ストロビルリン類（strobilurins）が主流となっている．

　本章の後半では，一般に「分生生物学」の範疇と認識されている領域に踏み込む．真菌類の遺伝的構造について議論し，真菌類のゲノムをシーケンスし，ゲノムのアノテーションを行う．次に，複数の真菌類ゲノムを比較し，ゲノムを操作する方法：すなわち，目的遺伝子の破壊，形質転換，組換えベクターについて述べる．これらのすべては，糸状菌を用いた組換えタンパク質生産技術の開発に寄与している．

　最後の3節では，菌学におけるバイオインフォマティクス（莫大なデータセットの操作）のもつ他の側面について具体例をあげながら説明していこう．初めの節では，包括的なゲノムのデータマイニングの結果は，真菌類，動物，植物の多細胞のシステム形成にはそれぞれ異なる機構が存在するという考えを支持すること，次の節では，大規模調査データの解析によって気候変動の菌類への影響が明らかにされうること，最後の節では，第4章で示した菌糸生育の動力学に基づく数学モデルとコンピュータシミュレーションが，モニター上で成長するリアルなサイバー真菌（cyberfungi）をつくりだすコンピュータプログラムの元になることを述べよう．

それでは，21世紀の真菌分子生物学の話を19世紀の終わりにまで遡って始める．1908年，ノーベル医学生理学賞を受賞したエーリッヒ（Paul Ehrlich）は，**選択毒性**（selective toxicity）という概念を打ち立てた（http://nobelprize.org//nobel_prizes/medicine/laureates/1908/ehrlich-bio.html）．それには，使用薬物の化学的性質を，対象とする生物の細胞に対する作用機作と親和性に関連づけて研究する必要があった．彼の目的は，彼が表現したように，目的とする病原体に直接作用し，病気となった宿主に最小限のダメージしか与えない**特効薬**として作用する化学物質を見つけることであった．

エーリッヒの研究チームは，多種の新規合成化合物の抗微生物活性を対象にスクリーニングし，めぼしい結果が得られた化合物をリード化合物として体系的に化学修飾を施し，生物活性を最適化するという，今では一般的となったアプローチを用いた．1909年，彼のチームは梅毒治療のための有機ヒ素化合物である**サルバルサン**（Salvarsan）を発見した；サルバルサンは彼のチームが試験のために合成した606番目の化合物であり，**最初の有機合成抗菌剤**であった．

もちろん，それから30年後に偶然発見されたペニシリン（penicillin）が抗細菌性の究極の特効薬となるのだが（17.15節を参照），エーリッヒの確立した体系的な研究方法は，**創薬**（drug discovery）として知られている．

18.1 細胞膜を標的にする抗真菌剤

真菌類は真核生物であるため，特異的抗真菌剤の探索を目的する創薬計画では，真菌特異的な標的に焦点を合わせる必要がある．さらに，どのような剤を対象とするか，以下のことについて注意が必要である：

- 殺菌剤（fungicides）は植物に対して用いられる．
- 抗真菌薬（antifungal drugs）は動物に対して用いられる．
  さらには，
- 静菌的（fungistatic），菌を殺すのではなく菌の生育を止める効果．あるいは，
- 殺菌的（fungicidal），菌に致死的な毒性をもつ効果のことを意味する．

保護剤（protectant）とは，植物や動物の外部で作用し，それらを菌類による侵入から保護するという化学物質のことである．これらの保護剤は通常複数の作用点をもつ：

- ミラルデ（Milardet）のボルドー液（Bordeaux mixture；塗料のような水酸化カルシウムと硫酸銅の混合液）はもともと果樹園においてブドウのべと病防除のために開発され，ジャガイモを *Phytophthora infestans*（ジャガイモ疫病菌）の感染から守るために使用されている．茎と葉を冒すあらゆる種類の真菌類または真菌様生物による病気からさまざまな植物を守る効果的な保護剤である．
- ウィットフィールド軟膏（安息香酸とサリチル酸の油脂基剤混合物）は水虫の治療に用いられ，同様に皮膚表面の病原菌に対しても有効である．

ボルドー液のような薬剤は，菌類のさまざまな範疇の弱点に作用し，そのいくつかの弱点における作用機作は同一かもしれない．薬剤には，単独の特異的な作用点に作用するものと，複数の作用点に作用するものが存在する．前者は後者よりも選択毒性が高いことが期待される一方，薬剤抵抗性の発達はより早く進むであろう．穀物収穫量の減少（選択毒性の弱さが原因であり，この点においては，単一箇所に作用する薬剤のほうが複数個所に作用するものよりも優れている）と，菌類の集団の中で抵抗性の系統が生じる割合（この点においては，複数箇所に作用する薬剤のほうが単一箇所に作用するものよりも優れている）は，トレードオフの関係にある．もちろん，選択毒性は農業用殺菌剤よりも抗真菌薬においてより重要である．

浸透性殺菌剤（systemic fungicides）や抗真菌薬は，植物や動物の投与部位から浸透し，宿主の組織に拡散することによって，罹病部位を治療する．これらは，（通常，1つの）特異的な作用点をもっており，以下のような例がある．

- ベンズイミダゾール（benzimidazole）は植物病原性菌類の微小管を標的としている．
- ケトコナゾール（ketoconazole）は動物病原性菌類のステロール生合成を標的としている．
- 表18.1も参照すること．

細胞膜を標的とする抗真菌剤の選択毒性は，細胞膜のステロール組成によって決定している（5.13節ならびに6.9節を見よ）．ステロール類は細胞膜の物理的な性質と膜結合型酵素の活性に影響を与える．抗真菌剤の発見に関して重要な事実は，哺乳類細胞においてはコレステロール（cholesterol）が主要ステロールであるのに対し，ほとんどの菌類においてはエルゴステロール（ergosterol；図18.1）が主要ステロールである

18.1 細胞膜を標的にする抗真菌剤 539

表 18.1 浸透性殺菌剤ならびに抗真菌剤作用点一覧

細胞内作用点	宿主（罹病生物）	薬剤	作用機作
細胞膜	動物	ポリエン類（図18.2）	エルゴステロールへの結合
	動物ならびに植物	アゾール類（図18.5, 図18.6）	エルゴステロール合成阻害
	植物	エディフェンホス（有機リン系殺菌剤）（図18.11）	リン脂質（ホスファチジルコリン）合成阻害
核酸合成	植物	アシルアミン（例：メタラキシル）（図18.11）	RNA ポリメラーゼ阻害
	動物	フルシトシン（5-フルオロシトシン）	RNA 合成阻害
呼吸	植物	ストロビルリン類（図18.12, 図18.13）	シトクロム b 結合による電子伝達ならびに ATP 合成阻害
細胞壁	植物	ポリオキシン類, ニッコーマイシン類（図18.8）	キチン合成阻害
	植物	トリシクラゾール（図18.11）	メラニン合成阻害
	動物	エキノカンジン類（図18.9）	β 1,3-グルカン合成酵素阻害
細胞骨格	植物	ベンズイミダゾール類（図18.10）	β-チューブリンへの結合
	動物ならびに植物	グリセオフルビン（図18.10）	微小管結合タンパク質への結合

その他の作用点として次のものがあげられる：細胞接着に関与するマンノプロテイン, 伸長因子, プロテイナーゼ.

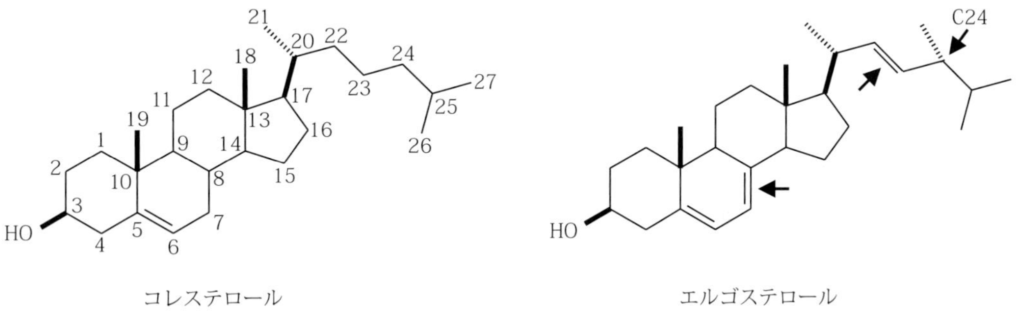

図 18.1 コレステロールならびにエルゴステロールの化学構造. コレステロールの構造図における数字は, 命名法に従った炭素番号を示している. エルゴステロールは 24 位炭素にメチル基が付加している点ならびに 2 ヵ所の不飽和部位が存在する点（矢印）でコレステロールと異なっている.

ということである. 植物において, 普遍的ステロールとして, スチグマステロール（stigmasterol）, シトステロール（sitosterol）, カンペステロール（campesterol）があげられる.

一部の真菌類はエルゴステロールをもっておらず（この例外については 5.13 節で述べた）, これらにはツボカビ（コレステロールを利用）や担子菌類の *Puccinia graminis*〔フンギステロール（fungisterol）を利用〕が含まれる. 真菌様生物のフシミズカビ目（Leptomitales）とミズカビ目（Saprolegniales）（クロミスタ界, 卵菌門；3.10 節偽菌類参照）は, コレステロールやデマステロール（demasterol）などのステロールを利用している. *Phytophthora cactorum* はこの中で面白い例外で, 本種はステロールを生合成しないため, 培地から調達しなければならない.

現在, 全身性真菌症の治療に利用されている抗真菌薬のおもな 2 種類はエルゴステロールを標的としている. ポリエン類はエルゴステロールと結合, 膜構造を選択的に破壊することで, 細胞膜の透過性を引き起こす. これらの薬剤には毒性があり, 使用上の難しさがある. アゾール類は, エルゴステロール生合成におけるラノステロールデメチラーゼ（lanosterol demethylase）の働きを阻害し, 真菌類の膜合成を妨げる. しかし, アゾール耐性の出現によりその使用に影響が現れつつある.

資料ボックス 18.1　毒性に関する情報

国際化学物質安全性計画（International Program on Chemical Safety）の INCHEM ウェブサイトは, 食品中や環境中の汚染物質などを含む世界中で普遍的に使用されている化学物質に関する国際的な査読済情報を提供している. INCHEM では化学製品の適正管理を目指す政府間組織から寄せられる化学安全情報の統合を行っている. 詳しくは次の URL を参照：http://www.inchem.org/

ポリエン類は交互に炭素二重結合ならびに一重結合をもつ化合物である．2つの炭素二重結合と一重結合を交互にもつ（-C=C-C=C-）ものはジエン（dienes）と呼ばれる**共役化合物**（conjugated compounds）である；さらに，炭素二重結合を3つもつものはトリエン（trienes; -C=C-C=C-C=C-），4つもつものはテトラレン（tetraenes）などと続く．たくさんの交互二重結合の配列が1つまたは複数存在する化合物がポリエンである（図18.2）．

ポリエンはイソプレン（isoprene; C_5H_8）単位から生合成されるテルペンである（図10.15参照）．これらは多価不飽和有機化合物であり，このカテゴリーには多くの脂肪酸が含まれる（したがって，「多価不飽和脂肪酸」と表現される）．通常，炭素二重結合は青色光と紫外領域のスペクトルを吸収するため，化合物は黄色からオレンジ色を呈する．したがって，色素には直鎖ポリエンを特徴とするものもあり，その例として，黄橙色をしている β-カロテン（図10.20参照）があげられる；そして，ポリエン抗真菌剤は黄色を帯びている．

ナイスタチン（Nystatin；図18.2）は1950年に *Streptomyces noursei* というバクテリアから有望な抗真菌剤として単離され，さらに**アムホテリシンB**（amphotericine B）は数年後に *Streptomyces nodosus* から単離された；実際，これまでに200以上のポリエン系抗生物質が発見されており，その大部分は *Streptomyces* 属のバクテリアによって産生されている（表18.2）．ナイスタチンは消化管からまったくあるいはほとんど吸収されないので，局所的に用いられるか（すなわち体表面で用いられる；たとえば外陰膣カンジダ症の抑制），経口的に（たとえば，消化管の感染の抑制に）用いられる．しかし，静脈注射や筋肉注射をした場合は非常に毒性が高い（すなわち，避腸的に投与する場合，非常に毒性が高い）．アムホテリシンBは避腸的に投与しても毒性を示さないで唯一のポリエンであるが，長期投与による腎臓障害ならびに嘔吐の副作用がある．

抗真菌性ポリエン類は，単なる共役ポリエン構造をもつだけではない．それらはラクトン（lactone；ラクトンとはアルコール基とカルボキシル酸基が分子内縮合することで生じる環状エステルのことをいう）の形成によって環状に閉じた炭素原子の**マクロライド環**（macrolide ring；マクロライドとは大環状の構造のことをいう）という特徴をもっており，6個の炭素のデオキシアミノ糖（deoxyaminosugar）がそれに特徴的に付加している．1つの例外を除けば，ヘキソサミン炭水化物（hexosamin carbohydrate）はミコサミン（mycosamine）というデオキシアミノ糖である（図18.2）．

図18.2からわかるように，アムホテリシンBはマクロライド環の片側に7個のヒドロキシル基と糖であるミコサミンが存在し（結果として，親水性となる），他の側には二重結合のポリエンが存在（結果として，こちらの側は疎水性となる）している；すなわち，名前が示すように本分子は**両性**（amphoteric；酸としても塩基としても化学的に反応することができる）である．このような構造上の特徴が，ステロールの選択性とその分子の生物活性を決定すると考えられている．ポリエンは水にはわずかにしか溶けないが，ステロール分子や生体膜のリン脂質のアシル側鎖（acyl side chain）とはすぐに相互作用する．膜のステロールとのこのような相互作用の結果，ポリエン-ステロール複合体は細胞膜を貫通する（部分的，もしくは完全な）孔を空け，膜の透過性を高める．

アムホテリシンBは細胞膜二重層の片層に，8分子のポリエン分子から構成される内径 0.8 nm の小孔を有する環を形成する．これは「半孔（half-pore）」であるが，環は両方の層で形成可能であり，2つの環が二重膜の両層で重なると，アムホテリシンによる孔が二重膜を貫通，制御不能なイオンチャネルとして機能するようになる．マクロライド環上のアミノ糖の配向はステロールの選好性（sterol preference）を決定，さらに，特定の水素結合（アムホテリシンの 2′-OH とエルゴステロールの 3β-OH 間）は複合体を所定の場所に固定するので，8個のポリエン分子は親水性チャネルを形成する（図18.3）．

細胞内の K^+ の漏出はポリエン類の最初の影響であり，このことはプロトン（H^+）の取り込みとも関連して，最終的に細胞内の酸性化が引き起こる．また，アミノ酸や糖類，その他の代謝物の漏出も起こる（表18.3）．

ポリエンはコレステロールともエルゴステロールとも作用する．そのため，臨床用途の抗真菌薬として重要なことは，ある種ポリエンがコレステロールよりもエルゴステロールに対してはるかに高い親和性を示し，真菌類に対して選択毒性を示すことである（図18.4と表18.4）．他のポリエン，たとえばフィリピンは動物に対する毒性が高すぎるため，臨床には利用できない（表18.4も参照）．フィリピンはアムホテリシンBやナイスタチンのようにイオンチャネルを形成しないが膜破壊剤として機能する．フィリピンも抗真菌性ではあるが，高いコレステロール親和性のため，真菌類よりも動物の細胞に対してより有毒である（図18.4）．しかし，コレステロールへの親和性とポリエンの蛍光性を有するため，コレステロールの**組織化学的染色剤**として重宝されている．

アムホテリシンBをリポソーム（liposome）に閉じ込める

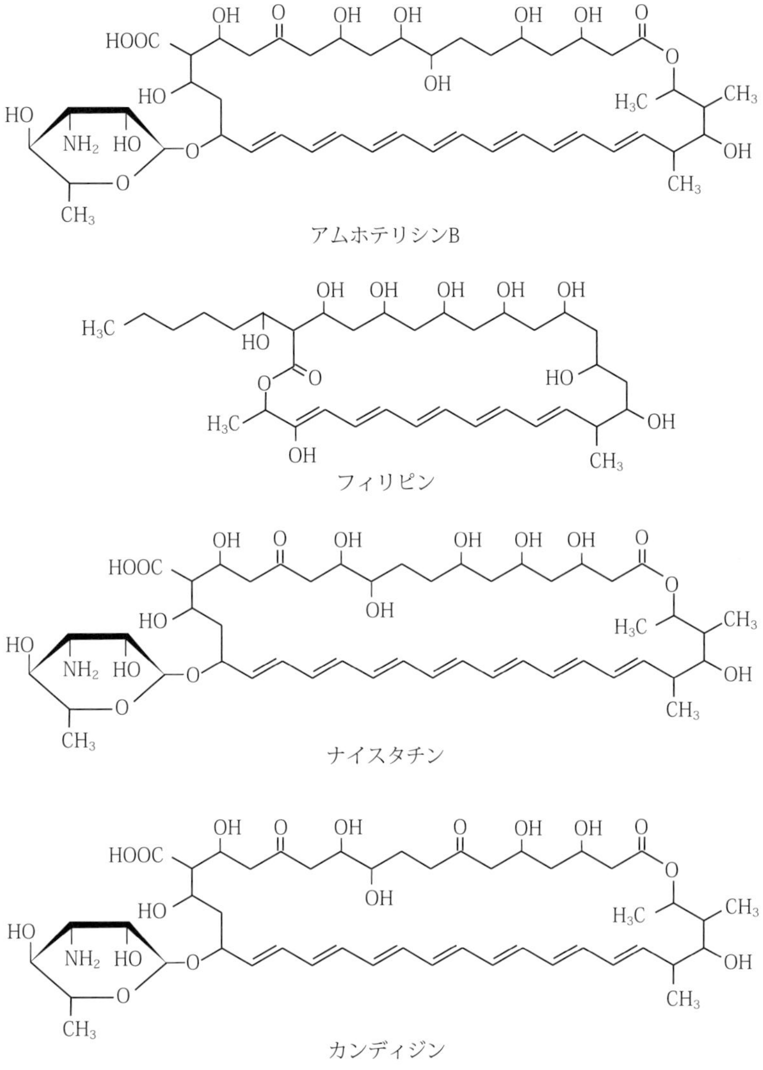

図18.2 ポリエン系抗生物質の化学構造．最上図は最も臨床上重要なアムホテリシンBの構造を示す．図18.3とも比較すること．二重結合と一重結合（すべてトランスに二重結合と結合している）の交互の繰り返しが分子の底部を占め，マクロライド環のラクトン構造（-C-O-C[=O]-）が右上に，アミノ糖ミコサミン（mycosamin）が左下に配置する．フィリピンではこれら両構造を欠く．

アムホテリシンB

フィリピン

ナイスタチン

カンディジン

と，毒性が軽減し薬物輸送（drug delivery）効率が高まる．リポソームとは，水素添加された大豆のホスファチジルコリン（phosphatidylcholine）や卵のホスファチジルエタノールアミン（phosphatidylethanolamine）などの入手が容易なリン脂質から人工的につくられた直径100 nm以下の脂質小胞である．リン脂質は水に難溶性の薬剤を閉じ込めることができる二重膜の「泡」を形成する．リポソーム膜は細胞膜と融和するため，不溶性の薬剤の輸送が非常に改善される．ウサギとマウスの試験では，アムホテリシンBを含んだリポソーム（AmBisomesと呼ばれる）は従来の3分の1の毒性しか示さず，CandidaとAspergillusに対してより効果的であった（表18.5）．

臨床で，ポリエン抵抗性が観察されることは滅多にない．しかし，実験室では抵抗性の菌株が作出されている．このような抵抗性出現のリスクは，併用療法で低減させることが可能であ

表18.2 研究あるいは臨床で用いられたポリエン系抗生物質と産生生物

名称	産生生物
アムホテリシンB（1955年に単離）	*Streptomyces nodosus*
カンディシジン（candicidin）	*S. griseus*
カンディジン（candidin）	*S. viridoflavus*
エトルスコマイシン （etruscomycin, = lucensomycin）	*S. lucensis*
フィリピン複合体 （1955年に単離）	*S. filipensis*
ハマイシン（hamycin）	*S. pimprina*
ナタマイシン （natamycin, = pimaricin）	*S. natalensis*
ナイスタチン（1950年に単離）	*S. albidus* あるいは *S. noursei*
トリコマイシン（Trichomycin）	*S. hachijoensis* ならびに *S. abikoensis*

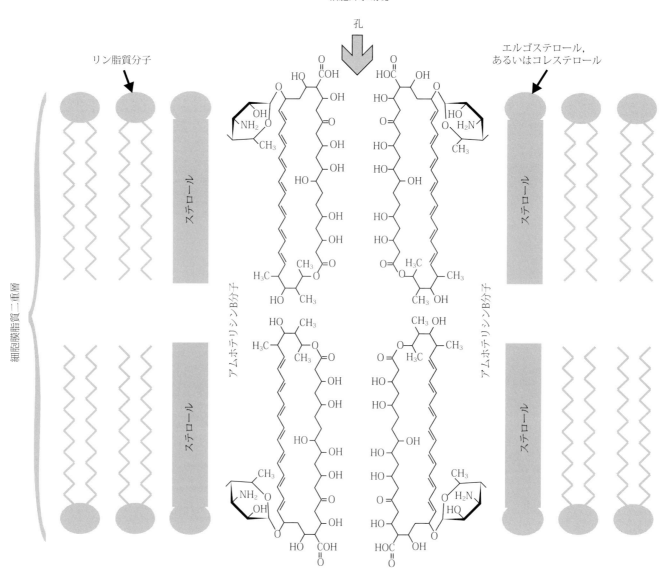

図18.3　アムホテリシンB-ステロール複合体によって形成される細胞膜孔の模式図．図は，2つの半孔の位置関係を示している；半孔は細胞膜の脂質二重層のそれぞれの層において，リング状に並んだアムホテリシン8分子より構成される．それぞれの層における半孔2つの位置が一致した場合，細胞膜を貫通する小孔が形成され，中心部の親水性に富む領域が細胞による制御不能なイオンチャネルとなる．

る．アムホテリシンBとフルシトシン［5-フルオロシトシン（5-fluorocytosine）；5-FC；フッ素化されたピリミジンアナログで，真菌類のRNA合成を標的とし，必須タンパク質の翻訳を阻害する］との併用が効果的であろう．

ポリエン類はエルゴステロールと相互作用し，膜の漏出を引き起こすが，他の抗真菌剤の中には，エルゴステロール生合成を阻害し，その結果，菌類のエルゴステロール含有量を減少さ せたり完全になくしたりするものもある（Veen & Lang, 2005; Alcazar-Fuoli *et al.*, 2008）．これら化合物のうち，いくつかは植物の病気を治療するための殺菌剤として利用されている（構造式を図18.5に示す）．

- ピリミジンアナログ［pyrimidine analogues；例，トリアリモール（triarimol）］

18.1 細胞膜を標的にする抗真菌剤

表 18.3 膜ステロールと相互作用する4種ポリエン系抗生物質の影響

特徴	フィリピン	ナイスタチン	アムホテリシンB	カンディシジン
カリウムイオン流出	＋	＋	＋	＋
糖分解阻害における K^+ あるいは NH_4^+ の影響	－	－	＋	＋
リン酸イオン流出	＋	＋	±	±
赤血球溶解	急速	＋	＋	±
酵母プロトプラスト溶解	急速	＋	±	－
抗菌活性	＋	＋＋	＋＋＋	＋＋＋＋

*アンモニウムイオンは多くの化学反応においてカリウムイオンのアナログとして作用するため，生理的にも十分カリウムイオンの代用となる．カリ塩とアンモニウム塩には多くの共通性が認められる．カンディシジンはカンディジン（図18.2）と化学的に類似するが，aminophenyl-hydroxymethyl-oxoheptanyl 置換基がマクロライド環のラクトンに近接している．

表 18.4 ポリエン系抗生物質の毒性

抗生物質	LD_{50} (mg kg^{-1})*				実験動物
	経静脈投与	腹腔内投与	皮下投与	経口投与	
アムホテリシンB	4〜6.6	280〜1,640		>8,000	マウス
カンディシジン		2.1〜7.0	160〜280	98〜400	マウス
ナイスタチン	3	45	2	8,000	マウス
ナタマイシン	5〜10	250	5,000	1,500	ラット

* LD_{50} は半数致死量（薬剤を投与された動物の半数が死亡する容量をいう）．これらの値を，以下に示すそれぞれの薬剤の *Candida albicans* に対する最小阻止濃度（MIC：微生物の生育を阻止する最小の濃度）と比較せよ．アムホテリシンB, 0.5 mg L^{-1}；カンディシジン, 0.5 mg L^{-1}；ナイスタチン, 3 mg L^{-1}；ナタマイシン, 5 mg L^{-1}.

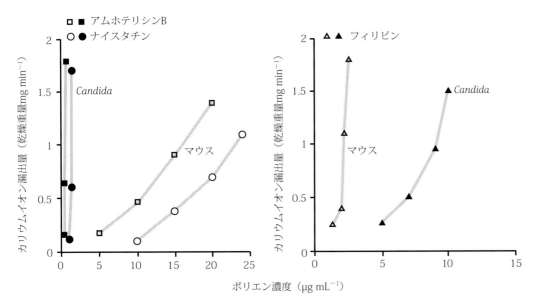

図 18.4 *Candida albicans* に対するポリエン類の選択毒性．無傷の *Candida* 細胞とマウス線維芽細胞からのカリウムイオン漏出効果で示している．左パネルでは，アムホテリシンB メチルエステルとナイスタチンの作用をマウス線維芽細胞と比較（この両ポリエンはコレステロールよりエルゴステロールにより高い親和性を有している）．右パネルは，フィリピンの相対的効果を示している．フィリピンはその化学構造にアミノ糖を欠き（図18.2），エルゴステロールよりもコレステロールに対してはるかに高い親和性を有している．

表18.5 アムホテリシンB（AmB）とリポソーム化アムホテリシンB（AmBisome）の効果

菌種	種類	MIC$_{90}$ (mg L^{-1})*
Candida albicans	AmB	1.25
	AmBisome	0.62
Candida tropicalis	AmB	1.25
	AmBisome	0.62
Aspergillus sp.	AmB	2.50
	AmBisome	1.25
Fusarium sp.	AmB	2.50
	AmBisome	2.50

* MIC$_{90}$：生育を90%阻止する最小濃度.

- ブチオベート（buthiobate）などのピリジン類（pyridines）
- トリアゾール類［triazoles；例，フルオトリマゾール（fluotrimazole），トリアジメホン（triadimefon），トリアズブチル（triazbutil）］
- イミダゾール類［imidazoles；例，イマザリル（imazalil），エニコナゾール（eniconazole），プロクロラズ（prochloraz）］

同様の化合物は抗真菌薬として臨床的に利用される（図18.6）.

- ミコナゾール（miconazole；比較的水に溶けにくいので，局所適用の軟膏として用いられる），クロトリマゾール（clotrimazole）とケトコナゾール（ketoconazole；比較的水に溶けやすく，経口で服用される）などのイミダゾール類
- イトラコナゾール（itraconazole）やフルコナゾール（fluconazole）などのトリアゾール類

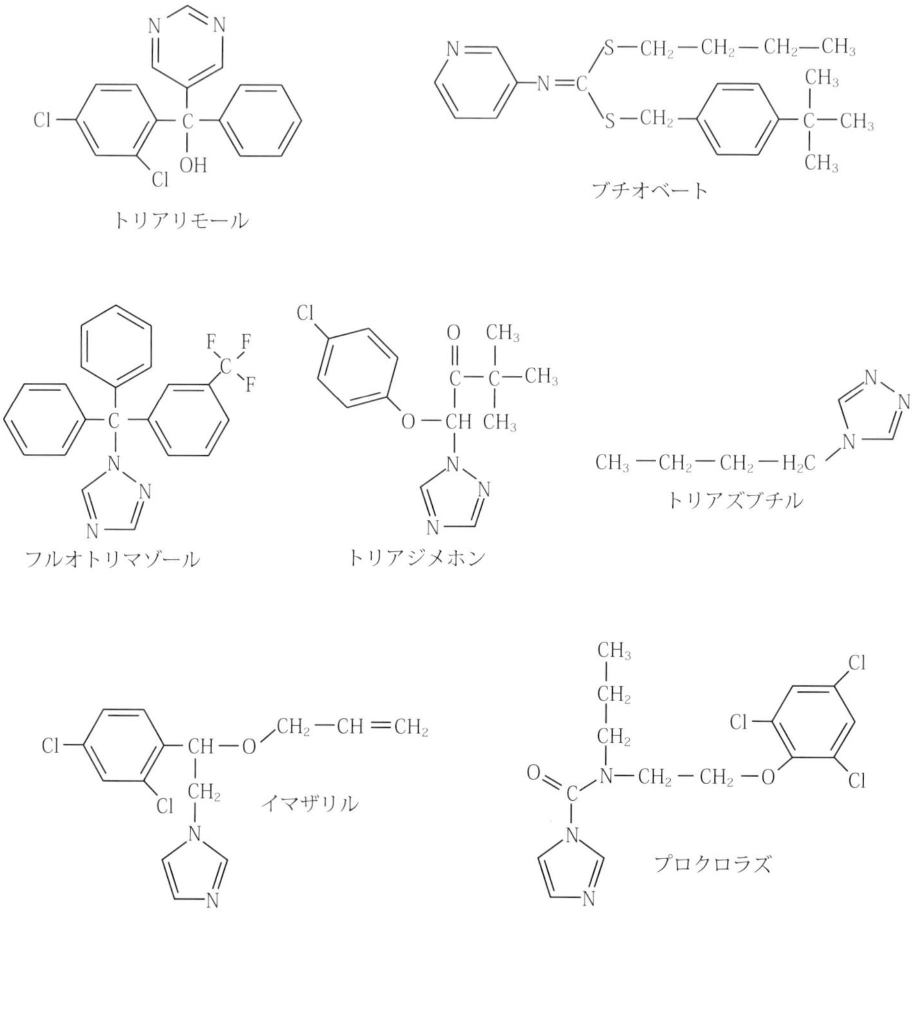

図18.5 エルゴステロールの生合成を阻害し，その結果，有害菌のエルゴステロール含量を減少あるいは激減させるような殺菌剤の構造例.

図 18.6　臨床的に有用な抗真菌性アゾール類の構造例.

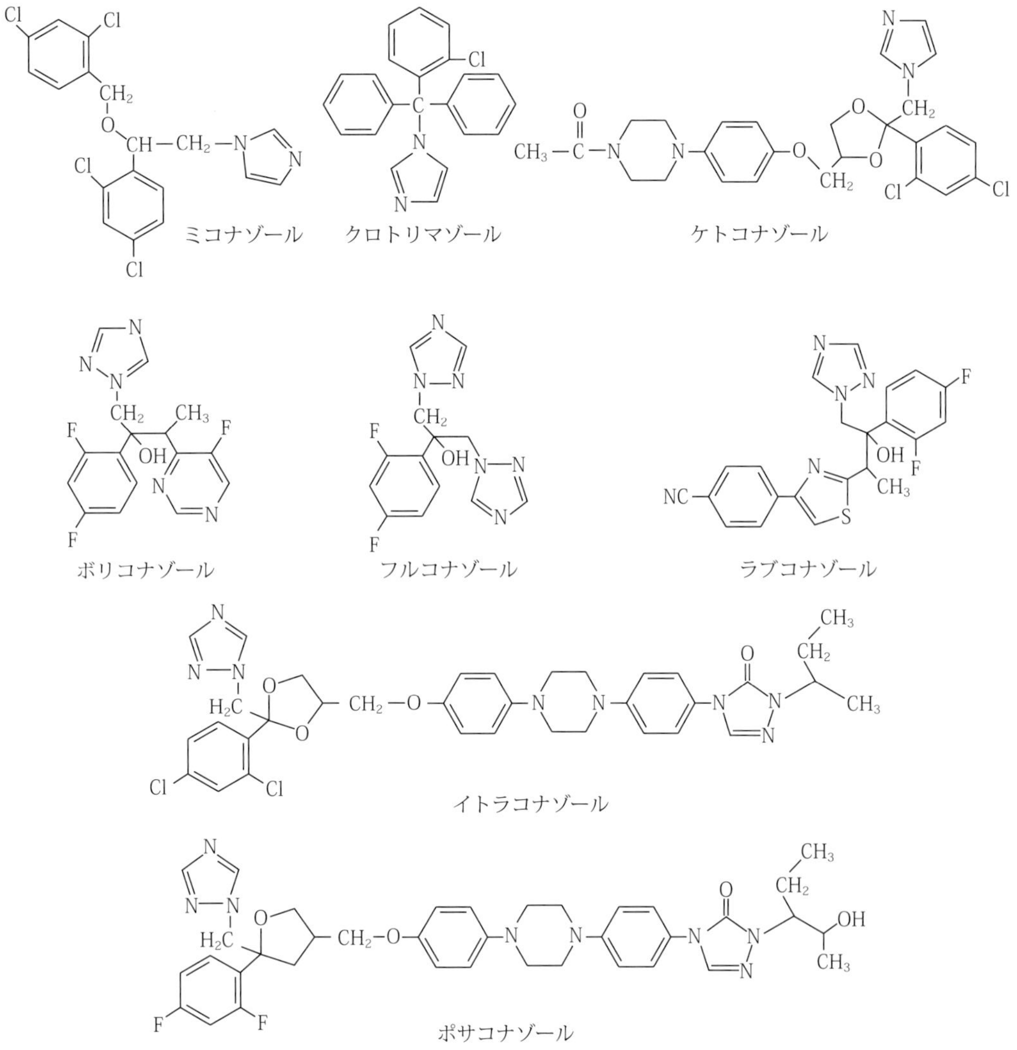

アゾール類（azoles）の特徴は五員性の**複素環**であり；イミダゾール類（imidazoles）では複素環に2個の窒素原子を含んでいる．これらは1970年代初頭に発見され，ミコナゾールはヒトの**局所的真菌感染症**，ケトコナゾールはヒトの**全身的真菌感染症**の治療に使われている．トリアゾールの五員環は3個の窒素原子を含んでいる．トリアゾール類は1990年代に初めて利用され，イミダゾール類よりも副作用が少ない．フルコナゾールとイトラコナゾールは水溶性が高いが，ケトコナゾールよりも速く腎臓から排出され抗真菌活性はやや低い．これらの化合物はシトクロム P450 と結合することによりエルゴステロールの生合成に影響を与える．シトクロム P450 はラノステロールの脱メチル化に必要である．この阻害は膜形成を妨害し，膜の不安定化につながるステロール中間体の蓄積を引き起こし，成長を阻害する（つまりこの薬剤は静菌的である）．イミダゾール類の効能は以下の要素で決まる：

- シトクロム P450 のヘム鉄に対する窒素複素環の親和性と幾何学的配向性
- イミダゾール環の3位またはトリアゾール環の4位の窒素原子のプロトン化
- 薬剤の非リガンド結合部位のシトクロム P450 のアポタンパク質に対する親和性

シトクロム P450 のヘム鉄にはプロトン化していない窒素原子が結合する必要がある．菌糸先端の細胞内 pH は通常6以下であり，この pH において，ケトコナゾールのイミダゾール環の75%がプロトン化を受ける．一方，同条件でイトラコナゾールのトリアゾール環はプロトン化を受けない．したがっ

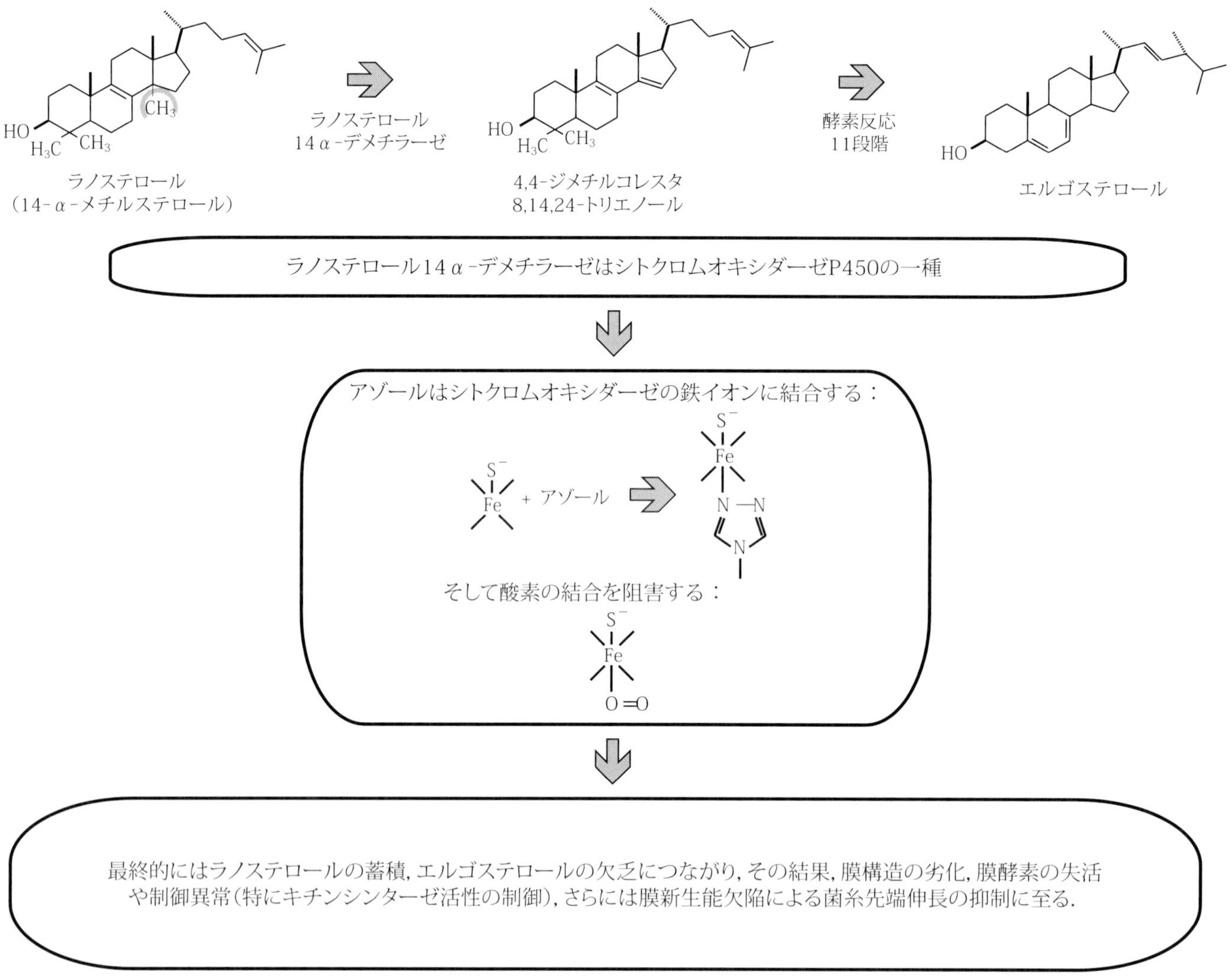

第18章 分子生物工学

[図: ラノステロールからエルゴステロールへの生合成経路とアゾール系薬剤の作用機序]

ラノステロール（14-α-メチルステロール） → ラノステロール14α-デメチラーゼ → 4,4-ジメチルコレスタ8,14,24-トリエノール → 酵素反応11段階 → エルゴステロール

ラノステロール14α-デメチラーゼはシトクロムオキシダーゼP450の一種

アゾールはシトクロムオキシダーゼの鉄イオンに結合する：
$Fe + アゾール →$ (Fe-アゾール複合体)
そして酸素の結合を阻害する：

最終的にはラノステロールの蓄積，エルゴステロールの欠乏につながり，その結果，膜構造の劣化，膜酵素の失活や制御異常（特にキチンシンターゼ活性の制御），さらには膜新生能欠陥による菌糸先端伸長の抑制に至る．

図 18.7　エルゴステロール生合成阻害剤の作用機作と膜機能ならびに細胞増殖に対する影響．

て，イトラコナゾールはケトコナゾールよりもより効果の強い抗真菌性の薬である．また，ケトコナゾールの長期服用は肝臓障害を引き起こす．一方，フルコナゾールは肝臓にダメージを与えない．この理由により，ケトコナゾールはフルコナゾールにかなり取って代わられた．しかしながら，フルコナゾールはケトコナゾールよりも抗真菌活性が低いため，深刻な真菌感染症や免疫不全のエイズ患者では，肝臓障害のリスクをとってもケトコナゾールを使用する価値があるかもしれない．

エルゴステロールの生合成において，脱メチル化に必要なシトクロム P450 デメチラーゼにアゾール類が結合した場合，細胞膜における 14-α-メチルステロール（ラノステロール）の含有量が増加，エルゴステロールの含有量が減少して，結果として膜の質が低下する（図 18.7）．皮肉なことに，膜の劣化で現れる結果の1つがキチン合成の増大である．しかし，これは調和のとれていない増大であって，細胞壁にとって何ら益をもたらさない．

ステロールの生合成は複雑で，いくつかの分岐経路や潜在的な代替経路が存在する．真菌種によって，各経路の相対的な重要性は異なり，これが個々のアゾール類に対する感受性の違いとなっている（Veen & Lang, 2005; Alcazar-Fuoli et al., 2008）（表18.6）．フルコナゾールに対する抵抗性は以下の原因によって出現し得ると考えられている（Cowen, 2008; Monk & Goffeau, 2008）：

- 多剤輸送体の恒常的な活性化を起こすような突然変異が生じることにより，細胞からの薬剤の排出が増加する．

表18.6 ケトコナゾールならびにイトラコナゾールによるエルゴステロール合成の阻害

菌種	エルゴステロール合成を50%阻止する薬剤量（モル濃度）	
	ケトコナゾール	イトラコナゾール
Candida albicans	2.5×10^{-8} M	5.0×10^{-9} M
Pityrosporum ovale（好脂性酵母, ヒトの皮膚常在性であるが日和見病原体となる場合がある）	5.6×10^{-7} M	5.0×10^{-9} M
Aspergillus fumigatus	5.6×10^{-7} M	2.3×10^{-8} M

- 薬剤の標的部位が変化, あるいは標的数が増加 (amplification) することで, 薬剤が細胞に与える影響が最小化する.
- 第3のカテゴリーの抵抗性メカニズムは, 薬剤の毒性を最小化するような細胞の変化によるものである. たとえば, 感受性タンパク質をつくる遺伝子の発現が活性化した結果, 効果的に阻害剤が中和される. あるいは, 毒性中間体 (toxic intermediates) の蓄積を妨げる二次的突然変異によるものなどである (Cowen, 2008). 抵抗性の進化を抑制することにより, 使用薬剤の臨床における利用可能期間を延命する併用療法の可能性について議論する.

18.2 細胞壁をターゲットとする抗真菌剤

以前にも述べたように, キチンならびに β-グルカンは哺乳類の細胞に存在しないことからから, これらを構成要素とする菌類細胞壁の合成ならびにその組み立て過程は, 治療用抗真菌薬の魅力的かつきわめて選択性な標的である. またこれらについては次の章をも参照すること：

- 菌類の細胞壁（第5章）
- 壁の合成とリモデリング（第6章）
- 臨床ターゲットとしての細胞壁（第6章）

最もよく知られた**キチン合成阻害剤**は天然由来の抗生物質で, キチン合成酵素の基質である UDP-*N*-アセチルグルコサミン (acetylglucosamine) の類似化合物である. これらはニッコーマイシン (nikkomycin；バクテリアの *Streptomyces tendae* 由来), ポリオキシン (polyoxin；*Streptomyces cacaoi* var. *asoensis* 由来) と呼ばれている（図18.8）.

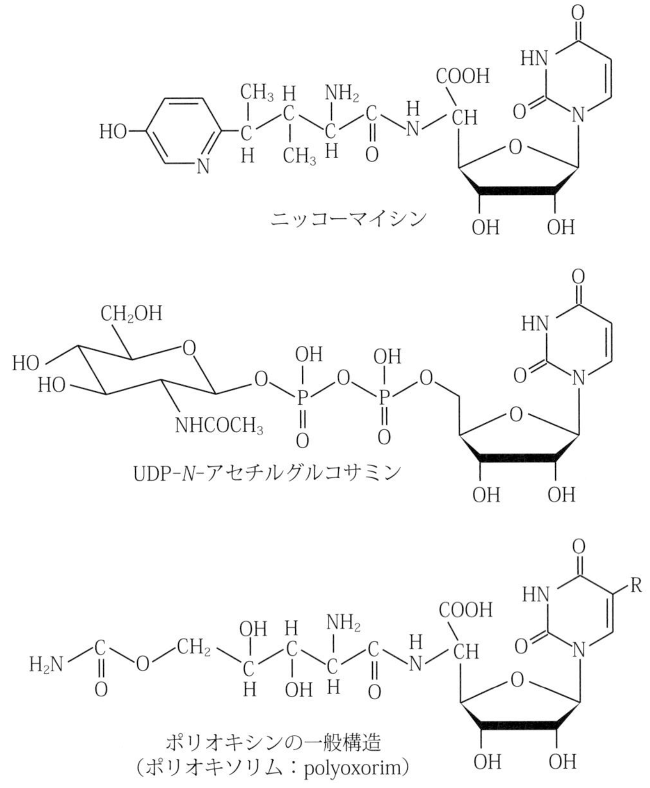

図18.8 殺菌剤ニッコーマイシン, ポリオキソリム（ポリオキシン）, キチン合成酵素の通常基質である UDP-*N*-アセチルグルコサミンの構造.
ポリオキソリム類の構造は次の通り；ポリオキシン B, R = CH_2OH；ポリオキシン D, R = COOH；ポリオキシン J, R = CH_3.

実は, ポリオキシンは非公式な名称である；文献中で広く使用されているが, これを認めているのは日本の農林水産省だけであり, 国際標準化機構 (ISO；http://www.iso.org) によってポリオキソリム (polyoxorim) という名前がつけられている.

ニッコーマイシンとポリオキソリムは, キチン合成酵素の通常基質である UDP-*N*-アセチルグルコサミンの類似化合物として基質と競合し, キチン合成酵素の強力かつ特異的な競合阻害剤として機能する（図18.8も参照）. ポリオキシン D 亜鉛塩（AからMまで13種のポリオキソリムで最も効力が高いもの）は, 日本でイネ紋枯病［病原体：*Rhizoctonia solani*（シノニム：*Pellicularia sasakii*）］, アメリカではゴルフ場や公園などの芝生用の殺菌剤として用いられており, ポリオキシン B は果樹やブドウのうどんこ病の制御に効果的である. ポリオキシン B, D とも *Streptomyces* を用いた発酵法で生産されている.

農業用殺菌剤としてこれら薬剤の利用は, 耐性菌株が急速に出現したことで限定されてしまった. 残念なことに, ニッコーマイシンやポリオキソリムのヒト真菌症に対する**臨床治療**は効

果的でないことが証明されている．阻害剤は病原菌細胞質へ十分に取り込まれず，動物に対しても毒性があるからである（動物細胞において，他の UDP 関連代謝物の類似体として働く）．臨床治療において，これらの化合物は他の抗真菌薬との併用しながら慎重に用いることが可能かもしれない；しかしながら，真菌類の細胞壁の構成要素であるキチンを特異的な標的とする抗真菌剤は，治療用途での利用がきわめて限られている．

生命を脅かす真菌感染症の治療薬として開発された最新の天然由来の抗生物質が，エキノカンジン類（echinocandins）であり，カスポファンギン（caspofungin）やミカファンギン（micafungin），アニデュラファンギン（anidulafungin）などが含まれている（Boucher et al., 2004）．これらは長鎖脂肪酸に環状（ヘキサ）ペプチドが結合した特徴をもつリポペプチドである（図 18.9）．

これらは，β1,3-グルカン合成酵素を阻害し，結果として細胞壁の形成を破壊して真菌類の成長を妨げる．この作用は競合的な阻害ではなく，正確なメカニズムはまだわかっていない．しかし，エキノカンジン類はグルカン合成酵素の触媒サブユニットに結合することが知られている．

エキノカンジン類は，Candida 属菌に特異的な活性をもつ菌類由来の天然物としてスクリーニングを経て発見された．パプラカンジン（papulacandin）と呼ばれる最初の化合物は，Papularia（Arthrinium）sphaerospermum という子嚢菌門フンタマカビ目（Sordariales）に属する海生種から単離され，それが広範囲性抗真菌薬のまったく新しいグループの発見につながった（Trexler et al., 1977; Boucher et al., 2004）．

エキノカンジン類を真菌類に処理すると，細胞壁合成の活発な部位の膨潤と溶解が引き起こる．そして，エキノカンジン類はアスペルギルス症やカンジダ症の有望な治療法として用いられつつある（Bowman & Free, 2006）．その理由としては：

- 好ましい安全な性質
- 活性のスペクトルが広い
- 効能が高い
- 経口投与で安定である［ただし，カスポファンギン酢酸塩（caspofungin acetate；図 18.9）は経静脈投与される］（Boucher et al., 2004）

18.3 21世紀初めの全身性真菌症の臨床的制御：アゾール類，ポリエン類そして併用療法

現在，臨床で最も広く使われている抗真菌薬は，アゾール類とポリエン系抗生物質であり（表 18.7），両者とも真菌細胞膜のエルゴステロールを標的としている．主要なポリエン系抗生物質，アムホテリシン B とナイスタチンはエルゴステロールと選択的に結合，真菌類の細胞膜を破壊し，イオンを漏出させる．フルコナゾールやケトコナゾールなどのアゾール類の抗真菌薬は，エルゴステロールの生合成に作用することで，膜構成やその機能に影響を及ぼす．

現在明らかにされている標的としては次のようなものがあげられる．

- 微小管：カルベンダジム（carbendazim；benzimidazol-2-yl-carbemate, 図 18.10）は微小管の β-チューブリンサブユニットと結合し，有糸分裂を阻害する．子嚢菌類によって引き起こされる植物病の治療に用いられているが，潜在的な発がん性物質である．商業的な殺菌剤としてはベノミル（図 18.10）が知られており，これは植物体内で加水分解され，活性成分，カルベンダジムとなる．グリセオフルビン（griseofulvin；図 18.10）は微小管結合タンパク質と結合，微小管形成過程に影響を与え，真菌類の細胞分裂を阻害する．その結果，中期で有糸分裂が停止する．本剤は，水虫などの局

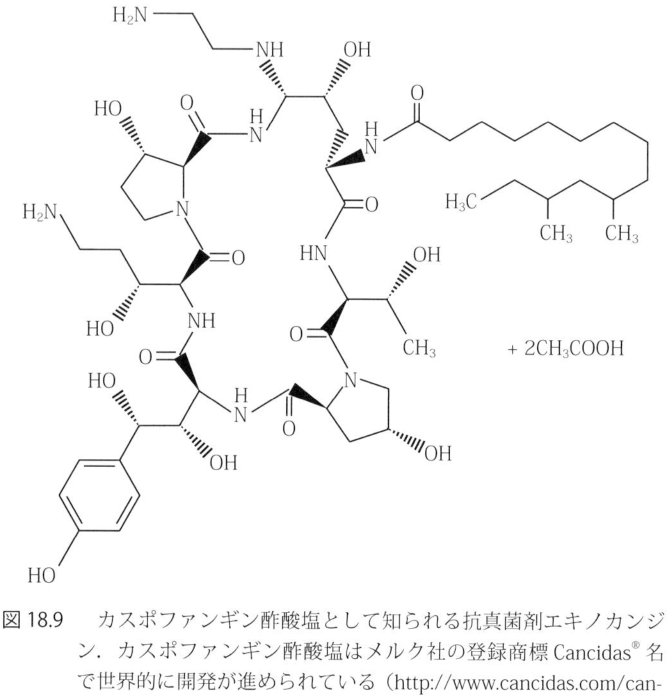

図 18.9　カスポファンギン酢酸塩として知られる抗真菌剤エキノカンジン．カスポファンギン酢酸塩はメルク社の登録商標 Cancidas® 名で世界的に開発が進められている（http://www.cancidas.com/cancidas/shared/documents/english/pi.pdf）．Cancidas は経静脈投与剤として調剤されている．

18.3 21世紀初めの全身性真菌症の臨床的制御：アゾール類，ポリエン類そして併用療法

表 18.7 21世紀初めに常用されている抗真菌薬

主作用点	薬剤名称等			
細胞膜	エルゴステロール阻害剤	アゾール類 (ラノステロール 14-α-デメチラーゼ 阻害剤)	イミダゾール系	局所的：ケトコナゾール，ビフォナゾール（bifonazole），クロミダゾール（clomidazole），クロトリマゾール（clotrimazole），クロコナゾール（croconazole），エコナゾール（econazole），フェンチコナゾール（fenticonazole），イソコナゾール（isoconazole），ミコナゾール（miconazole），ネチコナゾール（neticonazole），オキシコナゾール（oxiconazole），セルタコナゾール（sertaconazole），スルコナゾール（sulconazole），チオコナゾール（tioconazole）
			トリアゾール系	局所的：フルコナゾール（fluconazole），フォスフルコナゾール（fosfluconazole）
		ポリエン抗生物質 （エルゴステロール結合性）		局所的：ナタマイシン，ナイスタチン
				全身的：アムホテリシンB
		アリルアミン類 （スクアレンモノ オキシゲナーゼ阻害剤）		局所的：アモロルフィン（amorolfine），ブテナフィン（butenafine），ナフチフィン（naftifine），テルビナフィン（terbinafine）
				全身的：テルビナフィン
細胞壁	β-グルカン合成酵素 阻害剤	エキノカンジン類（echinocandins）：アニデュラファンギン（anidulafungin），カスポファンギン（caspofungin），ミカファンギン（micafungin）		
細胞内	ピリミジン類似体/ チミジル酸合成酵素 阻害剤	フルシトシン（5-フルオロシトシン）		
	有糸分裂阻害剤	グリセオフルビン（griseofulvin）		
その他	ブロモクロロサリチルアニリド（bromochlorosalicylanilide），メチルロザニリン（methylrosaniline），トリブロモメタクレゾール（tribromometacresol），ウンデシレン酸（undecylenic acid），ポリノキシリン（polynoxylin），クロロフェタノール（chlorophetanol），クロルフェネシン（chlorphenesin），チクラトン（ticlatone），スルベンチン（sulbentine），ヒドロキシ安息香酸エチル（ethyl hydroxybenzoate），ハロプロジン（haloprogin），サリチル酸（salicylic acid），二硫化セレン（selenium sulphide），シクロプロックス（ciclopirox），アモロルフィン，ジマゾール（dimazole），トルナフタート（tolnaftate），トルシクラート（tolciclate），フルシトシン			
	各種精油類（Tea tree oil, citronella oil, lemon grass, orange oil, patchouli, lemon myrtle），ウィットフィールド軟膏（安息香酸とサリチル酸の油脂基剤混合物，水虫治療用）			
	ニューモシスチス肺炎（Pneumocystis pneumonia）治療用途：ペンタミジン（pentamidine），ダプソン（dapsone），アトバコン（atovaquone）			

出典：ウィキペディア；より詳しい内容は次のURLを参照すること；http://en.wikipedia.org/wiki/Template:Antifungals, http://en.wikipedia.org/wiki/Antifungal_drug.

所的な皮膚感染の治療に用いられている．

- 核酸合成も実績のある標的である：5-フルオロシトシン（5-FC; 5-fluorocytosine）は抗白血病薬の探索から見い出されてきた．これはヒトの全身性真菌感染症の治療に用いられ，Candidaには有効であるが，Histoplasmaに対しては効果がない．メタラキシル（metalaxyl；図18.11）はアシルアラニン（acylalanine）系殺菌剤で，RNAポリメラーゼI（リボソームRNA合成を担っている）を阻害し，ジャガイモ疫病の病原体 Phytophthora infestans など卵菌門（クロミスタ界）が引き起こす植物病の治療に用いられている．

- ソルダリン（sordarin）は伸長因子2（translation elonging factor 2）とリボソーム大サブユニットに相互作用し，タンパク質合成を阻害する．ソルダリンは in vitro において，Candida albicans や Candida 属菌，さらにはその他酵母様菌類や糸状菌に対して潜在的な殺菌活性をもっている．残念なことに，本剤は，in vivo では，日和見感染的な糸状菌に対

図18.10 微小管を標的とする抗真菌剤の構造例

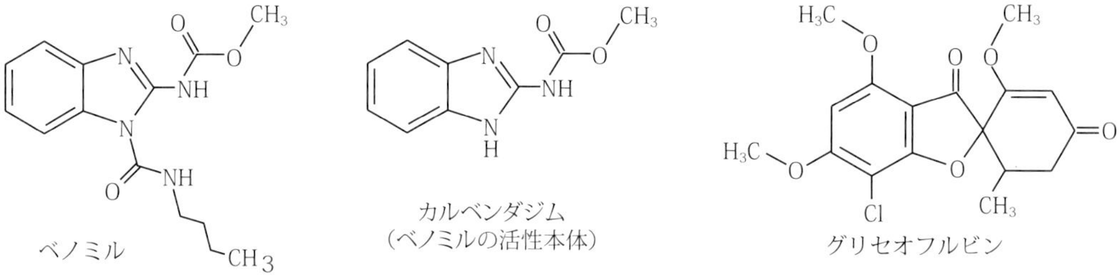

ベノミル　　　カルベンダジム（ベノミルの活性本体）　　　グリセオフルビン

図18.11 殺菌剤 エジフェンフォス（有機リン酸エステル），メタラキシル（アシルアラニン系殺菌剤，(−)- の異性体を示している），メラニン合成阻害剤トリシクラゾール

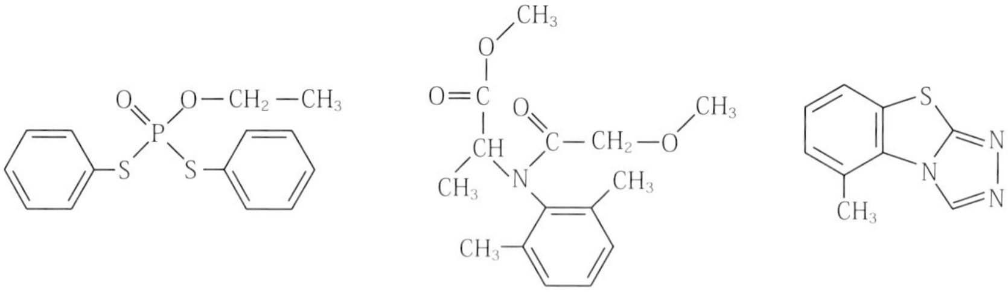

エジフェンフォス　　　メタラキシル　　　トリシクラゾール

してほとんど，あるいはまったく効果を示さない．しかし，カンジダ症，ヒストプラスマ症，ニューモキスチス症，コクシジオイデス症などの治療用途としては有望と考えられている（Dominguez et al., 1998; Vicente et al., 2009）．

侵襲性アスペルギルス症や酵母，その他の糸状菌の治療に対しての新しい試みが，いわゆる第2世代のトリアゾール類の最初の剤であるボリコナゾール（voriconazole；図18.6）によって行われている．本剤は，静脈内投与でも経口投与でも用いることができる．臨床試験の結果，ボリコナゾールはアムホテリシンBより効果的で，延命効果がより高いことが示され，侵襲性アスペルギルス症の新しい標準的治療法になっている．他の薬剤同様，ボリコナゾールにも安全性の問題があり，視覚と肝臓に対して有害な副作用を有する．ポサコナゾール（posaconazole）は，接合菌類によって引き起こされる難治性の感染症に対して効果的であり，ラブコナゾール（ravuconazole）は in vitro, in vivo にかかわらず広範囲の真菌性病原体に対して効果を示す（Boucher et al., 2004）．

新規薬剤や新規技術による進歩があるにもかかわらず，侵襲性の真菌感染症による死亡率はいまだ許容できる値ではない．とりわけ，化学療法，臓器移植による拒絶反応抑制，あるいはHIVの感染などの結果，深刻な免疫抑制の状態にある患者についてはなおさらである．

有効な抗真菌薬が限られ，それらに対する抵抗性の問題が生じてきている現状を鑑みれば，まだ，新規薬剤を絶え間なく発見する必要がある．複数の菌類の部分的あるいは，完全なゲノム配列が明らかにされたことより，抗真菌剤の新規ターゲットの探索が精力的に行われつつある．真菌類の遺伝子破壊はとりわけ有用で，ノックアウトにより必須の遺伝子が同定可能である．現在，薬剤スクリーニングにおいて，新規抗真菌剤ターゲット探索に多くの努力がつぎ込まれている（DiDomenico, 1999; Berry, 2001）．これらの手順については後でより詳細に説明する（18.9節）．

全身性真菌症治療薬の需要に伴い新規抗真菌剤の必要性も増している．しかし，エルゴステロール生合成経路の大部分は，抗真菌性化合物の開発のために十分調べられてきたわけではなかった．ある程度の量を必要とする創薬研究手法では，特定酵素の阻害物質の同定が技術的に難しい．これは，本生合成系の酵素は膜結合性であり，基質の取り扱いも困難であることによる．そこで，細胞を用いたスクリーニング法（whole-cell screening method）が開発された．その結果，エルゴステロール生合成経路の酵素群における特異的な非アゾール系阻害物質の同定について光明がさしてきている．

細胞壁の構造は真菌類に特異的であり，そのため，ヒトゲノムには真菌細胞壁合成のいかなる過程に関わるホモログも存在しない．現在のところ，唯一，エキノカンジン（図18.9）がグルカン合成酵素複合体を阻害することで細胞壁を標的としている．他の有望な標的は以下の通りである：

• キチン合成酵素複合体：ニッコーマイシンとポリオキシンは

有用な競合的阻害剤であるが，非競合的阻害剤としてキチン合成酵素に作用する抗真菌剤については詳しく調べなくてはならない（エキノカンジンのグルカン合成酵素への作用性の模倣）．

- マンノシルトランスフェラーゼ（mannosyltransferse）とグリコシルトランスフェラーゼ（glycosyltransferase）はゴルジ体において，細胞壁の糖タンパク質に付加される N-結合型ならびに O-結合型オリゴ糖の合成に用いられ，抗真菌剤の第三の標的とされている．その理由として，これらオリゴ糖の合成ができない突然変異体では，成長ならびに病原性がともに深刻な影響を受けることが知られていることがあげられる．

- 抗真菌剤の開発に利用可能な第四の標的は，GPI アンカー（GPI anchor；glycosylphosphatidylinositol anchor）の合成と細胞壁タンパク質への付加の過程である．GPI アンカーの生合成とその付加過程の突然変異は致死性であり，細胞壁中での GPI アンカーの固定が大変重要であることが示されている．GPI アンカーの基本構造はヒトと真菌類の間で保存されているが，糖残基数と糖の配置には違いがある．このことは，GPI アンカー生合成において真菌特異的な標的となる過程があることを示している．

- 細胞外空間で細胞壁構成要素を集めて架橋する働きをもつ酵素群（種々の**細胞壁グリコシルトランスフェラーゼ**）は，抗真菌剤の最も好ましい細胞壁性の標的となりうる．抗真菌剤は，作用点に到達するために細胞膜を通過する必要がなく，さらに細胞壁生合成の重要な過程を標的にできるからである．抗細菌性のペニシリンはこのような方法でバクテリアの細胞壁要素の架橋を阻害している．

現在開発されている最も有望な新しい分子的手法は，既存の抗真菌剤の効果を高めるために，抗真菌剤抵抗性の出現に関わるようなタンパク質の阻害剤を用いた**併用療法**である．（Nosanchunk, 2006; Zhang et al., 2006; Cowen, 2008; Monk & Goffeau, 2008; Semighini & Heitman, 2009）．

この併用療法のアプローチは，近々の剤使用ならびに治療法開発の目的をはるかに超えて，まったく新しい概念でもって，詳細な分子生物学的知見の利用法を描き出しており，重要かつ興味深いものである．

このアプローチでは，ヒートショックタンパク質 90（heat shock protein 90；Hsp90）の細胞における役割を利用している．Hsp90 は，さまざまなタンパク質と結合し（このタンパク質をクライアントタンパク質；client protein という），これらタンパク質の折れたたみと成熟を行う**分子シャペロン**（molecular chaperone）である（Panaretou & Zhai, 2008）．クライアントタンパク質が不安定した場合でも，この分子シャペロンの働きによって安定化される．これは，クライアントタンパク質の活性は Hsp90 の活性に依存していることを示している．しかし，このことは，Hsp90 は平穏な状態においての遺伝的変異（すなわち突然変異）の蓄積を許すことを示しており，その突然変異は，Hsp90 を圧倒するようなストレス条件で初めて顕在化する．ここでの「極度のストレス（overwelming stress）」とは臨床的な抗真菌剤使用を指し，Hsp90 は間違いなく**抗真菌剤耐性の出現を高めている**．

一方，Hsp90 の阻害は，Candida albicans のアゾール類に対する抵抗性を低減し，Aspergillus 属菌のエキノカンジン類カスポファンギンの効果を高める（Cowen, 2008; Semighini & Heitman, 2009）．酵母をはじめとする多くの生物では，通常の成長に必要なレベルをはるかに超える Hsp90 が発現しており，これは遺伝的変異を緩衝するに十分なことを意味し，その結果，その生物の進化や選択に対する反応に影響を及ぼしている．この現象は生物学的に興味深く，また，Hsp90 が抗真菌剤耐性の出現に作用することは，Hsp90 が抗真菌剤の新規標的となり得ることを示唆している．

複数の Hsp90 阻害剤［特にゲルダナマイシン（geldanamycin）とその類似体］は，in vitro あるいは，動物の病原性モデルにおいて複数の真菌類を対象に，作用機作の異なるさまざまな抗真菌剤と組み合わせて利用されてきている．すべての事例で，**Hsp90 の阻害は抗真菌剤に対する反応性を改善した**．Candida albicans に対しては，Hsp90 の阻害はアゾールの静菌性を殺菌性に変え，フルコナゾール処理により感染菌を消滅させることが可能となった．ゲルダナマイシンとカスポファンギンを組み合わせて Aspergillus fumigatus を処理した場合に，同様の効果が in vitro ならびに動物モデルで得られている．同様の戦略で，生命を脅かす真菌感染症の治療に，真菌 Hsp90 を標的とする遺伝子組み換え抗体と抗真菌薬を組み合わせて使用するものもある（Burnie et al., 2006）．

このような発見は，静菌剤と組み合わせた Hsp90 の阻害は，新規かつ効果的で病原性真菌類に対して広いスペクトルをもつ治療法であることを支持している（Semighini & Heitman, 2009）．

Hsp90 は抗真菌剤抵抗性の出現を高めるため（すなわち，抵抗性の進化である），感染の初期に Hsp90 を阻害すること

は，耐性株が選択され得る変異集団の範囲を抑制する可能性をもっている（Cowen, 2008）．ダーウィン的な言葉で表現するなら，適応進化が起きるのに十分な多様性を生み出す能力，すなわち，**進化能**（進化可能性；evolvability）である．抗真菌剤抵抗性に関して治療の間，進化能が阻害されうるという考え方は，まったく新しい概念の治療法といえよう（Semighini & Heitman, 2009）．

18.4　21世紀初めの農業用殺菌剤：ストロビルリン類

アゾール類は重要な農業用殺菌剤であり，そのいくつかの利用法については前に述べてきた（図18.5上部）．イネいもち病菌（*Magnaporthe grisea*）など，特に重篤な植物病害を引き起こす病原菌に対して，新規アゾール系殺菌剤の探索が今なお活発に行われている（Mares et al., 2006）．臨床用途で有用な抗微生物剤を農業用途で利用することは，臨床におけるそれら薬剤の価値を減ずることになりうる．なぜなら，**広域散布**（broadcast application；たとえば，空中散布や野外の作物への散布）は，莫大な個体群の微生物を薬剤耐性化への選択圧にさらすことになるからである．

このことは，抵抗性をもつ**プラスミドの水平伝播**（horizontal transfer of plasmids）によって野外で獲得された抵抗性がヒト集団の病原体あるいは片利的な共生生物（commensal）にもたらされるような抗細菌薬で問題となっている．一方，この問題は菌類においては深刻ではない．プラスミドによる抵抗性の水平伝播は起こらないからである．しかし，厄介な**日和見病原糸状菌**（opportunistic fungal pathogens）の多くは普遍的な土壌あるいは環境生息性であるため，野外で生じた抵抗性菌が人の集団に簡単に入ってしまうことがある．

アゾール類の代替として以下のものがある．

- メラニン化した細胞壁は多くの植物病原菌の生存と機能に重要であり，アゾール環を構造の一部にもつ殺菌剤トリシクラゾール（tricyclazole；図18.11）はメラニン生合成を阻害し，植物の細胞壁に侵入するためメラニン化した付着器を必要とする植物病原菌に対して有効である（例，*Magnaporthe*）．
- ニッコーマイシンやポリオキソリムはキチン合成酵素の競合的阻害剤として作用する殺菌剤として利用されている（図18.8）．
- 有糸分裂阻害剤ベノミルを図18.10に図示する．
- エジフェンフォス（edifenphos；図18.11）は有機リン酸エステル（organophosphorus ester）で，おもにイネ病害用途の農業用殺菌剤である．ヒトに対しては中程度の毒性があり，急速に吸収されて肝臓，腎臓，神経にダメージを与えることがある．
- メタラキシル（metalaxyl；図18.11）は，アシルアラニン系殺菌剤で，ジャガイモ疫病（potato late blight）を引き起こす*Phytophthora infestance*など，卵菌門（クロミスタ界）のRNAポリメラーゼIを阻害する．この殺菌剤の抵抗性はよく出現する．

今日**最も広く使用**され，世界で最も**効果的**な農業用殺菌剤の部類が**ストロビルリン類**（strobilurins）である．ストロビルリン類は1977年に発見され，製品の販売は1996年になってからである．これらは幅広い病原菌に対して効果を有する，すなわち**広範囲なスペクトラム**をもつ殺菌剤であり，比較的最近になって市場に追加された．ストロビルリン類は電子伝達を妨げることで**ミトコンドリア呼吸**（mitochondrial respiration）を阻害する作用を示す．すなわち，菌類はエネルギーを生産できず，そのため成長もできず，最終的に死に到ることを意味する．また，ストロビルリン類は天然物に由来する．急速に分解されることから，環境安全性が高いものと考えられている．

ストロビルリン系殺菌剤の有効成分は，*p*-メトキシアクリル酸（*p*-methoxyacrylic acid）として知られる天然の二次代謝産物，**ストロビルリンA**（strobilurin A）や**オウデマンシンA**（oudemansin A），**ミクソチアゾールA**（myxothiazol A）など（図18.12）の合成類縁体である．

ストロビルリン化合物は，担子菌類のきのこの*Oudemansiella mucida*（ヌメリツバタケ），*Pseudohiatula esculenta* var. *tenacellus*（*Strobilurus stephanocystis*のシノニム；マツカサキノコモドキ），*Strobilurus tenacellus*（マツカサシメジ）で発見された．菌類が殺菌剤をつくるとは想定外であり，Balba（2007）は次のように述べている．「……多くの科学者は菌類から殺菌剤を探すという考えを排除していた…（原文ママ）」

しかし，ひとたびストロビルリンAが*Strobilurus tenacellus*の液体培養から単離されると，他の多くのきのこの培養濾液からも殺菌性成分が見い出された．今にしてみれば，菌が殺菌剤をつくる理由は，**競合能に対する貢献**という観点から理解可能である．

*Strobilurus tenacellus*は腐生性の木材腐朽菌で，*Pinus sylvestris*（ヨーロッパアカマツ）の松毬に生育し，子実体をつく

る．ストロビルリンの産生により，S. tenacellus はこの小さな基質上で節足動物やその他の菌類との潜在的な競争において優位に立つことが可能となる．ストロビルリンは，基質を巡って競争する，あるいは S. tenacellus の菌糸を捕食する可能性がある昆虫に対しては摂食抑制物質として働いている．さらに重要なことは，子嚢菌門や担子菌門，卵菌門であれ，資源を巡って競争するようなすべての一般的な菌類に対して，ストロビルリン類は殺菌的であるということである．

この活性ゆえ，ストロビルリン類は商業的殺菌剤として有望視され，さらに，すべての**主要な植物病原菌あるいは真菌様微生物に対する効果**を有している：

- うどんこ病菌やイネいもち病菌などの**子嚢菌門**
- さび病菌などの**担子菌門**
- べと病菌などの**卵菌門**

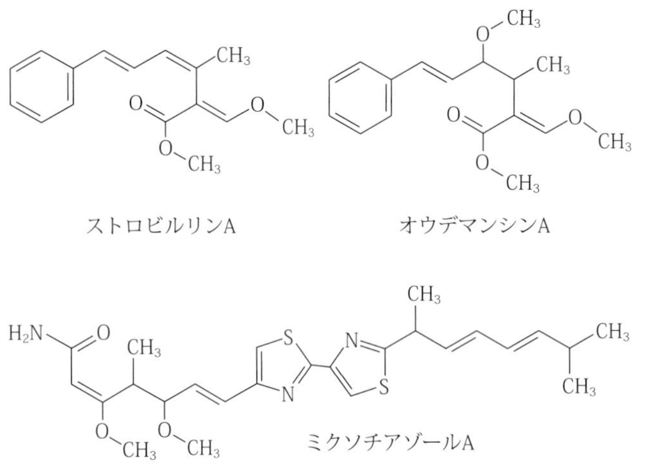

1992 年に最初の人工ストロビルリン系殺菌剤が発表され，1996 年に上市された（Sauter et al., 1999; Brtlett et al., 2002；また，資料ボックス 18.2 の殺菌剤小史も参照のこと）．ストロビルリン類は非常に成功し，その結果，1999 年には世界の殺菌剤市場の 10% を占めるようになり，2005 年には 15% に迫っている．穀物や大豆用途に広く利用されたゆえ，農業用途でストロビルリン類は，今やトリアゾール類に次ぐ，**第 2 の殺菌剤グループ**となっている．すなわち，上市後 10 年経たずして，ストロビルリン類はその重要性においてトリアゾール類を除くすべての古い殺菌剤グループを上回ったことになる．

ストロビルリン類は**ある特異部位において呼吸を阻害し**，ATP 合成をブロックする（下記参照）．この単一の作用点に対する特異性は，潜在的な抵抗性の問題を生ずる．もちろん，産生菌自体は自身の出すストロビルリン類に抵抗性であり，このことは，菌類がストロビルリン抵抗性に変異可能なことを示している．野外においては**抵抗性の病原菌**もが見つかっており，ヨーロッパの Septoria 属菌による小麦病害や米国の芝生病害

図 18.12 オリジナル（天然由来）のストロビルリン類．メトキシ基（CH_3-O-）とアクリレート基（CH_2=CHCOO-, 炭素二重結合をもつビニル基がカルボニル炭素に結合している）をもつことが化学的な特徴．

で影響が生じている．それに対応して，農薬会社は継続して新たなストロビルリン類の研究，あるいは他の作用機序をもつ殺菌剤との混合剤や，種子処理などの新たな施用法の開発を行っている．

ストロビルリン類は，菌類のミトコンドリア膜での酸化的リン酸化（oxidative phosphorylation）を阻害することで，作用を現す．ミトコンドリア呼吸における NADH の酸化には，基本的に 3 つのタンパク質複合体 I，III，IV が関与している．これらの複合体では，NADH の酸化，電子/プロトンの移動（2 個の電子につき 10 個のプロトンが移動する），ATP 合成が連鎖することによりエネルギー産生に関与している．

ユビキノン（ubiquinone；補酵素 Q：coenzyme Q）は複合体 I と複合体 III の間で電子を運ぶ役割を担っており，ストロビルリンは複合体 III，すなわちシトクロム b-c_1 複合体のユビキノール酸化（Q_o）部位に結合する．ストロビルリン類産生菌では，このタンパク質のアミノ酸が変化し，ストロビルリンに対する結合能が大幅に低下している．そのため，ストロビル

資料ボックス 18.2　殺菌剤小史

Vince Morton 氏ならびに Theodor Staub 氏による［両氏とも Novartis Crop Protection（現在の Syngenta 社）所属］．
2008 年 3 月米国植物病理学会による特集であり，以下の URL を参照
http://www.apsnet.org/publications/apsnetfeatures/Pages/Fungicides.aspx

農薬名称ガイド
Alan Wood 氏（前 CABI）は有益なウェブサイトを開設し（http://www.alanwood.net/index.html），その中で農薬の一般名称と化学的情報をまとめて公開している（http://www.alanwood.net/pesticides/index.html）．

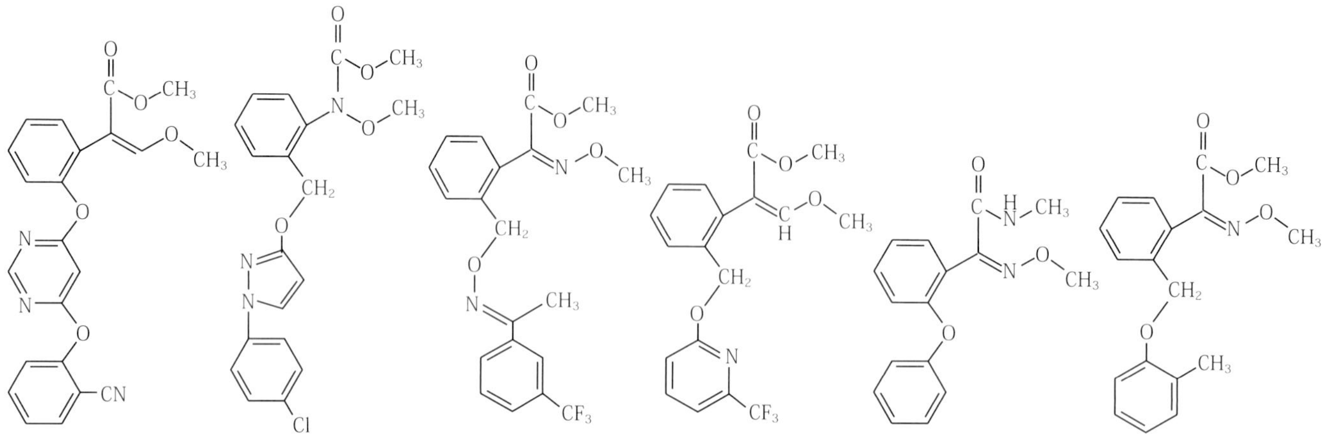

アゾキシストロビン　ピラクロストロビン　トリフロキシストロビン　ピコキシストロビン　メトミノストロビン　クレソキシムメチル

図18.13　上市されているストロビルリン系殺菌剤の化学構造（表18.8を参照）

表18.8　ストロビルリン系殺菌剤

殺菌剤名*	会社名	公表年	上市年
アゾキシストロビン（Azoxystrobin）	Syngenta	1992	1996
クレソキシムメチル（Kresoxim-methyl）	BASF	1992	1996
メトミノストロビン（Metominostrobin）	塩野義製薬	1993	1999
トリフロキシストロビン（Trifloxystrobin）	Bayer	1998	1999
ピコキシストロビン（Picoxystrobin）	Syngenta	2000	2002
ピラクロストロビン（Pyraclostrobin）	BASF	2000	2002

*化学構造は図18.13を参照のこと．アゾキシストロビンはICI社（農薬部門は現在Syngenta社になっている）．トリフロキシストロビンは，Novartis社によって発見され，2000年にBayer社に譲渡されている．出典：Bartlett et al., 2002.

ン抵抗性となっている（Sauter et al., 1999）．

　ストロビルリン類の作用機作はユニークである．このことは，ミトコンドリア呼吸の詳細を理解する上で重要な手助けとなっただけでなく，すでに存在する他の殺菌剤抵抗性がストロビルリン類抵抗性に寄与しないという商業的にユニークかつ重要なことをも意味している．

　天然物のストロビルリン類は，光に対して不安定かつ揮発性でもあるため，農業用途には適していなかった．多くの農薬会社はストロビルリン類の合成類縁体や関連化合物（大部分はストロビルリンA関連であり，これはストロビルリンAの構造が化学合成においてより単純だからである）の創成研究に投資し，最初のストロビルリン系殺菌剤を巡る特許レースが結果として起こっている（Sauter et al., 1999; Bartlett et al., 2002）．表18.8に利用可能なストロビルリン系殺菌剤とその上市年を示す．

　ストロビルリンの化学構造の改変は，おもに光安定性の改善（ジフェニルエーテルは安定性を改善する）と（ベンゼン環を付加することによる）揮発性の低減を目指して行われた．その他，移行性の改善にも関心が払われた．その結果，効力は増大し，植物全体に浸透移行することにより，散布量の低減も可能となった．ストロビルリン類では，側鎖の化学構造にかなりの自由度があるようであり，このことは，製品機能の改善を目指して新たな構造を探索し続ける根拠となっている（表18.8と図18.13を参照）．

　ストロビルリン類の効果は使用時期，すなわち成長ステージとそのときの呼吸要求量によって多大な影響を受ける．ピラクロストロビン（pyraclostrobin）とトリフロキシストロビン（trifloxystrobin）はテンサイのCercospora beticola（テンサイ褐斑病菌）に対して高い効果を示す；高い胞子発芽阻害ならびに，病葉における胞子生産数の有為な減少，これは胞子の発芽や形成には多くのATPが必要とされるからである．しかし，菌糸成長に対してはそれほど阻害が認められない；これは菌糸が別の呼吸，おそらく代替呼吸の要求性をもっているためであろう．

　殺菌剤はターゲット以外の生物に対しては無毒である必要があるにもかかわらず，ストロビルリン類の作用機作における標的は呼吸の普遍的経路にあり，その点については商業的に不利である．しかし，動物に対しての毒性はストロビルリン類の種

類によっても異なっているが，一般にヒトの健康に対しては最少リスク（minimal risk）であると分類されている．選択性は化学構造によって変えることも可能で，さらに，野外での投与量を制御することでさらに調整できる．たとえば，5週齢のトウモロコシの *Glomus coronatum* の菌根の活動は，葉面にストロビルリンを決められた散布濃度で使用しても影響を受けることはない．

ストロビルリン類は，植物に正の生理的な副次効果（positive physiological side effects）をもたらし，その結果，被施用植物の収穫量が増加する．穀類では，炭水化物合成の増高，光合成能力の増強によるバイオマスの増加が認められている．同様に，*Alternaria solani* によるジャガイモ夏疫病防除のためのストロビルリン類使用例では，収量の増加，塊根の増大，生産物価値の向上が認められている．一般的に，ストロビルリン類の使用による収量の増加は，殺菌剤の活性だけから予想される量よりも多く，また，このような反応は，アゾール類などの非ストロビルリン系殺菌剤施用では見られないものである．

薬剤抵抗性の発達はすべての殺菌剤における問題であり，天然物のストロビルリン類は真菌類によって生産される．これら天然物産生菌のシトクロム b 遺伝子には，5つの塩基置換が見つかっており，どれか1つの塩基置換で，自らがつくる化合物の影響を受けないようになる．事実，それらのうちの1つは，多くの植物病原菌において，本剤抵抗性の原因突然変異となっている．しかし，ストロビルリン類に最も損害を与えつつある**新興の抵抗性**は，ストロビルリンの作用性を迂回する代替経路に絡むものである．アルタナティブオキシダーゼ（AOX；alternative oxidase）はストロビルリン非感受性のターミナル酸化酵素（terminal oxidase）で，多くの菌類に存在する；これはユビキノールから電子を直接受け取り，ストロビルリンが標的とする複合体の機能を代替する．菌類のAOX活性はサリチルヒドロキサム酸（salicyl hydroxamic acid）によって阻害されるが，植物のAOXも阻害してしまうため，有用な選択的阻害剤ではない．

ストロビルリン抵抗性は，アゾール類のような作用機作の異なる殺菌剤に交差抵抗性（cross resistance）を付与するものではない．しかし，最近導入された2つの殺菌剤，ファモキサドン（famoxadone；1997年上市のダイカルボキシイミド/オキサゾール系（dicarboximide/oxazol）殺菌剤[訳注1]とフェンアミドン（fenamidone；2001年上市のイミダゾール系殺菌剤[訳注2]はストロビルリン類と作用機作が同じであり，ストロビルリン抵抗性の影響を受ける．

殺菌剤耐性菌対策委員会（Fungicide Resistance Action Committee：FRAC）は抵抗性の問題が生じやすい殺菌剤の効果を持続させ，もし，薬剤耐性が出現したとしても作物損失を限定的にするような薬剤使用法の普及や考案を行っている．薬剤耐性出現の可能性を最小化するためには，シーズン当りの散布回数を最小限とし，2回を超える連用を避けることが必要である．ストロビルリン類の連用を，作用機作の異なる非ストロビルリン系殺菌剤で置き換えることが望ましい．このクラスの殺菌剤の高い有効性を維持し，ストロビルリン類に対する薬剤抵抗性の影響を低減させるためには，FRACの勧告を遵守する必要がある．

18.5 真菌類の遺伝的構造を理解する

われわれには，真菌類やその産物を利用してきた長い伝統がある．真菌類を用いた現在の生物工学の一部は，たとえば，第17章で述べたような製パン，醸造，数多くの発酵食品は，何百年あるいは何千年前に起源するものであり，多くの場合，自然界に存在する真菌類と食品の1つあるいは複数の構成要素とが偶然に結びついたことに端を発する．ペニシリンの発見もまた偶然の産物であったが（17.15節），20世紀中頃のペニシリンの工業生産は，クエン酸などの他の生産物開発（17.14節）と同様，より具体的な方向性をもって行われてきた．それはまさに，生物体レベルでの改良により大きな発展がもたらされることとなった．特定生物の培養を可能にする技術が見つかり，より有利な特性をもつ系統が選抜されたのである．

20世紀後半には，真菌類の遺伝学的知見が急速に蓄積するようになってきた．これまで述べてきたように，真菌類を今後活用する上で，真菌分子遺伝学の完全な理解が必須となることは明白である．一般に，真菌類の基本的な遺伝的構造は典型的な真核生物のものである（5.6節）．真核生物におけるおもな遺伝学の原理は，真菌類にすべて適用される：すなわち，遺伝子構造や構成，メンデル型分離，組換えなどである．

染色体地図（chromosome maps）は，単に組換え頻度に基づき作成されるため，解像度が限定される．しかし，微生物で

訳注1：現在ではオキサゾリジンジオン系に分類．
訳注2：現在ではイミダゾリノン系に分類．

は，多数の子孫を用いるので，さほど問題にはならない．出芽酵母 Saccharomyces cerevisiae のゲノムシーケンスが 1989 年に始められた際，本菌の遺伝子地図は，平均 3.3 kb 間隔に存在する 14,000 個ものマーカーに基づき作成されており，シーケンス計画を行うにあたってこれ以上の**物理的マッピング**（physical mapping）を行う必要がないほど十分に精密なものであった．しかし，Sccharomyces cerevisiae は，当時，集中的にマッピングが行われた 2 つの真核生物のうちの 1 つであり［もう 1 つの生物は Drosophila（キイロショウジョウバエ）］，ゲノムシーケンスが計画されていた他の真菌類では，マーカー密度を高くするために，物理的マッピングが必要であった．

物理的マッピングの作業には，DNA 分子中の制限酵素認識部位の位置を確定する**制限酵素マッピング**（restriction mapping），無傷の染色体にマーカープローブをハイブリダイズさせ染色体上でのマーカー位置の同定，PCR とハイブリダイゼーションを用いたゲノム断片中の既知配列のマッピングなどが含まれる．理想的なのは，ゲノム全体にわたり，約 100 kb の間隔（組換え率がちょうど 1% 以下になる）で，他の場所に重複がないマーカーとなるユニークな配列の位置を確定することである．このようなマーカーを集めたものは**マッピングパネル**（mapping panel）として知られている．

マッピングパネルの利用は，プロジェクトに参加する研究室間での共同作業を管理するために必要な手法で，このような手法をとることは，素粒子物理学や天文学などの物理科学領域では昔から普通に行われている．しかし，ゲノムシーケンスでこのような手法が採択されたことは，生物学がビッグサイエンスの仲間入りしたことを示している．菌類における最初のビッグサイエンスの例は，1989 年，ヨーロッパ共同体によって始まった酵母ゲノムのシーケンス計画であった．このプロジェクトには，当初，ヨーロッパの 35 研究室が参加し，1992 年，最初の染色体の完全な配列が公開された．その後，ヨーロッパ，北米，日本の 600 名以上の科学者が関わり，DNA コーディネーターが試料 DNA 断片を各研究室に配分する方法で，プロジェクトは進捗した．そして，1997 年，酵母の全ゲノム配列が公開された．

ゲノムは 1 つの細胞の全 DNA 内容から成り立っている．真核生物と原核生物はまったく異なるタイプのゲノムを有している．一般に，原核生物のゲノム構造は，真核生物のゲノム構造がそこから進化したような原始的な形態であると考えられている．現存の原核生物と真核生物は非常に多くを共有している（第 5 章参照）；すなわち，遺伝子の DNA はメッセンジャー RNA（mRNA）と呼ばれる RNA に転写され，もし転写産物がタンパク質をコードする遺伝子のものであるなら，mRNA はリボソームやその他の翻訳機構によってタンパク質へ翻訳される．タンパク質をコードする遺伝子のタンパク質に翻訳される部分は**オープン・リーディング・フレーム**（open reading frame）と呼ばれ，通常，ORF と略される．

ゲノム配列が整列（アッセンブル）されるにつれ，塩基配列中の機能遺伝子がオープン・リーディング・フレーム（ORFs）と認識されてくる；この過程をゲノムのアノテーション（annotation）と呼び，後に詳細に説明する．同定されたすべての ORF が，機能既知の遺伝子と関連しているわけではない；既知タンパク質と似ていない産物をコードする ORF は未同定のリーディング・フレーム（unidentified reading frame），すなわち URF と呼ばれる．しかし，比較ゲノム学は，遺伝子の同定以上の働きをする．異なる生物間での進化的な関係を示したり，遺伝子型が生活様式や環境とどのように関係しているのかということの理解を助けたりすることができる．

特徴的には，ORF は mRNA に沿って 5′ から 3′ の方向に読まれ，開始コドンで始まり終止コドンに終わる（図 18.14）．mRNA において，ORF より前に認められる塩基配列を**リーダー配列**（leader sequence），ORF に続く配列を**トレーラー断片**（trailer segment）と呼ぶ．多くの真核生物の遺伝子は，エキソン（exon；タンパク質に翻訳される部分）とイントロン（intron；タンパク質に翻訳されない部分）に分けられる．イントロンは，機能をもつ RNA を形成するためのスプライシング機構によって前駆体 RNA から除去される（図 18.14；5.4 節を参照）．

真核生物の最小のゲノム（たとえば酵母）は，10 Mb 程度であるが，最大のものは 100,000 Mb 以上もある（脊椎動物や植物など）．したがって，他の真核生物と比較したなら，さらに驚くべき構造の違いを観察することができるだろう（第 5 章の表 5.2 を参照）．

一般的に，あまり複雑ではない生物のゲノムでは，遺伝子を密に詰め込み，くり返しを少なくすることでスペースを節約しているように思われる（図 18.14）．Saccharomyces cerevisiae のゲノム（表 18.9 の下部を参照）では，単位長当りの DNA 配列に，ヒトやトウモロコシよりも多くの遺伝子が含まれている．

なぜ，酵母の遺伝学者と分子生物学者が，真核生物のゲノム解析の先駆者となったか？ その理由の 1 つは，このゲノムサイズの小ささである．高等動物や高等植物で見られる珍しい

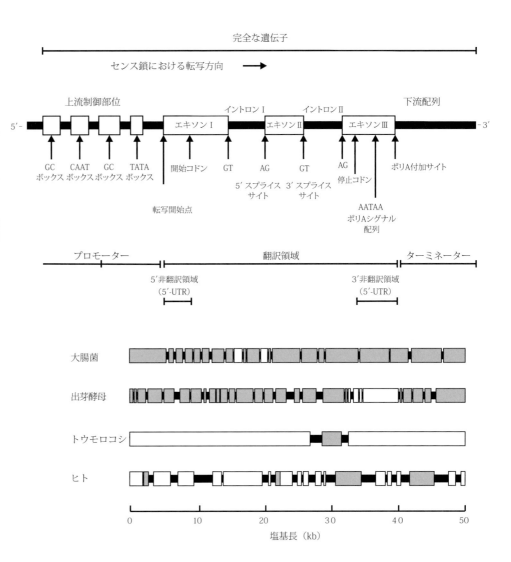

図18.14 上部：典型的な真核生物の遺伝子の基本構造．図はタンパク質をコードするタイプIIの遺伝子構造を示している．なお，タイプIIの遺伝子とは，ポリメラーゼIIによって転写される，タンパク質をコードする遺伝子のことである．また，遺伝子の種類や，真核生物の種類によって遺伝子の構成要素の大きさは異なる．
下部：原核生物である大腸菌と真核生物3種のゲノムの比較．50Kb断片を比較し，どのように遺伝情報の「密度」が異なっているかを示している．遺伝子配列を灰四角で表し，繰り返し配列を白四角で表している．Moore & Novak Frazer, 2002を改変．

ゲノム構造のいくつかは，真菌類には見い出されないかもしれないが，酵母や他の真菌類のゲノムは真核生物のゲノム構造の良いモデルであり，ゲノムサイズが小さいということは，ゲノムがもつ情報をより技術的に利用しやすいことを意味している．遺伝情報の中身に関しては，真菌類のゲノム構成は高等な真核生物のものよりもはるかに経済的である．遺伝子は，イントロンがより少なくコンパクトにまとまっており，遺伝子の間隔は短く，繰り返しのノンコーディング配列となっているDNAははるかに少ない．

それにもかかわらず，真菌類は，この種の生命体に期待される全基礎細胞生物学特徴を備えた典型的な真核生物である．たとえ，酵母のゲノムが，より解析が進んだ原核生物のゲノムと同程度のサイズにしかすぎないとしても，その遺伝子構造と遺伝子の機能はすべての真核生物を代表するものであり，その配列を利用して，われわれはゲノミクスを学ぶことが可能である（Moore & Novak Frazer, 2002）．

生物のゲノムを構成する遺伝子配列の解析や，異なる生物間でのゲノムの比較［この作業は**ゲノム学**（ゲノミクス；genomics）という科学として知られるようになった］は，1990年代半ばになってようやく可能になってきた．ゲノムのDNA配列を正確に決定することは大きな仕事であるが，それは徹底的に解析するための単なる序曲にしかすぎない．ゲノム学において優先すべきことは，その生物の遺伝子の数とその機能を明確にすることである．

その最初のステップは，おそらく潜在的な**開始コドンと終止コドン**（start and stop codons）を探すことである．これは，全塩基配列中に含まれる遺伝子となりうる潜在的なORFの集まりを同定するものである．こうした潜在的な遺伝子の配列は通常データベース中の既知配列と比較される．そして，他種の既知配列との強い一致が認められた場合，その遺伝子は，タン

パク質をコードする領域と判断される．DNA やタンパク質の配列の比較は，配列情報を蓄積し，効率的に解析できるコンピュータプログラムが開発されることによって初めて可能となった；これはバイオインフォマティクス（bioinformatics）と呼ばれる生物学の新しい学問領域であり，そこでは，巨大なデータセットを集めて整理し，それらの記録，維持，解析が行われる．

18.6 真菌類のゲノムをシーケンスする

ゲノム学ではメガベース単位の DNA 配列を扱うがゆえ，大規模データセットを伴う特徴がある．「ゲノム学」という用語には，構造学的な（構造決定を目的とし，その達成によって終了する）あるいは機能学的な（機能の新たな側面が常に付け加わるため，終わりが明確でない）きわめて広範囲に渡る活動が包含されている．ゲノム学では，以下に示したさまざまな異なる方法の組合せが用いられる．

- DNA マッピングとシーケンス
- ゲノム多様性の収集
- 遺伝子の転写制御
- 潜在的な多くの遺伝子の機能を統合する転写ネットワークの解析
- 同様に潜在的に広範囲に及ぶタンパク質の相互作用ネットワークの解析
- シグナル伝達ネットワークの解析

ゲノム学によって，生物学は拡張論的なアプローチをとることができるようになった．今や生物学者は，生物のそれぞれの部分（individual parts）が単離された状態でどのように働いているのかを明らかにするような研究手法によって制約を受けることより，むしろ，生物のどれだけの部分（究極的にはおそらくすべて）がどのように協調して働いているのかを明らかにすることを目指すようになった．これがシステム生物学（systems biology）であり，それは数学的モデルやコンピュータモデルを時に用いながら，生物システムの複雑で幅広い相互作用に焦点を当てる［還元主義者（reductionist）的というよりも］全体論的（holistic）なアプローチである（Wikipedia の system biology を参照）．

完全なゲノムを解読し比較できるようになった今，われわれの理解は多くの生物学の領域でさらに深まりつつある．このようなデータは，進化的な関係をより直接的に明らかにし，また，どのように病原体が蔓延あるいは病気を引き起こすのかを指し示す．生細胞の包括的な活動を理解する研究，さらには，その活動が分子レベルにおいてどのように制御されているのかを調べることをも，これらデータは可能にする．このような情報は現実的な価値も備えており，その理由ゆえ，多数の製薬会社がゲノム計画に関わっている；すなわち，彼らの希望は病気の原因となるあるいは病気に影響を及ぼす遺伝子を同定し，その病気を直接克服できるような治療法をデザインすることである．

DNA の塩基配列は究極の物理地図であり，DNA の塩基配列決定法（シーケンス決定法）には以下の 2 種類の基本的な方法がある．

- チェーン・ターミネーション法［chain termination method；ジデオキシシーケンス法（dideoxy-sequencing）としても知られている］では，酵素による相補鎖の合成が，3′-ヒドロキシル基を欠くヌクレオチド三リン酸（nucleotide triphosphate）の取り込みにより，特定のヌクレオチド配列部位で停止することを利用して，一本鎖 DNA 分子をシーケンスする．
- 化学分解法（chemical degradation method）は，異なる化学薬品を用いて，特定の塩基（A, G, C または T）の後で DNA 鎖を切断するというものである．

両方法では，ちょうど 1 塩基分ずつ長さが異なる 10〜1,500 塩基程度のシーケンス断片混合物の完全なセットが得られる（これらの断片の集まりは **nested array** として知られている）．この DNA 断片の集まりは，ポリアクリルアミドゲル電気泳動（polyacrylamide gel electrophoresis）で分離され，末端の塩基がシーケンス決定法の作業中に加えられたある種の標識によって特定される．チェーン・ターミネーション法は，妥当な費用かつ時間で大規模シーケンスが遂行できるように拡張・自動化されたため，シーケンス決定法の主流となった（Talbot, 2001; Moore & Novak Frazer, 2002）．

チェーン・ターミネーション法は，DNA の新生鎖（フラグメント）の実験的な合成に基づいている．したがって，シーケンスされるべき DNA 分子のクローンは，DNA 合成の鋳型として機能する一本鎖 DNA の形で用意され，チェーン・ターミネーション法での出発物質となる．クローンは，以下のような大容量のクローニングベクターからサブクローニングを経てつ

くられることがある：

- コスミド（cosmid）は，プラスミドとバクテリオファージのハイブリットベクターで，λファージ由来のcos配列を有している．プラスミドに複製開始点と抗生物質耐性機構をもつことで，プラスミドによるクローニングと形質転換された宿主細胞を選抜することを可能となっている．さらに，cos配列［cosはcohesive end（相補末端）の意味］をもつため，λファージのカプシドに取り込まれる．λファージの形質導入機能を利用し，通常のプラスミドより大きな外来配列を宿主細胞に導入することができる．
- BAC（bacterial artificial chromosome：バクテリア人工染色体）は，機能をもつ稔性因子プラスミド（Fプラスミド）に基づいたもので，細菌，特にEscherichia coli（大腸菌）での形質転換とクローニングに利用されている．Fプラスミドは，細菌染色体全体（細菌とウイルスのゲノムDNA鎖）を供与細胞から受容細胞に移動させることができる．BACはこの機能を大きな外来配列（150〜350 kb，場合によっては700 kb以上になることもある）を運ぶのに利用している．
- YAC（yeast artificial chromosome：酵母人工染色体）は100 kbから3000 kbの長いDNA断片をクローニングするために用いられる．YACの構造には，酵母のテロメア，動原体，酵母細胞での有糸分裂時に染色体複製に必要な複製配列が含まれている．環状プラスミドとして構築，増殖され，制限酵素処理によって直鎖化する．その後，DNAリガーゼで，対象とする配列を直鎖分子に付加して，利用する．

クローニングしたプラスミドベクターからは**二本鎖**（double-stranded）DNAが得られる．この二本鎖DNAは（アルカリ処理や煮沸により）変性して，初めて一本鎖となる．この操作によって得られる相補的な2種の一本鎖DNAは，クローニングされたDNAの両端からそれぞれの配列を得るため別々の分析に利用される．あるいはこのような方法の変わりに，DNAがM13バクテリオファージ由来のベクターにクローニングされることもある．このプラスミドはシークエンス決定法のための一本鎖の鋳型DNAをつくるために特別に設計されたものである．

成熟したM13バクテリオファージ粒子には，クローンニングされたDNAの**一本鎖**（single-stranded）コピーが含まれている；このプラスミドは宿主細胞から回収され，他のポリヌクレオチド類を取り除くため，徹底的に精製される．M13バクテリオファージは容易に精製可能であるが，M13にクローニングする場合，3 kbよりも長い挿入物は欠失，あるいは再配列される場合がある．この問題を解決するベクターはファージミドであり，M13の複製開始点を含んだプラスミドである．ヘルパーファージと組み合わせると，クローニングされたDNA領域（インサート）を含むファージミドの一本鎖DNAコピーは，ウイルス粒子へ詰め込まれる．ファージミドベクターは，10 kbまでのインサートを収容できる．PCR法もまた，鋳型DNAを用意するために用いることが可能であり，片方のPCRプライマーが，鋳型依存性DNAポリメラーゼのプライマーとして利用される．

鋳型DNAを用意できれば，シーケンス決定法の第一段階は，DNAポリメラーゼによるDNA合成に必要な短いオリゴヌクレオチド（プライマー）を鋳型にアニールすることである．このプライマーの配列が，シーケンス反応が始まる場所を決定する．目的とする領域に最適なプライマーを決められるか否か，それは実験者にかかっている．DNA合成には，酵素に加え，通常の基質として4種のデオキシリボヌクレオチド3リン酸（dATP，dCTP，dGTP，dTTP）が必要である．また，反応液には，3′位炭素原子に結合するヒドロキシル基が水素原子に置換したジデオキシヌクレオチド（dideoxynucleotide）が少量含まれている．DNAポリメラーゼはジデオキシヌクレオチドを効率的に取り込むが，それにより鎖の伸長が妨げられてしまう．通常，伸長鎖の3′末端のヒドロキシル基に，糖の5′位炭素原子につながるリン酸基が結合することで，鎖の更なる伸長が起こる．ジデオキシヌクレオチドを取り込んだ伸長鎖では3′末端のヒドロキシル基が存在していないため伸長反応は停止する．これこそがチェーン・ターミネーション法の「**連鎖停止**」（chain termination）の部分である．

一例として，ジデオキシATP（ddATP）の存在下，DNA合成が行われた場合の結果について考えてみよう．反応にddATPを含めるということは，DNAの娘鎖の伸長が鋳型鎖のチミン（thymine；ddATPと相補的な塩基）のところすべてでランダムに停止することを意味する．アデニンで伸長が停止した一連の娘鎖は，鋳型鎖のプライマーの3′末端から配列中のそれぞれのチミンまで伸長したものと同じ全長をもつ．結果的に，これらの断片は，鋳型鎖でのチミンのすべての場所を表すことになる．これらの断片を，ポリアクリルアミドゲルで電気泳動すると，断片はその長さに応じて移動し，「3′末端がチミン」に相当する一連のバンドが得られる．

もちろん，塩基は4種類あるため，全体像を得るに，この

ような反応が4種必要であり，「3′末端がチミン」のものの他に，「3′末端がアデニン（adenine）」，「3′末端がシトシン（cytosine）」，「3′末端がグアニン（guanine）」のものを行う．

本法が開発された当初，バンドパターンはオートラジオグラフィーによって可視化されており，放射性同位元素で標識したヌクレオチドをそれぞれの反応に加えていた．4つの反応，すなわちddATP，ddCTP，ddGTP，ddTTPで伸長反応が停止した生成物は，ゲルの隣り合ったレーンにロードされる．電気泳動では，最も小さい分子が最も早く移動する．したがって，4つのどのレーンのどこの位置にバンドが現れているかを記録し，オートラジオグラフの下側から配列を読むことができる：ddATPの反応産物をロードしたレーンは鋳型鎖のチミンの場所を示し（相補的なコピーの放射性標識を読んでいることを思い出すこと），同様に，ddCTPのレーンはグアニン，ddGTPのレーンはシトシン，ddTTPのレーンはアデニンの鋳型鎖における位置を示す．

したがって，ゲルの4つのレーンを読むことにより，配列は3′端から解読可能となる．最も小さく，最も早く泳動される分子は，鋳型鎖のプライマー部位から最初の塩基でDNA合成が停止したオリゴヌクレオチドに対応，2番目のバンドはプライマー部位から2番目の塩基で停止したオリゴヌクレオチドに対応するといった具合である．鋳型DNAの塩基配列は，ゲルの上部に向かって，頂部のバンドが解像していない領域付近までパターンを読み続けることで推測できる．分離が良ければ，1,500ヌクレオチドに相当する塩基配列が得られる（Moore & Novak Frazer, 2002）．

本手法は技術的に必要とするものが少ないが，時間と労働量を要する．長年にわたり，さまざまな面が自動化されてきたが，真の技術革新はジデオキシヌクレオチドを4種類の異なる蛍光ラベル（fluorescent labels）で標識する方法の開発によってもたらされた．この方法では，ゲル上のジデオキシヌクレオチドで停止したバンドを蛍光によって区別することが可能となる．蛍光色素標識法では，4つのジデオキシヌクレオチドの反応を1つのチューブで行えるようになり，また，それぞれの異なる標識を区別できる蛍光検出器を備えたシーケンス装置の開発も可能になった．

また，シーケンス装置でも，平板ゲルではなくキャピラリー電気泳動による分離法が利用されるようになり，分離されたバンドが検出器の前を通過することで蛍光の検出，塩基の同定，記録が自動的に行えるようになった．自動化によって処理量は大幅に向上し，配列の正確性も約99.9％になった（1,000ベースの塩基配列当り1つのエラー）．さらに正確性を増すためには，相補鎖の配列をもシーケンスし，コンピュータプログラムで両方の配列を合わせて比較する．

さらに，配列既知のオリゴヌクレオチドのアレイをマイクロチップ上につけ，調べようとする分子とのハイブリダイゼーションパターンによって塩基配列を確定しようとするような革新的方法の開発も進められつつある．絶え間ない小型化ならびにデータ処理におけるコンピュータの進歩，電子的なハイブリダイゼーション検出技術が組み合わさり，アレイによる巨大分子の塩基配列決定が可能になろうとしている．

平均すると，一度のシーケンス反応で，数百から千ベースくらいまでの断片の塩基配列を決定することができる．それよりも長い配列は，短い配列から「縫い合わされる」必要があり，これには，2つのおもな方法がある：

- ショットガン・シーケンシング法（shotgun sequencing；図18.15）
- 整列クローンコンティグ法［ordered (directed) clone contig assembly；図18.16］［「コンティグ（contig）」は，もともと配列が互いに重複する関係にある複数配列の集まりとして定義されている；重複するDNA断片は連続したコンセンサス配列を形成し，その長さがコンティグの長さとなる］

ショットガン・シーケンシング法では，シーケンス実験の結果から得られる短い断片間の重複を探し，直接完全な配列を組み立てる．本法では，あらかじめ遺伝子地図や物理地図を必要とすることはないが，数多くの断片をシーケンスすることが必要である．目的とするDNAは，制限酵素処理，あるいは剪断や超音波などの物理的処理によってランダムな断片（random fragments）にする．つぎに，断片を電気泳動で分画し，2 kb程度のサイズの断片を塩基配列決定のためプラスミドやファージのベクターにクローニングする．そして，得られた多くの短い配列をコンピュータで合わせて全体のコンセンサス配列を決定する．シーケンスアセンブリは，短い配列を比較し，重複末端を見つけ出して，連続した配列としてつなぎ合わせる（すなわち，これがコンティグ）作業で，コンピュータプログラムによって行われる．

目的の配列全体を確実にカバーするためには，目的のDNAの実際の長さよりもはるかに大量のDNAをシーケンスに供する必要があり，シーケンス実験はおそらく1,000回にも達するであろう．これは統計学の問題である：目的配列の99.8％

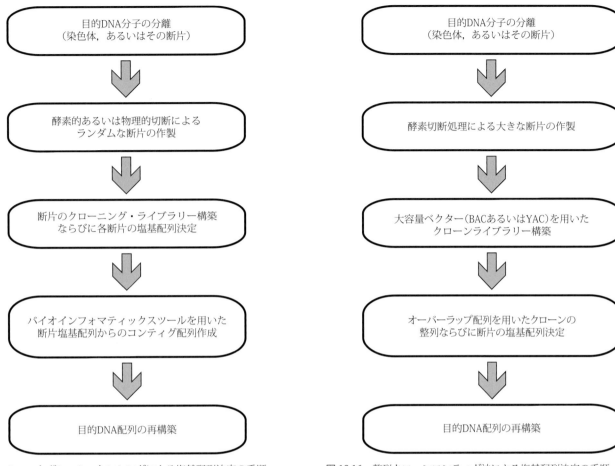

図18.15 ショットガン・シーケンシングによる塩基配列決定の手順

図18.16 整列クローンコンティグ法による塩基配列決定の手順

以上がシーケンスされていることを保証するためには，対象領域の長さの6.5倍から8倍に及ぶ総累計長のシーケンスをランダムに選ばれた断片を用いて行う必要がある．

ショットガン・シーケンシング法は，複数の原核生物のゲノムシーケンスを決定するのに使用された，最初の成功例である．生産ラインのように，チーム内でメンバーが特定の（非常に繰り返しの多い）仕事を行っているような所に本法を適用すれば，5Mb未満のどのゲノム配列でもおよそ1年以内に完全に明らかにできるほどであった．この方法の欠点は，個々のどの配列も，重複を特定するのにすべての他の配列と比較しなければならず，**一致したコンティグ**（consensus contigs）を得るためのデータ解析に対する要求が厳しいことである．

仮に，特定の遺伝子を対象とし，その配列情報［よって，ハイブリダイゼーションプローブ（hybridisation probes）］が得られているなら，それらを用いてプロジェクトの早い段階で対象配列を選抜することも可能である．ショットガン・シーケンシングを用いた実験計画では，はじめのランダムに読まれたわ

ずかなシーケンス断片に，目的遺伝子を識別できる配列が含まれる可能性はわずかしかない．このアプローチは，全体の塩基配列を決定することに対してではなく，関心ある箇所に注力することを目的としている．非常に効率的な他のショートカット方法も見つかっているが，大きな配列に対しては，さらに構造化された戦略が要求される．

整列クローンコンティグ法では，既存の遺伝子地図や物理地図の情報を利用する．このアプローチは，制限酵素消化から得られたクローン断片を既存の地図に結びつけるために地図情報を使用している．その結果，そのクローンの配列情報は既存のマップ情報に基づき整列されることになる［ひとつながり（contiguous）になる］．これは，クローンコンティグ法の戦略的な側面で，BACやYACのクローンによく適している．

クローンコンティグ法では，まず，スタートとなる最初のクローンの塩基配列を利用してハイブリダイゼーションプローブを作製し，ライブラリーをスクリーニング，重複した配列をもつ2番目のクローンを同定する．2番目のクローンの配列を利

用して，それと重複する配列をもつ3番目のクローンを同定する．このようにDNA配列をプローブとして利用し，それぞれ重複する配列をもつクローンを順次見つけていくことでクローンのコンティグが組み立てられる．これが，**染色体ウォーキング**（chromosome walking）の本質である．もし標的のDNAが繰り返し配列を多く含むと，この作業は混乱をきたすが，真菌類では比較的繰り返し配列は少ない．

もし，クローンのフィンガープリントとして十分機能するような高解像度の制限酵素地図が利用可能，あるいは用意できる場合には，染色体ウォーキングのような時間のかかる手法は避けられるであろう．この場合，高解像度の制限酵素フィンガープリントの特徴に基づき各クローン間の重複領域が割り出され，制限酵素地図情報によりコンティグが組み立てられて，適切なプローブを用いたハイブリダイゼーションによって確かめられる．

整列ショットガン法は，得られた配列をそのまま用いる．それぞれの末端の配列情報は，PCRプライマーの合成に用いられ，このプライマーは隣接部分を得るために利用される．対象とする領域全体がシーケンスされアセンブルされるまでこの作業は繰り返される．

もちろん，これらのアプローチは排他的というよりは互いに**相補的**であり，必要に合わせて組み合わせることができる．われわれがいままで述べてきたことから，微生物ゲノムの解読は，ルーチンのように見えるかもしれないが，大仕事である．先に記したように，約600人の科学者が，約6年を超える期間，酵母のゲノムシーケンス計画に携わった．酵母には，百年を超える研究の歴史があり，計画の当初にはすでにRNAあるいはタンパク質をコードする1,200あまりの遺伝子が記載された地図がすでに存在した．しかし，のべ3,000人以上がシーケンス作業のために働いたことになる．

物理的ならびに分子的な解析はその遺伝的な対象を，機能している遺伝子からDNAの配列に移してきた；しかし，現在では**機能ゲノム学**（functional genomics）が主流となっている．全ゲノムの塩基配列を決定することは，トランスクリプトーム（transcriptome；ゲノムからつくられるすべての転写産物），プロテオーム（proteome；転写産物からつくられるすべてのタンパク質），メタボローム（metabolome；タンパク質によって支配されるすべての代謝反応）などの機能的研究の始まりにしかすぎない．さて，21世紀はじめである今，ゲノムは遺伝的情報のフルセットであり，それゆえゲノムは環境依存的ではないとわれわれは理解している．代わりに，トランスクリプトーム，プロテオーム，メタボロームは，すべて細胞の瞬間的な制御状態に依存しているため，環境依存的である．

21世紀はじめである今，昔風の遺伝学者がこれを別の言葉で言い表すなら：表現型＝遺伝子型＋環境　となる．

18.7　ゲノムをアノテーションする

ゲノムをアノテーション（annotating the genome）する過程は，まずゲノムの塩基配列が確定し，それらのアッセンブリ（assembly）が完成したときから始まる．アノテーションはゲノムを構成している配列と特定の機能を結びつけることである．仮に，*Saccharomyces cerevisiae* を例にとると，この作業は長い間続けられている．アノテーションには高度な計算が要求され，すなわち，*in silico* での分析となる．遺伝子の同定はおそらく最も困難な課題であり，コンピュータプログラムを用いて，配列の整列，遺伝子予測を行う．バクテリアゲノムでの遺伝子の探索は比較的簡単で，コンピュータプログラムが全遺伝子の97%から99%を自動的に見つけ出してくれる．しかし，真核生物では遺伝子を見い出すのも，遺伝子の機能を割り当てるのもいまだ難しい仕事となっている．

この問題は，本の中の各単語の始まりと終わりを特定することになぞらえることができる．文章中のすべての句読点が失われると，本の中で使われている言語や語彙が何であるのかがはっきりとはわからなくなってしまう．

たとえば，以下の詩の文章構造がわかるだろうか（2つの「コンティグ」が重なっている）．

whososhalltelleataleafteramanhemostereherseasneigheaseverhecaneverichwordifitbeinhischargeallspekeheneversorudelyandsolargeorelleshemostetellenhistaleuntreweorfeinenthingesorfindenwordesnewe

これは英語であるが，読者の知るものとは異なっているかもしれない．これは1390年ごろに書かれたチョーサーのカンタベリー物語（Chaucer's Canterbury Tales）の部分（Prologue, line 733）を抜き出し，すべてのスペースと句読点を取り除いたものである．簡単ではないであろう．

ゲノム配列の意味は，*in silico* のアノテーションによって次のようにつくられる：

- 開始コドンと終止コドンによってORFを同定し，機能タン

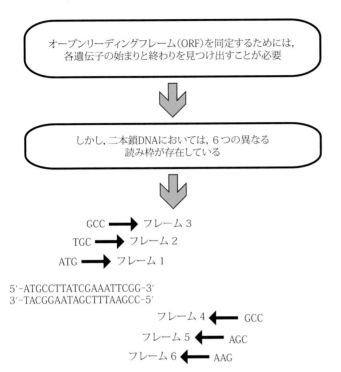

図18.17 DNA配列におけるORFの検索，それぞれは6つの読み枠をもつ．

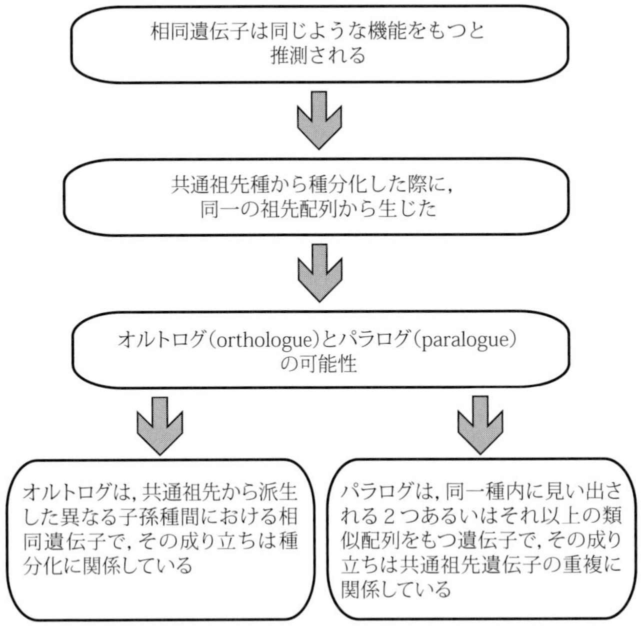

図18.18 同一のゲノムあるいは異なるゲノムに見い出された相同的な遺伝子におけるアノテーション

パク質の長さが最小になるようにする（図18.17）．
- 推定された遺伝子またはタンパク質の断片中の明白な機能的モチーフ（functional motif）を探知する．
- 同じゲノムまたは異なるゲノムの相同な遺伝子を用いて，既知のタンパク質配列またはDNA配列と比較する（図18.18）．

実験的な更なるアノテーションも行われる：

- 古典的な遺伝子クローニングと機能解析
- cDNAクローン産物あるいはEST配列（expressed sequence tag；ESTは転写されたcDNA由来の短い断片，すなわち発現している遺伝子の一部である），ならびに遺伝子発現データの解析

ゲノムアノテーションの包括的な方法はない；いずれ方法も限界があるため，協調して用いる必要がある．

シーケンスプロジェクトで同定された遺伝子の多くは新しいものであろう．すなわち，配列が解読された時点ではその遺伝子の機能は不明である．このような新しいORFの細胞内での役割を明らかにするためには，異なったバイオインフォマティクス手法が必要である．それは，配列情報と，代謝に関する蓄積された知識を統合し，ORFの確からしい機能（likely functions）を予測するのである．そしてこれらの予測は，異種発現，遺伝子破壊，精製タンパク質の特性解析などによって実験的に検証される．系統的に多様なゲノムの解析を平行して行うことも，ゲノムがシーケンスされた生物の生理機能を理解する助けとなる．

全ゲノムの塩基配列が確定され，アノテーションされると，データベース上にある他のゲノムとゲノムの比較が可能となる．原核生物のゲノムは一般に真核生物のものよりもはるかに小さい．たとえば，大腸菌 *Escherichia coli* のゲノムは 4.64 Mb の DNA からなり，*Streptomyces coelicolor* のゲノムは 8 Mb である．一方，出芽酵母のゲノムは 12.1 Mb で，*Escherichia coli* のゲノムのおよそ3倍であり，ヒトのゲノムは 3,300 Mb もある（表5.2を参照）．物理的な構成もまた異なっており，原核生物のゲノムは1個の環状のDNA分子であるのに対し，真核生物のゲノムは，異なる**染色体**（chromosome）中に含まれる直鎖状のDNA分子として分割されている．さらに，すべての真核生物はミトコンドリアをもっており，ミトコンドリアは通常，環状の小さなミトコンドリゲノムをもっている．光合成を行う真核生物（植物，藻類，一部の原生生物）は，葉緑体内に第3の小さなゲノムをもっている．

ゲノムの大きさはその生物の複雑さにある程度一致するが，

この対応は必ずしも正確ではない．この相関は遺伝子の構造と構成によって決まるものだからである．たとえば，大腸菌のゲノムは 4,397 個の遺伝子をもち，**出芽酵母のゲノムは約 5,800 個の遺伝子をもつ**．酵母は真核生物であるがゆえ，大腸菌よりたくさんの遺伝子をもっているが，それ以上多くの遺伝子をもたないのは，酵母がかなり単純な真核生物であるからだと理解可能であろう．しかし，放線菌 Streptomyces coelicolor は 7,000 個以上の遺伝子をもつ．この生物は原核生物であるが，真核のモデル生物である酵母よりもほぼ 30% 以上多くの遺伝子をもっている．確かに，Streptomyces はかなり複雑なバクテリアで，進化の観点からはかなり進んでいるが，しかしやはりバクテリアなのである．数字の上での違いは，出芽酵母の遺伝子の平均が 2,200 塩基対であるのに対し，Streptomyces coelicolor の遺伝子の平均は 1,200 塩基対しかないということである．しかし，なぜ遺伝子のサイズにこのような違いが存在するのか説明することはできない．

出芽酵母 Saccharomyces cerevisiae は，生理学や生化学，分子生物学で長い歴史をもつ十分に確立されたモデル生物である（5.2 節を参照）．酵母のゲノムは真核生物の有用なモデルとしてあり続け，そのゲノムは，全長 12.1 Mb の塩基配列が 250 kb から 2.5 Mb を超える長さの染色体 16 本に分かれている．酵母ゲノムをシーケンスする計画は 1989 年に始まった．1992 年に第 3 染色体の配列が初めて発表され，1994 年に第 2 染色体と第 11 染色体が，1996 年の 4 月にはゲノム全体が発表された．これらの配列の品質については，99.97% の確からしさをもっている．

この酵母ゲノムには **6,607 個の ORF** が存在し，それらはゲノムの約 70% を占める．これらはおそらく代謝的に活性なタンパク質をコードしているが，約 810 個については疑わしく，また，偽遺伝子（偽遺伝子は，既知の遺伝子と似ているが，遺伝子途中に終止コドンが存在する）が 21 個存在している（このデータは，2010 年 11 月 14 日時点での Saccharomyces ゲノムデータベースのゲノムスナップショットによるものである）．平均すると，タンパク質をコードする遺伝子は酵母のゲノムの約 2 kb おきに見つかっている．ORF は 100 コドンものから 4,000 を超えるものまであるが，3 分の 2 は 500 コドン以下であり，かなり均一に 2 本の DNA 鎖に存在している．これらに加え，酵母のゲノムには，120 個の rRNA 遺伝子が第 12 染色体の 1 ヵ所に連続して存在し，40 個の核内低分子 RNA 遺伝子ならびに 42 のコドンファミリーに属する 274 個の tRNA 遺伝子は各染色体に分散して存在している．また，酵母のレトロトランスポゾン（Ty 因子；Ty element）は 51 コピー存在していた．また，染色体以外の要素，特に，ミトコンドリアゲノム（80 kb）や 6 kb の 2 μm プラスミド DNA も存在しているが，さらに別のプラスミドもあるかもしれない（Moore & Novak Frazer, 2002）．

タンパク質をコードする遺伝子の中で，イントロンによって配列が中断されているものは 5% もない．それらでは，通常，1 つのイントロンが存在し（2 つのイントロンをもつ遺伝子は 2 個しかない），そのイントロンは遺伝子の 5′ 末端側に存在することが多く，コーディング領域の上流に存在することもある．このように，イントロンを欠いているのは Saccharomyces cerevisiae の例外的な特徴である；すべての調べられた糸状子嚢菌を含め他の菌類の遺伝子は，もっと多くのイントロンを有している．分裂酵母 Schizosaccharomyces pombe のゲノムは，Saccharomyces cerevisiae より遺伝子の密度が低い（2.3 kb に 1 遺伝子）が，その中の遺伝子の約 40% にイントロンが見い出せる．高等真核生物の遺伝子はたくさんのイントロンをもっている．たとえば，ヒトの筋ジストロフィーは 80 個のイントロンをもつ X 染色体上の遺伝子の損傷によって起こる；この遺伝子の配列は 2.3 Mb であるが，mRNA は 14 kb しかない．したがって，成熟 mRNA では，染色体上の遺伝子配列のたった 1% しか見つからないことになる．

Saccharomyces cerevisiae では，遺伝子の密度が高いため，連続した ORF の間にある **遺伝子間領域**（intergenic region）が非常に短い．そのため，DNA の転写，複製や，染色体の維持管理に関わる制御配列のためのスペースが限られている．**上流活性化配列**（UAS；upstream acting sequence）や **上流抑制配列**（URS；upstream repressing sequence）など，さまざまな転写制御因子が特定されている．また，一部の **転写終結配列**（terminator sequence）も特定されているが，コンセンサス配列は明らかでない．制御因子は遺伝子間領域に限って存在するとも限らず，上流の隣接遺伝子のコーディング領域の配列の中に存在することもある．このような配置では，その配列が 2 つの機能をもつことから，遺伝子配列の進化は制約される：コーディング配列によって決定されるタンパク質の機能とその下流の何らか関係のない役割の遺伝子の制御機能の両方に関連して，配列が選択されなければならないからである（Moore & Novak Frazer, 2002）．

出芽酵母ゲノムの全 ORF の約 66% は，これまでに機能が明らかにされていない **新規の遺伝子**（novel genes）である；このような機能が未発見のままのものはオーファン（孤児）遺伝

子（orphan gene）と呼ばれる．約 2,300 個の ORF（40％以上）は酵母の膜タンパク質をコードしていると特定されている．そして，多くはタンパク質ファミリーに分けられるが（たとえば 33 のミトコンドリア輸送タンパク質，200 の糖ならびにアミノ酸の輸送タンパク質など），約 1,600 個はユニークなものであり，ゲノム中のどこにも相同性をもつものは存在しない．これほどまでにゲノムの大半が膜タンパク質をコードする ORF で占められていることは，真核生物では膜が重要であることを明確に指し示している．

　ゲノムが小さいことを考えると，酵母での**遺伝的冗長性**（genetic redundancy）の程度は驚きに値する．40％もの遺伝子配列が重複している．多くの場合，**重複配列**（duplicated sequences）はとてもよく似ているため，その産物は同じであり，おそらく機能も重複している．これらの冗長なタンパク質は，もしどちらか片方が変異した場合においても，残りがその機能を代替することができる．このことは，酵母の遺伝子を実験的に 1 つずつ破壊していっても，多くの場合，成長が損なわれることがない，あるいは，異常な表現型を示さない理由を説明している．さまざまな種類の遺伝子が冗長性をもって，異なる染色体に存在している．たとえば，ヒストンやリボソームタンパク質，ATP アーゼ，アミノ酸と糖の輸送タンパク質，解糖系の酵素をコードする遺伝子などである．しかし，重複した遺伝子のプロモーターに配列の違いがあり，これは，それらの**制御が異なっている**ことを示唆する；つまり，異なるコピーの発現は，酵母細胞の栄養条件や分化条件に依存しているのであろう．遺伝子の重複は，偽遺伝子においては認められておらず，酵母では，偽遺伝子そのものも少ない．真核生物の最も小さい染色体である第 1 染色体の両端に 4 つの偽遺伝子が存在しているが，これは例外的である．

　重複した遺伝子よりもさらに驚くべきことは，2 つもしくはそれ以上の染色体上のかなり大きな領域が重複し，そこに同じ順序，同じ転写方向で並んだ一連の遺伝子が見い出されることである．これらは**クラスター相同領域**（cluster homology regions；CHRs）と呼ばれ，酵母のゲノムにはこれが 50 個存在する．こうした CHRs のうちの 10 個（第 2，5，8，12，13 染色体で共有されている）は 4 番染色体にあり，14 番染色体全体は，他の染色体と重複する領域からなっている．このクラスターのコーディング領域の外側の配列は多様化していることから，**重複がかなり古くに起こった**ことを示唆している．最も重複の度合いが高いのは機能未知の遺伝子においてである．代謝に関わるタンパク質の重複は大きくは認められないが，膜のプロセス，タンパク質構造の制御，DNA や RNA のプロセシングに関わる遺伝子ではかなりの冗長性が認められる．これは重複が主要な代謝機能の統合と協調に影響することによって，環境適応度を高めることを意味しているのかもしれない．最も基本的な細胞の機能（タンパク質構造や膜輸送，DNA/RNA のプロセシング）に必須の遺伝子もまた，昔の重複によって生じたと推測されることは大変興味深く，このことは，配列を進化のあいだ保存し続ける何らかの明確な作用が働いていたことを示唆している（Moore & Novak Franzer, 2002）．

　これまで議論してきた酵母ゲノムの配列は，菌株番号α S288C という**特定の実験室系統**であり，そのことを強調しておかねばならない．実験室系統であるということは，それが「飼い馴される」過程で無意識な人為的選抜を受けている可能性がある．したがって，その系統は，*Saccharomyces cerevisiae* の自然の個体群を代表していないかもしれない．しかし一方で，代表している可能性も当然ある．これまでに行われた他の野生株との比較結果からは，個々の遺伝子のコーディング領域の配列に違いがあるのはまれで，このような多様性が *Saccharomyces cerevisiae* の系統間での**多型**（polymorphisms）に大きく寄与するものではないということが示されている．むしろ，酵母系統間の多型は重複遺伝子における**コピー数の違い**や，Ty 因子の分布，遺伝的冗長性における多様性，すべての染色体の末端に存在しているテロメア反復の多様性などがおもな原因となっている．染色体の再構成も酵母の系統を分化させる．染色体分断は核型を変え，欠失は染色体長の多型を生みだす原因となり得る．

　酵母のようなモデル生物の研究を行う目的の 1 つは，最終的に，その分析によってヒトの病気に関係する遺伝子が同定可能となることへの期待である；そして，この期待は満たされようとしている．酵母の ORF を用いて，配列データベース中のヒト遺伝子と比較した結果，30％以上の**酵母遺伝子がヒトの配列と相同性をもっており**，その大部分は細胞の基本的な機能を関わるものであった．このような相同性の発見は，ヒトの病気の理解に貢献することができる．この最初の例は，フリードライヒ運動失調症でないかと思われる．この病気は，ヒトの遺伝性運動失調の中で最もよく見られるタイプで，機能既知の酵母 ORF との相同性が見い出されることにより，その生化学的詳細が明らかにされたものである．フリードライヒ運動失調症は，イントロン内での GAA の繰り返しが増大することで起こり，これによってフラタキシン遺伝子の発現が低下する．フラタキシンはヒトのミトコンドリアのタンパク質で，酵母にホモ

ログが存在する．フラタキシン遺伝子のホモログが欠損した酵母の変異株では，ミトコンドリア内に鉄が蓄積し，酸化ストレスに対する感受性が増大する．このことは，フリードライヒ運動失調症がミトコンドリアの機能不全が原因で起こることを示唆し，新規の治療法を示すものでもある（Kountnikova et al., 1997）．このような比較自体が，酵母ゲノムのシーケンスに投じられたすべての努力を多くの点で正当に報うことになる．

機能ゲノム学は，機能を定義するために遺伝子とタンパク質の役割を研究する学問である．その成果は遺伝子オントロジー（gene ontology）として知られている．もともとオントロジー（存在論）とは，存在の本質に対する哲学的探究を行う形而上学の一分野であった．コンピュータ科学者にとってのオントロジーとは，知識表現の語彙収集とその体系化を意味する．遺伝子オントロジー（GO）の目的は次の通りである．

- 種中立であり，原核生物，真核生物に対しても，また，単細胞生物，多細胞生物でも，同様に適用できる遺伝子の属性と遺伝子産物についての語彙を増やし標準化する．
- 配列内の遺伝子とその産物のアノテーションを行い，アノテーションデータの理解や配布をコーディネートする．
- これらデータへのアクセスを助けるバイオインフォマティクスツールの提供を行う．

これらを達成するには，遺伝子/タンパク質配列の機能を記述するための3つの体系化の原則がある：

- 生物学的プロセス（biological process）：なぜその配列が存在するかに対する解答．その配列がもつ機能，たとえば，有糸分裂や減数分裂，交配，プリン代謝などによってどのような生物学的な目的が達成されているのか，幅広い用語で記述する．
- 分子的機能（molecular function）：その配列が何をしているのか？　個々の遺伝子産物による働き，たとえば，転写因子やDNAヘリカーゼ，キナーゼ，ホスファターゼ，ホスホジエステラーゼ，脱水素酵素などによる．
- 細胞のコンポーネント（cellular component）：どこでその機能が果たされるのか？　細胞内構造や高次構造複合体の場，たとえば，核，テロメア，細胞壁，細胞膜，小胞体など．

オントロジーのデータはGene Ontologyのウェブサイト（URL：http://www.geneontology.org/）から自由に利用できる．また，興味の対象となる生物の遺伝子についての最新情報は，その生物のためのウェブサイトから得ることができる（ブロード研究所のリスト（http://www.broadinstitute.org/）からアクセス可能）．たとえば，図18.19はNDPH依存型グルタミン酸デヒドロゲナーゼをコードする *Saccharomyces cerevisiae* GDH1遺伝子の情報を *Saccharomyces* ゲノムデータベース（SGDTM）から選び示したものである．そのデータベースはURL：http://www.yeastgenome.org/ にある．

アノテーション作業は，ゲノム中の仮定的な遺伝子（hypothetical gene）のORFを素早く特定するアノテーションプログラムによって自動化されつつある．進化的に離れていても，配列の多くは保存されており，そのため，他生物の利用可能な情報を用いて，機能の予測が可能である；これら配列検索と比較作業もまた自動化可能である．しかし，他の糸状菌類の遺伝子のアノテーションを行う場合，たとえ子嚢菌門や *Saccharomyces cerevisiae* に近縁な仲間のものであったとしても，より多くの労力が必要である．これらのゲノムは酵母のものよりもはるかに大きく，また，遺伝子の構造がより複雑であるためである．特に，糸状菌の遺伝子はしばしばORF内に複数のイントロンを含んでいる（酵母では複数のイントロンを含む遺伝子はほとんどない；特に，コーディング配列の始まりあたり，時に開始コドンを分断するようなイントロンをもつ遺伝子）．このように糸状菌遺伝子の構造は複雑であるゆえ，遺伝子機能の確かな割り付けを行うためには，遺伝子の発現と配列に関する独立なデータ群が必要である．*Aspergillus nidulans* では遺伝子の機能を確実に予測するため，cDNA，あるいはEST配列のアラインメントと遺伝子発現データを利用する方法が発表されている．これら取り組みの説明と議論については，Sim et al.（2004）によるアプローチの解説と議論を読むことを勧める．

まだ，Geoffrey Chaucerの引用について頭を悩ませている読者のため，原文をここに記す．

> Who so shall telle a tale after a man,
> He moste reherse, as neighe as ever he can,
> Everich word, if it be in his charge,
> All speke he never so rudely and so large;
> Or elles he moste tellen his tale untrewe,
> Or feinen thinges, or finden wordes newe.

図 18.19　Saccharomyces ゲノムデーターベース（SGDTM）で維持されている情報の一例．Saccharomyces cerevisia の NADPH 依存性グルタミン酸デヒドロゲナーゼをコードする GDH1 遺伝子で，http://www.yeastgenome.org/cgi-bin/locus.fpl?dbid=S000005902 の URL で表示可能．図は 2009 年 5 月 17 日現在の状態で，遺伝子名検索の結果，データベースが生成する HTML ページの上部分だけを示している．残りの部分には，遺伝子やその産物の分子構造の詳細，染色体座位情報，DNA 塩基配列のダウンロード用ハイパーリンクや参考文献へのハイパーリンクが含まれている．

この意味するところは：「もしも誰かを人前で批判するつもりなら，その事実をよく確かめよ！」である．

18.8　真菌類のゲノムとその比較

Saccharomyces cerevisiae は最も研究されている真菌であり，分裂酵母 Schizosaccharomyces pombe もまた重要なモデル生物で，全ゲノムが解読されている．しかし，これらどちらの酵母も糸状菌の適切なモデルとはいえない；なぜなら，糸状菌はより多くの遺伝子（約 8,400 個）をもち，ゲノムサイズもより大きい（30～40 Mb）からである；この 2 つの特徴は，おそらく糸状菌の多様な形態形成や代謝，生態的な能力に関係しているものと考えられる．確かに，Aspergillus nidulans には存在する遺伝子のあるものは Saccharomyces cerevisiae にはないことがすでに判明し，その結果，比較ゲノム学（comparative genomics）が成長ビジネスとなりつつある．糸状菌をも含む多数のゲノムプロジェクトが現在進行中あるいは計画されている．

真菌類のゲノムシーケンスならびにアノテーションの世界的イニシアチブは，マサチューセッツ工科大学（MIT）のブロード研究所とハーバード大学が Fungal Genome Initiative（FGI）の名の下で連携して行われており，URL：http://www.broadin-

---

訳注 3：「つまり，誰でもある人の言うとおりに話さなければならない場合，もしそれが自分の力でできることならのことですが，たとえ，そのひとがどんなに野卑でみだらなことを話しても，一語一語できる限り言ったことに近いように繰り返さなくてはなりません．」『完訳 カンタベリー物語（上）』（岩波文庫 / 桝井迪夫訳）より引用．

stitute.org/node/304 をみてみるべきであろう．FGI は米国の国立ヒトゲノム研究所（National Human Genome Research Institute），国立アレルギー・感染症研究所（National Institute of Allergy and Infectious Disease），農務省（US Department of Agriculture）によってサポートされている．FGI は医学的，農業的，工業的に重要な真菌類のシーケンスデータを優先的に取り扱うとともに，配列データベースの維持管理を行っている．このデータベースは真菌類の多様性と進化を比較研究するためのツールとしてますます重要になりつつある．

本書執筆の時点において，すでに 64 種の真菌類ゲノムの塩基配列が決定され，アノテーションされているかその最中にある（表 18.9）．また，次の活動実施計画に他 85 種があげられている（表 18.10）．最新情報は URL：http://www.broalinstitute.org/annotation/fungi/fgi/index.html でみることができる．読者にこのウェブサイトを訪れることを強く勧める．定期的にゲノムデータがアップデートされ，塩基配列情報の変更や修正も行われる；それだけではなく，インデックスページのリンクをたどることで，ゲノム配列やここで扱かっていない下記情報にアクセス，あるいはそれらをダウンロードすることが可能となる．

- ゲノムサイズや遺伝子密度などの統計資料
- 他の配列で相同性検索を行うツール
- 遺伝子の特徴やアノテーションの検索
- さまざまな方法によって遺伝子を見つけるための遺伝子インデックス
- シーケンス領域やクローン，塩基配列を探索・表示するためのグラフィカルインターフェース
- 配列や遺伝子，マーカー，その他のゲノム情報のダウンロード

比較ゲノム学はそれ自体が一大科学であり（Gibson & Muse, 2009），ここではそれを簡単に紹介することしかできない．利用可能な豊富なデータの中からいくつかを選び，オンライン上にどのような詳細なデータがあり，どのような研究範囲に貢献できるのかについて例示してみよう．まず，重要なことに，完全に塩基配列が決定されているか，あるいはその途上にある真菌類ゲノムは 200 に近づいており，利用可能なゲノムとしては，真核生物界で最も幅広いものとなっている（Galagan et al., 2005）．また，そのため，多くの真菌類ゲノムは，進化系統的にまとめることが可能であり，比較研究のための理想的な環境となっている（たとえば，Jones, 2007 を参照）．とはいえ，これまでゲノムシーケンスの対象として選ばれてきた真菌類はほとんどが病原菌やモデル生物である．そのため，今後のより合理的なアプローチとして，代替エネルギー源の構築やバイオリメディエーション，真菌類と環境の相互作用などの特定の目的を意識したゲノムシーケンスプログラムの計画が議論されている（Baker et al., 2008）．

真菌ゲノムを体系的に比較解析するため，マンチェスター大学コンピュータ・サイエンス科，生命科学部と，エクセター大学のコンピュータサイエンス学科，バイオサイエンス学科の共同研究で e-Fungi データベースが開発されつつある（Hedeler et al., 2007）．e-Fungi 計画は，複数の真菌ゲノム（すでに 30 以上の真菌ゲノム）のデータを統合して格納し，体系的な比較研究に利用できるようにしようとしている．また，e-Fungi データベースは菌学者にゲノム情報の比較研究のためのツールも提供しており，URL: http://www.e-fungi.org.uk からアクセスできる．[訳注4]

それでは，FGI データベースの中の例を数種見てみよう．完全にアノテーションが行われた配列（表 18.9）には以下のものなどがある．

- アカパンカビ Neurospora crassa（子嚢菌門）のゲノム．栄養生長や有性生殖のさまざまな段階において，また，異なる間隔の概日周期で，2,000 個以上の異なる遺伝子が発現していることがわかってきている．これらの遺伝子の中の半分以上は，酵母やその他の生物のゲノムにおいてホモログが知られていないものである．N. crassa の半数体ゲノムは 39.23 Mb の染色体 DNA を含んでいる；個々の染色体は 4 Mb から 10.3 Mb の大きさである．7 つの連鎖群がそれぞれの染色体に細胞学的に対応づけられている．N. crassa のゲノム中には，rRNA の遺伝子を除き，繰り返し配列がほとんど存在しない．Neurospora crassa のテロメア配列はヒトのものと同一である．
- Aspergillus nidulans（子嚢菌門）の 30.07 Mb のゲノムも解析が完了しており，予備的なデータから，N. crassa 同様，発見された遺伝子の半分が，他の生物からこれまで見い出されていないあるいは，機能と関連づけられていない「新規」

訳注 4：2014 年現在アクセス不可．http://www.cs.man.ac.uk/~cornell/eFungi/index.html でプロジェクトの概要が閲覧可能．

表 18.9　2010年現在のFungal Genome Initiative（FGI）によるゲノムプロジェクト進行状況

種ならびに菌株名	アッセンブリサイズ（Mb）	2009年5月時点での状況
Allomyces macrogynus ATCC 38327		シーケンス作業中
Aspergillus nidulans FGSC A4	30	アッセンブリならびにアノテーション公開済
Aspergillus terreus NIH2624	29	アッセンブリならびにアノテーション公開済
Batrachochytrium dendrobatidis JEL423	24	アッセンブリならびにアノテーション公開済
Blastomyces dermatitis strain SLH#14081		進行中
Blastomyces dermatitis strain ER-3		進行中
Botrytis cinerea B05.10	43	アッセンブリならびにアノテーション公開済
Candida albicans WO-1	14	アッセンブリならびにアノテーション公開済
Candida guilliermondii ATCC 6260	11	アッセンブリならびにアノテーション公開済
Candida lusitaniae ATCC 42720	12	アッセンブリならびにアノテーション公開済
Candida tropicalis MYA-3404	15	アッセンブリならびにアノテーション公開済
Chaetomium globosum CBS 148.51	35	アッセンブリならびにアノテーション公開済
Coccidioides immitis H538.4	28	アッセンブリならびにアノテーション公開済
Coccidioides immitis RS	29	アッセンブリならびにアノテーション公開済
Coccidioides immitis RMSCC2394	29	アッセンブリならびにアノテーション公開済
Coccidioides immitis RMSCC3703	28	アッセンブリならびにアノテーション公開済
Coccidioides posadasii CPA 0001	29	アッセンブリ公開済；アノテーション作業中
Coccidioides posadasii CPA 0020	27	アッセンブリ公開済；アノテーション作業中
Coccidioides posadasii CPA 0066	28	アッセンブリ公開済；アノテーション作業中
Coccidioides posadasii RMSCC 1037	27	アッセンブリ公開済；アノテーション作業中
Coccidioides posadasii RMSCC 1038	26	アッセンブリ公開済；アノテーション作業中
Coccidioides posadasii RMSCC 1040	26	アッセンブリ公開済；アノテーション作業中
Coccidioides posadasii RMSCC 2133	28	アッセンブリ公開済；アノテーション作業中
Coccidioides posadasii RMSCC 3488	28	アッセンブリならびにアノテーション公開済
Coccidioides posadasii RMSCC 3700	25	アッセンブリ公開済；アノテーション作業中
Coccidioides posadasii Silveira	27	アッセンブリならびにアノテーション公開済
Colletotrichum graminicola M1.001		アッセンブリ作業中
Coprinopsis cinerea（as *Coprinus cinereus*）okayama7#130	36	アッセンブリならびにアノテーション公開済
Cryptococcus neoformans H99	19	アッセンブリならびにアノテーション公開済
Cryptococcus neoformans R265	18	アッセンブリならびにアノテーション公開済
Fusarium graminearum PH-1（NRRL 31084）	36	アッセンブリならびにアノテーション公開済
Fusarium oxysporum f. sp. *lycopersici* 4286	61	アッセンブリならびにアノテーション公開済
Fusarium verticillioides 7600	42	アッセンブリならびにアノテーション公開済
Gaeumannomyces graminis var. *tritici* R3-111a-1	40	進行中
Histoplasma capsulatum G143		シーケンス作業中
Histoplasma capsulatum G186AR	30	アッセンブリ公開済；アノテーション作業中
Histoplasma capsulatum NAm1	33	アッセンブリならびにアノテーション公開済
Lacazia loboi EDM7		情報一部公開；待機中
Lodderomyces elongisporus NRRL YB-4239	16	アッセンブリならびにアノテーション公開済
Magnaporthe grisea 70-15	42	アッセンブリならびにアノテーション公開済

表 18.9　続き

種ならびに菌株名	アッセンブリサイズ（Mb）	2009 年 5 月時点での状況
Magnaporthe poae ATCC 64411		進行中
Microsporum canis CBS113480		情報一部公開；アッセンブリ作業中
Microsporum gypseum CBS118893		アッセンブリ公開済；アノテーション作業中
Mortierella verticulata NRRL 6337		シーケンス作業中
Neurospora crassa OR74A	39	アッセンブリならびにアノテーション公開済
Paracoccidioides brasiliensis Pb03	29	アッセンブリならびにアノテーション公開済
Paracoccidioides brasiliensis Pb01	33	アッセンブリ公開済；アノテーション作業中
Paracoccidioides brasiliensis Pb18	30	アッセンブリ公開済；アノテーション作業中
Pneumocystis carinii human isolate		待機状態
Pneumocystis carinii mouse isolate		待機状態
Puccinia graminis f. sp. *tritici* CRL 75-36-700-3	89	アッセンブリならびにアノテーション公開済
Pyrenophora tritici-repentis Pt-1C-BFP	38	アッセンブリならびにアノテーション公開済
Rhizopus oryzae RA 99-880	46	アッセンブリならびにアノテーション公開済
Saccharomyces cerevisiae RM11-1a	12	アッセンブリならびにアノテーション公開済
Schizosaccharomyces japonicus yFS275	11	アッセンブリならびにアノテーション公開済
Schizosaccharomyces octosporus yFS286	10	アッセンブリ公開済；アノテーション作業中
Sclerotinia sclerotiorum 1980	38	アッセンブリならびにアノテーション公開済
Spizellomyces punctatus BR117		進行中
Stagonospora nodorum SN15	37	アッセンブリならびにアノテーション公開済
Trichophyton equinum CBS127.97		情報一部公開；アッセンブリ作業中
Trichophyton rubrum CBS118892		シーケンス作業中
Trichophyton tonsurans CBS112818		シーケンス作業中
Uncinocarpus reesii UAMH 1704	22	アッセンブリならびにアノテーション公開済
Ustilago maydis 521	20	アッセンブリならびにアノテーション公開済
Verticillium dahliae VdLs.17	34	アッセンブリ公開済；アノテーション作業中
Verticillium albo-atrum VaMs.102	30	進行中

出典：FGI ウェブサイト（URL：http://www.broadinstitute.org/annotation/fungi/fgi/status.html.）の Status 欄データによる（2010 年 11 月閲覧）.

なものであることが示されている．また，*Aspergillus* 属菌では数種が種間比較計画（species comparison project）の一環としてシーケンスが行われている（http://www.broadinstitute.org/annotation/genome/aspergillus_group/MultiHome.html を参照）．とりわけ重要なことは，29.38 Mb の *Aspergillus fumigatus* のゲノムが含まれていることである．*Aspergillus fumigatus* はヒトのきわめて重要な病原菌であり，ぜんそくや嚢胞性線維症の患者にアレルギー性の疾病を引き起こしたり，免疫不全患者ならびに結核やその他の嚢胞性肺疾患の患者にアスペルギルス症を起こしたりするからである．*Aspergillus* のウェブサイト（http://www.aspergillus.org.uk/index.html）は，臨床医や科学者に病原性 *Aspergillus* の情報（DNA 配列情報や文献目録，実験プロトコル，治療情報）を提供している．また，*Aspergillus* for patients という別のウェブサイト（http://www.aspergillus.org.uk/newpatients/）も併せて開設している．

- 他の子嚢菌門の比較プロジェクトも進行中で，これらには，糸状菌の *Fusarium*（表 18.12）や酵母の *Candida*（表 18.13）などが含まれている．これら両属の一部の菌は，ヒトの重要な病原菌である（16.9 節を参照）．表 18.12 にあげた *Fusarium* 属菌の一部は重要な植物病原菌であるが，真菌類による植物病の分子的な側面を研究するためのモデル生物は，

Magnaporthe grisea がおもなものとなってきている.*Magnaporthe grisea* は，イネいもち病を引き起こす.イネの生産が増大するにつれ，近年，損失量が増加している；毎年6,000万人分に値する糧米が本病害だけで失われている.本菌の系統はコムギやオオムギなどの他の穀類をも攻撃し，シバ類にも深刻な病気を起こす.ここで留意すべきなのは，*M. grisea* が複数の宿主を攻撃する**複合種**（complex species）で，一部の人々は菌株の宿主特異性に基づいて分類学上の種の地位を割り当てている；したがって，*M. oryzae* という名前はイネにいもち病を起こすものに対して用いられる.しかし，*M. grisea* はゲノムデータベース内でのイネいもち病菌の名前であるので，われわれはそれをそのまま使おう.宿主植物の遺伝的な抵抗性は，過去未来を通じていもち病制御の主要手段であるが，*M. grisea* は急速に進化して主要抵抗性遺伝子を打破することができるようになる.この真菌類のゲノム解析の目標は，真菌類－植物間の相互作用を十分理解し，イネいもち病を制御するための持続可能かつ環境保全型の戦略を立てることにある.*M. grisea* のゲノムのドラフト配列は，2005年に公表された（Dean et al., 2005）（表18.14の簡易統計）.その後，病原性を対象とした機能ゲノム学的研究により，イネいもち病を引き起こすのに必要な多くの遺伝子が新たなに同定された（Leon et al., 2007; Talbot, 2007）.また，真菌類が病気を起こすために必要とする適応についても理解が深まりつつある（Lorenz, 2002）.

- *Pneumocystis carinii* は肺の重要な病原体で，免疫不全の患者に肺炎を起こすため，HIV感染患者や，臓器移植や化学療法を行っているヒト，あるいは先天性欠損をもつヒトにとっての主要感染リスクとなっている（16.9節を参照）.*Pneumocystis carinii* は，一般的な抗真菌剤に対しては非感受性である.ゲノム解析が新規治療法のより効果的な標的発見につながるものと期待されている.*Pneumocystis genome* project が現在進行中であり（参照：http://pgp.cchmc.org/），他微生物ゲノムとの一部比較が行われているが，アノテーションされた全配列はまだ公表されていない.

- *Cryptococcus neoformans* は，ヒト，特に免疫不全患者にとって，最も深刻な真菌症の1つであるクリプトコックス症の原因である.HIV感染が増加するに伴い，世界中でクリプトコックス症も増加している（16.9節を参照）.*Cryptococcus* は担子菌酵母であり，*C. neoformans* は全ゲノムが明らかにされた最初の担子菌類である（表18.15）.

- *Cryptococcus* のゲノムデータ数が増加していることはさてお

表18.10　FGI候補リスト；近い将来にゲノムシーケンスが予定されている真菌類

ASCOMYCOTA	
Mycosphaerella graminicola	*Podospora anserina*
Cenococcum geophilum	*Septoria lycopersici*
Aspergillus niger	*Tuber borchii*
Aspergillus versicolor	*Tuber melanosporum*
Aspergillus flavus	*Exophiala*（*Wangiella*）*dermatitidis*
Aspergillus terreus	*Candida albicans*（WO-1）
Neosartorya fischeri	*Lodderomyces elongisporus*
Aspergillus clavatus	*Candida krusei*
Penicillium chrysogenum	*Holleya sinecauda*
Penicillium roqueforti	*Eremothecium gossypii*
Penicillium marneffei	*Schizosaccharomyces japonicus*
Penicillium mineoleutium	*Schizosaccharomyces octosporus*
Xanthoria parietina	*Schizosaccharomyces kambucha*
Ramalina menziesii	*Pneumocystis carinii*
Fusarium oxysporum	（human and mouse isolates）
Fusarium verticillioides	*Tolypocladium inflatum*
Fusarium solani	*Cordyceps militaris*
Fusarium proliferatum	*Epichloë typhina*
Stachybotrys chartarum	*Ceratocystis fimbriata*
Sporothrix schenckii	*Colletotrichum*
Ophiostoma ulmi	*Corollospora maritima*
Cryphonectria parasitica	*Xylaria hypoxylon*
Blastomyces dermatitidis	*Leotia lubrica*
Paracoccidioides brasiliensis	*Botrytis cinerea*
Uncinocarpus reesei	*Pyrenophora tritici-repentis*
Trichophyton rubrum	*Morchella esculenta*
Blumeria graminis	*Taphrina deformans*
Sclerotinia sclerotiorum	*Leptosphaeria maculans*
Neurospora discreta	*Stagonospora nodorum*
Neurospora tetrasperma	*Trichodoma*
BASIDIOMYCOTA	
Schizophyllum commune	*Puccinia triticina*
Agaricus bisporus	*Puccinia striiformis*
Microbotryum violaceum	*Amanita phalloides*
Tremella fuciformis	*Flammulina velutipes*
Tremella mesenterica	*Armillaria*
Cryptococcus neoformans	*Cantharellus cibarius*
（Serotype C）	*Phallus impudicus*
Tsuchiyaea wingfieldii	*Phellinus pinii*
Filobasidiella depauperata	*Paxillus involutus*
Filobasidiella flava	
Filobasidiella xianghuijun	
ZYGOMYCOTA	
Phycomyces blakesleeanus	*Mucor racemosus*
CHYTRIDIOMYCOTA	
Coelomyces stegomyiae	*Allomyces macrogynus*
Coelomyces utahensis	*Blastocladiella emersonii*

表 18.11　Aspergillus 種の基本的なゲノム情報の比較

Aspergillus 属種	完全なゲノム長（Mb）	染色体数	GC 含量（%）	タンパク質をコードすると予測される遺伝子数
A. fumigatus	29.38	8	48.82	9,887
A. flavus	36.79	8	48.26	12,604
A. nidulans	30.07	8	50.32	10,701
A. niger	37.2	8	47.06	11,200
A. terreus	29.33	8	52.90	10,406
A. oryzae	37.12	8	48.24	12,336
Neosartorya fischeri*	32.55	8	49.42	10,406
A. clavatus	27.86	8	49.21	9,121

＊Neosartorya fischeri は Aspergillus fischerianus のテレオモルフで A. fumigatus の極近縁種．
出典：http://www.broadinstitute.org/annotation/genome/aspergillus_group/GenomeStats.html.

表 18.12　Fusarium 属菌の基本的なゲノム統計量の比較

Fusarium 属種名	全ゲノム長（Mb）	GC 含量（%）	タンパク質をコードすると推定される遺伝子数
F. verticillioides	41.78	48.70	14,179
F. graminearum	36.45	48.33	13,332
F. oxysporum	61.36	48.40	17,735

出典：http://www.broadinstitute.org/annotation/genome/fusarium_group/GenomeStats.html.

表 18.13　Candida 属菌の基本的なゲノム統計量の比較

Candida 属種名	全ゲノム長（Mb）	GC 含量（%）	タンパク質をコードすると推定される遺伝子数
C. albicans WO1	14.42	33.47	6,160
C. albicans sc5314 v21	14.32	33.46	6,094
C. guilliermondii	10.61	43.76	5,920
C. lusitaniae	12.11	44.50	5,941
Debaryomyces hansenii*	12.22	36.28	6,312
C. parapsilosis	13.09	38.69	5,733
Lodderomyces elongisporus**	15.51	36.96	5,802
C. tropicalis	14.58	33.14	6,258

＊Candida lusitaniae ならびに C. guilliermondiae に系統学的に近縁．
＊＊Candida parapsilosis に系統学的に近縁．
出典：http://www.broadinstitute.org/annotation/genome/candida_group/GenomeStats.html.

表 18.14　Magnaporthe grisea 70-15 株の基本的なゲノム統計量

全ゲノム長（Mb）	GC 含量（%）	タンパク質をコードすると推定される遺伝子数	推定 tRNA 遺伝子数	推定 rRNA 遺伝子数
41.7	51.57	11,074	341	46

出典：http://www.broadinstitute.org/annotation/genome/magnaporthe_grisea/GenomeStats.html.

表18.15 2010年11月現在入手可能な担子菌類の基本的なゲノム統計量

種名・菌株名	全ゲノム長 (Mb)	染色体数	GC含量 (%)	タンパク質をコードすると推定される遺伝子数	推定tRNA遺伝子数	推定rRNA遺伝子数
Cryptococcus neoformans serotype A isolate variety *grubii* H99	18.87	14	48.23	6,967	148	6
Coprinopsis cinerea okayama7#130	36.29	13	51.67	13,392	267	3
Puccinia graminis var. *tritici*	88.64	N/A	43.35	20,567	N/A	N/A
Ustilago maydis	19.68	N/A	54.03	6,522	N/A	N/A

N/A, データ不明.
出典:
http://www.broadinstitute.org/annotation/genome/cryptococcus_neoformans/GenomeStats.html.
http://www.broadinstitute.org/annotation/genome/coprinus_cinereus/GenomeStats.html.
http://www.broadinstitute.org/annotation/genome/puccinia_group/GenomeStats.html and.
http://www.broadinstitute.org/annotation/genome/ustilago_maydis.2/GenomeStats.html.

き（それぞれは臨床分離株を代表している），本書執筆時点でゲノム配列が公表されている担子菌類は，糸状菌であり腐生栄養性きのこでもある *Coprinopsis cinerea* と，さび病菌の *Puccinia graminis*，活物栄養性の植物病原菌の *Ustilago maydis* だけであり，かなり異質な生物種のまとまりとなっている．他の担子菌類のゲノムプロジェクトは「進行中」であり，*Agaricus bisporus*, *Phanerochaete chrysosporium*, *Schizophyllum commune*（シーケンス作業は「完了」したが，アノテーションが「進行中」なのでまだ公表されていない），*Lentinula edodes*, *Pleurotus ostreatus*（シーケンス作業が「進行中」なのでまだ公表されていない），*Armillaria* spp. などがある．これらのプロジェクトに関しては，http://www.basidiomycetes.org/ のウェブサイトを参照することをお薦めする．このサイトでは，担子菌門についての研究と公開データのリンクが集約されている．

ゲノム配列の多くの利用法については，ヒトゲノムに焦点を当てられたことから始まり（Sharman, 2001），以下のようなことが考えだされている：

- プロテオームとトランスクリプトームのタンパク質とRNAの研究（われわれの目的を達成するためにこれらをどのように変えるかの決定も）．
- 生物間相互作用，特に病原性と病気のメカニズムについて遺伝学的な基盤を確立する．これには，相利共生や菌根などの関係も含まれる．
- ゲノムレベルでの生物間の関係性やゲノム進化を調べるために行う近縁な生物間でのゲノム比較（たとえば，異なる種間で遺伝子が保存されているのか否か，あるいはどのように保存されているのか，従来の分類学的体系と比べてゲノム間の関係はどうなっているのか，種分化のメカニズムの研究など）．

ある種の比較ゲノム学は，上で示してきたような少量のデータを用いることでも実行可能である．表18.11から表18.15の比較で，酵母として普通に存在する真菌類は糸状菌よりもより小さなゲノムをもつと明確に一般化できる；その結果，おそらく酵母の生活様式はかなり適応分化によってかなり抑制的なものとなっている．この示唆を検証するために，FGIのウェブサイトからもっとたくさんのデータを集めることができる．糸状菌には存在し，酵母には存在しない配列を同定するために，ウェブサイト上のゲノム解析ツールを使うこともあるかもしれない．しかし，今からは，ゲノムの解析からゲノムの操作へ話を進めていきたい．

18.9 ゲノムを操作する：標的遺伝子破壊，形質転換，ベクター

自然のゲノムを解析すると，すぐにゲノムを改変するという考えに至る．もちろん，農業が始まった時から，人々は人為選択（artificial selection）で育てている植物や動物のゲノムの改変に加担してきた．実際，その時点ではまったく意識していないのだが，醸造や製パン，その他の発酵食品製造（チーズ，サ

ラミ，大豆，味噌）において，最も満足のいく結果を得る酒母や種を選抜し続けることで，われわれはこうした醸造や発酵に関わっている菌類やバクテリアに対し，長い間無意識に選択圧をかけてきている．

20世紀における遺伝学の知識の増加は，**応用遺伝学**（applied genetics）をより一層発展させ，改良品種の育種に多大なる進歩をもたらした．この種の古典的な遺伝学は表現型に重きを置いている．何が新系統の表現型の特徴なのか；それはより有用なものか，はたまたより有利なものか．やがて，表現型や形質の遺伝的根拠があきらかになると，その形質をより向上させたり，他のものと組み合わせたりする遺伝子操作（突然変異，計画的育種）が可能となろう．

全自動のDNAシーケンサーは，大量のゲノム配列データを短期間につくり出す．その結果，その生物の生活史における遺伝子機能に関する情報に先立ち，多くの遺伝子配列が得られていることとなる．分子解析は，逆の方向から研究を進めることを可能とする；すなわち，DNAシーケンスで得られた特定の遺伝子配列から予想される表現型を探すことができるのである．したがって，仮に古典的な20世紀の遺伝学を表現型から遺伝子配列へと向かう順遺伝学と分類するなら，21世紀の分子解析は**逆遺伝学**（reverse genetics）と呼ばれるようになってきている．逆遺伝学は，特定の遺伝子配列をその生物の厳密な表現型に結びつけるものである．

実際には，実験をデザインし，機能を解析するところから始まり，最終的には機能をデザインするところに至る．必要な実験の流れは次の通りである：遺伝子配列→DNAの変化または破壊（欠失，挿入や点突然変異による不活性化）→変異株の表現型→機能→機能の改変→配列の変化→新たな（改良された？）表現型．

これは**機能ゲノム学**（functional genomics）と呼ばれるようになってきている；ゲノムスケールでの遺伝子機能の研究である．糸状菌において，この研究領域はここ数年で大きく進歩しており，今なお速いペースで進展し続けている．形質転換と遺伝子操作システムが開発され，経済的に重要な多くの糸状菌や卵菌類に対して適用されている；機能ゲノム学のさらなる発展は，近い将来疑いなく大量の新知見をもたらすこととなるであろう（Weld *et al.*, 2006）．

逆遺伝学と機能ゲノム解析ではいくつかの異なる手法が一般に用いられている：

- **ランダムな欠失，挿入または点突然変異**（random deletions, insertions and point mutations）：化学変異原（点突然変異）やガンマ線照射（欠失），DNA挿入（挿入によるノックアウト）を用いて，変異原処理をした生物の集団（変異体の大きなライブラリ）をつくる．このライブラリを，PCR法を用いてスクリーニングし，対象とする遺伝子配列内の特定の変化を検出する．

- **部分特異的な欠失または点突然変異**（directed deletions and point mutations）：部位特異的な突然変異の誘発は，タンパク質の機能に直接影響する特定のアミノ酸を同定する/あるいは変化させるため，遺伝子のプロモーター内の調節配列や，ORF内のコドンのような対象配列の特定部位を変化させるより細やかな手法である．この手法は，遺伝子の機能を欠失させる（null alleleをつくる）ことで「**遺伝子ノックアウト**」（gene knockout）をつくるのにも利用される（図18.20）．酵母のゲノムでは，個々の非必須遺伝子を特異的に欠失させることが行われており（Winzeler *et al.*, 1999），糸状菌においても，効率的な遺伝子ターゲッティングの手法が利用可能である（Krappmann, 2007）．国際的な共同プロジェクト European Functional Analysis Project（EUROFAN）では，*Saccharomyces cerevisiae* の個々の遺伝子を特異的に欠損した変異体を組織的につくり出している．

- ノックアウトは遺伝子の欠失である：これとは異なり，実験的な配列を用いて特定の細胞内の特定の時期の遺伝子を**置換する方法**があり「**遺伝子ノックイン**」（gene knockin）と呼ばれている．この手法はタンパク質をコードするcDNAに「シグナル」配列や「レポーター」配列を挿入するというもので，特に置換した遺伝子の発現を制御する調節領域（たと

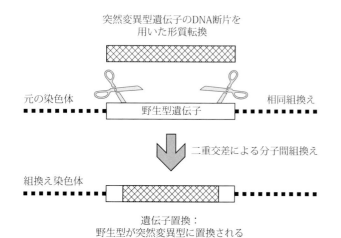

図18.20　相同組換えを利用した染色体野生型配列の突然変異型配列への置換

図 18.21 標的遺伝子とマーカー遺伝子の配列を利用した相同組換えによる遺伝子破壊・欠失．
上部パネルは標的とする遺伝子（ターゲット）に部分的に相同な短い塩基配列の導入方法を示す．下部パネルは相同領域をもつマーカー遺伝子を用いた，相同組換えによる遺伝子破壊の模式図．

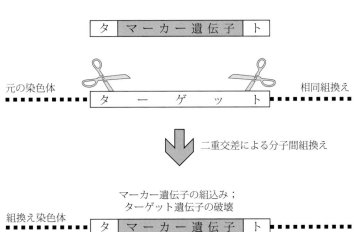

えばプロモーター）の機能を調べるのに利用される（図 18.21）．遺伝子ノックインでは，通常，表現型を容易に観察できるレポーターが用いられ，この表現型が制御に対してどのように応答するのかを観察する．

- 遺伝子ノックアウトと遺伝子ノックインは恒久的に配列を変化させるものである．**遺伝子サイレンシング法**（gene silencing techniques）は，多くの場合発現機構を標的とし，一般に一時的なものである．通常，遺伝子サイレンシングの効果は遺伝子の発現を大幅に減少させるものであり，そのため「**遺伝子ノックダウン**」（gene knockdown）と呼ばれる．遺伝子サイレンシングでは，RNA 干渉（RNA interference：RNAi）やモルフォリノオリゴ（Morpholino oligos）としても知られる二本鎖 RNA が使われる．

- RNA 干渉は，標的とするメッセンジャー RNA（mRNA）とそれと相補的な RNA によって形成された二本鎖 RNA（dsRNA，典型的には 200 ベース以上の長さ）が細胞内のある経路（RNAi 経路と呼ぶ）に作用することで生ずる．この経路内の Dicer と呼ばれる RNAase 様酵素が二本鎖 RNA に作用し，20～25 ヌクレオチドの siRNA（small interfering RNA）をつくり出す．siRNA はリボヌクレアーゼなどと一緒に複合体［RISCs または RNA 誘導サイレンシング複合体（RNA-induced silencing complex）として知られている］を形成す

る．siRNA鎖は，それ自身と相補的なRNA分子にRISCsを導き，そのRNA分子を切断して破壊する．これにより，標的とした遺伝子の発現が組織的に阻害される．したがって，遺伝子活性が消失した場合の影響を調べることができる．
- モルフォリノアンチセンスオリゴ（Morpholino antisense oligos）はmRNAの分解を伴わずに標的とするmRNAの機能を妨害する．モルフォリノオリゴの塩基部分は標準的なものであるが，塩基がリン酸基によってつながったリボース環（ribose ring）に結合するかわりに，ホスホロジアミデート基を介してつながったモルフォリン環（morpholine ring）と結合している．後者は荷電しないため，通常の生理学的pHの範囲内ではイオン化しない；これら構造的な違いは，モルフォリノオリゴが通常のポリヌクレオチドに対する化学反応や酵素に対して感受性でないことを示している．しかし，標準の塩基どうしの対合により，RNAに相補的に結合する能力を維持している．標的とする遺伝子由来の配列と相補的なモルフォリノオリゴ（通常25塩基長）がRNAと結合すると，スプライシングと翻訳が阻害され，その結果標的遺伝子の発現も阻害される．

薬剤や放射線を用いたランダムな突然変異誘発に対して，**部位特異的（あるいは挿入的）突然変異誘発**［site-directed (or insertional) mutagenesis］の大きな利点は，挿入によって突然変異化した遺伝子が遺伝子破壊に用いた形質転換DNA（T-DNA）によって標識される（すなわち，物理的に同定される）ということである．このことは，その分子が in vitro で容易に特定でき，さらに，もし挿入配列により明瞭な表現型（薬剤耐性や，新たな外来基質資化能，解毒能など）を付加できるものであれば，形質転換に成功した細胞は in vivo で特定する（理想的には選抜する）ことができる．

すべてのこれらの手法では，細胞にDNAを取り込ませて**形質転換**を行う必要がある．細胞へのDNAの取り込みは，少なくとも部分的な異型接合を形成し，理想的には相同性組換えを経て，DNAが細胞の染色体に組み込まれる．形質転換の成功の最初の障壁は，真菌類の細胞壁であり，ほとんどの形質転換法は細胞壁を破る以下の3つの方法（効率の向上のため組み合わせて利用されることもある）に依っている（Weld et al., 2006）：

- 酵素で細胞壁を取り除き，**プロトプラスト**（protoplasts）や**スフェロプラスト**（sphaeroplasts）を作製
- 電気ショックによる**電気穿孔**（electroporation）の利用
- あるいは，微小な粒子（通常は高比重で比較的不活性なタングステンや金などの金属）にDNAやRNAをコーティングして，細胞に「撃ち込む」方法；パーティクル・ガン法（biolistic transformation）と呼ばれる．

プロトプラストはすべての細胞壁を取り除いた菌類または植物の細胞のことである．スフェロプラストという言葉は，何らかの細胞壁構成物質が残ってはいるもののそれが無機能である場合に用いる．プロトプラスト法は，非常に長い間使われてきているが（たとえば，Peberdy & Ferenzy, 1985），最も時間と労力を消費するものでもあり，相同性組換えの頻度も比較的低い．しかしながら，一般的に，スフェロプラストは市販の溶解酵素［ドリセラーゼ（Driselase）やノボザイム（Novozyme），グルカネックス（Glucanex）など商標名で呼ばれている］で菌糸懸濁液を酵素処理することにより容易に得ることができる．

ドリセラーゼの最も有効な酵素活性は，エンド-β(1,4)-グルカナーゼ（endo-β(1,4)-glucanase），β-グルコシダーゼ（β-glucosidase），β1,3-グルカナーゼ（β1,3-glucanase）である．多くの子嚢菌門にとってキチナーゼ（chitinase）活性は必要ではないが（Wiebe et al., 1997; Koukaki et al., 2003），担子菌類のCoprinopsisの発芽した胞子にキチナーゼを用いることによってプロトプラストが効率よく得られる（Moore, 1975）．発芽胞子のように若くて活発に成長する菌糸では一般に良い結果が得られる；酵素処理により菌糸先端の細胞壁が除去され，酵素処理開始約90分後にスフェロプラストが菌糸先端から放出される．菌糸の他の古い領域では，より長い酵素処理時間が必要である．スフェロプラストの収量は，処理される菌糸の密度に依存し，菌糸乾重量で1〜10 mg mL^{-1}くらいが最良のようである．プロトプラストとスフェロプラストは浸透圧的に壊れやすく，これらの精製や処理の間の浸透圧を調整するため，グルコースやスクロース，ソルビトール，マンニトール，硫酸アンモニウム，硫酸マグネシウムなどさまざまな溶質（濃度は0.6〜1.5 Mの範囲内）が用いられてきている．これらの浸透圧安定剤（osmotic stabiliser）は形質転換の間や，その後でスフェロプラストが「発芽」し，細胞壁を再合成する際にも用いられる．

電気穿孔法は，核酸やその他の高分子を細胞に導入する手法である．大きな荷電分子が疎水性の細胞膜を横切って細胞内に入れるように，細胞膜に約0.5〜10 kV cm^{-1}の電位差をもつ短い電気パルス（1〜20 ms）を与え，一時的に細胞膜の透過

性を変化させる．これは糸状菌のプロトプラスト（Fariña et al., 2004）や，発芽中の分生子（Gangavarama et al., 2009），酵母細胞（Chen et al., 2008）の形質転換においては効率的な方法である．電気穿孔法での形質転換頻度は，ジメチルスルホキシド（dimethyl sulfoxide; 荷電分子や非荷電分子を溶解し，容易に細胞膜へ浸透する）やジチオトレイトール（dithiothreitol; タンパク質のシステイン残基とジスルフィド結合が生じるのを防ぐ），酢酸リチウム（細胞壁を浸透性にする）などの前処理で向上する．

パーティクル・ガン法は，火薬の爆発，あるいは平方インチ当り 1,300 ポンド圧（1,300 psi; ＝8,963 kPa）の低温ヘリウムの爆発的な膨張で生じる力で，DNA や RNA でコーティングした微小粒子を約 500 m s^{-1} の速度に加速し，細胞に導入するという手法である．最初，植物細胞を形質転換するために開発されたものであるが，ミトコンドリアや葉緑体と同様，バクテリアや哺乳類細胞，そして菌類でも成功している（Armaleo et al., 1990; Sanford et al., 1993; Aly et al., 2001）．DNA は $CaCl_2$ と効率を高めるためのスペルミジンともに直径 0.5〜0.65 μm の（通常は）タングステン粒子上に沈着させられる．スフェロプラストと同様に，パーティクル・ガン法による処理では浸透圧安定剤（1.5 M のマンニトール＋ソルビトール）添加の必要がある．おそらくこれは弾丸粒子の衝突によって細胞壁に物理的ダメージがかかるためである．形質転換の大部分は単一の粒子の突入によるもので，平均，10〜30 個の生物活性をもつプラスミドが細胞に導入される．遺伝子銃（biolistic）ならびにスフェロプラストによる形質転換法の最終産物は同じであり両者に違いはない：DNA は染色体の相同部位に組み込まれる，もしくは細胞質で染色体と別に存在し独立のプラスミドのように増殖する．しかしながら，パーティクル・ガン法には定常期（stationary-phase）の細胞が適しており，スフェロプラスト法では対数増殖期（log-phase）の細胞が適している．

アグロバクテリウム形質転換法（*Agrobacterium tumefaciens*-mediated transformation）．上記手法の代替法であり，最近ではアグロバクテリウム形質転換法（通常 AMT と略される）に基づいたアプローチがトレンドとなっている．*Agrobacterium tumefaciens* はグラム陰性細菌で，植物に根頭癌腫（crown gall tumour）を起こす通常の植物病原体である．このバクテリアが，200 kb のプラスミド（癌腫誘導または Ti プラスミド）上のあるバクテリア DNA（Ti-DNA と呼ばれる）を植物に転移させると，植物組織は腫瘍状の成長を示す．Ti-DNA は植物ゲノムに組み込まれ，植物の成長制御因子の生産に関わる酵素をコードしている Ti-DNA 遺伝子が発現し，その結果，植物細胞は制御されていない成長を行う．しかし，クローニングベクターとして利用する場合，Ti プラスミドの病原性や転移，統合はプラスミド上の別の遺伝子によって制御されているため，Ti 領域だけを除去して，他の DNA 配列に置換する．

現在の議論で重要なのは，*Agrobacterium tumefaciens* が自身の Ti-DNA を広範囲の真菌類や真菌組織に転移させ，パーティクル・ガン法より高い頻度で安定した形質転換体をつくり出すことが可能ということである（Michielse et al., 2005）．AMT 法は行うことが比較的シンプルな系で，プロトプラストやスフェプラストの作製を必要としない．もちろん，AMT 法のおもな魅力は多種多様な試料を出発材料として使えることにある：プロトプラストや胞子，菌糸体，子実体組織はすべて本法で形質転換に成功している．他の手法によって形質転換されなかった真菌類においても，*Agrobacterium* との共培養で形質転換が成功している．この方法は「接合菌門（Zygomycota）」，子嚢菌門，担子菌門に適用可能であり，真菌類の生物工学や医学分野で大きな可能性を示している（Michielse et al., 2005; Sugui et al., 2005）．

先の自信に満ちた説明や「比較的シンプルな系」というフレーズにも関わらず，初めての生物に形質転換系を適応するのは思ったよりも簡単ではないかもしれない．最適化すべき変数は数多くあり，たとえ信頼できる形質転換系が開発された後であっても，遺伝子の機能解析が可能となる前に克服すべき難題がまだあるかもしれない．どんな糸状菌においてもありうるおもな問題の 1 つが，菌糸の**多核**（multinucleate）性である．機能を欠損した突然変異を研究するためには，遺伝子置換や挿入の単一の形質転換イベントによって生じた形質転換体からホモカリオン体を分離する必要があり，多核であることは結果を混乱させることがある（Weld et al., 2006）．したがって，形質転換法を新しい生物で行う場合は，いつでも手順を洗い直し，最適化する必要がある．

DNA クローニングにはベクターが必要である．クローニングを行うには，目的とする DNA 分子をベクターと呼ばれる特殊な運搬体に挿入する必要がある．ベクターは宿主細胞内で自己複製でき，その結果，ベクターに挿入された DNA 断片の多くのコピーがつくられる．クローニングベクターは，1 つまたは複数の制限酵素の認識部位を含むように工夫されている．ベクターと DNA の両方を同じ制限酵素でクローニングできるように切断すると，双方の分子に相補的な付着末端が生じ，これにより，外来（もしくは**異種**：heterologous）の DNA 断片が

ベクターに挿入される．DNA断片が挿入されたベクターは組換えプラスミド（recombinant plasmid）と呼ばれる．宿主細胞内でつくられたコピーはすべて同一であるため，複製された分子はクローン（clone）と呼ばれる．宿主細胞から回収されたのち，クローンDNAは次の解析のため精製される．

クローニングベクターにはいくつかの種類があり，起源や宿主細胞での性質，導入できるDNAのサイズ容量などが異なっている．最も単純なベクターはバクテリアプラスミドである．これは環状の二本鎖DNA分子で，バクテリアの染色体とは独立に複製される．一般に使われるプラスミドは15 kbぐらいまでの外来DNAを運ぶことができる．

λファージ［バクテリオファージ λ：bacteriophage (phage) lambda（λ）］由来のベクターでは，25 kbまでの長さのDNA断片を運ぶことができる．λファージは大腸菌に感染する二本鎖DNAウイルスである．感染可能なウイルス粒子には，ウイルス染色体として長さ50 kbの直鎖状DNA分子が含まれているが，宿主内では環状分子として複製される．直鎖状ウイルス染色体の両端には，cos配列［cohesive end（相同末端）という意味］と呼ばれる，相補的に重なり合う一本鎖部分が存在し，宿主に導入後，この一本鎖部分がアニールして環状化する．

このcos配列をプラスミドに導入することにより，より長いDNA断片を運ぶことができる人工のベクターがつくられた．これはコスミド（cosmid）と呼ばれている．コスミドは45 kbまでの外来DNAを運ぶことが可能で，さらにウイルス外被を用いて宿主に感染させる（効率的に宿主に導入することができる）ことができる利点がある．導入されたDNA分子は，プラスミド同様に複製され，また，組換え体選抜のため，プラスミド由来のマーカーを用いることも可能である．すでにDNAシーケンスでの利用と関連して，コスミド，バクテリア人工染色体（BAC），酵母人工染色体（YAC）については述べてあるので，その部分も参照すること（18.6節を参照）．

現在使用可能な大容量ベクターは酵母人工染色体（YAC）で，これは100万塩基対（=1 Mb）までの長さのDNA断片を運ぶことができる．YACベクターは，2種の選択マーカーに加え，酵母のセントロメア配列，制限酵素認識部位で分けられた2個の酵母テロメア配列，そして酵母の複製開始点［自律複製配列（ARS）：autonomous replication sequence］を含むプラスミドである．このプラスミドは，制限酵素処理により，2つの断片に切断される．一方は，テロメア＋選択マーカー＋クローニング部位，もう一方は，テロメア＋選択マーカー＋複製開始点＋セントロメア＋クローニング部位からなる．これらのDNA断片は，クローニングしたいDNAと混和後ライゲーションされる．その結果，構成される分子の一部のものは，有糸分裂において，酵母染色体のようにふるまう．2つのセントロメアを含む分子や，セントロメアを欠くもの，テロメアを欠くものは，娘細胞にうまく分配されない．したがって，両方の選択マーカーをもち，適切に娘細胞に分配されているものを探すことで，正しい構造をもつ分子を選ぶことができる．

興味深いことに，2つの相同なYACをもつ二倍体細胞の減数分裂では，これらYACは，通常の相同染色体ペアのように，1：1に分離する．現在のところ，YACはクローニングベクター中で最も高い外来DNAの収容能力をもっている．しかし，組換えが挿入遺伝子の安定性に影響することもある．クローニングベクターの選択，それにより規定される挿入サイズは，クローニングを始める際の計画のみならず，安定性や信頼性，実用性などにも依存している．糸状菌の遺伝子は酵母のものより，多くのイントロンをもっているため，遺伝的な機能領域が酵母よりも大きい．そのため，クローニングベクターの容量は重要である．

すべての酵母のベクターはシャトルベクター（shuttle vectors）である．つまり，酵母と細菌である大腸菌の両方の細胞で増えること（すなわち，育つこと）ができる．これらのベクターは，バクテリアのプラスミド骨格を有しているため，大腸菌の細胞内で維持あるいは選択されるために必要なすべての機能を含んでいる．また，これらベクターは，酵母の染色体要素をも備えており，その要素の種類によって，酵母細胞内でのふるまいと特性が決定されている．酵母のベクターのおもな種類は以下の通り．

- 酵母組込み型プラスミド（YIp：Yeast Integrative plasmid）：酵母ゲノムに組み込まれることにより，単一コピーで維持される．
- 酵母複製プラスミド（YRp：Yeast Replicative plasmid）：染色体の複製起点（ARS）をもっており，このはたらきでプラスミドは自律的に多コピーで維持される（酵母細胞当り20〜200コピーのプラスミド）．
- 酵母動原体プラスミド（YCp：Yeast Centromeric plasmid）：ARSとセントロメア配列の両方をもっているため，自動複製する単一コピーの余剰染色体として維持される．
- 酵母エピソームプラスミド（YEp：Yeast Episomal plasmid）：これも自律的に複製するプラスミド（ARSをもつ）

であるが，酵母自身がもっている 2 μm プラスミド由来の複製起点をもつため，酵母細胞当り約 20〜50 コピーで維持される．この種のベクターは，遺伝子を過剰発現させる目的で利用される（YRp も同様である）．遺伝子の過剰発現は機能獲得的な突然変異（gain-of-function mutation）をつくりだすが，このためには，多コピーベクターと強力なプロモーターが必要である．

ベクターは，選択マーカーを必ずもっており，それにより目的の組換え体が選抜可能となる．したがって，シャトルベクターでは，双方の宿主で有効な選択マーカーを必要とする．酵母のシャトルベクターでは，KanMX と呼ばれるものがよく用いられている．これは大腸菌のカナマイシン耐性遺伝子を基にしたものである．抗生物質カナマイシンは，30S リボソームサブユニットに作用して誤翻訳を引き起こすアミノ配糖体（aminoglycoside）である．アミノ配糖体はポリペプチド合成を阻害することで翻訳を妨害するため，真核生物に対しても毒性を示す．大腸菌の kan^r 遺伝子（カナマイシンを解毒する酵素をコードしている）は酵母細胞でも発現し，細胞をアミノ配糖体抗生物質 G418 ［ジェネティシン（Geneticin）とも呼ばれる］に対して抵抗性にする．KanMX 発現カセットでは，kan^r 遺伝子は Saccharomyces cerevisiae と同じ科に所属している糸状菌 Ashbya (Eremothecium) gossypii（子嚢菌門）由来のプロモーターおよびターミネーターと融合されている（Güldener et al., 1996）．

18.10 真菌類を異種タンパク質の生産工場として利用する

われわれは長い間商業的価値のある物質生産に真菌類を利用してきた（第 17 章参照）．また，そのため，菌株の改良を重ねてきた．そのためのいくつかの方法を以下に示す．

- 突然変異処理（mutagenesis）：変異原性化合物や紫外線，放射線を利用して，欲しい物質の発現と分泌が向上した株を一度に作り出すこと．これは以下の物質生産の向上に活用されてきた：
  - Aspergillus oryzae による α-アミラーゼ（17.16 節参照）．
  - Trichoderma reesei による「セルラーゼ」．一部の変異体は 40 gL^{-1} もの「セルラーゼ」を生産する．全「セルラーゼ」活性のうちの半分は，CBH-1 として知られるセロビオヒドロラーゼ（cellobiohydrolase）である（17.22 節参照）．
  - Penicillium chrysogenum によるペニシリン．表 17.9 に示したように，突然変異生成と株の選択により品種改良されてきた．
- 自然交雑：「望ましい」遺伝子の分離並びに組替をつくり出す交雑育種（cross-breeding）を含む古典的な「応用遺伝学」．有性生活環（しかし商業的に利用される菌類はごく一部のものしか有性生殖を行わない），擬有性生活環（parasexual cycle），異核共存性（heterokaryosis），プロトプラスト融合（protoplast fusion）などを用いた交雑と有用な形質の組合せをもつものの人為選抜を組み合わせて行う．この方法は，Aspergillus niger のグルコアミラーゼ（glucoamyrase）生産性や，T. reesei のエキソグルカナーゼ（exoglucanase）生産性の向上に利用された．一般的に，突然変異処理や交雑による育種では生産性が 2 倍以上に増加することはない．
- 遺伝子操作（genetic manipulation）：組換え DNA 技術を用いて，商業的に望ましい特徴をもつ自然界には潜在的に存在しえない遺伝子型をもつ菌株を作り出すこと．

本書では 21 世紀の菌学に重きを置いているが，先へさらに進む前に，組換え DNA 技術は一世代以上前に数種糸状菌モデル生物で開発されたことを強調しておかなくてならない．その特筆すべき例は：

- 1973 年：Mishra & Tatum（1973）によって，ベクターを利用せずゲノム由来の DNA を用いた形質転換（DNA-mediated transformation）が初めて真菌種で行われた．彼らは，イノシトール非要求性の Neurospora crassa から抽出した DNA を用いてイノシトール要求性変異株を形質転換し，イノシトール非要求性を付与することに成功した．
- 1979 年：Case et al.（1979）は，N. crassa の効率的な形質転換系を開発した．N. crassa の qa-2$^+$ 遺伝子［デヒドロキナーゼ（dehydroquinase）をコードしている］が組み込まれた大腸菌のプラスミドとこれはスフェロプラストを利用するものである．
- 1983 年：Balance et al.（1983）は，Aspergillus nidulans において栄養要求性マーカーを用いた最初の形質転換を行った．すなわち，A. nidulans のウリジン要求性変異株に対して，変異遺伝子に対応する N. crassa のオロチジン 5′-リン酸デカルボキシラーゼ（orotidine-5′-phosphate decarboxylase）をコードする相同遺伝子を含む DNA クローンを用い

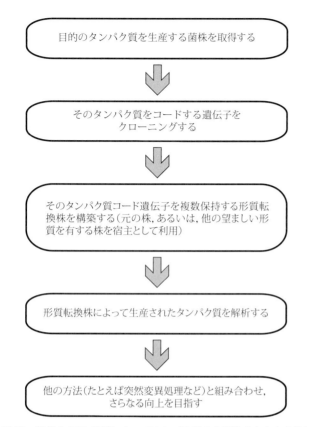

図 18.22 組換え DNA 技術によってタンパク質の生産性を向上させるための基本戦略.

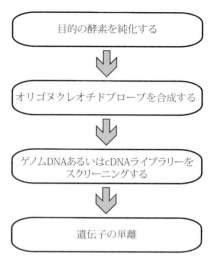

図 18.23 組換え DNA 技術によって対象遺伝子を単離するための基本戦略.

て形質転換を行い, A. nidulans 変異株の栄養要求性を解消した.

- 1985 年：産業的に利用される糸状菌で形質転換が成功した. すなわち, A. nidulans の argB 遺伝子の機能的コピー (functional copy) をもったプラスミドを用いて, オルニチンカルバミラーゼ (ornithine transcarbamylase) の機能が欠損した A. niger 変異株のスフェロプラストに形質転換を行った (Buxton et al., 1985). また, アセトアミド (acetamide) を窒素源や炭素源として資化できない A. niger 変異株に A. nidulans の amdS 遺伝子（アセトアミダーゼをコード）を形質転換した (Kelly & Hynes, 1985).

組換えタンパク質は, 組換え DNA の手法で導入した遺伝子が発現することで得られる. その生物にもともと存在する遺伝子の追加コピーが発現することで得られるタンパク質を同種タンパク質 (homologous protein) という（たとえば, 上で述べた N. crassa のイノシトール要求性変異株の形質転換など）. これとは対照的に, その生物には本来存在しない遺伝子が発現することで得られるタンパク質は異種タンパク質 (heterologous protein) という（たとえば, 上で述べた A. nidulans のアセトアミダーゼを発現するように形質転換した A. niger など）.

組換え DNA 技術によってタンパク質の生産性を向上させる基本戦略を図 18.22 に示す.

最初, 対象遺伝子を分離するために, 相補性を直接用いること (direct complementation), すなわち, 変異体で知られている欠損的な表現型を相補（その表現型を補正）する配列を特定する手法が用いられる場合がある. たとえば, 出芽酵母 Saccharomyces cerevisiae のインベルターゼ欠損変異株を用いた相補実験により, N. crassa や Aspergillus niger のインベルターゼ遺伝子が同定された. 現在, 最もよく利用されている方法は, 逆遺伝学 (reverse genetics；図 18.23) 的アプローチであり, 標的タンパク質あるいは遺伝子の配列情報から合成オリゴヌクレオチドプローブ (synthetic oligonucleotide probe) を設計し, このプローブを利用して, cDNA ライブラリ（シグナル配列やイントロン配列は含まない）やゲノム DNA ライブラリ（シグナル配列とイントロン配列を含む）から遺伝子配列を探し出すというものである.

18.11 糸状菌を用いた組換えタンパク質生産

真菌類の発現ベクター (expression vector) は, 一般的に Escherichia coli 由来のプラスミドで構築されるが, Agrobacterium などを宿主とするベクター系も一般的になりつつある. 真菌類でのタンパク質生産（たいていは酵素であるが必ずしもそうではない）に使用するベクターには以下のことが求められる（図 18.24）.

18.11 糸状菌を用いた組換えタンパク質生産

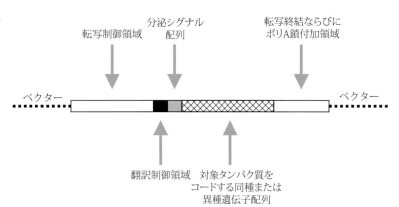

図 18.24 真菌類を宿主としたタンパク質発現に用いられる発現ベクターの一般的構造.

- 宿主またはその近縁種由来の強力な恒常的（constitutive）または制御可能な（regulatable）プロモーター.
- 分泌を容易にするシグナル配列（上流にシグナル配列またはリーダー配列，プレ配列あるいはプロ配列をつなげる）.
- 異種遺伝子のクローニング部位. 対象配列の ORF を 1 つあるいは複数コピー組み込むことを可能にする.
- 転写終結やポリ A 鎖付加のための下流配列.
- 形質転換体を選抜するための選択マーカー. 栄養要求性，抵抗性，機能獲得性マーカーなど.

図 18.25 は，Aspergillus niger において A. awamori の exlA 遺伝子を発現させるために利用されたプラスミド pAW14S の例を示したものである（Hessing et al., 1994）. 糸状菌 Aspergillus niger は発酵食品の製造，あるいは有機酸，酵素の生産のために産業的に利用されている. そのおもな理由として，この真菌種は培養中に大量のタンパク質（30 g L^{-1} まで）を分泌することができるからである. この理由だけでも，この糸状菌は同種または異種タンパク質の生産や分泌を含む商業利用にとって非常に魅力的である. exlA の商業的重要性は，その遺伝子が 1,4-β-エンドグルカナーゼ（1,4-β-endoxylanase）をコードしており，キシラン分解活性（xylanolytic activity）のある酵素製剤（enzyme preparation）は製パンに利用されているということにある. プレキシラナーゼ（prexylanase）またはプロキシラナーゼ（proxylanase）遺伝子（exlA）の DNA 配列は図 18.25 で示されるようにプラスミドに挿入されている.

相同組換えのみが起こるような工夫をしない限り，糸状菌に形質転換された DNA は宿主の染色体上に複数個組み込まれることが多い. つまり，大部分の形質転換体は 1 コピー以上の発現ベクターを含むことになる. 一般的に，コピー数が多いほど生産性のためには都合が良いが（表 18.16，図 18.26，図

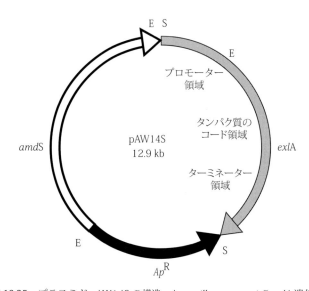

図 18.25 プラスミド pAW14S の構造. Aspergillus awamori の exlA 遺伝子 [1,4-β-エンドグルカナーゼ（1,4-β-endoxylanase）] がクローニングされている. 環状プラスミドに沿ってそれぞれの DNA の由来が記述されており，矢印は転写の方向を示す. このプラスミドは 2,686 塩基対の比較的小さな大腸菌プラスミド pUC19 を基本骨格としており，細菌宿主で機能するアンピシリン耐性遺伝子（Ap^R または bla，大腸菌由来 β-ラクタマーゼをコードする）を含む. amdS は Aspergillus nidulans 由来であり，導入された A. niger 株はアセトアミドを唯一の窒素源または炭素源として利用できるようになる形質付加型の遺伝子断片である. Aspergillus awamori の exlA 遺伝子断片は特徴的なプレ（またはプロ）リーダーシグナル配列（プロモーター領域として図示），および転写終止配列，ポリ A 鎖（ターミネーター領域として図示）に挟まれるように配置されている. S および E は制限酵素サイト SalI あるいは EcoRI を示す. Hessing et al., 1994 より引用.

18.27），遺伝子のコピー数と生産性との関係は必ずしも単純ではない.

amdS 遺伝子は**有用な表現型**を形質転換体に付与し，複数コピーの形質転換体を平板培地上での生育をテストすることで容易に特定することが可能となる. 1 コピーの amdS はアセトア

表 18.16　1 コピーまたは 4 コピーの glaA 遺伝子をもつベクター（pAB6-8 または pAB6-10）が導入された Aspergillus niger 株によって分泌されるグルコアミラーゼ量

菌株	解析した株数	形質転換株に組み込まれた glaA 遺伝子のコピー数	培養液中のグルコアミラーゼ量（mg L^{-1}）
親株	1	1	50
1 コピーの glaA 遺伝子をもつベクターによる形質転換株	8	2〜60	25〜425
4 コピーの glaA 遺伝子をもつベクターによる形質転換株	8	12〜200	25〜900

ベクタープラスミドの構造は図 18.26 または図 18.27 を参照．

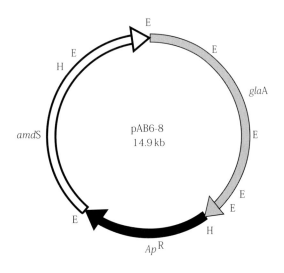

図 18.26　プラスミドベクター pAB6-8．Aspergillus niger の glaA 遺伝子を 1 コピーだけもつ．H：HindIII；E：EcoRI．その他略号は図 18.25 と共通である．

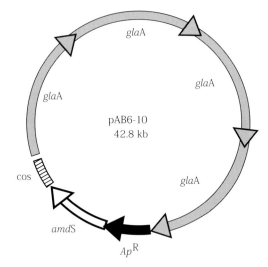

図 18.27　プラスミドベクター pAB6-10．Aspergillus niger の glaA 遺伝子を 4 コピーもつ．制限酵素サイトは示していない．cos：cos 部位，その他の略号は図 18.25 と共通である．

ミド上での生育に十分である；数個コピーの amdS はアクリルアミド（acrylamide）上での成長に必須である；多数コピーの amdS は，ω-アミノ酸［γ-アミノ酪酸（GABA；γ-aminobutyrate）または β-アラニン］を唯一の炭素源ならびに窒素源とした場合に形質転換体の成長を阻害する．

組換えタンパク質生産のために糸状菌を宿主として利用するおもな理由は以下の通りである．

- タンパク質を生産できるだけでなく，それを培地中に非常に高生産量で分泌できる．
- 発酵槽（fermenter）での培養条件確立のため，膨大な知識基盤（knowledge base）が存在する．
- 真菌類のタンパク質修飾系は哺乳類細胞のものと類似している．
- 多くの真菌類が食品や食品生産システムで長年利用されてきている．そのため，これらの多くはいわゆる GRAS（Generally Recognised As Safe）という位置付けがなされており，このことは新商品を市場に一般流通させる際に，所轄官庁から許認可を受けるために非常に重要である．

糸状菌での生産に成功している組換えタンパク質の例をいくつかあげる．

- キシラナーゼ（xylanase）：生産を改善するためにパン生地（bread dough）に添加される．A. awamori 由来の 1,4-β-エンドキシラナーゼ遺伝子を複数コピーもつ A. niger の形質転換体によってこの酵素が製造される．過剰発現された酵素はもともとの酵素と同じ生化学的特性をもつ．
- フィターゼ［phytase；Natuphos®（http://www.natuphos.com/ を参照）］：フィチン酸［phytate；myo-イノシトールヘキサキスリン酸（myo-inositolhexakisphosphate）］は，植物の種子内の主要なリン酸資源である．穀物や油糧種子（oil-

seed）では，すべてのリンの 90％以上がフィチン酸として貯蔵され，動物はフィチン酸をほとんど消化することができない．A. niger は酵素である 3-フィターゼを生産するが，この酵素はイノシトールヘキサキスリン酸の 3-リン酸（IP_3）の部分での脱リン酸化から反応が始まり，フィチン酸を効率的に分解する．家畜密度が高い地域では，農家は排せつ物処理を行うための道具として Natuphos® を利用し，高リン排せつ物が土壌に過度に供給されるのを防いでいる．また，この酵素は消化されやすいリンを放出するための補足飼料（feed supplement）や，ブタや家禽などの単胃動物（monogastric animal）用のその他のフィチン酸結合栄養物として利用することもできる．A. niger がつくるフィターゼは活性が高く，他の微生物フィターゼよりも熱に安定である．この酵素はフィターゼ遺伝子（phyA）が複数コピー形質転換された系統の A. niger によって産生される．

- リパーゼ（lipase）：トリグリセリドリパーゼ（triglyceride lypase）は，洗濯用の油染み（grease stain）を除去するための酵素配合洗剤（biological detergent）に添加される．好熱性の Humicola lanuginosa（Thermomyces lanuginosa）由来のリパーゼ遺伝子が A. oryzae に形質転換されている．組換えリパーゼは，糖鎖修飾（glycosylation）が多く付加されており，より熱に安定であるという点で，本来のリパーゼとは異なっている．リポラーゼ（lipolase）は遺伝子操作された微生物によってつくられた一般販売向けの最初の工業生産酵素である（http://www.novozymes.com/en/MainStructure/ProductsAndSolutions/Detergents/Laundry/Stain+Removal/Lipolase/Lipolase.htm の The world's first detergent lipase を参照）[訳注5]．この例から組換えタンパク質の構造を変化させるという考えが派生してきた．Lipolase Ultra® は，活性部位付近の負に荷電したアミノ酸を中性のアミノ酸に置換するという，タンパク質中のアミノ酸をたった 1 つ変えることによって，低温の洗濯での脂肪の除去能力が高くなったものである．

- キモシン（chymosin）：アスパルチルタンパク質（aspartyl protein）で，牛乳中のカゼイン（casein）を分解し，凝固を促進させる．Rhizomucor miehei 由来の Rennilase®（rennin）は，ウシのキモシンの代替として 1969 年から利用されている．組換え酵素を生産するため，キモシンの cDNA 配列が A. awamori のグルコアミラーゼ遺伝子の最後のコドンに融合され，その構築物が A. awamori に形質転換により導入された．形質転換株のプロテイナーゼ（proteinase）の生産量は，古典的な突然変異処理と選抜，そして糖鎖形成部位に導入した部位特異的突然変異生成によってさらに向上した．最終収量は 1 L 当り数 g に達し，これは商業利用が成立するのに十分な量であった．

真菌類以外の生物によるタンパク質の生産量は一般にかなり低く，1 L 当り数 μg から mg 程度である．これは，小胞体内で折りたたみに失敗したタンパク質は小胞体ストレス応答（UPR; unfolded protein response）として知られる反応を引き起こし，折りたたまれていないタンパク質の液胞での分解を誘導するユビキチン化経路によって除去されるからである．すなわち，生産物が分泌されるのではなく破壊されてしまうことになる．この反応は突然変異生成と株の選抜によって克服することができる．しかし，この方法が適応されたのは，A. niger の仔牛キモシン（calf chymosin）生産だけであり，収量が商業レベルに達するまで幾度も突然変異処理が繰り返された．

18.12 菌学におけるバイオインフォマティクス：大規模なデータセットを操作する

バイオインフォマティクス（bioinformatics）とは，特に大規模な情報を扱い，処理し，理解するための計算が必要となるような場面において，基本的にコンピュータを用いて生物学的な情報を処理する学問分野である．バイオインフォマティクスは特にゲノミクス研究を補佐するものとして重要である．その理由は，この種の研究では複雑なデータが膨大に生みだされるからである．バイオインフォマティクスという言葉の内容は，コンピュータを利用して，遺伝子の遺伝暗号［ゲノミクス（genomics）］や，遺伝子の転写産物［トランスクリプトミクス（transcriptomics）］，それぞれの遺伝子と関係のあるタンパク質［プロテオミクス（proteomics）］，そのタンパク質が関わる機能［メタボロミクス（metabolomics）］を蓄積，検索，さらにそれらを解析することと同義になってきている．そしてわれわれは今後さらにこれらに注目する必要があるであろう．

さらに，これらとは別に「バイオインフォマティクス」の基

訳注 5：2014 年現在リンク切れ．http://www.novozymes.com/en/about-us/brochures/science-publications/Pages/artificial-evolution-of-enzymes.aspx で関連する情報が閲覧可能．

本的定義に収まり巨大な要解析のデータセットが存在している．これらのデータセットは：

- 調査データとセンサス（census），とりわけ，ただしそれだけということではないが，自動データ収集に関連して生ずる．
- 生物のシステムとその行動をシミュレーションしようとする数学的モデルによって生み出されるデータから生ずる．

本章の終わりにかけては，こうしたゲノム関連ではない例についても簡潔に述べる．

機能ゲノム解析（functional genomics）の究極の目標は，すべての遺伝子およびその産物の生物学的な機能，つまり，これらがどのように制御されてどのように他の遺伝子や遺伝子産物と相互作用するのか決定することにある．環境との相互作用も付け加えると，これはもう完全に統合生物学（integrated biology）であり，**システム生物学**（systems biology）として知られるものになってきている（Klipp et al., 2009; Nagasaki et al., 2009）．

このアプローチには3段階の解析が存在する．

- mRNA，トランスクリプトーム
- タンパク質，プロテオーム
- 低分子量の中間体，メタボローム

これら分子の巨大な集合を包括的に研究するためには，変異体の創出からどのタンパク質がどの機能と関わっているのかの決定に到る各段階において，高速大量（ハイスループット）に処理する方法（high-throughput method）が必要となる．各段階において質的にも量的にも異なる膨大な量のデータが生みだされ，生体システム（living system）における実在的なモデル（realistic model）を構築できるよう統合されなければならない（Delneri et al., 2001）．

出芽酵母 Saccharomyces cerevisiae の機能ゲノム解析において，重要なコンセプト，アプローチ，そして技術の確立がなされた．そして，現在，糸状菌を対象にする研究が拡大している最中である（Foster et al., 2006）．1つのORFを欠損させた酵母の変異体を用いることにより，酵母遺伝子機能の解析は格段に進捗した．しかし，進化過程での遺伝子重複によって生じたであろう，ゲノムの**遺伝的冗長性**（genetic redundancy）が，この解析では問題となり得る．大部分の酵母ゲノムの冗長性は，同一，あるいはほぼ同一の遺伝子産物によって成り立っており，それらは異なる生理的条件下においてそれぞれの遺伝子が差次的に発現（differential expression）すること，そして（あるいは）異なる細胞区画への同じタンパク質を対象にしていることにより，別個の生理的役割を果たしていることが酵母の解析で示されている．にもかかわらず，より大規模な研究を進めるためにはさら広範囲の変異体の収集が必要である．つまり，遺伝子ファミリーが丸ごと欠失しており，究極的には，適切な変異体によって全遺伝子が表現されているコレクションである．この種の取り組みにおいて，大規模な国際協力があり，1999年，酵母の6,000を超えるタンパク質コードする遺伝子のうちそれぞれ1つが欠損している変異株のコレクションが確立した（Winzeler et al., 1999）．これがEUROSCARFコレクション（EUROpean Saccharomyces Cerevisiae ARchive for Functional analysis；http://web.uni-frankfurt.de/fb15/mikro/euroscarf/col_index.html を参照）である．この組織的な遺伝子欠失プロジェクトでは，PCRによる遺伝子破壊戦略（図18.21参照）により，ゲノム上のほとんどのORFのいずれかに欠損がある変異体が作出された．さらに，各欠損ORFのすぐ隣に特異的な2つの20 bpのタグ配列が組み込まれた．これにより，その配列が容易に検出できるようになっており，これらは分子バーコードとして効果的に作用し，数多くの欠損株（潜在的には全ライブラリ）が同時並行で分析できるようになっている．

別の手法はトランスポゾン（transposon）を用いたものである．酵母のクローンライブラリでトランスポゾンにより融合遺伝子をつくり，その結果，トランスポゾンによって導入されたペプチドに結合する抗体を用いた免疫蛍光法により，変異酵母遺伝子由来のタンパク質産物を同定，解析することができるようにするものである（Ross-Macdonald et al., 1999）．元来は，Tn3として知られるバクテリアの転移因子由来の多目的ミニトランスポゾンをもった *Escherichia coli* 内で，酵母のゲノムDNAライブラリに突然変異処理が行われた．このミニトランスポゾンは，クローニング部位とHATタグと呼ばれる93アミノ酸をコードする274 bpの配列を含んでおり，このHATタグが酵母の標的タンパク質に挿入される．このHATタグにより酵母の変異タンパク質が免疫的に検出できるようになる．**トランスポゾンによる突然変異処理**（Transposon mutagenesis）で，10^6個の独立した形質転換体がつくられた．その後，個々の形質転換体のコロニーを選択，96穴プレートに整列された．これらの株から調製されたプラスミドを用いて，二核体の酵母株を形質転換法し，相同性組換えによって対応する遺伝

子座に組み込んだ．したがって，酵母ゲノム中のコピーが置換されたこととなる．92,544 個のプラスミドが調製，酵母に形質転換，11,000 を超える菌株が同定された．それぞれの菌株は栄養成長ならびに（または）胞子形成時に発現しているゲノム領域にトランスポゾンが挿入されている．これら挿入は，酵母の 16 本の染色体すべてに分布している 2,000 個近いアノテーション済みの遺伝子に影響を及ぼすものであった．この数は**酵母全遺伝子の約 3 分の 1 に該当する**（Ross-Macdonald et al., 1999）．本研究は，突然変異作出と検出のための特別な戦略の価値を示すものであるが，**新酵母遺伝学**（new yeast genetics）と呼ばれるようになった学問分野の規模についても同時に教示している．多数の遺伝子を対象とした変異導入そして同時に突然変異株や（あるいは）その産物を同定する自動化可能な手法を見い出すことが，ハイスループットなアプローチの第一歩である（http://ygac.med.yale.edu/default.html を参照のこと）（Cho et al., 2006; Caracuel-Rios & Talbot, 2008; Honda & Selker, 2009）．

mRNA 分子はトランスクリプトーム解析の対象であり，ハイブリダイゼーション・アレイ解析を用いて十分包括的に研究することができる．本分析方法は，非常に多くの配列を一度に調べることができる大規模並列手法（massively parallel technique）といえよう．しかし，mRNA 分子はタンパク質合成のための指示を伝達していることを思い出して欲しい．すなわち，mRNA 分子は細胞でそれ以外の働きを担っておらず，トランスクリプトーム解析はゲノム機能解析の間接的な手法であると考えられよう．

トランスクリプトームは，ある定められた任意の生理学的条件下の細胞で合成された mRNA 一式から構成されている．不変の配列の集合であるゲノムとは異なり，トランスクリプトームは環境依存的（context-dependent）である．すなわち，配列の内容はその時の細胞の生理学的環境に依存するものであり，生理学的環境の変化によってその構成も変化する．こうした生理学的環境は，細胞内環境と細胞外環境の両方の変化に応じて適応する；栄養状態や分化の段階，老化の程度などである．新たに発現した（転写が上方制御された）遺伝子の mRNA は配列の集団に現れ，発現していない（転写が下方制御された）遺伝子の mRNA は配列の集団から消失する．すべての環境におけるトランスクリプトームの性質と集団の構成内容を決定することが，正にトランスクリプトーム解析の目指すところである．トランスクリプトームにおける mRNA 構成パターンは**遺伝子制御**（gene regulation）のパターンを表してい

るからである．

ハイブリダイゼーションアレイは，たくさんの遺伝子の発現を効率よく測定できるため，トランスクリプトーム研究に現在広く使われている．マイクロアレイ（microarray）は，一度の実験で数百あるいは数千の遺伝子の相対的な発現レベルを評価できる．ハイブリダイゼーションアレイは DNA マイクロアレイ，DNA マクロアレイ，**DNA チップ，遺伝子チップ**，バイオチップとも呼ばれている（Duggan et al., 1999; Nowrousian, 2007）．DNA マイクロアレイ（DNA microarray）のウェブ上での定義は，固体表面に微小な DNA を整列して付着させたものであり，たくさんの遺伝子の発現レベルを同時に測定するのに用いられる（http://en.wiktionary.org/wiki/DNA_microarray）．一本鎖 DNA 分子のアレイは，通常はガラスやナイロン膜，シリコン薄片などの上に整頓されており［いずれもチップ（chip）と呼ばれる］，それぞれの分子がチップの格子状の所定場所に固定されている．マイクロアレイとマクロアレイとでは DNA 試料のスポットの大きさが異なっている．マクロアレイのスポットは 300 μm 以上であるが，マイクロアレイでは 200 μm 未満である．通常，マクロアレイはナイロン膜にスポットされる．一方，マイクロアレイはガラス表面に作製（しばしばカスタムアレイと呼ばれる）または石英の表面に作製され（Affymetrix 社の GeneChip®の例；http://www.affymetrix.com/products_services/index.affx を参照），いずれの場合も機械により高速にスポットされる（Lipshutz et al., 1999）．分子の活性を保たなくてはならないので，固体基材への**固定**（immobilisation）はこの手法の最も重要な点である．DNA アレイをつくるときに最もよく使われるフォトリソグラフィー法（photolithographic technique）は Affymetrix 社が開発した．スポットされる試料は，ゲノム DNA，cDNA，PCR 産物（500〜5,000 bp の任意の大きさのもの）であり，オリゴヌクレオチド（20〜80 bp）でも可能である．

mRNA 一式から作製した cDNA 分子の懸濁液を用いてチップを処理すると，スポット・固定化された配列既知の一本鎖 DNA 分子に相補的な cDNA 分子が結合する．このように相補的な結合が生じたスポットを検出し，そのパターンを調べることで，試料中の遺伝子発現様式を調べることができる．マクロアレイでは放射性同位元素でラベルされたプローブを用いてハイブリダイゼーションが行われる．通常は ^{33}P が用いられるが，このリンの同位体は崩壊するとベータ線を放出し，これによって相補的に結合した場所がホスフォイメージャー（phosphorimager）によって画像化される．ホスフォイメージャー

とは，ベータ粒子の放射によりプレート上の蛍光性分子が励起され，その励起状態をレーザー光によるプレートのスキャンで検出し，付属のコンピュータで放射レベルの強さに応じて異なる色で表わすように画像を構成する装置である．マイクロアレイでは，相補的な配列の特定と定量のために，プローブを色素でラベルする．被験体のセットを別々に暴露させる場合は1種類，または同時にハイブリダイズする場合は2種類の色素を用いる．スポットをレーザーによって励起すると，色素特異的な波長スペクトルの放射が起こり，これを共焦点レーザー顕微鏡（scanning confocal laser microscope）でスキャンする．スキャナーからの白黒データはソフトウェアで擬似カラーを付けられた画像に統合され，チップ上に固定したDNAの情報と組み合わされる．ソフトウェアは，チップ上のそれぞれの遺伝子の発現が，標準資料と比較して変化していないのか，増加した（上方制御された）のか，減少した（下方制御された）のかを示す画像を出力する．さらに，複数の実験データを蓄積して，複数のデータマイニングソフトウェアを使って分析することが可能である．

DNAマイクロアレイにはさまざまな使い道がある．これまで述べてきたような生理学的環境が遺伝子発現に与える影響を調べるための発現プロファイリング（expression profiling）の他に，ハイブリダイゼーションアレイには次のような目的で利用可能である：

- 代謝経路とシグナルネットワークとの詳細な分析
- 転写因子の調節様式や標的遺伝子，結合部位の解明
- 健全組織と病態組織での遺伝子発現の比較．病気に関与する遺伝子の同定ならびにそれを用いた診断
- 組織特異的あるいは分化特異的な遺伝子の特定．組織別あるいは細胞分化段階別での遺伝子発現の検出
- 薬剤標的や副作用，抵抗性メカニズムの解明を目的とした，特定の薬剤，農薬，抗生物質，ならびに毒物に対する反応研究

プロテオームとは，一定の条件下の細胞で合成されたタンパク質一式のことである．伝統的手法として，タンパク質の分離には二次元ゲル電気泳動（two-dimensional gel electrophoresis）や液体クロマトグラフィー（liquid chromatography），タンパク質の同定には質量分析法（MS；mass spectrometry）が用いられている．タンパク質は細胞内の真の機能的実体であるが，プロテオーム解析は困難である．その原因の大部分は，プロテオームを構成するタンパク質の同定作業における遅々とした進捗に起因している．しかしながら，技術の絶え間ない改良により，タンパク質同定のスループットは着実に増加し，タンパク質発現レベルの定量化，あるいは，状況による発現変動が明らかにできるようになってきた（Washburn & Yates, 2000; Bhadauria et al., 2007; Rokas, 2009）．プロテオーム解析から得られる，将来の重要な知見は，巨大かつ複雑なタンパク質間あるいはタンパク質と他の細胞内構成要素との間の相互作用のネットワークである．これらのネットワークは，相互作用しうる複合体やシグナル経路を図示する細胞機能マップとして可視化できるようになるであろう（Legrain et al., 2001; Tucker et al., 2001）．

「メタボロミクスは，細胞の代謝物を定量的に特定し，これらの生化学的な伝達物質が代謝ネットワークを介して表現型にどう影響しているのかを理解するための戦略から成り立っている」（Jewett et al., 2006からの引用）．真菌類が物質生産のために広く利用されているため，メタボロミクスは，とりわけこの生物群では重要である．メタボローム解析のおもな難しさは技術的な点に起因するわけではない．大量の代謝物の解析に利用できる分析手法や数学的な戦略も揃っているためである．しかしながら，メタボロームとゲノムとの間接的な関係が概念的な難しさをもたらしている．ある1つの代謝産物の生合成や分解には，多数の遺伝子が関わっている．そしてその代謝産物自体がより多くのことに影響を与えている可能性がある．したがって，要求されるバイオインフォマティクスツールとソフトウェアはきわめて強力である必要がある．

さて，究極的にはこの知識すべてをまったく新しい何かを創出するために応用するという観点の考えが浮かぶかもしれない．すなわち，既存の生物圏（biosphere）には存在しない何らかの生物体を開発することである．過去には，これは人為選抜によって成し遂げられてきた．穀物種（トウモロコシなど）や家畜（高泌乳のウシなど）といった，これまで世の中に存在しなかったものの創出である．この取り組みの「現代版」は合成生物学（synthetic biology）と呼ばれている．用語を管理し，定義を長期間適用できるように工夫した結果，合成生物学とは新規の生物機能や生物体を設計ならびに構築するために工学原理を生物体に応用しようとする科学の領域であるとされてきている．「生物科学研究における英国の公的ファンド」であるバイオテクノロジー・生物科学研究会議（Biotechnology and Biological Sciences Research Council；BBSRC）によって示された潜在的な応用例には次のようなものが含まれている：

「電力，新規医療用途，ナノスケールバイオコンピュータ，有害廃棄物新規処理法，医療あるいは警備用途の高感度感度バイオセンサーなどを生み出す新システムの創造」(http://www.bbsrc.ac.uk/media/news/2009/090904_public_dialogue_opened_on_synthetic_biology.html)．ウィキペディアは合成生物学のより親切な定義を示している．「合成生物学はバイオテクノロジーの広い再定義と拡大を含むものであり，その最終的な目標は，情報の処理，化学物質の操作，物質と構造を組み立て，エネルギーを生産し，食料を供給し，ヒトの健康と環境を向上させる工学的な生物系を設計し，構築できることにある．」(http://en.wikipedia.org/wiki/Synthetic_biology 参照)．Kaznessis (2007) はこれらの定義に，合成生物工学は，数量化を基本とする別個の学問分野として分子生物学から出現してきたという重要な付帯意見を追加している．そして，これこそが，本学問分野の真の特徴である．すなわち，合成生物学とは大量の数値データを大規模なコンピュータで処理することに依存している生物学の一部門である．

18.13 ゲノムのデータマイニングは真菌類と動物と植物における多細胞システム形成メカニズムが異なるという考え方を支持する

ブロード研究所の菌類ゲノムのコレクションは，18.7節で議論した (http://www.broadinstitute.org/ 参照)．これは，ゲノムのシーケンスデータが保管されている世界中に数あるデータバンクの1つにすぎない．ゲノム解析の進展に伴い，データベースのサイズも大きくなり（3年ごとにデータの量は倍増している），バイオインフォマティクスツールとして，データベース検索のスムーズな運用の維持は大きな課題となっていた．データのフォーマットが異なる2ヵ所以上のデータベースに情報が散在している場合，1回の検索操作で複数の情報源に保管されるデータを探し出すことはとても困難である．さまざまなソースから情報を集め，変換，データから意味のあるパターンを抽出することをデータマイニング (data mining) という．データマイニングはゲノム解析に必須のツールであるが，科学研究以外の領域，たとえば，マーケティング，証券管理，金融業務，監視ならびに詐欺行為の検出 (fraud detection) などでも一般的に利用されている．

すべてのシーケンスデータベースはさまざまな分析デバイスをユーザーに提供しており，通常は無料でダウンロードできる．これらには，ショットガン・シーケンスで得られたゲノム配列をアセンブルするためのソフトウェアツールやゲノムを可視化してアノテーションするためのツール，開始コドンと終止コドンの場所を探しDNA配列中のORFを特定するツール，アミノ酸配列を推定するツール，遺伝子発現の分析ツール，cDNAやmRNAの配列をゲノム配列と比較しエキソン・イントロン構造を見つけるためのツール，タンパク質やペプチドを同定するための質量スペクトルの比較ツールなど，その他多種のツールが含まれている．これらのツールの種類は，配列データベースを維持している研究所独自の関心によっても異なっている．これらを見てみたいなら次のウェブサイトを訪れてほしい．

- ブロード研究所 (http://www.broadinstitute.org/science/software/software)
- 米国国立生物工学情報センター (http://www.ncbi.nlm.nih.gov/Tools/)
- サンガー研究所 (http://www.sanger.ac.uk/DataSearch/)

最も幅広く使われているデータマイニングのためのプログラムがBLASTである．BLASTとはBasic Local Alignment Search Toolの頭文字をとった言葉であり，1990年に考案された (Altschul et al., 1990)．BLASTは配列間の局所的に類似した領域を見つけるものであり，ヌクレオチドやタンパク質の配列を比較し，任意のマッチが見つかった場所の統計的な重要性を計算することができる．このプログラムは，遺伝子ファミリーの仲間を特定する助けになるだけではなく，一般的に配列間の機能的または進化的な関係性を推測するのに利用されている．BLASTは，今では特定目的に最適化された改変版も数種登場するようになった重要なプログラムである．今なお，絶え間なく改良されており，国立生物工学情報センター（NCBI；http://blast.ncbi.nlm.nih.gov/) の適切なページを調べることを奨める．

データマイニングの実例については，12.14節ですでに述べている．遺伝子配列の検索の結果，多細胞性真菌類の発生生物学的性質は，おそらく動植物で知られているものとは異なるという考えを支持するものが得られた．研究当初，環形動物の線虫 *Caenorhabditis elegans* やキイロショウジョウバエ *Drosophi-*

訳注6：2014年現在アクセス不可．http://www.bbsrc.ac.uk/web/FILES/Publications/synthetic_biology.pdf で関連資料閲覧可能．

la melanogaster で知られている発生関連配列を用いて，腐生性のウシグソヒトヨタケ Coprinopsis cinerea および白色腐朽菌の 1 種 Phanerochaete chrysosporium，他の数種担子菌門ならびに子嚢菌門のゲノムの簡単な比較が行われた（Moore et al., 2005）．

この研究では，Wnt や Hedgehog，Notch，TGF-β として知られる動物のシグナル機構に関わる配列の相同配列（homologue）が真菌類ゲノムで検索された．これらのシグナル機構は，いずれも動物の発生生物学者が必須と考えているものであり，また，すべての動物において通常の発生の構成要素として高度に保存されているものでもある．これらの配列は真菌類ゲノムでは 1 つも見つかっていない（植物にも同様に存在しないことが証明されている）．

その後，標準的なデータベースの「発生（development）」のカテゴリーに割り振られる配列に対する相同性を調べる包括的なデータマイニング作業が行われた（Moore & Meškauskas, 2006）．この基礎となるのが遺伝子オントロジー（GO；Gene Ontology）データベースであり（http://www.geneontology.org/GO.database.shtml 参照），既知の遺伝学的配列（DNA，RNA，タンパク質）が，寄与する細胞内プロセスグループごとにリスト化されている．GO データベースを用いた最初の検索は，「発生」の遺伝子グループに割り当てられたすべての遺伝子配列を得ることであった．すなわち，データベースに登録された任意配列の起原は，その登録者によって発生に何らか関連することが記述されており，そのことは，あらゆる生物において何らかの発生学的意味をもつと考えられることを意味している．次に，GO サーバーから抽出されたすべての「発生」関連の配列はそれぞれ，NCBI データベース（http://www.ncbi.nlm.nih.gov/）の分類リストに収められた全ゲノム（ならびに部分的なゲノム）を検索するのに使用された．当時の NCBI のリストは以下の通りである．

- 後生動物（Metazoa）（875 ゲノムシーケンス）
- 緑色植物亜界（Viridiplantae）（53 ゲノムシーケンス）
- 「真菌類（Fungi）」に含まれる全リスト（141 ゲノムシーケンス）

この作業を可能とするためには，自動的に動作するウェブ・エージェント（web agent）が必要である．ウェブ・エージェントとは，インターネットにアクセスしてユーザーが決めた目的（たとえば，「配列データを得る」「分類情報を得る」「類似性検索の結果を得る」など）を探し求める再利用可能なプログラミングモジュールのことである．ウェブ・エージェントは Sight と呼ばれるアプリケーションを用いてつくられた．これは Java ベースのソフトウェアパッケージであり，自動的なゲノムのデータマイニングのためにウェブ・ロボット（web robot）を構築，接続するための使い勝手の良いインターフェイスを提供してくれる（http://bioinformatics.org/jSight/ 参照）．

ウェブ・エージェントが GO データベースから適切な配列を検索，別のデータベースからそれらの情報を検索し，NCBI データベースから取り出したすべてのゲノムに対して相同性を調べるために，それらの配列を自動的に投入した．総計，ウェブ・エージェントは，GO データベースから取り出した 552 の発生関連配列を利用可能な全ゲノムに対して推計 590,000 の類似性検索を行ったことになる．仮に，この数の検索を 1 人の人間が手作業で行うとすると，1 日 100 回，すなわち 15 分おきに 24 時間，週 7 日間検索を行い 16 年もの歳月を必要とする計算となる．これがソフトウェアによる自動化が重要な理由である．

ウェブ・エージェントによって集められた結果を含む最終的な結論は：

- 多細胞性の動物や植物の発生に関連する配列は，真菌類ゲノムに 1 つも見つからなかった．
- 厳密に真菌類特異的な配列は見つからなかったが，68 個の配列は植物にのみ存在し，239 個の配列は動物にだけ存在するものであった．
- 真の相同性は，真核細胞の構造に関連する 78 の配列にのみ

資料ボックス 18.3　データマイニングの習得

自前でゲノム情報の解析を行うための情報ツールはネット上で利用できるが，以下の 2 つは非常に有効な情報源である．

W. H. Freeman 氏が運営する Exploring Genomes Bioinformatics 対話型学習ページ
http://bcs.whfreeman.com/mga2e/bioinformatics/

European Biocomputing Educational Resource（EMBER）による対話型学習ページ（無料であるが，チュートリアルの利用には要登録）
http://www.ember.man.ac.uk/login.php

見い出された．

BLASTが見い出すすべての一致に対して統計的有意差を出力することは，このようなデータマイニングの結果を解釈する上ではきわめて重要である．したがって，上述の「配列は，……1つも見つからなかった．」の類の表記は，BLASTが見つけ出したすべての一致が，ランダムな配列間の類似性と統計的に有意ではなかったということ意味している．*Wnt*, *Hedgehog*, *Notch*, *TGF*, *p53*などの動物に非常に重要ないずれの配列も，*SINA*や*NAM*などの植物の多細胞発生に非常に重要な配列も，真菌類に存在していないという結論に，BLASTのこの統計分析機能が確からしさを与えているのである．

この調査で見い出された高度に類似する一致配列の圧倒的大多数は，基本的な細胞代謝や真核細胞のプロセスに必須であるものであることが明らかとなった．つまり，代謝経路でよく見られる酵素や多くの転写制御因子，結合タンパク質，受容体，膜タンパク質などに関連する配列間の一致である．

- 真核細胞の組織や器官あるいは生物体の「ナットやボルト」に統合される「高等な管理（higher-management）」機能において，生物界横断的な類似性が欠落している．
- 結局，これらの研究が示唆するのは，真核生物界のクラウングループ間で，発生過程の制御や調節を支配する方法の類似性は見られないということである．

糸状菌独特な細胞生物学は，その多細胞のシステム形成制御を，明らかに動植物と根本的に異なる方法で進化させてきたことに起因している．現在のところ，残念ながら，真菌類の多細胞のシステム形成制御法についてわれわれはまったく無知である．これを研究するためのツールはもっているのだが．

18.14 大規模なデータセットの調査を分析することで，気候変動が菌類に与える影響が明らかにされる

それぞれのゲノムデータ量がそもそも大きいため，ゲノム配列を保管するデータベースも必然的に大容量になる．また，真菌類に関する情報を保管するデータベースもまた，そもそも種数が多くそれぞれ非常に多様性が高いため巨大化してきた．WWW Virtual Library: Mycology（http://mycology.cornell.edu/welcome.html）は，最も有名なものの1つであろう．Virtual Libraryのページはボランティアによって維持されており，真菌類を研究するすべての生物学者にとって興味深いインターネット情報を包括的にリスト化している（http://mycology.cornell.edu/findex.html）．これらのページの中の1つに真菌類を生きたまま保存・提供している菌株保存機関（culture collection）のリストがあり（http://mycology.cornell.edu/fcollect.html），国際微生物株保存連盟（WFCC；World Federation of Culture Collections）へのリンクが貼られている．WFCCが維持するWorld Data Centre for Microorganisms（WDCM）では，（本書の執筆時点で）世界中の68の国で登録された556の微生物株保存機関の検索可能なリストを提供している．これらの微生物株保存機関は全部で140万の微生物株を維持管理しており，そのうちの60万株はバクテリア，50万株は真菌類，30万株はその他の微生物である．

英国国立カルチャーコレクション（UKNCC；United Kingdom National Culture Collection）のウェブサイトはhttp://www.ukncc.co.uk/である．UKNCCの一覧には，約19,000株の真菌類（酵母も含む）が載せられている．他に重要なヨーロッパの菌株保存施設は，Utrechtにあるオランダ王立芸術科学アカデミー（KNAW；Royal Netherlands Academy of Arts and Sciences）の研究所であるオランダ微生物株保存センター（CBS；Centraalbureau voor Schimmelcultures）である（http://www.cbs.knaw.nl/About/）．CBSは約50,000の微生物株を管理しており，その大部分はこれまで長年受け継がれてきた真菌種である．非常に幅広い菌株を有していることから，CBSのコレクションは真菌学研究のリファレンスセンター（reference centre）として揺るぎないものとなっている．

米国における相当機関が，アメリカ・タイプ・カルチャー・コレクション（ATCC；American Type Culture Collection）である（http://www.atcc.org/）．これは最も幅広い生物資源を保有する世界最大の生物資源保存機関である．ここでは1,500属7,000種をカバーする27,000株以上の糸状菌と酵母が管理されており，その中には出芽酵母*Saccharomyces cerevisiae*や他の酵母の遺伝的品種（genetic strain）が2,000以上含まれている．Fungal Genetics Stock Center（FGSC；http://www.fgsc.net/）は別の菌株保存施設で，真菌類の遺伝学的研究に重要な菌株を保存するために設立されたものである．ここには*Neurospora crassa*が10,000株，*Aspergillus*属菌が2,000株，*Magnaporthe grisea*の遺伝子破壊変異株が50,000近く保存されている．

もちろん，これらの微生物株保存機関は保存株についての広範なデータを管理しているので，対応するデータベースの量は

きわめて大きくなる．真菌学的な記録保持の別の側面としては，野外観察の記録管理がある．たとえば，Fungal Records Database of Britain and Ireland（FRDBI）には100万以上の記録がある（http://www.fieldmycology.net/）．FRDBIは英国菌学会（British Mycological Society；http://www.britmycolsoc.org.uk/）によって設立され，管理されている．このデータベースには，写真や検索表（identification key）だけでなく，名前やシノニム，出版物，記載，野外観察，そして2,500を超える英国の真菌類の分布地図などの情報が含まれている．データベースにはすべての個々のデータにリンクが貼ってあるので，大量のデータの取り扱い，統合が容易になっている．

野外の種の発生を注意深くかつ定期的に繰り返し観察することは重要である．個々の記録は正確な同定に基づいて行われ，発見場所や周囲の生息環境も詳細に記録される必要がある．こうした観察が十分な頻度で十分長い間，さらに十分に大きな地理的エリアにわたる観察記録としてなされた場合は，空間と時間における発生や，生息場所の脆弱性，種を減少させる脅威，保護の度合い，分類学的な独自性などを観察した種について評価することが可能となる．観察された種は，発生数（珍奇性）や個体数，個体群と生息環境の傾向，脅威の種類と程度などによってランクを付けられる．このデータは分布図（distribution map；ある種の発生を地理情報とあわせて記録する）やチェックリスト（特定の地理的エリアでの種の一覧表をつくるための種の発生リスト）にまとめられ，種の保護に役立てられる．最終的には，「絶滅の危機に瀕している（endangered）」「絶滅のおそれがある（threatened）」「存続の基盤が脆弱（sensitive）」，さらには「その地域では絶滅（extinct in the region）」として評価される．特にこのような記録はレッドリスト（RED list：Rarity, Endangerment, and Distribution list，以下，レッドデータリスト）を作成するのに不可欠である．レッドデータリストは，保全生物学者（conservation biologist）や政策立案者（policy maker）に珍しい菌種の生息環境を公表し，その種を管理して保護するための指示を与えるように注意を喚起するものである．北欧での菌種の多様性の減少は，1970年代中頃に最初に報告された．レッドデータリストはそうした保護問題についての啓蒙に不可欠な存在である．

大きなデータセットの解析による研究例では，ちょうどこの種の問題，つまり気候変動が与える影響について扱っている．温帯北部では，担子菌門の大多数が春と夏に菌糸生育と分解活動があり，その後，秋に子実体形成すると推定される．気温と降水は生産力に影響を与える二大要素である．スイスの森林での21年に及ぶ調査では，子実体の出現は7月と8月の気温と相関しており，1°C上昇すると腐生菌の子実体形成が7日遅れる結果となった．対照的に，子実体生産量は6月から10月にかけての降水と相関していた（Straatsma et al., 2001）．

気候変動はこれまで大きな懸案事項であり，今なおそうである．植物，昆虫ならびに鳥類での周期的な生活環における各イベントが気候に連動することがいくつかの研究で示されているが，最近，真菌類についても同様の研究が行われた．すでに，13.17節において，過去60年に渡って行われてきた野外記録によって英国での子実体形成の季節的パターンが変化していることが判明したことを述べた（Gange et al., 2007）．この研究は，1950年から2005年の間に英国のWiltshireで記録された200種類の分解性担子菌類の子実体形成リストという大きなデータセットを解析したものである．

このデータセットの統計解析は，きのこの子実体形成シーズンが1970年代以降拡大してきていることを示した．すなわち，子実体が最初に現れる日が現在有意に早くなっている（10年ごとに平均7.9日早くなった）．同様に，2005年における子実体が見られる最後の日は，1950年よりも有意に遅かった（10年ごとに平均7.2日遅くなった）．1950年代には，データセット内の315種の平均子実体形成期間は33.2日であったのに対し，最新の10年間ではこれが74.8日と2倍以上になっている．

秋の子実体形成パターンが変化してきたばかりでなく，以前は秋にだけ子実体を形成したかなりの種では今では春にも子実体形成が見られる．子実体形成は生息環境に依存した応答であるが，菌糸体が子実体を形成するためには水，栄養そしてエネルギー資源を活発に吸収する必要があるため，これらの真菌類は以前に比べて冬から春にかけてより活発になっているのかもしれない．

Wiltshireでの気候変動は，よく管理された地域の気象記録に基づいた解析されている．早期の子実体形成と，夏の気温と降水の間には有意な相関があった．当該地域の7月と8月の気温は有意に上昇しているのに対し，降水は56年間の調査に渡って減少してきている（Gange et al., 2007）．気候変動が他の生物と同様に菌類の周期的な生活環にも変化をもたらしているのは明白であり，私たちのまさに身近なところも変化していることを示すものである．

18.15 サイバー真菌：菌糸生育の数学的モデル化とコンピュータ・シミュレーション

本書では，菌糸の伸長生育が比較的単純な方程式で表される少数の法則にいかに従っているのかを議論してきた（4.4節を参照）；そして次に，菌糸生育の動力学が数学的なモデリングに非常によく適合していることを示す．

- $\bar{E}$（菌糸先端の平均伸長速度）＝μ_{max}［最大比成長速度（maximum specific growth rate）］は，菌糸の成長単位Gによって乗じられる．
- Gは成長点（growing tip）を支える菌糸の平均長として定義される．
- したがって，$G=L_t$（菌糸体の全長）であり，N_t（全成長点の数）で割られる．

真菌類のコロニーでは，菌糸の成長単位はおおむねコロニー径と一致するが，これは菌糸が放射状に生育し，コロニーを形成するためである．

- 栄養基質を探索している菌糸体では分枝を起こしにくいため，Gの値は大きくなる．したがって，Gは分枝頻度の指標となる．
- 菌糸が伸長する能力が$\bar{E}$を上回って増加すると，新しい分枝が始まり，したがって，Gが一定値（uniform value）に収斂するが，つまり，Gは任意の生育条件下における特徴的な分枝頻度の指標となる．

通常の糸状菌生育におけるこれらの特徴はすべて，ベクトルに基づく数学的モデルを用いた代数計算によって表現することができる．つまり，仮想菌糸体を取り巻く環境によって決定されるアルゴリズムに基づき，それぞれの仮想菌糸先端（hyphal tip）の成長ベクトルが反復計算によって算出され，決定される．このプログラムは単一の菌糸先端，すなわち1個の胞子から始まる．プログラムがアルゴリズムに基づき計算するごとに，菌糸の先端は成長ベクトル（最初はユーザーによって設定される）によって前進し，時に分枝する（最初はユーザーによってその確率が設定される）．

近隣検出プログラム（Neighbour-Sensing program）ではそれぞれの菌糸先端が動作の主体（active agent）であり，三次元空間での位置や長さ，成長ベクトルによって定義され，プログラム内で（最初はユーザーによって）設定されている条件に従って，三次元データ空間内でのベクトルが決定される．この条件とは以下のような生物学的特徴である．

- *in vivo*での菌糸成長の基本的な動態．
- 分枝の特徴（頻度，角度，位置）．
- 環境に依存する菌糸の向性．

実験者はパラメーターを変えてそれが形に与える影響を調べることができる．本物の生物同様に，最終的な幾何学的形状は動作主体の成長過程において生物学的特徴を反映したプログラム（実験者ではない）によって描かれる．これが近隣検出モデルと呼ばれるものであり，菌糸の生育動態の基本的要素をまとめて数学的なサイバー真菌（cyberfungus）に統合する．サイバー真菌は，菌糸のパターン形成や組織の形態形成を支配する理論的な規則のシミュレーションに利用される（Meškauskas *et al.*, 2004a & b）．

近隣検出モデルは，ユーザーによって定義された実際の分枝規則によってシミュレーションを行い，サイバー菌糸体（cybermycelium）を「生育」させる．サイバー菌糸先端（cyberhyphal tip）がモデルの空間で伸長すると，サイバー菌糸先端位置の移動を追跡し，その軌跡がサイバー菌糸体の菌糸部分となる．モデルによる位置情報はすべて数値データとして保管される．したがって，分枝により多くの菌糸先端がつくり出され，コンピュータモニター上でサイバー菌糸体が三次元的に成長するにつれ，より膨大なデータ処理が必要になっていく；このような安定的な成長プロセスによっても莫大な量のデータが生み出されているのである．

このシミュレーション過程は閉ループ（closed loop）としてプログラムされている．このループは，その時点において菌糸体に存在している菌糸先端ごとに行われ，そのアルゴリズムは以下のように：

- 隣接した菌糸体の断片数を計測する（N）．1つの断片について，もしその断片が与えられた臨界距離（critical distance）（R）よりも近い場合は，隣接している（neighbouring）としてカウントされる．最も単純な場合では密度場（density field）の概念は用いず，むしろ，近接する菌糸先端数についてのより一般的な数式を採用した．
- もし$N<N_{branch}$（分枝の抑制に必要な，近接する菌糸先端の

与えられた数）であれば，その先端が分枝するある一定の確率（P_{branch}）が生じる．もしランダムに発生させた値（0.1）がこの確率よりも低い場合は，新しい分枝が生じ，分枝の角度はランダムな値をとる．新しい分枝の場所は，最初は分岐元の先端と一致する．この確率論的な分枝形成モデルは，分枝と分枝角度の間の距離が実験的に測定された統計に基づく分布に従うという前出のものと全体的に類似する．

- このモデルの初期バージョンでは，屈性反応（tropic reaction）は実装しなかった（この要素なしで起こる可能性がある種類の形態形成を試験するため）．後のバージョンで，刺激によって自律屈性（autotropic reaction）がどのような影響を受けるのかの試験を行った．

これまでに発表されたほとんどのモデルは，二次元平面において菌糸体の成長をシミュレーションするものである．これに対し，近隣検出モデルは可能な限り単純なものになってはいるが，球形で密度が均一な真菌類のコロニーを三次元空間（three-dimensional space）で可視化するシミュレーションを行うことができる．本書では，このモデルの数学的な説明には立ち入らないので，Moore et al.（2006）を参照されたい．

個人の実体験のための便利な対話型アプリケーションが本書付属のCDに収められている．訳注7 菌糸生育の再現を試みた他のソフトウェアと異なり，近隣検出モデルではまさしく生きた菌糸の動態をシミュレーションできる．近隣検出モデルはあくまで予測ではあるが，幅広い状況下での菌糸の成長をうまく説明する．したがって，その信頼性を裏付け，その方程式と実際の生理学との間の妥当な結びつきを示すものである（Meškauskas et al., 2004）．

近隣検出モデルは，1943年にNils Friesによって描かれた真菌類の菌糸体の3つの分枝戦略を上手に再現する（図18.28）．

近隣検出モデルは，球形コロニーの形成には，ランダムな成長と分枝（たとえば，菌糸先端での局所的な空間的密度効果が無い場合のモデル）だけで十分であることを示す．こうしたモデルによって形成されたコロニーは，中心に行くほど密に分枝し，周辺に行くほどまばらに分枝する．これは生きている菌糸体で観察される特徴である．菌糸先端の局所的な密度の偏りがパターン形成に与える影響を考慮したモデルは，最も整然とした球形のコロニーを生み出した．ランダムな成長モデルと同様に，近接する菌糸先端の数の影響を受けた分枝をすると，基本的には球形であるが，中心部がわずかに密度の低い菌糸体の薄い層で覆われているほぼ均質な密度のコロニーが形成される．

Fries（1943）が検討した分枝パターンを比較に用いると，近接する菌糸先端の数の影響を受けて分枝（成長ベクトルではない）が行われる場合の仮想コロニーの形態は，いわゆる *Boletus* タイプに最も近かった（図18.28）．これは，*Boletus* タイプの成長戦略が，パターン形成を決定する向性反応や何らか形で定義付けられた分枝アルゴリズムに従っていないことを示唆する．明らかに，菌糸の向性は「円形（circular）」の菌糸体（コロニー）を説明するのに必ずしも必要ではない（つまり，菌糸体は三次元空間では球形）．

近隣検出モデルにおいて菌糸が負の方向にまっすぐ成長する場合（negative autotropism）は，この場合も球形で密度が均一に近いコロニーが形成されるが，先ほど述べた *Boletus* タイプの構造とは異なり，菌糸間にある程度の分化が見られるのが特徴の *Amanita rubescens* タイプにより近い構造をとる（図18.28）．

- コロニーの中心から離れて成長しようとする一次菌糸（first-rank hyphae）．
- 不規則に成長し，余った領域を埋めてゆく二次菌糸（second-rank hyphae）．

このようなコロニーの発達段階初期には，球形というよりも星状の形態となる．すべての仮想菌糸は同じアルゴリズムによって作製されているにもかかわらず，菌糸の際立った分化が可視化で生じることを強調しておく必要があろう．なお，このプログラムには菌糸の行動様式を変化させるプログラムルーチン（routine）は実装されていない．

最後に，直進性反応と分枝の両方が菌糸の空間的密度によって制御される場合は，この場合も球形で均一な密度のコロニーが形成される．しかし，これもまた構造が異なっており，Fries（1943）によって示された *Tricholoma* タイプに似たコロニーとなっている．このタイプのコロニーでは二又状の分枝パターンがみられるが，これは真の二又分枝ではない．むしろ，新しい分枝が元の菌糸に非常に近接するように伸長している状況では濃密な空間が発生するため，元の菌糸の生育ベクトルが新たに出現した分枝から遠ざかる方向に曲げられる．

訳注7：本書（翻訳書）には付属していない．

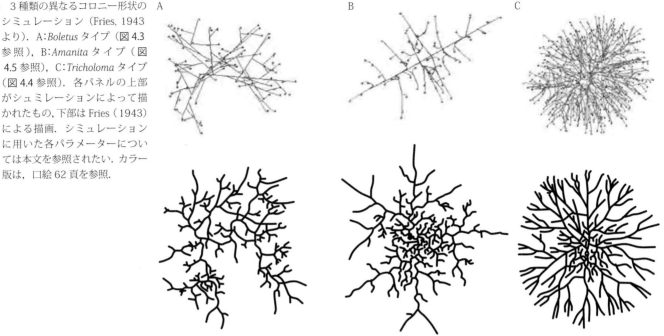

図 18.28　3 種類の異なるコロニー形状のシミュレーション（Fries, 1943 より）．A: *Boletus* タイプ（図 4.3 参照），B: *Amanita* タイプ（図 4.5 参照），C: *Tricholoma* タイプ（図 4.4 参照）．各パネルの上部がシュミレーションによって描かれたもの，下部は Fries（1943）による描画．シミュレーションに用いた各パラメーターについては本文を参照されたい．カラー版は，口絵 62 頁を参照．

　ゆえに，A. rubescens と *Tricholoma* の分枝戦略は，菌糸生育が負の直進性反応に対応したものであるのに対し，*Boletus* の分枝戦略は，そうした反応にはよらず，ただ密度に依存した分枝にのみ従うものと考えられる．成長先端による周辺環境の感知システムにおける *Amanita* と *Tricholoma* 間の違いは，実際の生物体では明確でない．*Amanita* タイプと *Boletus* タイプでは，菌糸先端はすぐ近傍の他の菌糸先端の数を感知するのかもしれない．*Tricholoma* タイプでは，菌糸先端は菌糸の全領域を感知するのかもしれないが，局所的な菌糸片が最も大きな影響を与えるように思われる．

　このモデルは，真菌類の菌糸体で観察される幅広い多様な分枝のタイプが，おそらく比較的単純な制御機構の発現の違い（differential expression）に基づいていることを示す．分岐パターンを支配する「規則」（すなわち，分枝を起こす機構）は，細胞内と細胞外の両方の状況の変化するにつれて，実際の生きた菌糸体の中も変化してゆくと考えられる．こうした変化の一部は，シミュレーションの過程で特定のモデルパラメーターを変更することで模倣することができる．パラメーターの設定を切り替えることで，より複雑な構造をつくり出すことが可能となる．

　このモデルを用いて，ペトリ皿での培養で生じるコロニー生育（図 18.29）と，きのこ型の「子実体」形成（図 18.30）の両方のシミュレーション実験が行われた．このようなシミュレーションは，特定の幾何学的な形に至るためには，菌糸体の発達において複雑な空間制御を強いる必要はないことを明らかにしている．むしろ，菌糸体の幾何学的な形状は，菌糸先端に局所的な効果を及ぼす特定の相互作用が生みだした結果として現れるのである．

　菌糸の先端成長の動力学により，真菌類の子実体全体の構造や菌糸体の基本的なパターン形成には細胞間の相互作用の制御がほとんど必要ないことを，こうしたコンピュータによるシミュレーションは示唆している．具体的には以下の通りである．

- 真菌類の複雑な子実体の形態は，構造中のすべての活発な成長点において任意の特定の時期に同じ制御機能を当てはめることによってシミュレーション可能である．
- 子実体の形状は，菌糸先端すべてが同じシグナルに対して同じように一緒に反応することにより出現する．
- 子実体幾何学の包括的な制御は不必要である（Meškauskas et al., 2004a）．

594　第 18 章　分子生物工学

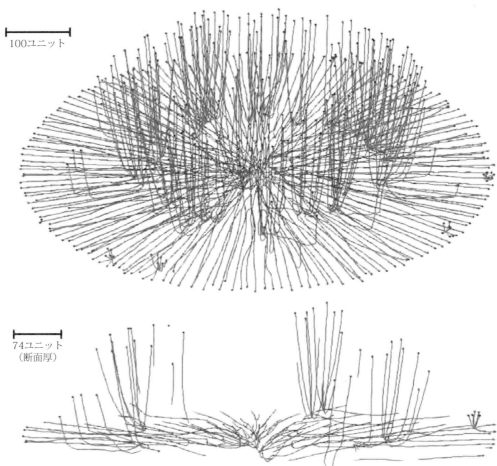

図 18.29　ペトリ皿での培養で生じるコロニー生育のシミュレーション．斜めから見た様子（パネル上）および横から断片を見た様子（パネル下）．二次菌糸の分枝は 220 時間ユニットで活性化され，負の重力屈性をもつものと設定した．一次菌糸および二次菌糸はいずれも負の直進性反応を示し，密度依存的に分枝するものと仮定した．分枝を誘導する密度に達すると，反復（時間ユニット）当り 40％の確率で分枝する．最終的なコロニー齢は 294 時間ユニットに達した．二次菌糸は赤色で，一次菌糸は緑色（古い菌糸）からピンク色（新しい菌糸）でコロニー中心からの距離に応じて塗り分けた（Elsevier からの許可を得たうえで，Meškauskas et al., 2004b を改変引用した）．カラー版は，口絵 63 頁を参照．

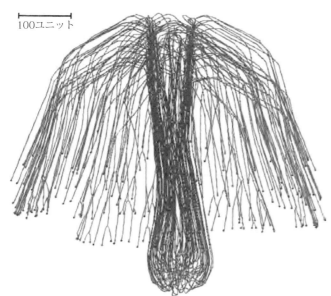

図 18.30　きのこ子実体形成のシミュレーション．コロニーははじめの 76 時間ユニットの間，球状に生育させた．その後，きのこの柄が発達するのと同様に組織を形成するように，250 時間ユニットにわたり並行直進性生育を行うよう，パラメーターを変換した．最後に正の重力向性反応を加えて（1,000 時間ユニット），かさ状構造を形成させた（Elsevier からの許可を得たうえで，Meškauskas et al., 2004b を改変引用した）．カラー版は，口絵 64 頁を参照．

18.16 文献と，さらに勉強をしたい方のために

Alcazar-Fuoli, L., Melladoa, E., Garcia-Effrona, G., Lopez, J. F., Grimalt, J. O., Cuenca-Estrella, J. M. & Rodriguez-Tudelaa, J. L. (2008). Ergosterol biosynthesis pathway in *Aspergillus fumigatus*. *Steroids*, **73**: 339-347. DOI: http://dx.doi.org/10.1016/j.steroids.2007.11.005.

Altschul, S. F., Gish, W., Miller, W., Meyers, E. W. & Lipman, D. J. (1990). Basic local alignment search tool. *Journal of Molecular Biology*, **215**: 403-410. DOI: http://dx.doi.org/10.1016/S0022-2836(05)80360-2.

Aly, R., Halpern, N., Rubin, B., Dor, E., Golan, S. & Hershenhorn, J. (2001). Biolistic transformation of *Cercospora caricis*, a specific pathogenic fungus of *Cyperus rotundus*. *Mycological Research*, **105**: 150-152. DOI: http://dx.doi.org/10.1017/S095375620000349X.

Armaleo, D., Ye, G. N., Klein, T. M., Shark, K. B., Sanford, J. C. & Johnston, S. A. (1990). Biolistic nuclear transformation of *Saccharomyces cerevisiae* and other fungi. *Current Genetics*, **17**: 97-103. DOI: http://dx.doi.org/10.1007/BF00312852.

Baker, S. E., Thykaer, J., Adney, W. S., Brettin, T. S., Brockman, F. J., d'Haeseleer, P., Martinez, A. D., Miller, R. M., Rokhsar, D. S., Schadt, C. W., Torok, T., Tuskan, G., Bennett, J., Berka, R. M., Briggs, S. P., Heitman, J., Taylor, J., Turgeon, B. G., Werner-Washburne, M. & Himmel, M. E. (2008). Fungal genome sequencing and bioenergy. *Fungal Biology Reviews*, **22**: 1-5. DOI: http://dx.doi.org/10.1016/j.fbr.2008.03.001.

Balba, H. (2007). Review of strobilurin fungicide chemicals. *Journal of Environmental Science and Health, Part B*, **42**: 441-451. DOI: http://dx.doi.org/10.1080/03601230701316465.

Ballance, D. J., Buxton F. P. & Turner, G. (1983). Transformation of *Aspergillus nidulans* by the orotidine-5′-phosphate decarboxylase gene of *Neurospora crassa*. *Biochemical and Biophysical Research Communications*, **112**: 284-289. DOI: http://dx.doi.org/10.1016/0006-291X(83)91828-4.

Bartlett, D. W., Clough, J. M., Godwin, J. R., Hall, A. A., Hamer, M. & Parr-Dobrzanski, B. (2002). The strobilurin fungicides. *Pest Management Science*, **58**: 649-662. DOI: http://dx.doi.org/10.1002/ps.520.

Berry, S. (2001). Drug discovery in the wake of genomics. *Trends in Biotechnology*, **19**: 239-240. DOI: http://dx.doi.org/10.1016/S0167-7799(01)01667-5.

Bhadauria, V., Zhao, W.-S., Wang, L.-X., Zhang, Y., Liu, J.-H., Yang, J., Kong, L.-A. & Peng, Y.-L. (2007). Advances in fungal proteomics. *Microbiological Research*, **162**: 193-200. DOI: http://dx.doi.org/10.1016/j.micres.2007.03.001.

Boucher, H. W., Groll, A. H., Chiou, C. C. & Walsh, T. J. (2004). Newer systemic antifungal agents: pharmacokinetics, safety and efficacy. *Drugs*, **64**: 1997-2020. URL: http://www.ncbi.nlm.nih.gov/pubmed/15341494.

Bowman, S. M. & Free, S. J. (2006). The structure and synthesis of the fungal cell wall. *BioEssays*, **28**: 799-808. DOI: http://dx.doi.org/10.1002/bies.20441.

Burnie, J. P., Carter, T. L., Hodgetts, S. J. & Matthews, R. C. (2006). Fungal heat-shock proteins in human disease. *FEMS Microbiology Reviews*, **30**: 53-88. DOI: http://dx.doi.org/10.1111/j.1574-6976.2005.00001.x.

Buxton, F. P., Gwynne, D. I. & Davies, R. W. (1985). Transformation of *Aspergillus niger* using the argB gene of *Aspergillus nidulans*. *Gene*, **37**: 207-214. DOI: http://dx.doi.org/10.1016/0378-1119(85)90274-4.

Caracuel-Rios, Z. & Talbot, N. J. (2008). Silencing the crowd: high-throughput functional genomics in *Magnaporthe oryzae*. *Molecular Microbiology*, **68**: 1341-1344. DOI: http://dx.doi.org/10.1111/j.1365-2958.2008.06257.x.

Case, M. E., Schweizer, M., Kushner, S. R. & Giles, N. H. (1979). Efficient transformation of *Neurospora crassa* by utilizing hybrid plasmid DNA. *Proceedings of the National Academy of Sciences of the United States of America*, **76**: 5259-5263. URL: http://www.pnas.org/content/76/10/5259.full.pdf+html.

Chen, X., Fang, H., Rao, Z., Shen, W., Zhuge, B., Wang, Z. & Zhuge, J. (2008). An efficient genetic transformation method for glycerol producer *Candida glycerinogenes*. *Microbiological Research*, **163**: 531-537. DOI: http://dx.doi.org/10.1016/j.micres.2008.05.003.

Cho, Y., Davis, J. W., Kim, K.-H., Wang, J., Sun, Q.-H., Cramer, R. A. Jr. & Lawrence, C. B. (2006). A high throughput targeted gene disruption method for *Alternaria brassicicola* functional genomics using linear minimal element (LME) constructs. *Molecular Plant-Microbe Interactions*, **19**: 7-15. DOI: http://dx.doi.org/10.1094/MPMI-19-0007.

Courtecuisse, R. (2001). Current trands and perspectives for the global conservation of fungi. In: *Fungal Conservation: Issues and Solutions* (eds. D. Moore, M. M. Nauta, S. E. Evans & M. Rotheroe), pp. 7-18. Chapter DOI: http://dx.doi.org/10.1017/CBO9780511565168.003. Cambridge, UK: Cambridge University Press. ISBN-10: 0521048184, ISBN-13: 9780521048187. Book DOI: http://dx.doi.org/10.1017/CBO9780511565168.

Cowen, L. E. (2008). The evolution of fungal drug resistance: modulating the trajectory from genotype to phenotype. *Nature Reviews Microbiology*, **6**: 187-198. DOI: http://dx.doi.org/10.1038/nrmicro1835.

Cushion, M. T. (2004). Comparative genomics of *Pneumocystis carinii* with other protists: implications for life style. *Journal of Eukaryotic Microbiology*, **51**: 30–37. DOI: http://dx.doi.org/10.1111/j.1550-7408.2004.tb00158.x.

Dean, R. A., Talbot, N. J., Ebbole, D. J., Farman, M. L., Mitchell, T. K., Orbach, M. J., Thon, M., Kulkarni, R., Xu, J.-R., Pan, H., Read, N. D., Lee, Y.-H., Carbone, I., Brown, D., Oh, Y. Y., Donofrio, N., Jeong, J. S., Soanes, D. M., Djonovic, S., Kolomiets, E., Rehmeyer, C., Li, W., Harding, M., Kim, S., Lebrun, M.-H., Bohnert, H., Coughlan, S., Butler, J., Calvo, S., Ma, L.-J., Nicol, R., Purcell, S., Nusbaum, C., Galagan, J. E. & Birren, B. W. (2005). The genome sequence of the rice blast fungus *Magnaporthe grisea*. *Nature*, **434**: 980–986. DOI: http://dx.doi.org/10.1038/nature03449.

Delneri, D., Brancia, F. L. & Oliver, S. G. (2001). Towards a truly integrative biology through the functional genomics of yeast. *Current Opinion in Biotechnology*, **12**: 87–91. DOI: http://dx.doi.org/10.1016/S0958-1669(00)00179-8.

DiDomenico, B. (1999). Novel antifungal drugs. *Current Opinion in Microbiology*, **2**: 509–515. DOI: http://dx.doi.org/10.1016/S1369-5274(99)00009-0.

Dominguez, J. M., Kelly, V. A., Kinsman, O. S., Marriott, M. S., Gomez de las Heras, F. & Martin, J. J. (1998). Sordarins: a new class of antifungals with selective inhibition of the protein synthesis elongation cycle in yeasts. *Antimicrobial Agents and Chemotherapy*, **42**: 2274–2278. URL: http://www.ncbi.ntm.nih.gov/pmc/articles/PMC105812/.

Duggan, D. J., Bittner, M., Chen, Y., Meltzer, P. & Trent, J. M. (1999). Expression profiling using cDNA microarrays. *Nature Genetics*, **21** (January supplement): 10–14. DOI: http://dx.doi.org/10.1038/4434.

Fariña, J. I., Molina, O. E. & Figueroa, L. I. C. (2004). Formation and regeneration of protoplasts in *Sclerotium rolfsii* ATCC 201126. *Journal of Applied Microbiology*, **96**: 254–262. DOI: http://dx.doi.org/10.1046/j.1365-2672.2003.02145.x.

Foster, S. J., Monahan, B. J. & Bradshaw, R. E. (2006). Genomics of the filamentous fungi: moving from the shadow of the bakers yeast. *Mycologist*, **20**: 10–14. DOI: http://dx.doi.org/10.1016/j.mycol.2005.11.005.

Fries, N. (1943). Untersuchungen über Sporenkeimung und Mycelentwicklung bodenbewohneneder Hymenomyceten. *Symbolae Botanicae Upsaliensis*, **6**(4): 633–664.

Galagan, J. E., Henn, M. R., Ma, L.-J., Cuomo, C. A. & Birren, B. (2005). Genomics of the fungal kingdom: insights into eukaryotic biology. *Genome Research*, **15**: 1620–1631. DOI: http://dx.doi.org/10.1101/gr.3767105.

Gangavarama, L. P., Mchunua, N., Ramakrishnana, P., Singha, S. & Permaul, K. (2009). Improved electroporation-mediated non-integrative transformation of *Thermomyces lanuginosus*. *Journal of Microbiological Methods*, **77**: 159–164. DOI: http://dx.doi.org/10.1016/j.mimet.2009.01.025.

Gange, A. C., Gange, E. G., Sparks, T. H. & Boddy, L. (2007). Rapid and recent changes in fungal fruiting patterns. *Science*, **316**: 71. DOI: http://dx.doi.org/10.1126/science.1137489.

Gibson, G. & Muse, S. (2009). *A Primer of Genome Science*, 3rd Edn. Basingstoke, UK: Macmillan. ISBN-10: 0878932364, ISBN-13: 9780878932368. URL: http://www.coursesmart.com/9780878932368.

Güldener, U., Heck, S., Fiedler, T., Beinhauer, J. & Hegemann, J. H. (1996). A new efficient gene disruption cassette for repeated use in budding yeast. *Nucleic Acids Research*, **24**: 2519–2524. DOI: http://dx.doi.org/10.1093/nar/24.13.2519.

Hedeler, C., Wong, H. M., Cornell, M. J., Alam, I., Soanes, D. N., Rattray, M., Hubbard, S. J., Talbot, N. J., Oliver, S. G. & Paton, N. W. (2007). e-Fungi: a data resource for comparative analysis of fungal genomes. *BMC Genomics*, **8**: 426 (15 pages). DOI: http://dx.doi.org/10.1186/1471-2164-8-426.

Hessing, J. G. M., van Rotterdam, C., Verbakel, J. M. A., Roza, M., Maat, J., van Gorcom, R. F. M. & van den Hondel, C. A. M. J. J. (1994). Isolation and characterization of a 1,4-β-endoxylanase gene of *A. awamori*. *Current Genetics*, **26**: 228–232. DOI: http://dx.doi.org/10.1007/BF00309552.

Honda, S. & Selker, E. U. (2009). Tools for fungal proteomics: multifunctional *Neurospora* vectors for gene replacement, protein expression and protein purification. *Genetics*, **182**: 11–23. DOI: http://dx.doi.org/10.1534/genetics.108.098707.

Jeon, J., Park, S.-Y., Chi, M.-H., Choi, J., Park, J., Rho, H.-S., Kim, S., Goh, J., Yoo, S., Choi, J., Park, J.-Y., Yi, M., Yang, S., Kwon, M.-J., Han, S.-S., Kim, B. R., Khang, C. H., Park, B., Lim, S.-E., Jung, K., Kong, S., Karunakaran, M., Oh, H.-S., Kim, H., Kim, S., Park, J., Kang, S., Choi, W.-B., Kang, S. & Lee, Y.-H. (2007). Genome-wide functional analysis of pathogenicity genes in the rice blast fungus. *Nature Genetics*, **39**: 561–565. DOI: http://dx.doi.org/10.1038/ng2002.

Jewett, M. C., Hofmann, G. & Nielsen, J. (2006). Fungal metabolite analysis in genomics and phenomics. *Current Opinion in Biotechnology*, **17**: 191–197. DOI: http://dx.doi.org/10.1016/j.copbio.2006.02.001.

Jones, M. G. (2007). The first filamentous fungal genome sequences: *Aspergillus* leads the way for essential everyday resources or dusty museum specimens? *Microbiology*, **153**: 1–6. DOI: http://dx.doi.org/10.1099/mic.0.2006/001479-0.

Kaznessis, Y. N. (2007). Models for synthetic biology. *BMC Systems Biology*, **1**: 47. DOI: http://dx.doi.org/10.1186/1752-0509-1-47. Open source online at: http://www.biomedcentral.com/1752-0509/1/47.

Kelly, M. K. & Hynes, M. J. (1985). Transformation of *Aspergillus niger* by the *amdS* gene of *Aspergillus nidulans*. *EMBO Journal*, **4**: 475–

479. URL: http://www.ncbi.ntm.nih.gov/pmc/articles/pmid/3894007/?tool＝pubmed.

Klipp, E., Liebermeister, W., Wierling, C., Kowald, A., Lehrach, H. & Herwig, R. (2009). *Systems Biology: A Textbook*. Weinheim, Germany: Wiley-VCH. ISBN-10: 3527318747, ISBN-13: 9783527318742. URL: http://eu.wiley.com/WileyCDA/WileyTitle/productCd-3527318747.html.

Koukaki, M., Giannoutsou, E., Karagouni, A. & Diallinas, G. (2003). A novel improved method for *Aspergillus nidulans* transformation. *Journal of Microbiological Methods*, **55**: 687-695. DOI: http://dx.doi.org/10.1016/S0167-7012(03)00208-2.

Koutnikova, H., Campuzano, V., Foury, F., Dollé, P., Cazzalini, O. & Koenig, M. (1997). Studies of human, mouse and yeast homologues indicate a mitochondrial function for frataxin. *Nature Genetics*, **16**: 345-351. DOI: http://dx.doi.org/10.1038/ng0897-345.

Krappmann, S. (2007). Gene targeting in filamentous fungi: the benefits of impaired repair. *Fungal Biology Reviews*, **21**: 25-29. DOI: http://dx.doi.org/10.1016/j.fbr.2007.02.004.

Legrain, P., Wojcik, J. & Gauthier, J.-M. (2001). Protein–protein interaction maps: a lead towards cellular functions. *Trends in Genetics*, **17**: 346-352. DOI: http://dx.doi.org/10.1016/S0168-9525(01)02323-X.

Lipshutz, R. J., Fodor, S. P., Gingeras, T. R. & Lockhart, D. J. (1999). High density synthetic oligonucleotide arrays. *Nature Genetics*, **21** (January supplement): 20-24. DOI: http://dx.doi.org/10.1038/4447.

Lorenz, M. C. (2002). Genomic approaches to fungal pathogenicity. *Current Opinion in Microbiology*, **5**: 372-378. DOI: http://www.sciencedirect.com/science/article/B6VS2-468VN2T-2/1/5d06cddd121a56eb8b4f1e3cd94ddc96.

Mares, D., Romagnoli, C., Andreotti, E., Forlani, G., Guccione, S. & Vicentini, C. B. (2006). Emerging antifungal azoles and effects on *Magnaporthe grisea*. *Mycological Research*, **110**: 686-696. DOI: http://dx.doi.org/10.1016/j.mycres.2006.03.006.

Meškauskas, A., McNulty, L. J. & Moore, D. (2004a). Concerted regulation of all hyphal tips generates fungal fruit body structures: experiments with computer visualisations produced by a new mathematical model of hyphal growth. *Mycological Research*, **108**: 341-353. DOI: http://dx.doi.org/10.1017/S0953756204009670.

Meškauskas, A., Fricker, M. D. & Moore, D. (2004b). Simulating colonial growth of fungi with the Neighbour-Sensing model of hyphal growth. *Mycological Research*, **108**: 1241-1256. DOI: http://dx.doi.org/10.1017/S0953756204001261.

Michielse, C. B., Hooykaas, P. J. J., van den Hondel, C. A. M. J. J. & Ram, A. F. J. (2005). *Agrobacterium*- mediated transformation as a tool for functional genomics in fungi. *Current Genetics*, **48**: 1-17. DOI: http://dx.doi.org/10.1007/s00294-005-0578-0.

Minter, D. W. (2001). Fungal conservation in Cuba. In: *Fungal Conservation: Issues and Solutions* (eds. D. Moore, M. M. Nauta, S. E. Evans, & M. Rotheroe), pp. 182-196. Chapter DOI: http://dx.doi.org/10.1017/CBO9780511565168.017. Cambridge, UK: Cambridge University Press. ISBN-10: 0521048184, ISBN-13: 9780521048187. Book DOI: http://dx.doi.org/10.1017/CBO9780511565168.

Mishra, N. C. & Tatum, E. L. (1973). Non-Mendelian inheritance of DNA-induced inositol independence in *Neurospora*. *Proceedings of the National Academy of Sciences of the United States of America*, **70**: 3875-3879. URL: http://www.pnas.org/content/70/12/3875.full.pdf+html.

Monk, B. C. & Goffeau, A. (2008). Outwitting multidrug resistance to antifungals. *Science*, **321**: 367-369. DOI: http://dx.doi.org/10.1126/science.1159746.

Moore, D. (1975). Production of *Coprinus* protoplasts by use of chitinase or helicase. *Transactions of the British Mycological Society*, **65**: 134-136. DOI: http://dx.doi.org/10.1016/S0007-1536(75)80189-6.

Moore, D. & Meškauskas, A. (2006). A comprehensive comparative analysis of the occurrence of developmental sequences in fungal, plant and animal genomes. *Mycological Research*, **110**: 251-256. DOI: http://dx.doi.org/10.1016/j.mycres.2006.01.003.

Moore, D. & Novak Frazer, L. (2002). *Essential Fungal Genetics*. New York: Springer-Verlag. ISBN-10: 0387953671, ISBN-13: 9780387953670. URL: http://www.springerlink.com/content/978-0-387-95367-0. See Chapter 2 'Genome interactions' and Chapter 5 'Recombination analysis'.

Moore, D., Walsh, C. & Robson, G. D. (2005). A search for developmental gene sequences in the genomes of filamentous fungi. In: *Applied Mycology and Biotechnology*, vol. **5**, *Genes, Genomics and Bioinformatics* (eds. D. K. Arora & R. Berka), pp. 169-188. Amsterdam: Elsevier Science. ISBN-10: 044451807X, ISBN-13: 9780444518071. DOI: http://dx.doi.org/10.1016/S1874-5334(05)80009-7.

Moore, D., McNulty L. J. & Meškauskas, A. (2006). Branching in fungal hyphae and fungal tissues: growing mycelia in a desktop computer. In: *Branching Morphogenesis* (ed. J. Davies) pp. 75-90. Austin, TX: Landes Bioscience Publishing/Eurekah.com. ISBN-10: 1587062577, ISBN-13: 9781587062575. URL: http://www.landesbioscience.com/curie/chapter/1850/.

Morton, V. & Staub, T. (2008). *A Short History of Fungicides*. 本文献は米国植物病理学会の APSnet 特集である．URL: http://www.apsnet.org/publications/apsnetfeatures/Pages/Fungicides.aspx.

Nagasaki, M., Saito, A., Doi, A., Matsuno, H. & Miyano, S. (2009). *Foundations of Systems Biology*. London: Springer-Verlag. ISBN-10: 1848820224, ISBN-13: 9781848820227. URL: http://www.springerlink.com/content/978-1-84882-022-7#section＝39528&page＝1.

Nosanchuk, J. D. (2006). Current status and future of antifungal therapy for systemic mycoses. *Recent Patents on Anti-Infective Drug Dis-*

covery, **1**: 75-84. DOI: http://dx.doi.org/10.2174/157489106775244109.

Nowrousian, M. (2007). Of patterns and pathways: microarray technologies for the analysis of filamentous fungi. *Fungal Biology Reviews*, **21**: 171-178. DOI: http://dx.doi.org/10.1016/j.fbr.2007.09.002.

Panaretou, B. & Zhai, C. (2008). The heat shock proteins: their roles as multi-component machines for protein folding. *Fungal Biology Reviews*, **22**: 110-119. DOI: http://dx.doi.org/10.1016/j.fbr.2009.04.002.

Peberdy, J. F. & Ferenczy, L. (1985). *Fungal Protoplasts: Applications in Biochemistry and Genetics*. Boca Raton, FL: CRC Press. ISBN-10: 0824771125, ISBN-13: 9780824771126. URL: http://www.taylorandfrancis.com/books/details/9780824771126/.

Rokas, A. (2009). The effect of domestication on the fungal proteome. *Trends in Genetics*, **25**: 60-63. DOI: http://dx.doi.org/10.1016/j.tig.2008.11.003.

Ross-Macdonald, P., Coelho, P. S., Roemer, T., Agarwal, S., Kumar, A., Jansen, R., Cheung, K. H., Sheehan, A., Symoniatis, D., Umansky, L., Heidtman, M., Nelson, F. K., Iwasaki, H., Hager, K., Gerstein, M., Miller, P., Roeder, G. S. & Snyder, M. (1999). Large-scale analysis of the yeast genome by transposon tagging and gene disruption. *Nature*, **402**: 413-418. DOI: http://dx.doi.org/10.1038/46558.

Sanford, J. C., Smith, F. D. & Russell, J. A. (1993) Optimising the biolistic process for different biological applications. *Methods in Enzymology (Recombinant DNA Part H)*, **217**: 483-509. DOI: http://dx.doi.org/10.1016/0076-6879(93)17086-K.

Sauter, H., Steglich, W. & Anke, T. (1999). Strobilurins: evolution of a new class of active substances. *Angewandte Chemie International Edition*, **38**: 1328-1349. URL: http://onlinelibrary.wiley.com/doi/10.1002/(SICI)1521-3773(19990517)38:10%3C1328::AID-ANIE1328%3E3.0.CO;2-1/abstract.

Semighini, C. P. & Heitman, J. (2009). Dynamic duo takes down fungal villains. *Proceedings of the National Academy of Sciences of the United States of America*, **106**: 2971-2972. DOI: http://dx.doi.org/10.1073/pnas.0900801106.

Sharman, A. (2001). The many uses of a genome sequence. *Genome Biology*, **2**: reports 4013.1-4013.4. DOI: http://dx.doi.org/10.1186/gb-2001-2-6-reports4013.

Sims, A. H., Gent, M. E., Robson, G. D., Dunn-Coleman, N. S. & Oliver, S. G. (2004). Combining transcriptome data with genomic and cDNA sequence alignments to make confident functional assignments for *Aspergillus nidulans* genes. *Mycological Research*, **108**: 853-857. DOI: http://dx.doi.org/10.1017/S095375620400067X.

Straatsma, G., Ayer, F. and Egli, S. (2001). Species richness, abundance, and phenology of fungal fruit bodies over 21 years in a Swiss forest plot. *Mycological Research*, **105**: 515-523. DOI: http://dx.doi.org/10.1017/S0953756201004154.

Sugui, J. A., Chang, Y. C. & Kwon-Chung, K. J. (2005). *Agrobacterium tumefaciens*-mediated transformation of *Aspergillus fumigatus*: an efficient tool for insertional mutagenesis and targeted gene disruption. *Applied and Environmental Microbiology*, **71**: 1798-1802. DOI: http://dx.doi.org/10.1128/AEM.71.4.1798-1802.2005.

Talbot, N. J. (2001). *Molecular and Cellular Biology of Filamentous Fungi*. Oxford, UK: Oxford University Press. ISBN-10: 0199638373, ISBN-13: 9780199638376. URL: http://ukcatalogue.oup.com/product/9780199638376.do?keyword=Molecular+and+Cellular+Biology+of+Filamentous+Fungi.&sortby=bestMatches.

Talbot, N. J. (2007). Fungal genomics goes industrial. *Nature Biotechnology*, **25**: 542-543. DOI: http://dx.doi.org/10.1038/nbt0507-542.

Traxler, P., Gruner, J. & Auden, J. A. L. (1977). Papulacandins, a new family of antibiotics with antifungal activity. I. Fermentation, isolation, chemical and biological characterization of papulacandins A, B, C, D and E. *Journal of Antibiotics*, **30**: 289-296. URL: http://www.ncbi.nlm.nih.gov/pubmed/7440418.

Tucker, C. L., Gera, J. F. & Uetz, P. (2001). Towards an understanding of complex protein networks. *Trends in Cell Biology*, **11**: 102-106. DOI: http://dx.doi.org/10.1016/S0962-8924(00)01902-4.

Veen, M. & Lang, C. (2005). Interactions of the ergosterol biosynthetic pathway with other lipid pathways. *Biochemical Society Transactions*, **33**: 1178-1181. URL: http://www.biochemsoctrans.org/bst/033/1178/0331178.pdf.

Vicente, F., Basilio, A., Platas, G., Collado, J., Bills, G. F., González Del Val, A., Martín, J., Tormo, J. R., Harris, G. H., Zink, D. L., Justice, M., Nielsen Kahn, J. & Peláez, F. (2009). Distribution of the antifungal agents sordarins across filamentous fungi. *Mycological Research*, **113**: 754-770. DOI: http://dx.doi.org/10.1016/j.mycres.2009.02.011.

Washburn, M. P. & Yates, J. R. (2000). Analysis of the microbial proteome. *Current Opinion in Microbiology*, **3**: 292-297. DOI: http://dx.doi.org/10.1016/S1369-5274(00)00092-8.

Weld, R. J., Plummer, K. M., Carpenter, M. A. & Ridgway, H. J. (2006). Approaches to functional genomics in filamentous fungi. *Cell Research*, **16**: 31-44. DOI: http://dx.doi.org/10.1038/sj.cr.7310006.

Wiebe, M. G., Nováková, M., Miller, L., Blakebrough, M. L., Robson, G. D., Punt, P. J. & Trinci, A. P. J. (1997). Protoplast production and transformation of morphological mutants of the Quorn® myco-protein fungus, *Fusarium graminearum* A3/5, using the hygromycin B resistance plasmid pAN7-1. *Mycological Research*, **101**: 871-877. DOI: http://dx.doi.org/10.1017/S0953756296003425.

Winzeler, E. A., Shoemaker, D. D., Astromoff, A., Liang, H., Anderson, K., Andre, B., Bangham, R., Benito, R., Boeke, J. D., Bussey, H., Chu, A.

M., Connelly, C. D., Davis, K., Dietrich, F., Dow, S. W., El Bakkoury, M., Foury, F., Friend, S. H., Gentalen, E., Giaever, G., Hegemann, J. H., Jones, T., Laub, M., Liao, H., Liebundguth, N., Lockhart, D. J., Lucau-Danila, A., Lussier, M., M'Rabet, N., Menard, P., Mittmann, M., Pai, C., Rebischung, C., Revuelta, J. L., Riles, L., Roberts, C. J., Ross-MacDonald, P., Scherens, B., Snyder, M., Sookhai-Mahadeo, S., Storms, R. K., Steeve, V., Voet, M., Volckaert, G., Ward, T. R., Wysocki, R., Yen, G. S., Yu, K., Zimmermann, K., Philippsen, P., Johnston, M. & Davis, R. W. (1999). Functional characterization of the *S. cerevisiae* genome by gene deletion and parallel analysis. *Science*, **285**: 901-906. DOI: http://dx.doi.org/10.1126/science.285.5429.901.

Zhang, W., Becker, D. & Cheng, Q. (2006). A mini-review of recent W. O. patents (2004-2005) of novel anti-fungal compounds in the field of anti-infective drug targets. *Recent Patents on Anti-Infective Drug Discovery*, **1**: 225-230. DOI: http://dx.doi.org/10.2174/157489106777452584.

第7部
補遺

補遺 1
菌類分類の概要

ここでは，*Dictionary of Fungi* 第9版および第10版（Kirk *et al.*, 2001, 2008）を元にして，菌類の分類体系をまとめた．加えて，合衆国科学基金の助成によって行われた AFTOL（菌類系統樹構築プロジェクト）の成果から明らかになり，Hibbett *et al.*（2007）に取りまとめられた系統関係を反映させることとした（http://www.aftol.org/ および Blackwell *et al.*, 2006 参照）．

AFTOL プロジェクトは現在も継続中であり，また依然正確な系統関係が不明な菌群も多数残されている．これらについては，所属群未確定として下記の分類表中に示した．本節に記した記述の一部は，ブリタニカ百科事典の許可および厚意により，ブリタニカ百科事典に掲載された「菌類の分類」の項目（David Moore 著）から引用した．

菌界

ツボカビ門（Phylum Chytridiomycota）

水圏の腐生者もしくは寄生者として生息する水生菌類．淡水または土壌中に生息，まれに海水生．ツボカビ類は遊走子嚢内において，運動性の無性遊走子（後方に1本の鞭毛をもち，またキネトソーム（基底小体）と非機能性中心小体，9の鞭毛支柱，およびマイクロボディ-油球複合体を有する）を形成．ゴルジ体は層状のシステルナをもつ．有糸分裂時，核膜は極に孔を現す．菌体は単細胞または糸状で，全実性（菌体全体が胞子嚢になる）あるいは分実性（菌体の一部のみが胞子嚢になる），単心性，多心性または糸状．有性生殖は接合子における減数分裂（いわゆる zygotic meiosis）を伴う．時に運動性の有性生殖動配偶子を形成する．最も祖先的な菌群と考えられる．基準属：*Chytridium* 属．

ツボカビ綱（Chytridiomycetes）

後方に1本の鞭毛をもつ遊走子により無性的に繁殖．遊走子はキネトソームと非鞭毛性中心体をもつ．菌体は単心性または多心性で仮根状菌糸体を有する．有性生殖に際しては異型配偶子を形成しない．基準属：*Chytridium* 属．

ツボカビ目（Chytridiales）．菌体は単心性または多心性．菌糸体を形成しないが，仮根と称する短い吸収性のフィラメントを有する．仮根は核を欠き，また広範囲に広がったものは仮根状菌糸体とよばれる．遊走子は典型的には鞭毛基部に電子不透栓（electron-opaque plug）を含み，複数の微小管キネトソームの一端より平行に並んで伸張する．リボソームは核周辺に凝集，キネトソームは非鞭毛性中心小体に対して平行に位置し繊維状物質により接続する．核はキネトソームと離れて存在，有孔システルナ（ルンポソーム）は油球に隣接する．通常淡水中で腐生性，あるいは藻類，他の菌類もしくは高等植物に寄生（たとえば *Synchytrium endobioticum* はジャガイモの癌腫病を起こす）．植物寄生菌のフクロカビ（*Olpidium*）属もかつては本目に含められていたが，現在は所属目未確定である．基準属：ツボカビ *Chytridium* 属．代表属：*Chytridium* 属，*Chytriomyces* 属，クモノスツボカビ（*Nowakowskiella*）属．

フタナシツボカビ目（Rhizophydiales）．代表属：フタナシツボカビ（*Rhizophydium*）属．

スピゼロミケス目（Spizellomycetales）．代表属：*Spizellomyces* 属，*Powellomyces* 属．

サヤミドロモドキ綱（Monoblepharidomycetes）

菌体は糸状，分枝して広がる，もしくは単純で分岐をもたない，しばしば基部に付着器をもつ．無性生殖は遊走子または自生胞子（オートスポア）による．遊走子のキネトソームは非鞭

毛性中心小体に対して平行に位置し，キネトソーム周辺には線状紋のある円盤が部分的に広がる．微小管はその線状紋のある円盤から前方に伸張，リボソームは密集，ルンポソーム（有孔システルナ）はマイクロボディに近接．有性生殖は，造精器から造られる後方一鞭毛性の精子（アンセロゾイド）と，造卵器によって作られる非鞭毛性の雌性配偶子による卵生殖による．
基準属：サヤモドロモドキ（*Monoblepharis*）属．

　　サヤミドロモドキ目（Monobipharidales）．代表属：サヤミドロモドキ（*Monoblepharis*）属．

ネオカリマスティクス菌門（Neocallimastigomycota）
　菌体は単心生または多心生．嫌気性，大型植食動物の消化管内に生息，他の陸圏もしくは水圏の嫌気的環境にも生息する可能性がある．ミトコンドリアを欠き，ミトコンドリアに起源をもつヒドロゲノソームを有する．遊走子は後方に一鞭毛もしくは多鞭毛をもつ．キネトソームをもつが非機能性中心小体（非鞭毛性中心体）を欠く，キネトソーム関連複合体として，スカート（skirt），ストラット（strut），スパー（spur），鞭毛周辺リング（circumflagellar ring）をもち，微小管はスパーから伸張して核周辺に広がるとともに，後方へ扇状をなして広がる．鞭毛の支柱（props）を欠く．核膜は有糸分裂中もそのまま残る．

　　ネオカリマスティクス綱（Neocallimastigomycetes）

　　ネオカリマスティクス目（Neocallimastigales）．代表属：*Neocallimastix* 属．

コウマクノウキン門（Blastocladiomycota）
　特徴はツボカビ類に非常に類似，胞子体における減数分裂（いわゆる「sporic meiosis」）を伴う生活環をもつ．減数分裂により単相の胞子を形成，それが直接新たな単相の個体に成長する．このようにして，単相の配偶体と複相の胞子体を交互に生じる．本門菌は，かつてはツボカビ門に含められていた．腐生性種の他，菌類，藻類，植物および無脊椎動物に寄生する種があり，また低酸素環境下においては通性嫌気性となることがある．本門菌はいずれも，遊走子の核周辺にリボソームが密集した明瞭な核帽を有する．菌体は単心性もしくは多心性で，カワリミズカビ（*Allomyces*）属では菌糸状．他に代表属として，*Physoderma* 属，*Blastocladiella* 属やボウフラキン（*Coelomomyces*）属がある．*Physoderma* 属菌は高等植物に寄生，ボウフラキン属菌は昆虫類の絶対的内部寄生菌であり，胞子体世代と配偶子体世代をそれぞれボウフラとカイアシ類に交互に形成する．

　　コウマクノウキン綱（Blastocladiomycetes）

　　コウマクノウキン目（Blastocladiales）．水生菌で限定的に菌体を形成，厚壁で粗面の耐久性胞子嚢を形成することで特徴づけられる．同形（大きさ，形態ともに類似），もしくは異形の（大きさは異なるが，形状は類似）運動性配偶子接合により有性生殖を行う．カワリミズカビ属では同形の2世代を繰り返す．ほとんどは腐生性であるが，ボウフラキン属の多くはボウフラに寄生．菌糸は細胞壁をもたないが，これは菌類としては例外的である．50種以上を含む．代表属：カワリミズカビ属，ボウフラキン属．

微胞子虫門（Microsporidia）
　本門菌については，多遺伝子に基づいた多数種の分子系統解析が行われていないことから，門内の高次分類群は提唱されていない．微胞子虫類は単細胞で動物体内に寄生し，ミトコンドリアが非常に退化した原生生物である．微胞子虫類はその他の菌類すべてに対する姉妹群の可能性もあるが，これは解析に用いられた種のサンプリングが不完全なことによる可能性もある．

グロムス菌門（Glomeromycota）
　近年まで，アーバスキュラー菌根（AM）菌は一般に接合菌門（グロムス菌目）に分類されていたが，接合菌門に特徴的な接合胞子を形成せず，またすべてのグロムス目菌は相利共生生物である．近年の分子系統解析から，AM菌は独自の門であるグロムス菌門に分類するのが適当であることが明らかになり，AFTOLによる研究でもこれが採用されている．国際植物命名規約では，科もしくは目名は所属する属の合法名の属格単数形から作ることが定められている．基準属である *Glomus* の属格単数形は Glomeris であり，したがって科名は Glomeraceae，目名は Glomerales（Glomales ではなく）となる．

　　グロムス菌綱（Glomeromycetes）

　　アーケオスポラ目（Archaeosporales）．代表属：*Archaeos-*

pora 属，*Geosiphon* 属．

ディバーシスポラ目（Diversisporales）．代表属：*Acaulospora* 属，*Diversispora* 属，*Pacispora* 属．

グロムス目（Glomerales）．代表属：*Glomus* 属．

パラグロムス目（Paraglomerales）．代表属：*Paraglomus* 属．

所属門未確定亜門

現在は特定門に分類されていないが，伝統的な「接合菌門」を構成する菌が含まれる．腐生性または寄生性（特に節足動物に）で，胞子嚢に非運動性の無性的な胞子嚢胞子を，また接合胞子として知られる有性胞子を形成する．ケカビ（*Mucor*）属，クモノスカビ（*Rhizopus*）属，ヒゲカビ（*Phycomyces*）属などの普通種を含む糸状菌が所属する．かつては，ツボカビ門，卵菌門（下記参照）および接合菌門がまとめて「藻菌類」として分類されていた．藻菌類は，下等菌類をまとめた「その他大勢」的な表記法として使われたこともあるが，すでに無効とされている．「接合菌門」は多系統群であり，またこの名前はラテン語判別文なしで出版されたために無効である，という問題点がある．今後，所属されている菌の系統関係が解明された際には，おそらくケカビ亜門を含める形で，接合菌門という名前が復活されて有効化される可能性がある．下記の亜門については現時点で正確な定義がされておらず，その分類学的位置づけが確定していない．

ケカビ亜門（Mucoromycotina）

腐生性，まれにゴール（菌えい）を形成し，吸器を伴わない条件的菌寄生性，あるいは外生菌根形成性．菌糸体は分枝，若い菌体は多核管状体をなし，時に隔壁を形成，成熟時には隔壁に微孔を有する．無性生殖は胞子嚢，小胞子嚢または分節胞子嚢の形成による，まれに厚壁胞子，分節胞子または出芽型胞子を形成する．有性生殖は，多少とも球形の接合胞子による．接合胞子は対峙もしくは並列した支持柄間に形成される．伝統的接合菌門の中心となるグループであるケカビ目を含む．

ケカビ目（Mucorales）．しばしば「パンカビ類（bread moulds；英名）」とよばれる．腐生性，植物に対して弱い寄生性，またはヒトに対して寄生性を示しムコール真菌症（肺感染症）を起こす．胞子嚢胞子，単胞子性小胞子嚢（小型の早落性胞子嚢）もしくは分生子により無性生殖を行う．ミズタマカビ（*Pilobolus*）属では高度にクチクラが発達した胞子嚢が強制的に射出される．約360種が含まれる．代表属：ケカビ（*Mucor*）属，*Parasitella* 属，ヒゲカビ（*Phycomyces*）属，ミズタマカビ（*Pilobolus*）属，クモノスカビ（*Rhizopus*）属．

アツギケカビ目（Endogonales）．代表属：アツギケカビ（*Endogone*）属，*Peridiospora* 属，*Sclerogone* 属，*Youngiomyces* 属．

クサレケカビ目（Mortierellales）．代表属：クサレケカビ（*Mortierella*）属，*Dissophora* 属，*Modicella* 属．

ハエカビ亜門（Entomophthoromycotina）

動物（おもに節足動物）や隠花植物に絶対的寄生，もしくは腐生．時に脊椎動物に条件的寄生する．体細胞世代は明瞭な菌糸体からなり，多核体または隔壁をもつ，細胞壁をもつまたはプロトプラスト状，分節化して多核の分節菌体を形成する．プロトプラストは菌糸状，もしくはアメーバ状で形は可塑的．分類群によっては嚢状体や仮根を形成．核の大きさ，核小体の位置や相対的な大きさ，化学的固定を行っていない分裂間期の核内における粒状のヘテロクロマチンの有無，有糸分裂パターンなどの核の特徴が，科レベルでの特徴として重要である．分生子柄は分枝する，またはしない．一次胞子は真正の分生子であり，一核，または多核性，さまざまな手段により強制的に射出，もしくは受動的に散布される．しばしば二次分生子を形成する．休眠胞子は厚い二層壁を有し，別の，あるいは同一の菌糸体上に形成された未分化な配偶子嚢間の接合により接合胞子として，あるいは配偶子嚢接合を経ない偽接合胞子として形成される．

ハエカビ目（Entomophthorales）．昆虫寄生性もしくは腐生性，一部は動物もしくはヒトの病気に関与する．変形した胞子が分生子として機能して，強制的に射出される．約150種が含まれる．代表属：ハエカビ（*Entomophthora*）属，*Ballocephala* 属，*Conidiobolus* 属，*Entomophaga* 属，*Neozygites* 属．

トリモチカビ亜門（Zoopagomycotina）

微小動物や菌類の内部あるいは外部寄生菌．栄養体は単純な菌体からなり，分枝性または非分枝性，もしくは分枝して多少

とも広範囲に広がった菌糸体を有する．外部寄生種は宿主内に吸器を形成する．分節型胞子，厚壁胞子形成，あるいは単胞子もしくは多胞子形成性の小胞子嚢により無性生殖を行う．多胞子性小胞子嚢による胞子嚢胞子は単純な，もしくは分枝した鎖状に形成する（分節胞子嚢）．有性生殖は類球形の接合胞子による．有性生殖菌糸は栄養菌糸と類似，もしくは多少とも膨らむ．

トリモチカビ目（Zoopagales）．アメーバ，ワムシ，線虫あるいは他の小動物に寄生，さまざまな特殊化した構造によってこれらを捕獲する．単独または鎖状に形成された分生子によって無性生殖を行う，分生子は強制射出されない．約60種が含まれる．代表属：ゼンマイカビ（Cochlonema）属，トムライカビ（Rhopalomyces）属，エダカビ（Piptocephalis）属，Sigmoideomyces 属，ハリサシカビ（Syncephalis）属，トリモチカビ（Zoopage）属．

キクセラ亜門（Kickxellomycotina）

腐生性，菌寄生性，あるいは絶対的共生性．吸器形成寄生性で，他の菌上に形成された付着器，あるいは分枝した隔壁を有する準気中生の菌糸より菌体を形成する．菌糸体は分枝する，またはしない，通常隔壁をもつ．隔壁は中央に孔栓のある円盤状の空洞を有する．単胞子性，もしくは二胞子性の分節胞子嚢，トリコスポア，もしくは分節胞子により無性生殖する．有性生殖は接合胞子による．接合胞子は球形，双円錐形，あるいはソーセージ形でコイル状になる．

キクセラ目（Kickxellales）．代表属：Kickxella 属，ブラシカビ（Coemansia）属，Linderina 属，Spirodactylon 属．

ディマルガリス目（Dimargaritales）．代表属：Dimargaris 属，Dispira 属，Tieghemiomyces 属．

ハルペラ目（Harpellales）．菌体は分枝する，またはしない，隔壁をもつ．トリコスポアによって無性生殖を行う．接合胞子による有性生殖を行う．約35種を含む．本目菌は片利共生生物（他の生物に対して寄生的に生活するが，宿主に対してある程度の利益を与えるか，あるいは少なくとも危害は加えない）であり，生きた節足動物の消化管や外皮上に，付着器もしくは基部細胞によって糸状の菌体を付着させる．本目に属する菌は，従来は「トリコミケス綱」に置かれていた．しかし，「トリコミケス綱」は多系統群であり，自然な系統群ではなく生態的群であることから，現在では分類群としては用いられない．したがって，「Trichomycetes（トリコミケス綱）」と大文字で書き始めるのではなく，「trichomycetes（トリコミケス類）」と綴るべきである．代表属：Harpella 属，Furculomyces 属，Legeriomyces 属，Smittium 属．

アセラリア目（Asellariales）．菌体は分柄性，隔壁をもち，基部の多核細胞により付着．分節型胞子により無性生殖を行う．微細構造の特徴から，アセラリア目は現在も菌類に分類されている．6種が含まれる．代表属：Asellaria 属，Orchesellaria 属．

ディカリア亜界（Dikarya）

単細胞または糸状の菌類で，鞭毛を欠き，しばしば二核相を有する．子嚢菌門と担子菌門を含む．ディカリアという名前は，二核菌糸が共有派生形質（含まれる2門が共有し，派生的で非祖先的な形質）と推定されることを暗示している．

子嚢菌門

菌類中最大のグループであり，またその生活型は腐生性，共生性（特に地衣類），寄生性や病原性（植物病原菌の種数が特に多いが，重要なヒト病原性種も多数含まれる）と，あらゆる範囲を網羅している．子嚢菌門の特徴は，有性胞子（子嚢胞子）が子嚢内に形成されるということである（実際，ラテン語の原判別文には「胞子は内生」とだけ書かれている．この記載が実際に子嚢菌門について判別的かは疑問であるが，命名規約上は有効な判別文として受入れられている）．細胞壁は層状で，薄く比較的電子密度の高い外層と，より厚く電子透過度の高い内層を有することも特徴的である．［これらは互いに系統的に遠縁であるが，出芽酵母（Saccharomyces）や分裂酵母（Schizosaccharomyces）など］子嚢菌酵母を除くと，子嚢は一般に複雑な子実体（子嚢果）に形成される．本門には少なくとも6,355属64,000種が含まれる．かつては，これらは子実体の形や子嚢の配列によってグループ分けされていた．たとえば，半子嚢菌類は子実体を欠き，子嚢は裸生．真正子嚢菌類においては，子嚢は子嚢果内に形成されるが，子嚢果には以下の主要な3タイプがある．閉子嚢果は閉鎖，一般に球形であるが，原始的，あるいは組織は疎な菌糸によって構成される．子嚢殻はフラスコ形．子嚢盤は皿形あるいは円盤形の子嚢果上に子嚢が形成される．下記に示した分類群は分子系統解析の結果

を反映したものであるが，さらなる研究の進展によって今後解釈が変更される可能性があることを，強調しておきたい．基礎的基準属：チャワンタケ（*Peziza*）属．

タフリナ菌亜門（Taphrinomycotina）

タフリナ菌綱（Taphrinomycetes）

タフリナ菌目（Taphrinales）．維管束植物に寄生，子嚢は厚壁胞子（厚い細胞壁をもつ胞子）と同様の様式で菌糸から形成され，二核性の造嚢細胞（子嚢形成細胞）から生じる．代表属：タフリナ（*Taphrina*）属，*Protomyces* 属．

ヒメカンムリタケ綱（Neolectomycetes）

ヒメカンムリタケ目（Neolectales）．代表属：ヒメカンムリタケ（*Neolecta*）属．

ニューモシスチス菌綱（Pneumocystidomycetes）

ニューモシスチス菌目（Pneumocystidiales）．代表属：ニューモシスチス（*Pneumocystis*）属．

シゾサッカロミケス綱（Schizosaccharomycetes）

シゾサッカロミケス目（Schizosaccharomycetales）．代表属：分裂酵母（*Schizosaccharomyces*）属．

サッカロミケス亜門（Saccharomycotina）

サッカロミケス綱（Saccharomycetes）

サッカロミケス目（Saccharomycetales）．通常個々の酵母細胞が生育，しばしば偽菌糸または真性の菌糸をもつ．細胞壁はおもにβグルカンによって構成される．子嚢果は形成されない．個々の細胞が変化した子嚢内，あるいは単純な子嚢形成菌糸上に形成された子嚢内に，1から多数の子嚢胞子を生じる．核の有糸分裂ならびに減数分裂に際して，核膜は裂開しない．子嚢胞子域を包む膜系は，減数分裂後の核と独立に関与する．無性生殖は全出芽型出芽，分生子形成，もしくは分裂（分節胞子）による．代表属：*Saccharomyces* 属，カンジダ（*Candida*）属，*Dipodascopsis* 属，*Metschnikowia* 属．

チャワンタケ亜門（Pezizomycotina）

ホシゴケ菌綱（Arthoniomycetes）

ホシゴケ菌目（Arthoniales）．代表属：ホシゴケ（*Arthonia*）属，*Dirina* 属，*Roccella* 属．

クロイボタケ綱（Dothideomycetes）

クロイボタケ亜綱（Dothideomycetidae）

カプノディウム目（Capnodiales）．代表属：*Capnodium* 属，*Scorias* 属，*Mycosphaerella* 属．

クロイボタケ目（Dothideales）．子嚢は小房内に束状に形成，不稔構造を欠く．約350種．代表属：*Dothidea* 属，*Dothiora* 属，*Sydowia* 属，*Stylodothis* 属．

ミリアンギウム目（Myriangiales）．代表属：*Myriangium* 属，*Elsinoe* 属．

プレオスポラ菌亜綱（Pleosporomycetidae）

プレオスポラ目（Pleosporales）．子嚢は偽側糸に交えて基底層より形成．4,705種以上が含まれる．代表属：*Pleospora* 属，*Phaeosphaeria* 属，*Lophiostoma* 属，*Sporormiella* 属，*Montagnula* 属．

クロイボタケ綱　所属亜綱未確定目

ボトリオスフェリア目（Botryosphaeriales）．代表属：*Botryosphaeria* 属，*Guignardia* 属．

モジカビ目（Hysteriales）．子座は舟形，縦のスリットにより開口し，子嚢盤様になる．子嚢は偽側糸に交えて形成．約110種を含む．代表属：*Hysterium* 属，*Hysteropatella* 属．

パテラリア目（Patellariales）．代表属：*Patellaria* 属．

ヤーヌラ目（Jahnulales）．代表属：*Aliquandostipite* 属，*Jahnula* 属，*Patescospora* 属．

ユーロチウム菌綱（Eurotiomycetes）
本綱にはケートチリウム菌亜綱，ユーロチウム菌亜綱，およびクギゴケ菌亜綱の3系統群が含まれる．

ケートチリウム菌亜綱（Chaetothyriomycetidae）
地衣化，寄生性，もしくは腐生性の子嚢菌で，子嚢は通常二重壁/裂開二重壁あるいは消失性，子嚢殻型子座の表面または菌体に埋生して形成される．菌体は岩石表面，地衣上，腐りつつある植物体や他の基物上に形成．子嚢胞子は多様，無色または有色，単細胞または石垣状．子嚢果内菌糸系を有する場合は，偽側糸によって構成される．色素を有する場合は，一般にメラニン関連物質をもつ．無性世代は非地衣化種に認められフィアロ型およびアネロ型．

ケートチリウム目（Chaetothyriales）．代表属：*Capronia* 属，*Ceramothyrium* 属，*Chaetothyrium* 属．

サネゴケ目（Pyrenulales）．代表属：サネゴケ（*Pyrenula*）属，エントツゴケ（*Pyrgillus*）属．

アナイボゴケ目（Verrucariales）．代表属：ツブゴケ（*Agonimia*）属，カワイワタケ（*Dermatocarpon*）属，*Polyblastia* 属，アナイボゴケ（*Verrucaria*）属．

ユーロチウム菌亜綱（Eurotiomycetidae）
腐生性，寄生性，または菌根性．子嚢果が形成される場合は通常閉子嚢殻／裸子嚢殻，球形で，しばしば周辺を取り巻く子座組織内に形成され，鮮色．子嚢果内菌糸系を欠く．配偶子嚢は一般に未分化で，コイル状菌糸により構成される．子嚢は一般に消失性，時に二重壁，子嚢果内に散生，まれに子実層を形成．子嚢胞子は一般に単細胞，レンズ形，時に球形または楕円形．アナモルフはフィアロ型や分節型分生子など多様．基準属：*Eurotium* 属．

ビンタマカビ目（Coryneliales）．子嚢は子嚢子座内に形成，子嚢子座は成熟時にじょうご形となる孔口を有する．約46種を含む．ビンタマカビ（*Corynelia*）属，*Caliciopsis* 属．

ユーロチウム目（Eurotiales）．子嚢は球形から広卵形，典型的なものでは閉子嚢殻（完全に閉鎖した子嚢果）内のさまざまな部位に形成される．ヒトや動物の皮膚寄生菌のほとんどは本目に所属，多くの腐生的土壌菌や糞生菌も含まれる．所属種は930種に上る．代表属：*Eurotium* 属，*Emericella* 属，*Talaromyces* 属，ツチダンゴ（*Elaphomyces*）属，マユハキタケ（*Trichocoma*）属，*Byssochlamys* 属．

ホネタケ目（Onygenales）．子嚢は粉塊状子実体胞子塊（mazaedium；不稔性の菌糸束によって散布される粉性の胞子塊からなり，外皮もしくは壁状構造に被われる）内に形成，消失性，不稔性菌糸束間に子嚢胞子が遊離，粉状になる．約270種を含む．代表属：ホネタケ（*Onygena*）属，*Gymnoascus* 属，*Arthroderma* 属．

クギゴケ菌亜綱（Mycocaliciomycetidae）
地衣類に寄生または片利共生，もしくは腐生性．子嚢果は皿形，有柄または無柄．果托は杯形，少なくとも一部は柄の菌糸と同様に菌核化する．胞子散布は能動的，まれに受動的で，受動的な場合は子嚢果に粘性子実層上皮がやや発達する．子嚢は一重壁，円筒形，通常頂端が明らかに厚くなる，8胞子性．子嚢胞子は淡褐色〜黒褐色，楕円形または球形〜立方体状，隔壁をもたない，または横に1〜7隔壁をもつ．胞子細胞壁は有色，平滑または原形質膜内に形成された突起を有する．ブルピン酸（vulpinic acid）誘導体をもつ種がある．さまざまな分生子果不完全菌や不完全糸状菌が含まれる．基準属：アリピンゴケ（*Mycocalicium*）属．

クギゴケ目（Mycocaliciales）．代表属：アリピンゴケ（*Mycocalicium*）属，ヒメピンゴケ（*Chaenothecopsis*）属，クギゴケ（*Stenocybe*）属，イチジクゴケ（*Sphinctrina*）属．

ラブルベニア菌綱（Laboulbeniomycetes）

ラブルベニア目（Laboulbeniales）．昆虫やクモ類に寄生する微小菌で，菌糸体は吸器と柄のみからなる．約2,050種を含む．代表属：*Laboulbenia* 属，*Rickia* 属，*Ceratomyces* 属．

ピクシディオフォラ目（Pyxidiophorales）．代表属：*Pyxidiophora* 属．

チャシブゴケ菌綱（Lecanoromycetes）

ホウネンゴケ菌亜綱（Acarosporomycetidae）

ホウネンゴケ目（Acarosporales）．地衣形成菌で，クロロコックム様藻類と共生．子嚢果は埋生または無柄，子嚢盤状または子嚢殻状．真正果托は無色，環状．子実層は非アミロイド．側糸は中程度分岐～ほとんど分岐しない，隔壁をもつ，中程度吻合～ほとんど吻合しない．子嚢は機能的には一重壁，レカノラ型，非アミロイドまたは頂部ドーム（子嚢頂部の厚い部分）がわずかにアミロイド，多胞子性，一般に各子嚢に100以上の胞子を含む．子嚢胞子は無色，小型，隔壁をもたない，暈（かさ）をもたない．本目菌は，以前はチャシブゴケ目に分類されていたが，ホウネンゴケ科はチャシブゴケ菌亜綱とピンタケ亜綱が分岐するよりも先に，これらから分岐したことがわかっている．代表属：ホウネンゴケ（*Acarospora*）属，*Pleopsidium* 属，*Sarcogyne* 属．

チャシブゴケ菌亜綱（Lecanoromycetidae）

緑藻類またはシアノバクテリアを共生藻とする地衣形成菌．子嚢果は埋生，無柄または有柄，一般に円盤状．真正果托は無色または有色，環状または杯型，子実層はアミロイドまたは非アミロイド．側糸は分岐しない，もしくは中程度～著しく分岐，隔壁をもつ，吻合するまたはしない．子嚢は二重壁，機能的には一重壁または原生壁型，レカノラ型，非アミロイドまたはアミロイド，通常8胞子性であるが，1～多胞子性と変異がある．子嚢胞子は無色または褐色，隔壁を欠く，暈（かさ）をもつまたはもたない．本亜綱には地衣形成性盤菌類のほとんどが含まれる．

チャシブゴケ目（Lecanorales）．代表属：ハナゴケ（*Cladonia*）属，チャシブゴケ（*Lecanora*）属，カラクサゴケ（*Parmelia*）属，カラタチゴケ（*Ramalina*）属，サルオガセ（*Usnea*）属．

ツメゴケ目（Peltigerales）．代表属：カワラゴケ（*Coccocarpia*）属，イワノリ（*Collema*）属，ウラミゴケ（*Nephroma*）属，ハナビラゴケ（*Pannaria*）属，ツメゴケ（*Peltigera*）属．

ダイダイキノリ目（Teloschistales）．代表属：ダイダイゴケ（*Caloplaca*）属，ダイダイキノリ（*Teloschistes*）属，オオロウソクゴケ（*Xanthoria*）属．

ピンタケ亜綱（Ostropomycetidae）

アギリウム目（Agyriales）．代表属：マダラゴケ（*Agyrium*）属，デイジーゴケ（*Placopsis*）属，*Trapelia* 属，*Trapeliopsis* 属．

センニンゴケ目（Baeomycetales）．クロロコックス様共生藻と地衣を形成．子嚢果は無柄またはまれに有柄，円盤状．真正果托は無色または有色，環状または杯型．子実層は非アミロイド．側糸は中程度～著しく分岐，隔壁をもつ．子嚢は一重壁，非アミロイドまたはわずかにアミロイドの頂部ドームをもつ，8胞子性．子嚢胞子は無色，隔壁をもたない，または横隔壁をもつ，暈（かさ）をもつ，またはもたない．基準属：ヒロハセンニンゴケ（*Baeomyces*）属．

ピンタケ目（Ostropales）．子嚢果は子嚢盤（子実層は裸出，しばしばカップ状）．子嚢は無弁型（頂端に孔をもたない）．子嚢胞子は隔壁をもち，糸状．本目には，ゴンフィルス目（Gomphillales），モジゴケ目（Graphidales），サラゴケ目（Gyalectales），ホシザネゴケ目（Trichotheliales）といった，過去には別の目に分類されていた種も含まれている．代表属：ピンタケ（*Ostropa*）属，*Stictis* 属，サラゴケ（*Gyalecta*）属，*Gomphillus* 属，モジゴケ（*Graphis*）属，*Odontotrema* 属，マルゴケ（*Porina*）属，チブサゴケ（*Thelotrema*）属．

トリハダゴケ目（Pertusariales）．現在の解釈による本目は単系統群ではない可能性があり，ニクイボゴケ科（Ochrolechiaceae）や，異質な要素を含むトリハダゴケ属の一部は別クレードに含まれるものの，高い支持は得られていない．ただし分子系統解析の結果，トリハダゴケ目のコアとなるグループは，単系統群として高い支持が得られている．代表属：アナツブゴケ *Coccotrema* 属，アオシモゴケ *Icmadophila* 属，ニクイボゴケ *Ochrolechia* 属，トリハダゴケ *Pertusaria* 属．

チャシブゴケ菌綱　所属亜綱未確定

ロウソクゴケ目（Candelariales）．クロロコックス様藻類を共生藻とする地衣形成子嚢菌で，一般に好窒素性．菌体の形態は多様，黄色から橙色［プルビン酸（pulvinic acid）誘導体

による］．子囊果は子囊盤様で無柄，縁部は明瞭，または明瞭でない，黄色から橙色．子囊果壁は密な隔壁を有するねじれた菌糸から構成される．側糸は一般に分岐しない．外皮層は無毛，子実層はアミロイド．子囊は一重壁型でCandelaria型，先端ドームの下部はアミロイド，先端クッションは広い，しばしば多胞子．子囊胞子は無色，隔壁をもたない，まれに1隔壁をもつ．基準属：ロウソクゴケ（Candelaria）属．代表属：ロウソクゴケ属，ロウソクゴケモドキ（Candelariella）属．

イワタケ目（Umbilicariales）．地衣形成性子囊菌で，クロロコックス様藻類を共生藻とする．子囊果は無柄，まれに埋生または有柄，ほとんどは黒色，不定形，皿形．真性外皮層は有色，環状．子実層はアミロイド．側糸は分岐しない，またはわずかに分岐，隔壁をもつ，先端部はふくれる．子囊は一重壁型でわずかにアミロイドの頂部ドームをもつ，1～8胞子性．子囊胞子は無色または褐色，隔壁をもたない～石垣状．基準属：イワタケ（Umbilicaria）属．代表属：オオイワブスマ（Lasallia）属，イワタケ属．

ズキンタケ綱（Leotiomycetes）

キッタリア目（Cyttariales）．代表属：キッタリア（Cyttaria）属．

ウドンコカビ目（Erysiphales）．顕花植物の絶対寄生菌で，うどんこ病を起こす．菌糸体は白色，ほとんどは表生，宿主の表皮細胞に埋生した吸器によって養分を吸収する．閉子囊殻内に1～数個の子囊を形成，子囊を複数形成する場合，子囊は成熟時には基底部層に位置する．子囊は球形～広卵形．閉子囊殻は付属器を有する．約150種を含む．代表属：Erysiphe属，Blumeria属，Uncinula属．

ビョウタケ目（Helotiales）．子囊果は子囊盤で，子囊は無弁型，子囊は初期から裸生する．重要な植物病原菌を含む．既存の分子系統解析データからは，広義のビョウタケ目の単系統性は支持されていない．ビョウタケ類には少なくとも5系統群が含まれ，これらは他のズキンタケ綱分類群（キッタリア目やウドンコカビ目など）と混ざり合っており，その系統関係は依然解明されていない．したがって，現時点では正確な系統を反映させた本目菌の分類ができていない．代表属：カンムリタケ（Mitrula）属，ニセビョウタケ（Hymenoscyphus）属，ムラサキゴムタケ（Ascocoryne）属．

リティスマ目（Rhytismatales）．代表属：Rhytisma属，Lophodermium属，ホテイタケ（Cudonia）属．

テレボルス目（Thelebolales）．代表属：Thelebolus属，Coprotus属，Ascozonus属．

リキナ菌綱（Lichinomycetes）

リキナ目（Lichinales）．代表属：Heppia属，Lichina属，タテゴケ（Peltula）属．

オルビリア菌綱（Orbiliomycetes）

オルビリア目（Orbiliales）．代表属：Orbilia, Hyalorbilia.

チャワンタケ綱（Pezizomycetes）

チャワンタケ目（Pezizales）．子囊果は子囊盤で，有弁型（蝶番状の蓋をもつ）の子囊をもつ，地上生[訳注1]．子囊盤はしばしば大型，茶碗状または皿状，海綿状，頭脳状，鞍状など．アミガサタケ類，シャグマアミガサタケ類，ノボリリュウ類，チャワンタケ類などを含む．約1,700種．代表属：チャワンタケ（Peziza）属，ホウズキタケ（Glaziella）属，アミガサタケ（Morchella）属，ピロネマ（Pyronema）属，セイヨウショウロ（Tuber）属．

フンタマカビ綱（Sordariomycetes）

ボタンタケ亜綱（Hypocreomycetidae）

コロノフォラ目（Coronophorales）．子囊は子囊子座に形成，子囊子座は不規則または円形に開口するが，じょうご状にはならない．約90種を含む．代表属：Nitschkia属，Scortechinia属，Bertia属，Chaetosphaerella属．

訳注1：セイヨウショウロ属など，地下生菌も含まれる．

ボタンタケ目（Hypocreales）．子嚢殻および子座はしばしば鮮色．子嚢は先端が尖った側糸に交えて基底層に形成される．子嚢殻は子座内に埋没，子座は菌核（硬質の休眠組織で，不適当な条件下においても耐久性をもつ）より生じる．子嚢の頂部は厚壁で中央に管を有し，そこから隔壁をもつ糸状の胞子を放出する[訳注2]．麦角菌（*Claviceps purpurea*）は植物の麦角病，動物およびヒトの麦角中毒の原因であるとともに，LSDの原材料であり，本目に属している．ノムシタケ（*Cordyceps*）属は昆虫の幼虫などに寄生する．約2,700種が含まれる．代表属：ボタンタケ（*Hypocrea*）属，ベニアワツブタケ（*Nectria*）属，ノムシタケ属，麦角菌（*Claviceps*）属，*Niesslia*属．

メラノスポラ目（Melanosporales）．子嚢果は子嚢殻または二次的閉子嚢殻，外皮は造嚢螺旋状菌糸の基部より生じる，半透明．中心体は偽柔細胞からなる，発達過程において側糸は形成されない．子嚢は一重壁，消失性．子嚢胞子は暗色，両端に発芽孔を有する．アナモルフは不完全菌型糸状菌．しばしば菌寄生性．代表属：*Melanospora*属．

ミクロアスクス目（Microascales）．代表属：*Microascus*属，*Petriella*属，*Halosphaeria*属，*Lignincola*属，*Nimbospora*属．

フンタマカビ亜綱（Sordariomycetidae）

ボリニア目（Boliniales）．代表属：ヘタタケ（*Camarops*）属，*Apiocamarops*属．

カロスフェリア目（Calosphaeriales）．代表属：*Calosphaeria*属，*Togniniella*属，*Pleurostoma*属．

ケートスフェリア目（Chaetosphaeriales）．代表属：*Chaetosphaeria*属，*Melanochaeta*属，*Zignoëlla*属，*Striatosphaeria*属．

コニオケータ目（Coniochaetales）．代表属：*Coniochaeta*属，*Coniochaetidium*属．

ディアポルテ目（Diaporthales）．子嚢殻は植物組織もしくは子座内に埋没，孔口は長く突出．子嚢の柄はゼラチン化し，子嚢を基部より離脱させる．側糸を欠く．クリ胴枯病菌（*Endothia parasitica*）[訳注3]を含む．1,200種近くを含む．代表属：*Diaporthe*属，*Gnomonia*属，*Cryphonectria*属，*Valsa*属．

オフィオストマ目（Ophiostomatales）．代表属：*Ophiostoma*属，*Fragosphaeria*属．

フンタマカビ目（Sordariales）．代表属：フンタマカビ（*Sordaria*）属，*Podospora*属，アカパンカビ（*Neurospora*）属，*Lasiosphaeria*属，ケタマカビ（*Chaetomium*）属．

クロサイワイタケ亜綱（Xylariomycetidae）

クロサイワイタケ目（Xylariales）．子嚢殻は暗色で膜質あるいは炭状（黒色の焼木様）の壁を有し，子座（内部もしくは表面で胞子形成が行われる小型の構造）をもつまたはもたない．子嚢は永続性，基底層に側糸（細長い構造物で子嚢に類似するが不稔性）に交えて形成される，側糸は最終的にはゼラチン化して消失する．代表属：クロサイワイタケ（*Xylaria*）属，アカコブタケ（*Hypoxylon*）属，*Anthostomella*属，*Diatrype*属，ニマイガワキン（*Graphostroma*）属．

フンタマカビ綱　所属亜綱未確定

ルルワーチア目（Lulworthiales）（本目はかつてスパツロスポラ目におかれていた菌を含む）．代表属：*Lulworthia*属，*Lindra*属．

メリオラ目（Meliolales）．菌糸体は暗色，維管束植物の葉や柄の表面に生息し，通常付属器（支持柄もしくは剛毛体とよばれる）を有する．子嚢は付属器をもたない開孔型の子嚢殻内の基底層に形成される．ほとんどの種は熱帯地域に生息する．1,900種以上が含まれる．代表属：*Meliola*属．

クロカワキン目（Phyllachorales）．代表属：*Phyllachora*属．

訳注2：ボタンタケ属やベニアワツブタケ属などに含まれる菌の子嚢胞子は糸状ではない．

訳注3：= *Cryphonectria parasitica*．

トリコスフェリア目（Trichosphaeriales）．代表属：*Trichosphaeria* 属．

チャワンタケ亜門　所属綱未確定

ラーミア目（Lahmiales）．代表属：*Lahmia* 属．

メデオラリア目（Medeolariales）．代表属：*Medeolaria* 属．

トリブリディア目（Triblidiales）．代表属：*Huangshania* 属，*Pseudographis* 属，*Triblidium* 属．

担子菌門（Basidiomycota）

腐生，もしくは植物や昆虫類などに寄生する．糸状．菌糸は隔壁をもち，隔壁は通常膨張し（ドリポア型）中央に孔をもつ．菌糸体には一核細胞からなる一次菌糸（同核菌糸）と，これらが交配して生じる二核細胞からなる二次菌糸（異核菌糸）の2型がある．二次菌糸はしばしば隔壁部分に橋状のかすがい連結をもつ．菌糸の断片化，分裂子（胞子としての機能をもった，薄壁で遊離した菌糸細胞片），あるいは分生子により無性生殖する．菌糸どうし，もしくは菌糸と菌糸片，発芽胞子の融合（体細胞接合）によって二核菌糸を生成し，最終的には菌糸上に直接，あるいはさまざまな形状の担子器果を形成し，そこに担子器を作って有性生殖を行う．減数胞子（有性胞子）は担子胞子で，担子器の外部に形成される．多くは射出胞子で，小さな菌糸突起（小柄）に胞子を形成，そこから能動的に射出される．本門には多数の種が含まれており，さび菌類，黒穂病菌類，膠質菌類，ホウキタケ類，多孔菌類，褶菌類，ホコリタケ類，スッポンタケ類，チャダイゴケ類などが分類される．これまで担子菌門には約1,600属32,000種が知られている．その多くはハラタケ亜門に含まれ，プクシニア菌亜門には約250属（8,400種）が，クロボキン亜門には62属（1,200種）が含まれる．担子菌門の菌は担子器の形状，そして伝統的には成熟した子実体の全体の形状や，形態学的特徴によって分類される．発達過程の比較から，異なる進化経路を通じて類似した構造や形状が生じうることが明らかである．たとえば「ひだ」とよばれる折り畳まれた胞子形成部位には，いくつかの形成様式が存在する．「ひだ」は異なった様式によって形成されることがあり，これらは異なる進化経路を経て生じた，表面上類似するだけの形質である．こうした器官は相似器官とよばれる（進化上の祖先形質を共有する相同器官とは異なる）．成熟した子実体の全体形や形態学的特徴は，野外において最も目立つ特徴である．しかし，これらは常に自然分類に有用とは限らず，むしろ紛らわしい形質にもなりうる．分子系統学的手法を用いた塩基配列比較の導入により，これまで子実体の全体形や形態学的特徴によって構築されてきた分類体系に，大きな，そして多くの驚くべき修正がもたらされた．こうした修正のいくつかは，下記に示した分類表（2007年の）に反映されている．しかし，ここに示した分類表は依然として最終的な体系には程遠いものである．

プクシニア菌亜門（Pucciniomycotina）（従来のサビキン綱に相当）

プクシニア菌綱（Pucciniomycetes）

モンパキン目（Septobasidiales）．代表属：モンパキン（*Septobasidium*）属，*Auriculoscypha* 属．

パクノシベ目（Pachnocybales）．代表属：*Pachnocybe* 属．

ヘリコバシディウム目（Helicobasidiales）．代表属：ムラサキモンパキン（*Helicobasidium*）属，*Tuberculina* 属．

プラチグロエア目（Platygloeales）．代表属：*Platygloea* 属，*Eocronartium* 属．

プクシニア目（Pucciniales）．代表属：*Puccinia* 属，*Uromyces* 属．

シストバシディウム菌綱（Cystobasidiomycetes）

シストバシディウム目（Cystobasidiales）．代表属：*Cystobasidium* 属，*Occultifur* 属，*Rhodotorula* 属[訳注4]．

エリトロバシディウム目（Erythrobasidiales）．代表属：

訳注4：本属は，エリトロバシディウム目およびスポリディオボルス目の代表属としても例示されている（下記参照）が，現在はスポリディオボルス目に含めて扱われることが多い．

Erythrobasidium 属，*Rhodotorula* 属，*Sporobolomyces* 属，*Bannoa* 属．

ナオヒデア目（Naohideales）．代表属：*Naohidea* 属．

アガリコスティルブム菌綱（Agaricostilbomycetes）

アガリコスティルブム目（Agaricostilbales）．代表属：*Agaricostilbum* 属，*Chionosphaera* 属．

スピクログロエア目（Spiculogloeales）．代表属：*Mycogloea* 属，*Spiculogloea* 属．

ミクロボトリウム菌綱（Microbotryomycetes）

ヘテロガストリディウム目（Heterogastridiales）．代表属：*Heterogastridium* 属．

ミクロボトリウム目（Microbotryales）．代表属：*Microbotryum* 属，*Ustilentyloma* 属．

リューコスポリディウム目（Leucosporidiales）．代表属：*Leucosporidiella* 属，*Leucosporidium* 属，*Mastigobasidium* 属．

スポリディオボルス目（Sporidiobolales）．代表属：*Sporidiobolus* 属，*Rhodosporidium* 属，*Rhodotorula* 属．

アトラクティエラ菌綱（Atractiellomycetes）

アトラクティエラ目（Atractiellales）．代表属：*Atractiella* 属，*Saccoblastia* 属，*Helicogloea* 属，*Phleogena* 属．

クラッシクラ菌綱（Classiculomycetes）

クラッシクラ目（Classiculales）．代表属：*Classicula* 属，*Jaculispora* 属．

ミキシア菌綱（Mixiomycetes）

ミキシア目（Mixiales）．代表属：*Mixia* 属．

クリプトミココラクス菌綱（Cryptomycocolacomycetes）

クリプトミココラクス目（Cryptomycocolacales）．代表属：*Cryptomycocolax* 属，*Colacosiphon* 属．

クロボキン亜門（Ustilaginomycotina；従来の黒穂菌綱に相当）

クロボキン綱（Ustilaginomycetes）

ウロシスティス目（Urocystidales）．代表属：*Urocystis* 属，*Ustacystis* 属，*Doassansiopsis* 属．

クロボキン目（Ustilaginales）．代表属：*Ustilago* 属，*Cintractia* 属．

モチビョウキン綱（Exobasidiomycetes）

ドアッサンジア目（Doassansiales）．代表属：*Doassansia* 属，*Rhamphospora* 属，*Nannfeldtiomyces* 属．

エンチロマ目（Entylomatales）．代表属：*Entyloma* 属，*Tilletiopsis* 属．

モチビョウキン目（Exobasidiales）．代表属：モチビョウキン（*Exobasidium*）属，*Clinoconidium* 属，*Dicellomyces* 属．

ゲオルゲフィシェリア目（Georgefischeriales）．代表属：*Georgefischeria* 属，*Phragmotaenium* 属，*Tilletiaria* 属，*Tilletiopsis* 属．

ミクロストロマ目（Microstromatales）．代表属：*Microstroma* 属，*Sympodiomycopsis* 属，*Volvocisporium* 属．

ティレティア目（Tilletiales）．代表属：*Tilletia* 属，*Conidiosporomyces* 属，*Erratomyces* 属．

クロボキン亜門　所属綱未確定

マラセチア目（Malasseziales）．代表属：マラセチア（*Malassezia*）属．

ハラタケ亜門（Agaricomycotina；従来の菌蕈綱もしくは担子菌綱に該当）

シロキクラゲ菌綱（Tremellomycetes）

シストフィロバシディウム目（Cystofilobasidiales）．代表属：*Cystofilobasidium* 属，*Mrakia* 属，*Itersonilia* 属．

フィロバシディウム目（Filobasidiales）．代表属：*Filobasidiella* 属，クリプトコックス（*Cryptococcus*）属．

シロキクラゲ目（Tremellales）．子実体は通常鮮色〜黒色でゼラチン質の塊状．一部の種はコケ，維管束植物あるいは昆虫類に寄生する．ほとんどは腐生性．約 350 種を含む．代表属：シロキクラゲ（*Tremella*）属，トリコスポロン（*Trichosporon*）属，*Christiansenia* 属．

アカキクラゲ菌綱（Dacrymycetes）

アカキクラゲ目（Dacrymycetales）．代表属：アカキクラゲ（*Dacrymyces*）属，ニカワホウキタケ（*Calocera*）属，タテガタツノマタタケ（*Guepiniopsis*）属．

ハラタケ綱（Agaricomycetes）

ハラタケ亜綱（Agaricomycetidae）

ハラタケ目（Agaricales）．代表属：ハラタケ（*Agaricus*）属，ササクレヒトヨタケ（*Coprinus*）属，ヒラタケ（*Pleurotus*）属．

アテリア目（Atheliales）．代表属：*Athelia* 属，*Piloderma* 属，*Tylospora* 属．

イグチ目（Boletales）．代表属：ヤマドリタケ（*Boletus*）属，ニセショウロ（*Scleroderma*）属，イドタケ（*Coniophora*）属，ショウロ（*Rhizopogon*）属．

スッポンタケ亜綱（Phallomycetidae）

ヒメツチグリ目（Geastrales）．代表属：ヒメツチグリ（*Geastrum*）属，*Radiigera* 属，タマハジキタケ（*Sphaerobolus*）属．

ラッパタケ目（Gomphales）．ラッパタケ（*Gomphus*）属，シマショウロ（*Gautieria*）属，ホウキタケ（*Ramaria*）属．

ヒステランギウム目（Hysterangiales）．*Hysterangium* 属，*Phallogaster* 属，*Gallacea* 属，*Austrogautieria* 属．

スッポンタケ目（Phallales）．スッポンタケ（*Phallus*）属，アカカゴタケ（*Clathrus*）属，*Claustula* 属．

ハラタケ綱　所属亜綱未確定

キクラゲ目（Auriculariales）．代表属：キクラゲ（*Auricularia*）属，ヒメキクラゲ（*Exidia*）属，*Bourdotia* 属．

アンズタケ目（Cantharellales）．代表属：アンズタケ（*Cantharellus*）属，*Botryobasidium* 属，クロラッパタケ（*Craterellus*）属，ツラスネラ（*Tulasnella*）属．

コウヤクタケ目（Corticiales）．担子器果は背着性もしくは円盤状（*Cytidia*），子実層托は平滑，菌糸型は 1 菌糸型で通常クランプを有するが，まれにクランプを欠く．しばしば樹枝状菌糸体をもつ．シスチジアをもつまたは欠く．多くの種が前担子器休眠期を有する．胞子は平滑，胞子紋は白色〜ピンク色．腐生性，寄生性もしくは地衣上生．基準属：ウスベニコウヤクタケ（*Corticium*）属．代表属：ウスベニコウヤクタケ属，シロペンキタケ（*Vuilleminia*）属，ケシワウロコタケ（*Punctularia*）属．

キカイガラタケ目（Gloeophyllales）．子実体は多年生もしくは一年生で永続性，子実層は徐々に成熟し厚化．子実体は背着性，半背着生または無柄で半円形，子実層托は平滑，畝状，歯牙状，ひだ状あるいは管孔状，あるいは有傘有柄で子実層托はひだ状（暗黒条件下，もしくは二酸化炭素高濃度条件下においては，成長不良となり，さんご状もしくは扇形の子実体を形成することがある）．実質由来の薄壁シスチジアもしくは菌糸状毛が広く見られ，子実層内に伸び，さらに子実層から突出［マツオウジ（*Neolentinus*）属では，ひだ縁部から突出］する．しばしば細胞壁は褐色に着色する，または褐色の細胞壁外

着色を有する．傘肉は褐色（マツオウジ属では淡色）で，一般に水酸化カリウム水溶液により暗色になる［サビカワウロコタケ（*Boreostereum*）属の褐色着色物は，水酸化カリウム水溶液により緑変する］．1菌糸型（この場合は，原菌糸は厚壁化する），2菌糸型もしくは3菌糸型．原菌糸はクランプをもつ，または欠く．担子胞子は無色，楕円形から円筒形あるいはややソーセージ形，薄壁，平滑で非アミロイド，コットンブルー非染色性．これまで知られている限りでは，担子胞子は二核性で，交配型はヘテロタリックで二極性［チズガタサルノコシカケ（*Veluticeps berkeleyi*）では四極性］．基準属：キカイガラタケ（*Gloeophyllum*）属．針葉樹，単子葉植物もしくは双子葉植物材の褐色腐朽（キカイガラタケ属，マツオウジ属，チズガタサルノコシカケ属），もしくは白色繊維状腐朽（サビカワウロコタケ属，*Donkioporia*属）を起こす．しばしば「使用中の材」（線路の枕木，木製舗装ブロック，木製箱など）に発生する（*Donkioporia*属，キカイガラタケ属，*Heliocybe*属およびマツオウジ属）．時に炭化した材に発生（サビカワウロコタケ属やチズガタサルノコシカケ属）．代表属：キカイガラタケ属，マツオウジ属，チズガタサルノコシカケ属．

　　タバコウロコタケ目（Hymenochaetales）．代表属：タバコウロコタケ（*Hymenochaete*）属，キコブタケ（*Phellinus*）属，シハイタケ（*Trichaptum*）属．

　　タマチョレイタケ目（Polyporales）．代表属：タマチョレイタケ（*Polyporus*）属，ツガサルノコシカケ（*Fomitopsis*）属，マクカワタケ（*Phanerochaete*）属．

　　ベニタケ目（Russulales）．代表属：ベニタケ（*Russula*）属，アカコウヤクタケ（*Aleurodiscus*）属，ミヤマトンビマイ（*Bondarzewia*）属，サンゴハリタケ（*Hericium*）属，カワタケ（*Peniophora*）属，ウロコタケ（*Stereum*）属．

　　ロウタケ目（Sebacinales）．代表属：ロウタケ（*Sebacina*）属，*Tremellodendron*属，*Piriformospora*属．

　　イボタケ目（Thelephorales）．代表属：イボタケ（*Thelephora*）属，マツバハリタケ（*Bankera*）属，カラスタケ（*Polyozellus*）属．

　　トレキスポラ目（Trechisporales）．担子器果は背着性，有柄またはホウキタケ型．子実層托は平滑，細粒状，針状または管孔状．菌糸型は1菌糸型，菌糸はクランプをもつ，子実体形成菌糸の隔壁部は膨大する，またはしない．時にシスチジアをもつが，多くの種ではもたない．担子器は4〜6小柄をもつ．胞子は平滑または突起をもつ．材上または地上生．基準属：シロアナコウヤクタケ（*Trechispora*）属．代表属：シロアナコウヤクタケ属，*Sistotremastrum*属，*Porpomyces*属．

担子菌門　所属亜門未確定

　ワレミア菌綱（Wallemiomycetes）

　　ワレミア目（Wallemiales）．代表属：*Wallemia*属．

　エントリザ菌綱（Entorrhizomycetes）

　　エントリザ目（Entorrhizales）．代表属：*Entorrhiza*属．

菌学者の研究する「菌類」には，クロミスタ界および原生生物界という別の2界に属する生物も含まれている．

クロミスタ界（Kingdom Chromista）

　約126属1,040種の菌類様微生物が本界に属し，そのほとんどは卵菌門に属する．卵菌門は普通に見られる微生物であり，エキビョウキン（*Phytophthora*）などの重要な植物病原菌を含む．二鞭毛性の運動性胞子を形成し，セルロースを含む細胞壁をもつ菌糸により成長する．

サカゲツボカビ門（Hyphochytriomycota）
　小型の菌体を形成する微生物．しばしば分枝した仮根を有し，淡水や土壌中の藻類または菌類に寄生または腐生する．最終的には菌体全体が生殖構造になる．6属24種のみが知られる．

　　サカゲツボカビ目（Hyphochytriales）．代表属：サカゲツボカビ（*Hyphochytrium*）属，サカゲカビ（*Rhizidiomyces*）属．

ラビリンチュラ菌門（Labyrinthulomycota）
　摂食期は外質ネットからなり，その中を紡錘形もしくは球形の細胞が滑るように移動する．海水もしくは淡水中において，

藻類や他のクロミスタ類に付着する．12属56種程度が知られる．

　　ラビリンチュラ目（Labyrinthulales）．代表属：*Labyrinthula* 属．

　　ヤブレツボカビ目（Thraustochytriales）．代表属：ヤブレツボカビ（*Thraustochytrium*）属．

卵菌門（Oomycota）
　汎世界的に広く分布する「ミズカビ類」であり，淡水，土壌水および海水環境に生息する．ミズカビ（*Saprolegnia*）属，フハイカビ（*Pythium*）属，エキビョウキン（*Phytophthora*）属など経済的に重要な病原体を含む．約110属約1,000種を含む．

　　フシミズカビ目（Leptomitales）．代表属：*Apodachlyella* 属，*Ducellieria* 属，*Leptolegniella* 属，フシミズカビ（*Leptomitus*）属．

　　ミゾキチオプシス目（Myzocytiopsidales）．代表属：*Crypticola* 属．

　　フクロカビモドキ目（Olpidiopsidales）．代表属：フクロカビモドキ（*Olpidiopsis*）属．

　　ツユカビ目（Peronosporales）．代表属：シロサビキン（*Albugo*）属，ツユカビ（*Peronospora*）属，*Bremia* 属，*Plasmopara* 属．

　　フハイカビ目（Pythiales）．代表属：フハイカビ（*Pythium*）属，エキビョウキン（*Phytophthora*）属，*Pythiogeton* 属．

　　オオギミズカビ目（Rhipidiales）．代表属：オオギミズカビ（*Rhipidium*）属．

　　サリラゲニディウム目（Salilagenidiales）．代表属：*Haliphthoros* 属．

　　ミズカビ目（Saprolegniales）．代表属：*Leptolegnia* 属，ワタカビ（*Achlya*）属，ミズカビ（*Saprolegnia*）属．

　　ササラビョウキン目（Sclerosporales）．代表属：ササラビョウキン（*Sclerospora*）属，*Verrucalvus* 属．

　　サカゲフクロカビ目（Anisolpidiales）．代表属：サカゲフクロカビ（*Anisolpidium*）属．

　　ラゲニスマ目（Lagenismatales）．代表属：*Lagenisma* 属．

　　ロゼロプシス目（Rozellopsidales）．代表属：*Pseudosphaerita* 属，*Rozellopsis* 属．

　　ハプトグロッサ目（Haptoglossales）．代表属：*Haptoglossa* 属，*Lagena* 属，*Electrogella* 属，*Eurychasma* 属，*Pontisma* 属，*Sirolpidium* 属．

原生生物界（Kingdom Protozoa）

　原生生物は多様な単細胞生物であり，異なる単細胞生物を祖先にもつ（多系統な）生物群である．「粘菌類」として知られる生物群はすべて原生生物界に属する．これらは菌糸をもたず，また食物片を食作用により取り込むことが可能であることから，一般に細胞壁をもたない．粘菌類は通常の菌類の定義とは合致しないが，一見菌類の子実体と類似した子実体を形成する．このことから，これらは「菌類」とよばれ，また菌学者によって研究され，ほとんどの菌学教科書に含まれてきた．

ネコブカビ門（Plasmodiophoromycota）
　淡水あるいは土中の植物，藻類，菌類の細胞内に，絶対共生もしくは絶対寄生する．その本体は，多核で細胞壁をもたない変形体である．15属約50種が含まれる．ネコブカビ（*Plasmodiophora*）属および *Spongospora* 属は深刻な植物病害を起こす．

　　ネコブカビ綱（Plasmodiophoromycetes）

　　ネコブカビ目（Plasmodiophorales）．代表属：ネコブカビ（*Plasmodiophora*）属，*Polymyxa* 属．

変形菌門（Myxomycota）
　自由生活性で単細胞もしくは変形体をもつアメーバ状粘菌である．82属に計1,020種が含まれるが，その多く（888種）

は変形菌綱に含まれる.

タマホコリカビ綱（Dictyosteliomycetes）

タマホコリカビ目（Dictyosteliales）．代表属：*Actyostelium* 属，タマホコリカビ（*Dictyostelium*）属．

変形菌綱（Myxomycetes）

ハリホコリ目（Echinosteliales）．代表属：クビナガホコリ（*Clastoderma*）属，ハリホコリ（*Echinostelium*）属．

コホコリ目（Liceales）．代表属：アミホコリ（*Cribraria*）属，コホコリ（*Licea*）属，ドロホコリ（*Reticularia*）属．

モジホコリ目（Physarales）．代表属：カタホコリ（*Didymium*）属，モジホコリ（*Physarum*）属，ススホコリ（*Fuligo*）属．

ムラサキホコリ目（Stemonitales）．代表属：ムラサキホコリ（*Stemonitis*）属．

ケホコリ目（Trichiales）．代表属：ウツボホコリ（*Arcyria*）属，イトホコリ（*Dianema*）属，ケホコリ（*Trichia*）属，コガネホコリ（*Calonema*）属．

プロトステリウム綱（Protosteliomycetes）

プロトステリウム目（Protosteliales）．代表属：*Cavostelium* 属，ツノホコリ（*Ceratiomyxa*）属，*Echinosteliopsis* 属，*Protostelium* 属．

アクラシス門（Acrasiomycota）

アメーバ状粘菌類の1群．一般に腐生性，さまざまな腐りつつある植物遺体上に見られる．6属に14種が知られている．

アクラシス綱（Acrasiomycetes）

アクラシス目（Acrasiales）．代表属：ジュズダマカビ（*Acrasis*）属，*Copromyxa* 属，*Guttulinopsis* 属，*Fonticula* 属．

コアノゾア門（Choanozoa）

アメビディウム目およびエクリナ目は，かつては誤ってトリコミケス類に分類されていたが，現在は原生生物であるコアノゾアにおかれている．

メソミセトゾア綱（Mesomycetozoea）

アメビディウム目（Amoebidiales）．菌体は多核管状体（隔壁をもたず，細胞内には多数の核が分布する）で，付着器から生じる．アメーバ状細胞を形成．約12種．代表属：*Amoebidium* 属，*Paramoebidium* 属．

エクリナ目（Eccrinales）．菌体は多核管状体，付着器により節足動物の消化管に付着．一列にならんだ不動胞子性の胞子嚢を形成する．50種以上を含む．代表属：*Eccrina* 属，*Trichella* 属，*Palavascia* 属，*Parataeniella* 属．

最後に

菌類は地球上の生物圏成立に際して，計り知れない，そして数えきれないほどさまざまな影響を与え，またその能力を発揮してきた．このことが認識されるようになってきたことは，1990年代から今世紀初頭にかけての興味深いトレンドといえよう．これまでの研究から，動物と菌類は姉妹群であることが明らかになってきた[訳注5]．動物と菌類は互いに最も近縁な生物群であり，ともにオピストコンタクレードの一員として知られ，同一の祖先を共有すると考えられる．「オピストコンタ」という語はギリシャ語由来で，後方鞭毛を意味している．このグループの共通点は，鞭毛細胞を有する場合，これらは一本の後方鞭毛によって遊走することであり，このことがその語源となっている．これは，ツボカビ類の遊走子，そして動物の精子にも当てはまる．一方で，他の遊走性細胞を形成する真核生物の遊走性細胞は，1本または複数の前方鞭毛（不等毛）をもつ．したがって菌類という生物群は，高等生物の進化史上非常に早い時期に分かれたものと考えられる．近年では，最初に陸上に上っ

訳注5：最近では，後生動物や襟鞭毛虫などを含むホロゾアと，菌類やヌクレアリア（アメーバ型原生生物の一群）などを含むホロマイコータが姉妹群と考えられている．

た真核生物は菌類かもしれない，とする説が支持されるようになってきた．つまり菌の先駆性は，単に「進化史上早い時期に分かれた」ということにとどまらないといえよう．「地上の生命－菌類から始まる？（Terrestrial life - fungal from the start?)」(Blackwell, 2000)，「初期の細胞進化，真核生物，無気環境，硫化物，酸素，始めに菌類（?），そしてゲノム系統樹の再検討〔Early cell evolution, eukaryotes, anoxia, sulfide, oxygen, fungi first(?), and a Tree of Genomes revisited〕」(Martin et al. 2003) など，いくつかの学術書のタイトルからも，このことを計り知ることができる．

菌類の進化は，生物界において最も重要な共生関係，あるいは共進化のいくつかによって綾取られている．地衣類は最も古い共生関係かもしれない．地衣類は，最も古い時代の化石からも確実に見いだされており，また現在最も極限的な環境において，繁栄することができる生物と考えられている．興味深いことに，宇宙空間の軌道上において16日間曝露されても，地衣類は生存することが可能であるという (Sancho et al., 2007). 完璧に形成された菌根は，最も古い時代の植物化石からも見い出されている．今日，あらゆる地上植物の95％は，根に感染してリンやその他の養分を供給する，これら菌類に依存して生活している．あらゆる健全な植物組織には，エンドファイト（生きた植物の葉や枝内の空隙内に生息する菌類）が生息している (Sieber, 2007). このことから今日では，菌類は植物の地上部に対しても，何らかの影響を与えると考えられている．動物との共生関係をもつ菌類も多い．ハキリアリは，菌園に栄養を依存することによって，熱帯雨林における最も優占的な食植者となった．また偶蹄類は，ルーメン内のツボカビ類に依存することによって，サバンナ草原における優占的な草食動物となった．

他の生物の枯死遺体を再生利用することが，菌類の基礎的な生活様式である．このことから，地質年代を通じて菌類が繁栄を遂げた理由を説明することができる．他の生物の絶滅は，菌類にとっては新たな養分源の供給にすぎない．約2億5千万年前に起こったペルム紀三畳紀絶滅は，「大絶滅」として知られている．これは，（「これまでのところ」ではあるが！）地球上に起こった最も激しい絶滅であり，あらゆる海生生物の96％，そして陸生脊椎動物の70％がこの時期に絶滅した．植物，動物ともに多数の種が絶滅し，大規模な植生衰退が起こったことから，世界各地において地上生態系が不安定になり，崩壊した．こうした地球規模での生態的大惨事は，火山爆発による大気成分の変化に起因するものである．この爆発により，シベリアトラップ洪水玄武岩として知られる岩塊が生じた．この爆発は，現在のシベリアに該当する地域の，オーストラリアに匹敵する面積において起こったと考えられる．しかしながら，こうした動植物の死と絶滅の結果，「最終ペルム紀の沈殿物中に残された，沈積によって生じた有機物には，その堆積環境，…植生的地域性や気候区に関わらず，未曾有の大量菌類遺体が含まれるという特徴が認められる」(Visscher et al., 1996) こととなった．空前の動物や植物の大量死を迎え，菌類はわが世の春を謳歌していたのである．

今日，われわれ人間は日々の生存に際して，多いに菌類に依存している．作物の栽培に際しては，われわれは作物と共生する菌根菌に依存しており，また肉，乳製品，皮や羊毛製品を供給する家畜の飼育に際しては，ルーメン内ツボカビ類に依存している．農作物の健全性を保つ殺菌剤〔ストロビルリン (strobilurin)〕，食物や繊維製品を加工する酵素，そしてわれわれ自身や家畜の健康を保つ薬品類〔ペニシリン (penicillin), セファロスポリン (cephalosporin), シクロスポリン (cyclosporin), スタチン (statin)〕などに関しても，われわれは菌類に依存している．パン，チーズ，ワインやビールについては，言及もしていなかった．地球上の生物に対する菌類の多大な貢献（過去，そして現在の）を枚挙してみると，困ったことに世界中の学校教育において，菌類が過小評価，あるいはまったく無視されているということに気づく．国際的に，学校のカリキュラムにおいては，動物と植物の比較だけが求められている．このため，生徒たちは菌界という大きなグループに気づかないだけではなく，菌類をバクテリアの一群と誤解してしまうこともある (Moore et al., 2006). 菌類についてほとんど，あるいはまったく学んで来なかった教師たちは，いざ自分が子供たちに教える立場になっても，菌類についてほとんど，あるいはまったく教えることができない，という「無視のスパイラル」が存在するかのようである．もしも，このスパイラルが是正されることなく継続し続けるとすると，菌学者は間違えなく絶滅するであろう．その際には，過去の著名な菌学者の遺体を分解する菌類個体が増加することになるかもしれない（原資料使用は，ブリタニカ大百科事典出版社の厚意による，2008年；許可により使用）．

文　献

Blackwell, M. (2000). Terrestrial life - fungal from the start? *Science*, **289**: 1884-1885. DOI: http://dx.doi.org/10.1126/science.289.5486.1884.

Blackwell, M., Hibbett, D. S., Taylor, J. W. & Spatafora, J. W. (2006). Research Coordination Networks: a phylogeny for kingdom Fungi (Deep Hypha). *Mycologia*, **98**: 829-837. DOI: http://dx.doi.org/10.3852/mycologia.98.6.829.

Hawksworth, D. L. (2001). The magnitude of fungal diversity: the 1.5 million species estimate revisited. *Mycological Research*, **105**: 1422-1432. DOI: http://dx.doi.org/10.1017/S0953756201004725.

Hibbett, D. S., Binder, M., Bischoff, J. F., Blackwell, M., Cannon, P. F., Eriksson, O. E., Huhndorf, S., James, T., Kirk, P. M., Lücking, R., Thorsten Lumbsch, H., Lutzonig, F., Matheny, P. B., McLaughlin, D. J., Powell, M. J., Redhead, S., Schoch, C. L., Spatafora, J. W., Stalpers, J. L., Vilgalys, R., Aime, M. C., Aptroot, A., Bauer, R., Begerow, D., Benny, G. L., Castlebury, L. A., Crous, P. W., Dai, Y.-C., Gams, W., Geiser, D. M., Griffith, G. W., Gueidan, C., Hawksworth, D. L., Hestmark, G., Hosaka, K., Humber, R. A., Hyde, K. D., Ironside, J. E., Kõljalg, U., Kurtzman, C. P., Larsson, K.-H., Lichtwardt, R., Longcore, J., Miądlikowska, J., Miller, A., Moncalvo, J.-M., Mozley-Standridge, S., Oberwinkler, F., Parmasto, E., Reeb, V., Rogers, J. D., Roux, C., Ryvarden, L., Sampaio, J. P., Schüssler, A., Sugiyama, J., Thorn, R. G., Tibell, L., Untereiner, W. A., Walker, C., Wang, Z., Weir, A., Weiss, M., White, M. M., Winka, K., Yao, Y.-J. & Zhang, N. (2007). A higher-level phylogenetic classification of the Fungi. *Mycological Research*, **111**: 509-547. DOI: http://dx.doi.org/10.1016/j.mycres.2007.03.004.

Kirk, P. M., Cannon, P. F., David, J. C. & Stalpers, J. A. (2001). *Dictionary of the Fungi*, 9th edn. Wallingford, UK: CAB International. ISBN 085199377X.

Kirk, P. M., Cannon, P. F., Minter, D. W. & Stalpers, J. A. (2008). *Dictionary of the Fungi*, 10th edn. Wallingford, UK: CAB International. ISBN-10: 0851998267, ISBN-13: 978-0851998268. URL: http://bookshop.cabi.org/default.aspx?site=191&page=2633&pid=2112.

Martin, W., Rotte, C., Hoffmeister, M., Theissen, U., Gelius-Dietrich, G., Ahr, S. & Henze, K. (2003). Early cell evolution, eukaryotes, anoxia, sulfide, oxygen, fungi first (?), and a Tree of Genomes revisited. *International Union of Biochemistry and Molecular Biology: Life*, **55**: 193-204. DOI: http://dx.doi.org/10.1080/1521654031000141231.

Moore, D., Pöder, R., Molitoris, H.-P., Money, N. P., Figlas, D. & Lebel, T. (2006). Crisis in teaching future generations about fungi. *Mycological Research* **110**: 626-627. DOI: http://dx.doi.org/10.1016/j.mycres.2006.05.005.

Sancho, L. G., de la Torre, R., Horneck, G., Ascaso, C., de los Rios, A., Pintado, A., Wiezchos, J. & Schuster, M. (2007). Lichens survive in space: results from the 2005 LICHENS experiment. *Astrobiology*, **7**: 443-454. DOI: http://dx.doi.org/10.1089/ast.2006.0046.

Sieber, T. N. (2007). Endophytic fungi in forest trees: are they mutualists? *Fungal Biology Reviews*, **21**: 75-89. DOI: http://dx.doi.org/10.1016/j.fbr.2007.05.004.

Visscher, H., Brinkuis, H., Dilcher, D. L., Elsik, W. C., Eshet, Y., Looy, C. V., Rampino, M. R. & Traverse, A. (1996). The terminal Paleozoic fungal event: evidence of terrestrial ecosystem destabilization and collapse. *Proceedings of the National Academy of Sciences of the United States of America*, **93**: 2155-2158. Stable URL: http://www.jstor.org/stable/38482.

ウェブサイトの紹介

Index of Fungi は菌類学名の国際的な標準となるデータベースである．URL は下記参照．http://www.indexfungorum.org/

同じく重要なデータベースに，米国農務省および同農業研究所が運営する Systematic Botany and Mycology Laboratory Fungal Database がある．URL は下記参照．http://nt.ars-grin.gov/fungaldatabases/

BioLib は植物，菌類および動物に関する国際的なウェブ百科事典である．URL は下記参照．http://www.biolib.cz/en/main/

The Taxonomicon は生物多様性に関する情報システムの1つで，文献やインターネット情報がリンクされている．URL は下記参照．http://www.taxonomy.nl/taxonomicon/Default.aspx

MycoBank は菌類の命名法上の新措置（新分類群名や新組合せ）およびそれに関連した情報を提供する．URL は下記参照．http://www.mycobank.org/DefaultPage.aspx

The Doctor Fungus は卓越した範囲の情報管理と広範な菌名の索引および画像の蓄積を行っている．URL は下記参照．http://www.doctorfungus.org/index.php（2015年8月現在，アクセスできない）

一般的な情報については，ブリタニカ百科事典オンライン版（Encyclopaedia Britannica Online）参照．厳格な編集体制がとられており，Wikipedia と比較するとはるかに良質な情報が得られる．URL は下記参照．http://www.britannica.com/bps/home

補遺 2
菌糸体と菌糸の区分

菌糸体の区分

菌糸体の形態学的な区分については，すでに多くの文献で紹介されている．参考となるものを以下に記す．

Boddy, L. (1993). Saprotrophic cord-forming fungi: warfare strategies and other ecological aspects. *Mycological Research*, **97**: 641-655. DOI: http://dx.doi.org/10.1016/S0953-7562(09)80141-X.

Boddy, L. & Rayner, A. D. M. (1983a). Ecological roles of basidiomycetes forming decay columns in attached oak branches. *New Phytologist*, **93**: 77-88. Stable URL: http://www.jstor.org/stable/2431897.

Boddy, L. & Rayner, A. D. M. (1983b) Mycelial interactions, morphogenesis and ecology of *Phlebia radiata* and *P. rufa* from oak. *Transactions of the British Mycological Society*, **80**: 437-448. DOI: http://dx.doi.org/10.1016/S0007-1536(83)80040-0.

Boddy, L., Frankland, J. C. & van West, P. (2007). *Ecology of Saprotrophic Basidiomycetes*. Amsterdam: Elsevier. ISBN-10: 0123741858, ISBN-13: 9780123741851. URL: http://www.sciencedirect.com/science/bookseries/02750287.

Burnett, J. H. & Trinci, A. P. J. (1979). *Fungal Walls and Hyphal Growth*. Cambridge, UK: Cambridge University Press. ISBN-10: 0521224993, ISBN-13: 9780521224994.

Dowson, C. G., Rayner, A. D. M. & Boddy, L. (1986). Outgrowth patterns of mycelial cord-forming basidiomycetes from and between woody resource units in soil. *Journal of General Microbiology*, **132**: 203-211. DOI: http://dx.doi.org/10.1099/00221287-132-1-203.

Frankland, J. C., Hedger, J. N. & Smith, M. J. (1982). *Decomposer Basidiomycetes*. Cambridge, UK: Cambridge University Press. ISBN-10: 052110680X, ISBN-13: 9780521106801.

Jennings, D. H. & Rayner, A. D. M. (1984). *The Ecology and Physiology of the Fungal Mycelium*. Cambridge, UK: Cambridge University Press. ASIN: B001616YA2.

Rayner, A. D. M. (1992). Conflicting flows: the dynamics of mycelial territoriality. *McIlvainea*, **10**: 24-35. URL: http://www.namyco.org/publications/mcilvainea/mcil_past.html.

Rayner, A. D. M. (1997). *Degrees of Freedom: Living in Dynamic Boundaries*. London: Imperial College Press. ISBN-10: 1860940374, ISBN-13: 9781860940378. URL: http://www.icpress.co.uk/lifesci/p029.html.

Rayner, A. D. M. & Boddy, L. (1988). *Fungal Decomposition of Wood*. Chichester, UK: Wiley. ISBN-10: 0471103101, ISBN-13: 9780471103103.

Rayner, A. D. M. & Coates, D. (1987). Regulation of mycelial organisation and responses. In: *Evolutionary Biology of the Fungi* (eds. A. D. M. Rayner, C. M. Brasier & D. Moore), pp. 115-136. Cambridge, UK: Cambridge University Press. ISBN-10: 0521330505, ISBN-13: 9780521330503.

Rayner, A. D. M. & Todd, N. K. (1979) Population and community structure and dynamics of fungi in decaying wood. *Advances in Botanical Research*, **7**: 333-420. DOI: http://dx.doi.org/10.1016/S0065-2296(08)60090-7.

Rayner, A. D. M. & Webber, J. F. (1984). Interspecific mycelial interactions: an overview. In: *The Ecology and Physiology of the Fungal Mycelium* (eds. D. H. Jennings & A. D. M. Rayner), pp. 383-417. Cambridge, UK: Cambridge University Press. ASIN: B001616YA2.

Rayner, A. D. M., Watling, R. & Frankland, J. C. (1985a). Resource relations: an overview. In: *Developmental Biology of Higher Fungi* (eds. D. Moore, L. A. Casselton, D. A. Wood & J. C. Frankland), pp. 1-40. Cambridge, UK: Cambridge University Press. ISBN-10: 0521301610, ISBN-13: 9780521301619.

Rayner, A. D. M., Powell, K. A., Thompson, W. & Jennings, D. H. (1985b). Morphogenesis of vegetative organs. In: *Developmental Biology of Higher Fungi* (eds. D. Moore, L. A. Casselton, D. A. Wood & J. C. Frankland), pp. 249-279. Cambridge, UK: Cambridge University Press. ISBN-10: 0521301610, ISBN-13: 9780521301619.

Rayner, A. D. M., Griffith, G. S. & Wildman, H. G. (1994). Differential insulation and the generation of mycelial patterns. In: *Shape and Form in Plants and Fungi* (eds. D. S. Ingram & A. Hudson), pp. 291-310. London: Academic Press. ISBN-10: 0123710359, ISBN-13: 9780123710352.

Rayner, A. D. M., Griffith, G. S. & Ainsworth, A. M. (1995a). Mycelial interconnectedness. In: *The Growing Fungus* (eds. N. A. R. Gow & G. M. Gadd), pp. 21-40. London: Chapman & Hall. ISBN-10: 0412466007, ISBN-13: 9780412466007.

Rayner, A. D. M., Ramsdale, M. & Watkins, Z. R. (1995b). Origins and significance of genetic and epigenetic instability in mycelial systems. *Canadian Journal of Botany*, **73**: S1241-S1248. DOI: http://dx.doi.org/10.1139/b95-384.

Sharland, P. R. & Rayner, A. D. M. (1986) Mycelial interactions in *Daldinia concentrica*. *Transactions of the British Mycological Society*, **86**: 643-649. DOI: http://dx.doi.org/10.1016/S0007-1536(86)80068-7.

Trinci, A. P. J., Wiebe, M. G. & Robson, G. D. (1994) The mycelium as an integrated entity. In: *The Mycota*, vol. 1, *Growth, Differentiation and Sexuality* (eds. J. G. H. Wessels & F. Meinhardt), pp. 175-193. New York: Springer-Verlag. ISBN-10: 3540577815, ISBN-13: 9783540577812.

菌糸の区分

菌糸は多種多様に分化しており，ほとんど無限といってよいほどのさまざまな形状の菌糸や細胞が存在している．このことから，分類学者は長年にわたって菌糸の形状に注目し，菌類のさまざまな分類学的ランクの定義付けに，多様に分化した菌糸細胞の形状を用いるとともに，これらに対してさまざまな名称を与えてきた．ここでは，菌学で用いられる名称や用語について，おもに *Dictionary of the Fungi* 第 10 版（Kirk *et al.*, 2008）を元に解説する．また，*Illustrated Dictionary of Mycology*（Ulloa & Hanlin, 2000）も参考にした．

本補遺では，*Dictionary of the Fungi* 第 10 版（英国ワリングフォード CAB International 出版社の許可による）からの引用と図版から，菌類の細胞に見られるさまざまな特徴を表す見出し語を抽出した．ここでは，*Dictionary of the Fungi* の有用性を改めて強調しておきたい．*Dictionary of the Fungi* では見出し語はアルファベット順に配列されているが，本稿では話の流れに沿って配列した．ここで解説していない用語については，*Dictionary of the Fungi* 第 10 版を参照されたい．本稿の引用において用いている略語についても，*Dictionary of the Fungi* で解説されている．

分生子および分生子形成

分生子の名称．不完全菌類胞子の伝統的命名法は，Saccardo による命名に基づいている．これは，その形状と隔壁様式から，分生子を 7 つの型［単細胞胞子（amerospore），網状胞子（dictyospore），二室胞子（didymospore），らせん状胞子（helicospore），多室胞子（phragmospore），針状胞子（scolecospore），星状胞子（staurospore）］に分類したものである．これらの用語は，さらにその胞子が有色か，無色かによって［たとえば，暗色単細胞胞子（phaeoamerospores）や，無色単細胞胞子（hyaloamerospores）など］，さらに細分されている．Kendrick & Nag Rai（Kendrick 編，*The whole fungus* 1: 43, 1979）による「anamorphic fungi」の項目を参照されたい．ここでは，Saccardo によるカテゴリーについて議論するとともに，厳密な定義が示されている．Hughes（*CJB* 31: 577, 1953）は分生子形成様式の分類学的重要性に注目，それ以降分生子はその形成様式に基づいて命名されるようになり，アネロ型分生子（annelloconidia），フィアロ型分生子（phialoconidia），トレト型分生子（tretoconidia）などの用語が用いられるようになった．なお，これらの用法は現在国際的に広く認められてはおらず，「conidium」に修飾する形容詞や記述語を伴って用いるのがより望ましいと考えられている．

分生子に関する主要な用語は，1969 年の第 1 回カナナスキス・ワークショップ会議において提唱された（Kendrick 編，*Taxonomy of fungi imperfecti*，1971 参照）．Ellis はその著書 *Dematiaceous hyphomycetes*（1971）において，Kendrick & Carmichael（Ainsworth ら 編，*The fungi* 4A: 323, 1973），Cole（*CJB* 53: 2983, 1975）や Cole & Samson（*Patterns of development in conidial fungi*, 1979）によって提唱された一連の用語の定義を紹介している．分生子の形態，および形成様式双方に基づいた記述用語の提唱は，Minter *et al.*（*TBMS* **79**: 75, 1982; **80**: 39, 1983; **81**: 109, 1983）に始まり，Sutton（Reynolds & Taylor 編，*The fungal holomorph*: 28, 1983），および Hennebert & Sutton ならびに Sutton & Hennebert（Hawksworth 編，*Ascomycete systematics*: 65, 77, 1994）によって展

分生子形成（conidiogenous）．分生子を形成すること．－細胞（- cell），分生子をそこから形成，あるいはその内部に直接形成する細胞．－座（- locus），分生子形成細胞上で，分生子が生じる場所．これらの用語は，Kendrick（1971: 258）による．分生子形成様式を図 A2.1 から図 A2.14 に示す．

分生子柄（conidiophore）．分岐しない，もしくは分岐した菌糸（稔性菌糸）で，分生子形成細胞を生じる，もしくは構成する．時に，矮小化して分生子形成細胞となったものを指すこともある．

細胞壁構築（wall-building）．菌糸成長様式の特徴の 1 つで，細胞質内の微細な分泌体から細胞壁構築成分が生成される際の様式．次の 3 様式が知られる（図 A2.14）．**頂端**（apical）細胞壁構築．分泌体は菌糸先端部に集中し，先端成長により新たな細胞壁を作って円筒状の菌糸を形成することから，結果として先端の細胞壁が最も若くなる．**環状**（ring）細胞壁構築．分泌体は菌糸先端下の特定部位の細胞壁近くに集中し，環状になるかのように位置する．基部成長によって新たな細胞壁を作って円筒形の菌糸を形成し，結果として基部の細胞壁が常に最も若くなる．**分散**（diffuse）細胞壁構築．分泌体は低密度で細胞質内に広く分散し，元々存在する細胞壁と交代する形で，

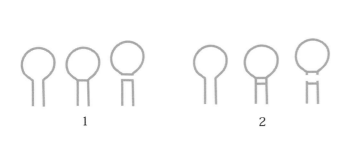
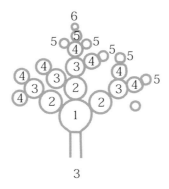

図 A2.1 分生子形成様式．1，全出芽型．分生子形成細胞当り 1 座から分生子を形成する．分生子は単生，形成細胞から 1 隔壁により区切られ，分散細胞壁構築により成熟する．分生子は裂開により離脱（secession schizolytic），分生子形成細胞からの無性芽出芽は認められない（no proliferation）．2，全出芽型．分生子形成細胞当り 1 座から分生子を形成，分生子は単生，形成細胞から 2 隔壁によって区切られる（あるいは分離細胞 1 細胞をもつ）．分生子は分生子形成細胞の破裂（rhexolytic）または破砕（fracture）により離脱，分散細胞壁構築により成熟する．分生子形成細胞からの無性芽出芽は認められない．3，全出芽型．分生子形成細胞当り複数の座から，ランダムに頂端細胞壁構築を行う．分生子からさらに新たな分生子を形成し，分岐した連鎖状になる．分生子はそれぞれ 1 隔壁によって区切られ，分散細胞壁構築により成熟する．分生子は裂開により離脱，分生子形成細胞からの無性芽出芽は認められない．図 A2.2 に続く．

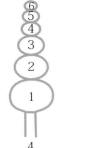
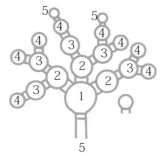

図 A2.2 分生子形成様式（前図より続く）．4，全出芽型．分生子形成細胞当り 1 座から頂端細胞壁構築により分生子を形成，さらに各分生子当り 1 座から分生子を形成し，分岐しない鎖状になる．各分生子はそれぞれ 1 隔壁によって区切られる．分散細胞壁構築により成熟する．分生子形成細胞からの無性芽出芽は認められない．5，全出芽型．分生子形成細胞当りランダムに複数の座で頂端細胞壁構築により分生子を形成，さらに分生子から新たな分生子を形成して，分岐した連鎖状になる．各分生子は 2 隔壁によって区切られる（あるいは分離細胞 1 細胞をもつ），分生子形成細胞から破裂または破砕により離脱，分散細胞壁構築により成熟する．分生子形成細胞からの無性芽出芽は認められない．6，全出芽型．分生子形成細胞全体に分散した異なる形成座から同時に頂端細胞壁構築により，各座当り 1 分生子を形成する．分生子は分生子形成細胞から 1 隔壁により区切られる．分散細胞壁構築により成熟する．分生子は裂開により離脱，分生子形成細胞からの無性芽出芽は認められない．7，全出芽型．分生子形成細胞全体に分散した異なる分生子形成座上の小歯（denticle）から同時に，頂端細胞壁構築により各座当り 1 分生子を形成，分生子は分生子形成細胞から 1 隔壁により区切られる．分散細胞壁構築により成熟する．分生子は小歯の破裂により離脱，分生子形成細胞の貫生なし．図 A2.3 に続く．

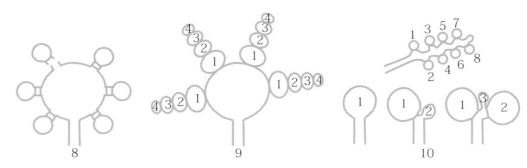

図 A2.3　分生子形成様式（前図より続く）．8，全出芽型．分生子形成細胞全体に分散した異なる分生子形成座から，同時に頂端細胞壁構築，各分生子は2隔壁によって区切られる（あるいは分離細胞1細胞をもつ）．分生子は分生子形成細胞から破裂または破砕により離脱する，各座から1分生子を形成，分散細胞壁構築により成熟する．分生子形成細胞からの無性芽出芽は認められない．9，全出芽型．分生子形成細胞当り複数の座から分生子を形成する，分生子から新たな分生子を形成して分岐した連鎖状になる．各分生子は1隔壁によって区切られる．分散細胞壁構築により成熟する．分生子は裂開により離脱する．分生子形成細胞からの無性芽出芽は認められない．10，全出芽型．全出芽によるシンポジオ型で，規則的交互に分生子形成細胞から無性芽を出芽，分散細胞壁構築により成熟する．各分生子は1隔壁によって区切られる．分生子は裂開により離脱する．図 A2.4 に続く．

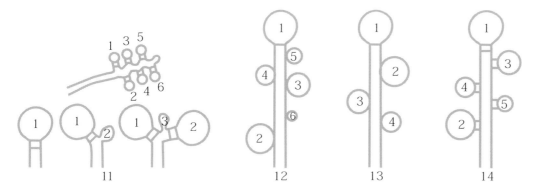

図 A2.4　分生子形成様式（前図より続く）．11，全出芽型．全出芽によるシンポジオ型で，規則的交互に分生子形成細胞から無性芽を出芽，分散細胞壁構築により成熟する．各分生子は2隔壁によって区切られる（あるいは分離細胞1細胞をもつ），分生子は破裂または破砕により分生子形成細胞から離脱する．12，全出芽型．分生子は頂端または側部の分生子形成座から各1つ形成される．分生子は1隔壁によって区切られ，裂開により離脱する．全出芽による分生子形成細胞からの無性芽出芽はシンポジオ型または不規則で，分散細胞壁構築により成熟する．13，全出芽型．分生子は最初頂端の分生子形成座より形成，1隔壁により区切られ，裂開により離脱する．他の分生子は分生子形成細胞側部の形成座に，下方に向けて順に形成され，分散細胞壁構築により成熟する．14，全出芽型．分生子は最初頂端の分生子形成座より形成，2隔壁により区切られる（あるいは分離細胞1細胞をもつ）．分生子形成細胞から破裂または破砕により離脱する．他の分生子は分生子形成細胞側部の形成座に，下方に向けて順に形成される．分散細胞壁構築により成熟する．図 A2.5 に続く．

側面方向に成長（いい換えると，円筒形の菌糸が膨張）する．これらの用語は，分生子形成に際して，葉状体型，および出芽型という概念を明確にする際に重要である．頂端細胞壁構築は，*Geniculosporium* 属，*Cladosporium* 属や *Scopulariopsis* 属に，また分生子が粘液質の塊状（*Trichoderma* 属など），もしくは偽鎖状（*Mariannaea* 属など）に形成される，「フィアロ型分生子形成細胞」に見られる．環状細胞壁構築は，正鎖状［アオカビ（*Penicillium*）属，*Chalara* 属など］の分生子をもつ「フィアロ型分生子形成細胞」，いわゆる分裂分節胞子（*Wallemia* 属など）やバソジック型菌類（*Arthrinium* 属など）の分生子形成細胞に見られる．分散細胞壁構築は，先に述べたような頂端細胞壁構築，および環状細胞壁構築と同時，あるいはその直後に起こる．しかし，葉状体型においては，非常に遅れて起こるか，あるいはまったく見られないこともある（*Geotrichum* 属など）．細胞壁構築という用語は，単一細胞内での成長ではなく，細胞分裂による成長に対して用いられることが多い．Minter *et al.*（*TBMS* 79: 75, 1982；80: 39, 1983；81: 109, 1983）参照．不完全菌類の項も参照．

分生子果（conidioma，複数 -ata）．多菌糸からなる分生子形成に特化した構造（Kendrick & Nag Rai, Kendric 編, *The whole fungus* 1: 51, 1979）．分生子堆（acervulus），分生子殻（picnidium），分生子座（sporodochium），分生子柄束（synne-

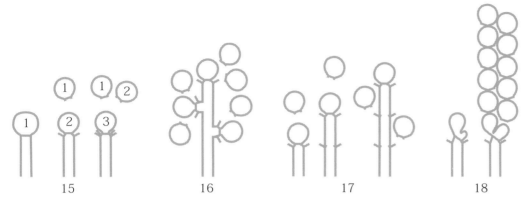

図 A2.5　分生子形成様式（前図より続く）．15，全出芽型．分生子は1隔壁によって分生子形成細胞より区切られ，裂開により離脱，分散細胞壁構築により成熟する．分生子形成細胞は内出芽型で貫生伸長し，その後頂端細胞壁構築により分生子を形成する．同一高において連続的に分生子が離脱，時に不連続的な鎖状になる．襟状構造（collarette）は多様．16，15 と類似するが，分生子形成細胞ごとにランダムあるいは不規則に，複数の分生子形成座を有する．17，全出芽型．分生子は1隔壁によって分生子形成細胞から区切られ，裂開により離脱する．分散細胞壁構築により成熟する．分生子形成細胞は内出芽型で貫生伸長し，その後頂端細胞壁構築により分生子を形成する．同一高において連続的に分生子が離脱．襟状構造は多様．分生子形成は分生子形成細胞の栄養的貫生伸長を伴い，周期的にまばらに形成される．18，全出芽型．分生子は1隔壁によって区切られ，裂開により離脱，分散細胞壁構築により成熟する．分生子形成細胞はシンポジオ型内出芽型で貫生伸長して，その後頂端細胞壁構築により分生子を形成する．同一高において連続的に分生子が離脱する．襟状構造は多様．図 A2.6 に続く．

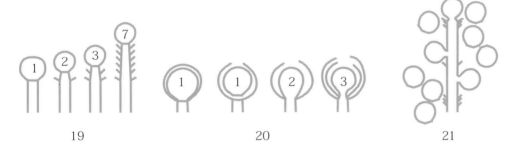

図 A2.6　分生子形成様式（前図より続く）．19，全出芽型．分生子は1隔壁によって区切られ，裂開により離脱する．分散細胞壁構築により成熟する．分生子形成細胞は内出芽型で貫生伸長して，その後頂端細胞壁構築により分生子を形成する．徐々に先方に向かって連続的に分生子が離脱し，時に不連続な鎖状になる．襟状構造は多様．20，内生出芽型．分生子は1隔壁によって区切られ，裂開により離脱する．分散細胞壁構築により成熟する．分生子形成細胞の外壁が残存して顕著な襟状構造になる．分生子形成細胞は内出芽型で貫生伸長し，その後頂端細胞壁構築により内出芽型の分生子を形成，同一高において連続的に分生子が離脱する．襟状構造は連続的に形成される．21，10，12 および 19 の組合せで，ランダムに，不規則にもしくは交互に分生子が形成される．図 A2.7 に続く．

ma）の項も参照（いずれも古い用語であるが，「分生子堆状分生子果」などのように，形容詞的に用いられる）．図 A2.15 および図 A2.16 参照．分生子柄も参照．

子嚢果の区分

子嚢（ascus，複数 asci）．Nees（*Syst. Ilze*: 164, 1817）によって用いられた用語．子嚢菌門に特徴的な通常袋状の細胞（1729 年に Micheli により，*Pertusaria* の項目において初めて図解された）であり，その中には（核融合および減数分裂に引き続いて）通常8個の子嚢胞子が遊離細胞形成によって形成される．子嚢にはさまざまな構造をもつものがあり，従来の2，3のカテゴリー（二重壁子嚢，原子嚢，一重壁子嚢など）に分けるやり方は，単純化しすぎたものであることが，過去20年間の研究から明らかになった．Sherwood（1981）は，光学顕微鏡によって区分可能な主要9タイプ（*Dictionary of the Fungi* 第7版36ページに再録されている）：原—（protunicate），二重壁—（bitunicate），オストロパ型—（ostropalean），先端肥厚—（annelate），ハイポデルマ型—（hypodermataceous），偽有弁型—（pseudoperculate），有弁型—（operculate），レカノラ型—（lecanoralean），ベルカリア型—（verrucarioid）を図解している．Eriksson（1981）は，子嚢

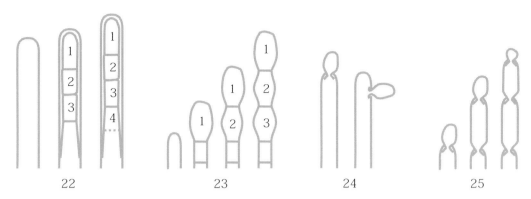

図 A2.7　分生子形成様式（前図より続く）．22，全出芽型．分散細胞壁構築により内側に新たな細胞壁を形成し，先端から後退するように分生子を形成する，分割形成は退行性．頂端細胞壁構築の後，代わって分生子形成細胞の基部において環状細胞壁構築を行い，退行的に分割して分生子形成を行う．分生子形成細胞の外壁（もとの細胞壁）は破砕し，分生子は連鎖状になる．襟状構造は多様で，分生子形成細胞上の 1 ヵ所に分生子を形成，分生子は裂開により離脱する．23，全出芽型．分生子形成細胞上の 1 ヵ所に分生子形成．最初に形成される分生子は 1 隔壁により区切られ，分散細胞壁構築により成熟，頂端細胞壁構築の後，代わって，隔壁下において環状細胞壁構築により，非分岐性の鎖状に分生子を形成する．分生子は裂開により離脱，分生子形成細胞からの無性芽出芽は認められない．24，全出芽型．分生子形成細胞外壁上の孔からの小型の内出芽による貫生成長により形成される．分生子は個生，1 隔壁により区切られ，裂開により離脱する．分生子形成細胞当り 1 ヵ所に分生子が形成される．25，全出芽型．分生子形成細胞外壁上の孔からの小型の内出芽による貫生成長により形成．分生子は個生，1 隔壁により区切られ，裂開により離脱する．分散細胞壁構築により成熟，1 分生子形成後，次に頂端部に分生子形成座が形成されるまで，頂端細胞壁構築により内出芽による貫生成長を行う．図 A2.8 に続く．

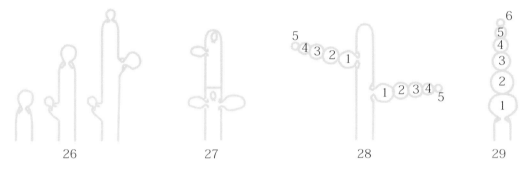

図 A2.8　分生子形成様式（前図より続く）．26，24 と類似するが，分生子形成細胞の形成座の間において，全出芽型でシンポジオ型の無性芽出芽を行う．27，24 と類似するが，頂端の分生子形成細胞，および分生子柄を形成する他の分生子形成細胞の隔壁下側面に，複数の分生子形成座を生じる．28，24 と類似するが，分生子形成細胞当り複数の分生子形成座を生じ，最初およびそれに続く分生子からは頂端細胞壁構築によって次の分生子を形成し，分岐のない鎖状になる．29，24 と類似するが，最初の分生子から頂端細胞壁構築によって次の分生子を形成し，分生子は分岐のない鎖状に連なる．図 A2.9 に続く．

外壁や明瞭な子嚢内壁をもつ二重壁子嚢を，その裂開性から 7 タイプに分類した（同第 7 版 37 ページ参照）．しかしこうした分類でも，依然さらに多様な型の子嚢が存在するという事実が埋没してしまう．Bellemere（1994）は子嚢の裂開前段階には 3 様式，さらに裂開段階には 11 様式が存在することを明らかにした（図 A2.17 および図 A2.18）．子嚢菌類の分類では（特にヨウ素反応が重視される地衣構成目においては），こうした詳細な子嚢の構造が重視されている（Hafellner, 1984）．

2 層の機能性を有した壁をもつ**二重壁子嚢**（bitunicate ascus）．Luttrell（1951）は，胞子射出時に裂開する［**裂開二重壁**（fissitunicate），びっくり箱型］子嚢は，小房子嚢型子嚢果に伴うものとした．これに対して，Reynolds（1989）は批判的な検証を行い，二重壁子嚢という用語は，実際には異なる複数タイプの子嚢に対して用いられていたこと，これらの子嚢と子嚢子座を形成する菌との占有的相関関係は，支持されないことを明らかにした．さらに，子嚢壁が裂開しない二重壁子嚢に対して，**伸長二重壁性**（expenditunicate）という用語を導入した（Reynolds, *Cryptog. Mycol.* 10: 305, 1989）．

子嚢壁の層状構造，特に壁の厚さや，c 層および d 層，そして子嚢頂端部の分化にも，さまざまな変異が認められる（Bellemere, 1994）（図 A2.19）．子嚢の染色反応（ヨウ素反応を参照）や，微細構造に関する情報の欠けた構造の比較には注意が必要である．さまざまな構造の記載に用いる用語については，図 A2.19 を参照されたい．

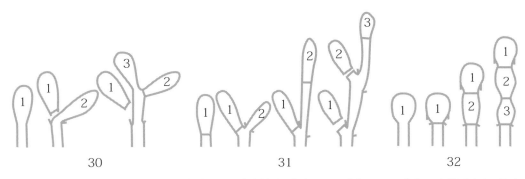

図A2.9　分生子形成様式（前図より続く）．30, 全出芽型．分生子は 1 隔壁によって分生子形成細胞から区切られる．頂端および分散細胞壁構築により成熟する．分生子は裂開により離脱し，前の分生子形成座下から同時に内生出芽型でシンポジオ型の無性芽出芽を行う．これに続く分生子も同様に形成されるが，全出芽型でシンポジオ型の無性芽出芽による．31, 全出芽型．分生子は 1 隔壁によって分生子形成細胞から区切られ，頂端および分散細胞壁構築により成熟する．分生子は裂開により離脱し，前の分生子形成座下から同時に内生出芽型でシンポジオ型の無性芽出芽を行う．結果として分生子柄は膝折状になる．32, 全出芽型．新たに形成された内壁は，分散細胞壁構築によって下方向に形成された全分生子と連続的になる．分生子は 1 隔壁によって区切られる．頂端細胞壁構築の終了後，分生子の隔壁下において直ちに環状細胞壁構築が起こる，最初の分生子と分生子形成細胞間の外壁が破砕し，多様な襟状構造（collarette）を形成，続いて交互に環状細胞壁構築による全出芽型分生子形成により，分生子は鎖状に連鎖する．分生子は分散細胞壁構築により成熟する，隔壁形成は退行的で，分生子は裂開によって離脱する．図 A2.10 に続く．

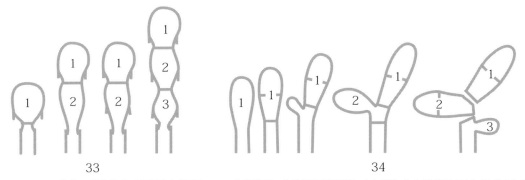

図A2.10　分生子形成様式（前図より続く）．33, 全出芽型．分散細胞壁構築により新たな内壁が下方向に形成される．分生子は 1 隔壁によって区切られる．頂端細胞壁構築の終了後，代わって分生子の隔壁下において直ちに環状細胞壁構築が起こる．最初の分生子と分生子形成細胞間の外壁が破砕し，多様な襟状構造（collarette）を形成する．各分生子に新たな内壁が形成されることにより後続の分生子が形成され，分生子は連鎖状になる．分散細胞壁構築により成熟．隔壁形成は退行型，分生子は裂開によって離脱する．34, 全出芽型．分生子は 1 隔壁によって区切られ，裂開によって離脱する．前の分生子形成座および分生子を区切る隔壁の下から，内出芽型でシンポジオ型の無性出芽を行う．これに続く 2 番目の分生子は退行的な出芽および隔壁形成により生じ，分生子形成細胞は分生子を形成するごとに長さが短くなる．図 A2.11 に続く．

さらに重要な用語として，**子嚢冠**（ascus crown, *Phyllachora* 属に見られる環状の肥厚部）および**子嚢塞**（ascus plug, 子嚢先端の膨張部で，そこから胞子が強制的に射出される）がある．

組織型（tissue types）．Korf は盤菌類に見られる菌糸の組織をいくつかの菌糸組織に分類したが，現在ではこうした分類法が，他のあらゆる子嚢菌類や分生子果不完全菌類にも応用されている．菌糸組織については，Korf（*Sci. Rep. Yokohama nat. Uiv.* II 7: 13, 1958；Starbäck, 1895 から導入）を参照．Dargan（*Nova Hedw.* 44: 489, 1987; Xylariaceae, plectenchyma）も参照．図 A2.20 参照．

担子器果の区分

ドリポア隔壁（dolipore septum）．担子菌類の二核菌糸に見られる隔壁で，電子顕微鏡で観察すると，中央部が広がって両端に孔が開いた樽型の構造が認められる．Markham（*MR* 98: 1089, 1994；総説），Moore（Hawksworth 編，*Identification and characterization of pest organisms*: 249, 1994；概要の図解，図 A2.21），Moore & McAlear（*Am. J. Bot.* 49: 86, 1962）参照．隔壁孔の膨張．パレンテソーム（かっこ体）参照．

担子器（basidium, 複数 -ia）．（1）担子菌類に特徴的な細胞もしくは器官で，核融合ならびに減数分裂に続いて，細胞壁

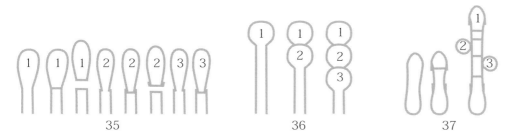

図A2.11 分生子形成様式（前図より続く）．35，全出芽型．分散細胞壁構築により成熟する．分生子基部は1隔壁によって区切られ，裂開によって離脱する．分生子形成細胞は内出芽型の貫生成長を行い，続いて形成される分生子基部の隔壁は，先に形成された分生子基部の隔壁よりも下（分生子形成細胞基部方向）に形成される（退行的に隔壁を形成）．分生子は連続的に形成されるが連鎖せず，分生子形成細胞は分生子を形成するごとに長さが短くなる．36，全出芽型．分生子は1隔壁により区切られる．頂端細胞壁構築の終了に続き，前に形成された分生子の下方に，分散細胞壁構築によって新たな分生子を形成する．分生子は退行的に隔壁を形成して，連続的に形成されるが鎖状につながらない．分生子は裂開によって離脱，分生子形成細胞は分生子を形成するごとに長さが短くなる．37，全出芽型．分生子は1隔壁により区切られる．頂端細胞壁構築終了に続き，代わって隔壁の下において環状細胞壁構築を行う．最初の分生子および分生子形成細胞の外壁は破砕し，続いて環状細胞壁構築によって内出芽型の貫生成長を行う．引き続き形成される分生子は全出芽型で，側面のみに退行的に形成される．分生子は裂開によって離脱する．分生子形成細胞当りの形成座は複数．図A2.12に続く．

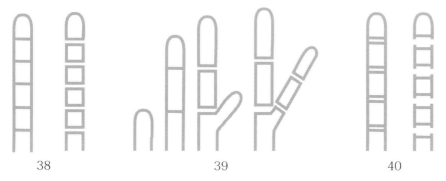

図A2.12 分生子形成様式（前図より続く）．38，全葉状体型．分生子形成細胞は頂端細胞壁構築により分生子発生と同時に形成される，両端にランダムに隔壁を形成し，分生子形成期間中は成熟しない．分生子はランダムな裂開によって離脱する．39，全葉状体型．分生子形成細胞は頂端細胞壁構築により分生子発生と同時に形成される，両端にランダムに隔壁を形成し，分生子形成期間中は成熟しない．分生子はランダムな裂開によって離脱する．分生子形成細胞の無性芽出芽は全出芽型，不規則またはシンポジオ型，構成細胞は分生子形成性．40，38と類似するが，分生子は2隔壁により区切られる，あるいは分生子の両端に分離細胞を有する．分生子は破裂によって離脱する．図A2.13に続く．

上の突起（小柄）上に（一般に4つの）担子胞子を形成する（図A2.22）．（2）分生子柄またはフィアライド（古い用法）．

（1の意味での）担子器やその部分に対して用いられてきた用語の混乱状況については，Clémençon（*Z. Mykol.* 54: 3, 1988）によって取りまとめられている．Talbot（*TBMS* 61: 497, 1973）は担子器に関する用法を分析し，そこで望ましいとされた用法（基本的にはDonkによる用法による），および同義語について，以下のように定義づけた．**前担子器**（probasidium）：核融合が行われる担子器の部位，もしくはその発達段階；初期担子細胞；前担子器シスト；Martinの**担子器下嚢**（hypobasidium）の一部；サビキン目の冬胞子．**後担子器**（metabasidium）：（1）減数分裂が行われる担子器の部位，もしくはその発達段階；Martinの担子器下嚢の一部；Martinの**担子器上嚢**（epibasidium）の一部；サビキン目の前菌糸体．［後担子器全体が前担子器の残り部分を含む場合，末端の機能を有する部分は**パリオ型担子器**（pariobasidium, Talbot, 1973）として区別される．］（2）下記の原担子器（protobasidium）参照．**単室担子器**（holobasidium）では（ハラタケ *Agaricus* 属など）後担子器が一次隔壁（隔壁の項参照）によって分割されることはないが，不定的隔壁を有することがある（Talbot, *Taxon* 17: 625, 1968）．単室担子器には，形状が円筒形で，核紡錘体が縦で異なる高さに位置する**縦裂核分裂担子器**（stichobasidium）と，形状がこん棒形で，核紡錘体が担子器を横切る形となり，同じ高さに位置する**横裂核分裂担子器**（chiastobasidium）がある（図A2.22C，D参照）．**多室担子器**（phragmobasidium）では，後担子器に通常十字状［シロキク

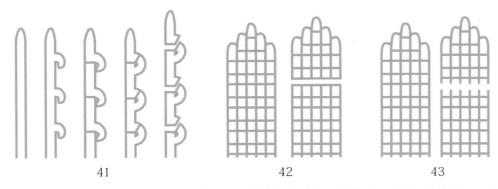

図A2.13 分生子形成様式（前図より続く）．41，全葉状体型．分生子形成細胞はかすがい連結を伴って生じる分生子形成細胞内に，ランダムに形成された隔壁，およびかすがい連結内の後方分枝によって分割されて分生子となる．分散細胞壁構築および部分的には頂端細胞壁構築により成熟する．分生子はランダムな裂開によって離脱，個々の分生子は直前および直後のかすがい連結の一部を含む．42，全出芽型．近接細胞が同時に頂端細胞壁構築を行い，これらの各細胞の隔壁によって区切られる．分散細胞壁構築によって成熟する．分生子は同時に多細胞のまま裂開により離脱する．分生子形成細胞からの無性芽出芽は認められない．43，全出芽型．近接細胞が同時に頂端細胞壁構築を行い，これらの各細胞の隔壁によって区切られる．分散細胞壁構築によって成熟，続いて分生子における頂端細胞壁構築によりさらに分生子を形成し鎖状に連なる．分生子は多細胞のまま同時に破裂により離脱する．分生子形成細胞からの無性芽出芽は認められない．

ラゲ（Tremella）属など］，もしくは横断状［キクラゲ（Auricularia）属など］の一次隔壁が生じて分割される（Talbot, 1968）．

担子器に対して用いられる用語として，これ以外にも以下のようなものがある．アポ担子器（apobasidium）は，小柄上に対称的に非尖形の胞子を生じ，胞子を強制射出しない（Rogers, Mycol. 39: 558, 1947）．単室担子器（autobasidium）は非対称的に胞子を形成，胞子を強制射出する．内生担子器（endobasidium）は腹菌類などに見られる担子器で，子実体内部に形成される．担子器上嚢（epibasidium）はMartinによる用語で，protosterigmaと同義．小柄（sterigma）参照．異担子器（heterobasidium）は異担子菌類に見られる担子器で，通常は多室担子器．同担子器（homobasidium）は同担子菌類に見られる担子器で，通常は単室担子器．担子器下嚢（hypobasidium）はDonkのprobasidiumおよびMartinのmetabasidiumと同義；あるいは，［モンパキン（Septobasidium）属の］担子器と同義（Martinの）．側生担子器（pleurobasidium）はPleurobasidium属などにみられ，基部が比較的幅広く，二叉状に広がる「根」をもつ（Donkの）．原生担子器（protobasidium）は原始的な担子器；あるいは，変形もしくは退化した担子器という意味で，後担子器の逆義．複生担子器（repetobasidium）はChadefaud（Rev. mycol. 39: 173, 1975）参照．厚壁担子器（sclerobasidium）は黒穂菌目（冬胞子）やキクラゲ目

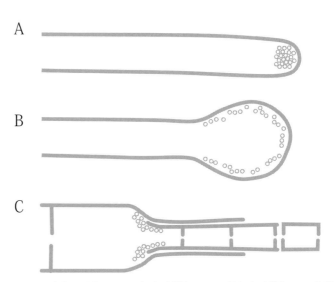

図A2.14 分生子形成に関わる細胞壁構築．A, 頂端細胞壁構築．B, 分散細胞壁構築．C, 環状細胞壁構築．

（Janchen, 1923）に見られ，厚壁で被嚢した菌芽様の前担子器．Wells & Wells（Basidium and basidiocarp evolution, cytology, function and development, 1982）も参照．

嚢状体（シスチジア，cystidium，複数 -ia）は不稔性の器官で，しばしば特徴的な形状を示す．担子器果表面のさまざまな場所に形成されることがあるが，特に子実層において顕著であり，しばしば子実層から突出する（図A2.26，図A2.27）．嚢状体は以下のように分類され，また命名されている．（1）起

訳注1：現在は用いられていない．現在のシロキクラゲ目，アカキクラゲ目，キクラゲ目，ロウタケ目，ツラスネラ科などに含まれる菌が分類されていた．
訳注2：現在は用いられていない．おおむね，現在のハラタケ綱からキクラゲ目，ロウタケ目，ツラスネラ科などを除いたものに該当する．

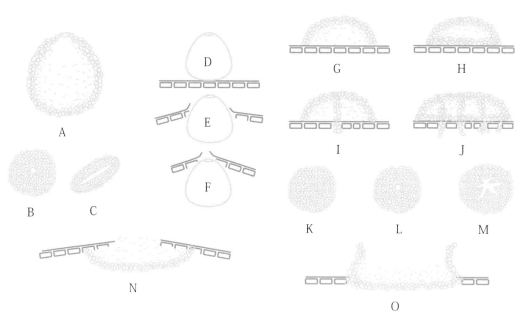

図A2.15 分生子果の様式．A～F，分生子殻．B，中心生の円形孔口により裂開．C，縦溝状の孔口により裂開（縦溝開裂）．D，表在性．E，半埋没性．F，埋没性．G～M，楯形分生子殻．G，上面のみに殻壁をもつ．H，上面および下面に殻壁をもつ．I，中央に支柱をもつ．J，複数の支柱をもち多室．K，縁部から裂開．L，中心生の孔口により裂開．M，不規則に裂開．N，分生子層状．O，杯状．図A2.16に続く．

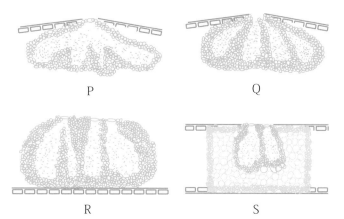

図A2.16 分生子果の様式（前図より続く）．P，回旋状，埋没性．Q，多室，埋没性．R，多室，表在性．S，偽子座性．

源からの分類：子実層囊状体および実質囊状体は，それぞれ子実層および実質の菌糸に由来する．偽囊状体（pseudocystidium）は通導菌糸由来で，繊維状～紡錘形，油状内容物をもち，埋生，子実層から突出しない．篩管囊状体（coscinocystidium）は篩状管参照．骨格菌糸状囊状体（skeletocystidium）は骨格菌糸の先端部からなり，子実層内に存在，もしくは子実層外まで突出する；偽剛毛体．大囊体（マクロシスチジア，macrocystidium）はチチタケ（*Lactarius*）属，ベニタケ（*Russula*）属に見られ，実質の深い部分から生じる．菌糸状囊状体（hyphocystidium）は菌糸状の囊状体で，原菌糸に由来する．

（2）位置による分類（Bullerに始まる）：傘表面に存在するものを傘囊状体（pileo- またはdermatocystidium，Fayodによる）という．ひだの縁部に存在するものを縁囊状体（cheilocystidium），側面に存在するものを側囊状体（pleurocystidium），内部に存在するものを内生囊状体（endocystidium）という．（3）形状による分類：薄壁囊状体（leptocystidium）は平滑で薄壁．厚壁囊状体（lamprocystidium）は厚壁で，表面に結晶を帯びる，または帯びない．剛毛状厚壁囊状体（setiform lamprocystidium）は錐形で濃色に着色する．星状剛毛体（asteroseta）は放射状に分岐した厚壁囊状体である．小菌核様囊状体（microsclerid）は多様な形の内生厚壁囊状体である．リオ囊状体（lyocystidium）は円筒形から円錐形できわめて厚壁であるが，先端付近だけが薄膜になり，表面に結晶を欠き，無色，*Tubulicrinis*などに見られる（Donk，1956）．数珠形粘性囊状体［monilioid gloeocystidium; torulose gloeocystidium（Bourdot & Galzin, 1928）］は数珠状の側糸（Burt, 1918）；側糸様体．裂開囊状体（schizocystidium; Nikolayeve, 1956, 1961）は数珠状で頂端部はしばしば液滴状になる（ヤマブシタケ科やコウヤクタケ科などに見られる）．（4）内容物による分類．粘性囊状体（gloeocystidium）は薄壁，一般に不定形で，内容物は無色あるいは帯黄色で屈折率が高い．黄金囊状体（chrysocystidium）は薄壁囊状体に類似するが，高度に着色した内容物を有する．子実層下囊状体（hypocystidium；Larsen &

訳注3：種によっては表面に結晶をもつことがある．
訳注4：アルカリにより黄色に着色する内容物を有する．

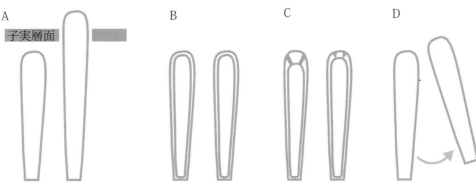

図 A2.17　裂開前段階の子嚢. A, 突出した子嚢. B, 薄壁化した子嚢壁. C, 先端部構造が変化. D, 子嚢の遊離. 図 A2.18 に続く.

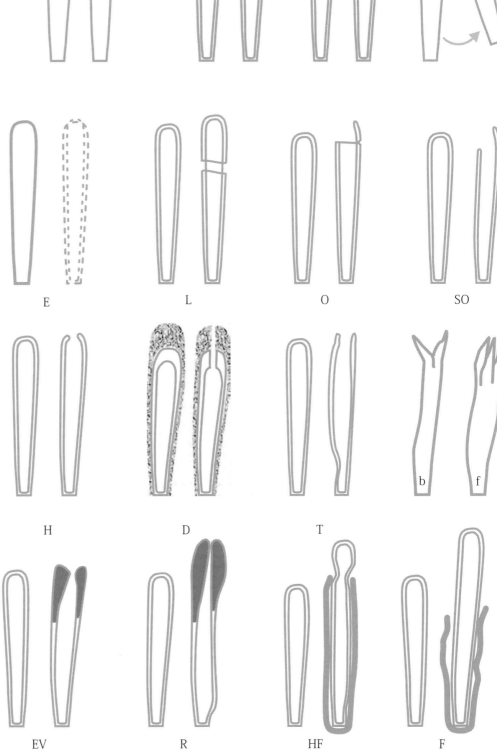

図 A2.18　裂開段階の子嚢. 消失性子嚢 (E). 側壁の断裂 (L). 先端部付近の断裂 (O), および準有弁型子嚢 (SO). 放出を伴わない頂端壁の断裂 (H, 孔状裂開). *Dactylospora* 型 (D). *Teloschistes* 型 (T, 伸長二重壁性, (b, 二弁状;f, 裂開したもの). 放出を伴う断裂 (EV, 外反;R, 嘴状;HF, 半伸長二重壁性;F, 伸長二重壁性) (Hawksworth 編, Bellemé, *Ascomycete systematics*: 111, 1994 による).

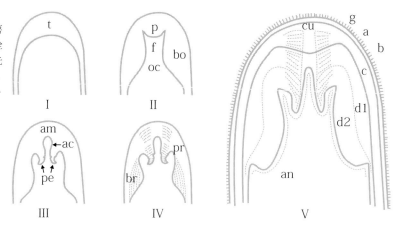

図A2.19　I～V．子嚢先端部の構成要素．ac, 中軸溝．am, 中軸頭．bo, 発射ブーレ．br, 発射ブーレのリング．f, 溝．oc, 眼房構造．p, 先端栓．pe, ペンダント（pendant）．pr, 先端栓およびペンダントのリング．t, ドーム（tholus）．V, 子嚢先端部の構造．a, a層（a layer）．an, 頂嘴．b, b層．c, c層．d1およびd2, d層の復層（Hawksworth編, Bellemé, *Ascomycete systematics*: 111, 1994による）．

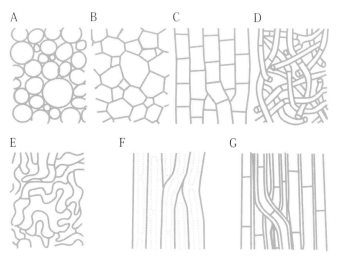

図A2.20　子嚢果の菌糸組織（構造）型（Korf, 1958）．A, 円形菌糸組織．B, 多角菌糸組織．C, 矩形菌糸組織．D, 絡み合い菌糸組織．E, 表皮状菌糸組織．F, 厚壁菌糸組織．G, 伸長菌糸組織．

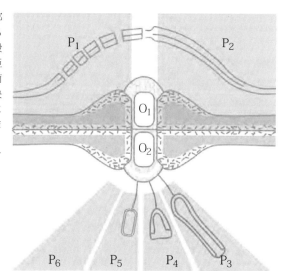

図A2.21　担子菌門の隔壁に見られるドリポア／パンテゾーム型の概要図．きのこ形の縫合部の外部は細粒状（O_1），もしくは縞状（O_2）．パンテゾームは規則的な細孔を有する（P_1），細孔を欠く（P_2），小胞を有する（P_{3-5}），またはパンテゾームを欠く（P_6）．一般に，分類群によってドリポア／パンテゾーム型が決まっている．O_1/P_1は同担子菌亜綱[訳注A]，O_1/P_2は多孔菌の一部であるキコブタケ族およびシハイタケ族[訳注B]，異担子菌亜綱[訳注C]のキクラゲ目，アカキクラゲ目，ツラスネラ目，ヒメキクラゲ目[訳注D]（中央のかすれ模様でしめした部分内において，二重膜構造を隔てる線が見られないことに注目），O_2/$P_{3,4,6}$はシロキクラゲ亜目，O_2/P_5はワレミア属[訳注E]の1種 *Wallemia sebi*〔Hawksworth編, Moore（1994: 252）を改変〕．

訳注A：現在は用いられていない．おおむね，現在のハラタケ綱からキクラゲ目，ロウタケ目，ツラスネラ科などを除いたものに該当する．

訳注B：いずれも現在のタバコウロコタケ目に含まれる．

訳注C：現在は用いられていない．現在のシロキクラゲ目，アカキクラゲ目，キクラゲ目，ロウタケ目，ツラスネラ科などに含まれる菌が分類されていた．

訳注D：かつてはシロキクラゲ目におかれていたが，現在はキクラゲ目に分類されている．

訳注E：1属でワレミア菌綱（担子菌門所属亜門未確定）を構成する．

図 A2.22　担子胞子の発達過程（図解）．A〜E，減数分裂（C，縦裂；D，横裂）．E，複相の前担子器．F，小柄に4胞子をつけた担子器（後担子器）．

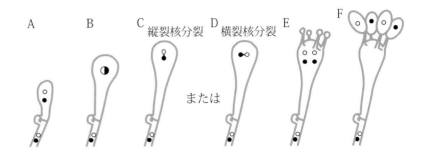

図 A2.23　担子器に関する用語．研究者による用法の差を比較．*Septobasidium* 型参照（Talbot, 1973）．非常に極端な例であるが，Donk の定義による後担子器は Martin によるものと一致していることに注目．

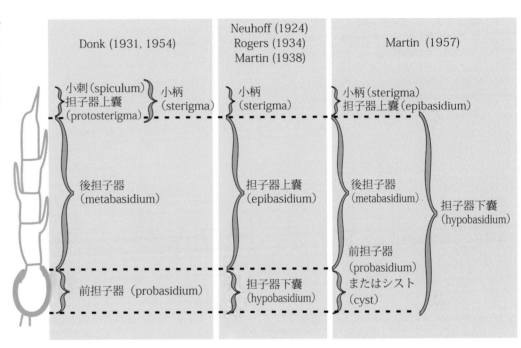

図 A2.24　担子器の型．A-E，単室担子器（A，B，アポ担子器；C, D, E，単胞担子器）．A，ホコリタケ目．B，ケシボウズタケ目．C，ハラタケ目．D，アカキクラゲ目．E，ツラスネラ目．図 A2.25 に続く．

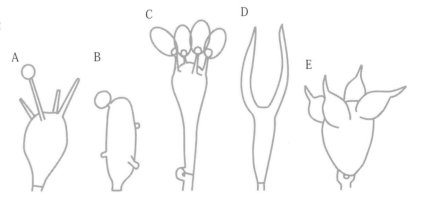

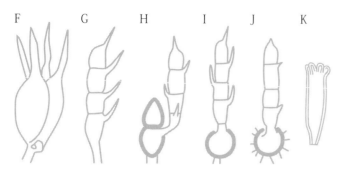

図 A2.25　担子器の型（前図から続く）．F～K，多室担子器（F, G，担子菌綱[訳注A]；H, I，サビキン綱[訳注B]；J, K，クロボキン綱[訳注C]）．F，シロキクラゲ目．G，キクラゲ目．H，サビキン目[訳注D]．I，モンパキン目．J，クロボキン目．K，モチビョウキン目．
訳注A：現在のハラタケ亜門に該当．
訳注B：現在のプクシニア菌亜門に該当．
訳注C：現在のクロボキン亜門に該当．
訳注D：現在のプクシニア目に該当．

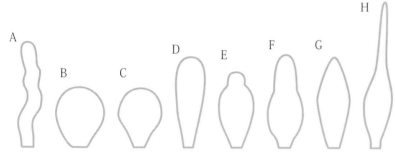

図 A2.26　嚢状体の形状．A，菌糸状［モリノカレバタケ（*Collybia*）属］．B，球形［ハラタケ（*Agaricus*）属］．C，洋梨形［ハラタケ（*Agaricus*）属］．D，こん棒形［アセタケ（*Inocybe*）属］．E，小嚢形［ナヨタケ（*Psathyrella*）属］．F，びん形［スギタケ（*Pholiota*）属］．G，紡錘形［ナヨタケ（*Psathyrella*）属］．皮針形［クリタケ（*Hypholoma*）属］．図 A2.27 に続く．

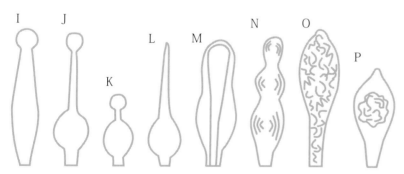

図 A2.27　嚢状体の形状（前図から続く）．I，頭状（*Hyphoderma* 属）．J，脛骨形［ケコガサ（*Galerina*）属］．K，とっくり形［コガサタケ（*Conocybe*）属］．L，イラクサ形［チャニセムクエタケ（*Naucoria*）属］．M，メチュロイド［ケガワタケ（*Lentinus*）属[訳注A]．O，粘性嚢状体［ワモンシブカワタケ（*Gloeocystidiellum*）属］．P，黄金嚢状体［モエギタケ（*Stropharia*）属］．
訳注A：メチュロイド型の嚢状体を有するグループは，現在ではケガワタケ属ではなく，カワキタケ（*Panus*）属に分類されている．

菌糸体と菌糸の区分 | **635**

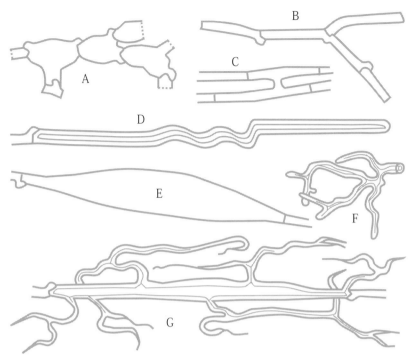

図 A2.28　菌糸の種類．A, 膨張した原菌糸．B, かすがい連結をもち，膨張しない原菌糸．C, かすがい連結を欠き，膨張しない原菌糸．D, 分岐を欠く骨格菌糸．E, サルコ菌糸．F, 著しく分岐した結合菌糸．G, 骨格結合菌糸．

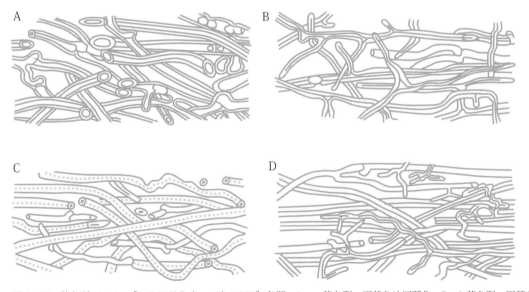

図 A2.29　菌糸型．Pegler [*Bull. BMS* **7** (suppl.), 1973] 参照．A, 一菌糸型．原菌糸は厚壁化．B, 2 菌糸型．原菌糸と結合菌糸を有する．C, 二菌糸型．原菌糸と骨格菌糸を有する．D, 三菌糸型．原菌糸，骨格菌糸および結合菌糸を有する．

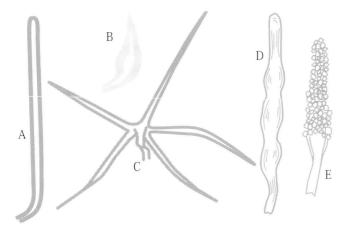

図A2.30 菌糸体. A, 剛毛状菌糸 [キコブタケ (*Phellinus*) 属]. B, 剛毛体 [カワウソタケ (*Inonotus*) 属]. C, 星状剛毛体 [ホシゲタケ (*Asterostroma*) 属]. D, 粘質原菌糸 [ワモンシブカワタケ (*Gloeocystidiellum*) 属]. E, 結晶をもつ [カワタケ (*Peniophora*) 属]. 図A2.31に続く.

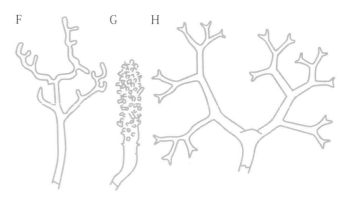

図A2.31 菌糸体. F, 樹枝状糸状体 [ヤナギノアカコウヤクタケ (*Cytidia*) 属]. G, すりこぎ状糸状体 [アカコウヤクタケ (*Aleurodiscus*) 属]. H, 樹枝状糸状体 [コウヤクタケモドキ (*Vararia*) 属].

Burdsall, *Mem. N. Y. bot. Gdn* 28: 123, 1976). 油脂嚢状体 (oleocystidium) は油状樹脂質の浸出液を含む. 偽嚢状体は上記 (1) 参照. (子実層内) 菌糸体および剛毛体も参照. 嚢状体に関する総説には, Romagnesi (*Rev. Mycol., Paris* 9 (suppl.): 4, 1944), Talbot (*Bothalia* 6: 249, 1954), Lentz (*Bot. Rev.* 20: 135, 1954), Smith (Ainthworth & Sussman 編, *The Fungi* 2: 151, 1966), Price (*Nova Hedw.* 24: 515, 1975; 多孔菌に見られるタイプ) がある.

菌糸の特徴. 菌糸の特徴から担子器果の発達様式や構造を検討することが可能であり, これらは重要な分類学的基準とされている. Corner (*TBMS* 17: 51, 1932) は, 複雑な菌糸組成を3つの主要なタイプに分類した (図A2.28および図A2.29). 一菌糸型 (monomitic) は1種類の菌糸 (原菌糸) をもつ. 原菌糸は分岐し, 隔壁を有し, かすがい連結をもつ, またはもたない. 薄壁または厚壁で, 菌糸長に制限はない. 原菌糸は他の菌糸型にも見られ, また子実層にも見られる (Teixeira, *Mycol.* 52: 30, 1961; 多孔菌類の原菌糸). 二菌糸型 (dimitic) は2種類の菌糸をもつ菌糸型で, 原菌糸と骨格菌糸, もしくは原菌糸と結合菌糸を有する. 骨格菌糸は厚壁で隔壁をもたず, 菌糸長には制限がある, 菌糸端は薄壁で一般に分岐しないが, 菌糸端近くに樹枝状の分岐をもつか, あるいは先が細くなることがある. 結合菌糸は下記参照. 三菌糸型 (trimitic) は

3種類の菌糸をもつ (原菌糸, 骨格菌糸および結合菌糸をもつ). 結合菌糸は隔壁をもたず, 厚壁で顕著な分岐をもち, 先細で分岐をもつ *Bovista* 型, あるいは珊瑚状. 結合菌糸は骨格菌糸および原菌糸を結びつける. タマチョレイタケ科およびケガワタケ科[訳注5]においては, 間生の骨格菌糸が結合菌糸様の分岐を有することがあり, こうした菌糸は骨格結合細胞 (skeletobinding cell) (Corner, 1981) あるいは骨格結合菌糸 (skeletoligative hypha) (Pegler, 1983) とよばれる. Corner はさらに, 骨格菌糸が厚壁で長く, 膨張した紡錘形の菌糸となるものをサルコ二菌糸型 (sarcodimitic), 原菌糸から厚壁の膨張した菌糸と, 結合菌糸と類似するが隔壁を有する菌糸双方を生成するものをサルコ三菌糸型 (sarcotrimitic) とした.

軟らかく肉質の担子器果のほとんどは一菌糸型であり, 一般に (ほとんどのハラタケ型菌やホウキタケ型菌において) 膨張した菌糸をもつ[訳注6]. 硬質で強靭な担子器果は, 一菌糸型で原菌糸は細胞壁が厚壁化する, 二菌糸型で骨格菌糸をもつ (キコブタケ *Phellinus* 属など), あるいは (特に多年生の子実体を形成するものでは) 三菌糸型 [ツリガネタケ (*Fomes*) 属, マンネンタケ (*Ganoderma*) 属, ウチワタケ属の1種 *Microporus xanthopus*[訳注7] など] である. いずれもこうした菌糸組成は明確かつ安定しており, 環境条件による担子器果の外部形態の変化によって変わることはない. こうしたことから, 菌糸構造は分類形質として重視されている. 文献: Corner (*Ann. Bot.* 46: 71, 1932; *Phytomorphology* 3: 152, 1953; *Beih. Nova Hedw.* 75: 13, 1983; 78: 13, 1984), Cunningham [*N. Z. Jl. Sci. Tech.* 28

訳注5: 通常, ケガワタケ科はタマチョレイタケ科に含めて扱われる.
訳注6: ほとんどのハラタケ型菌やホウキタケ型菌が, 膨張した菌糸をもつとはいえない.
訳注7: マンネンタケ属の多くや *M. xanthopus* の子実体は1年生.

(A): 238, 1946；*TBMS* 37: 44, 1954]，Lentz（*Bot. Rev.* 20: 135, 1954），Talbot（*Bothalia* 6: 1, 1951）．

菌糸体（hyphidium，複数 -ia）．側糸（paraphysis），偽側糸（pseudoparaphysis），側糸状体（paraphysoid），二核性側糸（dikaryoparaphysis）および Singer（1962）の側糸様体（pseudophysis）は同義語もしくはほぼ同義語．菌蕈類の子実層内に存在するやや，あるいは高度に変化した菌糸端（図 A2.30，図 A2.31）．Donk（*Persoonia* 3: 229, 1964）は以下に区分している．**単型菌糸体**（haplohyphidium）は単純で特殊化せず，まったく，またはほとんど分岐しない．**樹枝状糸状体**（dendrohyphidium; dendrophysis）は不規則かつ著しく分岐する．**二叉状糸状体**（dichohyphidium; dichophysis）は繰り返し二叉分岐する．**すりこぎ状糸状体**［acanthohyphidium; acanthophysis; bottle-brush paraphysis（Burt, 1918）］は先端付近にピン状の突出を有する．コウヤクタケ科では房状，こん棒状，珊瑚状もしくは円筒状のものもある．嚢状体も参照．

文 献

Kirk, P. M., Cannon, P. F., Minter, D. W. & Stalpers, J. A. (2008). *Dictionary of the Fungi*, 10th edn. Wallingford, UK: CAB International. ISBN-10: 0851998267, ISBN-13: 9780851998268. URL: http://www.cabi.org/bk_BookDisplay.asp?PID=2112.

Ulloa, M. & Hanlin, R. T. (2000). *Illustrated Dictionary of Mycology*. St Paul, MN: American Phytopathological Society Press. ISBN-10: 0890542570, ISBN-13: 9780890542576. URL: http://shopapspress.stores.yahoo.net/42570.html.

事項索引

数字

14-α-メチルステロール	546
2μm プラスミド	579
2μm プラスミド DNA	564
2 ミクロン DNA	204
5-FC	542, 549
5-フルオロシトシン	549
6-アミノペニシラン酸	504

ギリシャ文字

α-アマニチン	273
α-アミノアジピン酸	504
α-アミラーゼ	579
α-チューブリン	129
β1,3-グルカナーゼ	576
β1,3-グルカン	140-142, 144, 165, 170-171
β1,3-グルカン合成酵素	141, 165, 171, 180, 548
β酸化	263
β-チューブリン	129
β-チューブリンサブユニット	548
β-ラクタム環	504, 506
β-ラクタム構造	501
λファージ	578

A

ACV 合成酵素	504
AFTOL	37, 45, 57, 63, 71
AM	356
AM 菌類	357
AMT 法	577
Ang-kak	287
ARS	578
ATP アーゼ遺伝子	24
ATP 生成	124
attine アリ	412, 416, 418

B

BAC	559, 578

C

C_3 光合成経路	425
C_4 植物	425
cAMP	139
Carbopol	491
CDK	156
cDNA クローン	563
CLIP-170 相同タンパク質	130
COPI	126
COPII	125-126
cos 配列	578

D

DNA	109-111
DNA クローニング	577
DNA 採取法	37
DNA の反復配列	116
DNA 複製	120
DNA プローブ	8
DNA 分子の凝縮	110

E

EDTA	476
ER	122-123, 125-126, 172
EST 配列	563
ethyl pyrocarbonatene	500
ETS 領域	24

F

FH タンパク質	151
Frank, Albert Bernhard	354
FRQ タンパク質	225
Fungal Genome Initiative	567

G

G418	579
G タンパク質	139
G タンパク質共役受容体	139
Gene Ontology	566
GPI アンカー	140, 172, 551
GTP の加水分解	130

H

HC トキシン	397
het 遺伝子	194-196
HIV インテグラーゼ	510
HIV ウイルス感染者	29
HIV 感染	157
HMG-CoA 還元酵素阻害剤	347
HMT 毒素	397
hnRNP	115
Hostacerin	491
Hsp90	551

I

IGS 領域	24
in silico	562
IQGAP タンパク質	151
ITS1 領域	24
ITS2 領域	24

J

Junlon	491

K

K 選択種	373

M

MAK-2	150
MAPK	140

MAPs	130-131		RNA	109		YRp	578
MAP キナーゼ	215		RNA 干渉	575			
MAP リン酸化酵素経路	139, 150		RNA プロセシング装置	112		**あ 行**	
Mayers ヘマルム	318		RNA プローブ	8			
Monod の式	485		RNA ポリメラーゼ	111		アイスマン	284
mRNA	109, 111, 121		RNP 装置	121		アイルランド大飢饉	386
mRNA 前駆体	112-114		ro 遺伝子	119		亜鉛	476
mRNA のプロセシング	110		rRNA	109, 111, 114		赤米	532
mtDNA	204					赤米麹	532
			S			アクチン	129, 151-153
N						アクチン遺伝子の突然変異	129
			siRNA	575		アクチン環	151
NADH の生成	124		SNARE タンパク質	127		アクチン結合タンパク質	129
NADP 依存グルタミン酸脱水素酵素			snoRNA	114		アクチンフィラメント	129, 132, 134,
	322, 327		snoRNP	114			143-144
NAD 依存グルタミン酸脱水素酵素	323		snRNA	113-114		アクトミオシン環	151-152
NPC	115, 124		snRNP	113		アグルチニン	177
NTS 領域	25		SPB	119-120, 136, 152		アグロバクテリウム形質転換法	577
nud 遺伝子	119		SRP	122		アスパラギン酸プロテイナーゼ	256
null allele	574		SR タンパク質	113		アスパルチルプロテイナーゼ	527
N-アセチルガラクトサミン	427		SSU rRNA 遺伝子	23-24		アスペルギルス症	451, 570
N-オリゴサッカリィルトランスフェラーゼ			Sup35p タンパク質	205		アスペルギローマ	452
	172					アセチル CoA	261, 323
N-結合オリゴ糖	171-172		**T**			アセチル CoA：イソペニシリン -N アシルトランスフェラーゼ	504
			TATA ボックス	112			
O			TBP 関連因子	112		アセチレン	273
			Ti-DNA	577		アゾール系抗真菌剤	137
O-結合オリゴ糖	172		TIM	123		アゾール類	539, 545
ophiostomatoid 菌類	419		TOM	123		アッセンブリ	562
ORF	556		tRNA	109, 111, 114, 121		アドヘシン	178
			TUNEL 染色	488		アナストモシス	217
P			Ty 因子	564		アナモルフ	416
						アニデュラファンギン	548
PAS 試薬	318		**U**			アニリンブルー	318
PAS ドメイン	225					アネキシン	488
pcbAB 遺伝子	504		UDP-N-アセチルグルコサミン	547		アノテーション	556, 562
pcbC 遺伝子	504		URF	556		アーバスキュラー（内生）菌根	33, 51, 80,
PCD	331						355-356, 358, 372
PCP の分解と吸収	352		**V**			アーバスキュラー菌根菌	180, 281, 463
PCR	9, 35					アーバスキュラー菌根菌類の接種	374
penDE 遺伝子	504		VSC	144, 146		アーブトイド型（内生）菌根	355, 360-361
pH 緩衝剤	500					アフラトキシン（類）	347, 457
Prototaxites 属の化石	32		**Y**			アフラトキシン中毒症	347, 457
P-Tr 境界事件	38					アポトーシス	194, 331, 488
			Y 字型ひだ構造	313		アマトキシン	455
R			YAC	559, 578		アミノアジピン酸	504
			YCp	578		アミノアシル tRNA 合成酵素遺伝子	24
r 選択種	373		YEp	578		アミノ酸	415
Ran タンパク質	115		YIp	578		アミノ態窒素	324
RAS	139					アミノ配糖体	579

アミラーゼ	496	一次ひだ	310, 313	インク	321
アミログルコシダーゼ	249	一次病原真菌	448	隕石の衝突	38
アミロース	249	一次糞	418	インテグリン	143
アミロペクチン	249	一次柄子	230	イントロン	113, 556
アムホテリシンB	540	一重壁	61	イントロンのサイズ	116
アラキドン酸	496, 506	一倍体	119-120	インペラ	474, 480, 491
アラニン	324	一被膜被実型	301	インペラ回転速度	507
アラバン	249	萎凋	391	インポーチン	115
アラントイン	415, 513	一核体	217	ウイルス様粒子	204
アラントイン酸	415	一般的な短期応答	405	ウェットバブル病	464
アリルアルコール酸化酵素	253	一本鎖切断	488	ウォート	499
アルカリホスファターゼ	327	イディオモルフ	209, 212	ウォロニン小体	100, 150
アルカロイドの産生	378	遺伝学的要素	304	ウシ海綿状脳症	205
アルギニン	323-324	遺伝子	331, 407	ウーズ，C.	23
アルコール発酵	498	遺伝子オントロジー	566	宇宙の進化	18
アルタナティブオキシダーゼ	555	遺伝子間スペーサー領域	24	うどんこ病	343
アレル	208	遺伝子間領域	564	ウミウチワ・アスペルギルス症	446
アレルギー性アスペルギルス症	452	遺伝子組換え微生物	287, 528	海の形成	20
アレルゲン	519	遺伝子サイレンシング法	575	ウレアーゼ	265, 323
アンコンヴェンショナルミオシン	133-134	遺伝子操作	574	柄	282, 297, 299-301, 305,
安全基準合格証	528	遺伝子対遺伝子	392, 408		310, 322, 327-328, 332
アンテリジオール	208	遺伝子対遺伝子関係	407	エアーサイクロン装置	521
アンブロシア	419	遺伝子対遺伝子説	459	エアリフト発酵槽	286
アンブロシア菌類	420	遺伝子地図	556	栄養寒天	325
アンブロシア甲虫類	419	遺伝子チップ	585	栄養寒天平板培地	332
アンモニア	415	遺伝子重複	24, 505	栄養菌糸	289, 296, 325, 332-333
アンモニウム（イオン）	324, 326	遺伝子データベース	331	栄養菌糸体の老化	204
アンモニウム回収機構	324	遺伝子の数	117	栄養菌糸不和合性	193, 195-196
アンモニウム回収システム	326	遺伝子の水平伝播	505	栄養菌糸不和合性群	195
アンモニウム感受性	324	遺伝子ノックアウト	574	栄養菌糸和合性	188, 193, 196
アンモニウム塩	325	遺伝子ノックイン	574	栄養菌糸和合性群	193
アンモニウム同化酵素類	326	遺伝子ノックダウン	575	栄養欠損突然変異株	108
硫黄	247, 475	遺伝子の分離	197	栄養生殖	297
イオノフォア	326	遺伝子発現	110, 112	栄養成長	304
イオンチャネル	137-138, 540	遺伝子発現の制御	138	栄養摂取様式	28
イオンポンプ	258	遺伝的冗長性	565	栄養素	303-304, 474
異核共存菌糸体	120	遺伝的バリエーション	202	栄養素吸収	137
異化産物抑制	492	遺伝的変異性	8	栄養素欠乏ゾーン	370
異型接合	47	遺伝物質	109	栄養素交換	367, 370
易耕作性	7	イトラコナゾール	544	栄養素シンク	343
異種	577	稲わら	291	栄養素の双方向移動	349
移植細胞	325	イネいもち病	343, 571	栄養素要求性突然変異株	478
移植実験	325-326	イネ科草本	412	栄養要求性株	189
医真菌	76	イボテン酸	346	栄養要求性による選抜	197
イソプレノイド	266	イマザリル	544	癭瘤	282
イソペニシリン-N合成酵素	504	イミダゾール類	544	エキソアミラーゼ	249
一因子不和合性	208	異名	42	エキソ型酵素	247
一菌糸型	316	いもち病	389	エキソグルカナーゼ	248, 579
一次水素化分解者	423	陰イオンポリマー	491	エキソサイトーシス	126
一次代謝産物	496	陰窩	417	エキソペプチダーゼ	255

エキソン	113, 556	大型分生子	515	核移動	119, 133, 136, 319
液滴	299	大麦発芽穀粒	499	核移動周期	97
液内培養工程	501	オーガニック・ダスト・トキシック・		核移動速度	119
液内発酵	495, 501	シンドローム	455	核果	520
エキノカンジン	180, 548	オキザロ酢酸ヒドロラーゼ	490	核外輸送シグナル	115
液胞	128, 132, 146	オーク	380	核型	117
液胞膜	322	オーゴニオール	208	核-細胞質通行	115
エクスポーチン	115	オゾン層	21	拡散	257
餌選好性	281	オートクレーブ	476	核小体	114-115
柄伸長	320	オピストコンタ（巨大系統群）	30, 437	核小体内低分子 RNA	114
エステラーゼ	256	オープン・リーディング・フレーム	556	核小体内低分子リボ核タンパク質複合体	
エタノール	532	オルニチン	327		114
エタノール発酵	498	オルニチンアセチルトランスフェラーゼ		核数	119
エチレンジアミン四酢酸	475		324	核数比	190
エックス線結晶回折法	501	オルニチン回路	323	核内低分子リボ核タンパク質	113
エーテル結合	250	オルニチンカルバモイルトランスフェ		核内有糸分裂	117
柄被実型	301	ラーゼ	324	核の位置決定	136
エピスタチックな相互関係	328	オーロラ	21	撹拌槽型反応器	474
エピファイト	82	温室効果ガス	354	撹拌培養	479
エフェクター	406	温度感受性突然変異体	156	核分裂	97, 117, 129, 131, 150, 153-154
エムデン・マイヤーホフ・パルナス経路		温度ショック	304	隔壁	150-151, 153, 298
	260			隔壁形成	96, 131, 150-151
エリコイド型内生菌根	81	**か 行**		隔壁孔	333
エリシター	406			核膜	109, 115
襟鞭毛原生生物	30	外因性休眠	88	核膜孔複合体	115
エール	498	開始コドン	557	核膜非崩壊分裂	117
エルゴステロール	8, 28, 137, 180,	概日時計	224	核融合	120, 319-320, 323, 325
	267, 483, 538	概日リズム	224	撹乱	304, 325
エルゴステロール生合成経路	550	外生菌根	54, 63, 71, 81, 355-356,	核リボソーム DNA	33
エルゴタミン	456		364-365, 367	下降管	513
エルゴトキシン	456	外生菌根菌	67	仮根	43, 422
エルゴバシン	456	外生菌根菌類の接種	374	仮根状菌糸体	422
園芸昆虫類	293	外生菌根形成	361	傘	282, 297, 300-301, 305, 328, 332
塩水発酵	531	外生胞子	238	傘縁被実型	301
エンドアミラーゼ	249	害虫	282	傘実質	306
エンド型酵素	247	解糖	260	傘の形態形成	320
エンドグルカナーゼ	144, 248	外被膜	302	傘の展開	310, 321
エンドキシラナーゼ	249	外部寄生菌	438	傘表皮	306
エンドサイトーシス	126-128	外部転写スペーサー領域	24	過酸化水素	248
エンドソーム	127-128	回分系	474	果実食性ハエ類	282
エントナー-ドウドロフ経路	260	回分培養（法）	474, 501	果食者	424
エンドファイト	81-82	開放系	474	かすがい連結	147, 192, 216
エンドペプチダーゼ	255	外膜トランスロカーゼ	123	カスポファンギン	548
縁部との遭遇	304	化学合成-有機従属栄養生物	343	化石	25, 26
オイジウム	217, 228	化学的風化	6, 376	化石菌類	31-33
横隔壁形成	96	化学的変換	496	化石鞭毛菌類	424
オウデマンシン	348	化学分解法	558	加速期	483
オウデマンシン A	552	かぎ形構造	147	ガソホール	523
応用遺伝学	574	核	109-110, 115-116, 119, 124, 332	褐色腐朽	80
応用遺伝学の利用	11	核移行シグナル	115	褐色腐朽菌	246, 248

活性界面	140
活性化因子-阻害因子モデル	308
活性化シグナル	315
褐斑病	464
活物栄養菌（類）	246, 343
活物栄養性	395, 402, 404
カード	287
可動性シグナルリガンド	367
カドミウム	291
カビ毒	348, 446, 454
カビによる熟成	527
カマンベール	287
過ヨウ素酸シッフ試薬	318
ガラクタン	249
ガラクツロン酸	249
カラメル化	476, 530
カリウム	476
カリオガミー	319
下流回収	424
カルシウム	475
カルス	483
カルベンダジム	548
カルボン酸	504
カルボン酸基	500
ガレクチン	178
カロテノイド（色素）	176, 266-267
感覚刺激特性	511
肝がん	347
換気	289
柑橘類	500
環境汚染物質	291
環境試料の塩基配列分析	373
環境ストレス	328
環境生物工学	10
環境の許容性	348
管孔	299, 316
管孔壁	316
管孔野	316
カンジダ症	157, 447, 450
緩衝寒天	325
環状構造部	316
環状細胞壁構築	227
岩石への住みつき	11
乾燥菌体重量	487
貫入菌糸	399-402
貫入ペグ	442
乾熱期	288
官能特性	511
乾腐	348-349
乾腐菌類	350
カンペステロール	539
キアズマ	120
偽遺伝子	564
記憶	332
機械感受性イオンフラックス	138
機械的相互作用	322
気管支肺アスペルギルス症	452
偽菌核状殻皮	237
気菌糸	296
偽菌類	30, 77
奇形組織	329
気候	6
気候変動の影響	373
記載種数	9
キサンタン	523
蟻餌菌球	413
蟻餌細胞	413
基質（基物）	291-292, 303-304, 316
基質特異性	422
疑似同調分裂	154
疑似有性的生活環	202
偽柔組織	235
キシラナーゼ	249, 422, 460, 582
キシラン	249
寄生	417
寄生菌類	417, 425
寄生者	416
季節変化	20, 21
キセノマ	435
基礎菌糸	317
キチナーゼ	144, 249, 322, 461, 576
気中束生成長	316
キチン	8, 28, 140-142, 144-145, 165, 167-168, 170, 173, 249, 419, 421
キチン合成	180
キチン合成酵素	141, 168-170, 327
キチン合成酵素アイソザイム	168
キチン合成酵素遺伝子	168
キチン合成酵素遺伝子欠失変異体	169
キチン合成阻害剤	547
キチンミクロフィブリル	167, 170
拮抗菌	517
軌道運動	474
キトソーム	145, 169-170
キネシン	118, 130-133, 136
キネシン-1	133
キネトコア	118, 120
機能群	8
機能ゲノム学	562, 566, 574
機能的シストロン	328
きのこ栽培	291, 498, 519
きのこ栽培場	281
きのこ栽培の廃堆肥	352
きのこ食性ハエ類	22
きのこ生産	289
きのこの化石	33
きのこの種菌	519
偽反芻動物	423
忌避反応	89
基本転写因子	111-112
キメラ	304
キモシン	287, 527, 583
逆遺伝学	574
ギャップ結合	333
吸器	389, 395, 399-402
吸器外マトリックス	400
吸器母細胞	399
球状成長	88
旧熱帯区	418
休眠胞子	428
強化ワイン	500
凝固酵素	287
凝集ファクター	489
共種分化	416
共進化	416-417
共生	424
共生共存異物化寄生性複合体	435
共生菌体	374
共生菌類	415-416, 418
共生藻体	374
共通祖先	23, 25
共同適応	425
凝乳	527
共役核分裂	216
共役有糸分裂	192
共役輸送	258
共輸送体	258
極管	435
極糸	434
局所的指定化	296
局所的真菌感染症	545
局所的パターン化	296
キラー現象	204
キレート剤	475-476, 500
菌園	292, 413, 416-419
菌園の栽培者	414
菌掻き	289
菌核	175-176, 237, 296, 304
銀河系	19
銀河形成	18

事項索引					
菌寄生	461	菌嚢	419	グルコアミラーゼ	249, 579
菌球型アスペルギルス症	452	菌まわし	289	グルコシダーゼ	322
均衡成長	475	菌類界の系統樹	35, 37	グルコース	138
菌根	80, 179, 292, 354	菌類化石	38	グルコーススタット	495
菌根菌（類）	7, 11, 343, 416	菌類系統樹構築プロジェクト	35	グルタミン	325-326
菌根（菌類）ネットワーク	354	菌類細胞壁	164-165, 167, 171, 174, 180	グルタミン合成酵素	264, 322
菌根の影響	372	菌類殺虫剤	517	グルタミン酸	324
菌根の商業的応用	374	菌類産生物	501	グルタミン酸合成酵素	264
菌根のタイプ	355	菌類従属栄養生物	361	グルタミン酸脱炭酸環	323
菌糸	7	菌類除草剤	517	グルタミン酸脱炭酸ループ	261
菌糸（成長）形	157	菌類タンパク質	511	グルタミン酸デヒドロゲナーゼ	264
菌糸体相互連絡	147	菌類毒の適応的意味	346	グルテニン	525
菌糸結節	296, 333	菌類農薬	521	グルテン	525
菌糸コイル	360, 369	菌類の祖先	37	クールー病	205
菌糸コンパートメント	308, 318, 332-333	菌類の多様性	342	クレブス回路	500
菌糸細胞間相互作用	333	菌類の物理的力	344	クロトリマゾール	544
菌糸システムの集合	304	菌類バイオマス	8	黒穂病	63-64
菌糸状モデル	144	菌類発生生物学	332	クロマチン	110-112
菌糸伸長	102	菌類パートナー特異性	365	グロマリン	180
菌糸成長	90, 325	菌類プログラム細胞死	332	グロムス菌門の化石	33
菌糸成長単位	93, 483	菌類胞子数	38	グロムス目菌類菌根	33
菌糸先端	147-149	空中細菌	502	クロロ芳香族化合物	254
菌糸先端成長	296	クエン酸	475-476, 490, 500, 503	クロロメタン発生量	354
菌糸束	235, 278, 296, 349	クエン酸三カルシウム塩	501	クロロメタン放出	353
菌糸体	150, 278, 282, 289, 291, 300, 303-304, 412	クォーン（菌類タンパク質）	285-287, 483, 495, 510	クロロメンタン	254
菌糸体間相互作用	304	クチナーゼ	399, 401-402, 460	蛍光ラベル	560
菌糸体成長	106	くちばし状突起	299	渓谷熱	450
菌糸体ネットワーク	278, 412	屈性シグナル	333	珪酸塩	481
菌糸頂端	142-147	靴紐状菌糸束	237	形質転換	576
菌糸貪食	363	クマリルアルコール	250	形態学的種	75
菌糸の損傷	289	組換え	326	形態形成	296, 298, 331
菌糸の分枝	298, 308	組み立てユニット生物	297	形態形成因子	319
菌糸パターン	332	クモノスカビ病	465	形態形成極性	306
菌糸房	296	クラスター相同領域	565	形態形成シグナル	319
菌糸分析	316	クラスリン	126-127	形態形成プログラム	333
菌糸壁	91	グリアジン	525	形態種	358
菌腫	449	グリオキサル酸化酵素	252-253	系統樹	23-26
菌糸融合	89, 147-149, 188-189, 193, 217	グリコーゲン	175, 249-250, 323, 415	系統分類学	23
菌床	289-290	グリコシルトランスフェラーゼ	551	ケゲ	531
菌鞘	355, 360-361, 364-365, 369, 371-372	グリコシルホスファチジルイノシトールアンカー	140	血管拡張剤	506
菌床栽培	285			血管拡張ホルモン	507
菌食者	278, 281-282, 412	グリセオフルビン	131, 548	血管収縮剤	507
菌生	461	クリ胴枯病	388	血管透過性	506
菌生菌	461	クリプトコックス症	449, 571	結合菌糸	317
菌叢	419	クリプトビオシス	377	結晶セルロース	247
金属イオンの蓄積	291, 343	グリーン	499	血小板凝集	507
菌体収量	486	グルカナーゼ	322, 327, 461	ケトコナゾール	538, 544
菌体密度	494	グルカン	165, 167-168, 170, 173-175, 296	ゲノミクス	557, 583
菌体量	475	グルカン合成酵素	548	ゲノム	106, 322, 331, 556
				ゲノム解析	416

ゲノム学	557	抗生物質	417, 495-496, 501-502, 506	コーヒー	519
ゲノムサイズ	116	抗生物質産成	372	こぶ	418
ゲノムシーケンス	556	恒成分培養槽法	493	コムギ黒さび病	392-393
ゲノム進化	573	拘束	326	ゴルジ装置	123, 125-126, 172
ゲノムの比較	563	酵素的分解回収	324	コルチゾン	510
ケモスタット	493	酵素反応速度論	486	ゴルディロックス惑星	20
ケラチン	421	後担子器	398	コレステロール	137, 267, 495, 507, 538
ゲラニルゲラニルピロリン酸	266	後腸発酵	423-424, 518	コレステロール低下薬	347
ゲラニルピロリン酸	266	交配型	195	コロニー	414
ゲルダナマイシン	551	交配型遺伝子	195-196	コンヴェンショナルキネシン	133-134, 136
原核細胞	108	交配型因子	193, 304	コンヴェンショナルミオシン	132-133
原核生物	22, 108-110	交配型システム	196	根外菌糸体	357, 367
嫌気性	23	交配型変換	211	ゴンギリディア	292, 413
嫌気性菌類	421-423	鉱物の無機的変換	343	根圏	428
嫌気性細菌	421, 423	鉱物の溶解	11	混合酸発酵	422
嫌気性微生物伝搬	423	高フルクトースシロップ	498	根状菌糸束	235-236, 296
嫌気性プロトゾア	423	厚壁化	175	昆虫食	424
嫌気性真菌類	421	厚壁菌糸組織	235	昆虫類	412
嫌気性ツボカビ類	29, 46	厚壁胞子	357, 428, 517	コンティグ	560
嫌気的ニッチ	424	酵母	106-108, 165, 416-417, 499, 531, 556	コーンバーグ, R. D.	108
原菌糸	317	酵母エキス	285		
原形質膜	322	酵母エピソームプラスミド	578	**さ 行**	
原形質連絡	333	酵母組込み型プラスミド	578		
原子の形成	18	酵母形	157, 416	細菌	7
減数核分裂	119	酵母ゲノム	564	サイクリック AMP	138
減数分裂	120, 310, 319-320, 323, 325-326	酵母人工染色体	559, 578	サイクリック AMP 依存タンパク質リン酸化酵素	139
減数胞子	329	酵母動原体プラスミド	578	サイクリン	156-157
減数母細胞	324-326, 333	酵母の生活環	107	サイクリン依存リン酸化酵素	156
原生生物	7, 510	酵母複製プラスミド	578	最古の化石	22
原生動物	421	厚膜胞子	228	サイザル麻	291
原生壁型	61-63	剛毛体	316	最終氷期	11
減速期	94, 484	五界説	22	最初の陸上真核生物	37
元素組成	474	小型節足動物	7	サイズ検知機構	96
元素の形成	19-20	小型哺乳動物	8	再生現象	325
原担子器	307, 309, 319	小型哺乳類	283	最大比成長速度	485
原木	291	コクシジオイデス症	449	最低限必要食糧量	5
後期菌類	373	ココア製品	519	栽培マッシュルーム	166
好気性生物	486	ココアバター	520	栽培用基質（基物）	414
後極胞	435	コスミド	559, 578	細胞アンカー受容体	367
口腔カンジダ症	451	固相発酵	287-288, 517-518	細胞外酵素	247, 521
光合成産物の供給	370	固体基質発酵	519	細胞外タンパク質分解酵素	255
麹造り	531	固体基層への定着の適応	150	細胞外マトリックス	166, 168
抗腫瘍物質	495	個体の定義	196	細胞協調	305
恒常性機構	507	骨格菌糸	317	細胞形態の維持	164
抗真菌剤	141	コッパー	499	細胞骨格	128
抗真菌物質の産成	372	固定化	509	細胞死	331
抗真菌薬	180, 538	コートタンパク質複合体	125	細胞質	109, 322
抗真菌薬の標的	164	コートマータンパク質	125	細胞質コンパートメント	322
後生動物	325	コニフェリルアルコール	250	細胞質性小胞	49
後生被膜被実型	302	コバルト	476		

細胞質分離	203, 205
細胞質分裂	97, 117-118, 150-152, 154-155
細胞周期	106, 118, 155-157, 298
細胞周期制御	154, 156
細胞小器官	109
細胞説	108
細胞内共生	23
細胞内共生説	22, 125, 203
細胞内膜系	124
細胞内輸送	129
細胞の発見	108
細胞分化	305, 317
細胞分裂	101, 155-156
細胞壁	110, 134, 140-141, 143-145, 166-168, 170-171, 550
細胞壁形成	147, 172
細胞壁合成	142, 171, 173-174, 180, 296, 322
細胞壁合成阻害剤	326
細胞壁構造	165, 168
細胞壁構造の三次元ネットワーク	168
細胞壁再構成	173-174
細胞壁主要成分	140
細胞壁タンパク質	142, 165, 167, 173, 180, 551
細胞壁2相システム	167
細胞壁の完全性維持機構	174
細胞壁の構造的一体性	165
細胞壁の外側	177
細胞壁の分類学的意味	166
細胞膨張化	319
細胞膜	108-109, 126, 137-139, 141-145, 168
細胞融合後不和合性	193
細胞要素	235
細流フィルター	519
作物廃棄物	523
殺菌剤	348, 538
殺菌性UV	21
殺菌的	538
雑食者	282
殺生栄養菌（類）	246, 343
殺生栄養性	387, 395, 402-404
サトラトキシン	454
砂漠植物	371
さび病	63
さび胞子	399
サフラニン	318
サブルーチン	328-329, 333
サラミ	519, 526
サリチル酸	395, 404, 406
サルコ三菌糸型	317
サルコ二菌糸型	317
サルノコシカケ	238, 353
サルファターゼ	256
酸化的リン酸化	553
酸化バースト	403-404
産業廃棄物堆肥栽培	353
産業用地改善プログラム	374
三菌糸型	317
酸混合発酵	422
三次元成長	489
三者相利共生	423
三者連合	417
酸性ホスファターゼ	370
酸素濃度の上昇	26
残留性農薬	254
ジェネラリスト	420
潮の干満	21
紫外線	21
紫外線の物理的遮蔽	176
自家不和合性	188
自家和合性	209
磁気圏	21
色素形成	320
シキミ酸-コリスミ酸経路	272
ジクチオソーム	126-127
シグナル増幅	140
シグナル伝達経路	140
シグナル伝達システム	320
シグナル認識粒子	122
シグナルペプチド	122
シクロスポリン	495
シクロヘキシミド	516
シクロペンタン	273
自己消化	321-322
自己-信号伝達モデル	149
自己分解	320, 331-332, 487
自己分解物質	322
自己免疫	331
子座	234, 304
子実層	238, 299-300, 305, 310, 316, 323, 325-326, 328
子実層托	328-329
子実層板	313
子実体	292-293, 296, 303
子実体形成	192, 291, 300, 332, 418
子実体形成誘導物質	316
子実体原基	296, 301, 315, 319, 328, 418
子実体原基形成	289, 291
子実体再生	332
子実体寿命	332
子実体成熟	327
子実体発育	303, 331
子実体発生パターンの変化	373
糸状菌類	331, 416, 501
糸状菌類化石	33
糸状構造	88
歯状の針	299
シスエレメント	214
シスゴルジ網	126
シスチジア	238, 307
シスチジア接着体	308, 310
システイン	504
システインプロテイナーゼ	256
システム生物学	558
シスト	453
自然淘汰	514
七面鳥X病	457
シックハウス症候群	454
実質	307, 325
質的損失	387
ジデオキシシーケンス法	558
ジデオキシヌクレオチド	559
ジテルペン	266
シデロフォア	273, 475
シトクロム b-c_1複合体	553
シトクロム b遺伝子	555
シトクロムP450	545
シトクロムP450デメチラーゼ	546
シトステロール	539
シナピルアルコール	250
子嚢	56, 59, 61, 212, 238
子嚢果	235, 238
子嚢殻	59, 61, 63, 212, 235, 238
子嚢殻原器	212
子嚢果内菌糸系	59
子嚢子座	59, 61-62
子嚢地衣類	377
子嚢盤	59, 61-63, 238
子嚢胞子	49, 56, 59, 61, 212, 238
シベリア・トラップ洪水玄武岩	38
ジベレリン	266, 397
脂肪酸合成	507
姉妹群	26
姉妹分類群	24
社会性昆虫類	415
ジャガイモ疫病	386, 388
ジャガイモ大飢饉	30
シャクジョウソウ型内生菌根	355, 361
射出液	239

射出管	435
射出胞子	239
シャトルベクター	578
シャペロニン	122-123
シャングー	288
皺胃	423
重金属	291
シュウ酸	248, 403
シュウ酸酸化酵素	253
終止コドン	557
収縮（性）環	426-427
修飾ステロイド	510
従属栄養生物	474
周辺成長帯	490
収率係数	487, 494
重力屈性	240, 316
収斂進化	75
種菌	291, 505
宿主選択的毒素	403
宿主特異性	357, 365, 439
宿主特異的毒素	397
熟成醪	531
樹枝状体	51, 357, 358
受精菌糸	212
受精毛	212
出芽	136
種母麹	531
シュムー	120
シュライデン, M. J.	108
シュワン, T.	108
循環処理生物	342
純粋培養	413, 422
準被膜被実型	302
女王アリ	413-414, 418
消化管内生息微生物	418
消化発酵	518
条件的共生生物	360
小孔	238
小サブユニット・リボソーム RNA	23, 33
硝酸還元酵素	264
上昇塔	513
醸造（用）酵母	107, 498
小囊	399
小分生子	233
小柄	319-320, 326
小胞供給センター	144
消泡剤	481
小胞体	122
小胞の細胞内輸送	134
醤油	287, 519, 530
上流活性化配列	564
上流抑制配列	564
初期菌類	373
初期真核生物	23
食作用	331
食餌耐性	415
植食昆虫	415
植食動物	304, 412, 424
植生	6
植物群落	424
植物生物量	281
植物の陸上進出	33
植物病原菌（類）	56, 63, 67, 73, 76, 82, 419
植物病原性	420
植物リター	246
植物リター分解菌	415
食物網	8, 278, 281, 283
食物連鎖	283
食料源	278, 283, 414
ショットガン・シーケンシング法	560
自律屈性	90, 296, 304
自律性レプリコン	204
自律複製配列	578
シレニン	47, 208
白カビ病	464
シロキサンポリマー	481
人為選択	573
真核細胞	108, 331
真核細胞内構成要素	110
真核生物細胞生物学	106
真核生物の分岐年代	25-26
進化系統樹	4
進化的/系統的種	76
進化時計	23-24
進化能	552
真菌症の治療	180
心血管疾患	507
新興感染症	446
人工ほだ木	291
人獣共通感染症	447
侵襲性アスペルギルス症	550
新生児栄養	507
人造ポリマーの微生物分解	350
シンタキシン	152
伸長	90
伸長速度	88, 91
伸長領域	91
伸展表皮構造	319
浸透圧安定剤	576
浸透圧調整	324
浸透圧調節因子	327
浸透性殺菌剤	538
浸透性代謝物	265
浸透ポテンシャル	138, 327
新熱帯区	412
シンネマ	233
シンバスタチン	495
深部液体発酵	287
シンプラスト	400
新芽食者	424
侵略者	422
森林きのこ	356, 365
森林規模の連絡網	356, 367, 372
森林資材	521
水生菌類	30, 77
髄層	236
水素ガス	422
垂直伝播	419
推定種数	9
水平伝播	203-204, 418-419
スウェッティング	519
スクロース	501
すそ腐病	343
スタチン（系薬剤）	266, 271, 347, 495
スチグマステロール	510, 539
ステロイド（化合物）	266, 496, 510
ステロイドホルモン	510
ステロイド誘導体	495
ストラミニピラ	31
ストラメノパイル	31
ストロビルリン（系薬剤）	266, 348, 552, 554
ストロビルリン A	272, 552
ストーンウォッシュ	508
スーパーオキシドジスムターゼ	476
スパークリングワイン	500
スパージング	480
スフェロプラスト	576
スプライシング	112-113
スプライセオソーム	113
スペーサー領域	24
スポルティング	350
スポロトリクス症	449
スポロポレニン	421
ゼアラレノン	271
生育地	283-284, 304
生活環	188
制御発酵	500
静菌的	538
制限栄養素	370
制限基質	493

制限酵素マッピング	556	摂食阻害因子	346	先導菌糸	308
静止液膜理論	478	絶対活物栄養（性）	355-358	セントロメア	578
星状体微小管	119-120, 152	絶対菌類従属栄養生物	364	前嚢子	453
静水圧差	513	絶対細胞内寄生者	29	全能性	325
生息地	283, 414	絶対的相互依存関係	415	繊毛	22
生存戦略	420	絶対肉食者	507	線毛	110
生態系菌類学	342	絶対病原菌類	420	造園アリ	412-413
生体触媒	510	絶滅危惧種	283	造園シロアリ	418
生体組織検査	319	セプチン	151, 153	草原	424
生態的生理的種	76	セリンプロテイナーゼ	256	相互作用	278
成長	90	セルラーゼ	415, 422, 460, 496, 579	相似器官	67
成長因子	305, 476	セルロース	165, 246-247, 415, 421-422, 522	相似（性）	25, 298
成長曲線	484	セルロース分解	247	増殖収率	478
清澄剤	508	セルロースミクロフィブリル	166	草食動物	428, 518
成長制限基質濃度	494	セルロソーム	248	造精器	78-79
成長速度	98	セロビアーゼ	248	相同（性）	25, 298
成長パターン	332	セロビオース	248	相同塩基配列	331
成長ベクトル	315	セロビオヒドロラーゼ	497, 579	相同染色体間組換え	197
成長ホルモン	305, 320	繊維加工	496	挿入	574
成長様式	94	繊維状オーク腐れ	350	造嚢器	212
成長領域	98	繊維状菌糸	235	造卵器	78-79
正の自律屈性	99, 189	繊維伸長	130	相利共生	354, 423
性フェロモン	48	繊維短縮	129	相利的外部共生	418
生物学的種	76, 196	全菌糸体量	278	素寒天	325
生物加工	508	漸近線	484	側糸	59, 307, 321, 326
生物間相互作用	573	先駆的定着者	377	側枝	325
生物工学	490	全ゲノム	571	促進拡散	137, 257
生物製剤	508	潜在性成長	489	疎水性相互作用	179, 299, 398, 442
生物地球化学的変換	10	潜在的生産量	386	祖先的罠装置	428
生物（的）環境修復	10, 508	染色体	109-110, 118	ソルダリン	549
生物的防除剤	443	染色体ウォーキング	562		
生物農薬	443	染色体地図	555	**た　行**	
生物発光菌	254	染色体長多型	117		
生物被膜	178	染色体対合	120	第1工程	288
生物風化	10	染色体不分離	202	第1工程の堆肥	289
生物変換	522	染色分体	118-120	第2工程	288
生物防除	392, 428, 441	全身獲得抵抗性	405	第2工程の堆肥	289
生物防除剤	517	全身性真菌症	448	第3工程の堆肥	289
生物膜	26	全身的真菌感染症	545	ダイカリオン	189, 192, 217
生物量	422	選択係数	515	大気汚染指標	377
生命の樹	22	選択毒性	538	対向輸送体	258
整列クローンコンティグ法	560	先端カルシウムの濃度勾配	147	対峙培養	193
世界保健機関	513	先端小体	128, 144-149, 169-170	対数期	94, 484, 504
セグメント	330	先端伸長	88, 128, 131, 133, 142-145, 147, 167	大豆ナゲット	531
セスキテルペン	266			大豆ヨーグルト	531
接合菌症	453	先端成長	106, 167, 169-170, 173-174	耐性	391, 406
接合胞子	48, 53	先端 - 側方融合	148	帯線	197, 350
接種	289	線虫殺傷菌類	427	ダイナクチン	118-119, 133, 136, 147
接種源	413	線虫捕捉菌（類）	425, 427-428, 461	ダイニン	118-119, 130-133, 136, 147
接触屈性	398	前腸発酵	423, 425	堆肥	281, 288, 524

大分生子	233	タンパク質リン酸化酵素依存シグナル		直線期	94
太陽の形成	19-20	伝達経路	156	チョコレート	519
太陽風	21	タンブリッジ・ウェア	350	貯蔵食糧生産物	347
対立遺伝子	208	団粒形成	180	貯蔵炭素	6
対立遺伝子の相補性	189	チアミン	478	通気性	480
大量絶滅事件	38	地衣類	11, 81, 179, 374, 412	月	21
ダーウィン	7	地衣類化石	376	月の形成	20
多核（性）	191, 577	地衣類の分類学的命名	377	ツツジ型内生菌根	355, 358
多核体	101	地衣類葉状体	375	つば	312
他感物質	405	地衣類葉状体組織	180	つぼ	301
多菌糸（性）構造体	304, 332	チェックポイント	118, 156	ツボカビ症	444
多型	565	チェーン・ターミネーション法	558	低温殺菌	288
多孔菌類	315-316	チオソーム食	363	ディクチオソーム	437
多細胞菌糸構造形成	179	地下生	302	抵抗性	546
多細胞（性）構造体	296-297, 304, 325	地下生菌類	283	抵抗性遺伝子	390, 392-393, 395, 406-408
多細胞性構造体形成	303	地下貯蔵室腐菌類	350	定常期	484, 487
多細胞生物	297	地球菌学	10-11	定常状態モデル	144
多細胞生物の成長	155	地球の核	20	泥炭	7
多重吸収システム	258	地球の軌道位置	20	定誘電率装置	495
種酵母培養	500	地球の形成	20	定量的菌糸解析	317
種駒	291	地球の緑化	26	デストラキシン	442
多年生子実体	238	蓄積栄養的貯蔵物質	303	データマイニング	587
タービドスタット（法）	493, 495	地軸の傾き	20-21	テータム, E.	108
だぼ	291	地質学的変容	10	鉄	475
多様性	8-9	地上生	303	テトラケチド	271
多量元素	475	チーズ	287, 519, 526	デトリタス食者	412
樽形孔隔壁	100, 150, 308	窒素	475	テリトリー	414
単一基質‐反応進行曲線	485	窒素源	344	テルペン	266
単核性	191	チモーゲン	141	テロメア	120, 578
単系統群	28, 30	茶	520	電気化学的プロトン勾配	137
単細胞タンパク質	510	着生	521	電気穿孔	576
担子果	238	着生菌類	380	電磁放射線耐性	176
担子器	63, 238, 306, 325	虫癭	380	転写	110-112
担子菌酵母	67	中央液胞	127	転写因子	112
担子地衣類	377	中間径フィラメント	129	転写開始前複合体	112
担子胞子	63, 238, 299, 320, 398	中間宿主	392	転写終結配列	564
担子胞子形成	320, 323, 325-326	中間部微小管	152	点突然変異	574
担子胞子原基	319	中立突然変異	515	天然ステロイド	510
単心性	422	調整乳	507	デンプン	249
炭水化物	421	長世代型サビ菌	398	テンペ	287, 531
炭水化物再配分	372	調節遺伝子	330	電離放射線耐性	176
単相化	202	頂端細胞壁構築	227	銅	476
炭素‐炭素結合	250	頂端成長	296	統一モデル	145
炭素同位体比	32	頂端への小胞輸送	145-146	糖化	498-499
タンニン	246	頂嚢	230	同核共存体	217
タンパク質合成	109, 121	超微細分泌小胞	227	糖化槽	499
タンパク質選別	121-122	超微量カチオン	476	導管菌糸	235
タンパク質のアミノ酸配列	25	重複配列	565	動原体	118
タンパク質分解	124	張力タイ	310	糖新生	262
タンパク質分解酵素	415, 508	チョーク	289	逃走バエ	282

到達可能生産量	386	トリコスポア	437	二次菌糸壁	174
糖タンパク質	165, 167-168, 171, 173, 178	トリコテセン	454	二次代謝産物	496
倒置状態培養	316	ドリコール脂質供与体	171	二次的細胞壁合成	296
同調的有糸分裂	96	トリシクラゾール	552	二次発酵	500
同調分裂	153-154	トリスポリック酸	208	二次ひだ	314
動物	4, 331	トリテルペン	267	二次柄子	230
動物の食物	378	トリフロキシストロビン	554	二次壁	175, 176
動物病原菌類	343	トリペプチド	504	二重壁	61, 63
動脈硬化症	507	ドリポア隔壁	192	二重壁子嚢	62
毒きのこ	346	トリュフ園	292	二段階流加発酵	507
時計タンパク質	225	トルイジンブルー	318	ニッケル	476
土壌	5-7	トレハロース	263, 327, 370	ニッコーマイシン	180, 547
土壌栄養素	7	トレーラー断片	556	二倍体	119, 120
土壌改良剤	291	トロフォゾイト	453	二被膜被実型	302
土壌空気	6-7	トロンボキサン	507	乳酸菌	531
土壌形成	6			乳腐	531
土壌鉱物	6	**な 行**		ニュートリスタット	495
土壌細菌	502			ニューモシスチス・カリニ肺炎	29
土壌糸状菌類	286	内因性休眠	88	ニューモシスチス症	453
土壌生息細菌	417	内外生菌根	356, 369	ニューモシスチス肺炎	29
土壌生物	7	内実型	302	尿素	323
土壌生物群集構造	412	ナイスタチン	540	ニレ類立枯病	388, 390, 392, 420
土壌生物相	6-7	内生	521	ヌクレオソーム	110
土壌線虫類	425, 428	内生菌（類）	81, 378, 380, 412, 510	ヌクレオポリン	115
土壌窒素	247	内生菌根	80, 355	濡腐菌類	350
土壌有機態炭素窒素シンク	343	内生分芽型分生子	230	ネクローシス	488
土壌の不均質環境	11	内生胞子	238	熱帯多雨林	415
土壌微生物	6	内部浸透条件	164	ネマトファイト	31, 342
土壌微生物多様性	8	内部転写スペーサー領域	24	粘液質物質	332
土壌物理構造	10	内部反復タンパク質	172	粘着性円柱	426
土壌無脊椎動物	278	内部肥厚	174	粘着性こぶ	426
土壌有機物（質）	6-7	内膜トランスロカーゼ	123	粘着性ネットワーク	426
土壌溶液	6-7	夏胞子	399	粘着性罠	425, 427
土地管理形態	342	夏胞子堆	399	粘土	6
突出隆起	316	ナトリウム	476	農業	11
突然変異	514	ならたけ病	389	農業菌類	11
突然変異株	328	軟腐朽菌	246	農業残渣	521
突然変異体	515	難分解性廃棄物	351	農業相利共生	418
突然変異変化率	23	二核菌糸体	214, 328, 332	農業土壌	5-7
ドライバブル病	464	二核状態の維持	193	農業の起源	11
ドライホッピング	499	二核体	214	農業廃棄物分解	352
トランスクリプトミクス	583	二価染色体	120	農業用殺菌剤	547
トランスクリプトーム	328, 562	II型ミオシン	132	嚢状体	51, 71, 238, 307, 310, 325, 355, 357
トランスゴルジ網	126-127	二極性ヘテロタリズム	208	嚢状体形成	307
トランスポゾン	584	二菌糸型	317	嚢状体分布パターン	308
トランスロコン	122-123	肉食菌類	425	能動輸送	137
トリアシルグリセロール	507	肉食者	425	嚢胞性肺疾患	570
トリアゾール類	544	二形性	157, 442	農薬分解	352
トリカルボン酸回路	323	二酸化炭素	525		
トリグリセリドリパーゼ	583	二酸化炭素濃度	289, 290		

は 行

胚	297
バイオアッセイ	325
バイオインフォマティクス	558
バイオストーニング	508
バイオテクノロジー	508
バイオテクノロジー産業	290
バイオパルピング	254
バイオマス	422, 474
バイオマス再循環	10
バイオリアクター	521
バイオレメディエーション	246, 352, 353
配偶子合体	48
敗血症	502
倍数性	119
胚性幹細胞	317, 325
培地	474
培地組成	474
背着生子実体	349
ハイドロフォビン	142, 179-180, 328, 332, 442
ハイドロフォビン遺伝子	179
培養可能微生物数	9
ハキリアリ	412
白亜紀/第三紀境界絶滅	38
麦芽	499
白色腐朽	80
白色腐朽菌（類）	246, 248, 353, 521
白癬	447-448
バクテリア人工染色体	559, 578
バクテオリオファージ	421
バゲット	525
パスツール	106-107, 526
はだ起こし	291
はだ場	291
働きアリ	413-414, 418
パターン形成	296, 297
パターン形成遺伝子	330
発育規則	311
発育拘束	324
発育生物学	299
発育の不正確さ	328
発育プログラム	331
発育変異体	328
発芽管	88, 399
麦角	456
麦角アルカロイド	272, 456, 495
麦角中毒	457
発現ベクター	580
発酵	106-107
発酵産生キモシン	528
発酵食品	530
発酵槽	474
発酵槽工学	480
発酵大豆食品	531
発酵肉食品	529
発生室	290
発生生物学	296, 298
発熱ピーク	288
ハッブル・ウルトラ・ディープ・フィールド	19
バッフル型STR	480
パーティクル・ガン法	576-577
パプラカンジン	548
バーム	525
バラージ	196
パラソルアリ	414
ハラタケ型	328
ハリタケ型	316
バリン	504
ハルティッヒネット	355, 360-361, 364-365, 369
バルブ被実型	301
パレンテソーム	100
パン	524
半活物栄養性	395, 402
半合成ペニシリン類	504
パン酵母	107
反芻	421
反芻動物	412, 421, 423-424, 518
斑点病	390
反応能	303-304
反復流加培養	492
半裸実型	300
ビオチン	478
比較ゲノム学	567
皮下真菌症	448
光呼吸	425
光照射	304
非菌根性植物	354
ビクトリン	397
非結晶セルロース	247
微細菌糸	317-318
非収縮性環	426
微小管	118-119, 129, 131-134, 136, 143-144, 147, 151, 154, 548
微小管形成中心	119
微小管結合タンパク質	130, 548
微小血管透過性	507
微小節足動物	278, 412
微小胞	101
ヒース性荒野	360
ヒストプラズマ症	449
ヒストンタンパク質	110
比成長速度	89, 91
微生物群集	291, 418
微生物数の計測	8
微生物相	423
微生物多様性	8-9
ひだ	238, 282, 297, 305, 310, 322, 332
ひだ形成体	313
ひだ腔	307, 332
ひだをもつ多孔菌類	315
ひだ板	307
ビッグバン	18-19
ヒツジのスクレイピー	205
必須脂肪酸	506
非転写スペーサー領域	24
ピート	289
非同調分裂	154
ヒートショックタンパク質	100, 551
ヒトヨタケ型	310
ビードル, G.	108
ヒドロゲナーゼ	422-423
ヒドロゲノソーム	46, 422
非発酵大豆食品	531
非反芻動物	424
非病原性遺伝子	459
被覆小窩	126
皮膚糸状菌症	448
皮膚真菌症	448
非芳香族アミノ酸	272
微胞子虫症	435
被膜	297, 300-301
被膜被実型	301
病害抵抗性品種	396
病気のトライアングル	393-394
表現型	324, 515
表現型分離	107
病原菌類	157
病原性遺伝子	459
病原力因子	407
表在性真菌症	448
標準培地	476
標的化ペプチド	122
表面発酵	501
肥沃な三日月地帯	11
日和見感染	55, 446

日和見感染症	29	不活性キチン合成酵素	170	プランテーション	291
日和見病原菌類	157	不均衡成長	475	ブリー	287
日和見病原糸状菌	552	複合種	571	プリオンタンパク質	196, 205
日和見病原真菌	448	複製周期	95-96	フルクトース 1, 6- ビスリン酸	263
日和見病原体	447	複相核	197	フルコナゾール	544
ピラクロストロビン	554	複相体	202	フルシトシン	542
ピリジン類	544	複素環	545	ブルーチーズ（類）	287, 528
ピリミジンアナログ	542	覆土	289-290	プルティーン	512
微量カチオン	475	不顕性感染	378	ブール論理	329
ピルビン酸	260	フザリウム症	453	プレニル化	139
ピルビン酸オキシドレダクターゼ	422	フザリン酸	397	フレミング	501, 503
ピルビン酸カルボキシラーゼ	262	腐植	6	プローヴィング	525
ピルビン酸酸化	323	腐植質	6	プロキモシン	528
ピルビン酸酸化還元酵素	422	腐生	427	プログラム細胞死	194, 331, 395, 403-405, 487
ピルビン酸デヒドロゲナーゼ複合体	261	腐生栄養菌（類）	246, 343-344		
貧栄養的成長	11	腐生栄養生物	342	プロゲステロン	510
ピンズ	289	不正確さ	329, 333	プロスタグランジン	506
ピンヘッド	290	腐生菌	278	プロスタサイクリン	506
ピンポンメカニズム	150	腐生者	282, 424	プロセシング	114
ファイトアレキシン	405-406	伏込み場	291	フロック（ス）	474, 508
ファウナ	424	付属糸	438	プロテイナーゼ（類）	124, 255, 287, 322, 344, 496
ファゴサイトーシス	488	ブタ	292		
ファジー制約	330	縁取り菌糸体	236	プロテオミクス	583
ファジー発育法則	330	付着器	389, 398-402, 408, 442, 460	プロテオーム	328, 562
ファジー論理	329	フック, R.	108	プロトプラスト	576
ファルネシルピロリン酸	266	物理的傷痍	304	プロトン勾配	262
ファロイジン	273	物理的ストレス防護	164	プロトンポンピング ATP アーゼ	137
ファロトキシン	455	物理的風化	6	ブロマチア	413
フィアライド	229-230, 515	物理的マッピング	556	プロモーター	111
フィアロ型分生子形成細胞	230	不動精子	439	不和合性機構	120
フィターゼ	582	不等成長	303	不和合性システム	196
部位特異的突然変異	576	ブドウべと病	388	粉芽	376
フィードバック	329	負の自律屈性	98, 189	分解者	343, 418
フィラソーム	147	ブフナー, E.	107	分芽型分生子	229
風化	6	部分菌類従属栄養生物	364	分化阻害剤	325
フェニルアラニンアンモニアリアーゼ	327	部分特異的欠失	574	吻合	147
フェニル環開裂	522	冬胞子	64, 398	分散菌糸体	482
フェニル酢酸	506	冬胞子堆	399	分散細胞壁構築	227
フェニル酢酸ナトリウム	492	ブライトビール	499	分散単位	88
フェニルプロパノイドアルコール	250	プライマー	35	分散培養	491
フェノキシ酢酸	504	プラス端追跡タンパク質	130	分枝	333
フェノール	246	プラスチックの微生物分解	350	分枝菌糸	296, 307
フェーノル成分	291	ブラストミセス症	178, 449	分子系統（学的）解析	29, 33, 35, 416, 418
フェロモン	47-48, 79, 210, 414	プラスミド	110, 204	分子系統学	4
フェロモン応答エレメント	214	プラスミド DNA	204	分子シャペロン	100, 551
フェロモン受容体	210	プラスミドの水平伝播	552	分子年代測定法	26
フォスファチジルセリン	488	プラズムデスム	333	分枝頻度	90
フォトビオント	374	フラッシュ	290	分子マシーン	110
フォルミン	129	フラップ	301	分子モーター	131
フォルミン相同タンパク質	151	プラバスタチン	495	分枝誘導	148

分生子	197, 227	
分生子殻	234-235	
分生子形成細胞	227	
分生子座	234	
分生子盤	234	
分生子柄	227, 230	
分生子果	233	
分節型分生子	450	
分節型胞子	217	
分節菌糸体	439	
分節胞子嚢	437	
分類群の数	8	
分類群の相対数度	8	
分裂子	217, 228	
分裂組織	236	
兵器	348	
平均倍加時間	485	
閉鎖系	474	
閉鎖水力学系	142	
柄子器	399	
閉子嚢殻	59, 61-63, 238	
柄足細胞	230	
柄胞子	399	
ヘキサフルムロン	419	
ペグ	361	
ベクター	390-392, 394, 397	
ペクチナーゼ	249, 402-403, 460	
ペクチン	246, 249	
ペクチンリアーゼ	249	
ベシキュラー - アーバスキュラー菌根	343, 355-356	
ベジマイト	285	
ヘッケル, E. H.	22	
ヘテロ核リボ核タンパク質	114	
ヘテロカリオシス	188-189, 191, 193	
ヘテロカリオン	188-189, 192, 195-196, 209, 328	
ヘテロカリオン解消	191	
ヘテロカリオン形成	189	
ヘテロカリオン表現型	190	
ヘテロコンタ巨大系統群	30	
ヘテロ接合	208	
ヘテロ接合表現型	197	
ヘテロタリズム	208, 212	
ヘテロタリック	188, 208	
ヘテロプラズモン	203	
ペニシリン	273, 492, 501-504, 579	
ペニシリン -G	504	
ペニシリン -G ナトリウム	506	
ペニシリン -N	504	
ペニシリン -V	504	
ペニシリン生合成	504-506	
ペニシリン生産	202	
ペニシリン生産用培地	505	
ペニシリンフラスコ	503	
ベビーボタン	292	
ペプシン	287, 423, 527	
ヘプタケチド	271	
ペプチダーゼ	255	
ペプチドグリカン	110	
ヘミセルロース	246, 248, 421, 522	
ベラトリルアルコール	252	
ペリプラズム空間	166	
ペルオキシソーム	23, 123, 150	
ペルガミノコーヒー	520	
ペルム紀 - 三畳紀（P-Tr）境界絶滅事件	37	
ペレット	489	
ペロトン	362	
変異型クロイツフェルトヤコブ病	205	
辺材変色菌類	350	
ベンズイミダゾール	538	
偏性共生	415	
偏性嫌気性	421-422	
ベンゼン環	251	
ペンタクロロフェノール	254, 352	
ペンタケチド	271	
ペントースリン酸経路	260	
ペントースリン酸経路活性	327	
鞭毛	22, 110	
鞭毛の喪失	37	
片利共生	438	
ホイッタカー, R. H.	22	
膨圧	102, 142-144, 166-167, 327	
胞子形成	319	
胞子形成構造体	296	
胞子減数分裂	46	
胞子散布	320	
胞子堆	64	
胞子嚢	43, 422	
胞子嚢胞子	437	
紡錘組織	235	
紡錘体	117-118, 120, 155, 298	
紡錘体極体	118	
紡錘体の組織化	136	
紡錘体微小管	119, 152	
蜂巣胃	423	
膨張菌糸	317-318	
包嚢	422	
ホエー	287	
保護剤	538	
ホコリタケ様構造	329	
ポサコナゾール	550	
捕食	428	
捕食者	281, 427	
ホスフォターゼ	256	
ホスホエノールピルビン酸	262	
ほだ木	291	
北極圏	421	
ホップ	499	
ボディプラン	305, 315	
ボトリディアール	403	
ボブリル	285	
ホメオドメインタンパク質	215	
ホメオボックス	215	
ホモカリオン	188, 191, 217	
ホモカリオン体	577	
ホモタリズム	209, 212	
ホモタリック	76, 188, 208, 209	
ポリ A テール	112	
ポリ塩化ビフェニール	254	
ポリエン系抗真菌剤	137	
ポリエン類	539	
ポリオキシン	180, 547	
ポリオキソリム	547	
ポリオール脱水素酵素	327	
ポリガラクツロナーゼ	249	
ポリクロロフェノール	291	
ポリケチド	269, 287, 532	
ボリコナゾール	550	
ポリプレノイドキノン	266	
ポリペプチド	504	
ボルテックス型撹拌反応槽	480	
翻訳	121	

ま 行

マイカンギア	419
マイクロアレイ	585
マイコハーベスター	521
マイトジェン活性化タンパク質リン酸化酵素	140
巻きひげ菌糸	235
膜貫通型タンパク質	170
膜貫通糖タンパク質	257
マグネシウム	476
マクロアレイ	585
マクロ小胞	169
マクロライド環	540
マスト	500

マセレーション酵素	508	メタン細菌	422-423	有性生殖環	304
マツの菌根菌類	365	メチル化キャップ	112	有性生殖世代	42
マッピングパネル	556	メトレ	230	優占的植食者	415
マヅラ足	449	芽の形成	119	優占陸上植食動物	424
マーマイト	285	メバロン酸	271	遊走子	43, 45-46, 48-50, 77-78, 422
マンガンペルオキシダーゼ	252-253	メビノリン	495	誘導期	94, 483
マンナン	165, 168, 249	メラニン	400-402	誘導菌糸	333
マンニトール	327, 370	メラニン化	176	有毒廃棄物分解	351
マンノシルトランスフェラーゼ	551	メラニン生合成	552	有弁型	61
マンノプロテイン	141, 171-172	免疫調節物質	496	遊離細胞形成	49, 51
ミオシン	131-134, 151-152	免疫反応	331, 495	輸送小胞	127
ミオシンモーター/キチン合成酵素融合タンパク質	135	免疫抑制治療	157	輸送体分子	257
		綿生産廃棄物	291	ユビキチン	124
ミオシン環	151	メンデルの法則	107-108	ユビキノン	553
ミカエリス定数	485-486	盲腸	423	ユビキノール酸化部位	553
ミカファンギン	548	木材穿孔性昆虫類	419	葉胃	423
未記載菌類種	10	木材の腐朽	348	溶解酵素	331
ミクソチアゾール A	552	木材腐朽菌（類）	343, 348-350, 352-353, 416	溶菌酵素活性	332
ミクロ小胞	169			養菌者	418
ミクロフィラメント	129, 131	木材腐朽菌菌糸体	196	養菌性昆虫類	419
ミコサミン	540	木質分解	418	養菌性シロアリ	418
ミコナゾール	544	モデル真核生物	106	溶質輸送システム	257
実生立枯病	343	モノカリオン	188, 217	葉状体	437
水	499	モノリグノール	250	葉状体型分生子	228
水ストレス	371	モリブデン	476	幼生生殖	283
水ポテンシャル	258, 322	モルフォゲン	305, 333	溶存酸素濃度	501
味噌	532	膠	531	熔融核の回転	21
ミトコンドリア	22-23, 124-125, 203, 422			葉緑体	22, 124-125
ミトコンドリア DNA	203	**や 行**		抑制因子	315
ミトコンドリア呼吸	552				
ミトコンドリアタンパク質	123	薬剤	496	**ら 行**	
ミトコンドリアの垂直伝播	203	薬剤抵抗性	555		
ミトコンドリアモザイク	204	薬剤標的	109	ライニーチャート	33, 342, 424
ミトコンドリアリボソーム	203	薬物輸送	541	ラインウェーバー・バーク	486
無機栄養塩類の再配分	11	薬理活性物質	284	ラガービール	498
無機栄養素循環	342	野生型	478	裸実型	300
無機化	278	野生酵母類	499-500	ラッカーゼ	252-254
ムコ多糖類	249	野生穀類の栽培化	11	ラテックス	415
無細胞発酵	107	ヤヌスグリーン	313, 315	ラノステロール	546
ムシモール	346	有機栄養素循環	342	ラノステロールデメチラーゼ	539
無性生殖	188	有機エステル	256	ラブコナゾール	550
無性生殖世代	42	有機窒素源利用	371	ラフランス病	204
無性胞子	191	有機リン系殺虫剤	282	ラン型（内生）菌根	81, 355, 362
無弁型	61, 63	有糸核分裂	117	ラン藻類	376
無葉緑ラン	364	有糸分裂	118-119, 197, 298	ランダムな欠失	574
メタカスパーゼ	404	有糸分裂組換え	197, 202	リグニン	246, 250, 252, 291, 421, 521-522
メタボロミクス	583	有糸分裂の同調化	119	リグニン分解	343-344, 353
メタボローム	562	有糸分裂乗換え	202	リグニン分解酵素	351
メタロプロテイナーゼ	256	有糸分裂分離	197, 200, 202	リグニンペルオキシダーゼ	252
メタン	422	有性生殖	188, 208	リグノセルロース	291, 421, 521

リグノセルロース残渣	521	領域指定	305	裂芽	376
離漿	527	両親媒性	179	レッドデータリスト	590
リソソーム	124	量的損失	387	連続回分培養法	501
リゾチーム	421	両方向的栄養素移動	358	連続培養系	474
リゾモルフ	235-236, 296	リン	475	連続培養モード	286
リター	278	臨界希釈率	494	連続流動培養システム	512
リター層	278, 281, 304, 412	リン酸エステル	256	レンニン	423
リーダー配列	556	リン酸吸収	354	レンネット	527
リター分解菌	416	リン酸吸収増大	371	ロイコトリエン	507
立方根動力学	489	臨床治療	547	老化	332
リノール酸	507	臨床的標的	180	濾過滅菌	476
リパーゼ	256, 496, 583	リンチー	292	ロバスタチン	495
リボソーム	109, 121-123	リンパ球	506		
リポソーム	540	ルシフェラーゼ	255	**わ 行**	
リボソーム遺伝子群	24	ルシフェリン	254		
リボソーム構築	114-115	ルーメン	421-423	ワイン醸造	499
リボヌクレアーゼ	421	ルーメン生態系	423	ワイン発酵	498
流加液内発酵	505	ルーメンツボカビ類	486	和合性システム	196, 304
流加回分培養法	501	レイシ	292	ワックスマン	503
流加培養	492	レオロジー	481, 492		
瘤子虫	282	レセプター	405-406		

生物名索引

あ 行

アイゾメイグチ	272
アオカビ属	503
アカウロスポラ科	358
アカキクラゲ菌綱	71
アカキクラゲ目	71
アカチチタケ	269
アカトウガラシ	281
アカパンカビ	88-90, 99, 119, 134, 136, 146, 154, 164, 169, 171-173, 190, 193-196, 203, 255, 478, 482, 568
アカパンカビ属	108, 165, 254, 258, 264
アーキア	23-24, 26
アクラシス菌門	80
アクラシス目	80
アシボソアミガサタケ	284
アセタケ属	272
アセラリア目	53, 436
アツギケカビ属	364
アツギケカビ目	53-54
アテリア目	71
アナモルフ菌類	188, 202, 281
アブラナ	354
アマさび病菌	389, 407-408
アミガサタケ	284
アミガサタケ類	284
アメビディウム目	29, 53, 80, 436
アラゲキクラゲ	285
アルカエオスポラ目	358
アンズタケ	70, 73
アンズタケ目	70-71
アンズタケ類	284-285, 355
イグサ属	354
イグチ目	67, 71
イグチ類	238
イチヤクソウ科	360
イチヤクソウ属	360
イチョウタケ	350
イドタケ	350, 465, 522
イヌ	292
イネいもち病菌	135, 389, 398, 401-402, 408, 552
イネ科	424, 425
イネ馬鹿苗病菌	193, 397
イボタケ目	71
隠花植物亜界	22
ウシ亜目	423
ウシ科	425
ウシグソヒトヨタケ	119, 174-175, 188, 197, 204, 237, 261, 264, 303, 305, 310, 317, 319-322, 325-328, 332, 465, 478, 588
ウシ目	423
ウスヒラタケ	290, 313, 315, 327, 352, 353
うどんこ病菌	401-402, 408
ウマ属	424
ウマ目	424
ウメノキゴケ科	375
エキビョウキン属	29-30, 165
エクリナ目	53, 80, 436
エゾノサビイロアナタケ	71
エノキタケ	73, 290
エノキタケ属	317
エパクリス科	359
エパクリス属	359
エリカ属	355, 359
襟鞭毛動物門	80
エリンギ	290
黄色ブドウ球菌	501
オオキツネタケ	373
オオギミズカビ目	77
オオシロアリ亜科	418
オオシロアリタケ属	292, 418
オオトガリアミガサタケ	284
オオヒラタケ	290
オオムギうどんこ病菌	389, 408
オニノヤガラ	362, 363
オニノヤガラ属	362, 364
オフィオストマ属	420
オポッサム	346
オルビリア菌綱	63

か 行

カエルツボカビ	43, 444
カタツムリ類	283
カバノキ属	364
カヤタケ属	272, 372
カラマツ	365
カラマツ属	369
カルーナ属	355, 359
カワラタケ	97, 465
カワリミズカビ属	46, 47
カンジダ属	59
カンバタケ	284, 522
カンバタケ属	284
キイロショウジョウバエ	556
キウロコタケ	465
キカイガラタケ目	71
ギガスポラ科	357-358
キクイムシ	413, 419, 421
キクセラ亜門	29, 53, 437, 464
キクセラ目	53
キクラゲ目	71
キクラゲ類	285, 289
キコウジカビ	256, 497, 509, 524, 531-532
キコブタケ属	315
キシメジ科	292
キシメジ属	356, 364, 372
キセイイグチ	464
キツネノカラカサタケ科	292
奇蹄目	424
キヌオオフクロタケ	328
キヌカラカサタケ属	412, 416
キノコシロアリ	418
キララタケ属	303
菌界	22, 42
菌門	22
菌類	278
菌類界	4, 21, 28, 169, 298
偶蹄目	423-425
クサレケカビ属	56
クサレケカビ目	53
クスダマケカビ属	56

クヌギタケ属	254, 268, 362	サヤミドロモドキ目	29, 45, 46	スッポンタケ	238, 302
クモノスカビ属	55, 256, 531	サリラゲニディウム目	77	スッポンタケ目	67, 70-71
グリオクラディウム属	466	シアノバクテリア	263, 376	ストレプトミケス属	417, 505
クリプトコックス属	73	シイタケ	73, 204, 263, 288-292,	スノキ属	355, 359
クロイボタケ綱	62, 460		315, 327-328, 362, 465	スピゼロミケス目	45-46
クロコウジカビ	490, 496, 501	シイタケ属	315	セイヨウオニフスベ	75
黒トリュフ	284, 292	シストフィロバシディウム目	71	セイヨウショウロ類	355
クロバネキノコバエ科	282	子嚢菌綱	22, 29	接合菌門	28-29, 35, 53, 120, 157,
クロバネキノコバエ類	282	子嚢菌門	28-29, 35, 56, 120, 150, 154,		165, 425, 437
クロボキン亜門	63, 64		157, 164-165, 246, 252, 281,	接合菌類	507
黒穂病菌	219, 273, 389		284, 292, 296, 319, 331, 343,	節足動物	281, 412
クロミスタ界	29-31, 77, 79, 165, 167		347, 355, 359, 364, 369, 378,	線虫（類）	7, 278, 281, 282
グロムス科	358		416, 425, 427	繊毛虫類	422
グロムス菌門	28-29, 35, 51-52,	子嚢菌類	33, 474	藻菌綱	22, 29
	180, 355-356, 358	シビレタケ属	272	双翅類	282
グロムス門	463	ジャガイモ疫病菌	78, 388, 395		
ケカビ亜門	29, 53, 464	シャカシメジ	367	**た 行**	
ケカビ属	54, 527	シャクジョウソウ科	355, 361		
ケカビ目	53	シャクジョウソウ属	361	ダイズ	531
齧歯類	347	シャクジョウソウ類	361	大腸菌	563
ケトチリウム菌亜綱	460	出芽酵母	106-107, 116, 118, 127,	ダニ（類）	278, 281-282, 419, 424
ケラトキスチス属	420		129-130, 132, 141, 151-152,	タバコウロコタケ目	71
原生生物界	22		156, 164, 168, 171, 178, 203,	タフリナ亜門	57, 453
コウジカビ属	33, 254-255, 264, 501		208-209, 229, 524, 556, 564	タフリナ菌綱	460
コウジカビ類	531	シュンラン属	362	タフリナ菌亜門	29
コウマクノウキン目	29, 45	ショウジョウバエ科	282	タマゴテングタケ	273, 455
コウマクノウキン門	28-29, 45-46, 442	ショウジョウバエ属	151	タマチョレイタケ目	71
コウヤクタケ目	71	植物界	22, 298	タマバエ科	282-283
ココナツヤシ	291	シロアリ（類）	292, 413, 418, 421	タマバエ類	283
古細菌	421	シロイヌナズナ	395	タマバチ	380
コッキョウビョウキン	442	シロカラカサタケ	416	タマホコリカビ目	80
コナラ属	292, 364	シロカラカサタケ属	412	担子菌綱	22, 29
コムギ	387, 392-393, 401	シロキクラゲ菌綱	71	担子菌門	28, 35, 42, 63, 120, 150,
コムギ黒さび病菌	392	シロキクラゲ目	71		154, 157, 165, 192, 246, 252,
ゴムノキ	268	シロサビキン属	30		278, 292, 296, 319, 331, 343,
		白さび病菌	397		355, 361-362, 364, 416, 425
さ 行		白トリュフ	284, 292	担子菌類	348
		シロホウライタケ属	33	チチタケ属	268
細菌	7, 474	シワタケ	465	チャシブゴケ菌綱	63, 438
サカゲツボカビ目	79	真核生物	4, 22-24, 26, 109-111,	チャダイゴケ	238
サカゲツボカビ門	29, 77, 79		115-116, 298, 324, 331	チャワンタケ亜門	57, 59
サカゲフクロカビ目	77	真核生物界	331	チャワンタケ綱	63
サクラサルノコシカケ	354	真核生物ドメイン	23, 25-26	長鼻目	424
ササクレヒトヨタケ	303, 322	真菌亜門	22	チョークアナタケ	350
ササラボウキン目	77	真正細菌	23-24, 26, 421	ツキヨタケ属	254
サッカロミケス亜門	57	真正細菌ドメイン	23, 26	ツクリタケ	73, 119, 204, 256, 261, 264,
サッカロミケス目	59	スエヒロタケ	144, 154, 174-175, 179,		288, 290, 292, 309, 327, 332, 464
サトウキビ	291		188, 197, 204, 328, 465	ツクリタケ類	289-290
サナギタケ	464	ズキンタケ綱	63, 460	ツチダンゴ類	464
サビ菌	65, 392-393, 398-399, 408	スゲ属	354	ツツジ科	358, 360-361

ツツジ属	359	ネオカリマスティクス菌門	28-29, 45-46	ヒラタケ類	289-291
ツツジ目	358, 360	ネオカリマスティクス目	29, 45	フィロバシディウム目	71
ツボカビ目	45, 46	ネコブカビ門	79	不完全菌綱	22, 29
ツボカビ門	28-29, 35, 42, 77, 422	粘菌類	22, 29, 79	不完全菌類	22, 29
ツボカビ類	33, 42, 421, 423, 424	ノミバエ科	282	フグ科	116
ツヤジョウゴタケ	316	ノミバエ類	282	プクシニア菌亜門	64-65
ツユカビ目	77			フクロカビモドキ目	77
ツリガネタケ	284	**は 行**		フクロタケ	73, 264, 288, 291-292, 465
ディマルガリス目	53			フクロタケ属	255, 310, 315
テングタケ	346, 455	灰色かび病菌	192, 402-404	フクロタケ類	289
テングタケ属	343, 355, 364	ハイイロシメジ	278	フサタケ科	416
テンサイ褐斑病菌	554	ハエカビ	442	フサタケ属	416
ドイツトウヒ	365	ハエカビ亜門	29, 53	フシミズカビ目	77, 539
トウヒ属	364, 369	ハエカビ属	56, 442	フタナシツボカビ目	46
動物界	22, 30, 298	ハエカビ目	53-54, 441	フタバガキ科	364
トウモロコシごま葉枯病菌	397	ハキリアリ	415, 418, 420	腹菌類	303, 344
トウモロコシ北方斑点病菌	397	麦角菌	267	ブドウ	499
ドクツルタケ	455	ハッキョウビョウキン	442	ブナシメジ	73, 290
トナカイ	412	ハナイグチ	356	ブナ属	364
トビムシ目	281	ハナゴケ類	412	フハイカビ属	30, 165, 347
トビムシ類	281, 412, 424	ハナビタケ属	416	フハイカビ目	77
トリコデルマ属	465	ハプトグロッサ目	77	プラズモパラ属	30
トリコデルマ類	281	ハマニセショウロ	344	ブレミア属	30
トリコミケス綱	434	パラグロムス目	358	フンタマカビ綱	63, 460
トリコミケス類	29	ハラタケ	238	分裂酵母	96, 106, 120, 130, 132, 151-152, 155-156, 164, 168, 211, 229, 498, 564
トリモチカビ亜門	29, 53, 464	ハラタケ亜門	64, 67	ベニコウジカビ	287
トリモチカビ目	53	ハラタケ科	303	ベニタケ目	71
トリュフ	292, 302	ハラタケ綱	71	ベニテングタケ	346, 356, 365, 373
トリュフ類	283, 284	ハラタケ属	255, 289, 317	ベニテングタケ属	272
トレキスポラ目	71	ハラタケ目	67, 71, 413, 416	変形菌亜門	22
		ハラタケ類	310, 315, 323, 330, 415	変形菌門	80
な 行		ハルペラ目	53, 436	放線菌	417
		ピクシディオフォラ目	62	ボウフラキン属	442
納豆菌	531	ヒゲカビ属	56	ホウライタケ属	33, 237, 317
ナミダタケ	236, 259, 348-350, 522	ヒステランギウム目	67, 71	ホコリタケ	238, 302
ナメクジ類	283	ヒト	413	ホシゲタケ属	350
ナヨタケ科	303	ヒトヨタケ	303, 310, 465	ホシゴケ菌綱	62
ナラ-カシ類萎凋病菌類	154	ヒトヨタケ属	305	ボタンタケ目	416
ナラタケ	237, 259, 362-363, 389, 466, 517	ヒトヨタケ類	320, 331-332	哺乳類	278
ナラタケ属	119, 204, 254	ヒナダニ科	281	ホモ属	425
ナンキョクブナ属	364	ヒビウロコタケ	237		
ニオイオオタマシメジ	464	微胞子虫（類）	29-30, 434	**ま 行**	
二核菌類亜界	28, 35	微胞子虫門	28-29, 37		
ニシアメリカフクロウ	283	ヒメカンムリタケ属	57-58	マグソヒメヒガサヒトヨタケ	305
ニセショウロ	464	ヒメツチグリ目	67, 71	マツカサキノコモドキ	552
ニューモシスチス属	57	ヒメヒガサヒトヨ属	258, 303	マツカサシメジ	552
ニレサルノコシカケ	75	ヒメヒトヨタケ属	178, 193, 255, 303, 307, 313, 315, 320, 323	マツ属	364, 367, 369
ニレ類立枯病菌	390-392, 420	ヒラタケ	73, 204, 288, 290, 292, 465, 524	マツタケ	73, 284-285
ヌナワタケ	254	ヒラタケ属	315, 352	マツノネクチタケ	71, 273
ヌメリツバタケ	552				

マラセチア属	65
マワタグサレキン	350
マンテマ属	354
マンネンタケ	292
マンネンタケ属	292
マンネンタケ複合種	292
ミズカビ属	30, 78, 167
ミズカビ目	77, 539
ミゾキチオプシス目	77
ミミズ	7, 8
ムジナタケ属	268
ムラサキホコリ目	80
メソミセトゾア綱	80, 437
モジホコリ目	80
モネラ界	22
モミ属	364
モリノカレバタケ属	317
モルケラ	284

や 行

ヤグラタケモドキ	254
ヤナギ属	364
ヤブレツボカビ目	79
ヤマドリタケ	73, 361
ヤマドリタケ属	355, 361, 364, 372
ヤマナラシ属	364
ユーカリ属	364
ユーロチウム菌亜綱	460
ユーロチウム菌綱	62, 460
葉状植物門	22
ヨーロッパアカマツ	552

ら 行

ラクダ亜目	423
ラゲニスマ目	77
ラッパタケ目	67, 71
ラビリンチュラ菌門	79
ラビリンチュラ目	79
ラブルベニア菌綱	62
ラブルベニア目	62, 438
ラン科	362
卵菌門	29, 77, 143, 165, 167
卵菌類	30
リキナ菌綱	63
リョクキョウビョウキン	442
ロウタケ目	71
ロクショウグサレキンモドキ	350
ロゼロプシス目	77

わ 行

ワカフサタケ	464
ワサビタケ	254
ワタカビ属	30, 79, 167

学名索引

A

Abies	364
Absidia corymbifera	453
Acaulospora	52, 358, 463
Acaulosporaceae	358
Achlya	30
Achlya bisexualis	143, 167, 208
Acremonium	463
Acromyrmex	412, 416
Actinomucor elegans	531
Agaricaceae	303
Agaricus	255, 289-290, 317
Agaricus bisporus	119, 166, 204, 209, 253, 256, 261, 288, 309, 464, 573
Agaricus bitorquis	204
Agaricus brunnescens	204
Agaricus campestris	239
Agrobacterium tumefaciens	577
Ajellomyces capsulatus	450
Albugo	30
Albugo candida	397
Aleuria	238
Allomyces	46
Allotropa	361
Alternaria solani	555
Amanita	273, 343, 355, 364, 455
Amanita muscaria	272, 346, 356, 365
Amanita pantherina	346
Amanita phalloides	273, 455
Amanita rubescens	592
Amanita virosa	455
Ambrosiella	419-420
Amoebidiales	29, 436
Amoebidium parasiticum	437
Anaeromyces	422
Animalia	30
Antrodia vaillantii	350
Antrodia xantha	350
Aphelenchoides composticola	282
Apterostigma	416
Arbutus	360
Archaeospora	358
Archaeosporales	358
Arctostaphylos	360
Armillaria	75, 119, 204, 254, 389, 466, 573
Armillaria bulbosa	204
Armillaria mellea	237, 254, 259, 362
Armillariella	466
Arthrinium sphaerospermum	548
Arthrobotrys	427
Arthrobotrys oligospora	427, 461
Artiodactyla	423
Ascobolus stercorarius	195
Ascomycetes	29
Ascomycota	28, 35, 246, 281, 296, 355, 364, 369, 378, 425
Asellaria ligiae	437
Asellariales	436
Ashbya gossypii	154, 579
Aspergillus	33, 42, 57, 62, 151, 165, 179, 212, 230, 238, 254-255, 287, 347, 454, 501, 589
Aspergillus awamori	528, 581
Aspergillus collembolorum	33
Aspergillus flavus	197, 347, 451, 457
Aspergillus fumigatus	141, 164-165, 168, 171-172, 174, 271, 446, 451, 551, 570
Aspergillus giganteus	509
Aspergillus glaucus	451
Aspergillus heterothallicus	195
Aspergillus nidulans	95, 99, 118-119, 129-130, 133, 135-136, 153-154, 170, 172, 188, 191, 194, 197, 200, 230, 264, 451, 483, 489, 490, 566-568, 579
Aspergillus niger	95, 197, 451, 490, 579
Aspergillus oryzae	197, 256, 287, 531, 579
Aspergillus parasiticus	347, 457
Aspergillus sojae	287, 531
Aspergillus sydowii	446
Aspergillus terreus	271, 451, 495
Asterodon ferruginosus	316
Asterostroma	350
Atta	412, 416
Auricularia	285, 289
Auricularia polytricha	285

B

Bacillus natto var. natto	531
Basidiobolus	56
Basidiomycetes	29
Basidiomycota	28, 35, 246, 296, 355, 361-362, 364, 425
Batrachochytrium dendrobatidis	43, 421, 444
Beauveria bassiana	442
Betula	364
Blastocladiales	29
Blastocladiella	48, 49
Blastocladiomycota	28-29, 442
Blastomyces dermatitidis	157, 176, 178, 449
Blumeria graminis	389
Boletus	355, 356, 361, 364, 372, 592
Boletus edulis	361
Boletus elegans	356, 365
Boletus parasiticus	464
Botrytis cinerea	192, 402, 517
Brachiola algerae	435
Brachiola connori	435
Brachiola vesicularum	435
Brassica napus	354
Bremia	30
Bridgeoporus nobilissimus	75

C

Caecomyces	422, 424
Calluna	355
Candida	500, 548-549, 570
Candida albicans	59, 157, 164, 168, 171-172, 267, 447, 451, 549, 551
Cantharellus cibarius	284
Carex	354
Cecidomyiidae	282

Cephalosporium acremonium	497
Ceratocystis	420
Ceratocystis fagacearum	154
Cercospora	390
Cercospora beticola	554
Ceriporiopsis subvermispora	253, 522
Chaetothyriomycetidae	460
Chlorociboria aeruginascens	350
Chromista	29–30, 165
Chromocrea spinulosa	212
Chrysosporium parvum	463
Chytridiomycota	28–29, 35, 422
Cladobotryum	465
Cladobotryum dendroides	465
Cladonia	412
Cladosporium	179, 454, 462
Claviceps purpurea	267, 456
Clitocybe	272, 372
Clitocybe illudens	254
Clitocybe nebularis	278
Coccidioides immitis	450, 460
Coccidioides posadasii	168, 176, 450
Cochliobolus carbonum	397
Cochliobolus heterostrophus	212, 397
Coelomyces	442
Coelomomyces dodgei	442
Coelomomyces punctatus	442
Coffea arabica	520
Collembola	281, 412
Colletotrichum graminicola	168
Collybia	317
Collybia tuberosa	254
Coniophora	465
Coniophora puteana	350
Coniothyrium minitans	517
Coprinellus	303
Coprinellus bisporus	209
Coprinellus congregatus	217, 325
Coprinopsis	178, 193, 215, 255, 258, 303
Coprinopsis cinerea	119, 174, 188, 197, 204, 215, 237, 303, 478, 573, 588
Coprinopsis radiata	217
Coprinus	303, 305
Coprinus atramentarius	310
Coprinus cinereus	303
Coprinus comatus	322
Coprinus lagopus	303
Coprinus macrorhizus	303
Coprinus miser	305
Coprinus patouillardii	217
Coprinus pellucidus	305
Corallorhiza	364
Cordyceps	464
Cordyceps militaris	464
Coriolus	465
Cryphonectria parasitica	194, 214
Cryptococcus	73
Cryptococcus neoformans	343, 450, 571
Cunninghamella	56
Curvularia	273
Cyllamyces	422
Cymbidium	362
Cyphomyrmex	416

D

Dactylellina	427
Deflexula	416
Dendroctonus frontalis	419
Dendryphiella	263
Deuteromycetes	29
Dicranophora	461
Didelphis virginiana	346
Dikarya	28, 35
Dimargaris	462, 464
Dipterocarpaceae	364
Dispira	462
Ditylenchus myceliophagus	282
Diversispora	358
Donkioporia expansa	350
Dothideomycetes	460
Drechslerella	427
Drosophila	151, 556
Drosophila funebris	282
Drosophilidae	282
Duddingtonia flagrans	428

E

Eccrinales	436
Elaphomyces	464
Encephalitozoon cuniculi	435
Encephalitozoon hellem	435
Encephalitozoon intestinalis	435
Endogone	364
Enterocytozoon bieneusi	435
Entomophthora	56, 442
Entomophthora muscae	442
Entomophthoromycotina	29
Entrophospora	52, 358
Epacridaceae	359
Epacris	359
Epidermophyton	448
Epidermophyton floccosum	448
Equus	424
Eremothecium gossypii	579
Erica	355
Ericaceae	358, 361
Ericales	358
Erynia neoaphidis	442
Erysiphe graminis	343
Erythrorchis	362
Escherichia coli	563
Escovopsis	416
Eucalyptus	364
Eurotiomycetes	460
Eurotiomycetidae	460
Exobasidium camelliae	462
Exophiala werneckii	463

F

Fagus	364
Filobasidiella neoformans	73
Flammulina	317
Flammulina velutipes	290
Folsomia candida	281, 412
Fomes annosus	273
Fomes fomentarius	284
Fugu rubripes	116
Fusarium	271–272, 452, 463, 570
Fusarium graminearum	511
Fusarium moniliforme	267
Fusarium oxysporum	154, 372, 517
Fusarium solani	453
Fusarium venenatum	286, 483, 495, 497, 511

G

Galeola	364
Ganoderma	292
Ganoderma lucidum	292
Ganoderma lucidum complex	292
Gastrodia	362, 364
Gastrodia elata	362
Gelasinospora tetrasperma	119, 217
Geosiphon	358
Geosiphon pyriformis	52, 358
Geotrichum candidum	482, 487
Gibberella fujikuroi	193, 267, 397

Gigaspora	52, 358, 463	
Gigaspora gigantea	463	
Gigasporaceae	357	
Gliocladium	461, 466	
Gliomastix	463	
Glomeraceae	358	
Glomerales	358	
Glomerella cingulata	212	
Glomeromycota	28, 35, 355, 356	
Glomus	51, 358, 463	
Glomus coronatum	555	
Glycine max	531	
Gyroporus cyanescens	272	

H

Harpellales	436
Hebeloma mesophaeum	464
Hemitomes	361
Heterobasidion annosum	71
Heterodera avenae	428
Heteropeza pygmaea	283
Hevea brasiliensis	268
Histoplasma	549
Histoplasma capsulatum	157, 176, 450, 460
Histoplasma capsulatum var. *capsulatum*	450
Histoplasma capsulatum var. *duboisii*	450
Homo	425
Humicola lanuginosa	583
Hyaloraphidium	29
Hyaloraphidium curvatum	29
Hymenochaete corrugata	237
Hymenoscyphus ericae	355
Hyphochytriomycota	29
Hypocreales	416
Hypoxylon	465
Hypsizygus marmoreus	290

I

Inocybe	272

J

Juncus	354

K

Kickxellomycotina	29, 464
Kloeckera	500
Kluyveromyces lactis	204, 528
Kobesia	354

L

Lacrymaria	268
Lactarius	268
Lactarius rufus	269
Lecanicillium lecanii	442
Lecanoromycetes	438
Lentinula	315
Lentinula edodes	204, 263, 289, 315, 362, 465, 573
Leotiomycetes	460
Lepiotaceae	292
Leucoagaricus	412, 416
Leucoagaricus gongylophorus	416
Leucocoprineae	416
Leucocoprinus	412, 416
Leucocoprinus gongylophorus	292
Loma salmonae	436
Lycoriella solani	282

M

Macrotermes bellicosus	418, 419
Macrotermitinae	418
Madurella grisea	449
Madurella mycetomatis	449
Magnaporthe grisea	212, 343, 389, 408, 552, 571, 589
Magnaporthe oryzae	389, 408, 571
Marasmiellus	33
Marasmius	33, 237, 317
Massospora	441
Megaselia	283
Megaselia halterata	283
Megaselia nigra	283
Melampsora lini	389, 408
Merulius	465
Metacapnodium	33
Metarhizium anisopliae	176, 442
Methylophilus methylotrophus	512
Metschnikowia	500
Microsporidia	28, 37
Microsporidium africanum	435
Microsporidium ceylonensis	435
Microsporum	255-256, 447
Microsporum audouinii	448
Microsporum canis	448
Microsporum gypseum	448
Microtermes	418-419
Monascus	532
Monascus purpureus	287, 532
Monilinia fructigena	255
Monoblepharidales	29
Monotropa	361
Monotropaceae	355, 361
Monotropsis	361
Morchella deliciosa	284
Morchella elata	284
Morchella esculenta	284
Mortierella	56, 497, 507
Mortierella alpina	507
Mortierella ramanniana	463
Mucor	54
Mucor hiemalis	99
Mucor lusitanicus	267
Mucor miehei	287
Mucor mucedo	208
Mucor racemosus	531
Mucor ramannianus	100
Mucor rouxii	157
Mucoromycotina	29, 464
Mycena	254, 268, 362
Mycena osmundicola	362
Mycena rorida	254
Mycogone perniciosa	464

N

Nectria	273
Nematophthora gynophila	428
Neocallimastigales	29, 422
Neocallimastigomycota	28-29, 421, 424
Neocallimastix	46, 422
Neocallimastix frontalis	421, 422
Neottiella	120
Neurospora	108, 165, 204, 212, 225, 238, 254, 258
Neurospora africana	212
Neurospora crassa	88, 134, 146, 154, 164, 169, 190, 193, 203, 208, 212, 233, 255, 264, 478, 568, 579, 589
Neurospora discreta	212
Neurospora intermedia	212
Neurospora pannonica	212
Neurospora sitophila	212
Neurospora terricola	212

Neurospora tetrasperma	209, 212	
Nomuraea rileyi	442	
Nosema apis	436	
Nosema bombycis	434	
Nosema ocularum	435	
Nostoc punctiforme	358	
Nothofagus	364	

O

Omphalotus	254
Omphalotus olearius	254
Oomycota	29
Ophiostoma	419-420
Ophiostoma novo-ulmi	390, 391
Ophiostoma stenoceras	449
Ophiostoma ulmi	157, 212
Orbiliaceae	425, 427-428
Orpinomyces	422
Oudemansiella mucida	552

P

Pacispora	358
Paecilomyces variotii	272
Panellus stipticus	254
Papularia sphaerosperma	548
Paracoccidioides brasiliensis	157, 168, 176
Paraglomerales	358
Paraglomus	358
Parasola	303
Parasola misera	305
Parmeliaceae	375
Paxillus panuoides	350
Pediococcus halophilus	287, 531
Pellicularia sasakii	547
Penicillium	57, 62, 179, 273, 347, 454, 503
Penicillium camemberti	273, 287, 518, 529
Penicillium chrysogenum	89, 197, 202, 491, 497, 503, 579
Penicillium citrinum	271
Penicillium cyclopium	190
Penicillium digitatum	197
Penicillium expansum	197
Penicillium griseofulvum	271
Penicillium nalgiovense	518, 529
Penicillium notatum	501, 503
Penicillium roqueforti	287, 518, 528-529
Perissodactyla	424
Phanerochaete chrysosporium	247, 252-253, 256, 509, 573, 588
Phellinus contiguus	315-316, 350
Phellinus megaloporus	350
Phellinus pomaceus	354
Phellinus tuberculosus	354
Phellinus weirii	71
Phoridae	282
Phycomyces	56, 464
Phycomycetes	29
Phytophthora	29-30, 165, 406
Phytophthora cactorum	539
Phytophthora infestans	78, 386, 388, 538, 549
Phytophthora parasitica	372
Picea	364
Picea abies	365
Pichia	500
Piedraia hortae	448
Pilaira	464
Pilobolus	464
Pinus	364
Pinus sylvestris	552
Piptocephalis	462, 464
Piptoporus	284
Piptoporus betulinus	284
Piromyces	422, 424
Pityopus	361
Plasmopara	30
Platypodinae	419
Pleistophora	435
Pleuricospora	361
Pleurotus	289-291, 352
Pleurotus cystidiosus	290
Pleurotus eryngii	290
Pleurotus florida	290
Pleurotus ostreatus	204, 290, 427, 573
Pleurotus pulmonarius	290, 313, 352
Pleurotus sajor-caju	290
Pneumocystis	29, 57, 453
Pneumocystis carinii	29, 453, 571
Pneumocystis jirovecii	29, 453
Podospora	212
Podospora anserina	193, 196, 204-205, 212, 255
Polyporus hispidus	272
Polyporus mylittae	237
Polystictus versicolor	97
Polystictus xanthopus	316
Populus	364
Proboscidea	424
Prototaxites	31
Psathyrellaceae	303
Pseudohiatula esculenta var. *tenacellus*	552
Psilocybe	272
Pterospora	361
Pterula	416
Pterulaceae	416
Puccinia graminis	208, 573
Puccinia graminis f. sp. *tritici*	392
Pygmephorus	281
Pyricularia oryzae	135
Pyrola	360
Pyrolaceae	360
Pythium	30, 165, 208, 347, 461, 463

Q

Quercus	292, 364

R

Raffaelea	419, 420
Rangifer tarandus	412
Rhizanthella	364
Rhizoctonia	94, 355, 362
Rhizoctonia solani	194, 462, 466, 547
Rhizomucor miehei	583
Rhizomucor pusillus	453
Rhizophydium	43
Rhizopus	55, 256, 531
Rhizopus arrhizus	453, 524
Rhizopus oligosporus	287, 531
Rhizopus sexualis	208
Rhododendron	359
Rhodosporidium	157
Rhodosporidium sphaerocarpum	157
Rozella	37
Ruminantia	423
Ruminococcus albus	422

S

Saccharomyces	59, 118
Saccharomyces carlsbergensis	498
Saccharomyces cerevisiae	57, 106-107, 116, 118-120, 124, 130, 132-133, 136, 138, 140-141, 151-152, 156, 164-165, 168, 170-172, 174, 178, 203, 208, 213, 229, 498, 500, 524, 556, 564, 567, 580, 589
Saccharomyces ellipsoideus	500

Saccharomyces rouxii	287, 531	
Salix	364	
Saprolegnia	30	
Saprolegnia ferax	143, 167	
Sarcodes	361	
Schizophyllum	215, 465	
Schizophyllum commune	144, 154, 174, 179, 188, 197, 204, 215, 328, 573	
Schizosaccharomyces pombe	57, 96, 106, 120, 130, 132-134, 136, 151-152, 155-156, 164, 168, 209, 211, 229, 498, 564, 567	
Schizosaccharomyces	118	
Sciaridae	282	
Sclerocystis	463	
Scleroderma bovista	344	
Scleroderma citrinum	464	
Sclerotinia sclerotiorum	517	
Sclerotinia trifoliorum	212	
Scolytinae	419	
Scopulariopsis brevicaulis	448	
Scutellospora	52, 358, 463	
Septoria	553	
Sericomyrmex	416	
Serpula lacrymans	236, 259, 348	
Silene	354	
Sordaria	238	
Sordaria brevicollis	195	
Sordariomycetes	460	
Spinellus	461	
Spizellomyces	463	
Sporothrix schenckii	176, 449	
Sporotrichum pulverulentum	247, 252, 256	
Squamanita odorata	464	
Stachybotrys	454	
Stachybotrys chartarum	454	
Stachybotrys elegans	462	
Staphylococcus	502	
Staphylococcus aureus	501	
Stereum	465	
Straminipila	31	
Streptomyces	417, 505	
Streptomyces cacaoi var. *asoensis*	547	
Streptomyces coelicolor	563	
Streptomyces nodosus	540	
Streptomyces noursei	540	
Streptomyces tendae	547	
Strix occidentalis caurina	283	
Strobilurus stephanocystis	552	
Strobilurus tenacellus	272, 552	
Strongwellsea	441	
Suillus grevillei	356	

T

Taphrinomycetes	460	
Taphrinomycotina	29, 453	
Tarsonemus myceliophagus	281	
Termitomyces	292, 418-419	
Thermomyces lanuginosus	583	
Tieghemiomyces	462	
Tilletia tritici	273	
Trachipleistophora anthropophthera	435	
Trachipleistophora hominis	435	
Trachymyrmex	416	
Tremella	217	
Trichoderma	281, 461, 463, 465, 517	
Trichoderma harzianum	517	
Trichoderma pleurotum	465	
Trichoderma reesei	247, 497, 579	
Trichoderma virens	509	
Trichoderma viride	466	
Tricholoma	356, 365, 372, 592	
Tricholoma fumosum	367	
Tricholomataceae	292	
Trichophyton	255, 447	
Trichophyton mentagrophytes	448	
Trichophyton rubrum	447-448	
Trichophyton tonsurans	448	
Trichophyton verrucosum	448	
Trichosporon cutaneum	448	
Tuber magnatum	284	
Tuber melanosporum	284	
Tylopoda	423	
Tyromyces placentus	350	

U

Ulocladium atrum	517	
Uromyces fabae	398	
Ustilago	157	
Ustilago maydis	130, 157, 214, 573	
Ustilago violacea	204	

V

Vaccinium	355	
Verticillium	283, 463	
Verticillium dahliae	193	
Verticillium fungicola	465	
Verticillium lecanii	442, 444	
Vitis vinifera	499	
Vittaforma corneae	435	
Volvariella	255, 289, 310	
Volvariella bombycina	328	
Volvariella volvacea	264, 291-292, 465	

W

Wilcoxina	369	

X

Xerocomus parasiticus	464	

Z

Zoopagomycotina	29, 464	
Zygomycota	28-29, 35, 425	
Zygosaccharomyces	500	

訳者紹介

堀越 孝雄（代表）
1975 年　京都大学大学院農学研究科農芸化学専攻博士課程修了
現　在　広島大学名誉教授，広島経済大学名誉教授，京都大学農学博士

清水 公徳
1998 年　京都大学大学院農学研究科農林生物学専攻博士課程修了
現　在　東京理科大学基礎工学部生物工学科准教授，京都大学博士（農学）

白坂 憲章
1993 年　京都大学大学院農学研究科農芸化学専攻修士課程修了
現　在　近畿大学農学部応用生命化学科教授，京都大学博士（農学）

鈴木　彰
1972 年　京都大学大学院農学研究科農林生物学専攻修士課程修了
現　在　東京都市大学知識工学部自然科学科特任教授，千葉大学名誉教授，京都大学農学博士

田中 千尋
1993 年　京都大学大学院農学研究科農林生物学専攻博士課程修了
現　在　京都大学大学院農学研究科地域環境科学専攻教授，京都大学博士（農学）

服部　力
1988 年　京都大学農学部林学科卒業
現　在　国立研究開発法人 森林総合研究所森林微生物研究領域室長，京都大学博士（農学）

山中 高史
1990 年　京都大学大学院農学研究科農林生物学専攻修士課程修了
現　在　国立研究開発法人 森林総合研究所森林微生物研究領域室長，京都大学博士（人間・環境学）

現代菌類学大鑑
21st Century Guidebook to Fungi

2016 年 2 月 25 日　初　版 1 刷発行

検印廃止
NDC 474, 465, 468, 588.5
ISBN 978-4-320-05721-0

訳　者　堀越孝雄（代表）　Ⓒ 2016
　　　　清水公徳・白坂憲章
　　　　鈴木　彰・田中千尋
　　　　服部　力・山中高史

発行者　南條光章

発行所　共立出版株式会社
　　　　〒112-0006
　　　　東京都文京区小日向 4 丁目 6 番地 19 号
　　　　電話　03-3947-2511（代表）
　　　　振替口座　00110-2-57035
　　　　URL http://www.kyoritsu-pub.co.jp/

印　刷　藤原印刷
製　本　加藤製本

一般社団法人
自然科学書協会
会員

Printed in Japan

JCOPY ＜出版者著作権管理機構委託出版物＞
本書の無断複製は著作権法上での例外を除き禁じられています．複製される場合は，そのつど事前に，出版者著作権管理機構（TEL：03-3513-6969，FAX：03-3513-6979，e-mail：info@jcopy.or.jp）の許諾を得てください．

■生物学・生物科学関連書

http://www.kyoritsu-pub.co.jp/ 共立出版

- バイオインフォマティクス事典 日本バイオインフォマティクス学会編集
- 進化学事典 日本進化学会編
- 生態学事典 日本生態学会編集
- グリンネルの科学研究の進め方・あり方 白楽ロックビル訳
- グリンネルの研究成功マニュアル 白楽ロックビル訳
- ライフ・サイエンスにおける英語論文の書き方 市原エリザベス著
- 日本の海産 プランクトン図鑑 第2版 岩国市立ミクロ生物館監修
- 大絶滅 2億5千万年前, 終末寸前まで追い詰められた地球生命の物語 大野照文監訳
- 遺伝子から生命をみる 関口睦夫他著
- ナノバイオロジー —ナノテクノロジーによる生命科学— 竹安邦男編
- モダンアプローチの生物科学 美宅成樹著
- 生物とは何か? —ゲノムが語る生物の進化・多様性・病気— 美宅成樹著
- これだけは知ってほしい生き物の科学と環境の科学 河内俊英著
- NO（一酸化窒素）—宇宙から細胞まで— 吉村哲彦著
- 生体分子分光学入門 尾崎幸洋他著
- 生命システムをどう理解するか 浅島 誠編集
- 環境生物学 —地球の環境を守るには— 津田基之著
- 生体分子化学 第2版 秋久俊博他編
- 実験生体分子化学 秋久俊博他編
- 大学生のための考えて学ぶ基礎生物学 堂本光子著
- 生命科学を学ぶ人のための大学基礎生物学 塩川光一郎著
- 生命科学の新しい潮流 理論生物学 望月敦史編
- 生命科学 —生命の星と人類の将来のために— 津田基之著
- 生命体の科学 賀来章輔著
- 生命の数理 巌佐 庸著
- 数理生物学入門 —生物社会のダイナミックスを探る— 巌佐 庸著
- 数理生物学 —個体群動態の数理モデリング入門— 瀬野裕美著
- 生物数学入門 差分方程式・微分方程式の基礎からのアプローチ 竹内康博他監訳
- 生物リズムと力学系〈シリーズ・現象を解明する数学〉 郡 宏他著
- 一般線形モデルによる生物科学のための現代統計学 野間口謙太郎訳
- 生物学のための計算統計学 野間口眞太郎訳
- 生物統計学 藤井宏一訳
- 分子系統学への統計的アプローチ 藤 博幸訳
- Rによるバイオインフォマティクスデータ解析 第2版 樋口千洋著
- バイオインフォマティクスのためのアルゴリズム入門 渋谷哲朗他訳
- 基礎と実習 バイオインフォマティクス 郷 通子他編集
- 統計物理化学から学ぶバイオインフォマティクス 高木利久監訳
- あなたにも役立つバイオインフォマティクス 菅原秀明編集
- 分子生物学のためのバイオインフォマティクス入門 五條堀 孝監訳
- システム生物学入門 —生物回路の設計原理— 倉田博之他訳
- 細胞のシステム生物学 江口至洋著
- システム生物学がわかる! 土井 淳他著
- 分子昆虫学 —ポストゲノムの昆虫研究— 神村 学他編
- DNA鑑定とタイピング 福島弘文他訳
- 新ミトコンドリア学 内海耕慥他監修
- せめぎ合う遺伝子 —利己的な遺伝因子の生物学— 藤原晴彦監訳
- 脳と遺伝子の生物時計 井上慎一著
- 遺伝子とタンパク質の分子解剖 杉山政則監修
- 遺伝子とタンパク質のバイオサイエンス 杉山政則編著
- ポストゲノム情報への招待 金久 實著
- ゲノムネットのデータベース利用法 第3版 金久 實編
- 生命の謎を解く 関口睦夫他編
- タンパク質計算科学 —基礎と創薬への応用— 神谷成敏他著
- 入門 構造生物学 放射光X線と中性子で最新の生命現象を読み解く 加藤龍一編集
- 構造生物学 —原子構造からみた生命現象の営み— 樋口芳樹他著
- 基礎から学ぶ構造生物学 河野敬一他編集
- 構造生物学 —ポストゲノム時代のタンパク質研究— 倉光成紀他編
- 細胞の物理生物学 笹井理生他訳
- 細胞工学入門 細胞増殖を正および負に調整する因子 小田鉤一郎著
- 脳入門のその前に 徳野博信著
- 対話形式による講義 これでわかるニューロンの電気現象 酒井正樹著
- 神経インパルス物語 —ガルヴァーニの花火からイオンチャネルの分子構造まで— 酒井正樹他訳
- 生命工学 —分子から環境まで— 熊谷 泉他編
- ニッチ構築 —忘れられていた進化過程— 佐倉 統他訳
- 進化のダイナミクス —生命の謎を解き明かす方程式— 佐藤一憲他監訳
- ゲノム進化学入門 斎藤成也著
- 生き物の進化ゲーム 進化生態学最前線：生物の不思議を解く 大改訂版 酒井聡樹他著
- 進化生態学入門 —数式で見る生物進化— 山内 淳著
- 進化論は計算しないとわからない 星野 力著
- デイビス・クレブス・ウェスト行動生態学 原著第4版 野間口眞太郎他訳
- 分子進化 —解析の技法とその応用— 宮田 隆編
- 現代菌類学大鑑 堀越孝雄他訳
- 菌類の生物学 —分類・系統・生態・環境・利用— 日本菌学会企画
- 細菌の栄養科学 —環境適応の戦略— 石田昭夫他著
- 基礎と応用 現代微生物学 杉山政則著
- 生命・食・環境のサイエンス 江坂宗春監修
- 食と農と資源 —環境時代のエコ・テクノロジー— 中村好男他編
- 高山植物学 —高山環境と植物の総合科学— 増沢武弘編著
- ビデオ顕微鏡 —その基礎と活用法— 寺川 進他訳
- よくわかる生物電子顕微鏡技術 臼倉治郎著
- 新・生細胞蛍光イメージング 原口徳子他編
- 新・走査電子顕微鏡 日本顕微鏡学会関東支部編